ZOOLOGIE

CLASSIQUE,

ou

HISTOIRE NATURELLE

DU RÈGNE ANIMAL.

II.

NOUVEAU COURS COMPLET

D'AGRICULTURE

DU XIXe SIÈCLE,

CONTENANT

LA THÉORIE ET LA PRATIQUE DE LA GRANDE ET LA PETITE CULTURE, L'ÉCONOMIE RURALE ET DOMESTIQUE, LA MÉDECINE VÉTÉRINAIRE, ETC.

Ouvrage rédigé sur le plan de celui de ROZIER,
duquel on a conservé les articles dont la bonté a été prouvée par l'expérience ;

Par les membres de la Section

D'AGRICULTURE DE L'INSTITUT ROYAL DE FRANCE, ETC.,

MM. Thouin, Tessier, Huzard, Sylvestre, Bosc, Yvart, Parmentier, Chassiron, Chaptal, Lacroix, de Perthuis, de Candolle, Dutour, Duchesné, Féburier, Brébisson, etc.

La plupart membres de l'Institut, du conseil d'Agriculture établi près le Ministre de l'Intérieur, de la société d'Agriculture de Paris, et propriétaires-cultivateurs.

16 gros volumes in-8 (ensemble de plus de 8,800 pag.)

ORNÉS D'UN GRAND NOMBRE DE PLANCHES.

Prix : 56 fr. au lieu de 120 fr.

Cet ouvrage, le meilleur en ce genre, édité par M. Deterville, ne doit pas être confondu avec des publications mercantiles où quelques bons articles sont confondus avec des vieilleries décousues qui pourraient induire le cultivateur en erreur.

SYNONYMIA INSECTORUM. — CURCULIONIDES ; ouvrage comprenant la synonymie et la description de tous les curculionites connus ; par M. SCHOENHERR. 8 vol. in-8 (en latin). Chaque partie, 9 fr.

Les 5 premiers volumes, contenant deux parties chaque, sont en vente ainsi que la 1er du tome VI.

CURCULIONIDUM DISPOSITIO methodica cum generum characteribus, descriptionibus atque observationibus variis seu prodromus ad Synonymiæ insectorum partem IV, auctore C. J. SCHOENHERR. 1 vol. in-8.   7 fr.

L'éditeur vient de recevoir de Suède et de mettre en vente le petit nombre d'exemplaires restant de la Synonymia insectorum du même auteur. Chaque volume qui compose ce dernier ouvrage est accompagné de planches coloriées, dans lesquelles l'auteur a fait représenter des espèces nouvelles.

ZOOLOGIE

CLASSIQUE,

OU

HISTOIRE NATURELLE

DU RÈGNE ANIMAL,

PAR

F.-A. POUCHET,

DOCTEUR EN MÉDECINE,

PROFESSEUR DE ZOOLOGIE AU MUSÉUM D'HISTOIRE NATURELLE DE ROUEN,
MEMBRE DE L'ACADÉMIE ROYALE DES SCIENCES, LETTRES ET ARTS DE CETTE VILLE,
ET DE PLUSIEURS ACADÉMIES FRANÇAISES ET ÉTRANGÈRES, ETC.

SECONDE ÉDITION,

CONSIDÉRABLEMENT AUGMENTÉE.

TOME SECOND,

CONTENANT LES ANIMAUX INVERTÉBRÉS.

Ouvrage
accompagné d'un Atlas, de 44 planches et de 5 grands tableaux,
de tout gravé sur acier.

PARIS.

LIBRAIRIE ENCYCLOPÉDIQUE DE RORET,

RUE HAUTEFEUILLE, Nº 10 BIS.

ROUEN.

FRANÇOIS, Libraire. || FRÈRE, Libraire.

1841.

PARIS. — IMPRIMERIE DE FAIN ET THUNOT,

IMPRIMEURS DE L'UNIVERSITÉ ROYALE DE FRANCE,

Rue Racine, n° 28, près de l'Odéon.

ZOOLOGIE ÉLÉMENTAIRE.

TYPE II.

ARTICULÉS ou ENTOMOZOAIRES.

VIII. CLASSE DES INSECTES
ou HEXAPODES.

Animaux sans vertèbres, à système solide extérieur formé d'articulations ; six membres articulés. Respiration aérienne s'opérant par des trachées ; développement s'opérant à l'aide de métamorphoses.

Géologie. — Les Insectes ne furent probablement pas moins nombreux aux époques antédiluviennes qu'ils ne le sont actuellement, comme semble l'indiquer le prodigieux développement de l'ancienne végétation du globe ; mais on n'en a découvert que peu de vestiges dans les roches, ce qui est probablement dû à la petitesse de ces animaux qui les dérobe à l'attention, et à la facilité avec laquelle ils s'altèrent.

Cependant on en rencontre des débris dans les couches de la serie carbonifère de Coalbrook-Dale et dans d'autres bassins houillers. Depuis longtemps aussi on a découvert des élytres de coléoptères dans les schistes oolitiques de Stonesfield, qui forment l'un des étages de la série secondaire, et, d'après M. Curtis, ces débris appartenaient principalement à des espèces fort voisines des Buprestes, genre qui réside actuellement, en grande partie, dans les latitudes équatoriales.

On voit dans la collection du comte Munster vingt-cinq espèces d'Insectes fossiles qui ont été extraits du calcaire jurassique de Solenhofen : parmi eux se trouvent des Coléoptères, des Ranatres et cinq Libellules.

Récemment on a aussi découvert des animaux de cette classe dans le gypse tertiaire de la formation d'eau douce d'Aix en Provence. M. Marcel de Serres en mentionne soixante-deux genres, appartenant à différents ordres, entre autres aux Coléoptères, aux Hémiptères et aux Diptères. Ces Insectes sont considérés, par M. Curtis, comme se rattachant, pour la plupart, aux formes ou aux genres de ceux qui peuplent aujourd'hui l'Europe.

Géographie. — L'observation démontre que les pays les plus riches en Insectes sont ceux où la végétation est plus abondante et où elle se renouvelle avec le plus de luxe ; aussi, à mesure qu'on s'approche des régions glacées, soit en s'avançant vers les pôles, soit en s'élevant sur les montagnes, en même temps que le nombre des plantes diminue, on voit diminuer les animaux dont il est ici question. Au Groënland, d'après la Faune de Othon Fabricius, il n'existe que 110 insectes, y compris, comme Linnée le faisait, les Crustacés et les Arachnides ; puis, quand on s'avance encore davantage vers le pôle ces êtres vivants disparaissent totalement.

Les montagnes, par rapport aux Insectes comme aux autres animaux, forment, selon leur hauteur, des climats particuliers qui correspondent aux plaines des contrées plus ou moins septentrionales ; aussi, sur les pics élevés du Midi, on rencontre parfois des espèces indigènes des régions polaires : c'est ainsi que les Alpes recèlent divers Hexapodes qui n'habitent que le nord de l'Europe[1] ; et, par la même raison, des Insectes qui vivent dans les plaines du nord de la France, ont leur habitation sur les montagnes alpines du midi de notre partie du globe[2].

Latreille pose comme principe que, dans les contrées où la température et le sol sont les mêmes, mais qui seulement se trouvent séparées par de grands espaces, les Insectes sont généralement différents, ces contrées fussent-elles sous les mêmes parallèles ; en effet, tous ceux de ces animaux que l'on apporte des diverses latitudes de l'Asie, sont très-distincts des espèces que nourrissent l'Europe et l'Afrique. Les grandes chaînes de montagnes, les bras de mer qui séparent certaines contrées et mettent un obstacle au transport des animaux, font aussi que dans les mêmes latitudes on observe d'importantes dissemblances relativement aux Insectes ; c'est ainsi qu'on s'aperçoit d'une sensible différence entre ceux qui résident au delà des Alpes et ceux que l'on découvre en deçà ; le Rhin et ses montagnes forment même une barrière que quelques espèces de l'Allemagne n'ont point encore franchie. On a observé que, relativement aux différences géographiques, il n'existe pas une aussi grande diversité parmi les Insectes aquatiques que dans les autres, et quelques-uns de ceux que nous possédons se retrouvent parmi des climats fort différents et même au Bengale[3].

Il est de règle générale que l'intensité de la lumière et du calorique influe considérablement sur la taille et la coloration des In-

----

[1] *Prionus depsarius.*   [2] Carabe doré.   [3] Dytisque gris.

sectes, et que, plus on s'avance vers les régions équatoriales, plus aussi les espèces acquièrent une grande taille, et plus elles se font remarquer par les éminences dont leur corps est orné et par leur brillante coloration.

Les Insectes des États-Unis, quoique très-souvent analogues aux nôtres, présentent cependant des caractères particuliers, mais quelques-unes des espèces qui s'y trouvent, sont communes à la Suède et aux possessions anglo-américaines. En général, chacune des parties du globe est en possession de quelques genres spéciaux qui ne se rencontrent point dans les autres. C'est ainsi, par exemple, que les genres Corydale, Centris, Mélipone, Euglosse, etc., etc., sont particuliers au nouveau continent, et que les genres Manticore, Anthie, Pimélie, Cossyphe, Mylabre, Abeille, etc., etc., appartiennent à l'ancien. Quelques familles paraissent même ne s'étendre que sur certaines parties de l'un de ceux-ci : c'est ainsi que l'Europe tempérée semble être la patrie spéciale des Carabes, l'Australie celle des plus grandes espèces de Cossus et d'Hépiales, et c'est aux Moluques que paraissent résider les Bombyx ou les Papillons proprement dits, qui offrent les plus vastes dimensions. L'entomologie de la Nouvelle-Hollande forme un type spécial ; mais elle se compose, en grande partie, des espèces qui ont de l'analogie avec celles qui habitent les Moluques et les Indes.

MÉTAMORPHOSES. — Les Insectes subissent successivement une série de métamorphoses avant d'apparaître sous leur état parfait ; les anciens semblent avoir soupçonné ce phénomène, et il en est notamment fait mention dans Aristote, mais il ne fut bien observé qu'au XVIIe siècle, par Rédi, Swammerdam et Goedart, auxquels on peut dire que l'on en doit, en quelque sorte, la découverte. Puis, Lyonnet, Réaumur et Rœsel s'occupèrent ensuite de ce sujet important et contribuèrent à l'éclairer. Les travaux de tous ces hommes remarquables démontrèrent positivement que ces animaux éprouvent trois transformations avant d'atteindre leur dernière forme.

Dans leur premier état ils n'ont point d'ailes, et quelques-uns même manquent totalement d'organes du mouvement ; dans le second, qu'ils soient agiles ou qu'ils restent immobiles et plongés dans une espèce de léthargie, ceux-ci commencent à apparaître et sont plus ou moins développés ; enfin le troisième état nous montre les Insectes jouissant de toutes leurs facultés et de la totalité de leurs organes. Ces métamorphoses marquent le développement graduel des êtres de cette classe, et chacune d'elles se produit à l'aide d'un changement de peau, à l'issue duquel ils apparaissent sous une forme nouvelle, qui nous était voilée par l'enveloppe qu'ils abandonnent.

On appelle *Larves* les Insectes qui sont dans leur premier âge, et la dénomination de *Nymphes* leur a été donnée durant la seconde période de leur vie ; enfin, on désigne sous le nom d'*Images* ou d'*Insectes parfaits* ceux qui sont parvenus à l'âge adulte. (*Insectum perfectum, Imago revelata.*)

Les métamorphoses des Insectes offrent un fort grand nombre de variétés. Aussi, Fabricius, dans sa philosophie entomologique, a-t-il consacré un chapitre entier pour les faire connaître et en présenter une classification. Il en admet cinq espèces, d'après les modifications qu'offrent les formes et les mouvements des Larves et des Nymphes. Latreille a restreint ce nombre à trois qu'il nomme *Métamorphose ébauchée*, *Demi-Métamorphose*, et *Métamorphose complète*.

Dans les deux premières, l'animal n'éprouve de mutations que dans les organes du mouvement, les ailes et les pattes ; la Larve et la Nymphe sont toujours actives et leurs habitudes se transmettent à l'Insecte parfait. Dans la Métamorphose complète, qui est la plus curieuse, au contraire, ce dernier n'offre nul rapport avec l'aspect qu'il présentait dans les deux premiers états de la vie, et la Nymphe, qui semble emmaillottée, ne se nourrit plus et reste immobile.

1° LARVES.—Dans leur premier état, les Insectes ont souvent la forme d'un Ver plus ou moins raccourci, et le vulgaire les désigne ordinairement sous la dénomination de *Chenilles* ou *Vers* ; mais Linnée, dont les vues sont si ingénieuses, envisageant qu'après leurs différentes transformations ceux-ci apparaissaient sous d'autres formes, ne vit, dans celles qu'ils offrent d'abord, qu'une espèce de déguisement, et il leur imposa le nom de *Larves (larvæ, masques)*.

Les mœurs des Insectes sont souvent absolument différentes dans leur premier âge et dans leur état parfait ; il en est même dont l'organisation est tellement changée, qu'on les verrait périr d'inanition près d'une nourriture qui, précédemment, formait leur seul aliment ; d'autres expireraient immédiatement si, à l'état adulte, on les plongeait un seul instant dans le milieu où ils vivaient à l'état de Larves [1]. Ces différences sont liées avec les modifications plus ou moins prononcées que les métamorphoses déterminent dans le physique de ces animaux aussi ceux dont la transformation est complète, présentent-ils d'énormes différences dans leurs mœurs, aux deux extrémités de la vie, tandis que ceux dont les métamorphoses sont incomplètes ont des habitudes à peu près identiques dans toutes les périodes de leur existence.

Les Larves présentent en général, comme l'Insecte parfait, un corps que l'on peut diviser en trois régions, la tête, le thorax et l'abdomen. La tête, supportant les organes de la manducation, qui doivent remplir d'importantes fonctions immédiatement après la naissance, est toujours alors plus volumineuse que les autres régions du corps, et c'est elle qui, comme dans les animaux supérieurs, a été élaborée la première dans l'œuf ; mais cet état disparaît ordinairement à mesure que l'animal s'éloigne de l'époque de sa naissance. Cette région est presque constamment renforcée d'une substance cornée qui soutient les diverses parties de la bouche.

Les antennes sont généralement beaucoup moins développées dans

---

[1] Cousins.

les Larves que dans les Insectes parfaits, et jl'on pense même qu'un certain nombre de celles-ci en manquent totalement [1]. Dans tous les animaux de cette classe qui ne subissent que des transformations incomplètes, on trouve, dans la première période de la vie, des yeux qui ressemblent à ceux qui s'observent dans les Insectes adultes, mais chez ceux qui éprouvent de grandes métamorphoses, ou ces organes n'existent nullement sur les Larves, comme cela a lieu dans celles qui ont une tête membraneuse [2], ou bien ils sont formés d'yeux lisses, simples et très-petits, qui ne ressemblent nullement aux yeux à réseau des Insectes adultes.

Les modifications qu'éprouvent les organes qui forment la bouche, dans les âges divers des Insectes, ne sont pas moins remarquables. L'accroissement de ces derniers, se faisant principalement sous l'état de larve, il en résulte que les parties qui entrent dans la composition de l'appareil buccal devaient être fort développées, et c'est aussi ce qui a lieu; mais chez certains Insectes, ces parties diminuent beaucoup d'importance dans le dernier âge de la vie, parce que ceux-ci ou ne prennent plus qu'une fort petite quantité d'aliments, ou font usage d'une nourriture fluide [3]. Au contraire, dans les Hexapodes à métamorphoses incomplètes, l'appareil buccal reste toujours identique.

Beaucoup d'Insectes possèdent, sous l'état de Larve, la faculté de se faire une coque soyeuse dans laquelle s'accomplissent les dernières métamorphoses. Ordinairement la soie sort d'une filière ayant la forme d'un tube tronqué, situé à l'intérieur de la lèvre inférieure, et dans laquelle Réaumur avait cru apercevoir deux orifices pour laisser échapper la soie; mais Lyonnet pense que ceux-ci se réunissent en un seul, à l'extrémité de l'organe.

Le tronc et l'abdomen des Larves sont souvent confondus; cela a particulièrement lieu dans celles qui sont dépourvues de pattes [4], tandis que l'on peut facilement distinguer ces deux régions dans les Insectes qui offrent ces appendices sous leur premier état. En effet, dans ces derniers l'analogie démontre que le thorax est constamment la partie qui est bornée aux trois anneaux qui sont munis de vraies pattes, et que l'on doit considérer comme l'abdomen les segments qui suivent, soit qu'ils soient nus, soit qu'ils se trouvent munis de fausses pattes ou d'appendices divers.

Parmi les Insectes qui subissent de grandes métamorphoses, on trouve des pattes dans les larves des Coléoptères, des Lépidoptères et des Névroptères, et l'on ne cite que quelques exceptions à cette règle parmi le premier groupe [5]; au contraire, les Hyménoptères et les Diptères manquent généralement de ces appendices, et l'on n'en observe que dans un fort petit nombre d'entre eux [6].

---

[1] Diptères.   [3] Lépidoptères.   [5] Charençons.
[2] Diptères.   [4] Diptères.   [6] Hyménoptères térébrans, Tipules.

On distingue facilement dans ces Larves les vraies pattes de celles que l'on appelle fausses pattes, parce que les premières sont solides et cornées, tandis que les autres ne paraissent être que des expansions de la peau. Ces dernières sont ordinairement coniques et plus ou moins rétractiles, et souvent tout le pourtour de leur extrémité, qui forme une sorte de disque, est garni de crochets cornés, ressemblant à des hameçons, et dont la pointe est tournée en dedans; parfois aussi ce disque est armé de crochets semblables. Quoi qu'il en soit, ces fausses pattes ont la faculté, à la volonté de l'Insecte, de se contracter à l'aide d'un muscle rétracteur, de manière à ramener vers le centre tous les crochets, et à leur faire ainsi saisir les corps sur lesquels marche l'animal, et à l'y faire adhérer solidement[1].

Le nombre des pattes que présentent les Larves influe manifestement sur leur genre de marche; celles qui en ont beaucoup, en les faisant jouer successivement, paraissent glisser sur le plan qui les supporte; mais celles qui n'en ont qu'aux deux extrémités de leur corps opèrent la progression d'une toute autre manière. Ces dernières saisissent d'abord le terrain à l'aide des pattes antérieures, puis, en formant une espèce d'anse avec leur tronc, on les voit rapprocher les fausses pattes des autres; alors elles se fixent sur le sol en employant ces dernières, et elles étendent le corps pour avancer la région antérieure du tronc, et la cramponner sur le plan de progression, ainsi qu'elles l'ont fait en partant, afin de ramener ensuite le train postérieur près d'elles. Comme cette marche ressemble à une succession de pas dans lesquels l'animal franchit toujours un espace égal de terrain, on a donné le nom d'*arpenteuses* ou de *géomètres* aux chenilles qui affectent cette singulière locomotion.

Les organes respiratoires des Larves sont souvent disposés d'une tout autre manière que ceux des Insectes parfaits, ce qui provient de la diversité qu'offrent les milieux dans lesquels ils vivent aux deux extrémités de leur carrière. Aussi la sagesse du Créateur se décèle par les précautions variées qui ont été prises pour protéger la fonction dans les différentes circonstances dans lesquelles elle doit s'exercer.

Certaines Larves qui vivent au sein de l'eau ou dans un milieu pâteux, offrent des replis de la peau qui sont disposés de manière à recouvrir les ouvertures des organes respiratoires pour empêcher le liquide d'y entrer et d'en troubler la fonction[2]. Dans quelques Diptères, au lieu de se trouver reportés sur tous les anneaux du corps, les stigmates sont presque tous sur une plaque écailleuse située à l'extrémité postérieure de l'abdomen qui semble comme tronqué; puis le dernier anneau de celui-ci forme une espèce de bourrelet charnu tout autour des ouvertures respiratoires, et qui peut les cacher totalement en se resserrant, et les dérober à l'action du milieu dans lequel vit l'animal. D'autres Insectes du même ordre, qui vivent dans l'eau, ont leurs tra-

----

[1] Ver à soie.   [2] Aglosse de la graisse.

chées situées à l'extrémité d'un tube qui s'ouvre et se ferme à l'aide de pièces mobiles ; et quand leurs Larves sentent le besoin de respirer, elles viennent à la surface de l'eau épanouir l'orifice commun de leurs trachées afin d'y puiser de l'air atmosphérique [1]. Quelques autres Diptères ont une organisation non moins ingénieusement appropriée à leurs besoins ; les trois derniers anneaux de leur corps forment une queue terminée par un grand nombre de poils plumeux, rayonnants, et que la Larve vient épanouir à la surface de l'eau lorsqu'elle veut admettre de l'air dans ses trachées [2]. Enfin, il en est qui accomplissent cet acte par un mécanisme autre, mais non moins remarquable ; leurs larves séjournent dans les eaux croupissantes peu profondes, et elles n'ont point d'organes de natation pour en atteindre la surface, mais la nature y a obvié en leur donnant un tube qui peut s'alonger et se raccourcir selon le niveau du liquide, et permettre à l'animal de respirer à volonté. Ce tube, qui représente une espèce de queue, et qui a valu à cet Insecte le nom de *Ver à queue de rat*, est formé de deux tuyaux élastiques dont l'intérieur peut s'enfoncer dans le premier, et est muni de deux trachées qui sont infléchies en zigzag lorsqu'il est rentré, mais qui deviennent rectilignes quand il se trouve alongé ; cet appendice est terminé par cinq soies qui peuvent se rapprocher on s'écarter, et c'est son extrémité que ces Hexapodes portent jusqu'à la superficie de l'eau pour y puiser l'air à l'aide des deux trachées qui s'y ouvrent [3].

Il est aussi des Insectes dont les larves aquatiques respirent avec des appareils destinés à extraire de l'eau l'air nécessaire pour revivifier le sang, et chez lesquelles ces organes fonctionnent comme les branchies des Poissons : tantôt, ainsi que nous le dirons en traitant des espèces, ils sont à l'extérieur de l'animal et formés de lamelles qui ressemblent à des trachées retournées [4], et tantôt ils se trouvent à l'intérieur de l'intestin [5].

2° —Sous leur second état, les Insectes portent le nom de *Nymphes*, qui leur a été donné, selon Latreille, parce qu'ils semblent emmaillottés dans leur enveloppe ; alors aussi on les appelle souvent *Chrysalides*, désinence qui provient du mot grec χρυσός, qui signifie or, et rappelle les brillantes taches d'or mat qu'elles offrent parfois à leur surface.

La Nymphe n'est qu'un état mitoyen pendant lequel la nature prépare la dernière transformation de l'animal, et consolide et perfectionne ses organes ; aussi on peut dire avec M. Bory Saint-Vincent, que la Chrysalide immobile est une espèce d'œuf ou de sépulcre intermédiaire qui termine l'existence inachevée de la Chenille, et commence l'existence parfaite de l'Insecte.

Certaines Nymphes ont à peu près les formes des Insectes parfaits,

---

[1] Cousins.
[2] Stratiomes.
[3] Hélophiles.
[4] Éphémères.
[5] Libellules.

et sont douées de mouvement ; on ne les distingue même parfois de ceux-ci que par l'état rudimentaire de leurs ailes [1] ; d'autres, au contraire, sont dépourvues de tout organe locomoteur et forcées de rester en place [2]. La durée de cette phase de la vie varie beaucoup, selon les espèces, et il est même difficile de la préciser, parce que la température la fait changer considérablement.

L'Insecte sort de son enveloppe de Nymphe au moyen d'une ouverture qui se produit à celle-ci sur la région du dos. Souvent immédiatement après il s'envole, parce qu'il a acquis dans sa prison toute la consistance qui lui est nécessaire [3] ; mais d'autres fois, comme il est encore trop mou pour cet effet, il s'enfonce pendant un certain temps sous la terre, afin que ses téguments s'y durcissent suffisamment [4].

On observe souvent qu'avant de se métamorphoser en Chrysalide, les Larves ont pris des précautions pour favoriser l'issue de l'Insecte adulte, soit de la coque dans laquelle il se trouve enveloppé, soit de l'endroit où il se renferme, pour se métamorphoser [5] ; quelquefois aussi ce sont les individus qui se trouvent près de la Nymphe qui éclôt que l'on voit venir en aide au jeune animal, pour le soustraire, en quelque sorte, à ses langes [6].

3° INSECTES PARFAITS. — Ces animaux, dans leur troisième état, sont désignés sous le nom d'*Insectes parfaits* ou d'*Images*.

Locomotion. — Le corps des Insectes est formé par un certain nombre d'anneaux solides, placés les uns à la suite des autres et formant trois régions ou groupes distincts, qui sont la tête, le thorax et l'abdomen.

La *tête*, qui se trouve en avant, présente les organes variés qui forment la bouche, les antennes et les yeux.

Les *antennes* sont des espèces de petites cornes supportées par la tête ; elles sont au nombre de deux. Ces organes sont composés de pièces nommés *articles*, offrant une figure variée. Quand ces articles sont arrondis, et que, par leur réunion, ils imitent l'arrangement des grains d'un chapelet, les naturalistes nomment les antennes *moniliformes;* celles-ci reçoivent l'épithète de *sétacées* lorsque les pièces qui les constituent deviennent de plus en plus fines, en avançant vers l'extrémité ; au contraire, on appelle les antennes *claviformes* quand cette extrémité étant plus épaisse que l'origine, elle ressemble à une frêle massue ; enfin, elles sont dites *filiformes* si elles ont, comme un fil, un diamètre égal partout.

La physiologie des antennes est assez obscure. De Blainville, d'après l'analogie de leur situation et de leur système nerveux, pense qu'elles sont le siége de l'odorat, et d'autres naturalistes, comme nous allons

---

[1] Orthoptères.
[2] Lépidoptères.
[3] Papillons.
[4] Hannetons, Cétoines.
[5] Bombyx, Bruches.
[6] Fourmis.

le dire en son lieu, les considèrent comme des organes tactiles ou auditifs.

Le *thorax* forme la région moyenne de l'Insecte; il supporte les membres et les ailes; cette région, qui a été étudiée avec soin par Nitzsch, Latreille et M. Audouin, est composée de trois pièces qui supportent chacune une paire de pattes, et auxquelles ils ont donné les noms qui suivent. La pièce antérieure est appelée par eux *prothorax*, et, outre les membres de devant qui s'y insèrent, elle offre de chaque côté un stigmate; la moyenne, qu'ils ont nommée *mésothorax*, en sus des pattes intermédiaires, donne naissance aux ailes supérieures; enfin, la pièce postérieure qu'ils appellent *métathorax*, supporte les membres de derrière et les ailes inférieures.

Ces diverses pièces, qui forment des espèces d'anneaux, sont toutes composées de quatre régions; d'une inférieure ou *sternum*, d'une supérieure ou *tergum*, et de deux latérales ou *flancs*.

Le thorax donne naissance aux ailes, qui sont des appendices ordinairement destinés à opérer la locomotion aérienne; jamais il n'en existe au delà de deux paires; un ordre entier n'en offre qu'une seule [1], et un autre n'en possède point [2]. Ces organes sont toujours implantés sur les deux derniers anneaux du corselet, le prothorax n'en supporte point. Leur forme et leur consistance varient. Parfois les ailes supérieures sont dures, opaques, et constituent une sorte de bouclier ou d'étui qui protége les inférieures et l'abdomen; alors on les nomme *élytres;* cette structure s'observe sur un très-grand nombre d'Insectes [3], mais il en est aussi beaucoup chez lesquels toutes les ailes sont minces et membraneuses [4], et d'autres qui offrent une disposition mixte, et ont la base des ailes supérieures dure et coriace, et leur extrémité transparente [5].

Considérées dans leur plus simple composition, telles qu'elles se présentent chez quelques Hyménoptères [6], les ailes ne sont formées que par deux membranes transparentes appliquées l'une sur l'autre, et qui ne sont que des expansions cutanées. Mais, chez la plupart des Insectes, ces appendices locomoteurs présentent une organisation plus avancée, et l'on observe, entre les membranes qui les composent, des nervures plus ou moins anastomosées, formées par des trachées et aussi par des vaisseaux qui se sont solidifiés, comme j'ai pu facilement m'en convaincre dans les Éphémères où j'ai manifestement découvert le sang circulant dans les ailes, au moment où la Nymphe va subir sa dernière métamorphose.

On avait déjà tenté de faire servir les nervures des ailes pour la classification des Insectes; mais ce fut Jurine père, qui employa ce moyen avec le plus de succès. Dans son mémoire sur les ailes des Hyménoptères, il rapproche celles-ci des organes du vol des oiseaux, et donne

----

[1] Diptères.   [3] Coléoptères.   [5] Hémiptères.
[2] Aptères.   [4] Hyménoptères.   [6] Chalcis.

à leurs nervures des noms semblables à ceux des os qui, dans ces animaux, en forment la partie solide. Il nomme *radius*, la nervure de l'aile qui, dans les Insectes que nous venons de citer, borde la région externe ; et celle qui est en dedans et qui marche parallèlement à elle, il l'appelle *cubitus*. M. Chabrier, qui a étudié les ailes des Coléoptères, leur a adapté à peu près les mêmes vues ; il les considère comme offrant trois régions ; l'une qui en forme la base et qu'il regarde comme un humérus ; une autre qui en constitue la partie moyenne et la plus considérable, et dans laquelle il se trouve deux nervures principales que cet observateur nomme radius et cubitus ; enfin, une troisième qui est mobile et qui, selon lui, est l'analogue de la main.

Dans les Insectes qui n'offrent que deux ailes, on trouve des organes particuliers, les *cuillerons* et les *balanciers*, dont nous traiterons en parlant de l'ordre des Diptères.

Les membres des Hexapodes sont formés de plusieurs pièces articulées qui portent des noms particuliers. La *hanche* est celle qui s'insère sur le corselet ; le *fémur* ou la cuisse est la seconde partie du membre, et presque toujours la plus considérable ; parfois, on y voit en haut une petite éminence nommée *trochanter*. La cuisse supporte la jambe ou le *tibia*, et à l'extrémité de celle-ci, se trouvent plusieurs petites pièces articulées, dont l'ensemble est désigné sous le nom de *tarse*, par les entomologistes. Ceux-ci ont même donné divers noms aux Insectes, selon le nombre des pièces qui forment cette région. Ils ont appelé ces animaux *Pentamérés, Tétramérés, Trimérés, Dimérés*, selon qu'ils avaient cinq, quatre, trois, ou deux articulations à chacun des tarses ; et enfin, ils désignent, sous la dénomination d'*Hétéromérés*, ceux qui ne possèdent que quatre pièces à la paire de pieds postérieurs, et qui en ont cinq à celle de devant. Les membres se terminent par des crochets souvent doubles.

La structure des membres des Hexapodes varie comme leur destination. Dans ceux où ces appendices sont appropriés au saut, ils sont excessivement développés ; dans d'autres, leur forme est aplatie, et ils sont disposés en rames pour la natation ; dans quelques Insectes, les jambes présentent des dentelures pour fouir la terre. Il en est chez lesquels les tarses sont munis d'espèces d'éponges pour adhérer aux corps ; enfin dans d'autres, ils se trouvent spécialement conformés, chez les mâles, pour fixer la femelle pendant l'accouplement.

L'*abdomen* forme la partie postérieure du corps, il est tantôt sessile et tantôt pédiculé, et il se compose d'un plus grand nombre d'anneaux que le thorax. Ceux-ci sont dépourvus d'appendices locomoteurs, et on voit sur leurs parties latérales les bouches de l'appareil respiratoire ; cette région se termine, en arrière, par un orifice commun, pour les organes digestifs et génitaux ; rarement ces derniers ont une issue particulière [1].

---

[1] Libellules.

Les différents organes que nous venons d'énumérer sont mus par des muscles situés à l'intérieur, et le nombre de ceux-ci est quelquefois considérable ; car tandis que chez l'homme il n'en existe guère qu'environ cinq cent trente, Lyonnet en a compté plus de quatre mille dans la Chenille d'un Papillon [1]. Leur fibre étant pénétrée de toute part par le fluide atmosphérique, à l'aide des ramifications capillaires des trachées, il en résulte qu'elle possède une énergie de contractilité remarquable, proportionnellement à la dimension de ces animaux, et qui nous explique les efforts inouïs que nous leur voyons opérer dans différentes circonstances.

Dans les Larves appelées Chenilles, le système musculaire est très-simple et se rapproche de celui des Annélides ; il se compose de deux rubans situés au dos et parcourant toute la longueur de l'animal, de deux au ventre ayant la même disposition, et d'un de chaque côté. Mais l'appareil musculaire est plus compliqué chez les Larves des Insectes à métamorphose incomplète qui se rapprochent plus de la structure de l'animal parfait. Dans celui-ci, le système musculaire est surtout concentré à l'intérieur de la poitrine pour les mouvements des pattes et des ailes, tandis qu'il tend à s'effacer dans la région abdominale.

L'enveloppe extérieure des Insectes a été soumise à l'analyse chimique par MM. Odier et Lassaigne. Le premier l'a trouvée composée des principes suivants chez le Hanneton : 1° d'une substance particulière qu'il nomme *chitine*, et que M. Lassaigne appelle *entomeiline;* elle forme le quart du poids de l'Insecte, ne se racornit pas au feu et est insoluble dans la potasse ; 2° d'une substance animale brune, soluble dans la potasse ; 3° d'une huile colorée, soluble dans l'alcool, et donnant parfois aux Hexapodes leur coloration ; aussi elle est brune dans le Hanneton, verte dans les Cantharides et rouge chez les Criocères ; 4° d'une matière extractive soluble ; 5° d'albumine ; et 6° de souscarbonate de potasse et de phosphate de chaux et de fer.

Système nerveux. — Les premières notions que l'on ait eues sur le système nerveux des Insectes furent dues à Swammerdam qui s'occupa de décrire celui des Abeilles, des Vers à soie et de quelques autres animaux de cette classe. Lyonnet, dans son admirable ouvrage, donna de magnifiques figures de ce système qui, dans ces dernières années, a été de nouveau étudié par Hérold, dans son anatomie de la chenille du Papillon du chou, et par Straus, dans ses travaux sur le Hanneton.

Il résulte des observations de ces différents naturalistes que le système nerveux de la plupart des Insectes se compose d'environ une douzaine de ganglions ou renflements qui correspondent aux différents anneaux du corps, et qui sont unis par deux filets de communication. Le premier de ces ganglions est considéré comme un cerveau, à cause de sa situation dans la tête et de sa grosseur ; il envoie deux nerfs aux

____
[1] Cossus.

antennes et deux aux yeux, puis, selon M. Duméril, de petits filaments aux diverses parties de la bouche. Il communique avec le ganglion suivant, à l'aide de deux filets qui entourent l'origine du canal digestif, en lui formant une espèce d'anneau ; le second renflement nerveux se joint de même avec le troisième par deux branches, et tous les autres ont un pareil mode de communication, de manière qu'ils forment une chaîne continue dans toute la longueur du corps.

Trois ganglions nerveux se trouvent dans la poitrine. Le premier donne des filets aux deux membres antérieurs, le second en fournit aux jambes moyennes et aux ailes supérieures, et le troisième distribue ses ramifications aux ailes inférieures et aux membres de derrière. Le système sensitif abdominal se compose communément d'autant de ganglions qu'il y a d'anneaux, et chaque renflement nerveux envoie des filets aux différentes pièces des appareils respiratoire, digestif et génital.

Dans quelques Insectes supérieurs, outre le système nerveux que nous venons de décrire, on trouve un autre système bien plus délicat, qui a été découvert par Müller et que l'on a comparé avec quelque fondement au grand sympathique des animaux vertébrés. Il consiste en deux nerfs très-déliés, naissant du ganglion céphalique, se dirigeant en arrière sur le tube intestinal, et se renflant, d'espace en espace, en ganglions qui fournissent de petits rameaux.

Mais cette structure du système nerveux est loin d'être semblable dans toute la série des Insectes. D'après Léon Dufour, les Hémiptères n'ont, outre le cerveau, que deux ganglions qui sont placés tous les deux dans le thorax, et l'on n'en rencontre point dans l'abdomen, dont les viscères reçoivent seulement des rameaux nerveux. Il est en outre curieux d'observer que, chez quelques Hyménoptères qui, tels que les Abeilles, se font remarquer par leur haute intelligence, le système nerveux se centralise davantage que dans les autres Insectes, et le cerveau est proportionnellement beaucoup plus volumineux ; ainsi qu'on peut le voir dans les planches de Ratzeburg et de Tréviranus dans lesquelles le premier a figuré celui de l'Abeille et le second celui du Bourdon.

En outre, le système nerveux de ces animaux ne se fait pas moins remarquer par les changements qu'il subit pendant leurs métamorphoses. Hérold, qui a très-bien figuré celui du Papillon du chou sous ses différents états, a démontré que ce système tend de plus en plus à se concentrer, à mesure que l'Insecte s'avance vers son état parfait. Dans les Chenilles, la chaîne ganglionnaire a de l'analogie avec celle des Annélides ; mais chez la Chrysalide elle s'est beaucoup contractée, et plusieurs de ses masses se sont déjà soudées ensemble. Dans les Papillons, de plus grands changements se présentent encore, et non-seulement le système des ganglions y offre à peine la moitié de l'étendue qu'il avait dans la Chenille, mais plusieurs de ceux-ci ont même disparu totalement.

SENS. *Odorat.* — Le siége de l'organe olfactif des Insectes n'a pu, jusqu'ici, être assigné d'une manière positive, et des opinions fort diverses ont été émises sur ce sujet. Lyonnet et M. Marcel de Serres ont pensé qu'il résidait dans les palpes, et ce dernier désigne même, sous le nom d'olfactifs, deux nerfs qu'il a reconnus dans ces organes. Comme dans les animaux supérieurs, l'appareil qui sert à la perception des odeurs se trouve à l'origine des voies respiratoires, Baster, par analogie, a considéré l'orifice des trachées comme étant le lieu où se produit cette sensation chez les animaux que nous décrivons, et M. Duméril a développé cette idée qu'il a adoptée, ainsi que Cuvier, et que Straus semble également disposé à admettre.

Au contraire, ce sont les antennes qui ont paru à Réaumur et à Rœsel devoir être le siége de l'odorat; et en s'appuyant sur l'analogie de leur position, et surtout sur la spécialité du système nerveux qu'elles reçoivent, de Blainville a adopté leur opinion comme étant la plus rationnelle. Ces organes se trouvant formés par une peau, alternativement dure et molle, les modifications de celle-ci sont peu olfactives, il est vrai, mais à leur extrémité, cependant, elle a toujours paru plus tendre et plus spongieuse, ce qui a principalement lieu chez les Nécrophores dont l'odorat possède une si grande finesse.

Rosenthal, d'après quelques expériences, a cru pouvoir assigner, comme étant le siége de l'olfaction chez la Mouche à viande, une pellicule qui se trouve sur la tête, et d'où pendent de petits tubercules palpiformes, et qui est finement plissée à l'intérieur. La lamelle rhomboïdale, transparente, qui existe sur le front des Sauterelles, et offre derrière elle deux saillies du ganglion cérébral, aurait aussi la même fonction, selon quelques naturalistes.

Enfin, pour exposer toutes les opinions qui ont été émises sur ce sujet, nous devons dire que Tréviranus pense que l'organe olfactif des Lépidoptères, des Hyménoptères et des Diptères pourrait bien être la vessie aspirante qui se trouve à l'orifice de l'estomac, et au moyen de laquelle l'air et la nourriture liquide parviennent dans l'œsophage de ces Insectes. Cet anatomiste croit même que la dilatation, qui s'observe dans ce canal, chez les Coléoptères et les Libellules, pourrait bien être aussi le siége de la sensation. Carus adopte une opinion mixte, et il lui semble que celle de Réaumur, de Rœsel et de de Blainville, combinée avec celle de Rosenthal, doit offrir le plus de chances en sa faveur.

Malgré l'obscurité qui règne sur le siége de l'organe de l'odorat des Insectes, on peut, cependant, apprécier qu'ils perçoivent très-bien les odeurs, puisqu'on les voit arriver de fort loin dans certains lieux pour y chercher des aliments qui sont soustraits à leur vue, et ne peuvent se déceler que par leurs émanations odorantes. Quelques Hexapodes carnivores sont même trompés par les exhalaisons cadavéreuses de plusieurs fleurs [1]; elles les attirent, et ils déposent dans leur calice une progéniture que cette erreur condamne infailliblement à périr.

[1] Stapélias.

Vision. — Les Insectes possèdent deux sortes d'yeux ; les uns qui sont ordinairement fort grands, et qui paraissent formés à l'extérieur par un assemblage de petites facettes souvent hexagones, et dont le nombre dépasse souvent plusieurs mille : ce sont eux que l'on nomme *yeux composés*, *yeux à facettes* ou à *réseau ;* les autres, qui sont beaucoup moins volumineux, représentent seulement de petites lentilles simples : on les appelle *yeux lisses* ou *stemmates*, et ils sont la plupart du temps au nombre de trois, et disposés en triangle sur le sommet de la tête.

Les yeux composés des Insectes se font souvent remarquer par leur développement considérable. Il est tel, que, suivant M. Marcel de Serres, le volume du corps n'est ordinairement à celui des yeux, que comme 6, 8, 10 ou 16 est à 1, et qu'il ne se trouve même que dans la proportion de 4 à 1 chez quelques-uns [1]. Chaque œil composé est formé d'un grand nombre de facettes hexagonales qui représentent autant de petits yeux réunis en une seule masse ; la Fourmi en offre 50. Leuwenhoeck en a compté 8,000 sur une Mouche ; Straus 8,828 chez le Hanneton ; Dupuget 17,325 sur un Papillon, et on en a trouvé 25,088 dans une Mordelle.

Swammerdam, Cuvier, MM. Marcel de Serres et Dugès ont particulièrement étudié la structure des yeux des Insectes, et d'après ces auteurs, et surtout d'après les belles recherches de ce dernier, qui sont les plus récentes, chaque facette de ces organes représenterait un des yeux des animaux supérieurs et en offrirait, jusqu'à un certain point, les différentes parties. La cornée est solide pour s'approprier au contact des corpuscules durs qui doivent souvent la froisser dans les cavités où ces animaux se retirent parfois ; en outre, sa surface, dans beaucoup d'espèces, est hérissée de poils que l'on a comparés aux cils des paupières ou aux paupières elles-mêmes, par rapport à leur usage, qui semble être de préserver l'organe du contact de la poussière en la recueillant, et en permettant ensuite à l'Insecte de s'en débarrasser à l'aide de ses pattes antérieures.

D'après les observations de M. Dugès, faites sur les Libellules, chaque facette serait formée d'une cornée derrière laquelle se trouve une chambre antérieure contenant une espèce d'humeur aqueuse ; derrière celle-ci s'observe un iris formé par le pigmentum qui est d'une couleur fort variable, et présente souvent les plus brillantes teintes. Cet iris offre une véritable pupille qui paraît noire lorsqu'on l'examine à un fort grossissement, et celle-ci, selon M. Dugès, se contracte ou s'élargit, comme celle des mammifères. Derrière cet organe existe l'extrémité d'un cylindre transparent qui représente le cristallin et l'humeur vitrée, et reçoit le filet nerveux dont la fonction est analogue à celle de la rétine, et qui doit transmettre la sensation de la vision. Enfin, tout ce petit appareil est enveloppé par un pigmentum qui représente la choroïde des animaux vertébrés.

[1] Musca vomitoria.

Les yeux lisses, suivant Müller, sont analogues à ceux des Octopodes, et offrent une cornée, un cristallin, une choroïde, un corps vitré et un filet nerveux provenant du ganglion cérébral.

Enfin, on doit faire observer que chez certains animaux de cette classe, par une anomalie remarquable, on ne découvre point d'organes visuels; c'est ce qui a lieu pour les neutres de quelques fourmis, selon Rudolphi. Il en est de même chez les larves de beaucoup d'Insectes [1], qui, par cette disposition, semblent indiquer leur infériorité d'organisation dans le premier état de l'existence.

L'organe de la vue des Insectes subit des modifications assez remarquables selon l'espèce de nourriture de ces animaux ou l'heure à laquelle ils la recherchent; tous ceux qui dévorent leur proie vivante ont proportionnellement l'œil plus grand [2], et les Hexapodes qui cherchent leurs aliments la nuit l'ont coloré d'une manière plus foncée [4], et par cela même plus propre à absorber les rayons lumineux. Le séjour a aussi une influence sur la disposition des yeux. Selon M. Marcel de Serres, ceux des Insectes aquatiques n'offrent que de très-légères différences, et en général, ils sont plus ternes et plus opaques. On peut observer que chez eux ils sont souvent placés sur les parties latérales de la tête, de manière à leur permettre de voir à la fois ce qui se trouve à la surface de l'eau et dans sa profondeur [4].

Goût. — On n'est pas d'accord sur le lieu où s'opère particulièrement la sensation du goût. Certains entomologistes croient que c'est à l'entrée du canal digestif; de Blainville pense que le bourrelet charnu et spongieux qui termine la trompe des mouches, peut être regardé comme son siège chez ces Insectes, et Tréviranus considère comme l'appareil de gustation de certains Hyménoptères qui choisissent avec discernement leurs aliments, un organe saillant, mobile et linguiforme, abondamment humecté de salive et situé à l'entrée de l'œsophage [5].

Ouïe. — Les Insectes possèdent le sens de l'ouïe, car il en est parmi eux qui produisent certains bruits qui ont pour but de manifester leur présence à leurs congénères et de les attirer; mais on est encore indécis sur l'organe qui est destiné, dans ces animaux, à percevoir les sons. En se fondant sur les lois de l'analogie, Scarpa et Straus ont pensé que, comme cela a lieu chez les crustacés décapodes, c'était aussi aux antennes qu'était dévolue cette fonction; le premier, comme dans ceux-ci, en plaçait le siége à leur origine; le second qui, dans les crustacés, considère les nombreux articles superposés à celui qui contient le bulbe auditif, comme un appareil acoustique qui lui est surajouté, croit que ces articles, qui restent seuls dans les Insectes, remplissent la fonction. Latreille semble ajouter quelque poids à cette opinion, puisqu'il dit que plusieurs Orthoptères [6] offrent des traces d'un tympan à la naissance de leurs antennes.

---

[1] Hyménoptères.   [3] Blaps, Ténébrions.   [5] Guêpes.
Cicindèles, Libellules.   [4] Gyrins, Dytisques.   [6] Criquets.

Toucher. — La peau des Insectes forme sur la majeure partie de leur superficie des plaques cornées, épaisses, souvent revêtues des plus brillantes couleurs métalliques ; mais dans quelques régions, aux ailes par exemple, elle est souvent excessivement mince, et presque semblable à l'épiderme des animaux vertébrés. On y rencontre des poils simples ou ramifiés, ainsi que de petites écailles dont les formes présentent l'aspect le plus varié lorsqu'on les examine au microscope.

Cette structure cornée de l'organe cutané amoindrit considérablement la sensibilité. Aussi, chez les Insectes, Carus considère le sens du toucher comme étant limité aux antennes et aux palpes qui, selon son système, ne sont que des membres rudimentaires. Cela paraît surtout évident pour quelques-uns de ces animaux qui tâtent ostensiblement tous les corps à l'aide de ces premiers organes [1], et dans beaucoup d'autres, ce sont les palpes qui semblent destinés à cette fonction.

Ayant considéré les antennes comme étant des organes auditifs, Straus, pour être conséquent avec son système, a combattu l'opinion de ceux qui croient que ce sont des appareils affectés spécialement au toucher, et il prétend qu'il n'a jamais observé que les Insectes explorassent les corps avec les antennes ; mais cette assertion manque de précision, car il ne faut que voir un moment des Ichneumons et des Fourmis pour se convaincre du contraire, et MM. Huber, dans leur ouvrage sur les Abeilles, prouvent par de curieuses recherches que ces organes servent, non-seulement au tact, dit Latreille, mais qu'ils sont en outre pour ces Insectes un moyen de communication et une sorte de langage.

Digestion. — Ainsi que le fait supposer la grande diversité de mœurs que l'on observe parmi les Insectes, leur appareil digestif offre d'importantes différences dans les divers ordres qui forment cette classe ; aussi, après en avoir fait ici l'histoire abrégée, dans chacun de ceux-ci nous en traiterons séparément pour en faire ressortir les traits caractéristiques.

Dans son plus grand état de complication on trouve la bouche composée de six pièces principales, dont quatre font ordinairement l'office de mâchoires, et dont deux forment des espèces de lèvres. L'une de ces dernières pièces est presque toujours située en avant de la tête, et cache plus ou moins les organes buccaux : elle est appelée *labre* ou lèvre supérieure ; au-dessous de la bouche on trouve la *lèvre inférieure*, qui est plus ou moins apparente, et sur laquelle on voit des filets articulés nommés *palpes labiaux*. Entre ces deux lèvres se voient deux espèces de dents extérieures, dont la forme est variée, et qui se meuvent horizontalement ; ce sont elles que l'on nomme *mandibules*. Lorsqu'on a soulevé celles-ci, on aperçoit deux autres pièces dont les mouvements s'exécutent dans le même sens, ce sont les *mâchoires ;* ces dernières supportent de petits filets auxquels on donne le nom de

____

[1] Ichneumons, Fourmis.

palpes maxillaires et qui sont composés ordinairement de quatre à six articles mobiles.

Les Insectes, considérés sous le rapport de leurs organes buccaux, peuvent se classer dans plusieurs catégories ; chez les uns, ces organes sont à nu, courts, plus ou moins robustes, et disposés pour couper et broyer l'aliment[1] ; chez les autres, les différentes parties qui composent l'appareil buccal sont très-déliées, et forment un faisceau propre à sucer des fluides[2] ; enfin, chez quelques animaux de cette classe, la bouche ne représente plus qu'une sorte de trompe rétractile[3], ou même ne consiste qu'en des espèces de pores absorbants[4].

Quelle que soit la disposition qu'offre l'appareil buccal des Insectes, on s'accorde à penser que ce sont toujours les mêmes éléments anatomiques qui le composent, mais seulement qu'ils s'offrent sous des formes fort variées. Latreille a revendiqué l'honneur d'avoir soupçonné le premier cette grande loi, dans son Histoire naturelle des Crustacés et des Insectes ; mais c'est Savigny qui a réellement démontré ce fait de vive force de génie, dans ses beaux travaux sur ce sujet.

Le canal digestif offre de telles différences dans cette immense classe, que chez elle seule il présente plus de variétés qu'il n'en existe dans toutes celles des animaux vertébrés réunis. Il y a non-seulement des variétés notables de famille à famille, d'espèce à espèce, mais encore les individus ont souvent un tube alimentaire qui diffère dans les divers états de l'Insecte. Cet organe a été étudié spécialement par MM. Marcel de Serres, Léon Dufour, Ramdohr et Straus ; mais ces auteurs sont loin d'être d'accord sur les noms qu'ils imposent à ses différentes régions.

Parfois ce tube n'est formé que d'une seule et grande cavité, sans étranglements prononcés ; d'autres fois, il présente une ou plusieurs poches stomacales qui ont reçu divers noms. La première est ordinairement appelée *jabot*, la seconde *gésier*, et la troisième *estomac* ou *ventricule chylifique*. L'intestin est parfois d'un diamètre égal dans toute son étendue ; mais dans quelques Insectes il offre à son extrémité une dilatation qui est nommée cœcum. Ainsi que cela a lieu chez les Oiseaux et les Reptiles, la fin de l'intestin ou le rectum s'ouvre dans un cloaque ; dans quelques animaux de cette classe, cependant, il paraît que ce tube aboutit immédiatement à l'extérieur et qu'il n'existe point de cloaque[5].

Cuvier et Straus s'accordent à penser que dans les Insectes, le canal digestif est composé des mêmes tuniques essentielles que celui des animaux vertébrés, mais que le péritoine manque. Le dernier le considère comme composé de trois membranes : l'une est interne et muqueuse ; la seconde, qu'il nomme *membrane propre*, est mince, blanche, et offre des granulations très-petites qu'il soupçonne être des

---

[1] Coléoptères, Orthoptères.   [3] Mouches.   [5] **Sauterelles.**
[2] Hémiptères, Lépidoptères.   [4] Œstres.

follicules sécrétoires ; enfin, la troisième, ou la tunique musculeuse est souvent fort épaisse sur l'œsophage et le gésier, mais le jabot et l'estomac en sont en grande partie dépourvus. La même loi qui préside à la formation du canal alimentaire des grands animaux, s'observe aussi dans les Insectes, et l'on découvre que chez ceux qui sont carnassiers, ce tube est beaucoup plus court et moins vaste que celui des espèces herbivores ; bien mieux, lorsque le régime change après les métamorphoses, l'appareil digestif subit des modifications considérables qui l'approprient au nouveau genre de vie : ainsi, dit Cuvier, les larves voraces des Scarabées et des Lépidoptères ont des intestins dix fois plus gros que les Insectes ailés et sobres auxquels elles donnent naissance.

Respiration.— Au lieu de s'opérer dans un lieu particulier du corps, comme cela se fait parmi les classes précédentes, chez les Insectes la respiration se produit dans toutes les parties de celui-ci, et l'air vient abreuver les organes, à l'aide de vaisseaux particuliers que l'on nomme *trachées* et qui puisent le fluide respirable dans l'atmosphère, à l'aide d'ouvertures appelées *stigmates*.

Les trachées naissent des stigmates par un canal court et gros[1], d'où partent un certain nombre de branches, dont une très-forte se porte en avant pour s'anastomoser avec celle du stigmate qui s'y trouve, et l'autre se porte en arrière pour la même destination[2]; d'autres, en suivant le contour de l'anneau auquel appartient chaque trachée d'origine, vont s'anastomoser avec les trachées du côté opposé[3]; enfin, une foule de petites branches, naissant de toutes ces trachées, vont se répandre dans les organes.

D'après leur structure anatomique, on peut distinguer deux sortes de trachées, les tubulaires et les vésiculaires. Les premières sont subcylindriques, présentent une teinte nacrée ou argentée, et sont formées de trois membranes. Deux de celles-ci, dont l'une est interne et l'autre externe, sont extrêmement minces et transparentes, et la troisième, qui est située entre elles, est plus épaisse et formée par un ruban cartilagineux extrêmement délié, et enroulé en spirale avec une admirable régularité. Les trachées vésiculaires forment des espèces d'utricules aériennes, dans les minces parois desquelles on ne rencontre plus que les deux premières membranes.

Les stigmates ou bouches aériennes se rencontrent ordinairement sur les parties latérales des anneaux du corps, et représentent des espèces de boutonnières. En les examinant attentivement on voit que ces organes sont souvent formés par un anneau corné ou écailleux, dont le diaphragme[4] est divisé au moyen d'une fente longitudinale, de manière à former deux lèvres ou battants qui s'écartent ou se rapprochent pendant les mouvements respiratoires. Les bords de ces lèvres sont garnis de fibres ou hérissés de poils, de houppes ou d'espèces d'arbus-

---

[1] Trachée d'origine.
[2] Trachées longitudinales.
[3] Trachées transversales.
[4] Épiglotte.

cules, dont la fonction est de tamiser l'air qui s'introduit dans les trachées, afin que la poussière ou les impuretés qui s'y trouvent en suspension ne pénètrent pas dans leur cavité; quelques Larves, suivant Carus, ont même, à cet effet, la membrane qui ferme le stigmate percée de trous comme un crible [1]. Ces stigmates, ainsi que l'a démontré K. Sprengel, donnent insertion à des muscles qui ont pour fonction de les ouvrir ou de les fermer pendant les mouvements respiratoires.

On rencontre généralement dans les Larves dix-huit stigmates ou neuf paires. La première paire se trouve sur l'anneau qui suit la tête; les deux anneaux qui s'observent ensuite en manquent, et les huit autres paires siégent sur les anneaux de l'abdomen.

La respiration des Insectes s'opère dans les organes que nous venons de décrire, et, selon tous les naturalistes, c'est par les stigmates que s'effectuent l'inspiration et l'expiration. Ces animaux agissent physiologiquement sur l'air atmosphérique de la même manière que les premières classes du règne animal; seulement il paraît que cette fonction est chez eux moins active, d'après quelques expériences faites par Lyonnet, et dans lesquelles il vit certaines Chenilles vivre un long espace de temps privées d'air, et même séjourner, sans périr, dix-huit jours sous l'eau; mais la respiration est loin d'être aussi inactive dans les Insectes parfaits.

Spallanzani, qui s'est occupé beaucoup de la respiration des Insectes, a reconnu qu'ils absorbent de l'oxygène pour l'exercice de cette fonction; puis que ce gaz est absorbé non-seulement par les organes respiratoires, mais encore par tout le corps, et que, transporté dans le fluide nourricier, il s'y combine avec le carbone, et forme ainsi l'acide carbonique qui est exhalé. Cet expérimentateur a aussi démontré que la respiration de ces animaux ne se produit pas avec la même intensité dans les différents états de la vie, et qu'elle est moins active dans les Chrysalides que chez les Larves et les Insectes parfaits; il pense aussi que son énergie est en rapport avec l'élévation de la température, puis qu'on la voit même cesser, lorsque celle-ci tombe à un certain degré, et qu'alors ces animaux s'engourdissent.

Dans les expériences que j'ai entreprises sur des Insectes à l'état parfait, j'ai reconnu aussi que l'activité de la fonction respiratoire était en raison directe de l'élévation de la température. Ainsi, en plongeant des Dytisques sillonnés sous des cloches remplies d'eau et renversées, j'ai constaté que ces Insectes périssaient asphyxiés au bout de 40 à 50 minutes quand la température atmosphérique était de 43° centigrades; qu'ils subsistaient 2 heures environ lorsqu'elle était de 18°, et que quand j'environnais de glace fondante, et que je maintenais à 0 le vase qui contenait ces Coléoptères, ils vivaient encore 24 heures après.

La respiration des Insectes a une telle activité, selon Spallanzani,

____
[1] Hannetons.

que , d'après ses expériences , trois individus de la chenille du Papillon du chou auraient absorbé en quatre heures douze fois plus d'oxygène, et produit quinze fois plus d'acide carbonique, qu'une Grenouille , et que la respiration de ces mêmes Chenilles, comparativement à celle d'un Muscardin, est comme 3,17 : 59,45 pour l'absorption de l'oxygène, et comme 0,77 : 19,81 pour la production de l'acide carbonique.

D'après les expériences de Spallanzani , dans l'acte de la respiration des Insectes il se produit aussi de l'azote.

Température. — La température des Insectes ne peut être appréciée lorsqu'ils sont isolés, à cause de leur petitesse ; mais il est positif qu'ils produisent une certaine quantité de calorique, car on sait que des nymphes et des chrysalides ne périssent parfois pas dans les zones hyperboréennes les plus froides, là où le mercure se congèle ; et dans des observations précises, on a aussi reconnu que les Insectes produisaient de la chaleur. Swammerdam, Réaumur et Huber s'en sont assurés en plongeant le thermomètre dans des ruches ; ce dernier le vit s'élever à 32° au-dessus de 0 en hiver, pendant que l'air extérieur était au-dessous de la température de la glace fondante. J. Davy a même apprécié la chaleur particulière à certains insectes ; d'après ses expériences elle était de 24,30 degrés chez le Scarabée pilulaire , celle de l'atmosphère étant à 25° ; pour les Lampyres, de 23,3, pendant que celle de l'air était de 22,8 ; sur des Gryllons, de 22,5 , l'atmosphère étant à 16,7.

D'un autre côté, ces animaux possèdent sans doute aussi le moyen d'équilibrer leur température intérieure, afin de s'accommoder à l'excès de chaleur qu'ils trouvent dans certaines conditions. En effet, on rencontre des Insectes dans des eaux thermales très-chaudes ; Latreille dit même que l'on a découvert des Hydrophiles dans des eaux *thermales bouillantes*, ce que nous nous refusons à croire , malgré l'autorité de ce savant. Il ajoute aussi qu'on lui a donné des Coléoptères qui avaient été pris près des bords du cratère de l'Etna ; mais cette assertion est totalement insignifiante , la température des environs d'un cratère aussi élevé pouvant être très-froide , comme nous l'avons observé à l'égard de certains autres volcans.

Circulation. — Le moteur principal du sang est , dans les Insectes , un vaisseau étendu tout le long du dos , que Swammerdam, Malpighi, Lyonnet et d'autres naturalistes ont considéré, avec raison , comme un cœur, et auquel ils en attribuaient les fonctions. Cuvier et M. Marcel de Serres n'admirent point cette opinion , et ils crurent que ce tube dorsal, dont ils ne virent aucun vaisseau sortir, n'était autre chose qu'un réservoir servant à élaborer un fluide nutritif, car ces auteurs ignoraient la circulation des Insectes, et croyaient que leur nutrition ne s'opérait que par une sorte d'imbibition des tissus. Ce fut Carus qui, en 1827, découvrit cette fonction dans les larves des Éphémères, et reconnut que chez celles-ci le sang se distribuait dans les différentes parties du corps à l'aide de vaisseaux bien distincts.

D'après Hérold et Straus, qui se sont occupés particulièrement de ce sujet, le vaisseau dorsal des Insectes est un cœur fort compliqué. Selon le dernier, cet organe, qui occupe toute la ligne médiane et dorsale de l'abdomen, se termine au thorax par une artère unique qui entre dans cette cavité, la parcourt dans toute sa longueur, et va se rendre à la tête sans produire aucune branche. A chaque segment abdominal, le cœur offre latéralement deux ouvertures transversales par lesquelles le sang s'introduit dans son intérieur; au bord postérieur de chacune de ces ouvertures s'observe une valvule semi-lunaire dont le bord libre se trouve en avant, et qui sert à fermer celles-ci pendant les contractions du cœur, afin d'empêcher le sang de s'échapper de l'intérieur de cet organe. Au bord antérieur de chaque ouverture se trouve une autre valvule, mais qui est beaucoup plus vaste que celle dont il vient d'être question, et qui a pareillement son bord libre dirigé en avant, et pouvant s'appliquer sur celui de la valvule semblable qui se trouve du côté opposé. La fonction de ces grandes valvules n'est plus, comme celle des précédentes, d'empêcher le sang de sortir du cœur, mais de l'empêcher de refluer vers ses parties postérieures pendant qu'il se contracte; lorsque ces valvules sont refoulées par la colonne du fluide circulatoire, leur disposition partage l'organe en autant de chambres distinctes qu'il y a de segments à l'abdomen, en laissant facilement passer le sang de l'une dans l'autre, durant son mouvement d'arrière en avant, mais s'opposant à son retour. Le cœur présente deux tuniques dont l'externe est épaisse et fibreuse, et dont l'interne est musculaire et formée de fibres circulaires très-distinctes. Cet organe est fixé de chaque côté par huit expansions triangulaires nommées ligaments ou *ailes*, dont la base est adossée au tube circulatoire, et dont la pointe se termine sur l'arceau de l'abdomen auquel chaque ligament correspond.

La circulation des Insectes s'opère ainsi, suivant Straus. Il pense que cette fonction se réduit à une simple transfusion alternative du sang dans la cavité du corps et de celle-ci dans le ventricule; ce naturaliste explique ainsi l'action du moteur central : « Lorsque la première chambre du cœur se dilate, dit-il, le sang que contient la cavité abdominale se précipite dans son intérieur par les deux ouvertures auriculo-ventriculaires qui se trouvent à l'extrémité de cette première chambre; celle-ci venant à se contracter ensuite, ses valvules s'appliquent sur ces ouvertures pour empêcher le sang de ressortir, et par la compression que ce dernier éprouve, il force les valvules inter-ventriculaires de s'écarter, et passe dans la seconde chambre qui se dilate au même moment; mais outre le sang que cette première partie du cœur pousse dans la seconde, celle-ci en reçoit encore lors de son mouvement de diastole par ses propres ouvertures auriculo-ventriculaires. Cette seconde chambre se contractant à son tour, le sang qu'elle contient pressant sur les valvules inter-ventriculaires, elles s'appliquent l'une contre l'autre, et s'opposant à son retour dans la première chambre, le liquide passe dans la troisième qui se dilate pour le recevoir. »

Latreille n'admet qu'avec beaucoup de réserve les découvertes de Straus relatives à l'admirable structure du cœur, et il termine en disant qu'il est à désirer que de nouvelles recherches nous garantissent qu'il n'y a pas eu d'illusion sur ce sujet. Pendant deux années consécutives, nous avons étudié avec le plus grand soin la circulation des larves des Éphémères, et à l'aide du microscope solaire, afin de pouvoir prolonger plus nos observations, et nous pouvons affirmer que la structure du cœur de ces Insectes est parfaitement identique à celle du cœur du Hanneton décrite par l'anatomiste allemand. En effet, chez les Éphémères, on aperçoit facilement les valvules, et comme l'abdomen est transparent, leur jeu devient on ne peut plus apparent, et on les voit s'écarter des parois du vaisseau ou s'appliquer sur ses ouvertures, pendant ses mouvements ; leur fonction se révèle d'autant plus facilement que dans ces larves le sang est formé d'un sérum abondant dans lequel nagent des globules très-alongés, fusiformes, aigus à leurs deux extrémités, et qui, étant fort peu nombreux, révèlent facilement tout le mécanisme des valvules lorsqu'ils les franchissent. En effet, quelquefois on aperçoit un de ces rares globules arrivant à une ouverture du cœur et se trouvant refoulé par sa contraction, puis, dans le mouvement de dilatation qui suit, on le voit franchir enfin l'ouverture à laquelle il s'était présenté, et parfois même y passer en exécutant un mouvement de bascule ; après on aperçoit la valvule se fermer, et l'on suit encore dans le vaisseau dorsal ce globule qui le parcourt d'un bout à l'autre.

Si l'on n'a pas découvert plus tôt le système vasculaire des Insectes, cela tient à ce que le sang chez beaucoup d'entre eux n'a peut-être que des globules inapparents ; mais à l'égard de ceux où ils sont visibles, il est de toute évidence qu'il existe des canaux pour le fluide sanguin : c'est au moins ce que nous avons vu chez les Éphémères et les Agrions. Dans les Éphémères, on aperçoit, on ne peut plus distinctement, le sang circuler dans le tronc, à l'aide de larges canaux, et dans les membres à l'intérieur de vaisseaux déliés, qui, ainsi que nous l'avons figuré, forment autant d'arcades qu'il y a d'articulations à ceux-ci, de manière qu'il y a deux courants dans chaque segment des membres, l'un qui se rend à son extrémité, l'autre qui revient de celle-ci vers le tronc ; mais le mouvement du fluide ne semble pas y être soumis aux battements réguliers du cœur, et n'y marche que par saccades ; il semble qu'à chaque instant son cours se trouve embarrassé aux arcades par l'obstruction qu'y causent les globules ; puis, celle-ci se dissipe de moment en moment pour se manifester de nouveau, ainsi continuellement. Il y a aussi une arcade à la base des antennes, mais nous n'avons pas vu le fluide s'épancher au delà dans ces organes (pl. **XXI**).

Sécrétions. — Ces animaux offrent des sécrétions variées. On découvre chez eux des appareils salivaires fournissant des fluides fort divers ; on prête aux propriétés de la salive les irritations vives que la piqûre de certains Diptères [1] ou Hémiptères [2] produit dans nos organes ou sur les végétaux. Quelques-uns, semblables aux Hirondelles, ont même une salive agglutinante dont ils se servent pour réunir ou solidifier le mortier avec lequel ils construisent leur nid [3]. Dans la Chenille du saule, où les organes salivaires ont été bien étudiés, on a reconnu qu'ils se composent de deux sacs longs d'un pouce, situés près de l'œsophage, et s'ouvrant dans la bouche. Les vaisseaux qui sécrètent la soie des Insectes qui se filent un cocon pour leur métamorphose, sont regardés comme ayant les plus grands rapports avec les organes salivaires [4].

La sécrétion de la bile se produit dans cette classe à l'aide de vaisseaux souvent très-ténus qui environnent le tube digestif, sont fermés à leur extrémité, et se terminent ordinairement à la région supérieure de l'intestin. La longueur de ces vaisseaux biliaires paraît être en sens inverse de leur nombre qui, selon Latreille, est généralement de quatre ou de six, mais qui, d'après Carus, varie de deux à cent cinquante.

Les Insectes ont probablement aussi un appareil urinaire, puisque l'on a trouvé dans les excréments du Bombyx du mûrier de l'urate d'ammoniaque. Hérold pense que cette sécrétion a lieu dans des conduits qui s'abouchent dans le canal intestinal, et que les naturalistes ont généralement considérés comme sécrétant seulement la bile. Des observateurs ayant découvert de l'urate d'ammoniaque dans le liquide qu'ils contiennent, il paraît vraisemblable, dit Tiedemann, qu'ils président à la fois à la sécrétion de la bile et de l'urine, ainsi que l'a fait voir J.-F. Meckel.

Beaucoup d'Insectes sécrètent des fluides vaporeux ou liquides très-odorants, et qu'ils émettent spontanément à la superficie de leur corps quand ils sont irrités, ou qu'ils veulent se soustraire à leurs agresseurs. Les uns affectent agréablement notre odorat, et exhalent le parfum de la rose, comme cela a lieu dans le Cérambyx musqué ; d'autres sentent le thym, ainsi qu'on le voit chez la Ligée de la jusquiame ; mais d'autres, comme les Punaises, les Ténébrions, les Blattes, produisent des émanations excessivement fétides. Chez plusieurs de ces animaux, les organes producteurs de ces fluides consistent en des vésicules creuses placées à l'intérieur du corps, et qu'ils peuvent faire saillir à sa superficie quand ils veulent les évacuer ; chez d'autres, ils sont émis par de simples follicules situés vers les articulations [5].

Plusieurs Insectes se font remarquer dans les ténèbres par l'éclat phosphorescent dont brille leur corps ; le siége des organes qui le pro-

---

[1] Cousins.
[2] Pucerons, Punaises.
[3] *Megachile muraria.*
[4] Bombyx du mûrier.
[5] Coccinelles, Méloès.

duisent varie ; sur plusieurs Coléoptères c'est l'abdomen qui est lumineux [1], sur d'autres [2] c'est le corselet qui est le siége d'une lumière éclatante. Parmi les Orthoptères, les Lépidoptères et les Hémiptères, on voit aussi quelques espèces offrir de la phosphorescence : tel est le Taupe-Grillon, chez les premiers, à ce que dit Sutton dans l'ouvrage de Kirby et Spence ; le *Pyralis minor*, d'après Brown, pour les seconds ; et enfin, pour les derniers, certaines Cigales, selon Olivier.

Les naturalistes et les chimistes se sont beaucoup occupés de la nature de ce phénomène, et comme les Lampyres ont été principalement le sujet de leurs observations, nous en avons traité dans leur histoire.

Génération. — Dans cette classe, l'appareil génital est curieux à étudier à cause de la grande variété que présente son organisation, ou des procédés divers qui concourent à sa fonction. Cependant on peut le considérer comme se composant normalement de la manière suivante. Les mâles offrent deux testicules dont chacun est formé d'un tube sécréteur de la semence, long et pelotonné en masse ; puis deux canaux déférents partant des réservoirs ou vésicules séminales ; et enfin un conduit commun résultant de la réunion des deux déférents ; l'appareil extérieur ou de copulation présente souvent en dehors deux pièces cornées susceptibles de s'écarter, à l'aide de muscles situés à leur base, et de faire l'office d'un coin en contraignant la vulve à s'ouvrir. Ces organes, que Kirby nomme *forceps*, sont parfois remplacés par des crochets qui saisissent et retiennent l'extrémité postérieure de l'abdomen de la femelle. Le pénis est cylindrique ou conique, et terminé, dans quelques espèces, par un stylet plus ou moins long.

Les femelles offrent un organe générateur interne qui peut se comparer à un Y, dont les deux branches supérieures se termineraient par des digitations dans lesquelles se forment les œufs et qui sont pelotonnées ou régulièrement roulées en spirale [3]. De la réunion des deux conduits des ovaires, résulte un canal commun ou oviducte sur lequel s'abouchent deux vésicules ; l'une qui se termine par deux cornes et qui est chargée de sécréter l'enduit des œufs ; l'autre, qui est plus volumineuse, et que Hérold et M. Audouin considèrent comme étant le réservoir de la semence du mâle qui doit féconder les œufs à mesure qu'ils passent dans l'oviducte, et que l'on a nommée *poche copulatrice* (Pl. XXI, fig. p.c.). A l'orifice génital des femelles on trouve souvent un pondoir en forme de couteau, de gouge ou de scie, destiné à introduire les œufs dans les corps où la Larve doit naître et se développer.

Il est à remarquer que l'appareil que nous décrivons est presque inapparent chez les Larves qui sont très-jeunes ; qu'il ne se dessine mieux que lorsqu'elles s'approchent de leur métamorphose, et que c'est seulement dans les Chrysalides qu'il se développe entièrement. En outre, quelques groupes offrent cela de particulier qu'il y a parmi eux comme

---

[1] *Lampyris noctulura.*   [2] *Elater noctilucus.*   [3] Papillon du chou.

un troisième sexe, composé d'individus neutres ou privés d'organes génitaux, et qui ont des caractères extérieurs différents des autres [1], et sont même parfois dépourvus d'ailes, tandis que l'espèce en possède [2]. Mais cette anomalie sexuelle, qui a été bien étudiée dernièrement, est simplement due à l'atrophie des organes, et ces neutres sont tout simplement des femelles, chez lesquelles l'appareil génital, par une cause particulière, ne s'est pas développé [3].

La fécondité des Insectes offre la plus étonnante variété ; il en est qui ne pondent qu'un fort petit nombre d'œufs, tandis que d'autres en émettent une prodigieuse quantité. Une Phalène à brosse en donna à Lyonnet trois cent cinquante en une seule fois. Leuwenhoeck a calculé qu'une seule Mouche pouvait produire, en trois mois, sept cent quarante-six mille quatre cent quatre-vingt-seize individus, ce qui fit dire ingénieusement à Linnée que trois Mouches consommaient le cadavre d'un cheval aussi rapidement qu'un lion.

En général, ce sont les Insectes sociaux qui sont les plus féconds. Réaumur dit que l'Abeille domestique pond douze mille œufs au printemps, dans l'espace de vingt jours. Suivant Smeathmann, les Termites offriraient encore une ponte plus prodigieuse, et, en une journée, leurs femelles émettraient jusqu'à quatre-vingt mille œufs ; aussi elles sont tellement distendues par ceux-ci, à l'époque où elles les produisent, que leur ventre est, suivant ce voyageur, quinze cents à deux mille fois plus gros que le reste du corps, et que son volume est vingt ou trente mille fois plus considérable que celui du ventre des neutres.

Tous les Insectes sont ovipares ; cependant quelques-uns paraissent contredire cette règle générale, et émettent des petits vivants ; mais l'exception qu'ils forment n'est réellement qu'apparente, car, ainsi que cela a lieu dans quelques vertébrés ovipares eux-mêmes [4], les petits Insectes n'en sortent pas moins d'un œuf, seulement celui-ci éclôt durant son trajet dans la filière des organes génitaux, et le produit de la génération sort vivant ; on observe cette particularité chez les femelles de quelques Diptères, et on les voit déposer des Larves toutes formées [5], mais qui, ainsi que l'a observé Réaumur, proviennent évidemment d'œufs éclosant dans l'abdomen. Quelques autres Insectes de cet ordre émettent même des Nymphes presque aussi grosses qu'eux [6].

Certains Hémiptères produisent encore des petits plus avancés en organisation et qui, munis d'yeux et de pattes, se mettent à marcher quelques instants après qu'ils ont été déposés sur le sol [7]; mais l'essence de leur développement se révèle dans certaines saisons où les femelles, au lieu d'être vivipares, produisent constamment des œufs.

D'après ces considérations on voit que, quoique les Insectes soient essentiellement ovipares, on peut cependant les ranger dans plusieurs

[1] Abeilles.	[4] Ophidiens, Squales.	[7] Pucerons.
[2] Fourmis, Termites.	[5] Mouche à viande.	
[3] Abeilles.	[6] Hippobosques.	

sections, relativement à leur mode plus ou moins franc d'oviparité. En effet, les uns émettent en tout temps des œufs et sont constamment *ovipares;* d'autres sont *ovovivipares*, et à certaines époques pondent des Larves tandis qu'à d'autres ils ne produisent que des œufs ; enfin, il en est de constamment *vivipares* et qui ne produisent jamais que des Larves, et il en existe d'autres qui sont *pupipares* et qui déposent des Larves qui passent immédiatement à l'état de Nymphes.

Les Insectes pondent leurs œufs isolément et successivement, ou ils les émettent par petits amas qui en contiennent un plus ou moins grand nombre [1]. Ce dernier cas est rare, et ordinairement les œufs sont expulsés un à un, à des intervalles plus ou moins longs, et abandonnés épars par les femelles; mais certains Insectes les rassemblent en masses ingénieusement disposées pour résister plus avantageusement aux causes de destruction, et on les voit même les placer dans une situation particulière, ou les environner de certaines précautions pour les garantir des intempéries des saisons ou des atteintes des animaux. Souvent même, et ainsi se révèle la sagesse providentielle, les soins de la mère ne se bornent pas à protéger les œufs, mais sa prévoyance les place dans de telles circonstances que les petits en éclosant trouvent abondamment près d'eux l'aliment qui leur convient.

La vitesse avec laquelle les œufs sont émis est, en général, proportionnelle à la quantité que les femelles doivent en produire, et à la manière plus ou moins ingénieuse dont elles les groupent, ou au soin qu'elles prennent pour assurer la subsistance des Larves qui doivent en naître. L'intervalle doit être de plusieurs jours chez quelques Hyménoptères qui creusent, dans les troncs des arbres, des loges séparées pour chacun de leurs œufs, et y amassent des provisions pour la Larve qui en sortira [2] ; la ponte doit encore être lente chez certaines espèces qui sont obligées de récolter quelques produits végétaux, pour les placer à côté de leurs œufs, afin d'en nourrir les Larves, ou bien de déposer près d'eux, à cet effet, le butin de leur chasse [3]. Mais dans d'autres Insectes, où les œufs sont très-petits et excessivement nombreux, ceux-ci sont projetés hors des organes sexuels avec une telle rapidité, qu'ils semblent courir [4].

Les Insectes émettent parfois leurs œufs à l'aide de circonstances curieuses à connaître, ou bien ils les protégent avec un soin et une prévoyance qui étonnent. Beaucoup de ces animaux se contentent, il est vrai, de les déposer à l'air libre, et ils ne sont abrités des intempéries atmosphériques que par la dureté de leur coque et le vernis qui la recouvre ; mais cependant, toujours dans ce cas, les Insectes ont l'instinct de les placer dans un endroit où les Larves, en éclosant, puissent immédiatement trouver la nourriture qui leur est indispensable, et rarement la nature, enfreignant ses lois, permet qu'ils se trompent à cet égard.

---

[1] Éphémères, Blattes.   [3] Sphéges.
[2] Xylocopes.   [4] Hépiale du houblon.

C'est ainsi que les Coccinelles placent constamment le produit de leur génération près des amas de Pucerons qui doivent le nourrir ; les Papillons déposent leurs œufs sur les feuilles qui alimentent les Chenilles qui en naîtront, et quand celles-ci ne doivent éclore qu'après la chute de ces dernières, par prévoyance ils les attachent sur les branches. Les Hannetons, qui ont dans leur dernier état une existence aérienne, viennent cependant confier leurs pontes à la terre, car c'est dans celle-ci seulement que leurs Larves peuvent exister ; et les Cousins qui, parvenus à l'âge adulte, sont dans le même cas que ces Coléoptères, arrivent tous déposer leurs œufs à la surface de l'eau qui doit, par la suite, nourrir leurs Larves. Enfin, certains Hyménoptères, comme nous venons de le dire, leur creusent des cellules dans le tronc des arbres[1], ou leur font des nids en maçonnerie pour les y placer[2].

La disposition que les Insectes donnent à leurs amas d'œufs, et qui contribue fréquemment à leur protection, est parfois fort curieuse. Souvent ils sont irrégulièrement placés les uns à côté des autres[3] ; d'autres fois les femelles les disposent à la suite les uns des autres comme les grains d'un chapelet[4], ou elles les placent côte à côte et obliquement, ou bien par rangées parallèles[5]. Quelques Papillons les rangent régulièrement et en forment un anneau autour des branches des arbres, en ayant la précaution de combler les intervalles par une sorte de vernis imperméable[6]. Ceux de quelques autres Hexapodes sont constamment placés à l'extrémité d'une soie raide qui les soutient à un demi-pouce au-dessus de l'endroit où la base de cette espèce de tige est implantée[7].

Quelques insectes dont la larve est aquatique, présentent dans l'arrangement de leurs œufs une disposition fort remarquable. Il en est qui se contentent d'entourer la masse de ceux-ci d'une substance gélatineuse analogue à celle qui enveloppe le frai des Grenouilles[8] ; d'autres, dans le but de les protéger contre l'eau, leur filent une coque rugueuse imperméable[9]. Il en est enfin qui groupent tous leurs œufs en donnant à leur amas la forme d'un petit bateau qui flotte à la superficie des marécages, jusqu'au moment où les larves éclosent[10].

Certains Insectes redoublent encore plus de soins, soit pour protéger leur progéniture, soit pour la mettre à portée de ses premiers aliments. Les femelles de quelques Lépidoptères[11] se dépouillent totalement de leurs poils pour abriter leurs œufs, et quand l'opération est terminée, elles expirent ; l'espèce de nid qu'elles font, se compose de deux couches, l'une irrégulière et moelleuse sur laquelle reposent les œufs, et l'autre qui offre la même disposition dans la partie qui recouvre immédiatement ceux-ci, mais dont la superficie présente tous les poils

---

[1] Xylocopes.	[5] Gyrins.	[9] Hydrophiles.
[2] Abeille maçonne.	[6] Bombyx neustrien.	[10] Cousins.
[3] Bombyx à soie.	[7] Hémérobe.	[11] *Liparis dispar.*
[4] Tipules.	[8] Phryganes.	

comme imbriqués et dirigés d'un même côté pour empêcher le séjour de l'eau et rendre le nid imperméable.

La grande variété de forme et de coloration qu'offrent les œufs est un fort intéressant sujet d'étude pour les micrographes. Relativement à leur forme générale, ils ont presque tous une tendance à la configuration sphérique; chez beaucoup d'Insectes, ils se rapprochent de la disposition de l'ovoïde; quelques-uns en produisent de pyriformes [1], d'autres de cylindriques [2]. Il en est qui sont couronnés de pointes [3]: d'autres ont à peu près la forme d'une amphore [4]; enfin les œufs de quelques Insectes ressemblent assez exactement à la pyxide des jusquiames, et, ainsi que ce fruit, ils s'ouvrent comme une boîte à savonnette par un petit couvercle qui permet à la larve d'en sortir commodément [5], et dans quelques-uns des œufs qui offrent cette structure, pour faciliter l'expulsion du jeune animal, il existe même un ressort qui fait sauter le couvercle à sa volonté [6].

La surface des œufs n'offre pas un aspect moins varié que leur configuration générale; elle est souvent guillochée avec un art admirable. Dans beaucoup d'Insectes, la coque est lisse; mais il en est aussi un grand nombre chez lesquels elle offre de petits points saillants ou de fines stries. Quelques autres ont leur surface couverte d'un réseau pareil à de la dentelle [7]; d'autres présentent sur celle-ci de grosses côtes longitudinales dont les intervalles sont occupés par des stries fines et dirigées en travers [8]. La coloration des œufs n'offre pas moins de diversité; il en existe de blancs, de verts, de bleus, de rouges; il en est beaucoup qui sont nacrés et d'autres offrent une belle teinte dorée.

Les œufs de quelques Insectes, dont la coque est membraneuse, jouissent de la singulière propriété de s'accroître après la ponte [9]; mais cet accroissement n'est peut-être dû qu'à la distension de l'enveloppe de l'œuf, qui avant était plissée ou ridée.

La composition de l'œuf des Insectes a encore été peu étudiée. On sait que le jaune en occupe tout l'intérieur, c'est au moins ce que nous avons reconnu sur ceux qu'il nous a été possible d'observer, et en particulier dans ceux du Cousin. Le vitellus est formé, comme celui des Oiseaux, par des vésicules fort apparentes dans cette espèce, et que j'ai aussi découvertes dans plusieurs autres; de manière que pour moi, l'œuf des Insectes ne s'éloigne nullement du type général.

Par une finalité remarquable, les œufs des Insectes résistent à des températures fort opposées, et même à un plus haut degré que les animaux parfaits qui en proviennent. Des œufs de Ver à soie ne cessèrent pas d'être fertiles par une température de 144° de Fahrenheit, pendant que des vers moururent à 108°, et Spallanzani ayant exposé

---

[1] *Geometra prunaria.*	[4] Cousin.	[7] *Geometra cratægata.*
[2] Bombyx neustrien.	[5] Pou.	[8] *Catocola fraxini.*
[3] Nèpes cendrées.	[6] Pentatomes.	[9] Ichneumon.

des œufs de ces Insectes à une température de 25° au-dessus de zéro, ils n'en furent pas moins fertiles.

Anatomie philosophique. — Quelques auteurs modernes ont pensé que le système corné des Insectes représentait l'appareil vertébral des premiers animaux, et ils ont même cru que Willis avait pressenti ce rapport; Geoffroy Saint-Hilaire, Robineau-Desvoidy et Carus partagent cette opinion, et le dernier donne même le nom de vertèbres à chacun des anneaux des Hexapodes; mais de Blainville professe que le système solide de ceux-ci n'est que la peau, et cette manière de voir est la plus généralement admise.

Le système solide des Insectes offre une foule de variétés de forme dans ses détails; mais pour son ensemble il peut cependant être ramené à des lois assez fixes. Selon Carus, il est représenté presque entièrement par un squelette cutané ou *dermato-squelette*, formé de la manière suivante dans les premiers animaux de cette classe[1]. La tête et le thorax se composent chacun de trois vertèbres et l'abdomen de six. Des trois vertèbres de la tête les deux premières ou faciales, qui sont fragmentaires, se trouvent formées seulement d'un arceau supérieur et d'un arceau inférieur, et l'on découvre sur elles des appendices analogues aux pattes. La première, qui est représentée par les lèvres, n'en offre qu'à la région inférieure, et ce sont eux qui portent le nom de palpes labiaux; la seconde vertèbre faciale est formée supérieurement par les mandibules, et en bas par les mâchoires qui portent aussi des palpes rappelant des pattes. La vertèbre crânienne, qui est complète et vésiculaire, n'offre d'appendices qu'en dessus; ce sont les antennes, que l'anatomiste allemand compare à des membres rayonnants. Au thorax, des trois anneaux vertébraux le premier n'a que des appendices inférieurs ou pattes; mais les deuxième et troisième ont en outre des appendices supérieurs, ce sont les ailes. Les six vertèbres abdominales se composent ordinairement de deux arceaux, un supérieur et l'autre inférieur, percés latéralement d'ouvertures respiratoires; la dernière offre chez quelques Insectes des espèces de membres destinés à l'appareil génital, ou des organes offensifs qui, selon Carus, répètent le type des mâchoires.

Chez quelques Insectes, ainsi qu'on l'observe dans la tête de certains Coléoptères ou dans le thorax des Sauterelles, la chaîne nerveuse est protégée par des espèces de vertèbres internes.

On rencontre aussi, dans quelques Hexapodes, un squelette viscéral; il est formé chez le Hanneton de petits anneaux cornés situés dans l'estomac et le gros intestin; chez certains Coléoptères et les Sauterelles, il représente des dents pointues qui font même saillie à l'intérieur du premier de ces organes. Enfin plusieurs insectes offrent dans leurs organes génitaux des pièces cornées squelettiques diversement configurées.

Classification. — Selon nous, aucune partie de la zoologie n'ap-

---

[1] Scarabées.

pelle autant l'attention des réformateurs que la classe des Insectes ; ceux-ci s'étant plus particulièrement trouvés en la possession d'amateurs désireux d'innover, il en est résulté qu'ils en ont gaspillé la classification, parce qu'étrangers aux principes philosophiques qui doivent régner dans celle-ci, ils n'ont pas dédaigné de former des genres sur les caractères les plus insignifiants et les plus fugaces.

Des entomologistes ont parfois fondé leurs divisions sur des bases si incertaines, si douteuses, qu'en décrivant les mêmes genres dans des ouvrages divers, il leur est arrivé de donner aux organes des caractères tout à fait opposés (les articles Harpale et Bembidion de Latreille, dans Cuvier et dans le dictionnaire de Déterville, l'attestent évidemment). D'autres fois, ils n'ont étudié les parties de l'organisme que sur les grosses espèces, et sur la foi des formes des petites, celles-ci ont été admises dans des coupes dont elles n'ont nullement le caractère. Parmi les nombreuses erreurs de ce genre que l'on pourrait citer, on peut mentionner les Gyrins, placés par Latreille dans une famille qu'il caractérise comme ayant quatre palpes maxillaires.

Cette manie des subdivisions est telle, que certains classificateurs ont démembré des groupes Linnéens et fait des genres, parce que quelques espèces différaient seulement par les mâles, tandis que les femelles étaient parfaitement identiques[1]. C'est là un abus blâmable des moyens de classification; car alors, on ne pourrait jamais statuer sur la distribution si l'on ne possédait par malheur que les dernières ; alors il eût mieux valu avoir le ridicule plaisir de faire deux genres de la même espèce, un pour les mâles et un pour les femelles. Latreille (Règne animal, tom. V, pag. 78) a lui-même fait justice de cette manie de former une foule de subdivisions sur les plus minces apparences, en disant que les genres établis par M. Germar et Schœnherr, parmi les Charansons, n'offrent que des caractères peu importants, et souvent très-équivoques, et en n'adoptant pas ces genres dans cet ouvrage.

En attendant que de nombreuses réformes soient faites dans l'entomologie par les naturalistes philosophes, disons que la classe des Insectes a été divisée en huit ordres dont le tableau suit, et qui sont les Coléoptères, les Orthoptères, les Hémiptères, les Névroptères, les Lépidoptères, les Hyménoptères, les Diptères, et les Aptères.

[1] Dytisque et Colymbètes.

INSECTES.			Ordres.

Ailes :

— **ordinairement quatre,**
  - **différentes ;**
    - les supérieures cornées ; les inférieures pliées en travers. Bouche munie de mâchoires. — COLÉOPTÈRES.
    - les supérieures coriaces ; les inférieures pliées en long. Bouche munie de mâchoires. — ORTHOPTÈRES.
    - les supérieures ordinairement demi-cornées. Bouche en suçoir articulé. — HÉMIPTÈRES.
  - **semblables ;**
    - réticulées. Bouche munie de mâchoires. . . . . — NÉVROPTÈRES.
    - écailleuses. Trompe roulée en spirale. . . . . — LÉPIDOPTÈRES.
    - veinées. Mâchoires prolongées en suçoir. . . . . . . — HYMÉNOPTÈRES.
— **deux.** Bouche en suçoir. . . . . — DIPTÈRES.
— **nulles.** Bouche ordinairement en suçoir. . . . . — APTÈRES.

ORDRE DES COLÉOPTÈRES.

Ordinairement quatre ailes ; élytres durs, cornés ; ailes pliées en travers. Bouche munie de mandibules et de mâchoires propres à broyer les aliments.

Les Coléoptères, par leur nom, qui est dérivé du grec et signifie *ailes en étuis*, rappellent la structure de leurs ailes supérieures qui sont dures, solides, et forment une sorte d'étui protecteur aux ailes inférieures, qui se trouvent au-dessous. Ce sont ceux de tous les Insectes qui sont les plus nombreux et que l'on connaît le mieux, parce qu'ils fixent plutôt l'attention des voyageurs par leur beauté, et parce qu'ils sont plus faciles à conserver que les autres.

Les Coléoptères subissent des métamorphoses complètes ; leurs larves ont le corps composé de douze à treize anneaux assez distincts ; elles ont pour la plupart six pattes écailleuses, disposées par paires sur les trois anneaux qui suivent la tête. Celle-ci est écailleuse et offre souvent deux courtes antennes coniques, et deux groupes de petits grains qui ressemblent à des yeux lisses et sont placés sur ses côtés. Ces larves muent ou changent de peau plusieurs fois avant de se transformer, et l'on remarque, en général, que celles des espèces qui vivent sur les végétaux aux dépens de leurs feuilles, ne restent guère plus d'un mois sous leur premier état, tandis que celles qui se nourrissent de racines ou de la partie ligneuse des végétaux sont deux ou trois années, ou même davantage, avant de se changer en Nymphe.

La tête des Coléoptères supporte deux antennes ordinairement longues et composées de onze articles ; on y observe deux yeux à facettes, et très-rarement quatre, et il ne s'y trouve point d'yeux lisses. La bouche de ces Insectes se compose d'un labre, d'une lèvre inférieure formée de deux pièces, dont l'une, qui est solide, cornée et située en bas, porte le nom de *menton*, et dont l'autre, qui est supérieure et le plus souvent membraneuse, a reçu le nom de *languette* et soutient deux palpes. On trouve en outre, pour constituer l'organe buccal de ces animaux, deux mandibules cornées et souvent dentées, mais qui sont rudimentaires chez quelques espèces, qui, à l'état parfait, se nourrissent du suc des fleurs ; puis deux mâchoires plus ou moins velues, qui portent chacune un ou deux palpes.

Le thorax supporte les élytres, les ailes et les pattes. Les premiers recouvrent ordinairement tout le dessus de l'abdomen ; ce n'est que dans quelques genres qu'on les voit être beaucoup plus courts que cette région du corps, et il est encore infiniment plus rare qu'ils manquent comme cela a lieu dans quelques femelles de Lampyres. Les ailes sont plus étroites, proportionnellement au volume de ces Insectes, que cela n'a lieu dans les autres ordres, aussi leur vol est lourd ; ces organes sont repliés transversalement une ou plusieurs fois sur eux-mêmes pour pouvoir s'abriter totalement sous les élytres. Lorsque les Coléoptères veulent voler, ils écartent latéralement ces derniers, pour ne pas gêner le mouvement des ailes qu'ils déploient immédiatement après. Celles-ci sont seules les agents du vol, et les élytres qui, pendant cette action, restent totalement immobiles, ne le favorisent qu'en agissant comme une espèce de parachute qui soutient l'Insecte ; mais celui-ci ne se transporte dans l'air qu'avec assez de difficulté, son vol est lourd, pesant, et il ne s'élève qu'avec peine. Cependant, il est quelques Coléoptères qui sont doués d'organes locomoteurs aériens plus puissants que la majorité des Insectes de leur ordre, et qui se transportent dans l'air avec assez de légèreté ; mais aussi il est beaucoup de ces Insectes qui, quoique doués d'ailes, ne s'en servent presque jamais ; et il en est d'autres qui restent forcément retenus sur le sol, parce qu'ils sont privés totalement de ces organes.

Les Coléoptères sont des Insectes broyeurs dont la bouche est presque toujours disposée pour dépecer une nourriture solide. Leur tube digestif offre d'assez grandes différences, selon les familles sur les-

quelles on l'étudie ; mais d'après les travaux de Ramdohr et de M. Léon
Dufour , on peut admettre que son type le plus ordinaire est le suivant.
On y rencontre d'abord un œsophage qui porte l'aliment aux estomacs ; ceux-ci sont souvent au nombre de trois [1]. Le premier, ou le
jabot, ne semble qu'une dilatation du tube que nous venons de nommer ; le second , qui est le gésier, a des parois épaisses, musculeuses ,
et renferme souvent de petites dents cornées qui paraissent destinées ,
chez les Carnassiers, à rebroyer la nourriture [2] ; enfin , s'offre un troisième estomac, nommé ventricule chylifique , qui est plus ample que
les précédents, et dont l'extérieur est souvent orné de villosités qui sont
probablement autant de petits cœcums chargés d'opérer une sécrétion [3]. L'organe digestif est continué par un tube étroit ou intestin
grêle , dont l'origine reçoit des canaux biliaires souvent très-longs , et
fréquemment il se termine par un renflement représentant un rectum.

Sous leur dernier état , la vie des Coléoptères est toujours de courte
durée. Le mâle meurt après l'accouplement , et la femelle après la
ponte ; il n'y a d'exception que pour les derniers Coléoptères qui font le
passage aux Orthoptères. La mort des parents ayant lieu avant l'éclosion
des œufs, ils ne peuvent s'occuper de l'éducation de leur progéniture ;
mais en revanche , ils possèdent une admirable prévoyance pour lui assurer la nourriture qui lui est indispensable en naissant ; et selon le
régime qu'elle doit suivre , la mère place ses œufs tantôt parmi les
substances animales sèches ou putréfiées , tantôt sur les feuilles des
végétaux ou à l'intérieur de leur tronc ou de leurs fruits.

Les Coléoptères formant un ordre extrémement nombreux , les zoologistes, pour en faciliter l'étude, les ont divisés en plusieurs sous-
ordres, d'après le nombre d'articles que présentent leurs tarses, et ils
ont nommé les divers groupes qu'ils ont formés : *Pentamérés, Hétéromérés, Tétramérés* et *Trimérés.*

---

[1] Carabes, Dytisques , Cicindèles.   [3] Cicindèles, Dytisques, Carabes.
[2] Dytisques.

COLÉOPTÈRES PENTAMÉRÉS.

Ce sous-ordre contient tous les Coléoptères qui ont cinq articles à tous les tarses ; il est composé par les familles suivantes : les Gracilicornes, les Monilicornes, les Serricornes, les Clavicornes, et les Lamellicornes.

FAMILLE DES GRACILICORNES.

Élytres durs, recouvrant l'abdomen. Membres marcheurs ou natatoires. Antennes grêles, filiformes ; quatre palpes maxillaires.

Tous les Hexapodes rassemblés dans cette grande coupe sont agiles et extrêmement voraces ; ils vivent dans des combats continuels qu'ils livrent aux animaux moins forts qu'eux, et quelquefois même leur cruauté se tourne contre leur propre espèce. Beaucoup ont le vol soutenu et rapide, mais il en est aussi d'autres qui sont privés d'ailes et restent toujours attachés à la terre.

Ce groupe, que Latreille désigne sous la dénomination de *Famille des Carnassiers*, à cause des mœurs des Insectes qui s'y trouvent compris, est d'une étude longue et difficile, parce que des entomologistes, qui se plaisent à faire presque autant de genres qu'il y a d'espèces, ont multiplié les premiers d'une façon fort irrationnelle. On a partagé cette division en trois sous-familles nommées Cicindélètes, Carabiques et Hydrocanthares. Les deux premiers groupes ne diffèrent entre eux que parce que dans le premier ces Insectes offrent une petite pièce ou onglet aux mâchoires, tandis que dans le second ils n'en ont point. Mais une différence semblable nous paraît trop peu considérable pour autoriser la création de groupes aussi élevés, surtout quand, dans les mêmes sections, on est obligé de comprendre des Insectes qui sont bien autrement dissemblables par rapport à leur forme et à la présence ou à l'absence d'organes fondamentaux, tels que les ailes, qui influent d'une manière remarquable sur les mœurs.

Je préfère, d'après cela, partager les Carnassiers en deux sous-familles d'une organisation et de mœurs fort diverses : les Carnassiers terrestres et les Carnassiers aquatiques ; puis, énumérer, dans ces deux sections, quelques-uns des genres principaux.

La sous-famille des **CARNASSIERS TERRESTRES** offre pour caractère d'avoir des membres propres à la marche. Les Larves des Insectes qu'elle renferme vivent ordinairement dans la terre, et à l'état parfait ceux-ci se rencontrent sur le sol, où ils sont sans cesse occupés à chasser pour se pourvoir de nourriture. Ils comprennent les Cicindélètes et les Carabiques de Latreille, et ils étaient presque tous classés dans les genres Cicindèle et Carabe de Linnée ; mais on a dû leur subdivision en un grand nombre de genres à Bonelli , puis à M. Dejean, qui s'en sont occupés particulièrement.

CICINDÈLES. *Cicindela*. Corselet plus étroit que les élytres et la tête ; ailes distinctes. Maxillaires terminés par une pièce onguliforme et ordinairement velus.

Les Cicindèles se plaisent dans les lieux arides et les sables. Les Larves de quelques espèces indigènes ont été observées par Geoffroy et Desmarets. On a reconnu que l'une d'elles, qui est probablement celle de la Cicindèle hybride , avait environ un pouce de longueur, et que son corps mou et d'un blanc sale portait une tête beaucoup plus large que le reste du tronc , et offrant en dessus une concavité rebordée ; les mâchoires ont à peu près la même structure qu'elles présentent chez l'insecte parfait. Le huitième anneau du tronc est beaucoup plus large que les autres , et par sa saillie il donne au corps la forme d'un Z ; il se fait en outre remarquer en ce qu'il offre en dessus deux tubercules charnus , recouverts de poils très-serrés , et qui sont munis chacun d'un petit crochet corné recourbé.

Les Larves des Cicindèles que l'on a eu l'occasion d'étudier ont offert des mœurs bien curieuses. Elles se creusent dans la terre un trou cylindrique , d'environ un pied de profondeur , qu'elles taillent en se servant de leurs mandibules et de leurs pattes , puis qu'elles déblayent avec leur tête, dont la concavité supérieure fonctionne comme une sorte de hotte que ces Insectes remplissent de terre, qu'ils jettent au dehors de leur trou en montant dans celui-ci à l'aide de leurs pattes et de leurs mamelons à crochet, et se reposant de temps à autre quand leur fardeau est trop pesant.

Ces Larves se tiennent ordinairement en embuscade à l'ouverture de leur excavation , et elles laissent leur tête à fleur du sol, tandis que les tubercules de leur dos et leurs crochets les fixent dans cette position. Là ces Insectes attendent leur proie au passage , la saisissent avec rapidité, et en exécutant subitement un mouvement de bascule , ils l'entraînent au fond de leur repaire pour la dévorer.

L'organisation de ces Larves et la disposition de leur tronc doivent naturellement faire croire que ce sont particulièrement des Insectes terrestres qui doivent tomber dans leurs embûches, et cela semble en effet démontré par les observations de Desmarets qui trouva leur repaire particulièrement plein de débris de Carabiques ; mais l'extrême voracité de ces Larves singulières s'exerce même sur leur propre espèce, et l'on en voit quelquefois se déchirer réciproquement. Pour accomplir leur métamorphose , elles s'enfoncent dans leur trou , après avoir eu le soin d'en boucher l'orifice.

Ces Coléoptères sont de beaux Insectes qui , à l'état parfait , ont ordinairement les élytres resplendissants de teintes métalliques, et diversement tachetés de blanc. Ils sont fort agiles, courent très-vite en poursuivant leur proie, et volent rapidement, mais seulement en franchissant à la fois de très-petits espaces. L'agilité de ces Coléoptères, ainsi que la grosseur et la saillie de leurs yeux, et le peu d'étendue de leur tube digestif, viennent révéler au naturaliste qui cultive la science avec philosophie les mœurs carnassières des Cicindèles, et leurs violences pour surprendre leur proie.

La *Cicindèle champêtre*, qui est d'un beau vert métallique, et la *Cicindèle hybride*, qui est bronzée, et offre des taches en croissant sur ses élytres, sont communes dans nos campagnes.

TRICONDYLES. *Tricondyla.* Corselet bombé, rebordé aux deux extrémités. Ailes nulles. Avant-dernier article des palpes plus grand.

Ces Insectes, que Latreille comprend parmi ses Cicindèles, doivent avoir des mœurs fort différentes des leurs, à cause de leur privation d'ailes.

BRACHINES. *Brachinus.* Corselet plus étroit que les élytres, ceux-ci courts et tronqués; ailes distinctes. Lèvre inférieure édentée.

Les Brachines sont de petits Coléoptères très-agiles, qui habitent principalement les contrées chaudes et surtout le Sénégal; ceux que l'on rencontre chez nous vivent ordinairement en société sous les pierres, où ils se découvrent particulièrement pendant la saison froide.

On les nomme en français *Scarabées canonniers* ou *bombardiers*, à cause de la faculté qu'ils ont d'exhaler subitement une vapeur par l'anus, en produisant une petite détonation; ils peuvent répéter plusieurs fois de suite cette action, qui paraît avoir pour but d'effrayer leurs agresseurs, et on voit même qu'elle se produit par une sorte d'instinct de défense chez tous les individus qui se trouvent rassemblés près de celui qui est poursuivi ou tourmenté. Mais ce bruit s'affaiblit à chaque coup.

Léon Dufour, qui s'est occupé de l'anatomie de ces Insectes, a reconnu que cette vapeur était sécrétée par un organe spécial, et qu'elle se trouvait renfermée dans deux espèces de réservoirs ou vésicules, situés vers l'extrémité de l'abdomen. Il a remarqué aussi que la liqueur volatile des Brachines avait une odeur piquante, singulièrement analogue à celle de l'acide nitrique; puis qu'elle rougissait le papier de tournesol et produisait une cuisson à la peau; on a même dit qu'elle la teignait en jaune dans les espèces de forte taille et y occasionnait une sorte de brûlure.

Le *Brachine crépitant*, qui doit son nom à cette particularité, se rencontre fréquemment sous les cailloux de nos campagnes. Son corselet est d'un rouge ferrugineux, et ses élytres bleus.

SCARITES. *Scarites.* Corselet séparé de l'abdomen par un étranglement. Mandibules triangulaires, fortement dentées.

Les Scarites sont propres aux régions chaudes et tempérées des deux continents, et l'on en rencontre plusieurs espèces en France; ils restent ordinairement sur le sol, et souvent se dérobent aux regards dans les trous ou les crevasses qu'il présente; les uns sont aptères, d'autres ont des ailes.

HARPALES. *Harpalus*. Corps ovoïde, plus étroit en avant; des ailes. Menton unidenté; mandibules simples.

Ces Coléoptères, dont plusieurs espèces résident parmi nos climats, se découvrent ordinairement sous les pierres, ou dans les trous des lieux secs; les épines dont leurs jambes sont ornées leur permettent de se creuser des retraites dans les terrains sablonneux : ils courent vite et paraissent être diurnes.

CARABES. *Carabus*. Corselet carré; ailes nulles ou rudimentaires; point d'échancrure aux jambes.

Ces Coléoptères vivent principalement dans les contrées froides et tempérées de l'Amérique, de l'Asie et de l'Europe; ils fuient ordinairement la lumière et se cachent le jour sous les pierres, ainsi que sous l'écorce des arbres ou la mousse.

Les Carabes sont quelquefois parés des plus brillantes couleurs, et étincellent de reflets imitant le bronze et l'or; l'absence d'ailes les prive de la faculté de voler, mais à l'aide de leurs jambes fortes et longues, on les voit courir fort vite : ils se nourrissent de Chenilles ou d'Insectes parfaits.

Le corps de ces Coléoptères exhale une odeur pénétrante, nauséabonde; quand on les saisit, ils émettent par la bouche et l'anus une liqueur noirâtre, fétide et âcre, dont l'émission a sans doute pour but de dégoûter l'ennemi qui les menace, et de lui faire lâcher prise. La portion qui est éjaculée par le rectum, ainsi que l'a remarqué de Géer, est sécrétée par des vaisseaux qui s'abouchent dans cet intestin. D'après H. Cloquet, le fluide qui s'échappe par la bouche de ces Coléoptères est vénéneux; et, dans des expériences entreprises sur des Lapins, il a reconnu que cette espèce de salive déterminait une inflammation de mauvaise nature dans les tissus avec lesquels on la mettait en contact. Il doit en être de même pour le liquide noir qui est éjaculé par l'anus, car Geoffroy rapporte que celui d'un Carabe doré ayant été lancé dans l'œil d'un de ses amis, il éprouva à cet organe une douleur insupportable qui ne se dissipa qu'après un certain temps. L'entomologiste lui-même ressentit aux lèvres une cuisson violente pour en avoir reçu sur celles-ci deux gouttelettes imperceptibles.

Selon H. Cloquet, à n'en point douter, ces Insectes étaient ceux qui furent si célèbres chez les anciens et que l'on appelait *Buprestes*. Ce savant pense que ce n'était nullement le Méloé proscarabée auquel on donnait ce nom, parce que tous les auteurs qui parlent des Buprestes disent qu'ils se nourrissent d'Insectes et qu'ils attaquent même les Lézards, tandis que le Méloé est essentiellement herbivore.

Hippocrate et Pline, ainsi que les médecins de leur époque, attribuaient à ces Insectes une vertu peu inférieure à celle des Cantharides, et ils en faisaient usage à l'intérieur dans diverses maladies. Parmi les modernes, Swédiaur a recommandé le *Carabe chrysocéphale* pour combattre l'odontalgie, et Carradori et d'autres savants italiens ont indiqué le *Carabe ferrugineux* comme très-efficace contre cette maladie. Le *Carabe saponaire*, dont on a fait le sous-genre Chlœnie, est aujourd'hui employé au Sénégal pour confectionner une sorte de savon qui se fabrique en l'unissant à l'huile de noix de coco. Enfin, pour énumérer ce que l'on peut attendre d'avantageux de ces Coléoptères, nous devons dire que Ratzeburg, dans son bel ouvrage sur les Insectes nuisibles ou utiles aux forêts, considère les Carabes, ainsi que les Calosomes et les Staphylins, comme rendant de grands services à celles-ci, à cause de l'énorme quantité de Chenilles qu'ils dévorent pour leur nourriture.

Le *Carabe doré*, vulgairement appelé Jardinière, est très-commun dans nos parterres; c'est une des plus belles espèces; son corps est d'un beau vert brillant, à reflets d'or. Les vétérinaires l'employaient anciennement dans le traitement des maladies des chevaux.

CALOSOMES. *Calosoma.* Corselet orbiculaire; abdomen presque carré.

Presque toutes les espèces de ce groupe sont étrangères à la France; elles ont de fortes dimensions et sont pour la plupart de couleurs métalliques des plus brillantes.

Le *Calosome sycophante*, que la forme de ses élytres et leur magnifique éclat faisait nommer, par Geoffroy, Bupreste carré couleur d'or, se trouve aux environs de Paris et en Normandie. Sa Larve, dont Réaumur nous a donné l'histoire, vit dans les nids des Chenilles processionnaires et est le plus redoutable ennemi de celles-ci; elle leur perce le ventre et les dévore malgré leur fuite et leurs contorsions; mais parfois, lorsqu'elle s'est gorgée de cet aliment, il lui arrive de ne pouvoir se remuer, et alors les Larves de sa propre espèce, plus jeunes et plus agiles, viennent à leur tour l'attaquer et souvent la mangent.

OMOPHRONS. *Omophron.* Corps ovalaire; corselet très-large. Mandibules édentées.

Ces Insectes, par leurs formes, rappellent les Dytisques et font le passage des Carnassiers terrestres à ceux qui sont aquatiques, dont ils diffèrent par leurs membres disposés pour marcher. Ils habitent le bord des eaux et se tiennent parmi les racines des plantes des marais. C'est seulement le soir qu'ils sortent de cette retraite.

BEMBIDIONS. *Bembidion.* Mandibules simples; pénultième

article des palpes maxillaires extérieurs et labiaux renflé , pyriforme.

Presque tous ces Insectes sont indigènes de l'Europe ; on les rencontre sur les rivages. Ils courent très-vite.

La sous-famille des **CARNASSIERS AQUATIQUES** est caractérisée par un corps ordinairement déprimé , et surtout par des tarses
postérieurs aplatis en nageoires et ciliés. Les mandibules sont presque
totalement recouvertes par les lèvres. Ce sont eux que Latreille nomme
Hydrocanthares.

Ces Insectes habitent les mares ou les ruisseaux ; ils sont ordinairement d'une couleur rembrunie , et dépouillés de cet éclat, parure habituelle des tribus animales des contrées favorisées du soleil ;
mais en revanche, beaucoup d'entre eux possèdent un avantage unique et bien précieux, celui de pouvoir se transporter avec autant de
facilité à la surface du sol que sous l'eau et dans l'air. En effet , à l'aide
de la coupe de leur corps et de leurs pattes en rames, on les voit parfois
nager avec vitesse au milieu de nos étangs pour y poursuivre leur
nourriture, ou éviter le Batracien ou l'Oiseau qui les menace ; d'autres
fois c'est en volant qu'ils saisissent leur proie , ou bien enfin on les
rencontre marchant sur la terre.

DYTISQUES. *Dytiscus.* Corps ovalaire, déprimé ; des ailes.
Sternum pointu. Antennes longues , sétacées.

Beaucoup d'espèces de ce genre habitent la France ; on les rencontre
dans toutes les eaux douces, mais particulièrement parmi les mares et
les ruisseaux.

Les Larves de ces Coléoptères ont le corps formé ordinairement de
onze anneaux recouverts de plaques écailleuses. Les deux derniers sont
remarquables par leur longueur et leur forme conique ; ils sont garnis
sur leurs côtés de poils flottants , qui imitent des franges , et le corps
est terminé , chez la plupart , par deux filets coniques , barbus et mobiles. Lorsque ces Larves veulent se mouvoir dans l'eau, où elles restent constamment , elles impriment à leur corps un mouvement prompt,
analogue à celui de la reptation, et pendant lequel les franges de poils
frappent le liquide comme des espèces de nageoires , et contribuent à
donner l'impulsion à l'individu.

Ces Larves, par un singulier instinct de défense, emploient une ruse
remarquable pour se soustraire aux animaux carnassiers qui se nourrissent de proie vivante ; quand elles se trouvent saisies par l'un d'eux,
elles deviennent instantanément molles et flasques, et ne ressemblent
plus qu'à un cadavre ; par ce moyen , elles dégoûtent souvent leur ra-
visseur et échappent à la mort.

Les mandibules des Larves des Dytisques sont très-arquées , et sous
leur extrémité de Géer a aperçu une fente longitudinale , de sorte que,

par leur organisation, celles-ci peuvent, ainsi que celles des Fourmilions, agir comme des suçoirs ; et l'on sait en effet que ces Insectes voraces s'en servent, ainsi que ceux qui viennent d'être nommés, pour absorber les sucs des Larves de Libellules, d'Éphémères et de Cousins, dont ils se nourrissent principalement ; néanmoins, la bouche offre aussi des mâchoires et des palpes.

Sous leur premier état, ces Insectes viennent respirer à la surface de l'eau, et tandis que leurs trachées, qui aboutissent à l'extrémité postérieure du corps, se trouvent en contact avec l'air qu'elles absorbent, les filets de cette région les y soutiennent en flottant sur le liquide.

Suivant Swammerdam et Rœsel, lorsque le temps de la métamorphose est arrivé, les Larves des Dytisques quittent l'eau et elles vont s'enfoncer dans la terre qui borde les mares où se trouvait précédemment leur séjour ; et là, elles se pratiquent une petite cavité dans laquelle elles se transforment en Nymphe et ensuite en Insecte parfait.

Sous leur dernier état, ces Coléoptères passent ordinairement le jour dans l'eau ; là, ils nagent avec facilité à l'aide de leurs pattes de derrière, dans lesquelles, suivant Meckel, la partie du membre appelée hanche a entièrement disparu, dans le but de rendre l'article suivant plus libre pour l'exercice de la natation ; pour la même destination aussi, les tarses de ces extrémités sont très-aplatis en rames et bordés de poils qui, en augmentant leur surface, en perfectionnent la fonction. Suivant Latreille, les évolutions aquatiques de ces Coléoptères sont même favorisées par la dilatation fort remarquable qui termine leur intestin et fonctionne à l'instar de la vessie natatoire des Poissons, mais que je considère comme servant peut-être aussi à la respiration.

Les Dytisques sont très-carnassiers, et j'en ai souvent vu attaquer des Tritons et les dévorer tout vivants malgré leurs contorsions. Ces Insectes ne s'éloignent des marais que le soir, et c'est peut-être pour chercher à s'accoupler ; souvent alors dans leur vol ils sont attirés par les lumières des habitations, et voltigent autour d'elles en produisant un bruit semblable à celui des Hannetons.

Dans les marais qu'habitent ces Coléoptères on les voit venir à chaque instant à la surface, pour y puiser l'air indispensable à leur respiration ; pour cela, ils tournent leur abdomen en haut, l'élèvent un peu au-dessus du liquide en entr'ouvrant leurs élytres, afin d'introduire au-dessous d'eux une certaine quantité de fluide atmosphérique qui, retenu entre les ailes et l'abdomen, vient abreuver les stigmates, tandis que l'animal se replonge dans son élément.

Lorsque l'on saisit les Dytisques, ils exhalent de la surface de leur corps une liqueur onctueuse, d'un blanc de lait et d'une extrême fétidité, que l'on doit considérer comme un moyen de défense contre les Oiseaux insectivores. Cependant toutes les espèces n'ont point ce désagrément, et, selon Tiedemann, le Dytisque marginal exhale l'odeur de la réglisse.

La plupart des femelles portent des élytres sillonnés profondément, et les mâles ont les tarses antérieurs dilatés en forme de palette ou de ventouse, double disposition qui facilite l'accouplement et leur permet d'embrasser étroitement l'autre sexe, ce qui eût été impossible sans cette organisation réciproque ; car les Dytisques ont le corps très-lisse, et comme recouvert d'un enduit huileux. Suivant Rœsel, les œufs de ces Coléoptères éclosent dix à douze jours après la ponte.

M. Clairville a subdivisé ce groupe en deux genres, les *Dytisques* proprement dits, et les *Colymbètes*. Les derniers sont seulement différents des autres en ce que les mâles n'offrent jamais de palettes aux tarses antérieurs, et ont seulement leurs trois premiers articles presque également dilatés, destinés à saisir l'autre sexe. Du reste, les femelles se ressemblent absolument. Un caractère semblable n'est vraiment de nulle portée zoologique, puisqu'il n'existe que sur un seul sexe ; aussi nous n'admettons pas cette division.

Le *Dytisque de Rœsel*, qui se rencontre en France, est étroit en avant et très-déprimé ; ses élytres sont bordés d'une large bande jaune. Le *Dytisque sillonné*, que l'on trouve fort abondamment dans nos marais, se fait remarquer par la profondeur des sillons des élytres de ses femelles, qui sont en outre garnis de poils dans leur fond.

HALIPLES. *Haliplus.* Corps ovoïde, bombé en dessus ; base des membres postérieurs recouverte d'une grande plaque.

Ces Insectes, par la forme de leur corps, et surtout par l'existence de leur plaque abdominale, doivent être érigés en groupe générique. Ils habitent les mares, et ont les mêmes mœurs que les Dytisques ; tous sont de petite dimension.

HYGROBIES. *Hygrobia.* Corps bombé, épais ; tête dégagée du corselet. Antennes plus courtes que la tête et le corselet ; yeux saillants.

Les formes de ces Insectes s'éloignant totalement de celles des Dytisques, il est rationnel d'en former un genre. Les Hygrobies vivent dans les mares, et nagent avec agilité. L'*Hygrobie d'Hermann* est commune chez nous.

FAMILLE DES MONILICORNES.

Élytres tronqués, beaucoup plus courts que l'abdomen. Antennes ordinairement moniliformes.

Ce groupe, qui est désigné par Cuvier sous le nom de *famille des Brachélytres,* se compose d'Insectes qui sont fort remarquables par la briéveté de leurs élytres, car ceux-ci ne recouvrent que le tiers du ventre environ.

M. Hollard s'est assuré que dans ces Insectes il existait réellement deux palpes sur chaque mâchoire, quoique Latreille ait dit qu'il n'y en avait qu'un seul, et nous avons eu l'occasion d'apprécier la justesse de cette observation en la vérifiant sur les *Staphylinus olens* et *hirtus*.

STAPHYLINS. *Staphylinus*. Ce genre de Linnée forme à lui seul cette famille, mais comme il renferme un nombre considérable d'espèces, environ six cents, Gravenhorst, dans sa Monographie, l'a subdivisé en beaucoup de sous-genres, parmi lesquels nous citerons les suivants : les Staphylins proprement dits, les Pédères et les Tachines.

Les **STAPHYLINS PROPREMENT DITS** se distinguent des autres sous-genres par leurs palpes qui sont filiformes, et par leurs antennes qui se trouvent insérées entre les yeux.

Les Larves de ces Coléoptères ressemblent beaucoup à l'insecte parfait; elles vivent dans les mêmes lieux, et se nourrissent d'aliments semblables.

Les Staphylins sont fort répandus, et il en existe un grand nombre en Europe. Ils se rencontrent particulièrement dans les lieux frais et humides, et surtout sous les pierres et sous l'écorce des arbres morts; souvent aussi on en voit sur les champignons et les substances animales en putréfaction.

Ces Coléoptères sont très-agiles et courageux. Ils courent fort vite, et s'envolent avec la plus grande aisance; quand ils s'abattent, ils replient aussitôt leurs ailes sous leurs élytres; mais comme ceux-ci sont excessivement courts, et que ces membranes n'ont cependant pas moins d'étendue que dans les autres Coléoptères, il en résulte que les ailes doivent s'y abriter avec beaucoup d'art en se repliant trois ou quatre fois, ce qui rend leur placement très-difficile. Pour obvier à cet obstacle, les Staphylins se servent de leur abdomen, et en l'agitant avec adresse, ils poussent en partie, par ses mouvements, leurs ailes sous les élytres; celles-ci s'y abritent entièrement, ce qui semble difficile lorsque l'on considère le grand développement qu'elles présentent et le peu d'étendue des étuis cornés qui sont appelés à les protéger.

Lorsque les Staphylins sont saisis par quelque ennemi, ils agitent avec rapidité leur abdomen afin de l'effrayer, et si par ses contorsions diverses ces Insectes ne réussissent point, on les voit alors faire saillir par l'anus deux appendices charnus, en même temps qu'ils laissent échapper une vapeur subtile, dont M. Léon Dufour a décrit l'appareil sécréteur, et qui dans quelques espèces sent fortement l'éther sulfurique.

Les Staphylins sont tous très-voraces, et l'aspect de leurs mandibules saillantes révèle leurs mœurs carnassières. Ils vivent d'Insectes et de chairs en putréfaction; aussi les rencontre-t-on souvent sur les cadavres des animaux; ils n'épargnent même pas leur propre espèce.

Le *Staphylin bourdon*, qui est très-velu et varié de jaune et de noir, ressemble à l'Hyméroptère dont il porte le nom. On le trouve communément en France. Il en est de même du *Staphylin odorant* qui est totalement noir, et émet un suave parfum lorsqu'on le tourmente.

Les **PÉDÈRES** ont les mandibules dentées au côté interne, et le pénultième article de leurs tarses est bifide. Le *Pédère des rivages*, qui se trouve fort communément en France, n'a que trois lignes de longueur, et offre un corselet fauve et des élytres bleus.

Les **TACHINES** se distinguent des autres sous-genres par leurs jambes épineuses, leurs antennes à articles pyriformes et leurs palpes filiformes.

FAMILLE DES SERRICORNES.

Élytres couvrant ordinairement tout l'abdomen. Antennes dentées, soit en scie, soit en peigne, soit en éventail. Mâchoires n'ayant chacune qu'un seul palpe.

Ce grand groupe, qu'il est souvent difficile de distinguer du suivant, est divisé en trois sous-familles, les Sternoxes, les Malacodermes et les Lime-bois.

Les **STERNOXES** se reconnaissent à leur corps qui est alongé et dont le derme est solide, à leurs antennes en scie, à leurs pattes courtes, et surtout à la configuration remarquable de leur présternum, à laquelle ils doivent leur nom; cet organe s'avance en avant vers la bouche, et il se prolonge en arrière en une saillie styliforme que reçoit une cavité du mésosternum.

BUPRESTES. *Buprestis*. Saillie postérieure du présternum déprimée, peu développée et sub-obtuse; mésosternum n'offrant qu'une dépression ou une échancrure.

Ces Insectes étaient appelés Richards par Geoffroy, à cause de l'éclat de leur robe, qui souvent se trouve décorée de couleurs plus magnifiques que celles qui s'observent sur les métaux ou les pierres précieuses. C'est surtout dans les contrées méridionales qu'ils se plaisent, et c'est seulement là que se rencontrent les plus grandes et les plus brillantes espèces; car celles qui viennent dans le nord de l'Europe sont peu nombreuses et de petite taille.

Les Larves des Buprestes vivent dans les bois, et à l'état parfait on les rencontre sur les arbres ou sur les fleurs. Ces Coléoptères marchent avec lenteur, et ils ne sautent point comme le font les Taupins. Leur vol est très-agile, et lorsqu'on veut les saisir ils rapprochent leurs pattes du tronc, puis restent très-longtemps immobiles et contractés en contrefaisant le mort. Les femelles portent à l'extrémité du ventre une lame conique, formée par les trois derniers anneaux du corps, et qui paraît être une tarière destinée à enfoncer les œufs dans le bois sec.

Le *Bupreste géant*, qui est long de deux pouces et d'un vert doré, habite Cayenne et orne communément les collections.

Le *Bupreste vert*, que l'on trouve en France, n'a que deux lignes et demie de longueur et est d'un vert bronzé.

TAUPINS. *Elater*. Présternum à pointe longue, comprimée, reçue dans une cavité profonde du mésosternum ; corselet offrant deux pointes en arrière.

Ces Coléoptères se distinguent encore du genre précédent en ce que leurs mandibules sont ordinairement échancrées à l'extrémité, tandis que dans les Buprestes, ces organes se terminent le plus souvent en pointes entières. Les Taupins forment un genre nombreux dont les espèces sont très-répandues, et se rencontrent en général parmi les bois et sur les fleurs.

Les Larves de ces Insectes ont encore été peu étudiées ; on sait seulement qu'en général elles vivent dans le bois. Celle du *Taupin à bandes ondées noires*, qui a été observée par de Géer, se trouve sous les pierres ou dans le terreau, et celle du *Taupin strié* ronge les racines du blé et fait beaucoup de dégâts parmi cette céréale. La première est remarquable par la disposition de l'anneau qui termine son corps ; celui-ci porte en dessous un mamelon charnu que l'Insecte fait saillir et rentrer à son gré, et qui lui sert de septième patte en l'appuyant contre le plan sur lequel il marche.

Lorsque les Taupins sont sous leur dernière forme, ils ne marchent qu'avec lenteur, et quand on les surprend, ils se laissent choir pour se dérober à la main qui va les saisir. Mais comme il leur arrive souvent alors de tomber renversés sur le sol, et que leurs pattes sont trop courtes pour leur permettre de se retourner immédiatement, ces Insectes possèdent l'utile faculté de pouvoir s'élancer très-haut en distendant et en fléchissant rapidement l'articulation principale du tronc ; de cette manière, quand leur chute a lieu sur les pattes, ils se remettent à courir, et si au contraire ils font une nouvelle chute sur le dos, ils recommencent leurs sauts jusqu'à ce qu'ils retombent dans une situation plus favorable.

Voici la manière dont cette action s'exécute. Le Taupin, se trouvant placé sur le dos, commence par fléchir la tête et le tronc en arrière sur le plan qui le supporte, et par cette attitude sa partie moyenne s'éloigne du sol en même temps que la saillie du présternum sort de son trou ; puis il serre fortement les pattes contre le tronc afin de les préserver des accidents que pourrait occasionner la chute. Après cela, le Taupin termine sa manœuvre en fléchissant subitement le présternum et en faisant rentrer sa pointe, comme un ressort, dans sa cavité ; alors le dos frappe le point d'appui avec force, et celui-ci en réagissant soulève l'Insecte à une hauteur considérable, et qui est proportionnelle à l'effort et à la densité du plan de position. A cette action capitale vient aussi se joindre celle des épines postérieures du corselet, que l'on a remarqué qui s'appuyaient sur le bord des élytres de manière à se débander subitement au moment de la flexion du tronc, et à augmenter la rapidité de cette action.

C'est à cette faculté de s'élever très-haut par leurs singuliers sauts, que ces Coléoptères doivent leur nom zoologique latin ; c'est aussi elle qui les a fait surnommer *Scarabées à ressort*. On les appelle parfois *Maréchaux*, parmi le vulgaire, à cause du petit bruit qu'ils produisent au moment de leur ascension. Quelques-uns sont aussi nommés *Sputateurs* ou *Cracheurs*, parce qu'à l'instant où ils contractent vivement leurs articulations, dans la violence de leur effort, il leur arrive souvent de projeter au loin une certaine quantité d'une salive verdâtre.

Les femelles des Taupins ont à l'anus une tarière alongée, munie de deux pièces latérales pointues au bout, entre lesquelles est une autre pièce qui paraît être creusée pour conduire les œufs dans le lieu où ils doivent être déposés.

Quelques espèces de ce groupe possèdent la faculté de briller dans les ténèbres, et leur phosphorescence, qui jouit d'un éclat extraordinaire, se manifeste au niveau de grandes taches qu'elles offrent sur leur thorax.

Le *Taupin lumineux*, qui habite l'Amérique et principalement les Antilles, est un de ceux qui s'entourent d'un plus vif éclat. Les sauvages s'en servent pendant les voyages nocturnes et les attachent à leurs chaussures pour éclairer leurs pas. Quelquefois les femmes en mettent plusieurs dans des vases en verre, et font la veillée à l'aide de ce singulier fanal; la lumière qu'ils répandent est si vive qu'elle permet facilement de lire l'écriture même la plus fine. Quoique la phosphorescence de ces Insectes se manifeste seulement par les grandes taches du corselet, Brown assure que toutes les parties intérieures sont lumineuses et que c'est l'opacité du derme qui empêche le reste du corps de répandre de l'éclat. Pour s'en convaincre il écarta un peu les anneaux de l'abdomen, et alors une lumière vive se décela à travers la membrane fine qui les sépare.

On rencontre en France un assez grand nombre d'espèces de ce genre; mais aucune n'est lumineuse. Le *Taupin ferrugineux* est un des plus beaux que nous ayons; tout le dessus de son corps est d'un rouge de rouille.

La sous-famille des **MALACODERMES** se reconnaît à la consistance ordinairement molle ou flexible des différentes parties du corps des Insectes qui la composent. Leur présternum n'est pas dilaté en avant et ne se termine pas, le plus souvent, en pointe saillante en arrière.

CÉBRIONS. *Cebrio.* Téguments assez solides; présternum saillant et reçu dans une cavité du mésosternum; articles des tarses entiers.

Ces Coléoptères forment une connexion avec les précédents; l'on en connaît quelques espèces en Europe qui y apparaissent parfois en nombre immense, après des pluies d'orage.

LAMPYRES. *Lampyris.* Corps long, déprimé, très-mou. Man-

dibules ordinairement unidentées, aiguës ; palpes maxillaires terminés par un renflement.

Ces Coléoptères sont disséminés dans des climats divers ; lorsqu'on
les saisit ils appliquent leurs antennes et leurs membres contre le corps,
et restent immobiles comme s'ils étaient morts. Ce groupe linnéen a été
divisé en un assez grand nombre de sous-genres, parmi lesquels les
Lycus, les Lampyres proprement dits, les Driles et les Téléphores sont les
plus remarquables.

Les LYCUS ont une tête qui offre un museau très-long et ils portent des
antennes en scie ; leurs élytres sont ordinairement dilatés, soit latéralement, soit à leur extrémité. On en trouve dans les quatre parties du monde.

Les LAMPYRES PROPREMENT DITS présentent un corselet demi-
circulaire et recouvrant la tête, qui n'est point prolongée en museau ; leurs antennes sont très-rapprochées, et la femelle est ordinairement aptère. Selon Latreille, les Larves de ces Insectes sont herbivores et vivent de feuilles d'herbes et d'autres végétaux. Cependant
leurs fortes mâchoires pourraient faire soupçonner qu'elles peuvent
être carnassières, et cela paraît être prouvé pour l'espèce la plus commune en France.

Toutes les espèces de Lampyres sont phosphorescentes pendant la
nuit ; c'est cette singularité qui leur valut, chez les anciens, les noms
de *Noctiluca*, *Luciola*, et chez les modernes, ceux de *Mouches lumineuses*, ou de *Vers luisants*. Ces Insectes sont nocturnes ; relégués
sous les herbes pendant la journée, ce n'est que durant les ténèbres
qu'ils en sortent, et que les femelles jettent des feux bleuâtres ; les
mâles, attirés par ce fanal, viennent alors s'accoupler avec elles. Chez
nous, celles-ci sont dépourvues d'ailes, ressemblent à des Larves, et
restent continuellement fixées sur les plantes ; mais en Amérique, et
même en Italie, on trouve des Lampyres dont les deux sexes sont ailés ;
et, en traversant le ciel dans les belles soirées d'été, ils y marquent
des traînées de feu qui s'entrecroisent et se multiplient à l'infini en offrant un spectacle extraordinaire.

Le *Lampyre luisant* est fort commun dans toute l'Europe ; le mâle,
qui est seul ailé, est noirâtre et n'a que quatre lignes de longueur. Dans
ces derniers temps, plusieurs observateurs ont prétendu que sa Larve
était extrêmement carnassière, et qu'elle dévorait principalement quelques espèces d'Hélices[1] qui dévastent les jardins ; aussi certains hor-
ticulteurs ont-ils été jusqu'à proposer d'admettre des Lampyres luisants dans les parterres, afin qu'ils en détruisent les Limaçons. M. Recluz
a même observé qu'à l'état parfait ils mangent de ces Mollusques ainsi
que de l'herbe.

Le phénomène remarquable que produisent ces Insectes a attiré sur
eux l'attention des plus anciens observateurs. Aristote les désignait
sous le nom de *Pyrgo lampis*[2], qui indique qu'il avait étudié leur phos-

---

[1] *Helix pomatia, aspersa et arbustorum.*   [2] **Cul luisant.**

phorescence et examiné le lieu où elle se produit ; il ajoute même que dans ces Coléoptères les uns sont ailés et les autres privés d'ailes. Pline, en parlant des Lampyres, dit qu'ils brillent la nuit comme des feux , par la couleur éclatante de leurs flancs et de leurs croupes, et qu'on ne les voit ni avant que les fourrages soient mûrs , ni après qu'ils ont été fauchés.

Dans ces Insectes , la source de la phosphorescence siége principalement à l'intérieur de l'abdomen , au niveau des derniers anneaux. Les Larves elles-mêmes sont lumineuses, ainsi que l'ont vu Swammerdam et de Géer. L'on aperçoit déjà chez elles, au moment où elles sortent de l'œuf, deux petits points brillants, observés par Macaire, et il a même été reconnu que les œufs jettent aussi de faibles lueurs phosphoriques.

Les naturalistes et les chimistes ont fait de fréquentes tentatives pour expliquer ce phénomène. Carradori, Murray et quelques autres savants pensent que la substance phosphorescente est contenue dans deux vésicules ; mais Tréviranus croit qu'il n'y a point d'organes spéciaux pour celle-ci , et que la lumière se produit dans l'appareil génital ; d'un autre côté, Carus , en se fondant sur l'examen des œufs qu'il a reconnus être lumineux, ainsi que sur celui de la Larve chez laquelle cet appareil n'est pas développé, émet encore une autre opinion, et regarde comme le siége de la phosphorescence une matière albumineuse qui se trouve répandue dans l'abdomen. H. Davy et Tréviranus ont attribué ce phénomène à une substance renfermant du phosphore, se séparant des humeurs par l'action vitale , et brûlant comme ce corps à l'aide de l'oxygène atmosphérique amené jusqu'à elle par l'acte de la respiration. Cette hypothèse semble étayée sur la présence de l'acide phosphorique dans les fluides de ces animaux, sur l'analogie qu'offre l'émission lumineuse des Lampyres avec le phosphore qui brûle lentement à l'air, et sur l'activité que la chaleur et l'oxygène impriment au phénomène de ces Insectes, qui est au contraire paralysé par le froid ou les gaz non respirables , et qui cesse de se produire dans le vide de la machine pneumatique , comme l'a reconnu Macaire.

Ce dernier s'est aussi assuré, par des expériences, qu'un courant galvanique augmente l'intensité de la phosphorescence des Lampyres et la produit même chez ceux qui n'en offrent point. Un de ces Insectes ayant été décapité par lui , et un fil conducteur étant enfoncé dans son tronc jusqu'aux anneaux luisants , tandis qu'un autre fil était apposé sur le corps, le fluide électrique détermina immédiatement la phosphorescence la plus vive. D'après les recherches du physicien Todd, tous les excitants mécaniques ou chimiques ont même la propriété d'augmenter l'émission lumineuse de ces Serricornes.

Le *Lampyre d'Italie* , qui est appelé *Luciola* par les habitants de ce pays, se trouve aussi dans le midi de la France. Son corselet est rougeâtre ; sa tête et son abdomen sont noirs. Dans cette espèce , les deux sexes sont ailés.

Les **DRILES** offrent des mandibules bidentées à leur extrémité , et des antennes pectinées, écartées. Les femelles sont inailées, ressemblent à des Larves, comme celles du sous-genre précédent; elles sont aussi beaucoup plus volumineuses que les mâles, mais ne présentent point de phosphorescence. Nous en possédons en France, et souvent on les rencontre dans les coquilles d'Hélices dont elles dévorent le Mollusque.

Les **TÉLÉPHORES** se distinguent des sous-genres précédents parce qu'ils ont des palpes terminés par un article en hache. Les deux sexes sont ailés.

Le *Téléphore ardoisé*, qui est long de six lignes et dont le corselet est d'un rouge orangé et les élytres noirs, se trouve communément dans toute l'Europe. Sa Larve vit sous la terre et est carnassière. Durant certains hivers il est parfois arrivé, dans les contrées montagneuses de la Suède et de la France, de rencontrer sur la neige ou sur des lacs glacés, et dans une étendue considérable, une innombrable quantité de Larves de ce Téléphore. On soupçonne que celles-ci avaient été enlevées par des coups de vent qui déracinent un grand nombre d'arbres dans les forêts. Telle est peut-être l'origine de ce que l'on nomme *pluies d'Insectes*.

MÉLYRES. *Melyris*. Corselet quadrilatère; articles des tarses entiers. Mandibules échancrées à la pointe.

Ces Coléoptères sont très-agiles et se rencontrent particulièrement sur les fleurs et sur les feuilles; on les divise en plusieurs sous-genres, parmi lesquels les Mélyres proprement dits et les Malachies sont les principaux.

Les **MÉLYRES PROPREMENT DITS** ont des antennes qui grossissent insensiblement vers leurs extrémités.

Les **MALACHIES** possèdent sous le corselet et de chaque côté de la base de l'abdomen une vésicule bifide, rétractile, qui fait saillie lorsqu'on les irrite ou qu'ils sont effrayés. Leur corselet est plus large que long, et ces Coléoptères sont proportionnellement plus courts que ceux des autres sous-genres.

Quelques espèces de Malachies offrent une particularité remarquable dans la structure des élytres. L'un des sexes a chacun de ces organes terminé par un crochet, et l'individu de l'autre sexe saisit celui-ci avec ses mandibules, pour l'arrêter lorsqu'il essaye de s'échapper.

Le *Malachie bronzé* est commun en France. Il a trois lignes de longueur; sa couleur est d'un vert luisant, et les bords de ses élytres sont rouges.

CLAIRONS. *Clerus*. Corps alongé, sub-cylindrique; corselet arrondi, plus étroit que les élytres. Yeux échancrés; mandibules dentées.

Ces Coléoptères ont des antennes qui varient par la forme qu'elles offrent. Elle se rapproche parfois de celle qui est particulière à la famille suivante. Les deux divisions fondamentales de ce groupe sont les Clairons proprement dits, et les Nécrobies.

Les **CLAIRONS PROPREMENT DITS** présentent un corselet déprimé en devant, et leurs antennes, qui sont en massue, se trouvent formées d'articles serrés. Ces Coléoptères sont souvent hérissés de poils, et généralement ornés de couleurs vives et brillantes disposées par bandes transversales.

A l'état vermiforme, ces Hexapodes sont carnassiers ; ils se nourrissent principalement d'Hyménoptères, et on les rencontre dans leurs nids. Devenus adultes, ils s'alimentent du suc des fleurs, et on les découvre souvent alors sur celles-ci.

Le *Clairon des Abeilles* se développe dans les ruches ; il y fait beaucoup de tort en détruisant les Nymphes qui s'y trouvent ; mais comme on n'y observe jamais l'animal parfait, on a pensé que peut être les femelles de ce Coléoptère déposaient leurs œufs sur les fleurs, d'où les Abeilles les enlevaient malheureusement pour elles, en récoltant le pollen qu'elles charrient dans leurs magasins.

Les **NÉCROBIES** offrent un corselet non déprimé en avant, et des antennes sub-claviformes à articles lâches. La *Nécrobie violette* se rencontre communément dans nos habitations ou sur les charognes. Elle est d'un bleu violet ou verdâtre.

PTINES *Ptinus.* Corps assez solide ; corselet voûté en forme de capuchon. Mandibules courtes, épaisses et dentées.

Ces Coléoptères n'atteignent qu'une petite taille ; leurs Larves sont très-nuisibles ; elles se construisent avec les substances qu'elles rongent, une coque dans laquelle a lieu leur métamorphose. Lorsque ces Insectes sont à l'état parfait, si on les touche ils contractent immédiatement tous leurs appendices et restent longtemps immobiles.

Les **PTINES PROPREMENT DITS** ont le corps oblong et les antennes insérées entre les yeux, qui sont saillants. Ils fixent ordinairement leur résidence dans les greniers ou les autres endroits inhabités de nos demeures. Leurs Larves rongent souvent les plantes renfermées dans les herbiers ou les peaux d'animaux. Dans quelques espèces les femelles sont dépourvues d'ailes.

Le *Ptine voleur*, qui n'a qu'une ligne et demie de longueur, est d'un brun clair et fait le désespoir des naturalistes, dont sa Larve attaque les diverses collections. A l'état parfait, selon de Géer, il se nourrit de Mouches ou d'autres Insectes morts.

Les **VRILLETTES** forment un sous-genre dont les espèces ont la tête reçue dans le corselet, et des antennes terminées par trois articles plus grands.

Les Larves de ces Coléoptères rongent toutes les boiseries des habitations et les vieux meubles. Elles font de petits trous qui ressemblent à ceux que l'on produit avec des vrilles fines, et leurs excréments forment souvent, à la surface des endroits qu'elles habitent, de petits tas de poussière ou bois vermoulu. Souvent aussi ces Larves attaquent les livres et les collections d'animaux.

A l'époque des amours, les Vrillettes s'appellent mutuellement en frappant leur tête contre la surface des corps solides, après s'y être fortement fixées avec les pattes ; c'est ce bruit que l'on nomme vulgairement *horloge de la mort*, et ce fut probablement à cette particularité, observée par les anciens, que ces Coléoptères durent le nom de *sonicéphale* qu'ils leur donnèrent.

La persévérance avec laquelle la peur les fait rester immobiles, n'est pas moins digne d'être remarquée. Aussi longtemps qu'ils se croient menacés, ils contrefont le mort, et ni le feu, ni l'eau, ainsi que l'ont vu de Géer et M. Duméril, ne peuvent les tirer de cet état ; c'est même ce qui a déterminé le nom de *Vrillette entêtée* que l'on donne à l'une des espèces.

La *Vrillette damier*, qui a trois lignes de longueur, et est d'un brun obscur avec des taches jaunes formées par des poils, s'observe communément dans nos demeures et ronge le bois.

La *Vrillette de la farine*, qui est fauve, se nourrit de pain et ravage les collections d'Insectes.

La sous-famille des **LIME-BOIS** comprend tous les Serricornes qui n'ont pas le présternum prolongé en pointe, et dont la tête est séparée du corselet par un étranglement ou espèce de cou.

LYMÉXYLONS. *Lymexylon.* Corps alongé ; palpes maxillaires souvent pectiniformes dans les mâles.

Ces Insectes sont partagés en divers sous-genres parmi lesquels les Atractocères et les Lyméxylons proprement dits sont les plus remarquables.

Les **ATRACTOCÈRES** offrent des élytres tout à fait rudimentaires et qui ne sont formés que par une petite écaille, tandis que leurs ailes sont grandes et ne peuvent être abritées par eux. Ces singuliers Coléoptères, par leur aspect, ressemblent à des Mouches et rappellent les Staphylins ; on en a découvert au Brésil et à Java ; et le Muséum d'Histoire naturelle de Paris en possède une espèce qui est renfermée dans du succin.

Les **LYMÉXYLONS PROPREMENT DITS** ont des antennes simples et presque moniliformes. Parmi ceux-ci le *Lyméxylon naval* est trèscommun dans les forêts de chênes du Nord de l'Europe. Il est d'un fauve pâle, et sa Larve, qui présente une étonnante longueur et un diamètre fort peu considérable, est tout à fait filiforme. Cette dernière fait parfois de grands ravages dans les chantiers destinés aux constructions de la marine, et elle s'était naguère multipliée d'une manière extraordinaire dans ceux de Toulon.

FAMILLE DES CLAVICORNES.

Coléoptères à derme solide. Antennes claviformes, solides ou perfoliées, de longueur médiocre ou courtes; quatre palpes seulement.

Les Coléoptères de ce groupe se nourrissent, dans leur premier état au moins, de matières animales, et souvent aussi ils continuent le même régime lorsqu'ils sont sous la dernière forme. Nous comprenons dans cette famille deux de celles de Latreille, les Clavicornes et les Palpicornes, mais nous la divisons en deux sous-familles à cause de la grande différence d'organisation qu'offrent les Insectes qu'elle renferme, et nous les nommons Clavicornes terrestres et Clavicornes aquatiques.

La sous-famille des **CLAVICORNES TERRESTRES** renferme tous les Coléoptères de cette division qui sont munis de membres propres à marcher sur le sol et qui vivent à la surface de celui-ci.

ESCARBOTS. *Hister.* Corps court, ordinairement carré; élytres tronqués, plus courts que l'abdomen; jambes dentées. Antennes coudées, à extrémité solide.

Un grand nombre d'espèces forment ce genre; presque toutes habitent l'Europe, mais on en rencontre aussi en Asie, en Amérique et dans la Nouvelle-Hollande. C'est ordinairement parmi les déjections des animaux ou sur les charognes qu'on les découvre; quelquefois aussi elles vivent sous les écorces des arbres, ou sur la terre.

Ces Coléoptères ont un derme extrêmement dur, et souvent leurs élytres sont d'un noir brillant dont l'éclat contraste avec les matières où ils résident. Leurs pattes, par un ingénieux mécanisme, ne font aucune saillie lorsqu'elles sont contractées, et c'est avec les dentelures qu'on y observe que ces Insectes fouillent les bouses et y forment des canaux multipliés lorsqu'elles commencent à se dessécher. Les Escarbots portent des mandibules fortes et avancées, et souvent elles sont inégales. Ils se nourrissent de charognes, d'excréments et de matières végétales en putréfaction. Leurs Larves font usage des mêmes aliments. Ce genre a été subdivisé par Paykull à qui on en doit une belle monographie.

L'*Escarbot à quatre taches* se trouve communément dans les déjections des vaches; il offre deux maculatures rouges sur chaque élytre.

NÉCROPHORES. *Necrophorus.* Élytres tronqués, plus courts que l'abdomen; jambes élargies, fortement éperonnées. Antennes globuleuses, perfoliées.

Ces Insectes habitent presque tous l'Europe, et sur environ quinze qui sont connus on en rencontre six aux environs de Paris, et quelques-uns résident dans l'Amérique boréale. Ils vivent dans les cadavres. Leurs Larves sont longues et d'un blanc grisâtre ; elles portent six pattes et de fortes mandibules. Pour se métamorphoser elles s'enfoncent dans la terre et s'y construisent une loge qu'elles enduisent d'une matière gluante.

Le nom zoologique de ces Coléoptères, qui est dérivé du grec et signifie fossoyeur, et celui d'*enterreurs*, sous lequel on les désigne communément, leur viennent d'une action où se dévoile tout leur instinct. En effet, par une prévoyance infinie, ils enfouissent des cadavres de petits animaux, tels que ceux des Souris, des Rats, des Taupes, des Grenouilles, après y avoir inséré des œufs, et c'est ainsi qu'ils assurent la subsistance de leurs Larves naissantes. Deux à quatre de ces Insectes suffisent pour inhumer un Rat ; ils se mettent dessous, rejettent peu à peu la terre sur ses côtés, et avec tant d'activité, que celui-ci, en s'enfonçant par degrés pendant leur travail, au bout de vingt heures, se trouve quelquefois entré d'un à trois pouces dans le sol dont les débris le recouvrent.

Ces Coléoptères ont l'odorat très-fin ; ils sont attirés de fort loin par les émanations des petits animaux en putréfaction, et on les voit subitement apparaître dans les lieux où il en existe. Ceux auxquels j'ai vu enterrer des Taupes, à mesure qu'ils avançaient dans leur opération, tondaient en même temps le poil de celles-ci. Les Nécrophores exhalent une odeur très-forte qui a de l'analogie avec le musc.

Le *Nécrophore fossoyeur*, qui est le plus répandu en France, offre des antennes d'un roux foncé, et des élytres noirs, traversés de bandes jaunes ondulées.

BOUCLIERS. *Silpha.* Corps clipéiforme, déprimé ; corselet demi-circulaire ; élytres relevés en gouttière sur leurs bords.

Presque tous les Boucliers que l'on connaît proviennent de l'Europe et des États-Unis. Ce sont des Coléoptères de taille moyenne dont les Larves sont agiles et se trouvent dans les mêmes lieux que fréquentent les adultes.

Les Boucliers vivent spécialement de charognes, et c'est particulièrement en fouillant dans celles-ci qu'on les découvre. Quelques espèces se nourrissent cependant de proie vivante, et offrent des mœurs différentes ; elles grimpent souvent sur les plantes et particulièrement sur le blé pour surprendre les petits Limaçons qui s'y voient, ou bien elles montent sur les arbres afin d'y chasser divers autres animaux. Quand on saisit ces Clavicornes, ils rendent par la bouche une liqueur noire, infecte, dont la production semble n'avoir communément d'autre but que de dégoûter les animaux qui veulent en faire leur repas.

Le *Bouclier à quatre points*, dont les élytres sont bruns et marqués chacun de deux points, est une espèce d'Europe qui réside communément sur les jeunes chênes, et s'y nourrit de Chenilles.

SCAPHIDIES. *Scaphidium*. Corps ovoïde , bombé, atténué aux extrémités ; élytres plus courts que l'abdomen ; membres longs et grêles. Antennes assez longues ; mandibules bidentées.

Ces Coléoptères sont peu nombreux ; ils habitent presque tous l'Europe , et c'est ordinairement de champignons qu'ils s'alimentent.

NITIDULES. *Nitidula*. Corps en forme de bouclier rebordé ; tarses dont quatre articles seulement sont apparents en dessus. Mandibules bidentées.

Les espèces de ce genre se trouvent presque toutes en Europe ; on en rencontre dans les latitudes les plus extrêmes de cette partie du monde ; la Suède, la France et l'Espagne en possèdent, et quelques-unes sont indigènes de l'Amérique. Les Nitidules ont des mœurs qui varient ; les unes vivent sur les fleurs et les champignons, d'autres sous les écorces des arbres ou sur les matières en putréfaction.

DACNÉS. *Dacne*. Corps ovoïde ; élytres recouvrant l'abdomen ; tarses à cinq articles distincts. Antennes plus courtes que le corselet ; mandibules terminées en pointe bifide.

Quelques espèces de ce groupe , qui sont très-petites, se trouvent souvent derrière les vitres des croisées de nos appartements ; d'autres sous l'écorce des arbres.

DERMESTES. *Dermestes*. Corps un peu déprimé. Antennes de onze articles , à massue perfoliée, formée par les trois derniers.

La plupart des Coléoptères de ce genre ont l'Allemagne et la France pour patrie ; quelques-uns se trouvent dans l'Inde et à la Nouvelle-Hollande.

Ce sont les plus funestes destructeurs des collections d'histoire naturelle ; leurs Larves s'attaquent particulièrement aux peaux des mammifères morts ; et c'était à cause de cela que de Géer les nommait Disséqueurs ; elles dévorent aussi les plumes et les poils, ainsi que le fromage, le lard et les diverses provisions de nos offices ; mais ces Insectes , arrivés à l'état parfait, changent de goûts et se trouvent souvent dans les fleurs ; Olivier dit qu'alors si on les rencontre sur les substances animales, c'est plutôt pour y déposer leurs œufs qu'ils y sont revenus , que pour y causer de nouveaux ravages.

Les Larves de ces Insectes ont le corps velu, composé de douze anneaux, et à son extrémité on voit une touffe de longs poils ; elles changent plusieurs fois de peau , et leur dernière métamorphose s'accomplit sous l'enveloppe cutanée qui sert de cocon à la Nymphe.

Les Dermestes sont craintifs ; c'est dans l'obscurité et le silence qu'ils accomplissent leurs ravages ; lorsqu'on les prend ou qu'on ébranle l'endroit qui les recèle , ils se laissent choir et feignent d'être morts par leur immobilité.

Le *Dermeste du lard* est fort commun dans notre pays , et surtout dans les collections d'animaux empaillés; ses élytres sont noirs et traversés d'une bande grise marquée de points.

Le *Dermeste des pelleteries* est noir avec un point blanc sur chaque élytre; il fait de grands ravages chez les marchands de fourrures.

ANTHRÈNES. *Anthrenus.* Élytres couverts d'écailles colorées. Antennes se logeant dans des cavités des angles du corselet.

On rencontre souvent de ces Coléoptères dans notre pays; leur taille est fort petite; à l'état de Larve, ils rongent les matières animales sèches, et particulièrement les collections d'insectes; parvenus sous leur dernière forme, c'est sur les fleurs qu'on les découvre. Les fines écailles qui sont semées sur leur corps imitent une mosaïque par le mélange de leur coloration, et elles ont une structure analogue à celles qui ornent les ailes des papillons.

L'*Anthrène destructeur* est un des plus redoutables pour les cabinets des curieux, et une fois qu'il y a étendu ses ravages, il devient souvent impossible de les arrêter.

BYRRHES. *Byrrhus.* Corps ovoïde, très-bombé; présternum dilaté, formant une mentonnière; membres rétractiles, comprimés, non dentés.

Les Byrrhes résident presque tous en Europe, et un assez grand nombre d'espèces se voient en France. On les découvre principalement à terre dans les champs et sur les bords des chemins sablonneux; lorsqu'ils sont effrayés, leurs membres se fléchissent et s'appliquent si exactement sur le corps, qu'ils ne font aucune saillie et semblent manquer.

HÉTÉROCÈRES. *Heterocerus.* Corps déprimé; présternum dilaté; jambes comprimées, larges, épineuses.

Ces Coléoptères se tiennent habituellement dans le sable ou dans la boue qui environne les marais ou les ruisseaux, et la structure de leurs jambes permet qu'ils y creusent les cavités où ils séjournent, et dont on les voit sortir lorsqu'on foule le sol qui environne leur demeure.

DRYOPS. *Dryops.* Tarses à dernier article armé de deux forts crochets. Antennes subfusiformes, insérées dans une fossette, et à deuxième article dilaté en oreillette.

Ces Coléoptères sont de petite dimension; on les découvre souvent sur les plantes aquatiques. Le *Dryops auriculé*, qui se rencontre en France, était nommé par Geoffroy Dermeste à oreilles, à cause de la disposition de ses antennes.

La sous-famille des **CLAVICORNES AQUATIQUES** se reconnaît aux membres aplatis et propres à la natation, que présentent les Coléoptères qui la composent; leurs antennes sont courtes.

HYDROPHILES. *Hydrophilus.* Corps très-convexe en dessus ; sternum caréné, se terminant en pointe aiguë en arrière ; tarses aplatis, comprimés et ciliés. Palpes maxillaires plus longs que les antennes.

Ces Coléoptères habitent presque tous l'Europe ; un fort petit nombre d'entre eux seulement a pour patrie l'Inde, les Antilles ou le Continent américain ; on en connaît environ quarante espèces. Sous leurs différents états, celles-ci vivent dans les eaux douces, principalement dans les mares et les étangs, et quelquefois les moindres trous inondés en contiennent ; c'est à leurs habitudes essentiellement aquatiques que les Hydrophiles doivent leur nom, qui est dérivé du grec et signifie ami de l'eau.

Les Larves de ces Insectes sont déprimées, noirâtres, ridées ; elles offrent six pattes ; il en est qui nagent avec aisance, et d'autres qui ne parcourent le fluide qu'en se tenant à sa superficie, le dos renversé, puis y marchant avec vitesse, comme si elles le faisaient au-dessous d'un plafond.

Ces Larves sont extrêmement voraces, et leur tube intestinal, par sa structure, semble approprié à la vivacité de leur appétit ; ainsi que celui de tous les Carnassiers, il est très-court, et même il ne dépasse pas la longueur du corps entier. Ces larves se jettent sur les faibles animaux, et surtout sur les petites coquilles fluviatiles, que par un singulier mécanisme elles écrasent en les posant sur leur dos et en renversant leur tête pour appuyer dessus. Lyonnet, qui nous a transmis cette intéressante particularité des mœurs de ces Insectes, ajoute même que leur tête est un peu penchée en arrière afin qu'ils puissent mieux saisir leur proie, et que le dos leur sert en même temps de table pour la dévorer.

En outre ces Larves se font aussi remarquer par la singulière habitude qu'elles ont, lorsqu'elles sont saisies par quelque ennemi, de se rendre immédiatement molles et totalement flasques pour le dégoûter, ruse que l'on retrouve chez quelques autres espèces aquatiques.

Lorsque les Larves d'Hydrophiles se disposent à passer à l'état de Nymphe, elles sortent de l'eau, vont sur le rivage, et, à l'aide de leurs mandibules et de leurs pattes, elles creusent dans la terre une cavité ovoïde, très-lisse, d'environ dix-huit lignes de diamètre, et n'ayant aucune issue. Le Ver se place dans celle-ci sur le ventre, et après quelques jours il se transforme en Nymphe.

L'état de Nymphe dure environ trois semaines chez l'Hydrophile brun, que l'on a le mieux étudié et auquel se rapportent tous les faits suivants, qui ont été observés par Lyonnet et principalement par M. Miger. Pendant cet espace de temps les parties de l'Insecte se colorent peu à peu. Sous cette forme, celui-ci a le corps terminé par des appendices fourchus et présente à chaque angle antérieur du corselet une aigrette de trois soies cornées ; tous ces organes soutiennent le petit animal dans sa cellule, de manière à empêcher son corps d'en toucher les parois, ce qui, d'après le dernier savant que nous venons de citer, est destiné à le garantir de l'influence de l'humidité. Depuis la sortie de l'œuf jusqu'à la dernière métamorphose il s'écoule environ cent jours.

Les Hydrophiles nagent et volent très-bien, mais ils marchent mal, leurs membres n'étant point appropriés à la locomotion terrestre. A l'état parfait, selon M. Léon Dufour, le tube alimentaire a plus de quatre ou cinq fois la longueur du corps, et il est pourvu de deux cœcums très-longs, analogues à ceux que l'on observe dans les espèces herbivores.

De Géer avait émis que sous cette forme ces Coléoptères sont extrêmement carnassiers et qu'ils font principalement leur nourriture d'Insectes aquatiques ou terrestres; ce fait, qui ne semblait point en harmonie avec la structure de leur tube intestinal, ne fut pas admis, et l'on regarda les Hydrophiles comme se nourrissant de végétaux; on dit même avoir toujours trouvé leur tube intestinal rempli de débris de ceux-ci. Mais M. Miger, qui a observé ces Clavicornes avec attention, a reconnu que les deux assertions reposaient sur des faits exacts, et que ces Insectes pouvaient être considérés comme omnivores. Il a nourri pendant un mois des Hydrophiles avec des Mollusques et des larves d'Insectes, cependant il fait remarquer que leur principal aliment se compose de plantes aquatiques. Nos observations nous porteraient à une conclusion différente et nous adopterions volontiers les vues de de Géer, car ayant souvent possédé des Hydrophiles dans des bocaux remplis de plantes aquatiques, nous les avons toujours vus se repaître avec avidité de chairs d'animaux morts, d'Insectes, de Tritons, etc., et paraître en faire uniquement leur régime.

Les Hydrophiles peuvent rester sous l'eau un temps considérable; mais ils sont cependant forcés de venir par intervalle à la surface de celle-ci pour respirer. Ils accomplissent cet acte en mettant l'extrémité de leur abdomen en contact avec l'air, puis en baissant un peu cet organe ou en élevant les élytres pour introduire une certaine quantité de ce fluide entre eux et le ventre. Lorsque cela a eu lieu, ils appliquent de nouveau ces organes l'un contre l'autre, et avec leur provision de gaz respirable, ils se replongent sous l'eau.

Les Hydrophiles s'accouplent comme les autres espèces de Coléoptères; mais chez eux le mâle, à l'aide du dernier article de son tarse antérieur, qui est triangulaire et extrêmement gros, et à l'aide des longs crochets dont il est armé, saisit la femelle par le bord de ses élytres et se cramponne fortement sur son dos pour la féconder.

Les Hydrophiles femelles présentent deux filières aux environs de l'anus, et, à l'aide de celles-ci, produisent une coque ovoïde blanchâtre, surmontée d'une espèce de corne de couleur brune; cette coque, que ces Insectes placent ordinairement à la partie inférieure des feuilles nageantes des végétaux aquatiques, est formée à l'extérieur par un tissu soyeux imperméable, et le dedans, qui est rempli d'air, renferme une cinquantaine d'œufs, qui y sont symétriquement rangés et disposés sur une espèce de bourre de soie de couleur blanche.

L'Hydrophile brun, qui habite nos mares et s'y trouve communément, a un pouce et demi de longueur; il est d'un brun noir luisant avec quelques stries sur ses élytres.

GYRINS. *Gyrinus*. Membres antérieurs très-longs; les postérieurs très-courts, en nageoires. Antennes extrêmement courtes; quatre yeux.

Latreille avait à tort placé ces Insectes dans la famille des Carnassiers; ils ont beaucoup plus de rapports avec les Hydrophiles qu'avec les Dytisques près desquels il les avait groupés; et d'ailleurs leurs antennes, qui sont claviformes et surtout leurs palpes maxillaires, dont il n'existe qu'un seul pour chaque mâchoire, ainsi que je m'en suis assuré, auraient dû empêcher le savant entomologiste de les ranger dans sa première famille à laquelle il donne, pour caractère fondamental, l'existence de quatre palpes maxillaires. Ce sont ces Coléoptères que nous voyons tournoyer avec une vélocité inconcevable à la surface des mares, et auxquels cette habitude a fait donner le nom de *Tourniquets;* alors leur dos noir et poli brille comme le diamant, lorsque le soleil vient les frapper.

Les Gyrins sont des Insectes de dimension moyenne ou assez petits; on les rencontre particulièrement sur les eaux dormantes, mais il s'en trouve aussi sur la mer. Ils vivent en petites familles, et s'enfoncent sous les eaux en nageant, quand quelque chose les effraie à leur superficie. Ce sont les membres de derrière qui servent seuls pour cette fonction et font l'office de rames, car ceux de devant ne paraissent être destinés qu'à saisir la proie dont ils se repaissent. Ces Coléoptères s'accouplent à la surface de l'eau, et l'on présume qu'ils passent l'hiver au fond des marécages.

Le *Gyrin nageur*, long d'environ trois lignes, est le plus répandu; sa Larve est très-effilée et comme linéaire. Elle vit dans l'eau et en sort vers le mois d'août pour se métamorphoser. Elle file alors une sorte de coque qui ressemble à du papier gris et qu'elle fixe aux plantes aquatiques. C'est sous cette enveloppe qu'elle se transforme en Nymphe.

FAMILLE DES LAMELLICORNES.

Corps généralement ovoïde, trapu; tête offrant ordinairement un prolongement frontal ou chaperon diversiforme. Jambes antérieures presque toujours dentées à l'extérieur. Antennes courtes, terminées par des articles en forme de lames ou de feuillets.

Cette famille, qui est une des plus considérables de son ordre et l'une de celles qui se font remarquer par la grande taille et la beauté des Insectes qu'elles renferment, nous offre des Coléoptères, dont les sexes diffèrent souvent entre eux, parce que les mâles possèdent des tubercules considérables ou des cornes sur leur corselet ou leur tête, tandis que les femelles sont dépourvues de ces armes ou n'en ont que de beaucoup moins apparentes. L'appareil buccal des Lamellicornes mérite aussi de fixer l'attention à cause des anomalies qu'il offre ; les mandibules, chez les mâles de certains Insectes de cette famille , acquièrent un développement extraordinaire et comme monstrueux, tandis que dans d'autres ces organes sont rudimentaires et membraneux, ce qui ne se présente dans aucun autre groupe de Coléoptères.

Tous les Lamellicornes ont des ailes , et à l'état parfait ils se nourrissent de végétaux ou sont coprophages. Leur tube digestif est généralement fort long et leur estomac est hérissé de papilles que M. Léon Dufour considère comme étant destinées au séjour du liquide alimentaire. Les vaisseaux biliaires sont beaucoup plus longs que ceux des Carnassiers. Les Larves de ces Insectes ont le corps mou , souvent ridé , blanchâtre , divisé en douze anneaux ; elles offrent six pieds cornés et une tête armée de fortes mandibules. Ces Larves s'alimentent d'excréments , de fumier, ou de racines de végétaux.

Latreille divise cette famille en deux grandes tribus , qui sont les *Scarabéïdes* où viennent se grouper les Bousiers, les Géotrupes , les Scarabées , les Hannetons et les Cétoines ; puis les *Lucanides* qui renferment les Lucanes et les Passales. Mais si l'aspect de ces tribus diffère , il est vrai, nous ne trouvons pas que leur caractère ait été bien assis par le célèbre entomologiste ; en effet, les antennes des deux groupes se confondant insensiblement par leurs formes , on n'a plus donc pour isoler les Lucanides que le développement anormal des mandibules chez les mâles ; mais ce caractère devient insignifiant , puisque les Passales ont des mandibules semblables dans les deux sexes ; notre remarque est d'autant plus juste que Macleay a déjà placé les Coléoptères de la première section de Latreille dans la seconde ; ce sont les Chirons que nous considérons, nous , comme établissant la série.

BOUSIERS. *Copris.* Élytres ne recouvrant pas l'extrémité de l'abdomen ; chaperon semi-circulaire ; écusson nul. Antennes de neuf articles, à massue trilamellée ; mandibules membraneuses, cachées.

Ces Coléoptères , qui sont extrêmement nombreux, ont été divisés en plusieurs sous-genres, parmi lesquels les Ateuchus et les Bousiers proprement dits doivent spécialement être cités comme les plus fondamentaux.

Les ATEUCHUS ont la tête et le thorax dépourvus de cornes ; leur chaperon est dentelé sur ses bords, et leurs jambes postérieures sont grêles et non dilatées.

C'est à leur tête dépourvue d'armes que ces insectes doivent leur nom qui est tiré du grec et signifie *sans armes, sans défense.* Ils habitent les parties chaudes du globe et l'on en trouve jusque dans l'Europe méridionale. Sous leurs divers états, c'est particulièrement parmi les excréments des animaux qu'on les découvre.

Les Ateuchus ont des mœurs extrêmement remarquables et qui semblent avoir fixé l'attention des peuples les plus anciens. A l'époque de la ponte, que tous les auteurs fixent sans restriction au printemps, mais qui, d'après mes observations, a lieu, pour l'espèce principale, en automne, ces Coléoptères prennent une certaine quantité d'excréments de mammifères herbivores, et ils en forment une boule parfaitement ronde. Celle-ci est souvent d'un volume qui approche de celui du corps de l'Insecte qui l'a confectionnée et quelquefois même le surpasse, et dans son intérieur l'animal place un œuf.

Il est curieux de voir la persévérance que chacun de ces Coléoptères met à ce travail ; il roule sa boule de tous côtés en la poussant continuellement avec ses pattes de derrière. Souvent il arrive que l'Ateuchus perd l'équilibre et culbute pendant qu'il transporte ainsi çà et là son ouvrage, et alors un autre s'en empare avant qu'il ait eu le temps de pouvoir se relever, ce qu'il fait avec difficulté. Après il se remet à chercher sa pilule, ou il en refait une autre quand quelque passant la lui a dérobée et qu'il ne la retrouve pas ; souvent aussi deux individus se réunissent pour pousser la même boule.

Celle-ci, qui est d'abord molle, acquiert de la consistance à force de rouler sur le sable ou la terre, et elle devient ferme et rugueuse. Quand elle a acquis la forme et les qualités nécessaires, alors chaque Insecte pousse son œuvre dans un trou qu'il a creusé dans le sol à l'aide de ses pattes antérieures, dont les jambes sont armées à cet effet de fortes dentelures. Au bout d'un certain temps les Larves éclosent au sein de ces boules, et la substance qui les forme, amassée par la prévoyance des parents, devient leur premier aliment.

Ces singulières mœurs n'avaient point échappé à Aristote et à Pline, et ils nommaient ces Insectes *Scarabées pilulaires* pour indiquer les boules qu'ils produisent ; mais le premier de ces naturalistes se trompait en pensant que ces Coléoptères passent l'hiver dans l'intérieur de celles-ci en même temps qu'ils y déposent le produit de leur génération.

Archéologie. Plusieurs espèces de ce genre furent autrefois célèbres chez les Égyptiens, et les écrivains modernes leur donnèrent le nom de Scarabées sacrés. De tous les auteurs anciens qui en ont parlé, Horapollon est celui dont les œuvres contiennent plus de détails sur ce sujet. Il en distingue trois espèces.

Selon lui, l'une d'elles possédait deux cornes et avait la forme d'un Taureau ; elle était consacrée à la Lune, déesse dont le Taureau céleste, d'après les Égyptiens, indique l'élévation.

Une autre espèce ne portait qu'une corne, et l'on croit que, comme l'Ibis, elle était consacrée à Mercure ; Latreille pense que c'est le Bousier lunaire.

Enfin, d'après Horapollon, la troisième, ou le Scarabée proprement dit, présentait des espèces de rayons, et, à cause de cette particularité, avait été consacrée au Soleil; il ajoute que tous les individus étaient du sexe mâle. Selon cet auteur, lorsque cet Insecte veut se reproduire, il cherche de la fiente de Bœuf, et, après en avoir découvert, il en forme une boule dont la figure est celle du globe; puis il la fait rouler avec ses membres de derrière, et en allant à reculons, dans la direction de l'est à l'ouest, sens dans lequel le monde est emporté dans son mouvement. Ensuite, ce Scarabée enfouit sa boule dans la terre et l'y laisse vingt-huit jours, laps de temps qui égale une révolution lunaire; puis le vingt-neuvième, qui est celui de la conjonction de la Lune et du Soleil ainsi que de la naissance du monde, le Coléoptère ouvre sa boule, la jette dans l'eau, et alors il en naît des Scarabées. C'est par ces motifs, ajoute l'auteur, que les Égyptiens voulant peindre un être engendré de lui-même, une naissance, un père, l'homme ou le monde, les symbolisaient par le Scarabée.

L'effigie du Scarabée sacré retraçait à la mémoire des Égyptiens leur cosmogonie et une partie de leur mythologie. L'apparition de ce Bousier sur les bords du Nil était le signal de la reproduction de la nature, ainsi que l'annonce du solstice d'été, époque de la fécondation opérée par ce fleuve; aussi sur les rivages de celui-ci, au rapport de Porphyre, on honorait cet Insecte comme l'image du Soleil. Cette assertion acquiert de la force par l'inspection d'une pierre représentée dans l'œuvre de Chifflet; cet animal y a sa tête remplacée par le disque de cet astre et il porte des bras humains; autour de lui s'observe un Serpent qui mord sa queue, symbole de l'éternité.

Les peuples de l'Égypte n'étaient pas moins captivés par le singulier instinct de cet animal qui le porte à former des globes avec des excréments, et, comme le Sisyphe de la fable, à les rouler sans relâche; et c'était sans doute à cause de l'ardeur qu'il met à accomplir cette tâche, ainsi que le dit Latreille dans son *Mémoire sur les Insectes sacrés*, que ce Coléoptère parut aux prêtres égyptiens offrir l'emblème des travaux d'Isis et d'Osiris.

D'après M. Goury, les nations riveraines du Nil voyaient aussi dans les métamorphoses du Bousier le symbole de la transmigration des âmes, et c'est ce qui fait que cet Insecte, avec sa boule, dépôt de sa progéniture, figure souvent dans les allégories funèbres. En outre, Cuvier et les antiquaires ont fait remarquer que c'est le Scarabée sacré qui, dans les monuments astronomiques des Égyptiens, remplace le Scorpion des Grecs. Cela a lieu en particulier dans le Zodiaque de Dendérah.

Ces Scarabées étaient sans doute des amulettes indispensables aux Égyptiens; car on en retrouve immensément parmi les hypogées de leur pays, et l'on en a même découvert de naturels ou de diversement imités dans les cercueils des momies. Quelques-uns des Ateuchus artificiels rencontrés parmi les monuments des bords du Nil étaient percés et formaient des colliers pour les femmes; d'autres servaient de cachet ainsi que le révèlent les inscriptions qui se trouvent en dessous. Plutarque dit manifestement que la caste militaire des Égyptiens avait pour sceau la figure du Scarabée, ce que Horapollon explique en prétendant que cet Insecte représentait particulièrement l'homme parce qu'il n'y a pas de femelle dans son espèce. L'opinion de Plutarque est aussi adoptée par MM. Jomard et Champollion, et ce dernier dit que rien n'est plus commun que des Scarabées sculptés, montés ou non montés en bagues, et sur lesquels on distingue des armes diverses et même des hommes armés.

Parmi les peuples de l'Égypte l'effigie du Scarabée sacré a été multipliée de mille manières, et, comme une espèce de dieu tutélaire, on en voyait partout chez eux; on en rencontre de ciselés sur tous les monuments, les temples, les tombeaux, les obélisques; il y en a de représentés sur la plupart des bas-reliefs, et l'on en retrouve encore aujourd'hui de sculptés de toutes les dimensions et avec toutes les matières possibles, depuis les pierres les plus communes jusqu'aux métaux les plus précieux. J'en ai vu de taille colossale dans le Muséum britannique; ils étaient en granit et offraient cinq ou six pieds de longueur. Mais il s'en fabriquait surtout pour l'usage commun une prodigieuse quantité de petite dimension; on en retrouve en marbre, en porphyre, en agathe, en lapis, en grenat et en or.

Des Insectes aussi célèbres ne pouvaient manquer d'être regardés comme ayant de grandes vertus médicales; aussi Pline, Avicenne et Lanfranc ont préconisé l'espèce la plus connue contre beaucoup de maladies, et entre autres la pierre. Geoffroy, parmi les modernes, la regarde comme diurétique.

Selon Latreille, deux espèces d'Ateuchus étaient révérées par les Égyptiens et se retrouvent sur leurs monuments et dans leur écriture hiéroglyphique.

La première espèce, ou l'*Ateuchus sacré*, qui était appelée *Scarabée sacré* par Linnée, est la plus connue; elle se trouve en Égypte et dans le midi de l'Europe. Nous en avons rencontré un grand nombre aux environs des cascatelles de Tivoli, dans les premiers jours d'octobre, et alors tous les individus que nous y trouvâmes étaient occupés à rouler des boules de la grosseur d'une noix. Cet insecte, qui est noir, a été regardé jusqu'à ce moment comme étant celui qui avait été particulièrement l'objet du culte des Égyptiens.

La seconde espèce, ou l'*Ateuchus des Égyptiens*, qui a été découverte par M. Caillaud dans le Sennaar et l'Éthiopie, est beaucoup plus brillante que la précédente et d'un vert doré resplendissant. Latreille pense qu'à cause de sa beauté et du lieu où on le rencontre, qui a dû être la patrie primitive des Égyptiens, cet Insecte fixa d'abord l'attention de ceux-ci; mais qu'à mesure qu'ils s'avancèrent vers le nord, pendant leurs migrations, comme ils ne le retrouvèrent plus, en son absence, ils reportèrent leur vénération sur l'Ateuchus sacré.

Les **BOUSIERS PROPREMENT DITS** ont ordinairement la tête et le

corselet armés de cornes, et leurs quatre jambes postérieures sont fortement dilatées à leur extrémité.

Ce sous-genre contient beaucoup d'espèces dont un grand nombre
sont exotiques. Toutes sont revêtues d'une couleur foncée, ordinairement brune ou noire, et quelques-uns offrent des reflets métalliques.
Leurs larves ont la forme de celles des Hannetons, et elles vivent dans
les bouses des vaches, et probablement aussi dans les substances organiques en décomposition. C'est dans les endroits où il s'en trouve,
qu'on rencontre aussi ces Insectes à l'état parfait, et ils y volent ordinairement le soir, soit qu'ils s'y recherchent pour s'accoupler, soit
qu'ils s'y rendent pour y déposer leurs œufs.

Le *Bousier lunaire*, qui est très-répandu en France, et atteint presque un pouce de longueur, a le chaperon semi-circulaire et armé d'une
corne, et tout le corps d'un beau noir brillant.

GÉOTRUPES. *Géotrupes.* Elytres recouvrant entièrement l'abdomen ; chaperon en losange ; écusson apparent. Antennes de dix à
onze articles ; labre carré, saillant ; mandibules solides, saillantes.

Ces Insectes se font aussi remarquer par leur corselet et leur tête qui
sont souvent armés de longues cornes. Quelques-uns d'entre eux résident
en France. On les découvre particulièrement au milieu des fientes et
des bouses des grands herbivores, surtout dans celles des chevaux et
des vaches ; ils en font leur régime habituel à l'état parfait, et creusent
au-dessous d'elles de profonds trous souterrains pour y déposer leurs
œufs ; c'est même de cette habitude que provient ce nom de *Géotrupe*,
qui signifie : je perce la terre ; les larves qui en sortent rongent des racines.

Le *Géotrupe stercoraire*, que l'on nomme dans les campagnes
mère à poux, à cause du grand nombre de mites qui le dévorent, est
très-commun ; sa couleur est d'un noir cuivreux.

Le *Géotrupe phalangiste*, qui est noir, et porte sur le corselet trois
cornes avancées, en forme de pointe, est au contraire assez rare.

SCARABÉES. *Scarabæus.* Élytres ne recouvrant pas tout l'abdomen ; écusson distinct. Antennes de dix articles, dont les trois derniers sont renflés ; mandibules cornées, à côté extérieur saillant, sinué
ou crénelé.

Ces Insectes se font en outre remarquer parce que les mâles ont souvent la tête et le corselet surmontés de saillies ou de cornes fort considérables, tandis que les femelles en sont dépourvues. Ils habitent principalement les contrées équatoriales, et celles de toutes les cinq parties du
globe en nourrissent. On les rencontre ordinairement courant sur la
terre, ou volant dans les localités humides ; souvent aussi on les découvre parmi les fumiers et les terres grasses et fraîches, qu'ils fréquentent pour leur confier leurs œufs, mais aucun de ces Coléoptères ne se
niche dans les bouses et les excréments des animaux. On en connaît en-

viron cent espèces , qui presque toutes sont de couleur noire ou brune.

Latreille et Olivier disent que les Larves des Scarabées établissent leur résidence parmi les terres grasses, les fumiers ou le terreau, et qu'elles ressemblent à un ver mou , gros et courbé en arc. Selon eux, pour se transformer, ces larves s'enfoncent dans la terre, et s'enferment dans une espèce de coque qu'elles construisent avant de passer à l'état de nymphe ; cette dernière, à ce qu'ils ajoutent, n'est revêtue que d'une peau transparente qui laisse voir à travers elle toutes les parties que devra posséder l'Insecte parfait.

Le *Scarabée Hercule* habite les Antilles où on le nomme Mouche éléphant, à cause de l'énorme prolongement de son corselet qui s'avance en forme de trompe ; c'est un des plus grands Coléoptères que l'on connaisse, et il orne toutes les collections. Cet Insecte porte sur la tête une éminence qui se dirige vers celle du corselet, et l'on dit qu'il saisit souvent de petites branches d'arbres entre ces deux cornes qui sont dentées , et qu'en opérant autour de ces branches un mouvement de rotation en volant, il parvient à les couper. On ne connaît pas le but de cette action, car comme c'est le mâle qui la produit seul , puisque seul il est muni des instruments nécessaires, elle ne peut avoir pour mobile l'intérêt de la progéniture. Cependant M. Lherminier croit que cette opération singulière est destinée à produire une certaine quantité de sciure de bois dans laquelle les œufs doivent être renfermés.

Le *Scarabée ponctué*, qui est en France le seul représentant de cette division , n'offre de cornes sur aucun sexe ; son corps est noir et ponctué.

Les **ORYCTÈS** forment parmi les Scarabées un sous-genre caractérisé par des mâchoires qui ne sont pas dentées et qui se terminent par des poils. Le *Scarabée* ou *Oryctès nasicorne*, qui est d'une belle couleur marron et a la tête surmontée d'une corne , est commun chez nous , et vit, ainsi que sa larve, dans les couches de tan.

HANNETONS. *Melolontha.* Corps subcylindrique ; chaperon large, carré, alongé, à pourtour rebordé. Antennes offrant à leur extrémité quatre à sept articles en lamelles.

Les Insectes contenus dans ce genre sont en grand nombre, et beaucoup d'entre eux résident en Europe. Leur corps est très-souvent velu ; quelques-unes des espèces sont très-belles et ornées de couleurs métalliques. Leurs antennes n'ont que dix articles, et la masse feuilletée qui les termine est plus apparente chez les mâles que dans les femelles et s'étale à la volonté de ces animaux. Les Hannetons à l'état de larve vivent dans la terre et font un tort considérable aux racines, puis après leur dernière métamorphose, ils envahissent les arbres et en dévastent le feuillage.

Le *Hanneton commun*, qui abonde chez nous, étant un des Coléoptères les plus nuisibles du pays, doit, pour cette raison, avoir ici son histoire avec quelques détails. Son anatomie, qui est fort bien connue, a été dévoilée par Léon Dufour, Chabrier, et surtout par les beaux travaux de Straus.

Les Larves de cet Insecte, que l'on a aussi nommées *Vers blancs* ou *Mans*, éclosent environ six semaines après que les œufs ont été pondus. Elles sont molles et ridées, et d'un blanc jaunâtre, sale ; leur région postérieure est recourbée en dessous, et les excréments qui s'y trouvent accumulés lui donnent une teinte violette ou cendrée.

Les mœurs de ces Larves ont été étudiées avec soin par MM. le marquis de Gouffier et Lefébure. On sait que celles-ci séjournent continuellement dans le sol, y vivent aux dépens des racines des arbres et des autres végétaux et qu'elles leur font un tort immense. Les Mans ne mangent que pendant la belle saison, et aux premiers froids de l'automne ils s'enfoncent plus que de coutume dans la terre et y hivernent dans un profond engourdissement. Aussitôt que les chaleurs du printemps se font sentir, ces vers sortent de leur retraite, remontent environ d'un demi-pied en se rapprochant de la superficie du sol, et là ils recommencent avec plus d'activité leurs déprédations sur les racines.

Latreille dit que les Larves des Hannetons muent une fois chaque printemps. Leur accroissement est complet à la fin de la troisième année ; alors elles sont très-grosses, et si on les ouvre, on trouve dans leur intérieur une masse d'un tissu blanc comme de la crème, qui est de nature huileuse, surnage sur l'eau, et qui paraît n'être qu'un amas de substance nutritive mise en réserve pour fournir au développement ultérieur des organes et à l'alimentation pendant le long espace de temps que durera l'état de Nymphe.

Lorsque les Vers blancs sentent approcher le moment où leur métamorphose doit s'opérer, on les voit se vider de leurs excréments, puis ils s'enfoncent profondément dans la terre, quelquefois à plus de deux pieds ; là ils creusent une cavité ovoïde dont les parois très-lisses sont, selon Latreille, tapissées d'excréments et de quelques fils de soie, mais que M. Duméril dit n'être consolidées qu'avec une sorte de bave qui est produite abondamment. Pendant la durée de ces travaux, les Larves paraissent malades ; et lorsqu'ils sont terminés, elles se gonflent, se raccourcissent, et éprouvent une dernière mue qui donne naissance à une Nymphe molle, blanchâtre, dont tous les membres sont ratatinés, appliqués au corps, et sur laquelle on distingue des rudiments d'élytres et d'antennes. Cette Nymphe prend peu à peu de la consistance et se colore en brun. Elle reste ainsi pendant tout l'hiver.

C'est vers le mois de février que les Hannetons atteignent l'état parfait, et qu'ils peuvent se dépouiller de la peau mince qui enveloppait leurs diverses parties lorsqu'ils n'étaient encore que des Nymphes ; mais ils sont alors très-mous, jaunâtres, et ce n'est que peu à peu qu'ils prennent une consistance cornée et que leurs parties se colorent de la teinte qu'elles doivent présenter par la suite. Vers le mois de mars ou d'avril, selon la température atmosphérique, ces Insectes s'élèvent vers la surface de la terre ; mais ce n'est guère que vers les premiers jours de mai qu'ils en sortent totalement avec leurs formes parfaites et toute leur consistance. C'est leur apparition dans ce mois qui les fait appeler Scarabées de mai par les Allemands.

A cette époque, les Hannetons infestent les campagnes de l'Europe et y apparaissent parfois en quantité prodigieuse. En 1574, il y en eut une telle abondance sur la côte occidentale de l'Angleterre, que ceux qui tombèrent dans la rivière de Saverne embarrassèrent les roues d'un moulin; et les chroniqueurs rapportent aussi qu'en 1688 ils se multiplièrent tellement dans le comté de Galway, en Irlande, que l'air en fut obscurci dans l'espace de plus d'une lieue, et à un tel point que les gens des campagnes avaient de la peine à se frayer un chemin.

Aussitôt après qu'ils sont sortis de terre, ces Coléoptères envahissent les arbres, et ils passent sur ceux-ci la majeure partie de la journée dans une sorte d'immobilité ou de sommeil. C'est vers la chute du jour qu'ils sortent de cet état, et qu'ils volent pour aller à la recherche de leur nourriture ou pour s'occuper de la reproduction. Ces Insectes n'ont qu'un vol lent et bruyant, qu'ils exécutent avec peine et toujours dans la direction du vent. Ils ont même tant de difficulté à se guider pendant cette action, qu'à chaque instant on les voit se heurter sur les arbres ou les autres obstacles qui s'offrent sur leur passage, et c'est ce défaut de prévoyance qui, en France, a fait que l'étourderie du Hanneton est devenue proverbiale.

A l'état parfait, ces Coléoptères ne vivent qu'à même le feuillage des arbres, et dans les années où ils se multiplient beaucoup, ils font parmi ceux-ci d'extraordinaires dégâts; quelquefois on les voit même, en moins d'une quinzaine de jours, dépouiller totalement des cantons ou des forêts entières de toutes les feuilles nouvellement poussées. Leurs dégâts sont parfois tels, que l'on rapporte, dans les Transactions philosophiques de la Société de Dublin, que les habitants d'un district de l'Irlande avaient éprouvé tant de désastres de la part des Hannetons, qu'ils s'étaient déterminés à mettre le feu à une forêt de plusieurs lieues d'étendue pour rompre toute communication avec les régions qui étaient infestées par ces Insectes. En Normandie, il n'est pas rare de leur voir dévorer toutes les parties vertes des peupliers, en ne laissant que la grosse nervure de leurs feuilles.

Peu de temps après être sortis de terre, les Hannetons se recherchent et opèrent leur accouplement. Les organes qui servent à cet acte et la manière dont celui-ci a lieu, méritent d'être étudiés à cause des particularités curieuses qu'ils présentent. L'appareil génital du mâle est environné de deux valves de cornes alongées et un peu recourbées, qui sont susceptibles de se rapprocher et de s'écarter. Lorsque celles-ci sont en contact elles forment une espèce de pointe roide disposée pour faciliter l'introduction de la verge qui est renforcée à l'intérieur d'un filament corné que l'on peut comparer à l'os pénial des animaux supérieurs; ensuite ces lames s'éloignent l'une de l'autre et, en distendant l'entrée de l'appareil génital de la femelle, elles font adhérer les deux sexes avec une telle force qu'on ne parvient que difficilement à les séparer.

Pendant l'acte reproducteur, le mâle, qui est plus petit que la femelle, se cramponne d'abord sur son corps, et la tient étroitement embrassée; mais bientôt, perdant ses forces, l'épuisement lui fait abandonner cette situation et il se renverse en arrière; puis pendant un certain temps adhère encore à la femelle qui le traîne sur le dos.

Le mâle, qui avant l'accouplement était fort actif, immédiatement après celui-ci, reste languissant, ne prend plus de nourriture et périt après un court espace de temps. La femelle résiste un peu plus; après la fécondation, elle abandonne les arbres et elle se porte vers la terre, où, à l'aide de ses pattes de devant, qui sont dentelées, elle creuse dans celle-ci un trou d'environ un demi-pied de profondeur dans lequel elle dépose ses œufs les uns à côté des autres. Ceux-ci, qui sont au nombre de cinquante à quatre-vingts, offrent la forme d'un sphéroïde alongé et sont d'une couleur jaune clair. Latreille dit que lorsqu'elles ont fini leur ponte, les femelles abandonnent le trou auquel celle-ci a été confiée, puisqu'elles reviennent sur les arbres et y périssent après avoir langui pendant un ou deux jours; mais M. Duméril semble douter de ce fait.

Sous leur dernier état, la vie des Hannetons est très-courte. Chaque individu subsiste à peine une semaine, et l'espèce ne se montre guère que durant un mois.

Historique et usage. On a pensé que les anciens désignaient le Hanneton sous le même nom que les zoologistes modernes lui donnent. Bochard a principalement soutenu cette opinion parce qu'Aristophane, dans sa comédie des Nuées, fait dire à Socrate : Laissez aller votre pensée comme le Mélolonthe qu'on lâche en l'air avec un fil à la patte.

Pline et les autres auteurs anciens disent que les Romains et les Phrygiens opulents, sous le nom de *Cossus*, mangeaient avec délices une Larve d'Insecte qu'on regardait de leur temps comme un mets fort délicat. H. Cloquet et quelques naturalistes pensent que celle-ci n'était autre que la Larve du Lucane Cerf-Volant qui vit dans les troncs des arbres; et d'autres ont émis que c'était celle du Cossus Ligniperde qui y réside également. Mais les Larves de ce Coléoptère ne se trouvant point en assez grande quantité pour la consommation, et celles du Papillon nommé Cossus Ligniperde rendant par la bouche un fluide âcre et désagréable, il semble plus raisonnable d'admettre avec Mouffet et Latreille, que c'était le Ver du Hanneton qui constituait le Cossus comestible de l'antiquité. Cependant cette dénomination pouvait aussi s'étendre à d'autres Larves lignivores et probablement à celles des Lucanes, car on rapporte que les Pies découvraient cette Chenille avec un merveilleux instinct, en frappant les arbres à coups redoublés avec leur bec robuste.

Anciennement les Hannetons étaient employés dans l'art médical;

Hartmann Degner les avait préconisés comme un spécifique de la rage, dans les mémoires des curieux de la nature. Lesser croyait qu'ils possédaient une action spécifique contre le rhumatisme, et d'autres leur prêtaient une vertu diurétique analogue à celle des Cantharides. Ils sont aujourd'hui totalement abandonnés.

Ces Insectes n'offrent réellement à l'homme presque aucune compensation à leurs dégâts. Quelques animaux de basse-cour, il est vrai, s'en nourrissent, et l'on dit que depuis peu en Allemagne on est parvenu à en extraire de l'huile que l'on emploie particulièrement pour graisser les roues des voitures. Il paraît qu'elle s'obtient par un procédé facile et qui consiste à chauffer les Hannetons après les avoir placés sur des toiles métalliques ; sur huit mesures de ceux-ci on recueille trois mesures d'huile.

Économie rurale. Les dégâts que les Hannetons occasionnent parmi les cultures sont tels que les agriculteurs se sont occupés de toute part à chercher des moyens pour anéantir ces Insectes, et bien des procédés ont été vantés à cet effet. On a proposé de faire suivre la charrue par des enfants et de faire ramasser les Mans que le soc met à découvert. Mais ce moyen est inapplicable aux terres qu'on ne laboure pas, telles que celles des bois, des champs de Luzerne et de trèfle, et est encore inefficace quand le labour se fait dans les temps froids, car alors les Larves sont si profondément cachées dans la terre que la charrue ne les met pas à découvert.

M. Gouffier propose de planter des fraisiers ou des laitues près des végétaux que l'on veut préserver du Ver blanc, parce qu'il prétend avoir remarqué que les racines de ces plantes sont préférées aux autres par cet Insecte ; puis il conseille de fouiller au pied de ces fraisiers ou de ces laitues aussitôt qu'on les voit languir, afin d'en extraire le Mans qui les attaque immanquablement. Mais ce procédé est inapplicable dans les grandes cultures.

Le même expérimentateur propose aussi de répandre de la suie, des cendres ou de la chaux au pied des arbres pour faire fuir les Mans. Mais si, d'après des essais faits en petit, on a prouvé que ces Larves fuyaient sous l'influence de ces substances, on suppose bien qu'en grand, ce procédé est non-seulement inapplicable, mais qu'il peut même devenir funeste aux végétaux.

Lorsque les Hannetons sont sous leur dernière forme, quelques agriculteurs ont conseillé de les détruire en brûlant, sous le feuillage des arbres où ils sont installés, un flambeau fait avec du soufre, de la résine et de la cire. Mais ce moyen ne nous paraît pas praticable pour les hauts arbres ; et, à l'égard des autres, si les vapeurs qui se dégagent de la combustion de ce flambeau sont assez actives pour tuer ces Insectes, ne doit-on pas craindre leur action sur le feuillage encore jeune, lorsqu'elles ont acquis ce degré d'intensité ?

Tous les moyens proposés ci-dessus ayant été reconnus à peu près impraticables ou inefficaces, Rosier et tous les agronomes se sont accordés pour émettre que le meilleur procédé serait sans doute de faire faire des chasses générales aux Hannetons lorsqu'ils sont sous leur dernière forme. A cet effet, il serait à désirer que des règlements de police devinssent obligatoires pour les cantons envahis par ces Insectes, de manière qu'ils fussent en même temps exterminés partout, ce qui serait facile parce que leur vol est peu étendu. Quelques départements ont déjà voté des sommes pour arrêter les ravages de ces animaux, et dans certains districts où l'importance de cette mesure a été comprise, des cultivateurs ont payé quinze et vingt centimes le décalitre de ces Coléoptères funestes.

Cette mesure est fort bien comprise dans quelques pays étrangers, et elle y est devenue obligatoire. En passant à Lausanne nous vîmes afficher une ordonnance qui enjoignait à tout propriétaire de faire suivre les charrues et de faire détruire les Vers blancs qu'elles mettaient à découvert, ou de conduire immédiatement dans le sillon des troupeaux de porcs ou d'oies. Tout cultivateur qui négligeait cette mesure était frappé d'une amende de deux francs par jour de labourage. Mais, comme nous l'avons dit, ce moyen est peu efficace, les Hannetons se produisant par millions dans les terrains qui ne sont pas labourés.

Le *Hanneton foulon* est une belle espèce qui se trouve principalement parmi les sables des rivages du midi de l'Europe, mais que l'on dit aussi avoir rencontrée dans le nord de cette partie du monde, ainsi que dans la forêt de Fontainebleau. Il est de couleur brune avec des marbrures blanches. Latreille pense que le Scarabée *fullo* de Pline n'est autre chose que cet insecte.

CÉTOINES. *Cetonia.* Corps subovoïde, déprimé ; une pièce axillaire à la base des élytres ; sternum prolongé en pointe ; plaque anale découverte. Mandibules rudimentaires, membraneuses; mâchoires à lobe terminal soyeux.

Ces Coléoptères sont généralement d'assez grande taille, et se trouvent disséminés sur tous les points du globe, surtout parmi les régions tropicales; plusieurs habitent la France. Leurs Larves, qui ressemblent à celles des Hannetons, résident constamment dans la terre, et s'y font une cavité pour se métamorphoser.

Ce groupe renferme un grand nombre de belles espèces sur lesquelles éclate la richesse des métaux, et qui à l'état parfait vivent paisiblement sur les fleurs qu'elles embellissent, et dont le pollen et le nectar, selon M. Duméril, constituent toute leur nourriture. L'appareil respiratoire de ces Insectes, qui a été étudié par Marcel de Serres, se compose de poches pneumatiques excessivement nombreuses, et occupant en grande partie l'abdomen ; on en observe jusque dans les organes les plus déliés ; il en existe dans les muscles de la bouche, et une couronne de ces petits sacs environne chaque œil, et reçoit le fluide aérien par des trachées tubulaires.

La *Cétoine dorée* afflue dans les jardins, et souvent se repose sur les roses ; sa belle couleur verte la fait appeler, par le vulgaire, *mouche cantharide.*

CHIRONS. *Chiron.* Corps alongé, sub-cylindrique ; corselet étranglé en arrière. Antennes semi-pectinées ; mandibules robustes.

Ces Insectes, comme nous l'avons dit, par leur forme et leurs détails organiques, nous semblent être le point de transition des deux modifications organiques de cette famille.

PASSALES. *Passalus.* Abdomen pédiculé. Antennes velues ; mandibules proportionnées, dentées ; mâchoires dentées.

Ces Coléoptères se trouvent en Asie et surtout en Amérique. La Larve d'une espèce représentée par mademoiselle de Mérian se nourrit de racines de patates, et l'Insecte parfait est assez commun dans les sucreries.

LUCANES. *Lucanus.* Corps aplati. Mandibules ordinairement excessivement grandes chez les mâles ; mâchoires et lèvre inférieure terminées par des poils.

Daléchamp pensait que ce nom avait été imposé à ces Insectes, parce qu'ils étaient communs chez les Lucaniens, peuple de l'Italie. Mais l'étymologie de cette dénomination semblait assez obscure à Fabricius, et il avouait même, dans sa philosophie entomologique, qu'il n'en connaissait point l'origine. Olivier prétend au contraire qu'elle s'explique facilement, et il dit que les anciens ayant appelé le Bœuf *Lucas*, ils ont nommé *Lucani* ces Insectes, parce qu'ils portent des espèces de cornes qui imitent celles de l'animal domestique. Par là aussi, l'entomologiste prétend indiquer l'origine du nom de *Taureau-Volant*, que l'on donne à ces Coléoptères dans différentes langues. Chez nous le vulgaire les appelle *Cerfs-Volants*, parce que leurs mandibules ressemblent aux bois de ces ruminants.

L'Europe peut être considérée comme la patrie principale des Lucanes, car c'est dans cette partie du monde que l'on rencontre la plupart de ces Insectes, dont on ne connaît qu'un petit nombre d'espèces. Il en existe cependant aussi en Amérique. Les forêts sont leur séjour habituel. Les larves de ces Coléoptères vivent dans l'intérieur des arbres, attaquent leur tige et leurs racines, et les font périr lentement. Elles sont fort grosses ; leur corps est composé de treize anneaux, et leur tête, qui est brune et écailleuse, porte de robustes mâchoires, dont elles se servent pour ronger les parties solides des végétaux, et y pratiquer les galeries où elles établissent leur résidence. Ces larves, parvenues au terme de leur accroissement, forment dans l'une de celles-ci une espèce de coque composée avec la sciure de bois qu'elles ont produite, et c'est dans l'intérieur de cette cellule que s'opèrent leurs métamorphoses.

Les Lucanes, parvenus à l'état parfait, se rencontrent autour des vieux arbres ; ils volent mal , et c'est ordinairement le soir que leur vie devient plus active. Il paraît que sous leur dernière forme ils ne font aucun tort aux arbres, et alors, selon de Géer , ces Coléoptères ne se nourrissent que de la liqueur mielleuse qui enduit les feuilles du chêne. M. Hollard dit que les pinceaux de poils, qui terminent la lèvre inférieure, leur servent même pour recueillir les liqueurs sucrées qui s'écoulent des crevasses des écorces. Après l'accouplement, les femelles déposent leurs œufs à l'intérieur des troncs d'arbres pourris, et il paraît que leurs mandibules leur servent à découper les parties ligneuses de ceux-ci, afin d'y enfoncer le plus profondément possible leur progéniture. Rœsel, qui a étudié les mœurs de ces Insectes, pense que leur larve vit six années avant de se métamorphoser ; mais sous leur dernier état, leur existence est extrêmement courte.

Le *Lucane cerf-volant* , que l'on découvre parfois dans nos forêts, offre deux pouces de longueur, et possède des élytres d'un brun-marron. Les mâles de cette espèce se font remarquer par l'extraordinaire grandeur de leurs mandibules ramifiées.

Ces Lucanes, dans la crédule antiquité, étaient considérés comme possédant de grandes vertus médicales, et les médecins du moyen âge en firent aussi souvent usage. Leurs cornes, suspendues en chapelet au cou des enfants, passaient pour guérir l'incontinence d'urine ; et avec ces Coléoptères, que l'on appelait *Scarabœi unctuosi* dans les anciens formulaires, on composait une huile qui était regardée comme efficace dans les affections rhumatismales et la paralysie. Selon H. Cloquet , la larve de ces Insectes était celle que les anciens appelaient *Cossus*, et qu'ils mangeaient avec délices ; mais en traitant du Hanneton, nous avons dit que cela n'était pas probable.

COLÉOPTÈRES HÉTÉROMÉRÉS.

Ce sous-ordre contient tous les Coléoptères qui ont cinq articles aux tarses des deux paires de membres antérieurs et qui n'en offrent que quatre aux pattes postérieures. Il contient les familles suivantes : les Mélasomes , les Taxicornes , les Sténélytres et les Trachélides.

FAMILLE DES MÉLASOMES.

Corps diversiforme ; élytres ordinairement soudés , et ailes nulles. Antennes grenues. Mandibules bifides ou échancrées.

Par cette dénomination, on a eu en vue de rappeler que cette famille se compose d'Insectes de couleur noire ou cendrée. La plupart des Mélasomes, étant privés d'ailes, se traînent constamment sur la terre, et souvent dans les lieux bas et humides ; fréquemment on en rencontre dans les caves, ainsi que dans tous les lieux sombres. Leurs yeux sont oblongs, peu élevés, et d'une teinte noire, ce qui indique, d'après M. Marcel de Serres, leurs habitudes nocturnes.

PIMÉLIES. *Pimelia.* Élytres soudés; ailes nulles. Palpes sub-fili- formes, ou terminés par un article peu dilaté.

La plupart de ces Coléoptères habitent les pays chauds. On en con- naît beaucoup d'espèces, aussi ce groupe a-t-il été subdivisé en plu- sieurs sous-genres, parmi lesquels nous mentionnerons le plus fonda- mental.

Les PIMÉLIES PROPREMENT DITES, dont le corps est plus ou moins ovoïde, avec un corselet plus étroit que l'abdomen, sont répandues dans les contrées qui environnent la Méditerranée. L'une d'elles, la *Pi- mélie à deux points,* qui réside parmi les régions sablonneuses de l'Europe méridionale, et s'y creuse rapidement des trous, se rencontre parfois aux environs de Paris. Une autre, non moins remarquable, la *Pimélie couronnée,* vit dans les tombeaux de la Haute-Égypte, et sur- tout dans les ruines de Thèbes.

BLAPS. *Blaps.* Corps bossu, lisse; élytres soudés, embrassant l'ab- domen; ailes nulles. Palpes maxillaires à dernier article triangulaire.

La qualification générique de ces Coléoptères exprime la lenteur de leurs mouvements; ils habitent principalement l'Europe, et se plaisent dans les caves et les lieux humides, ou bien ils se dérobent sous les pierres pour se soustraire à la lumière; c'est la nuit seulement qu'ils sortent de leurs retraites. Quand on les prend, ils exhalent une odeur particulière, paraissant provenir d'un fluide verdâtre, âcre, irritant, sécrété par deux vessies situées près de l'anus, et qui est rejeté alors par celui-ci, et quelquefois lancé à sept ou huit pouces de distance. Quoique se réfugiant souvent dans nos demeures, on ne connaît cependant pas les mœurs des larves de ces Insectes; on présume qu'elles vivent sous la terre.

La couleur noire ou sombre des Blaps, jointe à l'odeur infecte qu'ils émettent, les rend généralement un objet de dégoût; cependant, Fabricius rapporte que les femmes turques, qui habitent l'Egypte, ont si peu de répugnance pour ces Coléoptères, qu'elles en mangent une espèce, le Blaps sillonné, pour se faire engraisser.

Le *Blaps annonce-mort* est un de ces êtres dont l'apparition est regardée comme un sinistre présage, aussi le nomme-t-on *porte-mal- heur.* Il est fort commun. La femelle a sous le ventre une houppe de poils roides, jaunâtres, qu'elle frotte sur les corps durs pour appeler son mâle.

TÉNÉBRIONS. *Tenebrio.* Corps ordinairement déprimé; des ai- les. Palpes maxillaires à dernier article triangulaire.

La plupart des Ténébrions connus proviennent de l'Amérique et de l'Europe ; Plusieurs se trouvent aux environs de Paris.

Ces animaux ne volent que pendant la nuit ; ils aiment l'obscurité, et leurs couleurs sont foncées et peu flatteuses. Les boiseries, les fissures des planchers, voilà les lieux où ils se fixent de préférence. M. Lacordaire rapporte que la larve d'une espèce de l'Amérique, le *Tenebrio grandis*, qui se trouve sous les écorces des vieux arbres, sécrète une liqueur caustique, et la lance par l'anus à une distance de plus d'un pied. On peut citer deux grands sous-genres, les Opatres et les Ténébrions proprement dits.

Les OPATRES offrent un corps ovalaire, et leur tête s'engage dans une grande échancrure du corselet. L'une des espèces est très-commune dans toute l'Europe, c'est l'*Opatre des sables*.

Les TÉNÉBRIONS PROPREMENT DITS présentent un corps très-long, et ils n'ont point d'échancrure à leur corselet.

Le *Ténébrion meunier*, dont la couleur est noire en dessus, est celui que l'on trouve le plus fréquemment en France ; il réside souvent dans les moulins et chez les boulangers ; sa larve vit dans le son ou la farine ; elle est alongée, jaunâtre ; les Rossignols s'en nourrissent ; c'est elle que l'on appelle *Ver de la farine*, et dont les chasseurs se servent pour prendre ces oiseaux au piége.

FAMILLE DES TAXICORNES.

Corps diversiforme, ailé ; corselet cachant ou recevant la tête dans une échancrure. Tarses entiers. Antennes ordinairement claviformes ; point d'onglet aux côtés internes des mâchoires.

DIAPÈRES. *Diaperis*. Corps ovoïde, très-convexe ; tête inclinée, en partie cachée ; antennes perfoliées découvertes.

Ces Coléoptères sont répandus dans beaucoup de contrées ; ils se tiennent ordinairement nichés à l'intérieur des champignons, dont, sous leurs diverses formes, ils font leur nourriture ; quelques-uns vivent dans le bois pourri et les écorces. Les mâles de plusieurs espèces se font remarquer par les cornes qui ornent leur tête.

COSSYPHES. *Cossyphus*. Corps sub-ovalaire, ou sub-circulaire, énormément débordé par le corselet et les élytres.

Ces Insectes sont répartis dans les cinq parties du monde et principalement vers leurs régions chaudes. Leurs formes se rapprochent de celles des Boucliers et des Coccinelles, et on les a divisés en plusieurs sous-genres, selon que la tête est totalement cachée sous le corselet, ou qu'elle est plus ou moins apparente.

FAMILLE DES STÉNÉLYTRES.

Corps diversiforme, sans étranglement entre la tête et le thorax. Antennes longues, filiformes ou sétacées.

HÉLOPS. *Helops.* Corps ordinairement arqué ; membres à crochets simples. Antennes subfiliformes, recouvertes à leur insertion par la tête ; yeux réniformes. Mandibules bifides ; palpes maxillaires à dernier article en hache.

Les Hélops sont répandus dans toutes les parties du monde ; mais c'est au Brésil qu'on en voit davantage. On les découvre ordinairement sous les écorces des arbres morts ou dans les fissures qu'ils présentent. La Larve de certaines espèces se niche très-souvent parmi le détritus ligneux que les Insectes forment à l'intérieur des troncs cariés, et elles y deviennent la pâture des Rossignols et des Fauvettes.

CISTÈLES. *Cistela.* Corps ovalaire, alongé. Tarses à crochets pectinés ; mandibules terminées par une pointe entière.

Plusieurs de ces Coléoptères vivent en France ; la *Cistèle couleur de soufre* s'y rencontre fréquemment sur les fleurs d'ombellifères.

ŒDÉMÈRES. *ŒEdemera.* Corps sub-cylindrique, très-étroit ; élytres linéaires, rétrécis en arrière ; tête prolongée en museau. Mandibules bifides.

Un certain nombre de ces Coléoptères attirent l'attention à cause d'un renflement considérable que présentent leurs cuisses postérieures ; mais on n'a pas encore pénétré la finalité de cette anomalie qui, ne se rencontrant que dans les mâles, pourrait être destinée à favoriser l'accouplement. Les Œdémères sont disséminées dans les climats chauds et tempérés du globe, et elles se fixent dans des sites variés ; les unes fréquentent les lieux secs, les bois, les prairies ; d'autres se tiennent continuellement sur les végétaux aquatiques. Leurs mœurs sont inconnues.

L'*Œdémère bleue*, dont le mâle a les cuisses très-renflées, est commune en Europe et se voit souvent sur les roseaux de nos fossés.

MYCTÈRES. *Mycterus.* Tête notablement prolongée en museau alongé ou en trompe aplatie. Yeux non échancrés.

Les Myctères, par l'ensemble de leur organisation, se lient aux Œdémères et à la famille des Rinchophores. Les uns se rencontrent sur les fleurs ; d'autres sous les écorces des arbres.

FAMILLE DES TRACHÉLIDES.

Tête triangulaire ou cordiforme, portée sur un cou apparent. Élytres ordinairement minces et flexibles. Tarses à crochets simples, denticulés ou divisés.

Presque tous les Insectes de cette famille vivent sur les végétaux et en dévorent les feuilles, ou sucent le miel des fleurs. Beaucoup d'entre eux, lorsqu'on les saisit, contractent leurs membres comme s'ils étaient morts. Latreille a partagé ce groupe en six tribus qui, comme il le dit, forment autant de genres. Nous citerons parmi ces derniers ceux qui sont les plus typiques.

LAGRIES. *Lagria.* Corps alongé, rétréci en avant, non déprimé; antennes filiformes, plus grosses à leur terminaison; tarses à crochets simples.

Ces Insectes vivent dans les bois sur divers végétaux. On en trouve en France plusieurs espèces.

PYROCHRES. *Pyrochroa.* Corps alongé, rétréci en avant, déprimé. Corselet sub-orbiculaire; antennes pectinées; tarses à crochets simples.

Les Pyrochres habitent les forêts et leurs Larves vivent sous les écorces des arbres. On en rencontre dans notre patrie.

MORDELLES. *Mordella.* Corps arqué; abdomen et élytres finissant en pointe. Tarses à articles entiers et à crochets dentelés.

Ces Coléoptères s'isolent encore des autres genres de la famille des Trachélides, en ce que leurs élytres sont solides. On en découvre en France.

NOTOXES. *Notoxus.* Antennes à articles coniques, grossissant vers l'extrémité; pénultième article des palpes maxillaires terminé en massue.

Ces Trachélides offrent un corselet ovoïde ou formé de deux nœuds globuleux, et quelques espèces portent même sur cet organe une corne saillante.

HORIES. *Horia.* Tarses à crochets dentelés et accompagnés d'un appendice en forme de scie.

Ces Coléoptères habitent les contrées les plus chaudes de l'Asie et de l'Amérique méridionale. On a observé les métamorphoses de l'un d'eux, l'Horie tachetée, et l'on dit que sa larve, qui vit dans les troncs d'arbres, y fait périr celles des Xylocopes en s'emparant de leurs provisions.

MYLABRES. *Mylabris.* Corps bossu, oblong, non métallique ; antennes sub-claviformes.

Le *Mylabre de la chicorée*, qui habite le midi de la France, et qui, au rapport de Thunberg, dévaste les jardins du cap de Bonne-Espérance, se rencontre souvent sur la plante dont il porte le nom. Il est long de six à sept lignes ; sa couleur est noire et on voit trois bandes jaunes sur ses élytres.

Ce Coléoptère était généralement regardé comme étant la Cantharide des anciens, parce que Pline et Dioscoride disent que cet Insecte avait les élytres traversés de bandes jaunes ; mais ainsi que nous l'avons dit en traitant d'un des genres suivants, les Grecs et les Romains nommaient ainsi plusieurs Coléoptères, parmi lesquels, il est vrai, se trouvait le Mylabre de la chicorée, mais aussi la Cantharide officinale.

L'Insecte qui nous occupe est encore, a ce que l'on dit, employé comme vésicant par les Kalmouks et en diverses parties de la Chine. Ainslie lui accorde cette propriété dans sa matière médicale.

MÉLOÉS. *Meloe.* Élytres beaucoup plus courts que l'abdomen ; ailes nulles ; antennes moniliformes.

Au printemps, on rencontre fréquemment ces lourds Insectes dans les prairies et sur le bord des chemins, où ils sont occupés à brouter les herbes et les arbrisseaux peu élevés. Suivant M. Léon Dufour, leur jabot peut être considéré comme un véritable gésier, garni à l'intérieur de plis calleux, et leur estomac est très-musculeux. Quand on prend ces Coléoptères ils font suinter par les articulations de leurs membres et de leur abdomen un fluide jaunâtre ou d'un rouge orangé, ce qui leur a valu le nom de *Scarabée onctueux.* Les femelles ont souvent le ventre distendu par une énorme quantité d'œufs ; on en a vu une en pondre plus de deux mille deux cents.

Latreille pense que ce sont les Méloés que les anciens nommaient *Buprestes*, et qu'ils accusaient de faire périr les Bœufs qui les mangeaient avec l'herbe, et même que ce fut leur emploi coupable qui détermina les législateurs à créer la loi *Cornelia*, qui condamnait à la peine de mort l'homme qui empoisonnait son semblable avec ces Insectes ; mais H. Cloquet ne partage pas cette opinion, et, comme nous l'avons dit, il croit que le nom de Bupreste était appliqué aux Carabes.

Le *Méloé proscarabée*, que l'on rencontre au printemps dans presque toute l'Europe, est long d'environ un pouce ; sa couleur est d'un noir luisant avec les côtés de la tête et les membres tirant sur le violet.

L'humeur jaunâtre qui s'épanche de ses articulations est âcre sans être vésicante ; suivant H. Cloquet, appliquée sur une peau très-mince elle y fait naître seulement quelques boutons, et d'après M. Blot l'Insecte lui-même mis en contact avec la peau l'enflamme sans en occasionner la vésication. Cependant on dit qu'en Espagne on l'emploie pour produire des vésicatoires ; là il semblerait donc avoir plus d'energie, ce qui peut être dû à la différence du climat.

Autrefois ce Méloé était fort usité en médecine. Une de ses préparations, nommée *Huile de Scarabée*, était administrée contre les bubons pestilentiels. Glauber conseillait cet Insecte à l'intérieur dans plusieurs maladies, et il a été vanté par beaucoup de médecins comme très-efficace pour la guérison de la rage ; dans la Silésie c'était un remède depuis longtemps populaire contre cette terrible maladie, quand en 1777 Frédéric II en acheta cependant le secret d'un habitant de cette contrée. Depuis lors on a publié dans divers pays des écrits multipliés pour prouver son efficacité dans cette affection, et dans lesquels on a énuméré un assez grand nombre d'observations de guérisons, tels sont particulièrement ceux de Schwarts et de Dehne. Mais d'un autre côté l'efficacité de ce médicament a été contestée par Andry, dans ses recherches sur la rage, et son administration a produit des empoisonnements, de manière que son emploi est aujourd'hui presque abandonné.

Le *Méloé mélangé* ou *Scarabée de mai*, qui se trouve avec le Proscarabée, et dont le corps présente des reflets mêlés de bronze et de rouge cuivreux, a les mêmes propriétés que lui, et il était administré et souvent confondu avec cette espèce par les thérapeutistes.

CANTHARIDES. *Cantharis.* Tête cordiforme ; antennes filiformes, dépassant le corselet ; tarses à articles entiers et à crochets bifides.

Le nom de ces Insectes est fort ancien. Aristote l'appliquait à plusieurs Coléoptères à ailes flexibles. Linnée s'en servit pour désigner un groupe de cet ordre qui ne contenait pas la Cantharide officinale, qu'il plaçait avec les Méloés. M. Dejean mentionne trente espèces dans le genre que nous décrivons.

La *Cantharide officinale*, *Cantharis vesicatoria*, qui est la plus importante, habite l'Europe méridionale et se trouve abondamment en Espagne et en France. Dans notre pays c'est aux mois de mai et de juin qu'on la rencontre, et elle pullule particulièrement sur les arbres de la famille des jasminées et surtout les frênes, les lilas et les troënes ; quelquefois aussi on l'observe dans les sureaux. Les Cantharides abondent même en tel nombre sur certains de ces végétaux qu'elles les dépouillent parfois totalement de leurs feuilles, et alors, lorsque ceux-ci font partie des lieux fréquentés, il arrive que, dans quelques circonstances, ces Insectes, par l'odeur fétide qu'ils exhalent, forcent les promeneurs à déserter.

L'apparition des nombreuses légions de ces Insectes a souvent étonné les observateurs, et comme on ne découvre que fort rarement de leurs Larves, on a parfois supposé que leurs cohortes provenaient des terres australes, et qu'elles ne se montraient chez nous que pendant leurs migrations, puis qu'après s'être arrêtées quelques jours sur notre sol, elles se dirigeaient vers des contrées plus septentrionales, mais il n'en est nullement ainsi.

Après l'accouplement, toutes en effet disparaissent; les mâles périssent et deviennent la pâture de quelques animaux qui peuvent les manger impunément, comme les hérissons et les femelles s'enfon cnt dans le sol pour y déposer leurs œufs.

Les Larves des Cantharides vivent dans la terre et se nourrissent des racines de diverses plantes. C'est aussi sous le sol que s'opèrent leurs métamorphoses, et elles ne viennent à sa surface que lorsqu'elles sont à l'état parfait. Leurs mœurs sont peu connues, et l'on découvre si rarement de ces Larves, que plusieurs savants entomologistes, parmi lesquels on peut citer Geoffroy, disent n'en avoir jamais observé.

Les Cantharides, à l'état parfait, sont l'objet d'un commerce assez considérable. Les hommes qui les recueillent pour les besoins de celui-ci, le font ordinairement le matin, heure à laquelle elles sont engourdies. C'est après s'être masqués et avoir couvert leurs mains avec des gants qu'ils s'occupent de ce travail qui consiste simplement à secouer les branches où reposent ces Insectes, et à recevoir ceux-ci dans des draps que l'on a étendus sur le sol à cet effet. Aussitôt que les gens des campagnes ont rassemblé une certaine quantité de ces Coléoptères, ils les plongent dans du vinaigre pour les tuer, ou comme le faisaient les anciens, ils les exposent à la vapeur de celui-ci après l'avoir mis en ébullition. Ensuite on fait sécher ces Insectes au soleil ou à l'étuve, et on les place enfin dans des vases bien clos pour les garantir des attaques des animaux.

Cette dernière précaution est d'autant plus utile que les Cantharides sont fort sujettes à être attaquées par des Insectes qui les réduisent en poussière. Mais selon M. Dubuc, pharmacien à Rouen, et d'après M. Duméril, ceux-ci respectent le principe vésicant, en sorte que la vertu épispastique se retrouve dans la vermoulure; cependant de nouvelles expériences ont contredit cette assertion.

L'analyse des Cantharides, qui avait été à peine ébauchée par Ettmuller, Hoffmann et Lémery, a dû son plus grand progrès à M. Beaupoil, et surtout à MM. Robiquet et Orfila. On a reconnu qu'elles étaient composées des substances suivantes : une huile verte, soluble dans l'alcool et que l'on pense colorer les élytres; une matière grasse, insoluble dans cet agent; une matière noire; une substance jaune, visqueuse; enfin une matière blanche cristalline, insoluble dans l'eau, que Thompson a nommée *cantharidine;* selon le Dr Nardo, qui a étudié récemment ces Insectes, leur partie active réside seulement dans les élytres et dans les autres parties de l'enveloppe cornée colorées en vert.

Les Cantharides exercent sur l'économie animale une action fort énergique qui est due à deux de leurs principes; l'un qui est l'huile volatile, en qui paraît résider la propriété toxique, et l'autre le principe cristallin qui possède la propriété vésicante. Lorsqu'on les administre à l'intérieur en certaine quantité, ces Insectes agissent comme des poisons corrosifs et en même temps ils exercent une action sympathique sur le système nerveux.

Lorsqu'elles ont été introduites à trop fortes doses dans notre économie, les Cantharides déterminent les symptômes suivants : il se manifeste des nausées, des vomissements, des coliques affreuses et souvent des déjections sanguinolentes. A tous ces signes se joignent bientôt des ardeurs dans la vessie, un satyriasis douloureux, l'horreur des liquides, des convulsions, et la mort arrive bientôt, si la quantité avalée a été assez forte. Lorsque l'on ouvre les cadavres des personnes empoisonnées par ces Insectes, on trouve à la surface du canal digestif les mêmes altérations que produisent les poisons irritants; et quand les individus n'ont succombé qu'après quelques jours, on observe en outre l'inflammation des organes génitaux et de la membrane muqueuse de la vessie; Bonnet cite même un cas dans lequel cette dernière était ulcérée.

Appliqués à l'extérieur avec imprudence, ces Coléoptères donnent lieu aux symptômes précédemment énumérés. Les parties qui ont subi leur contact sont gangrénées, et la vessie et les organes génitaux se trouvent aussi enflammés; mais on remarque que le tube digestif est alors presque toujours intact.

Lorsque les malades échappent à la mort, après s'être empoisonnés avec des Cantharides, il leur reste parfois de graves infirmités. Lyonnet, dans ses notes sur la Théologie des Insectes de Lesser, parle d'un individu qui perdit la raison pour avoir pris de ces Coléoptères. Alibert a tracé l'histoire d'un jeune homme admis à l'hôpital Saint-Louis, qui devint aveugle et paralytique pour avoir mangé d'une dinde aux truffes dans laquelle une de ses maîtresses avait mis furtivement des Cantharides.

On professe généralement que les anciens n'ont point connu les Cantharides, et que l'Insecte qu'ils désignent sous ce nom n'est autre chose que le Mylabre de la chicorée. Mais M. Fée, en commentant leurs écrits, a prouvé que cette opinion n'était pas exacte, et que, sous cette dénomination, les Grecs et les Romains indiquaient plusieurs Coléoptères parmi lesquels se trouvait, il est vrai, celui que nous venons de citer, qui était fort estimé, mais aussi la véritable Cantharide.

On découvre dans les auteurs de presque tous les siècles des exemples d'empoisonnements par les Cantharides. Pline rapporte que Cossinus, favori de Néron, fut empoisonné par un médecin égyptien, à l'aide d'un breuvage préparé avec ces Insectes. Parmi les auteurs anciens, les œuvres de Dioscoride, de Galien et de Rhazès font mention d'accidents semblables.

Dans les écrits des modernes, on en cite un grand nombre, principalement dans la Théologie des Insectes de Lesser, dans le *Theatrum Insectorum* de Mouffet, et dans les œuvres chirurgicales d'Ambroise Paré; enfin, on trouve aussi l'histoire de beaucoup de ces empoison-

nements dans les ouvrages des médecins de notre époque, tels que la
matière médicale d'Alibert, la Faune des médecins de H. Cloquet, et
la Toxicologie de M. Orfila.

Les Cantharides ont eu le sort de tous les médicaments énergiques.
On les a administrées dans une foule de maladies, et on les a successivement essayées contre les affections les plus rebelles, mais souvent
l'expérience n'a pas confirmé les espérances que l'on avait conçues.

Ce qu'il y a de remarquable dans l'histoire de ce médicament, c'est
qu'il n'était nullement administré anciennement de la même manière
qu'on le donne aujourd'hui. Ainsi, Hippocrate et les médecins grecs
semblent avoir méconnu l'action vésicante des Cantharides, et ils ne les
administraient qu'à l'intérieur. Arétée paraît être le premier qui les ait
appliquées au dehors, mais il ne fut guère imité par ses contemporains.

L'usage des vésicatoires de Cantharides fut même fort rare jusqu'au
moyen âge, les médecins préférant se servir de plantes âcres pour irriter la peau. Longtemps après la renaissance, ces Insectes étaient même
assez peu employés, tandis qu'actuellement ils sont devenus indispensables à la pratique médicale.

La liste des affections dans lesquelles on a préconisé les Cantharides,
serait nombreuse si on voulait les citer toutes. Hippocrate et Galien
s'en servaient pour combattre l'hydropisie ; Pline conseillait de les employer pour guérir la lèpre ; Celse contre la morsure des Serpents ; d'autres pour le traitement de celle de la Tarentule. Les médecins arabes
vantèrent ces Insectes pour la cure de la rage, et beaucoup de modernes les ont crus efficaces contre cette redoutable affection, et ont publié
des observations qui semblaient le constater. Un grand nombre de
praticiens de notre époque en font usage dans les affections de l'appareil
génito-urinaire, qui ont pour cause la débilité organique, telles sont les
paralysies de vessie, etc.

COLÉOPTÈRES TÉTRAMÉRÉS.

Ce sous-ordre contient tous les Coléoptères dont les
tarses sont tous formés par quatre articles. On y trouve les
familles suivantes : les Rhinchophores, les Xylophages,
les Platysomes, les Longicornes, les Eupodes, les Cy-
cliques et les Clavipalpes.

FAMILLE DES RHINCHOPHORES.

Élytres solides ; ailes petites, souvent nulles ; tarses à pénultième article ordinairement bilobé. Tête se prolongeant en
une sorte de museau ou de trompe ; antennes ordinairement
coudées.

Ce groupe, que l'on désigne aussi sous le nom de famille des *porte-*

bee, présente, comme caractère secondaire, que les Insectes qui le composent ont parfois leurs cuisses postérieures dentées. Leurs Larves ont le corps oblong, mou et blanc ; elles sont dépourvues de pieds, ou n'offrent à l'endroit occupé par ces organes que de très-petits mamelons ; leur tête est écailleuse. Sous leurs différents états, les Rhincophores ne vivent que de végétaux, aussi les découvre-t-on constamment, soit à la superficie de ceux-ci, soit sous leur écorce ; et souvent aussi on en observe dans l'intérieur des fruits. Quelques espèces font un tort considérable à différentes cultures, et d'autres attaquent les récoltes que l'on conserve, et font parmi elles de grands dégâts.

Durant ces dernières années, cette famille a été étudiée en détail par MM. Germar et Schœnherr, et ce dernier l'a subdivisée en cent quatre-vingt-quatorze genres, sans parler des sous-genres. Latreille n'a point adopté leurs travaux pour la nouvelle édition du règne animal. Nous nous contenterons de citer les genres admis dans celui-ci.

BRUCHES. *Bruchus.* Élytres ordinairement plus courts que l'abdomen ; des ailes ; tête courte, séparée du corselet par un étranglement. Labre apparent ; palpes très-visibles.

On connaît un assez grand nombre d'espèces de Bruches ; M. Dejean en mentionne quarante-cinq qui pour la plupart sont originaires de l'Europe, et surtout de la Dalmatie et de la France ; un tiers seulement provient de l'Asie ou de l'Amérique. Dans ces diverses parties du monde ces Coléoptères diminuent à mesure qu'on s'avance vers le nord, tandis qu'ils deviennent de plus en plus communs à proportion que l'on s'approche de leurs contrées méridionales.

Les Larves des Bruches sont courtes, arquées, et composées d'anneaux peu distincts ; leur tête est fort petite et écailleuse, mais armée de mandibules très-dures et tranchantes ; elles vivent à l'intérieur des semences des végétaux, et principalement dans celles de la famille des légumineuses, tels que les haricots, les lentilles, les vesces et les pois.

Ces Larves, à l'aide de leurs mandibules, qui, par leur densité et leur force, sont fort bien appropriées à cet effet, creusent dans les graines des cavités qu'elles habitent sans que rien ne dévoile leur présence au dehors, excepté à un œil exercé. Elles passent l'hiver dans cette espèce de retraite, et n'en sortent qu'au printemps après y avoir subi toutes leurs métamorphoses et avoir eu la prévoyante attention de se pratiquer une issue pour sortir après la dernière, car alors les mandibules de ces Coléoptères ne sont plus assez fortes pour perforer l'enveloppe des graines qui les recèlent. Cette issue ingénieusement disposée se compose d'un sillon presque circulaire, dans lequel se trouve coupée toute l'épaisseur du tégument séminal, excepté l'épiderme. Quand la Bruche adulte veut s'échapper, elle pousse ce fragment qui représente une espèce de couvercle qui n'adhère au reste du tégument que par une sorte de petite charnière, et après avoir abandonné sa prison, elle va s'accoupler ; parfois cependant les travaux n'ayant pas été dirigés avec assez d'intelligence, l'Insecte ne peut se soustraire à celle-ci, et on le trouve mort dans son intérieur (Pl. 22).

Parvenues à leur état parfait les Bruches ne font aucun tort aux graines, et l'on ne les rencontre que sur les fleurs où elles cherchent à s'accoupler; mais lorsque les femelles sont fécondées, on les surprend autour des jeunes fruits des légumineuses, à l'intérieur desquels elles doivent déposer leur ponte. L'instinct conservateur de ces Insectes est tel qu'ils n'insèrent jamais qu'un seul œuf dans chaque graine, et il n'y a que sur des espèces qui ont des semences fort grosses, telles que les fèves de marais, que l'on en trouve parfois deux. L'ouverture par laquelle cet œuf est introduit est extrêmement petite et ne s'aperçoit que lorsque l'on considère la graine attentivement.

Quand les circonstances sont favorables à leur reproduction, les Bruches pullulent avec une telle profusion que dans certains pays elles deviennent un des fléaux les plus redoutables aux produits agricoles, et parfois toutes les récoltes de lentilles ou de pois en sont attaquées. Pour arrêter leurs dégâts, les savants ont proposé divers moyens, et parmi ceux-ci Olivier regarde comme l'un des plus efficaces celui qui consiste à soumettre les semences à l'action de la chaleur pour tuer les œufs qu'elles contiennent et à les plonger soit dans l'eau bouillante, soit dans un four chauffé à 45°. Mais ce procédé ne peut malheureusement pas s'appliquer sur les graines que l'on destine à la culture.

La *Bruche du pois*, qui peut être considérée comme le type de ce genre, se trouve répandue dans toute l'Europe méridionale, ainsi que dans l'Amérique du Nord, et n'est que trop commune dans nos provinces; elle vit à l'état de Larve dans les pois, les lentilles, les vesces et les haricots. Son corps est brun avec une croix blanche au-dessus de l'extrémité de l'abdomen, particularité qui l'avait fait nommer par Geoffroy, Mylabre à croix blanche (Pl. 22).

ATTELABES. *Attelabus*. Tête alongée en trompe. Antennes claviformes, à massue formée par trois ou quatre articles; labre nul, palpes très-exigus, presque invisibles.

Les Attelabes sont tous de petite taille et vivent principalement en Europe ainsi qu'en Amérique, et dans les îles qui avoisinent celle-ci. Leurs Larves se découvrent souvent à l'intérieur des fruits, sans que rien au dehors en décèle la présence. Elles établissent aussi leur demeure sous les écorces et parmi les feuilles de quelques végétaux, et souvent elles enroulent ces dernières, puis en font des cornets afin d'en ronger le parenchyme avec plus de sécurité.

Pour se transformer en Nymphes, ces Insectes se construisent une coque de soie ou une sorte d'enveloppe d'apparence résineuse, et dont ils ne tardent pas à sortir sous l'état parfait.

Parvenus à ce période de la vie, les Attelabes, qui sont alors ornés de couleurs brillantes, vont tous se répandre sur les feuilles et les fleurs, et perdent leur voracité. Ce sont des Coléoptères timides qui, au moindre danger, rapprochent leurs membres de leur corps, se laissent tomber et feignent d'être morts.

L *Attelabe de la vigne*, qui vit en France, est d'un rouge cuivreux, pubescent, et ses antennes sont noires. Les Larves de cette espèce rongent le végétal dont elles portent le nom ; ce sont ses feuilles qu'elles attaquent, et pendant certaines années où leur multiplication a été favorisée, ces Insectes dépouillent entièrement quelques pays vignobles et leur font un tort immense. Cette espèce était employée contre l'odontalgie par Comparini.

BRENTES. *Brentus.* Corps grêle, extrêmement long, linéaire; antennes filiformes ou dont le dernier article est disposé en massue.

Ces Insectes, dont la forme est si remarquable, ne se plaisent que dans les pays chauds; presque tous ceux qui se trouvent dans les collections proviennent de l'Amérique méridionale et de Cayenne; il en existe cependant une espèce en Italie. M. Delacordaire dit que c'est toujours sous l'écorce des arbres qu'on les découvre.

BRACHYCÈRES. *Brachycerus.* Corps très-raboteux; ailes nulles. Tête peu alongée, épaisse. Antennes de neuf articles, dont le dernier est claviforme. Tarses à articles entiers et sans brosses.

Ces Coléoptères habitent l'Europe méridionale et l'Afrique. Ils ont beaucoup de rapports avec les Charansons; mais cependant ils en diffèrent par leurs caractères et par leurs habitudes. Le corps de la plupart d'entre eux est recouvert d'une poussière écailleuse, colorée, qui s'enlève avec facilité par le frottement. Ils ne se rencontrent jamais sur les arbres, mais seulement dans les lieux sablonneux et arides, où on les voit marcher lentement. Caillaud rapporte que les femmes de l'Éthiopie prêtent quelques vertus extraordinaires à une espèce de Brachycère, et qu'elles la portent à leur cou comme un amulette.

CHARANSONS. *Curculio.* Corps ovoïde; museau court, gros; tarses garnis de poils courts formant des brosses. Antennes claviformes, coudées, à premier article extrêmement long, insérées à l'extrémité du museau qui présente une rainure qui les reçoit.

La plupart des belles espèces de ce genre sont propres au Pérou et au Brésil; celles qui proviennent de l'ancien continent n'offrent pas le même éclat qu'elles et sont d'une plus petite taille. Les Larves de ces Insectes n'ont point encore été observées.

Les Charansons vivent ordinairement rassemblés en sociétés nombreuses sur les végétaux; ils se nourrissent de leurs feuilles et font parfois de grands dégâts parmi les plantations. Ce sont des Coléoptères timides qui, lorsqu'ils sont surpris, rapprochent leurs pattes et leurs antennes vers leur corps, se laissent tomber et feignent d'être morts. La persévérance qu'ils mettent à conserver cette attitude est même telle que le martyre ne les soustrait pas à leur immobilité.

Les élytres des Charansons offrent une grande densité, et souvent ils sont ornés des plus brillantes couleurs. C'est cette dernière particularité qui est la cause que l'on a décoré plusieurs de leurs espèces des noms de *somptueux*, de *nobles* ou de *fastueux*. Ces élytres sont même parfois si riches en reflets éblouissants, qu'en les entourant d'or on en fait des bijoux, dont la magnificence rivalise avec celle des ornements que l'on confectionne à l'aide des pierres précieuses.

Le *Charanson royal*, qui réside au Pérou, se trouve dans ce cas; c'est le plus beau des Insectes; il est d'un vert bleu foncé avec des bandes éblouissantes d'un vert doré.

Le *Charanson impérial*, que l'on rapporte des régions les plus équatoriales de l'Amérique méridionale, est aussi un des plus brillants que l'on puisse citer, quoique son éclat soit bien moindre que celui de l'espèce précédente. Le *Charanson vert*, qui habite la France, et est long d'environ six lignes, est aussi une fort belle espèce.

Le *Charanson de la livèche*, que l'on rencontre également dans notre pays, est au contraire d'un gris cendré, obscur; il fourmille dans les espaliers, et y fait souvent de grands dégâts en mangeant les tendres pousses de la vigne. Latreille dit même qu'il ravage les plantes fourrageuses.

LIXES. *Lixus.* Corps étroit, alongé, fusiforme. Antennes en massue fusiforme.

Ce genre nombreux, dont Olivier a décrit et figuré soixante-dix espèces, nous offre un Insecte célèbre, le *Lixe paraplectique*, dont de Géer a donné une histoire détaillée, et que Linnée avait ainsi nommé, parce qu'il supposait que ses Larves produisaient une espèce de paraplégie sur les chevaux qui les mangeaient en broutant des ciguës d'eau, plantes qui les nourrissent ordinairement à l'intérieur de leurs tiges.

RHYNCHÆNES. *Rhynchænus.* Trompe longue, souvent arquée; antennes au milieu de celle-ci et terminées par une masse ovoïde.

Ce genre contient un grand nombre d'espèces, dont plusieurs sont indigènes de la France; telle est entre autres la *Rhynchæne des noisettes*, dont nous trouvons souvent la Larve rongeant l'amande de ce fruit.

CALANDRES. *Calandra.* Museau sans sillons; antennes coudées, insérées à sa base, et à huitième article triangulaire ou ovoïde.

Ces Insectes ont une démarche lente, mais ils se cramponnent avec force aux différents corps, à l'aide des robustes crochets qui terminent leurs tarses. Ils sont phytophages; les uns attaquent les semences de diverses plantes économiques, parmi lesquelles ils font d'énormes dégâts, en anéantissant les récoltes qui se trouvent amassées dans les greniers; les autres vivent à l'intérieur des stipes de quelques palmiers, et surtout des sagouiers, où ils se nourrissent de la fécule abondante qu'ils contiennent.

La *Calandre palmiste*, qui habite l'Amérique, a près de deux pouces de longueur ; son corps est noir, et ses élytres sont cannelés. Mademoiselle de Mérian, qui décrivit très-bien les mœurs de cet Insecte, dit que sa Larve vit en société dans les stipes des palmiers, et que les sauvages des pays où il s'en trouve la considèrent comme un mets des plus délicats. Cela a particulièrement lieu à la Guyane ; à la Jamaïque, on confit même dans du tafia, ou d'autres liqueurs, cette Larve que l'on nomme *ver palmiste*, et on la sert sur les tables des plus riches colons Le père Labat, qui paraît en avoir goûté, dit qu'elle a une saveur délicieuse, qu'il compare à celle d'un peloton de graisse de Chapon qui serait enveloppé d'une mince pellicule.

Selon Geoffroy, c'était cette Larve que les Romains nourrissaient avec de la farine, et qu'ils servaient sur les tables, sous le nom de *cossus*. Nous avons éclairci ce sujet, en traitant de la chenille du Papillon de ce nom.

Dans quelques colonies, et entre autres à la Jamaïque, on expose parfois les Larves de la Calandre palmiste au soleil, pour en obtenir l'huile qui en découle, et que l'on emploie au traitement des rhumatismes et des hémorroïdes.

La *Calandre du blé*, qui est connue des cultivateurs sous le nom de *Charanson*, est un des Insectes les plus redoutables pour notre agriculture ; elle vit dans les tas de blé, en se tenant cachée vers leur surface, mais sans jamais apparaître à l'extérieur, ni s'y enfoncer au delà de quelques pouces. Sa taille n'atteint qu'environ deux lignes, et sa couleur est d'un brun marron ; son corselet est pointillé, et ses élytres sont striés.

Les immenses dégâts de cette Calandre peuvent être appréciés par sa prodigieuse fécondité. Celle-ci est telle que, d'après les calculs du naturaliste de Géer, un seul couple de ces Insectes, par les générations successives qu'il produit, et dont les individus se multiplient bientôt entre eux, peut donner naissance, au bout d'une année, à vingt-trois mille six cents individus. Une expérience de M. Vallery vient à l'appui de cette assertion en démontrant, en outre, quelles sont les déprédations qu'occasionne cette progéniture affamée. Ce monsieur renferma vingt-quatre Charansons, douze mâles et douze femelles, dans une caisse contenant cinquante kilogrammes de froment. Celle-ci fut ensuite abandonnée dans les conditions les plus favorables à la procréation de ces Insectes, et au bout de six mois et cinq jours, quand l'expérimentateur l'ouvrit, il la vit remplie d'une multitude prodigieuse d'individus, et il reconnut que le grain qu'il y avait déposé avait perdu en poids 15 kilogrammes ou 50 p. 0/0 ; et si l'on considère que ces Coléoptères n'attaquent que la substance farineuse, qui ne forme environ que les 70 centièmes des semences, il en résulte que la perte réelle de la partie nutritive du grain équivalait environ à 45 p. 0/0.

La femelle du Charanson dépose chacun de ses œufs dans un grain de blé différent, en y pratiquant un trou oblique qui, ainsi que l'avait remarqué Leuwenhoeck, devient imperceptible pour l'observateur, à cause du soin qu'elle prend de le boucher avec une sorte de gluten de la même couleur que la semence. La Larve qui en naît est blanche et composée de neuf anneaux; elle anéantit pour sa nourriture tout l'intérieur du grain où elle se trouve, et, à l'aide de ses fortes mandibules, agrandit chaque jour sa demeure, à l'abri de laquelle bientôt elle devient immobile et se transforme en Nymphe; enfin cet Insecte acquiert son état parfait. Alors il perce le grain qui le recelait, pour en sortir et continuer à vivre à l'extérieur. En général, on évalue que le terme moyen entre l'accouplement et l'état parfait du nouvel être qui en résulte, est de 40 à 45 jours; et comme la procréation se continue tant que la température est d'environ 15°, ce qui a lieu dans nos latitudes pendant cinq à six mois de l'année, il en résulte que, chaque saison, il se produit plusieurs générations de ces animaux.

La Calandre du blé n'élit son domicile que lorsqu'elle trouve les conditions de repos et de tranquillité, et on la voit fuir avec persévérance tous les lieux où elle est exposée à être le moindrement troublée. Le repos est la condition expresse de sa présence : une expérience facile à répéter vient constater ce fait bien important à établir. En mettant un certain nombre de Charansons dans un vase contenant du blé, si l'on attend plusieurs jours, en laissant celui-ci dans un repos parfait, il arrive alors que ces animaux, devenus confiants, s'enfoncent dans le grain, y établissent leur domicile, et que bientôt l'on n'en trouve plus à sa surface; mais si à ce moment on vient à imprimer un léger mouvement à la masse de semences renfermées dans ce vase, tout change d'aspect; la tribu des Charansons monte bientôt au-dessus du blé, y fourmille, et si ses efforts sont vains pour s'échapper, tous les individus qui la composent s'agitent et se renversent continuellement dans leur lutte. Cet unique mouvement détermine même une telle perturbation parmi ces animaux, que les tentatives d'évasion générale se continuent pendant plus de deux jours, et ce n'est même qu'après un plus long laps de temps encore, comme nous l'avons observé, que tous les Charansons rentrent dans la masse du grain, espérant y retrouver quelque sécurité. C'est là un fait important.

Une chose est remarquable à l'égard de cet Insecte, c'est que, tandis que presque tous les êtres de sa classe, après leur dernière métamorphose, changent de nourriture, ou ne mangent presque plus et ne semblent s'occuper que de leur génération, qui est souvent immédiatement mortelle, lui, lorsqu'il a atteint l'état parfait, il continue ses déprédations sur le blé, que dévorait précédemment sa Larve.

Cette vérité, qu'il était du plus grand intérêt de constater, fut tour à tour admise et combattue. Latreille semble se renfermer dans le doute, et il ajoute : « Nous devons penser que la Calandre, dans son état parfait, ne se nourrit de farine que quand elle ne trouve pas mieux, et

» que, si elle paraît rechercher les tas de blé, c'est pour y déposer ses
» œufs. » Puis il conclut qu'elle cause bien moins de dégâts dans ce
dernier état que sous celui de Larve. D'autres naturalistes, partageant à
peu près la même opinion, professent que la Calandre à l'état parfait
n'occasionne pas de grands dommages dans le blé, et assurent qu'il n'est
même pas certain qu'elle vive alors de grains.

Cependant, la vérité avait été reconnue et énoncée par M. Duméril,
et M. Vallery, par ses observations, l'a constatée. Nous-mêmes, dans
plusieurs expériences, nous avons eu occasion de reconnaître que le
Charanson à l'état parfait se nourrissait de blé comme il le faisait précédemment, et qu'après sa dernière métamorphose ses dégâts sont
même beaucoup plus considérables que pendant son existence de Larve,
car sa vie se prolonge bien davantage, et dès que la température est assez
élevée, ses mâchoires ne restent jamais inactives.

Ayant mis dans des bocaux un nombre déterminé de Charansons
adultes et de grains de blé, ces Insectes les attaquèrent immédiatement,
et nous vîmes alors que chacun d'eux prenait une de ces semences, et
que, pour parvenir à la substance farineuse, à l'aide de ses mandibules,
il faisait ordinairement une section à son épiderme solide, et qu'il
contournait celle-ci obliquement ; ensuite, l'Insecte enfonçait son museau
dans la substance nutritive, puis y plongeait peu à peu la tête, le corselet et enfin tout le corps, à mesure qu'il la dévorait, jusqu'à ce que
le grain ne représentât plus que son enveloppe corticale ; alors souvent
nous rencontrâmes des Charansons dérobés en entier dans une espèce
de coque formée des débris de la semence, dont ils se faisaient une
sorte de domicile.

Il résulte de la prodigieuse multiplication de cette Calandre, et de sa
manière de se nourrir, que, dans quelques circonstances, elle anéantit en
entier des monceaux de blé, en réduisant celui-ci à l'enveloppe externe
ou à l'état de son. Quelquefois aussi il paraît que la présence de cet
Insecte, lorsqu'il est broyé et mêlé à la farine, peut devenir pour
l'homme la source de certaines maladies ; au moins c'est ce qui résulte
des recherches de M. Penault, pharmacien à Bourges, qui rapporte
qu'il est tellement commun dans les grains du Berry, que cet animal
entre fréquemment pour un vingtième dans le blé dont on fait usage
dans cette province. Ce monsieur prétend même que le Charanson renferme un principe vésicant ou au moins rubéfiant, auquel il attribue les
coliques fréquentes que l'on observe parmi les habitants du Berry.
Mais l'existence de ce principe a été contestée par d'autres chimistes,
MM. Bonatre et Henry père.

Économie rurale. Le nombre et l'importance des moyens que l'on a
proposés pour détruire cet animal ont été en raison de ses immenses
dégâts ; mais les divers procédés, souvent préconisés sans discernement,
ou se sont trouvés inapplicables, ou offraient l'inconvénient de dépenser
de trop fortes sommes. Les soins qu'exige l'extinction de cet Insecte
sont tels que, dans un département où l'on récolte beaucoup de cé-

réales, on a calculé que l'on sacrifiait annuellement 2,400,000 francs à cet effet.

Pour obvier aux dégâts produits par cet Insecte, comme le dit Latreille, la plupart des moyens que l'on a vantés ont eu si peu de succès qu'on peut les regarder à peu près comme inutiles, et quelques-uns même doivent être considérés comme nuisibles. L'on a conseillé des fumigations de soufre ou de diverses substances odorantes, mais toutes celles-ci, sans détruire l'animal, avaient le grave inconvénient de communiquer une odeur fétide à la semence alimentaire.

Quelques économistes ont pensé que l'on pourrait préserver le blé des Calandres en l'emmagasinant dans des caves boisées, d'autres en le plaçant dans des greniers où durant l'été on produirait une réfrigération artificielle, telle que la température s'y trouverait toujours au-dessous de celle qui est nécessaire à ces Insectes pour qu'ils se reproduisent. Mais ces moyens sont plus spécieux que praticables ; le premier exposant le blé à une humidité qui risque à le faire germer ou à le pourrir, et le second demandant d'énormes dépenses. Quelques agriculteurs avaient aussi prétendu anciennement qu'en mettant le froment en tas avec ses balles, les Calandres ne l'attaquent point ; et ce conseil a de nouveau été reproduit par des personnes qui ignoraient absolument les mœurs de ces animaux et l'inutilité de ces tentatives. Sans tenir aucun compte des dépenses que cela pouvait occasionner, ni de son action sur le blé, quelques auteurs ont eu l'idée de soumettre celui-ci à une chaleur assez considérable pour tuer les Charansons ; tel fut M. Cadet de Veaux qui proposa à cet effet une espèce de brûloire analogue à celle dont on se sert pour torréfier le café ; telle fut encore une sorte de vis d'Archimède que l'on vanta dans le même but ; mais on a observé qu'il fallait une chaleur de 70° dans une étuve pour faire périr ces Insectes lorsqu'ils sont renfermés dans les semences ou pour détruire leurs œufs ; or, cette chaleur a l'inconvénient de dessécher le grain et de lui nuire considérablement. Enfin on a émis aussi qu'en plaçant des tas de blé que l'on se garderait de remuer près de ceux que l'on soumet à la manutention, les Charansons en se réfugiant dans les premiers où ils trouveraient la nourriture et la sécurité, pourraient être facilement anéantis avec le feu dans lequel on jetterait le monceau qui les recèle. Mais ce moyen est tout à fait défectueux puisqu'en même temps qu'il sacrifie une ration de blé à la nourriture de ces animaux, il ne dispense pas de soins les tas de blé que l'on veut conserver et desquels la manutention ferait seule fuir les Charansons, sans qu'on leur accordât inutilement une part de récolte pour la dévorer. Sans contredit le procédé le plus efficace pour détruire ou chasser ces animaux est celui qui consiste à remuer souvent le blé dans les magasins, mais il a l'inconvénient d'occasionner une dépense continue et qui diminue beaucoup les bénéfices des fermiers ou des accapareurs.

Il y a peu d'années, M. Vallery présenta à l'Académie de Rouen une machine qu'il nomme *grenier mobile,* et qui a pour but de préserver

les céréales de l'attaque du Charanson , et en même temps de les garantir contre les autres agents de destruction ; cette machine, qui sert
de grenier, est un immense cylindre qui roule sur des galets, et qui par
les mouvements qu'il fait éprouver aux semences en chasse les Insectes. Ayant été chargé de faire un rapport sur cette belle machine ,
nous accordâmes sans restriction à son inventeur les éloges qu'il semblait mériter , et bientôt nous eûmes le bonheur de voir l'Institut et la
Société d'encouragement, d'après les rapports de MM. Séguier et Payen,
ratifier notre jugement.

Voici les avantages que le grenier mobile nous semble offrir :

Comme le Charanson ne s'établit jamais dans les grains qui ne sont
pas dans l'état de repos parfait , et qu'il les fuit rapidement, le grenier
mobile a évidemment pour fonctions de préserver le blé des atteintes
de sa race , aussitôt qu'il est soumis à son action ; en même temps, cet
appareil , par les frottements qu'il fait éprouver au grain, le purge des
Larves de fausses Teignes , et empêche qu'aucun autre Insecte ou animal rongeur ne vienne s'y établir et le dévorer.

La manutention du blé, à l'aide du grenier mobile, est beaucoup plus
parfaite que par les procédés ordinaires , et elle présente l'avantage
d'empêcher qu'il ne s'introduise dans celui-ci des excréments d'animaux
ou de la poussière, si abondante ordinairement sur le plancher des
magasins ; et même , si le grain contenait déjà de celle-ci, l'appareil
aurait l'avantage de l'expulser et de rendre le grain plus parfait et plus
salubre.

Enfin, il est évident qu'avec le grenier mobile, on trouve une
grande économie dans la manutention , et que l'on a la faculté d'appliquer au travail la force motrice que l'on juge la moins coûteuse et
que l'on possède à sa disposition, force d'ailleurs toujours moins dis-
pendieuse que celle des bras de l'homme. Cette économie est télle , que
M. Vallery prétend que deux chevaux employés un jour par semaine
pourraient suffire à manipuler 150 mille hectolitres de grains , ce qui
nécessiterait pendant le même temps l'emploi de plus de 700 hommes,
dont la solde s'élèverait par hectolitre environ à 60 centimes , tandis
qu'avec le grenier mobile , cette manutention ne reviendrait pas à plus
de 5 centimes ; quoique cette assertion nous semble rationnelle , nous
devons cependant dire que des expériences en grand peuvent seules la
constater.

La *Calandre du riz*, qui vit dans nos pays et attaque les semences
de la plante dont elle porte le nom , est presque semblable à la précédente, dont elle diffère seulement par ses élytres qui portent chacun
deux taches fauves.

FAMILLE DES XYLOPHAGES.

Corps ordinairement ovoïde, alongé ; tête sans saillie pro-boscidiforme ; tarses à articles ordinairement entiers. Antennes courtes, ordinairement claviformes.

Sous leurs différents états, la plupart des Insectes de cette famille se nourrissent de la partie ligneuse des végétaux, et c'est ce que l'on a voulu rappeler par le nom de Xylophages qui leur a été imposé. Ils creusent des sillons dans les tiges des arbres et se multiplient parfois si abondamment parmi les forêts, qu'ils y font périr un grand nombre d'arbres, ce qui a particulièrement lieu dans celles qui sont composées de conifères. Quelques Insectes de cette famille n'offrent cependant point les mêmes mœurs que la généralité de ceux qu'elle renferme, et ils attaquent les grains ou les champignons.

SCOLYTES. *Scolytus*. Corps convexe. Antennes de dix articles au plus, terminées en massue solide ou trilamellée ; palpes très-petits.

Les Scolytes forment un genre peu nombreux dont nous rencontrons deux espèces en France. Pendant toutes les phases de leur vie , ces Insectes habitent l'intérieur des arbres, et ils les attaquent parfois en si grand nombre qu'ils les font périr. Leurs Larves sont courtes, molles, et possèdent de fortes mâchoires au moyen desquelles elles rongent le bois le plus compacte et s'y creusent des galeries qui restent en partie obstruées par la poussière fine que forment leurs excréments. C'est dans celles-ci qu'elles se métamorphosent, et elles n'en sortent que lorsque le besoin de se reproduire se fait sentir.

Le *Scolyte destructeur*, qui n'a que deux lignes de longueur, et est d'un noir luisant, vit dans toutes les latitudes de l'Europe. Le *Scolyte pygmée*, qui diffère du précédent par sa taille qui est moindre que la sienne, opère des ravages dans le midi de la France.

PAUSSUS. *Paussus*. Corps déprimé, rétréci en avant ; élytres tron-qués ; tarses à articles entiers. Palpes très-longs et inégaux.

Ces Coléoptères sont tous exotiques, et parmi eux les Paussus pro-prement dits se font remarquer par leurs antennes seulement compo-sées de deux articles dont le dernier est énormément grand et com-primé.

BOSTRICHES. *Bostrichus*. Corps alongé ; tarses à articles entiers. Antennes de dix articles dont les trois derniers forment une massue perfoliée ; palpes filiformes.

A en juger par les catalogues des entomologistes, les Bostriches ap-partiendraient tous à l'Europe ; il y a peu d'années, au moins, celui de M. Dejean n'en indiquait que de cette partie du monde ; selon M. Duméril, en France, il en existe une douzaine d'espèces. C'est toujours dans l'intérieur des vieux bois ou sous les écorces qu'on les découvre; jamais ils ne se reposent sur les fleurs.

Les Larves de ces Coléoptères ont le corps composé de douze anneaux, et elles portent une tête écailleuse et des pattes de même nature. Leurs mandibules sont cornées, fortes, dures et tranchantes. A l'aide de ces organes elles attaquent les arbres, s'établissent dans leur aubier ou entre celui-ci et l'écorce, et y creusent des canaux tortueux, qui sont presque toujours en partie encombrés par une espèce de sciure de bois qui n'est formée que par les menus débris de leurs travaux ou par leurs excréments. Ces Larves, après avoir vécu environ deux ans, et s'être formé des galeries de plus en plus multipliées, au commencement de l'hiver s'occupent de leur première métamorphose; alors elles se construisent à cet effet une petite coque avec de la sciure de bois qu'elles agglutinent à l'aide de filaments de soie; c'est sous cet abri que s'opère leur transformation en Nymphes et qu'elles passent l'hiver, et c'est au printemps suivant que l'Insecte en sort avec sa dernière forme.

D'après la connaissance de leurs mœurs, il est évident que lorsque les Bostriches se multiplient sur les arbres, ils leur font un tort considérable; aussi, dans son bel ouvrage sur les Insectes nuisibles aux forêts, Ratzeburg cite ces Coléoptères comme devant être rangés en première ligne parmi ceux qui font le plus de dégâts dans les bois de l'Allemagne.

Le *Bostriche typographe*, qui habite la France, présente une couleur variable et est ordinairement rougeâtre. Il attaque les arbres vivants en pénétrant sous leur écorce, ou bien il s'établit dans ceux qui sont abattus et morts. C'est l'espèce qui fait le plus de tort aux bois destinés à la marine. Ratzeburg la signale aussi comme étant fort nuisible aux forêts de l'Allemagne, de même que le Bostriche chalcographe, le Bostriche monographe et quelques autres.

Le *Bostriche du pin*, qui souvent attaque les extrémités des branches des conifères, fait à ces arbres un tort considérable.

MONOTOMES. *Monotoma.* Tarses à articles entiers. Antennes de dix articles dont le dernier seul forme la massue.

Ces Coléoptères sont encore peu connus; cependant on les a subdivisés en plusieurs sous-genres peu nombreux.

LYCTES. *Lyctus.* Tarses à articles entiers. Antennes de onze articles dont les deux premiers forment la massue.

Ce genre offre pour type le *Lycte canaliculé*, qui vit en Europe, est d'un brun roussâtre et offre des dentelures sur les bords de son corselet.

MYCÉTOPHAGES. *Mycetophagus.* Corps de forme variable. Antennes de onze articles. Mandibules recouvertes.

Plusieurs de ces Insectes habitent la France. On ne connaît point leurs Larves, et souvent on les rencontre à l'état parfait sur les champignons ou à l'intérieur du bois pourri.

TROGOSITES. *Trogosita.* Corps généralement alongé, déprimé. Mandibules robustes, découvertes, saillantes.

Les Trogosites sont peu nombreux, et Dejean n'en cite que cinq espèces, qui sont indigènes des deux Amériques et des îles voisines, ainsi que de l'Europe.

Le *Trogosite caraboïde* était confondu par Linnée avec les Ténébrions, et en nous conformant aux anciennes idées nous l'avons figuré sous le nom de Ténébrion Cadelle, parce qu'on lui donne cette dernière épithète dans le midi de la France. Linnée l'appelait *Ténébrion mauritanique*, parce qu'il l'avait reçu de la Barbarie par l'intermédiaire de son disciple Brander, et l'on supposait même que cet Insecte avait été introduit en France par les blés qui provenaient de ce pays. Ce Coléoptère diminue à mesure que l'on s'avance vers le nord, mais il est fort commun dans le midi de la France, et sa Larve y fait de grands ravages parmi les approvisionnements de blé, surtout dans le Languedoc.

La Larve de cet Insecte a environ huit lignes de longueur; elle est blanchâtre et formée de douze anneaux à la superficie desquels s'observent quelques poils. Ses pattes sont au nombre de six, et elle porte des mandibules très-fortes et très-denses. Son abdomen se termine par deux crochets cornés, qui lui servent, selon Parmentier, pour se suspendre à divers endroits ou pour se défendre contre les individus de sa propre espèce. Cette Larve, qui est plus grosse et plus vorace que celle de la Calandre, produit encore de plus grands dégâts qu'elle dans les greniers à blé; mais contrairement à cette dernière, c'est l'extérieur des grains qu'elle ronge; douée qu'elle est d'armes robustes, et d'ailleurs ne pouvant pénétrer à leur intérieur à cause de son volume, on la voit passer successivement d'une semence à l'autre. Aussitôt que le printemps commence, les Larves des Trogosites quittent les tas de blé et gagnent les crevasses des greniers pour s'y métamorphoser, ou bien pour cet effet, comme les intéressantes expériences de Dorthes l'ont démontré, elles s'enfoncent dans la terre.

Ce Trogosite se rencontre à l'état parfait pendant toute la durée de l'été; c'est de son aspect, qui se rapproche de celui des Carabes, que provient son nom. Il est long de quatre lignes et tout son corps est d'un brun noirâtre en dessus et moins foncé en dessous; ses élytres sont striés avec des rangées de points. Des expériences intéressantes ont appris que les Trogosites Caraboïdes adultes ne mangeaient plus de blé; et l'on vit dans celles-ci que, quand on en renfermait plusieurs ensemble, ils se dévoraient plutôt entre eux que d'attaquer cette céréale, et on les trouvait le lendemain privés d'antennes et de pattes.

FAMILLE DES PLATYSOMES.

Corps déprimé, alongé. Tarses à articles entiers. Antennes filiformes ou sétacées ; mandibules saillantes ; languette bifide.

CUCUJES. *Cucujus.* Ce genre constitue à lui seul cette famille. Les Coléoptères qui le composent habitent le nord de l'Europe et de l'Amérique ; on n'en rencontre en France que quelques petites espèces. Les Cucujes vivent sous les écorces des arbres.

FAMILLE DES LONGICORNES.

Corps alongé ; tarses à trois premiers articles garnis de brosses, et dont les deuxième, troisième et quatrième sont bilobés. Antennes ordinairement aussi longues que le corps et quelquefois plus, presque toujours sétacées ou filiformes. Languette ordinairement cordiforme.

Les Larves des Coléoptères de ce groupe sont molles, blanchâtres et privées de pieds ou n'en ont que de tout petits ; leur tête est écailleuse et se trouve armée de fortes mandibules. Presque toutes rongent les arbres en végétation ou les charpentes qui soutiennent nos demeures ; elles s'y forment de longues galeries dans lesquelles leur corps mou se meut avec vivacité, et en parcourt l'étendue à l'aide de mouvements semblables à ceux que les ramoneurs emploient pour monter dans les cheminées.

Tous les Longicornes ont un port élégant et un air de famille, et leurs tarses, par leurs espèces de brosses, doivent contribuer à les faire adhérer aux corps. Ces Insectes produisent souvent un bruit particulier en faisant frotter leur corselet contre la base des élytres, ou leur tête sur le premier. L'organe génital des femelles possède un pondoir, qui est composé d'un tube formé de pièces articulées, qu'elles peuvent enfoncer dans les écorces pour y placer leurs œufs.

PRIONES. *Prionus.* Corps déprimé ; corselet carré, épineux ou dentelé latéralement. Antennes en scie, pectinées ou simples ; mandibules fortes.

Les Priones sont répandus sur les quatre principales parties du globe, mais le plus grand nombre habite l'Amérique et les Antilles. Ce sont, en général, de gros Coléoptères ; on en découvre de six pouces de longueur, sans compter les antennes. Leurs Larves sont armées de fortes mâchoires dont elles se servent pour ronger le corps ligneux des arbres, après l'avoir ramolli à l'aide de leur salive. Ces Insectes font un tort considérable aux bois de construction par les longues galeries qu'ils y creusent; ne volant que le soir, ils restent à l'entrée de leurs trous pendant toute la journée.

Le *Prione corroyeur* vient dans nos climats; il atteint quinze lignes; sa couleur marron et ses antennes en scie le font reconnaître. On mange, dans quelques pays, la Larve d'un Prione qui vit dans le bois du fromager.

CAPRICORNES. *Cerambyx.* Corps déprimé; corselet épineux ou tuberculé; membres déprimés. Antennes extrêmement longues, sétacées; yeux échancrés entourant les antennes.

Ces Longicornes habitent presque tous l'Amérique et les Antilles; quelques-uns se trouvent cependant ailleurs, et il en existe plusieurs espèces en France. Leurs Larves, qui possèdent de fortes mâchoires, vivent à l'intérieur des troncs des arbres, et c'est sur ces derniers que l'on rencontre ordinairement l'Insecte parfait.

Les Capricornes font l'un des plus beaux ornements des collections, tant à cause de l'élégance de leurs formes, qu'à cause de leur coloris qui tantôt reflète d'éclatantes teintes métalliques, et tantôt au contraire se fait remarquer par ses nuances veloutées. Quelques-uns fixent aussi notre attention par le parfum suave qu'exhale leur corps. La femelle de ces Coléoptères, à l'aide de sa tarière, perce le bois et place ses œufs vers la superficie des arbres, afin que ses Larves en naissant se trouvent environnées de la nourriture qui leur est nécessaire.

Le *Capricorne musqué*, qui est d'un beau vert métallique, se trouve ordinairement sur les saules où souvent il décèle sa présence par une suave odeur de rose dont il embaume l'air, et qui est si tenace qu'elle se conserve fort longtemps sur les corps qu'il touche. Cet Insecte, à cause de cette propriété, a quelquefois été employé pour parfumer le tabac. En Angleterre, où les cantharides sont rares, M. Guy l'a proposé pour remplacer celles-ci; mais H. Cloquet l'a essayé infructueusement. M. Farines en a retiré un principe aromatique particulier, insoluble dans l'eau, et dont il a fait un alcoolat suave.

Le *Capricorne héros*, qui se rencontre en France sur l'écorce des vieux chênes et des ormes, serait, selon MM. Mérat et Delens, l'Insecte dont la Larve était appelée *Cossus* par les anciens. Ces savants se fondent peut-être, pour émettre cette opinion, sur ce que Pline dit qu'en Phrygie et dans le royaume de Pont, les voluptueux faisaient leurs délices de certains vers appelés Xylophages.

CALLIDIES. *Callidium.* Élytres voûtés; corselet globuleux, inerme. Antennes filiformes, de longueur moyenne.

Ces Insectes, dont beaucoup d'espèces se trouvent en Europe, possèdent souvent un beau coloris velouté. Le *Callidie arqué*, qui est noir, avec des lignes courbes jaunes et sur ses étuis, se découvre souvent dans nos bûchers, et sort parfois des boiseries des appartements.

LAMIES. *Lamia.* Tête verticale. Antennes fort longues, filiformes ou sétacées ; labre très-prononcé ; palpes filiformes, terminés par un article ovoïde.

Ces Insectes, qui sont fort nombreux et répandus sur une vaste étendue du globe, abondent principalement dans les forêts intertropicales de l'Amérique méridionale.

SAPERDES. *Saperda.* Corps presque cylindrique, étroit ; corselet inerme ; élytres d'égale largeur partout.

Presque toutes les espèces connues dans ce genre se rencontrent en Europe. Ce sont principalement les branches des arbres que leurs Larves préfèrent, et plusieurs se nourrissent de leur moelle. Elles déterminent parfois sur celles-là des excroissances remarquables ; on peut voir à chaque instant celles que produit *la Saperde du peuplier,* qui se développe dans la moelle de ce végétal, et est reconnaissable à ses élytres bruns, sablés de noir, offrant des taches jaunes.

LEPTURES. *Lepturus.* Élytres se rétrécissant graduellement en arrière ; tête penchée. Yeux arrondis, entiers ou à peine échancrés.

La majeure partie des Leptures habite l'Europe ; on les trouve dans les forêts, sur les troncs des arbres et souvent dans les fleurs. Leurs Larves se nourrissent de bois pourri.

FAMILLE DES EUPODES.

Corps oblong ; corselet plus étroit que l'abdomen. Cuisses postérieures souvent renflées. Tarses à articles garnis de brosses, à l'exception du dernier, et dont le pénultième est bilobé. Antennes longues, filiformes, insérées au-devant des yeux. Languette carrée ou ovalaire.

SAGRES. *Sagra.* Membres postérieurs anormaux, très-grands, à cuisses fort grosses, dentées. Mandibules entières, terminées en pointe aiguë ; yeux échancrés.

Les Sagres sont des Insectes exotiques qui tous habitent les parties méridionales des deux continents et sont ornés de couleurs brillantes.

CRIOCÈRES. *Crioceris.* Tête aussi large que le corselet, qui est étroit, cylindrique. Mandibules tronquées ou à deux ou trois dents ; languette indivise.

C'est sur les fleurs des jardins ou des champs que l'on rencontre ordinairement ces Coléoptères, et particulièrement sur celles des familles des liliacées ou des asparaginées. Leurs Larves, pour dégoûter les oiseaux, qui en paraissent fort avides, ont l'habitude de se revêtir le corps d'une sale couverture qu'elles construisent en agglutinant leurs excréments, et qui leur sert en même temps à garantir leur peau mince et transparente des variations atmosphériques. L'agglomération de ces matières fécales est facilitée par la situation de l'anus qui, au lieu d'être sous le dernier anneau du ventre, comme dans les autres Insectes, se trouve sur le dos, entre le pénultième et le dernier, de manière que les déjections alvines qui en sortent se collent les unes aux autres, et sont naturellement repoussées vers la tête. Ces Larves se métamorphosent sous le sol, dans une espèce de coque qu'elles construisent en dégorgeant une matière visqueuse qui agglutine des parcelles de terre, et elles forment à l'intérieur une sorte d'étoffe argentée.

Lorsque l'on prend les Criocères, ils font entendre un petit son fort singulier. Leur accouplement dure environ un jour, et c'est sur les feuilles que les femelles placent leurs œufs, et elles les y agglutinent par petits tas.

Le *Criocère du lis*, qui est d'un rouge vermillon en dessus, est commun sur cette plante : c'est lui dont les mœurs ont été particulièrement observées.

DONACIES. *Donacia.* Cuisses postérieures grandes et renflées. Yeux entiers.

Presque toutes les Donacies vivent en Europe ; quelques-unes sont de l'Amérique boréale. On les rencontre ordinairement sur les plantes aquatiques, et c'est à l'intérieur des racines charnues de plusieurs de celles-ci, et surtout dans celles des nénuphars et des glaïeuls, que vivent leurs Larves. D'après les observations de M. Ad. Brongniart, c'est aussi sur les racines de ces végétaux que se trouvent les Nymphes ; elles sont attachées à leurs filaments par un de leurs bords et y forment des espèces d'excroissances. Les Donacies adultes sont souvent décorées de couleurs brillantes, bronzées ou dorées, et quelques espèces ont le corps couvert d'un duvet soyeux qui peut leur être utile lorsqu'elles font des chutes dans l'eau.

FAMILLE DES CYCLIQUES.

Corps ordinairement arrondi, court ; tarses à trois premiers articles garnis de pelotes spongieuses, et le troisième bilobé. Antennes filiformes, médiocres. Languette carrée ou ovale.

HISPES. *Hispa.* Corps oblong ; tête découverte ; corselet trapézoïde. Antennes filiformes ; mandibules bi ou tridentées.

Les espèces de ce groupe, qui est assez nombreux, sont répandues dans les quatre parties du monde ; il en existe en France : telle est l'*Hispe noire*, qui a le corps très-épineux, et que Geoffroy, à cause de cette particularité et de sa couleur, nommait la Châtaigne noire.

CASSIDES. *Cassida.* Corps clypéiforme ; corselet semi-circulaire ;

tête cachée totalement ; élytres débordant beaucoup le corps. Mandibules au moins quadridentées.

Le nom de ces Insectes, qui en latin signifie Casque, leur a été donné en raison de leur singulière forme : celle-ci les fait encore appeler vulgairement Tortues ou Scarabées Tortues, parce que, chez eux, les élytres et le corselet constituent une espèce de carapace qui semble n'avoir pour fonction que de protéger le corps, qui est bien moins étendu qu'eux.

Les Cassides forment un genre fort nombreux et très-répandu ; l'Amérique est surtout riche en espèces qui lui appartiennent, et l'Europe en nourrit un assez grand nombre.

Réaumur a décrit la structure étonnante de la Larve de ces Coléoptères. Celle-ci a le corps bordé d'appendices épineux, puis se termine par deux longs filets cornés qui sont mobiles et sur lesquels elle dépose ses excréments pour s'en former une espèce de toit ou de parasol, qu'elle soutient au-dessus de son corps, ou qu'elle laisse traîner en arrière quand elle se croit en sécurité, mais dont cette Larve se recouvre aussitôt que la plus légère crainte la saisit. Selon le même observateur, la femelle protége ses œufs en les ensevelissant également sous ses matières fécales. Ces hexapodes sont ordinairement de la couleur des végétaux à la surface desquels ils vivent, et par cette faveur ils trompent l'œil des animaux qui les recherchent.

La *Casside verte* est commune en Europe sur les artichauts des jardins ainsi que sur les chardons.

GRIBOURIS. *Cryptocephalus.* Corps subcylindrique, court ; tête cachée ; corselet très-bombé, en capuchon. Antennes filiformes.

Ces hexapodes habitent presque tous l'Europe et vivent sur les végétaux. Ils sont constamment de petite taille, et se reconnaissent au premier abord à leur tête profondément ensevelie sous le corselet. Les Gribouris sont très-nuisibles à l'agriculture, car c'est principalement sur les jeunes bourgeons que s'exerce leur voracité. Quand on s'empare d'eux, trop timides pour se défendre, ils se contentent de contrefaire le mort, et de se laisser choir des endroits sur lesquels on les a découverts. Le *Gribouri soyeux* pullule sur nos saules ; il est d'un beau vert brillant, ponctué ; mais parfois sa couleur varie et elle est bleue.

CHRYSOMÈLES. *Chrysomela.* Corps ordinairement ovoïde ; tête saillante ; corselet échancré en avant. Antennes ordinairement moniliformes et grossissant insensiblement, de la longueur de la moitié du corps.

On connaît un nombre considérable de Chrysomèles, et elles sont disséminées dans les cinq parties du monde ; l'Europe en possède beaucoup d'espèces. On les rencontre sur les feuilles des végétaux, et à toutes les époques de leur existence elles en composent leur nourriture.

Les Larves de ces Insectes ont six pattes et leur corps est terminé par un mamelon qui fonctionne comme une septième. Elles se transforment ordinairement à l'air en se suspendant aux feuilles avec leur mamelon qui est enduit d'un fluide gluant. Quelques-unes s'enfoncent cependant sous la terre pour y accomplir leur métamorphose.

Les Chrysomèles adultes ont toujours des élytres luisants, souvent embellis de teintes métalliques variant entre le rouge, le bleu, le violet, ou le vert doré; et elles laissent échapper de leurs articulations, surtout de celles des cuisses et du corselet, un fluide odorant, coloré, paraissant destiné à dégoûter les Oiseaux; mais ces derniers, malgré cela, mangent encore fréquemment de ces Coléoptères.

La *Chrysomèle du peuplier* est une de celles que l'on rencontre le plus ordinairement; ses élytres sont rouges et son corselet bleu.

GALÉRUQUES. *Galeruca.* Corps ovoïde ou sub-hémisphérique; tête saillante. Antennes moniliformes, de la même grosseur partout, rapprochées et insérées entre les yeux.

Ces Coléoptères sont lourds et volent rarement; leurs mœurs offrent de l'analogie avec celles des Chrysomèles. L'anneau qui, dans l'état vermiforme, termine leur abdomen, porte un mamelon charnu d'où s'écoule une humeur gluante; il fonctionne comme une patte, et sert à la Larve pour se fixer sur les endroits où elle marche, ou à se cramponner aux plantes à l'époque des métamorphoses. Ce groupe a été subdivisé en deux sous-genres principaux, les Galéruques proprement dites et les Altises.

Les **GALÉRUQUES PROPREMENT DITES** n'ont point les cuisses postérieures renflées et ne sautent point; parmi elles la *Galéruque de l'orme*, qui est longue de trois lignes et d'une couleur jaunâtre ou verdâtre, vit sur cet arbre, et dans les années où elle est abondante en détruit parfois toutes les feuilles.

Les **ALTISES** offrent des cuisses renflées et propres au saut. Ce sont de petites espèces ornées de belles couleurs, et que l'on nomme *Puces des jardins* à cause de la facilité avec laquelle elles sautent.

FAMILLE DES CLAVIPALPES.

Corps hémisphérique. Antennes droites, claviformes, perfoliées. Mâchoires armées en dedans d'une dent cornée. Palpes terminés par un article très-gros.

ÉROTYLES. *Erotylus.* Ce genre, qui forme seul cette famille, se compose d'Insectes qui sont presque tous indigènes de l'Amérique méridionale et des Antilles, et que l'on dit se rencontrer sur les feuilles et les fleurs; cependant nous possédons en France quelques espèces appartenant à une subdivision de ce groupe, et qui vivent dans les champignons.

COLÉOPTÈRES TRIMÉRÉS.

Ce sous-ordre renferme les Coléoptères qui n'ont que trois articles à tous les tarses ; on y trouve quatre familles : les Fungicoles, les Aphidiphages, les Psélaphiens et les Labidoures.

FAMILLE DES FUNGICOLES.

Corps ovale ; corselet trapézoïde ; palpes maxillaires, filiformes. Antennes plus longues que la tête et le corselet.

EUMORPHES. *Eumorphus.* Il n'existe que ce groupe dans cette famille. Les Coléoptères qui viennent s'y ranger sont disséminés dans les Indes orientales, en Amérique, et parmi les îles de la mer du Sud. Ils se font remarquer par la disposition tranchée de leurs couleurs.

FAMILLE DES APHIDIPHAGES.

Corps ordinairement hémisphérique ; tarses à pénultième article bilobé. Antennes claviformes, comprimées, plus courtes que le corselet.

COCCINELLES. *Coccinella.* Corps hémisphérique ou semi-ovoïde ; tête découverte. Antennes claviformes de onze articles.

On connaît un fort grand nombre de Coccinelles. Celles-ci sont répandues sur toutes les parties du globe, et il en existe dans presque toutes les latitudes. Les Larves de ces Trimérés sont munies de six pattes. On les rencontre dans les endroits où il existe une grande quantité de Pucerons, car ceux-ci forment leur aliment de prédilection, et elles rendent de grands services à l'horticulture en faisant une chasse active à ces Insectes, qu'elles saisissent avec leurs pattes antérieures pour les dévorer ; mais à l'état parfait, ces Coléoptères ne se nourrissent plus que du parenchyme des feuilles.

En voyant ces jolis petits Hexapodes, dont les étuis luisants sont communément rouges ou jaunes, avec des points noirs, on s'étonne de tous les noms singuliers, tels que Cheval de Dieu, Bête de la Vierge, Scarabée Tortue, Oiseau Dame, que le vulgaire leur donne dans différents pays. Quand on tourmente une Coccinelle, elle transsude par l'extrémité de ses cuisses une liqueur jaune, fétide et amère, qui n'est probablement qu'un moyen qui lui est donné pour éloigner ses agresseurs.

La *Coccinelle à sept points* est la plus commune près de Rouen et de Paris ; sa larve se suspend par sa partie postérieure quand elle est pour se métamorphoser.

FAMILLE DES PSÉLAPHIENS.

Élytres courts, tronqués, ne recouvrant qu'une partie de l'abdomen. Tarses à articles entiers, terminés ordinairement par un seul crochet. Antennes claviformes.

Ces Coléoptères, par la disposition de leurs élytres, semblent faire le passage des Familles précédentes à celle des Forficules. Le premier article des tarses est fort peu apparent chez eux, ce qui avait fait croire à Lamarck qu'il n'en existait que deux, et l'avait engagé à en faire une section spéciale, sous le nom de Dimérés. Les Psélaphiens vivent sur le sol, où ils se tiennent parmi les débris de végétaux, et quelquefois dans les fourmilières.

PSÉLAPHES. *Pselaphus.* Antennes formées de onze articles.
Ces Insectes, dont la patrie paraît être principalement l'Europe et dont la France nourrit plusieurs espèces, ont été subdivisés en divers sous-genres, parmi lesquels les Psélaphes proprement dits se font remarquer en ce qu'ils n'ont qu'un seul crochet aux tarses.

CLAVIGÈRES. *Claviger.* Antennes de six articles ou d'un seul ; yeux petits ou nuls.
Ces Insectes, qui se rencontrent particulièrement en Europe, ont été subdivisés en deux sous-genres qui ont des caractères fondamentaux ; ce sont les Articères et les Clavigères proprement dits.
Les **ARTICÈRES** possèdent deux crochets à leurs tarses ; leurs antennes n'ont qu'un seul article, et ils sont munis d'yeux.
Les **CLAVIGÈRES PROPREMENT DITS** n'offrent qu'un seul crochet aux tarses, et ils ont six articles à leurs antennes, puis elles sont privées d'yeux.

FAMILLE DES LABIDOURES.

Corps alongé ; élytres beaucoup plus courts que l'abdomen, qui est armé de deux crochets mobiles.

PERCE-OREILLES. *Forficula.* Ce genre forme à lui seul la famille des Labidoures, dont le nom tiré du grec signifie Tenailles en queue et rappelle les deux crochets mobiles qui terminent le ventre de ces animaux, et fonctionnent comme des espèces de pinces avec lesquelles ces Insectes se défendent lorsqu'ils sont attaqués, et dont ils ont toujours l'air de menacer leurs agresseurs.
Les Forficules forment la transition entre les Coléoptères et les Orthoptères, et comme ils tiennent à ces deux ordres par leur organi-

sation, ils ont été successivement placés dans l'un et dans l'autre. Cependant, quoiqu'ils aient des rapports avec ces derniers par leurs ailes qui se plissent en long, et par leurs métamorphoses qui sont incomplètes, nous les considérons comme ayant plus d'affinités avec les Coléoptères par l'ensemble de leur organisation, par leurs élytres crustacés, par l'absence d'yeux lisses, et en outre parce que leurs ailes se plissent aussi en travers.

Une tradition populaire qui raconte que ces animaux perforent la membrane du tympan, et s'introduisent dans la cervelle, a déterminé leur dénomination. Ce fait, auquel beaucoup de personnes croient encore, est cependant entièrement dépourvu de fondement; car, quoiqu'on lise dans les Éphémérides des curieux de la nature que Volkamer a retiré un Perce-Oreille du conduit auditif d'une bonne femme qui en avait une famille dans la tête depuis vingt ans, il est impossible de croire à de semblables faits.

Les Perce-oreilles habitent toutes les contrées de la terre; ils fréquentent surtout les lieux humides, le dessous des pierres et des écorces; on en connaît un grand nombre d'espèces. Ce sont des Insectes fort agiles, qui marchent avec vélocité et volent très-bien; ils vivent en société, et exercent principalement leurs déprédations sur les fruits et les plus belles fleurs qu'ils rongent impitoyablement; aussi sont-ils l'effroi des amateurs de jardins. Pour la génération, les sexes s'approchent à reculons, et se passent leurs pinces sur le dos. L'amour que la femelle porte à sa progéniture est extrêmement remarquable; elle place ses œufs dans les lieux humides et obscurs; ensuite, elle reste près d'eux et les garde avec persévérance. Si on les éparpille, elle les prend doucement avec ses mandibules, les réunit de nouveau, et se place sur eux comme une poule; quand ses faibles petits en sont sortis, ainsi que l'a vu de Géer, elle ne les abandonne qu'à l'époque où ils peuvent se nourrir seuls.

Le *Grand Perce-Oreille* est celui qui s'observe le plus communément dans nos jardins; il est long d'un demi-pouce et d'une couleur rousse.

ORDRE DES ORTHOPTÈRES.

Élytres mous, demi-membraneux; ailes pliées longitudinalement. Mâchoires recouvertes d'une espèce de casque.

Le nom d'Orthoptères, qui veut dire Ailes droites, rappelle la disposition des ailes de ces Insectes. Ceux-ci n'offrent point de métamorphoses complètes; quand ils sortent de l'œuf, ils ont à peu près les mêmes formes que dans l'âge de la reproduction; leurs mutations ne consistent que dans l'accroissement des étuis et des ailes. La Larve diffère seulement de la Nymphe en ce que chez elle ces appendices n'existent point, tandis que , sur la dernière , on en aperçoit les rudiments. Cette analogie d'organisation dans les différents âges de l'existence fait que ces Insectes présentent dans toute la durée de celle-ci des mœurs analogues, et l'on ne voit point chez eux une Larve carnivore donner naissance à un Insecte mangeur d'herbe , ainsi que cela s'observait dans l'ordre précédent.

Sous leurs différents états, les Orthoptères sont terrestres, et en général alongés , mais d'une consistance bien moins ferme que les Hexapodes de l'ordre précédent. Leur prothorax est souvent fort grand et prolongé supérieurement en crête ou en capuchon, puis il offre parfois une configuration fort singulière, et s'étend tellement en arrière, qu'il semble remplacer l'écusson des Coléoptères. Les élytres sont minces, flexibles, coriaces, et demi-transparents ; les ailes qu'ils recouvrent ont bien plus de largeur qu'eux, et celles-ci sont membraneuses, minces, très-réticulées, et plissées longitudinalement en éventail ou simplement doublées. Cependant, chez quelques Orthoptères, les élytres et les ailes sont rudimentaires, ou ils manquent totalement.

Les pattes de ces animaux sont généralement plus robustes que celles des autres Insectes, et elles se trouvent seulement appropriées à la marche ou au saut. Dans ce dernier cas, on remarque, à cet effet, que la paire postérieure est énormément plus développée que les autres ; chez quelques-uns de ces Hexapodes qui creusent des galeries, ce sont les membres antérieurs qui subissent un excès d'accroissement, et on observe aussi une structure particulière de ces extrémités , lorsqu'elles sont destinées à saisir les corps.

Dans un assez grand nombre de familles , l'abdomen se termine par une tarière , ou un oviducte , à l'aide duquel ces Insectes placent leurs œufs dans les endroits où leur sécurité leur semble plus assurée.

L'appareil buccal des Insectes de cet ordre offre de grands rapports avec celui des Coléoptères. Il se compose d'un labre qui est fixé au chaperon par une suture demi-coriace; d'un menton supportant une languette presque membraneuse , alongée , élargie à son extrémité , puis divisée en deux ou quatre lanières. On y voit en outre des mandibules cornées, courtes, robustes, et dont le côté interne est armé de plusieurs dentelures inégales. M. Marcel de Serres a observé que celles-ci se montrent en rapport avec la nature des aliments dont les Orthoptères font usage , et il va même jusqu'à leur trouver de l'analogie avec les dents des Mammifères. Ce savant distingue même ces dentelures en incisives, en canines et en molaires ; et comme ces trois sortes de dents n'existent pas toujours simultanément ou qu'elles présentent des différences de formes, d'après leur inspection , il pense que l'on peut déterminer l'action physiologique de l'organe de la mastication. C'est ainsi que les espèces essentiellement carnassières , telles que les Mantes, n'ont que des dents canines sur leurs mandibules, tandis que celles qui sont uniquement herbivores n'offrent que des incisives et des molaires, et qu'enfin les espèces omnivores, selon le même naturaliste, portent à la fois des dentelures qui représentent ces dernières dents et les canines. Les mâchoires des Orthoptères ont une grande ressemblance avec celles des Coléoptères carnassiers, mais leur palpe interne est transformé en une pièce ordinairement membraneuse, inarticulée, voûtée, et qui recouvre toujours l'extrémité de la mâchoire, ce qui détermina probablement Fabricius à nommer cette pièce *galea*, casque, nom assez heureusement imposé, mais qui fut critiqué par Olivier, qui lui substitua celui de *galette*. Les palpes sont au nombre de quatre, filiformes ou élargis à leur extrémité.

Le tube digestif présentait l'état suivant dans les Orthoptères que j'ai disséqués, des Locustes et des Sauterelles ; l'œsophage était court et se rendait dans un vaste jabot membraneux, mince, transparent, occupant tout le thorax et rempli d'un fluide aériforme. Il existait un gésier beaucoup plus petit, globuleux, offrant des parois épaisses, musculeuses, et à l'intérieur duquel on découvrait de petites dents cornées, brunes, plates ou coniques, dont les bords étaient épineux, et qui se trouvaient disposées par séries régulières et tassées. Après cette cavité se voyait un troisième estomac cordiforme, plissé à l'intérieur et beaucoup plus vaste qu'elle. L'intestin qui terminait le canal alimentaire n'était pas droit comme l'ont dit quelques anatomistes, mais il faisait plusieurs circonvolutions, offrait assez d'ampleur, et sa longueur totale était d'environ une fois et demie celle du corps. La structure du tube digestif de ces animaux, les mouvements que l'on remarque dans leurs mandibules quand ils sont en repos, et la nature végétale des aliments dont ils font usage, avaient fait penser à quelques naturalistes, et entre autres à Swammerdam, qu'ils ruminaient, mais rien n'est encore prouvé à cet égard.

FAMILLE DES MARCHEURS.

Élytres et ailes ordinairement couchés horizontalement sur l'abdomen. Membres postérieurs propres à la marche ; tarses de cinq articles. Femelles dépourvues de tarière cornée.

Les Orthoptères de cette section présentent des formes et des mœurs fort différentes : aussi nous les groupons dans deux sous-familles qui porteront les noms de Blattides et de Mantides.

La sous-famille des **BLATTIDES** nous offre un corps très-ovalaire, déprimé ; les Orthoptères qu'elle contient ont un corselet en bouclier qui cache la tête ; leurs membres sont comprimés et épineux.

BLATTES. *Blatta.* Ce genre, qui est l'unique qui se trouve dans cette division, renferme des Insectes répandus dans les deux hémisphères et sous des latitudes fort diverses. Ils infestent plusieurs de nos colonies et en importunent beaucoup les habitants, qui les désignent sous le nom de *Kakerlacs*. Leur présence est un vrai fléau pour les peuples de la Russie et de la Finlande. Pallas dit que dans le premier de ces pays il est des villes où les Blattes, par leur multiplicité, deviennent une calamité détestable ; à Atschinskoé, toutes les murailles en sont couvertes, et l'on ne peut laisser une boîte dans une chambre pendant une seule nuit sans la trouver percée et infestée par ces Insectes. Là aussi il est impossible, ajoute ce naturaliste, de prendre du thé ou de manger dans les appartements sans voir tomber à chaque instant de ces Orthoptères sur les aliments.

Les Blattes n'exercent leurs rapines que pendant la nuit ; elles sont extrêmement voraces et se jettent avec avidité sur toutes les provisions de bouche ; c'est pourquoi elles fixent particulièrement leur résidence dans les cuisines, les boulangeries, les pharmacies et les magasins à sucre. Elles rongent aussi les étoffes de laine, de fil, et les objets en cuir deviennent parfois leur proie. Les Blattes mangent également des Insectes ; Pallas dit même que dans la ville que nous avons citée, les jeunes tuent les grandes pour leur sucer le sang, de manière que là il est rare d'en voir qui aient acquis toute leur taille ; et elles y sont si sanguinaires que ce savant nous apprend que les personnes qui couchent dans les maisons ont les pieds, les mains et toutes les parties qui restent à découvert *entièrement dévorées* par ces animaux.

Les œufs de ces Insectes consistent en un ou deux corps oviformes qui occupent la moitié de la cavité abdominale, et dont la femelle ne se délivre qu'après un travail qui se prolonge parfois huit jours. Ces corps d'abord blancs et mous se durcissent ensuite ; ce sont des espèces d'étuis contenant chacun seize à dix-huit œufs disposés sur deux rangs, et dont les jeunes Blattes sortent par une petite fente qui se referme après leur passage, de manière que lorsque ces espèces de sacs se sont vidés de leur contenu ils restent encore sans déformation.

La *Blatte orientale* ou *des cuisines*, qui nous est venue probablement par le commerce du Levant, se rencontre en abondance chez nous dans les crevasses des vieilles cheminées. Elle est d'un brun-marron foncé, et présente environ dix lignes de longueur.

La *Blatte de Laponie*, qui est d'un brun noirâtre, attaque les poissons que les Lapons amassent pour manger en guise de pain.

La sous-famille des **MANTIDES** se compose de Marcheurs dont le corps est étroit, très-alongé et la tête saillante. La conformation singulière produite par l'extrême longueur du corps, et parfois par la dilatation de quelques portions des membres, prête à ces Orthoptères une physionomie anomale qui leur a valu le nom de *Difformes* de la part de quelques naturalistes, et ceux de Spectres, de Sorciers, de Devins, que leur donnent différents peuples chez lesquels on les regarde comme porteurs de maléfices. Ces Insectes se plaisent à la lumière et dans les climats chauds. En général, ils ressemblent, par leur coloration, aux feuilles des arbres sur lesquels ils se tiennent.

MANTES. *Mantis.* Corselet excessivement alongé; cuisses antérieures très-développées; jambes en crochet.

La disposition des pattes de devant permet à ces Hexapodes de s'en servir comme d'espèces de mains, et de porter avec elles leur proie à la bouche, après l'avoir saisie, en repliant avec promptitude les jambes contre les cuisses (Pl. 23). Dans ce mouvement, leurs membres antérieurs imitent la situation des bras d'une personne en prière; tel est ce que l'on observe sur l'espèce nommée, à cause de cela, *Mante religieuse*, qui est verte et se trouve dans la France méridionale. Les Turcs lui portent une certaine vénération, et les Provençaux l'appellent *Prie-Dieu*, à cause de la particularité que nous venons de mentionner; les paysans du midi de la France la désignent quelquefois sous le nom de Devin, dont le mot *mantis* n'est qu'une traduction, parce qu'ils lui accordent la connaissance des événements, et leurs crédules enfants, égarés dans les bois, consultent même les Mantes qu'ils rencontrent, pour qu'elles leur indiquent avec les pattes le chemin du toit paternel, ce que le bon et savant Rondelet avait la naïveté de dire qu'elles faisaient sans presque jamais se tromper.

Les Mantes sont très-carnassières et elles ont la vie extrêmement tenace. Le naturaliste que nous venons de citer ayant renfermé deux individus de sexes différents sous une cloche en verre, la femelle coupa la tête du mâle, qui n'en féconda pas moins celle-ci, par laquelle il fut ensuite totalement dévoré.

Aristote et Pline ne paraissent pas avoir mentionné les Mantes, mais, selon Mouffet, Anacréon et deux autres auteurs anciens en ont parlé.

PHASMES. *Phasma.* Corps cylindriforme, très-alongé; étuis ordinairement fort courts et aptères; membres antérieurs très-prolongés, non en crochets.

Ce sont des Insectes très-singuliers, ainsi que l'annonce leur nom qui provient du grec et signifie *prodige* ou *chose étonnante;* ils ressemblent à une branche d'arbre desséchée, quand la peur les paralyse et les tient immobiles. On les croit carnassiers; ils résident dans l'Inde et l'Amérique méridionale, où on les nomme grands Soldats des bois. Le *Phasme géant* est vert avec des élytres courts et des ailes plissées et tachetées de brun (Pl. 23).

PHYLLIES. *Phyllium.* Corps large très-aplati, membraneux, ainsi que les cuisses; élytres foliacés.

Nous n'avons que peu de détails sur ces Orthoptères, dont la structure imite tellement les feuilles des arbres, qu'ils peuvent tromper des yeux inaccoutumés. Il paraît que les habitants des Séchelles en élèvent pour les vendre aux naturalistes voyageurs toujours curieux de se procurer ces Insectes bizarres. La *Phyllie feuille*, qui est d'un vert pâle ou jaunâtre , et acquiert trois pouces de longueur, nous vient des Indes orientales.

FAMILLE DES SAUTEURS.

Membres postérieurs extrêmement développés, propres au saut , offrant des cuisses très-volumineuses et des jambes épineuses. Femelles possédant ordinairement une tarière.

La structure des membres de derrière étant appropriée au saut, de là le nom de *Sauteurs* que l'on donne à cette famille, dont les Insectes ont été aussi appelés *Musiciens*, à cause d'un son bruyant, particulier, que les mâles font entendre pendant la saison des amours, et qu'ils produisent en frottant leurs élytres ou en passant vivement les pattes sur ceux-ci ou sur leurs ailes, à la façon d'un archet sur les cordes de son instrument. Les femelles déposent ordinairement leurs œufs dans la terre, à l'aide de l'espèce de tarière ou de pondoir en lame de sabre qui termine l'abdomen.

COURTILLIÈRES. *Grillo-Talpa*. Jambes et tarses antérieurs élargis , dentés, propres à fouir ; ailes prolongées en pointe au delà du ventre.

On a aussi nommé ces Insectes *Taupes-Grillons*, à cause de la forme de leurs pattes antérieures , qui sont élargies en pelles ressemblant à celles des Taupes , et servant, comme elles, pour creuser des galeries à la superficie du sol ; en outre , cette dénomination a aussi en vue de rappeler que l'aspect de ces Orthoptères se rapproche de celui des Grillons.

On découvre des Courtillières dans les quatre parties du monde. L'abdomen de ces Orthoptères porte deux longs filets à son extrémité, et, selon quelques observateurs, ceux-ci doivent être considérés comme des tentacules qui servent à les avertir des dangers qui peuvent surgir en arrière d'eux pendant leurs travaux; mais ces filets ne sont peut-être que des espèces de palpes destinés à guider ces Insectes, lorsqu'ils se meuvent en arrière dans leurs galeries souterraines. Ceux-ci se font encore plus remarquer par l'énorme développement de leurs membres antérieurs, qui se terminent par une sorte de main ou pelle élargie, bordée de dents, et bien disposée pour piocher le sol. C'est à l'aide de ces membres doués d'une puissance considérable, et qui , sur un plan uni, peuvent vaincre un obstacle du poids de trois livres , que les Courtillières creusent les galeries souterraines qu'elles habitent, et qu'on reconnaît à la superficie du sol , en ce que les végétaux qui les recouvrent sont débiles et languissants.

Ces Orthoptères sont nocturnes, et ils font un tort considérable aux jardins potagers ; cependant ce n'est pas , comme on l'a souvent répété dans les ouvrages d'agriculture, en dévorant les racines des végétaux , qu'ils leur nuisent, car ils n'en mangent point, mais c'est seulement en pratiquant leurs boyaux souterrains et en coupant les racines, lorsqu'elles se trouvent sur leur passage. M. Féburier, de Versailles, qui a étudié ces Hexapodes , a reconnu qu'ils étaient carnassiers, et dévoraient une grande quantité d'Insectes nuisibles. Latreille se range de son opinion.

Pour déposer leur ponte , les Courtillières font dans le sol une excavation ovoïde, d'environ un pouce et demi de diamètre, et qui se trouve placée à un demi-pied de profondeur; puis elles cachent dans son intérieur trois à quatre cents œufs alongés qui forment le produit de leur génération. Ceux-ci éclosent après un mois, et les petits qui en sortent sont blancs; c'est en été qu'ils naissent, et au printemps suivant ils sont déjà adultes.

Quelques amis du merveilleux ont surchargé l'histoire de ces animaux de détails inexacts. C'est ainsi qu'on lit dans Goëdart et quelques autres auteurs, que les mères creusent un fossé autour du nid de leurs petits, ou lui font par moments une ouverture pour y faire pénétrer les rayons solaires, afin qu'ils vivifient leur progéniture ; d'autres disent même que, aussi prévoyants que les Fourmis, ces Orthoptères transportent des grains de blé et d'autres provisions dans leur asile, pour obvier aux temps de disette.

Les Courtillières produisent de grands dégâts parmi les cultures de certains pays ; aussi elles sont devenues l'objet de l'attention des agronomes, et l'on a proposé un grand nombre de moyens pour les détruire. En Allemagne, l'effroi qu'elles inspirent est tel, qu'un dicton populaire rappelle qu'un voiturier doit arrêter sa voiture chargée, fût-ce à la rampe d'une montagne , lorsqu'il rencontre un Taupe-Grillon, et ne pas suivre sa route qu'il ne l'ait tué. On a , tour à tour, conseillé pour exterminer ces Insectes ou les faire fuir, de verser dans leurs trous de l'huile, de l'eau bouillante ou une infusion de brou de noix ; de placer des vases remplis d'eau à la surface de la terre, de répandre sur le sol le marc qui reste après l'extraction de l'huile, ou d'enfouir, de place en place, des pots remplis de baume de soufre ; mais ces moyens sont ou inutiles ou trop coûteux.

La *Courtillière commune*, qui est abondante en France, est longue d'un pouce et demi et d'une couleur de bistre ; c'est elle qui opère tant de dégâts parmi les potagers.

GRILLONS. *Acheta.* Tête arrondie; antennes sétacées; corselet plus large que long; pattes antérieures simples; tarière des femelles arrondie.

Ces Insectes ont été mentionnés dans les écrits des anciens. Pline les désigne évidemment et dit qu'ils creusent une multitude de trous dans les foyers et dans les prés , et qu'ils font entendre des cris perçants durant la nuit. Ils étaient autrefois employés pour le traitement des maux d'oreille et comme diurétiques, mais on n'en fait aucun usage aujourd'hui.

Le *Grillon domestique* abonde en Europe, et Loudon dit qu'on le trouve principalement dans les maisons nouvellement bâties, parce que le peu de consistance du mortier lui permet de s'y former facilement des demeures dans les jointures de la maçonnerie ; il réside surtout dans les endroits où l'on fait le plus habituellement du feu. Suivant de Géer il préfère le pain à toute espèce de nourriture, mais Latreille pense qu'il se nourrit plus spécialement d'Insectes. Ce Grillon est l'objet de la vénération de quelques hommes superstitieux. M. Bory Saint-Vincent rapporte que les Espagnols affectionnent beaucoup ces Insectes, et qu'ils en élèvent dans de jolies petites cages accrochées aux foyers des maisons.

Le *Grillon champêtre*, qui est noirâtre, se voit sur les coteaux exposés au soleil, où il se creuse des trous pour guetter sa proie et passer l'hiver.

SAUTERELLES. *Locusta*. Élytres tectiformes ; tête encapuchonnée ; antennes sétacées, extrêmement longues ; tarses à quatre articles ; femelles pourvues de tarière.

Tous les Orthoptères renfermés sous cette dénomination générique se plaisent dans les lieux secs et brûlés par le soleil ; ils sont herbivores. Parmi eux on ne peut omettre de citer la *Sauterelle verte*, qui est commune dans nos prairies et n'offre point de taches sur ses étuis ; puis la *Sauterelle verrucivore*, qui est de la même couleur, mais avec des taches brunes sur ses élytres, et dont le nom provient de ce que les paysans de la Suède font mordre par elle leurs verrues, parce qu'ils prétendent que sa salive noirâtre les guérit.

CRIQUETS. *Acrydium*. Antennes filiformes ou en bouton ; tarses à trois articles. Femelles dépourvues de tarière saillante.

Ces Insectes, auxquels on donne aussi le nom de Sauterelles, ont une tête volumineuse et souvent encapuchonnée dans le corselet ; leurs yeux sont grands, et ils offrent en outre trois stemmates. Les Criquets ont de très-fortes mandibules qui sont très-dentelées ; leurs pattes postérieures présentent un développement disproportionné relativement aux autres, aussi ils marchent avec difficulté, mais par compensation ces Insectes sautent avec une extrême agilité. Sous tous leurs états ils se nourrissent des feuilles des végétaux et particulièrement de celles des graminées, aussi ces Orthoptères font parfois d'immenses dégâts en ravageant les champs et les prairies.

A l'époque de la fécondation les mâles font entendre des sons variés ; ils les produisent le plus souvent au moyen de leurs élytres qu'ils font vibrer en accrochant les nervures qui s'y trouvent, aux épines ou sur les aspérités de leurs longues jambes.

Historique. On peut dire, sans exagération, que les légions de Sauterelles voyageuses sont un des plus terribles fléaux de l'agriculture. Ces Orthoptères se réunissent par bandes innombrables, qui, en s'élevant dans le lointain, ressemblent à un nuage orageux, et obscurcissent les lieux dont elles s'approchent en leur dérobant le soleil. Les endroits où ces Insectes funestes s'abattent sont totalement dépouillés par eux de leur végétation; ils n'épargnent pas même le feuillage des arbres, et non-seulement ils causent la famine par leur passage, mais encore, quand ces immenses légions meurent subitement, épuisées par les fatigues du voyage, les cadavres des individus qui les composent, amoncelés sur le sol, exhalent, en se putréfiant, des miasmes pestilentiels et donnent lieu à des maladies meurtrières qui, à ce que dit Latreille, enlèvent les hommes par milliers. Mais ce naturaliste a peut-être émis cette assertion d'après Orose, historien infidèle, se fiant trop aux traditions populaires, et qui raconte que l'an du monde 3800 il y eut un nombre prodigieux de Sauterelles en Afrique, lesquelles, après avoir consumé toutes les herbes, se noyèrent dans la mer et exhalèrent une telle puanteur, qu'on croit qu'il mourut en très-peu de temps trois cent mille personnes.

Pendant leurs migrations, les innombrables bandes de Sauterelles parcourent parfois six lieues en un jour, et en volant elles font entendre au loin un bruit sourd que Forskal a comparé à celui d'une cataracte. Lorsqu'elles s'abattent sur quelque endroit, elles tombent comme une grêle abondante, et quand leurs bandes se reposent sur les arbres, ceux-ci se brisent sous leur poids. Dans les campagnes où elles s'arrêtent, elles déposent un si prodigieux nombre d'œufs, que malgré la petitesse de ceux-ci, bientôt on en remplit des sacs, et l'on a pu même en recueillir treize muids dans un fort petit espace.

Les écrits de tous les siècles offrent de nombreuses preuves historiques qui attestent les immenses dégâts que causent les Insectes dont nous traitons. Leurs ravages sont déjà fidèlement décrits dans l'Exode, où Moïse dit qu'elles vinrent fondre en Égypte après que l'Éternel eut suscité un vent oriental, et qu'elles couvrirent entièrement le pays en le dépouillant de toute sa verdure. Il est question de ces Insectes dans un passage de Pline où cet écrivain rapporte que les Sauterelles étaient regardées comme un fléau de la colère céleste, et qu'elles dépeuplèrent entièrement quelques nations africaines. La terreur qu'elles inspirèrent arrachait cette exclamation à saint Jérôme, que l'on sait avoir été témoin de leurs déprédations dans la Syrie : « Qu'y a-t-il de plus fort et de plus terrible que les Sauterelles? Toute l'industrie humaine ne peut leur résister! Dieu règle tellement leur marche, qu'elles ne s'éloignent jamais de la route qu'il leur a marquée. » Les époques modernes ne manquent pas d'exemples de désastres produits par ces animaux. Lorsque Charles XII traversait la Bessarabie avec son armée, celle-ci fut arrêtée pendant un certain temps et fort incommodée par des nuées de Sauterelles qui s'avançaient semblables à un effroyable ouragan. Mézerai raconte qu'en 1613, une telle quantité de ces Insectes envahirent les environs d'Arles, qu'en sept à huit heures ils rongèrent, jusqu'à la racine, 15,000 arpents de blé, malgré des légions d'oiseaux entomophages arrivés, comme guidés par la Providence, pour les attaquer. Ces Orthoptères émigrants entraient jusque dans les greniers et les granges pour en dévorer les grains. En 1749, presque toute l'Europe fut infestée de semblables hôtes affamés, et les papiers publics retentirent des dégâts qu'ils causaient de toute part dans les pays de culture.

L'homme, épouvanté par les désastres de ces Insectes, a dû naturellement s'appliquer à tout ce qui pouvait contribuer à leur destruction. Pline dit que dans la Cyrénaïque une loi ordonnait au peuple de leur faire la guerre trois fois chaque année : la première en écrasant leurs œufs, la seconde en détruisant leurs petits, et la troisième en exterminant les grands ; celui qui négligeait ce devoir était puni comme déserteur. Dans l'île de Lemnos, chaque particulier était obligé d'apporter au magistrat une mesure remplie de ces Insectes tués ; et en Syrie, dit l'auteur romain, on se trouvait quelquefois forcé d'employer les soldats pour anéantir leurs funestes cohortes.

En 1780, en Transylvanie, à ce que rapporte M. Virey, on fut forcé d'avoir recours au même moyen. On commanda des régiments pour ramasser des sacs de Sauterelles, et quinze cents personnes furent chargées d'écraser et de brûler ces Insectes ou de les enterrer ; cependant leur nombre ne parut point diminuer jusqu'à ce qu'un vent froid les fît disparaître ; mais au printemps suivant le même fléau sévit contre le pays, et il fallut lever le peuple en masse pour anéantir ces redoutables Insectes ; et malgré ces efforts, une foule de campagnes n'en furent pas moins totalement ruinées par eux. On les poussait dans des fossés avec de grands balais, et là on les étouffait ou on les brûlait.

Dans les contrées de la France qui sont infestées par ces Orthoptères, ce sont ordinairement les femmes et les enfants que l'on emploie pour leur faire la chasse. Ils se contentent pour celle-ci de promener à ras du sol de grands draps dont ils tiennent les coins et dans lesquels les Sauterelles viennent se prendre. Les œufs de celles-ci sont aussi l'objet de recherches fort actives. On payait autrefois, ainsi qu'on le fait encore aujourd'hui, 25 centimes par kilogramme d'Insectes parfaits, et 50 centimes par kilogramme d'œufs. Il paraît que les particuliers occupés à la recherche de ces animaux ou de leur progéniture, peuvent gagner 1 fr. ou 1 fr. 50 cent. par jour. Dans l'invasion de 1613 que nous avons mentionnée, on recueillit 12,200 kilogrammes de Sauterelles et 122,000 kilogrammes d'œufs ; chaque kilogramme de ces derniers pouvait contenir 80,000 œufs. Arles dépensa à cet effet 25,000 francs et Marseille 20,000 francs.

Usages. Les Sauterelles passaient, aux premières époques du monde, pour un bon aliment ; plusieurs espèces étaient employées alors, et l'on en faisait une grande consommation, puisque Moïse, dans ses institutions, permit aux Juifs d'en manger de quatre sortes, et que les livres sacrés nous apprennent que saint Jean ne vécut dans le désert que de miel et de Sauterelles. Strabon rapporte, d'après Artémidore, qu'il existe sur les rivages du golfe Arabique une nation qui se nourrit de Sauterelles ; les hommes qui forment celle-ci les prennent en allumant de grands feux dans les ravins, quand les vents du printemps soufflent avec violence ; alors les Insectes qu'ils apportent se trouvent aveuglés par la fumée et tombent sur la terre. Après les avoir recueillis, ces peuples acridophages les broient mêlés avec de la saumure, et ils en font des gâteaux qu'ils mangent. Artémidore ajoute que ces hommes ne vivent guère que jusqu'à quarante ans, parce qu'il s'engendre dans leur peau des vers qui les font périr. Agatharchide fait un conte semblable sur les nations acridophages, et prétend que les hommes qui les composent sont dévorés à l'intérieur par des Insectes ailés qui se développent dans leurs organes. Dans la relation du voyage autour du monde de l'amiral Drack il est aussi question de la mort prématurée des naturels d'une région de l'Éthiopie, qui se nourrissent toute l'année de Sauterelles et dans les viscères desquels il s'engendre des Insectes ailés qui les tuent. Buffon, qui sans doute n'avait pas appesanti son génie sur ce fait, dit que, quoique extraordinaire, il ne lui paraît pas incroyable, et Valmont de Bomare semble l'accepter sans critique. Mais Niebühr, ainsi que l'indique la saine physiologie, a émis dans sa description de l'Arabie que ce genre de nourriture, si répandu dans quelques contrées, n'était nullement malfaisant.

Dans différents pays de l'Afrique, les Sauterelles sont encore considérées comme un précieux comestible, et on les livre au commerce, après les avoir salées ou fait sécher pour les conserver. Au Sénégal, on en réduit une espèce en poudre, et l'on en fait du pain ; en Arabie, quand les récoltes manquent, on les fait moudre ainsi que du blé pour le même usage. A Maroc, on mange également ces Insectes après les avoir fait sécher sur les toits ; et les habitants de Bagdad les prisent tellement que les personnes qui ont visité cette ville assurent que l'on en apporte parfois une telle quantité sur les marchés qu'ils y font baisser le prix de la viande. Les voyageurs s'accordent à dire que, dans les pays chauds, ces Orthoptères ont une chair semblable à celle des Écrevisses, et d'un goût fort agréable. En 1693, l'Allemagne éprouva une irruption de ces redoutables Insectes, et quelques personnes en mangèrent.

La *Sauterelle émigrante*, qui est longue de deux pouces et demi, offre une couleur brune et ses ailes sont verdâtres ; elle a souvent ravagé les campagnes de l'Europe, surtout celles de la Russie et de la Pologne (Pl. 23). Mais d'autres espèces de ce genre, et celles de quelques groupes voisins, concourent aussi à dévaster la végétation, et il faut leur faire partager et peut-être leur rapporter en partie tout ce que nous venons de dire sur les Sauterelles, parce que les zoologistes n'ont pas pu apprécier au juste quelles étaient les espèces dont il est question dans les écrits de diverses époques.

ORDRE DES HÉMIPTÈRES.

Insectes offrant ordinairement quatre ailes différentes, dont les supérieures sont presque toujours demi-cornées. Bouche représentant un suçoir articulé, non roulé.

Les Hémiptères n'éprouvent que des métamorphoses incomplètes, et en général leur Larve, qui est agile et ressemble déjà à l'Insecte parfait, ne se distingue de la Nymphe qu'en ce qu'elle n'offre point les rudiments d'ailes que l'on observe sur celle-ci; les modifications successives ne consistent qu'en des mues.

Ces Insectes vivent ordinairement à la surface des végétaux et des animaux, et il en est un grand nombre qui habitent les eaux douces. La forme de leurs ailes varie beaucoup; souvent leur base est dure et coriace, et ressemble aux élytres des Coléoptères, tandis que leur extrémité est mince, transparente et analogue aux ailes des Hyménoptères; particularité à laquelle est dû le nom d'Hémiptères, qui veut dire demi-ailes. Quelques-uns de ces Hexapodes ont toutes leurs ailes entièrement membraneuses et transparentes, et d'autres sont totalement dépourvus de ces organes; mais malgré ces anomalies ils n'en doivent pas moins être rapportés à ce groupe par la conformation de leur bouche, qui est un de ses caractères fondamentaux.

Cet ordre se compose des Insectes qui, par la consistance et la forme de leur dermato-squelette et de leurs ailes, se rapprochent le plus des Coléoptères. Leurs antennes sont parfois fort petites, et outre leurs yeux à réseau, quelques genres présentent sur le sommet de la tête deux ou trois petits yeux lisses. Le corselet ressemble parfois, par sa forme, à celui des Coléoptères; et son écusson, qui est fort petit ou même n'existe pas sur quelques espèces, acquiert d'énormes dimensions chez d'autres, et va même jusqu'à cacher l'abdomen en entier. Celui-ci n'offre rien de remarquable, seulement dans quelques genres il est terminé par un oviducte en tarière. Sur le plus grand nombre de ces animaux, on trouve un tarse composé de trois articles.

La bouche des Hémiptères représente un bec formé par une sorte de gaîne cylindrique ou conique, qui, dans les espèces vivant des sucs des animaux, est en général très-robuste et repliée en arc sous la tête, et qui, chez celles qui se nourrissent de végétaux, est au contraire ordinairement très-grêle et appliquée contre le sternum entre les pattes; sa longueur est parfois telle, qu'elle égale celle de l'Insecte ou même parfois dépasse son abdomen en arrière. Cette gaîne présente sur sa région supérieure une gouttière, et l'on rencontre dans celle-ci quatre soies cornées, roides et acérées, dont deux sont supérieures et deux inférieures. Enfin, une pièce triangulaire ou conique recouvre la base de cette espèce de suçoir. A l'exception des Thrips, chez lesquels on en découvre quelques vestiges, ces Insectes n'offrent point de palpes.

Depuis les recherches de Savigny, on s'accorde à considérer la bouche des Hémiptères comme n'étant qu'une modification de l'organisation que l'on rencontre chez les Coléoptères. En effet, ainsi que dans ceux-ci, elle se compose de six pièces. La supérieure, ou l'appendice triangulaire ou conique, représente le labre; l'inférieure, ou la gouttière alongée, est formée par la lèvre inférieure, qui s'est extraordinairement prolongée; et l'on regarde les deux soies supérieures comme étant des mandibules rudimentaires, et les deux qui se trouvent au-dessous comme représentant les mâchoires.

Le bec des Hémiptères n'est propre qu'à absorber des fluides, et les soies qu'il contient agissent comme des stylets pour percer les vaisseaux des animaux et des plantes, et extraire les liquides qui y circulent. Mais ceux-ci ne sont point introduits par une sorte d'aspiration; aussi est-ce à tort que l'on a donné le nom de suceurs à ces Insectes.

L'ordre des Hémiptères a été divisé par Latreille en deux sous-ordres, les *Hétéroptères*, qui ont des élytres demi-cornés, et les *Homoptères*, chez lesquels les ailes supérieures sont sub-membraneuses. Nous n'admettons pas cette division dans laquelle il confond des genres qui n'ont nullement les caractères qu'il impose à ses sous-ordres. Ces Insectes ne formant d'ailleurs que quatre petites familles, une sous-division est inutile.

FAMILLE DES GÉOCORISES.

Antennes plus longues que la tête et insérées près du bord interne des yeux. Élytres demi-cornés. Membres marcheurs; tarses trimérés.

Ces Hexapodes, que l'on nomme aussi *Punaises de terre*, vivent aux dépens des végétaux et des animaux et sucent leurs humeurs à l'aide de leur rostre.

SCUTELLÈRES. *Scutellera*. Corps déprimé, très-large; écusson couvrant tout le ventre et les ailes. Antennes filiformes à cinq articles.

On en trouve sous toutes les latitudes; leur nom provient de l'espèce de bouclier que forme leur immense écusson. La *Scutellère siamoise*, qui fréquente les potagers, est rouge avec des raies noires longitudinales.

PENTATOMES. *Pentatoma*. Corps court, déprimé; écusson ne couvrant pas les ailes; rostre quadriarticulé. Antennes filiformes à cinq articles.

Ces Hémiptères se trouvent sur les plantes et se nourrissent de leurs sucs; on les voit aussi attaquer les Insectes; ils exhalent ordinairement une odeur désagréable. Les œufs d'une espèce de ce genre, suivant Kirby et Spence, outre le couvercle demi-sphérique qu'ils offrent, sont pourvus d'un appareil extraordinaire ou sorte d'arbalète cornée servant à en soulever la calotte et à en opérer mécaniquement l'ouverture. Le *Pentatome orné*, qui se rencontre sur les crucifères, est agréablement marqué de rouge et de noir.

LYGÉES. *Lygœus.* Corps plat en dessus; corselet trapézoïde; rostre quadriarticulé. Antennes à quatre articles.

Le nom de Lygée, qui signifie *obscur*, a été donné à ces Insectes par Fabricius pour rappeler leurs couleurs sombres. Ils vivent sur les végétaux et y forment parfois des sociétés si nombreuses et si tassées qu'ils en changent la couleur; mais cependant on les voit moins se nourrir de leurs sucs que des Insectes qui les fréquentent; tel est le *Lygée aptère*, dont les individus forment une masse rouge sur le pied des arbres ou des murailles.

PUNAISES. *Cimex.* Corps totalement inailé, excessivement déprimé. Antennes à quatre articles.

La *Punaise des lits*, si funeste à notre repos, et qui est malheureusement trop commune parmi nous, tourmente aussi quelques Oiseaux; on prétend qu'elle n'a été connue en Angleterre qu'après l'immense incendie qui consuma une partie de Londres en 1666, et qu'elle y fut apportée avec des bois de construction venant d'Amérique; Mouffet dit qu'à son apparition les dames anglaises en furent extrèmement effrayées. Le continent, moins favorisé, possédait cet Insecte depuis longtemps, puisque Dioscoride en parle. On s'étonne que des médecins aient pu employer ces dégoûtants animaux à l'intérieur, pour arrêter des fièvres intermittentes. On les conseillait aussi dans quelques affections des voies urinaires.

RÉDUVES. *Reduvius.* Corps plat en dessus : tête pédiculée. Bec court, très-aigu.

Les Insectes de ce genre se rencontrent dans les deux mondes; mais ils sont peu nombreux en Europe. Leur piqûre est très-douloureuse et tue les petits animaux. Les Larves et les Nymphes ont la singulière habitude de se couvrir tout le corps de poussière ou de toiles d'Araignée, pour se dérober à la vue des Insectes, et surtout des Punaises de lit, dont elles font leur proie et qu'elles attaquent par surprise. Le *Réduve masqué* vit dans nos demeures, et possède une teinte d'un brun noirâtre avec des ailes noires, quand, devenu adulte, il s'est dépouillé de son enveloppe trompeuse.

HYDROMÈTRES. *Hydrometra.* Corps très-alongé, linéaire, inailé; les quatre membres postérieurs excessivement grêles et longs.

La finesse du corps de ces Insectes les a fait nommer *Punaises ai-*

guilles par Geoffroy. Ils marchent avec facilité sur l'eau. L'*Hydromètre des étangs*, qui est très-commune sur les bords des eaux stagnantes, est de couleur noire et longue de six lignes environ.

FAMILLE DES HYDROCORISES.

Elytres demi-cornés ; membres postérieurs ordinairement aplatis et disposés en rames ; tarses d'un ou de deux articles. Antennes plus courtes que la tête, insérées et cachées sous les yeux.

Ces Insectes, que l'on nomme aussi *Punaises d'eau*, se composent d'Hémiptères aquatiques qui se font remarquer par l'ampleur de leurs yeux, et vivent de liquides animaux. Ils saisissent leur proie avec leurs pattes de devant, qui se replient en forme de pince, et ils la tuent en la perçant avec leur rostre et en insinuant leur salive venimeuse dans la plaie ; leur piqûre est excessivement douloureuse pour l'homme.

NÈPES. *Nepa.* Corps sub-elliptique, très-déprimé, terminé par deux longues soies ; cuisses antérieures renflées.

Les Nèpes vivent dans la vase des mares et se nourrissent d'autres Insectes aquatiques ; leurs œufs sont curieux par leur conformation ; ils ressemblent à une graine et sont couronnés d'une aigrette formée par des poils.

RANATRES. *Ranatra.* Corps linéaire ; abdomen portant deux filets sétacés ; membres marcheurs longs.

Ces Hexapodes, qui habitent l'Europe et l'Inde, se rencontrent dans la vase des marais, mais ils volent cependant assez bien quand cela leur plaît ; ils sont d'une extrême nonchalance et leurs membres ne leur servent guère qu'à marcher ; Latreille dit qu'ils nagent lentement. On considère les soies qui terminent leur ventre comme des oviductes ou des organes respiratoires.

La *Ranatre linéaire*, qui habite nos mares, a une couleur terne. Cet Insecte, appelé aussi Scorpion aquatique, vole parfois le soir.

NOTONECTES. *Notonecta.* Corps alongé, cylindrique ; un écusson ; tarses à deux articles, les postérieurs aplatis, ciliés.

Presque tous ces Insectes habitent l'Europe, et on les trouve dans ses mares sous leurs différents états. Ils nagent avec une grande facilité à l'aide de leurs tarses en rame ; mais c'est ordinairement sur le dos qu'ils se placent pendant leurs mouvements, ce que l'on a voulu rappeler par leur dénomination. Tous sont carnassiers et se nourrissent d'Insectes. La *Notonecte glauque* se découvre très communément dans les eaux dormantes.

FAMILLE DES CICADAIRES.

Ailes inclinées en toit et non croisées ; tarses triarticulés. Antennes très-courtes, coniques, de trois à six articles.

CIGALES. *Cicada.* Tête plus large que le corselet ; étuis transparents, veinés. Antennes de six articles ; trois stemmates.

Ces Hémiptères habitent les pays chauds et se tiennent presque constamment sur les arbres ; leur vol est rapide et léger, principalement lorsque la température est élevée, car le froid semble paralyser leurs mouvements. Aussitôt que les Larves des Cigales sont sorties de l'œuf, elles s'acheminent vers la terre et s'y enfoncent ; sous cet état ces Insectes sont blancs et pourvus de pattes ; leurs Nymphes sont agiles et vivent également sous le sol aux dépens des racines des plantes, et elles y résident parfois à deux ou trois pieds de profondeur, leurs membres antérieurs étant fort bien disposés pour creuser. Lorsque leur accroissement est terminé, au retour des chaleurs, ces Nymphes abandonnent à jamais la terre, vont se suspendre aux arbres, puis bientôt leur peau se crève et elles en sortent ornées d'ailes en laissant leur dépouille accrochée sur le lieu de leur métamorphose. Dans les premiers moments de leur nouvelle existence les Cigales sont presque entièrement vertes, et ce n'est que peu à peu, sous l'influence de l'air, qu'elles se colorent de teintes plus foncées.

Ces Insectes sont devenus célèbres par l'espèce de chant qu'ils font entendre ; il sert aux mâles pour appeler les femelles à l'époque des amours, et se trouve produit par un appareil dont celles-ci sont dépourvues et qui est ainsi décrit dans le règne animal de Cuvier :

« Les organes du chant sont situés à chaque côté de la base de l'abdomen, intérieurs et recouverts chacun par une plaque cartilagineuse en forme de volet. La cavité, qui renferme ces instruments, est divisée en deux loges par une cloison écailleuse et triangulaire. Vue du côté du ventre, chaque cellule offre antérieurement une membrane blanche et plissée, et plus bas, dans le fond, une lame tendue, mince, transparente, que Réaumur nomme le miroir. Si on ouvre en dessus cette partie du corps, on voit de chaque côté une autre membrane plissée qui se meut par un muscle très-puissant, composé d'un grand nombre de fibres droites et parallèles, et partant de la cloison écailleuse ; cette membrane est la timbale. Les muscles, en se contractant et se relâchant avec promptitude, agissent sur les timbales, les étendent ou les remettent dans leur état naturel, telle est l'origine des sons qu'elles produisent, même après la mort de l'animal, si elles éprouvent alors des tiraillements semblables. »

Les femelles possèdent seulement des rudiments d'organes de chant, et elles offrent une tarière composée de deux pièces dentées sur les côtés, et pointues à leur extrémité, avec lesquelles elles entaillent les écorces des arbres comme avec une lime, pour déposer leurs œufs dans leur intérieur.

Historique. On trouve dans tous les écrits comme sur tous les monuments des indices qui attestent que les Cigales avaient frappé les anciens peuples. Elles furent observées par les Egyptiens, car on en découvre parmi leurs hiéroglyphes, où elles représentent symboliquement les ministres de la religion. Aristote en fait mention, et nous apprend qu'elles n'ont point de bouche, mais une espèce d'organe pour pomper la rosée. Diodore de Sicile dit bénévolement qu'il n'existait point de ces Insectes sur le territoire de Locres, parce qu'Hercule se trouvant incommodé par le bruit de leur chant, pria les Dieux de l'en délivrer, et que son vœu avait été exaucé. Les citoyens d'Athènes portaient parfois dans leurs cheveux des Cigales imitées en métal, pour rappeler que l'homme doit à la mère-patrie un attachement semblable à celui que ces animaux marquent à l'arbre qui les nourrit.

Aristote rapporte que les Grecs faisaient des Cigales un des délices de leurs festins, et que souvent on y servait de leurs Larves. Ils aimaient aussi particulièrement les femelles, lorsqu'elles avaient le ventre distendu d'œufs. Pline dit aussi que cette coutume s'était répandue parmi les Romains et diverses nations de l'Orient. Les Parthes regardaient ces Insectes comme propres à ouvrir l'appétit; ils en consommaient beaucoup au début de leurs repas. On les a aussi autrefois employés en médecine, mais aujourd'hui on n'en fait aucun usage.

La *Cigale commune* ou *chanteuse* est celle qui est répandue dans toute l'Europe méridionale, et c'est à elle que se rapporte principalement tout ce que l'on sait des Insectes de ce genre.

La *Cigale du l'Orne*, qui se trouve dans le midi de la France, attaque l'écorce des frênes, et M. Guibourt ainsi que MM. Fée, Mérat et Delens, croient que ses piqûres peuvent bien contribuer à faciliter l'écoulement de la manne qui se produit sur cet arbre.

FULGORES. *Fulgora*. Front monstrueusement dilaté. Antennes insérées sous les yeux.

Ces Hexapodes résident dans les deux continents; on les trouve sur les arbres. Leur proéminence frontale est tantôt vésiculeuse, tantôt diversement taillée. Chez plusieurs espèces, elle brille, dit-on, d'une lumière phosphorique pendant les ténèbres. La Fulgore, nommée à cause de cela *Porte-lanterne*, paraît une de celles où ce phénomène a été le mieux constaté. Mlle de Mérian dit que l'un de ces Hémiptères lui permit de lire une gazette à l'aide de la clarté qu'il produisait; mais le botaniste Richard et Hancock nient cette assertion, et rapportent qu'elle a été inventée par les Français de la Guyane, mus par le désir d'expliquer la fonction de l'appendice diaphane, et semblable à une lanterne de corne qui se trouve au-devant de la tête. Cet Insecte est indigène de Cayenne et de la Guadeloupe.

CICADELLES. *Cicadella.* Antennes| insérées entre les yeux et n'offrant que trois articles.

On connaît un grand nombre d'espèces dans ce genre, et quelques-unes habitent l'Europe. La Larve de plusieurs se dérobe à ses ennemis en s'entourant d'une bave écumeuse.

FAMILLE DES PHYTADELGES.

Ailes n'existant ordinairement que chez les mâles ; pattes variables. Antennes dépassant la tête en longueur, et composées de six à onze articles.

PSYLLES. *Psyllus.* Tarses dimérés et bi-ongulés, terminés par une vésicule. Antennes de dix à onze articles, dont le dernier est terminé par deux soies.

Ces Insectes ont aussi reçu le nom de *Faux Pucerons*; ils vivent sur les végétaux et se nourrissent même de leurs sucs.

THRIPS. *Thrips.* Corps alongé; ailes linéaires, frangées de poils.

Toutes les espèces de ce genre sont extrêmement petites et vivent sous les écorces ou sur les fleurs, et elles adhèrent à celles-ci à l'aide des vésicules qui terminent leurs tarses. Lorsqu'on les inquiète, elles relèvent leur abdomen à l'instar des Staphylins.

PUCERONS. *Aphis.* Ailes transparentes ou nulles. Antennes dépassant le corps; deux tuyaux ou deux mamelons excrétoires sur le ventre.

Ces Insectes, qui étaient appelés *Poux des arbres*, vivent tous sur les végétaux, et on les rencontre sur leurs tiges, leurs branches, leurs feuilles et même sur leurs racines. Souvent ils produisent à la surface de ceux-ci des excroissances énormes et qui forment de solides nodosités sur les branches des arbres, ou bien des espèces de poches qui apparaissent sur les feuilles et renferment leurs familles. Ces Hémiptères, par leur frêle organisation, semblent peu aptes à entreprendre des voyages ; cependant des observations faites par Ch. Morren sur le Puceron du pêcher, ainsi que celles auxquelles a donné lieu le Puceron Laniger, semblent prouver que ceux-ci émigrent d'un pays dans un autre. Ce savant, dans son mémoire sur ce sujet, a tracé la marche d'une colonne de ces Insectes qui envahit la Belgique en 1834, et se propagea successivement sur une partie de son territoire. A Gand, leurs légions innombrables apparurent en telle abondance que la lumière du soleil en fut obscurcie et que l'on ne pouvait plus distinguer les murs des fabriques et des maisons, et les habitants de quelques districts étaient même obligés de se couvrir le visage de mouchoirs pour se préserver de leur contact. Les Pucerons vivent presque tous en société et n'ont qu'une marche lente ; ils se nourrissent de la séve des plantes en la pompant à l'aide de leur bec, après avoir percé les tissus de celles-ci. Les tubes ou les mamelons qui se trouvent à la partie postérieure de leur abdomen et en dessus, exhalent une liqueur faiblement sucrée, qui s'amasse parfois dans les poches qu'ils habitent.

L'étude de la reproduction de ces Insectes révèle des faits curieux. Ce qui frappe d'abord c'est leur grande fécondité. Réaumur vit une femelle donner naissance à 90 individus de son sexe, et il calcula qu'à la cinquième génération seulement il y aurait 5,904,900,000 petits de produits; ce qui est effrayant quand on songe que le nombre des générations est chaque année beaucoup plus considérable que celui que nous mentionnons. Par une salutaire compensation, ces Hémiptères ont une foule d'ennemis, et les Oiseaux et les Insectes en détruisent énormément. Un fait non moins remarquable de leur histoire que leur fécondité, c'est qu'un seul accouplement suffit pour féconder plusieurs générations successives, à ce que prétendent Bonnet, Réaumur et Lyonnet qui ont pris des petits au moment où ils sortaient du ventre de leur mère, les ont élevés dans l'isolement, et les ont vus produire de nouvelles races. Enfin, il est encore curieux de noter que ces animaux sont tour à tour vivipares et ovipares, selon les saisons. Les femelles, qui sont beaucoup plus nombreuses que les mâles, mettent au jour des petits vivants, pendant tout l'été; et durant l'automne, elles produisent seulement des œufs qu'elles insinuent dans les écorces où ils restent tout l'hiver sans éclore.

Ce genre renferme un grand nombre d'espèces. Schrank en a décrit soixante-dix dans sa Faune. Le *Puceron du rosier*, qui vit dans nos parterres, est l'un des plus communs. Il se tient sur les jeunes pousses de ce végétal, et en absorbe les sucs (Pl. 24).

Le *Puceron Laniger*, dont le corps est recouvert par un duvet long et blanc, a été considéré par M. Blot comme devant former le type d'un genre nouveau qu'il nomme *Misoxyle*, Suce-bois, et qui lui semble suffisamment caractérisé par la brièveté des antennes et l'exiguïté des tubes abdominaux qui, sur cette espèce, se réduisent à de simples tubercules. Quelques personnes pensent que cet Insecte est indigène de l'Amérique septentrionale et qu'il fut d'abord importé de cette partie du monde en Angleterre, où on l'observa en 1787 pour la première fois. Ce ne fut qu'en 1842 qu'il pénétra en France après avoir franchi la Manche; il se montra d'abord en Normandie, puis se dirigea vers l'intérieur. Cet Hémiptère vit particulièrement sur les rameaux des pommiers et il y occasionne des nodosités énormes qui jettent tant de perturbation dans la végétation que parfois les plus robustes arbres en meurent. Quelques personnes prétendent que durant l'hiver il se réfugie sur les racines, et Banks dit en avoir remarqué à la surface de celles-ci.

Les Pucerons Lanigers se multiplient avec une effrayante facilité, et M. Tougard, qui a fait quelques observations sur ces animaux, prétend qu'à chaque génération ils produisent, terme moyen, cent petits;

de manière qu'à la cinquième, le chiffre s'élève déjà à cent millions d'individus émis par une seule mère, et qu'à la dixième la génération peut être évaluée à un quintillon. Cette fécondité prodigieuse explique les désastres que ces Insectes opèrent aujourd'hui parmi les vergers de la Normandie, et cette foule d'écrits auxquels ils ont donné lieu et dans lesquels on a proposé tant de moyens divers pour leur destruction; tels sont ceux de MM. Denoyelle, Dubuc, Soulange-Baudin, Jeaume Saint-Hilaire, Blot, Bosc, Auguste Leprévost, Tougard, Macquard, etc., etc., qui ont successivement conseillé d'employer contre ces Hémiptères le feu, les lessives de potasse et de soude, l'assafœtida, le sulfure de chaux, le sulfate de cuivre, le sublimé corrosif, l'urine, etc., etc., procédés qui, jusqu'à ce jour, n'ont pas été couronnés d'un plein succès.

Un Puceron encore peu connu et qui a été nommé *Aphis tritici*, ravage en ce moment les blés de l'Amérique méridionale et fait parmi les champs d'immenses dégâts.

COCHENILLES. *Coccus*. Ventre terminé par deux soies; tarses d'un seul article monongulé; mâles ailés; femelles aptères. Antennes filiformes ou sétacées.

Les Cochenilles se trouvent répandues dans les deux mondes et parmi des climats fort divers; on les rencontre sur les branches et les feuilles des végétaux constamment verts, et souvent elles y forment des espèces de pustules ou de galles qui leur ont fait donner le nom de *Gallinsectes* par les observateurs. Ces Insectes sont de petite taille et fort remarquables par les différences de formes qu'offrent les deux sexes. Les mâles n'ont point d'organes de manducation apparents, et ils portent deux ailes transparentes, tandis que les femelles sont aptères et offrent une bouche formée par un bec court ayant les caractères de leur ordre.

A l'état de Larve, les Cochenilles des deux sexes sont assez agiles et se répandent sur les plantes; le mâle continue même toute sa vie à errer de côté et d'autre, mais les femelles, vers les derniers temps de leur existence, se fixent à l'aide de leur bec à la surface des végétaux sur lesquels elles résident, et ne changent plus de place; puis elles se développent, s'accouplent, pondent et meurent sur le lieu où elles se sont attachées, et on ne peut les en arracher sans léser l'organe par lequel s'opère leur adhérence. A l'époque de la ponte, quelques espèces qui sont pourvues d'un duvet abondant forment sous elles, avec celui-ci, une sorte de nid pour recevoir leurs œufs. Dans tous les cas, ceux-ci, qui sont extrêmement nombreux, passent sous le corps de la mère à mesure qu'elle les pond; puis, aussitôt que tous sont expulsés, la peau de la femelle se dessèche et le cadavre de celle-ci forme une coque protectrice qui les recouvre et sous laquelle les œufs sont renfermés ou abrités comme sous une espèce de toit. Là, ils éclosent et l'on rencontre durant quelque temps les jeunes Cochenilles qui sont alors fort agiles.

Quelques auteurs ont établi deux coupes subgénériques dans ce groupe, et ils nomment *Cochenilles* ceux de ces Hémiptères qui offrent des anneaux apparents, et *Kermès* ceux dont le corps est lisse ; mais cette différence, chez des êtres dont tous les autres caractères sont identiques, pouvant dépendre du plus ou moins de distension du ventre par les œufs, nous préférons, avec Linnée et Latreille, ne point admettre cette subdivision parmi ces Insectes dont les mâles sont, du reste, constamment semblables.

La *Cochenille du Nopal*, qui habite le Mexique et que l'on a aussi rencontrée dans la Caroline du Sud, est une des richesses de premier ordre dans ce pays ; elle vit et on la cultive, selon l'expression reçue, sur le *Cactus cochenillifer* ; d'après M. Fée, on peut aussi la nourrir sur les *Cactus opuntia* et *tuna*, et ce sont même ces derniers dont on se sert à cet effet en Espagne.

Les œufs des Cochenilles du Nopal donnent naissance à des petits qui ne sont pas beaucoup plus gros que la pointe d'une épingle, et dont la couleur est rouge ; ceux-ci restent dix jours à l'état de Larve et quinze jours en Nymphe. Peu de temps après sa métamorphose, le mâle s'accouple et meurt, de façon qu'il ne vit guère qu'un mois ; mais la vie de la femelle se prolonge jusqu'à deux, parce qu'elle subsiste encore un mois après la fécondation.

Les connaissances que nous possédons sur l'éducation de la Cochenille sont en grande partie dues à Thierry de Ménonville, qui s'exposa à d'imminents dangers pour parvenir à avoir sur ce sujet des renseignements positifs. Les endroits où l'on élève cet Insecte sont appelés *nopaleries*, et n'ont souvent qu'un ou deux arpents d'étendue ; un seul homme suffit pour soigner une de ces exploitations. Au Mexique, c'est au retour de la belle saison que l'on s'occupe de *semer* la Cochenille ; cette opération consiste à placer sur les Cactus des femelles de la dernière récolte que l'on a conservées, pendant la saison des pluies, sur des fragments de Nopal et dans l'intérieur des habitations. Dans quelques cantons, on laisse continuellement ces Insectes sur les végétaux qui les nourrissent, mais seulement on défend ceux-ci contre l'action de l'eau en les recouvrant avec des nattes. L'ensemencement, qui se fait ordinairement au moment où les œufs commencent à éclore, consiste à placer des femelles, par petits tas de huit à dix, dans des nids faits en filasse de palmier et suspendus aux épines des Cactus. On fait trois récoltes par an, qui se pratiquent en recueillant les Cochenilles à l'aide d'un couteau mousse ; celles-ci s'opèrent d'autant plus rapidement que les Nopals offrent moins d'épines ; un ouvrier ramasse trois livres d'Insectes en un jour sur des Cactiers inermes, tandis qu'il n'en récolte que deux onces sur ceux qui offrent de nombreux aiguillons. Quand ces Hémiptères sont recueillis on les tue avec de l'eau bouillante ou en les exposant à la chaleur d'un four. Il faut trois livres de Cochenilles fraîches pour faire une livre de Cochenilles sèches ; selon Réaumur, il entre dans une livre 65,000 de ces Insectes, et, d'après M. Fée, seulement de 42 à 45,000.

Cet Hexapode a été analysé par MM. Pelletier et Caventou ; et ils ont reconnu qu'il était formé des principes suivants : de carmine, qui en forme la partie colorante ; de coccine, ou matière animale particulière ; de stéarine, d'élaïne, d'un acide odorant et de divers sels.

La Cochenille est fort communément employée dans les arts pour obtenir les plus précieuses couleurs, et c'est avec elle que l'on confectionne le carmin. Pendant fort longtemps, son aspect ridé et semblable aux graines de quelques plantes, fit croire qu'elle était produite par un végétal, et on lui donnait le nom de *semence d'écarlate ;* cette erreur est même encore populaire. Cependant Acosta, dès 1550, parla de cet Insecte, et en 1692 Plumier en dévoila la véritable nature avec détail.

La Cochenille forme depuis longtemps l'objet d'un commerce considérable. Dès 1736, selon de Humboldt, on en exportait en Europe 700,000 livres qui étaient évaluées à 15,000,000 de francs de France. Sans doute que bientôt diverses autres régions du globe rivaliseront avec l'Amérique relativement à ce commerce. Cet Insecte, qui a été introduit aux Canaries en 1827, y a réussi si admirablement que, dès 1833, à ce que dit M. Audouin, on craignit qu'il ne fît périr les Cactiers qui s'y trouvent et dont les fruits nourrissent le peuple ; et en 1838 on en exporta de ces îles 18,000 livres d'Espagne. Aux environs de Cadix et de Valence on récolte aujourd'hui de la Cochenille, et si l'on veut l'acclimater dans l'Algérie nous sommes persuadé qu'elle réussira parfaitement dans les forêts de *Cactus opuntia* qui se trouvent sur ses côtes.

La *Cochenille Kermès*, qui vit sur les rameaux d'un petit chêne à feuilles épineuses, *Quercus cocciferus*, habite l'Espagne et la France méridionale ; et Astruc dit, dans son Histoire naturelle du Languedoc, que son nom provient de deux mots dont un signifie *chêne* et l'autre *gland*. Chaptal, qui a décrit la récolte de cet Insecte, nous apprend qu'elle se fait au printemps et que ce sont ordinairement des femmes qui s'en chargent. Celles-ci partent à cet effet de grand matin, parce qu'alors les feuilles ramollies par l'humidité de la nuit les piquent moins, et elles portent une lanterne pour s'éclairer et un pot de terre vernissé pour y placer le produit de leur travail. Elles arrachent les Insectes avec leurs ongles et, en une journée, il paraît qu'elles en recueillent d'une livre à deux.

La Cochenille Kermès étant une production de l'ancien continent, les notions que l'on a sur elle et son emploi dans la teinture remontent à la plus haute antiquité. Il en est question dans l'Exode et le Psalmiste ; selon Loiseleur Deslongchamps, c'est de cet Insecte qu'il s'agit dans Plutarque, lorsqu'il dit que l'une des deux voiles du navire de Thésée était teinte en pourpre avec les fleurs de l'yeuse. Anciennement aussi cet Hémiptère était considéré comme la semence d'un végétal, et Strabon, en parlant de lui, assure que de son temps on exportait de la Bétique beaucoup de graine d'écarlate. Pline, qui le considérait comme le fruit d'un arbre, rapporte que l'empire en tirait du Portugal, de la Sardaigne et de l'Asie-Mineure ; et il ajoute que l'on s'en servait pour obtenir la couleur ponceau. Mais l'emploi industriel de cet Insecte a beaucoup diminué depuis que l'usage de la Cochenille du Nopal s'est introduit, parce que celle-ci donne une couleur beaucoup plus brillante. Le Kermès était anciennement employé en médecine, soit chez les Romains, soit chez les Arabes, et on le regardait comme astringent et cordial. On fait encore aujourd'hui un sirop médicinal avec cet Insecte.

La *Cochenille porte-lacque* vit sur divers végétaux de l'Inde, la plupart résineux, et surtout sur le *croton lacciferum* et les *ficus religiosa et indica*. C'est elle qui donne naissance à la gomme lacque dont longtemps on ignora l'origine. Cet Insecte a été signalé depuis un siècle, et bien caractérisé, en 1781, par J. Kerr. La gomme lacque est un amas de résine qui se forme autour des rameaux que les femelles de cette Cochenille habitent, et qui s'écoule par leurs piqûres; on la récolte en arrachant les rameaux qui en portent. Cette substance fait la base de la bonne cire d'Espagne et de certains vernis; elle était autrefois employée en médecine, mais aujourd'hui elle est inusitée.

La *Cochenille des serres*, qui est originaire du Sénégal, et en a été rapportée avec quelques végétaux, s'est multipliée en Europe, et y infeste les collections de plantes, en formant sur leurs feuilles des nodosités semblables à de petites galles.

Enfin, on ne doit pas omettre de dire qu'Ehrenberg a décrit et figuré dans ses *Symbolæ physicæ* une espèce de Cochenille qu'il nomme *Coccus manniparus*, et qui est considérée par lui comme produisant par ses piqûres l'exsudation de manne que l'on rencontre sur le *tamarix mannifera*.

ORDRE DES LÉPIDOPTÈRES.

Ordinairement quatre ailes membraneuses et recouvertes d'écailles microscopiques. Une trompe plus ou moins longue enroulée en spirale entre les palpes labiaux.

Ces Insectes forment un ordre aussi naturel que nombreux. Leurs Larves, qui sont vulgairement désignées sous le nom de Chenilles, vivent solitairement ou en société. C'est ordinairement le jour qu'elles vaquent à leurs besoins; mais cependant quelques-unes sont nocturnes. Il en est qui se construisent des espèces d'étuis pour s'y derober à leurs ennemis; d'autres font des galeries tortueuses à l'intérieur des feuilles ou des fruits. Quelques-unes roulent les feuilles soit en long, soit en travers, et attachent leur rouleau avec des fils de soie ingénieusement disposés. Celles qui vivent en société se filent parfois une coque ou espèce de tente sous laquelle elles trouvent un abri.

Ces Larves sont généralement sub-cylindriques, diversement colorées, et présentent douze anneaux sans compter celui qui forme la tête, et elles ont neuf stigmates de chaque côté, parce que les deuxième, troisième et dernier anneaux n'en portent point. Leur tronc offre six pieds écailleux ou à crochet qui répondent à ceux que présentera l'Insecte parfait ; en outre, on trouve de quatre à dix pieds membraneux situés au niveau des anneaux de l'abdomen et qui se terminent par un empatement garni souvent d'une couronne circulaire de crochets. Les Chenilles qui n'ont que dix à douze membres portent le nom d'*Arpenteuses* ou de *géomètres,* ainsi que nous l'avons dit, à cause de la manière dont elles marchent. Les Larves des Lépidoptères ont une tête cornée, des antennes fort exiguës et seulement de petits yeux lisses, formés de chaque côté par des grains luisants. La structure de leur bouche se rapproche de celle des Coléoptères, et cet organe est formé de mandibules et de mâchoires cornées, ainsi que de deux lèvres. On trouve aussi dans certaines Larves deux vaisseaux longs et tortueux qui viennent aboutir à un mamelon conique qui supporte la lèvre inférieure. Ce sont eux qui sécrètent la soie dont beaucoup d'Insectes de cet ordre s'enveloppent lorsqu'ils vont se métamorphoser. L'intestin représente un énorme canal sans inflexion et occupant presque toute la capacité du corps ; il reçoit quatre vaisseaux biliaires.

La nourriture des Chenilles varie extrèmement : la plupart de celles-ci s'alimentent de végétaux ; elles attaquent les feuilles, les fleurs, les boutons ou les fruits ; quelques-unes rongent même la tige ligneuse des arbres. Il en est aussi qui se nourrissent de substances animales et dévorent les pelleteries, la laine et les collections zoologiques.

Les Larves des Lépidoptères changent généralement quatre fois de peau avant de se transformer en Nymphes, et souvent, pour subir leurs métamorphoses, elles se filent une coque dans laquelle elles se renferment. Quelques-unes lient avec de la soie les feuilles, ou divers corps ténus, et se confectionnent un abri sous lequel s'opère leur métamorphose ; enfin, beaucoup de ces Insectes ne prennent aucune précaution, et leur chrysalide reste supendue à l'air libre. La Nymphe de ces Insectes offre un caractère particulier, c'est celui d'avoir le corps renfermé sous une enveloppe générale, ou espèce d'étui qui lui donne l'aspect d'une Momie, sous les saillies de laquelle on lit l'emplacement de divers organes extérieurs. L'Insecte sort de son enveloppe de chrysalide en la crevant ; et quand il est entouré d'une coque soyeuse, au moment de s'en échapper, il rejette parfois par l'anus un fluide rougeâtre destiné à la ramollir ; et, selon Latreille, c'est ce liquide émis par d'abondantes légions de Papillons, et répandu en gouttelettes sur la terre, qui a opéré le prétendu phénomène des *pluies de sang*, dont quelques hommes plus superstitieux qu'instruits attestent l'existence.

La plupart des Lépidoptères portent des ailes très-amples, et il est fort rare qu'ils en soient privés ainsi qu'on l'observe dans l'un des sexes du genre Orgye (Pl. 26). Ces organes sont minces, transparents, parcourus par des nervures, et toute leur surface est ordinairement couverte de petites écailles serrées les unes contre les autres, et se recouvrant comme les tuiles d'un toit ; leur couleur est souvent brus-

quement tranchée, et elles imitent les petits pavés d'une mosaïque ;
ces écailles adhèrent à l'aile par un frêle pédicule, et souvent leur bord
libre est dentelé ; ce sont elles qui restent sur les doigts lorsque l'on
saisit un papillon et que l'on prend pour une poussière amorphe et
colorée. Leur structure ne se dévoile qu'au miscroscope.

Les Lépidoptères ne sont pourvus que de membres disposés pour
marcher ; dans quelques-uns, les antérieurs sont si courts qu'ils paraissent manquer, aussi on les a nommés papillons à quatre pattes ; et
comme ces appendices amoindris sont alors très-velus, l'entomologiste Geoffroy, toujours ingénieux dans ses dénominations, les avait
comparés aux palatines que les dames portaient de son temps.

Les antennes des Insectes de cet ordre sont composées d'un grand
nombre d'articles ; dans tous ceux qui volent de jour, ces organes offrent
un type unique, ils sont renflés à leur extrémité et forment une petite
massue, mais chez les espèces nocturnes leur aspect varie ; et tantôt ils
sont filiformes ou sétacés, et tantôt en scie ou pectinés. Outre les
yeux à facettes, qui sont parfois fort gros et qui brillent pendant les
ténèbres chez quelques espèces nocturnes, on recontre parfois deux
yeux lisses situés entre les autres et cachés par les écailles.

La bouche de ces Insectes est formée par une trompe roulée en spirale
et que l'on a nommée *langue;* quelques-uns cependant sont privés de
cet organe. Cette trompe consiste en deux filets tubulaires qui sont
creusés d'un profond sillon à leur face interne et forment par leur adossement un canal qui amène les fluides à l'intérieur. Savigny a démontré
que cet appareil de succion était composé des mêmes éléments que
la bouche des autres Insectes ; les pièces de la trompe en représentent
les mâchoires, et des palpes rudimentaires qui se trouvent vers leur
naissance décèlent leur origine. Deux petites pièces cornées que l'on
observe près des yeux paraissent représenter les mandibules ; puis on
découvre en outre deux palpes apparents ou inférieurs, qui sont cylindriques ou coniques, composés de trois articles et qui servent de gaîne
à la trompe. Carus dit que l'œsophage donne naissance à deux estomacs
à la suite desquels on trouve un intestin grêle et des canaux biliaires,
puis un gros intestin muni d'un cœcum.

FAMILLE DES SÉTICORNES.

**Ailes diversiformes, dont les inférieures ont généralement
un frein. Antennes sétacées, rarement pectinées. Organes
buccaux variables.**

La plupart des papillons coercés dans cette famille fuient la lumière
et ne volent que pendant la nuit ; aussi forment-ils une partie de la
famille des *Nocturnes* de Latreille ; mais, une particularité que présentent leurs Chenilles, c'est qu'elles n'ont souvent que huit à douze pattes, et qu'elles se filent une espèce de fourreau qui enveloppe leur

corps en l'accompagnant constamment, et autour duquel se trouvent agglutinées des substances diverses. Il est de ces larves qui se font des galeries tapissées de soie dans les productions qui les nourrissent.

TEIGNES. *Tinea.* Ailes supérieures, variables, en triangle alongé ou en toit arrondi; ailes inférieures toujours larges et plissées. Antennes simples; ordinairement quatre palpes distincts et découverts. Trompe ordinairement nulle ou rudimentaire.

Ces Lépidoptères sont extrêmement répandus et fort nombreux; leurs chenilles offrent un corps ras et pourvu de seize pattes au moins; elles se pratiquent constamment des repaires soit fixes, soit mobiles, à l'intérieur desquels elles vivent pour s'abriter du contact de l'air ou se dérober à leurs ennemis. Réaumur nommait *Teignes* toutes celles qui s'entourent d'un abri qu'elles transportent partout avec elles, et il appelait *Fausses-Teignes* les espèces dont la demeure est immobile.

Les premières forment leurs espèces de fourreaux avec les substances végétales ou animales sur lesquelles elles vivent et dont elles se nourrissent; les unes se composent un habit avec des portions de feuilles agglutinées ensemble et artistement imbriquées comme les tuiles d'un toit; quelques-unes en confectionnent qui ont l'apparence d'une crosse, ou qui sont dentés en scie; d'autres enfin rongent les étoffes pour se recouvrir entièrement d'une tunique sub-cylindrique, faite avec leurs poils agglutinés par un lacis de soie. Du reste la matière que ces chenilles emploient, la configuration qu'elles donnent à leur travail, ainsi que leurs procédés divers sont extrêmement nombreux et peuvent être étudiés dans les ouvrages de Réaumur, Rœsel et de Géer, qui, par leurs travaux, ont concouru à les faire connaître.

Les Fausses-Teignes se contentent de creuser l'intérieur des substances végétales ou animales dont elles se nourrissent, et de faire dans celles-ci des galeries plus ou moins multipliées. Ces chenilles, à cause de cette habitude ont été nommées, *Mineuses;* ce sont elles qui produisent ces lignes ondulées dont le trajet est desséché, et que l'on observe si souvent sur les feuilles de divers végétaux. Ce groupe extrêmement nombreux a été divisé en beaucoup de sous-genres, parmi lesquels nous citerons les Galleries et les Teignes proprement dites.

Les **GALLERIES** ont leurs ailes supérieures échancrées en arrière et relevées en crête de coq; les écailles du chaperon forment une saillie recouvrant les palpes. Les larves de plusieurs espèces de ce groupe font de grands dégâts parmi les ruches; elles en percent les rayons et se construisent dans leur intérieur des tuyaux de soie, recouverts de leurs excréments, qui se composent des résidus de la cire dont elles se nourrissent. Telle est en particulier la *Gallerie de la cire,* qui est longue d'environ cinq lignes et d'une couleur cendrée.

Les **TEIGNES PROPREMENT DITES** possèdent une tête huppée; leur trompe est courte, composée par deux petits filets membraneux disjoints, et elles portent des palpes inférieurs qui ne dépassent guère le front. Leurs Chenilles, que l'on nomme vulgairement *Vers*, attaquent fréquemment les draps, les peausseries, les animaux rassemblés dans les collections de zoologie, et les substances alimentaires.

La *Teigne des draps* est la plus commune de toutes ; sa larve se forme un fourreau qu'elle revêt avec les poils des étoffes qu'elle ronge ; elle l'alonge par le bout et le fend pour l'élargir, en y ajoutant des pièces à mesure qu'elle grossit, de manière que si cet Insecte change d'étoffe, son vêtement présente plusieurs couleurs, comme un habit d'arlequin.

La *Teigne des grains* fait de grands dégâts parmi les provisions de blé ; sa chenille qui se nourrit de celui-ci se forme un abri en liant avec de la soie plusieurs de ses excréments, et en compose un tuyau dont elle sort de temps à autre pour pourvoir à sa nourriture.

PYRALES. *Pyralis.* Ailes entières, tectiformes, les supérieures tronquées au sommet ; les inférieures plissées en éventail. Trompe très-courte ou nulle.

C'est ordinairement dans les vergers, les haies ou les charmilles que résident ces Papillons qui sont tous de petite taille, mais décorés de couleurs variées, et dont les ailes reflètent parfois l'éclat des plus précieux métaux. Leurs Chenilles ont seize pattes d'égale longueur, et qui toutes sont propres à la marche ; elles se forment pour la plupart un abri dans des feuilles qu'elles roulent en cornet, et c'est cette habitude qui leur a fait imposer par Linnée le nom *Tortrix*, et par Latreille celui de *Tordeuses*. Quelques-unes vivent à l'intérieur des tiges, d'autres dans les fruits.

La *Pyrale de la vigne*, qui se multiplie actuellement en France d'une façon extraordinaire, est devenue un véritable fléau pour quelques pays vignobles. Ses Chenilles éclosent vers la fin de l'été, et ne prennent guère d'accroissement durant cette saison ; lorsque viennent les froids elles se retirent dans les fentes du bas des ceps de vigne ou à l'intérieur de celles qu'offrent les échalas ; et là, réunies plusieurs ensemble, elles se filent une coque de soie pour s'abriter tout l'hiver. Ces larves sortent de leur retraite dès le retour des chaleurs, au moment où la végétation des vignes recommence, et elles rongent les bourgeons, les feuilles, les jeunes tiges, les fleurs et les grappes de celles-ci, et parfois à un tel point qu'elles les font périr. M. Duméril dit que ces Chenilles attaquent en commun le pétiole des feuilles encore tendres, ce qui les flétrit bientôt, puis qu'elles attachent plusieurs de celles-ci ensemble pour se construire un abri à l'effet de se protéger contre les intempéries atmosphériques ou le bec de leurs ennemis. On trouve souvent dans cette retraite deux ou trois Chenilles qui en sortent principalement pendant la nuit pour se nourrir, et qui vont aux alentours dévorer les diverses parties du végétal sur lequel elles se sont fixées.

La Chrysalide offre la forme ordinaire ; le Papillon éclot dans les premiers jours du mois d'août, et l'on en rencontre pendant un mois environ. La femelle dépose ses œufs à la face supérieure des feuilles, et les y place les uns à côté des autres fort régulièrement ; puis elle les recouvre d'une sorte de mucilage verdâtre, mou, qui en se desséchant devient jaunâtre, solide, change peu la couleur de la feuille, et forme à la ponte une sorte de vernis insoluble qui la protége contre la pluie. Ces œufs, qui sont au nombre d'environ soixante, éclosent une vingtaine de jours après leur production (Pl. XXV, où se trouvent figurés le mâle et la femelle, et les divers états de cette espèce).

Depuis longtemps, comme l'atteste Walckenaer, on s'est occupé des moyens de détruire les Pyrales qui infestent les vignes et menacent parfois d'anéantir leurs produits. Afin de constater les dégâts de ces Insectes et de tenter d'y mettre un frein, l'Institut nomma, il y a peu d'années, une commission composée de MM. Duméril, Auguste St-Hilaire et Dumas, et le ministre du commerce envoya M. Audouin en Bourgogne. Ce dernier reconnut que l'on pouvait anéantir un nombre considérable de ces Insectes nuisibles, en plaçant des lampions dans les champs ravagés par eux, puis en les allumant sous une cloche en verre enduite d'huile ; alors les papillons, attirés par la lumière, viennent se coller à la paroi de cette cloche et y meurent ; mais ce savant regarde encore comme beaucoup plus efficace et moins coûteuse la simple cueillette des tas d'œufs, et il vit que, dans l'espace de cinq jours, une vingtaine de vignerons, de femmes et d'enfants avaient extrait cent quatre-vingt-six mille neuf cents pontes, ce qui amena pour résultat la destruction d'onze millions deux cent quatorze mille œufs.

PHALÈNES. *Phalæna.* Corps généralement grêle ; ailes grandes, horizontales ou tectiformes. Trompe rudimentaire ou peu alongée.

C'est surtout par leurs Chenilles que ces Lépidoptères diffèrent des autres ; celles-ci n'ont ordinairement que dix membres, dont six sont antérieurs, et les quatre autres se trouvent séparés d'eux et situés en arrière. Ces Larves se meuvent en rapprochant leurs pattes postérieures de celles de devant par l'élévation du milieu du corps, de manière que cette région forme une espèce de boucle. C'est cette façon de marcher, pendant laquelle ces Chenilles semblent mesurer le terrain, qui, comme nous l'avons dit ailleurs, leur a valu le nom d'*Arpenteuses* ou de *Géomètres.*

Quand la peur tourmente les Arpenteuses, elles redressent avec force la partie antérieure de leur tronc, font un angle de quarante-cinq degrés avec la branche qui les supporte, et restent immobiles dans cette attitude singulière pendant des heures et même des journées entières. D'autres fois, si quelque oiseau les menace, elles se laissent choir, mais sans arriver à terre, parce qu'elles ont la précaution d'avoir toujours une soie de filée qu'elles attachent derrière elles à chaque pas qu'elles font et qui les préserve de la chute ; puis ensuite, à l'aide de ce fil qu'elles pelotonnent avec leurs pattes, on les voit bientôt remonter sur la plante dont elles rongeaient les feuilles.

La métamorphose des Chenilles des Phalènes se fait de bien des manières; les unes l'accomplissent sous la terre, d'autres à l'air libre; il en est qui roulent des feuilles et les contournent diversement à l'aide de leur soie, pour trouver la sécurité au milieu d'elles. Les phalènes ne volent ordinairement qu'après le coucher du soleil, moment où les sexes se recherchent pour s'accoupler; durant le jour elles restent immobiles sur les diverses parties des végétaux des forêts ou des jardins.

Ce genre renferme un grand nombre d'espèces, mais souvent leurs caractères se confondent, et ne diffèrent que par des nuances que la peinture peut rendre seule; aussi, pour leur classification, il est indispensable de recourir aux planches des beaux ouvrages de Cramer, de Hübner et de Godart. Nous citerons seulement comme l'une des plus remarquables, la *Phalène à six ailes*, nommée ainsi par de Géer, parce que le mâle de celle-ci porte une espèce d'appendice qui ressemble à une troisième paire d'ailes.

NOCTUELLES. *Noctua.* Ailes tectiformes, bridées. Antennes ordinairement simples, n'atteignant pas la longueur du corps. Trompe ordinairement longue, enroulée en spirale.

Les Noctuelles forment un genre très-répandu, dont le nombre des espèces s'élève à plus de mille. Leurs Chenilles offrent ordinairement seize pattes, et quelques-unes de ces larves ont reçu le nom *Lichénées*, parce que leur coloration est analogue à celle des Lichens parasites, qui se trouvent sur les arbres; elles vivent presque toutes de feuilles, mais des observateurs rapportent en avoir vu qui tuaient d'autres Chenilles pour les manger. Avant de se métamorphoser, elles se renferment généralement dans une coque. Les Noctuelles ont souvent le thorax huppé en dessus; elles volent ordinairement la nuit.

La *Noctuelle fiancée*, dont les ailes supérieures sont grises et les inférieures rouges, avec deux bandes noires, est commune aux environs de Paris, vers l'automne.

PTÉROPHORES. *Pterophorus.* Ailes divisées profondément en branches barbues, analogues aux plumes des oiseaux.

On trouve communément de ces Insectes en France. Quelques espèces possèdent des pattes très-longues et épineuses supportant un corps grêle, ce qui leur donne un port particulier, et les rapproche en apparence des Tipules. Leurs Chenilles ont seize pattes, et vivent de feuilles et de fleurs. Les unes se construisent une coque de soie, pour se métamorphoser, d'autres n'en font point.

Le *Ptérophore pentadactyle* a les ailes d'un blanc soyeux; il vit, comme ses congénères, dans les endroits frais, près des haies des prairies, et on le voit fréquemment voltiger au jour tombant.

Le *Ptérophore en éventail*, qui est plus petit, et offre une couleur grise, est extrêmement remarquable par la disposition de ses ailes, qui, lorsque ce Lépidoptère reste en repos, sont étroites, repliées, mais dont les divisions nombreuses s'étendent comme les branches d'un éventail, lorsqu'il s'envole (Pl. 26).

FAMILLE DES FILICORNES.

Ailes horizontales, tectiformes, dont les inférieures sont ordinairement munies d'une soie roide qui les attache aux supérieures. Antennes filiformes, parfois dentées ou pectinées; trompe courte et souvent rudimentaire.

La soie que portent les ailes offre la disposition que nous avons observée dans la famille précédente. Les Chenilles des Filicornes ont seize pattes, et elles se construisent, pour la plupart, un cocon au sein duquel s'accomplit leur transformation. Sous leur dernier état, ces Lépidoptères vivent fort peu de temps, comme le fait supposer l'observation de leur trompe rudimentaire.

COSSUS. *Cossus.* Ailes tectiformes. Antennes sétacées, denticulées en dedans, et de la longueur du thorax; trompe nulle.

Leurs Chenilles sont lisses, couvertes de poils rares, et elles ont seize pattes; on les trouve dans l'intérieur du corps ligneux des arbres, où elles se pratiquent de vastes et nombreuses galeries, en rongeant la substance de ceux-ci qui forme uniquement leur nourriture. Ces Larves émettent une salive âcre, fétide, abondante, que l'on considère comme propre à amollir le tissu du bois qu'elles attaquent. A l'époque où celles-ci vont se métamorphoser, elles filent une coque, puis en entremêlent la soie avec une ample quantité de sciure qui se trouve formée pendant leurs travaux, et c'est sous cet abri, dont l'intérieur est très-lisse, que se développe la Nymphe.

Cette dernière présente au pourtour de chacun de ses anneaux deux rangées d'épines roides, dirigées en arrière, que l'on présume lui servir pour cheminer dans ses galeries, afin de se rapprocher de l'écorce, et d'en sortir facilement à l'époque où le papillon doit abandonner sa dépouille de chrysalide. Mais je pense que ces dentelures ne sont réellement destinées qu'à permettre à cette dernière de perforer son gîte compacte, car la nymphe ne va pas au loin de celui-ci pour revêtir sa forme de papillon; dans les coques que j'ai observées, l'Insecte avait toujours crevé son enveloppe de Chrysalide au moment où cette dernière n'avait qu'à moitié franchi l'épaisse couche de sciure de bois qui lui avait servi de berceau, et cette enveloppe y restait encore engagée. Ces Lépidoptères ne volent que la nuit, et ils déposent leurs œufs au pied des arbres.

Le *Cossus gâte-bois*, qui se trouve dans toute l'Europe, est malheureusement trop commun en France. Sa Chenille se rencontre fréquemmen à l'intérieur des saules et des ormes ; elle détruit annuellement un nombre prodigieux de ces derniers, et il y en a si abondamment aux environs des villes, que M. Audouin dit qu'il n'est guère d'arbres de cette espèce, âgés de plus de quinze ans, qui n'en soient attaqués. Cette Chenille est d'une taille considérable, et sa couleur est jaune avec des plaques d'un brun rouge sur tout le dos ; elle exhale une odeur extrêmement désagréable, qui paraît être due à un liquide huileux qui suinte de tout son corps, et particulièrement à celui qu'elle dégorge par la bouche. Linnée avait pensé que c'était cette Larve remarquable qui était le célèbre *Cossus* dont parle Pline, et que les anciens mangeaient à leurs repas ; mais son odeur repoussante et l'âcreté de son fluide salivaire ne permettent pas de supposer que ce soit réellement elle qui ait formé cet aliment réputé délicieux (Pl. 25).

Le Cossus gâte-bois est un papillon long de plus d'un pouce ; sa couleur est d'un gris-cendré avec de petites lignes noires très-nombreuses sur les ailes supérieures, et y formant des veines entremêlées de blanc. Le tort que sa Larve produit parmi les arbres de haute futaie a attiré sur cet Insecte l'attention des agriculteurs, et ils ont proposé quelques moyens pour sa destruction ; mais on n'en connaît pas de bien efficace. Le meilleur, c'est de faire des chasses actives aux papillons de cette espèce au moment où ils viennent à éclore (Pl. 25).

HÉPIALES. *Hepialus*. Ailes tectiformes, les inférieures ordinairement dépourvues de frein. Antennes presque grenues, plus courtes que le thorax ; trompe rudimentaire.

Presque tous les Lépidoptères de ce genre, qui est peu nombreux, habitent l'Europe ; leurs Chenilles se nourrissent de racines, et elles font quelquefois un tort considérable aux végétaux. Telle est l'*Hépiale du houblon*, qui est d'un blanc de lait. Sa Larve attaque les plus fortes racines de la plante dont elle porte le nom, se change en Nymphe dans leur intérieur ; puis celle-ci arrive à la surface du sol pour y abandonner sa dépouille, et revêtir sa dernière forme.

BOMBYX. *Bombyx*. Trompe très-courte. Antennes pectinées ou barbues.

Le plus vaste papillon d'Europe, le *grand Paon*, appartient à cette division. Ses ailes sont grises, avec une grande tache œillée ; sa Chenille file une coque qu'elle attache aux arbres ou aux pierres ; la pointe de cette retraite est composée de poils roides, convergents, qui empêchent les corps de pénétrer dans son intérieur, mais qui laissent facilement sortir le Lépidoptère parfait. La métamorphose de celui-ci est excessivement lente ; il en est qui mettent trois ans à l'accomplir.

Le *Bombyx processionnaire* doit être remarqué à cause des mœurs de ses Chenilles. Vivant sur le chêne, elles se rassemblent en grand nombre et filent en commun, pour s'abriter, une espèce de refuge qui a

environ un pied ou deux de longueur et quatre à six pouces de diamètre. L'ouverture de celui-ci est fort petite ; les Larves n'en sortent
que dans un ordre déterminé et en marchant à la suite les unes des
autres, deux à deux, trois à trois, ou quatre à quatre, en formant une
troupe qui présente parfois plus de quarante pieds de longueur, et
qu'une des Chenilles, qui est à la tête, semble diriger ; de là, l'origine
du nom de processionnaires que l'on a donné à ces Insectes. Leurs bandes
sortent ordinairement vers le soir ; les individus qui les composent sont
garnis de petits poils qui entrent dans la peau quand on les touche, et
y produisent une assez vive irritation et des ampoules ; cette action
avait fait penser à Réaumur que l'application de ces Chenilles pourrait
remplacer les épispastiques, et un médecin s'est récemment emparé de
cette idée. Les nids sont encore plus dangereux à toucher que les
Larves, et, lorsqu'on en soulève l'enveloppe, tous les poils qui s'y
trouvent voltigent dans l'air, viennent irriter la peau, et l'observateur
est immédiatement affecté d'un érysipèle des parties qui ont été en contact avec eux. M. Duméril dit avoir été plusieurs fois victime de cet accident.

Le *Bombyx du mûrier*, qui est sans contredit l'Insecte le plus
utile, est celui dont la Chenille nous fournit la soie et porte vulgairement à cause de cela le nom de *Ver à soie*. Cette substance est le produit d'une sécrétion spéciale qui est émise par la Larve pour s'en former une coque et se transformer en chrysalide sous la protection de
celle-ci.

La matière soyeuse du Ver à soie est sécrétée par deux tubes longs
d'environ un pied, recourbés un grand nombre de fois et qui viennent
aboutir à la bouche ; ils ont été bien observés par Malpighi, et nous les
avons figurés (Pl. 21). Vers leur extrémité antérieure, ces deux tubes
sont très-fins dans l'espace d'un pouce, puis ils se renflent et présentent un boyau intestiniforme qui se recourbe deux fois dans l'abdomen ; ce n'est qu'au niveau de ce boyau, qui est d'un beau jaune, que
la matière soyeuse offre sa coloration propre. En arrière de ce renflement, le tube intestiniforme redevient capillaire et se contourne irrégulièrement une foule de fois sur lui-même. Selon Straus Durckheims, la
soie ne serait pas un fluide qui se solidifie en sortant de son réservoir,
ainsi que l'ont admis sans examen les savants, mais un fil calibré sur
la partie postérieure du vaisseau capillaire qui le sécrète et qui se trouve
disposé comme un écheveau entassé dans le renflement ou réservoir
qui s'offre vers l'extrémité antérieure de chaque tube sétifère. D'après
lui, c'est cet écheveau étendu que les pêcheurs nomment crin de Florence ; et l'on peut, quand on vient de l'alonger, séparer les nombreux
fils qui le composent en le tirant entre deux doigts pour isoler la matière glutineuse qui les réunit. Cette hypothèse explique mieux le mécanisme par lequel les Chenilles se suspendent à leur soie, et qui ne se
comprend pas si l'on suppose que celle-ci est un fluide qui se solidifie à
l'air.

Le cocon que ces Chenilles produisent, dont le poids est de deux grains et demi, résulte d'un fil que Lyonnet a eu la patience de mesurer, et qui a environ 900 pieds de longueur ; examiné au microscope, il se présente sous l'apparence de deux tubes jumeaux disposés parallélement et collés ensemble. Le diamètre de chacun de ceux-ci, suivant André Wure, varie de $\frac{1}{1,200}$ à $\frac{1}{2,500}$ de pouce, la largeur moyenne des deux étant de $\frac{1}{1,000}$. La soie est composée, d'après les recherches de Board, d'une matière analogue à la gélatine, de cire et d'une faible quantité d'huile.

Quand les Vers à soie ont vécu de trente à cinquante jours, ce qui dépend de la température, ils filent leur coque, ouvrage qui leur demande trois à quatre jours, après lesquels ils se transforment en chrysalide.

Aussitôt que sous son cocon le papillon a acquis son état parfait, il cherche à sortir ; pour faciliter son expulsion il commence d'abord par ramollir les fils de soie qui l'emprisonnent, en dégorgeant un fluide particulier qui les humecte fortement, puis à l'aide de sa tête il écarte la soie et pratique un trou par lequel il sort de sa retraite. Dès qu'ils sont arrivés à la lumière les deux sexes cherchent à se réunir. Leur accouplement dure ordinairement vingt-quatre heures et quelquefois il se prolonge plusieurs jours. Pendant qu'il a lieu le mâle et la femelle sont étroitement unis, et ce n'est qu'avec peine qu'on les sépare ; quelquefois même leur jonction est si forte que l'on s'aperçoit que si on voulait les éloigner on léserait leurs organes avant d'y réussir. Cette adhérence se produit à l'aide de crochets forts et cornés que le mâle possède au pourtour de l'anus et qui en s'enfonçant dans le peau de la femelle l'étreignent étroitement. Ces crochets sont au nombre de six et cachés dans les poils du dernier anneau de l'abdomen ; deux d'entre eux sont plus longs que les autres et situés latéralement, puis on en trouve quatre autres plus courts qui ne semblent qu'accessoires. Le nombre d'œufs que les femelles pondent s'élève à plus de cinq cents.

Ces Insectes meurent après s'être reproduits et avoir vécu à l'état parfait une vingtaine de jours.

Historique. Tous les auteurs s'accordent à professer que la patrie du Ver à soie est la Chine, qui est aussi celle du mûrier blanc qui le nourrit. Les chroniques du céleste empire font remonter à une époque extrêmement reculée l'origine de l'art d'élever cet Insecte, d'en récolter la soie et de fabriquer avec celle-ci de brillantes étoffes ; selon les historiens chinois, ce fut l'impératrice Louï-tseu, femme de Hoang-ti, qui régnait 2600 environ avant l'ère chrétienne, que cet empereur chargea d'élever des Vers à soie et de faire des essais sur l'emploi de leurs fils pour la fabrication des tissus. Ceux-ci furent couronnés de succès, et l'impératrice, après avoir nourri elle-même une grande quantité de ces Insectes avec des feuilles de mûrier, découvrit l'art d'œuvrer la soie et parvint à en faire des étoffes sur lesquelles elle brodait des fleurs et des oiseaux. Cette belle invention rendit Louï-tseu l'objet de la vénération publique, et dans leur enthousiasme les Chinois la placèrent au nombre des divinités, et la nommèrent *l'esprit des mûriers et des Vers à soie*.

L'art d'exploiter les Vers à soie ne se propagea qu'avec lenteur au loin de l'empire où il avait été découvert. Il fut d'abord connu dans l'Inde et en Perse, où le transplantèrent les relations qui existaient entre ces nations et la Chine. Selon M. Loiseleur Deslongchamp, il est fort probable qu'à la cour de Darius, si renommée par son faste, on portait des vêtements de soie. Ce ne fut qu'après Alexandre que l'usage de ceux-ci s'introduisit en Grèce; mais il pense que lorsque le prince macédonien adopta les usages et les mœurs des nations qu'il avait vaincues et qu'il revêtit le costume des Mèdes, il dut porter des vêtements de soie comme le faisaient les princes persans.

Malgré l'extension qu'avait acquise la puissance romaine sous la république, l'usage de la soie n'était pas encore alors introduit dans le Latium. Ce ne fut que dans les derniers temps de celle-ci, ou vers l'avénement des premiers empereurs, que les Romains commencèrent à porter des étoffes fabriquées avec les fils précieux du Bombyx, et pendant plusieurs siècles ces tissus furent d'un prix exorbitant. Tibère, pour mettre un frein aux dépenses qu'ils occasionnaient, avait même, par un décret, défendu aux hommes de se vêtir avec ces étoffes, et les femmes seules jouissaient de ce privilége. Héliogabale fut même le premier empereur qui porta des habits dont le tissu était de soie pure, car jusqu'à lui, le luxe se contentait de vêtements dans lesquels celle-ci n'entrait que dans certaines proportions. Au commencement de son règne, l'empereur Aurélien, avant qu'il se plût à imiter le faste des nations asiatiques, regardait comme un luxe effréné l'usage des habillements de soie; et lorsque l'impératrice qui désirait en porter les lui demanda, il la refusa en lui disant: « Que les dieux me préservent d'employer des étoffes qui s'achètent au poids de l'or; » car sous son règne, tel était en effet leur prix exorbitant.

Mais dans la suite la Sérique, dont on les extrayait, ayant fourni à Rome une plus abondante quantité d'étoffes de soie, l'emploi de celles-ci se propagea, et les historiens rapportent même qu'à l'époque où les mœurs eurent atteint dans l'empire leur apogée de magnificence, quelques Romains se faisaient porter dans des chars richement décorés, et dont les chevaux, couverts de housses d'or, étaient conduits avec des rênes de soie; l'on sait aussi qu'alors, pour empêcher le soleil de gêner les spectateurs qui affluaient dans les amphithéâtres, on couvrait même parfois ceux-ci de tentes d'étoffes tissées avec ces précieux fils; et plus tard il s'en trouva assez dans Rome pour que parmi la rançon d'or et d'argent que les habitants de cette ville donnèrent pour éloigner Alaric, on comptât 4,000 tuniques de soie.

Lorsque l'on scrute les auteurs anciens pour connaître ce qu'ils ont écrit sur les Vers à soie et sur leurs produits, on reconnaît immédiatement qu'ils ont été mentionnés par Aristote, Pline, Pausanias et beaucoup d'autres savants; mais on ne trouve pas toujours dans leurs traités des notions bien exactes sur ces Insectes. L'on crut longtemps que leurs fils recherchés étaient fournis par une plante comme le coton; et en voyant des mûriers chargés de cocons, on pensa d'abord que ceux-ci naissaient de ces végétaux ; Strabon prétendait même que les tissus de soie qui provenaient de la Sérique, s'obtenaient de l'écorce de certains arbres, mais Pausanias réfute son erreur et dit que les fils avec lesquels les Sères les fabriquent sont formés par des Vers qui existent dans leur pays, et que les Grecs appellent *Sers*; et il ajoute que les premiers ont des maisons construites exprès pour les élever, et dans lesquelles ils sont à l'abri des variations atmosphériques. Leur ouvrage, dit-il, consiste en des fils très-déliés qu'ils entortillent autour de leurs pieds. Mais à ces détails l'auteur latin réunit quelques notions inexactes.

Selon Latreille, qui a commenté une foule d'auteurs anciens pour débrouiller l'histoire des Vers à soie, tous les passages d'Aristote, de Pline, de Pausanias et de plusieurs autres écrivains, ne sont que des traditions indiennes, chinoises et thibétaines, relatives au Ver à soie sauvage, et plus ou moins entremêlées de circonstances propres à la culture de l'espèce domestique. Selon cet entomologiste, la Sérique ou la contrée où se trouvait originairement cet Insecte, et où se faisait le commerce célèbre de la soie, était assez étendue et occupait une partie de l'Inde et de l'Asie centrale, dans les environs des monts Imaüs.

Ce ne fut que vers le milieu du sixième siècle, sous le règne de Justinien, que deux moines apportèrent des Indes à Constantinople des œufs de Vers à soie, ainsi que des semences du mûrier qui nourrit ces Insectes. Ces religieux venaient de Sérinda ou Serhend, ville située dans la région de la Sérique qui avoisine le nord de l'Inde, et les chroniques disent qu'ils ne ravirent l'Insecte précieux à son pays natal, et les graines de l'arbre qui l'alimente, qu'en les dérobant dans l'intérieur du bâton creux avec lequel ils accomplissaient leur voyage. Justinien étant fâché de voir que l'emploi de la soie, qui était alors fort commun, exportât des sommes considérables chez une nation ennemie, la Perse, récompensa libéralement les deux religieux; et ceux-ci apprirent bientôt aux Byzantins les procédés pour exploiter avec avantage le Ver à soie et ses produits.

Bientôt après on s'occupa de la propagation de cet Insecte dans le Péloponèse; et cette région, à cause des nombreuses plantations de mûriers qu'on y avait faites pour le nourrir, prit cinq cents ans après le nom de Morée. De la Grèce, l'industrie de la soie s'introduisit en Sicile et en Italie, par les soins de Roger, roi du premier pays, qui transporta de la Grèce à Palerme des ouvriers en soie.

La soie fut longtemps rare en France, et les vêtements qui en étaient tissus ne servirent d'abord à ses princes que dans les jours de cérémonie. A l'époque de Charlemagne, les étoffes que l'on confectionnait avec elle étaient regardées comme si précieuses, que ses filles ne se permettaient même d'en porter que dans les occasions solennelles. Selon

Olivier de Serres, ce fut à l'issue des guerres de Charles VIII en Italie, en 1494, que l'éducation du Ver à soie et la culture du mûrier qu'elle nécessite, prirent en France une assez grande extension, après que les seigneurs qui accompagnaient ce prince eurent rapporté avec eux des pieds de cet arbre précieux. Mais, quoique Charles VIII ait fait distribuer de ceux-ci à plusieurs provinces et encouragé les manufactures de soie de Lyon, en France on ne faisait guère usage que de soieries étrangères, et Henri II fut le premier de nos rois qui porta des bas de soie indigène. Henri IV s'occupa avec une louable persévérance de la propagation de cette industrie, et pour donner l'exemple dans ses états, d'après les conseils d'Olivier de Serres et malgré Sully, mille mûriers blancs furent plantés dans le jardin des Tuileries pendant l'année 1601, et ce roi fit construire dans son enceinte une vaste maison pour y nourrir des Vers à soie, avec leur produit; puis il ordonna aux députés du commerce d'encourager par tous les moyens la propagation des mûriers en France. Aussi ce fut sous ce roi que l'exploitation des Vers à soie fit un grand et utile progrès parmi notre nation.

Malheureusement cette extension dura peu, et bientôt l'industrie des Vers à soie dépérit en France sous Louis XIII; mais durant le règne de Louis XIV, Colbert, qui sentait que la richesse des états reposait sur la prospérité de leur commerce, l'encouragea de nouveau et elle fit un progrès réel. Ce ministre, pour donner une salutaire impulsion à cette industrie, fit venir de Bologne un nommé Benais, afin qu'il enseignât dans notre pays le tissage des cocons. Le succès avec lequel cet homme s'acquitta de sa mission lui attira même l'attention du roi qui lui accorda des titres de noblesse.

Ce fut quelques années avant notre révolution que l'on introduisit en France le Ver à soie de la Chine, qui produit des cocons blancs. Son éducation fut d'abord encouragée par le gouvernement; mais elle fut ensuite négligée. Cependant depuis l'époque de la restauration elle a reçu une nouvelle protection. Mais, malgré le progrès que l'art d'élever les Vers à soie fait en France, et l'extention que l'on a donnée aux magnaneries, nous sommes encore loin d'obtenir assez de soie des Insectes que nous élevons, et chaque année nous en importons une quantité considérable de l'étranger.

Malgré les efforts constants des savants depuis un certain nombre d'années, le vulgaire croit qu'il est impossible d'élever des Vers à soie et des mûriers dans les latitudes septentrionales de la France; c'est une erreur qu'il est essentiel de combattre. Ces Insectes et les arbres qui les nourrissent n'ont pas besoin d'un climat aussi chaud qu'on le suppose communément, et on peut les élever avec succès, même dans des latitudes plus froides que les nôtres. En ce moment, le mûrier est acclimaté dans le nord de l'Allemagne; en Prusse et en Russie, on exploite déjà la Chenille qu'il nourrit. Dans ce dernier empire, cela a lieu en Ukraine, vers le 49° de latitude, et dans une région où l'hiver est fort long et fort rigoureux, et où durant cette saison le thermo-mètre descend à 15° et même à 20° au-dessous de zéro. Là, il y a déjà des manufactures de soie, et l'on remarque que les fortes gelées, qui parfois y tuent les jeunes branches, n'altèrent point celles qui ont acquis un certain développement, ni les troncs ; et qu'elles ne nuisent pas beaucoup à la production des feuilles.

Éducation des Vers à soie. On a donné le nom de *magnaneries* aux bâtiments dans lesquels on élève les Vers à soie, parce que ceux-ci sont connus dans le midi de la France sous le nom de *magnans*, et souvent on appelle *magnanier* le contre-maître principal qui dirige l'établissement.

Certaines conditions hygiéniques sont indispensables dans les éta-blissements où l'on élève des Vers à soie, et c'est pour les avoir sou-vent négligées que les industriels ont subi d'énormes pertes. Pour entretenir la santé de tant d'Insectes pressés les uns avec les autres et dans une atmosphère où s'altèrent leurs aliments et leurs déjections, il est essentiel de renouveler l'air en même temps qu'il faut le mainte-nir à une certaine température.

La *magnanerie salubre*, dont M. Darcet a donné le plan et la des-cription, remplit ce double but, et à l'aide des fourneaux et des ven-tilateurs qui s'y trouvent, on peut toujours y renouveler l'air et pro-curer constamment aux Vers à soie la quantité de chaleur et d'humi-dité la plus convenable pour la réussite de leur éducation, et y faire régner une grande propreté. L'étendue de la magnanerie doit être en raison du nombre d'individus que l'on y soigne. On a calculé que pour une once de graine, qui produit environ 40,000 Vers à soie, qui oc-cupent seulement deux pieds carrés de surface dans le premier âge, il fallait compter en livrer 500 quand les Vers arrivent à leur dernier période.

Lorsque l'on se propose de s'adonner à l'éducation des Vers à soie, l'essentiel est de se procurer de *bonne graine*, c'est ainsi que l'on nomme les œufs de ces Insectes. Ceux-ci sont ordinairement adhérents à des morceaux de linge ou d'étoffe, et avant leur éclosion quelques éleveurs conseillent de les en détacher en plongeant ces morceaux dans de l'eau tiède pendant cinq à six minutes, et en enlevant, à l'aide d'un grattoir, la graine qui y est adhérente ; puis ensuite de laver celle-ci et de l'égoutter pour la faire sécher. D'autres croient que tout apprêt est inutile, et avec raison laissent éclore les Vers sur les objets qui les ont reçus.

On fait le plus généralement éclore les œufs artificiellement, parce que l'on trouve avantageux de hâter leur naissance de quelques jours, et que par ce procédé on obtient des Vers qui naissent tous presque en même temps, ce qui est très-important pour bien régler leur éduca-tion. Les gens de la campagne ou les personnes qui n'ont que de petites magnaneries se servent souvent de la chaleur du corps humain pour faire éclore les Vers à soie. Ce sont ordinairement des femmes qui se chargent de ce soin, et pour couver ces œufs elles en mettent environ une once dans un sachet qu'elles portent constamment à leur ceinture durant le jour et qu'elles placent sous leur chevet pendant la nuit. Mais dans les grandes exploitations on emploie à cet effet des fours hydrauliques, des armoires incubatoires, ou des étuves dans lesquelles les œufs reçoivent une chaleur et une humidité favorable à leur évolution et à leur éclosion.

D'après le système d'*éducation hâtive* préconisé par M. Camille Beauvais, qui a fait une étude spéciale de l'art de soigner les Vers à soie, et que nous allons exposer, on fait éclore les œufs en sept jours, en portant, le premier, la température de l'étuve à 18° du thermomètre de Réaumur, et en l'augmentant d'un degré chaque jour, de manière que le dernier ou le septième, jour de l'éclosion, elle atteint 24°. A mesure que l'on s'avance vers celle-ci les œufs prennent une couleur moins foncée, et pendant les deux derniers jours ils sont devenus presque blancs.

La vie du Bombyx Ver à soie, se compose de sept âges, marqués chacun par d'importantes modifications dans l'économie animale. Cinq de ces périodes s'accomplissent pendant qu'il est à l'état de Larve, et elles demandent l'espace de *vingt-quatre jours;* les deux autres, ou les métamorphoses de la Chenille en Chrysalide et de celle-ci en Papillon, demandent seize jours pour s'opérer; de manière que ce n'est que le quarantième que l'Insecte apparaît sous son dernier état et qu'il est adulte et apte à se reproduire. Sous ce dernier état, la vie est courte, car peu de temps après la reproduction les Papillons meurent.

Quand on suit la méthode hâtive, c'est vers le vingt-quatrième jour que la Larve commence à filer son cocon, tandis que cela se fait quelques jours plus tard lorsque l'on opère d'après les procédés préconisés par le comte Dandolo et M. Bonnafous. Aussitôt que l'on s'aperçoit que les Vers à soie commencent à éclore, on place sur les boîtes qui les contiennent des morceaux de papier criblés de trous et que l'on recouvre de feuilles de mûrier. A mesure que les jeunes Vers sortent de leur œuf, ils montent et passent à travers les ouvertures du papier et vont se répandre parmi les feuilles.

Après l'éclosion, les Vers à soie sont placés sur de grandes claies en osier ou en roseau, qui ont environ huit à dix pieds de longueur, et dont la largeur est telle qu'en étant d'un côté l'ouvrier puisse en atteindre facilement le centre avec ses bras pour y soigner les Insectes. Ces claies sont bordées de planchettes de trois à quatre pouces de hauteur, et le fond en est recouvert de feuilles de fort papier.

Chaque âge se termine par une mue, et celle-ci est précédée d'un état de torpeur qui dure un jour et pendant lequel les Vers à soie élèvent vaguement la tête, puis restent immobiles et sans appétit. Quand leur peau est tombée ils sont assez longtemps sans manger, ce qui est dû à l'épiderme de leur tête qui reste encore une journée superposé sur leur chef et y adhère par ses bords; la coque solide qu'il forme empêche l'aliment d'arriver à la bouche au-devant de laquelle elle reste suspendue ; aussi c'est à l'état de maladie qu'occasionne ce changement de peau , ainsi qu'à l'empêchement physique qu'oppose l'épiderme corné de la tête que l'on doit rapporter l'interruption que les Vers à soie éprouvent dans leur alimentation. On observe qu'entre les mues il y a toujours un redoublement d'appétit que les éleveurs nomment *petite frèze* dans les quatre premiers âges et *grande frèze* dans le cinquième.

Le *premier âge* des Vers à soie dure quatre jours. Au moment de leur naissance , les jeunes Larves ont environ une ligne et un quart de longueur. Pendant cet âge, pour ne pas que les Vers subissent un abaissement brusque de la température qui a procuré leur éclosion rapide, et qui les gênerait lorsqu'ils sont en Larve , on diminue graduellement d'un degré chaque jour la chaleur de l'atelier, de manière à le mettre à 20°, qui est la température qu'il doit constamment offrir. Durant le premier jour les Vers produits par une once de graine ne mangent guère qu'une livre de feuilles de mûrier, que l'on a la précaution de couper jusqu'au cinquième âge , parce que l'on a remarqué que ces Insectes attaquent les feuilles par leurs bords , et en suivant ce procédé on pense leur offrir le moyen de s'alimenter plus facilement.

Le *second âge* dure trois jours et se termine le septième jour de la vie des Vers à soie. Le maximum de la nourriture qu'il leur faut alors, est d'environ sept livres de feuilles pendant le jour où ils sont dans la frèze, et ils occupent un espace de vingt pieds.

Le *troisième âge* dure cinq jours , et à l'époque où l'appétit subit un redoublement, pendant ce période de la vie , il faut quarante livres de nourriture par jour , et cinquante pieds carrés d'espace.

Le *quatrième âge* offre une durée égale au précédent et l'accroissement rapide des Larves nécessite jusqu'à cent livres de feuilles , et cent vingt pieds carrés de claies pour qu'elles puissent s'y étendre.

Le *cinquième âge*, qui est le plus long, offre deux périodes distincts ; l'un , durant lequel l'Insecte vit à l'extérieur et comme précédemment , et qui dure sept jours ; il se termine le vingt-quatrième jour de la vie ; c'est pendant ce période qu'arrive la grande frèze où il faut jusqu'à quatre cent soixante livres de feuilles de mûrier , et un espace de trois cents pieds carrés pour suffire à l'accroissement de ces animaux. On reconnaît que la fin de cette phase est arrivée quand les Chenilles se vident de tous leurs excréments , et que leur peau et leurs pattes deviennent transparentes en même temps qu'elles vivent sans manger sur les feuilles , puis qu'elles cherchent à grimper sur tout ce qui se rencontre, et filent çà et là des bouts de soie : c'est ce que l'on nomme l'époque de la *monte*. Alors on garnit les tablettes de petites branches de genêt ou de bouleau pour que les Vers à soie puissent y placer favorablement leurs cocons.

L'autre phase de ce cinquième âge est celle pendant laquelle l'animal se dérobe aux regards sous sa coque de soie , change de peau et se transforme en Chrysalide. Les Vers ne mettent que trois jours à filer leurs cocons. Mais il est bon de ne recueillir ceux-ci que six jours après qu'ils sont produits, ce qui remet vers le trentième jour leur enlèvement.

Le *sixième âge*, ou le temps qui s'écoule du moment où l'on enlève les cocons jusqu'à celui où les Papillons éclosent, commence le trentième jour et dure dix jours.

Le *septième âge* est celui où le Bombyx sort de sa coque et apparaît à l'état parfait; il arrive le quarantième jour de la vie.

Comme les Papillons en perçant la coque détériorent la soie et en perdent une grande quantité, on a soin, pour éviter cet inconvénient, de ne conserver qu'autant de cocons qu'il en faut pour obtenir une suffisante quantité d'œufs; et comme on ne peut dévider tous les autres dans un assez court espace de temps, pour empêcher cette détérioration, on tue leurs Chrysalides en employant divers procédés; tantôt en plaçant les cocons pendant deux ou trois jours à l'action d'un soleil ardent, et tantôt en les mettant dans un four ou dans un appareil nommé *étouffoir*, et composé d'un caisson en cuivre que l'on chauffe à l'aide de la vapeur, et dont on élève la température de 50 à 75°. Afin de ne pas perdre inutilement de la soie et de recueillir cependant exactement les œufs indispensables pour alimenter la magnanerie; on calcule qu'il faut compter une livre de cocons pour obtenir le nombre de Papillons nécessaire pour produire une once de graine.

Les Vers qui proviennent d'une once de graine ne donnent ordinairement que soixante-dix à quatre-vingts livres de cocons, mais le poids de ceux-ci peut s'élever à cent trente livres. Outre le produit de la soie, dans les exploitations bien conduites, on tire même partie des excréments des Vers, parce que l'aliment qui passe par leur tube intestinal, ne subissant qu'une médiocre altération, peut encore après nourrir les mammifères herbivores; on le donne surtout aux chevaux et aux bœufs, et ces excréments se vendent six francs les cent livres.

Dans nos établissements, le Ver à soie contracte diverses maladies qui le détruisent, et dont la cause se trouve dans les procédés défectueux que l'on emploie pour l'élever, et qui souvent sont en contravention avec les plus simples lois de l'hygiène. Une des maladies les plus redoutables dont cette Chenille puisse être attaquée, est la *muscardine*. Cette affection qui, dans ces derniers temps, a amplement attiré l'attention des savants, a été reconnue contagieuse, et, après de longues recherches, M. Bassi a découvert qu'elle était produite par une petite plante microscopique particulière. Celle-ci, qui a été observée par M. Balsamo, professeur d'histoire naturelle au lycée de Milan, et par M. Montagne, a été reconnue par eux pour appartenir à la famille des Mucédinées, et nommée par le premier *Botrytis Bassiana*, en l'honneur du laborieux investigateur qui l'a découverte.

Anciennement, la médecine faisait usage de la Chenille du Bombyx du mûrier, et on l'administrait en poudre contre les céphalalgies. Les cocons du Ver à soie, sous le nom de *sericeum*, entraient même dans quelques formules pharmaceutiques ; aujourd'hui, d'après Mérat et Delens, les soldats allemands mangent avec plaisir le Ver à soie frit.

FAMILLE DES GLOBULICORNES.

Corps généralement effilé ; ailes ordinairement grandes et relevées perpendiculairement. Antennes filiformes, mais terminées par un renflement.

Cette famille a été créée pour le genre *Papilio* de Linnée, et elle correspond à celle des *Diurnes* de Latreille, ainsi nommée de l'habitude qu'ont tous les papillons qui la forment de voler de préférence durant les heures de la journée où le soleil brille d'un plus vif éclat. Les Globulicornes se composent des plus beaux Lépidoptères que l'on connaisse, et leurs ailes sont généralement décorées de couleurs resplendissantes, qui sont en harmonie avec leurs habitudes. La Chenille de ces Insectes laisse ordinairement sa Chrysalide à découvert, et celle-ci est suspendue verticalement par son extrémité ou horizontalement à l'aide d'un fil ; parfois aussi, la Chrysalide est abritée par des feuilles enroulées au moyen de fils et qui forment un cocon incomplet. Ces trois dispositions ont déterminé M. Boisduval à subdiviser cette famille en autant de sections ; mais nous ne pouvons admettre un semblable système dans une classification zoologique où tout doit être distribué en séries d'après l'analogie des formes.

HESPÉRIES. *Hesperia.* Ailes inférieures ordinairement horizontales et les supérieures verticales. Antennes écartées à leur origine, et terminées en massue arquée.

Plusieurs sont propres à nos climats ; mais le plus grand nombre appartient à l'Afrique et à l'Amérique. Les Chenilles des Hespéries sont courtes, et se filent une espèce de cocon léger pour se métamorphoser, ou bien elles roulent des feuilles, en fixent les bords avec de la soie, et s'abritent dans leur intérieur à l'époque de la transformation.

Leur Chrysalide n'offre point d'aspérités, et ressemble par sa forme à celle des Lépidoptères nocturnes. Les espèces qui ont les ailes disparates par leur position, avaient été à cause de cela désignées sous le nom d'*Estropiés* par Geoffroy, et les entomologistes les ont parfois isolées et appelées *Hétéroptères*. L'*Hespérie de la mauve*, dont les ailes sont dentées et d'un brun noirâtre, est commune en France.

PARNASSIENS. *Parnassius.* Ailes arrondies, sans dentelures, parcheminées. Antennes à bouton court, subovoïde ; palpes labiaux, pointus, formés de trois articles et s'élevant au-dessus du front.

Ces Lépidoptères résident parmi les montagnes de l'Asie et de l'Europe ; ils se font remarquer par leurs ailes fort peu fournies d'écailles et presque transparentes , et par leur espèce de poche cornée , creusée en forme de nacelle , qui termine l'abdomen des femelles. Le *Papillon Apollon* , qui en est le type , se trouve dans les Alpes ; il est blanc , tacheté de noir, et offre sur ses ailes inférieures quatre cercles rouges bordés de noir.

PAPILLONS. *Papilio*. Ailes grandes, à bord interne des inférieures concave ; abdomen libre. Palpes inférieurs très-courts, atteignant à peine le chaperon , et à troisième article rudimentaire.

Les Papillons proprement dits sont particulièrement répandus parmi les contrées inter-tropicales des deux hémisphères ; leurs Chenilles ont une peau unie , et lorsque quelque crainte les saisit, elles font sortir de leur cou une corne molle et fourchue qui exhale une odeur désagréable et pénétrante. Ces Lépidoptères ont tous une Chrysalide qui est découverte , et simplement attachée à un cordon de soie ; ils sont remarquables par leur taille et la vivacité de leur coloris. Linnée avait désigné , sous le nom de *Chevaliers troyens* , ceux qui ont la poitrine comme ensanglantée par des taches rouges , et il appellait *Chevaliers grecs* les individus qui n'en possèdent point. Plusieurs espèces de ce genre, qui est fort nombreux , ont les ailes inférieures prolongées en forme de queue.

Tel est le *Papillon machaon* que l'on trouve sur nos coteaux découverts ; il est jaune avec des raies noires , et sur ses ailes inférieures se voit une tache ocellée , qui offre du bleu et du rouge.

PIÉRIDES. *Pieris*. Ailes inférieures s'avançant sous l'abdomen et lui formant une gouttière. Antennes à massue ovoïde ; palpes inférieurs sub-cylindriques.

Beaucoup de Chenilles de Piérides se nourrissent de plantes de la famille des Crucifères , et quelques-unes dévorent les choux des potagers , ce qui a fait donner le nom de *Brassicaires* à leurs Papillons ; ceux-ci sont communs en France , et l'on observe que chez eux la couleur blanche domine. A ce groupe appartiennent le grand et le petit *Papillon du chou* ainsi que le *Papillon aurore*.

VANESSES. *Vanessa*. Membres antérieurs notablement plus courts, repliés, non ambulatoires. Antennes brusquement terminées en bouton court, turbiné ou ovoïde.

Il existe des Vanesses dans toutes les contrées du globe ; leurs Chenilles vivent sur les plantes peu élevées , et sont chargées d'épines nombreuses et ramifiées ; elles donnent naissance à des Chrysalides anguleuses , qui sont ornées de taches d'or ou d'argent et se trouvent suspendues simplement par leur extrémité postérieure. (Pl. 25 et 26). Ces Lépidoptères ont un vol rapide et élevé ; la France en possède un grand nombre.

La *Vanesse Paon de jour* , qui est commune , se fait remarquer par les quatre grandes taches bleues, jaunes et blanches qui décorent ses ailes d'un rouge ferrugineux (Pl. 25). C'est également à ce genre qu'appartiennent le *Papillon vulcain* et le *Gamma*.

SATYRES. *Satyrus*. Ailes inférieures embrassant l'abdomen ; membres antérieurs notablement plus courts, repliés, non ambulatoires. Antennes terminées par un renflement grêle, alongé ; palpes labiaux très-comprimés et hérissés de poils.

On rencontre beaucoup de ces Lépidoptères dans les forêts et les lieux incultes et arides de notre pays, mais jamais ils ne fréquentent les jardins. Leurs Chenilles sont nues et ont l'abdomen atténué et terminé par deux pointes. Les Satyres, d'après l'observation de Godart, se font aussi remarquer parce qu'ils ont les deux ou trois premières nervures de leurs ailes supérieures très-renflées à leur origine ; leur vol est saccadé et peu élevé.

FAMILLE DES FUSICORNES.

Ailes alongées, dont les supérieures sont beaucoup plus vastes. Antennes fusiformes ou prismatiques ; une soie à l'aile inférieure.

Ce groupe correspond aux Crépusculaires de Latreille. Les Lépidoptères qui s'y trouvent rangés offrent, au bord externe de leurs ailes inférieures, une espèce de crin qui s'accroche par une sorte d'anneau aux ailes d'en haut, et qui sert à ces Insectes pour fixer celles-ci dans une situation horizontale pendant le repos. Le plus généralement, c'est dans la terre ou dans l'intérieur des arbres que les Fusicornes subissent leur transformation. Beaucoup de ces Insectes ne volent qu'aux limites de la journée.

ZYGÈNES. *Zygæna*. Ailes tectiformes. Antennes simples, pointues, claviformes, fusiformes ou en cornes de Bélier. Palpes pointus dépassant le chaperon.

Ces Lépidoptères ont été quelquefois désignés sous le nom de *Sphinx-Béliers*, à cause de leurs antennes recourbées. Ils n'ont jusqu'alors été rencontrés que dans l'ancien continent. Leurs Chenilles vivent à nu, principalement sur les végétaux de la famille des légumineuses. Elles sont cylindriques, dépourvues de cornes en arrière, et ordinairement velues. M. Boisduval, qui a observé et décrit leurs métamorphoses, dit que, pour opérer celles-ci, ces Chenilles se filent une coque de soie fusiforme ou ovoïde, qu'elles attachent sur les branches. Ces Lépidoptères volent durant la journée (Pl. 26).

La *Zygène de la filipendule* est d'un noir verdâtre ou bleuâtre, avec des taches rouges, on l'aperçoit souvent voltiger sur nos coteaux.

SPHINX. *Sphinx.* Ailes longues, horizontales; abdomen conique. Antennes prismatiques, striées transversalement ou ciliées; trompe très-distincte.

Le nom de ce genre provient de l'habitude qu'ont les Chenilles de quelques espèces d'affecter une singulière attitude en se fixant aux branches par leurs pattes postérieures en même temps qu'elles relèvent le devant de leur corps en infléchissant la tête. Cette position, qui se rapproche de celle que l'on donne au Sphinx de la fable, et dans laquelle elles restent des heures entières, a fait naître l'idée de les appeler ainsi.

L'Europe nourrit un grand nombre de ces Lépidoptères; leurs Chenilles sont munies de seize pattes, et elles ont la peau lisse ou chagrinée et dépourvue de poils. Beaucoup d'entre elles portent à la partie postérieure du dos une corne longue, dure et recourbée, placée sur le onzième anneau, et dont ou ignore l'usage. Vers la fin de l'automne, lorsque les Chenilles ont acquis tout leur acccroissement, elles s'enfoncent dans la terre et, en agglutinant des parcelles de celle-ci, elles se construisent une espèce de coque solide dans laquelle s'opère leur transformation en Nymphe. Quelques-unes passent l'hiver sous cette forme et n'apparaissent sous celle de Papillon que l'été suivant, mais d'autres accomplissent leurs métamorphoses bien plus rapidement.

Les Sphinx sont de beaux Lépidoptères dont les ailes sont ornées des couleurs les plus vives. Quoique d'une aussi forte taille que les Bombyx, ils volent avec plus de légèreté qu'eux, et on les reconnaît au bruit qu'ils font entendre quand ils traversent l'air et qui les a fait désigner sous le nom de *Papillons bourdons*, nom que leur avait imposé de Géer.

Le *Sphinx tête de mort*, qui est répandu sur presque toute la surface de l'Europe, et jusqu'au cap de Bonne-Espérance, s'observe souvent dans nos contrées parmi les champs de pommes de terre, car ce sont ces végétaux qui nourrissent principalement ses Chenilles. Il est recherché par tous les amateurs à cause d'une figure de crâne humain qui se trouve représentée sur son corselet. Les Lépidoptères de cette espèce pénètrent parfois dans les ruches pour dévaster le miel des abeilles, et Réaumur rapporte que leur abondance répandit l'effroi dans plusieurs cantons de la Bretagne, il y a un certain nombre d'années, non-seulement par la crainte superstitieuse qu'inspiraient les insignes de la mort qui se trouvent sur leur corselet, mais aussi à cause de l'espèce de son flûté que ces papillons produisent quand on les prend. Le mécanisme de celui-ci était naguère imparfaitement connu et attribué par Réaumur aux frottements de la trompe contre les palpes; mais il a été étudié tout récemment par M. Alex. Nordmann qui le considère comme étant dû à un appareil sonore, analogue à celui des Cigales chantantes, qui est situé sur les deux côtés inférieurs de la région antérieure de l'abdomen, et consiste en une membrane et en pinceaux de poils qui vibrent quand l'air sort précipitamment des stigmates pendant que l'insecte se contracte; on découvre en outre dans la cavité abdominale de ce Sphinx deux vessies aériennes placées près des orifices respiratoires, et qui sont probablement destinées à renforcer le son.

Le *Sphinx demi-Paon* ou *œillé*, est une belle espèce commune dans notre pays. Ses ailes supérieures sont d'un gris fauve, et les inférieures, qui se trouvent variées de jaune et de rouge, offrent une grande tache ocellée noire entourée d'un cercle bleu (Pl. 26, fig. 2).

SÉSIES. *Sesia.* Ailes horizontales, offrant des espaces vitrés ; abdomen terminé ordinairement par une brosse. Antennes ordinairement fusiformes, pointues, terminées par un pinceau d'écailles.

Ces Lépidoptères sont presque tous d'Europe, et se font remarquer par leurs formes qui les rapprochent des Hyménoptères, et surtout par la transparence de leurs ailes tout à fait semblables à celles de ces Insectes (Pl. 26). Les Larves sont nues, dépourvues de corne et offrent seize pattes ; elles vivent dans les tiges ou les racines des arbres ; leurs Chrysalides offrent souvent des anneaux munis de poils roides, dirigés en arrière, et elles ont la tête surmontée de deux pointes saillantes, dont la fonction semble être de transpercer la coque soyeuse, renforcée de débris de bois, que la Chenille construit pour se métamorphoser. C'est avec les poils roides qui l'environnent que la Chrysalide se transporte vers la superficie du tronc ligneux à l'intérieur duquel elle se trouve, et dont M. Duméril dit qu'elle perfore l'écorce avec les pointes qui arment son chef, en s'en servant comme d'une tarière ; ce n'est qu'à son arrivée à l'air libre, que le Papillon abandonne son enveloppe pour s'envoler vers les fleurs qu'on le voit alors constamment fréquenter.

La *Sésie apiforme*, qui est indigène de la France, a quelque ressemblance avec l'Abeille ; d'autres espèces ont également tiré leur nom de leur analogie avec divers Hyménoptères ou Diptères.

ORDRE DES NÉVROPTÈRES.

Ordinairement quatre ailes réticulées, et des mandibules et des mâchoires. Abdomen sans aiguillon.

Les Larves et les Nymphes de beaucoup d'insectes de cet ordre vivent dans l'eau et elles n'en sortent que sous l'état parfait ; d'autres habitent la surface du sol et résident parmi les végétaux ou se font des demeures dans le sable. Généralement dans les premières phases de leur vie, et souvent durant toute la durée de celles-ci, les Névroptères sont carnassiers. Leurs métamorphoses varient ; les Larves ont constamment six membres articulés dont elles se servent pour chercher leur nourriture ; les Nymphes sont parfois immobiles, et d'autres fois elles conservent leur agilité, et ainsi que celles-ci, s'occupent à chasser les Insectes qui les nourrissent. Durant l'espace de temps que les Névroptères passent sous l'eau, ils ont des organes particuliers analogues aux branchies des Poissons, et disposés pour exécuter une respiration aquatique; ce sont eux que Latreille nomme *fausses branchies*.

Parvenus à l'état parfait, tous ces Insectes habitent la surface du sol et souvent se rencontrent dans les sites aquatiques; leur corps est en général assez alongé, et leurs téguments n'offrent que peu de consistance. Les ailes sont presque toujours au nombre de quatre, et elles se présentent sous la forme d'une membrane mince, transparente, composée d'un réseau très-fin, qui ressemble à du tulle dont l'intérieur des mailles serait occupé par une pellicule excessivement délicate. Ces organes sont souvent d'égale grandeur et ordinairement posés en toit sur l'abdomen. Les pattes n'offrent qu'une moyenne taille, et elles sont toujours disposées pour la marche ou la sustentation, même chez les espèces qui, durant quelques phases de leur vie, ont une existence tout à fait aquatique. Le nombre des articles des tarses varie. L'abdomen est le plus souvent grêle, alongé, subcylindrique et composé d'anneaux distincts; celui de quelques mâles, ainsi que cela se voit dans les Libellules, est terminé par des espèces de crochets qui servent à saisir la femelle durant l'accouplement; d'autres fois cette région du corps porte à son extrémité deux ou trois soies, ou, ce qui est plus rare, une tarière, mais jamais on n'y observe d'aiguillon.

La bouche de ces animaux est propre à la mastication, et elle est pourvue de mandibules et de mâchoires conformées sur le plan de celles des Insectes broyeurs; quelques Névroptères seulement, qui ne prennent aucune nourriture pendant la durée éphémère de leur dernier état, ne possèdent sous celui-ci que des organes buccaux tout à fait rudimentaires et presque nuls. Les Hexapodes de cet ordre ont pour la plupart des antennes sétacées et d'une largeur qui varie; leurs yeux à réseau sont gros, et l'on observe en outre deux ou trois yeux lisses.

FAMILLE DES LIBELLULOÏDES.

Corps très-alongé. Ailes très-réticulées, horizontales ou verticales; tarses à trois articles. Antennes extrêmement courtes, sétacées, ne dépassant guère la tête; mandibules et mâchoires cornées, très-fortes et recouvertes par les lèvres.

Chez ces Névroptères, que Linnée comprenait tous dans son genre Libellule, on découvre trois yeux lisses sur le vertex; les mandibules sont très-dentées; les mâchoires se trouvent terminées par une pièce de consistance cornée, qui est dentée et ciliée, et elles portent chacune un palpe d'un seul article, qui est appliqué sur elles, et imite la galette des Orthoptères. La lèvre inférieure est grande, voûtée et composée de trois feuillets dont les latéraux sont les palpes. L'abdomen de ces Insectes est fort alongé et subcylindrique, ou déprimé en lame d'épée. Dans les mâles il est terminé par deux appendices en forme de pince.

Les Larves et les Nymphes vivent dans l'eau et abondent parmi les mares et les étangs. Elles ne diffèrent entre elles que par les rudiments d'ailes que les dernières portent; toutes sont très-carnassières; quelques-unes paraissent à dessein se souiller tout le corps de vase pour mieux se dérober aux petits animaux qu'elles attaquent en se tenant à l'affût et se jetant sur eux lorsqu'ils viennent à passer. Les unes nagent à l'aide d'espèces de rames ou lamelles qui terminent le ventre, d'autres par un mécanisme particulier qui consiste à expulser brusquement de leur abdomen une certaine quantité d'eau qu'elles ont introduite dans l'intestin où se trouvent des espèces de branchies respiratoires; à cet effet, on voit ces Insectes épanouir les appendices qui environnent l'anus, ouvrir leur rectum, le remplir d'eau et le fermer; puis ensuite éjaculer avec force, et comme une fusée, cette eau mêlée de grosses bulles d'air. Dans cette action, celle-ci en réagissant sur l'Insecte, le pousse en avant et lui fait exécuter de brusques mouvements. L'intérieur du rectum, dit Cuvier, présente à l'œil nu douze rangées longitudinales de petites taches noires, rapprochées par paires, semblables aux feuilles ailées des botanistes; vues au microscope, chacune de ces taches est un composé de petits tubes coniques ayant la structure des trachées, et d'où partent de petits rameaux qui vont se rendre dans six grandes trachées principales parcourant toute la longueur du corps.

La tête de ces Insectes est remarquable, sous leurs premiers états, par une sorte de *masque* qui recouvre les mandibules et les mâchoires, ou par sa lèvre inférieure qui a pris un développement anormal, se replie en plusieurs fragments articulés, terminés par deux crochets analogues à des mandibules, et qui représentent les palpes. Cette lèvre peut être lancée en avant comme un bras mobile qui va saisir au loin une proie qui passe.

A l'époque de leur métamorphose, tous ces Insectes abandonnent les marais, grimpent sur les tiges des végétaux aquatiques, s'y dépouillent de leur enveloppe, et voltigent ensuite sur les bords des eaux qui les ont nourris, ou bien ils se cantonnent dans les endroits humides. A l'état parfait, les Libelluloïdes ont une forme svelte et gracieuse, et se font remarquer par la vivacité de leurs couleurs. Leur vol est rapide et soutenu, et, semblables aux oiseaux de proie, qu'elles représentent en quelque sorte, c'est pendant qu'il a lieu qu'on les voit se précipiter sur les Mouches et les autres Insectes qui forment leur nourriture, et qu'elles dévorent en volant.

Les Libelluloïdes se trouvent souvent isolées ou en sociétés peu nombreuses. Cependant parfois elles se réunissent par bandes pour voyager; en Sibérie, leurs immenses légions ont quelquefois cinq ou six lieues d'étendue. L'astronome Chappe d'Auteroche eut l'occasion d'être témoin d'une de ces étonnantes émigrations, pendant son séjour à Tobolsk. Il y a peu d'années, une énorme colonne de ces Insectes fut aperçue en Angleterre, dans les environs de Southampton; elle n'avait pas moins de deux milles de longueur. Elle se reposa ensuite sur la coupole de Saint-Paul de Londres, et ce fut un spectacle aussi magnifique qu'extraordinaire que de voir la surface de ce monument frappée par le soleil, se parer de couleurs si éblouissantes que l'œil n'en pouvait soutenir l'éclat.

Le même phénomène a parfois lieu aux Antilles. M. Poë rapporte qu'à certaine époque de l'année, lorsque les vents du nord soufflent, il arrive des quantités innombrables de Libelluloïdes dans la ville de La Havane.

On connaît quelques Libelluloïdes à l'état fossile. Scheuchzer en a fait figurer, dans son *Herbarium diluvianum*, plusieurs espèces qui avaient été découvertes parmi les schistes d'Œningen, et dans le calcaire du Monte-Bolca. Nous avons dit aussi que le comte Munster possédait dans sa collection les restes de cinq espèces de cette famille qui se trouvent dans du calcaire jurassique de Solenhofen.

Les Insectes de cette famille sont extrêmement agiles. Leur fécondation s'opère d'une façon bien extraordinaire; l'organe sexuel des mâles étant placé sous l'abdomen, près du corselet, quand ceux-ci veulent s'accoupler, ils saisissent la femelle par le cou avec l'extrémité de leur ventre qui forme une pince, et la forcent ainsi à porter son orifice vulvaire vers leurs parties génitales et à subir malgré elle l'imprégnation; mais souvent les mâles payent cher cette violence, car, profitant de l'épuisement dans lequel les jette cet acte, les femelles les tuent impitoyablement après. Ces Névroptères déposent leurs œufs dans l'eau.

LIBELLULES. *Libellula.* Tête globuleuse; abdomen déprimé; ailes horizontales. Yeux grands, contigus.

La *Libellule déprimée*, dont l'abdomen est bleu chez le mâle, et jaune chez la femelle, se voit communément dans les endroits humides. Souvent elle voltige autour des mares. (Pl. 24.)

ÆSHNES. *Æshna.* Tête globuleuse; ailes horizontales; corps alongé, cylindrique ou conique.

Ces Insectes présentent les mêmes mœurs que les Libellules : la *grande Æshne*, commune dans les lieux humides ou ombragés des bois, a près de trois pouces de longueur; elle est chamarrée de noir, de jaune et de blanc.

AGRIONS. *Agrion.* Tête transversale; yeux très-distants; front plat; ailes verticales; abdomen cylindrique.

Fabricius rapportait seulement à deux espèces les nombreuses variétés de ces Libelluloïdes que nous voyons, en France, voltiger près de tous les lieux où se trouve de l'eau ; l'*Agrion vierge*, dont les ailes sont colorées sur toute leur surface ou seulement en partie, et dont le corps est bleu ou vert métallique ; et l'*Agrion fillette*, qui a des ailes incolores, est beaucoup plus petit, et présente une grande variété de nuances sur son abdomen.

FAMILLE DES PLANIPENNES.

Ailes horizontales ou nulles. Antennes plus longues que la tête, et composées d'un grand nombre d'articles ; mandibules et mâchoires distinctes.

FOURMILIONS. *Myrmeleo.* Abdomen long, cylindrique ; quatre ailes semblables ; tarses à cinq articles. Antennes courtes, en crochets, renflées vers l'extrémité.

Ces Insectes ont un nom qui rappelle le grand carnage qu'ils font des Fourmis pour se nourrir. Ils habitent les contrées chaudes et tempérées du globe. Leurs Larves offrent des mœurs excessivement curieuses ; elles ont une longueur d'environ six lignes ; leur corps est gros, et il se termine en avant par deux très-longues mandibules recourbées et acérées à leur extrémité, et servant tour à tour d'armes à ces animaux pour combattre leur proie, ou de suçoirs pour s'en repaître. (Pl. 24, fig. 5.)

Ayant une structure qui n'est nullement appropriée à la course, et ne marchant même qu'en arrière, c'est au moyen d'un piége ingénieusement construit que ces Larves carnassières se procurent les Insectes qui les nourrissent ; elles choisissent, pour l'établir, un sol sablonneux, ou un endroit dont la terre soit très-sèche, pulvérulente, et c'est là qu'elles creusent l'espèce de fosse conique en entonnoir qui le constitue. Le *déblaiement* de ce trou s'opère à l'aide de la tête, et pendant tout le temps que le Fourmilion est occupé à l'exécuter, on voit un jet continuel de sable qui s'élève du fond vers les bords, et témoigne de l'activité de l'ouvrier. Lorsque, durant le travail, il se présente quelques petites pierres, le Fourmilion les place non sur sa tête, comme on l'a dit, mais sur ses mandibules, ce qui donne un levier plus puissant, et il les rejette une à une au delà des bords de son entonnoir. Quand le piége est terminé, il se place tout au fond, y cache son corps en ne laissant que ses mandibules découvertes, et y attend patiemment les Fourmis ; celles-ci, après avoir franchi l'orifice de l'embûche, sont entraînées vers le bas malgré leurs efforts, et, en roulant sur les grains de sable qu'éboulent leurs pattes, elles viennent tomber sous les pinces de ce Névroptère dévorant. Aussitôt que la Larve a sucé sa victime, elle en met le corps sur son front et le lance à quelque distance, afin que ce cadavre ne soit point un avertissement qui empêche d'autres Insectes d'approcher de sa funeste demeure ; j'ai vu souvent des Fourmis et des Mouches être ainsi lancées à trois pouces de celle-ci. Quand la proie qui croule dans le piége est volumineuse, ainsi que l'ont observé Réaumur et Bonnet, et que nous l'avons remarqué souvent nous-mêmes, l'animal astucieux, pour favoriser sa victoire, et accélérer la chute de sa capture vers le fond du trou, lance une grande quantité de sable sur elle à l'aide de sa tête.

D'après mes observations, les mandibules présentent inférieurement, et dans toute leur étendue, un sillon profond recouvert par une lame cornée de la même longueur, qui n'est autre chose qu'une des mâchoires, de manière que la jonction de celle-ci avec la branche mandibulaire forme, dans cette dernière, un canal propice à conduire les fluides nourriciers dans l'intestin de l'animal. On s'accordait à penser, et Carus le professait encore lui-même, que le tube intestinal de ces Larves était fermé à son extrémité comme chez les Zoophytes, et qu'il n'existait pas d'anus, la transpiration suffisant chez elles pour éliminer la portion des fluides dont elles se nourrissent, et qui n'est point employée à la nutrition. Mais cette assertion est inexacte; M. Léon Dufour s'est assuré qu'il existe un rectum et un anus chez les Fourmilions, seulement celui-ci est difficile à apercevoir. Ramdohr partage cette opinion et dit même que l'appareil sécréteur de la soie siége à l'intérieur de cet intestin.

Les Fourmilions vivent environ deux ans dans leur premier état, et pour se transformer ils se filent une coque soyeuse, blanche et lisse à l'intérieur, et qui est recouverte de sable au dehors. L'Insecte parfait s'éloigne beaucoup de l'aspect de sa Larve, et il ressemble à une Libellule. (Pl. 24, fig. 4.)

Le *Fourmilion formicaire* se voit souvent dans les latitudes de Paris. C'est lui dont les mœurs ont particulièrement été étudiées par les naturalistes, et que nous avons eu l'occasion d'observer.

PANORPES. *Panorpa.* Tête prolongée en bec; cinq articles aux tarses; abdomen des mâles terminé par une pince. Mandibules et mâchoires linéaires.

Vulgairement appelés *Mouches-scorpions*, à cause de l'espèce de pince avec laquelle les mâles effrayent ceux qui les touchent, ces Névroptères n'en sont pas moins fort innocents. Nous pouvons observer, pendant tout l'été, dans les haies des prairies, la *Panorpe commune*, qui est brune, avec des ailes tachées de noir.

HÉMÉROBES. *Hemerobius.* Ailes finement réticulées; tarses à cinq articles. Antennes sétacées, très-longues et fines.

Les ailes de ces Névroptères sont excessivement minces, et leur surface est irisée; ils ont des yeux dorés; mais beaucoup de ces jolis Insectes repoussent ceux qui les saisissent par l'odeur d'excrément qu'ils exhalent. Leurs Larves, qui sont terrestres et vagabondes, sont fort utiles dans les jardins, où elles détruisent une énorme quantité de

Pucerons pour s'en nourrir ; c'est pour cette raison que Réaumur les a nommées *lions des Pucerons*, et il en est qui se font une couverture avec la dépouille de ces petits animaux qu'elles ont dévorés. Au moment de se métamorphoser, les Larves se filent une coque en soie qui est produite par des filières situées à la partie postérieure du corps ; les Nymphes restent immobiles.

L'*Hémérobe perle* est d'un vert jaunâtre. Ainsi que ses congénères, elle attache ses œufs sur les feuilles à l'aide de longs fils à l'extrémité desquels ils sont pendants, et souvent on les a pris pour de petits champignons.

TERMITES. *Termes.* Ailes grandes, subégales, tectiformes, horizontales ou nulles ; tarses à quatre articles. Antennes moniliformes.

Ces Névroptères sont presque tous étrangers à l'Europe, et se trouvent spécialement confinés dans les régions intertropicales des deux continents. Linnée les regardait avec raison comme le plus grand fléau des colonies des deux Indes, à cause des immenses et rapides dégâts qu'ils causent parmi les champs que l'homme cultive ou dans l'intérieur de ses demeures. Parfois les Termites élèvent des nids considérables dans les plantations et envahissent le terrain qui leur est consacré ; d'autres fois ils opèrent de grandes déprédations en détruisant de fond en comble les charpentes, les meubles des habitations, ou les constructions navales ; enfin il en est qui anéantissent différentes marchandises.

Ces Insectes ont fixé l'attention des voyageurs par leurs extraordinaires constructions ou leur importunité, et se trouvent souvent mentionnés par eux ; ils les désignent assez communément sous le nom de *Fourmis blanches*, parce que leurs formes, leurs habitations, leur vie sociale et leur activité laborieuse se rapprochent de celles des Fourmis. Cependant les mœurs des Termites ne sont pas encore aussi bien connues qu'on le désirerait ; ce sont principalement Sparrman et Smeathman qui, dans leurs voyages, ont étudié les plus remarquables espèces exotiques, et Latreille a fait l'histoire de l'une de celles de nos climats.

Les républiques de Termites se composent de plusieurs individus ; selon Latreille, on y voit à la fois des Larves, des Nymphes, des Termites adultes et des neutres. Les premières se reconnaissent en ce qu'elles n'ont point d'ailes ; les Nymphes offrent au contraire des rudiments de ces organes, et ce sont elles qui, avec les Larves, ont été nommées *Travailleurs*, parce qu'on leur doit spécialement la construction des ouvrages si variés et si remarquables qui abritent toute la colonie. (Pl. 24, fig. 6 *a*.) Les Termites adultes se distinguent des autres par leurs vastes ailes. (Fig. 6.) Enfin, selon cet entomologiste, les individus que Sparrman et Smeathman désignent sous le nom de *Soldats*, ne sont que des neutres qui, par le développement de leur tête et le grand accroissement de leurs mandibules, semblent appropriés à la défense de l'habitation et destinés à en maintenir l'ordre intérieur. (Fig. 6 *b*.)

Le *Termite belliqueux*, ou *Termite du Cap de Bonne-Espérance*, est long de près d'un demi-pouce, et ses ailes ont environ un pouce d'étendue. Les Soldats sont d'un blanc de lait à l'état vivant, mais ils deviennent jaunes après leur mort. C'est cette espèce qui a principalement été étudiée par les voyageurs qui ont parcouru l'Afrique, partie du monde où elle abonde.

Les nids de ce Termite sont de forme pyramidale, et ressemblent un peu à un pain de sucre, mais leurs flancs sont hérissés de petits monticules assez nombreux; ils s'élèvent de dix à douze pieds au-dessus du niveau du sol, et Jobson assure même en avoir vu de vingt; lorsqu'on arrive dans un site où il en existe un certain nombre, tous les voyageurs disent que de loin on les prend pour les cabanes de quelque peuplade sauvage. L'intérieur de ces demeures est si vaste, qu'une douzaine d'hommes peuvent y trouver un abri, et l'on voit parfois les chasseurs s'y placer à l'affût des animaux sauvages qui viennent à passer. Ces constructions sont formées par une muraille en terre si solide, que l'homme peut les gravir sans les enfoncer, et que c'est souvent à leur sommet que se placent les sentinelles des bœufs sauvages, pendant que leurs vastes troupeaux ruminent dans les environs.

Les Termites établissent dans leurs habitations un grand nombre d'appartements, auxquels Sparrman a donné des noms particuliers, selon leur destination; il nomme *chambre royale* la pièce qui est réservée au mâle et à la femelle, qu'il pensait ne former qu'un seul couple pour chaque république; et ce naturaliste appelle *nourriceries* toutes les autres petites loges destinées à contenir la progéniture, ou les magasins de nourriture, qui se composent de gommes diverses et des sucs épaissis de certains végétaux. Les œufs sont toujours déposés parmi des parcelles de bois agglutinées ensemble par des sucs gommeux. On rencontre en outre dans ces extraordinaires constructions, de vastes galeries qui sont du calibre de la bouche d'un gros canon, et s'enfoncent dans le sol à une profondeur de trois ou quatre pieds. Ce sont ces trous qui fournissent aux travailleurs les matériaux qu'ils gâchent avec leur salive et avec lesquels ils construisent les solides murailles de leurs nids. Presque tous les auteurs qui ont parlé de ceux-ci, frappés de leurs extraordinaires dimensions, comparativement à la petitesse des Insectes qui les édifient, ont comparé leurs proportions à celles des monuments qu'élève l'industrie de l'homme. Ces nids ont plus de cinq cents fois la hauteur des Insectes qui les bâtissent, de manière que, ainsi que l'ont dit des savants anglais, si nos habitations étaient construites relativement à nous dans les mêmes proportions, elles seraient douze à quinze fois plus hautes que la colonne de Londres, ou quatre ou cinq fois plus élevées que la plus considérable des pyramides d'Égypte.

Les Termites belliqueux, à l'aide de leurs chemins souterrains, envahissent parfois les habitations et les magasins, pénètrent dans les charpentes qui les soutiennent, et les vident totalement, en ne laissant à leur superficie qu'une couche de bois mince comme un pain à cacheter, de manière que l'on ne s'aperçoit de leurs dégâts que lorsque des éboulements ont lieu ; d'autres fois ils rongent ainsi les meubles, et il arrive fréquemment que ceux-ci s'affaissent brusquement lorsqu'on vient à s'en servir. Parfois aussi, ce sont les marchandises, les étoffes, qui deviennent la proie de ces Insectes, qui sont d'une nature omnivore. En Afrique, dit Mrs. Lee, s'ils attaquent une maison, celle-ci est bien vite détruite, et un escalier d'une certaine dimension a quelquefois été dévoré par eux en une quinzaine de jours.

Lorsque l'on attaque les nids des Termites, les soldats, à ce que dit Sparrman, les défendent avec un courage extraordinaire, et mordent avec violence tout ce qui s'offre à eux ; ils présentent leurs mandibules de toutes parts, et si celles-ci peuvent s'accrocher à quelque partie de notre peau, elles ne lâchent jamais prise, et l'Insecte se laisse plutôt déchirer que de céder. On prétend aussi que ces soldats ont pour mission d'exciter les ouvriers au travail, et que, quand ceux-ci bouchent quelque brèche faite à l'habitation, par leurs trépignements, ils en activent considérablement la réparation.

Lorsque les mâles et les femelles viennent de subir leur dernière métamorphose et se sont revêtus d'ailes, pendant une soirée, ils quittent en masse la colonie, puis ils s'élèvent dans l'air, et l'on prétend que c'est alors qu'a lieu la fécondation ; mais, dès le point du jour suivant, ils perdent leurs ailes, et sont forcés de retomber sur le sol ; en ce moment, beaucoup d'entre eux deviennent la pâture des animaux, et il n'y a de sauvé que les femelles épuisées, que les travailleurs et les soldats recueillent et ramènent dans le sein de la république, où l'on dit qu'ils les renferment dans des loges particulières où ils les soignent et dans lesquelles s'opère la ponte. Quelques auteurs croient avec Smeathman, mais cela paraît moins probable, que les Larves recueillent en même temps les mâles et que la fécondation n'a lieu qu'au retour à l'habitation où on les tient enfermés avec les femelles.

Ces Insectes présentent une prodigieuse fécondité. Peu de temps après qu'elle a été fécondée, la femelle s'accroît à un point excessif, et Sparrman dit que son ventre devient quinze cents à deux mille fois plus volumineux que le reste du corps et qu'il acquiert jusqu'à trois pouces de longueur. Lorsque l'époque de la ponte est arrivée, les œufs en sortent avec une telle rapidité, qu'ils semblent faire un jet continu ; le voyageur qui vient d'être cité affirme qu'il en est émis jusqu'à soixante par minute, et que quelques femelles en pondent plus de quatre-vingt mille durant l'espace de vingt-quatre heures. Aussitôt après l'émission des œufs, les travailleurs s'emparent de ceux-ci, les emportent et les placent dans des logements séparés de celui de la mère, et là les jeunes Larves sont nourries par eux, jusqu'au moment où elles peuvent pourvoir seules à leurs besoins.

Une bien extraordinaire assertion se trouve dans les anciens auteurs qui ont parlé des produits de l'Inde ; c'est qu'il existe dans ce pays des Fourmis monstrueuses qui ont la taille des Renards. Cette fable, qui a été inscrite par Hérodote et par Ctésias, a sans doute tiré son origine des énormes édifices que les Termites élèvent et qui paraissent en effet être l'ouvrage d'un bien plus grand animal que celui qui les construit réellement.

Les Fourmis, les Reptiles et les Oiseaux sont les principaux ennemis des Termites, et ces derniers en détruisent surtout d'immenses légions au moment où ces Insectes prennent leur essor dans l'air. L'homme lui-même, qui trouve en eux un aliment qu'il recherche, en fait dans certains pays un ample carnage ; c'est surtout sur la côte d'Afrique et particulièrement en Guinée que cela a lieu. Kœnig dit que pour les reeucillir les Indiens font deux trous à leurs nids, dans une direction diamétralement opposée, et qu'ils font brûler des herbes aromatiques dans un pot qu'ils placent à l'ouverture de l'un d'eux ; la fumée qui entre dans l'intérieur des constructions en chasse bientôt ces Insectes, et ceux-ci se précipitent vers l'ouverture qui est libre et sortent en masses considérables que l'on recueille dans d'autres pots de terre vides qui sont placés tour à tour à l'issue pratiquée dans la termitière. Les Indiens, ajoute le même auteur, font des pâtisseries avec ces Névroptères en les mêlant à de la farine, et celles-ci se vendent à bon compte dans les marchés. Les Africains, moins ingénieux, pour prendre ces Insectes, se contentent de saisir ceux qu'ils voient émigrer, et ils les mangent après les avoir fait simplement griller dans de grandes chaudières. Smeathman dit avoir questionné beaucoup de personnes à l'égard de la saveur qu'offrent les Termites, et que toutes se sont accordées à lui dire que ceux-ci constituent un manger exquis, et qu'ils ont le goût du miel, de la crème sucrée ou de la pâte d'amande douce.

Le *Termite voyageur* se fait remarquer par l'ordre qui règne durant ses pérégrinations ; Sparrman, qui eut l'occasion d'observer celles-ci, les décrit de la manière suivante. « Ils étaient, dit-il, douze à quinze de front et marchaient aussi serrés qu'un troupeau de Moutons, décrivant une ligne droite, sans s'écarter d'aucun côté ; on voyait, çà et là parmi eux, un soldat trottant de la même manière et sans les toucher ; et comme il paraissait porter avec difficulté son énorme tête, je me figurais un très-gros Bœuf au milieu d'un troupeau de Brebis. Tandis que ceux-ci poursuivaient leur route, un grand nombre de soldats étaient répandus de part et d'autre de la ligne, quelques-uns jusqu'à un pied ou deux de distance, postés en sentinelle, rôdant comme des patrouilles pour veiller à ce qu'il ne vînt point d'ennemi contre les travailleurs. Mais la circonstance la plus extraordinaire de cette marche, c'était la conduite de quelques autres soldats qui, montant sur les plantes, se plaçaient sur la pointe de leurs feuilles à douze ou quinze pouces du sol, et restaient suspendus au-dessus de l'armée.

De temps en temps , l'un ou l'autre battait de ses pieds sur la feuille et faisait le même bruit ou cliquetis que j'avais observé de la part du soldat qui fait l'office d'inspecteur lorsque les ouvriers s'occupent à réparer une brèche dans les édifices des Termites belliqueux. Ce signal, chez les Termites voyageurs, produisait un effet analogue ; car toutes les fois qu'il était donné, l'armée entière répondait par un sifflement et obéissait à l'ordre en doublant le pas avec la plus grande ardeur. »

Le *Termite des arbres* place ses nids sur les branches des grands végétaux. Ses constructions ont parfois le volume d'une barrique à sucre , et elles sont faites avec des parcelles de bois, de gomme et de sucs d'arbres agglutinées et avec lesquelles ces Insectes forment une pâte pour construire des cellules.

Le *Termite mordant* érige des édifices moins vastes que le Belliqueux , mais plus remarquables par leur forme extérieure. Sparrman, qui les appelle nids en tourelles , dit qu'ils ont seulement deux pieds d'élévation, et qu'ils sont formés d'une colonne cylindrique en terre argileuse , dont le sommet est recouvert par une sorte de chapiteau analogue à la tête d'un champignon.

Le *Termite lucifuge*, dont le corps est noir , habite la France , et a causé de grands ravages dans l'arsenal de Rochefort. (Pl. 24.) Le *Termite flavicole* se trouve aussi dans notre pays où il nuit aux oliviers ; son prothorax est jaune.

PERLES. *Perla.* Ailes croisées, les inférieures plus larges que les supérieures et doublées sur elles-mêmes en dedans ; tarses à trois articles ; abdomen terminé par deux filets antenniformes. Mandibules rudimentaires , membraneuses.

On avait cru jusqu'à ces dernières années que les Larves des Perles avaient des mœurs entièrement analogues à celles des Phryganes , qu'elles se recouvraient d'un fourreau , et que leur métamorphose était complète. Cette erreur fut d'abord émise par Réaumur sur une observation douteuse puis Fabricius , Olivier et Latreille ont copié cette fausse assertion ; mais M. J. Pictet a démontré qu'il n'en était point ainsi , et que les Perles possèdent des Larves constamment nues , qui ne subissent que des métamorphoses incomplètes. Il dit que leurs Larves vivent toutes dans les eaux courantes , et que celles qu'il a observées dans le Rhône et dans l'Arve préféraient même en général les endroits où l'eau se meut plus rapidement et même brise parmi les pierres. Elles marchent comme certains Sauriens en traînant leur ventre sur le sol. Ces Larves éclosent au printemps ou durant l'été, et passent l'hiver avant de subir des métamorphoses. « Pour se transformer, dit M. Pictet, elles montent sur une pierre ou sur une plante et s'y fixent à l'aide de leurs six pattes. Bientôt la peau se fend en dessus , et elles en sortent après quelques efforts. Elles peuvent aussi éclore dans l'eau, mais le plus souvent elles s'en éloignent et vont sur le rivage où on trouve fréquemment les dépouilles et l'Insecte parfait en grande quantité. »

La *Perle à deux queues* s'observe souvent au printemps sur les bords de nos rivières. Elle est brune, ainsi que ses ailes, et offre une ligne jaune sur la tête et le corselet.

FAMILLE DES AGNATES.

Organes buccaux tout à fait rudimentaires ou nuls.

Ces Névroptères sont très-remarquables par l'état rudimentaire de la bouche, qui semble être imparfaite chez eux; cet organe leur était inutile, car, pendant le court espace de temps qu'ils vivent sous la forme adulte, il est probable qu'ils ne mangent pas; mais leurs Larves, qui séjournent sous l'eau et prolongent quelquefois leur existence plusieurs années, ont de fortes mâchoires qu'elles emploient soit à broyer les aliments, soit à la confection de leur habitation.

PHRYGANES. *Phryganea.* Antennes très-longues; abdomen sans soies; ailes tectiformes; tarses à cinq articles.

Tout le monde a observé, dans les eaux stagnantes, des Larves de Phryganes et le singulier fourreau portatif qu'elles se forment avec de petits cailloux, des coquilles fluviatiles, ou des fragments de bois. Le nom générique de ces Insectes, qui vient du grec, rappelle cette dernière particularité, car il signifie *petite bourrée*. Les différents corps qui constituent cette enveloppe adhèrent sur un tissu de soie que l'animal file, selon Latreille, avec des organes semblables à ceux des Chenilles, et qui aboutissent à la bouche, mais que Tiedemann dit être produit par des filières situées près de l'anus. Ce Névroptère se cramponne ensuite au fond de sa demeure par deux espèces de crochets qui terminent le ventre; à l'époque de sa première métamorphose, il défend l'entrée de son fourreau contre les Insectes carnassiers, en y filant une sorte de treillage ou tamis qui laisse seulement passer l'eau nécessaire aux besoins de la Nymphe; celle-ci rompt cette frêle barrière, à l'aide de deux pointes qui surmontent sa tête, lorsqu'elle veut se débarrasser de son enveloppe pour se revêtir de sa dernière forme. Immobile jusqu'alors, cette Nymphe nage ou marche maintenant avec facilité au moyen de ses quatre pieds antérieurs qui sont pourvus de franges de poils serrés. Les grandes espèces grimpent sur les végétaux ou le rivage pour s'y débarrasser de leur peau, mais les petites accomplissent simplement leur métamorphose à la surface de l'eau, et dans le premier moment où elles s'échappent de leur enveloppe, celle-ci, comme chez les Cousins, leur sert de bateau.

La *Phrygane striée*, dont le corps est fauve et les ailes grises, avec des nervures plus foncées, est une de celles qui se rencontrent le plus souvent chez nous.

ÉPHÉMÈRES. *Ephemera.* Ailes redressées, les inférieures rudimentaires; abdomen à deux ou trois longues soies.

C'est au peu de durée de leur existence que ces Insectes doivent le nom d'Éphémères, car, à l'état parfait, ils ne survivent pas ordinairement au jour qui les voit naître; il en est même qui parcourent toutes les phases de la vie reproductive en quelques moments, et ne voient jamais le soleil : ils se métamorphosent, pondent et meurent le même soir, et bientôt leurs cadavres jonchent la terre. On en connaît une vingtaine d'espèces qui toutes se trouvent en Europe.

Les Larves des Éphémères vivent dans l'eau et sont alongées et molles; leur tête est munie de deux mandibules destinées à creuser la terre; et l'on trouve sur leurs flancs des espèces de lamelles mobiles, qui fonctionnent comme des branchies; les unes nagent en liberté et les autres habitent des trous à deux issues qu'elles se creusent sur les rives des eaux courantes, et qui par leur forme ressemblent à un tube recourbé. Elles en sortent peu et leur nourriture paraît simplement se composer de terreau dont elles rejettent les parcelles après leur avoir enlevé ce qu'elles ont d'assimilable. Ces Larves, sous cet état, ainsi que sous celui de Nymphes, prolongent leur existence plusieurs années avant de se métamorphoser, et, selon les observateurs, vivent de deux à trois ans.

Une des choses les plus remarquables de la vie de ces Insectes, c'est que leur métamorphose a lieu à une heure qui est toujours fixe et invariable, et qui, pour les espèces qui résident dans la Marne et la Seine, est celle où le soleil se dérobe sous l'horizon, vers huit heures, tandis que les Éphémères du Rhin et de la Meuse commencent à voler deux heures plus tôt. Un seul moment suffit à la Nymphe pour se dépouiller de son enveloppe, et Réaumur dit qu'un homme pressé ne se débarrasse pas plus vite de son habit que celle-ci de sa dépouille cutanée à l'instant de sa métamorphose. Ces Insectes éprouvent encore une mue dans laquelle ils abandonnent une dépouille blanche sur le lieu où ils se reposent après avoir volé pour la première fois. Sous cette dernière forme, les Éphémères n'ayant point de bouche très-apparente, elles ne prennent pas de nourriture, et leur tube digestif, selon Cuvier, s'est alors rétréci d'une manière extraordinaire.

La génération des Éphémères était naguère un problème; Swammerdam prétendait que les œufs étaient fécondés dans l'eau par le mâle, qui se contentait, à la manière des poissons, d'émettre son fluide prolifique près de l'endroit où ils étaient déposés; mais de Géer, et ensuite Latreille, ont vu l'accouplement s'opérer entre les sexes, et cette observation est concluante. Celui-ci ne dure qu'un moment; puis aussitôt après qu'il a eu lieu, le mâle meurt, et la femelle fécondée dépose immédiatement ses œufs dans l'eau. Aucun Insecte ne pond avec une rapidité qui égale celle que l'on observe chez les Éphémères; celles-ci émettent de sept cents à huit cents œufs formant deux grappes qui en contiennent chacune trois cent cinquante à quatre cents, et qui sont expulsées au même moment et en un instant; comme leur pesanteur spécifique est plus considérable que celle de l'eau, ils tombent au fond de celle-ci et sont bientôt disséminés. On ignore le temps qu'ils mettent à éclore.

Le mâle expirant immédiatement après l'accouplement, et la femelle le suivant de près et succombant à l'épuisement que produit l'émission de ses œufs, bientôt la terre est couverte par ces Insectes. Comme le trépas sévit contre les Éphémères à un instant déterminé, on les voit alors tomber du ciel comme des flocons de neige, et le nombre de ces animaux est parfois si prodigieux, qu'ils forment bientôt une couche épaisse sur le sol, et que les paysans les recueillent dans des voitures pour en fumer la terre ; les pêcheurs donnent le nom de *manne* à ces nuées d'Insectes, parce qu'elles offrent aux poissons un aliment abondant.

Les mœurs singulières des Éphémères avaient fixé l'attention des anciens, aussi il en est question dans leurs écrits. Aristote, qui les désignait sous le nom d'*Éphéméron*, dit qu'elles tirent celui-ci du peu de durée de leur vie : ce savant avait déjà remarqué que ces Insectes ne prennent point de nourriture sous leur dernier état ; mais il commit une erreur en disant qu'ils n'ont que quatre pieds, ce qui eut lieu parce qu'il prit les longues jambes antérieures pour des antennes. On pense que c'est de ces Névroptères qu'il est question dans un passage de cet auteur, cité par Cicéron, où il est écrit que pendant le solstice d'été on voit sortir des eaux de l'Hypanis, fleuve qui se jette dans le Bosphore Cimmérien, une foule d'Insectes qui vieillissent à mesure que le soleil baisse et meurent dès que cet astre est couché. Pline appelle les Éphémères *Hemerobium*, et Élien *Monomerus*, noms qui ont la même étymologie et indiquent des animaux qui ne vivent qu'un jour.

L'*Éphémère vulgaire* ou *commune* est brune, avec des taches noires sur les ailes, et possède trois filets abdominaux ; elle est fort abondante sur les rives de nos fleuves et de nos marais. (Pl. 24) L'*Éphémère de Swammerdam*, nommée ainsi en l'honneur d'un des hommes qui ont le plus éclairé l'anatomie des Insectes, est la plus grande espèce connue ; elle habite les bords des principaux fleuves de l'Allemagne et de la Hollande, et ne possède que deux filets abdominaux. L'*Éphémère diptère* se fait remarquer en ce qu'elle n'a que deux ailes.

FAMILLE DES LÉPISMIDES.

Tête, thorax et abdomen n'étant pas séparés par des étranglements bien prononcés. Ailes nulles ; abdomen terminé par des soies.

L'analogie engage à placer les Lépismides parmi les Névroptères, parce qu'ils ont des traits de ressemblance avec eux et n'en diffèrent que par l'absence d'organes locomoteurs aériens. Ils n'éprouvent point de métamorphoses, et leur aspect se rapproche de celui des Larves de la famille qui précède, et surtout de celles des Perles; aussi on pourrait les considérer comme des Névroptères dont le développement ne dépasse pas l'état de Larve quant aux formes extérieures. Ces Insectes se tiennent ordinairement dans les lieux sombres.

LÉPISMES. *Lepisma.* Corps très-déprimé; antennes très-longues, sétacées; abdomen offrant trois à cinq longs filets.

La surface des Lépismes est couverte de petites écailles argentées; c'est ce qui les fait comparer, par les enfants, à de petits poissons. Les naturalistes de la renaissance leur avaient donné le nom de Forbicines. Le *Lépisme du sucre* est gris argenté, sans taches; il se trouve dans les fentes des boiseries et est fort commun dans les maisons. On le croit originaire d'Amérique.

PODURES. *Podura.* Corps gibbeux, non déprimé; antennes courtes, de quatre articles; queue fourchue, recourbée sous le ventre.

Elles vivent sous les écorces des arbres ou sous les pierres; on en trouve quelquefois sur la neige, et la surface des eaux ou de la terre est parfois couverte par d'innombrables légions de ces Insectes. Dans le repos, les soies qui forment leur queue sont placées sous l'abdomen, et par leur extension subite les Podures exécutent des sauts considérables. Le type du genre est la *Podure plombée*, qui est gris bleuâtre, et dont les amas ont l'air de grains de poudre à canon.

ORDRE DES HYMÉNOPTÈRES.

Ordinairement quatre ailes semblables, membraneuses, transparentes, veinées longitudinalement; tarses pentamérés. Mandibules courtes; mâchoires très-alongées, formant une sorte de trompe. Femelles ordinairement munies d'une tarière ou d'un aiguillon.

Les Hyménoptères sont d'autant plus abondants qu'on s'approche davantage des contrées méridionales. Ils offrent des métamorphoses complètes, et proviennent de deux espèces de Larves; les unes ont des pattes et pourvoient à leur nourriture, et les autres, en plus grand nombre, en sont privées et restent immobiles dans le lieu où elles naissent.

Ces Larves se nourrissent de substances végétales ou animales. Pour suppléer à leur immobilité, tantôt la mère les place et les abandonne sur un petit amas de provisions qu'elle a fait à dessein et qui doit suffire pour leur développement, tantôt elle les insère dans le corps de divers Insectes qu'elles doivent ronger pour s'alimenter, et qu'elles tuent en grandissant. Quelques Larves ayant besoin de matières alimentaires plus fréquemment renouvelées ou plus élaborées, sont élevées dans des nids construits avec un art admirable, et confiées à des individus dépourvus de sexe, qui sont spécialement chargés de les élever et qui leur apportent incessamment les aliments qui leur sont nécessaires à mesure qu'elles s'en repaissent. Sous leur premier état, presque tous ces Insectes possèdent une filière qui aboutit à la lèvre inférieure, et ils se tissent un cocon de soie très-fin, membraneux et transparent, à l'intérieur duquel ils se transforment en une chrysalide immobile.

A l'état parfait, les Hyménoptères vivent ordinairement sur les fleurs et sont sans cesse occupés à en pomper le nectar avec leur trompe. Ils possèdent quatre ailes croisées horizontalement sur l'abdomen, et qui sont formées de membranes transparentes parcourues par des nervures longitudinales. Chez quelques-uns cependant ce caractère manque, et il en est d'autres qui n'offrent nul vestige de ces organes.

L'abdomen est généralement attaché au thorax par un pédicule très-grêle, et dans les femelles cette région de l'Insecte se termine soit par une tarière en forme de scie, qui sert à entamer les corps et à y faire des excavations pour déposer les œufs, soit par un simple aiguillon rétractile qui peut introduire un fluide irritant dans les blessures qu'il produit.

Les Hyménoptères portent des antennes qui, dans quelques-uns, sont assez longues et dont la forme varie beaucoup. Tous offrent, outre leurs yeux à réseau, trois petits yeux lisses. Leur appareil buccal tient à la fois de celui des Insectes broyeurs et de celui des suceurs; en effet, il se compose d'une lèvre supérieure et de mandibules qui ressemblent à celles des Coléoptères, et ces dernières sont, comme les leurs, propres à couper ou à triturer les corps; mais les mâchoires sont extrèmement alongées, présentent la forme d'un demi-tube, et par leur rapprochement composent une gaîne qui reçoit la languette fort longue que porte la lèvre inférieure, de manière que ces derniers organes forment un faisceau qui ressemble à une trompe et est destiné à absorber les aliments liquides dont ces Insectes se nourrissent en partie. Il existe quatre palpes, deux maxillaires et deux labiaux.

L'extrême légèreté avec laquelle les Hyménoptères exécutent leurs mouvements est peut-être due au degré de perfection que M. Léon Dufour a reconnu exister dans leurs trachées. Cet anatomiste dit que chez ces Insectes, au lieu d'être formés par de simples tubes, ces organes offrent des dilatations constantes ou vésicules dans lesquelles s'amasse une certaine quantité d'air. De chaque côté de la base de l'abdomen se voit une de ces grandes poches aériennes d'où s'irradient des faisceaux de trachées qui vont se distribuer aux appareils voisins.

L'aiguillon, organe dont la structure est si remarquable, a été particulièrement étudié sur les abeilles par Hooker, par Swammerdam et par Réaumur. C'est une dépendance des organes génitaux femelles; aussi l'observe-t-on constamment chez les individus de ce sexe, puis chez les neutres, qui ne sont que des femelles dont le développement s'est arrêté. Par la même raison les mâles en sont dépourvus et peuvent être saisis impunément. Durant l'inaction cette arme est cachée dans l'abdomen ; mais elle peut y rentrer et en sortir à la volonté de l'Insecte ; elle se compose d'un appareil sécrétoire, d'une base, d'un étui et d'un dard.

L'appareil de sécrétion consiste en deux canaux longs et grêles, terminés en cul-de-sac et qui aboutissent à une petite poche musculaire. Ces tubes forment le venin, et celui-ci s'amasse dans la dernière qui, à l'aide d'un conduit, le verse à la naissance de l'aiguillon. La Base de celui-ci est composée de huit pièces ou lames cartilagineuses, selon Swammerdam, et M. Duméril en admet une neuvième qui se trouve sur la ligne médiane. L'Etui est une tige de consistance cornée, dont le sommet est assez aigu ; cette pièce ne forme pas un étui complet, mais c'est une simple gouttière creusée inférieurement d'un canal qui reçoit l'aiguillon proprement dit. Celui-ci, appelé aussi Dard, se compose de deux stylets longs et déliés, qui s'adossent l'un à l'autre au moyen de leur face interne, qui est plane et parcourue dans toute sa longueur par un sillon. Le sommet de ces deux pièces est extrêmement aigu et garni en dehors de petites dents qui sont dirigées en arrière. L'Insecte porte son aiguillon à l'extérieur en contractant les muscles qui fixent sa base au dernier anneau de l'abdomen ; mais parfois, lorsqu'il a fait une blessure, le dard reste dans la plaie et se sépare, ce qui est dû aux dentelures qui arment son extrémité.

Diverses espèces d'Hyménoptères présentent trois sortes d'individus, des mâles, des femelles et des neutres. Mais lorsque l'on examine attentivement ces derniers, on s'aperçoit que ce ne sont que des femelles dont les organes génitaux ont avorté par le manque d'une nourriture convenable ; car si celle-ci leur est fournie à l'état de Larve, ces neutres apparaissent bientôt avec tous les caractères de leur sexe. Ce sont eux qui, dans les sociétés que forment ces espèces, sont chargés du soin de construire d'ingénieuses demeures pour élever la progéniture des femelles, et aussi de nourrir la nombreuse famille à laquelle celles-ci donnent naissance. Ces Insectes ont une existence qui parcourt ordinairement toutes ses phases en une année.

FAMILLE DES MELLIFÈRES.

Abdomen pédiculé ; tarses postérieurs à premier article très-grand, fort comprimé, carré ou triangulaire. Mâchoires et lèvre inférieure ordinairement fort longues et composant une sorte de trompe. Un aiguillon.

La configuration du tarse de ces Hyménoptères les caractérise et est en

rapport avec leurs mœurs ; elle transforme cet organe en une petite
palette à laquelle on donne le nom de *brosse*, et qui sert à ces Insectes
à recueillir le pollen des fleurs. Les Apiaires se nourrissent généralement de la liqueur miellée de celles-ci et de leur poussière fécondante.

ABEILLES. *Apis.* Tête et corselet d'égale largeur ; jambes postérieures sans épines ; neutres ayant le premier article des tarses postérieurs disposé en carré long.

L'*Abeille domestique* paraît être originaire de l'Orient ; elle est parfaitement connue des naturalistes ; cependant, quoique souvent mentionnée par les anciens écrivains, qui en ont parlé avec plus d'imagination que d'exactitude, l'on ne doit guère ce que l'on sait sur ses mœurs
qu'aux observations positives de Swammerdam qui en a fait le sujet le
plus capital de son immortelle *Bible de la nature ;* puis à celles de
Réaumur et de Huber qui ont, dans la suite, ajouté beaucoup de documents à son histoire.

Les Abeilles domestiques vivent en sociétés fort nombreuses, et
accomplissent des actes importants ; mais pour concevoir facilement
leur gouvernement ou la manière dont s'opèrent leurs travaux, il est
utile de connaître les diverses sortes d'individus qui habitent une
ruche et les instruments à l'aide desquels ceux-ci exécutent leurs merveilleux ouvrages. Il existe parmi ces Insectes des Mâles, des Femelles
et des Ouvrières.

Les *mâles,* que l'on nomme aussi *Bourdons,* sont plus gros que ces
dernières ; leur thorax est très-velu et ils ont le premier article des
tarses postérieurs alongé et impropre au travail. Enfin on n'observe
point chez eux d'aiguillon.

Les *femelles,* qui sont appelées vulgairement *Reines,* ont des ailes
proportionnellement plus courtes que les autres ; leur ventre est fort
long, se termine en pointe et se trouve armé d'un aiguillon. Les tarses
postérieurs manquent de brosses.

Les *Ouvrières* ou *Neutres* se reconnaissent à leur taille, qui est
moins considérable que celle des autres individus, et à ce qu'elles
portent un aiguillon comme les Reines. Ces Ouvrières forment la
presque totalité de la population de la ruche. Huber les divisait en
deux catégories : les *Cirières,* qui ont l'abdomen plus dilaté que les
autres et qui sont spécialement chargées de la confection des gâteaux et
de la récolte des provisions ; puis les *Nourrices* qui, d'une constitution plus frêle et plus délicate, vivent constamment dans la retraite et
paraissent uniquement occupés à élever les jeunes Larves.

Les Ouvrières se distinguer aussi des autres par la structure de
leurs pattes postérieures, qui sont admirablement appropriées à leurs
travaux et méritent d'être décrites avec soin à cause du rôle important
qu'elles jouent dans les divers actes que ces Hyménoptères accomplissent durant leur vie. La jambe est appelée *palette triangulaire,* par
rapport à sa forme ; elle présente à sa surface externe un léger creux,

dans lequel les Abeilles amassent les provisions qu'elles rapportent à la ruche, et qui, à cause de cette fonction, a reçu le nom de *corbeille*. Le premier article du tarse de ces pattes est surtout remarquable par sa configuration et ses usages : on l'appelle *pièce carrée,* parce qu'en effet il a la forme d'un quadrilatère. Cet article s'articule par son angle antérieur avec la jambe, de manière qu'il peut opérer sur elle un mouvement de ginglyme et composer avec cet appendice une *pince* qui a un usage important. Cette pièce carrée est lisse sur sa surface externe, mais sur son plan interne on trouve plusieurs rangées de poils roides, disposés parallèlement comme ceux d'une brosse, ce qui, de concert avec l'emploi de cet organe, lui a fait donner le nom de *brosse*.

Anatomie et physiologie. Le système nerveux de ces Hyménoptères fut d'abord étudié par Swammerdam, et Carus en a donné, dans ces temps récents, une description qui diffère un peu de celle du père de l'anatomie des Insectes. Le naturaliste allemand s'exprime ainsi en parlant de cet appareil : « L'abeille est un des Insectes qui méritent sans doute le plus, à cause de ses hautes facultés intellectuelles, que nous examinions avec soin son système nerveux. On voit reparaître chez elle une particularité remarquable, la centralisation plus grande des masses nerveuses de la tête et de la poitrine. Dans la tête un ganglion cérébral et un ganglion inférieur de l'anneau nerveux sont réunis en une masse médullaire proportionnellement très-grosse, que traverse l'œsophage, et qui a été figurée exactement par Ratzeburg. Les parties les plus essentielles du ganglion cérébral paraissent être les deux ganglions pour les gros nerfs optiques qui correspondent à la première paire des tubercules quadrijumeaux des animaux supérieurs. Dans l'Abeille les ganglions thorachiques se concentrent presque entièrement en un gros ganglion solaire, tandis que l'abdomen contient encore quatre petits ganglions de la chaîne. »

Quoique différents savants se soient occupés des sensations de ces Hyménoptères, on est encore dans l'incertitude à l'égard des organes où siègent plusieurs d'entre elles. D'après ses expériences, Huber a pensé que c'était dans la cavité buccale que se produisait l'odorat, et que c'était aux antennes qu'était confié le toucher.

Les Abeilles, à n'en pas douter, perçoivent les sons, puisqu'à certains moments elles en produisent elles-mêmes, qui ont la puissance de les mettre toutes en émoi ; mais il est probable que ceux-ci sont physiologiquement en rapport avec leur organisme, car les bruits les plus intenses, tels que ceux du tonnerre ou des armes à feu, ne paraissent nullement les affecter. Le naturaliste que nous venons de citer, et auquel on doit tant d'observations ingénieuses sur ces animaux, n'a pu reconnaître le siège de ce sens ; mais Ramdohr s'est cru plus heureux, et il assigne comme l'organe auditif de ces Insectes une vésicule qui est située à la base des mâchoires.

Il règne la même incertitude relativement à l'emplacement de l'appareil du goût ; Swammerdam pensait qu'il était placé dans la trompe.

Ce sens doit être peu parfait, puisque l'on voit souvent les Abeilles préférer une eau salé et croupie à celle qui est limpide, et se nourrir de sucs de plantes fort diverses, ce qui parfois donne des propriétés vénéneuses à leur miel.

Les Abeilles ont besoin d'une atmosphère salubre pour leur respiration, et l'on a remarqué que, malgré le nombre considérable de ces Insectes qui se trouvent agglomérés sous une ruche, l'air de celle-ci n'en présente pas moins une grande pureté. Huber, qui a signalé ce phénomène, a reconnu qu'il était dû à la ventilation que les ouvrières produisaient presque continuellement à la partie inférieure de leur habitation. A l'aide d'une ruche à expérience en verre, j'ai vérifié cette assertion, et vu qu'en effet dans les jours où la température est basse, toutes les Abeilles sont rassemblées en masse sur leurs gâteaux, et aucune ne semble employée à cette ventilation; mais dans les temps chauds, toute la paroi inférieure de la ruche est garnie d'ouvrières qui sont rangées fort régulièrement, ont toutes la tête tournée du même côté, puis s'occupent continuellement à agiter leurs ailes sans changer de place, et en s'élevant beaucoup sur leurs pattes, de manière à donner plus de jeu aux organes du vol. En outre, les autres parois sont aussi couvertes d'Abeilles qui agitent leurs ailes à certains moments, mais qui ne semblent pas, comme celles du bas de la ruche, être spécialement posées pour aérer la demeure commune.

Les mandibules des Abeilles mâles et des Reines sont bidentées à leur sommet, mais chez les Ouvrières elles ont une forme particulière qui les rend aptes à leurs travaux, et sert merveilleusement à la construction des gâteaux. Sur ces dernières, chacun de ces organes représente une petite cuiller partagée en deux portions par une ligne saillante, et leur bord est tranchant; quand ils se rapprochent, leur région antérieure s'applique exactement, de manière à fonctionner comme une espèce de pince coupante, tandis qu'en arrière les deux mandibules ne se mettant pas en contact, il existe là une sorte de gouttière formée par leur intervalle. Les mâchoires se composent de lames longues qui enveloppent et protègent la trompe, dont la longueur les dépasse, et qui est l'analogue de la lèvre inférieure. Réaumur, qui a bien fait connaître le jeu de ce dernier appendice, le regarde comme ayant le principal rôle dans la succion du nectar des fleurs dont ces Hyménoptères se nourrissent.

Le tube alimentaire de ceux-ci présente une structure qui intéresse, à cause des fonctions multiples qui lui sont confiées, car il sert non-seulement à l'absorption nutritive, mais encore à préparer le miel et la cire. Il est formé d'un œsophage assez long, traversant le thorax; puis d'un vaste jabot pyriforme, membraneux, dans lequel le nectar sucré que les Abeilles recueillent dans les fleurs se transforme en miel par l'action digestive, et cet organe est ensuite appelé à expulser ce produit à l'aide de ses contractions. Après cette première cavité se trouve l'estomac proprement dit, qui est beaucoup plus long et plus grand , et dans lequel certains naturalistes croient que s'élabore la cire qui transsude des porosités de la peau intermédiaire aux anneaux de l'abdomen. Immédiatement après se voit l'intestin grêle qui est très-étroit; il porte à son origine les vaisseaux biliaires et se termine par un gros intestin cylindriforme. Dans la Larve, cet appareil est beaucoup plus simple et se réduit à un vaste estomac sacciforme ne paraissant pas communiquer avec l'intestin.

Mœurs des Abeilles. L'harmonie qui s'observe parmi les sociétés que forment ces Hyménoptères, leurs travaux d'une étonnante régularité et leur prévoyance, les ont toujours fait considérer comme ayant en partage une intelligence assez élevée. La nature semble aussi leur avoir donné un courage qui égale leurs facultés, car souvent, malgré l'ordre qui règne dans le gouvernement des Abeilles, des dissensions naissent entre elles, et on les voit se livrer des combats acharnés. Réaumur, qui a décrit ceux-ci avec détail, dit qu'ils se terminent souvent par la mort de l'un des assaillants, et qu'ils durent parfois très-longtemps. De quelque façon que la lutte ait commencé, les deux champions tombent bientôt à terre parce qu'ils ne peuvent plus faire usage de leurs ailes, et là ils se saisissent de mille manières en essayant mutuellement de se blesser avec leur dard. Dans l'un de ces combats, qui fut observé par le naturaliste que nous venons de citer, ce ne fut qu'après environ une heure que l'une des deux Mouches laissa son adversaire expirant sur l'arène.

Aussitôt que les Abeilles se sont installées dans une nouvelle demeure, leur premier soin pour s'y garantir de l'invasion de la pluie ou des injures de l'air, est d'en boucher les trous , s'il en existe, avec une substance de nature résineuse que l'on appelle *propolis* , et que l'on pense qu'elles recueillent sur les végétaux, surtout sur les peupliers et les bouleaux. Cette matière leur sert encore pour accomplir un acte dans lequel se révèle toute leur intelligence. Lorsque des Insectes d'une taille supérieure ou des Limaces envahissent leur demeure, ces Hyménoptères se réunissent, et les ont bientôt mis à mort par les nombreuses blessures qu'ils leur font ; ensuite, si leurs forces réunies ne peuvent suffire pour expulser le corps de ces victimes, « Les Abeilles, dit Réaumur , craignent cependant les mauvaises odeurs que leurs cadavres répandraient dans la ruche en se corrompant; pour n'y être pas exposées, elles les embaument en les couvrant de toutes parts de propolis. J'ai vu des faits semblables plusieurs fois ; j'ai vu des Limaces qu'elles avaient cachées sous une enveloppe de cette résine. J'observai un jour que des Abeilles avaient employé la même matière pour une semblable fin et avec plus d'économie sur un Limaçon. Il avait appliqué les bords de sa coquille sur un carreau de verre , et les Insectes jugèrent à propos de l'y fixer d'une manière plus complète qu'il ne s'y était attaché lui-même et plus solidement qu'il ne l'eût voulu. Ils appliquèrent une espèce de ceinture de propolis tout autour de l'ouverture de sa coquille et contre le carreau de verre. »

Construction des gâteaux de cire. Les Abeilles forment dans leurs ruches des gâteaux artistement sculptés et composés d'une cire pure. Pendant longtemps on a pensé que l'ingrédient principal de celle-ci, n'était que le pollen des fleurs dont ces Insectes se nourrissent en partie; et l'on croyait que cette substance était élaborée dans un de leurs estomacs, puis ensuite dégorgée par la bouche sous l'apparence d'une bouillie blanchâtre qui bientôt se solidifiait. Ce fut d'abord un cultivateur du cercle de Lusace, puis après lui, John Hunter, qui découvrirent que la cire n'était qu'une sécrétion cutanée, et qu'on la trouvait sous la forme de minces lamelles engagées entre les arceaux inférieurs de l'abdomen. Dans la suite, contrairement à l'opinion reçue, J. Hunter prouva même que c'était l'usage du nectar sucré des plantes qui augmentait la production de cette matière excrémentielle, et que lorsqu'on nourrissait uniquement les Abeilles avec du pollen, leurs anneaux perdaient la faculté d'exhaler de la cire. Bien mieux, ce savant reconnut en outre que ces Insectes semblent connaître ce fait, et que ceux d'entre eux qui rentrent à la ruche avec l'intention de construire des gâteaux, et qui ont l'estomac rempli de miel, se gardent bien de le dégorger dans les magasins, afin que leur sécrétion soit plus abondante.

Les Abeilles forment dans leurs ruches des gâteaux de cire composés de cellules destinées à leur servir de magasins, ou de petites chambres pour la progéniture de la reine. Ces gâteaux sont verticaux, occupent toute la largeur du local, et se trouvent ordinairement parallèlement situés. Leur épaisseur est de 11 lignes $\frac{1}{3}$, et leur écartement, qui est de 4 lignes, suffit pour permettre à la population active de circuler entre eux pour ses besoins. Les gâteaux présentent deux faces semblables, et ils sont composés par l'adossement de deux séries de cellules fort régulières qui ont toutes 5 lignes $\frac{2}{3}$ de profondeur, et qui ressemblent à des prismes hexagones qui seraient creusés dans la cire. Le fond de chacune des cellules est formé par la réunion de trois cellules du côté opposé, ce qui semble démontrer que les Abeilles savent économiser la matière et l'espace. Cette structure peut se prouver au moyen d'une expérience simple, et qui consiste à enfoncer trois aiguilles à l'intérieur d'une cellule, de manière que chacune d'elles perfore l'un des trois rhombes qui en constituent le fond; par ce procédé, l'on voit que chacune de celles-ci vient surgir dans une cellule distincte du côté opposé.

La simplicité des instruments et des procédés que l'Abeille emploie pour ériger ses gâteaux n'est pas moins remarquable que la perfection de ceux-ci. Elle commence par saisir avec la pince de ses membres postérieurs les lamelles de cire qui se trouvent entre ses anneaux abdominaux, et à l'aide de cet instrument, elle les porte à sa bouche; ensuite elle les mâche et les ramollit avec ses mandibules, puis, bientôt après, les dépose en masse dans le lieu où elle se dispose à créer des cellules; c'est à mesure que cette laborieuse ouvrière émet cette substance qu'elle creuse celles-ci à l'aide de ces mêmes mandibules et qu'elle en polit la surface et en vide les angles. Les Abeilles terminent leur travail en enduisant les bords de leurs cellules avec de la *propolis*, substance résineuse qui, comme nous l'avons dit plus haut, leur sert aussi pour boucher les ouvertures de leur domicile. Les travaux qu'exécutent ces industrieux Insectes se font avec tant de rapidité, que Réaumur dit qu'un gâteau de huit à neuf pouces de diamètre est parfois le résultat d'une journée de travail.

On trouve sur chaque gâteau trois sortes de cellules: lés unes qui sont d'une moindre capacité que les autres et évidemment plus nombreuses, sont destinées à élever des ouvrières; d'autres, un peu plus grandes et qui ont encore la même forme, sont réservées aux mâles; enfin, on observe ordinairement de seize à vingt cellules beaucoup plus vastes que les précédentes et qui offrent une construction différente; celles-ci sont préparées pour élever des reines, et on les nomme *cellules royales*. Elles sont pyriformes, très-amples, souvent perpendiculaires et semblables à des stalactites, rien n'a été épargné pour leur donner une grande solidité; leur poids équivaut parfois à celui de cent cellules ordinaires.

Provisions de miel et de pollen. Ces Insectes transforment un grand nombre des cellules de leur habitation en petits magasins, dans lesquels ils amassent du miel et du pollen; les unes sont uniquement remplies par le premier, les autres servent à conserver la poussière fécondante des végétaux.

Le miel n'est autre chose que le nectar des fleurs que les Abeilles ont sucé, puis qu'elles ont dégorgé dans leurs cellules après lui avoir fait subir un commencement de digestion dans leur premier estomac; c'est en quelque sorte l'excédant de leur nourriture qu'elles mettent en réserve pour en faire usage dans les moments où il leur est impossible de sortir. Celui qui est destiné à l'emploi journalier reste constamment découvert; mais ces Hyménoptères ferment soigneusement, à l'aide d'un couvercle en cire, la portion qu'ils conservent pour l'hiver et qu'ils amassent toujours vers la région supérieure des gâteaux.

Pour recueillir le pollen, l'Abeille s'enfonce et se vautre dans les fleurs; alors cette poussière s'attache en abondance aux poils qui recouvrent l'Insecte; ensuite, à l'aide des brosses qui garnissent ses pattes postérieures, celui-ci nettoie son corps et rassemble tous les grains polliniques en un petit tas qu'il dépose sur les espèces de cuillerons qu'offrent les jambes de derrière; c'est avec cette charge que les ouvrières arrivent à la ruche, et là leur récolte de pollen est placée dans les alvéoles, si les autres Abeilles ne viennent pas s'en nourrir sur les pattes des pourvoyeuses.

Génération. Cette fonction fut longtemps un mystère chez les Abeilles, parce que l'on n'avait jamais pu observer leur accouplement; Aristote en convient lui-même en signalant cette lacune de la science; Pline confesse aussi que de son temps une grande obscurité enveloppait ce sujet, quoiqu'il dise que certains hommes, passionnés pour ces Insectes, les aient observés avec une rare patience : tels furent Aristo-

machus de Sole, qui s'en occupa pendant cinquante-huit ans, et Phi-
liscus de Thasos, surnommé *Agrius* ou le Sauvage, qui vécut au milieu d'un désert pour se livrer à leur éducation. Tout le monde sait
que Virgile croyait que les Abeilles s'engendraient dans les entrailles
d'un bœuf abandonné à la corruption. Mais ce qu'il y a de plus remarquable, c'est que l'erreur qui faisait naître ces Hyménoptères, ainsi
que plusieurs autres, des cadavres des animaux en putréfaction, s'est
maintenue jusqu'au dix-septième siècle, puisque Jonston professait
encore cette croyance. Il n'est plus besoin de réfuter cette étrange supposition, mais il faut dire que le mystère qui voilait certaines particularités de la génération des Abeilles était assez difficile à pénétrer, car
des observateurs aussi patients que Swammerdam et que Réaumur ne
purent jamais les surprendre pendant leur accouplement, et ce fut
Huber qui, plus heureux qu'eux, le premier put être témoin de cet acte
important.

La fonction essentielle de la reine est de procréer de nouvelles races;
aussi cinq à six jours après sa naissance et un jour après son établissement dans une nouvelle ruche s'opère déjà sa fécondation. Huber
dit que son accouplement a toujours lieu au dehors de la demeure
commune; puis que la femelle y rentre ensuite avec des preuves non
équivoques de la perte de sa virginité, et qui consistent en la présence
des organes copulateurs du mâle, qui ont été arrachés à celui-ci et
restent encore dans la vulve.

Les mâles ne contribuant nullement aux travaux qui s'opèrent dans
les ruches et n'y apportant aucune des provisions qui en font la richesse,
leur seule fonction semble être de féconder la reine. Aussi, immédiatement après que leur tâche est accomplie, les ouvrières les considérant
alors comme des parasites inutiles dans leur laborieuse république, se
jettent sur eux, les percent de leur aiguillon et les détruisent totalement; leurs Larves ne sont même pas à l'abri de ce carnage et elles
sont également mises à mort. Cette destruction se produit dans les
mois de juin et de juillet, et après cette époque on ne trouve plus de
mâles parmi les Abeilles; cet état subsiste jusqu'au mois d'avril ou de
mai de l'année suivante, moment où il s'en fait une nouvelle production.

Pontes. A dater de l'instant où la reine est fécondée elle devient
l'objet d'attentions encore plus empressées de la part des ouvrières.
C'est généralement quarante-six heures après cet acte que commence
la ponte; celle-ci a principalement lieu au printemps, lorsque la température vient à s'élever. Alors la reine parcourt les gâteaux, en palpe
les cellules avec ses antennes, puis enfonce son ventre dans leur intérieur et dépose dans chacune d'elles un œuf alongé. Elle produit
d'abord, dans les petites cellules, des œufs qui doivent donner naissance à des ouvrières; puis ensuite place des œufs de mâles dans les
moyennes, et ce n'est qu'en terminant qu'elle émet des œufs de
femelles dans les cellules royales. Pendant tout ce travail les ouvrières
entourent leur reine de soins assidus et lui forment une sorte de cor-

tége; elles la nettoient et la frottent de temps à autre avec leur **trompe**, puis lui présentent du miel qu'elles dégorgent.

Les reines sont d'une telle fécondité , que Réaumur dit que l'une d'elles, qui avait déjà pondu 28,000 œufs, lui en offrit encore plusieurs milliers dans ses ovaires. Aussi lorsqu'il arrive que l'activité des ouvrières est en défaut et qu'elles n'ont point construit autant de cellules que leur reine en aurait besoin pour déposer son immense progéniture, alors elle place deux, trois et même quatre œufs dans chaque loge, et les neutres, qui sont près d'elles , se mettent immédiatement à enlever tous les œufs surnuméraires et à les détruire.

Éducation des Larves et métamorphoses. Les œufs éclosent trois jours après la ponte, et c'est alors que l'importante fonction des nourrices commence, car ce sont elles qui ont pour mission d'élever la Larve et de lui apporter sa pâtée dans sa cellule. Selon Swammerdam , elles lui offrent une nourriture qui diffère suivant son âge, et qui est de plus en plus sucrée. Celle-ci est toujours proportionnée rigoureusement aux besoins du ver , et Huber dit qu'il la consomme toujours en entier. Ce dernier auteur pense que c'est le pollen qui sert principalement à alimenter les Larves de ces Hyménoptères , et que les nourrices le leur dégorgent après lui avoir fait subir un commencement de digestion.

Les ouvrières et les mâles sont élevés avec une même nourriture , mais on présente un aliment différent et plus substantiel aux Larves des reines , et c'est même aux propriétés de celui-ci qu'est dû leur développement. On ne peut plus douter de ce fait depuis les expériences et les observations de Riem et de Schirach, répétées par Huber; on sait que quand une ruche se trouve , par accident, privée de reine , les ouvrières agrandissent une des cellules ordinaires, puis administrent une pâtée royale à la Larve qui y réside et devait être une Abeille neutre, et que, par ce moyen , celle-ci devient une femelle; c'est donc exactement le seul bénéfice de la nourriture qui détermine la nature de certains individus, et l'on peut, d'après cela, considérer les neutres comme des femelles qui ont avorté par le défaut d'un aliment approprié. Bien mieux, si, pendant que les Abeilles agrandissent une cellule pour produire une reine, on leur donne une femelle , tout à coup elles cessent leurs travaux, comme si elles sentaient que désormais ils sont inutiles.

Les Larves éprouvent plusieurs mues à mesure qu'elles grossissent, et six ou sept jours après leur naissance elles se disposent à subir leur métamorphose. Alors les ouvrières bouchent hermétiquement l'entrée de leur cellule en y plaçant un couvercle en cire , qui est convexe à l'extérieur. Immédiatement après avoir été renfermées, ces Larves se filent une petite coque en soie à l'abri de laquelle elles passent à l'état de Nymphe. Lorsque douze jours environ se sont écoulés, ces Hyménoptères ont atteint l'état parfait; alors , à l'aide de leurs mandibules , ils rongent le couvercle en cire qui les emprisonnait et sortent hors de leur cellule encore humides et faibles, l'Insecte ayant ainsi parcouru à peu près en vingt jours toutes les phases de son développement.

Essaims. Lorsque de nouvelles générations d'Abeilles viennent à éclore, l'habitation ne suffisant plus pour contenir toute la population, une émigration devient nécessaire; mais celle-ci ne s'effectue jamais que lorsqu'une nouvelle reine est sur le point de naître et va se trouver apte à remplacer celle qui doit partir à la tête de la colonie. Quels que soient les inconvénients qui résultent de l'agglomération d'un trop grand nombre d'individus dans une même ruche, jamais le voyage n'est entrepris avant cet événement, mais aussitôt qu'il s'est opéré, un nombre considérable d'Abeilles ayant à leur tête la reine qui éclot la première, abandonnent leur séjour et forment une légion errante que l'on nomme *essaim*, et qui ne tarde pas à se fixer sur quelque arbre en y figurant une masse conique et pendante, dont tous les Insectes se sont accrochés les uns aux autres par les pattes.

On attribue la cause prochaine du départ des essaims à l'antipathie extraordinaire que les reines se manifestent mutuellement, et au trouble que leur haine innée occasionne dans toute la ruche. Quand une femelle vient d'éclore, elle se dirige d'abord vers les autres cellules royales pour en massacrer les Nymphes; mais les ouvrières se précipitent au-devant d'elle pour l'empêcher d'accomplir ce dessein, et, ainsi que des sentinelles vigilantes, s'opposent continuellement à ses vues. Alors, ne sachant plus où se retirer, cette reine parcourt les alvéoles, met en mouvement toutes les Abeilles qu'elle rencontre, et au milieu de ce tumulte, qui fait considérablement monter la température de la ruche, elle s'envole avec son nombreux cortége.

Cependant, il n'est pas rare de trouver deux ou trois reines dans un seul essaim; mais cet état ne subsiste pas longtemps, car, lorsque celles-ci se rencontrent, elles se livrent un combat à mort, dont les circonstances curieuses ont été décrites avec le plus grand soin par Huber.

Historique et archéologie. L'importance des produits que les Abeilles offrent aux hommes les rendirent dans tous les temps l'objet de leur attention, et dès la plus haute antiquité, on voit ces Insectes accompagner la civilisation naissante et lui rendre d'importants services en subvenant à ses besoins. Il en est souvent fait mention dans le plus ancien des livres connus, la Bible. Au chapitre des Juges, on lit que Samson trouva un essaim d'Abeilles et des provisions de miel dans la gueule d'un Lion qu'il avait tué peu de temps auparavant; et cet exemple, qui n'est pas le seul de cette nature, contribua peut-être à répandre anciennement que ces Hyménoptères s'engendraient spontanément dans les substances en putréfaction.

L'aisance que certaines populations de l'antiquité se procurèrent en élevant des Abeilles dans leurs campagnes, fut sans doute ce qui porta quelques contrées de la Grèce à prendre ces Insectes comme emblème et à les représenter sur leurs monuments. Il paraît, d'après Choiseul,

que l'on en trouve de figurés sur le revers des médailles des îles de
Ténédos, de Sicinos, et d'Elyros, qui font partie de l'archipel de la
Grèce. On connaît aussi quelques statues antiques au pied desquelles
s'observent des ruches en osier, ce qui vient attester l'ancienneté de
l'art d'élever les Abeilles ; telle est, entre autres, celle de Cérès, mentionnée par Montfaucon.

L'histoire nous apprend que l'homme n'essaya pas seulement de tirer
parti du produit des Abeilles, mais encore que, dans quelques occasions,
il se fit de celles-ci des auxiliaires pour sa défense ; en effet, on lit dans
les écrits d'Appien, que les Thémiscyriens, assiégés par Lucullus, lancè-
rent non-seulement des Ours et d'autres bêtes féroces contre ses légions,
mais aussi des ruches remplies de ces Hyménoptères, afin que ces Insectes, en sortant irrités, jetassent le trouble parmi ses soldats. Un pareil
moyen fut aussi mis en usage dans les temps modernes ; et au siége de
Belgrade par Amurat, les habitants de la ville jetèrent des Abeilles sur
les soldats qui tentaient d'escalader les murs.

Les Francs, selon M. Lemarchand de la Faverie, avaient consacré les
Abeilles à la lune. Ce furent sans doute leurs travaux, leur activité et
leur intelligence qui, au moyen âge, firent choisir ces Insectes pour
symboliser la royauté. On en trouva de représentés en émail dans le
tombeau de Childéric découvert à Tournay. Par ceux-ci, ce prince
voulait peut-être symboliser l'activité que doit avoir un peuple qui se
forme, et Napoléon fut probablement régi par cette idée lorsqu'il fit
entrer ces animaux dans ses ornements impériaux.

Le miel et la cire, qui sont produits par les Abeilles, ont été employés
de tout temps. Le premier passa toujours pour la nourriture la plus
saine et la plus exquise qui puisse être offerte à l'homme, et sa saveur
délicieuse est souvent citée dans le langage métaphorique. Les Hébreux
et les Grecs le regardaient même comme un présent de la divinité. Pour
peindre au peuple juif le charme de la terre promise, on sait que Moïse
lui dit que Dieu l'établirait dans une contrée où coulaient des ruisseaux
de lait et de miel. Cette citation suffit seule pour démontrer le cas que
les peuples primitifs faisaient de cet aliment. Les Grecs ne l'estimaient
pas moins, puisqu'ils prétendent dans leur mythologie qu'il fut la première nourriture de Jupiter ; Homère semble attester le prix que l'on y
mettait de son temps en racontant qu'Hécamèdes traita Nestor et Pa-
trocle en leur offrant du miel. Enfin celui-ci était fréquemment servi
aux repas des Grecs, et, au rapport de Dioscoride et de tous les auteurs,
c'était le miel des environs d'Athènes, et principalement celui du mont
Hymète que ceux-ci estimaient le plus. Les Romains ne recherchaient
pas moins cet aliment ; Suétone, dans sa vie de Néron, dit que des
amis de cet empereur lui donnèrent des repas d'une telle magnificence
qu'il y avait seulement pour cent mille écus d'or de confitures de miel.
Ce trait, qui est sans doute exagéré, est seulement propre à démontrer
le cas que l'on faisait de ce mets exquis.

Les écrivains anciens rapportent que le miel de certaines contrées qui bordent le Pont était désagréable ou même dangereux. Théophraste, Strabon et Dioscoride disent que celui de la Colchide offrait une amertume repoussante, qui était due aux buis abondants qui couvraient cette contrée et dont ils prétendaient que les Abeilles dépeçaient les fleurs. Xénophon rapporte que, lorsque l'armée des Dix Mille campait près de Trébisonde, les soldats ayant mangé du miel récolté dans les environs, ils éprouvèrent des symptômes d'empoisonnement, des vomissements, du délire, et que la terre était alors jonchée de corps comme après une défaite; mais aucun n'en mourut. Tournefort, en visitant les abords de cette ville, reconnut qu'ils étaient peuplés par une abondance d'*azalea pontica*, et il prêta à l'usage que les Abeilles de ce pays font de cette plante, les qualités vénéneuses de leur miel.

Actuellement, on estime principalement le miel du mont Ida, de Mahon et de Narbonne; mais nous regardons celui que l'on récolte dans le Jura et la vallée de Chamouny comme lui étant fort supérieur. En essayant d'apprécier à quelles causes tenaient les différentes qualités de cet aliment, les auteurs ont pensé que l'excellence de celui qui provient des îles Baléares et de Narbonne était due aux abondantes labiées qui se trouvent dans ces lieux, et telle est l'opinion de MM. Biot et Decandolle, qui regardent spécialement les romarins qui y croissent comme lui donnant son parfum. Mais au contraire, la saveur exquise du miel de Chamouny serait due, suivant de Saussure, aux exsudations sucrées des feuilles des mélèzes qui sont nombreux dans cette vallée et que les Abeilles aiment beaucoup à sucer.

L'autre produit des Abeilles, la cire, était déjà utilisée dans l'antiquité, et dans les âges suivants ses usages se sont considérablement étendus. Les Persans s'en servaient pour conserver leurs parents après leur mort, et Strabon dit qu'à cet effet ils en étendaient une couche sur toute l'étendue de leurs cadavres. Durant l'époque grecque on en faisait des tablettes pour écrire et on y traçait des caractères avec un stylet dont l'extrémité, qui était mousse, servait à effacer l'écriture lorsqu'elle devenait inutile; il y avait de ces tablettes dans les temples de Cos et d'Épidaure, et l'on inscrivait dessus les cures des malades; on prétend qu'Hippocrate y puisa beaucoup de documents. En France, du XVᵉ au XVIIᵉ siècle on fit usage de semblables tablettes, et on lit dans les Mémoires de l'Académie des Inscriptions, que les voyages de Philippe le Hardi et de Philippe le Bel furent tracés sur de la cire. Aujourd'hui, celle-ci sert à mille usages divers, et surtout à la confection des bougies.

Économie rurale. Les Abeilles pourraient donner d'importants revenus aux cultivateurs, puisqu'on les élève presque sans dépense; mais malheureusement ceux-ci s'entendent mal pour en tirer parti, parce qu'ils manquent des connaissances nécessaires pour exploiter fructueusement leurs produits. Les traités d'agriculture contiennent de nombreux modèles de ruches; les meilleures que l'on puisse adopter sont sans contredit les *ruches à hausses*, puisqu'elles permettent d'enlever continuellement les magasins de miel qui se trouvent vers le haut des gâteaux, sans nuire au couvain qui s'élève dans les cellules inférieures. M. Féburier évalue le produit annuel d'une ruche à 12 francs; mais si l'on en doit croire quelques agronomes anglais, la ruche complexe de Nutt donnerait un bénéfice bien plus considérable, puisque l'on dit avoir retiré jusqu'à 296 livres de miel, en une seule année, de ses diverses chambres.

La première condition pour que les Abeilles prospèrent, c'est de les élever dans une contrée qui leur présente les végétaux les plus aptes à les nourrir. Quelquefois, pour satisfaire à cette exigence, il est utile de les faire voyager; les anciens avaient pénétré cette indication, et l'on sait que Niébur rencontra sur le Nil 40,000 ruches que l'on changeait de climat. Dans quelques régions de la France, ainsi qu'en Italie et dans les vallées du Mont-Blanc, cette coutume existe encore, et l'on transporte parfois fort loin les Abeilles, pour les laisser pendant un certain temps dans des endroits où il existe des prairies artificielles de sainfoin; c'est la nuit qu'on leur fait accomplir leurs voyages, et l'on paye ordinairement un franc par ruche au cultivateur chez lequel on les dépose durant la floraison de son champ.

On peut avec assez de précision calculer le nombre des Mouches à miel qui se trouvent dans une ruche. Selon Réaumur, 336 de ces Insectes équivalent au poids d'une once. De manière que d'après cela, un essaim du poids de cinq livres doit être formé d'environ 26,800 individus, et il s'en doit trouver à peu près 43,000 dans un de huit. On peut présumer que les Abeilles ne vivent qu'un à deux ans, quoique certains agronomes affirment qu'elles prolongent leur existence six ou huit.

MÉLIPONES. *Melipona.* Premier article des tarses postérieurs triangulaire, plus étroit à sa base. Aiguillon nul.

La *Mélipone domestique* remplace notre Abeille dans le Nouveau-Monde dont elle est originaire, et on l'y élève comme celle-ci pour en extraire du miel et de la cire (Pl. 27, fig. 3). Les premières notions que nous ayons eues sur elle provinrent du voyageur anglais Basil Hall, et Huber fils l'a fait connaître avec quelques détails, il y a fort peu de temps, dans un mémoire spécial. Latreille avait douté d'abord qu'il pût y avoir en Amérique une Abeille dépourvue de dard et qui ne piquât jamais; mais il a été amené à reconnaître la justesse de ces assertions, et il admet que cet Hyménoptère n'a réellement que des vestiges d'aiguillon qui ne peuvent lui servir comme arme offensive.

Les Mélipones placent leur habitation dans les arbres creux et y vivent en sociétés assez nombreuses, qui forment des alvéoles en cire analogues à celles des Abeilles, pour y élever leur progéniture; mais elles construisent des magasins à miel et à pollen qui sont d'une configuration spéciale, et représentent des espèces d'utricules de la grosseur d'un œuf (fig. 4, 6); celles-ci sont à peu près sphéroïdales, mais leur intérieur semble taillé à facettes à cause des pressions opérées par les cellules voisines (fig. 4, A).

Beaucoup d'habitants du Mexique élèvent des Mélipones domestiques dans leurs campagnes. « Les ruches, dans cette partie de l'Amérique, dit Basil Hall, sont faites de troncs de bois de deux à trois pieds de long, sur 8 à 10 pouces de diamètre, creusés intérieurement et fermés aux deux extrémités par des portes cimentées au bois, mais pouvant s'enlever à volonté. Pour éviter ce lourd appareil, quelques personnes font usage de ruches cylindriques en terre cuite ornées d'anneaux et de figures en relief et qui servent d'embellissement à la façade des maisons où elles sont suspendues par des cordes partant du toit; sur un des côtés de la ruche se trouve pratiquée une ouverture justement assez large pour permettre à une Abeille chargée de son butin de pouvoir rentrer. Cette ouverture représente ordinairement une bouche humaine ou quelque monstre. Là, se tient communément une Abeille, dont l'office n'est rien moins qu'une sinécure, car, vu la petitesse de la porte, elle est obligée de se tirer de côté chaque fois qu'une Abeille entre ou sort. On m'a dit que d'après des expériences bien faites, et en marquant la sentinelle, on s'est assuré que la même Mouche restait en faction durant tout le cours de la journée. »

On peut extraire le miel de ces ruches sans danger, et les Insectes qui les habitent, contrariés par ce travail, viennent s'abattre sur les membres de celui qui l'opère, mais ils ne lui font aucun mal; on en obtient de chacune d'elles environ trente livres par année. La cire de ces Hyménoptères est d'un jaune foncé, et elle sert à faire des cierges dont le peuple fait usage dans les processions. L'abondance des produits de la Mélipone domestique, la facilité avec laquelle on les exploite, devraient faire tenter de la naturaliser en France.

BOURDONS. *Bombus.* Corps très-velu; corselet beaucoup plus large que la tête; jambes postérieures terminées par deux épines.

Les Bourdons ont le corps garni de longs poils formant des bandes de diverses couleurs. Ils vivent en sociétés composées de trois sortes d'individus, mais leurs républiques sont peu nombreuses, ne possèdent que cinquante à trois cents sujets, et ils en placent ordinairement le siége sous la terre, à un ou deux pieds de profondeur, dans une cavité tapissée de mousse et de cire. Les larves sont nourries, comme celles des Abeilles, avec un mélange de pollen et de miel que les ouvrières leur apportent.

Le *Bourdon des pierres*, qui fait son nid au bas des murs, est celui que l'on peut observer le plus souvent. La femelle est noire, avec le bout de l'abdomen fauve; le mâle a des poils jaunes à la tête et au corselet.

MÉGACHILES. *Megachile.* Abdomen court, subtriangulaire ou

demi-ovale , plan en dessus et susceptible de se relever supérieurement.

La disposition du ventre permet aux Mégachiles femelles de faire
usage de leur aiguillon par dessus leur corps. Quelques-unes font leurs
nids avec des fragments de feuilles qu'elles coupent régulièrement au
moyen de leurs mandibules, et auxquels elles donnent la configuration
de l'ovale ou du cercle. C'est cette coutume qui leur a valu le nom
d'*Abeilles coupeuses de feuilles*. Puis avec leur ouvrage on les voit
tapisser des trous qu'elles ont creusés dans la terre ou qui s'observent
dans les murs ; et après avoir amassé une certaine quantité d'aliments
dans chacun de ces réduits lambrissés, qui ont la forme d'un dé à
coudre, elles y pondent un œuf, puis en ferment l'entrée avec un fragment de feuille découpée. D'autres espèces de ce genre construisent
des nids en maçonnerie.

Telle est la *Mégachile des murs*, qui est vulgairement appelée
Abeille maçonne ; elle bâtit pour recevoir sa progéniture des espèces
de cellules ovoïdes qui sont formées d'un mortier de terre fine ou de
sable. Celles-ci s'observent particulièrement sur les murs ou dans les
cannelures des colonnades exposées au midi. Tantôt ces nids sont isolés, et tantôt on en rencontre plusieurs qui se trouvent accolés. Ainsi
que les espèces précédentes, celle-ci dépose dans chacune de ses cellules
un œuf et une certaine quantité de pâtée pour sa Larve (Pl. 27, fig. 9).

XYLOCOPES. *Xylocopa*. Tête plus large que le corselet. Yeux
très-volumineux ; labre très-dur, cilié ; mandibules en cuilleron, bidentées.

On les appelle vulgairement *Abeilles Perce-bois* ou *Menuisières*,
à cause de la manière dont elles creusent les arbres. Ces Insectes sont
généralement propres aux contrées chaudes, et quelques-uns se rencontrent jusque dans les régions tempérées. Leur facies se rapproche
de celui des Bourdons ; leur corps est ordinairement noir et porte des
ailes colorées en violet ou en vert métallique ; dans plusieurs espèces
les mâles diffèrent beaucoup des femelles.

La *Xylocope violette*, qui est connue sous le nom d'*Abeille char-
pentière*, est assez commune en France au printemps ; elle est d'un
noir bleuâtre, et ses ailes reflètent de brillantes teintes violettes.
(Pl. 27, fig. 5.) La femelle dépose sa progéniture dans de longs canaux, qu'elle creuse dans le corps ligneux des arbres à l'aide de ses
mandibules. Ces conduits sont toujours verticaux, et l'on en rencontre
parfois plusieurs dans la même poutre ; ils ont jusqu'à douze à quinze
pouces de longueur, et leur diamètre est tel, suivant Réaumur, que
l'on peut y faire entrer le petit doigt. Lorsque ceux-ci sont pratiqués,
cet Insecte les partage en petites cellules isolées par des cloisons qu'il
fait en agglutinant avec sa salive une portion de la râpure de bois qui
a été produite par son travail, de manière que l'on découvre dans
chaque canal environ une douzaine de ces petites loges. La Xylocope

emmagásine dans chacune de celles-ci, une certaine quantité de pollen et de miel, et en forme une espèce de bouillie qui la remplit presque totalement; puis elle y dépose un œuf, et la Larve qui naît de celui-ci trouve par cette prévoyance tout ce qui doit former sa nourriture pendant la durée de son existence. D'abord gênée dans sa cellule par l'abondance de l'aliment qui l'environne, à mesure qu'elle le dévore et qu'elle grandit, cette Larve s'y meut plus à l'aise; et quand tout est absorbé, elle se métamorphose dans cette prison protectrice, dont on ne la voit sortir qu'à l'état parfait après en avoir perforé les cloisons (Pl. 27, fig. 6).

ANDRÈNES. *Andrena.* Corps velu. Division moyenne de la languette cordiforme ou lancéolée.

Ces Hyménoptères vivent solitairement et l'on ne trouve parmi eux que deux sortes d'individus, des mâles et des femelles. L'*Andrène des murs* est commune en France; sa femelle creuse dans le sable des cavités au fond desquelles elle place un miel d'une odeur narcotique et qui, par sa couleur et sa consistance, ressemble à du cambouis.

FAMILLE DES DIPLOPTÈRES.

Ailes supérieures doublées longitudinalement. Antennes ordinairement coudées et claviformes; yeux réniformes; mâchoires ne dépassant pas les mandibules.

On peut encore ajouter à ces caractères la configuration de l'abdomen qui est pédiculé, tronqué à sa base, et dont la région inférieure n'est point concave. Les Diploptères, dont le nom rappelle la disposition des ailes, ont des mœurs semblables à celles des Apiaires, et plusieurs d'entre eux vivent en sociétés composées de trois sortes d'individus.

GUÊPES. *Vespa.* Antennes fusiformes, de douze ou treize articles; mandibules dentées.

Ces Insectes, qui sont répandus sur les deux hémisphères, vivent en sociétés plus ou moins nombreuses, composées de mâles, de femelles et de neutres. Les individus des deux dernières sortes font des nids ou *guêpiers* composés d'une espèce de papier ou de carton qu'ils forment en broyant, avec leurs mandibules, des parcelles de vieux bois ou d'écorce, et en les réduisant en pâte à l'aide d'un fluide qui abonde dans leur bouche. Ces nids offrent des gâteaux, ordinairement horizontaux, suspendus par un ou plusieurs pédicules, et portant des alvéoles hexagonales sur leur face inférieure; celles-ci ne servent que pour loger les Larves et les Nymphes. Tantôt ces gâteaux sont nus et tantôt ils sont environnés de parois d'une substance analogue à celle dont ils sont confectionnés, de manière qu'ils représentent une masse souvent ovalaire ou pyriforme Les femelles commencent seules ces habitations, remarquables et y pondent des œufs d'où naissent des neutres ou ouvrières qui bientôt les aident à les agrandir ainsi qu'à soigner les petits qui éclosent ensuite. Jusqu'aux premiers jours de l'automne leur société n'est formée que de deux sortes d'individus ; mais dans cette saison naissent de jeunes mâles et de jeunes femelles ; puis les diverses Larves qui sont trop retardataires dans leur développement sont arrachées de leurs cellules et mises à mort par les neutres, qui périssent, ainsi que les mâles, quand arrive l'hiver : ce sont les femelles qui survivent au delà de cette saison, qui, au printemps suivant, deviennent les fondatrices d'une nouvelle colonie.

Les *Guêpes* se nourrissent d'Insectes qu'elles tuent avec leur dard, ou de viande dont elles rapportent même des morceaux dans leur nid, ou enfin de fruits, et elles élèvent leurs Larves avec l'extrait de ces différentes substances. La piqûre de ces Hyménoptères est plus grave que celle des Abeilles, et ils ont quelquefois, en les assaillant en grand nombre, tué des hommes et de gros animaux.

La *Guêpe commune* est longue d'environ huit lignes ; son corps est taché de jaune et de noir ; elle fait sa demeure sous la terre. La *Guêpe frélon*, qui est longue d'un pouce, et de couleur fauve, avec des taches noires, construit son nid dans les greniers ou les troncs d'arbres ; celui-ci est formé d'une sorte de papier grossier, friable et couleur de feuille morte, puis ses rayons sont en petit nombre. Elle fait la guerre aux autres Insectes et surtout aux Abeilles dont elle vole le miel. La *Guêpe moyenne*, qui offre une taille intermédiaire aux deux précédentes, suspend ses nids aux arbres des forêts et les compose de très-minces feuillets d'une sorte de papier gris.

La *Guêpe cartonnière*, qui vit à Cayenne, est célèbre par la structure de son habitation ; celle-ci, qui dénote encore dans ces Insectes de plus hautes facultés que n'en possède l'Abeille, représente un cône tronqué suspendu aux branches par sa pointe, et dont l'intérieur est distribué en plusieurs étages de cellules hexagonales et régulièrement disposées à la partie inférieure de planchers minces qui forment des chambres superposées les unes au-dessus des autres et communiquant ensemble par un simple trou. Tout cet édifice est construit avec une espèce de carton très-compacte et très-fin, qui résiste merveilleusement aux plus fortes pluies. On rencontre de ces nids dans tous les cabinets des curieux, et ils ont souvent un pied et même un pied et demi de longueur. On y compte jusqu'à une vingtaine d'étages, dont chacun a fait successivement partie de l'extérieur, car c'est à sa face inférieure que les cellules sont appliquées à mesure que la société, en s'accroissant, en réclame de nouvelles (Pl. 27, fig. 1 et 2).

FAMILLE DES FOUISSEURS,

Hyménoptères étant tous ailés. Ailes complétement étendues ; membres propres à marcher ou à fouir ; abdomen pédiculé ; un aiguillon. Antennes non brisées, de treize à dix-sept articles ; languette évasée.

SPHEX. *Sphex*. Ce grand genre qui a été diversement divisé, forme à lui seul cette famille. Les Hyménoptères qu'il renferme sont très-agiles et continuellement occupés à la recherche des Insectes propres à nourrir leurs petits, car à l'état adulte ils ne vivent plus que de pollen et de nectar. La plupart des Sphex ont l'habitude de préparer des nids dans la terre ou dans le corps ligneux des arbres pour y déposer leur progéniture, et, par une prévoyance admirable, ils apportent à côté d'elle des Araignées, des Chenilles ou des Mouches, après les avoir paralysées avec leur venin et par la blessure de leur dard, afin que celles-ci, quoique vivantes, restent auprès des œufs qu'ils viennent de produire, et n'échappent pas aux Larves qui vont en naître. Celles-ci sont apodes, ressemblent à un petit Ver et se filent une coque pour se métamorphoser.

Le *Sphex des sables* est le plus commun dans les environs de nos villes ; il est noir, velu, avec deux segments jaunes ou rougeâtres à l'abdomen. Sa femelle, à l'aide de ses pattes, creuse dans la terre un trou assez profond dans lequel elle dépose un de ses œufs, puis, après y avoir mis aussi une Chenille blessée mortellement, elle le ferme avec des parcelles du sol ou avec un petit caillou. Il paraît que cet Hyménoptère fait plusieurs pontes dans le même nid.

FAMILLE DES HÉTÉROGYNES.

Femelles et individus neutres constamment ou temporairement aptères. Antennes coudées ; yeux lisses rarement distincts.

FOURMIS. *Formica*. Trois sortes d'individus ; mâles et femelles ailés ; neutres aptères ; pédicule abdominal en forme d'écaille ou de nœud unique ou double. Mandibules ordinairement très-fortes ; un aiguillon ou des glandes sécrétoires vers l'anus.

Ces Insectes vivent en sociétés nombreuses ainsi que les Abeilles et les Guêpes, et leurs réunions, comme nous venons de le dire, se composent aussi de trois sortes d'individus : de Mâles, de Femelles et de Neutres ou Ouvrières ; mais parmi les Fourmis ces dernières se font remarquer en ce qu'elles sont dépourvues d'ailes. L'abdomen de ces animaux contient deux appareils de sécrétion qui éjaculent un liquide particulier d'un goût musqué et qui est connu sous le nom d'*acide for-mique*.

On a de tout temps mentionné ces Insectes, car leur économie industrielle avait déjà frappé la haute antiquité. Salomon renvoyait les paresseux à leur école ; chez les anciens Égyptiens, on en voyait de figurés sur divers monuments, et dans les caractères hiéroglyphiques ils représentaient le symbole de la prévoyance et de l'intelligence. Aristote, qui semble les avoir bien observés, les comptait au nombre des animaux les plus industrieux, mais il ne décrit point leurs mœurs, parce que, dit-il, elles sont connues de tout le monde. Pline est entré à leur égard dans un peu plus de détails. Il considère leurs sociétés comme des espèces de républiques, et il nous apprend que lorsque les Fourmis se rencontrent elles semblent causer ensemble et se demander des nouvelles. Elles seules avec l'homme, ajoute-t-il, donnent la sépulture à leurs morts. Il parle aussi de certaines Fourmis qui habitent l'Inde et sont grosses comme des loups ; ce compilateur prétend même que celles-ci savent extraire de l'or des mines et que les Indiens le leur ravissent parfois en hiver, mais non sans danger, car lorsque ces animaux en sont avertis ils mettent en pièces les ravisseurs, sans que la légèreté de leurs chameaux puisse les sauver. Mais en général toutes les notions que les anciens nous ont laissées sur ces Hyménoptères sont entremêlées de fables non moins absurdes que celle qui vient d'être citée, et l'on peut le reconnaître en compulsant leurs textes, qui ont été rassemblés par S. Bochart dans son *Hiérozoïcon*.

Il résulte de là que, quoique les auteurs anciens aient souvent parlé des Fourmis, ce ne furent réellement que Swammerdam et de Géer qui posèrent les éléments de leur histoire. Leurs mœurs n'ont même été étudiées pour la première fois avec détail que par Gould en Angleterre, en 1774. Ensuite Latreille et surtout Huber fils s'en occupèrent avec distinction, et ce sont les travaux de ce dernier qui vont servir de base à presque tout ce que nous allons dire sur ces Insectes.

Habitations des Fourmis. Ces Hyménoptères déploient toute leur intelligence pour construire une demeure commode et sûre, et celle-ci est pratiquée d'une manière différente et avec des éléments qui varient selon les espèces ; quelques-unes se contentent de se créer un domicile en amassant à la surface du sol divers débris, d'autres le font en maçonnerie ou en charpente.

L'habitation des Fourmis fauves a l'aspect d'un monticule ou d'un dôme arrondi. Au premier coup d'œil elle semble formée d'éléments amassés sans ordre, mais lorsqu'on l'observe avec attention, on s'aperçoit immédiatement qu'une sagesse admirable a présidé à sa construction, et que tout est arrangé de manière à éloigner les eaux de la fourmilière, à la protéger contre les injures de l'air ou les attaques de ses ennemis, et enfin à lui ménager la chaleur du soleil, ou à conserver celle de son intérieur. La majeure partie de cette sorte de nid se trouve enfouie dans le sol, et des chemins plus ou moins nombreux, disposés en entonnoirs, servent à établir des communications entre la région supérieure de l'édifice et ses parties souterraines. Ces Fourmis commencent leurs travaux en creusant dans le sol une cavité dont la profondeur est en raison du nombre d'individus qui composent leur république ; puis ensuite elles se disséminent dans les environs pour y récolter les matériaux propres à leurs constructions, et qui consistent en petits brins de bois, en graines et en parcelles de terre. L'intérieur de cette habitation offre des galeries et des salles spacieuses, disposées de manière à former plusieurs étages. La plus vaste salle est située vers la partie centrale ; elle est beaucoup plus élevée que les autres, et ne se trouve traversée que par les poutres en miniature qui en soutiennent le plafond ; c'est dans cette pièce, où viennent aboutir toutes les galeries, que se tiennent la plupart des individus qui composent la société. Les Fourmis fauves mettent un soin tout particulier à conserver l'intégrité de leur domicile ; chaque jour, aux approches de la nuit, elles ont la précaution d'en fermer toutes les issues et d'en barricader tous les passages avec de petites bûchettes de grosseur différente, qu'elles placent en sens contraire ; elles emploient même parfois des feuilles sèches pour en recouvrir les ouvertures après qu'elles ont été ainsi obstruées, et c'est de cette manière que ces Insectes s'abritent du froid dans la profondeur de leur séjour ou s'y protégent contre leurs ennemis. Les mêmes précautions sont prises par eux lorsque la pluie va tomber, afin d'empêcher l'eau d'envahir l'intérieur de la fourmilière.

La Fourmi brune est plus industrieuse que la précédente ; son nid est construit par étages de quatre à cinq lignes d'élévation et dont les cloisons n'offrent pas plus d'une demi-ligne d'épaisseur. La substance qui forme ces dernières est d'un grain si fin, qu'elles paraissent lisses. On découvre à chaque étage des galeries alongées, pour les communications, des cavités taillées avec soin, et dans l'intérieur desquelles existent de vraies colonnes ou arcs-boutants supportant les plafonds des salles les plus vastes.

Les Fourmis fuligineuses construisent encore des repaires qui semblent demander des travaux beaucoup plus opiniâtres ; ils sont taillés à même le corps ligneux des arbres, de manière qu'on peut considérer ces insectes comme un peuple de sculpteurs ou de menuisiers. Laissons Huber lui-même décrire leur extraordinaire habitation : « Qu'on se représente, dit-il, l'intérieur d'un arbre entièrement sculpté ; des étages sans nombre, plus au moins horizontaux, dont les planchers et les plafonds, à cinq ou six lignes de distance les uns des autres, sont aussi minces qu'une carte à jouer, et supportés tantôt par des cloisons verticales qui forment une infinité de cases, tantôt par une multitude de petites colonnes assez légères qui laissent voir entre elles la profondeur d'un étage presque entier, le tout d'un bois noirâtre et enfumé, et l'on aura une idée assez juste des cités de ces fourmis. »

« La plupart des cloisons verticales qui divisent chaque étage en compartiments sont parallèles et suivent le sens des couches ligneuses, toujours concentriques, ce qui donne un air de régularité à l'ouvrage. Les planchers, pris dans leur ensemble, sont horizontaux; les petites colonnes sont d'une à deux lignes d'épaisseur, plus ou moins arrondies, d'une hauteur égale à l'élévation de l'étage qu'elles supportent, et plus larges en haut et en bas que dans le milieu, un peu aplaties à leur extrémité, et rangées en lignes, parce qu'elles ont été taillées dans les cloisons parallèles. »

La Fourmi éthiopienne et celle qui, à cause de sa taille, a été nommée l'*Hercule*, creusent aussi dans les troncs des vieux arbres des galeries considérables représentant un labyrinthe dans lequel, de place en place, se rencontrent des appartements spacieux. La première se fait en outre remarquer par l'industrie avec laquelle elle emploie les petits fragments de bois, ou la sciure de celui-ci pour diviser en compartiments les salles qui sont trop vastes pour son usage ou pour en boucher les conduits inutiles.

L'architecture d'un autre Insecte de ce groupe est encore plus remarquable; il forme uniquement ses nids avec de la terre, et leur intérieur représente une sorte de labyrinthe composé de loges et de galeries construites avec art; Huber l'appelle Fourmi maçonne à cause de la nature de ses édifices.

Mœurs. Lorsque les Fourmis se sont éloignées de leur habitation elles retrouvent toujours celle-ci avec facilité, cependant on ne sait pas au juste ce qui peut les guider dans leurs recherches. On a pensé qu'elles se conduisaient simplement à l'aide de l'odorat; mais Huber, sans nier l'influence de ce sens, croit que d'autres moyens, entre autres la mémoire des localités, servent à guider ces Insectes. Lorsque l'on creuse un fossé de plusieurs pouces sur leur passage, cela les désoriente d'abord, mais après quelques moments d'hésitation, on les voit suivre la route qui conduit à leur retraite. Huber ayant jeté des fourmilières au milieu d'une chambre, a observé qu'au premier moment tous les individus se disséminaient au hasard de côté et d'autre; mais il reconnut que lorsqu'une des Fourmis avait découvert quelque issue, elle revenait au milieu des autres et leur indiquait, par ses gestes et à l'aide de ses antennes, la route qu'elles devaient prendre, et les accompagnait même jusqu'à la sortie qu'elle avait trouvée. Pendant toutes leurs courses lorsque ces Insectes se rencontrent, ils se touchent fréquemment avec ces organes, et Huber, en voyant leurs déterminations se produire après ce contact, s'est efforcé de faire admettre qu'il pouvait exister chez les Fourmis une sorte de langage de tact qu'il nomme *antennal*.

Plusieurs naturalistes avaient fait mention d'un usage commun chez les Fourmis, celui de se porter les unes les autres; mais on en ignorait la cause, et celle-ci n'a été bien connue que depuis les observations de Latreille et de Huber fils. Parfois, ce sont de véritables enlèvements qu'opèrent ces Insectes dans l'intérêt de leur république; à ce sujet, le premier auteur s'exprime ainsi dans le règne animal de Cuvier : « La plupart des fourmilières se composent uniquement de la même espèce;

mais la nature s'est écartée de ce plan à l'égard de la Fourmi roussâtre ou *amazone* et de la Fourmi sanguine. Leurs neutres se procurent par la violence des auxiliaires de leur caste, mais d'espèces différentes et que j'ai désignées sous le nom de *noir-cendrée mineuse*. Lorsque la chaleur du jour commence à décliner, régulièrement à la même heure, du moins pendant quelques jours, les Fourmis amazones quittent leurs nids, s'avancent sur une colonne serrée plus ou moins nombreuse, suivant l'étendue de la population, et se dirigent en corps d'armée jusqu'à la fourmilière qu'elles veulent spolier. Elles y pénètrent malgré l'opposition et la défense des propriétaires, saisissent avec leurs mandibules les Larves et les Nymphes des Fourmis neutres propres à ces sociétés et les transportent en suivant le même ordre dans leur habitation. D'autres Fourmis neutres de leur espèce, mais en état parfait, qui y ont pris naissance, ou qui ont été arrachées à leurs foyers de la même manière, en prennent soin ainsi que de la postérité de leurs vainqueurs. »

D'autres fois aussi, lorsque les Fourmis, guidées sans doute par une raison impérieuse, se décident à transporter le siége de leur république dans un autre lieu que celui où il se trouvait précédemment, on observe que pendant cette migration un grand nombre d'individus font le trajet en portant les autres ; et comme l'a reconnu Huber, le chemin est rempli de Fourmis chargées de leur fardeau et allant au nouveau gîte, et de beaucoup d'autres qui vont à l'ancien y enlever quelques-unes de leurs compagnes.

Combats. Le courage que ces Insectes déployent pendant leurs combats, n'est pas moins digne de fixer notre attention ; mais pour ne point affaiblir la description que Huber a donnée de l'un de ceux-ci, laissons parler ce naturaliste lui-même : « Si nous voulons voir, dit-il, des armées en présence, une guerre dans toutes les formes, il faut aller dans les forêts où les Fourmis fauves établissent leur domination sur tous les Insectes qui se trouvent sur leur passage. Nous y verrons des cités populeuses et rivales ; des routes battues, partant de la fourmilière comme autant de rayons, et fréquentées par une foule innombrable de combattants ; des guerres entre des hordes de la même espèce, car elles sont naturellement ennemies et jalouses du territoire voisin de leur capitale. C'est là que j'ai pu observer deux des plus grandes fourmilières aux prises l'une avec l'autre. Je ne dirai pas ce qui avait allumé la discorde entre ces républiques ; elles étaient de la même espèce, semblables pour la grandeur et la population, et situées à cent pas de distance : deux empires ne possédent pas un plus grand nombre de combattants. Qu'on se représente une foule prodigieuse de ces Insectes, remplissant tout l'espace qui séparait les deux fourmilières et occupant une largeur de deux pieds . les armées se rencontraient à moitié chemin de leur habitation respective, et c'est là que se donnait la bataille. Des milliers de Fourmis, montées sur les saillies naturelles du sol, luttaient deux à deux en se tenant par leurs mandibules vis-à-vis l'une de l'autre ; un plus grand nombre encore se cherchaient, s'attaquaient, s'entraînaient prisonnières; celles-ci faisaient de vains efforts pour s'échapper comme si elles avaient prévu qu'arrivées à la fourmilière ennemie elles éprouveraient un sort cruel.

» Le champ de bataille avait deux ou trois pieds carrés; une odeur pénétrante s'exhalait de toutes parts. On voyait nombre de fourmis mortes et couvertes de venin ; d'autres composant des groupes et des chaînes, étaient accrochées par leurs jambes ou par leurs pinces et se tiraient tour à tour en sens contraire. Ces groupes se formaient successivement; la lutte commençait entre deux Fourmis qui se prenaient par leurs mandibules, s'exhaussaient sur leurs jambes pour laisser passer leur ventre en avant, et faisaient jaillir mutuellement leur venin contre leur adversaire ; elles se serraient de si près qu'elles tombaient sur le côté et se débattaient longtemps dans la poussière; elles se relevaient bientôt et se tiraillaient réciproquement afin d'entraîner leur antagoniste; mais quand les forces étaient égales, les athlètes restaient immobiles et se cramponnaient au terrain jusqu'à ce qu'une troisième Fourmi vînt décider l'avantage ; le plus souvent l'une et l'autre recevaient du secours en même temps ; alors toutes les quatre se tenant par une patte ou une antenne, faisaient encore de vaines tentatives pour l'emporter; d'autres se joignaient à celles-ci, et quelquefois ces dernières étaient à leur tour saisies par de nouvelles arrivées ; c'est de cette manière qu'il se formait des chaînes de six, huit, ou dix fourmis toutes cramponnées les unes aux autres ; l'équilibre n'était rompu que lorsque plusieurs guerrières de la même république s'avançaient à la fois ; elles forçaient celles qui étaient enchaînées à lâcher prise, et les combats particuliers recommençaient.

» A l'approche de la nuit, chaque parti rentrait graduellement dans la cité qui lui servait d'asile, et les Fourmis tuées ou menées en captivité, n'étant pas remplacées par d'autres, le nombre des combattants diminuait jusqu'à ce qu'il n'en restât plus aucun. Mais les Fourmis retournaient au combat avant l'aurore ; les groupes se formaient, le carnage recommençait avec plus de fureur que la veille, et j'ai vu le lieu de la mêlée occuper six pieds de profondeur sur deux de front. Le succès fut longtemps balancé, cependant, vers le milieu du jour, le champ de bataille s'était éloigné d'une dizaine de pieds de l'une des cités ennemies, d'où je conclus qu'elle avait gagné du terrain. L'acharnement des Fourmis était si grand, que rien ne pouvait les distraire de leur entreprise, elles ne s'apercevaient pas de ma présence ; et quoique je fusse immédiatement au bord de leur armée, aucune d'elles ne grimpait sur mes jambes, elles n'avaient qu'un seul objet, celui de trouver une ennemie qu'elles pussent attaquer. »

Nourriture. Ces Hyménoptères se nourrissent d'Insectes et font une chasse active à ceux qu'ils trouvent, surtout aux Chenilles; si à l'instant où ils rencontrent leur proie ils ne sont pas assez nombreux pour la vaincre, on les voit aller chercher du secours, et bientôt le faible animal succombe sous ses agresseurs. Quelques espèces rongent même les cadavres des Oiseaux et des petits Mammifères , et elles les dissèquent avec tant d'art que l'on se sert parfois d'elles pour en préparer les squelettes.

Les Fourmis sont très-friandes de la liqueur sucrée qui s'exhale par les tubes abdominaux des Pucerons, et tantôt elles vont les lécher sur les végétaux où ils se trouvent répandus, et tantôt elles capturent ces petits Insectes, et les transportent dans leurs retraites où elles les nourrissent comme des bestiaux à l'étable, pour les sucer tout à leur aise. « Une fourmilière, dit Huber, est plus ou moins riche selon qu'elle a plus ou moins de Pucerons ; c'est leur bétail, ce sont leurs Vaches et leurs Chèvres : on n'eût jamais deviné que les Fourmis fussent des peuples pasteurs. » Cet observateur a même découvert que celles-ci, pour obtenir une plus abondante pâture, flattent ou caressent les Pucerons avec leurs antennes, et que parfois elles poussent l'intelligence jusqu'à pratiquer des chemins couverts qui vont aboutir aux plantes fréquentées par ces Insectes pourvoyeurs, et que même il est des Fourmis qui, plus ingénieuses encore et plus prévoyantes, bâtissent avec de la terre des espèces de petites cabanes adossées aux tiges des végétaux, et dans lesquelles elles emprisonnent des Pucerons. Huber a eu l'occasion de découvrir plusieurs de ces ingénieuses étables.

Fécondation. Les mâles et les femelles parvenus à leur état parfait, ne se trouvent que passagèrement dans la fourmilière. « Les mâles, dit M. Audouin, naissent les premiers et quittent presque aussitôt leur berceau, quoique les nourricières fassent tous leurs efforts pour les y retenir. Quelques-uns sont d'abord obligés de rentrer, mais la garde est bientôt forcée par le grand nombre de ceux qui veulent émigrer, et les environs de l'habitation sont couverts d'une quantité immense de mâles qui s'envolent au bout de quelques heures. Quand les femelles sont sorties avec eux, ils s'accouplent soit à terre, soit dans l'air. Les femelles retombent et se débarrassent bientôt de leurs ailes, qui sont devenues inutiles puisque le vœu de la nature est rempli. » Cette opération que Huber leur a vu subir est fort curieuse, et ces Insectes la pratiquent en étendant leurs ailes fortement en avant, en les croisant dans tous les sens et en leur imprimant des contorsions à la suite desquelles elles tombent toutes les quatre ensemble.

Aussitôt après la fécondation, les femelles que les neutres trouvent dans les environs de la république, sont ramenées par eux dans son intérieur, où elles sont gardées avec vigilance ; puis il ne leur est plus permis de sortir, et une cour de douze à quinze ouvrières environne la femelle dont la maternité est devenue apparente ; on lui offre ses aliments, et les travailleurs poussent même la précaution jusqu'à la porter dans les passages difficiles et montueux de la ville souterraine.

Éducation des Larves et des Nymphes. Les Larves sortent de l'œuf environ quinze jours après la ponte ; lors de leur naissance elles sont parfaitement transparentes, et se trouvent environnées d'ouvrières qui, l'abdomen en avant, veillent à leur défense. Ces Larves se présentent sous l'apparence d'un petit Ver blanc, gros, court et dépourvu de pattes ; leur corps est formé de douze anneaux, et il offre deux petits crochets à la tête qui ne sont que des mandibules rudimentaires. Les ouvrières leur prodiguent des soins assidus et leur dégorgent, dans la bouche, la nourriture qui leur est nécessaire, puis elles ont l'attention de les transporter çà et là dans la fourmilière, pour les exposer à une chaleur salutaire. Si le soleil vient à frapper sur l'habitation de ces Insectes, ceux qui se trouvent à sa surface s'enfoncent aussitôt dans l'intérieur, et en touchant avec leurs antennes les ouvrières qui sont commises à la garde de la progéniture, ils leur indiquent ce changement ; et quand celles-ci ne semblent pas les concevoir, Latreille dit que parfois on les voit les saisir avec leurs mandibules et les transporter à l'ouverture du domicile commun pour qu'elles y apprécient ce qui s'y passe. Après cela tout est bientôt mis en mouvement ; les Fourmis saisissent aussitôt les Larves, et, à travers les chemins tortueux de leur habitation, elles les montent sur son dôme que frappe le soleil, et elles ne les rentrent que lorsque cet astre est prêt à se cacher. Les soins que ces Hexapodes prodiguent à leur jeune génération ne se bornent pas là ; les ouvrières les entretiennent avec une extrême propreté en nettoyant leur corps à l'aide de leur langue et de leurs mandibules. Les Larves de quelques espèces de ce genre passent l'hiver entassées dans l'intérieur des fourmilières, et Latreille rapporte que celles qui doivent subir cette hivernation ont, par une prévoyance de la nature, le corps velu durant cette saison.

Les Larves des Fourmis proprement dites se filent une coque de soie d'un tissu serré et d'un jaune pâle, pour se transformer en Nymphe sous son abri. Celle-ci offre la taille de l'Insecte parfait, mais elle est molle, et ses membres, qui se trouvent emmaillotés, lui sont tout à fait inutiles. Les Nymphes n'ont pas moins besoin que les Larves des attentions des Ouvrières, car sans leur activité elles périraient sous leur enveloppe. En effet, au moment opportun, les Neutres, à l'aide de leurs mandibules, déchirent la coque qui les emprisonne, en y formant une incision longitudinale ; puis ensuite ils en retirent l'Insecte et enlèvent la pellicule satinée qui lui recouvre le corps ; les Ouvrières étendent même, à l'aide de tiraillements délicats, les ailes des individus qui sont pourvus de ces organes ; puis elles s'empressent de distribuer de la nourriture à tous les nouveau-nés. Leurs soins assidus ne se bornent pas aux premiers moments de la vie nouvelle de ceux-ci, elles les alimentent et les accompagnent constamment pendant plusieurs jours, et ne semblent occupées qu'à leur faire connaître les sentiers du labyrinthe qui forme leur habitation. Les Neutres surveillent les mâles attentivement, les rassemblent dans une des pièces de la fourmilière et les empêchent de sortir lorsque le temps n'est pas favorable, ou bien ils les conduisent dehors quand le moment propice est arrivé.

Aucun Insecte ne porte plus d'affection à sa progéniture que les Fourmis, et aucun ne défend celle-ci ou ne protége sa demeure avec plus de dévouement et de courage. Les soins qu'elles prodiguent aux Larves ou aux Nymphes ont un tel empire, que si on ampute l'abdomen à des Ouvrières pendant qu'elles les transportent, elles ne les lâchent point pour cela avant de les avoir déposées dans un lieu propice. Latreille et Huber rapportent divers traits d'attachement qu'ils ont observés chez ces Hyménoptères. Le premier dit qu'ayant enlevé les antennes à une Fourmi il vit une de ses compagnes s'approcher d'elle et distiller sur sa blessure une goutte de salive jaunâtre.

Les Fourmis font beaucoup de mal aux jardins, mais les dégâts qu'elles causent chez nous ne sont pas comparables à ceux qu'on leur voit produire dans les climats chauds, où d'énormes fourmilières envahissent les plantations et forcent quelquefois les cultivateurs à les abandonner ; on en voit qui s'élèvent de quinze à vingt pieds de hauteur, et l'incendie et le canon sont parfois même devenus nécessaires pour bouleverser les amas énormes formés par ces Insectes. Bosman assure que sur la Côte-d'Or il y a des Fourmis qui se jettent sur les hommes et dévorent des moutons et des chèvres. On admet dans ce genre plusieurs subdivisions, parmi lesquelles les Fourmis proprement dites et les Myrmices sont surtout bien distinctes.

Les **FOURMIS PROPREMENT DITES** n'ont leur pédicule abdominal formé que par une seule écaille ou par un nœud et elles n'offrent point d'aiguillon.

La *Fourmi fauve*, qui est extrêmement commune en Europe, appartient à ce groupe, c'est elle dont nous rencontrons si souvent les nids dans nos bois. On en extrait l'acide formique.

Les **MYRMICES** ont le pédicule abdominal formé de deux nœuds, et elles sont armées d'un aiguillon dont elles piquent assez vivement.

MUTILLES. *Mutilla.* Deux sortes d'individus seulement. Mâles ailés ; femelles aptères, toujours munies d'un aiguillon.

Ces Insectes, qui habitent particulièrement l'Amérique méridionale, l'Afrique et l'Inde, se trouvent souvent dans les localités sablonneuses et sont peu connues sous le rapport de leurs mœurs.

FAMILLE DES PUPIVORES.

Abdomen pédiculé ; pédicule ordinairement long et très-étroit. Femelles munies d'une tarière servant d'oviducte.

ICHNEUMONS. *Ichneumon.* Abdomen long, effilé. Antennes ordinairement sétacées ou filiformes, composées d'un grand nombre d'articles. Tarière formée de trois filets.

Ces Insectes, qui s'observent dans toutes les parties du monde et se plaisent principalement dans les lieux secs et exposés au soleil, ont aussi reçu le nom de *Mouches vibrantes*, parce qu'ils agitent constamment, et avec une extrême vivacité, leurs longues antennes, comme s'ils palpaient les corps avec elles. Celles-ci, qui sont toujours composées d'au moins seize articles, font même parfois une sorte d'anneau en se contournant. Quelques espèces n'ont que des ailes rudimentaires et d'autres sont totalement privées d'organes du vol.

La tarière des femelles est composée de trois pièces menues, en forme de filets ou de soies, ce qui a fait appeler ces Insectes *Musca tripilis*, Mouches à trois poils ; cet instrument est un véritable oviducte, dont la pièce moyenne sert seule à introduire les œufs dans les corps où ces insectes les déposent ; quand on l'examine au microscope, on s'aperçoit qu'elle présente à cet effet une cannelure dans toute son étendue, et que sa pointe est parfois taillée en bec de plume et dentée en scie. Lorsqu'on saisit les Ichneumons, ils essaient de piquer ceux qui les retiennent et d'enfoncer leur tarière dans leurs mains ; mais on ne doit pas ordinairement en redouter la piqûre, car leurs soies sont trop faibles pour percer la peau et il n'y a que les espèces dont la tarière est courte et plus robuste qui puissent le faire et dont l'agression soit à craindre.

Lorsque les femelles des Ichneumons sentent le besoin de pondre, elles marchent et volent d'une manière incessante pour découvrir des Larves et des Nymphes d'Insectes afin de leur confier leur progéniture, que celles-ci sont condamnées à nourrir. Les espèces dont la tarière est longue atteignent avec elle les Larves qui sont cachées dans la profondeur des fissures des écorces des arbres ou dans l'intérieur des galles ; mais les femelles qui ne possèdent qu'un oviducte court, insèrent leurs œufs, à l'aide de cet instrument, dans le corps des Larves ou des Chrysalides qui sont à découvert. Toutes les pondent un à un, et en placent un plus ou moins grand nombre sur le même animal. Les jeunes Larves qui en naissent commencent par dévorer la graisse des Chenilles à l'intérieur desquelles elles se trouvent, et, comme si elles sentaient que la vie de celles-ci est indispensable à la leur, ce n'est que lorsqu'elles sont parvenues à l'époque de leur métamorphose qu'elles attaquent les organes essentiels et qu'on les voit tuer ces Chenilles en pratiquant des ouvertures à leur corps afin d'en sortir. Presque toutes les larves d'Ichneumons se filent une coque soyeuse pour se transformer en Nymphe, et quelques-unes réunissent ensemble leurs travaux et en composent une seule masse qui s'offre sous l'apparence d'une boule cotonneuse. Quelques naturalistes, et même Goëdart, auquel on doit de si judicieuses observations, trompés par ces apparences, avaient pensé que ces Larves n'étaient que la progéniture des Chenilles dont elles sortaient, et selon eux c'était aux sentiments maternels de celles-ci que les Ichneumons devaient la coque qui protége leurs métamorphoses. Mais des savants plus versés dans l'étude des harmonies de la nature, tels que Swammerdam, Leuwenhœck et Vallisnéri, ont démontré l'inexactitude de ces assertions.

Quelques femelles, par un instinct non moins remarquable, déposent leurs œufs dans le corps des Chenilles qui sont sur le point de se transformer en Nymphes, et leurs Larves subissent leurs métamorphoses sous la peau de celles-ci qui leur forme un abri protecteur. Quelques Nymphes d'Ichneumon se suspendent aux feuilles des arbres au moyen d'un fil assez long ; il en est aussi qui ont fixé l'attention de Réaumur, parce que, lorsqu'elles sont enlevées du lieu où elles se trouvent et mises en liberté, elles font des sauts de trois ou quatre pouces de hauteur en rapprochant les deux extrémités de leur corps et en les débandant ensuite avec vitesse.

Les Ichneumons forment un genre extrêmement nombreux et qui contient au delà de douze cents espèces ; on conçoit que, par le carnage qu'ils font des Larves des autres Insectes, et surtout des Chenilles qui dévorent les végétaux, on doit les considérer comme rendant d'importants services à l'agriculture. Ces Hyménoptères, dont l'étude est difficile, ont été subdivisés en un grand nombre de coupes secondaires, et nos connaissances à leur égard se sont surtout étendues par les monographies qu'ont publiées sur eux Gravenhorst et Nées de Esenberck.

CYNIPS. *Cynips.* Antennes de treize à quinze articles ; ventre pédiculé, comprimé ; tarière d'une seule pièce, roulée en spirale.

Ces Insectes produisent des excroissances variées à la surface des plantes, en plaçant leurs œufs sous l'épiderme de celles-ci. C'est à l'aide d'une espèce de tarière très-déliée, dont l'extrémité est armée de dents, que les Cynips font cette opération. Il est probable qu'ils déposent aussi, dans la blessure qu'ils produisent sur les végétaux, quelque suc irritant qui occasionne les diverses tumeurs que l'on y voit naître, qui ne sont que l'effet de la piqûre de ces Insectes, et dans lesquelles on trouve leurs Larves. Ces excroissances, que l'on désigne sous le nom de *galles*, offrent des formes extrêmement variées, selon les espèces qui les déterminent et les parties sur lesquelles elles se sont développées. La plupart sont sphériques, quelques-unes imitent des fruits tels que des nèfles ou des pommes, et d'autres ont la forme de champignons ou de filaments déliés.

Les Larves qui habitent toutes ces diverses tumeurs n'offrent point de pattes et vivent solitairement à leur intérieur, ou en société. La substance de ces galles sert à leur nourriture et elles restent dans celles-ci cinq à six mois avant d'arriver à leur parfait développement ; c'est dans l'intérieur de ces excroissances que beaucoup d'entre elles subissent leurs métamorphoses ; mais quelques-unes, à l'époque de celles-ci, s'enfoncent dans la terre pour y passer cette crise. Des trous arrondis pratiqués à la surface des galles annoncent que l'Insecte en est sorti.

Le *Cynips du bédéguard*, qui est noir, avec les pattes et l'abdomen couleur de rouille, est commun ; c'est lui qui fournit la substance dont il porte le nom, qui ressemble à de la mousse, et s'observe sur le rosier et l'églantier ; elle était employée dans l'ancienne médecine, Ettmuller la regardait comme pouvant dissoudre les calculs et tuer les vers.

Le *Cynips de la galle à teinture*, qui habite le Levant et est d'un fauve très-pâle, est celui qui, par sa piqûre sur le *quercus infectoria*, produit la noix de galle qui sert si fréquemment dans les arts pour obtenir la couleur noire et pour faire l'encre.

Le *Cynips du figuier* est célèbre par l'action qu'on lui prêtait dans l'Orient sur la fécondation de l'arbre dont il porte le nom.

CHALCIS. *Chalcis*. Antennes brisées, à onze ou douze articles ; cuisses postérieures très-renflées, dentelées ; jambes arquées.

Les Chalcis sont ordinairement ornés de couleurs métalliques très-brillantes ; ils sont encore imparfaitement connus et se plaisent sur les fleurs, mais leurs Larves sont carnassières et parasites ; Latreille dit que quelques-unes, à raison de leur extrême petitesse, se nourrissent à l'intérieur d'œufs d'Insectes presque imperceptibles. Ces Hyménoptères jouissent pour la plupart de la faculté de sauter ; leurs femelles déposent quelquefois leur progéniture dans les nids des Guêpes. Le *Chalcis nain* est noir ; on le découvre fréquemment dans la banlieue de la capitale.

CHRYSIS. *Chrysis*. Ailes inférieures non veinées ; abdomen concave en dessous. Antennes filiformes, brisées, formées de treize articles. Tarière composée de tubes emboîtés, à aiguillon unique.

Leur brillant éclat métallique les a fait comparer aux Colibris, et c'est aussi à lui que les espèces de ce genre doivent la dénomination vulgaire de *Guêpes dorées*. Ces Hyménoptères sont très-agiles ; ils aiment les localités exposées au soleil, et se distinguent par leur ventre qu'ils peuvent rouler en dessous ainsi que le font les Cloportes, de manière à lui donner l'apparence d'une boule. Leur tarière est formée par les derniers anneaux de l'abdomen, et leurs antennes sont vibratiles. Ils déposent leurs œufs dans les nids des Abeilles maçonnes ou dans ceux de quelques autres Hyménoptères solitaires, et les Larves qui en naissent dévorent celles de ces Insectes. Le *Chrysis enflammé*, dont le corselet est vert et l'abdomen d'un rouge doré, est commun.

FAMILLE DES UROCÈRES.

Abdomen sessile. Mandibules courtes et épaisses ; languette entière. Tarière tantôt très-saillante et formée de trois filets, et tantôt interne, capillaire et roulée en spirale.

SIREX. *Sirex*. Ces Hyménoptères, qui composent seuls cette famille, sont généralement de grande taille et se plaisent particulièrement dans les forêts de conifères des régions froides et montagneuses, et ils y apparaissent parfois en légions si nombreuses que leur présence inquiète vivement les populations. Ces Insectes produisent en volant un bruit analogue à celui que font les Bourdons. Le *Sirex géant*, qui orne fréquemment les collections, a plus d'un pouce de longueur.

FAMILLE DES TENTHRÉDINES.

Abdomen sessile ; ailes offrant un grand nombre de nervures. Mandibules longues, fortes, dentées ; languette trilobée ; tarière composée de deux lames dentées en scie et logées dans une coulisse.

TENTHRÈDES. *Tenthredo.* Ce genre Linnéen que les entomologistes modernes ont beaucoup subdivisé, forme à lui seul cette famille. Les Larves des Insectes qui le composent possèdent de six à vingt-deux pattes, ressemblent à des Chenilles et sont douées de mobilité, aussi on les nomme *Fausses Chenilles ;* elles se nourrissent des végétaux sur lesquels elles éclosent, et tantôt s'y tiennent à découvert, et tantôt restent cachées dans leurs galles. Sous leur premier état, plusieurs habitent en société, et elles filent une coque soyeuse pour se métamorphoser.

Sous leur dernière forme, les Tenthrèdes sont appelées *Mouches à scie* à cause de l'appendice dont leur abdomen est armé, et quelques-unes sont alors carnassières. Les femelles, en se servant de leur tarière en scie, font des trous dans l'écorce des végétaux ou sur quelques autres parties et mettent un œuf dans chacun d'eux, puis ensuite une petite quantité d'une liqueur irritante qui empêche l'ouverture de se fermer, ou détermine dans l'endroit une excroissance particulière, tantôt solide et ligneuse, tantôt molle et pulpeuse. L'Insecte se soustrait à cette enveloppe en y pratiquant une ouverture circulaire avec ses dents. On peut citer comme types de ce genre les Cimbex et les Tenthrèdes proprement dites.

Les **CIMBEX** portent des antennes courtes et claviformes ; ils ressemblent un peu aux Abeilles. Le *Cimbex fémoral*, qui se trouve dans toute l'Europe, a une Larve qui lance, par un jet continu, un fluide verdâtre et transparent, aussitôt qu'on l'inquiète.

Les **TENTHRÈDES PROPREMENT DITES** offrent des antennes sétacées de neuf articles ; la *Tenthrède verte*, qui a été nommée *lettre hébraïque* par Geoffroy, parce que son corselet est marqué de lignes noires imitant des caractères alphabétiques, se trouve dans nos campagnes et souvent dans les chemins humides des bois.

ORDRE DES DIPTÈRES.

Deux ailes membraneuses ; bouche sans mâchoires ni mandibules, et représentée par une trompe ou un suçoir.

Les Larves des Diptères sont apodes, mais quelques-unes présentent des appendices qui simulent des pattes. Parmi la classe des Insectes, cet ordre est le seul qui offre des Larves à tête molle et variable. La bouche de celles-ci est ordinairement armée de deux crochets qui leur servent, dit Latreille, à piocher les matières alimentaires ; mais qui parfois aussi ne semblent avoir pour fonction que de fixer l'animal sur le lieu où il vit (Œstres, Pl. 27). Les orifices principaux des organes respiratoires sont, dans la plupart des Larves de cet ordre, situés à l'extrémité postérieure de l'abdomen.

Tous ces Insectes éprouvent une métamorphose complète, mais celle-ci se produit de deux manières. Les larves de plusieurs changent de peau pour se transformer en Nymphe, et il en est même quelques-unes qui se filent une coque. Les autres, au contraire, n'abandonnent point leur derme ; mais à certaine époque celui-ci se durcit et se contracte, puis forme une enveloppe solide à la Nymphe qui est ovoïde et ressemble à un œuf ou à une semence. Bientôt après, le corps de l'Insecte se détache de sa peau devenue cornée, et laisse sur sa paroi interne tous les organes extérieurs qui étaient propres à la Larve ; puis lorsque quelques jours se sont écoulés, on remarque sur la Nymphe des saillies qui correspondent aux principaux appendices du corps. Enfin l'Insecte sort de son enveloppe en faisant sauter, comme une calotte, l'extrémité antérieure de sa coque.

Les deux ailes de ces Insectes sont transparentes, membraneuses, et veinées longitudinalement. D'après l'appréciation des physiciens, durant le vol elles se meuvent avec une incompréhensible vitesse. Herschell dit qu'elles opèrent alors plusieurs centaines de battements dans l'espace d'une seconde, et M. Cagniard Latour rapporte que ses expériences l'engagent à admettre que pendant ce court laps de temps, un Cousin fait battre ces organes cinq à six cents fois. Au-dessous de chaque aile on découvre presque constamment deux petites écailles arrondies, soudées, analogues à des valves de coquilles, que l'on nomme *ailerons* ou *cuillerons*, et qui sont regardées comme des rudiments d'ailes. Sous ces appendices on voit ordinairement de chaque côté une petite tige terminée par un renflement ; c'est là ce que l'on appelle les *balanciers*, organes dont les usages ne sont pas bien connus et que M. Robineau Desvoidy considère comme des régulateurs du vol.

Les membres des Diptères sont faibles et ne paraissent uniquement destinés qu'à supporter le corps, car ceux-ci ne marchent presque jamais; quelques espèces, qui les ont excessivement longs, peuvent se soutenir avec eux à la surface de l'eau, ce qui les a fait nommer, dans le monde, *mouches saint Pierre*. Ils se terminent par des tarses composés de cinq articles, dont le dernier porte deux crochets et quelquefois plus, mais en outre, on y observe souvent des petites pelotes, formées de lames entaillées, qui font adhérer ces Hexapodes sur les surfaces les plus polies et leur permettent de s'y suspendre contre leur propre poids.

Les antennes des Diptères sont presque toujours courtes et insérées en avant de la tête; les yeux sont souvent fort gros chez les mâles où ils occupent presque toute l'étendue de celle-ci; l'odorat est très-développé dans cet ordre; et comme nous l'avons dit, Rosenthal croit que chez quelques-uns des Insectes qui le forment, ce sens réside dans une pellicule qui existe à la partie antérieure de la tête.

La bouche des Insectes de cette division n'offre que des rudiments de mandibules et de mâchoires, et elle se compose d'une espèce de suçoir; tantôt celui-ci est solide, saillant, corné, et dans son intérieur on voit des soies roides et mobiles qui fonctionnent comme des lancettes en perçant les tissus dont ces animaux sucent les fluides; la gaine de ce suçoir semble n'être qu'une transformation de la lèvre inférieure des Hexapodes broyeurs, et les soies mobiles paraissent représenter les mandibules et les mâchoires de ceux-ci [1]. Tantôt les Diptères ont un suçoir qui ressemble à une trompe charnue, rétractile, terminée par une partie plus large, faisant l'office de ventouse [2]. Cette conformation de l'appareil buccal ne permet à ces Insectes qu'une nourriture fluide; il en est cependant qui font usage d'aliments solides, comme de sucre, mais ce n'est qu'après les avoir dissous avec leur salive qu'ils les avalent. Chez les espèces qui sont pourvues d'une trompe musculeuse, on aperçoit à l'intérieur une vésicule extensible et contractile qui communique avec le pharynx, et dont la dilatation, suivant Tréviranus, produit la succion [3]. Tous les Diptères, dont M. Léon Dufour a fait la dissection, lui ont présenté des glandes salivaires.

Les Diptères vivent ordinairement des fluides des animaux, ou puisent leur nourriture sur les plantes. Beaucoup attaquent les Mammifères et sucent leur sang; l'homme lui-même n'est pas exempt de leur agression. Cependant les dégâts qu'ils produisent sont compensés par quelques services, car certaines espèces, dont les innombrables légions se nourrissent de chairs en putréfaction, purgent notre séjour de la présence d'une foule de cadavres dont les exhalaisons altéreraient la pureté de l'air.

L'abdomen est formé de cinq à neuf anneaux, et sur plusieurs espèces on trouve les organes sexuels des mâles apparents à l'extérieur et repliés sous lui; parfois les femelles ont une sorte de tarière pour

---

[1] Cousins.   [2] Mouches.   [3] Bombyles.

enfoncer leurs œufs dans les corps, ou elles portent à cet effet un **oviducte** qui peut s'alonger et se raccourcir, et est composé d'une suite de petits tuyaux qui rentrent les uns dans les autres comme ceux des lunettes d'approche.

SOUS-ORDRE DES RHIPIPTÈRES.

Ailes plissées en éventail, accompagnées d'appendices analogues à des balanciers, mais situés en avant d'elles. Antennes portées sur une éminence commune.

Nous imitons M. Hollard en plaçant ce groupe entre les Hyménoptères et les Diptères. Il se compose d'un petit nombre d'Insectes singuliers dont les Larves sont apodes, vermiformes, et vivent en parasites sur quelques animaux de leur classe et principalement sur les Guêpes. Les appendices qui se trouvent au-devant de leurs ailes sont considérés comme des élytres rudimentaires par certains naturalistes. Ces Insectes forment deux ordres principaux : les Xénos et les Stylops.

SOUS-ORDRE DES NÉMOCÈRES.

Corps alongé, grêle; membres extrêmement longs; cuillerons nuls. Antennes filiformes ou sétacées, souvent plumeuses, composées de six à seize articles; trompe saillante.

COUSINS. *Culex.* Ailes croisées, à nervures écailleuses; antennes filiformes, de quatorze articles, plumeuses; suçoir sétacé, très-long, renfermant cinq soies.

Sous leurs deux premiers états, ces Insectes vivent dans l'eau et on ne les voit en sortir qu'au moment où ils subissent leur dernière métamorphose. Leurs Larves, dont j'ai donné un dessin exact (Pl. 21, fig. 1), offrent huit estomacs ovoïdes, disposés circulairement autour de l'intestin qui est droit. Je me suis assuré de ce fait en plaçant ces Diptères dans de l'eau colorée avec du carmin et en peu de temps j'ai vu toutes les cavités digestives se teindre en rouge. Deux grosses trachées parcourent toute la longueur du corps et aboutissent à l'extrémité d'un tube assez long, situé sur le pénultième anneau, aussi ces Larves sont ordinairement posées la tête en bas, tandis que l'ouverture respiratoire de ce canal stagne à la surface du liquide pour y absorber l'air atmosphérique. L'extrémité de ce tube offre un mécanisme remarquable, destiné à empêcher l'eau de se précipiter dans les trachées, quand la Larve est au fond des marais, et à rendre leur orifice béant lorsqu'elle vient respirer à leur surface ; elle se compose à cet effet de petites plaques mobiles qui s'appliquent les unes sur les autres quand le Cousin plonge, et qui au contraire s'écartent lorsque sa queue se trouve en contact avec l'air.

Les Nymphes se distinguent des Larves en ce qu'elles sont recourbées en disque, et parce que leur extrémité antérieure, contenant les sacs qui renferment les ailes et les pattes de l'Insecte, s'est considérablement développée. Sous cet état, ces Diptères changent aussi leur mode de respiration ; celle-ci s'opère alors par deux espèces de cornets saillants, situés à la partie tergale du thorax. La dernière métamorphose a lieu à la surface de l'eau, et l'Insecte parfait se sert d'abord de sa dépouille comme d'une sorte de bateau qui soutient son abdomen, tandis que ses jambes appuient sur le liquide, et que ses ailes se consolident assez pour lui permettre de s'envoler. Le développement complet des Cousins demande trois à quatre semaines.

Sous leur dernière forme, les Cousins habitent les lieux humides et surtout les environs des eaux stagnantes ; ils fuient la lumière, et c'est le soir qu'ils voltigent en nuées abondantes.

Selon Réaumur, les femelles pondent environ deux cent cinquante à trois cents œufs, qui ont à peu près la forme des Amphores des anciens et sont bouchés à l'une des extrémités par une sorte d'opercule ; elles les agglomèrent en une masse pointue et élevée aux deux bouts, ayant la configuration d'une nacelle, et qui flotte à la surface de l'eau. Pour vaincre la difficulté que présentait dans la première période du travail la forme de ceux-ci, qui semble se refuser à rester verticalement sur une surface quelconque, l'Insecte se sert d'un procédé ingénieux ; au moyen de ses quatre pattes de devant il s'attache à quelque plante aquatique, tandis que ses deux membres postérieurs, croisés ensemble, retiennent dans leur intervalle les œufs qui s'agglutinent à mesure qu'ils sortent ; quand la femelle juge que la barque qu'elle construit a assez de base pour flotter seule, alors elle décroise ses pattes et ne les emploie plus qu'à placer les œufs les uns à côté des autres pour perfectionner la forme qu'elle veut donner à leur groupe.

Les Cousins doivent être rangés parmi les Insectes les plus incommodes à l'homme et aux animaux ; les piqûres qu'ils font à l'aide des pièces de leur aiguillon, dont plusieurs paraissent dentées, sont excessivement douloureuses, soit à cause de la forme de leur instrument térébrant, soit par la nature du fluide irritant qu'ils abandonnent dans la plaie. Ces Diptères sont une véritable calamité pour les habitants des pays chauds et marécageux ; dans le midi de notre patrie, on ne s'en préserve pendant le sommeil qu'en s'entourant d'un réseau de gaze que l'on nomme *cousinière*. Les Lapons, qui en ont aussi beaucoup dans leur malheureux climat, ne se garantissent de leurs atteintes qu'en s'enduisant le corps de matières grasses et en restant plongés dans la fumée de leurs cabanes. Ce sont des individus de cette coupe que tous les colons américains connaissent sous le nom de *Marin-gouins.*

Les désordres qu'ils produisent sur l'homme, par leur piqûre, sont parfois tels que Réaumur dit avoir vu une personne dont les bras et les jambes avaient tellement été attaqués par ces Insectes, que l'on craignait d'être obligé de recourir à l'amputation. J'ai vu la fièvre et le délire se manifester chez une dame qui avait été piquée par eux.

TIPULES. *Tipula.* Ailes ordinairement écartées du corps. Antennes souvent pectinées et non velues; trompe courte et bilabiée, ou bec perpendiculaire ou courbé sur la poitrine.

On les trouve dans les prairies, depuis le printemps jusqu'à l'automne, et surtout dans cette dernière saison. Leur conformation se rapproche beaucoup de celle des Cousins, aussi quelques naturalistes tels que Swammerdam et Goëdart, les confondaient-ils avec eux, mais elles en diffèrent cependant beaucoup par la structure de leur bouche et par leurs mœurs. Leurs Larves varient considérablement sous le rapport de leurs formes et de leur manière de vivre; elles ressemblent généralement à des vers alongés, et on les rencontre ordinairement dans la terre à un ou deux pouces de profondeur; on en trouve aussi dans les cavités des arbres vermoulus; et enfin quelques-unes habitent l'eau, et ce sont celles qui donnent particulièrement naissance à de petites espèces appelées *Culiciformes* à cause de leur ressemblance avec les Cousins. Les Larves des Tipules vivent généralement de terreau et subissent leurs métamorphoses dans l'intérieur du sol.

Immédiatement après celles-ci, ces Diptères s'occupent de leur génération; pendant l'accouplement le mâle saisit sa compagne avec les espèces de pinces qui terminent son abdomen, et les deux sexes restent parfois réunis ainsi pendant vingt-quatre heures. Après la fécondation les femelles déposent leurs œufs dans la terre, en faisant usage pour cela des pièces écailleuses, en forme de pinces, qu'elles ont à l'extrémité du ventre. La *Tipule des prés*, dont le corselet est brun, s'observe fréquemment dans nos campagnes.

SOUS-ORDRE DES HÉTÉROCÈRES.

Corps court ou peu alongé; membres courts ou de longueur médiocre. Antennes formées d'un très-petit nombre d'articles dissemblables, dont le dernier se prolonge en stylet ou se termine en soie.

Les Hétérocères se font aussi remarquer par leur Nymphe qui est constamment immobile, tandis que dans le sous-ordre précédent celle-ci reste agile. De Blainville les a subdivisés en trois familles : les Asiliens, les Tabaniens, et les Muscides.

FAMILLE DES ASILIENS.

Antennes composées de quatre articles au moins, et dont le dernier n'est pas styliforme.

ASILES. *Asilus.* Corps alongé ; abdomen grêle, aigu. Trompe saillante, roide, cornée, aiguë, dirigée en avant.

Ces Insectes à l'état de Larves vivent dans la terre et s'y transforment en Nymphes. Ils volent en bourdonnant, sont très-carnassiers, et suivant leur force et leur courage attaquent les Mouches ou les Bourdons pour sucer leurs humeurs.

BOMBYLES. *Bombylius.* Diptères ovoïdes, velus. Trompe ordinairement aussi longue que le corps.

Ils s'abreuvent du nectar des fleurs en planant près d'elles. Le *Bombyle ponctué*, dont les poils sont fauves et les ailes tachetées, se trouve communément en France.

CONOPS. *Conops.* Abdomen subpédiculé, renflé en arrière. Trompe en forme de siphon, toujours saillante.

On les rencontre ordinairement dans les lieux où il existe des Bourdons. Leurs Larves sont apodes et vivent dans le ventre de ces Hyménoptères ; elles y subissent leurs métamorphoses, et sortent ensuite par l'intervalle des anneaux de cette région du corps. Devenus adultes, les Conops ne se nourrissent que du suc des fleurs.

FAMILLE DES TABANIENS.

Antennes de trois articles, se terminant par une pointe ou une soie styliforme.

TAONS. *Tabanus.* Tête large ; trompe membraneuse, bilabiée, à suçoir de six pièces aiguës ; antennes à dernier article en croissant subulé.

Ces Diptères apparaissent durant l'été et se trouvent dans les prairies et les bois fréquentés par les Mammifères, car ils se nourrissent spécialement du sang de ceux-ci ; les solipèdes et les ruminants sont ceux qu'ils attaquent de préférence. Les Taons sont parfois si abondants au milieu de certaines contrées de l'Afrique, qu'on en voit des légions entières couvrir toute la superficie de la peau de ces Mammifères, qu'ils tourmentent horriblement. Le *Taon automnal* est connu de tout le monde et fort commun en France.

STRATIOMES. *Stratiomys.* Ailes couchées l'une sur l'autre. An-

tennes beaucoup plus longues que la tête, à premier et dernier article
fort alongés ; trompe très-courte.

Leurs Larves vivent dans l'eau ; elles ont le corps alongé, annelé, et
leurs trois derniers anneaux forment une queue terminée par de nombreux poils ; c'est à l'extrémité de celle-ci que viennent aboutir leurs
trachées, et elles respirent en la portant à la surface du liquide qu'elles
habitent. Leur peau, en se durcissant, forme une coque pour la
Nymphe qui flotte sur l'eau et n'occupe qu'une des extrémités de son
enveloppe. L'Insecte parfait en sort par une fente. Les Stratiomes sont
communs dans nos prairies ; ils vivent sur les fleurs.

FAMILLE DES MUSCIDES.

Antennes de trois articles, dont le dernier est en palette et
porte une soie latéralement.

MOUCHES. *Musca.* Trompe longue, charnue, bilabiée, munie à
l'intérieur de deux soies cornées ; antennes de trois articles, dont le
dernier est renflé, muni d'une soie.

Il n'est pas besoin de dire combien ces Diptères sont communs, et
combien ils nous causent d'incommodités, soit dans leur premier état,
soit sous leur forme adulte. Leurs Larves sont apodes et elles se nourrissent de matières végétales ou animales ; les unes vivent dans les fumiers, d'autres d'animaux morts ou d'excréments, de manière qu'elles
semblent être appelées à purger la surface de la terre des immondices
qui peuvent altérer la pureté de l'air. Il n'est pas rare que ces Larves
se développent sur l'homme, principalement lorsqu'il offre des plaies à
découvert. M. Larrey eut souvent l'occasion d'en observer à la surface
de celles-ci pendant la campagne de Syrie. Dans un cas remarquable,
qui s'est offert il y a peu d'années à M. J. Cloquet, ces Insectes tuèrent
un chiffonnier de Paris. Celui-ci s'étant endormi en plein air dans un
état d'ivresse complet, des Mouches déposèrent leurs œufs à l'intérieur
de ses narines et de son conduit auditif ; lorsqu'il se réveilla, déjà les
Larves de ces Insectes avaient attaqué ces organes ; il se présenta à
l'hôpital avec le cuir chevelu et la face rongés par ces animaux, qui che-
minaient sous la peau et l'avaient criblée de trous en donnant à cet
homme l'aspect d'un cadavre en putréfaction. Bientôt il mourut des
suites de l'inflammation qu'ils avaient déterminée et qui se propagea au
cerveau. Les Larves des Mouches ne quittent point leur peau pour se
métamorphoser ; celle-ci se durcit et devient une coque d'un brun marron sous laquelle l'Insecte perfectionne ses formes. Les espèces suivantes sont les plus communes dans nos demeures.

La *Mouche vomissante* ou Mouche à viande, dont le thorax est noir
et l'abdomen d'un bleu métallique avec des raies noires, a l'odorat
très-fin ; elle dépose ses œufs sur les chairs des animaux morts. Lorsque

cette espèce entre dans nos appartements elle y signale sa présence par son bourdonnement qui est très-bruyant ; sa dénomination provient de ce que, lorsqu'on la saisit, elle dégorge une liqueur brune infecte.

La *Mouche dorée*, ou Mouche César, dont le corps est d'un vert métallique, dépose particulièrement ses œufs dans le corps des charognes.

La *Mouche domestique*, qui est si commune dans nos appartements dont elle tache les lambris et les dorures en déposant ses excréments à leur surface, vit à l'état de Larve dans les fumiers ; ce Diptère se nourrit de nos aliments et paraît avoir beaucoup de goût pour les substances sucrées. Il nous incommode parfois aussi en se posant sur notre peau pour y pomper la transpiration. L'accouplement de cette espèce est fort remarquable ; le mâle n'ayant point d'organe génital saillant, c'est la femelle qui, à son gré, prolonge son long oviducte et l'introduit à l'intérieur de celui-ci pour qu'il la féconde. La *Mouche des latrines*, qui ressemble à celle-ci, mais est moins grosse, est extrêmement commune dans ces endroits.

La *Mouche vivipare*, dont le corps est cendré, les yeux rouges et l'abdomen marqué de taches carrées, noires, est également abondante en France. Les femelles sont vivipares et déposent leurs Larves sur les viandes, et même quelquefois sur les plaies ou les ulcères que l'homme présente.

ŒSTRES. *OEstrus.* Cavité buccale fermée par la peau et présentant deux tubercules, ou ne consistant qu'en une petite fente ; trompe nulle ou rudimentaire.

Ces Diptères se rapprochent des Mouches par leur port, et leurs poils sont souvent colorés par zones comme ceux des Bourdons. Ils ne se rencontrent qu'assez rarement à l'état parfait, parce que, sous celui-ci, leur existence est de courte durée, et que les lieux où ils résident sont extrêmement bornés. A l'état de Larve, tous vivent en parasites sur les Mammifères, et chaque espèce d'Œstre est ordinairement affectée à une espèce particulière de cette classe. Le Cheval, le Mouton, le Renne, le Chameau, le Bœuf, l'Ane, le Cerf et le Lièvre sont à peu près, jusqu'à ce moment, les seuls animaux sur lesquels on ait découvert des larves de ces Insectes ; l'homme lui-même n'en est pas exempt. Celles-ci résident dans l'intérieur des tumeurs qu'elles forment à la superficie des animaux ou dans diverses cavités de leur corps.

Ces Larves sont apodes, et chacun de leurs anneaux présente une couronne de petites épines roides, cornées, dirigées en arrière, et qui doivent servir à la locomotion à l'époque où, sur le point de se métamorphoser, ces Insectes sentent le besoin de se soustraire au lieu où ils ont vécu jusqu'alors. La bouche de ces Larves offre quelques différences qui décèlent des rapports avec la nature du lieu où elles résident ; celles qui vivent dans les ulcères cutanés l'ont simplement composée de mamelons ; mais celles qui habitent l'intérieur des cavités ont toujours autour de l'ouverture buccale deux forts crochets, à l'aide desquels elles se cramponnent à leur surface et empêchent les mouvements des organes de les expulser. Leur adhérence y est telle qu'on a même de la peine à les en arracher sans les déchirer (Pl. 27, fig. 10, *a*). Lorsque ces différentes Larves ont acquis tout leur accroissement, elles quittent le lieu où elles se sont nourries jusqu'alors, se laissent tomber sur la terre, s'enfoncent dans celle-ci, et s'y transforment en Nymphes sous leur peau qui se durcit à cet effet.

A l'état parfait, ces Diptères ne semblent appelés uniquement, par la nature, qu'à remplir l'importante fonction de la procréation, car l'imperfection de leurs organes buccaux, qui sont tout à fait rudimentaires, ne paraît pas devoir leur permettre de faire usage d'aucun aliment.

Les femelles des Œstres dont les Larves vivent sur la peau des animaux insèrent leurs œufs sous celle-ci, en la perforant à l'aide d'une tarière écailleuse formée par les quatre derniers anneaux de l'abdomen, qui rentrent les uns dans les autres ou s'alongent, à la volonté de l'animal, ainsi que le font les tubes des lunettes. L'extrémité de cette tarière est armée à cet effet de trois crochets et de deux autres pièces accessoires. Les espèces qui dans le premier âge habitent l'intérieur des cavités, collent simplement leurs œufs sur quelques parties de la peau voisines des ouvertures de celle-ci, ou elles les placent plus ou moins loin dans les poils, de manière que tantôt les Larves s'enfoncent d'elles-mêmes dans les organes, et tantôt elles sont portées à l'intérieur par l'animal, qui, en se léchant, les recueille et les introduit dans les voies digestives.

Ces Diptères causent une épouvante extraordinaire aux Mammifères sur lesquels ils se développent. Le bourdonnement d'un seul d'entre eux fait souvent fuir des troupes immenses de Rennes, ou disperse les Chameaux des caravanes; c'est même pour éloigner ces Insectes que celles-ci traversent le désert accompagnées par une musique guerrière ou par le chant des chameliers

Mais les Œstres mettent parfois une persévérance extraordinaire à poursuivre leur victime. Linnée dit que lorsqu'il voyageait en Laponie, une femelle de ces Diptères suivit pendant plus d'une journée le Renne qui le traînait, et que durant tout ce temps elle tint sa tarière alongée avec un œuf vers son extrémité, pour l'insérer sur l'animal aussitôt qu'il s'arrêterait. Dans ses mémoires, Geoffroy Saint-Hilaire émet que les Insectes qu'une espèce de Pluvier enlève dans la gueule du Crocodile ne sont autre chose que des Larves d'Œstres. Les Insectes de ce genre ont été diversement subdivisés par Clarck, Latreille et M. Macquart; ce dernier, dans son Histoire naturelle des Diptères, nous paraît surtout avoir donné des caractères simples à ses divers groupes.

L'*Œstre de l'homme*, dont l'existence a donné lieu dans ces temps derniers à quelques débats, paraît cependant avoir été observé il y a déjà un bon nombre d'années. En effet, Linnée, dans une lettre écrite à Pallas, fait mention de Larves d'Œstres trouvées sur l'homme. Gmelin admit ce fait, et dans la troisième édition du *Systema naturæ*, sous le nom d'*Œstrus hominis*, il fit même une espèce particulière de cet Insecte. Depuis cette époque, les témoignages de divers observateurs sont venus confirmer ces assertions.

Quelques voyageurs rapportent aussi avoir vu des Larves d'Œstres sur l'homme; mais leurs observations, faites avec assez peu de précision ou émanées de personnes manquant des connaissances nécessaires pour bien juger des choses, ont peu avancé la question. Cependant on cite comme plus positifs les faits consignés par Arthur, Wohlfart et Latham. Le premier rapporte qu'à Cayenne on observe parfois sur les personnes malpropres des Vers qui rongent la peau, occasionnent sur celle-ci des tumeurs considérables, et ressemblent à ceux que l'on rencontre sur les Mammifères; puis il ajoute qu'ils se métamorphosent aussi en Mouches. Wohlfart dit avoir extrait des fosses nasales d'un vieillard tourmenté de maux de tête, dix-huit Vers qui ayant été placés dans la terre, se changèrent en Mouches. Le fait rapporté par Latham vient à l'appui du précédent et lui est analogue; il s'agit de Larves retirées des sinus frontaux d'une femme, et que ce naturaliste considéra comme semblables à des Œstres. Ces documents parurent suffisants à Werner, à Rudolphi et à Clark, pour leur faire admettre l'Œstre de l'homme; mais quelques entomologistes, tels que Olivier et Latreille s'y refusèrent, et ce dernier prétendit que les Larves qui avaient été observées sur l'homme n'étaient probablement que celles de la *Musca carnaria*, les Œstres vivant spécialement sur les Mammifères herbivores.

Ces dissidences ayant engagé les naturalistes modernes à livrer leurs documents à la publicité, de si nombreuses preuves ont apparu en faveur de l'existence de l'Œstre de l'homme, qu'il semble actuellement impossible de ne pas l'admettre. De Humboldt a vu, dans l'Amérique méridionale, des sauvages dont le ventre était couvert de petites tumeurs produites à ce qu'il présume par des Larves d'Œstres. Say de Philadelphie a décrit, il y a peu de temps, un Ver extrait de la jambe d'un médecin, et qu'il considère comme extrêmement analogue aux Diptères que nous décrivons. M. Roulin retira du scrotum d'un homme de la Colombie, une Larve qui lui parut aussi avoir les plus grands rapports avec celles qui rongent la peau des Herbivores. M. Guérin a présenté à l'Académie quelques Larves qui ont été extraites des jambes d'un nègre, qu'elles avaient envahi pendant qu'il était affecté de la petite-vérole, et cet entomologiste les considère comme appartenant à des Œstres. Enfin M. Vallot, dans un mémoire érudit, a rassemblé beaucoup de cas de cette nature, et fait connaître que certains Singes sont parfois tourmentés par ces Insectes. Aussi d'un ensemble de faits semblables, il faut bien déduire que, quoique l'on ne connaisse pas à l'état parfait l'Œstre de l'homme, il est cependant évident qu'il existe.

L'*Œstre du Cheval*, qui se trouve particulièrement en Europe, a l'abdomen couleur de rouille et ses ailes offrent une bande et deux points bruns (Pl. 27); ses Larves habitent le tube digestif de ce Mammifère, et on les trouve particulièrement en grand nombre dans son estomac, vers le pylore ; elles se fixent là à l'aide des deux crochets qui environnent leur bouche (fig. 10 , a), et on y en découvre souvent une telle quantité qu'elles se touchent dans l'étendue de plusieurs pouces carrés. Ces Larves, que nous avons fait figurer avec exactitude, sont longues de huit lignes ; elles ont le corps formé d'anneaux portant des rangées de pointes cornées dirigées en arrière ; leur extrémité postérieure est tronquée et figure une sorte d'ouverture transversale, au fond de laquelle on découvre six doubles sillons dirigés en travers et constitués par une substance écailleuse, criblée de petits trous que l'on regarde comme les orifices des organes respiratoires ; ceux-ci sont abrités par deux lèvres qui semblent avoir pour but de les garantir de l'action des aliments qui se trouvent dans l'estomac. (Fig. 10.)

Il était curieux d'expliquer comment cet Œstre qui, comme les autres Diptères, vit dans l'air à l'état parfait, pouvait cependant faire parvenir ses Larves jusque dans l'intérieur des cavités digestives du Mammifère qui les nourrit. Vallisnéri et quelques auteurs entraînés par son opinion , s'imaginaient que les Œstres déposaient leurs œufs sur les bords de l'anus des Chevaux , et que les Larves qui en naissaient remontaient jusque dans l'estomac de ceux-ci en parcourant leur tube intestinal. Mais, selon Clark , qui a particulièrement observé ces Insectes, dont il a fait une monographie, les femelles déposent leurs œufs un à un, tout en volant et sans presque se poser, sur la partie interne des jambes ou sur les épaules et les côtés de ces quadrupèdes ; puis, ils restent accolés dans cet endroit à l'aide d'un fluide visqueux qui les environne, et ce n'est que quand les Larves en sont sorties, ainsi que ce vétérinaire s'en est convaincu , que les Chevaux, en se léchant , introduisent celles-ci dans leur bouche , et que, de là , elles passent dans l'estomac, qui est leur lieu de prédilection, et s'y accrochent pour n'en plus bouger durant tout le temps de leur développement. Là elles vivent de chyme , et lorsqu'elles sentent le besoin de se métamorphoser, elles s'abandonnent aux mouvements du canal intestinal et sont bientôt expulsées avec les excréments. Alors ces Insectes s'enfoncent dans le sol pour y revêtir leurs ailes et apparaître ensuite sous leur dernière forme.

Vallisnéri pensait que le séjour de ces Larves pouvait être funeste aux Chevaux, et il leur attribua une maladie épidémique, qui, en 1713 , fit périr beaucoup de ceux-ci dans l'Italie septentrionale ; mais il n'en est absolument rien , et le savant vétérinaire Clark va même jusqu'à penser que ces Vers sont plus utiles que nuisibles à ces animaux.

L'*Œstre salutaire* , qui se trouve en France et en Angleterre , a la tête couverte de poils dorés et l'abdomen d'un noir luisant ; il vit aussi à l'état de Larve dans l'estomac des Chevaux ; et suivant Clark , sa présence facilite la digestion de ces animaux. L'*Œstre hémorrhoïdal*, qui habite toute l'Europe et est de couleur noire, passe également les premiers temps de son existence dans le tube digestif de ces Solipèdes. On dit que la femelle dépose ses œufs sur les lèvres de ceux-ci d'où ils sont transportés dans la bouche par la langue, et que de là ils s'acheminent dans le canal intestinal. L'*Œstre des vétérinaires* vit aussi dans l'estomac et les intestins des Chevaux.

L'*Œstre du Bœuf*, que l'on rencontre dans toute l'Europe, se développe sur la peau de ce mammifère. L'*Œstre du Renne*, qui vit sur le dos de celui-ci, est commun dans le nord de l'Europe. Ses Larves font souvent périr de jeunes Rennes de deux à trois ans, et la peau de ceux qui sont âgés est fréquemment criblée de cicatrices qui témoignent de leurs dégâts. L'*Œstre du Mouton* est commun dans toute l'Europe et se développe à l'intérieur des sinus frontaux de ce Ruminant. Comme la table externe de l'os dans lequel se trouvent ces cavités se forme après l'autre, et n'est pas même solidifiée à l'époque de la naissance, quelques naturalistes, dit Carus, ont pensé que les Œstres y introduisaient leurs œufs en perforant la peau des jeunes Brebis vers l'endroit où l'os est incomplétement ossifié. Mais cette assertion a été réfutée, et l'on croit généralement que les femelles de cet Insecte posent leurs œufs sur le bord interne des narines des Moutons, et que de là la Larve monte dans les sinus du frontal.

SOUS-ORDRE DES CHÉTOCÈRES.

Insectes courts, aplatis, larges, à ailes complètes ou rudimentaires, et parfois aptères. Antennes presque rudimentaires, formées de petites lamelles ou d'un tubercule portant trois soies ; suçoir composé de deux lames coriaces et velues, qui servent de gaînes, et de deux soies.

Ces Insectes, comme d'incommodes parasites, vivent sur la peau des Mammifères et des Oiseaux, s'y attachent, à l'instar des Poux, et sucent leurs humeurs. L'aspect de quelques-uns de ces Diptères se rapproche de celui de certaines Araignées, aussi leur a-t-on donné le nom de *Mouches-Araignées*. Ils courent très-vite et parfois de côté. Leurs pieds sont terminés par des ongles robustes, et l'on ne rencontre point de balanciers. Ces Insectes ont la peau du ventre si coriace, si flexible et si solide, que M. Duméril dit qu'il est impossible de les écraser avec les doigts. Je me souviens qu'ayant observé des Hippobosques en Afrique sur des chevaux, je parvenais, il est vrai, à les écraser avec mon pouce sur le corps de ceux-ci, mais ce n'était jamais qu'après plusieurs tentatives et en y employant toute ma force. Cette structure les protége sans doute contre les frottements que les êtres sur lesquels ils vivent exécutent pour s'en débarrasser.

Le mode de reproduction de ces Diptères est ce que leur histoire nous offre de plus singulier ; on peut l'étudier dans les beaux travaux de Réaumur, de de Géer et de M. Léon Dufour. La femelle, au lieu de produire un œuf, garde sa Larve dans l'intérieur de l'abdomen jusqu'au moment où celle-ci se métamorphose en Nymphe ; sortant alors du corps de la mère et présentant un volume considérable, cette nymphe, qui a l'apparence d'un œuf mou, est dans une coque et offre une forme lenticulaire, qui, de la couleur d'un blanc laiteux, passe ensuite au noir en se solidifiant. L'Insecte en sort, lorsque son développement est complet, en faisant sauter une espèce de petite calotte ou d'opercule que présente cette coque qui l'environne. C'est ce singulier mode de génération qui a engagé Cuvier à nommer *Famille des Pupipares* le groupe qui comprend ces Diptères. On lit dans cet auteur que M. Léon Dufour, en étudiant les Hippobosques anatomiquement et avec une grande perfection, a dévoilé chez eux l'existence d'une sorte de matrice, consistant en une grande poche musculo-membraneuse, destinée à une véritable gestation analogue à celle de l'utérus de la femme. Suivant ce dernier, les ovaires s'éloignent aussi de ceux des autres Insectes et sont formés de deux corps ovoïdes, qui se rapprochent singulièrement de ceux de celle-ci par leur configuration et leur position.

Relativement aux groupes que nous citons dans cet ordre, nous avons suivi la dégradation qui s'observe dans les organes du mouvement ; de manière qu'en terminant par les genres Aptères, qui sont ceux dont les rapports sont plus grands avec les formes des Arachnides, on passera naturellement à ces animaux quand, comme je pense que l'on devra le faire un jour, on aura supprimé l'ordre des Aptères.

HIPPOBOSQUES. *Hippobosca.* Des ailes normales. Antennes en tubercules portant trois soies. Yeux grands.

L'*Hippobosque du Cheval*, qui se trouve fort communément en Europe et se tient souvent aux environs de l'anus de cet animal, ainsi que de celui des Bœufs, est d'un brun mélangé de jaunâtre et forme le type de ce genre.

STÉNEPTÉRYX. *Stenepteryx.* Ailes rudimentaires, très-étroites ; crochets des tarses bidentés. Antennes lamelliformes, velues ; yeux de grandeur moyenne.

Nous admettons ce genre proposé par Leach dans sa monographie des Diptères, parce qu'il nous semble avoir des caractères positifs quoique transitionnels avec ceux des groupes qui le précèdent et le suivent, et qu'il indique bien la dégradation sérique : le *Sténeptéryx de l'Hirondelle* vit sur cet oiseau et se trouve dans ses nids ; son ventre est noirâtre et son thorax d'un jaune doré.

MÉLOPHAGES. *Melophagus*. Ailes nulles ; yeux peu distincts.

Le *Mélophage du mouton* vit sur ce Ruminant, et se tient caché dans sa laine. Une autre espèce de ce petit groupe réside sur le Cerf.

NYCTÉRIBIES. *Nycteribia*. Tête extrêmement petite ; presque nulle ; ni ailes ni balanciers.

Ces Insectes vivent sur les Chauves-Souris, et par leurs formes semblent lier les Hexapodes aux Arachnides.

ORDRE DES APTÈRES.

Insectes dépourvus d'ailes ; bouche ordinairement en suçoir.

Cette section, qui est assez hétérogène, a été formée avec les Hexapodes qui par l'absence d'ailes s'éloignent de tous les groupes précédents ; mais il est probable qu'un jour on la supprimera, et qu'une étude attentive des Insectes qu'elle renferme permettra de les distribuer dans les autres ordres. En effet le manque d'ailes n'est pas un caractère suffisant pour devoir les éloigner de ceux-ci, puisqu'il se trouve parmi les espèces ailées que l'on y rencontre, des individus qui ne le sont point [1], et même des genres tout à fait aptères [2].

Nous allons voir que de Blainville, Nitzsch, et M. Hollard, ont fait quelques tentatives dans cette direction, et nous sommes très-porté à admettre leurs vues et à ne considérer les Insectes qui nous occupent que comme des individus dont le développement organique s'arrête normalement dans l'une de ses phases.

Les Aptères présentent trop de différences, pour qu'il soit possible d'offrir sur eux quelques généralités ; aussi nous passons immédiatement à la description des trois genres qui les composent.

PUCES. *Pulex*. Corps comprimé ; membres postérieurs excessivement développés. Suçoir de trois pièces renfermées entre deux lames articulées.

Divers naturalistes, en ayant égard à la structure de la bouche de ces Insectes, les ont placés parmi les Hémiptères, et tels sont Fabricius et de Blainville ; mais ce dernier a renoncé à ce rapprochement à cause de la structure générale de leur corps et des métamorphoses complètes qu'ils éprouvent ; M. Hollard croit que l'on devrait plutôt les considérer comme des Diptères anormaux. Les Larves des Puces sont apodes, vermiformes, et douées d'une grande agilité. Un naturaliste a pensé qu'elles se nourrissaient, dans les lieux qu'elles habitent, avec du sang desséché, rapporté par la mère ; en effet, on trouve, là où siégent

[1] Fourmis.   [2] Punaises.

leurs vers, de petits grains noirs que, jusqu'avant M. Defrance, on avait cru être les déjections de ces parasites, mais dont ils paraissent s'alimenter. Ces Larves se filent une coque dans laquelle l'animal reste environ quinze jours en Nymphe.

La *Puce irritante* ne présente rien qui ne soit connu ; mais une autre espèce, que l'on trouve spécialement dans l'Amérique méridionale, la *Puce pénétrante*, ne doit pas être passée sous silence ; elle attaque particulièrement les nègres ; les femelles se fourrent sous les chairs, principalement vers le talon ou les ongles des orteils, et là, leur ventre acquiert un volume si considérable, qu'il devient gros comme un petit pois, et que sa présence détermine des ulcères dangereux et quelquefois mortels, si l'on ne fait pas l'extraction de l'Insecte assez à temps.

POUX. *Pediculus.* Corps déprimé ; tarses terminés par un crochet mobile faisant l'office de pince ; bouche en forme de mamelon, renfermant un suçoir.

Après une étude approfondie de ces animaux, Nitzsch, dans son mémoire sur les Insectes épizoïques, les a placés parmi les Hémiptères. il nous semble que l'on doit adopter ses vues, non-seulement à cause des grands rapports organiques qui existent entre les Poux et quelques genres de cet ordre, mais aussi parce que leurs mœurs, par plusieurs particularités, se rapprochent de celles que l'on observe chez certains Hémiptères ; et il n'est pas indifférent de noter, quand il est utile de tout scruter, que les œufs des Poux ont la plus grande analogie avec ceux de quelques Pentatomes.

Ces Aptères vivent en parasites sur l'homme et les animaux à sang chaud ; c'est parmi leurs cheveux et leurs poils qu'on les rencontre spécialement, et ils s'accrochent à ceux-ci avec la plus grande facilité, à l'aide d'une petite pince qui termine chacun de leurs membres. On en rencontre sur presque tous les points du globe ; cependant Oviédo assure qu'à une certaine latitude tropicale les Poux abandonnent les Espagnols qui font voile vers l'Amérique, et que ceux-ci ne retrouvent ces désagréables Insectes qu'en revenant dans leur patrie.

Ces animaux possèdent des antennes courtes, formées de cinq articles, et, selon Latreille, leur vision s'opère à l'aide d'yeux lisses, un de chaque côté. La fécondité de ces êtres est un des points les plus remarquables de leur histoire ; Leuwenhœck a calculé que dans l'espace de deux mois, deux femelles, par la succession rapide des générations, pouvaient donner naissance à dix-huit mille petits. Les œufs de ces Insectes, examinés au microscope, décèlent une organisation extrêmement curieuse. Ils ressemblent à des pyxides de jusquiame et sont fixés par le côté aux poils des animaux, à l'aide d'une sorte d'empatement. On aperçoit au-dessus d'eux un petit couvercle qui est posé sur une gorge d'une exécution délicate ; et lorsque le jeune Insecte veut en sortir, il est obligé de lever cet opercule qui ferme son séjour.

Ces Insectes ne subissent point de métamorphoses, ils éprouvent seulement des mues. L'homme en nourrit trois espèces, qui sont : le Pou du corps, le Pou de la tête, et le Pou du pubis ; et peut-être doit-on considérer comme une quatrième, le Pou des nègres, qui offre un caractère fort remarquable, c'est d'avoir le corps bordé de noir.

Le *Pou du corps* se rencontre fréquemment à la surface de la peau des personnes malpropres, et principalement sur les vieillards. Chez quelques-uns il pullule tellement qu'il produit même parfois une affection qui peut devenir grave et que l'on connaît sous le nom de *Phthiriase*; celle-ci n'épargne ni le rang ni la fortune, et les médecins érudits prétendent qu'Hérode, Sylla, Phérécide et le divin Platon lui-même en moururent ; Philippe II, roi d'Espagne, succomba aussi, dit-on, à cette dégoûtante maladie. On a lieu de l'observer fréquemment aujourd'hui dans quelques contrées de l'Europe dont les habitants sont sales et misérables, surtout dans la Gallice et les Asturies ; en Pologne elle accompagne fort souvent la plique. Il paraît que, durant la Phthiriase, les Poux surgissent de la peau avec une abondance réellement prodigieuse ; aussi voit-on un auteur sérieux, Amatus Lusitanus, raconter sans critique qu'ils se multipliaient avec tant de rapidité sur un riche seigneur, que deux de ses serviteurs n'étaient occupés qu'à porter à la mer *des corbeilles* de cès Insectes qu'ils recueillaient de toute la surface de son corps.

Un préjugé absurde fait croire à quelques personnes que les Poux sont chez les enfants un indice de santé, et il paraît que certaines nations sauvages affectionnent la saveur de ces parasites dégoûtants ; Kolbe et plusieurs voyageurs qui ont parcouru l'Afrique disent qu'à l'imitation des singes, les Hottentots et les nègres en mangent, et Labillardière raconte avoir vu les femmes des sauvages de la Nouvelle-Hollande chercher les Poux de leurs enfants et les avaler à mesure qu'elles en trouvaient.

RICINS. *Ricinus.* Bouche formée de deux lèvres et de deux mandibules en crochet ; tarses terminés par deux crochets égaux.

Ces Insectes sont rapportés par Nitzsch à l'ordre des Orthoptères et désignés par lui sous le nom de *Mallophages.* Iis vivent presque tous sur les oiseaux et offrent un aspect fort varié, ainsi que l'on peut s'en convaincre en examinant les nombreuses espèces qui ont été figurées par Rédi. Quelques savants croient que ces Hexapodes se nourrissent de fragments de plumes, et un naturaliste de Laval, M. Leclerc, a assuré à Latreille qu'il en avait rencontré dans leur estomac ; mais cela nous paraît difficile à croire. Il nous semble plus probable qu'ils sucent le sang des animaux dont ils sont les parasites, ce qui paraît confirmé par l'observation de de Géer, qui rencontra l'estomac d'un Ricin du Pinçon rempli de ce fluide ; d'ailleurs l'on sait que ces Insectes ne subsistent qu'un temps fort court sur les oiseaux morts, et qu'aussitôt que ceux-ci ont cessé de vivre, on voit les Ricins se repandre sur leurs plumes et s'agiter avec inquiétude.

IX. CLASSE DES ARACHNIDES
ou OCTOPODES.

Animaux invertébrés, articulés, dépourvus d'ailes et offrant huit membres articulés. Respiration aérienne, s'opérant par des trachées ou par des organes branchiformes renfermés dans des poches particulières.

Géologie et géographie. — L'apparition de ces animaux remonte aux plus anciennes phases de la création des êtres organisés, car on en a observé quelques-uns jusque dans les formations houillères ; ce sont des Scorpions qui y ont été rencontrés. Le comte Munster a découvert deux espèces d'Araignées au sein du calcaire lithographique de Solenhofen , ce qui démontre que les animaux de cette famille existaient déjà aux époques jurassiques des terrains secondaires ; et M. Marcel de Serres a aussi trouvé des Aranéides fossiles dans les formations tertiaires d'eau douce des environs d'Aix en Provence. On voit, d'après cela , que les Octopodes se sont montrés successivement dans tous les temps où la surface de la terre a offert les conditions favorables à l'existence des animaux , mais il faut convenir que nous n'en possédons encore que de rares débris. La distribution géographique des Arachnides repose sur les mêmes bases que celle des Insectes ; elles sont répandues dans presque toutes les contrées connues par l'homme, et l'on observe aussi que celles qui ont pour patrie des régions dont la température est isotherme et dont le sol et la latitude sont les mêmes , ne se ressemblent point spécifiquement , lorsque des intervalles considérables ou de grands obstacles physiques les séparent.

Anatomie et Physiologie. — *Locomotion.* — Le corps de ces animaux se compose de deux parties principales , presque toujours isolées par un étranglement fort apparent ; l'une est antérieure et formée par la réunion de la tête et de la poitrine, aussi on l'appelle à cause de cela *céphalothorax ;* l'autre, qui se trouve en arrière, est simplement l'abdomen qui, tantôt offre des anneaux très-distincts [1], et tantôt n'est composé que par une masse molle, subovoïde, à la surface de laquelle on n'en reconnaît pas de traces [2]. Le dermato-squelette varie beaucoup pour sa consistance, car chez certains Octopodes il est solide et corné [3], tandis que dans d'autres il est mou et les espèces ne se présentent plus que sous l'apparence d'une masse vésiculeuse où le type segmentaire s'efface presque entièrement [4]. Les membres, au nombre de

[1] Scorpions.   [3] Scorpions.   [4] Acarus.
[2] Araignées.

huit, sont tous fixés sur le céphalothorax et se rapprochent de la disposition de ceux des Insectes. Ils sont ordinairement longs et terminés par deux crochets.

Système nerveux. — En général, dans cette classe, le système nerveux se centralise plus que chez la précédente, et ses ganglions tendent à se fondre en masses plus volumineuses. Dans les Scorpions, à la vérité, il rappelle encore assez bien celui des Insectes par sa grande étendue, et il se compose d'une chaîne ganglionnaire qui va d'une extrémité du corps à l'autre et est formée par une série de huit ganglions réunis à l'aide d'un double cordon nerveux. Mais dans les Araignées ce système n'est représenté que par deux centres ; l'un, occupant le céphalothorax, se compose d'une sorte de cerveau qui envoie des filets aux organes des sensations, puis d'une masse nerveuse distribuant ses irradiations aux membres ; l'autre, qui est situé dans l'abdomen et communique avec le premier, fournit des nerfs aux viscères.

L'intelligence n'a pas été départie à tous les Octopodes d'une manière égale ; il en est parmi eux qui semblent doués de facultés assez élevées ; les uns bâtissent des piéges artistement disposés pour s'emparer de leur proie, et les autres se construisent d'ingénieuses demeures [1] ; quelques-uns paraissent même pouvoir se prêter à une sorte d'éducation, et il est curieux de reconnaître que ce sont celles des Arachnides qui ont le système nerveux le plus centralisé, qui semblent, en général, avoir des facultés instinctives plus élevées [2].

Sens. — Les Arachnides ont des yeux conformés sur un plan qui diffère beaucoup de ce que l'on rencontre dans les Insectes ; ces organes n'offrent point de facettes et sont toujours simples, mais assez nombreux ; on en compte ordinairement huit, et dans chacun d'eux, sur les grosses espèces [3], on a reconnu qu'il existait une cornée transparente, un cristallin globuleux, une humeur vitrée, une rétine disposée en godet et formée par la terminaison du nerf optique, et enfin une choroïde ou enveloppe de substance colorante. Les autres appareils sensoriaux des Octopodes sont peu connus et ils ont été moins étudiés que ceux des Insectes ; on ne sait rien, par exemple, relativement aux organes de l'audition, quoiqu'il paraisse démontré que certaines Arachnides sont sensibles aux impressions de la musique. Le toucher paraît s'exercer, tantôt à l'aide des pattes, et tantôt à l'aide des appendices qui environnent la bouche.

Digestion. — L'appareil buccal de ces animaux est composé d'une manière différente sur les espèces carnassières et sur celles qui vivent en parasites et se nourrissent par la simple succion. Dans les premières on rencontre une paire de mandibules armées de crochets mobiles ou de petites serres, et en outre deux mâchoires qui sont surmontées chacune d'un palpe pédiforme, et qui ne semblent être que le premier article de celui-ci ; puis enfin une lèvre inférieure qui paraît être un prolonge-

---

[1] Mygales.   [2] Aranéides.   [3] Araignées aviculaires, Scorpions.

ment du thorax. Les mandibules se meuvent de haut en bas, ce qui a porté Latreille à ne les considérer que comme tenant lieu des antennes qui manquent chez ces animaux. Dans les Octopodes suceurs toutes ces pièces sont remplacées par une sorte de rostre ou suçoir, armé de petites lames qui fonctionnent comme des lancettes et représentent les mâchoires.

Le tube digestif est généralement assez simple et parcourt le corps en droite ligne en se renflant à son extrémité et y formant un gros intestin. Meckel, qui a eu l'occasion de disséquer une des grosses espèces de cette classe [1] a trouvé dans le thorax un estomac musculeux revêtu d'un épiderme rude et corné, et M. Milne Edwards dit que le canal intestinal de quelques Arachnides offre des appendices cœcaux qui se prolongent jusque dans l'intérieur des pattes. Ces animaux possèdent ordinairement des vaisseaux biliaires analogues à ceux des Insectes, mais qui s'ouvrent vers l'extrémité anale de l'intestin ; quelques-uns ont un foie glanduleux et qui est formé de quatre grappes conglomérées [2].

Presque tous les Octopodes sont carnassiers et se nourrissent d'Insectes qu'ils saisissent vivants, et dont ils sucent les humeurs; quelques-uns résident en parasites sur les grands animaux et d'autres s'alimentent avec divers végétaux ou attaquent nos provisions.

Respiration.—Les organes respiratoires se présentent sous plusieurs formes. Dans quelques Octopodes ils consistent en trachées analogues à celles des Insectes [3] ; mais chez la plupart des autres on rencontre de deux à huit poches pulmonaires, qui sont contenues dans l'abdomen et qui admettent l'air dans leur cavité à l'aide de stigmates situés à sa région inférieure. Chacun de ces sacs présente à l'intérieur un amas de fines lamelles, disposées comme les feuillets d'un livre, et que Tréviranus, Meckel et Carus considèrent comme des branchies aériennes, mais que Muller assimile à de véritables poumons susceptibles d'être distendus par le fluide atmosphérique [4]. Quelques animaux de cette classe possèdent à la fois des sacs pulmonaires et des trachées.

Circulation. — L'appareil circulatoire diffère chez les Octopodes selon qu'ils offrent des sacs pulmonaires ou qu'ils ne possèdent simplement que des trachées. Dans les premiers, le cœur, qui représente un vaisseau alongé, situé à la région dorsale, donne naissance à divers tubes artériels qui se répandent parmi les organes, et il reçoit par plusieurs branches le sang dont les poumons viennent d'opérer la revivification. Dans les Arachnides, dont la respiration n'est point localisée et se produit à l'aide de trachées, l'appareil circulatoire est plus rudimentaire, et l'on ne rencontre qu'un simple vaisseau dorsal auquel on n'a pas encore reconnu de ramifications. Enfin, dans les espèces les plus petites, on ne sait pas encore comment s'opère la circulation [5].

[1] Araignées aviculaires. [3] Faucheurs. [5] Acarus.
[2] Scorpions. [4] Araignées, Scorpions.

Sécrétions. — Les animaux de cette classe sont généralement redoutés, parce que beaucoup d'entre eux sécrètent un fluide venimeux qui leur sert pour tuer immédiatement la proie qui les nourrit. Les organes qui distillent celui-ci, ainsi que nous le dirons plus loin, sont situés vers la bouche [1] ou à l'extrémité de l'abdomen [2] et les Arachnides ont des appendices aigus destinés à l'insinuer profondément, afin que son action soit plus rapide. S'il est vrai que certains Octopodes produisent quelques accidents sur l'homme, en général on a exagéré le danger de leur piqûre. Cependant Pallas dit que l'Araignée Scorpion [3] qui se rencontre parmi les roseaux qui croissent dans les lacs formés par l'Iaïk, produit une morsure très-dangereuse, et que les Kalmouks la redoutent à tel point, que lorsqu'ils ont vu un de ces animaux dans une contrée ils l'abandonnent immédiatement. Ce naturaliste assure que la piqûre de cette espèce n'est pas d'abord très-douloureuse, mais que souvent elle se termine par la mort.

Génération. — Dans les Octopodes dont on a pu étudier l'appareil génital on a reconnu que chez le mâle celui-ci se composait de deux organes testiculaires sacciformes, qui se terminaient chacun par un canal déférent s'ouvrant séparément à l'extérieur. Latreille pensait que les appendices que l'on observe sur le dernier article des palpes maxillaires de beaucoup d'Arachnides [4], et qui deviennent saillants au moment de l'accouplement, représentaient des verges; mais il n'en est point ainsi, et selon Carus ces appendices doivent être simplement considérés comme des organes d'excitation. Les ovaires de ces animaux sont aussi ordinairement sacciformes et se trouvent placés dans toute l'étendue du ventre, à la région antérieure duquel ils s'ouvrent par deux orifices séparés [5]. Mais quelques Octopodes possèdent des organes génitaux dont la structure est fort différente de celle que nous venons de décrire, tels sont les Scorpions. En effet, les femelles de ceux-ci ont des ovaires qui se composent de trois gros tubes longitudinaux, dont un est médian et les deux autres latéraux et anastomosés avec le premier par des branches vasculaires transversales, disposées en arcades, et que tiennent écartées des lames cornées qui traversent l'abdomen.

Les Arachnides naissent sous une forme qui persévère toute la vie; elles sont seulement sujettes à des mues, et ce n'est qu'à la quatrième ou cinquième qu'elles deviennent propres à la génération; dans quelques espèces cependant deux des pattes ne se developpent qu'après un changement de peau, de manière que lorsque celles-ci sortent de l'œuf elles sont d'abord hexapodes.

D'après leur structure, les Octopodes ont été divisés en deux sections distinctes : l'une nommée *Arachnides pulmonaires*, dans laquelle

---

[1] Aranéides.   [3] *Phalangium araneoides.*   [5] Araignées.
[2] Scorpions.   [4] Aranéides.

sont rangés les animaux de cette classe qui offrent des sacs pulmonaires, un cœur et des vaisseaux distincts, puis six à huit yeux; l'autre, nommée *Arachnides trachéennes*, contient ceux qui ont des trachées au lieu de sacs respiratoires, et seulement deux à quatre yeux. Mais cette division n'est pas généralement adoptée, et elle repose sur un caractère fondamental qui ne se présente pas toujours isolé, car certains Octopodes ont à la fois des sacs pulmonaires et des trachées. Cette considération nous engage à ranger simplement les familles dans l'ordre sérique.

FAMILLE DES ACARIDES.

Corps ordinairement trapu, indivis; membres variables. Bouche formée tantôt de mandibules didactyles ou monodactyles, et de palpes plus ou moins pédiformes, et tantôt d'un suçoir contenant des mandibules représentées par des lames en lancettes.

Quelques-uns des animaux contenus dans cette famille n'ont que six pattes dans le premier âge de la vie, ce qui les lie aux Insectes. Ils sont presque tous de petite taille, et leurs mœurs varient beaucoup. Les uns vivent à l'air libre et se tiennent sur les plantes; d'autres sont parasites et restent constamment accrochés à la surface des animaux, ou s'enfoncent même dans leurs tissus; enfin il en est qui sont aquatiques, et d'autres qui subsistent aux dépens de nos provisions et fourmillent dans nos demeures.

LEPTES. *Leptus.* Corps ovoïde, très-mou. Bouche en suçoir; palpes apparents.

Le *Lepte automnal* qui est fort commun dans les champs de graminées de quelques parties de la France, s'insinue sous la peau des jambes des hommes qui les traversent et leur cause une démangeaison intolérable. Il est fort petit et d'une couleur rouge, ce qui l'a fait nommer *rouget* dans nos campagnes.

IXODES. *Ixodes.* Mandibules en forme de lancettes. Palpes engaînant le suçoir et formant un bec court, tronqué.

Les anciens les désignaient sous le nom de *Ricins*. Ils vivent en parasites sur plusieurs mammifères, et s'y cramponnent tellement en engageant leur suçoir dans leurs chairs, qu'on ne peut les enlever qu'en employant une certaine force et en déchirant celles-ci. Leur nombre est quelquefois si considérable sur les Chevaux et les Bœufs, que ces animaux en périssent épuisés. L'*Ixode ricin*, qui est d'un rouge de sang, se rencontre sur les Chiens.

PYGNOGONONS. *Pygnogonum.* Tronc composé de quatre segments; membres ne dépassant guère la longueur du corps. Antennes, pinces et palpes nuls.

Ces animaux sont marins et vivent sur les Crustacés; on ne découvre point chez eux de vestiges de stigmates, et quelques auteurs les placent parmi les Crustacés.

ACARUS. *Acarus.* Corps mou, sans croûte écailleuse. Mandibules en serres didactyles; tarses antérieurs terminés par des pelottes vésiculeuses.

Plusieurs espèces de ce genre sont communes dans nos habitations où on les désigne sous le nom de *Mites*, tel est surtout l'*Acarus domestique* qui se rencontre sur le fromage.

SARCOPTES. *Sarcoptes.* Dos incrusté d'une sorte de coque, et hérissé de papilles rigides. Pattes antérieures au moins, terminées par une tige longue supportant une espèce de ventouse.

Ces Octopodes ne se rencontrent que sur les animaux affectés de la gale, et on les considère généralement comme la produisant; il paraît que chaque espèce de mammifère en offre de différents lorsqu'elle est atteinte de cette affection cutanée. Les pattes postérieures sont parfois terminées par un poil extrêmement long, et d'autres fois, comme celles de devant, par une ventouse située à l'extrémité d'une tige flexible qui, avec celle-ci, forme un appareil locomoteur remarquable, auquel M. Raspail donne le nom d'*ambulacrum*.

Le *Sarcopte de l'homme*, *Sarcoptes hominis*, aussi nommé Acarus de la gale ou Ciron, est d'une grosseur si peu considérable que l'œil le distingue à peine; il est à peu près ovoïde et offre environ un huitième de millimètre de longueur. Sa couleur est d'un blanc opalin. Nous avons reconnu sur cet Insecte une disposition qui ne nous paraît pas avoir été signalée par les auteurs, c'est que la partie postérieure et supérieure du dos semble formée par une pièce particulière qui est recouverte de papilles coniques et de huit ou dix poils rigides, gros et courts, situés sur des tubercules; le bord antérieur de cette pièce est dentelé, et comme il déborde les parties situées en avant, sous certains aspects, l'animal a l'air de traîner derrière lui une sorte de bouclier hérissé. Toute la région antérieure du dos et le dessous du ventre offrent des plis ondulés très-serrés qui ressemblent parfaitement aux papilles de la paume des mains.

Le Sarcopte de l'homme n'a d'ambulacrum qu'aux pattes de devant; celles de derrière sont terminées par un poil extrêmement long et roide. Lorsqu'il marche, il emploie ces ambulacrums, de manière qu'il semble suspendu sur des échasses, et les poils des membres postérieurs soutiennent le corps en arrière et traînent sur le sol. On s'aperçoit très-bien que la progression est accompagnée de beaucoup d'efforts, car la tige des ambulacrums plie sous le poids de l'animal, et la ventouse qui la termine s'élargit en s'appliquant sur le plan qui le supporte, puis paraît y adhérer fortement et ne s'en détacher qu'avec peine; ensuite elle se contracte avant de se poser de nouveau pour opérer une autre impulsion.

Le siége de prédilection de l'Acarus semble être les mains et l'articulation du poignet; M. Pillore fils, qui est attaché à un hospice de Rouen où se trouvent un grand nombre de galeux, m'a dit n'avoir pu le découvrir sur aucune autre région; ce médecin distingué, qui m'a communiqué ses observations avec beaucoup d'obligeance, ne l'a même jamais vu résider à la partie supérieure de l'avant-bras. On le rencontre soit sur le dos des mains ou dans la paume de celles-ci, soit sur les doigts ou entre ces derniers.

On ne trouve jamais les Acarus dans les pustules de la gale, quoiqu'on les ait représentés y nageant, dans le Dictionnaire des sciences médicales. C'est toujours plus ou moins loin de celles-ci qu'ils habitent; on ne les rencontre point non plus à la surface de la peau, et toujours ils siégent sous l'épiderme, non dans un sillon, comme on l'a dit à tort, mais dans une sorte de petit chemin couvert, plus ou moins long, que M. Albin Gras nomme *cuniculus*; en examinant attentivement la petite saillie formée par celui-ci, on apprécie facilement s'il contient un Sarcopte, car sa présence se décèle par un point brunâtre; en incisant la cuticule de la peau avec une épingle on en extrait facilement l'animal, qui se trouve toujours à l'extrémité de son espèce de terrier et est en contact avec le corps muqueux, comme j'ai cru le reconnaître à la loupe. Mais quand on enlève en entier un cuniculus, il semble à son origine être creusé dans l'épaisseur de l'épiderme, parce que celui-ci s'est reformé après le passage de l'Acarus.

Ce n'est pas avec les pattes que cet Octopode creuse sa singulière demeure, mais probablement au moyen de ses mandibules qui, selon M. Albin Gras, ressemblent aux pinces des Écrevisses; il se trouve pendant ce travail fixé par les poils rigides du dos qui sont dirigés en arrière et rendent, comme l'a fait remarquer M. Raspail, tout mouvement rétrograde impossible.

M. Aubé a émis, dans sa thèse inaugurale, que le Sarcopte devait être considéré comme un animal nocturne qui, après avoir attaqué sa proie, pendant la nuit, revenait passer le jour dans son cuniculus. Cela ne nous paraît pas possible, non-seulement parce que, comme nous venons de le dire, ses poils s'opposent à ce qu'il puisse parcourir à reculons son chemin couvert, mais encore parce que l'épiderme en se desséchant derrière le travailleur doit en partie fermer son chemin.

Historique. La connaissance de l'Insecte qui accompagne la gale, remonte à une époque assez reculée, et beaucoup d'auteurs en parlent; cependant cet animal a donné lieu à de nombreuses disputes, et l'on peut dire qu'il n'a réellement bien été étudié que dans ces dernières années, où, après avoir douté pendant un certain temps de son existence, ou avoir été trompé sur son authenticité, on l'a de nouveau découvert.

Les premières notions que l'on connaisse sur l'Insecte de la gale, se trouvent dans les œuvres d'Avenzoar, qui vivait au douzième siècle. « Il y a, dit ce médecin, une chose connue sous le nom de *Soab*, qui laboure le corps à l'extérieur; elle existe dans la peau, et lorsque celle-ci s'accroche en quelque endroit il en sort un animal extrêmement petit, et qui échappe presque aux sens ». Après s'être exprimé ainsi, cet auteur arabe conseille un traitement qui consiste en onctions d'huile d'amandes amères ou de décoction de feuilles de persicaire.

Malgré ce passage qui indique positivement l'existence du Sarcopte, on ne s'occupa guère de cet animal pendant un laps de temps fort long. Ce fut Jules Scaliger qui en reparla le premier en 1557 dans sa critique du Traité de la subtilité de Cardan. Les Padouans, dit-il, nomment l'Acarus *Pedicelli*, les Turiniens *Scirones*, les Gascons *Brigant*. Il est si petit qu'on peut à peine l'apercevoir. Il se loge sous l'épiderme; en sorte qu'il brûle par les sillons qu'il se creuse. Extrait avec une aiguille et placé sur l'ongle, il se met peu à peu en mouvement, surtout s'il est exposé aux rayons du soleil. En l'écrasant entre deux ongles, on entend un petit bruit et on en fait sortir une matière aqueuse. »

Plusieurs médecins supposèrent ensuite qu'il existait un Insecte parasite qui accompagnait la gale, mais ils ne nous laissèrent aucune notion précise.

Aldrovande, en 1596, fit faire un pas à nos connaissances sur ce sujet en nous révélant que le Sarcopte se creuse des galeries entre la peau et l'épiderme. Mouffet, environ quarante ans après, étendit encore ces notions et prouva qu'il avait bien observé cet animal, car dans son *Theatrum Insectorum*, il dit que les gens du peuple qui sont attaqués de la gale retirent les Cirons de leur peau avec la pointe d'une épingle, et que ces animaux se découvrent sous l'épiderme, y creusent des galeries et occasionnent durant ce travail une démangeaison fort incommode; cet entomologiste fait observer avec beaucoup de raison que ces petits parasites ne se trouvent pas dans les pustules, mais à côté.

Durant la dernière moitié du dix-septième siècle, plusieurs médecins allemands s'occupèrent aussi de ce sujet et publièrent des figures de l'Acarus de la gale, où ils en firent des descriptions plus ou moins exactes. Hauptmann le représenta avec six pattes et quatre crocs, et Müller en donna une planche plus correcte dans les *Acta eruditorum* de l'année 1682.

Peu d'années plus tard, Cestoni, naturaliste et pharmacien italien, dans un écrit adressé à Rédi en 1687, donna sur l'Acarus de la gale de bien plus longs détails qu'on ne l'avait fait jusqu'alors et les enrichit d'une meilleure figure que celles qui étaient connues. Mais ses observations qui contiennent quelques faits positifs, ne sont pas exemptes d'erreurs. Dans cet ouvrage, que Rédi publia sous le nom supposé de Bonomi, Cestoni rapporte avoir plusieurs fois vu de pauvres femmes

retirer des Cirons de la peau de leurs enfants affectés de la gale , et
qu'elles se servaient, à cet effet, d'une épingle. Il ajoute qu'à Livourne
les galériens se rendaient réciproquement ce service ; ce naturaliste dit
qu'ayant lui-même ouvert des pustules non purulentes il lui fut facile
d'en extraire des Sarcoptes; aussi il exprime qu'il est porté à croire que
la gale n'est due qu'à la morsure de ces animaux, qui , selon lui , rongent continuellement la peau , et y font de petites ouvertures dans
lesquelles s'extravase de la sérosité.

Durant le dix-huitième siècle , les micrographes et les naturalistes
reportèrent activement leur attention sur cet animal. Baker en donna
une figure dont la partie postérieure offre assez d'exactitude; Linnée
s'occupa de sa classification et le nomma d'abord *Acarus humanus
subcutaneus* , puis ensuite *Acarus scabiei*. Mais plus tard ce savant
immortel confondit le Ciron de la gale avec la Mite de la farine et fut
même jusqu'à prétendre que l'on déterminait souvent la gale chez
les enfants en les saupoudrant avec de la farine remplie d'Acarus. De
Géer rectifia l'erreur de Linnée et traça les caractères des Acarus de la
gale , de la farine et du fromage , et il les figura tous les trois avec une
exactitude encore inconnue. Enfin Fabricius et Latreille classèrent également cet animal dans leur système entomologique.

Malgré toutes ces assertions des auteurs , quelques médecins, dont
les recherches avaient été vaines, doutaient encore de l'existence des
Sarcoptes, lorsque M. Galès, pharmacien à l'hôpital Saint-Louis, annonça
qu'ils se rencontraient facilement chez les galeux , et que c'était positivement ces animaux qui déterminaient leur maladie. Il prétendit en
avoir recueilli plus de trois cents, et s'être inoculé un commencement de gale en plaçant sur le dos de sa main trois Acarus qui y
étaient retenus par un verre de montre fixé à l'aide d'un bandage.
M. Galès fit même figurer, dans sa thèse, l'animal qu'il assurait avoir
trouvé, et bientôt on copia sa gravure pour le Dictionnaire des sciences
médicales et le Dictionnaire des sciences naturelles.

Les observations et les expériences de M. Galès ayant été exposées
avec le ton de la bonne foi , ses vues furent généralement adoptées et
tout le monde crut désormais à l'existence du Sarcopte de la gale
humaine.

Mais environ six ou huit ans après les recherches du pharmacien de
l'hôpital Saint-Louis, des doutes s'élevèrent de toutes parts à l'égard de
ses découvertes. MM. Alibert, Biett, Rayer et d'autres médecins qui
s'occupaient des maladies de la peau n'ayant pu trouver l'Acarus, on
en vint presque généralement à nier son existence, et même M. Lugol
offrit un prix de 300 fr. à celui qui lui ferait voir cet animal, tandis
que d'un autre côté M. Raspail démontrait que M. Galès avait trompé
les savants en faisant figurer la Mite du fromage comme étant le Ciron
de la gale.

Le doute et l'incertitude en étaient arrivés à ce point, lorsque M. Renucci, natif de la Corse, qui , dans son pays où la gale est extrêmement

répandue, avait fréquemment vu les enfans s'extraire l'Acarus, qu'ils nomment *Pedicello*, s'exerça lui-même à trouver cet animal. Ce monsieur, qui étudiait la médecine à Paris, annonça en 1839, qu'il extrairait des Sarcoptes à des galeux, en présence d'un nombreux auditoire. Mais le monde savant ayant eu tant de déceptions à l'égard de ces animaux, son annonce fut accueillie avec incrédulité. Cependant devant une assemblée où se trouvaient beaucoup de personnes parmi lesquelles étaient MM. Alibert, Lugol et Raspail, M. Renucci démontra de la manière la plus évidente l'existence du Sarcopte, et il en recueillit plusieurs durant cette séance.

Bientôt après, l'histoire de cet animal fut complétée par des observations plus minutieuses, et l'on dut principalement aux recherches de M. Albin Gras quelques détails curieux ou utiles à connaître. Ce médecin, dans des expériences analogues à celles de M. Galès, s'est inoculé la gale à diverses reprises à l'aide de Sarcoptes maintenus en contact avec sa peau. En un temps assez court, ceux-ci s'enfoncèrent sous l'épiderme, et il se développa des pustules qu'il regarda comme étant caractéristiques de la maladie. Aussi cet expérimentateur adopte l'opinion que le Sarcopte de l'homme doit être considéré comme la cause essentielle de la gale et comme l'élément contagieux de cette affection dont il est le signe fondamental. Mais dans des expériences faites à l'hospice général de Rouen, par M. Pillore, et poursuivies avec plus de courage et de constance, ce médecin a vu, en effet, l'Acarus donner naissance à des pustules analogues à celles de la gale ; mais au bout d'un certain temps, celles-ci se guérissaient spontanément, de manière que, d'après cela, l'animal ne pourrait point être considéré comme l'agent de la contagion.

Le *Sarcopte du Cheval* se distingue de celui de l'Homme par la présence d'Ambulacrums à une ou aux deux paires de pattes postérieures, qui sont terminées par deux poils géminés. M. Pillore a reconnu que les individus de cette espèce présentaient deux modifications remarquables ; les uns ont des pattes postérieures peu longues, et les autres ont deux de ces membres énormément développés ; durant l'accouplement, ceux-ci, qui paraissent être l'apanage du sexe mâle, semblent destinés à élever la partie postérieure du corps et à saisir la femelle.

TROMBIDIONS. *Trombidium.* Yeux pédiculés ; mandibules monodactyles ; palpes à pénultième article armé d'un ou plusieurs crochets.

Ces Octopodes sont d'une couleur rouge. Le *Trombidion satiné* est commun dans nos jardins, au printemps ; et le *Trombidion colorant* qui vit aux Indes, et est trois ou quatre fois plus volumineux que lui, donne une belle teinture rouge.

GAMASES. *Gamasus.* Corps couvert d'un tégument écailleux. Mandibules didactyles ; palpes libres, filiformes.

Ils vivent en parasites sur divers animaux, le *Gamase des Coléoptères* se trouve communément sur les Géotrupes et sur d'autres espèces
de leur ordre qui fréquentent les excréments des herbivores.

FAMILLE DES SCORPIONIDES.

Corps déprimé ; abdomen sessile, articulé, se terminant ou
non en queue longue, grêle et noueuse ; membres subégaux,
de longueur médiocre. Palpes maxillaires énormes, formant
deux bras terminés en pince didactyle. Huit stigmates.

PINCES. *Chelifer*. Corps court, très-déprimé ; point de queue ;
membres subégaux ; pinces didactyles effilées.

Ces Arachnides qui ont été rangées près des Galéodes par Latreille,
me semblent avoir de bien plus grands rapports avec les Scorpions,
soit par leur aspect général, soit par leur abdomen annelé, leurs
pattes et leurs longues serres ; aussi je les place dans leur famille, car
les Pinces paraissent n'être réellement que des Scorpions en miniature
qui auraient été privés de queue accidentellement. Ces animaux courent vite et aussi bien en avant qu'à reculons ; on dit qu'ils se rencontrent dans les livres, les herbiers et dans les écorces des arbres où ils
se nourrissent des Insectes qu'ils y trouvent, mais nous pouvons assurer que la *Pince crabe*, appelée aussi *Scorpion des livres*, vit en
parasite sur les Mouches domestiques. Le docteur Bailleul, de Bolbec,
nous ayant signalé que dans cette ville il trouvait souvent un Insecte
sur ces Diptères, et nous ayant remis plusieurs de ceux-ci portant encore leur hôte importun attaché à leur corps, nous reconnûmes que
ce parasite n'était autre que l'Octopode que nous venons de citer ; et
dans la suite nous avons eu l'occasion de répéter souvent cette observation. On aperçoit très-bien, même pendant qu'elles volent, les mouches qui sont attaquées par des Pinces. On n'en rencontre jamais qu'une
ou deux sur chacun de ces Insectes, et elles sont fixées vers la base et
les parties latérales de leur abdomen. Rœsel a vu une femelle pondre
ses œufs et les rassembler en tas. C'est évidemment de l'un de ces
animaux dont il est question dans Aristote, à l'endroit où il parle de
petits Scorpions sans queue qui s'engendrent dans les livres.

SCORPIONS. *Scorpio*. Corps long ; abdomen portant deux peignes à sa base ; queue noueuse, grêle, offrant six anneaux et terminée
par un aiguillon. Pince didactyle très-forte.

On vient de trouver un de ces animaux à l'état fossile. Il a été décrit
par le comte Sternberg, qui le découvrit dans une ancienne formation
houillère des environs de Prague, où il était entouré de nombreux
débris de végétaux d'un aspect tropical. Aujourd'hui ces Arachnides
habitent les contrées chaudes des deux continents ; ils vivent sur la

terre ou sous les tas de pierres, et recherchent principalement les lieux sombres ; plusieurs espèces séjournent dans les maisons. La quantité de Scorpions que l'on rencontre dans certains pays est quelquefois si considérable, qu'elle a forcé des populations à les abandonner, à ce que rapportent quelques voyageurs. Un naturaliste romain dit qu'il y avait un nombre si prodigieux de ces animaux dans quelques régions de la Médie qu'un roi de Perse étant pour y faire un voyage, fit acheter, quelque temps auparavant, et à tout prix, tous les Scorpions que l'on pourrait trouver, afin de ne pas être arrêté par eux pendant sa tournée.

Les Scorpions courent très-vite et relèvent leur queue sur leur dos durant leur fuite ; cet organe leur sert pour se défendre lorsqu'ils sont attaqués ou pour vaincre les Insectes qui composent leur nourriture. Ils saisissent ordinairement ceux-ci avec leurs serres et les piquent avec l'aiguillon de leur queue en la portant en avant, puis ensuite ils les placent dans leur bouche. Ces animaux possèdent dans l'abdomen deux glandes qui sécrètent un fluide venimeux, et qui offrent chacune une petite vésicule d'où naît un conduit allant aboutir à la surface de l'aiguillon ; et le venin sort, d'après Rédi, Leuwenhœck et Maupertuis, par une petite fente située de chaque côté de sa pointe.

Malgré tout ce que l'on a répété sur le danger de la piqûre de ces Octopodes, il paraît que, le plus ordinairement, les suites en sont très-peu sérieuses, et que, souvent, les remèdes empyriques employés pour combattre celles-ci, les ont aggravées au lieu de les dissiper. Élien raconte que les prêtres d'Isis de Coptos, en Égypte, foulaient impunément aux pieds les Scorpions, qui étaient fort abondants autour de cette cité. Quelques anciens admettent si bien l'innocuité de ces animaux, qu'ils assurent en avoir vu manger : tel est Plutarque. Cependant l'introduction du venin faite par le dard du *Scorpion d'Europe* produit des accidents légers, et certains naturalistes avancent même que le *Scorpion noir*, qui vit dans les rochers de l'Afrique, peut tuer des hommes par sa piqûre, et en moins de deux heures ; cependant Truter et Somerville assurent, dans leur voyage, que les Hottentots s'y exposent impunément.

Ainsi que nous l'avons dit en traitant de cette classe, l'appareil génital des Scorpions femelles offre une structure remarquable. A l'époque du part on le trouve rempli de petits vivants, et aussitôt que ceux-ci sont émis ils se répandent sur le dos de leur mère qui les transporte partout avec elle et veille avec sollicitude à leur conservation. On ne connaît pas encore les usages des peignes qui s'observent sous l'abdomen.

Il n'est pas besoin de dire que les Scorpions ont été observés dans la plus haute antiquité, car chacun sait qu'ils étaient déjà alors devenus un des signes astronomiques. En Égypte un de ces animaux représenté près d'un Crocodile désignait, dans le langage hiéroglyphique, deux ennemis égaux en force. On débitait anciennement une foule d'absurdes fables sur ces Octopodes. Une des plus accréditées était qu'ils se tuent avec leur dard quand on les entoure de feu ; mais ce conte s'est démenti dans des expériences qui ont été tentées récemment. On les croyait efficaces pour le traitement de quelques maladies, et il existait autrefois dans les pharmacies certains médicaments composés , dont ils faisaient la base , appelés *Huile* ou *Essence de Scorpion ;* ils sont avec raison tombés dans l'oubli.

FAMILLE DES PHRYNÉIDES.

Abdomen incomplétement sessile , multi-segmenté et portant parfois une sorte d'appendice caudiforme ; pattes antérieures plus longues et effilées ; point de peignes. Palpes terminés par une griffe unique ou une pince. Quatre stigmates.

THÉLYPHONES. *Thelyphonus.* Corps alongé ; thorax ovale ; abdomen portant une petite queue ; palpes gros , courts , terminés en pince ou par deux doigts réunis.

Ces Arachnides rappellent les Scorpions par leur aspect et leur petite queue , ainsi que par leurs pinces , de manière qu'ils forment le chaînon naturel qui unit ceux-ci aux Phrynes. Elles vivent dans les contrées tropicales.

PHRYNES. *Phrynus.* Corps très-aplati ; thorax semi-circulaire ; tarses antérieurs très-longs , sétacés , semblables à des antennes. Palpes terminés par une griffe unique.

Ces Octopodes habitent les contrées chaudes du globe et leurs mœurs nous sont inconnues.

FAMILLE DES SOLPUGIDES.

Corps aranéiforme , oblong , mou , velu ; abdomen pédiculé, ovoïde , articulé ; premier article des pieds postérieurs portant cinq écailles infundibuliformes. Deux yeux ; mandibules formant une pince didactyle fortement dentée.

GALÉODES. *Galeodes.* Ces Aranéides , qui sont aussi connues sous le nom de Solpuges , forment à elles seules cette petite famille. Presque toutes sont propres aux régions intertropicales de l'ancien continent ; elles courent avec une extrême vitesse et passent pour être venimeuses.

FAMILLE DES PHALANGIDES.

Corps ovoïde ; thorax et abdomen réunis ; abdomen subsegmenté ; membres fort grêles et excessivement longs. Deux yeux seulement ; mandibules saillantes, terminées en pince didactyle ; palpes maxillaires filiformes.

FAUCHEURS. *Phalangium.* Ces Octopodes qui forment seuls cette famille, se rencontrent fréquemment dans nos champs et dans nos habitations. Ils sont fort agiles et courent très-vite, leur nourriture se compose ordinairement d'Insectes de petite taille. Le *Faucheur des murailles* est le plus commun.

FAMILLE DES ARANÉIDES.

Corps court ; abdomen pédonculé, non segmenté ; tarses terminés par deux crochets ordinairement dentelés en peigne. Mandibules supportant un crochet mobile ; palpes sans pinces. Des filières à l'extrémité du ventre.

Les pattes de ces Octopodes sont de la même forme, et se composent de sept articles dont le dernier est armé de crochets, et souvent environné de poils aplatis que l'on regarde comme servant à les fixer sur les corps les plus polis. Ces animaux offrent ordinairement huit yeux, mais quelquefois ils n'en ont que six, et suivant Hérold et d'autres naturalistes, ces organes sont brillants comme ceux des chats pendant les ténèbres et ils jouissent de la faculté de voir de jour et de nuit.

Les palpes sont analogues à de petits pieds ; dans les femelles ils se terminent par un crochet, mais chez les mâles le dernier article supporte divers appendices, plus ou moins compliqués, que l'on a jusqu'à ce jour considérés comme servant à la génération. Selon M. Léon Dufour, le canal digestif est droit et l'estomac est formé par plusieurs cavités. Il existe deux ou quatre poches pulmonaires qui sont situées à la région inférieure de l'abdomen et vers sa base, où les taches jaunes qu'elles forment les décèlent.

Dans l'intérieur de chaque mandibule on trouve une petite glande, qui est l'analogue des salivaires et qui sécrète un venin utile à ces animaux pour tuer leur proie ; celui-ci est versé à l'extérieur par un canal qui traverse le crochet. On voit qu'une telle disposition rapproche les Aranéides de certains Ophidiens, et que celles-là sont en quelque sorte parmi les Invertébrés ce que sont les Serpents venimeux parmi les Vertébrés. Le venin de nos espèces indigènes tue une mouche en quelques minutes, mais la morsure des grandes Aranéides de l'Amérique offre une bien autre puissance délétère ; Latreille dit qu'elle peut faire périr des Colibris et même des Pigeons ; il ajoute que sur l'homme elle produit un violent accès de fièvre, et même que la piqûre de quelques espèces de nos climats méridionaux a parfois été mortelle.

Les Aranéides filent des tissus divers avec une substance soyeuse qui est sécrétée par quatre vaisseaux jaunes, très-longs, repliés sur eux-mêmes, et qui sont contenus dans la cavité abdominale. Cette substance est ensuite émise à l'extérieur par quatre ou six mamelons de forme cylindrique ou conique, groupés au-dessous de l'anus, et dont l'extrémité charnue, ainsi que l'ont reconnu Leuwenhœck, de Géer, Réaumur et Tréviranus, est percée d'une immense quantité de petits pores. Près de ces mamelons on aperçoit parfois une paire de faux membres, analogues à des palpes, et qui, selon Carus, pourraient bien avoir pour fonction de rassembler les soies qui sortent des filières afin d'en composer un fil unique. L'espèce de crible par lequel s'échappe la substance soyeuse est si fin, et il faut tant de petits fils pour former un fil entier, que Leuwenhœck disait qu'il faudrait bien quatre millions de ceux-ci pour composer une soie de la grosseur d'un poil de sa barbe. Quoique cette évaluation soit sans doute bien inexacte, elle donne l'idée de la finesse des éléments qui sortent des filières, organes que les successeurs du célèbre micrographe ont aussi considérés comme offrant une disposition extrêmement remarquable. Bonnet dit que chaque mamelon fournit plus de mille trous par lesquels il s'échappe autant de soies, de manière qu'un simple fil est toujours formé d'au moins quatre mille de celles-ci ; Kirby et Spence semblent encore aller plus loin, puisqu'ils émettent que les trous du crible des filières des Aranéides sont si fins et si tassés qu'il s'en trouve mille sur un espace qui pourrait être couvert par la pointe d'une aiguille.

La coloration et le diamètre des fils des Aranéides offrent d'assez grandes variétés ; ordinairement ceux-ci sont d'une couleur uniforme et grise ; mais il existe au Mexique une espèce de cette famille qui se construit une toile tricolore composée de soies jaunes, rouges et noires entrelacées avec un art admirable. Dans nos climats les fils que produisent ces animaux sont toujours extrêmement fins et peu résistants, mais dans les régions équatoriales il en est qui forment des toiles si fortes qu'elles suffisent pour arrêter les petits oiseaux, et que l'homme lui-même ne les rompt pas sans quelque effort.

On peut diviser l'usage que les Araignées font de leur soie en trois catégories : ou elles en construisent des habitations, ou elle leur sert à dresser des piéges, ou enfin elles en forment des nids pour leurs œufs. Tantôt cette soie compose entièrement le refuge de ces animaux, et tantôt elle n'est employée que pour en tapisser les parois et le rendre plus agréable. Lorsque les Aranéides forment des toiles afin de prendre dans celles-ci les Insectes qui les nourrissent, tantôt elles tissent leurs piéges avec un art extraordinaire, et tantôt elles se contentent d'entreméler grossièrement leurs fils ; enfin, dans quelques circonstances, ceux-ci servent encore à ces Octopodes pour garrotter leur capture au moment où elles la saisissent lorsqu'en se débattant, elle leur oppose quelque résistance et ne peut être vaincue sans être enchaînée.

Les naturalistes ont expliqué diversement l'origine des flocons blancs abondants qui se trouvent suspendus dans l'air pendant les belles journées du printemps ou de l'automne et que l'on nomme *fils de la vierge*. Lamarck pensait qu'ils n'étaient qu'un produit de l'atmosphère, et M. Raspail a émis une opinion analogue et dit qu'ils pourraient bien provenir d'une certaine quantité d'albumine qui s'isolerait et se pré- cipiterait en filaments, après avoir été pendant un certain temps dis- soute dans l'humidité atmosphérique à l'aide de quelque acide ou de quelque alcali. Mais Latreille pense que ces flocons soyeux sont sim- plement produits par de jeunes Aranéides appartenant principalement aux sous-genres Épéire et Thomise. Nous adoptons son opinion, ayant vu parfois, dans les belles journées de l'automne, de vastes prai- ries dont toute la surface était couverte de fils d'Araignées entrelacés sur les herbes, et qui, rassemblés par les jambes des bestiaux, se dissé- minaient dans l'air pour y former des flocons blancs.

L'accouplement des Aranéides s'accompagne de particularités re- marquables. Latreille, qui attribue aux palpes un grand rôle dans cet acte, décrit celui-ci de cette manière : « Ces animaux, dit-il, étant très-voraces, les mâles, pour éviter toute surprise et n'être pas victimes d'un désir prématuré, ne s'approchent de leurs femelles, à l'époque de leurs amours, qu'avec une extrême méfiance et la plus grande circon- spection. Ils tâtonnent souvent longtemps avant que celles-ci se prê- tent à leurs caresses ; lorsqu'elles s'y déterminent ils appliquent alter- nativement avec une grande promptitude l'extrémité de leurs palpes sur le dessous du ventre de la femelle, font sortir à chaque contact, et, comme par une espèce de ressort, l'organe fécondateur, contenu dans le bouton formé par le dernier article de ces palpes, et l'introduisent dans une fente située sous le ventre, près de sa base, entre les ouver- tures propres à la respiration; après quelques courts instants de repos, le même acte se renouvelle plusieurs fois. » Après la ponte, la femelle enveloppe ses œufs dans un cocon qu'elle confectionne avec sa soie. Quelques Araignées ont la précaution de déchirer cette coque à l'épo- que où les petits sortent [1], et il en est qui gardent leur progéniture avec un soin extrême.

MYGALES. *Mygale.* Membres robustes ; yeux concentrés sur le devant du céphalothorax ; crochets des mandibules se fermant de haut en bas ; palpes extrêmement longs, pédiformes, situés vers l'extrémité des mâchoires ; quatre stigmates et quatre sacs respiratoires.

Presque toutes ces Aranéides sont reléguées dans les contrées les plus

[1] Lycoses.

brûlantes des deux continents ; quelques-unes habitent cependant nos climats ; on les rencontre en embuscade sur les arbres, ainsi que parmi les pierres ou dans les fentes des rochers ; plusieurs se creusent sous le sol des demeures aussi commodes qu'ingénieusement bâties. Ce sont les plus grandes Araignées que l'on connaisse, et leur taille, que l'on pourrait dire colossale en la comparant à celle des espèces de notre pays, est telle qu'il en est quelques-unes qui, dans l'état de repos, occupent avec leurs pattes un espace circulaire de six à huit pouces de diamètre ; ce sont ces dimensions extraordinaires qui ont valu à plusieurs Mygales le nom d'*Araignées crabes*, qu'on leur donne en Amérique. Ces Octopodes paraissent être presque tous nocturnes, et ne s'adonnent à leurs chasses que pendant la nuit ; durant celles-ci les plus fortes espèces se jettent sur les petits Reptiles et les Oiseaux tels que les Colibris, les Oiseaux-Mouches, etc., et elles leur sucent le sang ; un entomologiste qui vient de parcourir la Colombie m'a assuré qu'en ce pays il leur arrivait souvent de détruire les jeunes poulets dans les fermes, et que cette déprédation, qui y est fort bien connue, les fait même appeler en espagnol *Araignées aux Poulets*. Les petites Mygales ne se nourrissent que d'Insectes. La progéniture de celles d'une grande taille paraît être considérable ; M. Moreau de Jonnès, qui a observé avec tant de discernement les productions des Antilles, dit que l'une des espèces de ce genre, la Mygale cancéride, place ses œufs dans des cocons qu'elle porte partout avec elle, et qu'à l'intérieur de ceux-ci il a compté jusqu'à 1,800 ou 2,000 petits.

La *Mygale aviculaire*, qui est commune à la Martinique, est une de celles qui acquièrent une plus grande taille. Elle est très-velue et établit son domicile dans les gerçures des arbres, ainsi que dans les interstices des pierres et des rochers ; celui-ci se compose d'une cellule qui ressemble à un tube rétréci à son extrémité postérieure et qui est faite avec une soie très-blanche, tout à fait pareille, pour sa couleur et sa texture, à de la mousseline fort claire. Le nid destiné à enfermer la progéniture de cette espèce est du volume d'une grosse noix ; il est formé d'un tissu analogue à celui avec lequel est construite la demeure, mais il en existe trois couches au moins, pour assurer une plus efficace protection aux petits. La femelle place son cocon près de son habitation et veille à sa sûreté ; on ne pense pas qu'elle le transporte avec elle pendant ses excursions, car il est probable qu'elle en exécute pour se nourrir, ainsi que le fait supposer l'absence de tout débris d'animaux dans les environs de sa demeure.

La *Mygale maçonne* est moins remarquable que la précédente par sa force, mais elle se fait admirer par son industrie ; elle creuse des galeries souterraines d'un pied ou deux de profondeur, dans les lieux en pente et protégés contre les inondations, puis elle tapisse mollement de soies fines les murailles de cette habitation, et elle en bouche l'entrée à l'aide d'une espèce de soupape solide qui tient, par une charnière supérieure, au contour de l'ouverture ; cette porte se rabat spontanément et ferme la demeure de cet ingénieux Octopode. Lorsqu'on cherche à ouvrir celle-ci, l'Araignée retient la soupape en dedans, et ce n'est que quand on a vaincu ses efforts, qu'elle se réfugie au fond de son séjour. « Si on fixe avec une épingle, dit Walckenaër, l'opercule qui ferme la demeure de cet animal, on en voit un autre le lendemain, qu'il a fabriqué pendant la nuit; de même, si on enlève cet opercule, on en trouve un autre le lendemain, qu'il a construit à la même ouverture. C'est toujours pendant la nuit que ces Aranéides travaillent à leurs habitations et courent après leur proie. Le fond de ces habitations contient des débris de toute espèce d'Insectes et même de Coléoptères assez gros; elles les prennent dans des filets qu'elles établissent sur les terrains voisins de leur demeure. Elles vivent après la ponte en société avec les mâles. Dorthès a trouvé plusieurs fois dans la même habitation le mâle et la femelle avec une trentaine de petits. »

La *Mygale pionnière*, qui se trouve en Corse, a les mêmes mœurs que l'espèce précédente; et elle se construit aussi, sous le sol, des souterrains qu'elle ferme par une porte et qui sont semblables aux siens. Cet Octopode est d'un brun clair, uniforme, et sans mouchetures sur l'abdomen (Pl. 28, fig. 2); il place sa demeure dans un terrain argileux, d'une couleur rouge, et lui donne un diamètre d'environ six lignes. M. Audouin, qui a décrit avec détail cette habitation, dit que son intérieur n'a pas seulement été creusé dans le sol, mais que l'Araignée l'a enduit d'une sorte de mortier fin, qui en rend toute la paroi lisse et polie comme si une truelle eût été habilement passée dessus. Une toile fine et satinée en tapisse l'intérieur et s'y trouve apposée avec un soin bien digne d'être remarqué, car, comme le fait observer ce professeur, elle n'est pas placée immédiatement sur la paroi de l'excavation, mais, ainsi que nos tentures de prix, elle est posée sur un canevas plus grossier composé de nombreux fils. La porte se rabat en dehors, et, quand l'Araignée veut sortir, elle n'a qu'à la pousser; cette sorte de couvercle n'a pas moins de deux à trois lignes d'épaisseur, et il résulte d'un assemblage de couches de terre et de couches de toile, au nombre de plus de trente, qui se trouvent emboîtées à peu près comme une série de capsules de plus en plus petites qui seraient placées les unes sur les autres. Cette porte clôt fort hermétiquement, et l'animal en revêt l'extérieur avec de la terre, puis le rend rugueux et analogue au sol environnant, de manière à dérober sa demeure à ses ennemis; mais à l'intérieur, ce couvercle est tout à fait différent; il est lisse et tapissé d'une toile de soie beaucoup plus consistante que celle qui revêt les parois du souterrain, et l'on y découvre une série de petits trous qui ont été placés à dessein, et très-régulièrement, à quelques lignes de son bord; ceux-ci ont un usage fort remarquable et qui forme un des points les plus curieux de l'histoire de cet intéressant animal; ils sont destinés à recevoir les crochets qui arment sa bouche. En effet, quand on soulève avec précaution cette espèce de porte, la

Mygale pionnière s'y accroche immédiatement pour défendre l'entrée de son habitation, et elle retient cet opercule en fixant ses mandibules dans ses trous, en même temps que ses pattes se cramponnent sur la tapisserie qui revêt le haut de son habitation (fig. 3).

ARAIGNÉES. *Aranea.* Yeux souvent écartés; crochets des mandibules se fermant latéralement; palpes insérés à la base des mâchoires. Deux stigmates et deux sacs respiratoires.

Ce genre contient beaucoup d'espèces et a des représentants sur tous les points du globe; on l'a subdivisé en un assez grand nombre de groupes secondaires, parmi lesquels nous mentionnerons les suivants qui sont les plus fondamentaux : les Lycoses, les Épéires, les Sphases, les Érèses, les Argyronètes et les Araignées proprement dites.

Les LYCOSES se font remarquer par leurs membres antérieurs qui sont sensiblement plus longs que ceux de la seconde paire, et elles offrent des yeux disposés en quadrilatère, et dont les deux postérieurs ne sont point portés sur une éminence. Ces Octopodes, qui sont connus sous le nom d'*Araignées-loups*, se tiennent presque tous à terre. Quelques-uns s'établissent dans les fentes des murailles; d'autres dans des trous creusés sous le sol et dont les parois sont fortifiées par des fils qui empêchent les éboulements; c'est au fond de ces retraites que ces Aranéides passent l'hiver, et elles en bouchent quelquefois l'ouverture, pour se soustraire plus efficacement au froid. Les Lycoses sont très-carnassières, et elles épient ordinairement les petits animaux à l'entrée de leur demeure. La femelle de ces Octopodes porte partout avec elle le cocon qui contient ses œufs, après l'avoir attaché à son abdomen avec des fils de soie. La jeune progéniture, aussitôt éclose, vient se grouper sur le ventre de la mère, y vit un certain temps, et lui donne souvent l'aspect le plus hideux.

La *Lycose tarentule*, dont le nom vient de ce qu'elle se trouve particulièrement dans les environs de Tarente, a été anciennement fort célèbre par les absurdités que l'on débitait sur son compte (Pl. 28, fig. 4). Selon M. Léon Dufour, qui a donné des détails pleins de précision sur cette Aranéide, et dont nous ne pouvons mieux faire que de transcrire le texte « elle habite les lieux découverts, secs, arides, incultes, exposés au soleil. Elle se tient ordinairement, au moins quand elle est adulte, dans des conduits souterrains, dans de véritables clapiers qu'elle se creuse elle-même. Cylindriques et souvent d'un pouce de diamètre, ces clapiers s'enfoncent jusqu'à plus d'un pied dans le sol; mais ils ne sont pas simplement perpendiculaires, ainsi qu'on l'a avancé. L'habitant de ce boyau prouve qu'il est en même temps chasseur adroit et ingénieur habile. Il ne s'agissait pas seulement pour lui de construire un réduit profond qui pût le dérober aux poursuites de ses ennemis, il fallait encore qu'il établît là son observatoire pour épier sa proie et s'élancer sur elle comme un trait. La

Tarentule a tout prévu : le conduit souterrain a en effet une direction verticale, mais à quatre ou cinq pouces du sol il se fléchit à angle obtus, et forme un coude horizontal, puis redevient perpendiculaire. C'est à l'origine de ce coude que la Lycose, établie en sentinelle vigilante, ne perd pas un instant de vue l'entrée de sa demeure. »

D'absurdes préjugés faisaient croire autrefois que la piqûre de cette Aranéide engendrait des symptômes redoutables, auxquels on donnait le nom de *tarentisme*, et que l'on assurait ne pouvoir guérir qu'à l'aide de la musique et de la danse. Quelques médecins crédules ont même noté, dans leurs traités, les airs les plus efficaces contre cette maladie chimérique. Baglivi, qui a fait un ouvrage spécial sur la Tarentule et qui n'a pas peu contribué à amplifier les accidents qu'elle produit et à propager d'anciennes erreurs, rapporte même, d'après Élien, que la piqûre de cette Aranéide peut tuer un cerf; mais des observations faites en Italie démontrent toute l'exagération de ses assertions, et prouvent qu'elle occasionne seulement dans nos tissus une légère inflammation, qui se guérit simplement si l'empirisme ne l'aggrave pas par une médication intempestive. En effet, Swammerdam et Serao avaient élevé depuis longtemps des doutes sur les accidents causés par la piqûre de la Tarentule; les médecins modernes ont apprécié la justesse de leurs idées, et reconnu qu'ainsi que l'émet M. Orfila, les symptômes se bornent à une enflure de couleur livide qui envahit les environs de l'endroit mordu et qui s'accompagne quelquefois de phlyctènes ainsi que d'un peu de fièvre. M. Laurent a vu la gangrène en résulter, non par le fait du venin de l'animal, mais parce que les paysans se serraient extraordinairement les membres qui avaient été attaqués, croyant éviter par là les effets du prétendu venin.

Les ÉPÉIRES offrent de chaque côté deux yeux presque contigus, et les quatre autres forment un quadrilatère sur le front; leurs mâchoires dilatées dès la base, représentent une palette arrondie. Presque toutes confectionnent une toile verticale, composée de fils disposés par cercles concentriques et attachés sur de nombreuses soies qui forment autant de rayons partant du centre; ce mode de travail les a fait placer par Latreille dans sa section des Orbitèles. Les Épéires se tiennent au centre de leur ouvrage pour y guetter la proie qui s'y prend, ou bien elles se font un gîte particulier d'où elles surveillent tout ce qui se passe à la surface de leur toile. Tantôt celui-ci n'est qu'un simple boyau de soie, qui est fortifié de feuilles rapprochées avec des fils; et tantôt il est configuré comme un nid d'Oiseau et ouvert en hant. On lit dans Cuvier, que la toile de quelques espèces exotiques est composée de fils si forts, qu'elle arrête des petits Oiseaux et embarrasse même l'homme qui s'y trouve engagé. Les navigateurs qui allèrent à la recherche de Lapeyrouse rapportent que les naturels de la Nouvelle-Hollande et ceux de quelques îles de la mer du Sud, mangent des Araignées de ce genre, lorsqu'ils manquent d'autre nourriture.

L'*Épéire diadème* est fort commune en Europe, et se rencontre surtout dans les jardins, durant l'automne ; elle est d'un brun foncé ou d'un roux jaunâtre , avec des taches blanches formant une triple croix.

Les SPHASES présentent des pattes antérieures qui sont plus longues que les autres , et leurs yeux se trouvent rangés deux par deux sur quatre lignes, de manière à former un ovale transversal, tronqué aux deux bouts. Elles appartiennent à la section des Araignées vagabondes citigrades de Latreille.

Les ÉRÈSES ont des tarses terminés par trois crochets ; elles possèdent huit yeux , dont quatre sont rapprochés en trapèze et les quatre autres situés sur les côtés, de manière à former un quadrilatère beaucoup plus grand ; leurs mâchoires sont droites. Elles font partie de la division des Saltigrades de Latreille.

Les ARGYRONÈTES se reconnaissent par leurs yeux, dont deux sont situés, de chaque côté du groupe occulaire, sur une éminence et très-rapprochés , tandis que les quatre autres forment un quadrilatère ; leurs mâchoires sont inclinées. Ces Aranéides vivent dans les marais, et elles ont été ingénieusement nommées *Nayades* par Walckenaer, qui décrit de la manière suivante les travaux de l'espèce la mieux connue, l'*Argyronète aquatique :* « Elle se construit, dit-il , au fond des eaux dormantes une retraite en forme de cloche , qu'elle attache par ses bords aux filaments des herbes voisines , au moyen d'un très-grand nombre de fils dirigés dans tous les sens ; mais les Araignées ne pouvant respirer que dans l'air, il fallait que cette cloche en fût remplie et qu'elle pût le contenir. A cet effet , l'Argyronète compose cette cloche de fils agglutinés, formant un tissu assez serré pour être imperméable, et elle la remplit par un procédé singulier. Elle s'élève à la surface de l'eau en nageant renversée sur le dos ; elle en fait subitement sortir son abdomen : une bulle d'air vient aussitôt se joindre à la légère couche de ce fluide qui enveloppait déjà cette partie de son corps, et lui donne un éclat argentin ; plongeant alors avec vivacité, elle entraîne cette bulle et va la déposer sous la cloche préparée pour la recevoir. Par ce manége suffisamment répété , la cloche se remplit, l'air que la respiration consomme se répare , et l'animal se procure à lui-même le seul milieu au moyen duquel il puisse vivre. » C'est sous cette cloche que cette Araignée guette sa proie et qu'elle place son cocon ; elle s'y renferme aussi pour passer l'hiver.

Les ARAIGNÉES PROPREMENT DITES ont leurs quatre yeux antérieurs disposés en arc , et les deux filières supérieures beaucoup plus longues que les autres. Elles sont communes dans toutes les latitudes et beaucoup d'espèces vivent à l'intérieur de nos demeures et dressent leurs piéges dans les appartements négligés, les greniers et les étables ; il en est aussi qui se fixent de préférence parmi les bois. C'est souvent dans les angles des murailles qu'elles font leur toile, qui est ordinairement triangulaire et qui présente , à la réunion des deux parois de celles-ci , un tuyau cylindrique ayant deux ouvertures , dont l'une est dirigée en avant et dont l'autre s'ouvre en dessous. L'Araignée se tient constamment en embuscade dans ce tube, et quand quelque Mouche ou quelque autre Insecte propre à sa nourriture se prend dans sa toile, elle sort immédiatement pour le mettre à mort, par l'ouverture qui donne sur celle-ci ; mais lorsqu'on l'effraie, elle se sauve par l'issue inférieure. C'est à la disposition que ces Octopodes donnent à leur travail qu'ils doivent d'avoir été rangés dans la section des *Tubitèles* de Latreille. L'*Araignée domestique* qui est d'un brun grisâtre, et offre deux séries de taches jaunâtres sur l'abdomen, peut être considérée comme le type de ce sous-genre.

X. CLASSE DES DÉCAPODES.

Animaux articulés extérieurement, dépourvus d'ailes, et offrant dix membres articulés. Respiration s'opérant à l'aide de branchies; système circulatoire présentant un cœur et des vaisseaux.

Les Décapodes constituent avec les deux classes suivantes, les Hétéropodes et les Tétradécapodes, des animaux auxquels les naturalistes donnent le nom collectif de *Crustacés.* Comme les trois classes dans lesquelles ceux-ci se trouvent répartis dans la méthode que nous suivons, offrent de grands rapports, nous traiterons, dans cet article, de l'organisation des Décapodes d'une manière spéciale; mais, comme presque toutes les généralités sont les mêmes pour les deux divisions suivantes, en traçant l'histoire de celles-ci, nous n'aurons à mentionner que les différences qu'elles offrent avec la section dont nous traitons dans ce chapitre.

Géologie et Géographie.—Diverses formations du globe nous offrent des Crustacés fossiles, on doit principalement la connaissance de ceux-ci à MM. Al. Brongniart et Desmarets. Les uns appartiennent à la classe des Décapodes et viennent se ranger parmi les Limules, les Crabes, les Écrevisses et les Pagures. Les autres, beaucoup plus nombreux, font partie des Hétéropodes, telles sont les Trilobites.

Les auteurs qui se sont occupés de la distribution de ces animaux, disent que tous ceux qui ont été trouvés en Europe, à l'exception d'un petit nombre d'espèces provenant des derniers terrains, ont exclusivement pour analogues des espèces équatoriales ou voisines des Tropiques.

Les Crustacés qui peuplent actuellement le globe, vivent en grande partie dans la mer; quelques-uns habitent les fleuves et les ruisseaux, et il en est qui résident dans les moindres flaques d'eau [1]; enfin plusieurs sont essentiellement terrestres. Parmi ces animaux la plupart des grands genres sont communs à toutes les mers, mais quelques groupes ne se trouvent que dans certaines régions. Les Ocypodes, par exemple, ne se rencontrent que sur les plages des pays chauds et sablonneux. Les plus grandes espèces de Grapses nous proviennent des latitudes équatoriales. Les Podophthalmes et les Ranines ne paraissent se trouver que dans les mers de l'Inde; et les Galathées sont propres aux mers d'Europe.

Anatomie et Physiologie. — Locomotion. — Le corps des Décapodes, et en général celui des autres Crustacés, se compose d'une

[1] Branchipes.

série d'anneaux solides plus ou moins distincts. Les premiers ont la tête confondue avec le corselet [1] ; mais dans les groupes des deux classes suivantes, dont l'organisation est moins élevée, souvent les anneaux sont simplement articulés et mobiles [2]; mais, quoi qu'il en soit, ce sont toujours des matériaux anatomiques identiques qui composent le corps de ces animaux en apparence dissemblables.

Le squelette cutané des Crustacés est généralement fort dur et contient une grande quantité de carbonate calcaire. On peut le considérer comme représentant l'épiderme, car ce test solide tombe chaque année pour permettre l'accroissement, et lorsque ces animaux sortent de leur dépouille ils sont mous et flexibles, paraissent très-sensibles, et se retirent dans les creux des rochers, jusqu'à ce que leur peau ait acquis assez de consistance pour qu'ils puissent reprendre leur vie active.

Les pattes sont fixées aux anneaux qui constituent le thorax, et leur nombre est de cinq paires chez les Décapodes, et souvent de sept paires dans les autres Crustacés [3]. Ces organes ont des formes qui varient beaucoup selon qu'ils doivent servir à la natation, à la marche ou à la préhension. Dans le premier cas, ils sont larges et aplatis comme des rames ; dans le second, ces appendices se rapprochent de la forme cylindroïde et sont alongés, enfin dans le dernier ils se terminent par des pinces. Ces membres offrent à peu près les mêmes régions que dans les Insectes, mais on y distingue quelquefois, en outre, une partie nommée *métatarse*, qui se trouve entre le tarse et la jambe. On nomme *pouce* le doigt mobile des pinces, et l'autre est l'*index*. Sur les anneaux abdominaux on trouve presque toujours une double rangée d'appendices auxquels on donne le nom de *fausses pattes*, et qui servent parfois à aider la natation et d'autres fois à supporter les œufs.

La locomotion est variée ; certains Décapodes nagent ou marchent avec autant de facilité en arrière qu'en avant ; et quelques-uns vont également de côté ; d'autres courent avec une telle rapidité, que l'on dit qu'un homme ne saurait les atteindre [4] ; c'était même à cause de cela, selon Pline, que les Phéniciens les avaient nommés *cavaliers*.

Système nerveux. — Le système nerveux des Crustacés est analogue à celui des Insectes, et il offre d'autant plus de ganglions que l'extrémité postérieure du corps s'alonge davantage. Quelquefois ceux-ci représentent une chaîne étendue d'un bout à l'autre du corps ; d'autres fois ils sont plus ou moins rapprochés entre eux, et même ne forment, dans certaines espèces, qu'une seule masse située vers le milieu du thorax. On observe que dans ces animaux la centralisation du système nerveux devient d'autant plus manifeste que l'on s'avance davantage vers ceux dont l'organisation est plus élevée. Cependant,

[1] Crabes, Écrevisses.   [3] Tétradécapodes.   [4] Ocypodes.
[2] Cloportes.

même chez ceux-ci, l'instinct est assez médiocrement développé ; il en est qui sont courageux, et combattent jusqu'à la dernière extrémité [1].

SENS. *Odorat.* — Les Crustacés offrent presque constamment quatre antennes, et c'est dans les deux intermédiaires que de Blainville, Rosenthal et Carus placent le sens de l'olfaction, qui paraît très-délicat chez quelques-uns de ces animaux. Cette hypothèse semble même avoir été convertie en certitude par la découverte de Rosenthal, qui a trouvé à la partie inférieure des petites antennes de l'Écrevisse une cavité s'ouvrant à l'extérieur par un étroit orifice, et renfermant un organe pectiniforme ou branchiforme délicat, auquel aboutit un nerf provenant du ganglion cérébral.

Vision. — Ces Entomozoaires offrent généralement des yeux à facettes, et portés sur des pédicules mobiles [2], que Carus considère comme des membres craniens, particularité qui ne s'observe pas parmi les autres animaux articulés. Rarement ces organes sont sessiles [3]. Selon de Blainville, derrière chaque petite cornée, on découvre une choroïde percée d'un orifice semblable à la pupille, et l'on y trouve aussi des parties analogues au cristallin et à l'humeur vitrée ; au moins, c'est ce que cet observateur a vu sur la Langouste. Le nerf optique se renfle dans l'intérieur du pédicule oculaire, et c'est de son renflement que naissent autant de filets qu'il y a de facettes à la cornée : celles-ci sont carrées dans quelques espèces [4], et s'élèvent parfois au nombre de 2,500 pour chacun des yeux [5]. La vision est assez parfaite chez certains Crabes terrestres, qui paraissent apercevoir les objets à de grandes distances, mais d'autres Décapodes ne possèdent pas un semblable avantage, et chez eux l'exercice de ce sens est assez borné.

Goût. — Très-certainement le goût existe chez les Décapodes, et le siége paraît en être à l'origine du canal intestinal, où des nerfs spéciaux semblent se rendre pour l'exercer. Les palpes annexés aux pieds-mâchoires ne paraissent pas destinés à percevoir cette sensation, et l'on doit tout simplement les considérer comme servant à diriger l'aliment.

Ouïe. — L'appareil de l'audition est très-apparent dans une partie des Décapodes [6], mais chez plusieurs autres, il est bien moins développé [7]. Dans les Écrevisses, cet organe est situé à la naissance des Antennes extérieures, et se trouve formé par une cavité renfermant un petit sac vestibulaire membraneux, rempli d'un fluide aqueux dans lequel pénètre une ramille nerveuse ; l'orifice de ce petit appareil est fermé par une membrane. Malgré la présence de ces rudiments d'oreilles, les sons paraissent agir peu sur cette classe d'animaux ; il est cependant certain que beaucoup d'entr'eux entendent.

Digestion. — La bouche de ces animaux offre d'assez grandes diffé-

---

[1] Crabes.
[2] Podophthalmes.
[3] Limules.

[4] Écrevisses.
[5] Homards.
[6] Écrevisses.

[7] Crabes.

rences ; les pièces qui la composent varient beaucoup dans les divers ordres, et elles changent quelquefois tellement de destination, que, devenues semblables à des pattes, on les voit en même temps remplir les fonctions de celles-ci et celles de mâchoires [1]. En étudiant attentivement les organes buccaux de certains Crustacés, on s'aperçoit même que ce ne sont que des membres antérieurs modifiés pour d'autres fonctions. Cela se dévoile évidemment, et l'on reconnaît la transition en allant de l'intérieur de la bouche à l'extérieur, car on découvre que successivement les pièces buccales se revêtent des formes des membres ambulatoires ; aussi est-ce avec beaucoup de raison que Savigny leur a imposé le nom de *pieds-mâchoires*, et que Carus les considéra comme des membres faciaux.

Voici l'énumération des diverses parties qui se trouvent dans l'organe buccal de la majorité des Décapodes : une lèvre supérieure et une inférieure ; deux mandibules épaisses, solides, tranchantes à leur partie interne, et situées au-dessous de toutes les autres pièces paires ; une première paire de mâchoires membraneuses, lobées et ciliées, appliquées sur les mandibules ; une seconde paire de mâchoires sans palpes, comme la précédente, et membraneuse et ciliée comme elle ; une troisième paire de mâchoires membraneuses, portant en dehors un palpe, et que M. Desmarest nomme *pieds-mâchoires internes ;* une quatrième paire de mâchoires formées d'une tige assez étroite, non membraneuse, divisée en six articles et pourvue d'un palpe, et que le même savant appelle *pieds-mâchoires intermédiaires ;* enfin, une dernière paire de pièces nommées par Latreille *pieds-mâchoires extérieurs*, et par Leach *pédipalpes*, et qui sont composées, comme les autres, de deux parties ou tiges dont l'intérieure, crustacée et comprimée, est divisée en six articles, et l'extérieure se trouve disposée en forme de palpe.

Chez les Crustacés suceurs la bouche ne présente pas cette grande complication de parties, et elle est organisée d'une manière analogue à celle des Insectes qui vivent de fluides. On voit qu'elle est formée d'une sorte de tube dans lequel se trouvent des appendices pointus et grêles, qui semblent agir comme des lancettes pour percer les organes [2].

Presque tous les viscères digestifs sont contenus dans la poitrine. L'œsophage n'offre que peu d'étendue. L'estomac est très-vaste, et ses parois sont parfois soutenues par des arceaux cartilagineux qui les tiennent continuellement écartées, puis cet organe est généralement armé de plusieurs dents nommées *pyloriques*, et destinées à broyer les aliments. A l'époque où les Écrevisses sont prêtes à muer, la cavité stomacale renferme des concrétions pierreuses auxquelles on a donné improprement le nom d'*yeux d'Écrevisses*, et qui paraissent être de la substance calcaire en réserve, pour fournir à la peau et re-

---

[1] Limules.   [2] Lernées, Caliges.

constituer sa solidité, car ces pierres disparaissent à mesure que la superficie cutanée reprend sa consistance. A la suite de cette cavité, se voit un intestin grêle qui se termine par un rectum.

Ces Entomozoaires sont essentiellement carnassiers, et quelques-uns, dit-on, poussent même la voracité jusqu'à dévorer les cadavres dans les lieux de sépultures; tantôt ils se nourrissent des parties solides des animaux; et tantôt ils se contentent de s'abreuver de leurs fluides.

Respiration. — Dans tous les animaux de cette classe cette fonction s'opère à l'aide de branchies qui sont protégées par la carapace et composées de masses lamelleuses [1] ou de filaments cylindriques, disposés en houppes [2]; et dans chacun de ces appareils on découvre des vaisseaux qui apportent ou qui enlèvent le sang. Les branchies peuvent entretenir la respiration, non-seulement sous l'eau, mais encore dans l'air atmosphérique, tout le temps qu'elles ne sont pas desséchées par l'évaporation. Chez les Décapodes qui font des excursions loin de la mer il y a même une disposition spéciale pour empêcher celle-ci; on trouve à cet effet de petits réservoirs qui conservent une certaine quantité de liquide destinée à humecter ces organes; tantôt ils représentent des espèces d'auges situées près de l'appareil respiratoire [3], tantôt ce sont de petites poches [4], tantôt enfin, chez les Crustacés voyageurs, on rencontre des masses de tissus spongieux qui conservent l'eau nécessaire à l'exercice de la respiration.

Circulation. — Les Crustacés sont pourvus d'un cœur et de vaisseaux; celui-ci est très-apparent dans les Décapodes, et ses mouvements sont faciles à apercevoir; il n'est formé que d'une seule cavité et le sang est incolore ou faiblement teint en bleu ou en lilas. Dans les Écrevisses, où la circulation a été bien étudiée par MM. Audouin et Milne Edwards, ces naturalistes ont reconnu que le sang veineux se rassemblait dans de grands sinus situés au côté ventral de ces animaux, et d'où naissent les vaisseaux qui le portent aux branchies; puis, que les tubes vasculaires qui reviennent de celles-ci se réunissent en deux troncs s'ouvrant dans le cœur, qui est muni intérieurement de fortes colonnes charnues, et qui distribue ensuite le sang aux organes.

Sécrétions. — Dans ces animaux la sécrétion de la bile se fait parfois à l'aide de vaisseaux qui sont analogues à ceux qu'offrent les Insectes; mais le plus souvent il existe à cet effet une sorte de foie extrêmement volumineux, divisé en plusieurs lobes ou espèces de grappes, qui sont composés d'une immense quantité de petits vaisseaux terminés en cul-de-sac, et dont l'extrémité s'ouvre dans l'intestin près du pylore.

Quelques observateurs ont constaté que certains Crustacés étaient phosphorescents. Banks et Macartney disent avoir principalement vu luire quelques Crabes [5].

---

[1] Crabes.　　　　　　　[3] Gécarcins.　　　　　　[5] Cancer fulgens.
[2] Astacoïdes.　　　　　　[4] Uca.

Génération. —Les Décapodes offrent la plupart du temps des organes sexuels disposés sur le type suivant. Ils sont doubles sur chacun d'eux et présentent sur un côté comme sur l'autre une exacte répétition, puis se terminent à l'extérieur par deux orifices séparés et éloignés. L'appareil sécréteur de la semence et les ovaires s'offrent sous l'apparence de petites masses glanduliformes, composées de vaisseaux. Les mâles possèdent deux verges qui sortent à la partie postérieure du thorax, derrière la cinquième paire de membres ; elles sont protégees par une pièce cornée tubuleuse qui sert à les introduire dans l'organe de la femelle ; celle-ci a deux vulves situées, dans certains Crustacés, sur la pièce qui supporte la troisième paire de pattes [1], ou à la base même de ces membres et sur la face inférieure de leur premier article [2]. L'accouplement a lieu ventre à ventre. Ces animaux sont ovipares et les œufs ont une enveloppe cornée assez solide et transparente ; les femelles les portent souvent, pendant un certain temps, sous leur queue où ils se trouvent attachés par des filaments qui résultent du desséchement de la viscosité qui les enduit, et qui adhèrent aux *fausses pattes.*

Certains Crustacés possèdent la faculté de reproduire leurs membres lorsqu'ils se trouvent arrachés dans les articulations ; on observe même que, quand un accident rompt ces appendices dans un lieu éloigné de celles-ci, aussitôt ces animaux opèrent eux-mêmes une seconde amputation dans la jointure. M. Duméril rapporte qu'en Espagne on profite de cette faculté qu'ont les Crabes de régénérer leurs grosses pattes, et que, dans des marchés, on vend ces dernières que l'on arrache sur des individus encore vivants, qui sont ensuite rendus à la liberté pour qu'ils en fournissent d'autres quand on les repêchera l'année suivante.

Classification. — La classe des Décapodes a été seulement divisée en deux ordres qui sont faciles à distinguer, ce sont les Acères et les Tétracères.

	DÉCAPODES.	*Ordres.*
Antennes {	nulles.	Acères.
	au nombre de quatre.	Tétracères.

[1] Cancroïdes.   [2] Astacoïdes.

ORDRE DES ACÈRES.

Corps couvert d'un test en forme de bouclier ; membres dont l'article radical fait l'office d'organe de manducation. Antennes nulles ; ni mandibules , ni mâchoires normales.

LIMULES. *Limulus.* Ces animaux, qui se trouvent seuls dans l'ordre des Acères , ont quelques représentants fossiles parmi les roches de diverses formations , et Knorr, Cuvier, Desmarets et Brongniart, ainsi que Buckland, en ont décrit ou figuré plusieurs qui avaient été découverts dans celles-ci. On en a rencontré dans le groupe carbonifère de Strafford et de Derby, et dans le calcaire jurassique d'Aichstadt près de Sappenheim, en même temps que plusieurs Crustacés de quelques autres ordres. Aujourd'hui ce sont les mers des pays chauds qui nourrissent les Limules, et l'on en observe particulièrement sur les rivages de l'Amérique et de l'Inde. On les connaît sous les noms de *Crabes des Moluques*, à cause des parages d'où quelques-uns proviennent, et on les appelle aussi *poissons-casseroles*, parce que dans certains pays on se sert de leur carapace pour puiser de l'eau.

Ces animaux ont un test qui se compose de deux pièces, dont l'antérieure répond à la tête puisque, comme l'a vu Straus, on ne découvre sous elle , outre le cerveau, qu'un seul ganglion sous-œsophagien ; cette pièce supporte deux gros yeux à facettes qui sont éloignés l'un de l'autre , et deux yeux lisses qui se trouvent presque accolés. Les membres des Limules ont des hanches hérissées d'épines et qui fonctionnent comme des mâchoires pour broyer les aliments , et l'extrémité de ceux-ci se termine par une pince. Ces Crustacés sortent parfois de la mer et s'avancent sur les rivages où ils marchent doucement et en ligne droite , sans que l'on aperçoive leurs pattes.

Les Limules rendent quelques services à l'homme , car certaines nations sauvages recherchent leur chair, et l'on dit que les Chinois mangent leurs œufs ; il paraît même que l'abondance de ces animaux est telle sur quelques plages que leurs habitants en nourrissent les porcs.

La pointe acérée et en forme d'épée qui se trouve à l'extrémité du corps et représente une espèce de queue, est employée par certains sauvages pour confectionner le dard de leurs flèches. On sait que c'était toujours un Crustacé qui marquait, chez les anciens peuples, la constellation zodiacale du Cancer , et tour à tour on les vit employer la Telphuse fluviatile, un Portune, une Écrevisse ou une Langouste, mais sur un Zodiaque japonais , on découvre un Limule pour indiquer ce signe céleste. Le *Limule polyphème* qui est commun aux Moluques est un de ceux qui arrivent à une plus grande taille.

ORDRE DES TÉTRACÈRES.

Quatre antennes ; bouche formée de six paires d'appendices, dont une paire de mandibules , deux paires de mâchoires et trois paires de pieds-mâchoires.

FAMILLE DES CANCROÏDES.

Corps très-court ; abdomen plus court que le tronc , replié en dessous et sans appendices natatoires. Antennes très-exiguës.

La masse du corps de ces Crustacés que l'on désigne aussi sous le nom de Brachyures , se compose principalement d'un énorme céphalothorax qui, chez la plupart d'entre eux est fort aplati ; au contraire leur abdomen est tout à fait rudimentaire et ne représente qu'une sorte de tablier appliqué sur la poitrine et situé dans une excavation de celle-ci. Les membres sont destinés particulièrement à la marche ; chez quelques-uns seulement on en voit d'aplatis et qui servent plutôt à nager ; la première paire se termine toujours par une main didactyle , et les suivantes sont monodactyles. Les mâles offrent deux verges et l'organe génital des femelles consiste tout simplement en deux trous situés sous le thorax ; ce sexe se reconnaît encore à l'élargissement de la queue , qui porte sur ses parties latérales des appendices ou espèces de cornes velues servant à fixer les œufs.

MAÏAS. *Maia*. Test subtriangulaire, prolongé en avant en une sorte de rostre ; serres à peine plus épaisses que les pieds suivants. Pattes extrêmement grêles et longues.

Le *Maïa Squinado*, qui habite nos mers, est le type de ce groupe, on le rencontre très-communément sur les rivages de la Méditerranée. Cette espèce que l'on nomme *Araignée de mer*, à cause de son aspect qui se rapproche de celui de quelques Aranéides , était appelée *Maïa* par les Grecs ; on lit dans le règne animal de Cuvier, qu'elle se trouve figurée sur quelques-unes de leurs médailles et qu'ils lui attribuaient une grande sagesse, et la croyaient sensible aux charmes de la musique.

PODOPHTHALMES. *Podophthalmus*. Test trapézoïdal, épineux latéralement. Pédicule oculaire excessivement long.

La manière dont les yeux sont portés rend ce genre remarquable. Deux espèces seulement composent celui-ci ; l'une , qui est fossile et faisait partie du cabinet de M. de France , a été décrite par M. Desmarets, et l'autre, qui est vivante, habite les parages voisins de l'Ile-de-France (Pl. 29, fig. 1).

ÉTRILLES. *Portunus*. Test arqué en devant, sans épines latérales; membres postérieurs en nageoires. Yeux normaux.

Ces Octopodes nagent avec facilité, et à l'aide de leurs membres disposés en rames on les voit traverser des bras de mer considérables; ils vivent en société sur les côtes de France, et font leur nourriture de Mollusques ou de Crustacés divers. Le *Crabe commun*, qu'on nomme vulgairement *Crabe enragé*, appartient à ce genre, ainsi que l'*Étrille commune*, dont la chair est principalement estimée.

CRABES. *Cancer*. Carapace beaucoup plus large que longue, à bords souvent festonnés, et formant en avant une courbe elliptique; tous les ongles pointus, coniques.

La disposition des membres ne permet guère aux individus de cette section de pouvoir nager, aussi, ils habitent le fond de la mer parmi les rochers et les plantes marines, sous lesquels ils se cachent souvent. Ces Décapodes paraissent se nourrir spécialement de débris d'animaux; ils sont craintifs et ne chassent ordinairement que la nuit. Le *Crabe tourteau*, dont le test est roussâtre et les doigts noirs, tuberculeux en dedans, est l'espèce de nos rivages que l'on préfère pour les tables, et qui acquiert une plus forte taille; on en prend quelquefois dont la carapace a près d'un pied de diamètre.

THELPHUSES. *Thelphusa*. Carapace quadrilatère; pattes antérieures inégales; tarses garnis d'arêtes épineuses ou dentées.

Ces Crustacés, qui ont de grands rapports avec les Crabes, habitent les fleuves des contrées chaudes; on en observe beaucoup dans l'Europe méridionale, en Grèce et en Italie, et là il en existe jusque dans les amas d'eau des Cratères volcaniques. Les Romains les connaissaient, car Élien dit que les Thelphuses ont l'instinct de prévoir les débordements du Nil, et qu'elles ont le soin, environ un mois à l'avance, de s'acheminer vers les hauteurs voisines. Aujourd'hui en Italie on en mange considérablement en temps de carême. On préfère celles qui se sont dépouillées récemment de leur enveloppe calcaire ou qui se trouvent près d'accomplir cette crise; on les sert alors sur les tables les plus somptueuses et même sur celles des cardinaux et des papes. Quelquefois, pour rendre leur chair plus douce et plus agréable, on pousse le raffinement jusqu'à les faire périr dans du lait.

La *Thelphuse fluviatile* avait sans doute acquis de la célébrité chez les anciens, car on la trouve représentée sur quelques médailles grecques et siciliennes, et l'on sait qu'autrefois on lui prêtait de grandes vertus médicales. Ce Décapode, que les naturalistes de la renaissance nommaient *Crabe fluviatile*, constitue souvent le frugal repas des pauvres caloyers du mont Athos, dans les ruisseaux duquel il abonde, et, suivant Belon, ces religieux le mangent cru, sa chair leur paraissant ainsi plus savoureuse.

OCYPODES. *Ocypode.* Test presque carré ; une des pinces beaucoup plus grosse. Yeux alongés, s'étendant sur leur pédicule qui est prolongé au delà d'eux.

Les Ocypodes habitent l'Amérique, l'Asie et l'Égypte, et vivent communément à terre ; on les y trouve surtout vers le commencement des nuits ; les sites arides et sablonneux des bords de la mer ou des rivières sont les lieux qu'ils préfèrent. Ils se creusent des terriers dans lesquels ils passent une partie de leur existence, et qui leur servent peut-être pour se renfermer au temps des mues.

Ces Crustacés sont extrêmement remarquables par la célérité de leur locomotion ; celle-ci est telle, que le voyageur Olivier essaya vainement d'atteindre à la course une espèce qu'il rencontra en Syrie. Latreille pense que c'est de ce Décapode que parle Pline ; et Bosc rapporte que l'Ocypode blanc court avec tant de rapidité, que son Cheval ne devançait ce Décapode qu'avec peine, et qu'il avait du mal à le tuer à coups de fusil. C'est de cette vitesse qu'est venu le nom de *Cavaliers* que les anciens donnaient à ces animaux.

PINNOTHÈRES. *Pinnotheres.* Mâles subglobuleux, solides ; femelles molles, à queue recouvrant tout le dessous du corps.

Ce sont de petits Cancroïdes bien communs, et surtout remarquables par leur habitation qu'ils établissent, pendant une partie de l'année, dans les coquilles bivalves ; c'est principalement dans les Moules et les Jambonneaux qu'on les découvre. Les anciens croyaient que chacun de ces Crustacés était non-seulement une sorte de sentinelle qui avertissait ces Mollusques de leurs dangers, mais encore qu'il allait butiner des aliments pour les leur rapporter ; ils prétendaient aussi que ces frêles Décapodes pinçaient la Moule pour lui indiquer qu'un animal propice à sa nourriture était entré dans sa coquille, et que, pour ses bons offices, le Pinnothère partageait avec le Mollusque la capture qu'il avait contribué à saisir.

L'histoire de ces Décapodes se perd dans la plus haute antiquité ; plusieurs zodiaques indiens ou égyptiens portent des figures qui leur ressemblent, et Horapollo dit, dans son Traité des Hiéroglyphes, que les Pinnothères étaient représentés symboliquement avec les Pinnes marines, pour indiquer le sort d'une personne qui ne peut vivre sans le secours de ses proches, car on pensait que, privées de ces petites sentinelles vigilantes, ces Mollusques périssaient. Le *Pinnothère des Moules* est un des mieux connus ; on lui attribue à tort de rendre celles-ci vénéneuses.

GÉCARCINS. *Gecarcinus.* Test cordiforme, bombé, épais, sans dents ni épines ; pieds-mâchoires très-écartés.

Les Gécarcins se rencontrent en Asie et surtout en Amérique ; leurs mœurs singulières ont été le sujet des récits de tous les voyageurs. Ces Cancroïdes , par une exception remarquable , habitent la terre ; on les trouve sur les montagnes et parmi les forêts humides ; là , ils se cachent dans les fentes des rochers , ou bien , selon le rapport de quelques personnes , ils se construisent des terriers pour y passer le temps des mues , et qu'alors ils ont le soin de boucher. Ce genre de vie , tout à fait anormal parmi les êtres de cette classe , se lie à d'importantes modifications physiologiques et anatomiques. On remarque , en effet, que ces Crustacés ont une respiration plus active que les autres , et que l'air contenu dans l'eau ne suffit pas toujours à cette fonction, car on dit que l'on asphyxie promptement certains Gécarcins lorsqu'on les submerge. Ces animaux ne respirent cependant que par des branchies, mais celles-ci , pour agir sur l'atmosphère , sont constamment tenues humides par une disposition organique remarquable , analogue à celle que l'on observe chez quelques poissons qui , tels que les Anabas , s'éloignent de l'eau et montent sur les rivages ; tantôt il existe près des branchies une espèce d'auge destinée à contenir une certaine quantité de liquide qui , en s'écoulant peu à peu , maintient celles-ci au degré d'humidité nécessaire pour l'exercice de la respiration , et tantôt on trouve à la voûte de la cavité branchiale une membrane spongieuse qui a la même fonction. A l'époque de la ponte , ces Décapodes s'acheminent vers la mer par bandes immenses , suivant toutes la ligne droite , et que nulle entrave ne détourne ; après celle-ci , ils en reviennent lentement et très-affaiblis. Leur chair est succulente , mais quelquefois elle devient vénéneuse , ce qu'on attribue à l'usage que l'on prétend qu'ils font des fruits de Mancenillier.

Le *Gécarcin tourlourou* est le *Tourlourou* des voyageurs ; il habite les Antilles , et ne sort que le soir ; son test est rouge ; on y voit une impression formant une H (Pl. 30, fig. 1).

GRAPSES. *Grapsus*. Test très-déprimé, sub-circulaire ; chaperon transversal ; pieds-mâchoires extérieurs très-écartés.

Ce genre est répandu sur tout le globe , mais c'est particulièrement dans les pays chauds que ses espèces acquièrent une vive coloration. Les Grapses habitent communément la mer ; cependant on en rencontre parfois des légions qui sont cantonnées sur les bords des rivières , et qui se sauvent en faisant claquer bruyamment leurs serres , et se précipitent dans l'eau , aussitôt que le bruit des pas d'un homme se fait entendre. On raconte qu'il y en a qui montent aux arbres , et que l'on en trouve quelquefois sous les écorces de ceux-ci. Le *Grapse peint*, dont le test est rouge , avec des points jaunes , vient aux Antilles ; c'est une belle espèce , commune dans les collections.

DROMIES. *Dromia*. Carapace sub-globuleuse , velue ; les quatre membres postérieurs terminés en pince didactyle.

Les dernières pattes de ces Décapodes sont relevées sur le dos, et elles leur servent à saisir les éponges et les coquilles dont ils se recouvrent le corps, et qu'ils transportent parfois avec eux. Dans le jeune âge, leur abdomen est épais, et l'on voit à son extrémité une espèce de nageoire en éventail dont on ne retrouve plus que des traces chez les individus adultes; cependant, comme l'abdomen n'est pas étendu, et que les Dromies ont tout à fait le *facies* des Cancroïdes, nous les considérons seulement comme faisant le passage à la famille suivante.

FAMILLE DES CANCRASTACOÏDES.

Corps alongé, déprimé, formé en majeure partie par le céphalothorax ; abdomen court, étendu.

Cette famille forme le point de transition entre les Cancroïdes et les Astacoïdes. Comme dans les premiers, la queue est courte, et elle n'atteint pas ordinairement la longueur du thorax ; mais elle est étendue et suit la direction du corps, ainsi que cela a lieu chez les derniers.

RANINES. *Ranina.* Tronc se rétrécissant en arrière; membres très-rapprochés à leur naissance, et aplatis à leur extrémité.

On en connaît une espèce fossile qui a été mentionnée par Aldrovande, et mieux décrite par M. Desmarets. Ces Crustacés viennent dans les mers de l'Inde. Rumphius raconte qu'ils sortent parfois de leur élément pour grimper aux arbres et sur les maisons ; mais Latreille fait observer judicieusement que l'aplatissement de leurs tarses doit empêcher cette action. La *Ranine dorsipède* est une des plus remarquables. (Pl. 29, fig. 3).

MÉGALOPES. *Megalopus.* Tarses antérieurs en pinces, tous les autres monodactyles, coniques.

Nous ne connaissons qu'un petit nombre d'espèces de ce genre, parmi lesquelles trois se trouvent sur le littoral de l'Europe ; elles se tiennent presque toujours cachées dans le sable (Pl. 29, fig. 4).

FAMILLE DES ASTACOÏDES.

Corps alongé ; abdomen étendu, égalant au moins le céphalothorax en longueur, et formant une queue terminée en nageoire. Antennes ordinairement longues.

Cette famille, qui correspond aux *Crustacés macroures* des auteurs, contient des Décapodes dont le céphalothorax est ordinairement subcylindrique ou même comprimé. Ceux-ci sont essentiellement nageurs et avancent en frappant l'eau avec une grande force, à l'aide de leur queue qu'ils recourbent sous le corps, de manière que leur mouvement s'opère dans un sens rétrograde. L'action de cet organe est considérablement augmentée par l'espèce d'éventail qui le termine, et que l'on ne rencontrait pas dans les groupes précédents. Les Astacoïdes sont aussi caractérisés par la situation des ouvertures des organes génitaux femelles, qui se trouvent sur l'article basilaire des troisièmes pattes thorachiques.

PAGURES. *Pagurus.* Première paire de pattes en pinces; abdomen mou, cylindriforme, à un seul rang latéral d'appendices.

Les Pagures ont un mode d'existence tout particulier; ils s'emparent de certaines coquilles univalves, y plongent leur ventre, et s'y cramponnent à l'aide de leurs pieds postérieurs et des appendices abdominaux; ils ne changent de demeure que quand celle de leur choix est devenue trop petite pour les contenir. C'est en traînant partout ce lourd domicile que ces Décapodes marchent, et, sans en sortir, ils attrapent et dévorent les petits animaux qui se trouvent à leur portée. C'est à cause de cette singulière coutume que ces crustacés ont reçu les noms de *Bernard-l'ermite*, de *Soldats*, et divers autres. Quand ils sont attaqués par un adversaire redoutable, ils s'enfoncent dans la coquille qui les protége, et en bouchent l'ouverture avec l'une de leurs pinces, qui est ordinairement plus grosse que l'autre.

Les auteurs parlent d'espèces de ce genre qui vivent sur la terre, à une distance considérable du rivage, et se nichent dans les trous. MM. Quoy et Gaimard rapportent qu'à Guam, on rencontre de trèsgros Pagures à plus de mille pas de la mer, et qu'ils cherchent l'ombre et s'abritent des rayons solaires sous des touffes d'arbrisseaux. A la Jamaïque, le Pagure Diogène se trouve en grande quantité dans certaines localités distantes de l'Océan de plus de quatre lieues.

Le *Pagure Bernard* a les serres hérissées de piquants, et des pinces cordiformes; il existe dans les mers européennes (Pl. 30, fig. 3).

SCYLLARES. *Scyllarus.* Corps déprimé; tarses monodactyles. Antennes courtes; les latérales en lames aplaties, larges, dentées et sans tige.

On les nomme aussi *Cigales; de mer* ils nagent par bonds, et sont communs dans nos parages. Ces Astacoïdes se creusent des trous sur les plages argileuses, afin de s'abriter contre l'agitation des flots, et on ne les voit en sortir que quand la mer est calme; ils se rapprochent des rivages au temps des amours pour déposer leurs œufs sur les lits de fucus qui les tapissent. La chair de ces Crustacés est aussi délicate que celle des Langoustes; le *Scyllare oriental* est surtout estimé dans le midi de la France, où l'on en consomme beaucoup.

LANGOUSTES. *Palinurus.* Céphalothorax subcylindrique, épineux; tarses monodactyles. Antennes latérales sétacées, excessivement longues et grosses.

Ces Octopodes qui faisaient les délices des Romains et des Grecs, comme ils font actuellement les nôtres, deviennent quelquefois d'une dimension considérable ; il en est qui pèsent jusqu'à douze à quatorze livres ; et l'on dit même qu'on en pêche de deux mètres de longueur en y comprenant les antennes. Les profondeurs de la mer sont, la plupart du temps, leur séjour habituel ; mais à l'époque des amours, ils se rapprochent des rivages rocailleux, pour s'y accoupler, et y déposer leurs œufs, qui sont d'un beau rouge de corail. La *Langouste commune* a son test peint en vert-rougeâtre, et hérissé de fortes épines. L'histoire nous apprend que celles-ci suggérèrent une nouvelle cruauté à l'empereur Tibère, qui fit déchirer avec leurs pointes acérées la bouche d'un blasphémateur. Ce Crustacé est très-abondant dans la Méditerranée.

GALATHÉES. *Galathea.* Corps déprimé, dont le dessus est ordinairement très-incisé ou strié, épineux ou cilié ; deux membres antérieurs extrêmement développés, et se terminant seuls en pince didactyle ; cinquième paire de membres rudimentaire.

Nos mers nourrissent de ces beaux Crustacés qui souvent se font remarquer par leurs couleurs vives et variées. La *Galathée élancée* dont le corps est peint d'un rouge très-vif avec des lignes bleues, est une des plus belles espèces que l'on puisse citer (Pl. 20, fig. 2).

ÉCREVISSES. *Astacus.* Carapace offrant un rostre. Membres antérieurs terminés en pince didactyle, énorme ; tarses des deuxième et troisième paires de membres également didactyles, mais ceux des suivantes monodactyles. Queue à feuillets divisés transversalement.

Les espèces de ce genre habitent les mers et les fleuves. L'*Écrevisse commune* ou Écrevisse fluviatile peuple abondamment les eaux douces de l'Europe et de l'Asie septentrionale ; on la découvre dans des trous ou sous des pierres, où elle assouvit sa voracité en se nourrissant de Mollusques et de petits Poissons. Cette espèce figure si fréquemment sur nos tables qu'elle est connue de tout le monde. De petites masses calcaires qui se trouvent dans l'estomac de ces Décapodes, étaient regardées anciennement comme possédant des propriétés merveilleuses, et on les désignait dans les pharmacies sous le nom de *pierres d'Écrevisses.*

Le *Homard* ou Écrevisse de mer, qui vit dans les parages rocailleux de nos mers, et qui se pêche communément sur les côtes de la Bretagne, acquiert des dimensions beaucoup plus considérables que l'espèce précédente. Il est recherché pour les besoins de nos tables. C'est une variété du Homard qui paraît être le Crustacé nommé Éléphant par Pline.

PALÉMONS. *Palæmon.* Carapace offrant un rostre fortement denté ; les deux premières paires de membres didactyles, et la seconde étant beaucoup plus forte. Antennes intermédiaires à trois filets.

Les Palémons vivent en troupes sur les rivages de la mer, parmi les fucus et les roches. Leurs scies frontales forcent les poissons qui s'en nourrissent à les avaler par la partie postérieure, ainsi que l'a remarqué M. Risso. On trouve de ces Crustacés à l'état fossile dans les pierres lithographiques. Différentes espèces de ce genre se mangent en France sous les noms de Salicoque et de Crevette. En Orient les plus grandes se salent, et on les débite, sur les marchés de Constantinople, dans des paniers faits en feuilles de palmier. Le *Palémon porte-scie* est l'espèce que l'on vend à Paris sous le nom de Bouquet ; la Salicoque est le *Palémon squille.* Toutes les deux sont communes parmi les rochers qui forment nos rivages.

PHRONIMES. *Phronima.* Thorax présentant des anneaux distincts ; deux des jambes plus longues et portant des pinces. Deux antennes ; yeux sessiles.

Ces Crustacés vivent dans le corps des êtres des dernières classes du règne animal, tels que les Méduses et les Béroés. On prétend qu'ils en sortent à volonté, et qu'on les trouve pareillement dans la vase. Le *Phronime sédentaire* se découvre dans les zoophytes de la Méditerranée ; il se loge dans une espèce de membrane transparente, en forme de tonneau, que l'on suppose n'être que les débris de quelque Béroé.

XI. CLASSE DES HÉTÉROPODES.

Animaux invertébrés, articulés ; membres très-diversiformes, articulés, et en nombre variable. Respiration aquatique, s'opérant par des branchies.

Géologie et géographie. — Les êtres de cette classe font partie des animaux que la plupart des auteurs nomment Crustacés. On en rencontre à l'état fossile dans les plus anciennes couches du globe qui contiennent des corps organisés [1]. Ils sont tous aquatiques et actuellement disséminés dans les eaux des mers et dans les eaux douces ; souvent on en découvre parmi les moindres mares [2], et même dans les ornières des routes [3].

Anatomie et physiologie. — Les Entomozoaires qui se trouvent groupés dans cette classe diffèrent beaucoup entre eux ; l'organisation de ceux des premières divisions que l'on y remarque est tout à fait calquée sur le plan des Décapodes, de manière que ces animaux semblent faire suite à ceux-ci, et qu'on peut leur appliquer les mêmes généralités ; mais à mesure que l'on s'avance dans la classe des Hétéropodes ces affinités disparaissent, et l'on trouve des êtres qui, par leurs formes et la structure de leurs appendices, diffèrent extrêmement entre eux.

Certains Hétéropodes sont protégés par un test calcaire ; d'autres n'en possèdent qu'un simplement corné, et il en est dont le corps se trouve tout à fait nu [4] ; sur plusieurs de ces animaux les anneaux de la tête et du thorax sont considérables, ou soudés de manière à représenter une sorte de céphalothorax analogue à celui qui s'observe chez les Décapodes. Les membres, qui dans les premiers groupes de la classe que nous décrivons sont bien développés, s'atrophient peu à peu et finissent par n'être plus apparents à mesure que la locomotion elle-même devient plus imparfaite ou s'anéantit tout à fait.

Les antennes offrent d'importantes différences. Les yeux qui dans les premiers groupes sont pédiculés, et analogues à ceux des entomozoaires de la classe précédente [5], deviennent sessiles sur d'autres genres [6] ; puis, quelques Hétéropodes n'en présentent plus qu'un seul [7], et d'autres n'en offrent pas même de traces [8]. La bouche, qui, dans les premiers Crustacés de cette grande division, est tout à fait analogue à celle des Décapodes, se simplifie beaucoup chez les autres, où elle n'est plus formée que par un moins grand nombre de pièces, d'une à deux paires de mâchoires au plus, et de deux mandibules [9].

<table>
<tr><td>[1] Trilobites.</td><td>[4] Branchipes.</td><td>[7] Polyphèmes.</td></tr>
<tr><td>[2] Cyclopes.</td><td>[5] Squilles.</td><td>[8] Anatifes.</td></tr>
<tr><td>[3] Branchipes.</td><td>[6] Trilobites.</td><td>[9] Entomostracés.</td></tr>
</table>

Beaucoup d'Hétéropodes n'offrent pas en naissant les formes qu'ils présenteront dans l'âge adulte , où ne possèdent pas le même nombre d'appendices. Ces métamorphoses sont surtout sensibles chez ceux qui mènent d'abord une existence errante , et qui ensuite se fixent sur les corps , soit seulement pour y trouver une adhérence [1] , soit pour s'y nourrir, comme un grand nombre d'espèces qui vivent en parasites sur les poissons [2].

Classification. — La classe des Hétéropodes étant formée par des animaux dont l'organisation est fort variée , pour grouper ceux-ci il a fallu la diviser en un assez grand nombre d'ordres relativement à la quantité d'animaux qu'elle contient ; on peut les reconnaître aux caractères différentiels qui sont énoncés dans ce tableau.

	HÉTÉROPODES.	Ordres.
Corps annelé. Pattes	ambulatoires.	STOMAPODES.
	natatoires , branchifères.	BRANCHIOPTÈRES.
Corps mou ; ovaires sacciformes, extérieurs.		CYCLOPIDÉS.
Corps protégé par des valves.		ENTOMOSTRACÉS.
Corps variable. Bouche offrant deux crochets ou un suçoir.		SUCEURS.

ORDRE DES STOMAPODES.

Céphalothorax formé d'un ou de deux boucliers. Yeux pédiculés. Branchies extérieures et rameuses , suspendues aux appendices ambulatoires.

FAMILLE DES SQUILLACÉS.

Six premiers anneaux abdominaux portant de fausses pattes lamelleuses , qui supportent des branchies.

SQUILLES. *Squilla*. Dernier article des deux membres antérieurs en faux et denté.

Ce genre , qui est le type de cette section , se compose d'animaux qui se plaisent dans les mers des régions chaudes. Ceux-ci étaient connus des Grecs , qui les désignaient sous la dénomination de *Grangons*. La *Squille mante* abonde dans la Méditerranée et l'Adriatique; elle a environ sept pouces de longueur, et est d'une couleur jaunâtre. On la mange dans différentes villes de l'Italie, et en particulier à Venise.

[1] Anatifes.   [2] Argules.

FAMILLE DES BICUIRASSÉS.

Corps excessivement aplati, recouvert par un double bouclier corné, mince et transparent, dont les deux segments représentent la tête et le thorax ; membres filiformes, au nombre de sept ou huit paires. Yeux pédiculés.

PHYLLOSOMES. *Phyllosoma.* Bouclier antérieur ne recouvrant qu'une partie du thorax.

Les Phyllosomes sont remarquables par la singulière forme de leur corps aplati et discoïde en avant. On en connaît maintenant un assez grand nombre d'espèces, qui toutes habitent les mers inter-tropicales.

ORDRE DES BRANCHIOPTÈRES.

Membres très-nombreux, lamelliformes et supportant les branchies. Yeux pédiculés ou sessiles.

BRANCHIPES. *Branchipus.* Corps alongé, comprimé, dépourvu de test ; tête distincte ; onze paires de pattes. Yeux pédiculés.

Les ornières remplies d'eau, et les plus petites flaques sont les lieux où se découvrent communément ces animaux : ils nagent renversés sur le dos, et les mouvements de leurs pattes attirent vers la bouche les particules dont ils se nourrissent. Ces Hétéropodes ne naissent pas sous la forme qu'ils offrent dans l'âge adulte, et ils n'acquièrent celle-ci qu'après plusieurs mues. Le *Branchipe paludeux*, qui est très-mou, n'a qu'un pouce de longueur. Le mâle force la femelle à s'accoupler par le même procédé que nous avons décrit chez les Libellules.

TRILOBITES. *Trilobites.* Corps ovalaire, divisé en trois lobes par deux sillons latéraux, parallèles ; une espèce de bouclier en avant ; membres natatoires? yeux sessiles.

Ces animaux doivent leur nom à la forme que leur donnent les deux sillons profonds qui partagent leur corps comme en trois lobes ou en trois parties.

Il n'existe de Trilobites qu'à l'état fossile, et ces singuliers êtres semblent avoir été les premiers animaux qui aient peuplé la surface du globe, car on en retrouve jusque dans les couches les plus anciennes de celui-ci, et où apparaissent les premiers êtres organisés. On n'a jamais découvert de ces Hétéropodes dans des terrains plus récents que les couches carbonifères, et à l'époque de leur existence, ils semblent s'être irradiés sur toute la surface de la terre, car il n'est presque aucune contrée connue d'où l'on n'en ait retiré d'abondants débris dans toutes les couches fossilifères, depuis les plus anciennes jusqu'aux étages supérieurs de la formation houillère. Ils se trouvaient même en si grand nombre dans quelques localités, que leurs restes y composent seuls, aujourd'hui, la masse solide des pierres.

Les naturalistes ont singulièrement varié sur le rang que les Trilobites doivent occuper dans le règne animal. Linnée, Blumenbach et d'autres les intercalèrent parmi les Insectes, et pour exprimer les discussions animées et les doutes auxquels elles donnèrent lieu, on les désigna sous le nom d'*Entomolithus paradoxus*. Comme quelques-uns de ces animaux jouissaient de la faculté de se rouler en boule, d'autres savants les rapprochèrent des Oscabrions; enfin MM. Al. Brongniart et Audouin, après avoir mieux fait connaître leurs véritables analogies, les rangèrent avec les Crustacés. C'est parmi eux, en effet, que leur place semble assignée, et la structure de leurs pattes, qui paraissent avoir été presque tout à fait branchiales, les doit faire admettre naturellement dans les Hétéropodes branchioptères. L'analogie prouve la justesse de cette assertion, car il existe, même dans les mers actuelles, quelques Crustacés dont l'aspect se rapproche tout à fait de celui des Trilobites, ce sont les Séroles. Ces dernières ne diffèrent principalement des animaux qui nous occupent qu'en ce qu'elles possèdent des pattes, tandis qu'on n'en a pas encore reconnu de vestiges dans les Trilobites. M. Brongniart explique cette anomalie en admettant que celles-ci formaient un groupe de Crustacés dont les membres étaient transformés en lames ou pattes molles, qui supportaient les branchies, et qui se sont décomposées au lieu de se fossiliser, conformation qui, du reste, se retrouve dans le genre précédent.

Par un heureux hasard, quoique des milliers et peut-être des millions d'années nous séparent de l'époque à laquelle existèrent les Trilobites, les géologues en ont parfois rencontré des échantillons si bien conservés, qu'on pouvait discerner sur eux la délicate structure des yeux. On a reconnu que ces organes étaient faits sur le même modèle que ceux des Crustacés qui peuplent actuellement nos mers, et qu'ils présentaient, comme chez eux, une multitude de petites facettes, de manière à ressembler exactement aux yeux des Limules et des Séroles, soit pour la situation, soit pour l'ensemble et les détails.

Lorsque l'on médite sur la finalité des choses, on s'aperçoit immédiatement que la connaissance de l'organisation de l'appareil de la vision des Tribolites peut fournir d'immenses données pour établir un parallèle entre les points extrêmes de la création. Buckland, plus audacieux encore, d'après l'examen de cet appareil, pose même les conditions physiques dans lesquelles se trouvait le globe, au moment où ces singuliers Hétéropodes l'ont animé, et nous transcrivons littéralement son passage remarquable afin de ne point l'altérer : « Les conséquences auxquelles ces faits nous conduisent, dit-il, n'intéressent pas seulement la physiologie animale; elles nous instruisent aussi sur la condition des mers et de l'atmosphère des temps anciens et sur les rapports de la lumière avec l'un et l'autre de ces deux milieux , à cette époque reculée où les animaux marins les plus anciens étaient pourvus d'organes de vision dont les arrangements optiques les plus minutieux étaient les mêmes qui servent encore maintenant à transmettre la sensation de la lumière aux Crustacés du fond de nos mers actuelles. »

« Relativement à la nature des eaux où vivaient les Trilobites pendant la période de transition tout entière , nous arrivons à cette conclusion que ce n'était pas ce liquide imaginaire, trouble, formé d'un chaos d'éléments en désordre, dont les précipitations, au dire de certains géologues, auraient produit les matériaux constituant l'écorce du globe. Car le liquide au fond duquel les yeux de ces animaux remplissaient leurs fonctions, quel qu'il fût, devait être assez pur et assez transparent pour livrer passage à la lumière jusqu'à ces organes visuels que nous retrouvons aujourd'hui dans un état si parfait de conservation et dont la nature nous est si bien connue.

» Nous pouvons arriver à des conclusions analogues relativement à la lumière elle-même ; car cette ressemblance entre l'organisation des yeux aux âges primitifs et à l'époque actuelle, nous est une preuve que les relations mutuelles de ces organes et des rayons qui leur transmettaient l'impression des objets extérieurs , étaient au fond des mers primitives ce qu'elles sont au fond des mers actuelles. »

ORDRE DES CYCLOPIDÉS.

Corps plus ou moins mou et subdivisé. Un seul œil médian. Ovaires sacciformes, extérieurs.

CYCLOPES. *Cyclops.* Corps alongé, se terminant en queue ; six à dix pattes soyeuses. Deux à quatre antennes.

Les Cyclopes habitent nos mares ; ils ne sont quelquefois longs que d'une fraction de ligne ; les femelles portent leurs œufs dans deux sacs suspendus sur les côtés de la queue ; pendant l'accouplement , on a observé que les mâles enchaînaient celles-ci avec leurs antennes , ce qui probablement avait fait penser qu'ils les fécondaient à l'aide de ces organes.

ORDRE DES ENTOMOSTRACÉS.

Animaux libres ou fixés, contenus dans une espèce de coquille bivalve ou multivalve ; membres ordinairement natatoires et portant des branchies composées de poils.

FAMILLE DES CLYPÉACÉS.

Entomostracés ayant le corps abrité par un vaste bouclier dorsal, qui les déborde plus ou moins, et dont la région abdominale est libre.

Lorsque l'on aura réparti les animaux microscopiques dans les diverses familles du règne animal auxquelles ils appartiennent, assurément, on devra placer un grand nombre de ceux-ci parmi les Clypéacés, car, comme l'a dit M. Bory-Saint-Vincent, quelques genres d'Infusoires ne semblent être que des Crustacés en miniature. La famille des *Brachionés* d'Ehrenberg y pourra entièrement prendre rang.

C'est aussi dans cette famille que devront être probablement placés les Rotifères, *Rotiferus redivivus*, si célèbres depuis Fontana, et que tant de gens, sur l'autorité de celui-ci, disent avoir vus expirer par la dessiccation et renaître par l'immersion dans l'eau. Expérience fameuse, qui n'a jamais réussi lorsque Ehrenberg l'a tentée, et que nous soutenons n'être qu'une erreur ; car pour la répéter, chaque fois que nous avons fait dessécher des Rotifères, en suivant leur agonie avec le microscope, nous les avons toujours vus se *déchirer* spontanément par le seul fait de la vaporisation de l'eau ; d'après cela il est impossible de ne pas admettre qu'aucune circonstance ne pouvait les rappeler à la vie.

APUS. *Apus.* Test corné, très-mince, débordant le corps latéralement ; cent à cent vingt membres en nageoires. Trois yeux lisses.

Ces Entomozoaires vivent dans les eaux bourbeuses. D'un naturel carnivore, les plus petites proies leur suffisent ; ils nagent sur le dos avec facilité. Leurs œufs semblent pouvoir se conserver dans un état de dessiccation pendant plusieurs années, sans que leur germe s'altère ; car, sans cette hypothèse, on ne pourrait, à moins d'avoir recours à la génération spontanée, expliquer la présence des myriades d'animaux de ce genre qui apparaissent, après de fortes pluies, dans les lieux où l'on n'en avait jamais observé auparavant, et où leur constitution ne permet pas qu'ils se soient transportés de quelque autre endroit. J'ai rencontré l'*Apus cancriforme* dans les environs de Rouen.

FAMILLE DES BIVALVES.

Corps mou, contenu dans une espèce de coquille membraneuse, à deux valves ; membres branchifères.

Ces animaux, regardés comme des Insectes à coquilles par F. Muller, qui en a fait une étude spéciale, sont aujourd'hui exactement décrits, quoiqu'ils soient pour la plupart microscopiques. Les difficultés que présentait l'étude de leur organisation et de leurs mœurs ont stimulé les naturalistes, et MM. Schœffer, Jurine, Ad. Brongniart, Audouin et Milne Edwards ont réussi dans leurs efforts pour faire connaître d'une manière précise ces êtres intéressants.

Ces Hétéropodes vivent presque tous dans les eaux douces ; leurs membres ne servent ordinairement qu'à la natation, et les Antennes elles-mêmes y sont aussi adaptées chez plusieurs d'entre eux. La masse cérébrale ne se compose que d'un ou deux globules. On dit que le cœur est constitué par un long vaisseau, cependant sur les Daphnies j'ai manifestement reconnu un cœur globuleux et musculaire formé d'une seule cavité dont l'ouverture était très-large ; par ses bords, qui se recourbaient en dedans et fonctionnaient comme des espèces de Valvules, celle-ci empêchait le sang qui était entré dahs l'intérieur de l'organe, d'en ressortir par l'effet de ses contractions. Les branchies, formées par des soies ou des poils, font partie des pieds, et quelquefois des mandibules et des mâchoires supérieures. Ils ont un test composé de deux pièces, fort minces, membraneuses et transparentes. La peau étant plutôt cornée que calcaire ; c'est sans doute ce qui avait fait rapprocher ces Crustacés des Insectes par F. Muller.

Dans ceux de ces animaux où l'on observe des mâchoires normales, les extérieures sont toujours découvertes, et les pieds-mâchoires étant éloignés de la bouche, fonctionnent comme de simples membres, et servent à la natation. Malgré le peu de développement des êtres de cette famille on aperçoit ordinairement assez bien chez eux la différence des sexes ; et l'on observe que souvent les petits sont portés dans une cavité dorsale, et éclosent dans le corps de la mère. Des expériences ont prouvé que, chez plusieurs de ces animaux, un seul rapprochement suffisait pour féconder plusieurs générations.

DAPHNIES. *Daphnia.* Test bivalve ; tête apparente. Deux antennes ; huit à dix pattes ; une queue.

L'extrême petitesse de ces Crustacés les dérobe presque à la vue ; leurs œufs varient selon les époques ; ceux qui doivent éclore pendant la chaude saison sont mous et nus, tandis que ceux qui sont destinés à passer l'hiver dans la vase sont renfermés dans une capsule à double enveloppe. La *Daphnie puce* n'a qu'une ligne de longueur ; elle fourmille parfois si abondamment dans les mares, que certains naturalistes lui ont attribué la couleur rouge de sang que présentent dans quelques circonstances leurs eaux stagnantes ; c'est à la faculté qu'elle a de sauter, et à la forme ramifiée de ses antennes, qu'elle doit la dénomination de *Puce aquatique arborescente*, qui lui a été donnée. Un seul accouplement, dit-on, féconde plusieurs générations.

CYPRIS. *Cypris.* Test bivalve, imitant une coquille ; deux antennes terminées par des soies ; six pieds.

L'espèce de coquille qui enveloppe ces animaux peut s'ouvrir et se fermer comme le test des Mollusques bivalves, et protéger ainsi les organes. Les Cypris vivent dans les mares, et leurs œufs conservent la faculté d'éclore quand celles-ci, après s'être desséchées, viennent de nouveau à se remplir d'eau. Ces Crustacés, presque microscopiques, ont été reconnus à l'état fossile dans quelques terrains du Puy-de-Dôme. En Angleterre, et surtout dans l'île de Wight, M. Deshayes dit qu'au-dessous de la craie on rencontre une couche argileuse, formée par l'eau douce, qui contient des Paludines et d'autres coquilles lacustres, et est principalement caractérisée par une innombrable quantité de corps que l'on prendrait pour de petites coquilles bivalves, mais qui appartiennent à ce genre d'Entomostracés, et se rapprochent du *Cypris faba.*

FAMILLE DES PLURIVALVES.

Corps renfermé dans un test calcaire formé d'un assez grand nombre de pièces. Six paires de pattes multiarticulées, effilées.

Ces animaux vivent tous dans la mer. Par la nature de l'enveloppe qui les protége, par l'espèce de manteau que l'on observe chez eux, et par l'incurvation de leur corps, ils ont quelques rapports avec les Mollusques acéphaliens ; mais par leurs membres articulés et cornés, par leur bouche garnie de mâchoires et de lèvres, ainsi que par la position de leur système nerveux, ils se rapprochent bien plus des Crustacés. C'est en effet parmi ceux-ci qu'il faut placer ces Entomozoaires, ainsi que l'ont fait apprécier les récentes observations de MM. Thompson, Burmeister, Eydoux et Gaudichaud, et ils doivent appartenir à la section des Hétéropodes.

Ces savants nous ont appris que les êtres contenus dans cette famille, et qui étaient désignés par Lamarck sous le nom de *Cirrhipèdes*, sont libres durant les premières périodes de leur développement ; alors ils nagent à leur gré dans la mer, ressemblent assez à de jeunes Cyclops ou à des Cypris, et ils portent des yeux et des antennes. Mais bientôt ces animaux remarquables se fixent aux corps sous-marins par le dos et y adhèrent pour toujours ; puis après ils changent complétement de formes, et leurs yeux et leurs antennes s'atrophient et disparaissent.

Devenus adultes et sédentaires, les Cirrhipèdes que l'on ne connaissait naguère que sous ces deux états, sont constamment adhérents aux corps sous-marins gisant à peu de profondeur ; on les découvre sur les rochers, les Mollusques, les Crustacés, les pieux des constructions, et même sur la charpente des vaisseaux, et leurs coquilles s'y trouvent fixées immédiatement, ou sont supportées à l'aide d'un pied charnu plus ou moins long. Ces invertébrés sont revêtus d'un test calcaire formé de pièces analogues à des valves de coquilles, et qui tantôt sont adhérentes ensemble, et tantôt sont libres et plus ou moins écartées et mobiles. Ils possèdent des rudiments de membres consistant en espèces de cirrhes d'une grande longueur, et qui sont cornés, articulés et ciliés. Ces appendices, qui se trouvent au nombre de six paires, sortent et rentrent par l'ouverture que présente l'enveloppe de ces animaux, et ils saisissent et amènent à leur bouche les petites proies qu'ils rencontrent dans l'eau pendant leurs mouvements. Les Cirrhipèdes adultes n'ont ni tête, ni yeux, ni tentacules, et leur bouche est pourvue de trois paires de mâchoires cornées, denticulées ou ciliées. Leur appareil respiratoire se compose de branchies paires et latérales ; ils offrent un cœur logé dans la région dorsale du corps et le système nerveux est formé d'une double chaîne de ganglions disposés comme ceux des animaux articulés ; M. Martin Saint-Ange, qui s'est occupé de l'anatomie de ces êtres, a découvert qu'en outre il existait sur les côtés de la tête un petit appareil nerveux qui envoie son tronc principal à un tubercule placé sur cette région, et qui pourrait bien n'être qu'un vestige d'œil.

Les modifications que les Plurivalves éprouvent dans leur enveloppe extérieure au moment où ils se fixent, leur donnant des caractères fort différents, on les a subdivisés en deux sections que de Blainville désigne sous le nom de Lépadiens et de Balanides, et dont nous faisons deux sous-familles.

La **SOUS-FAMILLE DES LÉPADIENS** offre un test analogue à une coquille multivalve, et qui est soutenu sur un pied charnu ; ce test est ordinairement composé de cinq pièces principales, quatre latérales et une dorsale, et de valves accessoires. Ces Entomozoaires s'attachent le plus souvent aux corps flottants, ou aux rochers que la marée découvre ; ils sont carnassiers et se servent de leurs cirrhes pour attirer les petits animaux qui viennent à leur portée, et, il est probable, jusqu'à des Crustacés, si l'on en juge par leurs vigoureuses mâchoires. Ils adhèrent communément aux vaisseaux, et toujours, ainsi que l'a remarqué Bruguières, aux endroits de ceux-ci où le courant étant plus rapide leur apporte une nourriture plus assurée.

ANATIFES. *Anatifa.* Ce groupe qui est le seul qui soit contenu dans cette famille, a été subdivisé en plusieurs sous-genres parmi esquels nous citerons comme plus dignes d'être remarqués, les Pentalèpes, les Polylèpes et le Gymnolèpes.

Les **PENTALÈPES** présentent une coquille formée de cinq valves principales, grandes et imbriquées, et leur pédoncule est court. On emploie comme comestible le *Pentalèpe lisse*, qui est un des plus communs et des plus forts, ainsi que quelques autres espèces, et on les regarde comme aphrodisiaques.

Les **POLYLÈPES** offrent une coquille à six valves principales, dont une ventrale, et leur pédoncule est squammeux. Le *Polylèpe vulgaire* est très-commun dans nos mers; il est aussi nommé *analifère,* à cause d'une croyance ridicule qui rapportait que les Macreuses en naissaient, absurdité dont l'origine peut être expliquée par une ressemblance que l'on a cru voir entre la configuration des pièces de cette coquille et l'animal que nous avons cité.

Les **GYMNOLÈPES** n'ont que des valves extrémement petites et qui laissent le manteau à nu; puis leur pédoncule est fort long.

La **SOUS-FAMILLE DES BALANIDES** présente une coquille sessile, ordinairement cylindroïde ou conique, à ouverture munie de valves. Les animaux de ce groupe vivent solidement fixés sur les corps, et ils s'y déforment réciproquement par leur abondante reproduction. Le nom de *Balanus* que les Romains leur donnaient venait de ce que l'on avait comparé leur forme à celle des fruits du chêne, et cette tradition est restée dans le vulgaire, qui les appelle encore *Glands de mer*. Aujourd'hui, on n'en fait plus usage, mais on les servait sur les plus somptueuses tables de l'antiquité, et déjà Arétée les mentionne, et dit que ceux de l'Égypte étaient les plus succulents et les plus estimés.

BALANES. *Balanus*. Ces animaux forment le seul groupe de cette division; ils vivent en société sur les rochers, et viennent même s'attacher, comme une croûte galeuse, au test de certains Crustacés, qu'ils défigurent horriblement; on en voit qui s'implantent sur les valves des Mollusques; d'autres ternissent la surface lisse des algues; enfin, il en est qui croissent parmi les éponges et les madrépores. Ces Cirrhipèdes se procurent leurs aliments à peu près comme les Lépadiens, en ouvrant leur opercule et en sortant leurs bras qu'ils agitent avec rapidité. Ce genre comporte plusieurs divisions parmi lesquelles nous citerons seulement les Tubicinelles, les Balanes proprement dites et les Coronules.

Les **TUBICINELLES** offrent un tube calcaire très-long, cylindrique, et présentant de place en place des étranglements qui indiquent son accroissement; elles se développent principalement sur les Cétacés et l'on rencontre souvent la *Tubicinelle des baleines* dans le lard de celles-ci.

Les **BALANES PROPREMENT DITES** ont leur tube calcaire disposé en cône tronqué et formant six pans saillants, séparés par autant de pans enfoncés. La *Balane tulipe*, qui habite nos mers, et a plus d'un pouce de hauteur, présente une ouverture teinte de rose et de pourpre, et peut être citée comme type de cette division.

Les **CORONULES** se font remarquer par leur forme aplatie ; elles n'offrent point de lame testacée à leur base, qui est divisée en plusieurs espèces de cellules. La plupart de ces Balanides se fixent sur les Cétacés, s'enfoncent dans leur peau, et elles pénètrent parfois jusque dans le lard des Baleines. La *Coronule des Tortues* se multiplie abondamment sur ces Reptiles.

ORDRE DES SUCEURS.

Corps très-diversiforme ; pattes peu développées ou subnulles, dont les premières sont modifiées pour la préhension, et les suivantes pour la natation. Yeux sessiles, au nombre de deux ou nuls. Bouche armée d'une ou de deux paires d'appendices crochus, ou rostre en suçoir.

FAMILLE DES SIPHONOSTOMES.

Corps couvert d'un test mince, plus ou moins segmenté. Bouche formée d'une sorte de siphon, ou rostre tubuliforme destiné à la succion.

ARGULES. *Argulus.* Corps couvert par un bouclier ovale ; douze pattes, dont une paire est modifiée en ventouse. Suçoir long.

L'*Argule foliacé*, qui est la seule espèce que l'on connaisse, vit en parasite à la surface du corps des Poissons de nos étangs ; il n'attaque jamais leurs ouïes.

CALIGES. *Caligus.* Test ne couvrant pas tout le corps, qui est terminé par deux tubes ; point de pattes en ventouses ; membres antérieurs onguiculés.

Le nom de *Poux des Poissons* qu'on leur donne, rappelle qu'ils vivent en parasites sur ces animaux. Les deux longs filets postérieurs de ces Entomozoaires sont considérés par Jurine et Latreille comme des organes respiratoires, mais M. Surriray assure avoir rencontré des œufs dans l'intérieur de ces organes.

DICHÉLESTIONS. *Dichelestium.* Corps étroit, alongé, composé de sept segments. Un siphon membraneux et tubuleux. Dernier segment du corps terminé par deux petits appendices vésiculiformes.

Ces Crustacés s'accrochent très-fortement aux poissons au moyen des pinces frontales qu'ils possèdent ; le *Dichélestion de l'Esturgeon* se trouve sur la peau qui recouvre les arcs osseux des branchies de cet animal.

FAMILLE DES LERNÉIDES.

Animaux n'offrant ordinairement qu'un tégument mou ; pattes plus ou moins rudimentaires ou nulles. Bouche armée d'une ou deux paires de crochets.

LERNÉES. *Lernæa.* Formes bizarres ; appendices locomoteurs nuls. Bouche armée d'une paire de crochets.

Les Lernées sont des parasites fort incommodes pour les Poissons ; elles s'attachent à leur peau ou à leurs branchies, et même à l'intérieur de la bouche, et causent de vives douleurs à ces animaux en s'enfonçant dans leurs chairs qu'elles rongent jusqu'au point de disparaître à la vue ; elles sont aux Poissons ce que les OEstres sont aux Mammifères, et ces Épizoaires rendent quelquefois furieuses les espèces qu'elles attaquent, par les souffrances qu'elles déterminent. Les belles recherches de Nordmann ont prouvé que ces Hétéropodes naissent avec des pattes natatoires, mais qu'ils les perdent après s'être fixés sur l'animal qui doit devenir leur proie. La *Lernée des branchies* dévore les ouïes des Morues ; elle est recherchée par les Groënlandais qui la mangent avec plaisir.

XII. CLASSE DES TÉTRADÉCAPODES.

Animaux invertébrés, articulés; membres diversiformes, articulés, au nombre de quatorze. Respiration s'opérant par des branchies.

Les animaux contenus dans cette classe sont très-analogues à ceux qui se trouvent dans les deux précédentes, et comme nous l'avons dit, ainsi qu'eux on les comprend parmi les *Crustacés* dans la plupart des méthodes. Aussi nous renvoyons aux considérations sur les Décapodes pour l'étude générale de l'organisme de cette douzième grande section du règne animal, dont nous allons faire l'histoire spéciale.

Le sanimaux de cette classe vivent dans les eaux douces ou marines ; beaucoup habitent continuellement la terre, et alors leurs branchies sont vésiculeuses ou diversement modifiées pour agir sur l'air humide. On peut prévoir, par les différents milieux où vivent les Tétradécapodes, que leurs formes sont très-variées, et c'est ce qui a lieu en effet.

Les uns, par leur aspect général et par les détails de leur structure, rappellent tout à fait les Crustacés Décapodes des dernières divisions [1], et les autres par leurs formes aplaties et leur existence terrestre semblent faire le passage aux Myriapodes [2]. La plupart des Tétradécapodes ont une existence libre et des moyens assez parfaits de transport, mais il en est aussi un grand nombre qui vivent en parasites et restent constamment attachés à certains animaux dont la substance les nourrit [3].

Chez ces derniers l'organisme décline peu à peu, et les appendices ambulatoires ne sont plus représentés que par des espèces de crochets qui servent à cramponner l'animal sur sa proie [4].

Les organes respiratoires présentent d'assez importantes modifications, qui sont en rapport avec le milieu que ces animaux habitent ; ce sont toujours des branchies, mais chez les uns elles sont appelées à agir sur l'eau comme cela a lieu ordinairement [5], et sur les autres elles ne sont destinées qu'à être en rapport avec un air humide [6].

Les jeunes Tétradécapodes naissent habituellement avec les formes qu'ils doivent offrir durant tout le cours de leur existence, mais il en est aussi un certain nombre qui, en sortant de l'œuf, présentent quelques anneaux de moins qu'ils n'en posséderont plus tard, et quelques-uns subissent des transformations extrêmement remarquables [7].

---

[1] Crevettes.　　[4] Bopyres.　　[7] Cymothoés.

[2] Cloportes.　　[5] Crevettes.

[3] Cymothoés.　　[6] Cloportes.

FAMILLE DES GAMMARIENS.

Corps comprimé et plus ou moins incurvé ; thorax composé de sept articles similaires. Membres postérieurs portant à leur base des organes respiratoires vésiculeux ; pieds en crochets ou natatoires. Yeux sessiles et immobiles ; mandibules munies d'un palpe.

CREVETTES. *Gammarus.* Quatre pieds antérieurs en forme de serres ; un petit filet sur le troisième article du pédoncule qui porte les antennes.

On en trouve dans les eaux douces et courantes , ainsi que dans la mer ; leur corps se termine par trois paires d'appendices bifurqués et ciliés, qui servent à la locomotion. La *Crevette des ruisseaux* a environ six lignes de longueur ; elle nage sur le côté quand elle est près du fond , et en étendant et fléchissant successivement le corps ; c'est un animal carnassier, se nourrissant d'Insectes et de Poissons morts.

COROPHIES. *Corophium.* Corps alongé , aucun des pieds n'est terminé par une grande pince. Antennes très-fortes, pédiformes.

Ces animaux sur lesquels M. d'Orbigny père a donné d'intéressants détails, vivent sur nos rivages ; ils font une guerre continuelle aux Annélides marins qui se rencontrent sur les mêmes plages qu'eux , et ils se réunissent pour les attaquer et les dévorer ; on les voit aussi se jeter sur les Mollusques et les Poissons restés à sec.

FAMILLE DES CYAMIENS.

Corps ordinairement alongé ; un corps vésiculaire à la base de quatre des membres au moins ; pieds terminés par de *forts* crochets. Quatre antennes sétacées. Mandibules sans palpes.

CYAMES. *Cyamus.* Corps ovale , large, très-déprimé ; membres courts , dont deux paires sont privées de crochets et terminées par un article cylindrique.

Ce sont des parasites des grands Cétacés, on en voit quelquefois aussi sur les Maquereaux. Le *Cyame de la baleine* vit constamment accroché à la peau de celle-ci , ce qui lui a valu l'épithète de *Pou de la baleine ,* que lui donnent les pêcheurs.

FAMILLE DES ASELLIENS.

Corps alongé, ovalaire ou vermiforme. Quatre antennes très-distinctes, sétacées, ordinairement terminées par une tige multiarticulée ; mandibules manquant de palpes. Branchies sous-caudales vésiculeuses, découvertes, et disposées par paires.

ANTHURES. *Anthura.* Corps vermiforme ; pieds antérieurs portant une pince monodactyle. Quatre antennes très-courtes, de quatre articles.

Ces Tétradécapodes sont aussi caractérisés par les feuillets de leurs nageoires postérieures, qui forment, par leur rapprochement, une sorte de capsule.

ASELLES. *Asellus.* Quatre antennes brisées, dont deux plus longues. Segment terminal plus long, portant deux filets bifides.

L'*Aselle vulgaire* est la seule bien connue ; elle se découvre dans les mares vers le printemps ; la disposition de ses pattes s'oppose à la natation, mais cette espèce marche avec facilité sur les plantes palustres submergées, et elle paraît venir de temps à autre respirer l'air en nature. Ce Tétradécapode se nourrit d'animalcules ; il reproduit plusieurs fois durant sa vie ; le mâle, qui est beaucoup plus gros que la femelle, prélude à l'accouplement en s'emparant de celle-ci et en la plaçant sous son ventre pendant six à huit jours.

FAMILLE DES ONISCIENS.

Corps ordinairement ovalaire et déprimé ; membres onguiculés, sans appendices vésiculeux à leur base. Deux ou quatre antennes ; mandibules privées de palpes. Branchies sous-caudales, vésiculaires ou arbusculaires.

Cette famille contient des genres terrestres et marins ; en général les individus qui la composent se nourrissent de matières végétales, ou sont carnassiers.

Nous divisons ce groupe en deux sous-familles.

La **SOUS-FAMILLE DES CLOPORTIDES** contient les Onisciens à queue composée de six segments, portant deux ou quatre appendices styliformes, et dépourvue de nageoires latérales. Les antennes intermédiaires sont subnulles. Quelques-uns des animaux compris dans ce groupe, ont une existence aquatique et les autres vivent sur la terre. Ils naissent avec les formes qu'ils doivent conserver durant toute leur vie.

LIGIES. *Ligia.* Antennes latérales à articles très-nombreux ; deux appendices bifides postérieurs extrêmement longs.

Ces Crustacés séjournent dans les fucus rejetés par la mer, ou bien leurs légions nombreuses se découvrent sur les parois ou les voûtes des grottes que l'écume des flots vient mouiller. La *Ligie océanique* fourmille le long de toutes les falaises qui bordent la Manche.

CLOPORTES. *Oniscus.* Les deux appendices postérieurs externes beaucoup plus grands. Huit articles aux antennes latérales.

On ne trouve ces Crustacés que dans les lieux obscurs et humides ; souvent ils se tiennent cachés sous les pierres ; chez eux, la génération est vivipare. Quoique leur régime soit communément végétal, ils s'entre-dévorent quelquefois. Les lames antérieures des deux premières paires de fausses pattes présentent une série de trous que Latreille et M. Milne Edwards considèrent comme donnant passage à l'air, qui est respiré par des branchies arbusculaires logées dans l'épaisseur de ces appendices. Le *Cloporte ordinaire* est on ne peut plus commun dans nos demeures, et on l'appelle parmi le peuple, *Clou à porte*, dénomination dont son nom n'est qu'une simple abréviation.

ARMADILLES. *Armadillo.* Dernier segment du corps triangulaire ; appendices postérieurs non saillants. Antennes latérales de sept articles.

Quand ces Onisciens sont surpris, ils se roulent en boule, et représentent alors une sphère parfaite ; leurs mœurs sont analogues à celles des Cloportes. L'*Armadille commune* se niche souvent sous les pierres. L'*Armadille officinale* était prescrite, dans les vieilles pharmacopées, contre la jaunisse et différentes maladies. Son inefficacité est bien reconnue par les médecins de notre époque, aussi en a-t-on abandonné l'usage.

La **SOUS-FAMILLE DES SPHÉROMIDES** présente quatre antennes fort distinctes et toujours terminées par une tige divisée en plusieurs petits articles. Dans les êtres de cette coupe, les branchies sont vésiculaires, situées sous la queue, et celle-ci se termine par des appendices en nageoires. Tous ces animaux avaient été placés par Linnée dans son genre *oniscus*, mais ils diffèrent évidemment trop des Cloportes, par leur genre de vie, pour ne pas en former une sous-famille spéciale. En outre on a aussi observé qu'ils subissaient quelques métamorphoses en se développant.

SPHÉROMES. *Sphæroma.* Queue de deux segments portant des feuillets natatoires égaux, saillants. Antennes inégales.

Ces Crustacés vivent parmi les fucus des rivages et se tiennent ordinairement au fond de la mer où presque toujours on les découvre réunis en grandes troupes ; ils nagent et marchent avec une égale facilité et ont beaucoup de ressemblance avec les Armadilles ; comme elles, lorsqu'on les surprend, ils se roulent en boule. On en trouve dans l'Océan et dans la Méditerranée.

CYMOTHOÉS. *Cymothoa.* Dernier segment caudal qua drila tère ; membres courts, terminés en crochet. Antennes égales ; yeux nuls.

Ce sont des Crustacés voraces et parasites auxquels on a donné les noms de *poux-de-mer, d'œstres* ou *d'asiles des poissons,* parce qu'ils s'attachent à la superficie de ces animaux, comme ces Insectes le font à celle des Mammifères. C'est sur les ouïes, vers l'anus, ou près de la bouche et même dans son intérieur, que se trouvent cramponnés les Cymothoés.

Comparables en quelque sorte aux femelles des Mammifères marsupiaux, les femelles des Cymothoés ont sous la face ventrale du thorax une cavité destinée à contenir pendant un temps déterminé le produit de la génération. Cette cavité, qui vient d'être décrite par M. Milne Edwards, est formée de plusieurs lames cornées, imbriquées, dirigées en dedans, et qui composent avec le corps une espèce de poche où sont déposés les œufs et où les petits vivent un certain temps après qu'ils sont éclos. On y trouve parfois plusieurs centaines de jeunes Cymothoés entassés en bloc. Le naturaliste que nous venons de citer a aussi observé qu'en avançant en âge ces Crustacés subissaient différentes transformations et que plusieurs parties développées chez l'adulte, manquaient entièrement dans le premier âge, tandis qu'au contraire quelques organes s'atrophiaient par l'effet du temps ; tels sont parmi ces derniers les yeux, qui sont très-gros chez les jeunes individus et dont on ne découvre plus de traces dans un âge avancé ; telle est encore la nageoire caudale, qui est d'abord apparente, puis qui, ainsi que les organes de la vision, disparaît lorsque ces parasites sont fixés sur les animaux dont ils vivent, et que par conséquent ils n'en ont plus besoin.

BOPYRES. *Bopyrus.* Corps déprimé, ovale ; antennes, yeux et mandibules nuls.

Ces animaux qui, dans leur jeune âge, rappellent encore les formes des groupes précédents, terminent la série des Crustacés, dont ils semblent le plus bas échelon. Ils vivent en parasites sur plusieurs êtres de leur type, et donnent souvent lieu à des bosses sur le corselet de beaucoup de Crevettes ou de Salicoques, dont ils sucent les branchies. D'après une croyance absurde, répandue parmi les pêcheurs, on débite que ces parasites incommodes ne sont que de petites Limandes ou des Soles qui se nourrissent sur les Palémons, et qu'ils sont engendrés par eux, opinion que des savants ont pris la peine de réfuter. Le *Bopyre des Crevettes* est l'espèce que l'on voit si souvent sur ces Crustacés.

XIII. CLASSE DES MYRIAPODES.

Animaux articulés, longs, vermiformes et ordinairement composés de beaucoup d'anneaux; membres nombreux, articulés. Respiration s'opérant par des trachées.

Les animaux de cette classe sont répandus sur les deux continents; ils se réfugient ordinairement sous la terre, ou se cachent à l'abri des pierres ou des boiseries qui se trouvent à sa surface.

Ces Entomozoaires sont dépourvus d'ailes et composés d'une quantité d'anneaux ordinairement considérable, presque toujours égaux et semblables, et sur chacun desquels s'implantent une ou deux paires de pattes terminées par un crochet unique.

Les Myriapodes offrent deux antennes ordinairement courtes, presque filiformes ou un peu plus grosses à leur extrémité.

Dans cette petite classe, les organes affectés à la vision varient beaucoup. Suivant Latreille, ils sont ordinairement formés d'une réunion d'yeux lisses, et lorsqu'ils offrent une cornée à facettes, les compartiments de celle-ci se trouvent proportionnellement plus grands, plus arrondis et plus distincts que ceux des insectes. Quelques Myriapodes ne possèdent que deux yeux composés de cinquante à soixante facettes [1], d'autres, selon Tréviranus, en ont un gros placé en travers de chaque côté, et vingt-trois petits qui sont simples [2]. Récemment M. Gervais s'est convaincu que le nombre de ces yeux augmentait avec l'âge, et il a fait la même observation relativement aux antennes de quelques espèces [3].

Les organes buccaux semblent visiblement formés aux dépens du système appendiculaire, et se composent ordinairement de deux mandibules bi-articulées qui se meuvent latéralement, de deux segments analogues à des mâchoires, puis enfin de deux pièces situées plus en arrière, dont l'aspect se rapproche encore plus de celui des appendices locomoteurs, et que l'on a nommées *pieds-mâchoires*.

Dans plusieurs de ces animaux, les organes du sexe masculin sont situés sur le sixième ou septième anneau, et ceux de la femelle se trouvent vers la naissance des seconds appendices; dans les autres, l'appareil génital se découvre, comme à l'ordinaire, à la partie postérieure des individus. On pense que ces êtres peuvent produire plusieurs générations.

[1] Iules.   [2] Scolopendres.   [3] Lithobies.

L'aspect de ces Entomozoaires change à mesure qu'ils avancent en âge, parce que, ainsi que l'ont reconnu de Géer, Savi et M. Gervais, qui se sont occupés de leur développement, le nombre de leurs anneaux et celui de leurs pieds augmente successivement. Ils naissent ordinairement avec six pattes, et celles-ci se multiplient tellement qu'à la fin de leur carrière on en compte parfois une centaine. D'après Savi, qui a fait une étude particulière de quelques Myriapodes, il en est même qui sortent de l'œuf tout à fait dépourvus d'appendices locomoteurs, et ce fait s'observe sur les espèces qui, dans leur âge adulte, en présentent le plus [1]. D'après cela on voit que ces Entomozoaires éprouvent réellement des métamorphoses.

Les Myriapodes jouissent d'une existence assez longue, et, suivant Savi, ce n'est qu'après deux ans que quelques-uns d'entre eux arrivent à l'état adulte et que leurs organes sexuels se développent [2]. Ces Entomozoaires acquièrent souvent des dimensions assez considérables, et il n'est pas rare d'en trouver de six à huit pouces de longueur. M. Lebas, entomologiste qui a longtemps habité la Colombie, m'a assuré qu'il avait un jour rencontré une énorme Scolopendre qui était aussi longue et aussi grosse que son avant-bras, et que l'ayant pesée exactement, il reconnut que son poids s'élevait à huit livres.

FAMILLE DES IULOÏDES.

Corps généralement cylindriforme ; anneaux solides, ordinairement dipodes. Antennes de sept articles ; mandibules dépourvues de palpes.

Le corps de ces animaux est revêtu d'un tégument très-dur; les pattes sont plus ou moins courtes, et chaque segment en porte deux paires, à l'exception toutefois des premiers qui n'en ont qu'une, et des derniers qui sont apodes. La progression de ces Myriapodes est fort lente, et, comme leurs nombreux membres ne se meuvent que successivement, ils s'avancent comme s'ils glissaient doucement et d'un train uniforme sur le plan qu'ils parcourent ; ils jouissent de la faculté de se rouler en spirale ou en boule. On pense que ces Entomozoaires se nourrissent de matières animales et végétales en décomposition ; leur respiration, comme l'a découvert Savi, se fait à l'aide de stigmates placés à la région sternale du corps, et qui communiquent dans l'intérieur de celui-ci avec une double rangée de vésicules aériennes d'où naissent les trachées. Ainsi que l'ont observé de Géer et Latreille, les Iuloïdes répandent une odeur repoussante, et ils offrent de chaque côté de tous leurs anneaux une vésicule qui sécrète un fluide jaune-rougeâtre, que Savi a reconnu être de nature caustique et tacher la peau d'une manière in-

[1] Iules.   [2] Iules.

délébile, comme le nitrate de mercure ou le chlorure d'or ; ce fluide est émis, lorsque l'animal est irrité, par des ouvertures situées sur les parties latérales du corps, et qui avaient été prises à tort pour les stigmates de ces Entomozoaires.

Ces Myriapodes pondent leurs œufs dans la terre et les petits qui en naissent s'éloignent beaucoup de l'aspect de leurs parents. Plusieurs, sinon tous, ont le corps parfaitement uni et sont d'abord totalement apodes ; ce n'est qu'à la suite de mues successives que l'on voit apparaître les premières pattes, puis ensuite celles-ci se multiplient à mesure que ces êtres avancent en âge.

GLOMÉRIS. *Glomeris.* Corps ovalaire, composé de douze segments ; trente-deux ou trente-quatre membres.

Ces Myriapodes sont terrestres et vivent sous les pierres ; on en rencontre plusieurs espèces en France ; ils ressemblent assez à des Cloportes, et leur corps, qui est convexe en dessus et concave en dessous, peut se rouler en boule comme celui de ces animaux. Le *Gloméris marbré* et le *Gloméris marginé* sont assez communs aux environs de Paris.

IULES. *Iulus.* Corps cylindriforme, très-long, lisse et dépourvu d'arêtes latérales ; anneaux nombreux, supportant toujours plus de quarante paires de pattes.

Ces animaux habitent les deux continents ; les plus grandes espèces se trouvent sur la terre et surtout dans les lieux sablonneux ; celles d'une moindre taille vivent à l'abri des pierres ou sous les écorces des arbres, ainsi que dans les mousses. Les Iules se roulent souvent en spirale. L'opinion la plus accréditée est qu'ils se nourrissent de terreau, cependant des entomologistes en ont vu dépecer des Insectes, et Latreille rapporte que les plus petites espèces s'alimentent de fruits, de racines ou de fécules de plantes potagères.

Savi, qui a pu observer ces animaux, a reconnu que les organes copulateurs de l'Iule commun sont placés chez le mâle sous le sixième segment du corps, mais ils n'apparaissent que lorsque les individus ont acquis le tiers de leur taille, et jusqu'à ce moment leur place est occupée par une paire de pattes. Dans les femelles l'orifice des parties sexuelles est situé entre le premier et le deuxième segment. Pour s'accoupler les Iules se redressent et appliquent l'une contre l'autre la région antérieure de leur corps dont ils enlacent en même temps réciproquement l'extrémité postérieure.

L'*Iule très-grand* merite d'être mentionné à cause de sa taille considérable ; il acquiert jusqu'à sept pouces de longueur et habite l'Amérique méridionale. L'*Iule des sables* et l'*Iule terrestre* qui sont beaucoup moins grands se rencontrent communément en Europe.

POLYDÊMES. *Polydesmus.* Corps à anneaux anguleux, offrant une espèce d'arête en dessus ; trente et une paires de pattes.

Les espèces de ce groupe sont presque toutes étrangères à nos climats et vivent sous les pierres des lieux humides. Nous possédons en France le *Polydème aplati*.

POLLYXÈNES. *Pollyxenus.* Anneaux portant latéralement des aigrettes de petites écailles ; douze paires de pattes.

Ce genre n'est formé que pour une seule espèce, le *Pollyxène à queue de Lièvre*, qui habite la France, vit dans les fentes des murailles ou sous les écorces des arbres, et se fait remarquer par le pinceau de poils blancs qui termine son corps.

FAMILLE DES SCOLOPENDROÏDES.

Corps déprimé, membraneux ; anneaux couverts de boucliers coriaces, et ne portant qu'une seule paire de pattes. Antennes de quatorze articles au moins. Mandibules munies de palpes.

Ces animaux, par la forme alongée de leur corps, ressemblent un peu aux Néréides ; selon Carus, leur dermato-squelette, et surtout celui des Scolopendres, est constitué par des vertèbres qui offrent toutes un bouclier dorsal et un arceau ventral ; puis chacune d'elles supporte une paire de pattes dont la plus antérieure ou la céphalique représente la courte et forte pince qui forme l'appareil buccal, et la plus postérieure, qui répète en quelque sorte ce qui se trouve à la tête, offre l'aspect d'une longue pince caudale annexée au dernier anneau vertébral du corps. Ces Myriapodes ont des pattes plus longues et plus fortes que ceux de la famille précédente, aussi jouissent-ils de plus d'agilité et d'une progression plus rapide qu'eux, mais ils ne peuvent se rouler en spirale. Leur bouche offre des mandibules pourvues chacune d'un petit appendice palpiforme, puis on y voit une lèvre quadrifide dont les deux divisions latérales sont annelées transversalement et peuvent faire l'office de mâchoires, et une seconde lèvre formée de pieds dilatés, unis à leur base et terminés par un crochet mobile percé d'une petite fente à son extrémité pour la sortie d'un fluide vénéneux. Tous ces animaux sont carnassiers et redoutent la lumière, aussi c'est spécialement sous les pierres ou à l'abri des écorces qu'on les trouve. Les organes sexuels sont intérieurs et situés à l'extrémité postérieure du corps.

SCUTIGÈRES. *Scutigera.* Corps couvert de huit plaques imbriquées, subégales ; inférieurement quinze demi-anneaux ; quinze paires de pattes.

Ces Myriapodes se font remarquer par la longueur de leurs membres et de leurs antennes ; ils sont fort agiles et abandonnent souvent une partie de leurs pieds quand on les saisit. La *Scutigère Aranéide* vit chez nous, et se dérobe à nos regards sous les pièces qui composent la charpente de nos habitations.

LITHOBIES. *Lithobius*. Corps couvert de plaques imbriquées, alternativement plus longues et plus courtes; quinze paires de pattes. Antennes de trente à quarante articles.

Les Lithobies se distinguent des Scutigères en ce que leur corps est divisé tant en dessus qu'en dessous en un pareil nombre de segments. On en rencontre en France.

SCOLOPENDRES. *Scolopendra*. Corps à segments égaux; au moins vingt et une paires de membres.

Ces animaux sont répandus parmi les deux continents; ils chassent aux Vers et aux Insectes pour s'en nourrir, et les grandes espèces qui habitent les contrées équatoriales font des morsures qui peuvent présenter quelque danger; cependant elles ne sont jamais mortelles. Leuwenhoeck avait déjà reconnu que leurs organes venimeux siégent dans l'appareil buccal. Plusieurs de ces Myriapodes jettent un éclat phosphorique pendant la nuit; il paraît qu'ils peuvent parfois s'introduire dans nos organes; car M. Lefèvre a rapporté, à la société entomologique de France, qu'une dame de Paris, qui ressentait depuis plusieurs années de violentes douleurs dans les sinus frontaux, qui sur les derniers temps la privèrent du sommeil, rendit enfin, en éternuant, et avec quelques gouttes de sang, une Scolopendre de deux pouces de longueur, et celle-ci fut pendant quelques temps en la possession du naturaliste que nous venons de citer; quoique ce fait nous paraisse inexplicable, ce témoignage nous a engagé à le mentionner. Ce genre peut admettre plusieurs subdivisions, les Scolopendres proprement dites, les Cryptops et les Géophiles.

Les **SCOLOPENDRES PROPREMENT DITES** offrent vingt et une paires de pattes, des antennes de dix-sept articles, et sont munies d'yeux. La *Scolopendre mordante*, qui habite les pays chauds, est très-redoutée en Amérique.

Les **CRYPTOPS** ont les mêmes caractères que le groupe précédent, seulement ils manquent d'yeux. Nous possédons en France le *Cryptops des jardins*.

Les **GÉOPHILES** se reconnaissent pa rle nombre de leurs pieds qui dépasse quarante-deux, et est souvent très-considérable, puis par leurs antennes, qui n'ont que quatorze articles. Plusieurs espèces de ce genre, qui, ainsi que le précédent, a été créé par Leach, sont électriques, à ce que dit Latreille.

XIV. CLASSE DES MALACOPODES.

Animaux articulés extérieurement, vermiformes, à membres mous, inarticulés.

Cette classe a été établie par de Blainville dans son Cours de philosophie zoologique à la Faculté des sciences de Paris ; elle ne contient qu'un seul genre d'Entomozoaires, découvert par Guilding, et que ce savant considérait comme un Mollusque, puis qui fut tour à tour rangé parmi les Chétopodes et les Myriapodes.

Ce genre, qui porte le nom de *Péripate*, a été décrit avec soin par de Blainville, et nous ne pouvons mieux faire que d'emprunter quelques fragments à son manuscrit, pour présenter les caractères qu'offrent les animaux qu'il contient. « Le corps en est évidemment vermiforme, quoique en général assez peu alongé ; sa coupe est subcylindrique, ou du moins ovale, un peu déprimée, peut-être cependant un peu plus en dessous qu'en dessus. Il est un peu atténué vers les extrémités, plus en arrière qu'en avant, où il est comme tronqué ; quoiqu'il ne soit pas aussi évidemment articulé que dans les Myriapodes, et même que dans la plupart des Chétopodes il est cependant aisé de voir que la peau est plus molle et plus tuberculeuse dans des endroits que dans d'autres où doivent s'exécuter les mouvements, de manière qu'elle est au moins annelée.

La tête est peu distincte, et formée par un seul anneau au moins aussi long que les deux suivants pris ensemble ; il n'y a pas d'anneaux trachéens distincts non plus que de thorachiques, abdominaux ni coccygiens ; tous sont entièrement semblables, si ce n'est en longueur et en largeur où ils diffèrent un peu, et tous en effet sont pourvus d'appendices semblables.

Les deux orifices du canal intestinal sont sur la ligne médiane, subterminaux et infères ; l'antérieur ou la bouche est en fente, de forme longitudinale, située vers le milieu de l'anneau céphalique à sa face inférieure, et pourvu de lèvres latérales, dont les tubercules cutanés simulent des espèces de dents extérieures. L'orifice postérieur ou l'anus est beaucoup plus petit, et est également inférieur ; mais il est tout à fait terminal ; il n'est pourvu d'aucun appendice.

La terminaison des organes de la génération, qui sont séparés sur deux individus différents, se fait, au moins pour le sexe femelle, par un orifice unique, et par conséquent médian, situé en avant de l'anus.

La tête est pourvue d'une paire de tentacules simples, coniques, assez longs, annelés ou subarticulés et rétractiles ; ils sont implantés de chaque côté du bord frontal ou antérieur.

On remarque à la partie externe de leur base un stemmate ou un point pseudo-oculaire formé par un petit disque un peu convexe et simple.

Les pieds ou appendices des anneaux du tronc sont tous parfaitement similaires et presque aussi de la même dimension. Quand on y regarde peu attentivement, ils semblent n'être formés que par une sorte de mamelon à l'extrémité duquel sont de petits crochets ; mais en les étudiant plus attentivement, on voit que ces mamelons sont réellement composés de trois ou quatre articulations fort courtes et rugiformes, pouvant presque rentrer les unes dans les autres, comme les tubes d'une lunette d'opéra, et dont le dernier, bien plus étroit, est terminé par un élargissement bilobé, avec une paire de crochets arqués et cornés entre les deux lobes, de sorte que ce pied ressemble un peu à celui de certains Insectes hexapodes.

L'anatomie des Péripates est aussi toute particulière, et ne convient à aucun groupe connu.

L'enveloppe cutanée est assez épaisse, assez solide et même résistante. En dehors, elle est couverte de très-petits tubercules cornés et disposés par séries transverses, et donnant au corps la disposition annelée dont il est parlé plus haut. Elle ne m'a pas paru devoir être muqueuse à l'état vivant ; en dedans elle est double, avec adhérence par une lame de fibres musculaires d'aspect assez soyeux et d'une assez grande résistance. Cette lame est, du reste, composée de deux couches de fibres, les unes moins nombreuses, transverses et internes, les autres, au contraire, longitudinales et partagées en muscles dorsaux, ventraux et latéraux, à peu près comme dans tous les Entomozoaires, ce qui fait supposer que le mode de locomotion est analogue. »

C'est principalement de l'Amérique méridionale et des Antilles que nous sont parvenus, jusqu'à ce moment, les Péripates ; on en trouve aussi en Afrique. C'est ordinairement parmi les herbes ou sous les pierres qu'on les découvre.

XV. CLASSE DES CHÉTOPODES.

Animaux articulés extérieurement, vermiformes, à anneaux munis d'appendices simples ou composés, et non articulés.

Presque tous ces animaux habitent l'eau et vivent dans la mer, et il n'en est qu'un petit nombre qui se rencontrent vers la superficie du sol [1]; on en découvre dans tous les pays; ils sont généralement vermiformes et déprimés; leur corps est toujours partagé en un nombre plus ou moins considérable d'anneaux, unis entre eux par des plis où la peau est plus molle, et celle-ci est constamment décorée de reflets irisés, rehaussés de teintes pourprées ou de couleur d'or. Dans cette classe, chaque anneau porte une paire d'appendices très-développés ou simplement rudimentaires, qui peuvent se composer de trois parties destinées soit à la locomotion, soit à la respiration, soit enfin aux sensations; en général, ces appendices sont situés latéralement, et ils se composent des éléments suivants : premièrement d'un tubercule dont la configuration varie, qui supporte des soies souples ou roides représentant les organes de la locomotion; secondement, d'un cirrhe charnu, diversement lobé et non vasculaire qui forme l'appareil sensorial; et troisièmement d'un prolongement dermo-vasculaire diversement divisé ou branchie, qui est l'organe de la respiration. En outre la superficie du corps est quelquefois revêtue d'un nombre considérable de soies, tantôt simples, tantôt disposées en crochets ou en épines roides.

La peau est fort mince et ne se trouve jamais renforcée de parties solides ou cartilagineuses. Ce sont les fibres musculaires situées au-dessous de sa surface qui constituent l'appareil locomoteur, et les appendices passifs de celui-ci sont les soies rigides, cassantes, qui s'implantent sur le corps et dont nous venons de parler. La locomotion de ces invertébrés est lente, même dans ceux qui paraissent le mieux conformés pour le mouvement par leur grand nombre de pieds [2], et elle est en quelque sorte nulle chez les espèces qui vivent dans un tube [3], et dont tous les mouvements consistent à parcourir leur demeure à l'aide des soies ou des crochets dont le corps est environné.

Certains Chétopodes se forment un tube extérieur, ouvert par les deux extrémités, qui n'est qu'une simple excrétion de leur corps, et dont ils peuvent sortir à volonté. Tantôt cette habitation est formée par des mucosités auxquelles adhèrent de la vase, des grains de

[1] Lombrics.   [2] Néréides.   [3] Serpules.

sable ou des débris de coquilles ; d'autres fois les tubes sont complétement calcaires.

Le système nerveux consiste en une série de ganglions situés dans la ligne moyenne du ventre , et dont le nombre égale celui des anneaux. Chaque renflement est uni avec celui qui le précède ou celui qui le suit, à l'aide de deux nerfs bien distincts , de manière que l'appareil sensitif forme une chaîne continue , d'une extrémité du corps à l'autre.

Le nom de *tentacules* a été donné aux cirrhes des premiers anneaux, qui sont diversement configurés et que quelques auteurs désignent simplement sous celui d'antennes. On rencontre à la partie supérieure des anneaux céphaliques , des points ou taches noires que l'on considère assez généralement comme des yeux. On ne connaît aucun autre organe de sensation spéciale.

L'appareil digestif des Chétopodes est extrêmement simple, et il n'est ordinairement formé que d'un seul canal cylindrique étendu d'un bout à l'autre de l'individu. L'œsophage se renfle dans plusieurs d'entre eux, pour constituer une sorte de cavité stomacale qui éprouve des dilatations de place en place, ou se trouve munie régulièrement d'espèces de cœcums vers chaque anneau ; dans quelques-uns, l'estomac est épais et ressemble à un gésier ; la bouche peut offrir des dents ou crochets cornés, auxquels on a donné quelquefois le nom de *mâchoires* [1] ; ils sont situés latéralement et communément au nombre de deux ; dans plusieurs de ces Entomozoaires, l'ouverture antérieure du canal digestif offre un appareil buccal très-compliqué , qui exécute la mastication à l'aide de parties solides ou cornées. Les Chétopodes paraissent tous être presque carnassiers, et se nourrir de très-petits animaux, qu'il est probable que les espèces à fortes mandibules dévorent vivants; d'autres ne semblent s'alimenter que de parcelles organiques mêlées au sol qu'ils habitent, et qu'ils mangent pour toute nourriture [2].

Chez les Chétopodes qui habitent l'eau la respiration s'opère à l'aide de branchies dans lesquelles les capillaires se distribuent en formant une sorte de réseau. Ces organes sont situés à la partie antérieure du corps sur les individus qui habitent des fourreaux, et sont disposés en pinceaux ou en éventails [3], ou bien ils représentent des espèces de peignes [4] ou des ramifications arbusculaires [5]. Chez les Chétopodes qui se meuvent librement dans l'eau, les branchies sont placées tout le long du corps où elles s'offrent sous la forme de pinceaux [6] ou de peignes [7], ou enfin elles sont situées sous des écailles [8]. On avait pensé que certains Chétopodes, tels que les Lombrics qui ne portent point de branchies à l'extérieur, respiraient simplement par la surface cutanée, mais Carus a

---

[1] Néréides.
[2] Lombrics, Arénicoles.
[3] Serpules. Sabelles.
[4] Amphitrites.
[5] Térébelles.
[6] Arénicoles.
Eunices.
[8] Aphrodites.

décrit chez ces animaux, comme étant des vésicules respiratoires, de petites poches qui sont placées tout le long du corps entre la peau et l'intestin et qui s'ouvrent à l'extérieur par des stigmates situés à la partie supérieure de chaque segment annulaire.

Les Chétopodes ont des vaisseaux, mais ils sont dépourvus de cœur. Le système veineux semble avoir pour centre un gros tube vasculaire, sans renflement, occupant la ligne médiane, au-dessus du système nerveux; et le centre artériel est formé par un vaisseau situé au milieu du dos et qui se renfle au niveau de chaque anneau en fournissant des rameaux transverses.

L'anatomie du système génital de ces animaux est encore peu connue; on sait seulement que quelques-uns sont hermaphrodites, particularité rare chez les Entomozoaires, mais il faut toujours que deux individus se rapprochent pour que la fécondation s'opère. Dans les uns [1], la partie femelle se compose d'une série de masses globuleuses, jaunâtres, adhérentes à la peau, sans qu'on puisse voir, en cet endroit, d'orifice. On n'a que des données vagues sur leur mode de reproduction.

La physiologie des animaux de cette classe n'est guère avancée, parce que l'on n'a eu que peu d'occasions de les observer à l'état vivant. Un fait singulier que présentent plusieurs d'entre eux, c'est qu'ils reproduisent leur tête quand on l'a coupée [2], ainsi que l'a expérimenté Muller.

Lorsque l'on considère chaque anneau chez certains Chétopodes, on le voit pourvu des organes essentiels à l'animalité; on y trouve un système nerveux ganglionnaire, une dilatation vasculaire ainsi qu'un renflement stomacal; cela a fait dire à Carus que chaque segment de ces Entomozoaires doit être regardé comme une répétition des autres, et que l'on peut en quelque sorte considérer ces animaux articulés comme une agglomération d'autant de Mollusques simples qu'ils ont d'anneaux accolés les uns à la suite des autres.

Ces animaux sont divisés en trois ordres dont les caractères différentiels sont faciles à saisir et peuvent se concevoir au premier aperçu du tableau ci-dessous.

<table>
<tr><td colspan="2" align="center">CHÉTOPODES.</td><td align="right">Ordres.</td></tr>
<tr><td rowspan="3">Animal</td><td>fixé. Tube { complet. Branchies antérieures. . . .</td><td>HÉTÉROCRICIENS.</td></tr>
<tr><td>incomplet. Branchies dorsales. . . .</td><td>PAROMOCRICIENS.</td></tr>
<tr><td>libre. Tube nul; anneaux similaires. . . . . . .</td><td>HOMOCRICIENS.</td></tr>
</table>

[1] Néréides.

[2] Néréides, Nais.

ORDRE DES HÉTÉROCRICIENS.

Animal contenu dans un tube. Corps déprimé, à articulations dissemblables, formant une tête, un thorax et un abdomen ; branchies antérieures.

Ces Chétopodes vivent tous dans les eaux marines, et tous se construisent un fourreau consistant en un tube solide ou membraneux, ouvert à ses deux extrémités, et qu'ils confectionnent soit en agglutinant des grains de sable et des débris de coquillage avec le mucus que produit leur corps, soit en sécrétant à la surface de celui-ci une matière calcaire qui se moule sur l'individu, et lui forme un tube auquel il n'adhère nullement. La disposition de cette habitation entraîne la situation des branchies vers son ouverture antérieure. On ne découvre pas d'yeux chez ces animaux ; les pieds sont composés de deux sortes de soies : les unes sont en pinceau et les autres en crochet.

FAMILLE DES SERPULIDES.

Deux tentacules, dont un seul se développe en disque operculiforme, radié ; branchies filiformes, barbées. Tube calcaire, solide.

SERPULES. *Serpula.* Tentacule operculiforme, sans pièce calcaire. Test discoïde ou s'approchant de la forme rectiligne.

Ce sont ces tubes calcaires que nous voyons ramper sur la coquille des Huîtres et des autres Mollusques, qui constituent la demeure des Serpules. Ces Chétopodes paraissent vivre des animalcules qui se trouvent dans l'eau et qu'ils attirent avec leurs tentacules. La *Serpule contournée* est la plus commune, et c'est elle qui revêt ordinairement les objets submergés par la mer.

FAMILLE DES SABULAIRES.

Tentacules nuls ou rudimentaires, non operculiformes. Tube peu solide, composé de corps étrangers agglutinés, ou simplement muqueux.

AMPHITRITES. *Amphitrita.* Corps long, déprimé ; tête peu distincte. Tentacules rudimentaires. Tube membraneux, enduit de vase.

On trouve des Amphitrites dans toutes les mers ; plusieurs espèces se voient sur nos côtes. Le tube de tous ces animaux est constamment vertical.

TÉRÉBELLES. *Terebella*. Corps sub-cylindrique. Bouche environnée de barbillons ; point de véritables tentacules. Branchies arbusculaires, portées sur les segments du thorax. Tube membraneux, grossièrement revêtu de sable ou de fragments de coquilles.

Ces Chétopodes habitent les rivages de la mer et se trouvent communément sur nos plages sablonneuses.

ORDRE DES PAROMOCRICIENS.

Corps alongé, cylindrique, vermiforme; bouche inerme ; des soies en crochet; branchies dorsales, sériales ou nulles. Tube incomplet.

Dans ce groupe, le corps peut encore se diviser en région thorachique et abdominale, mais on ne découvre plus d'appendices aux premiers anneaux, et c'est ce qui a engagé de Blainville à séparer cet ordre de celui des Hétérocriciens. Les Paromocriciens sont plus libres dans leur tube que les Chétopodes de l'ordre précédent, et celui-ci est simplement formé de mucus qui enduit les parois d'une galerie creusée dans le sable.

ARÉNICOLES. *Arenicola*. Branchies rameuses, occupant seulement le milieu du corps. Tube membraneux ou muqueux.

L'*Arénicole des pêcheurs* est commune sur tous nos rivages sablonneux; son corps est d'un rouge foncé. Cet animal sert d'appât, et l'on voit souvent sur nos plages des femmes qui sont occupées à le recueillir, et qui fouillent avec vitesse les endroits où elles aperçoivent ses trous, car sans cette précaution il se dérobe à leurs recherches.

ORDRE DES HOMOCRICIENS.

Corps très-alongé, vermiforme, cylindrique, à anneaux presque similaires ; appendices sans soies à crochet. Tube nul.

C'est dans cette division que viennent se ranger la majeure partie des Chétopodes; elle est facile à reconnaître au grand nombre d'anneaux qui composent les êtres qui la forment, et aussi en ce que l'on ne peut plus distinguer chez eux de régions thorachiques et abdominales comme on pouvait le faire dans les groupes précédents. Tous les Homocriciens sont libres, et ils ne font que rarement des fourreaux muqueux, dans lesquels ils se retirent temporairement ; aussi chez eux ne trouve-t-on plus de soies à crochet.

FAMILLE DES AMPHINOMÉS.

Corps alongé, déprimé; tête peu distincte, de deux anneaux au plus. Pieds à deux rames. Branchies arborescentes à tous les anneaux.

AMPHINOMES. *Amphinoma.* Ce genre, qui est le type de cette famille, se compose d'animaux qui proviennent des mers équatoriales et principalement de celles de l'Inde et de l'Amérique méridionale; le mœurs sont peu connues.

FAMILLE DES APHRODITÉS.

Corps plus ou moins ovalaire et déprimé; tête assez distincte; pieds à une ou deux rames. Deux ou quatre yeux; bouche inerme ou armée de quatre dents cornées.

APHRODITES. *Aphrodita.* Corps large, aplati; dos offrant deux rangées de larges écailles membraneuses qui cachent les branchies.

Ces Annélides ont leur dos recouvert d'une bourre semblable à de l'étoupe, et qui est formée par les débris de leurs soies qui se feutrent ensemble, et cachent leurs squammes dorsales. L'*Aphrodite hérissée*, dont les nombreuses soies sont irisées, se rencontre dans nos mers.

FAMILLE DES NÉRÉIDES.

Corps très-long, sub-déprimé, atténué en arrière, composé d'articulations nombreuses; tête distincte; deux ou quatre yeux; bouche armée de mâchoires; point de branchies ramifiées.

NÉRÉIDES. *Nereis.* Tête bien distincte; deux mâchoires falciformes, denticulées; deux paires de tentacules; pieds à deux rames.

Ces Homocriciens sont marins; ils marchent en serpentant lorsqu'ils sont sur un sol résistant; quelques-uns nagent fort bien. Les Néréides se découvrent dans les excavations des roches; il en est qui se creusent des conduits sous la vase; toutes sont carnassières; les grandes espèces avalent même probablement de petits poissons. Celles-ci sont utilisées pour la pêche; sur nos côtes, les femmes et les enfants sont souvent employés à fouiller la vase, afin d'en trouver pour amorcer les lignes. La *Néréide française* se voit fréquemment sur les coquilles d'Huîtres.

FAMILLE DES NÉRÉISCOLÉS.

Corps fort alongé, cylindrique, vermiforme; appendices très-simples, munis quelquefois de cirrhes; tête peu développée; pas d'yeux ni de tentacules.

Cette famille forme le passage des Chétopodes précédents aux Lombrics; la tête n'est presque plus apparente et elle n'est formée que d'un anneau labial; quelques espèces seulement ont la bouche armée de dents. Ces animaux, à cause de la structure peu développée de leurs appendices, ne doivent plus pouvoir marcher; ils nagent ou rampent en serpentant dans les eaux où ils vivent. Les *Lombrinères*, qui présentent une masse buccale en trompe armée de deux paires de dents dissemblables, forment l'un des types de cette division.

FAMILLE DES LOMBRICINÉS.

Corps vermiforme, cylindrique; tête non distincte; appendices similaires, formés seulement de soies simples ou de crochets; jamais de cirrhes.

LOMBRICS. *Lumbricus.* Corps atténué en avant; déprimé, spatulé en arrière, à articulations nombreuses.

Ces animaux sont privés de tous les sens, excepté de celui du toucher, qui paraît devoir être chez eux d'une extrême délicatesse. Quoique complétement hermaphrodite, chacun de ces vers a besoin de s'accoupler avec un autre pour que la fécondation ait lieu. Ces Chétopodes vivent sous le sol, et l'on dit que dans l'hiver ils s'y forment une espèce de fourreau. Les Lombrics, employés anciennement par l'empirisme dans une foule de maladies, sont aujourd'hui totalement abandonnés; en Europe, les pêcheurs s'en servent comme d'appât; mais dans l'Inde, à ce que dit Valmont de Bomare, on mange ces Lombricinés crus ou après les avoir préparés, et l'on sait que cette coutume existe encore aujourd'hui en Chine. Ce sont les déjections de ces vers qui forment les amas de terre vermiculaires que l'on trouve à l'entrée de leurs trous à double issue. Dans un travail récent, publié en Angleterre, Darwin a même considéré le produit de la digestion des Lombrics comme une puissance géognostique remarquable; il lui attribue en grande partie la formation du terreau végétal; et parmi une foule de preuves que ce savant cite pour constater cette action, qui paraît en apparence devoir être si lente, il rapporte qu'en quinze années un terrain profond de trois pouces a été produit par les résidus de la digestion de ces Annélides.

Le *Lombric commun* ou Ver de terre est celui qui s'offre si souvent à nos yeux dans les jardins. Quelques naturalistes pensent qu'il est vivipare ; d'autres disent qu'il n'émet que des œufs. On vient tout récemment d'annoncer que cette espèce était phosphorescente pendant l'automne ; et dans l'une des séances de l'Institut du mois de novembre dernier on a réclamé pour M. Flaugergues la priorité de cette découverte.

NAÏS. *Nais.* Corps long, grêle, à articulations peu distinctes ; soies courtes ou longues, au nombre d'une à six pour chaque appendice.

On les rencontre dans les eaux douces, où elles vivent dans des trous qu'elles forment dans la vase et d'où sort toute la partie antérieure de leur corps que l'on voit s'agiter d'un mouvement continuel. Les Naïs sont célèbres à cause de leur force de réintégration ; lorsqu'on leur coupe une partie du corps elle se reproduit. On en trouve plusieurs espèces en France.

FAMILLE DES ÉCHIURIDES.

Corps court, subsacciforme, à peu d'articulations ; soies rétractiles disposées par paires sur quelques anneaux seulement.

Dans les Échiurides, les articulations sont peu sensibles, et tous les anneaux ne sont pas pourvus d'appendices. Malgré cela, ces animaux doivent être évidemment rangés dans les Chétopodes, à côté des Lombrics, avec lesquels leur système digestif a quelque analogie. Cette petite famille comprend les genres *Sternapsis* et *Thalassème*.

XVI. CLASSE DES APODES.

Entomozoaires à articulations extérieures distinctes ou non. Point de membres ni d'appendices locomoteurs.

Tous vivent constamment dans les liquides; quelques Sangsues font seules exception. Beaucoup d'Apodes existent dans l'intérieur des autres animaux, et leur nourriture se compose alors des humeurs de ceux-ci, comme l'indique la disposition de l'appareil buccal; certaines espèces paraissent cependant avaler d'assez grosses proies, et jusqu'à des Lombrics; quelques Sangsues, au contraire, semblent pouvoir s'alimenter des sucs des plantes.

Dans les animaux de la classe des Apodes, le corps est ordinairement cylindrique, alongé, aminci aux extrémités, et composé, à l'extérieur, d'articulations qui, avec l'absence d'appendices, rendent cette coupe facile à distinguer; la peau est toujours très-molle.

Les mouvements généraux à l'aide desquels les Apodes se transportent d'un lieu dans un autre, s'opèrent uniquement par la puissance des fibres musculaires de la peau, et par l'impulsion qu'elles impriment à tout l'individu, car, comme nous venons de le dire, chez aucun de ces animaux on ne découvre d'organes spéciaux destinés à la locomotion. Les uns nagent assez facilement dans l'eau qu'ils habitent; d'autres ne se meuvent qu'en opérant une sorte de reptation, ou en fixant tour à tour une extrémité de leur corps et en tirant l'autre vers elle, et ainsi successivement.

Les nerfs des Apodes sont à peu près disposés comme dans les êtres de la classe précédente. La sensibilité générale de ces animaux paraît très-développée, tandis que les sens spéciaux semblent tout à fait obtus, et ce n'est que dans un fort petit nombre d'entre eux [1] que l'on a cru reconnaître des indices d'organes de sensations extérieures; ils consistent dans quelques vestiges d'appareil de la vision, car si beaucoup de ces Entomozoaires sont totalement privés d'yeux, chez d'autres on rencontre des rudiments de ceux-ci, c'est ce qui a lieu à l'égard des Sangsues; en effet, on observe que celles-ci ont fréquemment dix yeux disposés en fer à cheval au-dessus de la bouche, et qui sont souvent plus apparents sur les jeunes individus, car ils y font saillie comme autant de tubercules colorés; on peut considérer le toucher comme étant généralement répandu à la surface du corps.

L'appareil digestif est simple, comme tous les autres; il ne se compose ordinairement, dans les Apodes, que d'un canal étendu d'une extrémité du corps à l'autre, sans qu'on puisse distinguer d'estomac

[1] Sangsues.

ou d'intestin, et ce n'est que rarement qu'on observe une cavité stomacale divisée par des étranglements ou munie de petits cœcums. L'orifice buccal est étroit et circulaire ; jamais on n'y trouve de dents proprement dites, mais quelques Apodes offrent, dans la bouche des saillies contractiles qui sont armées de denticules excessivement fins. Il n'y a point de foie.

Dans les animaux de cette classe, il ne paraît point y avoir d'appareil spécial pour la respiration, et cette fonction semble tout simplement se produire à la superficie cutanée. Cependant, comme nous le dirons en traitant des Sangsues, plusieurs anatomistes pensent que chez celles-ci elle a lieu dans des vésicules particulières. Les organes de la circulation, très-apparents chez un certain nombre d'Apodes, disparaissent dans les autres.

L'appareil génital de beaucoup de ces animaux est difficile à apercevoir, et est encore imparfaitement connu ; chez d'autres, au contraire, on l'a étudié avec assez d'attention. La condition qu'il présente dans ceux-ci est variée et l'on observe deux sortes de dispositions capitales. Tantôt les sexes sont séparés, et chacun d'eux est supporté sur un individu différent [1], et tantôt ils sont réunis tous les deux, et chaque Apode est complétement hermaphrodite [2]. Du reste ces organes offrent une structure assez dissemblable selon les groupes dans lesquels on les étudie, et l'on observe que parfois les mâles possèdent un appendice excitateur fort apparent.

Le mode de génération de ces animaux n'a guère été étudié avec soin que dans ces derniers temps et seulement sur un petit nombre d'entre eux ; sur les autres on ne le connaît point ou fort imparfaitement ; ce sont les Sangsues qui ont particulièrement été l'objet de l'attention des observateurs.

Nous n'avons que des données inexactes sur la durée de l'existence des Apodes, et surtout sur celle des individus qui vivent dans l'intérieur des animaux, et dont il est également si difficile d'étudier les mœurs.

La classe des Apodes ne contient que quatre ordres que l'on peut distinguer facilement par les caractères différentiels qui sont exprimés dans le tableau synoptique qui se trouve ci-dessous.

APODES.   *Ordres.*

Tête
  armée
    d'une ou deux paires de crochets. . . . . ONCHOCÉPHALÉS.
    de crochets nombreux ; une trompe. . . . PROBOSCÉPHALÉS.
  inerme
    pointue. . . . . OXYCÉPHALÉS.
    offrant un suçoir. . . . . MYZOCÉPHALÉS.

[1] Ascarides.   [2] Sangsues.

ORDRE. DES ONCHOCÉPHALÉS.

Corps subarticulé, déprimé. Tube digestif complet ; bouche à une ou deux paires de crochets rétractiles.

LINGUATULES. *Linguatula*. Corps plus large en avant, atténué aux deux extrémités. Bouche située inférieurement.

Encore incomplétement connues, les espèces de ce genre n'ont été rencontrées que dans les Mammifères : de Humboldt en a cependant découvert une dans le Serpent à sonnette. Cuvier assure qu'elles ont un canal digestif qui se termine par un anus. Le nom de *Ling/atule* a été donné à ces Vers intestinaux, à cause de leur figure qui ressemble à une petite langue.

ORDRE DES OXYCÉPHALÉS.

Corps alongé, cylindrique, atténué aux extrémités. Bouche circulaire, nue ou entourée de tubercules ; tube digestif complet, à anus plus ou moins terminal.

Presque tous vivent dans les cavités intérieures des grands animaux, et surtout dans les endroits tapissés par des membranes muqueuses. Ce sont les Vers intestinaux dont l'organisation est la plus élevée, car chez eux, on peut parfois encore reconnaître un appareil circulatoire et peut-être des organes de respiration. Leur génération est ovipare ou vivipare.

VIBRIONS. *Vibrio*. Corps plus atténué en arrière, extrêmement petit ; bouche ponctiforme ou bilabiée ; anus non terminal. Pénis unique.

Les Vibrions habitent l'eau pure ou les corps en fermentation. Ces vers, à cause de leur petitesse, avaient été rangés, par quelques savants, dans les animaux microscopiques. Le *Vibrion du vinaigre* existe par myriades dans ce liquide, et peut s'apercevoir à l'œil nu ; c'est lui que l'on nomme vulgairement *Anguille du vinaigre*.

TRICHOCÉPHALES. *Trichocephalus*. Corps filiforme en avant et renflé en arrière ; pénis dans une gaine infundibuliforme.

Ces Vers vivent en parasites sur les animaux vertébrés et se trouvent ordinairement cantonnés dans leurs gros intestins ; tel est en particulier le siége du *Trichocéphale de l'homme*, que l'on découvre fréquemment sur notre espèce, et qui a été représenté dans l'Atlas,

avec ses dimensions ordinaires, puis vu à un certain grossissement
(Pl. 31, fig. 3).

OXYURES. *Oxyuris*. Corps plus épais en avant, cylindriforme,
terminé par une espèce de queue très-aiguë dans les femelles ; bouche
orbiculaire, terminale.

Ces Vers portent un nom qui rappelle une particularité de leur organisation et signifie *queue aiguë*; ils habitent les gros intestins des
Mammifères. L'*Oxyure de l'homme* qui est extrêmement commun chez
les enfants, ne se trouve guère qu'à la terminaison du canal digestif ;
cependant Bréra dit en avoir rencontré dans l'œsophage d'une femme
qu'il disséquait. Parfois il se répand à l'extérieur, et quelques médecins rapportent l'avoir vu pénétrer dans les organes génitaux et même
jusque dans la vessie. Ordinairement les Oxyures ne causent aucune
lésion sur nos tissus, car on ne connaît qu'une observation dans laquelle
Fischer dit qu'ils perforèrent le Cœcum.

DRAGONNEAUX. *Gordius*. Corps filiforme; extrémité postérieure
bilobée ou trilobée ; tête couverte d'une calotte.

Ils séjournent dans les eaux stagnantes et en percent en tous sens
la vase molle. Le *Dragonneau aquatique*, qui est le plus commun
dans notre pays, ressemble à un gros crin brun, et acquiert environ
six pouces de longueur.

FILAIRES. *Filaria*. Corps très-long, filiforme, atténué pareillement aux deux extrémités ; orifice génital prolongé en tube simple.

Ces Apodes se rencontrent sur tous les Vertébrés ; et les Mollusques
et les Insectes n'en sont pas exempts ; on les découvre principalement
dans des cavités qui ne communiquent point au dehors et soit sous la
peau, soit au milieu des viscères et des muscles ; Bremser et Hopkinson
en ont observé jusque dans la chambre antérieure de l'œil des chevaux,
et Mongin paraît en avoir extrait qui se trouvaient au-dessous de la
conjonctive d'une négresse. L'anatomie des Filaires qui n'avait été
qu'ébauchée par les premiers helminthologistes a fait un grand progrès
par les travaux de M. Leblond. Ce naturaliste a reconnu que l'appareil
sexuel des mâles était formé d'une sorte de sac à long col, qui venait
s'ouvrir près de la bouche, et que celui de la femelle, qui aboutit au
même endroit, se trouvait composé d'un tube unique qui se divise en
deux ovaires filiformes extrêmement longs.

Le *Filaire de Médine* est fatal aux hommes dans les pays chauds,
où il est extrêmement commun. Ce Ver, qui acquiert jusqu'à dix pieds
de longueur et plus, se développe particulièrement sous la peau des
jambes ; mais on l'a aussi rencontré sur l'abdomen et sur la poitrine,
ainsi qu'à la tête ; selon Lind il pénètre jusque dans les muscles et
s'attache même aux os. Le nom de cet Oxycéphalé vient de la ville de

Médine, près de laquelle on en observe beaucoup ; on lui donne aussi la dénomination de *Ver cutané* et de *Dragonneau.*

Les notions que l'on a eues sur cet Entozoaire remontent à une époque assez reculée et sont nombreuses, cependant il n'en a pas moins donné lieu à de grandes controverses ; tant d'obscurité a même enveloppé son histoire, que beaucoup de gens ont douté de son existence et qu'il est devenu plus célèbre par ces mêmes incertitudes qu'il ne l'est par son organisation singulière, par les désordres qu'il occasionne et par le mode de traitement qu'il faut suivre pour s'en délivrer. Selon Bartholin et Bremser, les Serpents ardents, qui sont mentionnés par Moïse, et que ce législateur dit avoir attaqué les Hébreux pour les punir de leurs murmures contre l'Éternel, n'étaient que des Filaires, si communs sur les habitants des bords de la mer Rouge, lieu où les Juifs campaient alors. Agatharchides paraît être le premier qui ait parlé de ces animaux d'une manière positive. Plutarque, en citant ce philosophe, en fait aussi évidemment mention, dans ses propos de table : « Les peuples qui séjournent près de la mer Rouge, dit-il, ont été tourmentés par des accidents aussi extraordinaires qu'inouïs, il sortait de leur corps des Vers en forme de petits Serpents, qui rongeaient leurs bras et leurs jambes ; quand on les touchait ils se retiraient, s'entortillaient dans les muscles et causaient des souffrances horribles. » Dans les écrits des médecins arabes il est également question du Filaire de Médine, et Avenzoar et Rhazès rapportent les procédés opératoires qui, de leur temps, étaient en usage pour l'extraire, et qui consistaient à le rouler sur du plomb. Kæmpfer dit avoir plusieurs fois enlevé du scrotum ce Ver vivant ; puis divers voyageurs en parlent d'une manière qui ne peut laisser aucun doute, tels sont Bosmann, Jacquin et Bruce ; parmi eux les deux derniers en furent même affectés, et Bruce devint gravement malade parce que le chirurgien qui lui fit l'extraction de cet Entozoaire s'y prit sans méthode. Enfin, de nos jours, le docteur Chapotain l'a observé à l'île de France et l'on a pu en reconnaître l'existence à Surinam, dans de nombreux exemples qui se sont parfois terminés d'une manière funeste.

D'après ces notions qui, comme on le voit, ont abondé à toutes les époques, on est étonné en reconnaissant que des hommes éminents ont parfois nié l'existence du Filaire. Ce fut ce qui arriva à Aldrovande, dont l'érudition était si vaste, et à beaucoup de chirurgiens ; les uns, et tels étaient Amb. Paré et Lafaie, prenaient les lésions produites par le Ver cutané, pour des abcès de sang altéré ; Guy de Chauliac les confondait avec des varices. M. Larrey, qui contesta l'existence de cet Entozoaire, émit que les parties que l'on extrayait des plaies et que l'on considérait comme un animal, n'étaient que du tissu cellulaire mortifié, et Richerand, les prenait pour des caillots fibrineux de sang contenus dans les veines.

La présence du Dragonneau sous la peau, n'occasionne d'abord aucun symptôme grave, et comme l'a fait remarquer Gallandat, l'un des savants qui ont écrit sur ce Ver avec le plus de discernement, on ne ressent dès l'origine qu'une démangeaison à l'endroit qu'il occupe ; mais bientôt après on y voit se manifester une tumeur dont la forme varie , et qui tantôt s'élève comme une simple bosse et tantôt soulève le derme en serpentant. Mais au bout d'un certain temps la personne affectée éprouve des douleurs intolérables ; la peau s'enflamme et présente l'aspect d'un furoncle , puis la tumeur s'ouvre et l'on en voit sortir une portion de l'animal. Si l'art ne vient pas alors au secours du malade et si par une opération , qui consiste à enrouler lentement le Filaire sur un petit bâton , on ne l'extrait pas de la plaie , il se manifeste des symptômes graves , et ainsi que le rapporte Frank , on voit quelques personnes succomber par l'épuisement qui se manifeste.

ASCARIDES. *Ascaris*. Corps atténué aux extrémités ; bouche terminale , entourée de trois tubercules ; anus en fente , non terminal.

Ce groupe contient plus de cent cinquante espèces, elles sont difficiles à distinguer, et c'est ordinairement dans les intestins des grands animaux qu'on les découvre, mais elles s'établissent aussi ailleurs.

L'*Ascaride lombricoïde*, vulgairement nommé *Lombric des intestins*, est le plus commun des Vers intestinaux de l'homme (Pl. 31 , fig. 4) ; ses formes se rapprochent de celles du Ver de terre ; mais on s'étonne de voir Linnée et l'helminthologiste Bréra s'obstiner à le regarder comme identique avec ce Chétopode qui en diffère sous une foule de rapports.

C'est ordinairement dans l'intestin grêle qu'on le trouve, et parfois il pénètre jusqu'à l'intérieur de l'estomac; souvent cet Entozoaire remonte par l'œsophage et est expulsé par la bouche ou par les narines. Il parvient quelquefois dans le larynx, et Laennec dit même que l'on en a vu qui , après s'être introduits dans les fosses nasales , étaient sortis par les points lacrymaux. On rapporte aussi qu'il en est qui se sont fourvoyés jusque dans le cerveau et que d'autres ont perforé le ventre pour sortir au dehors , et l'on mentionne également en avoir trouvé dans les veines et dans les reins; mais quelques-unes de ces observations manquent peut-être d'exactitude et dans certaines circonstances on aura pris des caillots de sang pour des Lombrics. Ce qu'il y a de certain , cependant, quoique ces animaux manquent de moyens propres à les faire cheminer dans nos organes, c'est que parfois on en trouve fort loin du canal intestinal ; j'en ai découvert un dans l'intérieur d'une fistule ancienne qui existait à la cuisse d'une vieille femme. C'est principalement sur les enfants que cet helminthe se multiplie, ainsi que sur les personnes d'une constitution lymphatique ; quelquefois il pullule si abondamment dans leur tube intestinal qu'il y forme des amas globuleux, qui l'obstruent totalement ; Sauvages a rapporté un de ces exemples dans ses œuvres médicales, et quelques observations insérées dans le journal de Leroux et Corvisart, prouvent même qu'il n'est pas rare qu'il fasse périr des enfants.

L'anatomie des Ascarides a principalement dû ses progrès aux travaux de M. J. Cloquet. Selon lui ces Vers possèdent un système nerveux qui est composé par deux filets blancs qui sont apparents à travers la peau, et dont un est situé à la région dorsale et l'autre au ventre. Ces deux nerfs, à ce qu'il dit, forment un anneau autour de la bouche, et émettent des rameaux extrêmement déliés pendant leur trajet. Rudolphi, qui n'admettait point de nerfs dans ces Entozoaires, considérait ces cordons comme étant de nature musculaire; mais Otto, Laennec et Cuvier ont adopté l'opinion contraire. Les organes circulatoires, selon MM. Cloquet, Werner et de Blainville, sont représentés par deux lignes ou vaisseaux qui s'observent sur les régions latérales et que Rudolphi regardait aussi comme étant de nature musculaire. L'organe sécréteur de l'appareil génital du mâle se compose d'un long vaisseau enroulé autour du canal digestif, et d'une sorte de vésicule séminale ou de réservoir analogue à un très-petit tuyau de plume. L'organe excitateur a été considéré comme étant double par beaucoup d'auteurs, et entre autres par Bremser, Laennec et M. Hollard; mais certainement il est simple comme l'ont avancé Rudolphi, M. J. Cloquet, et comme nous avons eu l'occasion de nous en assurer positivement sur un individu mâle que nous avons disséqué attentivement. Les ovaires sont extrêmement longs, au nombre de deux, et ils se terminent par un filament enroulé et d'une ténuité extrême, qui se pelotonne, en s'entremêlant. Ils se réunissent pour former un oviducte ou canal plus gros, dans lequel on rencontre beaucoup d'œufs.

STRONGLES. *Strongylus*. Corps un peu tronqué en avant; bouche grande, simple ou garnie de papilles circulairement disposées. Appareil sexuel du mâle formé par une pointe effilée, supportée sur une sorte de ventouse terminale.

Ces Vers sont en général de taille petite ou médiocre; cependant une espèce atteint parfois une longueur de trois pieds et présente une circonférence égale à celle du petit doigt. On découvre les Strongles dans le canal digestif, les voies aériennes ou dans le parenchyme des organes de certains Mammifères, Oiseaux et Reptiles; on a aussi trouvé, quoique rarement, chez l'homme, le *Strongle géant*, qui est celui dont les dimensions deviennent les plus considérables, et qui s'éloigne de la majorité des Vers intestinaux par sa coloration d'un beau rouge.

ORDRE DES PROBOSCÉPHALÉS.

Corps rond, diversiforme, mou; une trompe longue, rétractile, armée de crochets ou de papilles.

Ces Apodes peuvent gonfler considérablement leur corps par l'absorption de l'eau dans laquelle on les plonge. Les sexes se trouvent sur des individus différents et le canal digestif n'est pas toujours complétement formé. Les mouvements des Proboscéphalés ne consistent presque qu'en des espèces d'ondulations, ou de gonflements et d'affaissements alternatifs qu'ils éprouvent continuellement.

FAMILLE DES ACANTHOCÉPHALÉS.

Trompe capitée, armée d'aiguillons recourbés ou de crochets cornés.

ÉCHINORHYNQUES. *Echinorhynchus.* Corps un peu coriace, subcylindrique ou pyriforme, ridé.

C'est à l'aspect de leur partie antérieure, toute hérissée d'aiguillons, que ces Apodes doivent leur nom, qui signifie *museau épineux*. Ces animaux vivent libres dans les intestins des Vertébrés et y adhèrent avec leur trompe. M. J. Cloquet qui a eu l'occasion d'apprécier ce fait, dit qu'il se produit de la manière suivante : lorsqu'ils veulent enfoncer leur tête dans les membranes muqueuses, ils retirent tous leurs crochets en renversant leur rostre; puis après ils font sortir celui-ci avec promptitude contre le tissu auquel ils veulent s'attacher. Les crochets de la base s'enfoncent les premiers, de manière qu'ils fixent l'intestin dans lequel se déploient et viennent ensuite se cramponner les autres. Par ce mécanisme, les aiguillons du sommet de la trompe sortant les derniers se trouvent enfoncés plus profondément. On connaît plus de quarante espèces dans ce genre et parmi elles la plus volumineuse et la plus commune est L'*Échinorhynque du Cochon*, qui offre jusqu'à quinze pouces de longueur.

FAMILLE DES PROTÉOCÉPHALÉS.

Tête très-changeante, renflée, souvent lobée ; trompe sans aiguillons.

CARYOPHYLLÉES. *Caryophyllæus.* Ce genre qui est le seul que contienne cette famille, est lui-même formé pour une espèce unique, la *Caryophyllée des poissons*, qui se trouve communément dans le canal intestinal des Barbeaux et de quelques autres Cyprins.

FAMILLE DES SIPONCULIDES.

Trompe très-longue, nue ou garnie de tubercules mous et papilleux.

SIPONCLES. *Sipunculus.* Corps généralement annelé transversalement. Bouche garnie de papilles ; anus vers la moitié du corps.

Tous les Apodes de ce genre sont marins ; ils habitent les fentes des rochers ou s'enfouissent sous le sable. Le *Siponcle édule* est regardé, en Chine, comme un manger fort agréable ; on l'apprête avec de l'ail.

ORDRE DES MYZOCÉPHALÉS.

Corps ordinairement alongé, annelé, arrondi ou déprimé, à une ou plusieurs ventouses en arrière ; tête offrant en avant une ventouse.

FAMILLE DES MONOCOTYLAIRES.

Corps ordinairement alongé et déprimé, offrant toujours une ventouse en arrière. Bouche souvent au fond d'un disque en ventouse. Individus androgynes.

Toutes les parties du globe nourrissent des Monocotylaires et la plupart de ces animaux auxquels on donne communément le nom de *Sangsues*, vivent dans l'eau douce ; il en est cependant qui habitent la mer et d'autres se trouvent sur la terre. Leur nourriture est essentiellement animale ; ils sucent de préférence les humeurs des vertébrés ; mais ils ne dédaignent point de plus petites captures, et les Limaçons, les Planorbes, sont même parfois attaqués par eux. Ces Vers n'ont point l'anus terminal, et l'orifice de celui-ci est dorsal. L'appareil de la génération se compose des deux sexes disposés sur le même individu et ses orifices sont rapprochés dans la première moitié de la face ventrale. Ces Entomozoaires paraissent avoir été peu connus des anciens qui n'ont mentionné que les espèces les plus communes ; Aristote n'en parle même pas, mais Pline les désigne fort bien sous le nom d'*Hirudines* et de *Sanguisugæ*, et il en distingue deux espèces. Les auteurs de la renaissance, tels que Belon et Rondelet, n'en citent que fort peu. Linnée et Muller en décrivent quelques-uns, et Gmelin n'en porta plus tard le nombre qu'à quatorze espèces. Depuis lors, Shaw, Leach, Savigny et M. Dutrochet en ont fait connaître un certain nombre, et Oken et M. de Blainville se sont occupés de leur classification ; c'est aux travaux de ce dernier que nous allons emprunter presque tout ce qui suit.

BRANCHIOBDELLES. *Branchiobdella.* Corps déprimé, annelé, muni de branchies latérales.

Ces Hirudinées, si remarquables par l'existence de leurs branchies, vivent dans la mer, et s'attachent aux Poissons et aux Reptiles ; elle est surtout la *Branchiobdelle* ou *Sangsue de Rudolphi*, qui a été rencontrée sur des torpilles de la Méditerranée par le savant dont elle porte le nom, et par M. D'Orbigny sur les bords de l'Océan (Pl. 52, fig. 7).

PONTOBDELLES. *Pontobdella.* Corps subcylindrique, à ventouse antérieure et postérieure très-grandes. Pas de points oculaires, ni d'armure buccale.

Ces Vers, qui ont aussi été appelés *Albiones* ou *Sangsues marines*, parce qu'ils vivent dans la mer, se rencontrent ordinairement attachés aux Poissons. La *Pontobdelle* ou *Sangsue à bandelette*, qui se fait remarquer par sa belle coloration, a été figurée dans nos planches (Pl. 52, fig. 9).

ICHTHYOBDELLES. *Ichthyobdella.* Corps cylindriforme, à articulations peu distinctes, terminé par des ventouses extrêmement grandes et obliques. Bouche sans tubercules dentifères.

L'*Ichthyobdelle* ou *Sangsue géomètre*, qui se trouve dans les eaux douces, est le type de ce genre. Son nom provient de ce qu'elle se meut à la manière des Chenilles arpenteuses (Pl. 52, fig. 10).

GÉOBDELLES. *Geobdella.* Corps subcylindrique. Bouche dépourvue de tubercules dentifères ; anus très-grand et semi-lunaire ; orifice génital sur un renflement alongé.

La *Géobdelle de Dutrochet*, qui a été découverte en France par ce savant, est la seule espèce qui soit connue. Elle a deux à trois pouces de longueur, et son corps est vert (Pl. 52, fig. 8).

PSEUDOBDELLES. *Pseudobdella.* Corps subcylindrique ; bouche très-grande, à trois plis bifides ; cinq paires de faux yeux ; anus fort grand, semi-lunaire.

La *Pseudobdelle* ou *Sangsue noire*, qui est fort commune dans nos mares, est probablement la seule espèce qui entre dans ce genre ; elle se reconnaît à sa teinte d'un vert noirâtre ou tout à fait noire en dessus, et à ce qu'elle ne se ramasse pas comme la Sangsue officinale, avec laquelle on la rencontre parfois mêlée. Elle est à demi terrestre, et sort fréquemment de l'eau des mares pour aller à la chasse des Vers de terre, dont elle fait particulièrement sa pâture. La voracité de cette Pseudobdelle est extrème ; M. Huzard fils en a vu une avaler un Lombric qui, ayant traversé partiellement le corps d'une autre Sangsue, en sortait par l'anus ; et cet observateur a trouvé des os de poisson, qui provenaient probablement de quelques Épinoches, dans la cavité digestive de l'un de cès Apodes. Il paraît même que ceux-ci s'entre-dévorent dans certaines occasions (Pl. 32, fig. 4).

IATROBDELLES. *Iatrobdella*. Corps déprimé à anneaux très-distincts ; cinq paires de faux yeux ; bouche offrant trois dents, armées de denticules nombreux ; anus extrêmement petit.

Ces animaux que l'on appelle plus particulièrement Sangsues, et qui ont pour type l'espèce médicinale, habitent les marais. Le froid les engourdit et pendant l'hiver ils se cachent dans la vase ou sous les pierres pour s'y abriter. On dit que ces Vers éprouvent une agitation manifeste à l'approche des orages, de manière que l'on pourrait s'en servir pour indiquer les variations atmosphériques ; cela est tel que l'on assure que dans certaines régions de la France, et entre autres à Bourbonne-les-Bains, les habitants n'ont pas d'autre baromètre qu'une carafe d'eau contenant quelques Sangsues. Mais cette action n'est peut-être pas confirmée par des observations scrupuleuses.

Les sens des Sangsues paraissent être presque tous extrêmement obtus. Il est probable que les odeurs ne produisent nul effet sur elles, car M. Derheims en plongeant ces animaux dans des vases qui contenaient du musc, de l'ail ou de l'assa-fœtida, n'a pas reconnu qu'ils en éprouvassent quelque sensation. On a considéré comme des yeux cinq paires de points noirs qui se trouvent sur la tête de ces Vers et qui rappellent les stemmates des Araignées ; mais ils sont tellement rudimentaires que l'on n'a pu encore pénétrer leur organisation, aussi la vision doit-elle être on ne peut plus imparfaite chez les Sangsues ; cependant s'il est vrai qu'elles ne discernent pas assez les corps pour les éviter ou les choisir, on s'aperçoit cependant qu'elles savent se diriger vers la lumière. Le sens du goût, que l'on a cru être assez développé chez elles, ne l'est peut-être pas autant qu'on l'a pensé, puisque M. Derheims dit leur avoir fait indifféremment sucer des liquides amers ou sucrés. Ces animaux n'ont pas d'appareil auditif connu, et probablement ils n'entendent point. Les contractions que l'on voit se manifester lorsqu'on fait un grand bruit près de leurs bocaux, sont dues simplement à l'ébranlement qu'ils éprouvent, car ces Hirudinées ont le sens du tact extrêmement délicat.

L'extrémité antérieure des Sangsues offre une cavité conformée en ventouse, au fond de laquelle existe un repli labial, formé de trois lobes peu distincts, puis trois tubercules dentifères, dont un est supérieur et deux sont latéraux et inférieurs ; ces tubercules supportent chacun une dent cornée, très-mince, et dont le bord qui est à peu près circulaire présente une rangée de petites dentelures extrêmement fines, qui semblent réunies à leur base par une membrane (Pl. 32, fig. 1, *a*). Ce sont ces dentelures qui, en agissant comme une scie en miniature, incisent la peau des animaux dont les Sangsues sucent le sang, et y font une blessure régulièrement triangulaire.

Le tube digestif de ces Hirudinées ressemble à peu près à celui des autres Entomozoaires apodes. Ses parois sont fort minces, et elles adhèrent, par leur face externe, à la gaîne musculaire. L'œsophage est très-court ; au delà commence l'estomac, qui s'étend presque jusqu'au sixième postérieur de la longueur totale du corps. Cet organe présente un aspect fort remarquable lorsque les Sangsues sont gorgées de sang ; on trouve alors qu'il est divisé par des étranglements en un nombre assez considérable de poches latérales, ordinairement de forme sigmoïde, et que certains naturalistes considèrent comme des estomacs. Ces poches, dont le nombre est de douze paires, selon Cuvier, mais dont la quantité varie, sont considérées par de Blainville comme étant produites par les brides transverses musculaires et celluleuses qui passent de la peau du dos au canal intestinal, ou même à l'enveloppe ventrale. L'intestin proprement dit est fort court.

Les Sangsues vivent d'aliments fluides, et en peu de temps elles se gorgent d'une quantité considérable de sang, qui distend tout leur corps ; mais ces Entomozoaires ne digèrent celui-ci que fort lentement, et l'on a même observé qu'il fallait plus d'une année pour que tout le liquide avalé en un seul repas eût totalement disparu. Carus dit que le plus souvent ces Vers rendent leurs excréments par la bouche, anomalie qu'il explique par l'étroitesse de l'intestin à sa terminaison, et d'une autre part par l'ampleur de l'œsophage.

Suivant de Blainville, ces Entomozoaires n'ont point d'appareil spécial pour la respiration, et cette fonction s'opère à la surface de la peau, qui lui est d'autant mieux adaptée qu'elle possède un système vasculaire considérable. Mais, selon Tiedmann et Carus, les Sangsues respirent par de petites cellules ou vésicules aériennes qui se trouvent sur les parties latérales de leur corps et communiquent à l'extérieur par une ouverture. Ce dernier anatomiste dit que l'on découvre dix-sept de ces vésicules de chaque côté du corps de la Sangsue médicinale.

L'appareil reproducteur de ces Vers est fort compliqué, d'abord parce que les deux sexes existent sur chaque individu et ensuite parce que les appareils qui les représentent sont eux-mêmes très-complexes. Le sexe mâle offre pour organe sécréteur une série de petites masses blanches, globuleuses, placées les unes à la suite des autres de chaque côté du corps et sous la peau. De Blainville en a compté six ; mais Spix et E. Home en portent le nombre à neuf. Chacun de ces organes fournit un canal excréteur allant se rendre dans un vaisseau commun qui parcourt longitudinalement le corps. Ce canal, parvenu à la région génitale, se plonge de chaque côté dans une masse blanche qui semble formée par l'entortillement du vaisseau. De cette masse sort un petit conduit qui va se rendre, ainsi que celui du côté opposé, à la base de l'organe excitateur qui est fort long et claviforme. Le sexe femelle se compose de deux ovaires subglobuleux, de chacun desquels naît un canal étroit qui s'unit avec celui qui provient de l'organe analogue, et ils ne forment bientôt ensemble qu'un petit tube qui va se rendre dans un utérus fort apparent et à parois contractiles. Les organes des deux sexes s'ouvrent à la partie inférieure du corps et vers la réunion de son tiers postérieur avec les deux tiers antérieurs.

M. Thomas et quelques autres personnes avaient supposé que ces animaux, qui réunissent les deux sexes, se fécondaient eux-mêmes, mais cela n'a nullement lieu, et une observation de de Blainville est venue le démontrer, car ce savant a eu l'occasion de trouver deux individus accouplés. Le produit de la conception des Sangsues, ainsi que Bergmann l'observa d'abord, et que MM. Lenoble et Rayer sont venus ensuite l'attester, est une masse ovalaire, en forme de cocon de Ver à soie, composée d'une substance gélatineuse et représentant une sorte de capsule qui contient dans son intérieur un certain nombre d'œufs. Quelques-uns de ces Vers pondent un cocon enduit d'une matière gluante qui leur sert pour l'attacher aux feuilles; mais d'autres espèces, et telle est la Sangsue médicinale, placent leur cocon dans des trous qu'elles creusent dans la terre des rives des mares, et elles l'entourent d'une couche spongieuse qui semble formée par l'anastomose de nombreux filaments irrégulièrement disposés. La capsule, d'après M. Rayer, offre à chacune des extrémités de son grand diamètre un petit tubercule d'un tissu plus ferme et plus coloré, et c'est à la place de l'un de ces deux appendices et rarement aux deux bouts en même temps, que se forme un trou par lequel sortent les jeunes Sangsues.

Au moment où les cocons viennent d'être émis par la mère, on ne peut apercevoir les œufs qui sont dans chacun d'eux au nombre de dix à quinze, et il paraît que le tissu spongieux n'existe pas encore, ce qui permet de croire que la formation en est due à une sorte de retrait de la matière muqueuse abondante qui se trouvait épanchée à la surface de la capsule. Mais au bout d'un temps déterminé on distingue les œufs, puis ensuite les jeunes Sangsues; celles-ci se colorent avant leur sortie du cocon, et après qu'elle a eu lieu on les voit rester un certain temps sous l'abri de son tissu spongieux, et enfin elles vont à l'aventure chercher des aliments. On ignore la durée de la vie des Sangsues.

Les Sangsues diminuent en Europe d'une manière manifeste depuis les nouvelles doctrines médicales. Presque tous les états de cette partie du monde en possèdent cependant assez pour leur consommation, à l'exception de l'Angleterre et de la France. Chez nous on en emploie tellement que nos marais n'en offrent presque plus, et nous sommes obligés d'en faire venir un nombre considérable de l'étranger, et particulièrement de l'Espagne et de la Hongrie. La statistique publiée par M. Chabrol, préfet de la Seine, porte à trois cent mille le nombre de Sangsues qui, en 1826, ont été employées dans les hôpitaux de Paris. La récolte de ces Vers demande peu de soins : des hommes, des femmes ou des enfants les recueillent parmi les marais, et ensuite on les met dans des pots pour les transporter au loin; quelques entrepreneurs les font même venir en poste dans des voitures disposées exprès, afin d'en perdre le moins possible pendant la durée du voyage.

La *Iatrobdelle* ou *Sangsue officinale*, à laquelle se rapporte tout ce que nous avons dit, est noirâtre et offre des maculatures vertes sur le dos ainsi que deux lignes de couleur orangée. Cet animal qui se rencontrait communément autrefois dans nos marais y est rare aujourd'hui. Hippocrate ignorait son usage médical ; actuellement on en emploie comme nous l'avons dit un nombre considérable (Pl. 31, fig. 1).

BDELLES. *Bdella.* Corps déprimé, à anneaux très-distincts. Quatre paires de faux yeux ; trois tubercules buccaux sans denticules.

La *Bdelle* ou *Sangsue du Nil*, qui a été découverte en Égypte par Savigny, est le type de ce groupe ; les Arabes la nomment *Alak ;* elle est de la grosseur de la Sangsue noire, mais son corps offre une couleur d'un rouge-brun (Pl. 31, fig. 5).

GLOSSOBDELLES. *Glossobdella.* Corps peu alongé, déprimé. Orifice buccal donnant issue à une trompe rétractile, armée d'une sorte de tarière cornée. Ventouse postérieure très-petite.

Ces Vers n'abandonnent jamais l'eau et restent presque constamment fixés sur les plantes aquatiques dont on pense qu'ils absorbent les sucs pour se nourrir. La *Glossobdelle* ou *Sangsue aplatie*, qui se trouve dans toutes les eaux douces de l'Europe, est une des principales espèces ; elle offre une assez belle coloration consistant en quatre bandes noires avec des taches blanches, et se fait surtout remarquer par la transparence de son derme, qui est telle qu'on voit parfois à travers, la forme que présente le tube digestif (Pl. 31, fig. 6).

MALACOBDELLES. *Malacobdella.* Corps mou, et n'offrant point d'articulations distinctes.

Ce genre a été formé par de Blainville pour la *Malacobdelle grosse*, que l'on considérait autrefois comme une espèce de Sangsue. Ce Ver est transparent comme les Planaires, et se découvre principalement sur le manteau des Mollusques bivalves marins ; Muller l'a rencontré dans des Vénus, et de Blainville sur des Myes. Il offre environ un pouce de longueur.

FAMILLE DES POLYCOTYLAIRES.

Animaux très-élargis en arrière ; plusieurs ventouses ou suçoirs bordant la région postérieure du corps.

HEXACOTYLES. *Hexacotyla.* Corps ovale, déprimé, à trois paires de ventouses armées de deux crochets.

Ces Apodes ont l'anus placé sur le dos vers la jonction du cou et du tronc. L'*Hexacotyle du thon* vit en parasite sur les branchies de ce Poisson.

TYPE III.

MOLLUSQUES ou MALACOZOAIRES.

XVII. CLASSE DES CÉPHALIENS.

Animaux pairs, sans trace d'articulations ni de membres, et recouverts par une peau molle et contractile. Tête bien distincte du reste du corps et pourvue de tous les organes des sens spéciaux.

Géologie et Géographie. — Les Mollusques qui composent cette classe se rencontrent à l'état fossile et à l'état vivant; ce sont eux qui renferment à la fois les géants de ce type [1] et ses espèces microscopiques [2]. Mais, comme nous le dirons plus loin, ces dernières ne resteront peut-être pas parmi les Céphaliens quand on les aura mieux étudiées, car elles n'en offrent pas réellement les caractères.

On découvre des débris des Malacozoaires de cette classe dans tous les terrains où il existe des vestiges d'êtres organisés, et parfois ils y sont si abondamment entassés qu'à eux seuls on les voit constituer des couches extrêmement puissantes, et dans quelques localités ils forment en entier des montagnes [3]; beaucoup de Céphaliens ne sont même connus qu'à l'état fossile. Les espèces vivantes paraissent moins abondantes que celles qui peuplaient les mers primitives, et elles résident particulièrement dans celles qui baignent les régions tempérées et équatoriales.

Anatomie et Physiologie. — Locomotion. — Les Mollusques de cette classe ont ordinairement la tête couronnée de huit [4] ou dix bras tentaculaires [5] plus ou moins alongés et de forme conique ou claviforme; ces organes présentent le plus souvent sur toute leur longueur une ou plusieurs rangées de ventouses, à l'aide desquelles les Céphaliens saisissent les corps avec une grande force; mais parfois aussi ils en sont dépourvus [6]. Outre ces bras beaucoup de ces animaux offrent

---

[1] Poulpes.   [3] Nummulites.   [5] Sèches.
[2] Milioles.   [4] Poulpes.   [6] Nautiles.

sur les parties latérales du tronc des nageoires plus ou moins étendues [1]. Ce sont généralement ces appendices qui ont la mission de produire les mouvements de translation dont ces êtres jouissent. Lorsque les bras sont fort longs ils suffisent seuls pour les opérer [2], mais à mesure que ceux-ci se raccourcissent et que les nageoires latérales du corps deviennent plus considérables, la locomotion leur est confiée presque totalement. Quelques-uns peuvent à l'aide de leurs bras se traîner sur le rivage ou se fixer solidement aux rochers [3], mais chez d'autres ces organes sont presque inutiles à la locomotion.

Système nerveux. — L'appareil d'irritation de ces Mollusques est plus développé que celui des autres classes de ce type ; il présente en avant, chez beaucoup d'entre eux, un cerveau qui est contenu dans une sorte de crâne cartilagineux [4] donnant insertion à un certain nombre de muscles. C'est de ce centre nerveux que s'irradient divers rameaux qui vont se distribuer aux organes voisins ou se plonger dans des ganglions éloignés.

Suivant Cuvier, Scarpa et Carus les branches principales qui naissent de la région antérieure du système nerveux des Céphaliens dont l'organisation est élevée [5] se distribuent ainsi : deux vont aux yeux ; deux aboutissent au manteau où elles produisent chacune un fort ganglion, d'où rayonnent un grand nombre de filets qui partent comme d'un centre commun ; outre ces branches on en observe huit qui s'enfoncent dans les bras ; puis deux se rendent aux organes auditifs et deux sont destinées aux différents viscères.

SENS. — *Odorat.* — Selon la plupart des naturalistes le sens de l'odorat existe chez les Céphaliens ; cela semble avoir été entrevu par les observateurs anciens, car Élien dit manifestement que l'odeur pénétrante de certaines plantes, et entre autres celle de la Rue, fait fuir les Sèches. Mais on ignore encore quel est le siége positif de la sensation ; cependant, d'après Spix, la faculté olfactive des Mollusques que nous venons de citer résiderait dans leurs courts bras tentaculaires, et Owen pense que chez les Nautiles elle est localisée dans les organes lamelleux situés au-dessus de la bouche.

Vision. — Les yeux des Céphaliens présentent généralement un énorme développement comparativement à la tête et chez quelques-uns ils forment même les deux tiers de sa masse [6]. Malgré leur volume on ne remarque point qu'ils soient abrités par des paupières, excepté sur les Poulpes, où des duplicatures de la peau forment celles-ci et constituent deux voiles dont l'un est antérieur et analogue à la troisième paupière des oiseaux, et l'autre est situé en arrière. Les yeux de ces animaux siégent en partie dans des excavations du cartilage céphalique ; ils sont mus par deux muscles et présentent une structure anomale. Chez les Sèches on découvre une membrane analogue à l'iris et percée d'une

---

[1] Sèches, Calmars.   [3] Poulpes.   [5] Sèches.

[2] Poulpes   [4] Sèches.   [6] Sèches, Poulpes, Calmars.

pupile en dedans de laquelle il existe une autre membrane qui s'enfonce dans une excavation du cristallin ; ce dernier organe est remarquable par sa forme et semble composé de deux portions de sphères de diamètre différent, dont la plus petite occupe la partie antérieure.

Goût. — Ces Mollusques présentent un organe gustatif bien prononcé ; celui-ci consiste en une langue assez large, située dans la cavité buccale, et ne se prolongeant point, ni ne se roulant point en spirale, comme celle que l'on observe dans certaines divisions de la classe suivante.

Ouïe. — Sur les premiers Mollusques de cette classe on observe un appareil spécial destiné à l'audition. Il consiste en deux petites cavités creusées dans le cartilage céphalique ; elles sont closes en dehors et leur intérieur est tapissé d'une membrane mince ; ces poches auditives sont remplies d'un liquide dans lequel nage un petit corps ayant la consistance de l'empois ou étant plus ferme, et qui, vu au microscope, offre une apparence cristalline. Un nerf particulier se distribue dans chacun de ces appareils.

Toucher. — La mollesse et la flexibilité de la peau de ces animaux indiquent que toute sa superficie est apte à recevoir les impressions du toucher ; mais ce sont les tentacules qui environnent la bouche, qui paraissent spécialement destinés à donner l'idée de la forme des corps, et les ventouses dont ils sont souvent ornés, semblent perfectionner cette fonction en leur permettant d'embrasser les objets avec plus de force [1].

Digestion. — Dans les premiers Mollusques de cette classe on trouve à l'origine du tube digestif deux espèces de dents cornées, analogues aux mandibules d'un perroquet ; elles sont entourées de muscles épais et enveloppées en avant par une sorte de lèvre circulaire, quelquefois double, et dont les bords sont frangés [2]. On voit dans la bouche, outre la langue, l'ouverture des glandes salivaires. L'œsophage est long et offre un jabot assez ample, au-dessous duquel on découvre un vaste estomac, parfois extrêmement musculeux et tout à fait analogue au gésier des oiseaux [3]. L'intestin qui lui fait suite est renflé et possède un cœcum muni d'une valvule spirale à tours nombreux. Le tube digestif se termine au dedans d'une sorte d'entonnoir, et c'est par celui-ci que sortent les excréments, le fluide séminal et l'encre [4]. Mais certains Céphaliens n'offrent pas une organisation aussi compliquée [5].

Beaucoup de ces Mollusques jouissent d'une faculté que l'on ne rencontre dans aucune des autres classes, c'est celle de pouvoir saisir leur proie avec leurs bras, et de la retenir tandis qu'ils la dévorent, soit en l'étreignant fortement, soit en s'y fixant à l'aide de leurs ventouses [6].

Respiration. — Cette fonction s'opère toujours par des branchies qui agissent sur l'eau dans laquelle ces Mollusques restent constamment

---

[1] Poulpes.
[2] Cryptodibranches.
[3] Nautiles.
[4] Sèches.
[5] Cellulacés.
[6] Cryptodibranches.

plongés. Cet appareil respiratoire est ordinairement formé par deux de ces organes, qui sont symétriques, longs et placés dans le sac formé par le manteau; il existe une de ces branchies de chaque côté.

Circulation. — Dans les espèces dont l'organisation est le plus élevée, le système circulatoire offre la disposition suivante [1]. Les veines qui prennent naissance dans les différents organes forment aux environs des branchies deux troncs, et chacun de ceux-ci, à la racine de l'appareil respiratoire, présente une sorte de sinus caverneux, ou mieux peut-être, comme le pense de Blainville, une espèce de ganglion ou rate veineuse, que l'on a prise à tort pour un cœur et qui n'est pas même une oreillette. Le sang qui revient des branchies tombe de chaque côté dans une dilatation de la veine branchiale représentant une véritable oreillette musculaire, qui, après un rétrécissement en forme de canal, s'ouvre dans le ventricule. Le système artériel provenant de celui-ci se compose de deux aortes; l'une, qui est antérieure et beaucoup plus considérable, va se répandre dans une partie des viscères abdominaux, et fournit des rameaux aux organes céphaliques et aux tentacules; l'autre, qui est postérieure, se distribue aux parois de l'abdomen, à l'appareil génital et à quelques autres organes.

Les veines de ces Mollusques offrent parfois cette singularité qu'elles sont pourvues à leur origine, sur la surface abdominale, d'espèces de petites spongioles qui semblent être des organes d'absorption. On a reconnu que le sang des grands Céphaliens était incolore et ressemblait à de l'albumine étendue d'eau. Suivant Wagner, les globules de celui de quelques Poulpes sont arrondis, disciformes et généralement incolores, seulement on en rencontre quelques-uns parmi eux qui offrent une teinte violette foncée [2].

Génération. — Dans la série des Céphaliens les organes génitaux offrent d'importantes différences, aussi on ne peut les décrire en général. Ils sont disposés d'après le type suivant, sur l'un de ceux qui présentent une organisation plus élevée, la Sèche. On observe chez les mâles une glande testiculaire volumineuse, donnant naissance à un canal déférent très-long qui, après un certain trajet, s'ouvre dans une poche que Swammerdam et Néedham figurèrent comme étant l'organe sécréteur du fluide séminal. Cette cavité contient de petits tubes d'une structure singulière, et qui sont devenus fort célèbres à cause des hypothèses auxquelles ils ont donné lieu. Ils sont vermiformes et fermés à l'une de leurs extrémités par une sorte de bouchon. Swammerdam en a parlé le premier; puis ils furent ensuite mieux décrits par Néedham; enfin Buffon attira bien plus encore l'attention sur eux en les prenant pour des animalcules, et Montfort assura avoir discerné de ceux-ci dans leur intérieur. Mais malgré les nombreux écrits produits sur ces tubes on ne connaît nullement leurs usages. La verge n'est qu'une saillie du canal déférent sur le péritoine.

---

[1] Sèches.   [2] Poulpes musqués.

L'appareil génital des femelles se compose tout simplement d'un ovaire unique, disposé dans un sac, et d'où naît un oviducte qui aboutit dans l'entonnoir. On trouve en outre deux glandes destinées à produire un enduit muqueux à l'aide duquel ces Mollusques agglutinent leurs œufs et en forment des grappes. Ceux-ci sont entraînés par l'eau de l'expiration.

Classification.— Les Céphaliens forment un groupe qui ne renferme qu'un petit nombre de familles; aussi on ne les subdivise qu'en trois ordres. Le dernier même en sera peut-être bientôt éloigné lorsqu'on aura mieux étudié les animaux qui le composent.

Céphaliens.   *Ordres.*

Appendices tentaculaires { huit ou dix, pourvus de ventouses. . . . CRYPTODIBRANCHES.

nombreux, sans ventouses; coquille à plusieurs loges. { munies d'un siphon. POLYTHALAMACÉS.

sans siphon. . . . . CELLULACÉS.

ORDRE DES CRYPTODIBRANCHES.

Corps enveloppé dans un manteau sacciforme ; tête pourvue de huit ou dix longs appendices tentaculaires. Branchies cachées.

Ces Mollusques offrent une enveloppe charnue générale, ou Manteau, composée de plusieurs couches de fibres musculaires, et chez eux on ne rencontre point de Pied. Ce Manteau, qui représente une sorte de bourse dans laquelle se trouvent les viscères, est destiné spécialement, par ses mouvements, à faire entrer et sortir l'eau nécessaire à la respiration, et, en expulsant celle-ci, il peut aussi favoriser la locomotion. Cet organe contient parfois dans sa région dorsale un corps protecteur calcaire ou corné, que l'on peut considérer comme une coquille interne.

La peau de ces animaux est fort remarquable par la nature de sa coloration. Celle-ci se compose ordinairement de petites taches de diverses couleurs et parfois d'une belle teinte rouge ou violette. Ces taches varient d'étendue à chaque moment de manière que le Mollusque, selon ses impressions, change souvent instantanément de couleur. Ces taches semblent être animées de pulsations qui en changent l'étendue, et elles paraissent représenter une petite poche remplie de substance colorante, et qui se dilate et se contracte successivement. Ces espèces de pulsations sont extrêmement remarquables en ce qu'elles se continuent souvent vingt-quatre heures après la mort des Mollusques; on n'en connaît pas bien la cause. Dans une observation, mais une seule observation, il est vrai , j'ai vu manifestement un réseau vasculaire qui communiquait avec les taches et dont les vaisseaux étaient entrecroisés , et colorés en brun , comme celles-ci.

La tête est fort grosse et environnée de quatre ou cinq paires de longs appendices tentaculaires, musculaires et garnis de ventouses en godet, disposés pour saisir les corps. La base de ces appendices est souvent réunie par une membrane charnue dont les fibres s'entrecroisent , de manière qu'il existe là un vaste cône creux au fond duquel se trouve la tête.

La locomotion s'opère à l'aide des organes que nous venons de décrire. Par le moyen de leurs bras munis de ventouses quelques Cryptodibranches se traînent lentement sur les rochers en plaçant leur tête en bas; et souvent en produisant une espèce de succion avec les dernières, ils s'y cramponnent avec tant de force que l'on dit qu'on les déchire plutôt que de leur faire lâcher prise. Lorsque les bras sont longs et vigoureux et qu'il n'existe pas de nageoires, comme cela a lieu chez les Poulpes , la natation leur est entièrement confiée et ils suffisent pour transporter ces animaux à de grandes distances du rivage. Mais lorsque les appendices brachiaux sont courts , comme on l'observe dans les Calmars et les Sèches, ils deviennent moins importants pour la locomotion et celle-ci s'opère en partie par l'action des nageoires qui siégent sur les côtés du tronc. Ces Mollusques, en contractant, l'espèce de sac que représente leur manteau , et en expulsant brusquement l'eau qu'il contient, peuvent encore accélérer leurs mouvements d'une manière fort remarquable ; c'est même plus particulièrement à cette action, se produisant simultanément avec la contraction du cône creux formé par la base des bras , que sont dus les mouvements brusques qu'ils accomplissent dans la mer.

Les Cryptodibranches offrent des yeux extrêmement développés, et leur bouche est armée de deux mâchoires cornées très-fortes, dont la forme se rapproche de celle des mandibules des Perroquets. L'organe respiratoire se compose de deux longues branchies latérales, cachées dans le sac; et l'on observe une poche plus ou moins volumineuse qui contient une liqueur noire et vient s'ouvrir dans l'intestin vers sa terminaison.

Sous la région antérieure de ces Mollusques on trouve une sorte d'entonnoir dont l'extrémité évasée se dirige vers le sac, et qui a son tube ouvert en avant; cet organe sert à expulser les déjections de ces animaux, ainsi que l'eau qui est employée à la respiration.

FAMILLE DES OCTOCÈRES.

Corps ordinairement subglobuleux et dépourvu de nageoires latérales ; point de pièce solide dans la région dorsale ; huit grands appendices tentaculaires subégaux et portant des ventouses.

POULPES. *Octopus.* Corps subglobuleux, dépourvu de nageoires latérales ; appendices tentaculaires ou bras garnis de ventouses musculaires.

Presque toutes les mers possèdent des Poulpes ; mais ils paraissent plus abondants parmi celles des régions chaudes : cependant on en rencontre jusque dans les parages du Groënland. Ils résident le plus souvent entre les rochers qui bordent les rivages et se retirent dans leurs anfractuosités.

Ces Mollusques ne portent point de nageoires latérales comme on en remarque dans les genres suivants, aussi ils ne nagent ni avec la rapidité, ni avec l'élégance des espèces que renferment ceux-ci. Ils se meuvent dans l'eau en tourbillonnant à l'aide des contractions de leur manteau marsupial, et surtout de celles de leurs bras qu'ils ouvrent et qu'ils rapprochent successivement, de manière à agir sur le cône liquide qu'ils embrassent et dont la résistance, à chaque contraction, les chasse en arrière ; c'est ordinairement la tête en bas que cette natation a lieu, et elle s'opère d'autant plus rapidement que les bras sont réunis à leur base par de plus larges expansions membraneuses. Mais si les Poulpes se meuvent avec moins de vélocité que les Sèches et les Calmars, par compensation ils peuvent ramper avec assez de facilité parmi les rochers submergés, en attachant leurs longs bras sur un point éloigné et en s'en servant pour attirer tout le corps vers celui-ci. Les anciens croyaient que ces Mollusques pouvaient sortir de l'eau et se traîner de cette manière sur le rivage. Aristote et Pline semblent l'admettre sans aucun doute ; et Élien et Athénée ajoutent même qu'ils ont la faculté de grimper dans les arbres pour y chercher des fruits, mais ce fait est entièrement controuvé. Leurs ventouses adhèrent si bien aux corps en se contractant qu'il arrive souvent que des Poulpes que l'on retire de la mer ramènent avec eux de grosses pierres ou des poutres.

Ces Mollusques, par leur instinct carnassier nuisent à l'homme d'une manière fort apparente. En effet, les pêcheurs ont reconnu qu'ils détruisaient une quantité considérable de Crustacés et qu'ils rendaient ceux-ci beaucoup plus rares parmi les plages rocailleuses qu'ils habitent ainsi qu'eux. Souvent pour attendre leur proie, les Poulpes enfoncent leur corps dans quelque cavité, puis avec leurs bras qu'ils ont étendus, ils la saisissent au passage et bientôt après elle est dévorée. Quelquefois

aussi ces Octopodes attaquent les animaux plus ouvertement, car
Belon rapporte que, dans le port de Corcyre, il vit un jour l'un de
ceux-ci combattre avec un Crabe pendant plus d'une heure. Les
Poulpes s'alimentent aussi de Poissons et de Mollusques à coquilles,
et l'on reconnaît parfois leur gîte parce que ses environs sont jonchés
des débris de tous ces animaux. Les anciens, et entre autres Pline,
croyaient qu'ils s'emparaient même des derniers par un moyen qui
révélerait une intelligence assez élevée et qui consistait à placer entre
leurs valves un petit caillou pour empêcher celles-ci de se fermer, tandis
qu'ils en dévoraient l'habitant; mais on ne peut croire cette assertion.
Comme l'on trouve parfois des Poulpes qui ont quelques bras de moins,
certains auteurs ont pensé que la voracité de ces Octopodes les portait,
dans les circonstances où la nourriture leur manque, à dévorer ces
organes. Mais ce fait a été bien apprécié par Aristote et Pline qui l'ont
attribué aux Poissons affamés, que l'on voit parfois se jeter sur les
appendices des Mollusques que nous décrivons. Cela arrive surtout
aux Congres et aux Murènes, et Belon rapporte avoir trouvé près d'É-
pidaure quelques-unes de ces dernières dont l'estomac était rempli
de membres de Poulpes.

On ne connaît pas encore toutes les circonstances de l'accouplement
de ces Mollusques. Les écrits d'Aristote et de Pline ne contiennent que
des notions vagues sur cet acte, et Rondelet rapporte que pendant qu'il
a lieu ces animaux se tiennent étroitement embrassés avec leurs bras.
M. Laurent a fait connaître que les mâles étaient beaucoup plus nombreux que les femelles, et d'après lui aussi, les sexes adhèrent fortement l'un à l'autre durant leur jonction. Cet observateur dit même que
les pêcheurs qui connaissent cette particularité s'en servent pour prendre un grand nombre de Poulpes pendant la saison de leurs amours. A
cet effet ils attachent une femelle à une corde, puis ensuite ils la replacent
dans la mer; bientôt après un mâle vient s'accoupler avec elle; et si
alors on la ramène sur le rivage, on le surprend cramponné à celle-ci.
En répétant cette action un certain nombre de fois, on peut s'emparer
des mâles qui résident dans une assez grande étendue. Le même moyen
s'emploie aussi à l'égard des Sèches.

Les Poulpes produisent un nombre considérable d'œufs, et la masse
que ceux-ci forment, étant parfois plus volumineuse que le Mollusque,
cela a fait supposer qu'ils s'accroissaient après être pondus, ce qui
s'observe dans beaucoup d'animaux aquatiques. La femelle les dépose
dans les anfractuosités des rochers, et Aristote croyait même qu'elle les
protégeait jusqu'à leur éclosion en se plaçant dessus et en étalant ses
vastes bras sur l'endroit qui les recèle.

Les anciens recherchaient la chair des Poulpes et on la servait sur
leurs tables; cet usage s'est continué parmi les Grecs modernes ainsi
que dans beaucoup de localités qui bordent la Méditerranée; mais
comme ces animaux sont assez coriaces, avant de les faire cuire, sou-

vent on les bat , pendant un temps considérable , avec un bâton , afin
de les ramollir.

Historique. Les Poulpes ont amplement occupé les naturalistes
de toutes les époques , et les écrivains anciens , ainsi que ceux de la
renaissance et des temps modernes, leur ont consacré de longs chapitres. Ils sont surtout devenus célèbres soit par les histoires apocryphes
auxquelles ils ont donné lieu , soit à cause de la taille miraculeuse
qu'on leur a parfois attribuée ; la nature de cet ouvrage nous fait un
devoir de présenter succinctement ce qu'en ont dit les savants et même
les récits de quelques personnes étrangères aux sciences , on fera facilement justice de l'exagération qui y règne.

On trouve des Poulpes représentés sur quelques monuments de l'antiquité ; il en existe sur des médailles de Messine. Déjà Aristote parle
de ces Mollusques dans plusieurs endroits de son traité , et il dit que
ceux-ci , qu'il nomme *Polypes* , offrent des bras qui parviennent jusqu'à cinq coudées de longueur. Cet illustre naturaliste est resté dans
les bornes du vrai, mais il n'en a pas été de même de Pline , qui attribue le fait suivant à l'un de ces animaux. Il raconte qu'il tenait de
Trébius Niger, l'un des lieutenants de L. Lucullus , dans le royaume
de Grenade, qu'à Carteia , ville de ce pays , un énorme Poulpe avait
pris l'habitude de sortir de la mer au milieu de la nuit , et d'entrer dans
le lieu où l'on salait les Poissons, et que là il commettait de grands dégâts. Les propriétaires de cet établissement crurent d'abord que ceux-
ci étaient produits par des voleurs , et en conséquence ils résolurent de
clore le lieu où ils préparaient leurs Poissons ; mais cela n'empêcha
pas le Poulpe de revenir, et en escaladant l'enceinte il continuait son
pillage , lorsqu'enfin les chiens l'assaillirent pendant qu'il retournait
à la mer , ce qui reveilla les gardiens des saloirs. Ceux-ci accoururent
et furent saisis de frayeur en voyant ce monstre au milieu de la nuit ;
indépendamment de son énorme taille, il était encore rendu plus hideux
par la saumure dans laquelle il venait de se vautrer. Il répondait aux
hurlements des chiens par un bruyant ronflement , frappait la terre
de ses bras avec un bruit pareil à celui d'une masse et écartait ces
animaux par le déplacement de ces mêmes bras en leur lançant de vigoureux coups de fouet. Mais après quelques moments d'hésitation les
gardiens reprirent courage et en attaquant tous ensemble ce Poulpe
colossal, avec des fourches et des traits, ils s'en rendirent enfin les maî-
tres , malgré sa longue et vigoureuse résistance. La tête de ce monstre
fut portée à Lucullus ; elle était aussi grosse qu'un tonneau de quinze
amphores (mesure de deux muids); les bras avaient plus de trente pieds
de long, et ils étaient tellement épais qu'un homme fort et robuste n'eût
point pu les embrasser. On voyait des nodosités sur leur superficie et
leurs ventouses faites en forme de bassins, offraient la capacité d'une
urne, mesure qui contenait quelques pintes. L'énorme bec de cet
animal correspondait au reste de sa taille , et sa tête qui fut gardée
comme témoignage de la chose pesait à elle seule sept cents livres.

Élien raconte une histoire à peu près semblable et dans laquelle il s'agit d'un Poulpe colossal, qui, chaque soir, sortait de la mer, et à l'aide des égouts de Pouzzoles, s'introduisait dans un magasin de salaisons qui se trouvait dans cette cité ; cet animal y brisait les barils qui contenaient les Poissons, et comme le précédent, il fut tué par les gardiens de cet établissement.

Pline, sous le nom d'*Arbor Marinus*, parle d'animaux encore plus monstrueux et dont les bras étaient tellement ramifiés et étendus, qu'ils n'auraient pu franchir les colonnes d'Hercule. Les amis du merveilleux ont vu des Poulpes dans ces êtres fantastiques.

Les crédules écrivains du Nord et quelques naturalistes de la renaissance ont admis comme un fait positif l'existence d'un monstre marin d'une taille prodigieuse et auquel on donnait le nom de *Kraken.* Olaus Magnus et d'autres auteurs disent, en effet, qu'il existe dans les mers septentrionales d'énormes animaux, qui s'élèvent à la surface de l'eau pendant les temps calmes, et que souvent leur dos immense, couvert de rocailles et de plantes marines, a été pris pour une île par les marins. Dans leur crédulité, ces savants assuraient qu'il était parfois arrivé à ceux-ci de descendre sur cette terre trompeuse qui bientôt s'abîmait sous eux. Gesner admet aussi l'existence de ces êtres prodigieux, et il la consacre même par une figure curieuse, fruit de l'imagination de son dessinateur ; elle représente un Cétacé monstrueux, sur le dos duquel un vaisseau vient de s'ancrer et où l'on voit en outre des marins faisant bouillir leur chaudière.

Les voyageurs et les marins, par leurs récits, n'ont pas peu contribué à égarer la crédulité relativement à la taille qu'offrent parfois les Poulpes. Quelques-uns rapportent que ces animaux vont jusqu'à saisir des hommes dans les chaloupes ou sur les petits bâtiments, et qu'à la côte d'Afrique, où ils sont redoutés, il leur arrive fréquemment d'enlever des sauvages dans leurs pirogues. Les marins disent aussi qu'en enlaçant les navires dans leurs prodigieux bras, en certaines circonstances, ils les ont mis dans le plus grand danger, et que même parfois ils les ont fait sombrer en les entraînant sous les flots. Bosc admet en partie tous ces derniers faits et dit textuellement dans son Histoire naturelle des Vers « que les rapports des voyageurs, dégagés du merveilleux, constatent au moins qu'il y a des Mollusques assez gros pour pouvoir prendre, avec leurs bras, des hommes dans les chaloupes et sur les petits bâtiments et les entraîner dans la mer ; et il ajoute que ces êtres ne peuvent être que des Sèches monstrueuses. »

Dans ces temps derniers, Denys de Montfort ayant été chargé de faire l'histoire des Poulpes dans les œuvres de Buffon, publiées par Sonnini, il compulsa tout ce qui avait été écrit de plus ou moins véridique sur les animaux marins ; puis avec ses matériaux, fruits d'une assez ample érudition, il prétendit prouver que le *Kraken* n'était réellement qu'un Poulpe d'une taille prodigieuse, et à l'aide de l'existence de cet animal, ce naturaliste, ou crédule ou de mauvaise foi, s'efforça d'expliquer divers faits extraordinaires qui se trouvent épars dans l'histoire. Plusieurs récits anciens font mention de navires qui furent arrêtés en mer malgré l'action des vents et des rameurs; on raconte aussi qu'à différentes époques, des vaisseaux, pendant le calme le plus parfait, se sont parfois engloutis sous les flots sans qu'on puisse pénétrer la cause de leur naufrage. Denys de Montfort prétend expliquer ces accidents en admettant qu'ils furent dus à des Poulpes d'une grosseur et d'une force prodigieuses, et cet auteur était même animé d'une telle conviction qu'il fit représenter un de ceux-ci dans l'édition de Buffon; cette figure, que l'on est tout étonné de trouver dans un ouvrage aussi sérieux, offre le Mollusque monstrueux à moitié sorti de la mer et enlaçant dans ses immenses bras un vaisseau qu'il est sur le point de faire sombrer.

Une critique éclairée, partage d'un siècle où les sciences, dans leurs progrès, suivent une marche de plus en plus positive, ne nous permet plus d'admettre les récits exagérés de Pline et d'Élien, ni les fables d'Olaus Magnus, de Gesner et de Denys de Montfort, mais cependant l'étude positive des faits nous force de convenir que les Poulpes offrent parfois d'énormes dimensions. Carus dit que l'on a vu de ces animaux qui pesaient jusqu'à cent cinquante livres; M. Rang assure avoir rencontré au milieu de l'Océan une espèce de Poulpe bien distincte des autres, d'une couleur rouge très-foncée, ayant les bras courts et de la grosseur d'un tonneau; enfin le fragment d'un bras de l'un de ces Céphalopodes, recueilli sous l'équateur par les naturalistes qui étaient à bord de l'*Uranie* indique encore des proportions plus gigantesques puisqu'il pesait lui seul environ cent livres. Denys de Montfort parle aussi de bras de Poulpes qui furent trouvés dans la gueule de certaines Baleines; l'un d'eux avait sept pieds et demi de circonférence et sa longueur était de quarante-cinq pieds; il portait des ventouses de la largeur d'un chapeau. Mais ce dernier fait est-il bien positif, et ne doit-on pas trouver étrange que ces Cétacés conservent dans leur cavité buccale des membres de ces Mollusques dont ils ne se nourrissent cependant point? Si la dimension à laquelle les Poulpes parviennent réellement, nous empêche de croire aux opinions de Montfort, au moins elle nous permet d'admettre avec Rondelet que ces animaux peuvent saisir des hommes nageant loin du rivage, et les faire périr dans les flots en les enchaînant à l'aide de leurs longs bras. Ce genre peut être partagé en plusieurs groupes : les Poulpes proprement dits, les Élédones et les Ocythoés.

Les **POULPES PROPREMENT DITS** offrent de longs tentacules qui sont réunis à leur base par une membrane, et sur lesquels on observe deux rangs de ventouses.

Le *Poulpe commun*, qui habite nos rivages, est le type de cette division. C'est principalement lui qui a été observé par les savants, aussi doit-on lui rapporter presque tout ce qui précède. Cette espèce a le corps lisse , et marqué en dessus de petits points d'un brun rougeâtre, puis le dessous est d'un blanc sale jaunâtre.

Les ÉLÉDONES se rapprochent beaucoup, par leur aspect, du groupe précédent; leurs tentacules sont aussi réunis à la base par une membrane, mais ceux-ci ne portent qu'un seul rang de ventouses.

Cette division, qui a été établie par Leach , ne contient qu'un petit nombre d'espèces parmi lesquelles le *Poulpe musqué* doit être cité. Ce Mollusque , depuis Aristote jusqu'à Rondelet, a été mentionné par tous les observateurs qui ont parlé des *produits de la Méditerranée*, mer dans laquelle on le rencontre. Il est appelé *Muscardino* par les Italiens modernes à cause de la forte odeur de musc qu'il exhale.

Les OCYTHOËS portent des tentacules plus courts que les Poulpes des subdivisions précédentes, et qui sont libres à leur base; en outre, la paire supérieure de ceux-ci est élargie en membrane à son extrémité.

Le *Poulpe argonaute* qui habite les mers des régions chaudes et est un des Mollusques dont l'histoire offre le plus d'intérêt, appartient à ce sous-genre ; cet animal, qui est d'une couleur violette, ne parvient qu'à une taille médiocre, et vit constamment dans l'intérieur d'une coquille mince et fragile (Pl. 33 , fig. 3 et 4). Il était célèbre parmi les anciens, qui le regardaient comme ayant révélé aux hommes l'art de la navigation, aussi les poëtes l'ont – ils souvent chanté. On prétendait qu'il transformait sa coquille en une nacelle pour voguer à la surface de la mer , et que , lorsque celle-ci était calme , il étendait ses bras membraneux au-dessus d'elle , comme une petite voile, pour recevoir l'impulsion du vent. On disait en outre que les autres bras lui servaient de rames pour accélérer sa course , ou de gouvernail pour la guider; puis on ajoutait que lorsqu'un orage ou un ennemi menaçait le navigateur , celui-ci rentrait voiles et rames dans sa barque, la faisait naufrager et se réfugiait dans le sein de la mer. Aristote , Pline, Élien et Oppien ont successivement parlé de cet animal , que le premier appelait *Poulpe nautique*, et ils ont décrit sa navigation.

Mais celle-ci a encore besoin d'être étudiée car il règne aujourd'hui à son égard de grandes dissidences. En effet Rhumph, qui parmi les modernes a le premier observé et décrit les mœurs de l'Argonaute, croit que pour naviguer à l'aide du vent cet animal élève au-dessus de l'eau la portion élargie de sa coquille afin que l'air s'y engouffre, et que pendant cette action il retire son corps en arrière; puis qu'il guide sa nacelle avec ses bras, qui fonctionnent comme un gouvernail. Ce savant dit aussi que , dans d'autres circonstances, le Poulpe dirige sa barque en nageant avec ses membres courts , tandis que ses appendices palmés, qui pendent en arrière de la coquille, lui servent de gouvernail. Rumph rapporte également que le Poulpe de l'Argonaute marche au fond de la mer à l'aide de ses bras et que durant cette action sa demeure est placée en haut. Lorsqu'il veut monter à la surface de l'eau il reste dans cette position, mais aussitôt qu'il y est arrivé il se retourne et rejette le liquide contenu dans sa coquille afin de flotter.

De graves dissidences ont partagé les naturalistes relativement à ce Mollusque ; les uns ont professé qu'il était le constructeur de sa coquille et qu'il y adhérait ; les autres, au contraire, ont soutenu qu'il n'en était que le parasite, et qu'il se trouvait toujours libre dans celle-ci et avait la faculté de la changer ; des hommes d'un grand talent ont combattu pour l'une ou l'autre de ces opinions.

Parmi les savants qui supposent que les Ocythoés confectionnent leur coquille et y adhèrent comme les autres Mollusques, on doit citer Bruguières, Denys de Montfort, Ranzani, de Férussac, puis Poli, Delle Chiaje et M. Rang. Les fauteurs de cette opinion s'appuient sur les assertions suivantes : 1° On trouve constamment une espèce particulière de Poulpe dans chaque espèce d'Argonaute. 2° Lorsque l'animal rentre dans la coquille qu'il habite, il place ses membres de manière à ce que leurs ventouses soient en rapport avec les tubercules que celle-ci présente. 3° L'étude des œufs du Poulpe de l'Argonaute démontre qu'il existe déjà une coquille sur le petit animal contenu dans ceux-ci. 4° Enfin la coquille de l'Argonaute ne porte pas d'impression musculaire qui indique où le Mollusque qui la forme était attaché.

Un bien plus grand nombre de savants ont professé l'opinion opposée et soutenu que les Poulpes n'étaient que des parasites des coquilles de l'Argonaute, et qu'ils n'y adhéraient point. Parmi eux on peut citer Rumph, Cranch et J. Banks, qui eurent l'occasion d'observer ces animaux vivants, puis Lamarck, Cuvier, T. Say, Leach, et surtout de Blainville qui jeta de vives lumières sur la question ; ce dernier, dans une dissertation publiée dans le Journal de physique, combattit avec un véritable ascendant l'opinion de ceux qui pensaient que le Poulpe était le constructeur de sa coquille, et avec tout l'avantage que donne l'observation et la logique, il démontra que cet animal n'est que le parasite de son habitation. Nous empruntons à ce savant les preuves qu'il apporte en faveur de son opinion et qui sont les suivantes.

1° Contradictoirement à l'assertion de ses antagonistes, de Blainville prétend que ce n'est pas toujours la même espèce de Poulpe ou de Sèche que l'on trouve dans la même espèce de coquille d'Argonaute. Cela est évident pour l'espèce qui habite la Méditerranée, comme le prouve la lecture des auteurs. D'après la description d'Aristote, c'était un Poulpe ordinaire qu'il observa dans cette coquille ; Mutien, cité par Pline, dit que c'est une Sèche qui s'empare du test d'un autre animal, tandis que celui-ci est dedans. Rondelet, Bruguières et Lamarck y découvrirent un Poulpe dont les bras n'offraient qu'un seul rang de ventouses ; puis Shaw, Denys de Montfort et les naturalistes modernes y ont rencontré un de ces Céphalopodes, dont deux des bras présentaient une membrane élargie.

2° D'après ce que rapportent les observateurs, le mode de navigation de l'animal de la coquille de l'Argonaute varie. En effet, Aristote le fait voguer au moyen de la membrane qui réunit les bras ; et Pline dit qu'il navigue à l'aide de la voile membraneuse qui existe entre les tentacules supérieurs, et qu'en outre il s'aide des autres bras, qui lui servent de rames. Enfin, Mutien rapporte que pendant les temps calmes, l'Argonaute rame avec ses membres, mais qu'aussitôt que le vent s'élève il lui oppose l'ouverture de sa coquille pour cheminer plus rapidement et qu'alors ses bras fonctionnent comme un gouvernail. Cette dernière opinion, comme nous l'avons dit, est aussi celle de Rumph, et elle est également professée par Bosc.

3° La position de l'animal dans sa coquille paraît aussi devoir être différente d'après le mode de navigation. Mais, comme dit de Blainville, en admettant, ce qui n'est pas hors de doute, que les Ocythoés diffèrent d'espèces avec chaque espèce d'Argonaute, qu'ils ont toujours la même position dans leur coquille, et que par conséquent ils ont une même manière de s'en servir dans leur navigation, il reste encore un grand nombre de preuves qui attestent qu'ils y sont parasites; telles sont les suivantes.

4° Depuis Aristote jusqu'à notre époque, aucun naturaliste n'a observé qu'il existât un moyen d'union entre l'Ocythoé et sa coquille, et il n'y a pas un seul Mollusque qui soit dans ce cas.

5° La forme de la coquille de l'Argonaute n'a absolument aucun rapport avec l'animal qui l'habite; ce qui ne se voit dans aucun Mollusque conchylifère, car chez ceux-ci les bords du manteau représentent toujours exactement le dessin de l'ouverture de la coquille.

6° Le manteau est non moins épais que celui des autres Poulpes; tandis que dans les animaux de ce type, qui sont munis d'une coquille, toujours cet organe est beaucoup plus mince au niveau du test qui le protége.

7° La coloration du manteau est aussi vive que celle des espèces libres, tandis que dans tous les Mollusques les organes abrités par les coquilles sont incolores et comme étiolés.

8° Comme le fait observer Say, l'animal ne remplit pas toute sa coquille, sans que celle-ci soit cependant cloisonnée.

9° Le Poulpe habitant l'Argonaute, dit de Blainville, peut quitter la coquille qu'il occupe avec autant de facilité qu'il y est entré. Les anciens l'avaient déjà observé, ainsi que Rumph; mais celui-ci avait ajouté que l'animal périssait bientôt après. Les expériences faites dans ces derniers temps par Cranch prouvent tout à fait le contraire; ce naturaliste dit positivement qu'ayant placé deux individus bien vivants dans un vase rempli d'eau de mer, ils sortirent bientôt leurs bras et se mirent à nager avec les mêmes mouvements que les Poulpes communs; ils s'attachaient fortement, au moyen de leurs suçoirs, à tous les corps avec lesquels ils pouvaient se trouver en contact, et lorsqu'ils adhéraient ainsi, ces animaux pouvaient aisément abandonner leur coquille; mais ils avaient aussi la facilité de s'y cacher entièrement. Un des individus mis en expérience quitta sa coquille et vécut plusieurs heures en nageant autour d'elle sans montrer la moindre inclination pour y rentrer;

quelques-uns même l'avaient abandonnée au moment où ils furent pris
dans le filet. Connaît-on un Mollusque qui puisse agir ainsi?

10° Le mode de locomotion de ces animaux et la manière dont s'o-
père chez eux la respiration, empêchent de supposer que leur manteau
puisse jamais adhérer à leur coquille. En effet, comme les autres
Poulpes, ils nagent et ils respirent en contractant tout leur manteau
sacciforme; aussi celui-ci ne pourrait être uni au test solide qui les
contient et ne peut se prêter à ses mouvements.

11° On a découvert dans les parages de la Sicile des Poulpes dont la
paire de tentacules supérieurs était élargie, et ces animaux ne paraissaient pas avoir été munis de coquilles, puisque M. Rafinesque, qui les
a décrits, n'en parle pas.

12° Enfin M. de Roissy possède une coquille d'Argonaute si comprimée et si élevée, qu'il semble impossible qu'aucun Poulpe ait jamais
pu s'y loger.

A toutes les preuves alléguées par de Blainville en faveur de son
opinion, on peut encore ajouter que les pêcheurs des bords de la Méditerranée disent tous que le Poulpe qui habite l'Argonaute lisse, qu'ils
rencontrent fréquemment dans cette mer, n'en est que le parasite, et
qu'il vit dans cette coquille comme les Pagures dans celles qu'ils ont
conquises.

L'assertion des naturalistes qui, tels que Férussac, Cuvier, Poli et
d'autres, pensent que l'on a trouvé des rudiments de coquilles sur les
embryons d'Argonautes découverts dans l'œuf, repose, selon de Blainville, sur une erreur d'observation; en effet Broderip et Bauer, en
Angleterre, ont reconnu qu'il n'existait réellement aucune trace de
coquille dans l'œuf. L'absence d'impression musculaire pour l'attache
de l'animal n'est pas non plus un argument contre le parasitisme du
Poulpe, car diverses coquilles, et entre autres les Carinaires, comme
l'a fait remarquer Gray, n'offrent point cette impression, quoiqu'elles
soient bien adhérentes au Mollusque qui les supporte. Madame Power,
qui habite Messine, a dans ces dernières années élevé une objection
contre le parasitisme du Poulpe de l'Argonaute, parce qu'elle observa
que celui-ci répare sa coquille, comme les autres Mollusques, lorsque
quelque accident l'endommage; mais ce fait n'est pas assez positif.

D'après les assertions qui précèdent et d'après l'étude de la structure
de la coquille de l'Argonaute, nous nous rangeons de l'opinion de
MM. de Blainville, Gray et Sowerby, qui considèrent le Poulpe comme
un parasite de cette coquille, et celle-ci comme étant formée par un
Mollusque voisin des Carinaires.

CALMARETS. *Loligopsis.* Sac long, pointu, portant une nageoire à son extrémité. Huit bras égaux.

Ce genre est formé pour une seule espèce, encore peu connue, et
qui a été rencontrée dans les mers Australes par MM. Péron et Lesueur;

si on en constate bien l'authenticité, il faudra pour elle modifier les caractères de cette famille qu'elle unirait harmonieusement avec la suivante.

FAMILLE DES DÉCACÈRES.

Corps de forme variable, ordinairemeut alongé, muni de nageoires latérales. Dix appendices tentaculaires, dont deux sont beaucoup plus longs que les autres. Dos offrant une pièce solide, cornée ou calcaire.

CALMARS. *Loligo.* Corps ordinairement alongé. Lame dorsale ensiforme, cornée. Nageoires n'occupant pas ordinairement toute la longueur du sac viscéral.

Le corps protecteur solide qu'offrent ces Mollusques est mince, transparent et corné, et a été comparé à une plume par les anciens. C'est de cette comparaison ainsi que de l'existence de l'encre qu'ils possèdent, qu'est provenu le nom de Calmar, imposé à ces animaux, et qui est dérivé de *Theca calamaria*, écritoire, usité dans la basse latinité. On rencontre fréquemment de ces Décacères sur les rivages, mais, d'après la remarque de M. Lesueur, il en existe aussi beaucoup parmi les bancs de fucus qui flottent dans l'Océan.

C'est à A. Monro que nous devons les premières connaissances positives sur l'anatomie des Calmars, et les œufs de ceux-ci qui sont fort nombreux, ont été très-bien observés et décrits par Bohatsch. Ils offrent dans leur ensemble l'aspect d'une réunion de tubes ou grappes cylindriques partant d'un centre commun; et ce dernier naturaliste qui s'est livré à l'évaluation de l'une de ces grappes, a pensé qu'elle pouvait contenir 39,760 œufs; multiplication prodigieuse qui finirait par encombrer la mer si les Poissons et les Oiseaux voraces ne la limitaient.

Les Calmars ont été connus fort anciennement; Aristote en parle assez longuement et Pline retrace tout ce qu'il en dit. On en faisait usage sur les tables à l'époque de ces deux grands hommes; Aristophane et Athénée nous l'apprennent, et Apicius donne même la liste des ressources culinaires employées de son temps pour les apprêter. Aujourd'hui on en mange encore en Europe, et dans plusieurs îles de l'Archipel grec on les préfère aux Sèches. Vers les parages qui sont féconds en Morues et où il se trouve abondamment de ces Mollusques, on les emploie quelquefois comme appât.

Ce groupe étant fort riche en espèces et celles-ci offrant dans leur structure quelques différences, on l'a subdivisé en plusieurs sous-genres parmi lesquels nous citerons les Sépioles, les Cranchies, les Onychotheutis, les Ptérotheutis et les Sépiotheutis.

Les **SÉPIOLES** possèdent un corps subglobuleux muni de nageoires circulaires ; leur pièce dorsale est extrêmement grêle. Rondelet est le premier qui s'est servi de ce nom pour désigner ces Mollusques , et il dit qu'il l'emploie parce que ceux-ci ressemblent plus à la Sèche qu'au Poulpe ; avant ce naturaliste , aucun auteur n'avait fait mention des Sépioles.

Les **CRANCHIES** ont le corps sacciforme et plus alongé que les espèces du groupe précédent; leurs nageoires sont circulaires, extrêmement petites , pédiculées, et se touchant presque à leur naissance.

Les **ONYCHOTHEUTIS**, appelés aussi Calmars à griffes, sont subcylindriques et portent des nageoires très-grandes et triangulaires ; en outre les ventouses de leurs longs appendices brachiaux sont transformées en crochets cornés. Les espèces de ce groupe parviennent parfois à un volume énorme , comme l'atteste le bras de l'une d'elles qui est actuellement conservé dans la collection du collége des chirurgiens de Londres.

Les **PTÉROTHEUTIS** ou Calmars plumes , portent aussi des nageoires triangulaires, mais celles - ci considérées ensemble représentent un rhombe ; puis leur pièce dorsale , qui est élargie en arrière, a la forme d'une plume. Le *Calmar commun* si abondant sur nos côtes et dont l'usage est très-répandu , représente le type de cette section.

Enfin, les **SÉPIOTHEUTIS** ou Calmars Sèches, se font remarquer par leur corps ovale et déprimé, pourvu de nageoires étroites dans toute son étendue. Par leur aspect, ces Mollusques ressemblent beaucoup à ceux du genre qui suit , mais ils en diffèrent essentiellement par leur pièce dorsale qui est cornée et très-large.

SÈCHES. *Sepia*. Corps ovale, déprimé ; nageoires latérales étroites, s'étendant tout le long du corps. Pièce dorsale calcaire.

On rencontre des espèces de ce genre dans toutes les mers, et il en existe dans celles qui baignent les régions polaires, comme parmi celles qui occupent les espaces intertropicaux. Leurs mouvements sont rapides et s'opèrent par l'action des nageoires latérales jointe à la contraction du sac viscéral ; ces animaux ne sortent jamais de l'eau , et Rondelet pensait qu'à l'aide de leurs longs tentacules , ils pouvaient en quelque sorte s'ancrer aux rochers lorsque la mer est agitée , afin de n'être point ballottés par les flots.

Les Sèches sont carnassières et se nourrissent de Poissons et de Crustacés , qu'elles atteignent non en se mettant en embuscade comme les Poulpes , mais en les poursuivant avec persévérance. Le naturaliste que nous venons de citer dit même que ces Mollusques peuvent lancer sur leur proie leurs longs appendices brachiaux, qui , en adhérant à celle-ci , arrêtent sa fuite ; mais ce fait n'est nullement prouvé. Les diverses espèces de ce genre abandonnent leurs œufs sur les rivages , et comme ceux-ci sont groupés à l'instar des grappes de la vigne, on les désigne souvent sous le nom de *raisins de mer*.

Les Sèches possèdent une bourse au noir beaucoup plus vaste que les Poulpes et les Calmars , et qui contient une matière colorée abondante, qu'elles expulsent quand quelque danger les menace; celle-ci, en s'étendant au milieu de l'eau, les enveloppe dans un nuage obscur qui effraye leur ennemi et les soustrait à sa vue; c'est ce qui a fait que Plutarque a comparé les Sèches aux dieux d'Homère, lorsqu'ils enveloppaient d'un nuage les mortels qu'ils voulaient dérober aux traits de leurs ennemis. Aristote qui pensait que ces Mollusques étaient fort rusés, croyait qu'ils ne se servaient pas seulement de leur encre pour échapper à la main des pêcheurs, mais encore qu'ils l'employaient pour se cacher afin de surprendre les Poissons, et il ajoute que par ce moyen ces Décacères dévoraient parfois des Muges. C'est avec ce fluide que l'on fait une couleur d'un brun foncé que les peintres nomment *Sépia*. On pensait aussi que c'était avec cette substance que les Chinois composaient leur encre célèbre; mais on sait aujourd'hui qu'ils forment celle-ci avec du noir de fumée obtenu de la combustion de certaines lampes et mêlé à du musc et à de la gomme.

La chair des Sèches était fort estimée des anciens, Pythagore seul en défendait l'emploi. Elle est très-nourrissante et les peuples qui bordent la Méditerranée en font encore usage; nous en avons fréquemment mangé en Italie; c'était celle de jeunes individus d'environ trois pouces de longueur; elle nous a paru fort agréable. Ces animaux étaient utilisés dans l'ancienne médecine. Hippocrate et Galien prescrivaient aux malades de s'en nourrir dans certaines circonstances. L'os des Sèches, qui est connu sous le nom de *Biscuit de mer*, était aussi administré dans différents cas, mais aujourd'hui il sert seulement dans les pharmacies pour confectionner les poudres dentifrices. On en fait aussi usage pour polir divers ouvrages et on le donne aux Oiseaux afin qu'ils s'aiguisent le bec..

On possède actuellement dans les collections de nombreux échantillons de débris de Sèches fossiles; ils proviennent principalement du Lias de Lyme régis en Angleterre, et des Schistes Jurassiques d'Aalen et de Boll en Allemagne. On en doit la découverte à Mademoiselle Mary Anning; ces restes consistent dans la pièce calcaire dorsale, avec laquelle on rencontre parfois aussi la poche au noir dont la forme s'est conservée, ainsi qu'on peut le voir par la figure de Buckland que nous avons fait reproduire (Pl. 33. fig. 2). Cette poche contient même encore sa substance colorante dans un état parfait d'intégrité car ce géologue après en avoir fait broyer des fragments, fit exécuter plusieurs dessins au lavis avec cette *sépia* fossile et les peintres qui les virent en trouvèrent la couleur d'une excellente qualité et semblable à celle que l'on obtient aujourd'hui du Mollusque vivant. « La conservation de cette encre à l'état fossile, dit Buckland, trouve du reste son explication dans la nature indestructible du carbone qui en est l'élément principal; et l'on peut faire ressortir de la conservation de ces réservoirs, les preuves d'une mort instantanée, car ceux-ci étant membraneux ils se fussent rapidement décomposés et l'encre qu'ils contenaient se fût répandue pour peu qu'ils fussent seulement restés quelques heures exposés à l'action destructive de l'eau. Ainsi donc les animaux auxquels ils appartenaient ont dû périr soudainement et ils ont dû être immédiatement ensevelis dans le sédiment qui a donné naissance aux couches où se sont conservés pétrifiés leur encre et le sac qui la contenait. »

La *Sèche officinale* abonde dans l'Océan et la Méditerranée, elle est longue d'environ un pied et son corps est maculé d'une infinité de petites taches violettes. C'est particulièrement elle qui a été employée pour nos divers besoins; on en trouve des figures dans les ouvrages des naturalistes de presque toutes les époques, tels que ceux de Belon, Rondelet, Gesner, Aldrovande, Jonston, Ruysch, Séba, H. Cloquet, de Férussac, et nous l'avons fait aussi représenter dans l'une des planches de ce traité (Pl. 55, fig. 1).

ORDRE DES POLYTHALAMACÉS.

Coquille partagée en plusieurs loges par des cloisons internes. Mollusque contenant celle-ci tout entière dans sa région dorsale ou contenu dans sa première loge.

FAMILLE DES BÉLEMNACÉS.

Coquille ordinairement subcylindrique ou fusiforme, droite ou faiblement courbée, à cavité conique, dans laquelle sont empilées des cloisons simples; siphon latéral. Animal totalement inconnu.

BÉLEMNITES. *Belemnites.* Ce genre dont nous avons formé une famille est le seul que celle-ci contienne, mais il a été diversement subdivisé par quelques naturalistes.

Les Bélemnites n'existent qu'à l'état fossile; on ne découvre leurs débris que dans les terrains secondaires, et ces animaux devaient être extrêmement nombreux aux anciennes époques de la terre, car ils s'offrent par milliers dans les formations oolitiques et crétacées. On en connaît actuellement quatre-vingt-dix espèces, et parmi elles, aucune n'a été rencontrée dans les couches de transition ou dans les tertiaires. Leur taille et leurs formes présentent de notables variétés; il en existe qui n'ont que dix-huit lignes de longueur, tandis que d'autres, et telle est la Bélemnite gigantesque, atteignent jusqu'à deux pieds. Ordinairement ces fossiles sont subcylindriques ou fusiformes et droits; mais parfois aussi on en trouve de claviformes, de comprimés, et l'on en connaît qui sont incurvés.

D'après les recherches récentes, on doit considérer les Bélemnites comme formées de trois parties essentielles, savoir: d'une coquille extérieure fibro-calcaire, présentant une ouverture en cône creux à son extrémité ; puis d'un étui conique, corné, en forme de coupe, qui commence à la circonférence de l'ouverture de la coquille et s'élargit rapidement en présentant un assez grand développement ; enfin, d'une coquille conique, intérieure mince et cloisonnée, et que l'on nomme *alvéole ;* celle-ci représente une suite de petits Diaphragmes très-rapprochés et qui sont traversés par un siphon marginal, situé au bord inférieur ou ventral.

La forme singulière de ces fossiles et l'ignorance complète dans laquelle on était relativement à leur nature les firent remarquer de tout temps, et de Blainville, dans un mémoire érudit publié sur ceux-ci, cite une liste de quatre-vingt-onze auteurs, qui, depuis Théophraste, s'en sont occupés. Les restes de ces animaux donnèrent lieu aux plus étranges assertions ; les savants du moyen âge crurent voir en eux la *pierre de lynx* dont parlent Théophraste et Pline, et que ces naturalistes attribuaient à la solidification de l'urine de cet animal. Cette opinion s'est répandue dans le vulgaire, chez lequel ces débris antédiluviens passent encore aujourd'hui pour avoir des vertus extraordinaires. Belon, et ensuite Gesner, ont pensé, avec quelque vraisemblance, que les fossiles que Pline et Solin désignent sous le nom de Doigts ou Dactyles du mont Ida, *idæi dactyli*, n'étaient autre chose que des Bélemnites. Mercati, en adoptant cette idée, fait observer, et probablement avec raison, que ce nom leur fut imposé non pas à cause de leur ressemblance avec un doigt, mais à cause de celle qu'ils ont avec le noyau d'une Datte, fruit qui en grec porte aussi le nom de Dactyle, et qui offre une rainure, et est pointu comme les débris de quelques-uns des animaux qui nous occupent. Les Russes les nomment *doigts du diable.*

De superstitieux écrivains du quinzième siècle, qui croyaient au sabbat, appelèrent les Bélemnites chandelles des spectres, *spectrorum candela ;* d'autres, non moins épris de l'amour du merveilleux, pensaient que ces fossiles étaient des pierres tombées du ciel, et cette opinion est même encore accréditée dans certaines contrées, où on les nomme *pierres fulminaires* ou *du tonnerre.*

Les savants qui ont vécu à une époque rapprochée de la nôtre, se sont beaucoup occupés des Bélemnites ; mais ils ont considérablement varié relativement à leur origine ; et, comme le dit Brisson, on les a successivement placées dans les trois règnes. Boëtius de Boot avait sur elles la plus étrange opinion : il les considérait comme des fers de flèches pétrifiés ; quelques auteurs les faisaient provenir de certains Cétacés, tels étaient Luidius, qui les prenait pour des défenses de Narval, et Bourguet, pour des dents de Baleine. Helwing ne voyait en elles que des débris de végétaux marins fossilisés, et au contraire Woodward et Langius rangeaient les restes de ces Mollusques avec les corps inanimés, et les classaient parmi les minéraux, les stalactites ; Linnée lui-même, mais pendant un temps seulement, adopta cette manière de voir. Au contraire, Wolckmann s'efforça de prouver que ce n'étaient que les épines du dos de quelque animal ; Capeller, Walerius et Bertrand ne voyaient en eux que des Holoturies pétrifiées, et le premier considérait les alvéoles comme des animaux que celles-ci auraient avalés. Ehrhart se rapprocha un peu de la vérité en admettant qu'ils représentaient le test d'un être semblable aux Ammonites et aux Nautiles, mais dont le corps était droit, et cette hypothèse fut adoptée plus tard par Brander et Linnée.

D'autres opinions surgirent encore relativement à l'origine des Bélemnites, et elles eurent un grand retentissement ; telles furent celles de Scheuchzer et de Klein, et dit-on de Buffon, qui consistaient à les considérer comme des baguettes d'Oursins pétrifiées ; manière de voir qui fut adoptée par M. Beudant. Mais ce furent Deluc et ensuite Cuvier qui se rapprochèrent le plus de la vérité en regardant ces fossiles comme des corps analogues à l'os de la Sèche, et qui avaient été entourés d'un animal mou, idée fécondée par Miller, qui, dans ses planches, restitua celui-ci et le présenta sous la forme d'un Calmar.

Dans un mémoire publié il y a peu d'années, M. Raspail a émis une opinion qui se rapproche de celle de Scheuchzer et de Klein, adoptée par M. Beudant. Ce chimiste pense que les Bélemnites ne sont que les appendices cutanés d'un animal marin, peut-être voisin des Échinodermes. Selon lui l'Alvéole ne serait qu'un corps tout à fait étranger aux Bélemnites, et ne représenterait que les débris d'un être analogue aux Céphalopodes, et qui n'était qu'un parasite de celles-ci ; il propose même d'en faire un genre particulier sous le nom d'*Alvéolite* ; Denys de Montfort, qui avait déjà eu les mêmes vues, l'appelait *Callirhoé.* Les baguettes d'Oursins, selon M. Raspail, offrent des rapports frappants avec les vestiges fossiles qui nous occupent ; mais cet auteur ajoute : « Les Bélemnites n'étaient point cependant des bâtons d'Oursins ; elles étaient comme ceux-ci, des organes appendiculaires du derme ; mais elles appartenaient à un animal qui ne paraît pas avoir été un Échinoderme puisque sa décomposition a été complète, et que jusqu'ici on n'a rien pu trouver qui indique des traces de son test ; peut-être en était-il voisin. Le grand nombre de Bélemnites que l'on rencontre amoncelées quelquefois sur un même point, une certaine matière pulvérulente et rougeâtre que j'ai presque toujours rencontrée sur le point central de ces monceaux, et qui rappelle la décomposition moléculaire de certaines substances animales dans le sein de la terre, sont tout autant de faits accessoires qui viennent à l'appui de mon opinion. »

Nous ne pouvons admettre les vues de M. Raspail. Le sillon qui s'observe sur les Bélemnites, et la structure de leur extrémité évasée s'éloigne trop de la disposition des baguettes des Échinodermes pour supposer qu'il y ait quelques rapports entre celles-ci et les animaux dont nous esquissons l'histoire. Nous ne pouvons non plus regarder comme un animal parasite les cellules de l'Alvéole ; car, comment ce parasite aurait-il eu constamment une forme exactement analogue à la cavité de la Bélemnite pour la remplir en entier?

Quoique de Blainville n'eût jamais vu aucun échantillon de Bélemnite dans lequel la chambre cornée antérieure eût été conservée, il n'en avait pas moins prononcé qu'un semblable organe devait exister chez ces Mollusques en se fondant sur l'étude qu'il avait faite de quelques genres voisins.

Buckland ayant rencontré dans le Lias de Lyme-Regis, des réservoirs d'encre fossile qui se trouvaient mêlés à des Bélemnites, fut conduit à considérer ces restes comme provenant des mêmes animaux, et il émit cette idée devant la société géologique de Londres en 1829, mais sans la livrer à la publicité, espérant bientôt arriver à une démonstration positive de ce fait. Celle-ci fut donnée par Agassiz qui, en 1834, vit dans la collection de Mademoiselle Philpotts, des échantillons de Bélemnites dans le fourreau de chacune desquelles se trouvait encore une poche au noir qui était restée dans sa situation primitive. Cette découverte jeta les plus vives lumières sur l'histoire de ces Mollusques, et elle permit d'entrevoir la structure probable de tout le reste de leur organisme ; aussi, immédiatement après cette importante et fortuite révélation, Buckland et Agassiz rapportèrent tous ces fossiles aux Céphalopodes, et les ayant considérés comme offrant par leur aspect de grands rapports avec les Sèches, ils leur imposèrent le nom de Bélemno-Sèches, *Belemno Sepia;* le premier s'exerça même à restituer ces singuliers êtres antédiluviens, et, dans ses éléments de géologie, il les fit représenter sous les formes que nous avons reproduites dans l'une de nos planches où l'on peut apercevoir le sac au noir qui se trouve à l'intérieur de l'infundibulum corné (Pl. 33. fig. 5).

La poche au noir des Bélemnites était vaste ; aussi, dit Buckland : «L'existence chez ces animaux d'un réservoir aussi grand rend très-probable *à priori* qu'ils manquaient de coquille externe ; car cette arme défensive, d'après ce que nous en savons, est donnée exclusivement en partage aux Céphalopodes nus et dépourvus de la protection que trouve dans sa coquille, le Nautile flambé. On n'a jamais rencontré ni encre ni réservoir destiné à la contenir dans aucune espèce de Nautile ou d'Ammonite fossile. Or, si une substance semblable eût existé chez les animaux qui en occupaient la chambre antérieure, on en eût rencontré quelques traces dans ces couches du Lias de Lyme-Regis où abondent les Nautiles et les Ammonites et où se voit si parfaitement conservée l'encre des Céphalopodes nus. »

« Mais ce qu'il est difficile de déterminer, c'est la raison qui a fait que parmi tant de millions de Bélemnites qui sont disséminées indifféremment dans presque toutes les couches de la série secondaire, et qui recouvrent parfois complétement certains lits de schiste en rapport immédiat avec le lias et l'oolite, il s'en trouve si peu qui aient conservé soit leur gaîne cornée, soit leur réservoir d'encre. L'absence du fourreau corné et nacré peut s'expliquer par l'hypothèse que la substance enveloppante ait été peu favorable à la conservation de cette membrane cornée, en même temps qu'elle eût favorisé celle du fourreau calcaire. »

« La plupart des Bélemnites de certains terrains, ajoute le géologue anglais, ont à leur surface des serpules et d'autres coquilles étrangères qui sont fixées sur elles ; et cette circonstance nous donne à connaître que le corps corné et les réservoirs à encre se sont détruits, et que les Bélemnites ont reposé au fond des eaux un certain laps de temps avant que d'être recouvertes. Ces divers faits s'expliquent par l'hypothèse que la mer, dans cette localité, était très-fréquentée par les Bélemno-Sèches durant les intervalles qui séparaient les divers dépôts, » et j'ajouterai qu'ils empêchent d'admettre que ces fossiles étaient primitivement mous, comme certains auteurs l'ont pensé en découvrant sur eux quelques plis accidentels. M. Deshayes, qui s'est occupé tout dernièrement de ces animaux suppose que leur dos était élargi et qu'il y avait des deux côtés du test solide que l'on retrouve, une expansion très-mince et très-fragile analogue à l'os des Sèches, mais les figures de Buckland ne font rien présumer de semblable.

Les Bélemnites, qui avaient été le sujet des plus singulières opinions durant nos âges de superstition, par cela même qu'elles paraissaient d'une origine inexplicable, devinrent l'objet de l'attention du vulgaire et on leur attribua d'extraordinaires vertus. On les croyait efficaces contre le cauchemar, et de là provient le nom de Pierre ou de Flèche d'incube qu'on leur donnait. On traitait aussi avec elles les coliques, les dyssenteries et plusieurs hydropisies. Il n'y a pas besoin de dire qu'un semblable médicament est effacé de tous les traités de thérapeutique.

FAMILLE DES SPIRULÉS.

Coquille symétrique, dorsale, tout à fait interne, à tours de spire disjoints ; cloisons simples ; siphon unique. Animal très-probablement entièrement analogue aux Calmars.

SPIRULES. *Spirula.* Cette famille ne renferme que ce genre unique, et comme la coquille est interne et que l'animal qui la produit est analogue aux Mollusques céphalopodes, nous plaçons ce groupe après les Bélemnites qui, elles-mêmes, ont dû offrir les plus grands rapports avec ceux-ci. En adoptant cette disposition nous suivrons l'ordre sérial que les genres doivent occuper dans une méthode naturelle ; car les Spirules, par la disposition de leur coquille, semblent être les premières ébauches des Polythalames, et le point de transition du groupe précédent à ceux qui le suivent.

On rencontre communément des Spirules à la surface des mers des régions chaudes, mais elles sont ordinairement vides, aussi l'animal qui les forme est-il encore imparfaitement connu. Celui-ci fut cependant rapporté par Péron qui le décrivit et le figura, et peu de temps après, Lamarck fit également représenter l'unique individu que l'on devait au célèbre voyageur. Mais par une étrange anomalie, on s'aperçut plus tard que les planches données par ces deux naturalistes ne se ressemblaient point, et pour comble de malheur, l'animal s'égara dans les collections, de manière que le Mollusque qui produit les Spirules fut presque aussi problématique qu'il l'était avant sa découverte.

MM. Leclancher et Robert, qui étaient à bord de la Recherche, ayant eu le bonheur de pêcher des Spirules encore entourées de leur animal, l'histoire de ces Mollusques a fait dernièrement un pas réel; cependant on ne connaît pas encore leur tête, parce que tous les individus qui furent pris par ces voyageurs avaient eu celle-ci rongée par des Physalies, qui semblent en faire leur nourriture habituelle. De Blainville, auquel ces messieurs ont remis quelques échantillons de ces Spirules, a reconnu que le corps de ces animaux est assez semblable à celui des Calmars, et que leur coquille est placée dans le dos et sous la peau à l'endroit qu'occupe la lame cornée de ces Décacères; leur entonnoir est considérable et il existe une vessie à encre. L'organe qui occupe le siphon paraît n'être qu'un prolongement des fibres du muscle rétracteur de la tête, aussi de Blainville fait ressortir combien cette disposition doit empêcher d'admettre les théories que l'on a produites sur le siphon des Polythalames.

La coquille de l'une des espèces de ce genre, la *Spirule de Péron*, est commune dans les cabinets des curieux; souvent on la désigne sous le nom de Cornet de postillon, à cause de sa forme.

FAMILLE DES NAUTILACÉS.

Coquille discoïde, à spire enroulée sur le même plan, à dernier tour beaucoup plus grand; cloisons simples, percées d'un ou plusieurs trous. Animal contenu dans la dernière loge de la coquille.

NAUTILES. *Nautilus.* Coquille discoïde, très-peu comprimée, planorbe, non mamelonnée; cloisons à un ou deux siphons. Animal à manteau prolongé en capuchon; appendices tentaculaires nombreux, dépourvus de ventouses; deux mâchoires cornées.

Il existait de ces Mollusques dans les mers primitives qui ont couvert le globe, et ils se sont successivement reproduits durant les divers âges de celui-ci; aussi on rencontre de leurs débris fossiles dans toutes les formations. Aujourd'hui ce n'est que dans les mers tropicales que se trouvent les Nautiles vivants.

Les premiers essais qui eurent lieu relativement à l'anatomie de ces

Mollusques furent dus à Rumph, qui en publia une figure indéchiffrable. Plus tard, Denys de Montfort en produisit une autre qui fut entièrement le fruit de son imagination ; aussi l'animal des Nautiles devait-il être considéré comme tout à fait inconnu, lorsque R. Owen, en 1832, en a donné une excellente description accompagnée de planches d'une grande beauté.

Le siphon de ces Mollusques est formé par des trous qui traversent les cloisons de leur coquille, et d'une membrane mince et résistante qui est entourée d'une couche de fibres musculaires. Selon Buckland, le mécanisme du siphon a pour but d'opérer l'ascension ou la descente des Nautiles au sein des eaux ; mais pour ne point tronquer les assertions de ce savant géologue, reproduisons-les textuellement : « L'extrémité de cet organe, se termine dans le péricarde. Comme cette cavité contient un liquide sécrété par certains follicules glanduleux, et que sa capacité suffit, selon toute probabilité, pour que ce liquide remplisse complétement le siphon, il est probable que c'est ce liquide lui-même qui est mis en circulation dans l'appareil, et qui, suivant qu'il passe dans le siphon ou dans le péricarde, produit les mouvements d'ascension ou de descente de l'animal. Lorsque les bras et le corps sont déployés, le fluide reste dans le sac péricardiaque ; le siphon est vide, contracté et entouré de l'air qui est constamment contenu dans chaque chambre aérienne. Dans cette situation, l'animal et sa coquille sont d'un poids spécifique tel qu'ils s'élèvent dans l'eau et viennent flotter à sa surface.

» S'il survient quelque sujet d'alarme, les bras et le corps se contractent pour rentrer dans la coquille, et compriment le fluide du péricarde de manière à le faire entrer dans le siphon ; et comme le contenu de la coquille s'accroît ainsi sans que la capacité de cette dernière subisse aucun changement, le poids spécifique de l'ensemble s'augmente, et l'animal est entraîné au fond des eaux. L'air contenu dans chaque chambre demeure ainsi comprimé aussi longtemps que le siphon continue d'être distendu par le fluide péricardial ; mais son élasticité lui fait reprendre son volume primitif aussitôt que la compression du corps cesse d'agir sur le péricarde ; elle concourt avec la couche musculaire du siphon à repousser le fluide dans ce dernier sac. La coquille ayant ainsi perdu de son poids spécifique tend à revenir vers la surface. »

Cependant nous devons dire que l'on n'a pas encore démontré cette communication du péricarde et du siphon, et les observations de de Blainville sur les Spirules, dont le siphon lui a paru rempli par un prolongement musculaire, le portent à penser que le changement de pesanteur est dû à l'extension ou à la contraction des organes, actions qui ont pour effet de modifier la pesanteur relative de l'animal, et de permettre à la coquille composée d'une suite de chambres aériennes, de faire ou non équilibre au liquide dans lequel le Mollusque se trouve plongé. On conçoit que si celui-ci se contracte, il devient plus dense et

plus lourd et il plonge ; et que s'il étend ses organes, il se rend plus
léger et il monte , sa coquille devenant un agent aérostatique.

Ces Céphaliens possèdent un bec corné analogue à celui des Sèches ,
et qui se rapproche un peu par sa forme des mandibules des Perroquets.
Cet organe est destiné à écraser les parties dures des Mollusques testacés et des Crustacés dont les Nautiles se nourrissent ordinairement.
Plusieurs espèces fossiles de ce genre ou de celui des Ammonites possédaient un semblable appareil buccal ; cela est manifestement démontré
par les Rhyncholites ou becs pétrifiés, que l'on trouve en grande
abondance parmi les terrains qui renferment des coquilles provenant de ces animaux, tels que l'oolithe de Stonesfield, et le Lias de
Lyme-Regis et de Bath. Ces fossiles qui passaient autrefois pour des
becs d'oiseaux furent considérés par Blumenbach comme appartenant
à des Céphalopodes , et ce fut M. d'Orbigny qui , ayant rencontré de
ces Rhyncholites de grande taille dans un terrain rempli de Nautiles
gigantesques, soupçonna que ces corps pouvaient être les mandibules
de cette espèce.

Selon R. Owen , les Nautiles présentent un jabot très-ample et pyriforme, au delà duquel se voit un gésier ovoïde, qui ressemble à celui des
Gallinacés et offre aussi , dans son intérieur, une membrane sillonnée.
Cet anatomiste dit qu'il trouva le canal alimentaire rempli de fragments de Crustacés dont la plus grande partie avait appartenu à un
Décapode brachyure, velu et non nageur. Cette assertion semble démontrer que ces Mollusques , que l'on rencontre à la surface de la mer,
vont cependant dans ses profondeurs chercher leur nourriture.

Les espèces de ce genre portent de grandes et belles coquilles ; celle
qui est la plus commune dans les collections est le *Nautile flambé*,
qui offre une brillante teinte nacrée en dedans , et présente extérieurement une croûte blanchâtre variée de flammes fauves, qui lui ont valu
son nom. On l'emploie souvent pour faire des coupes , que l'on
décore de sculptures variées , ciselées sur la nacre qui a été mise à découvert.

FAMILLE DES AMMONACÉS.

Coquille de forme variable , ordinairement discoïde , mais
parfois aussi faiblement incurvée ou rectiligne ; cloisons très-
sinueuses, persillées ; un ou plusieurs siphons. Animal totalement inconnu.

On ne connaît qu'à l'état fossile les divers animaux qui composent
cette famille ; aussi est-on réduit à former des conjectures sur la nature
des Mollusques qui construisirent leurs coquilles , dont nous retrouvons
les vestiges dans presque tous les terrains de la superficie du globe.

Soit que le test de ces Céphaliens ait été interne , soit qu'il se trouvât à l'extérieur, il semble que , dans ces divers genres , l'aspect qu'il offre ne dépend que du plus ou moins d'enroulement de la spire ; aussi nous avons passé des genres où cet organe est droit à ceux où il s'enroule de plus en plus ; car , en réalité , les Scaphites ne semblent être que des Ammonites incomplétement enroulées , et dans leur jeune âge celles-là ont tout à fait l'aspect des dernières.

BACULITES. *Baculites.* Coquille cylindrico-conique , droite , extrêmement alongée , comprimée ; cloisons très-sinueuses ; siphon marginal.

Il n'existe de Baculites qu'à l'état fossile , et sous celui-ci on ne connaît même que le moule de leur coquille ; on les rencontre dans les anciens terrains , souvent mêlées à des Ammonites ; mais elles sont beaucoup plus rares qu'elles. La forme très-alongée du test de ces Mollusques , et le mode d'articulation de leurs différentes pièces , superposées et engrenées les unes sur les autres , leur donnent quelque ressemblance avec la colonne dorsale des grands animaux ; aussi on a quelquefois pris leur moule pour des vertèbres pétrifiées , dans les temps où l'observation s'appesantissait moins sur les objets ; dans les ouvrages des premiers savants qui se sont occupés de ces productions , tels que ceux de Langius et de Bourguet , on leur donne même le nom de *vertèbres fossiles.*

Les Baculites parvenaient parfois à une assez grande taille ; on en rencontre dont la longueur totale devait être environ d'un mètre. La structure de celles-ci est absolument analogue à celle de certaines Ammonites , aussi on peut les considérer comme n'étant en quelque sorte que des Ammonites rectilignes ; De Hupsch leur donnait même le nom d'Ammonites droites , *Ammonites rectus;* Faujas Saint-Fond l'imita , tandis que , d'un autre côté , Cuvier les confondait encore dans le même genre que les Cornes d'Ammon. De Férussac , en se fondant sur l'analogie des Spirules , pense que la coquille des Baculites devait être en partie ou en totalité contenue dans la région postérieure du corps des Mollusques , et que celui-ci , chez les individus d'une forte taille , devait avoir une longueur considérable , qui atteignait peut-être six ou huit pieds.

HAMITES. *Hamites.* Coquille courbée en siphon , mais dont l'extrémité de la spire est rectiligne ; cloisons sinueuses ; siphon marginal.

Ce n'est que dans les terrains antérieurs à la craie ou dans les couches inférieures de celle-ci , que l'on rencontre ces Mollusques ; il n'existe aucun représentant vivant de ce genre , et les individus fossiles que l'on découvre sont ordinairement de simples moules de la coquille qui , étant excessivement mince et délicate , n'a pu résister aux causes de destruction. Les Hamites ont les plus grands rapports avec les Ammonites , et comme le dit Buckland , ce sont en quelque sorte de ces

animaux dont le test aurait été incomplétement déroulé. Sowerby en
en a représenté une douzaine d'espèces.

SCAPHITES. *Scaphites.* Coquille arquée, courbée comme un
siphon ; spire d'abord enroulée, puis droite, et se recourbant à sa
terminaison ; cloisons très-sinueuses ; siphon marginal.

Les Scaphites étaient rangées par Cuvier avec les Ammonites, et l'on
doit à Sowerby d'en avoir fait un genre spécial. Ce sont des coquilles
qui ne se renconcontrent qu'à l'état fossile, encore n'en connaît-on
que les moules ; elles résident dans les terrains de craie ; mais il n'en
a encore été découvert que dans ceux qui sont inférieurs ; c'est principalement des environs de Brighton, ainsi que des Alpes de Savoie
et de la montagne Sainte-Catherine, près Rouen, que l'on a extrait
celles qui se trouvent répandues dans les collections ; dans cette dernière localité, leur forme et les petites côtes de leur surface, leur donnant l'apparence d'un Annélide, les font prendre par les mineurs pour
des *sangsues pétrifiées*, et ceux-ci ne les désignent que par ce nom.
Les Scaphites par leur organisation semblent lier les Ammonites et
les Hamites. La *Scaphite égale* est l'espèce la plus typique, et ce
sont probablement de ses variétés qui ont été désignées sous d'autres
noms.

AMMONITES. *Ammonites.* Coquille comprimée, discoïde ; cloisons très-sinueuses, persillées ; siphon dorsal.

On ne connaît d'Ammonites qu'à l'état fossile ; il en existe dans toutes
les régions du globe, et cette diffusion universelle qui se remarque
dans leur distribution géographique n'est pas un des points les moins
intéressants de leur histoire ; elle se reproduit fréquemment parmi les
animaux qui faisaient partie des premières phases de la création, tandis
qu'un des caractères de l'époque actuelle est une plus grande localisation
dans les groupes analogues. Les mêmes espèces se montrent parfois
dans des terrains du même âge qui s'observent en Europe, comme sur
les points les plus éloignés de l'Asie, de l'Afrique ou de l'Amérique.
Le docteur Gérard, à ce que rapporte Buckland, a découvert dans les
monts Himalaya, à une hauteur de seize mille pieds, certaines Ammonites, telles que l'*A. bifrons* et l'*A. communis* qui sont identiques
avec les mêmes espèces du Lias de Lyme-Regis.

Ces animaux semblent avoir dominé parmi les créatures qui attestent les premiers âges de la vie à la surface de la terre ; aussi leur connaissance se lie intimement à la théorie du globe. On en rencontre, mais
rarement, dans les terrains de transition. Quelques géologues, et entre
autres M. Alexandre Brongniart, avaient considéré comme douteux que
l'on en ait jamais découvert dans la Houille ; mais de Buch a émis, il y
a peu d'années, qu'il était certain que les mines de houille de West-
phalie en contenaient, de manière que leur présence dans les couches
carbonifères ne peut plus être mise en doute : les cabinets des provinces

Rhénanes, et surtout la magnifique collection de M. Hœninghauss et le musée de l'Université de Bonn, en renferment de beaux échantillons qui en proviennent. Mais les Ammonites pullulent principalement dans les terrains secondaires, et c'est dans ceux-ci, qu'elles semblent caractériser, qu'elles s'offrent avec toute leur richesse de formes et en plus grande abondance. De Férussac dit que l'on en observe depuis leurs plus anciennes couches jusqu'aux premières assises de la craie, mais que ces fossiles sont rares dans celles-ci, qu'ils ne dépassent pas. Cependant Sowerby nous apprend qu'il en a découvert dans les terrains tertiaires des environs de Londres, mais c'est un cas exceptionnel.

Bruguières a essayé de prouver que ces Mollusques existaient encore de notre époque, et il prétendait que si nous n'en rencontrions pas, c'était parce qu'ils habitaient les profondeurs de la haute mer; ce savant appuyait son hypothèse en citant diverses coquilles fossiles que l'on retrouve encore aujourd'hui à l'état vivant. Mais on ne peut admettre cette opinion, car on sait que les profondeurs de la mer sont inhabitées, et s'il s'y trouvait quelques-uns de ces Mollusques, de temps à autre on rencontrerait de leurs coquilles qui seraient jetées sur les plages par les mouvements des vagues; et d'un autre côté, si l'on découvre encore à l'état vivant quelques coquilles fossiles, celles-ci appartiennent aux plus récentes créations et font partie des terrains tertiaires. D'ailleurs le test des Ammonites, qui était si mince et si fragile, semble se refuser à l'admission de cette manière de voir, car l'énorme pression que ces animaux eussent éprouvée à une grande profondeur en eût sans doute brisé l'enveloppe. Il est au contraire probable qu'à l'époque où ils vivaient, ces Mollusques fréquentaient la surface de la mer, et même qu'ils erraient loin des rivages pour se garantir du contact des rochers.

Structure. Les Ammonites offraient des dimensions extrêmement variées, et Buckland dit que leur taille s'étendait depuis une ligne jusqu'à plus de quatre pieds de diamètre; Sowerby, Mantell et quelques autres géologues accordent cette dernière proportion à certaines espèces découvertes dans la craie, mais on en rencontre parfois qui ont atteint un volume encore bien plus remarquable et réellement colossal. Je crois me rappeler qu'à Tours, on en offrit une à Buffon qui avait l'apparence d'une meule de moulin et était aussi grande qu'une roue de voiture. Mais il paraît qu'il en existe encore de plus vastes. De Férussac dit que quelques espèces, et telle est entre autres l'*Ammonites colubratus*, ont plus de six pieds de diamètre, et M. Élie de Beaumont rapporte que les terrains crétacés du Danemark présentent de ces coquilles qui en offrent huit.

Les Ammonites ne possèdent qu'une coquille excessivement mince, et qui souvent n'a guère plus d'épaisseur qu'une feuille de papier, aussi presque toujours par le fait de la fossilisation, elle s'est anéantie et l'on ne retrouve plus dans les roches que les Moules de ces animaux. Les cloisons des Ammonites étaient très-probablement sécrétées par la partie postérieure des Mollusques par lesquels elles étaient habitées et qui offrait une forme analogue à celle que l'on observe sur ces singuliers diaphragmes, qui représentent par leurs bords d'élégantes et fines découpures que l'on a comparées à celles des feuilles du persil. Ces cloisons ne paraissent être que l'empreinte en creux et en relief des attaches musculaires de ces animaux ; à mesure que ceux-ci grandissaient après s'être séparés du fond de leur coquille, ils s'avançaient vers sa région antérieure, y sécrétaient une nouvelle séparation, et formaient ainsi une nouvelle chambre aérienne. Telle est l'opinion de M. Desmarest adoptée par de Férussac. Ces cloisons ne sont qu'en petit nombre sur certaines espèces, mais il en est d'autres chez lesquelles on en trouve une grande quantité. Ainsi, il existe des Ammonites qui n'en ont que trois ou quatre par tour de spire, tandis que Bourguet dit en avoir vu qui en possédaient jusqu'à cent cinquante.

Les coquilles des Ammonites, selon Buckland, remplissaient le double office d'un flotteur et d'une armure défensive, et, à cet effet, elles devaient réunir les conditions de la légèreté et de la solidité. Ce géologue pense que leur peu d'épaisseur et leurs chambres aériennes leur donnaient la première, et que la solidité de ces coquilles était beaucoup augmentée soit par les bosselures et les cannelures qu'elles présentent à leur surface, soit par les festons élégants des cloisons qui, par leur multiplicité, rendaient inutile une plus grande épaisseur du test dont elles augmentaient considérablement la force. On imaginerait difficilement, dit cet auteur, un instrument plus merveilleusement disposé pour résister à des pressions diverses et dans lequel se combineraient d'une manière plus complète la plus grande force et la plus grande légèreté possibles. Suivant de Buch, ces cloisons avaient aussi pour fonction de fixer la base du manteau dans leurs anfractuosités et de rendre plus énergique l'adhérence de l'animal à sa coquille. Le siphon, selon M. de France, servait à comprimer ou à dilater l'air qui se trouvait dans les cellules, et Buckland a donné l'appui de son nom à cette opinion, dans laquelle, ainsi que nous l'avons vu en traitant des Nautiles, on considère l'action des chambres aériennes de ces animaux comme étant analogue à celle de la vessie natatoire des Poissons.

Les restes des Ammonites varient infiniment sous le rapport de la transformation de leurs coquilles ; souvent celles-ci sont pleines, et à l'état pyriteux puis irisées des plus brillantes couleurs métalliques ; d'autres fois elles sont ferrugineuses, calcaires ou quartzeuses ; quelquefois aussi leurs cellules sont en partie vides et se trouvent tapissées de cristaux.

Quoique depuis Gesner l'attention des naturalistes se soit portée sur les Ammonites, et qu'ils les aient recueillis avec un grand zèle dans toute l'Europe, l'histoire de ces êtres singuliers ne fit aucun progrès, et les premières tentatives pour connaître la nature des animaux qui forment ces curieuses coquilles ne remontent qu'à une

époque peu éloignée. Les savants du dernier siècle tels que Scheuchzer, Lister, Langius, Bourguet, Knorr et Walch, se bornèrent à figurer celles-ci ou à les classer vaguement ; la structure du Mollusque qui
les construisait parut peu les occuper, et cependant tous semblent avoir
entrevu qu'il existait un certain rapport entre lui et l'animal du Nautile vivant, dont on faisait de leur temps venir les coquilles des Moluques en Europe, pour les transformer en vases divers. Bourguet, dans
ses lettres philosophiques, fit de vains efforts pour deviner l'animal
qui habite les Ammonites, mais, ne se basant sur nulle analogie, il
erra dans ses diverses conjectures ; et d'Angerville ne fut pas plus heureux en supposant que les Planorbes de la rivière des Gobelins étaient
des Ammonites vivantes.

Le premier naturaliste qui essaya de rapprocher d'une manière positive, les habitants des Ammonites des autres animaux connus, fut
Cuvier. En 1802, après la découverte de la Spirule, il émit que le Mollusque qui forme les coquilles que nous décrivons devait être un Céphalopode analogue à celui qui construit cette dernière, et que, comme
chez celle-ci, le test des Ammonites était probablement enveloppé par
l'animal. Pour soutenir son opinion Cuvier s'appuyait sur la petitesse
de la chambre antérieure. Lamarck et Férussac adoptèrent cette manière de voir. Mais Buckland, qui la réfute, pense au contraire que les
Ammonites étaient des coquilles extérieures ainsi que le sont les Nautiles. Ce célèbre géologue croit que l'argument du naturaliste français
repose sur l'examen d'échantillons incomplets, parce qu'il est rare de
rencontrer toute la chambre antérieure des Ammonacés, qui n'est pas
moins vaste que celle dans laquelle on trouve le Mollusque du Nautile.
Buckland pense que les épines que l'on rencontre à l'extérieur de quelques Ammonites doivent encore militer en faveur de son opinion ; celles-
ci, qui lui paraissent d'excellents moyens de défense, seraient, selon lui,
sans utilité et peut-être même nuisibles, si on les supposait associées à
une coquille interne, et cette disposition ne se trouve dans nul animal
connu. Il ajoute que « M. de la Bèche a démontré par l'état minéral de
la chambre antérieure chez plusieurs Ammonites du Lias de Lyme-
Regis, que le corps tout entier de l'animal y était renfermé, et que
ces Mollusques furent détruits soudainement et ensevelis dans le sédiment vaseux qui a formé ce Lias, avant que leurs corps fussent tombés
en décomposition ou qu'ils eussent été dévorés par les Crustacés carnivores qui abondaient à cette époque au fond des mers ». Oken qui
s'occupa aussi de cette question, aborda même les détails de structure
que devaient offrir les animaux des Ammonites et dans sa Zoologie il
leur impose dix bras analogues à ceux des Nautiles.

Historique. La forme singulière des Ammonites, leur gisement et
leur abondance parmi une multitude de roches attirèrent sur elles
l'attention des hommes de toutes les époques. Dans les siècles d'ignorance on les a souvent prises pour des Serpents pétrifiés, et de là pro-

vient le nom de *Serpens lapideus* sous lequel on les voit parfois désignées dans les anciens ouvrages.

Pline et Solin parlent de ces fossiles dans plusieurs passages de leurs
traités ; ils les nomment Pierres sacrées, les comparent à la forme des
cornes d'un Bélier, et ils ajoutent qu'on les révérait en Égypte et en
Éthiopie, et qu'on les trouvait près du temple de Jupiter Ammon.
Férussac adopte l'opinion qu'il en existait aux abords de ce monument
célèbre ; mais comme celui-ci était fort éloigné de la mer, les écrivains
de l'antiquité ont souvent disserté pour s'expliquer la présence des
coquilles que l'on découvrait dans ses environs. Ératosthène et Straton
en parlent longuement, et Strabon rapporte que ce dernier croyait que
le temple fameux se trouvait primitivement sur le rivage de la mer, puis
que celle-ci s'en était éloignée par la rupture des colonnes d'Hercule,
qui, en permettant à une portion des eaux da la Méditerranée de s'é-
couler, avait découvert les approches du lieu saint. Comme on le voit,
ce philosophe qui supposait cette mer primitivement plus élevée que
l'Océan, émet en cela une opinion reproduite par quelques géologues
modernes.

On apprend par les lettres du père Calmette et du père Halde, que
les Indiens révéraient les Ammonites et leur rendaient une sorte de
culte. Les espèces qui attiraient leurs hommages, et que, selon Bruguières, ils appelaient *Salagraman*, se trouvaient sur les rives du
Gandica, fleuve sacré qui se jette dans le Gange ; elles avaient l'apparence de cailloux roulés, et c'était de cet endroit que l'on expédiait
de ces coquilles dans toute l'Inde. Les brames les conservaient dans
des boîtes d'argent et de cuivre, et leur faisaient un sacrifice tous les
jours. Sonnerat rapporta de ses voyages une de ces coquilles qui
avait servi au culte de Brama.

Les Ammonites forment un genre très-nombreux. M. Brochant,
dans sa traduction du Manuel de Géologie de de la Bèche, en compte
270 espèces, et M. Deshayes dit que l'on en connaît dans les collections
plus de 300. On en doit une monographie à De Haan ; et dernièrement
de Buch a proposé de les subdiviser d'après leurs formes et la structure de leurs cloisons persillées. Du reste il est fort rare de rencontrer
de ces fossiles entiers, et ce n'est que dans des observations récentes
que l'on a reconnu et bien décrit les détails de leur ouverture ; on en
doit surtout la connaissance à MM. d'Orbigny et de France.

Ces coquilles caractérisent les plus anciennes couches secondaires.

L'*Ammonite bifrons* et l'*Ammonite de Buckland*, sont spécialement propres au Lias. L'*Ammonite de Rouen* abonde dans la côte
Sainte-Catherine qui avoisine cette ville.

FAMILLE DES ORTHOCÈRES.

Coquille droite ou faiblement arquée, sans autre indice d'enroulement; cloisons simples, percées d'un siphon. Animal totalement inconnu.

ORTHOCÈRES. *Orthoceras.* Coquille rectiligne ou peu incurvée, partagée en loges renflées, formées par des cloisons transversales; siphon central ou marginal.

Ce groupe imparfaitement connu n'a été caractérisé que sur des Moules fossiles, peut-être faut-il en rapprocher le genre *Amplexus* de Sowerby.

FAMILLE DES TURRICULACÉS.

Coquille mince, cloisonnée, à spire turriculée; cloisons très-sinueuses; siphon sub-central. Animal inconnu.

TURRILITES. *Turrilites.* Ce genre, qui est l'unique de ce groupe, n'existe qu'à l'état fossile, et ne se compose que d'un petit nombre d'espèces dont la position géologique est principalement la craie inférieure. Ces Mollusques ont les plus grands rapports avec les Ammonites et ils n'en diffèrent que parce que leur test est turriculé; ce sont en quelque sorte des Ammonites à spire verticale; ainsi que chez celles-ci, leur coquille était mince et portait des cloisons très-sinueuses; puis l'extérieur offrait de nombreux tubercules qui parfois même étaient pointus, comme cela s'observe en particulier sur une nouvelle espèce, la *Turrilite aiguë*, décrite par M. Passy.

La *Turrilite costulée* qui abonde dans la montagne Sainte-Catherine des environs de Rouen, et que l'on voit dans toutes les collections, doit être regardée comme le type de cette division générique.

ORDRE DES CELLULACÉS.

Coquille de forme extrêmement variée, offrant plusieurs cellules intérieures; siphon nul; loges communiquant ordinairement par une ou plusieurs ouvertures. Coquille interne ou externe. Animal offrant de nombreux appendices tentaculiformes.

De Haan, ayant ingénieusement séparé les Céphaliens en deux coupes selon qu'ils offrent des coquilles munies ou non munies d'un siphon, donnait le nom d'Asiphonoïdes aux Mollusques du groupe, que nous décrivons ; M. d'Orbigny, qui fut inspiré par la même idée, leur imposa celui de *Foraminifères*, pour rappeler la communication qui existe entre les loges de leur coquille, et qui a ordinairement lieu à l'aide d'un ou plusieurs pertuis ; mais différents genres ayant des cloisons imperforées, nous préférons donner à cet ordre la dénomination de *Cellulacés*, jusqu'à ce qu'un plus ample examen en ait été fait.

Presque tous ces animaux sont infiniment petits, et il en existe un grand nombre soit à l'état fossile, soit à l'état vivant, à la surface du globe. M. d'Orbigny, qui en a fait une étude spéciale, dit que les terrains tertiaires surtout fourmillent en espèces fossiles ; quelques-unes s'y trouvent en si grande abondance qu'elles peuvent même caractériser des couches entières ; les terrains plus anciens n'en sont pas entièrement dépourvus ; la craie de Meudon fournit des espèces bien caractérisées, ainsi que le calcaire de Caen, celui des bords de la Gironde, et le calcaire jurassique du département de la Charente-Inférieure, où la conservation des coquilles en nature est une chose surprenante.

« Aujourd'hui, dit le même naturaliste, ils vivent sur les côtes dans les endroits peu profonds et paraissent préférer pour leur nourriture telle ou telle espèce de Polypes dont ils sont très-friands ; il en existe des myriades sur tous les bords de la mer ; les côtes de l'océan Européen sont peu riches en espèces, et elles y sont très-petites ; les bords de la mer Adriatique paraissent être plus favorisés sous ce rapport ; on y trouve des genres et des espèces variées et d'une taille plus grande. »

Historique. Fort anciennement, les plus grosses espèces de ce groupe avaient frappé les observateurs ; aussi, comme nous le verrons plus loin, elles obtinrent d'abord l'attention de Strabon, puis un certain nombre de siècles plus tard Imperati, Scheuchzer, Gesner, Bourguet, émirent différentes hypothèses pour en expliquer l'origine. Mais les espèces microscopiques ne furent signalées pour la première fois que dans une dissertation de Bucarius, et l'on n'en vit même paraître des figures qu'en 1744, époque à laquelle Bianchi, connu sous le nom de *Janus Planchus*, en fit représenter dans ses ouvrages. Ce savant considéra les Foraminifères comme n'étant que des Cornes d'Ammon en miniature et vivantes, et les naturalistes adoptèrent longtemps son opinion. On dut ensuite les plus importants travaux sur ces animaux à l'abbé Soldani, qui sacrifia à leur étude une partie de sa vie. Dans son volumineux ouvrage, il représenta un grand nombre de ces *infiniment petits*, comme on les nomme depuis lui, et tant vivants que fossiles ; ce laborieux savant a tellement multiplié les figures de ceux-ci dans son atlas, que vingt-cinq planches sont parfois consacrées à une seule coquille. Presqu'en même temps Fichtel et Moll publièrent à Vienne un ouvrage moins étendu sur cette matière, mais supérieur pour l'exécution. Après ceux-ci Denys de Montfort établit un grand nombre de genres parmi ces animaux et en donna quelques figures où souvent l'imagination remplace l'exactitude.

Plus tard, Lamarck, Sowerby, MM. de France, Deshayes, et surtout d'Orbigny, en firent connaître un grand nombre d'espèces. Le premier de ceux-ci considéra les Foraminifères comme étant des coquilles cachées, ainsi que la Spirule, dans la partie postérieure de l'animal, et il les mit parmi les Céphalopodes polythalames. M. d'Orbigny regarda aussi ces coquilles comme étant intérieures, et afin de rendre sensibles à tous les yeux leurs formes merveilleusement compliquées, ainsi que la richesse et la variété de leurs ornements, il les fit représenter en plâtre et grossies énormément.

Jusqu'en 1822 les Foraminifères furent considérés comme des Céphalopodes microscopiques ; mais, à cette époque, de Férussac, Latreille et de Blainville émirent quelques doutes sur la classification de ces animaux. Enfin M. Dujardin, dans un voyage sur les bords de la Méditerranée, ayant récemment été à même d'examiner à l'état vivant ces prétendus Céphalopodes, s'est convaincu que le test n'est pas intérieur, mais, au contraire, qu'il se trouve situé au dehors du Mollusque, et que celui-ci se meut au moyen de cirrhes protéiformes qui n'ont rien de commun avec les bras des premiers Céphaliens. Ces cirrhes ressemblent à des filaments subdivisés à la manière des racines, et c'est de là que provient le nom de *Rhizopodes* que M. Dujardin propose de donner à ces animaux. Ces observations devront probablement engager à placer les Foraminifères dans une classe d'une organisation inférieure ; mais on doit encore attendre de nouvelles investigations pour agir avec plus de connaissance de cause.

M. d'Orbigny, ayant présenté un système complet de classification sur ces animaux, et fait connaître un grand nombre d'espèces, nous adoptons provisoirement sa distribution en lui empruntant la caractétistique des familles qui composent cet ordre.

FAMILLE DES STICHOSTÈGUES.

Coquille à loges empilées ou superposées sur un seul axe, bout à bout, soit qu'elles débordent ou non en se recouvrant plus ou moins latéralement ; point de spirale.

FAMILLE DES ÉNALLOSTÈGUES.

Coquille à loges assemblées en tout ou en partie par alternance, ou enfilées sur deux ou trois axes distincts de diverses manières, mais sans former de spirale régulière et nettement caractérisée.

FAMILLE DES HÉLICOSTÈGUES.

Coquille à loges assemblées sur un ou deux axes distincts, mais formant une volute spirale, régulière et nettement caractérisée, turriculée ou discoïdale.

NUMMULITES. *Nummulites*. Coquille lenticulaire , multi-spirée, mais n'offrant à l'extérieur aucune trace de spire ni d'ouverture ; cloisons nombreuses , imperforées.

Le nom de ces Coquilles provient de leur forme, qui est analogue à celle d'une pièce de monnaie, *nummulus ;* c'est aussi cette disposition qui les fait appeler *pierres numismales* , parmi le vulgaire. Leur taille varie depuis celle d'une pièce de cinq francs jusqu'à l'exiguïté microscopique. Ces coquilles occupent un rang important parmi les fossiles, et souvent on les rencontre en quantités prodigieuses dans les étages supérieurs des terrains secondaires et dans les formations tertiaires : elles étaient tellement abondantes à l'époque du dépôt de ces roches, que parfois elles composent des montagnes entières par leur simple agrégation. Cela s'observe dans le calcaire tertiaire du Monte Bolca et dans les formations stratifiées secondaires des terrains crétacés des Alpes et des Pyrénées. Quelques-unes des masses calcaires formées par ces animaux sont même employées pour nos constructions, telles sont celles que l'on nomme *pierre de Laon*.

Les grandes formations géologiques dans lesquelles elles entrent, et les dissidences auxquelles leurs formes ont donné lieu, ont acquis aux Nummulites une bien ancienne célébrité. Le premier savant qui les mentionna fut Strabon ; dans sa Description de l'Égypte, en parlant des pyramides, il signale des pétrifications qui se trouvent dans les éclats des pierres amoncelées près de ces monuments : « On prétend, dit-il, que ce sont les restes pétrifiés de la nourriture des travailleurs ; mais cela est peu vraisemblable, car nous avons chez nous, dans le Pont, une colline qui est remplie de petites pierres de tuf semblables à des lentilles. » Les voyageurs ont reconnu l'exactitude de ce récit ; la chaîne Libyque est formée de roches remplies de Nummulites, et les monuments célèbres que nous venons de mentionner reposent sur de pareilles couches ou ont été élevés avec elles. Dans la Description de l'Égypte on a fait graver avec soin des fragments de la roche composée par ces fossiles et qui a servi pour l'érection de la grande pyramide et du sphynx qui l'avoisine.

Les Nummulites, à une époque beaucoup plus rapprochée de nous, ont donné lieu à de nombreuses hypothèses. Au renouvellement des lettres on prêtait encore une origine miraculeuse aux pierres numismales, et les historiens de cette époque ne s'affranchirent pas de cette superstition. On considéra aussi, il paraît, quelques-unes de leurs espèces comme n'étant que des graines de fenouil, de carvi ou de melon pétrifiées, car on voit Scheuchzer réfuter ces opinions, qui de son temps étaient encore en vogue. Gesner s'efforça de prouver que les fossiles qui nous occupent n'étaient que des Ammonites de petite dimension. Bourguet, de son côté, fit aussi un effort pour expliquer la nature paradoxale des Nummulites, et, en se fondant sur la forme spirale de l'opercule de certaines coquilles univalves, il prétendit que ces corps n'étaient que des opercules de Cornes d'Ammon ; et même, pour donner la raison de leur multiplicité dans quelques localités, il supposa que ces appendices se détachaient successivement chaque année du Mollusque qui les formait.

Bruguières fut le premier qui, en se fondant sur une connaissance approfondie des rapports, s'efforça de déterminer la nature de l'animal qui donna naissance aux coquilles qui nous occupent; selon lui, il ne devait ressembler à aucun de ceux qui animent actuellement la création, et les Nummulites étaient situées à son intérieur, ou étaient demi-intérieures. Cette opinion est encore celle de la plupart des naturalistes de notre époque. M. de Roissy émit, il y a peu d'années, que le Mollusque qui produisit ces fossiles était semblable aux Sèches, et qu'ils résidaient à son intérieur sans lui adhérer fortement, puisque l'on ne rencontre sur eux aucun indice d'attache musculaire.

La *Nummulite lisse* est une des plus communes que l'on connaisse; on la découvre fréquemment en France; elle se distingue des autres espèces en ce qu'elle est très-peu convexe; son diamètre varie depuis celui d'une lentille jusqu'à celui d'une pièce de quinze sous.

FAMILLE DES AGATHISTÈGUES.

Coquille à loges pelotonnées de diverses manières sur un axe commun.

MILIOLES. *Miliola.* Coquille globuleuse ou alongée, à loges transversales entourant l'axe; ouverture très-petite, orbiculaire ou oblongue, située à la base du dernier tour.

On connaît de ces Mollusques à l'état vivant, et l'on rencontre de prodigieux dépôts de leurs coquilles fossiles dans les terrains secondaires et dans toutes les formations tertiaires. Les Milioles sont à peu près de la grosseur d'un grain de millet et souvent plus petites. Cependant par leur agglomération elles constituent parfois des couches extrêmement puissantes dans le sein de la terre, et elles composent même des masses calcaires énormes que l'on exploite pour les constructions. La plupart des pierres dont Paris est bâti sont formées de ce calcaire, et l'on peut dire sans exagération qu'une grande partie de cette capitale est construite avec ces coquilles microscopiques.

D'après ceci on voit que Lamarck a eu raison d'avancer que les Milioles doivent être rangées parmi les espèces les plus intéressantes à considérer, à cause de leur multiplicité dans la nature et de l'influence qu'elles ont sur l'état et la grandeur des masses calcaires qui existent à la surface du globe. « Leur petitesse, dit-il, rend ces corps méprisables à nos yeux, en sorte qu'à peine daignons-nous les examiner; mais on cessera de penser ainsi, lorsque l'on considérera que c'est avec les plus petits objets que la nature produit partout les phénomènes les plus imposants et les plus remarquables. Or c'est encore ici un de ces exemples nombreux qui attestent que , dans la production des corps vivants, tout ce que la nature semble perdre du côté du volume , elle le regagne amplement par le nombre des individus, qu'elle multiplie à l'infini et avec une promptitude admirable. Aussi les dépouilles de ces très-petits corps vivants du règne animal influent-elles bien plus sur l'état des masses qui composent la surface de notre globe que celles des grands animaux, comme les Éléphants, les Hippopotames, les Baleines, les Cachalots, etc., qui, quoique constituant des masses bien plus considérables , sont infiniment moins multipliés dans la nature. »

La *Miliole des pierres* forme un banc de pierres calcaires fort important à Montrouge ; elle est si petite que M. de France dit en avoir renfermé quatre-vingt-seize dans une case d'une ligne cube d'étendue. Le calcaire grossier dans la formation duquel entre cette coquille est appelé *calcaire à miliolites.*

FAMILLE DES ENTOMOSTÈGUES.

Coquille à loges divisées en plusieurs cavités et formant une spirale.

XVIII. CLASSE DES CÉPHALIDIENS.

Animaux pairs, sans traces d'articulations ni de membres, et recouverts par une peau molle et contractile. Tête souvent assez peu distincte. Corps ordinairement protégé par une coquille univalve.

Géologie. — On ne commence guère à découvrir des Céphalidiens fossiles que parmi les terrains secondaires ; dans les plus anciennes formations de ceux-ci, il ne s'en trouve même qu'un nombre fort minime ; mais ils deviennent de plus en plus abondants à mesure qu'on s'élève : cependant on n'en découvre encore que peu de genres différents dans les terrains jurassiques [1].

Au contraire, les Mollusques céphalidiens paraissent avoir été extrêmement multipliés à l'époque à laquelle se sont déposés les terrains tertiaires ; et dans quelques-uns de ceux-ci, on en découvre une prodigieuse abondance. Certaines localités en offrent parfois cinq à six cents espèces de genres très-variés, qui se trouvent disséminées sur un espace fort restreint. Malgré l'immense nombre d'années qui nous sépare probablement de l'époque à laquelle ces coquilles ont vécu, cependant on en retrouve parfois qui sont dans un état parfait de conservation ; elles ont tout leur poli, toutes leurs arêtes, et l'on en observe même qui offrent encore quelques vestiges de leur ancienne coloration [2]. Une chose non moins remarquable à noter, c'est que, d'après plusieurs naturalistes, quelques-unes des coquilles que l'on rencontre dans les dernières formations ont encore leurs analogues vivantes dans les mers actuelles ; de France et M. Deshayes l'avancent pour plusieurs de celles qui se trouvent en France ; Sowerby, pour différentes espèces de l'Angleterre, et Brocchi, pour un certain nombre de celles de l'Italie septentrionale.

Géographie. — On trouve des Céphalidiens dans tous les milieux ; presque tous vivent dans la mer ou parmi les eaux douces ; il en est cependant aussi un grand nombre qui résident à la surface du sol et séjournent dans l'air atmosphérique [3] ; quelques-uns même, mais en très-petite quantité, se rencontrent dans la terre [4]. Il existe de ces Mollusques sous toutes les latitudes et sous tous les climats, et quelques espèces ne semblent se complaire que dans les mers hyperboréennes et jusque sur les rivages du Spitzberg [5]. Cependant on remarque qu'à mesure que l'on s'avance vers les zones équatoriales, les

[1] Ptérocères, Rostellaires, Turbos, Mélanies, Patelles, Nérinées.

[2] Nérites.

[3] Hélices, Limaces.

[4] Testacelles.

[5] Fuseau glacial, Clio boréal.

êtres de cette classe deviennent beaucoup plus abondants, offrent un plus grand développement et une plus vive coloration ; quelques-uns de ces animaux résistent même à la température de certaines eaux thermales, qui s'élèvent à 40° Réaumur [1]. Presque tous les Céphalidiens marins vivent près des rivages et restent parmi les rochers qui les bordent ; ce sont ceux-ci que l'on appelle espèces littorales ; mais il en est aussi un certain nombre que l'on ne rencontre qu'en haute mer, et que l'on désigne sous le nom de Mollusques pélagiens [2].

La géographie des Mollusques n'étant guère avancée, on ne peut ni apprécier leur nombre, ni avoir des documents positifs sur leur distribution dans les divers climats du globe. Certains ordres sont répandus dans toutes les régions de la terre [3], mais parmi eux beaucoup de genres sont limités à quelques latitudes et ne vivent que sous les zones intertropicales [4]. Quelques groupes, au contraire, paraissent plus abondants parmi les régions tempérées [5], et c'est là que les individus qui les composent acquièrent une plus forte taille.

Anatomie et physiologie. — Les Céphalidiens, ainsi que les autres Malacozoaires, ont pour caractère général de ne point offrir d'articulations à la surface de leur corps, mais la forme de celui-ci est extrêmement variable ; souvent il est ovalaire, plan en dessous et convexe supérieurement ; dans la plupart, il s'enroule plus ou moins, de manière à représenter un cône fort alongé, qui se contourne en spirale dans la coquille qu'il occupe en partie. Ce n'est que sur un fort petit nombre de ces Mollusques que l'on découvre des appendices locomoteurs, et ceux-ci ne sont formés que par des expansions cutanées et destinées à la natation.

Le *manteau* de ces Mollusques offre de nombreuses différences. Chez quelques-uns, il n'est formé que par le bord épaissi de la peau située autour du pédicule qui joint le pied à la masse viscérale, et représente une espèce d'anneau, que l'on appelle souvent *collier* [6] ; mais sur d'autres, cet organe s'étend en vastes lobes qui dépassent considérablement les bords de la coquille, et il en est même chez lesquels il peut se recourber sur celle-ci, et, en la dérobant totalement, imiter la disposition du vêtement dont il porte le nom [7].

Il est à remarquer que sur les espèces dépourvues de coquille, le manteau est fort épais dans toute son étendue, comme si la force qui lui est surajoutée se trouvait destinée à suppléer au test calcaire qui manque [8]. Les bords de cet organe sont le plus souvent unis, et l'on observe fréquemment que sa région antérieure s'avance sur la tête du Mollusque comme une sorte de capuchon [9], ou qu'elle se prolonge en forme de gouttière ouverte inférieurement, quelquefois analogue à un tube, et par laquelle se fait l'introduction de l'eau dans la cavité bran-

---

[1] Turbo thermalis? [4] Harpes, Cyprées, Olives. [7] Cyprées, Olives.
[2] Janthines. [5] Limnées, [8] Doris.
[3] Siphobranches. [6] Hélices. [9] Limnées.

chiale (Pl. 37, fig. 4), disposition qui existe principalement sur les Céphalidiens dont la coquille est munie d'un siphon [1]. Sur un petit nombre d'animaux de cette classe, les bords du manteau sont lobés ou digités [2], ou bien ils offrent des espèces de franges ou de cirrhes tentaculaires [3].

Coquille.—Un des caractères les plus remarquables que l'on rencontre chez les Céphalidiens, c'est que leur corps est ordinairement protégé par un test calcaire dans l'intérieur duquel ils peuvent rentrer plus ou moins complétement, et que l'on connaît sous le nom de coquille. Celle-ci, qui doit être considérée comme une dépendance de la peau, et qui est sécrétée par cette membrane, est toujours formée de couches mucoso-calcaires, appliquées les unes au dedans des autres, et dans lesquelles la substance animale ou la matière terreuse domine plus ou moins. La structure des coquilles s'offre sous des apparences diverses; tantôt elles sont Feuilletées ou Fibreuses, et tantôt elles sont Vitreuses ou Cornées, ce qui dépend soit de la manière dont leurs éléments ont été déposés, soit de la prédominance de l'un ou de l'autre.

La structure *feuilletée* semble évidemment dépendre de lamelles ou couches calcaires qui se sont superposées successivement. La disposition *fibreuse*, selon de Blainville, est due à ce que, en même temps que les molécules calcaires se déposent en formant une des lames composantes, elles se correspondent ou se placent au-dessus les unes des autres dans toutes celles qui constituent la coquille; de là résulte la structure fibreuse, dans laquelle le test se brise plus aisément dans la direction des fibres que dans celle des lames 4. Ces deux modes d'organisation s'observent principalement et d'une manière tranchée sur quelques groupes de la classe qui suit, tels que les Huîtres et les Jambonneaux : les premières offrent des feuillets extrêmement apparents et les seconds des fibres fort évidentes.

La structure *vitreuse* semble due au dépôt d'une matière calcaire très-compacte, ne contenant que fort peu de parties muqueuses, et qui au lieu de s'être superposée par couches régulières, n'est formée que par des molécules extrêmement rapprochées. Cette disposition de la coquille lui est principalement donnée quand l'animal qui la forme a acquis un certain âge. Alors son derme semble moins apte à produire de la matière muqueuse, et il sécrète une plus abondante proportion de substance calcaire; celle-ci, chez beaucoup de Céphalidiens, reçoit même un beau poli par les frottements continuels que le manteau qui la dépose produit à sa surface 5.

La structure *cornée* semble due à une disposition physiologique toute différente de la dernière que nous venons de signaler, et elle paraît dépendre d'une prédominance de la matière muqueuse sur la substance

---

[1] Siphostomes.   3 Haliotides.   5 Cyprées.
[2] Phasianelles.   4 Jambonneaux.

calcaire. Aussi, si les coquilles vitreuses offrent une grande fragilité, et si elles se brisent, à l'instar du verre, au moindre choc [1], au contraire les coquilles cornées jouissent d'une certaine élasticité, et elles peuvent, à l'état frais, se fléchir comme de la corne, substance à laquelle quelques-unes ressemblent beaucoup [2]. On remarque, dit M. Rang, que le plus grand nombre des coquilles qui offrent cette structure appartiennent à des Mollusques pélagiens, et l'on conçoit qu'alors il n'était pas nécessaire qu'elles fussent bien solides, puisque les animaux qui les forment habitent les hautes mers, où ils peuvent impunément s'agiter sans craindre d'être heurtés. Mais cette disposition se fait aussi remarquer sur quelques coquilles terrestres ou lacustres [3].

Les coquilles offrent presque toutes une coloration plus ou moins vive. Celle qui décore leur face interne paraît être due à la transsudation de certaines humeurs de l'animal, qui se répandent peu à peu dans la substance calcaire. Cela a lieu particulièrement pour la teinte jaune ou brune que l'on remarque à l'intérieur du test de quelques Céphalidiens et qui semble dépendre du contact du foie; telle est encore, et d'une manière plus évidente, la cause de la coloration bleue de la coquille des Janthines, mais celle-ci est produite par l'imprégnation du fluide sécrété par l'organe dépurateur.

La coloration de l'extérieur du test est due à une cause différente; elle est toujours extrêmement superficielle et produite par la couche colorante ou *pigmentum* de la peau, qui dépose sans cesse des molécules colorées à la surface de la coquille à mesure qu'elle s'étend. Il est cependant certains Céphalidiens qui, outre les teintes variées dont ils ornent leur test en l'agrandissant, reviennent à certaine époque sur leur travail, et le terminent en déposant à l'extérieur de nouvelles couches calcaires qui produisent un nouveau système de coloration; cela s'observe principalement sur les Cyprées et les Olives. Bruguières a très-bien expliqué comment cet acte s'opère, et a reconnu que lorsque le Mollusque est adulte, le manteau, qui est très-vaste, se relève sur le dos de son test calcaire, y dépose la matière solide qui l'épaissit peu à peu, et en même temps la substance colorée que l'on voit en faire l'ornement. Mais comme les endroits du manteau qui fournissent cette dernière ne s'appliquent pas toujours exactement à la même place, on n'observe presque jamais dans ces coquilles un mode de coloration consistant en bandes offrant de vives oppositions de teintes, mais ordinairement des points ou des taches dont la couleur se fond plus ou moins avec la teinte générale (Pl. 34, fig. 3).

La surface de beaucoup de coquilles est recouverte par l'épiderme de la peau, dans laquelle celles-ci se sont développées; c'est cet épiderme, formé par une matière muqueuse ou cornée desséchée, que l'on nomme *drap marin* ou *épiphlose*, qui produit à la surface du test

---

[1] Cyprées.   [2] Argonautes, Limnées.   [3] Ambrettes, Limnées.

me couche plus ou moins épaisse , et qui tantôt est lisse [1] et tantôt se relève en petites lamelles , ou en espèces de filaments semblables à des poils. La lumière , qui colore tous les corps , manifeste puissamment son influence sur les coquilles ; aussi observe-t-on que celles qui se trouvent enveloppées par le Mollusque , sont souvent incolores lorsque celui-ci l'est lui-même. On a remarqué que les individus qui vivent abrités par les éponges sont moins colorés que les autres , et que les espèces qui habitent l'intérieur de certains corps où la lumière ne pénètre pas sont totalement blanches ; cela a particulièrement lieu chez certaines bivalves qui résident à l'intérieur des pierres [2] ; au contraire , les animaux de ce type qui vivent à l'air et fréquentent les lieux éclairés sont ordinairement décorés des plus vives couleurs [3]. Cette loi est si positive, que l'on remarque même que c'est spécialement le côté de l'enveloppe calcaire qui reçoit l'action directe de la lumière qui se trouve revêtu des teintes les plus vives, ainsi qu'on peut le voir sur certaines bivalves fixées [4], où la face supérieure est beaucoup plus richement peinte que son opposée.

Dans ses recherches géologiques , de la Bêche a démontré , par de curieux rapprochements , que la pesanteur spécifique et la solidité des coquilles de plusieurs genres actuellement existants sont en rapport avec les habitudes et avec le séjour des Mollusques pour lesquels elles ont été construites. D'après ce savant, le poids des coquilles terrestres surpasse généralement celui des coquilles habitées par des espèces qui vivent à la surface de l'eau, finalité qui, en permettant au test des Mollusques terrestres d'être plus minces et d'un transport plus facile , le rend cependant plus apte à résister aux intempéries atmosphériques. La coquille la plus dense que l'on ait observée est celle d'une Hélice , et les plus légères qui soient connues sont celles des Argonautes et des Janthines. La pesanteur spécifique de toutes les coquilles terrestres , selon le géologue que nous venons de citer, surpasse celle du marbre de Carrare. Les Mollusques pélagiens ayant moins besoin que les autres d'être protégés par un test solide qui puisse résister aux chocs, c'est surtout chez eux que l'on rencontre les coquilles les plus minces et les plus fragiles.

La manière dont se forme la coquille est un des points les plus intéressants de la physiologie des Mollusques. Quoique cet organe fasse partie de l'animal, on ne doit cependant pas le considérer comme une transformation de la peau occasionnée par le dépôt de molécules calcaires dans les mailles du tissu cellulaire , et il ne résulte pas non plus d'une exsudation de substance solide , produite par la superficie cutanée. La coquille est évidemment déposée entre deux parties de l'être qu'elle abrite , entre le réseau vasculaire de la peau et l'épiderme ; c'est pour cela qu'elle adhère constamment à la partie vitale de l'orga-

[1] Solens.   [2] Pholades.   [3] Hélices.
[4] Spondyles.

nisme ; aussi doit-on se refuser à admettre que certains Mollusques, comme le prétendait Bruguières, pour les Porcelaines, puissent quitter leur test à volonté. D'après cela, on conçoit que les formes de la coquille ou sa densité ainsi que sa coloration, doivent être en rapport avec la configuration ou l'âge du Mollusque qui la confectionne et qui l'habite. En effet, si les bords du manteau sont simples ceux du test le sont de même[1]. Mais si, au contraire, ils présentent des lobes, ou si divers organes se prolongent dans quelque direction, les bords de la coquille font des saillies analogues[2] ; telle est même l'origine des tubes, des tubérosités ou des piquants que l'on remarque à la superficie de la demeure calcaire de ces animaux, appendices qui ont toujours été primitivement canaliculés.

Beaucoup de Mollusques de cette classe portent sur la face dorsale du manteau un organe calcaire ou corné, que l'on appele *opercule*, et qui est destiné à boucher l'orifice du test et à protéger l'animal. Adanson le regardait à tort comme une seconde valve ; celui-ci est évidemment le produit d'une sécrétion de la partie de la peau qui recouvre le pied. Comme le dit de Blainville, cet appendice pourrait fournir de bons caractères de classification, car, selon les genres dans lesquels on l'observe, il diffère non-seulement dans son point d'attache, dans sa grandeur, mais encore par sa forme, sa nature chimique, son mode d'adhérence, et par sa structure.

Le test qui protége le corps des Céphalidiens est nommé *univalve* parce qu'il n'est formé que d'une seule pièce. Il est toujours composé d'une loge unique. Les coquilles des animaux de cette classe prennent différents noms, suivant leur forme ; pour ne nous arrêter qu'aux principaux, nous dirons qu'on les désigne sous l'épithète d'*enroulées*, quand les tours de spire se touchent sans se pénétrer ; de *turriculées*, quand la spire a plus de hauteur que de largeur et que les tours sont bien séparés et distincts ; de *rubanées*, si les circonvolutions de la spire sont plates. Par *ombilic*, on désigne un enfoncement qui est situé entre les tours ; par *columelle*, on entend la colonne centrale de la spire, dont la structure se prolonge souvent sur le bord gauche que l'on nomme, pour cette raison, *bord columellaire*.

Locomotion. — Les Mollusques de cette classe offrent la plus grande diversité dans leurs organes locomoteurs ; ceux-ci devant naturellement varier selon le milieu que ces animaux habitent, présentent d'importantes différences qui les approprient soit à la natation, soit à la marche.

Les Céphalidiens marchent à l'aide d'un organe que l'on nomme *pied ;* c'est une sorte de semelle musculaire, toujours située à la partie inférieure du corps, et offrant une forme alongée, souvent ovalaire ou circulaire. Cet appareil est revêtu d'une peau plus épaisse que celle qui enveloppe les autres régions du Mollusque, et souvent même ses

[1] Hélices.   [2] Ptérocères.

bords sont calleux ; il est formé d'un grand nombre de fibres longitu-dinales [1].

C'est à l'aide de leur pied que ces animaux opèrent leur locomotion sur un plan solide. « Mais l'espèce de reptation qu'ils y exécutent, comme l'a dit de Blainville, ne ressemble nullement à celle des Reptiles, c'est une sorte de glissement produit par des ondulations extrême-ment fines de tous les petits faisceaux musculaires longitudinaux, qui se succèdent du premier au dernier, chacun étant alternativement point d'appui et point fixe pour le suivant. »

Ceux des Mollusques de cette classe, qui s'éloignent des rivages, offrent des espèces de nageoires membraneuses, plus ou moins vastes, qui leur servent à cet effet, et avec lesquelles ils exécutent parfois des mouvements fort vifs. Si leur genre de vie les tient continuellement dans les régions de la haute mer, ils ne présentent point de pied [2]; mais si au contraire, à l'époque de la procréation, ils viennent se fixer vers les rivages pour s'y accoupler et y pondre, on remarque qu'ils offrent à la fois des nageoires latérales et une semelle propre à ram-per [3]. Quelques Céphalidiens pélagiens se meuvent à l'aide d'espèces de nageoires, qui ressemblent à des filaments branchifères disposés en éventail [4].

L'appareil locomoteur des Mollusques de cette classe offre d'assez nombreuses modifications; sur quelques genres, qui sont totalement pélagiens [5], le pied a subi une telle transformation qu'il n'est plus pro-pre à ramper; il représente alors une surface plane, comprimée et verticale, ayant la forme d'une nageoire et qui reçoit des fibres mus-culaires destinées à lui imprimer des mouvements latéraux. A l'aide de cet organe les Nucléobranches se meuvent avec une extraordinaire agilité. Quelques Mollusques, qui vivent presque continuellement sur les plantes marines, offrent une autre disposition adaptée à leur genre d'existence; chez eux le pied se trouve extrêmement long et étroit, et pour mieux saisir les tiges des fucus il est comme canaliculé, de ma-nière qu'il s'approprie exactement à leurs formes et permet à ces ani-maux de glisser facilement sur le plan qui les supporte [6]. Beaucoup de Mollusques de cette classe se meuvent à la surface de l'eau en se te-nant renversés et par une espèce de reptation dans laquelle leur pied ne semble avoir pour point d'appui qu'une mince couche de fluide [7].

Enfin il est quelques Céphalidiens qui restent constamment fixés sur les rochers sur lesquels ils ont été placés en naissant; aussi leur pied est-il dans ce cas à peine musculaire [8].

Système nerveux.—Dans les Céphalidiens la disposition de ce sys-tème se rapproche plus ou moins du type suivant, qui est celui qu'il présente sur la Limace rouge. Il existe deux ganglions cérébraux, si-

[1] Limaces.
[2] Hyales.
[3] Aplysies.
[4] Glauques.
[5] Carinaires, Firoles.
[6] Scyllées.
[7] Limnées, Doris.
[8] Hipponyces.

tués derrière la masse charnue qui environne la bouche, et réunis par
une large commissure. Ces ganglions, que l'on nomme cerveau, envoient deux gros nerfs aux yeux, deux aux tentacules, et divers rameaux à la masse buccale dont deux aboutisssent à deux petits ganglions qui se remarquent sur celle-ci. On découvre en outre deux nerfs
se portant en arrière et en bas, et formant un anneau autour de l'œsophage en s'unissant aux deux ganglions que l'on remarque sous l'origine de ce canal. Ces deux ganglions, qui sont aussi réunis par une
large commissure, donnent un bien plus grand nombre de rameaux
que le cerveau, et ceux-ci, en s'irradiant régulièrement, se distribuent
à toute la superficie de l'animal. Il en naît également des ramifications qui vont se rendre aux différents viscères (Pl. 34, fig. 1).

A mesure que l'on s'avance vers les Céphalidiens inférieurs le système nerveux décline sensiblement, et lorsqu'on l'observe chez les
espèces monoïques on s'aperçoit qu'il tend à représenter l'état qu'il offre
dans les derniers Mollusques ou les Acéphaliens; cela se voit bien dans
les Haliotides, car, à ce que dit Cuvier, on ne rencontre plus chez
elles de ganglion cérébral; mais seulement deux ganglions œsophagiens
latéraux réunis en dessous.

SENS. *Odorat.* — On ne connaît pas encore bien le siége de l'olfaction chez ces animaux; plusieurs naturalistes croient que toute la superficie de leur peau molle a la faculté d'odorer; d'autres pensent que
les Céphalidiens aériens sont les seuls qui jouissent de celle-ci [1], et que
ce sens réside chez eux à l'orifice de la cavité pulmonaire; telle est l'opinion de Carus; selon Tréviranus, au contraire, chez beaucoup de ces
animaux [2], c'est l'intérieur de la bouche qui est le siége de l'odorat.
Enfin de Blainville et Spix, en se fondant sur l'anatomie et les rapports
physiologiques, croient que ce sont les tentacules qui chez ces Mollusques reçoivent l'impression des odeurs; d'après le premier de ces savants la peau de ces organes est même, à cet effet, encore plus molle,
plus lisse, plus délicate que dans aucun autre endroit, et le nerf qui
s'y rend est considérable.

Il est assez difficile d'apprécier jusqu'à quel point les Céphalidiens
qui vivent sous l'eau jouissent de la faculté de l'odorat, mais ce sens
est sensiblement développé chez les espèces qui résident sur le sol. En
effet, pendant l'obscurité la plus profonde, celles-ci sont attirées par les
émanations de certains végétaux dont elles se nourrissent, et elles se
dirigent vers eux sans hésitation [3].

Vision. — Presque tous les Mollusques de cette classe offrent des
yeux; ils n'en ont jamais que deux, mais leur position varie; ordinairement ces organes sont situés vers la base des tentacules [4], ou sur leur
partie latérale [5], et chez beaucoup de ces animaux ils sont placés à l'extrémité d'un pédicule qui est analogue à ces appendices [6]; parfois aussi

---

[1] Limaces.   [3] Hélices, Limaces.   [5] Cérithes.
[2] Limaçons.   [4] Porcelaines, Buccins.   [6] Hélices.

ils occupent la région de la nuque [1]. Leur structure est simple. Chez de grandes Volutes, de Blainville a cru distinguer deux petits muscles et une enveloppe fibreuse, et il a reconnu une cornée transparente formée par l'amincissement de la peau, une choroïde noire, et un cristallin volumineux et saillant dans la pupille; Swammerdam dit même avoir observé l'existence de l'humeur vitrée chez les Limaçons. Mais souvent l'organe de la vision de ces Mollusques est si rudimentaire qu'il ne s'offre que sous l'apparence de petites taches noires, et il est alors douteux qu'il leur soit de quelque utilité.

Nous avons reconnu que l'œil de certains Mollusques de cette classe [2] se développait par des granulations roses, qui devenaient brunes, puis ensuite noires et formaient le pigmentum.

A en juger par la structure de l'appareil de la vision, on peut admettre, *à priori*, que cette fonction est peu parfaite. C'est ce qui a lieu en effet, et l'observation le démontre facilement sur plusieurs Céphalidiens terrestres [3]. Cependant quelques espèces aquatiques semblent faire exception; telles sont les Cyprées qui, selon Adanson, ont la vue assez bonne et se guident fort bien à l'aide de leurs yeux, organes que l'on sait être plus développés chez elles que chez les autres groupes de leur classe.

C'est principalement parmi les Céphalidiens pélagiens et errants que l'on observe l'absence d'yeux; ces animaux étant obligés de se tenir renversés à la surface de la mer pour y chercher leur nourriture, ces organes leur eussent été inutiles. Quelques-uns en sont cependant pourvus, mais il est à remarquer que les espèces chez lesquelles cela s'observe recourbent leur extrémité antérieure vers la partie centrale, ce qui permet aux yeux de se diriger en haut [4].

Goût. — Il ne peut pas y avoir de doute sur le siége de ce sens; il réside, comme dans les animaux supérieurs, à l'entrée de la cavité buccale et à sa région inférieure; là on remarque parfois un renflement charnu qui représente la langue, ou une langue longue et dont la surface porte de petits crochets cornés, symétriquement disposés [5] et rappelant les papilles coniques qui hérissent l'organe de la gustation des animaux supérieurs.

Ouïe. — MM. Gaudichaud, Eydoux et Souleyet ont signalé, sur quelques Mollusques et principalement sur les Firoles et les Atlantes, l'existence d'organes qui se présentent sous la forme de points noirs, et qui au microscope ressemblent à une petite capsule dans laquelle se trouvent de frêles cristaux transparents, qui éprouvent des oscillations. En étudiant le développement des Limnées, nous avons reconnu que dans les embryons de 0,60 millimètres on observait, derrière les yeux, deux cavités ovoïdes, renfermant chacune six à huit granules d'une couleur violette claire, et qui, à chaque instant, oscillaient avec vivacité et semblaient même culbuter les uns sur les autres.

---

[1] Aplysies.   [3] Hélices.   [5] Haliotides.
[2] Limnées.   [4] Carinaires.

MM. Gaudichaud, Eydoux et Souleyet soupçonnèrent que cet organe énigmatique devait être un appareil d'audition, et nous-mêmes, nous eûmes une semblable pensée en le découvrant dans les Gastéropodes, mais on doit réellement à M. Laurent la démonstration positive de sa signification physiologique. Ce savant, après avoir étudié cet organe sur un grand nombre de Mollusques, le considéra comme ayant une structure semblable à celle de l'appareil auditif de tous les animaux doués de l'ouïe, et il émit que sa situation et sa connexion avec le système nerveux central ne diffèrent point de celles de l'appareil de l'ouïe des Céphalopodes.

D'après ce qui précède, les Mollusques céphalidiens, regardés jusqu'alors comme n'ayant point d'organes auditifs, posséderaient donc ceux-ci; nous nous associons totalement à cette idée. Cependant, Swammerdam, et Lechmann qui ont fait quelques expériences sur certains Céphalidiens, les Limaçons, prétendent que ceux-ci n'entendent point.

Toucher. — La plupart des Céphalidiens offrent deux ou quatre tentacules situés à la tête; ces organes ont la forme de tubes ou sont aplatis et souvent très-rétractiles. Dans ce cas ils se trouvent pourvus de fibres musculaires annulaires et longitudinales, et leur cavité présente un filet nerveux, de manière que l'animal les ramène à l'intérieur du corps ou les fait saillir à volonté. Presque dans tout ce type le siége du toucher réside particulièrement dans les tentacules, et presque toujours les yeux sont placés sur un point de la surface de ceux-ci, ce qui n'empêche cependant pas Carus de considérer les quatre tentacules comme étant particulièrement le siége du tact. Il croit aussi que ce sens réside en partie dans le pied sur lequel rampent la plupart des Céphalidiens [1]. Les cirrhes tentaculaires dont les bords du manteau se trouvent parfois pourvus, concourent aussi à la sensation, et de Blainville pense qu'on doit également considérer comme affectés aux mêmes impressions les tentacules aplatis ou frangés que l'on observe autour du pédicule du pied de quelques espèces de cette classe [2] (Pl. 38, fig. 4).

La peau de ces animaux, ainsi que celle des autres Mollusques, se fait remarquer par son extrême mollesse et sa spongiosité. L'épiderme est le plus souvent nul, mais le réseau vasculaire est fort considérable, et le pigmentum colorant possède fréquemment des teintes variées et excessivement vives [3]. A en juger par le nombre de nerfs que l'on voit se rendre à l'organe cutané, on doit penser que sa couche papillaire est assez fournie. Le derme est tuberculeux ou lisse, et se trouve particulièrement caractérisé parce qu'il se confond avec les muscles de la couche sous-jacente; on ne rencontre jamais de véritables poils à sa surface; parfois seulement la partie muqueuse de l'épiderme des coquilles se prolonge en filaments qui rendent celles-ci en apparence pubescentes [4].

---

[1] Patelles.

[2] Nérites, Sabots.

[3] Casque bézoard, Limaces.

[4] Hélice hispide.

Digestion. — La bouche de quelques-uns de ces Mollusques offre deux dents cornées [1] ; mais il en est un bien plus grand nombre chez lesquels il n'en existe qu'une seule [2] ; celle-ci est située à sa partie supérieure ; ses bords sont denticulés, et l'on observe qu'elle ne jouit que de peu de mouvements, la langue étant chargée d'aller à sa rencontre pour couper l'aliment par sa pression sur cet organe. Enfin dans un bien plus grand nombre de Céphalidiens on ne voit aucune trace de véritable dent à l'intérieur de la cavité buccale [3].

Souvent à la région inférieure de celle-ci on trouve une langue qui n'est jamais exsertile ; cet organe n'offre que peu d'étendue chez les espèces qui possèdent une dent, mais au contraire on le voit acquérir une extraordinaire longueur sur un grand nombre de celles qui en sont privées. Dans ces dernières la langue forme même souvent un long ruban qui se prolonge jusqu'à l'intérieur de la cavité abdominale et s'enroule en arrière en imitant la spirale d'un ressort de montre. La surface de cet organe est hérissée d'un grand nombre de petits crochets cornés, bi ou tricuspides, rangés parfois très-symétriquement et dirigés vers l'intérieur [4].

Dans un grand nombre de Céphalidiens l'œsophage peut se prolonger à l'extérieur ou rentrer dans la cavité buccale, en formant, par sa saillie, une espèce de *trompe* qui possède un système musculaire particulier, destiné à la mouvoir. Chez les individus qui offrent une semblable organisation on ne découvre ni dents, ni langue proprement dites, mais celles-ci semblent remplacées par un certain nombre de crochets cornés, assez profondément enfoncés dans le tube œsophagien pour ne devenir marginaux que lorsqu'il est en partie retourné [5]. D'autres animaux de ce groupe portent également une longue trompe ; mais cet organe est totalement dépourvu de crochets [6].

Le tube digestif varie considérablement sous le rapport de son étendue, du nombre de ses renflements et de sa direction, et chez beaucoup de ces Mollusques il s'échappe du sac général qui enveloppe l'animal pour se prolonger dans les circonvolutions de la coquille en formant ainsi une espèce de hernie [7]. L'œsophage est parfois long et étroit, mais chez quelques groupes phytophages au contraire il offre une ampleur remarquable. L'estomac est souvent simple et assez peu distinct du reste du canal intestinal ; mais quelquefois aussi il se trouve environné de deux muscles épais qui lui donnent l'apparence du gésier des oiseaux [8]. Par une anomalie curieuse on observe aussi que la cavité stomacale de quelques Mollusques de cette classe, est armée d'énormes dents calcaires, semblables à de petites coquilles [9], et que chez d'autres elle présente une douzaine de lames tranchantes comme celle

---

[1] Tritonies.   [4] Cyprées, Cônes, Haliotides.   [7] Buccins, Hélices.
[2] Limacinés, Limnacés.   [5] Buccins.   [8] Limnées.
[3] Porcelaines, Cônes.   [6] Vis maculée.   [9] Bulles.

d'un couteau [1] ; double disposition qui semble évidemment destinée à triturer ou à hacher la substance alimentaire. La terminaison de l'intestin n'est pas toujours la même ; dans la plupart des groupes de cette classe cet organe s'ouvre à droite du corps et en avant [2], mais quelquefois il va aboutir en haut ou en arrière [3].

On conçoit très-facilement le mode de mastication des Céphalidiens qui possèdent une ou deux dents. Dans le premier cas, c'est la langue qui appuie sur l'organe solide, et l'aliment se trouve coupé par celui-ci ; et, dans le second, ce sont les dents qui agissent comme des pinces pour saisir la nourriture. Mais on ne connaît pas encore le mécanisme de la trompe armée de crochets, que portent beaucoup de ces Mollusques ; quelques naturalistes pensent qu'ils peuvent s'en servir pour perforer les coquilles, afin de pénétrer dans leur intérieur et de dévorer l'animal qui y réside. Mais à cet égard l'on n'a pas encore de documents bien positifs ; et l'on n'est pas plus avancé relativement à la manière dont fonctionne la langue garnie d'aspérités, qui se rencontre chez beaucoup de ces Mollusques.

Les différences qui existent dans la structure de l'appareil digestif des Céphalidiens, entraînent aussi des différences dans leur mode d'alimentation. Ils se nourrissent de substances animales ou végétales ; mais on observe qu'ils choisissent celles-ci dans des états variés, et que les uns dévorent leur proie vivante, tandis que les autres ne se repaissent que de chairs ou de végétaux en décomposition. Ceux de ces Mollusques dont la bouche est formée par un siphon, qu'il soit armé ou non d'épines, paraissent tous être carnassiers ; mais il est probable que la structure de cet organe les oblige à se borner aux parties fluides des animaux, car ils n'ont réellement point d'appareil de mastication, et ne peuvent introduire leurs aliments que par une sorte de succion [4]. Les Céphalidiens, chez lesquels on ne rencontre point de siphon et qui n'offrent qu'un mufle proboscidiforme dépourvu de dents [5], paraissent être moins carnassiers que les autres, et même certaines espèces semblent, parmi eux, se contenter de substances végétales en putréfaction [6]. On remarque une tendance contraire dans les animaux de cette classe sur lesquels il existe une forte dent cornée à la région supérieure de la bouche et qui respirent par des poumons ; le plus ordinairement ils se nourrissent de feuilles ou de fruits à l'état frais, et ils en découpent la substance fort rapidement à l'aide de leur armure buccale [7]. Enfin quelques Mollusques de la classe que nous décrivons, moins bien partagés encore sous le rapport de la structure de l'appareil de la mastication, ne semblent vivre que de très-petits animaux [8].

Respiration. — La situation et la structure des organes respiratoires de ces animaux varient infiniment. Ils sont internes ou externes, et

---

[1] Scyllées.   [4] Siphobranches.   [7] Pulmobranches.
[2] Limaces.   [5] Asiphobranches.   [8] Nucléobranches.
[3] Doris.   [6] Cyclostomes.

tantôt on les trouve formés par des branchies ou appendices qui se
plongent dans le fluide ambiant [1] ; et tantôt, au contraire, c'est celui-ci
qui s'introduit dans une cavité destinée à la fonction et qui représente
un poumon [2]. Ces deux dispositions déterminent une grande différence
dans la nature de la respiration des Céphalidiens ; chez les uns, cette
fonction est tout à fait aquatique, et chez les autres, elle devient entièrement aérienne. Cependant, beaucoup de Mollusques de ce groupe,
qui absorbent l'air à l'aide de poumons, n'en vivent pas moins constamment sous l'eau ; mais ils viennent à sa surface ouvrir leur cavité
pulmonaire pour y introduire le fluide atmosphérique [3].

Dans le plus grand nombre des Céphalidiens, l'appareil d'oxygénation
se compose d'une cavité située au-dessous de la partie antérieure du
dos, et au plafond de laquelle se trouvent attachées des branchies [4] ;
chez d'autres, l'organe respiratoire est placé sur un des côtés du corps [5].
On remarque aussi que dans certains Mollusques de cette classe, mais
plus rarement, la fonction qui nous occupe est confiée à des appendices
situés sur les parties latérales de l'animal [6] ou tout autour de celui-ci [7] ;
enfin, il est quelques Céphalidiens qui ont les organes appropriés à
l'oxygénation du sang, disposés symétriquement sur la partie postérieure du dos [8].

La forme de ces organes est fort différente selon les groupes dans
lesquels on les observe. Les branchies de beaucoup de Mollusques de
cette section rappellent assez bien celles des Poissons ; elles sont fréquemment disposées comme des espèces de peignes plus ou moins
alongés [9] ; parfois elles représentent des ramifications arbusculaires [10],
ou de petites houppes [11], et d'autres fois enfin elles sont semblables à
des lanières étalées en éventail [12].

L'examen microscopique des branchies de ces animaux fait découvrir
que ces organes se composent d'une multitude de vaisseaux extrêmement déliés, souvent disposés dans un ordre régulier et formant une
infinité d'anastomoses. L'inspection de la membrane qui tapisse la cavité pulmonaire des Mollusques qui respirent l'air en nature présente
également un nombre immense de capillaires, qui viennent y apporter
ou en enlever le sang qui subit l'action respiratoire.

Lorsque l'appareil respiratoire n'est pas flottant au dehors des Mollusques, et qu'il se trouve contenu dans une cavité intérieure, tantôt
celle-ci s'ouvre par un simple trou qui admet le fluide nécessaire à la
fonction [13], et tantôt il existe un tube, plus ou moins long, destiné à
l'apporter aux branchies [14].

L'appareil d'oxygénation de ces Mollusques offre parfois quelques

<hr>

[1] Siphobranches, Doris	[6] Glauques.	[11] Scyllées.
[2] Hélices, Limnées.	[7] Phyllidies.	[12] Glauques.
[3] Limnées.	[8] Doris.	[13] Hélices.
[4] Siphostomes, Angistomes.	[9] Siphobranches.	[14] Siphostomes
[5] Monopleurobranches.	[10] Tritonies.	

connexions avec d'autres fonctions. Sur un petit nombre d'entre eux, il est formé de lames membraneuses, qui sont appelées aussi à servir de nageoires [1] ; chez d'autres, les branchies se trouvent également destinées à exercer la locomotion, mais elles représentent un éventail dont l'animal fait usage pour frapper le fluide qui l'environne [2]. On observe une particularité différente sur plusieurs Céphalidiens ; leur organe pulmonaire sert aussi aux mouvements qu'ils opèrent dans l'eau, mais par un autre mécanisme. Cet appareil fonctionne comme une espèce de vessie natatoire ; et lorsque ces animaux veulent s'élever, ils distendent sa cavité pour se rendre spécifiquement plus légers, et, au contraire, ils expulsent tout l'air qu'elle contient quand ils désirent plonger ; cela se remarque à loisir sur les Limnées.

Appareil aquifère. — Delle-Chiaje a décrit sous ce nom un appareil qu'il a découvert sur les Mollusques gastéropodes, et qui existe probablement sur tous les autres. Il consiste en plusieurs canaux, qui naissent à l'extérieur du corps de ces animaux, particulièrement autour du pied, et qui se dirigent vers la cavité viscérale, et s'y terminent. Ces canaux sont destinés à absorber l'eau ambiante et à la conduire dans l'intérieur du corps, pour la mettre en contact avec les organes, de manière que ceux-ci sont appelés, en quelque sorte, à exercer une seconde respiration. Ces canaux sont au nombre de cinq sur quelques Haliotides ; on en compte huit dans certains Buccins ; et il en existe dix-sept chez plusieurs Nérites. Quelques naturalistes voient dans cet appareil les premiers rudiments du système lymphatique des animaux élevés.

Circulation. — Le moteur principal de la circulation ou le cœur, est ordinairement situé dans la région dorsale et composé d'un ventricule épais, charnu, et d'une oreillette de forme variable, très-mince. Le premier donne naissance à une ou plusieurs artères, dont les parois sont analogues à de la gélatine dans les grosses espèces, et se trouvent parfois colorées en blanc [3]. Les veines, au contraire, sont excessivement minces. Du reste, la disposition des vaisseaux varie trop pour que l'on puisse donner des généralités sur leur distribution.

Le sang de ces Mollusques est souvent d'un blanc légèrement bleuâtre, et il se fait remarquer par la grande quantité de carbonate calcaire qu'il contient ; celle-ci est telle que ce fluide fait parfois effervescence avec les acides.

La circulation paraît avoir peu d'énergie dans cette classe d'animaux, et quoique le cœur offre des mouvements fort apparents, les artères ne décèlent point de battements sensibles. Cependant il doit être poussé, proportionnellement au volume du Mollusque, une grande quantité de sang dans le système vasculaire, car des expériences microscopiques nous ont démontré que l'organe central de la circula-

----

[1] Clios.
[2] Glauques.
[3] Volutes, Limaces.

tion subissait des contractions et des dilatations considérables pour chasser ou pour recevoir le fluide sanguin. Sur de jeunes Limnées ovales, qui venaient d'éclore, nous avons compté 58 à 60 pulsations du cœur par minute.

Sécrétions. — La peau des Céphalidiens est constamment recouverte d'une grande abondance de mucosités; cependant il est fort difficile d'apercevoir les cryptes qui les sécrètent et qui les versent à la surface de cet organe; ils ne sont bien apparents que sur le bord épaissi du manteau, qui forme une sorte de collier chez les espèces qui se trouvent protégées par une coquille.

La présence d'une certaine quantité d'acide urique ayant été signalée dans ces animaux par Jacobson, il est évident qu'ils doivent posséder un appareil urinaire. Celui-ci a été décrit chez quelques-uns de ces Mollusques par Tréviranus, et il semble que sur plusieurs d'entre eux il soit représenté par un corps glanduleux et une vésicule qui se trouvent aux environs des organes génitaux [1]; de Blainville admet cette opinion. Selon Brandt et Ratzeburg, les cryptes muqueux qui avoisinent la cavité pulmonaire des Hélices des vignes doivent même être considérés comme les analogues des reins.

Les Mollusques qui nous occupent offrent parfois sous leur manteau une cavité ou bourse dans laquelle se sécrète un liquide coloré que l'on a appelé *pourpre* [2], et qui se répand dans l'eau à la volonté de l'animal, et, en l'enveloppant d'un nuage foncé, le dérobe parfois à ses ennemis. Selon quelques zoologistes, et entre autres de Blainville et Tiedemann, cet appareil et le fluide qu'il produit auraient des rapports avec les organes urinaires ainsi qu'avec leur sécrétion.

Reproduction. — Dans ces Malacozoaires, les organes qui concourent à la fonction génitale présentent la plus grande diversité; tantôt les sexes sont portés sur des individus différents [3]; tantôt chaque animal offre l'hermaphrodisme complet, et possède un appareil mâle et un appareil femelle [4]; et tantôt enfin, on ne découvre sur chaque Céphalidien que le sexe femelle [5].

Le premier de ces types organiques se rencontre sur beaucoup d'individus de cette classe. Parmi eux on peut citer comme exemple la structure qui s'observe chez le Buccin ondé. Le mâle offre une glande testiculaire, située très-haut dans la coquille, et d'où naît un canal déférent qui traverse la verge en formant des zigzags; celle-ci, qui est extrêmement grosse et fait saillie vers le cou, peut à la volonté l.º Mollusque se replier dans la cavité respiratoire, et elle se termine par un tubercule que perfore le canal déférent. La femelle présente un ovaire d'où naît un oviducte fort gros, et son orifice vulvaire se découvre en dedans du bord de la cavité pulmonaire.

Le second mode d'organisation, ou l'hermaphrodisme complet, s'ob-

---

[1] Limaces.   [3] Dioïques.   [5] Monoïques.
[2] Murex, Buccins, Aplysies.   [4] Amphioïques.

serve chez les Hélices et les Limaces. Dans ces dernières on rencontre
pour l'appareil du mâle une glande testiculaire noirâtre située très en
arrière entre les lobes du foie (Pl. 34, fig. 1, t) et d'où naît un canal
déférent long et grêle. Ces organes étaient considérés par Cuvier comme
appartenant au sexe femelle et constituant l'ovaire et l'oviducte, mais
contrairement à ce célèbre anatomiste, avec Swammerdam, Prévost,
Tréviranus, Brandt et Ratzeburg, nous les regardons comme représentant le système génital mâle. Celui-ci se termine par une verge fort apparente et qui se retourne comme un doigt de gant au moment de
l'intromission. L'appareil sexuel femelle offre un ovaire blanc, d'une
grosseur considérable, et situé vers la partie moyenne du Mollusque
(fig. 1, o), puis un oviducte. Les mêmes dissidences que nous venons
de mentionner à l'égard de l'appareil mâle ont régné relativement à
celui dont nous parlons. Cuvier le prenait pour une glande testiculaire,
tandis que Swammerdam, Prévost, Tréviranus, Brandt et Ratzeburg
le regardent comme un ovaire, ainsi que nous le faisons nous-mêmes.

Enfin, le troisième type est celui dans lequel on n'a encore reconnu
que des organes femelles ou des ovaires ; nous observons cette organisation dans les Haliotides en particulier. Chez celles-ci, ainsi que dans
les autres Céphalidiens qui offrent la même disposition, l'ovaire et
l'oviducte sont toujours uniques et situés d'un seul côté ; puis le dernier, qui se dirige en avant, et est très-court, s'ouvre dans la cavité
respiratoire.

La physiologie de l'appareil génital des Céphalidiens est mieux connue que celle des autres classes de Mollusques. L'accouplement de quelques-uns a été étudié avec soin [1], et l'on a remarqué que chez le plus
grand nombre le produit de la conception se composait d'œufs qui se
développaient loin de la mère. Il n'est que peu de ces animaux qui
soient vivipares ; chez ceux-ci l'organe femelle présente une dilatation
de l'oviducte, qui fonctionne comme un utérus, et dans laquelle les
œufs stagnent et éclosent et dont les petits sortent vivants [2].

On n'a pas de notions exactes sur l'accouplement des Céphalidiens
dioïques, parce que ceux-ci vivant presque tous dans la mer, jusqu'à
ce moment, on n'a eu que peu d'occasions d'observer leurs mœurs. Il
en est autrement pour la grande tribu des Amphioïques ; on sait que les
amours de beaucoup des Mollusques qu'elle renferme commencent au
retour des chaleurs ; alors on remarque que les organes sécréteurs du
fluide fécondant, ainsi que les ovaires, se gonflent d'une manière manifeste. Puis ensuite les divers individus se recherchent ; et quand ils se
sont rencontrés on les voit un moment s'observer et hésiter à se réunir,
afin de reconnaître s'ils sont arrivés au même point d'excitation, mais
bientôt après s'opère le rapprochement.

Celui-ci a lieu de deux manières. Ordinairement il se produit entre
deux individus qui se suffisent réciproquement et dont chacun est en

---

1 Hélices.   * Paludines vivipares.

même temps l'agent de la fécondation et l'objet de l'imprégnation [1]. Certains Mollusques amphioïques exigent encore des conditions plus difficiles à remplir, et il faut que trois individus se réunissent pour que l'accouplement ait lieu chez un seul, parce que, quoique possédant tous l'hermaphrodisme, la disposition des organes sexuels ne permet pas que deux individus puissent en même temps se féconder. Dans ce trio c'est le Mollusque qui se trouve au milieu qui reçoit la verge du premier et qui agit comme mâle sur le second. Mais dans les lieux où ces animaux sont communs, il s'en ajoute parfois à ceux-ci un fort grand nombre, de manière qu'il se forme une chaîne d'une étendue considérable composée d'individus qui tous, à l'exception du premier et du dernier, ont leurs deux sexes employés à la fécondation [2]. Il n'est pas besoin de dire que, dans la section des Céphalidiens qui ne possèdent que le sexe femelle, on ne remarque pas d'accouplement [3].

Œufs.—Beaucoup de Mollusques de cette section ont le soin de placer leurs œufs dans un lieu spécial où ils trouvent les circonstances favorables à leur évolution. Un grand nombre de Céphalidiens terrestres les cachent dans les endroits humides et sous les pierres afin d'empêcher l'action du soleil de les dessécher; quelques espèces pélagiennes qui flottent constamment à la surface de la mer, les attachent avec précaution autour de leur coquille.

Les œufs sont presque toujours émis à l'extérieur et se développent soit sous l'eau, soit sous l'influence de l'air atmosphérique. Sur quelques espèces seulement, comme nous l'avons dit plus haut, on voit ceux-ci éclore dans une cavité particulière analogue à un utérus, et les petits sortent vivants. Souvent les œufs sont libres; mais parfois la mère les place dans des enveloppes cornées qu'elle empile les unes à la suite des autres [4], ou elle les environne d'une couche gélatineuse abondante [5]. Cette dernière est d'abord appelée à les protéger, puis elle devient ensuite un aliment dont les petits font usage au moment où ils éclosent; ils trouvent dans celle-ci, comme je l'ai observé chez les Limnées, une substance appropriée à leurs organes, soit par sa nature, soit par les nombreux animalcules infusoires qui s'y sont développés durant leur évolution.

La configuration des œufs de ces Mollusques n'offre que très-peu de diversité; presque toujours ils sont sphériques [6] ou ovoïdes [7], et chez quelques espèces seulement on remarque qu'ils se trouvent supportés par un pédicule dont les dimensions varient [8]. Les uns sont enveloppés d'une véritable coque calcaire, et par celle-ci, ainsi que par leur grosseur, ils ressemblent aux œufs de quelques petits oiseaux. Cette organisation s'observe particulièrement sur certains Céphalidiens terrestres [9]; mais un grand nombre de Mollusques de cette classe n'ont leurs œufs pro-

---

[1] Hélices, Limaces.	[4] Fuseaux.	[7] Limnées.
[2] Limnées, Planorbes.	[5] Limnées, Planorbes.	[8] Buccins.
[3] Monpiques.	[6] Limaces.	[9] Bulimes ovales.

tégés que par une membrane mince et transparente , qui laisse voir l'albumen et le vitellus à travers ses parois.

Embryogénie. — Certains Mollusques offrent des œufs dont le vitellus , presque à l'origine de son évolution , est animé de mouvements gyratoires extrêmement remarquables. Swammerdam les avait déjà découverts sur la Paludine vivipare à l'époque où les embryons , pris sur la mère , n'étaient pas plus gros qu'une tête d'épingle ; ces mouvements furent ensuite reconnus sur la Limnée stagnale par Stiebel , dont les observations sont mentionnées dans les archives de physiologie de Meckel ; puis , en 1823 , Hugi eut occasion d'en constater l'existence dans l'Isis , et une année plus tard, Carus les étudia avec beaucoup de soin , et les fit connaître avec détail. Après ces savants , MM. Vanbeneden et Windishmann s'occupèrent , à l'étranger, du développement des Hélices , et M. Mortier reprit celui des Limnées , tandis qu'en France , MM. Laurent, Jacquemin et Quatrefages s'adonnaient également à l'étude de l'embryogénie de ces divers Mollusques , et que nousmême nous y ajoutions quelques faits nouveaux.

Nos recherches spéciales nous ont conduit à reconnaître que le vitellus des Céphalidiens était , comme celui des autres animaux , composé de vésicules primaires ; et dans un mémoire , inséré dans les Annales françaises et étrangères d'Anatomie et de Physiologie , nous avons démontré , par la voie de l'observation et de l'expérience , que le vitellus des Limnées ovales était composé seulement de six cellules ou vésicules primitives. En suivant le développement de l'œuf de ces Mollusques , et en assistant, pour ainsi dire, à toutes les phases de leur évolution , à l'aide d'un microscope solaire , afin de pouvoir prolonger, sans lassitude , nos observations , nous avons reconnu que ces vésicules se multipliaient successivement , et qu'elles composaient évidemment la masse du foie.

Dans un écrit dont nous espérons terminer les figures au printemps prochain , nous pensons pouvoir établir ces faits d'une manière positive , et prouver qu'ils sont matériellement acquis pour la science. M. Dumortier, dans son mémoire sur le développement des Limnées , a avancé, mais sans preuves, que les premiers organes qui apparaissaient chez ces Mollusques appartenaient au système glandulaire ; ce fait est positivement vrai , et nous espérons arriver à sa démonstration. Mais il faut le dire , nous sommes loin de nous accorder sur certains points avec ce savant , et les figures que nous avons dessinées nous-même , et avec le plus grand soin , sont souvent fort différentes des siennes.

Sans prétendre que nos observations doivent nullement infirmer ce que d'autres naturalistes ont reconnu à l'égard du développement de quelques Mollusques , nous pouvons assurer que dans les Limnées les analogies que l'on a voulu entrevoir entre le mode d'évolution de leur œuf et celui des animaux élevés n'existent pas. Les six vésicules du vitellus de ces Céphalidiens appartiennent au foie. Chez eux, il n'existe pas de vésicule ombilicale , comme on l'entend ordinairement , car c'est la masse de cet organe qui forme primitivement tout le jaune de l'œuf, et c'est autour de celui-ci que se développent tous les autres appareils vitaux. Les observateurs qui , sans vues , *à priori*, et sans désir de trouver des dispositions spéciales , étudieront les Limnées avec la même patience que nous , le reconnaîtront évidemment.

Les mouvements remarquables que l'embryon des Limnées éprouve dans son œuf se manifestent très-peu de temps après que l'évolution est commencée. Ils consistent d'abord en une simple rotation du vitellus sur son axe ; puis ensuite il s'y joint des mouvements de translation , et enfin des mouvements de contraction qui se produisent dans les organes même de l'embryon. Les premiers nous paraissent en partie dus aux cils qui recouvrent l'ébauche du jeune Mollusque ; plus tard l'eau , en sortant de la cavité pulmonaire , imprime à celui-ci des culbutes rapides, enfin il arrive une époque où le fœtus rampe réellement sous sa coquille mince et transparente.

M. Laurent , dans un mémoire élaboré avec soin , s'est occupé du développement des Limaces , et a reconnu que chez les embryons de celles-ci il existait une lame membraneuse qu'il a nommée avec raison Rame caudale , car il semble , en effet , que cet appendice est pour le jeune Mollusque un véritable organe locomoteur aquatique. Nous avons eu l'occasion d'apprécier la justesse des observations de ce savant consciencieux, mais nous avons aussi reconnu que l'évolution des Limaces ne ressemblait nullement à celle des Limnées , et que , quoique ces deux genres fussent assez voisins, on ne pouvait assimiler leur développement.

Mœurs.—Généralement, aussitôt que la mère est débarrassée du produit de la génération, qu'il consiste en œufs ou en petits vivants , elle l'abandonne au hasard. On ne compte que très-peu de Mollusques qui prennent quelque soin de leur progéniture. Adanson , qui a observé au Sénégal les mœurs de ces animaux , rapporte que la femelle de la Volute gondole recueille ses petits dans les plis de son pied, et les y conserve jusqu'au moment où ils sont assez forts pour n'avoir plus besoin de protection. Ceux de la Paludine vivipare viennent se placer sur la coquille de la mère , à mesure qu'ils sont expulsés , et celle-ci en porte souvent un nombre plus ou moins considérable. Les Patelles ont pour leur progéniture une attention dont je ne sache pas que l'on ait encore parlé. Elles produisent un seul petit à la fois , et, pendant un certain temps, ces animaux le placent sous leur pied, et là , ils le gardent jusqu'à ce qu'il soit assez robuste pour supporter l'effort des vagues. En enlevant des Patelles vulgaires , j'ai eu fréquemment l'occasion de remarquer ce fait , et de découvrir sous leur pied des petits qui avaient d'une à trois lignes de diamètre.

Reproduction des organes. — Les belles expériences de Trembley, sur la reproduction des organes des Hydres vertes, celles de Bonnet , relativement aux Naïs, et enfin celles de l'abbé Dicquemare, sur les Actinies, ayant éveillé grandement l'attention des savants du siècle dernier, ceux-ci voulurent essayer si, sur des êtres plus élevés dans la série animale, les parties amputées se reproduisaient de même. Spallanzani, pour s'exercer, choisit des Mollusques de cette classe; et bientôt il affirma positivement qu'ayant coupé la tête tout entière à des Hélices, celle-ci s'était parfaitement reproduite en peu de temps.

L'assertion du savant physiologiste eut un retentissement considérable parmi les classes éclairées, et bientôt on vit un grand nombre de personnes se mettre à l'œuvre et massacrer une immense quantité de limaçons pour répéter ses expériences. Adanson, après en avoir sacrifié quinze cents, nia que les individus auxquels on avait coupé, non pas la tête entière, mais seulement les tentacules et les mâchoires, reproduisissent ces organes. Valmont de Bomare arriva au même résultat après un assez grand nombre d'essais; Voltaire lui-même, entraîné par l'exemple, devint expérimentateur, mais il ne fut guère plus habile physiologiste que dans une autre circonstance il ne s'est montré géologue profond; il ne réussit nullement.

Au contraire, quelques personnes publièrent avoir été plus heureuses, et assurèrent qu'elles avaient répété avec succès l'expérience de Spallanzani. Telles furent madame Bassi de Bologne, Lavoisier et Schæffer; puis surtout Bonnet et O. Müller, qui donnèrent de grands détails sur ce sujet intéressant. Enfin, en 1808, de nouvelles expériences, qui parurent concluantes à beaucoup de personnes, furent entreprises par M. Tarenne et lui réussirent parfaitement; aussi, celui-ci assura qu'il n'était plus permis de douter que les Limaçons pussent reproduire leur tête tout entière après qu'on en a fait l'amputation. Ce dernier prétendit même que les gens qui n'avaient pas réussi devaient leur insuccès à ce qu'ils n'avaient point mis ces Mollusques dans le cas où ils pussent se nourrir. Il dit que la reproduction de la masse céphalique a lieu environ deux ans après son ablation, et que la nouvelle tête ne diffère de l'ancienne que parce que la peau qui la recouvre est plus blanche et plus mince.

Malgré l'assurance qui règne dans les écrits de ceux qui admettent cette reproduction, nous nous contenterons de rester encore à cet égard dans le doute philosophique. Ayant eu l'occasion de voir des Salamandres reproduire parfaitement leurs pattes, c'est peut-être moins le fait de la régénération de l'organe qui nous embarrasse que le moyen par lequel les Limaçons pourraient se nourrir pour fournir des matériaux alibiles à leur corps après que la section de leur tête a été opérée. En effet, M. Tarenne dit bien que, pour réussir, il faut placer les limaçons dans les circonstances où ils puissent s'alimenter; mais conçoit-on comment ils pourraient réellement le faire quand on a amputé leur dent qui est l'unique agent de la préhension des substances dont ils se nourrissent et qui sert à les découper? Le tronçon béant de l'œsophage pourrait-il la suppléer? Nous en doutons fort, malgré l'autorité des personnes qui disent avoir vérifié ces expériences.

Usages. — Lorsque l'on cherche à pénétrer les harmonies naturelles

qui lient les Céphalidiens aux êtres des autres classes, on reconnaît
bientôt que leur extraordinaire fécondité fait qu'ils contribuent d'une
manière fort remarquable à l'entretien de ceux-ci, et qu'ils sont pour
eux une source inépuisable de nourriture ; non-seulement les vertébrés
en détruisent une quantité prodigieuse, mais encore ils deviennent souvent la pâture des Crustacés et parfois même celle des Insectes. Au contraire, ces Mollusques n'ont presque aucune action sur les groupes des
autres divisions de la série animale, et ceux qui parmi eux sont carnassiers, n'attaquent guère que les espèces de leur propre classe. L'homme
lui même doit être rangé au nombre des êtres qui tendent à limiter ces
Mollusques ; sur quelques plages, les sauvages en consomment une
quantité considérable à leurs repas. La lecture des récits des voyageurs
le confirme manifestement ; Molina le dit pour les habitants des côtes
du Chili ; Adanson, pour les peuplades de l'Afrique occidentale ;
Forster, pour celles des îles de la mer du Sud ; enfin, Péron et
M. Durville constatent également ce fait à l'égard des malheureux habitants de l'Australie. Dans certains pays civilisés, mais pauvres, les
malheureux s'en nourrissent en partie ; à Naples, par exemple, nous
avons vu le peuple manger tous ceux que produit le golfe. Mais, en
général, comme nous le dirons, on préfère les Mollusques de la classe
suivante, qui sont plus tendres et plus savoureux.

Classification. — Les Céphalidiens formant un groupe fort considérable, pour les distribuer naturellement on les a divisés en trois
sous-classes et en treize ordres. Les premières ont pour base la disposition de l'appareil génital, et les seconds sont principalement caractérisés par la structure de l'appareil respiratoire, ainsi qu'on peut
s'en assurer par l'inspection du tableau synoptique qui suit :

CÉPHALIDIENS.

Sous-classes.			*Ordres.*
1° DIOÏQUES. Sexes séparés sur chaque individu.	Cavité branchiale. .	munie d'un siphon.	SIPHOBRANCHES.
		sans siphon.	ASIPHOBRANCHES.
2° AMPHIOÏQUES. Individus hermaphrodites.	Branchies.	nulles ; une cavité pulmonaire. . . .	PULMOBRANCHES.
		antérieures et dorsales.	CHISMOBRANCHES.
		unilatérales, à droite.	MONOPLEUROBRANCHES.
		peu évidentes.	APOROBRANCHES.
		bilatérales, extérieures, nombreuses.	POLYBRANCHES.
		disposées circulairement, nues. . . .	CYCLOBRANCHES.
		lamelliformes, marginales.	INFÉROBRANCHES.
		sur un nucléus dorsal.	NUCLÉOBRANCHES.
3° MONOÏQUES. Un seul sexe apparent.	Appareil respiratoire	en panache filamenteux.	CIRRHOBRANCHES.
		formé par une cavité cervicale. . . .	CERVICOBRANCHES.
		non symétrique, latéral.	SCUTIBRANCHES

CÉPHALIDIENS DIOÏQUES.

Sexe mâle et sexe femelle sur des individus différents.

ORDRE DES SIPHOBRANCHES.

Une ou deux branchies pectiniformes, dont la cavité offre supérieurement un canal tubulé plus ou moins long.

FAMILLE DES SIPHOSTOMES.

Coquille diversiforme, à orifice constamment prolongé en avant par un canal saillant et droit. Animal ayant ses yeux généralement situés à la base de tentacules longs et coniques ; bouche édentée, mais munie d'une trompe longue et extensible, armée de denticules crochus. Opercule corné, lamelleux, subimbriqué.

Les Siphostomes offrent souvent des coquilles qui sont munies à l'extérieur de bourrelets, d'épines ou de tubercules diversiformes, auxquelles on donne parfois le nom de *Varices ;* ces éminences doivent leur origine aux lobes ou laciniures que présente le bord droit du manteau. Le pied est assez court, et l'organe respiratoire se compose de deux peignes branchiaux inégaux. Les Mollusques qui forment cette nombreuse famille sont tous marins ; et comme ils se plaisent sous les latitudes les plus diverses, on en rencontre dans toutes les mers. Ils sont carnassiers et souvent s'alimentent d'animaux de leur type.

PLEUROTOMES. *Pleurotoma.* Coquille fusiforme, turriculée ; bouche ovalaire, offrant un canal ordinairement long, et un bord droit tranchant, entaillé.

On trouve un assez grand nombre de Pleurotomes fossiles dans les environs de Paris, au milieu de terrains plus récents que la craie ; mais les individus vivants ne résident que dans les mers de l'Inde ; le Nouveau-Monde n'en offre point. On en connaît en tout une cinquantaine d'espèces, et plus de la moitié de celles-ci sont fossiles.

FUSEAUX. *Fusus.* Coquille fusiforme ou renflée, sans bourrelets ; columelle lisse ; canal alongé ; bord extérieur tranchant, entier. Animal imparfaitement connu.

Le test de ces Mollusques présente une forme élégante qui fait rechercher leurs nombreuses espèces, vivantes ou fossiles, pour l'ornement des cabinets; on découvre ces dernières dans le calcaire coquillier
qui est plus récent que les couches à Ammonites et que la craie; on en
extrait beaucoup de Grignon. Mais quoique les espèces que l'on trouve
soient nombreuses, on n'en rencontre presque aucune que l'on puisse
considérer comme analogue à celles qui peuplent actuellement nos
mers. Les descripteurs ont mentionné environ quatre-vingts Fuseaux
dont la moitié sont fossiles. L'animal qui habite ces coquilles n'est
qu'imparfaitement connu d'après une figure d'Adanson ; les œufs de
la femelle sont renfermés au nombre de huit ou dix dans des capsules
membraneuses coniques. Le *Fuseau quenouille* est un des mieux caractérisés, et se reconnaît à sa couleur variée de roussâtre.

PYRULES. *Pyrula.* Coquille pyriforme; spire surbaissée; ouverture ovale, grande, columelle excavée ; bord droit tranchant. Animal
inconnu.

On connaît environ trente-cinq espèces de Pyrules, dont six sont
fossiles et ont été rencontrées en France; toutes les autres vivent
dans les mers lointaines, et principalement dans celles des Indes et de
la Chine. La *Pyrule melongène*, qui est commune dans les cabinets,
vient aux Antilles ; elle est zonée de brun et de blanc et armée de
quelques grosses épines.

FASCIOLAIRES. *Fasciolaria.* Coquille fusiforme, renflée, peu
épaisse; canal long, parfois incurvé ; columelle offrant deux ou trois
plis très-obliques; bord droit sans bourrelets. Animal inconnu.

Il n'existe qu'un petit nombre de Fasciolaires, parmi lesquelles cependant quelques-unes sont fossiles et se trouvent à Grignon. Les
autres paraissent être originaires des rivages de l'Amérique, car, quoique Lamarck les indique comme provenant de l'Inde et de l'Océanie,
M. Rang dit n'en avoir jamais rencontré qu'aux environs des Antilles
et il ajoute même que les cabinets des amateurs qu'il a visités à l'île de
France n'en possédaient aucune. Les moindres collections offrent la
Fasciolaire tulipe, grande et belle coquille de cinq à six pouces de
long et marbrée de blanc et de brun.

TURBINELLES. *Turbinella.* Coquille ordinairement turbinée, rugueuse, épaisse ; canal droit, souvent court ; columelle portant deux ou
trois gros plis transversaux ; bord droit tranchant. Animal incomplétement connu.

Ce genre se compose d'une trentaine d'espèces qui proviennent
toutes des mers des régions équatoriales et principalement de celles
de l'Inde ; on en a découvert récemment de fossiles.

TRITONS. *Triton.* Coquille fusiforme, renflée, portant des bourrelets longitudinaux, non épineux, ne se correspondant pas. Animal bien connu.

On ne possède que peu de Tritons à l'état fossile; ils proviennent principalement de Grignon et de l'Italie. Une quarantaine d'espèces sont disséminées aujourd'hui dans les différentes mers du globe, et principalement dans celles des régions équatoriales; la Méditerranée en nourrit quelques-unes. Les mœurs de ces animaux sont probablement semblables à celles des Rochers.

Ces Mollusques étaient connus de nos devanciers, qui leur donnaient le nom de *buccinum*, parce que l'on se servait de la coquille des grands individus en guise de trompette, et les poëtes et les peintres en ont fait l'attribut de certaines divinités marines. A l'exemple des anciens, quelques peuplades indiennes font usage d'une espèce de ce genre pour donner leur signal de guerre, et les bergers africains emploient encore le Triton nommé vulgairement *trompette marine*, pour rassembler leurs troupeaux. Ce dernier, qui est appelé *Triton émaillé*, par les naturalistes, est une des plus belles coquilles univalves, et orne toutes les collections. Il acquiert quelquefois une longueur de 16 pouces, et ses couleurs, qui sont très-vives, se trouvent agréablement émaillées de blanc, de rouge et de fauve. Sa patrie est l'Inde.

Les STRUTHIOLAIRES, que Lamarck considère comme un genre spécial, doivent être rapportées au groupe des Tritons. Elles se distinguent de ceux-ci par leur columelle qui est calleuse.

RANELLES. *Ranella.* Coquille comprimée, portant un double bourrelet longitudinal de chaque côté; un sinus à la réunion postérieure des bords buccaux. Animal inconnu.

Ces Mollusques, par leur organisation, sont intermédiaires aux Tritons et aux Rochers; on n'en connaît que trois espèces fossiles et environ quinze vivantes; ces dernières se trouvent principalement dans les mers des Indes, cependant celles qui nous environnent en nourrissent deux. La *Ranelle géante* est surtout remarquable par le développement qu'elle acquiert; elle habite les rivages de l'Amérique.

ROCHERS. *Murex.* Coquille subovoïde, offrant des bourrelets tuberculeux, épineux ou déchiquetés; ouverture ovalaire, présentant un canal plus ou moins long et droit; columelle portant une lame; bord droit souvent plissé ou ridé. Opercule corné. Animal ayant un manteau vaste et dont le bord droit est ordinairement frangé; pied arrondi; deux tentacules longs et rapprochés; bouche armée de denticules remplaçant la langue.

Le genre Rocher renferme un grand nombre d'espèces, et, comme celles-ci offrent souvent un aspect agréable et une vive coloration, elles font l'ornement des collections. On en connaît à l'état fossile et à l'état vivant; les premières ne se rencontrent en général que dans les couches plus nouvelles que la craie; à l'exception d'une seule espèce, toutes se trouvent parmi le calcaire grossier ou dans les terrains qui le représentent. On découvre de ces Mollusques dans toutes les mers, mais on observe que les coquilles de ceux qui proviennent des régions chaudes sont décorées de bourrelets ou de varices plus amples et plus ramifiées.

Belon et quelques commentateurs ont pensé que les coquilles appelées *Kerix* par Aristote n'étaient autre chose que nos Rochers, et l'on a professé aussi que c'étaient eux que Pline nommait *Murex*. Mais, au contraire, il paraît, d'après une dissertation de Rondelet, que les espèces du genre que nous décrivons étaient celles que les anciens désignaient sous le nom de *Pourpres ;* Aldrovande et Tournefort partagent cette opinion. Klein, le premier, transposa ce nom et appela *Murex* les Pourpres des premiers observateurs ; puis Linnée l'imita.

Quelques-uns de ces Mollusques sont édules ; le *Rocher fascié*, regardé, par Fabius Columna, comme la Pourpre des anciens, est dans ce cas, et se mange sur les rivages de l'Italie ; il fournit une grande abondance de substance colorante. Ce grand genre, qui renferme environ cent espèces tant fossiles que vivantes, a été subdivisé en plusieurs coupes secondaires, parmi lesquelles les Bécasses, les Brontes, les Triptères, les Chicoracés et les Buccinoïdes sont les principales.

Les **BÉCASSES** offrent un tube fort long et épineux. Le *Rocher forte épine*, que nourrit l'océan Indien, peut être regardé comme le type de ce sous-genre ; c'est lui que les collecteurs désignent sous le nom de grande Bécasse épineuse ; on doit aussi y ranger le *Rocher droite épine*, qui habite la Méditerranée et que les amateurs nomment *petite massue d'Hercule ;* c'était lui que Rondelet considérait comme le Mollusque qui fournissait la teinture pourpre des anciens, et Cuvier a adopté son opinion (Pl. 25 , fig. 1).

Les **BRONTES** portent aussi un tube fort long, mais celui-ci est dépourvu d'épines ; on peut citer parmi cette division le *Rocher tête de Bécasse* qui provient de l'océan Indien.

Les **TRIPTÈRES** ne possèdent que trois varices. On peut regarder comme type de ce groupe le *Rocher acanthoptère*.

Les **CHICORACÉS** offrent, comme le sous-genre précédent, trois varices longitudinales, mais celles-ci sont ramifiées, caractère différentiel qui se voit bien sur le *Rocher brûlé* que l'on rencontre dans les mers de l'Inde, et dont la coquille est noire et comme charbonnée.

Enfin, les **BUCCINOÏDES** sont des Rochers plus globuleux et dont la spire et le canal sont plus courts que dans les autres ; en outre ils ont le dernier très ouvert et leur ouverture est évasée, tel est le *Rocher râpe*.

FAMILLE DES ENTOMOSTOMES.

Coquille diversiforme, échancrée en avant, sans canal antérieur, ou à canal très-court, brusquement infléchi. Opercule corné, unguiforme. Animal à manteau sans lanières et pourvu en avant de la cavité respiratrice d'un long canal découvert ; pied court ; deux tentacules seulement, portant ordinairement les yeux vers leur partie moyenne.

Ces Mollusques habitent généralement la mer ; il en est cependant quelques-uns qui fixent leur séjour à l'embouchure des fleuves et d'autres, mais en petit nombre, vivent même dans les eaux de ceux-ci. Cette famille a de grands rapports avec les précédentes, tant pour l'animal que pour la coquille ; le premier porte aussi une bouche édentée et prolongée en trompe armée de crochets. Les appareils respiratoires et génitaux sont aussi ordinairement les mêmes.

La famille des Entomostomes comprend un assez grand nombre de genres, et de Blainville l'a divisée en petits groupes d'après la forme des coquilles et en allant de celles qui sont le plus turriculées vers celles qui le sont le moins, et dont l'aspect devient analogue à celui des Patelles. La première section comprend les espèces Turriculées ; la seconde les Turbinacées ou dont la spire est médiocrement alongée ; la troisième les Ampullacées ou celles dont la coquille est globuleuse et enfin la quatrième, celles qui sont Patelloïdes ou dont la coquille est large et plate.

CÉRITES. *Cerithium.* Coquille conique, très-alongée, turriculée, ordinairement tuberculeuse ; ouverture petite, oblique ; canal court, non échancré. Opercule corné ovale. Animal très-alongé et spiral ; manteau formant un canal au côté gauche, mais sans tube distinct ; mufle proboscidiforme, recouvert d'un voile souvent frangé ; tentacules distants, annelés, portant les yeux à la partie moyenne ; bouche édentée offrant une petite langue ; une seule branchie.

Les Cérites sont les Céphalidiens dont on connaît le plus d'espèces fossiles ; la France, l'Angleterre et l'Italie en fournissent à elles seules plus de deux cents. Presque toutes se rencontrent dans les plus nouvelles formations, et M. de France dit n'en avoir jamais observé parmi les terrains anciens ; cependant M. de Gerville rapporte avoir recueilli plusieurs espèces de ce genre dans les couches remplies d'Ammonites et de Bélemnites, qui se trouvent aux environs de Bayeux ; M. Deshayes dit aussi que c'est à tort que les géologues ont cru qu'il n'existait point de Cérites parmi les terrains secondaires et qu'il est positif que l'on en découvre dans la craie inférieure et l'oolithe.

La Cérite géante est la plus remarquable espèce fossile que l'on puisse citer; elle est commune dans le calcaire coquillier des environs de Paris, et elle forme des lits si abondants parmi les falunières de Hauteville, que dans leurs environs on emploie parfois cette belle coquille pour ferrer les routes; celle-ci est vraiment le géant de la conchyliologie; elle parvient jusqu'à une longueur de deux pieds, et M. Deshayes en possède un individu de cette taille dans sa collection. A mesure que l'animal grandissait, il se portait vers la région antérieure de son test, et formait derrière lui des cloisons qui l'isolaient de la partie postérieure de sa spire. Lorsque cette Cérite était parvenue à un certain âge, elle laissait traîner le bout de sa coquille sur le sol, et les frottements que celle-ci éprouvait pendant que l'animal marchait, usaient lentement son extrémité pointue. Quand l'accroissement était terminé, l'usure ne se produisant plus que d'un seul côté, il arrivait un moment où elle devenait telle, que la coquille s'ouvrait en arrière, comme si l'on en avait scié obliquement un bout, et alors on voyait sa columelle à découvert; mais le Mollusque n'en souffrait cependant pas, car, comme nous venons de le dire, il se portait en avant à mesure que son test se développait, et son corps y était protégé par les cloisons. Cette usure doit faire admettre que la Cérite géante prolongeait son existence un grand nombre d'années, car il a fallu un temps considérable pour qu'une aussi dure coquille pût s'user ainsi, elle qui était en partie portée par son constructeur, et dont le poids se trouvait énormément diminué par le milieu où vivait ce dernier. Lamarck et M. de France ont pensé que cette espèce se rencontrait encore à l'état vivant, soit dans les mers de l'Australie, soit dans celles du Sud; mais c'est une erreur. Le premier de ces savants fut, à ce qu'il paraît, dupe d'une supercherie de Montfort.

Les Cérites contemporaines sont répandues dans toutes les mers; elles se plaisent particulièrement sur les fonds vaseux ou sablonneux qui avoisinent l'embouchure des fleuves, et quelques espèces séjournent même dans l'intérieur de ceux-ci, mais seulement, à ce qu'il paraît, jusqu'à l'endroit où les eaux de la mer parviennent. Une seule semble cependant essentiellement fluviatile. On connaît une soixantaine de Cérites vivantes que les conchyliologistes ont subdivisées en plusieurs sous-genres : les Cérites proprement dites, les Chenilles, les Tristomes, les Nérinées et les Potamides sont les seuls fondamentaux.

Les **CÉRITES PROPREMENT DITES** possèdent un petit canal court et recourbé vers le dos. *La Cérite buire*, vulgairement appelée Chenille blanche, qui provient de l'océan Indien, est une espèce caractéristique de cette division.

Les **CHENILLES** n'ont qu'un petit canal droit et offrent un sinus bien formé à la partie postérieure de l'ouverture buccale. Telle est la *Cérite chenille*.

Les **TRISTOMES** présentent une ouverture divisée en trois par la fermeture du tube court antérieur et celle du sinus postérieur; caractère qui s'observe sur la *Cérite tristome*.

Les **NÉRINÉES** se distinguent des divisions précédentes en ce qu'elles ont une spire à tours plats et rubanés, puis un petit canal droit et un ombilic profond ; en outre on remarque chez elles deux plis décurrents à la columelle et un au bord droit. La *Cérite nérinée*, qui est fossile, est le type de ce sous-genre.

Les **POTAMIDES** n'offrent point de canal et elles ont à la place de celui-ci une simple échancrure ; puis leur bord droit se dilate beaucoup avec l'âge. La *Cérite cuiller*, qui est la seule espèce fluviale, est caractéristique de cette division dont M. Brongniart a fait un genre.

MÉLANOPSIDES. *Melanopsis*. Coquille fusiforme ou conique, alongée ; spire de six à quinze tours ; columelle torse, solide, calleuse, tronquée à sa base et séparée du bord externe par un sinus. Opercule corné.

Ce groupe a été institué pour des Mollusques fluviatiles qui, à cause de leur columelle tronquée et calleuse, ne peuvent être placés avec les Mélanies. On les subdivise en deux sections, les Mélanopsides proprement dites et les Pyrènes.

Les **MÉLANOPSIDES PROPREMENT DITES** n'ont qu'un seul sinus au bord postérieur de l'ouverture.

Les **PYRÈNES** offrent deux sinus au bord extérieur de l'ouverture. Elles forment un genre spécial pour Lamarck.

PLANAXES. *Planaxis*. Coquille ovale, conique, sillonnée transversalement ; columelle aplatie et tronquée ; bord droit épaissi par une callosité et sillonné ou rayé en dedans. Opercule corné. Animal inconnu.

Ce genre ne renferme que six espèces vivantes qui se trouvent dans l'Inde, à l'île de France et aux Antilles.

ALÈNES. *Subula*. Coquille turriculée, pointue, non épidermée, à spire lisse, rubannée ; ouverture largement échancrée en avant ; bord columellaire portant un bourrelet oblique ; bord droit tranchant. Opercule à éléments lamelleux, comme imbriqués. Animal à tentacules très-petits ; yeux situés au sommet de ceux-ci ; trompe sans crochets.

Ce genre a été établi par de Blainville d'après l'examen de l'animal de la Vis tachetée, qui a été rapporté par MM. Quoy et Gaimard (Pl. 36, fig. 3). Ce savant le compose d'une grande partie des Vis de Lamarck, et y comprend toutes celles dont la coquille est très-élevée, à spire fort pointue et à tours rubannés. Presque toutes les espèces appartiennent aux mers de l'Inde et de l'Australie ; on n'en connaît qu'un petit nombre de fossiles.

VIS. *Terebra*. Coquille ovalaire, à spire aiguë, assez peu élevée ou subturriculée ; ouverture large, ovale, fortement échancrée ; columelle offrant un bourrelet oblique. Opercule nul. Animal muni de deux

auricules latérales ; tête bordée d'une frange ; tentacules pointus , fort
distants ; yeux situés à l'origine de ceux-ci ; bouche sans trompe.

Les observations de de Blainville ont restreint le genre Vis de Lamarck aux espèces qui, par leur forme générale, ont quelques res-
semblances avec les Buccins , parce qu'il suppose que leur animal est
analogue à celui du Miran d'Adanson , qui en est le type, et diffère
beaucoup de celui des Vis subulées qui doivent former désormais le
genre Alène. Les Vis paraissent appartenir toutes aux mers des contrées tropicales ; on en connaît de fossiles.

ÉBURNES. *Eburna.* Coquille lisse , à spire aiguë , dont les tours
sont confondus, adoucis ; columelle calleuse , ombiliquée postérieurement. Animal à pied large.

Ces coquilles sont originaires des mers de l'Inde et de la Chine , on
n'en connaît encore que quatre espèces auxquelles il faut rapporter
quelques variétés figurées par Sowerby comme étant des espèces nouvelles. On en possède actuellement de fossiles. L'*Éburne alongée*, qui
est très-recherchée par les amateurs et qu'ils désignent sous le nom d'*i-
voire*, se distingue des autres espèces par sa couleur et son poli qui lui
donnent l'apparence de cette substance.

BUCCINS. *Buccinum.* Coquille ovalaire, alongée, à spire médiocrement élevée ; ouverture ovale , fortement échancrée antérieurement et sans canal ; columelle non aplatie. Opercule corné , à éléments subconcentriques. Animal à manteau simple ; siphon branchial
très-long , saillant ; bouche à trompe rétractile armée de crochets.

On découvre des Buccins dans toutes les mers, mais celles qui baignent les régions les plus chaudes du globe fournissent les espèces les
plus brillantes en coloration. Ils vivent ordinairement parmi les rochers et quelquefois on en rencontre sur ceux-ci un nombre considérable. On ne connaît que peu d'espèces fossiles, et selon M. de France,
toutes appartiennent au calcaire coquillier ; elles proviennent spécialement des terrains de Grignon et de l'Angleterre , et dans ce dernier
pays on trouve des dépôts qui renferment quelques espèces que l'on
rencontre également à l'état vivant sur les rivages.

Aristote paraît avoir bien connu les mœurs des Buccins , et rapporte
quelques observations intéressantes sur celles-ci. Il nous apprend que
ces animaux se servent de leur trompe pour percer les coquilles afin
de se nourrir des Mollusques qui les habitent. Cet immortel philosophe
parle aussi de la masse membraneuse dans laquelle les Mollusques qui
nous occupent déposent leurs œufs ; il la désigne sous le nom de *cire*
parce qu'il la compare au gâteau des Abeilles , avec lequel , en effet
elle offre quelques rapports par les petites cellules qui la divisent.

L'anatomie de ces Entomostomes fut ébauchée par Lister qui s'occupa spécialement de celle du Buccin ondé ; mais ses planches ne sont
pas suffisamment claires et elles manquent de détails importants. On

doit à Cuvier une nouvelle description anatomique de cet animal, et il l'a traitée avec toute sa supériorité de talent. Ce savant a reconnu que celui-ci est surtout remarquable par le développement de sa trompe qu'il peut alonger au dehors ou cacher dans l'intérieur de sa coquille ; cet organe est occupé par une langue cartilagineuse, armée d'épines crochues ou aiguës ; et selon Cuvier, c'est à l'aide des mouvements de celle-ci, favorisés peut-être par la vertu corrosive de leur salive, que les Buccins entament et percent les autres coquilles. Le test des femelles est généralement plus gros et plus ventru que celui des mâles, et ces derniers sont pourvus d'un appendice excitateur d'une grosseur énorme, et qui, dans l'état de repos, se trouve placé sous le bord droit du manteau. Les œufs des Buccins sont ordinairement réunis en masse ; et ils se trouvent parfois transportés par les vagues à des distances fort éloignées du lieu où la femelle les avait déposés, ce qui fait, selon M. Kiener, que l'on observe souvent les mêmes espèces dans des climats fort différents.

Les Buccins doivent être rangés parmi les Mollusques dont l'emploi remonte jusqu'à l'époque de l'antiquité. Comme ils contiennent une liqueur propre à la teinture on s'en servait aussi pour obtenir la couleur pourpre si célèbre autrefois ; selon Aristote, c'était au printemps qu'on les pêchait pour l'usage des arts, et ils disparaissaient des rivages durant les jours de la canicule. Ces Mollusques fournissent un aliment abondant à l'homme ; d'Acosta dit que de son temps on mangeait beaucoup de *Buccins ondés*, et que l'on en vendait dans tous les marchés de la Grande-Bretagne ; la même coutume existe encore en France, et il s'en débite considérablement dans ceux des villes maritimes de la Normandie ; nous avons parfois rencontré les pêcheurs qui y en portaient des paniers. Anciennement, quelques-uns de ces Mollusques étaient même employés en médecine ; selon Ruysch, en Hollande on en faisait une espèce de bouillon que l'on considérait comme excellent contre les catarrhes pulmonaires.

Ce genre nombreux a été diversement divisé par les conchyliologistes. M. Kiener, qui le considère comme composé de cent et une espèces vivantes, partage celles-ci en groupes qui ont pour base l'analogie des formes et auxquels il donne les noms suivants : Buccins vrais, Buccins turriculiformes, Buccins tritoniformes, Buccins harpiformes, Buccins colombelliformes, Buccins nasses, Nasses scalariformes, Nasses casquillons, et Nasses cyclopes.

HARPES. *Harpa*. Coquille ovoïde, très-bombée, offrant des côtes longitudinales, parallèles, formées par le bourrelet persistant du bord droit ; spire très-courte, à dernier tour énormément plus grand. Opercule nul. Animal à pied très-long ; tentacules assez alongés, portant les yeux sur leur partie moyenne ; trompe nulle.

Les belles et élégantes coquilles qui composent ce genre doivent, sans doute, le nom de Harpes au rapprochement que l'on a établi entre leur forme et celle de l'instrument de musique qui était ainsi appelé dans l'antiquité. Ce groupe ne renferme que peu d'espèces; deux sont fossiles et se trouvent en France ; celles que l'on connaît à l'état vivant, et dont le nombre ne s'élève pas au delà de cinq , se rencontrent en abondance dans les parages des mers de l'Inde et du Japon , ainsi que dans la mer Rouge. On les découvre spécialement dans les anfractuosités des rochers et sur des fonds rocailleux où les inégalités en entravent la pêche.

Il n'y a que peu de temps que l'on connaît l'animal qui construit ces coquilles. On doit à M. Reynaud les premières notions que l'on ait eues sur son anatomie , et dans la suite , MM. Quoy et Gaimard ont complété ses travaux et fait figurer tous les organes. Ce Mollusque est très-agile ; et lorsque quelque ennemi le menace , il rentre ses parties charnues dans sa coquille ; mais comme son pied est énorme et extrémement épais , ainsi que l'avait déjà reconnu Born , il ne peut être entièrement abrité par le test et forme une espèce de bourrelet à l'extérieur de celui-ci. Il est vrai que la partie qui reste au dehors est dure et musculaire , et qu'elle bouche assez exactement l'ouverture de la coquille , de façon à protéger tous les organes essentiels qui y sont rentrés ; mais lorsque le danger qui menace la Harpe devient plus pressant, celle-ci se contracte avec plus de force, rompt la portion de son pied qui est en péril et l'abandonne à son ennemi; après cela, elle peut s'enfoncer totalement dans sa coquille, et en appuyer les bords sur le sol, de manière à braver au-dessous d'elle toutes les attaques. Cette particularité , dont la connaissance est due aux naturalistes que nous venons de citer, rendait inutile l'existence d'un opercule , puisqu'il eût été nécessairement entraîné par la rupture du pied. Les Mollusques de ce genre paraissent se nourrir de substances molles et tenues.

La *Harpe ventrue* , qui vit dans les mers qui baignent l'Inde et les îles de France et de Bourbon , est une belle espèce fort commune dans les collections.

TONNES. *Dolium*. Coquille fort mince , subglobuleuse , très-ventrue , cerclée de côtes transversales ; bord droit crénelé. Opercule nul. Animal énorme , pouvant à peine tenir dans sa coquille , et analogue à celui des Pourpres.

Les collections des curieux ne renferment que de rares échantillons de Tonnes fossiles; cependant Brocchi dit que dans le Plaisantin on en rencontre plusieurs espèces. Ces Mollusques appartiennent aujourd'hui aux bassins maritimes équatoriaux ; un seul d'entre eux provient de la Méditerranée : ils se rencontrent particulièrement dans les eaux vives et sur les fonds rocailleux. On en connaît seulement huit espèces. Les coquilles de ces Céphalidiens atteignent parfois un accroissement remarquable , et parviennent même à la grosseur de la tête d'un homme ; leur forme bombée et leurs côtes transversales rappellent l'image d'une tonne , et c'est de là qu'elles tirent leur nom générique. L'animal qui les habite est généralement peint de teintes diverses, disposées par bandes ou par taches. Parmi ce groupe, on doit remarquer la *Tonne perdrix*, qui est ombiliquée, à côtes peu saillantes, tachée de blanc sur un fond fauve, et qui se trouve dans les deux mondes.

CASSIDAIRES. *Cassidaria*. Coquille ovoïde, tuberculeuse ou cannelée; spire courte, pointue; ouverture étroite, à canal antérieur peu recourbé; columelle calleuse, ordinairement granuleuse et ridée; bord droit rebordé. Opercule corné. Animal semblable à celui des Casques.

On a décrit dans ce genre six espèces fossiles et environ un pareil nombre de vivantes; ces dernières se rencontrent dans presque toutes les mers, excepté dans celles du Nord. Les Cassidaires ne diffèrent des Casques que parce que leur canal se recourbe doucement et non brusquement comme dans ces derniers. Ainsi que le dit de Blainville, y a-t-il dans ce caractère quelque chose de suffisant pour former un genre? C'est ce que nous sommes loin de penser, d'autant plus que l'animal qui forme ces deux groupes de coquilles est tout à fait semblable.

La *Cassidaire échinophore*, qui a environ deux pouces de longueur, vit dans la Méditerranée et se rencontre sur les rivages de la Provence; Olivi assure qu'elle répand une grande quantité de liqueur pourprée quand on la place sur des charbons ardents; aussi ce savant regarde-t-il ce Mollusque comme celui qui fournissait le plus de matière pour la teinture en pourpre des anciens. Brocchi dit que cette espèce se rencontre aussi à l'état fossile dans les collines sub-apennines.

CASQUES. *Cassis*. Coquille aplatie en arrière ou à spire peu saillante; ouverture longue, terminée antérieurement par un canal fort court, échancré et brusquement recourbé en arrière; columelle ordinairement plissée. Bord droit rebordé. Animal des Buccins.

Les coquilles de certaines espèces ont une grande ressemblance avec la coupe d'un casque, et leur canal recourbé, rabattu en arrière en figure assez bien le cimier, c'est de là que provient leur nom. Ce genre contient seulement cinq espèces fossiles, et vingt-six qui sont contemporaines; ces dernières habitent principalement les mers des régions équatoriales et surtout celles de l'Inde; on en rencontre cependant trois dans la Méditerranée. Ces Mollusques se plaisent particulièrement sur le sable et quelquefois ils s'enfoncent sous celui-ci et s'y cachent complétement; ils sont très-carnassiers. La coquille de quelques espèces acquiert un volume et une épaisseur considérables. On l'emploie pour confectionner des objets de parure; c'est ordinairement sur les fragments de celle du Casque rouge que l'on exécute les fines sculptures que l'on nomme camées et dont on fait un commerce considérable à Rome.

Un savant étranger, M. Samuel Stutchburg, a fait observer dernièrement que le Casque rouge diffère de la plupart des autres espèces en ce qu'il ne forme pas sa bouche à divers âges, et qu'il n'a par conséquent pas de bourrelets sur sa spire; selon lui, l'animal de cette espèce ne porte jamais d'opercule, puis il ressemble beaucoup à celui des Cyprées, dont il diffère seulement en ce que les deux lobes de son manteau ne recouvrent pas tout le dos de la coquille. Ce sont ces considérations qui ont porté ce naturaliste à former sous le nom de *Cypræcassis*, un genre spécial pour cette coquille dont l'aspect s'éloigne en effet de celui des autres Casques. Si ses assertions se vérifient, il deviendra peut-être nécessaire de rapprocher ce genre des Porcelaines et de le partager en deux sections, les Casques proprement dits et les Cyprécasques qui seront ainsi caractérisés.

Les CASQUES PROPREMENT DITS se distingueront par les bourrelets qui garnissent ordinairement leur spire, par leur bouche presque toujours assez large et par leur animal muni d'un opercule. On pourra citer comme l'un de leurs types, le *Casque bézoard* ou *glauque* qui réside dans l'océan Indien (Pl. 36, fig. 4).

Les CYPRÉCASQUES auront pour caractères une spire dépourvue de bourrelets; une ouverture extrêmement étroite, une columelle considérable, renflée, et un Mollusque privé d'opercule.

CANCELLAIRES. *Cancellaria.* Coquille ovalaire ou subglobuleuse, réticulée, à spire courte, aiguë; ouverture semi-ovale, échancrée ou subcanaliculée en avant; columelle presque droite, offrant deux ou trois plis très-saillants. Opercule corné. Animal des Pourpres.

On n'a encore découvert que sept espèces de Cancellaires fossiles, et pour la plupart elles ont été rencontrées en France. Les collections n'en renferment guère qu'une douzaine de contemporaines, et leur patrie est généralement mal connue; on sait seulement que quelques-unes proviennent des mers de l'Inde et du Sénégal.

POURPRES. *Purpura.* Coquille diversiforme, épaisse, ordinairement ovoïde; ouverture ordinairement très-évasée; columelle aplatie, finissant en pointe; un canal court, inclus, échancré. Opercule corné. Animal à pied grand; tentacules assez longs, coniques, portant les yeux vers leur partie moyenne; trompe longue; organe excitateur généralement volumineux.

Jusqu'à ce moment on n'a découvert que fort peu de Pourpres fossiles, et celles ci n'ont été rencontrées que dans des couches plus récentes que la craie; mais ce genre est riche en espèces contemporaines; toutes les mers en nourrissent, cependant on observe que celles qui baignent les plages des pays chauds en possèdent un bien plus grand nombre, et que ce sont elles qui offrent les plus volumineuses. Ces Mollusques résident ordinairement dans les anfractuosités des rochers et sur les endroits couverts de fucus; dans quelques localités ils pullulent d'une manière si prodigieuse qu'on les réunit en gros tas afin d'en faire de la chaux dont on se sert pour amender les terres ou pour les constructions.

Selon de Blainville, l'organisation des Pourpres ne diffère presque
en aucune manière de celle des Buccins, aussi, sans aucun doute, les
mœurs et les habitudes des Mollusques de ces deux groupes sont semblables. Les espèces de ce genre, comme toutes celles de leur famille,
rampent à l'aide de leur pied ; mais parfois leurs mouvements ne se
font qu'avec une extrême lenteur, et durant qu'ils ont lieu, elles s'appliquent si exactement sur les rochers qu'on a de la peine à les distinguer de ceux-ci. Les Pourpres sont extrêmement carnassières et se
nourrissent particulièrement d'animaux de leur type ; elles en percent
la coquille à l'aide de leur trompe, et font ensuite pénétrer cet organe
par le trou qu'il a produit, afin de ronger les parties molles du Mollusque qui l'habite. Ces animaux fournissent une substance colorée dont
l'organe producteur est une espèce de petit sac que l'on trouve dans
tous les Siphobranches, et qui paraît être une sorte d'appareil dépurateur, situé entre le rectum et le cœur.

Historique. Il n'est personne qui n'ait entendu parler de la Pourpre
antique, dont le brillant éclat et la teinte solide étaient réservés pour
le manteau des patriciens et des rois. Tous les poëtes l'ont chantée :
Homère, dans ses vers, compare son coloris au sang coagulé ; et en
effet, d'après tous les auteurs de l'antiquité, la véritable Pourpre n'était
pas, comme on le pense généralement, d'une couleur claire rutilante,
mais d'un beau rouge foncé tirant sur le violet, et remarquable surtout
par son *inaltérabilité.* Personne n'ignore non plus, et ce fait est con-
signé dans tous les auteurs, que le secret de la préparation de cette
teinture, inconnu de presque toutes les nations, était, pour ainsi dire,
la propriété des Phéniciens, et qu'il n'y avait d'estimée que la Pourpre
provenant de Tyr. Malheureusement notre époque, malgré ses belles
découvertes en teinture, partage, quant à celle-ci, l'ignorance des
nations contemporaines de la Phénicie.

Aristote parle longuement de la Pourpre dans ses écrits, et dit for-
mellement que cette teinture se retirait de deux Mollusques carnassiers,
habitant tous deux les mers qui baignent les côtes de la Phénicie. L'un
de ces animaux, que le naturaliste ne nomme pas, était renfermé dans
une coquille assez grosse, composée de sept tours de spire, parsemée
d'épines et terminée par un long bec; quant à l'autre il habitait une
coquille beaucoup plus petite et il lui donna le nom de *buccin.*

Après cette description, Aristote, passant à l'histoire de la pêche de
ces Mollusques, rapporte que les Phéniciens, connaissant leurs mœurs
carnassières, cherchèrent d'abord à se les procurer en mettant dans
l'eau, non loin du rivage, de la viande en putréfaction ; son odeur ne
tardait pas à attirer ces animaux, et dès qu'on les croyait bien attachés
à cette proie, on l'enlevait rapidement. Mais, dans ce mouvement
d'ascension, un grand nombre lâchaient prise, de sorte que cette pêche
fournissait peu : aussi l'abandonna-t-on bientôt pour y substituer les
nasses et les filets.

Pline, copiste peu consciencieux et qui semble parfois s'étudier à rendre moins certains les faits avancés par ses devanciers, en mêlant le merveilleux à la vérité, parle aussi de cette pêche. Il raconte que, de son temps, on pêchait les deux espèces de Mollusques qui fournissaient la Pourpre, et que cela se faisait en jetant à la mer des Moules et des Mactres privées presque entièrement de vie par un long séjour hors de l'eau. La faiblesse dans laquelle se trouvaient ces animaux, dont la coquille est composée de deux pièces, ne leur permettant pas de tenir celles-ci rapprochées, les Mollusques à Pourpre s'introduisaient alors dans leur intérieur pour dévorer l'animal qui y résidait ; mais l'eau rendant bientôt à celui-ci sa vigueur, il rapprochait ses deux valves et tenait ainsi prisonnier l'individu dont il avait failli devenir la proie. Comme les Moules et les Mactres sont des Mollusques que leur organisation condamne au repos, il ajoute qu'on les prenait facilement et qu'on en retirait l'animal qu'elles retenaient captif.

Pline, après avoir parlé de cette pêche, décrit ainsi le mode opératoire en usage pour se procurer la Pourpre, mode qui différait pour les deux espèces de Mollusques employées à cette opération. Les animaux de la grosse espèce étaient retirés de leurs coquilles ; on en arrachait la veine (c'est ainsi qu'il désigne la vésicule contenant la couleur), et on la jetait dans une chaudière qu'on abandonnait à l'ébullition. Quant à la seconde espèce, beaucoup plus petite que l'autre, on la broyait avec sa coquille, on faisait ensuite bouillir le tout avec du sel, et après avoir écumé ce liquide, on l'abandonnait sur un feu trèsdoux jusqu'à ce que par l'évaporation on eût obtenu une réduction assez forte pour ramener au poids de 500 livres le contenu de cent amphores.

Tous les auteurs de l'antiquité qui suivirent Pline, donnèrent à ce sujet à peu près les mêmes détails que lui, ainsi qu'on peut le voir dans les Œuvres d'Élien et d'Oppien.

L'évaluation de la précieuse teinture que l'on extrayait de ces Mollusques, par ces procédés, se trouve dans divers auteurs anciens.

Cornélius-Népos, qui mourut sous Auguste, dit que la Pourpre violette valait cent deniers (80 f.) la livre, et que la double Pourpre de Tyr, qui était encore plus estimée, coûtait plus de mille deniers (900 f)

A la renaissance, longtemps après qu'on eut perdu de vue tout ce qui avait rapport à la fabrication de la pourpre, on se livra de nouveau à la recherche de l'animal qui la fournissait à l'antiquité ; mais le manque de documents certains et le peu de cas qu'on faisait alors des descriptions d'Aristote, laissèrent longtemps ces recherches sans aucun résultat.

La gloire de la découverte de l'un des Mollusques qui fournissaient la pourpre des anciens, appartient à Rondelet ; ce fut lui qui, le premier, examinant avec soin les détails donnés par Aristote, crut reconnaître dans la description du naturaliste grec la coquille désignée aujourd'hui sous le nom de Rocher droite Épine, *Murex brandaris*, qui est assez commun dans la Méditerranée ; en effet, celle-ci est peinte, pour ainsi dire, trait pour trait dans les œuvres de cet habile observateur (Pl. 33, fig. 1). Mais Fabius Columna, qui vivait au dix-septième siècle, pensa qu'Aristote avait voulu parler du Mollusque que les modernes nomment Rocher fascié, *Murex trunculus;* l'opinion de ce savant érudit s'appuyait sur ce que cet animal contient une telle abondance de liqueur colorée que, lorsqu'on le sert sur les tables, en se repandant, celle-ci en tache le linge.

Quant au Buccin décrit par Aristote, comme contribuant à fournir la pourpre, on crut le reconnaître dans une petite espèce à laquelle on donna le nom de Pourpre à teinture, qui abonde sur les rochers qui bordent la Manche. Lister avance ce fait, en se fondant sur ce que, longtemps avant son époque, comme le lui révéla l'histoire ecclésiastique de Bede, les Bretons extrayaient une couleur pourpre de ce coquillage, et que de son temps encore on en faisait une teinture qui servait à marquer le linge. Guidés par ces documents, Réaumur et Duhamel se livrèrent à des essais nombreux, et, en employant cette espèce, ils obtinrent une substance d'un jaune blafard qui, appliquée sur des étoffes, prenait une teinte verte, puis passait au bleu, et enfin à la couleur pourpre. En soumettant ensuite ces étoffes à divers agents, ils virent que les lessives, même les plus mordantes, n'en altéraient pas la couleur.

D'après la lecture des ouvrages des anciens, et d'après les commentaires de Rondelet et de Fabius Columna, les naturalistes modernes ont généralement admis que la célèbre couleur pourpre de l'antiquité était fournie par des Mollusques qui habitaient la Méditerranée, et adoptant les opinions des deux savants que nous venons de citer, G. Cuvier et de Blainville pensent même qu'elle était probablement extraite du Rocher droite Épine et du Rocher fascié.

Le dernier dit que les anciens employaient aussi une espèce plus petite, mais que celle-ci n'est probablement point la Pourpre des teinturiers, qui ne vient peut-être pas dans la Méditerranée.

Cependant M. Bory Saint-Vincent a cherché, dans ces derniers temps, à jeter un nouveau doute sur le sujet qui nous occupe. Cet auteur prétend que, si les Phéniciens laissèrent l'antiquité persuadée qu'ils tiraient la pourpre d'un Mollusque, c'était pour mieux cacher le secret de sa préparation et donner aux essais qu'on eût pu tenter pour la découvrir une direction diamétralement opposée à celle qu'on eût peut-être suivie sans cette supercherie. Selon ce naturaliste, aucun animal ne peut donner une couleur aussi magnifique que l'était la célèbre pourpre antique, et il lui semble beaucoup plus probable que les Tyriens l'empruntaient au règne végétal, et que c'était l'orseille, lichen qu'ils allaient chercher aux îles Canaries où il croissait en grande abondance, qui la leur fournissait; de là, d'après cet auteur, le nom d'îles Purpuriennes, sous lequel celles-ci étaient connues autrefois, et sous lequel Ézéchiel lui-même les désigne.

Pour nous, il nous semble que cette hypothèse n'infirme en rien les faits nombreux mentionnés par les auteurs contemporains, éclairés d'un nouveau jour par Rondelet, et sanctionnés d'une manière incontestable par les essais de Réaumur et de Duhamel, dont nous venons de parler.

C'est à de Blainville que l'on doit en quelque sorte attribuer la véritable création du genre Pourpre, car c'est lui qui l'a établi d'une manière rationnelle et qui a posé ses caractères fondamentaux. Ce savant ayant mieux étudié les affinités des genres Pourpre, Ricinule, Concholépas et Licorne, les a réunis pour n'en former qu'un seul groupe, ce que réclamaient les analogies de leurs espèces, que l'on reconnaît ne représenter qu'une seule série, quand on les étudie attentivement; série qui a pour caractère différentiel l'aplatissement de la columelle et l'existence d'un canal court. Considéré de cette manière, le genre Pourpre contient quatre-vingt-treize espèces que l'on peut subdiviser en dix groupes : les Pourpres ricinules, les Pourpres semiricinules, les Pourpres armigères, les Pourpres pyruliformes, les Pourpres planospires, les Pourpres concholépas, les Pourpres patulées, les Pourpres lapilliennes, les Pourpres buccinoïdes et les Pourpres licornes.

Les **POURPRES RICINULES** ont une spire très-courte et une ouverture grimaçante, puis leur bord droit est dilaté et lobé. La *Pourpre muriquée* est un des types de ce groupe ; les amateurs la nomment la *mûre* à cause des tubercules noirs qu'elle porte ; elle habite l'océan Indien (Pl. 36, fig. 1).

Les **POURPRES SEMI-RICINULES** possèdent une spire pointue, et leur ouverture n'est que faiblement grimaçante.

Les **POURPRES ARMIGÈRES** sont subturbinées, carénées et offrent un bord droit denticulé ou strié, sinueux ou lobé.

Les **POURPRES PYRULIFORMES** offrent une forme ovoïde et sont ventrues ; puis leur ouverture est large et leur bord droit évasé.

Les **POURPRES PLANOSPIRES** présentent une spire très-courte ou plane ; elles sont ventrues et leur ouverture est dilatée.

Les **POURPRES CONCHOLÉPAS** sont patelliformes, elles ont une ouverture excessivement ample, et présentent ordinairement deux dents à la base du bord droit. Ce groupe a été établi pour une seule espèce qui formait précédemment un genre, le *Concholépas du Pérou*, que l'on trouve sur les rivages de la côte occidentale de l'Amérique. Naguère sa coquille était fort rare dans les collections, se vendait un prix très-élevé, et l'on ne connaissait pas l'animal qui l'habitait. Ce fut Lesson qui le premier rapporta celui-ci et le décrivit ; ce naturaliste nous révéla que cette espèce, si recherchée il y a peu de temps et aujourd'hui si commune, est si abondante dans certaines baies du Chili, et entre autres dans celle de Talcuhuana, que les habitants de leurs rivages en font des tas que l'on rencontre de place en place et qu'ils convertissent en chaux pour bâtir leurs habitations.

Les **POURPRES PATULÉES** offrent aussi une ouverture très-dilatée, évasée, et une spire courte. L'échancrure de leur base est peu prononcée et très-oblique. La *Pourpre antique* appartient à ce sous-genre. Elle habite l'océan Atlantique et la Méditerranée; sa coquille, qui est tuberculeuse, se fait remarquer par l'ampleur de son ouverture dont la columelle est très-aplatie et d'une teinte fauve (Pl. 55, fig. 2). Lamarck dit à tort que c'était elle que Fabius Columna désignait comme fournissant la célèbre teinture des Phéniciens.

Les **POURPRES LAPILLIENNES** sont le plus souvent cerclées dans la décurrence des tours de spire et leur ouverture est subarrondie.

La *Pourpre à teinture* dont nous avons déjà parlé appartient à ce groupe; elle se trouve sur toutes les côtes des mers du Nord; on en rencontre en abondance sur les rochers de l'Angleterre, de la Norwége et de la France, particulièrement dans les endroits que la mer découvre pendant les mouvements des marées; Risso l'indique aussi comme existant dans la Méditerranée, mais cela n'est pas prouvé. Ce Mollusque est très-carnassier et se nourrit particulièrement de la chair des Balanes et de celle des Coquilles bivalves. Les naturalistes de la Norwége nous ont positivement appris qu'il perce souvent ces dernières, et que c'est à lui que sont dus les petits trous bien ronds que l'on rencontre si souvent sur certains Acéphaliens, et entre autres les Donaces, qui peuplent la Manche. Cette espèce est aussi remarquable parce que ses œufs, ainsi que l'a signalé Strœm, sont pédiculés et souvent fort serrés les uns à côté des autres, disposition qui les a longtemps fait signaler comme une espèce du genre Hydre, *Hydra triticea*, dans le *Systema naturæ*. La Pourpre à teinture, comme nous l'avons dit, contient un principe colorant, et ce fut avec elle que Réaumur et Duhamel firent leurs essais. Lamarck prétend même qu'elle fournit une couleur cramoisie qui était employée avant la découverte de la Cochenille. Ce Mollusque, qui pullule sur les côtes de la Manche, sert d'aliment aux habitants de celles-ci.

Les **POURPRES BUCCINOÏDES** ont une ouverture médiocre, alongée, et l'échancrure de leur base est presque droite.

Enfin, les **POURPRES LICORNES** se trouvent caractérisées par une corne aiguë qui s'élève sur la région antérieure du bord droit (Pl. 36).

FAMILLE DES ANGISTOMES.

Coquille à ouverture ordinairement très-étroite et très-longue, échancrée en avant. Un opercule ou non. Animal analogue à celui des familles précédentes, à pied extrêmement grand, et se ployant longitudinalement pour rentrer.

ROSTELLAIRES. *Rostellaria.* Coquille subdéprimée, turriculée, à spire conique, pointue; bord droit digité ou non, se dilatant avec l'âge; ouverture ayant en avant un sinus continu à un canal pointu. Animal peu connu.

On découvre des Rostellaires à l'état fossile et à l'état vivant. Les premières se rencontrent dans les terrains antérieurs à la craie et dans ceux qui sont postérieurs à cette formation. Les espèces vivantes, qui ne sont qu'au nombre de trois, proviennent des mers des Moluques et de la Méditerranée. On a établi deux divisions dans ce groupe, les Rostellaires proprement dites et les Hippocrènes.

Les **ROSTELLAIRES PROPREMENT DITES** ont leur bord droit digité. C'est à cette coupe qu'appartient la *Rostellaire bec-arqué*, que les marins rapportent de l'Archipel des Moluques et qui est connue des collecteurs sous le nom de Fuseau de Ternate. C'est une belle coquille fusiforme et d'une couleur de cannelle. La *Rostellaire pied de Pélican*, que l'on rencontre dans la Méditerranée, en fait aussi partie.

Les **HIPPOCRÈNES** ont leur bord droit, dilaté et comme ailé, mais celui-ci n'offre pas de digitations. La *Rostellaire macroptère* qui se découvre à Saint-Germain dans le calcaire grossier, est un des types de ce sous-genre proposé par Montfort.

STROMBES. *Strombus*. Coquille épaisse, diconique, présentant en avant un canal recourbé, et un en arrière ; bord externe échancré, dilaté simplement ou digité. Opercule corné, étroit. Animal à tête bien distincte ; tentacules en y ; yeux à l'extrémité de l'une des branches ; trompe renfermant une langue denticulée.

Il n'existe qu'un petit nombre de Strombes à l'état fossile ; ils ne se découvrent que dans les formations plus nouvelles que la craie, et l'on observe qu'ils sont généralement d'une taille moins considérable que ceux qui peuplent nos mers actuelles. Ces derniers ne se trouvent que dans les régions chaudes du globe ; on ne connaît nullement leurs mœurs, Adanson dit cependant qu'elles ressemblent beaucoup à celles des Pourpres. L'échancrure du bord droit du test sert à donner passage à la tête.

Les coquilles de certaines espèces de Strombes parviennent à une taille considérable, et par leur accroissement elles deviennent les géants des Mollusques univalves. Leur énorme développement fait supposer que les animaux qui les forment vivent fort longtemps. Quelques-unes de ces coquilles offrent une belle coloration ; on les recherchait autrefois pour l'ornement des habitations et souvent elles décoraient les cheminées des gothiques domaines de nos ancêtres ; mais les marins en ont rapporté une telle profusion qu'aujourd'hui on les dédaigne et qu'on ne les emploie plus que pour l'embellissement des grottes de rocailles que l'on place dans les parterres anglais.

Les Strombes forment un genre composé d'une soixantaine d'espèces et que l'on doit subdiviser en deux groupes d'après la structure de la coquille, ce sont les Strombes proprement dits et les Ptérocères.

Les **STROMBES PROPREMENT DITS** ont le bord externe simple et épais. On connaît huit ou dix espèces fossiles qui peuvent se rapporter à cette division ; elles proviennent presque toutes de la France ou de l'Italie. Les Strombes vivants s'élèvent à une quarantaine d'espèces qui pour la plupart proviennent de l'océan des Antilles ou de celui de l'Inde. Le *Strombe aile d'aigle* ou *gigantesque*, qui est le plus volumineux, habite les mers des Antilles ; son ouverture est d'un beau rose ; c'est lui que l'on rencontre le plus souvent dans les boutiques.

Les PTÉROCÈRES offrent un bord externe formé de digitations plus ou moins nombreuses. Ils attirent les regards par la singularité de leur aspect. On n'en connaît pas de fossiles ; M. d'Orbigny en a seulement trouvé un moule dans les terrains des environs de La Rochelle. Les espèces contemporaines habitent uniquement les mers de l'Inde. Parmi elles le *Ptérocère scorpion* se fait remarquer par ses courtes digitations et par la vivacité de la coloration de sa bouche (Pl. 75, fig. 5).

COLOMBELLES. *Columbella*. Coquille épaisse, turbinée, à spire courte, obtuse ; ouverture étroite, alongée, rétrécie par le renflement interne du bord droit ; columelle plissée transversalement. Opercule corné, elliptique. Animal incomplétement connu.

On ne compte guère qu'une vingtaine de Colombelles, et ce n'est que récemment que l'on en a découvert à l'état fossile. Les espèces vivantes habitent particulièrement les mers qui avoisinent l'Inde ; leurs mœurs sont probablement analogues à celles des Buccins.

CONES. *Conus*. Coquille conique, à sommet antérieur ; spire plate ou peu saillante ; ouverture rectiligne, fort étroite ; bords droits, l'externe tranchant. Opercule corné, spiré, très-petit. Animal alongé, fort comprimé, involvé ; manteau très-petit, seulement intérieur ; pied alongé, fort étroit ; tentacules cylindriques, portant les yeux vers leur sommet ; trompe assez longue ; langue offrant deux rangées de crochets.

C'est à la configuration que présentent les coquilles de ces Mollusques que ce genre doit sa dénomination ; le nom de *Cornets* que l'on donne vulgairement à celles-ci provient aussi de la forme qu'elles affectent. On rencontre dans la nature un assez grand nombre de Cônes à l'état fossile ; Lamarck et M. de France en ont décrit huit ou dix, qui ont été découverts en France et dans l'Italie septentrionale, et dont plusieurs se trouvent représentés dans les ouvrages de Knorr et de Brocchi. Les espèces vivantes sont bien autrement nombreuses ; on en compte plus de deux cents, mais il faut avouer qu'elles sont très-difficiles à déterminer, et que les descripteurs ont souvent considéré de simples variétés comme des espèces, ces coquilles pouvant varier non-seulement dans leur coloration, mais encore pour la disposition de leur spire et l'état de leur surface. Ce sont ces considérations qui ont porté certains naturalistes à ne regarder la plupart des Cônes que comme des variétés d'un petit nombre d'espèces typiques ; Adanson avait adopté ce principe, et de Blainville avoue qu'il serait fort tenté de l'admettre et de ne considérer comme de véritables espèces que les Cônes qui présentent des différences constantes qu'on retrouve sur un grand nombre d'individus, et qui dépendent de la forme de la coquille, et de la proportion relative et de la configuration de ses diverses parties. Ces Mollusques, dont les coquilles forment, par la variété de leurs couleurs et leur brillant poli, un des plus beaux ornements des collections, habitent seulement les mers des pays chauds, et ce n'est même que dans celles qui se trouvent entre les tropiques que l'on recueille les plus forts individus ; la Méditerranée que Bruguières croyait n'en posséder qu'une seule espèce en produit trois, comme l'a prouvé Reniéri ; il n'en existe aucune dans les mers du Nord. C'est ordinairement sur les côtes sablonneuses que l'on pêche ces animaux et à une profondeur de dix à douze brasses.

Les Cônes sont tous recouverts par un épiderme ou drap marin membraneux ; celui-ci est parfois fort épais, spongieux, et dérobe entièrement la coloration de la coquille ; puis, ordinairement, il s'enlève en couches longitudinales par le seul fait de la dessiccation.

Ces Mollusques doivent être rangés parmi les plus timides que nourrit la mer ; et souvent, comme le rapportent MM. Quoy et Gaimard, ils lassent la patience des naturalistes qui les possèdent vivants et qui attendent qu'ils sortent de leur coquille pour les observer. Le moindre choc les y fait rentrer pour ne plus reparaître, et ils meurent profondément enfoncés dans leur enveloppe calcaire. Ces animaux ne se meuvent qu'avec lenteur et difficulté à cause de l'étroitesse de leur pied, et de la pesanteur de leur test.

On a divisé ce genre en plusieurs groupes principalement fondés sur l'état de la spire et selon qu'elle est saillante ou aplatie, lisse ou couronnée de tubercules. Parmi les plus belles espèces on peut citer le *Cône impérial* dont la spire est couronnée ; le *Cône amiral* qui est une des coquilles les plus recherchées par les amateurs à cause de la beauté que lui donne le jeu de ses taches blanches sur un fond fauve, et enfin le *Cône cédonulli* qui est fort précieux et se fait remarquer par sa couleur cannelle et ses cordelettes de petites taches blanches perlées.

TARIÈRES. *Terebellum*. Coquille mince, lisse, subcylindrique, enroulée, comme tronquée antérieurement ; columelle lisse ; bord externe tranchant. Animal inconnu.

Ce genre ne renferme que trois espèces, dont deux sont fossiles et une seule vivante. Cependant on y a établi deux sections, les Tarières proprement dites et les Oublies.

Les TARIÈRES PROPREMENT DITES possèdent une spire visible, et leur ouverture est plus petite que la coquille. La *Tarière subulée*, qui est blanche et habite les mers de l'Inde, est l'unique coquille de ce sous-genre.

Les **OUBLIES** ont leur spire cachée par l'enroulement du bord droit, et leur ouverture est aussi longue que la coquille. C'est dans cette section que viennent se ranger les deux espèces fossiles, qui proviennent de Grignon.

OLIVES. *Oliva*. Coquille subcylindrique, enroulée, lisse, épaisse ; spire à suture canaliculée ; ouverture échancrée en avant ; columelle renflée antérieurement, à stries obliques. Opercule corné, rudimentaire ou nul. Animal comprimé, involvé ; pied très-grand ; manteau très-grand, avec un seul lobe latéral recouvrant en grande partie la coquille et offrant, en avant, deux appendices auriformes. Tentacules subulés ; yeux sur leur région moyenne.

Jusqu'à présent on n'a encore rencontré de coquilles de ce genre, à l'état fossile, que dans les formations plus récentes que la craie ; elles ne s'y trouvent même qu'en petit nombre, car c'est à peine si l'on en a signalé dix espèces, et toutes celles-ci sont d'un volume moins considérable que celles qui peuplent actuellement nos mers : la plupart d'entre elles ont été découvertes en France. Les espèces contemporaines sont fort nombreuses ; Lamarck en mentionne soixante-deux ; elles appartiennent presque toutes aux mers intertropicales, et celles dont la patrie est bien connue proviennent principalement de l'Inde et de l'Amérique ; la Méditerranée n'en possède qu'une seule espèce.

Ces Mollusques se plaisent à une assez grande profondeur, et on les rencontre particulièrement dans les lieux où la mer est transparente. Ils rampent avec vivacité et se redressent rapidement à l'aide de leur pied, lorsqu'on les a renversés sur le dos ou qu'ils cherchent à vaincre les obstacles que l'on oppose à leur progression. Les Olives sont extrêmement carnassières, et à l'île de France on les pêche à l'aide de lignes amorcées avec de la viande ; mais leur œsophage et leur estomac paraissent si étroits qu'il est probable qu'elles se bornent à sucer cet aliment. C'est à l'aide de leur manteau, que ces Céphalidiens peuvent recourber sur leur coquille, qu'ils donnent à celle-ci le beau poli qu'elle offre, ainsi que sa vive coloration.

Les naturalistes ont suivi deux routes opposées en décrivant les Olives ; les uns n'en ont formé qu'un trop petit nombre d'espèces et les autres en ont admis beaucoup trop. Linnée, qui confondait ce genre avec les Volutes, considérait comme une seule espèce, qu'il nommait *Voluta oliva*, toutes les Olives qui étaient connues de son temps. Les modernes sont tombés dans une exagération opposée, et ils ont souvent formé des espèces avec de simples variétés de coloris que présentait la même. Il serait à désirer que l'on trouvât dans la configuration seule de la coquille les caractères spécifiques ; ce serait un sûr moyen d'arriver à un résultat exact. Il est probable que celui-ci sera atteint par la monographie des Olives que prépare un naturaliste de Paris, M. Duclos, qui possède une admirable suite de ces coquilles. Ce savant, en examinant une grande quantité d'individus, a reconnu que plusieurs de espèces de Lamarck devaient disparaître, parce qu'elles n'avaient été établies que sur des variétés d'âge. Selon lui, une même Olive peut varier du blanc au noir, ou d'une couleur uniforme à une couleur fasciée; d'après les savants auxquels M. Duclos a communiqué ses travaux, celui-ci se propose de partager les Olives en quatre groupes basés sur leurs formes, et auxquels il a imposé les noms suivants : les *Ancilloïdes*, les *Cylindroïdes*, les *Glanduliformes* et les *Volutelles*.

L'*Olive hispidule*, qui est une des plus communes et que l'on rapporte en nombre considérable de l'Inde, peut démontrer jusqu'à quel point l'aspect des espèces de ce genre peut varier.

ANCILLAIRES. *Ancillaria*. Coquille lisse, subcylindrique, à spire pointue, non canaliculée; ouverture assez large, tronquée et largement échancrée antérieurement; columelle offrant un bourrelet calleux; bord droit simple. Animal inconnu.

Ce groupe est peu nombreux; il ne contient qu'une dizaine d'espèces dont la moitié se trouve à l'état fossile et particulièrement à Grignon; la patrie de celles que l'on connaît à l'état vivant n'a pas été bien indiquée. L'une de ces dernières, l'*Ancillaire cannelle*, qui doit son nom à sa coloration, est rare et recherchée par les amateurs.

MITRES. *Mitra*. Coquille turriculée, subfusiforme; spire pointue, ouverture très-échancrée antérieurement; columelle à plis obliques, plus gros en arrière; bord droit tranchant. Animal à tête petite; tentacules très-courts; yeux situés sur un renflement placé à leur base; trompe grêle, extrêmement longue, subclaviforme; langue petite, armée de trois rangées de crochets.

Ce genre est un des plus nombreux de la conchyliologie; et quoique ses espèces ne se rencontrent guère actuellement à l'état vivant que dans les mers des régions tropicales, nos contrées en offrent cependant une grande quantité à l'état fossile; celles-ci ne se découvrent que dans les couches plus récentes que la craie; M. de France en décrit vingt-deux qui pour la plupart proviennent de Grignon. Les contemporaines sont souvent décorées de couleurs extrêmement vives, qui décèlent la brillante lumière des régions qu'elles habitent; le plus grand nombre se rencontre dans l'océan Indien; et à mesure que l'on s'avance vers les contrées septentrionales, après avoir diminué successivement de volume, ces animaux disparaissent enfin totalement; déjà l'on n'en observe même plus qu'un petit nombre dans la Méditerranée. Ces Mollusques se rencontrent presque toujours à de grandes profondeurs; ils sont apathiques et sortent rarement de leur coquille; souvent ils se bornent à alonger leur trompe pour reconnaître ou attirer leur proie. Leur test est recouvert par un épiderme plus ou moins foncé.

Le nombre des espèces de ce groupe s'élève à cent douze. M. Kiener les partage en plusieurs divisions d'après leur aspect, et auxquelles il donne les noms suivants, qui expliquent assez leurs analogies : les *Turriculiformes*, les *Harpiformes*, les *Colombelliformes*, les *Oliviformes* et les *Côniformes*.

La *Mitre épiscopale*, qui appartient au premier groupe, est une des plus belles, des plus grandes et en même temps des plus communes espèces. Elle provient de l'Inde (Pl. 37, fig. 2).

VOLUTES. *Voluta.* Coquille ventrue, à sommet mamelonné; ouverture fortement échancrée en avant; bord droit, ordinairement mousse et sans bourrelet; columelle à plis obliques, plus gros antérieurement. Animal à pied énorme; tentacules courts, triangulaires, portant les yeux à leur base; trompe épaisse garnie de crochets à son extrémité.

Les collections renferment une vingtaine de Volutes fossiles; on n'en a jamais découvert que dans les terrains plus récents que la craie, et la majorité de celles qui sont décrites proviennent de la France et de l'Italie. Les espèces contemporaines sont marines, et presque toutes appartiennent aux mers de l'hémisphère austral et de la zone torride. On n'en connaît aucune dans les eaux qui environnent notre patrie, quoiqu'on y rencontre quelques Mitres et quelques Marginelles, genres qui ont de l'analogie avec celui qui nous occupe. M. Risso décrit, il est vrai, trois ou quatre Volutes comme provenant de la Méditerranée, mais la plupart des coquilles auxquelles il donne ce nom ne sont que des Marginelles. Ces Mollusques se plaisent sur les fonds sablonneux; là, ils vivent à peu de profondeur et s'approchent même tellement de la limite des flots, qu'ils restent parfois sur le rivage pendant l'intervalle des marées.

Durant longtemps, on n'a connu ces animaux, ainsi que leurs mœurs, que par la description qu'Adanson avait donnée du Mollusque qui habite la Volute éthiopienne, qu'il avait eu l'occasion d'observer au Sénégal; M. Quoy, qui a examiné un assez grand nombre d'espèces, a complété les documents de ce savant en publiant l'anatomie de quelques-uns de ces Céphalidiens. Ces deux naturalistes considèrent ceux-ci comme étant extrêmement carnassiers. Adanson rapporte que la Volute qui vient d'être citée se sert de sa trompe armée de dents en crochet à son extrémité, pour percer les coquilles des Mollusques dont elle se nourrit et en sucer la chair. Il dit que le pied de cette espèce est d'une taille tellement monstrueuse, relativement à la coquille, que celle-ci peut à peine en cacher la quatrième partie, et que cet organe se replie en deux, de manière à former un long canal longitudinal. Ce laborieux naturaliste ajoute que c'est au printemps que ce Mollusque produit ses petits, et qu'il est vivipare. A l'époque où la mère expulse ceux-ci, leur coquille a déjà un pouce de longueur et leur corps peut totalement s'y mettre à l'abri; cependant, ce qui est extrêmement rare parmi les animaux de cette classe, pendant un certain temps la mère donne quelques soins à sa progéniture, et, jusqu'à ce que ses petits soient assez forts pour être abandonnés à eux-mêmes, elle les porte dans le pli de son pied.

L'aspect des coquilles des Volutes varie considérablement ; aussi, peut-être que les animaux qui les forment ne sont pas tous absolument semblables ; c'est cette diversité qui a porté les conchyliologistes à diviser en plusieurs groupes ce genre qui contient cinquante-cinq espèces. M. Kiener en fait cinq sections : les Gondolières, les Murici-nées, les Harpuloïdes, les Fusoïdes et les Pyruloïdes.

Les **GONDOLIÈRES** possèdent des coquilles ventrues et bombées. La *Volute éthiopienne*, que l'on nomme vulgairement Couronne d'Éthiopie à cause de l'espèce de diadème que forment à son sommet les épines de sa spire, peut être citée comme un des types de cette section. Elle habite l'océan Atlantique et la mer des Indes ; c'est une énorme coquille d'une couleur jaune rougeâtre, dont le Mollusque atteint un développement considérable, car Adanson, qui l'a observé, comme nous l'avons dit, rapporte qu'on en trouve du poids de sept à huit livres. Quoique sa chair soit dure et coriace, les habitants du Sénégal en font usage pour leur nourriture. Ils la boucanent et la font sécher au soleil afin de la conserver, soit pour en faire usage dans les moments de disette, soit pour la transporter et aller la vendre dans les marchés des bourgades intérieures. Pour la manger on la fait détremper et cuire dans de l'eau de riz. La *Volute de Neptune*, vulgairement appelée *Tasse de Neptune*, appartient aussi à cette section et provient des mêmes régions (Pl. 37, fig. 4).

L'ampleur et la beauté de ces Mollusques durent nécessairement leur mériter l'attention des peuples de tous les âges ; aussi, sur une médaille de Lampsacus, ville de l'Hellespont, voit-on une amazone portant un bouclier et qui est assise sur un dauphin, et tient dans sa main une coquille qui paraît être une des grandes Volutes de cette subdivision.

Les **MURICINÉES** offrent une coquille ovale, épineuse ou tuberculeuse. La *Volute impériale*, qui est l'une des plus précieuses de ce genre, fait partie de cette section ; elle provient de l'océan Indien et se reconnaît à la couronne d'épines qui surmonte sa spire et à sa columelle rose.

Les **HARPULOÏDES** ont des coquilles ovalaires et munies de côtes longitudinales. Telle est la *Volute harpe.*

Les **FUSOÏDES** portent des coquilles alongées et subventrues. La *Volute pavillon*, vulgairement nommée *Pavillon d'Orange*, et qui est célèbre parmi les amateurs, forme un des types de cette subdivision. Elle provient des mers de l'Inde, et se reconnaît à ses rubans d'un jaune orangé, distribués sur un fond blanchâtre.

Enfin, les **PYRULOÏDES** offrent une coquille subpyriforme et ventrue, ainsi qu'on le voit sur la *Volute pied de biche.*

MARGINELLES. *Marginella*. Coquille ovale, polie, à spire courte ou nulle ; ouverture étroite, à bord droit épaissi, rebordé en dehors ;

columelle à trois ou quatre plis obliques. Animal à pied elliptique, grand; manteau offrant de chaque côté un lobe pouvant embrasser la coquille; tentacules coniques, à yeux situés à leur base; trompe cylindrique, à langue denticulée.

Il existe quelques Marginelles à l'état fossile, mais en petit nombre; on en connaît seulement trois espèces qui proviennent de Grignon. M. Kiener en a décrit quarante-deux espèces contemporaines; on ne découvre celles-ci que sur les plages maritimes des pays chauds, cependant il en existe quelques-unes dans la Méditerranée et même sur les côtes de l'Angleterre. La plupart habitent le Sénégal; elles fréquentent les rochers et surtout les endroits où les vagues déferlent avec le plus de violence. C'est à Adanson que l'on doit les premières notions que l'on ait eues sur l'animal des Marginelles, coquilles qu'il désignait sous le nom de Porcelaines (Pl. 37, fig. 5). De Blainville fait rentrer le genre Volvaire de Lamarck dans le groupe que nous décrivons et que l'on peut diviser en deux sections ou sous-genres : les Marginelles proprement dites et les Volvaires.

Les **MARGINELLES PROPREMENT DITES** possèdent une spire apparente, et leur ouverture est moins longue que la coquille.

Les **VOLVAIRES** n'offrent point de spire apparente, et leur ouverture est aussi longue que la coquille.

PORCELAINES. *Cypræa*. Coquille ovoïde, vitreuse; ouverture très-étroite, linéaire, échancrée aux deux bouts, à bords droit et gauche dentés. Animal à pied assez grand; manteau présentant deux lobes latéraux très-vastes, hérissés de cirrhes tentaculaires simples ou ramifiées, et pouvant recouvrir toute la coquille; tentacules fort longs et grêles, portant les yeux vers leur base; bouche située au fond d'une cavité; ruban lingual hérissé de denticules; siphon nul et représenté par le rapprochement des lobes du manteau.

Il existe un fort grand nombre de Porcelaines, soit à l'état vivant, soit à l'état fossile. Ces dernières ne se rencontrent que dans les terrains plus récents que la craie; M. de France dit que jusqu'à ce moment on n'en a découvert que dans le calcaire grossier ou dans les couches qui le représentent. On en connaît environ vingt-cinq espèces qui proviennent, en grande partie, de l'Italie septentrionale, et dont beaucoup furent signalées par Brocchi; plusieurs ont été recueillies en France, principalement aux environs de Bordeaux, et décrites par Basterot; peu d'espèces se sont rencontrées à Grignon.

Les Porcelaines sont toutes des coquilles marines; leur patrie se trouve spécialement dans les régions intertropicales, et elles abondent principalement dans l'Inde et ses environs. Cependant on peut dire que ce genre est presque universellement répandu, car on en découvre des espèces dans la Méditerranée; il en existe sur nos côtes qui sont baignées par la Manche, et l'on dit même que l'on en voit jusque sur celles de la Norwége. Mais il est à remarquer qu'à mesure que l'on s'avance vers le nord les espèces perdent peu à peu de leur taille et de la vivacité de leur coloris. C'est spécialement sur les côtes et dans les excavations des rochers qu'elles se plaisent et qu'on les découvre; parfois aussi on dit qu'elles s'enfoncent dans le sable.

C'est à Adanson que l'on doit les premières notions sur l'animal des Porcelaines; mais ce savant tomba dans une grave erreur en faisant deux genres particuliers de ces Mollusques , ayant été trompé par l'aspect différent qu'ils présentent dans leur jeune âge et dans l'âge adulte. L'animal qui habite les coquilles de ce groupe fut ensuite décrit ou figuré avec tous les détails désirables par de Blainville , Ehrenberg et M. Quoy.

Les observateurs ont reconnu que la coquille et l'animal des Porcelaines différaient considérablement selon l'âge des individus. Chez les jeunes sujets la coquille est très-mince et très-légère , et l'on aperçoit fort distinctement les couches d'accroissement; à cette époque de la vie , la spire est visible , puis l'ouverture , qui est très-large , présente un bord droit tranchant , fort mince et non denté ; la columelle est torse et aussi dépourvue de dents. Le système de coloration du test calcaire ne diffère pas moins alors que sa forme de ce qu'il sera dans l'âge adulte; on remarque que les teintes , au lieu de former des taches , sont distribuées ordinairement par ondes irrégulières. Dans cette période de la vie le manteau est exigu et ne peut s'appliquer sur la coquille. Ce sont ces jeunes Porcelaines qu'Adanson considérait comme un genre spécial auquel il donna le nom de *Péribole.* Dans l'âge adulte l'ouverture de la coquille devient fort étroite , la columelle se couvre de dents ainsi que le bord externe qui en outre se recourbe en dedans , puis la spire disparaît en même temps que la coquille devient beaucoup plus épaisse et se recouvre d'un dépôt vitreux qui présente des nuances variées et offre des couleurs disposées par taches plus ou moins grandes. L'animal change lui-même de forme ; son manteau s'accroît considérablement , et son ampleur finit par être telle que lorsqu'il est sorti il embrasse toute la coquille en se recourbant en dessus ; c'est même à cet organe que sont dus les principaux changements que celle-ci éprouve , car c'est lui qui, en même temps qu'il l'étreint, dépose à sa surface les couches qui l'épaississent et la substance colorante qui la décore d'une manière aussi variée que riche. La ligne colorée que l'on remarque sur le dos de certaines Porcelaines se forme même à l'endroit où les ailes du manteau se joignent ; et l'on remarque qu'il n'en existe pas chez les espèces dont les lobes de cet organe se recouvrent entièrement.

On trouve parfois des Porcelaines de la même espèce qui offrent une taille fort différente. Comme lorsque l'ouverture de la coquille est tout à fait formée on ne conçoit pas que l'animal puisse agrandir davantage son domicile pour l'habiter, Bruguières , pour expliquer ce fait , imagina une singulière hypothèse. Il supposa que lorsque ces Mollusques avaient terminé leur coquille , ils la quittaient quand elle cessait d'être assez ample pour les contenir, et qu'ils en sécrétaient ensuite une autre en harmonie avec le volume qu'avait acquis leur corps ; Lamarck lui-même, malgré sa haute sagacité, adopta cette opinion sans hésitation. Cependant les connaissances physiologiques empêchent d'admettre ce fait ; ces animaux étant évidemment attachés à leur test, ils ne peuvent l'abandonner à leur gré, et ils possèdent des organes trop délicats pour que l'on puisse supposer qu'il leur soit possible de résister, dépouillés de leur abri calcaire, aux causes de destruction qui les entourent.

Les mœurs et les habitudes des Porcelaines sont encore peu connues. Adanson est le premier auteur qui en ait parlé, et depuis lui on n'a presque rien ajouté à leur histoire. Ce savant a observé que lorsque ces animaux rampent ils enveloppent si complétement leur coquille avec leur manteau, qu'on les prendrait, au premier aspect, pour un Mollusque totalement nu. Ils ne sortent cet organe qu'avec lenteur et en hésitant ; aussi ils sont parfois un temps considérable avant d'en être tout à fait recouverts, mais si quelque danger semble les menacer ils le font rentrer rapidement. De Blainville suppose que les Porcelaines font peut-être usage des lobes de leur manteau pour nager, comme cela se voit chez les Bulles, et qu'alors elles sont renversées comme celles-ci. Adanson dit que les Cyprées ont le sens de la vue fort étendu ; on pouvait le supposer par l'inspection des organes auxquels il est confié ; car cet observateur y a reconnu une pupille et un iris, et de Blainville rapporte qu'ils sont très-gros et possèdent un cristallin assez considérable. M. Quoy, qui a aussi donné quelques détails sur ces Céphalidiens, dit qu'ils sont fort timides et fuient le grand jour, et qu'on ne les voit se développer que pendant quelques heures de la journée. La forme de leur appareil digestif semble indiquer qu'ils sont carnassiers, mais rien n'est positif à cet égard ; on ne connaît nullement ce qui concerne leur génération.

Historique. Le brillant éclat des coquilles de ce genre et l'élégante variété de leurs couleurs avaient fixé les regards de l'antiquité. Pline en fait mention, et, selon certains historiens, leur beauté leur valut les hommages d'un culte et le nom de *Conchæ Veneris* ; mais Mutien prête une autre origine à celui-ci ; il suppose que ce furent ces animaux qui, en s'attachant à la quille du vaisseau de Périandre, causèrent le retard, si diversement expliqué, qu'il éprouva en allant exécuter la mission barbare dont il était chargé ; de là advint, selon lui, que la reconnaissance consacra ces coquilles dans le temple de Vénus à Gnide, et qu'elles y furent adorées.

Rondelet pense qu'il s'agit ici des Porcelaines, et il ajoute que celles-ci, qu'il nomme Coquilles de Vénus, étaient employées de son temps par les femmes pour lisser le linge empesé ou pour polir le papier. Aujourd'hui les Cyprées ne servent guère que pour confectionner quelques objets d'ornement, et surtout pour faire des tabatières.

La Porcelaine cauris constitue la monnaie d'une grande partie des nègres de l'Afrique. Les brames de l'Inde s'en servent au lieu de jetons.

Ce sont les coquilles de ce genre que les marins appellent Pucelages; nom qu'Adanson introduisit dans la science, mais qui n'a point prévalu, les naturalistes ayant préféré leur donner la dénomination de Porcelaines qui retrace la ressemblance que leur brillant éclat présente avec celui des vases faits en cette matière.

A l'époque ou Rondelet vivait, on ne connaissait que fort peu d'espèces de ce genre qui est aujourd'hui l'un des plus nombreux; ce savant n'en décrit que quatre; Lister en mentionne davantage, et Gmelin, qui en avait sans doute observé beaucoup, en compte cent quatorze. Lamarck réduisit le nombre de ces Mollusques, et n'en cita que soixante-six; mais Gray, dans sa monographie, en décrit davantage, et M. Duclos, après d'utiles suppressions, en a cependant augmenté le nombre d'une vingtaine d'espèces. Nous divisons ces coquilles en trois groupes : les Lisses, les Pustuleuses et les Striées.

Les LISSES offrent un dos complétement lisse. La *Porcelaine tigre*, qui est un des types de ce groupe, est une des plus belles et des plus communes qui existent dans les collections; elle vient des côtes de l'Afrique orientale et de l'Inde, ainsi que des îles de France et de Bourbon. Son test est blanc avec des taches noirâtres et ferrugineuses; le manteau de son Mollusque est couvert d'une foule d'appendices rameux, et est représenté dans nos planches. C'est particulièrement cette espèce dont la coquille sert à faire des tabatières.

Les PUSTULEUSES présentent sur le dos de leur coquille des points ronds, élevés, en forme de verrues. On peut citer, comme une des espèces de ce groupe, la *Porcelaine grenue*, qui est couverte d'un grand nombre de tubercules granuleux; elle provient de l'Inde et des côtes d'Otaïti, où elle est employée pour faire des colliers.

Les STRIÉES se reconnaissent aux stries transversales qui règnent sur leur dos. La *Porcelaine cloporte*, qui provient de l'Amérique et est d'un blanc rougeâtre sans taches, appartient à ce groupe.

OVULES. *Ovula.* Coquille ovoïde, lisse, prolongée plus ou moins en tube aux deux extrémités; columelle non dentée; bord droit denté en dedans ou lisse. Animal analogue à celui des Porcelaines.

Ces Mollusques ont quelques représentants à l'état fossile dans les formations qui se trouvent au-dessus de la craie; on en a décrit quatre ou cinq espèces. Les Ovules contemporaines habitent la mer; elles aiment les plages de la zone torride; quelques-unes seulement résident sur les nôtres. La plupart proviennent de l'Inde, d'Amboine ou de la Chine; on ne trouve que de petites espèces dans la Méditerranée et la mer Noire. Leurs mœurs sont inconnues.

Il existe seulement une douzaine d'Ovules dans les collections; cependant Monfort les a subdivisées en plusieurs genres d'après les différences que présente leur ouverture ; mais on ne peut guère admettre ceux-ci qu'en les considérant comme des sous-genres ; ce sont les Ovules proprement dites, les Ultimes et les Navettes.

Les **OVULES PROPREMENT DITES** ont leurs extrémités peu proéminentes et leur bord droit est denté en dedans. Telle est l'*Ovule oviforme,* coquille d'un beau blanc luisant à l'extérieur, et qui provient des Moluques.

Les **ULTIMES** offrent une côte saillante, transversale, et leurs bords sont édentés. L'*Ovule gibbeuse,* que nourrissent les rivages du Brésil, est le type de ce sous-genre.

Les **NAVETTES** se font remarquer par leurs extrémités qui se prolongent en tube fort long. L'*Ovule navette,* qui doit ce nom à sa forme, est extrêmement recherchée par les amateurs ; elle provient des mers qui baignent les Antilles ; sa couleur est d'un blanc terne à l'extérieur et brune en dedans.

ORDRE DES ASIPHOBRANCHES.

Animaux offrant une ou deux branchies pectiniformes, contenues dans une cavité dépourvue de tube. Coquille de forme variable, à ouverture entière.

FAMILLE DES GONIOSTOMES.

Coquille subplanorbique ou trochoïde ; spire plus ou moins carénée ; ouverture déprimée, souvent presque quadrangulaire ; base ordinairement plate, circulaire ; bord droit tranchant, anguleux. Opercule corné. Animal spiral, ayant souvent les côtés du corps ornés d'appendices digités ou lobés ; pied court ; deux tentacules portant les yeux sur un renflement de leur base ; bouche édentée ; langue en spirale, denticulée.

CADRANS. *Solarium.* Coquille subplanorbique ; ombilic énorme crénelé ; columelle nulle. Opercule spiré. Animal sans appendices latéraux ; tentacules larges et courts ; une seule branchie.

Ce genre, qui était confondu avec les Troques par Linnée, et que Cuvier conserve aussi parmi eux comme le font encore quelques zoologistes de notre époque, devra peut-être en être rapproché, car l'animal des Cadrans, rapporté par MM. Quoy et Gaimard, est tout à fait semblable au leur. Ce groupe contient des espèces fossiles et vivantes ; les premières, qui sont au nombre d'une douzaine, proviennent principalement de Grignon. Les Cadrans contemporains habitent presque tous les mers australes et celles des Indes, un seul existe dans la Méditerranée ; on en connaît environ huit. Le *Cadran strié,*

qui vit dans l'océan Indien et qu'on trouve aussi aux environs d'A-
lexandrie, est le plus grand et le plus commun dans les collections;
il offre quelquefois plus de deux pouces de diamètre.

TROQUES. *Trochus*. Coquille trochoïde, surbaissée ou élevée,
à circonférence tranchante ou carénée; ouverture déprimée, anguleuse
ou subanguleuse; columelle arquée et torse. Opercule corné, mince,
spiré. Animal caractérisé dans la famille.

Les coquilles de ce genre sont appelées vulgairement *Toupies*, parce
que lorsqu'on les regarde dans la position artificielle, indiquée par
les premiers conchyliologistes, le sommet étant en bas, elles ressemblent en effet à l'objet qui porte ce nom. On en connaît un assez grand
nombre à l'état fossile et on les recueille dans des terrains fort divers;
on en découvre parmi les formations qui ont précédé la craie ainsi que
dans celle-ci, mais la plus grande quantité s'observe dans les couches
qui sont plus nouvelles que cette dernière. Les espèces qui se trouvent
décrites dans les ouvrages ont presque toutes été découvertes en
Angleterre, en Italie et en France; pour le premier pays c'est principalement Sowerby qui les a signalées; pour le suivant, Brocchi; et l'on
doit la connaissance des Troques fossiles de notre patrie principalement
à Basterot, à Lamarck et à MM. Al. Brongniart, de France et Deshayes.

Les Troques contemporains vivent dans la mer, et il en existe dans
toutes les régions du globe. Cependant les plus fortes et les plus belles
espèces proviennent des contrées chaudes. On les rencontre toujours
à peu de distance des rivages, parmi les rochers couverts d'une abondante couche de fucus et de corallines. On les considère comme se
nourrissant de végétaux marins, mais cela n'est pas prouvé et n'est
guère probable.

Ce genre, qui contient au moins cent cinquante espèces, a été partagé par de Blainville en huit sections qui correspondent, à l'exception
d'une seule, à des genres formés par de Montfort; ce sont les Entonnoirs, les Fripières, les Éperons, les Roulettes, les Tectaires, les Télescopes et les Cantharides.

Les **ENTONNOIRS** sont tout à fait calyptriformes par la grande
saillie de la carène. Tel est le *Troque concave* de Chemnitz.

Les **FRIPIÈRES** offrent une coquille ombiliquée, à base large, et dont
l'ouverture est comme excavée; puis elles possèdent la singulière propriété d'agglutiner différents corps solides sur leur spire. Le *Troque
agglutinant* est le type de cette division; cette espèce, qui se rencontre
à la fois dans les mers de l'Inde et de l'Amérique, ainsi que dans la
Méditerranée, dérobe tout à fait son test par de nombreux fragments
de rochers, de coquilles, de polypiers ou d'autres corps qui s'y trouvent solidement soudés. C'est à cette singulière coutume que cette coquille doit le surnom de *maçonne* que lui imposent quelques amateurs.

Les **ÉPERONS** se font remarquer par leur forme extrêmement dépri-

mée et par leur spire qui est tranchante; le *Troque impérial* est le type
de ce groupe.

Les **ROULETTES** possèdent une forme orbiculaire, déprimée, puis
elles sont luisantes, et leur ombilic est recouvert par une large callosité; telle est la *Roulette linéolée* (Pl. 38, fig. 4).

Les **TECTAIRES** sont coniques et leur spire est très-élevée; elles ne
possèdent point d'ombilic et la columelle est fortement tordue. On peut
citer parmi elles le *Troque obélisque*, qui est très-répandu dans les
collections.

Les **TÉLESCOPES** présentent une spire très-élevée, conique; leur
columelle est fortement tordue et saillante, et l'ombilic est nul. Ces
caractères s'observent chez le *Troque télescope.*

Enfin, les **CANTHARIDES** sont coniques, leur base est oblique et leur
ouverture est grande et peu anguleuse; en outre la columelle est
tordue, et forme une sorte de dent à sa terminaison; tel est le *Troque
iris.*

FAMILLE DES CRICOSTOMES.

**Coquille de forme variable, à ouverture presque circulaire.
Opercule calcaire ou corné. Animal semblable à celui de la
famille précédente.**

Ainsi que l'exprime de Blainville lui-même, cette famille est réellement à peine distincte de la précédente. En effet les Troques et les
Turbos se ressemblent entièrement par le Mollusque qui les habite, et
les coquilles de ces deux genres se fondent ensemble de telle manière
que l'on passe de l'un à l'autre par des nuances insensibles. Certains
auteurs, et entre autres de Férussac et Rang, n'en font même qu'un
genre unique. Aussi est-ce seulement pour nous conformer aux idées
anciennement reçues que nous partageons encore ces deux groupes.

Les Cricostomes paraissent tous être phytophages; il n'en est qu'un
petit nombre qui respirent l'air en nature, et presque tous vivent dans
la mer.

TURBOS. *Turbo.* Coquille conoïde, épaisse, nacrée, non carénée
à sa circonférence; ouverture ronde à bord externe non coudé. Opercule
calcaire ou corné. Animal tout à fait analogue à celui des Toupies.

Il existe peu de Turbos fossiles; Lamarck n'en décrit que quatre,
mais au contraire les espèces de ce genre sont fort nombreuses à l'état
vivant. Il n'est aucune région du globe qui en soit dépourvue, cependant
les plus grosses et les plus belles espèces proviennent des zones équatoriales; toutes habitent la mer et se rencontrent parmi les rochers battus
par les flots; elles résident à si peu de profondeur que lorsque la marée
baisse, souvent il s'en trouve beaucoup à découvert. Les Turbos ne se

meuvent qu'avec beaucoup de lenteur, ce qui tient peut-être à l'exiguïté de leur pied, et lorsqu'on les touche souvent ils se laissent choir, espérant probablement par ce moyen échapper au danger. La structure de leur appareil buccal semble indiquer que ces Mollusques sont phytophages, mais rien n'est prouvé à cet égard. On ne connaît que fort peu leur reproduction; on sait seulement, d'après les observations de mademoiselle Warn, que les petites espèces dont l'opercule est corné, sont vivipares, mais on ignore s'il en est de même chez les autres.

Les Turbos sont de quelque utilité pour l'homme; la coquille de certaines espèces, et entre autres celle du Turbo marbré, présente une nacre superbe : aussi l'on en faisait autrefois des objets d'ornement, et souvent aujourd'hui les amateurs en possèdent de décapées dans leurs collections. D'autres espèces offrent un Mollusque qui est recherché comme aliment.

Ce groupe nombreux a été subdivisé en un assez grand nombre de sous-genres parmi lesquels nous ne citerons que les principaux, qui sont les Monodontes, les Méléagres et les Littorines.

Les MONODONTES se reconnaissent immédiatement à leur columelle qui est terminée par une dent; souvent les espèces contenues dans ce sous-genre présentent la plus vive coloration et sont relevées de tubercules semblables à de petites perles. Tel est le *Monodonte de Pharaon*, qui est d'un rouge brillant (Pl. 38, fig. 5).

Les TURBOS PROPREMENT DITS ne sont point ombiliqués; leur columelle est arquée, non tordue et sans troncature à sa base, puis leur opercule est calcaire.

Les MÉLÉAGRES offrent les mêmes caractères que les précédents; seulement leur coquille possède un ombilic; à cette section appartient le *Turbo* ou *Sabot pie*, qui provient de l'Inde, est blanc et noir, et que tous les amateurs connaissent sous le nom de *Veuve* (Pl. 38, fig. 3).

Les LITTORINES ont une ouverture parfaitement ronde dans la direction de l'axe, et leur opercule est corné. Nos côtes maritimes sont jonchées par le *Turbo littoral*, qui est le type de ce sous-genre. Les gens du peuple le nomment *Vignot* en Normandie, et ils le mangent après l'avoir fait cuire.

DAUPHINULES. *Delphinula.* Coquille subdiscoïde, à tours de spire arrondis, laciniés ou hérissés, et parfois disjoints; ombilic très-vaste; ouverture à bords complétement réunis. Opercule corné. Animal à pied large, épais; tentacules sétacés; yeux supportés sur deux tubercules gros et courts; mufle proboscidiforme.

On trouve des Dauphinules fossiles dans les couches de calcaire marin coquillier; M. de France en a décrit dix espèces, qui, pour la plupart, proviennent de Grignon; ces Mollusques habitent tous la mer, et actuellement on les rencontre principalement dans les parages de l'Inde; leurs coquilles offrent une belle teinte nacrée en dedans, mais elles se trouvent revêtues d'un encroûtement calcaire épais à l'extérieur; aussi, comme d'après M. Quoy ces animaux sont timides et apathiques, ne les distingue-t-on que difficilement sur les rochers. On n'en connaît que cinq espèces, parmi lesquelles la *Dauphinule laciniée* est remarquable par sa taille et par ses pointes laciniées d'un beau violet (Pl. 35, fig. 1).

TURRITELLES. *Turritella*. Coquille turriculée; spire très-pointue, à tours fort nombreux, striés selon leur décurrence; bords désunis en arrière; le droit extrêmement mince. Opercule corné. Animal à pied bordé d'un bourrelet découpé; tentacules longs et très-fins. Tête bordée d'une frange garnie de filets.

Les Turritelles se présentent fréquemment à l'état fossile; on ne les découvre, suivant M. de France, que dans les terrains postérieurs à la formation de la craie, et les individus qu'on a crus trouvés dans celle-ci n'appartiennent probablement pas à ce genre; cependant M. Deshayes dit qu'on en connaît une des terrains de transition. Le premier de ces naturalistes en mentionne environ une trentaine d'espèces. Tous les Mollusques de ce groupe habitent la mer, et vivent aujourd'hui dans les régions chaudes des deux continents. M. Risso en décrit plusieurs dans la Méditerranée, qui séjournent, selon lui, soit dans les régions coralligènes, soit dans les régions des algues, soit dans celles des sables. Les seules notions que l'on possède sur l'animal des Turritelles sont dues à d'Angerville, et les voyageurs ne donnent aucun détail sur ses mœurs. Il en existe environ une vingtaines d'espèces dans les collections.

PROTOS. *Proto*. Coquille turriculée, à tours de spire nombreux, aplatis, avec une bande décurrente à la suture; ouverture arrondie, évasée, à bords désunis; le gauche évasé, le droit tranchant.

Ce genre, qui est encore peu connu et ne compte que fort peu d'espèces, a été établi par M. de France.

SCALAIRES. *Scalaria*. Coquille subturriculée, offrant de grosses côtes longitudinales; ouverture ronde. Opercule corné, spiré. Animal spiral; pied tronqué en avant; deux tentacules coniques, portant les yeux à leur base; un mufle proboscidiforme.

Il existe environ une douzaine d'espèces de Scalaires fossiles, qui toutes ont été extraites des terrains postérieurs à la formation de la craie, et principalement de Grignon et de quelques localités de la France et de l'Italie. On en connaît vingt à l'état vivant, et qui sont disséminées dans toutes les mers des climats chauds et tempérés; elles résident communément sur les rivages et parmi les rochers.

La *Scalaire précieuse* mérite principalement d'être citée à cause de sa beauté et de son prix; elle offre une couleur d'un brun clair, avec des côtes blanches, et présente ordinairement deux pouces et demi de longueur; mais parfois cette coquille se développe davantage; il en existait une de plus de quatre pouces d'étendue dans la collection de Catherine II. Cette Scalaire est à juste titre nommée précieuse; car, il y a peu de temps, elle était encore si rare, que Cubières rapporte que des individus parfaitement conservés et très-grands ont été vendus jusqu'à 6,000 fr.; de Blainville dit qu'on les payait naguère 4 ou 500 fr. en Angleterre; aujourd'hui, ces coquilles sont d'une valeur très-peu élevée; M. Bosc attribue cette baisse à ce qu'il s'en est trouvé dans la Méditerranée, tandis qu'anciennement, d'après lui, elles venaient toutes de l'Inde et de la Chine. Mais cela est inexact; et, selon Leach, ces coquilles proviennent de ce dernier pays ainsi que d'Amboine, endroit où les voyageurs du dernier siècle disent même que les femmes les transforment en pendants d'oreilles, qu'elles considèrent comme leurs bijoux les plus précieux (Pl. 38, fig. 6).

La *Scalaire commune* est très-répandue sur les rivages de toutes les mers qui enveloppent l'Europe, et même dans celles du Nord (Pl. 38, fig. 7).

VERMETS. *Vermetus.* Coquille libre ou adhérente, tubiforme, irrégulièrement enroulée ou ployée, à bords tranchants. Opercule corné. Animal vermiforme, à pied cylindrique, portant deux longs filets tentaculaires antérieurement; deux petits tentacules ayant les yeux à leur base; trompe armée de crochets.

Ce genre est un des plus singuliers par la configuration de sa coquille, que l'on a longtemps prise pour une Serpule. Ce fut Adanson, qui, le premier, le fit connaître et en décrivit l'animal avec exactitude. On découvre quelques Vermets fossiles près de Bayeux et d'Angers, dans les couches de calcaire coquillier et dans l'oolithe inférieure. Les espèces vivantes sont peu nombreuses, cependant de Blainville dit qu'il en connaît au moins une douzaine dans les collections. Elles proviennent des mers des pays chauds; on ne sait rien sur leurs mœurs : ce sont les seuls Gastéropodes qui vivent fixés, et dont les mouvements se bornent à rentrer et à sortir leur corps de son tube. Le *Vermet d'Adanson*, qui vit au Sénégal, est le seul qui ait été bien étudié.

VALVÉES. *Valvata.* Coquille subdiscoïde ou conique, ombiliquée; tours de spire arrondis à sommet mamelonné; bords tranchants, réunis complétement. Opercule corné, à éléments concentriques et circulaires. Animal à pied bilobé en avant; tentacules extrêmement longs, cylindracés, obtus; yeux sessiles, situés à leur base : une branchie unique, pectiniforme.

Toutes les Valvées habitent l'Europe, et l'on n'en connaît pas à l'état fossile; Draparnaud n'en mentionne que quatre espèces, mais de Férussac en porte le nombre à dix.

CYCLOSTOMES. *Cyclostoma.* Coquille trochiforme ou cylindroïde, striée; tours de spire arrondis et à sommet mamelonné; ou-

verture garnie d'un bourrelet. Opercule calcaire. Animal à tête proboscidiforme ; deux tentacules cylindriques , renflés à l'extrémité ; yeux
sessiles, situés à leur base; bouche supportée par un mufle ; organes
respiratoires formés par un réseau pulmonaire tapissant une cavité cervico-dorsale.

Draparnaud confondait les Cyclostomes et les Paludines , mais il faut
évidemment les séparer; ces deux genres, ayant des organes respiratoires tout à fait dissemblables, ne peuvent être réunis; en outre, la
coquille elle-même diffère, car, dans les premiers, les bords sont réfléchis en bourrelet, et il existe un opercule calcaire, ce qui n'a point
lieu chez les autres. Les Cyclostomes possédant un organe respiratoire
représenté par un poumon et respirant l'air en nature, il nous semble
qu'ils devront un jour être rapprochés de l'ordre des Pulmobranches.

Il existe des Cyclostomes sous les deux états. Les espèces fossiles sont
exclusivement propres aux terrains tertiaires, et, selon M. Deshayes, le
Cyclostome élégant caractérise le grès de Fontainebleau. Lamarck en
compte environ seize espèces qui, presque toutes, se trouvent à Grignon. Les espèces contemporaines sont plus nombreuses ; ce naturaliste
en mentionne quarante-cinq qui proviennent principalement de
l'Amérique et de l'Océanie. Ces Mollusques vivent à la surface du sol ;
on les decouvre fréquemment en grande abondance sur les feuilles en
putréfaction ou dans les trous des vieux arbres.

Le *Cyclostome élégant* est celui que nous avons souvent l'occasion
d'observer dans nos campagnes; ce petit animal, dont la coquille est
ornée de stries fines et longitudinales, est remarquable par sa manière
de marcher, qui consiste à faire des espèces de pas ou d'enjambées.

PALUDINES. *Paludina*. Coquille épidermée, conoïde , à sommet
mamelonné; ouverture subovalaire ; bords tranchants , réunis. Opercule
corné. Animal à pied trachélien; tête proboscidiforme ; tentacules coniques, obtus, portant les yeux vers leur base ; bouche édentée; langue
hérissée.

On découvre des Paludines fossiles dans les terrains lacustres, et
M. Deshayes dit qu'il en existe aussi dans les formations marines. Lamarck en compte seize espèces qui ont principalement été trouvées
en France ; mais ces coquilles sont extrêmement difficiles à caractériser,
et elles ne se distinguent qu'avec peine des Ampullaires. On ne rencontre de Paludines vivantes que dans l'hémisphère boréal, et sur celui-
ci il n'y en a guère que sous les zones froides ou tempérées, car dans
celles qui sont chaudes, elles n'existent plus et semblent être remplacées par les Ampullaires et les Mélanies ; c'est surtout dans l'Amérique
du Nord qu'elles sont communes , mais on en connaît aussi un assez
grand nombre en France. Lamarck mentionne vingt-une espèces dans
ce genre.

Ces Mollusques séjournent sur les plantes submergées, et, comme
l'indique leur nom, dans les marais et dans les fossés ; on en trouve

aussi au milieu des rivières, et quelquefois jusque dans les eaux salées de leur embouchure. Les Paludines paraissent se nourrir principalement de substances végétales ; les femelles présentent, dans leur appareil génital, une grande cavité à laquelle on a donné le nom de *matrice*, et où se développent et éclosent les œufs. Les petits sortent vivants, et aussitôt après leur émission au dehors, ils se mettent sur la coquille de la mère et y restent un certain temps.

La *Paludine vivipare* est répandue dans toutes les parties de la France. On la nomme aussi Vivipare à bandes, à cause des rubans colorés qu'offre sa coquille. Cette espèce a été successivement le sujet des études de Lister, de Swammerdam, et surtout de Cuvier, qui en ont donné l'anatomie.

FAMILLE DES ELLIPSOSTOMES.

Coquille de forme variable, ordinairement lisse, à ouverture ovale, longitudinale ou transversale. Opercule calcaire ou corné. Animal de forme variable, spiral ou globuleux ; deux ou quatre tentacules ; yeux situés vers leur base.

MÉLANIES. *Melania*. Coquille épidermée, ordinairement turriculée ; ouverture ovale à bords disjoints ; bord droit s'évasant antérieurement ; opercule corné, rebordé. Animal à pied frangé ; deux tentacules filiformes portant les yeux à leur base.

Ces coquilles sont palustres et fluviatiles ; toutes se trouvent peintes en noir ou d'une teinte très-rembrunie, c'est ce qui leur a valu le nom qu'elles portent qui indique cette couleur.

On a décrit un assez grand nombre de Mélanies fossiles, environ une vingtaine ; mais les coquilles auxquelles on a donné ce nom, diffèrent des espèces vivantes d'une manière si notable qu'il peut être douteux que ce soient de véritables Mélanies ; en effet, ces dernières ont un test mince et fragile ; elles présentent des cloisons vers l'extrémité de leur spire, de manière que celle-ci se brise fréquemment à certain âge sans que cela affecte le Mollusque, et, en outre, elles habitent essentiellement les eaux douces. Au contraire, les espèces fossiles possèdent une coquille épaisse ; elles ne sont jamais tronquées à leur sommet, et elles se trouvent dans les dépôts de coquilles marines, et presque jamais parmi les terrains d'eau douce.

Les espaces intertropicaux de l'Amérique et de l'Asie sont le séjour de prédilection des espèces vivantes, qui sont au nombre de vingt environ ; l'une d'elles, la *Mélanie tiare*, a une chair fortement amère, et est regardée, dans quelques pays, comme guérissant radicalement l'hydropisie.

RISSOAIRES. *Rissoa*. Coquille oblongue ou turriculée, non ombiliquée , ordinairement garnie de côtes longitudinales ; ouverture entière , ovale, oblique , évasée , sans canal , ni dents , ni plis ; bords réunis ou subréunis ; le droit renflé. Opercule calcaire ou corné , à spire latérale. Animal à pied trachélien et rond ; tentacules coniques , portant les yeux sur le côté ; mufle proboscidiforme.

Ce genre , dont nous empruntons la caractéristique à de Blainville , est assez artificiel, ainsi qu'il le dit lui-même, mais il doit être adopté provisoirement pour recevoir quelques espèces marines à ouverture ovale et rigoureusement entière.

PHASIANELLES. *Phasianella.* Coquille lisse à spire pointue ; ouverture plus large en avant ; bords désunis ; columelle offrant une callosité intérieurement ; bord droit tranchant. Opercule calcaire. Animal spiral , à pied orné latéralement de filaments ; tête portant un voile frangé ; tentacules coniques ; yeux courtement pédonculés ; bouche à lèvres verticales, subcornées ; ruban lingual spiral , hérissé ; cavité branchiale partagée par une cloison.

Les formations de calcaire coquillier grossier contiennent quatre Phasianelles fossiles , et jamais on n'en a observé dans d'autres terrains. Les espèces vivantes sont fort peu nombreuses et bariolées de couleurs très-vives ; elles proviennent principalement de l'Amérique , de l'Australie et de l'île de France ; Lamarck en décrit dix , et naguère elles étaient fort recherchées et d'un prix élevé ; mais les marins qui accompagnaient le capitaine Baudin en ayant rapporté considérablement , leur valeur baissa subitement. Cuvier , qui a fait connaître l'anatomie de ces Mollusques , dit que leur estomac offre plusieurs poches et des plis extensibles , ce qui lui fait supposer que les Phasianelles sont très-voraces.

AMPULLAIRES. *Ampullaria.* Coquille globuleuse , ventrue , ombiliquée , épidermée ; columelle non calleuse ; bords réunis ; l'externe tranchant. Opercule ordinairement corné , non spiré , à éléments concentriques. Animal globuleux , spiral , à pied ovale ; tête large ; quatre tentacules , dont les deux supérieurs sont extrêmement longs et pointus ; yeux courtement pédonculés ; lèvres disposées en fer à cheval ; bouche édentée ; langue hérissée , non prolongée en arrière ; cavité respiratoire partagée en deux par une cloison.

Un certain nombre de coquilles que l'on découvre dans les terrains tertiaires marins de la France , et surtout dans ceux de Grignon , avaient été considérées par Lamarck comme étant des Ampullaires fossiles ; mais de Férussac pense que celles-ci n'appartiennent point à ce genre , et qu'on doit au contraire les réunir aux Natices ; M. Deshayes partage cette manière de voir. Quoique reconnaissant la justesse de ces objections , et que nous pensions que les prétendues Ampullaires fossiles différaient de celles qui sont contemporaines , puisqu'elles étaient marines, ainsi que le prouvent les coquilles avec lesquelles on les rencontre, cependant elles ne nous semblent pas devoir être rangées avec les Natices ; en effet, leur ombilic diffère beaucoup de celui de ces dernières et il n'offre pas cette saillie remarquable qui s'y observe. Aussi, peut-être faudra-t-il se contenter de faire une section spéciale dans le genre que nous décrivons pour placer les espèces fossiles.

Les Mollusques de ce genre sont tous exotiques, et ils habitent les régions chaudes des deux mondes, principalement l'Inde, l'Amérique méridionale et l'Afrique septentrionale. Ils vivent dans les fleuves, les marais et les eaux saumâtres, mais il paraît que parfois ces animaux abandonnent ceux-ci et qu'ils vont se placer dans les arbres assez éloignés de l'eau : des naturalistes en ont recueilli à leur cime.

Linnée confondait les Ampullaires avec les Hélices, et ce fut Lamarck qui créa un genre spécial pour elles. On dut au Père Feuillée les premières notions que l'on ait eues sur l'anatomie de ces animaux ; dans la suite, de Blainville s'en occupa. MM. Quoy et Gaimard, qui ont eu l'occasion d'en disséquer, disent qu'ils possèdent à l'intérieur du corps une grande poche, sans issue et remplie d'air, qui pourrait bien fonctionner comme une vessie natatoire. C'est peut-être cet organe que certains naturalistes modernes considèrent comme un appareil pulmonaire destiné à suppléer les branchies lorsque les Ampullaires se sont éloignées de l'eau.

Les femelles déposent fréquemment leurs œufs autour de la tige des végétaux palustres ; elles les entassent les uns sur les autres, sans ordre, et leur surface est tellement lisse et polie qu'ils présentent un aspect tout à fait vitreux, et qu'ils ressemblent à des bulles d'émail coloré ; ils sont d'un vert pâle dans les espèces les plus communes, mais ceux de l'Ampullaire canaliculée paraissent être du plus beau rouge de carmin, c'est au moins la couleur qu'ils possèdent sur la figure qu'en a donnée M. D'Orbigny, dans l'atlas de son voyage dans l'Amérique méridionale.

On ne sait trop pourquoi les collecteurs ont nommé pompeusement *Cordon bleu* ou dieu *Manitou*, certaines coquilles de ce genre. L'homme ne retire que peu de services de ces animaux qui sont fort abondants dans la nature ; cependant l'*Ampullaire ovale* qui réside dans le lac Maréotis, et dans l'oasis de Shiwah, lieu où était bâti l'ancien temple de Jupiter Ammon, est employée à la nourriture des habitants de cette dernière contrée. L'*Ampullaire de la Guyane* peut être citée comme l'une des plus belles (Pl. 38, fig. 9).

AMPULLINES. *Ampullina.* Coquille épaisse, à spire très-courte, pointue ; ouverture semi-circulaire ; bord extérieur tranchant et renversé ; une callosité peu épaisse, s'élargissant pour remplir l'ombilic. Opercule calcaire, semi-circulaire, non spiré. Animal inconnu.

Ce genre a été formé par de Blainville pour une coquille de la collection du Muséum de Paris. Elle ressemble beaucoup aux Hélices, et, si elle n'était operculée, on la placerait volontiers dans leur groupe.

HÉLICINES. *Helicina.* Coquille subglobuleuse ou conoïde; ouverture semi-ovale; columelle torse, à callosité couvrant l'ombilic; bord droit tranchant. Opercule corné, complet. Animal globuleux; tentacules filiformes portant les yeux à leur base; mufle bilabié; cavité pulmonaire analogue à celle des Cyclostomes.

Ce genre, d'après de Blainville, contient des coquilles marines et terrestres qui se ressemblent tellement qu'il est impossible de ne pas les réunir malgré leur habitat si différent.

PLEUROCÈRES. *Pleurocera.* Coquille ovale ou pyramidale; ouverture oblongue; bord interne collé sur la columelle qui est torse, sans ombilic; bord externe mince. Opercule corné, membraneux. Animal incomplétement connu.

C'est à M. Rafinesque que l'on doit l'établissement de ce genre sur lequel les naturalistes ne sont pas encore tout à fait fixés.

FAMILLE DES HÉMICYCLOSTOMES.

Coquille subglobuleuse ou semi-globuleuse; ouverture demi-circulaire; columelle droite, parfois tranchante et septiforme. Opercule corné ou calcaire, subspiré, à sommet excentrique. Animal subglobuleux; pied subcirculaire; tête aplatie, semilunaire; tentacules longs; yeux sessiles ou courtement pédiculés; cavité branchiale vaste.

NATICES. *Natica.* Coquille subglobuleuse ou ovoïde, inépidermée, lisse, ombiliquée; columelle édentée, parfois calleuse; bord droit lisse intérieurement. Opercule calcaire ou corné, sans apophyse. Animal très-déprimé, excessivement étendu; tentacules longs, sétacés, aplatis et auriculés à la base; yeux sessiles; bouche offrant une dent; langue nulle.

Les couches plus nouvelles que la craie, et particulièrement le calcaire grossier, offrent des Natices fossiles. Lamarck en a décrit quatorze qui, pour la plupart, proviennent de la France, de l'Italie et de l'Autriche; et M. Deshayes considère la Natice épiglottine comme caractérisant le calcaire grossier des environs de Paris. Il existe un nombre considérable de Natices contemporaines; elles sont disséminées dans toutes les régions du globe, mais on reconnaît qu'elles abondent principalement dans les zones les plus chaudes des deux continents; cependant, M. Say en mentionne une dizaine d'espèces dans l'Amérique septentrionale. De Blainville en connaît au moins quatre provenant de l'Adriatique, et il en existe une qui est très-commune sur les plages septentrionales de l'Europe. Toutes les Natices habitent la mer, et se rencontrent, à peu de distance des rivages, parmi les algues ou sous le sable.

Les Natices diffèrent essentiellement des Nérites par leur coquille et par l'animal qui l'habite. Le test des premières se fait remarquer par l'ampleur de son ombilic, qui est en partie occupé par une grosse saillie; mais parvenues à un certain âge, comme cela s'observe sur la Natice mamelle, certaines espèces bouchent cette excavation. Le Mollusque attire l'attention par le prodigieux développement qu'il offre lorsqu'il est sorti de sa coquille, et, ainsi que nous l'avons observé sur des espèces de la Méditerranée, on s'étonne qu'il soit possible qu'un animal si vaste puisse cependant rentrer entièrement dans son test.

La *Natice glaucine*, que Lister indique dans la baie de Campêche, vient aussi dans le golfe de Naples, nous l'y avons observée; dans les rues de cette ville, on la débite abondamment aux Lazzarones qui s'en nourrissent avec plaisir.

NÉRITES. *Nerita*. Coquille semi-globuleuse, non ombiliquée; ouverture demi-circulaire; columelle septiforme, tranchante, dentée ou non. Opercule calcaire, offrant une ou deux apophyses. Animal globuleux; yeux subpédiculés, bouche édentée; langue denticulée, prolongée dans l'abdomen.

Les naturalistes n'ont signalé que fort peu de Nérites fossiles, et jusqu'à présent l'on n'en a rencontré que dans les terrains tertiaires. Au contraire les espèces vivantes sont très-nombreuses, et il en existe dans presque toutes les régions du globe; elles habitent la mer, les fleuves et les marais. Les plus grosses sont marines et proviennent seulement des pays chauds; il n'y en a même pas dans la Méditerranée, et, à mesure que l'on s'élève vers le nord elles diminuent de volume, perdent l'un de leurs caractères, et en même temps deviennent fluviatiles.

On trouve les Nérites au milieu des fucus ou des plantes palustres; et même, au rapport de quelques naturalistes, ces Mollusques, malgré leur respiration évidemment aquatique, peuvent abandonner l'eau par moments, et vivre sur les végétaux des localités humides, à l'instar des Céphalidiens terrestres. Cela a été observé à l'égard d'une espèce nouvellement découverte dans les régions australes par M. Lesson, et que ce naturaliste rencontra en abondance à la cime des arbres. M. Quoy dit même que toutes les Nérites, soit marines, soit fluviatiles, passent une partie de leur vie hors de l'eau, mais sans jamais trop s'en éloigner. Il confirme l'assertion du savant que nous venons de citer en disant que les espèces qui vivent dans les fleuves ou dans les marais se suspendent parfois aux feuilles des arbres voisins de ceux-ci; mais il assure que les Nérites ne peuvent se transporter au loin dans les terres, et que celles que l'on y a rencontrées y avaient été portées par les Crustacés ou par quelque accident. Du reste on connaît peu les mœurs de ces Mollusques, on sait seulement que les petits de quelques espèces s'attachent pendant un certain temps à la coquille de leur mère, et qu'ils y restent jusqu'à ce qu'ils soient assez forts pour vivre loin de celle-ci : la Nérite pulligère doit même son nom à cette particularité.

Ce groupe, dans lequel on ne compte pas moins de quatre-vingt-dix espèces, peut se subdiviser en deux sous-genres, qui sont les Nérites proprement dites et les Néritines.

Les **NÉRITES** ont leur bord droit denté en dedans. C'est ce groupe qui renferme les plus volumineuses espèces, et toutes celles qui y sont contenues habitent la mer. La *Nérite saignante*, qui provient des Antilles et de l'Amérique méridionale, est le type de cette division ; elle doit sa dénomination à la tache sanglante que porte sa columelle. Oken considère cette espèce comme devant former un nouveau genre, qu'il désigne sous le nom de *Peloronta*, et qui a pour caractère une seule dent à la columelle (Pl. 38, fig. 8).

Les **NÉRITINES** possèdent un bord droit non denté ; elles habitent pour la plupart les eaux douces, mais il en existe aussi de marines. Lamarck croyait que ce groupe, qu'il considérait comme un genre, ne renfermait que des espèces fluviales ; mais c'était à tort, car M. Rang et d'autres naturalistes ont trouvé en abondance la Néritine verte sous les rochers baignés par la mer, à la Martinique et à l'île de France. Les Néritines sont de petites coquilles souvent décorées avec une délicatesse extrême ; les lignes colorées ou les taches qu'elles présentent, et que l'on retrouve même sur quelques échantillons fossiles, ressemblent parfois aux dessins les plus délicats qui s'observent sur nos différentes étoffes imprimées. Ce sous-genre a été subdivisé lui-même par plusieurs classificateurs qui ont considéré les coupes suivantes comme devant former des genres spéciaux auxquels ils donnent les noms de Clithons, de Vélates et de Piléoles.

Les *Clithons*, qui ont été séparés des Nérites par de Montfort, ont le bord columellaire denté, et leur coquille est couverte de longues épines ; telle est la *Nérite longue épine*, qui est d'un beau noir et provient des rivières de l'île de France et de l'Inde.

Les *Vélates* sont des Nérites calyptroïdes à sommet supérieur, et dont le dessous est occupé par une large callosité. La *Nérite perverse*, fossile de France, présente ce caractère.

Les *Piléoles* ont été isolées par Sowerby ; elles offrent une coquille patelloïde, alongée, à sommet dorsal, non spiré. Ces Nérites font le passage aux Navicelles.

NAVICELLES. *Septaria.* Coquille patelloïde, non spirée ; columelle remplacée par une cloison tranchante avec un sinus à gauche ; impression musculaire en fer à cheval. Opercule calcaire, quadrilatère, portant une dent. Animal ovoïde, non spiral ; tête semilunaire ; bouche édentée ; langue fendue en avant ; branchie unique.

Linnée et Gmelin avaient placé ces Mollusques parmi les Patelles, et ce fut Chemnitz qui, le premier, entrevoyant mieux leurs rapports, les rangea près des Nérites, dans son grand ouvrage sur la Conchyliologie. C'est en effet là leur véritable place, car leur animal a les plus grands rapports avec celui de ces dernières. On ne connaît de

Navicelles qu'à l'état vivant, et encore n'en existe-t-il que fort peu
d'espèces, trois ou quatre. Elles habitent les eaux les plus claires, et
jusqu'à ce moment, on n'en a encore découvert que dans les rivières
de l'Inde, des Moluques, de l'île Bourbon et de l'île de France. On les
rencontre sur les rochers, et elles s'y tiennent fixées à l'instar des Patelles, mais sans rester au même endroit comme ces dernières, car, au
contraire, elles rampent assez rapidement. Du reste, on connaît peu leurs
mœurs ; on sait seulement, d'après M. Bory Saint-Vincent, qui a donné
quelques détails sur celles-ci, que ces animaux, ainsi que plusieurs
Nérites, portent leurs petits sur leur dos pendant un certain temps ; à
l'île Bourbon les nègres recueillent ces Mollusques parmi les rochers,
et ils les mangent après les avoir fait cuire ; là aussi on fait avec eux du
bouillon pour les malades.

FAMILLE DES OXYSTOMES.

Coquille conoïdale, très-mince ; columelle droite, saillante en
avant ; bord droit tranchant. Opercule nul. Animal à pied
court, ovale, en forme de ventouse, muni de deux appendices
natatoires latéraux, et accompagné d'une masse de vésicules
alongées. Tête fort grosse ; tentacules subulés ; yeux courtement pédiculés ; mufle proboscidiforme offrant deux lèvres
verticales, subcartilagineuses, garnies d'aiguillons ; deux branchies pectiniformes.

JANTHINES. *Janthina.* Ce genre remarquable forme à lui seul
cette famille, et il ne renferme que quatre espèces, qui habitent les
régions chaudes ; elles s'observent dans toutes les mers de celles-ci, et
vivent loin des rivages, à la surface des flots ; quelquefois seulement
les tempêtes les jettent sur les grèves, mais elles y expirent rapidement.

Ce fut Fabius Columna qui parla le premier des Janthines, et il en
publia une assez bonne figure dans son petit traité de la Pourpre ;
Forskal et Bosc étudièrent ensuite ces Mollusques, mais ils n'en donnèrent que la description extérieure, et aucun d'eux ne s'occupa de
leur anatomie ; Cuvier fut le premier qui la fit connaître.

Ce dernier pensait que le pied de ces Mollusques pouvait leur servir
à ramper, mais cela ne paraît que peu probable, et cet organe, qui est
fort exigu, ne peut guère fonctionner que comme une espèce de ventouse, pour les fixer aux corps qu'ils rencontrent à la surface de la mer.
On croit que les petites membranes qui se trouvent sur les côtés du
pied doivent être considérées comme des appendices natatoires à
l'aide desquels ces Mollusques peuvent se mouvoir ; mais ces deux
espèces de nageoires ne seraient pas suffisantes pour soutenir continuellement les Janthines à la superficie des flots, et la nature leur a

accordé à cet effet un organe spécial composé de vésicules , et que Fabius Columna désigna d'une manière pittoresque sous le nom de *Spuma cartilaginea*. Cet appareil ressemble en effet à de l'écume ; mais c'est à tort, nous le croyons, qu'on a avancé que ces vésicules étaient de nature cartilagineuse, car toujours nous les avons trouvées molles, translucides et remplies d'air. Cet organe a été considéré par Cuvier comme un vestige d'opercule, et quelques autres naturalistes lui ont accordé la même signification physiologique. Quoi qu'il en soit , c'est à l'aide de ces vésicules hydrostatiques que les Janthines se soutiennent sans effort à la surface de la mer ; mais au moindre danger ou lorsque le calme cesse , ces Mollusques contractent leur masse flottante et la rentrent dans leur coquille , et par la seule diminution de leur volume , car l'air ne peut être expulsé des cellules qui le contiennent, les Janthines plongent plus ou moins profondément. Mon ami Botta a eu l'occasion de reconnaître comment celles-ci formaient leur appendice bulbeux ; il me rapporta que pour cela elles se mettent à la superficie de l'eau , et élèvent leur pied au-dessus de celle-ci en le rendant concave ; puis , qu'ensuite elles le retournent en prenant sous cet organe une bulle d'air , qui est bientôt tapissée de substance animale, et va former une des cellules natatoires.

On n'a encore que des notions peu étendues sur le mode de reproduction de ces Mollusques. Forskal prétend que la femelle conserve ses œufs dans une sorte de matrice où ils éclosent ; il ajoute avoir plusieurs fois vu des petits vivants en sortir, et que ceux-ci, examinés au microscope, lui ont paru être pourvus d'une coquille semblable à celle de la mère. Au contraire, sir Ed. Home professe que ces Mollusques sont ovipares et que la femelle attache ses œufs sur sa coquille avec une substance glaireuse. Mais M. Rang, qui a eu souvent occasion d'observer ces animaux, n'adopte point ces opinions ; il prétend que les Janthines déposent leurs œufs , qui sont parfois en nombre considérable , sous leur appareil hydrostatique , et qu'elles les y attachent à l'aide de petits pédicules ; puis , qu'ensuite, ces Mollusques les abandonnent avec leur organe vésiculeux auquel se trouve confié le soin de leur conservation ; sans doute qu'à cette époque les appendices natatoires du manteau sont employés à suppléer l'appareil qui vient d'être séparé du corps. Lorsque l'on saisit les Janthines, elles versent une liqueur violette qui tache les mains, et c'est celle-ci qui donne en partie à la coquille sa couleur ordinaire. D'après Bosc, qui a eu l'occasion d'observer un grand nombre de ces Mollusques, ils seraient phosphorescents pendant la nuit. Ceux-ci forment une pâture abondante pour les poissons et les oiseaux palmipèdes.

La *Janthine commune*, qui se rencontre parfois par bandes nombreuses à la surface des flots, est la plus anciennement connue (Pl. 35, fig. 4).

CÉPHALIDIENS AMPHIOÏQUES.

Mollusques hermaphrodites, à sexes distincts ; accouplement nécessaire.

ORDRE DES PULMOBRANCHES.

Organes respiratoires aériens analogues à un poumon et tapissant une cavité dont l'orifice est à droite ; bouche offrant supérieurement une dent ; masse linguale peu ou point hérissée.

FAMILLE DES LIMNACÉS.

Coquille turriculée ou discoïde, mince, à bord externe constamment tranchant. Opercule nul. Animal à deux tentacules coniques ou sétacés ; yeux sessiles ; bouche armée supérieurement d'une dent tranchante.

Cette famille a de nombreux représentants dans nos climats, et les espèces qui la composent portent toutes une coquille mince et subtransparente, qui ressemble assez à de la corne, et est d'une couleur fauve plus ou moins foncée et noirâtre. Tous les Limnacés habitent les eaux douces et respirent l'air en nature en venant à la surface de celles-ci ouvrir leur cavité pulmonaire, et tous sont phytophages.

LIMNÉES. *Limnea.* Coquille conique ou turriculée, à spire pointue ; ouverture à bords désunis ; columelle offrant un pli oblique. Animal à pied grand, ovale ; tentacules aplatis, triangulaires, auriformes, portant les yeux à leur base.

On rencontre des Limnées fossiles dans toutes les couches de calcaires d'eau douce, et la connaissance en a principalement été due à M. Al. Brongniart ; déjà une douzaine d'espèces ont été décrites, et elles sont spécialement provenues des terrains de la France ; celles qui sont connues à l'état vivant habitent particulièrement l'hémisphère boréal et elles se trouvent surtout répandues dans les zones chaudes et tempérées de l'Amérique, de l'Asie et de l'Europe. On en connaît peu des régions antarctiques, cependant quelques naturalistes en ont rapporté de celles-ci. Ces Mollusques ont les eaux douces pour séjour et particulièrement celles des fossés et des mares. On en trouve fort abondamment dans les nôtres.

Les Limnées rampent lentement sur les corps solides ; et souvent à l'aide des contractions de leur pied, elles se meuvent à la surface du fluide qu'elles habitent, et semblent y glisser dans une situation renversée, en prenant pour point d'appui une couche extrêmement mince de liquide. Ces Mollusques respirant l'air en nature, sont obligés de venir à la surface de l'eau pour y puiser ce fluide, et l'on voit que quand ils s'y trouvent leur cavité pulmonaire est béante pour l'introduire continuellement dans son intérieur ; mais lorsque quelque danger menace les Limnées, celles-ci rentrent leurs organes dans leur coquille et plongent immédiatement vers le fond en se rendant ainsi d'un poids spécifique plus considérable. Mais elles peuvent remonter avec la même facilité lorsqu'elles le veulent. Pour cela il leur suffit de se développer, et par ce moyen, en devenant d'une pesanteur relative moindre que celle du liquide, elles opèrent une ascension rapide et arrivent à sa surface.

Les Limnées sont phytophages et se nourrissent seulement de feuilles de végétaux aquatiques ; elles les entament facilement à l'aide de la dent dont leur bouche est armée. Durant l'hiver ces Céphalidiens s'enfoncent dans la vase et s'y engourdissent, du moins cela s'observe pour les espèces qui résident dans nos latitudes ; c'est au printemps que ces Mollusques sortent de leur torpeur, et c'est à cette époque qu'a lieu leur reproduction ; comme chez eux les orifices génitaux sont distants, cette disposition empêche que l'accouplement puisse être réciproque entre deux individus, ainsi que cela s'observe dans les Hélices, aussi la Limnée qui agit comme mâle à l'égard d'un individu est obligée de servir de femelle à un troisième. C'est cette disposition qui fait que, durant la saison de leurs amours, on rencontre ces Céphalidiens accouplés un grand nombre à la fois et formant sur les mares une sorte de chaîne par leur réunion. Leurs œufs sont ces masses gélatineuses qui se voient fréquemment sur le limbe des feuilles submergées des végétaux aquatiques, et dans lesquelles, à certaine époque, on aperçoit le jeune embryon se mouvoir. On connaît dans ce genre environ vingt espèces contemporaines.

La *Limnée stagnale*, qui est une des plus communes et des plus fortes, s'observe fréquemment à la surface de nos eaux stagnantes.

PHYSES. *Physa.* Coquille très-lisse, ovale ou globuleuse, mince et fragile, à spire saillante, souvent sénestre. Animal analogue à celui des Limnées ; manteau pouvant se recourber et couvrir presque entièrement la coquille ; tentacules grêles, sétacés.

Il n'existe point de Physes fossiles, et les espèces de ce genre sont peu nombreuses ; c'est à peine si l'on en a mentionné une dizaine ; presque toutes ont été rencontrées en Europe. Elles vivent dans les eaux douces, nagent avec facilité, et possèdent un manteau qui, étant assez vaste pour se développer sur une grande partie de la coquille, préserve celle-ci de tout encroûtement, et lui conserve le brillant poli qui la revêt. Leur ponte se compose d'un petit nombre d'œufs réunis en masse glaireuse. La *Physe des mousses* est une petite coquille indigène, de couleur fauve, qui réside sur les plantes ou dans les rivières.

PLANORBES. *Planorbis.* Coquille discoïde, souvent sénestre; spire enfoncée. Animal fortement enroulé; tentacules filiformes, sétacés, très-longs; dent buccale en croissant; plaque linguale armée de petits crochets.

La forme enroulée de ces Céphalidiens les avait fait confondre anciennement, par quelques naturalistes, avec les Ammonites; mais celles-ci en sont bien différentes par leurs cloisons. On rencontre des Planorbes fossiles dans presque tous les terrains d'eau douce de l'Amérique, de la France et de la Suisse, et déjà une vingtaine d'espèces provenant de ces localités ont été décrites. Les Planorbes affectionnent les zones boréales tempérées, et se trouvent rarement dans l'hémisphère austral, car les voyageurs n'en ont point rapporté de celui-ci; presque tous ceux qui sont connus proviennent de l'Amérique septentrionale et de l'Europe; ils vivent dans les marais, et sont encore plus aquatiques que les Limnées, car jamais on ne les rencontre loin de l'eau. Leurs mœurs semblent tout à fait analogues à celles de ces Mollusques, et comme eux, ils forment de longs cordons en s'accouplant mutuellement à la surface des étangs.

Le *Planorbe corné* est commun chez nous, et se décèle à la direction sénestre de sa coquille et à sa couleur brun-verdâtre.

FAMILLE DES AURICULACÉS.

Coquille épaisse, à ouverture plus large en avant; columelle dentée ou plissée. Opercule nul. Animal à tentacules renflés au sommet; yeux sessiles; bouche offrant une dent en haut; langue armée de crochets.

Tous les Mollusques de cette famille, vivant de végétaux, fixent leur résidence aux bords de la mer, et quelquefois même ils se trouvent momentanément submergés par ses flots.

PIÉTINS. *Pedipes.* Coquille ovoïde, subinvolvée; ouverture longue, ovale ou linéaire, à bords non réunis; l'externe mince, tranchant, denticulé intérieurement. Animal à pied partagé en deux talons par un large sillon transversal; tentacules cylindriques.

Ces Mollusques ne sont connus que par la description qu'en a donnée Adanson; de Blainville leur réunit les Tornatelles et les Conovules de Lamarck.

AURICULES. *Auricula*. Coquille épaisse, ovale, à spire courte ; columelle à deux ou trois dents ; bord droit épaissi et rebordé. Animal à pied indivis.

On a décrit une vingtaine d'espèces fossiles comme appartenant à ce genre, et la plupart d'entre elles ont été découvertes en France. Celles qui sont contemporaines, et dont le nombre s'élève à trente, ont principalement été rencontrées en Amérique et dans l'Océanie.

Par une anomalie notable, les Auricules, qui semblent organisées pour vivre dans la mer, se trouvent cependant plus souvent sur la terre que dans l'eau, mais elles reviennent fréquemment vers celle-ci, dont elles ne peuvent beaucoup s'éloigner sans danger.

M. Rang dit en avoir fréquemment rencontré au Brésil, à Madagascar et à l'île de France, qui étaient sur les rochers voisins de la mer, et y respiraient l'air libre ; mais que jamais il n'en a découvert dans celle-ci. M. Lesson rapporte qu'il en a observé une qui existait dans l'eau douce.

PYRAMIDELLES. *Pyramidella*. Coquille turriculée, inépidermée ; ouverture semi-ovalaire ; Columelle saillante antérieurement, plissée, élargie sur l'ombilic ; bord externe tranchant. Opercule corné, mince. Animal à pied arrondi ; deux tentacules larges ; yeux sessiles, bouche supportée par un mufle aplati.

Ces Mollusques paraissent résider tous parmi les mers de l'Inde et de l'Afrique ; on n'en a pas découvert de fossiles ; ils sont de petite taille, et semblent être fort timides. C'est à MM. Quoy et Gaimard que l'on doit la connaissance de l'animal des Pyramidelles, coquilles ordinairement peintes de couleurs assez vives, et dont on ne compte encore que six espèces.

FAMILLE DES LIMACINÉS.

Coquille globuleuse, ovale, discoïde, turriculée ou puppacée et parfois nulle ; sommet mousse ; ouverture ronde, semicirculaire, ovale ou anguleuse, mais jamais échancrée. Opercule nul. Animal de forme variable, à tête portant quatre tentacules rétractiles ; yeux situés à l'extrémité des postérieurs ; bouche offrant une dent en haut ; masse linguale petite, hérissée de denticules microscopiques.

Cette famille contient un nombre considérable de Mollusques, qui, tous, sont terrestres et se trouvent répandus à la surface de tout le globe, depuis les zones les plus froides jusqu'aux espaces tropicaux. Ils ne se nourrissent presque exclusivement que de substances végétales.

L'étude des Mollusques de cette famille avait été assez négligée jusqu'à ces derniers temps, parce que leurs coquilles étant peu éclatantes, les collecteurs les avaient dédaignées, et aussi parce que les marins, s'avançant peu dans les terres, n'en rapportaient que rarement. Mais depuis les voyages scientifiques qui ont été entrepris, beaucoup d'animaux de ce groupe ayant été recueillis, les savants en ont fait progresser l'histoire.

La plupart des groupes de cette famille avaient été compris par Linnée dans son genre *Hélice*. Draparnaud sépara de celui-ci plusieurs genres que tous les naturalistes adoptèrent, et Denys de Montfort, d'après les seuls caractères de la coquille, en fit un nombre considérable. Mais de Férussac, qui a publié récemment un magnifique ouvrage sur les Mollusques terrestres et fluviatiles, en considérant que les animaux des premiers genres, tels que ceux des Ambrettes, des Bulimes, des Agathines, des Maillots ou des Hélices, ne présentent aucune différence générique, a proposé d'en revenir en quelque sorte aux vues de Linnée, et de confondre ces diverses coupes dans le seul genre *Helix*, puis de subdiviser celui-ci. La nature élémentaire de ce traité nous fait un devoir de suivre encore les anciennes divisions qui sont en usage et plus répandues.

AMBRETTES. *Succinea*. Coquille très-mince, transparente, à spire très-peu enroulée ; ouverture excessivement grande. Animal semblable à celui des Hélices.

On compte environ une dizaine d'espèces dans ce genre ; les animaux qui le composent habitent les bords des marais, et se trouvent sur les végétaux qui les ornent ; ceux que l'on connaît proviennent principalement de l'Afrique et de l'Amérique. L'*Ambrette amphibie*, dont la coquille est d'un beau jaune transparent, se découvre souvent dans notre pays.

BULIMES. *Bulimus*. Coquille ovale ou turriculée, à ouverture sans dentelures ; columelle non tronquée, à bord droit rebordé. Animal semblable à celui des Hélices.

Lamarck, de France et Sowerby ont décrit plusieurs espèces fossiles, comme appartenant à ce sous-genre ; mais selon de Férussac, il se pourrait bien qu'il y en eût parmi elles qui ne lui appartinssent point. Les Bulimes sont extrêmement répandus à la surface du globe ; on en découvre sous toutes les zones ; mais celles des contrées chaudes en possèdent un plus grand nombre et de plus volumineux. On remarque aussi qu'il s'en trouve une quantité plus considérable dans les îles et sur les bords de la mer que dans l'intérieur des terres. On mentionne dans ce groupe environ cent quarante espèces. Ces Mollusques produisent des œufs remarquables par leur grosseur et par l'épaisseur de l'enveloppe calcaire qui les revêt ; il en est qui ont totalement l'aspect de ceux de quelques Oiseaux ; tels sont ceux du Bulime ovale, belle espèce, qui provient de l'Inde, et se trouve dans toutes les collections.

Quelques espèces de ce genre, à certaines époques de leur vie, se débarrassent d'une portion de leur spire en la fracturant, et après avoir produit un diaphragme calcaire qui empêche le contact de l'air sur l'animal. Cette action physiologique prouve manifestement que les muscles qui font adhérer les Bulimes à leur coquille changent de place, puisque, à cette époque, ceux-ci perdent une région de leur test, à laquelle, dans leur jeunesse, ils étaient évidemment unis. Au moment où l'Académie s'occupa des pluies de Crapauds, M. de Villiers, conservateur du muséum de Chartres, publia la relation d'un orage qui éclata à Montpellier, et durant lequel il tomba une quantité considérable de *Bulimes tronqués*, espèce qui présente la particularité que nous venons de mentionner et qui habite la région méridionale de notre patrie. Nous citons ce fait pour mentionner un trait qui se rapporte aux Mollusques que nous décrivons, mais sans en accepter la responsabilité.

AGATHINES. *Achatina.* Coquille ordinairement subturriculée, sommet mamelonné; columelle tronquée antérieurement; bord droit, tranchant. Animal semblable à celui des Hélices.

Les Agathines ont les plus grands rapports avec les Hélices, et elles en sont principalement distinguées par la troncature de leur columelle. Ce sont les plus grosses coquilles terrestres connues; elles sont ordinairement embellies des plus vives couleurs; quelques-unes ont même été nommées *rubans*, à cause de la vivacité de leurs zones colorées.

Dans la nouvelle édition de Lamarck, on mentionne une espèce fossile comme appartenant à ce groupe. Les Agathines proprement dites proviennent presque toutes de la région tropicale de l'Afrique et des îles voisines de cette partie du monde; mais les Rubans habitent les contrées les plus chaudes de l'Amérique. On en compte en tout environ trente-cinq espèces dont deux petites seulement se rencontrent en Europe.

D'après de Férussac, les Limaçons extraordinaires de Solite, qui pouvaient contenir quatre-vingts quadrans, et dont parlent Pline et Varron, n'étaient que des Agathines; mais ces quadrans n'étaient pas, comme on l'a dit, des mesures de capacité dont la somme équivalait à plus de sept pintes de liquide, mais bien des quarts d'as, monnaie romaine, qui, du temps de Varron, égalait à peine notre pièce d'un sou..

CLAUSILIES. *Clausilia.* Coquille fusiforme, à dernier tour plus petit que le précédent; ouverture à bords réfléchis; au moins un pli à la columelle. Animal semblable à celui des Hélices.

Les Clausilies sont généralement de petits Mollusques qui pour la plupart se trouvent en Europe, et principalement sur les rivages méditerranéens. On en compte environ quarante espèces dont une seule est fossile, et parmi lesquelles plusieurs se rencontrent aux environs de Paris.

MAILLOTS. *Pupa.* Coquille cylindracée ou ovoïde, à sommet très-obtus; spire à dernier tour plus étroit; des plis à la columelle et au bord droit. Animal semblable à celui des Hélices.

Il existe des Maillots dans toutes les parties du globe; ce sont de très-petites coquilles terrestres, qui vivent cachées au milieu des mousses des localités humides. On en connaît à peu près cinquante espèces, dont la majorité se trouve en Amérique et en France; deux seulement sont fossiles et proviennent de notre pays et de la Corse.

HÉLICES. *Helix.* Coquille diversiforme le plus souvent globuleuse, quelquefois planorbique ou conoïde; point turriculée; ouverture oblique, plus large que longue, modifiée par le retour de la spire. Animal à manteau formant une sorte de collier ou d'anneau épais; pied lisse en dessous, granuleux en dessus, souvent joint à la masse viscérale par un pédicule étroit. Tentacules renflés au sommet, longs.

Les Hélices, que l'on désigne vulgairement sous le nom de Limaçons, sont excessivement nombreuses dans la nature, et existent sous les deux états. On en trouve fréquemment de fossiles dans les formations tertiaires; mais M. Deshayes pense qu'il n'en existe point au delà de ces terrains et que celles que Sowerby dit appartenir à des couches plus anciennes pourraient bien n'être que des Turbos ou des Pleurotomaires. On les rencontre ordinairement dans les terrains lacustres, ce qui s'explique facilement; cependant il en existe aussi parfois dans les couches marines avec quelques productions fluviatiles; cela ne doit peut-être pas donner à penser que la mer a envahi la résidence des Hélices, mais seulement que celles-ci se sont trouvées transportées dans son sein par les courants des fleuves. Une espèce fossile l'*Hélice de Tours* caractérise, selon M. Deshayes, les faluns de la Touraine, parmi lesquels elle s'observe.

Les Hélices pullulent aujourd'hui dans les quatre parties du monde et l'on en rencontre depuis les zones glaciales jusqu'aux régions de l'équateur; elles peuplent aussi bien les vallées que les montagnes les plus élevées, et, comme nous l'avons observé dans les Alpes, quelques espèces fixent même leur résidence à la limite des neiges perpétuelles et sur les bords des glaciers à 7 ou 8,000 pieds au-dessus du niveau de l'Océan. Beaucoup d'espèces se plaisent dans les lieux humides, mais d'autres affectionnent les sites brûlés par l'ardeur du soleil. Chez nous, durant la saison froide, ces Mollusques s'enfoncent dans la terre ou sous les murailles et l'écorce des arbres, et là, chacun d'eux abrite ses parties charnues dans sa coquille, en bouchant momentanément l'entrée de celle-ci avec un opercule muscoso-calcaire qu'il exsude. Cependant il est probable que les espèces répandues parmi les pays chauds n'hivernent pas, et que là, si elles s'engourdissent, c'est plutôt durant les chaleurs excessives pendant lesquelles il règne une grande sécheresse. La France seule en possède une soixantaine d'espèces.

Lorsque l'on étudie l'organisation de ces Mollusques, on reconnaît que tous possèdent une coquille mince, mais qui, comme nous l'avons dit, d'après les observations de de Labèche, est d'une grande densité; cette structure, en la rendant plus facile à transporter, lui donne cependant la force qui lui était nécessaire pour supporter les chocs extérieurs ou les intempéries atmosphériques. La forme de cet organe offre dans les sous-genres d'importantes modifications : parfois il est trachiforme ou subturriculé; d'autres fois il offre la disposition planorbique ou subconique. On observe qu'il existe une harmonie assez fixe dans la coloration de la coquille des Hélices; souvent celle-ci est d'une teinte uniforme et qui tire plus ou moins sur le brun, et quelquefois elle est ornée de bandes longitudinales plus ou moins vives et foncées et distribuées sur un fond plus clair. Quant au Mollusque, son organisation est tout à fait analogue à celle des Limaces, dont nous avons donné l'anatomie; on peut se la représenter en supposant l'un de ces animaux dont les intestins et une partie des organes génitaux auraient fait hernie vers le dos pour s'enrouler dans une coquille à laquelle il adhérerait par les muscles rétracteurs du pied.

Tous les sens n'ont pas une égale perfection; il est certain que l'odorat est assez fin chez ces Mollusques, et qu'il les guide parfaitement lorsqu'ils vont à la recherche de leurs aliments pendant les nuits obscures. Il n'en est pas de même de la vision, et quoique Swammerdam prétende avoir trouvé dans leurs yeux toutes les parties qui s'observent chez les animaux supérieurs, cependant les Hélices voient fort mal. L'audition semble presque nulle chez celles-ci, et si l'on reconnaît qu'elles se contractent sous l'influence d'un grand bruit, cela paraît simplement dû à l'ébranlement qu'elles éprouvent. Le toucher est au contraire fort délicat.

Les Hélices ne vivent que de substances végétales et principalement de feuilles et de fruits, ce n'est que rarement qu'elles attaquent les matières animales, telles que les fromages et quelques autres. Elles coupent leurs aliments avec la dent qui s'observe dans leur bouche, et c'est surtout après leur hivernation que ces Mollusques font de grands dégâts dans les jardins, parce qu'ils ont alors plus d'appétit; mais à la fin de l'été ils deviennent successivement moins voraces, et cessent même tout à fait de manger vers l'époque à laquelle ils s'engourdissent.

Ces Mollusques possèdent un appendice qui est aussi remarquable que son usage est singulier, on le nomme la *Bourse du Dard*, et il n'est guère possible, dans l'état actuel de nos connaissances, de stipuler à quel appareil cet organe peut appartenir. Celui-ci se compose d'une petite poche alongée, dont les parois sont fort épaisses, musculaires, et dont la cavité, qui est très-étroite, présente quatre sillons et offre dans son fond un mamelon saillant; ce dernier excrète une substance calcaire, comme spathique, qui prend la forme de la cavité dans laquelle

elle s'épanche et finit par constituer une sorte de dard quadrangulaire et acéré, qui reste dans son intérieur. Ce stylet ne commence à se former qu'à l'époque du rut et il peut être remplacé lorsque par accident il se rompt.

L'hermaphrodisme des Hélices avait, depuis longtemps, frappé les contemplateurs de la nature, car l'ancien nom qu'on leur donnait, par un rapprochement ingénieux, signifie *homme* et *femme ;* mais ce ne fut que récemment que l'anatomie de leurs organes sexuels fut traitée avec soin. Cependant, quoique chaque Limaçon possède les deux sexes, et qu'il soit en même temps mâle et femelle, il faut un accouplement pour que les germes soient fécondés. C'est vers le printemps que ce rapprochement a lieu ; alors ces Mollusques se réunissent en couples, et ils paraissent s'exciter mutuellement à l'acte de la procréation en se piquant avec l'espèce de dard calcaire et acéré dont nous venons de parler, et, qui est sécrété à l'époque des amours ; sa poche musculaire se retourne pour le faire saillir, et l'on dit que ces animaux s'enfoncent si profondément cet aiguillon, qu'il reste ou se rompt dans la peau de l'individu qui le reçoit ; ce qu'il y a de certain, c'est qu'on ne le retrouve plus vers la ponte, et qu'à l'époque du rut, il s'en reproduit un nouveau. Les préliminaires de l'acte de la reproduction durent parfois plusieurs jours, et pendant la jonction, qui se prolonge environ douze heures, les organes génitaux se gonflent d'une manière extraordinaire.

Les œufs des Hélices sont ordinairement peu nombreux et leur couleur est blanche ; le plus souvent ils sont déposés par petits tas irréguliers, mais parfois aussi on observe qu'ils se trouvent rangés à la suite les uns des autres comme les grains d'un chapelet. Ces Mollusques placent constamment leur progéniture dans des endroits dont l'humidité est constante, afin de la soustraire à l'action dessiccative de l'air ; aussi c'est souvent dans les arbres creux ou à l'intérieur des fissures des murailles ou des rochers, qu'on rencontre leurs amas d'œufs ; quelques espèces creusent même à cet effet des trous dans la terre molle. Les jeunes Hélices sortent de l'œuf avec une coquille extrêmement mince et membraneuse, et durant un certain temps comme ils ne se sentent point assez robustes pour s'exposer à l'action de la chaleur du jour, ils ne sortent que pendant les ténèbres. On n'a aucune donnée sur la durée de la vie de ces animaux.

Le nombre des Mollusques renfermés dans cette coupe, leurs couleurs variées, leur abondance dans les lieux où nous vivons, les dégâts qu'ils y causent, ou les services que l'on peut en tirer, les firent remarquer dans tous les siècles ; aussi, les écrits d'Aristote, de Pline, de Varron, de Dioscoride et de beaucoup d'autres écrivains en font une mention assez détaillée. Au rapport de Pline, les Romains recherchaient beaucoup ces Mollusques pour les besoins de leur table, et ils en faisaient un grand cas. On les choisissait probablement chez eux avec soin, ainsi qu'on peut le voir par l'énumération des lieux d'où prove naient ceux qui étaient le plus estimés ou ceux qui passaient pour les moins suaves. Ce naturaliste dit que les meilleurs étaient apportés des Cyclades, de la Sicile, des îles Baléares, de l'île de Caprée, et les plus grands de l'Illyrie. Les Romains ne se bornaient pas à aller au loin, pour leurs besoins, chercher des Hélices, afin d'en rendre la chair plus savoureuse, ils les parquaient dans des espèces de garennes dans lesquelles on les nourrissait avec du vin cuit et de la farine. L'invention de ces *Escargottières* était un peu antérieure à la guerre civile de Pompée, et provenait d'un nommé Fulvius Harpinus.

Les Romains faisaient un cas tout particulier des grandes Hélices, qu'ils allaient chercher en Illyrie, et elles étaient pour eux un mets de distinction. De Férussac, qui s'est beaucoup occupé de reconnaître les espèces dont les anciens ont parlé, rapporte cette Hélice d'Illyrie à une des quatre suivantes, l'*H. aspersa*, *H. cincta*, *H. lucorum*, et *II. pomatia*. M. Cantraine ne partage point l'opinion de ce naturaliste ; il pense que l'erreur dans laquelle il est tombé provient de ce qu'il n'a pas suffisamment connu les Hélices qui vivent dans les contrées orientales de ce pays. Ce savant, à l'aide de matériaux qu'il a eu l'occasion de recueillir pendant un voyage en Dalmatie, et d'après une lecture attentive de Varron et de Pline, croit que le caractère distinctif de ces Limaçons célèbres était une taille très-forte, *maxima*. En effet, on découvre dans le district de Bagnes une grande Hélice qui surpasse par son volume toutes celles de l'Europe, et qui offre parfois un diamètre de trente lignes, dimension qui dépasse de beaucoup celle des plus grands individus cités par de Férussac. Comme la chair de ce Mollusque présente un aliment sain et abondant, et réunit tous les avantages que les Romains trouvaient dans les Limaçons d'Illyrie, M. Cantraine est porté à croire que c'est à cette espèce que se rapportent les passages de Varron et de Pline ; aussi il l'a décrite sous le nom d'*Helix Varronis*.

Les Hélices s'employaient parfois aussi dans les repas funéraires ; car, selon Ch. Bonucci et d'autres antiquaires de l'Italie, certains amas de coquilles de Limaçons que l'on a retrouvés dans les cimetières de Pompéï, n'étaient que les restes des festins que les habitants de cette ville faisaient sur les tombes de leurs parents.

Dans beaucoup de contrées de l'Europe moderne, on mange encore une quantité considérable de Limaçons. A Vienne, il paraît que l'on en consomme énormément pendant le carême, et l'on dit que le canton d'Appenzel, en Suisse, en expédie chaque année vers cette ville pour une somme fort élevée, afin de subvenir à ses besoins. Dans l'Italie, le peuple se nourrit avec délices de ces Mollusques ; sur presque toutes les places de Naples on trouve du matin au soir des marchands qui vendent de la soupe faite avec des Hélices némorales, et trempée de quelques fragments de pain, mêlés à une multitude de coquilles. Souvent nous avons vu des lazzaroni manger celle-ci en plein vent, et en saisissant avec leurs doigts ces animaux un à un pour les sucer. On dit aussi que l'on mange des Limaçons dans quelques départements de la France. Il paraît qu'aux environs de La Rochelle on emploie un procédé pour les rendre plus exquis ; celui-ci consiste à placer des couches de ces Mollusques entre des couches de parties vertes de quelques plantes. Plusieurs peuples demi-civilisés font usage d'Hélices desséchées à la fumée.

La précaution de parquer les Limaçons dont on fait usage sur les tables n'est peut-être pas inutile, car les auteurs contiennent divers faits qui attestent que ceux qui mangent de ces animaux, après qu'ils ont vécu de plantes vénéneuses, peuvent en éprouver des accidents. M. Reussi cite un empoisonnement qui eut lieu dans le Milanais, et fut produit par trois Limaçons qui vivaient de Ciguë et de Belladone.

Depuis fort longtemps les Hélices font partie du domaine de l'art médical, et l'on en faisait usage soit à l'extérieur, soit à l'intérieur. Pline conseillait d'en appliquer sur le front pour faire cesser l'épistaxis ; Galien croyait qu'apposés sur le ventre, ils pouvaient être efficaces dans l'anasarque, et M. Tarenne, dans ces temps récents, les a même préconisés, en application, pour guérir les hernies et resserrer l'anneau inguinal. Mais c'était surtout à l'intérieur que la médecine employait autrefois ces Mollusques, et c'est encore ainsi qu'on les emploie aujourd'hui. Leur décoction, qui contient du soufre et une si grande abondance de mucilage qu'elle se prend en gelée, est généralement regardée comme pectorale et administrée dans les maladies de poitrine ; on en fait encore un sirop fort usité. On a aussi beaucoup vanté le bouillon d'Hélices contre le scorbut. La coquille de celles-ci était elle-même employée autrefois ; Ambroise Paré l'administrait à l'intérieur pour traiter les hernies. Nous n'avons pas besoin de dire que cet usage est tombé en désuétude.

L'*Hélice némorale*, appelée *Livrée* par le monde, à cause de sa couleur jaune-clair avec des bandes brunes, est fort commune dans les champs et les forêts ; tandis que l'*Hélice vigneronne*, nommée encore *Grand escargot*, qui est plus grosse, et d'une couleur uniforme roussâtre, avec des bandes pâles effacées, se rencontre dans les vignes. C'est principalement elle que l'on mange dans quelques provinces, ou que l'on vend dans les marchés pour faire des sirops ou des bouillons.

VITRINES. *Helicolimax.* Coquille extrêmement petite, subglobuleuse, transparente à spire courte. Animal semblable aux Limaces ; manteau pourvu antérieurement d'un appendice spatuliforme, trilobé.

On ne compte que sept espèces de Vitrines, qui, pour la plupart, se trouvent en France, aux îles Célèbes et au port Jackson. Leur coquille est si petite proportionnellement à l'animal que celui-ci ne peut nullement s'abriter dans son intérieur. En effet cet organe, qui est entièrement rudimentaire chez ces Mollusques, ne semble y apparaître que pour indiquer leur dégradation sérique. L'appendice du manteau se renverse sur la coquille, et c'est à son contact qu'est dû le poli qu'elle présente. La *Vitrine transparente* dont la coquille ressemble à du verre, habite les environs des ruisseaux de notre pays.

TESTACELLES. *Testacella.* Coquille excessivement petite, très-déprimée, auriforme; spire nulle. Animal analogue aux Limaces; pied non distinct; coquille, orifice pulmonaire et anus tout à fait postérieurs.

La *Testacelle ormier* est l'unique espèce qui soit bien connue; elle habite la France méridionale, l'Espagne et les îles du cap Vert. Quoique par son aspect ce Mollusque ressemble beaucoup aux Limaces, il en diffère considérablement par ses mœurs et ses habitudes; on dit qu'il vit constamment sous la terre, et y pénètre parfois à trois pieds de profondeur pour chasser les Lombrics, animaux qui forment particulièrement sa nourriture, et qu'il avale peu à peu à mesure qu'il les digère.

PARMACELLES. *Parmacella.* Coquille très-petite, aplatie, légèrement courbée, à sommet offrant un sinus profond. Animal ovalaire, déprimé, recouvert d'une cuirasse arrondie, charnue.

Ce groupe, qui est très-rapproché des Limaces, ne contient que deux espèces qui se trouvent dans les bois et près des torrents du Brésil et de la Perse.

LIMACES. *Limax.* Mollusques nus, demi-cylindriques; peau formant un écusson sur le dos; orifice pulmonaire au côté droit du bouclier. Souvent une coquille rudimentaire interne.

Ces Mollusques terrestres sont fort abondants sous toutes les latitudes froides et tempérées de l'hémisphère septentrional; il paraît que l'on en rencontre aussi quelques-uns dans l'Afrique, dans l'Inde et à l'île de France; ils se plaisent particulièrement dans les lieux humides et parmi les jardins. Les Limaces furent très-anciennement connues, et les naturalistes qui succédèrent à l'antiquité étudièrent avec soin leur anatomie et leurs mœurs. Severinus et Harderus donnèrent les premiers quelques obscures notions sur leur organisation; Rai découvrit leur hermaphrodisme et Rédi le fit mieux connaître en même temps qu'il s'occupa un peu de l'anatomie de leurs viscères. Celle-ci fut ensuite perfectionnée par Swammerdam et par Lister, et surtout par Cuvier; enfin nous-même nous avons figuré le système nerveux de ces Mollusques dans des planches d'après lesquelles on a copié celle de notre atlas, qui le représente (Pl. 34, fig. 1). L'anatomie de ces animaux a les plus grands rapports avec celle des Hélices et leur physiologie est tout à fait analogue à la leur. Comme ces dernières, les Limaces vivent de substances végétales et sont très-voraces; c'est particulièrement la nuit qu'elles exercent leurs déprédations, et elles hivernent souvent sous la vermoulure des vieux troncs d'arbres et s'y enfoncent parfois à cet effet à un pied de profondeur.

Les Limaces ne sont d'aucune utilité pour l'homme, car la médecine éclairée par l'observation ne permet plus de croire à quelques vertus chimériques que nos devanciers prêtaient à leur chair ainsi qu'à la petite coquille rudimentaire que celle-ci enveloppe. Ce qui est malheureusement certain, c'est que ces Mollusques opèrent d'énormes dégâts parmi nos jardins et nos vergers, et que souvent les Limaces qui pénètrent dans nos habitations ou celles qui y vivent en quelque sorte en domesticité, font un tort considérable aux provisions que l'on conserve dans les offices, soit en les dévorant, soit en les souillant par leur contact.

Plusieurs espèces de ce genre méritent d'être mentionnées. La *Limace rouge*, que Swammerdam nommait *agreste*, parce qu'elle se trouve ordinairement dans les bois, est connue de tout le monde, et se fait remarquer par sa belle couleur d'un rouge de vermillon. La *Limace des caves*, qui est moins grosse que la précédente, et d'un roux verdâtre, est malheureusement trop abondante parmi nos selliers et nos caves; elle réside dans tout le nord des deux continents. Ce fut elle que Swammerdam étudia et qu'il désignait sous le nom de *domestique*, à cause de l'habitude qu'elle a de se fixer dans nos demeures. La *Limace agreste*, dont la taille est encore moins considérable que celle de l'espèce qui vient d'être citée, et qui est toute grise, pullule dans les jardins et dans les champs; c'est elle qui fait le plus de tort à l'agriculture. Elle produit en marchant une quantité énorme de viscosité, et celle-ci est si tenace que l'on dit qu'elle suffit pour la suspendre aux corps élevés, ce qui lui a fait imposer le nom de Limace filante. Schirach a donné une histoire détaillée de ce Mollusque; et M. Leechs qui en a publié une autre encore plus complète, dit que la ponte des femelles se compose de plus de cent soixante-seize œufs.

On doit encore mentionner comme une espèce remarquable la *Limace phosphorescente*, qui a été rencontrée sous les pierres de l'île de Ténériffe, et n'est connue que par une figure de M. d'Orbigny. Ce Mollusque offre derrière son bouclier une petite région qui est lumineuse dans l'obscurité.

ONCHIDIES. *Onchidium.* Coquille tout à fait nulle. Animal alongé, à cuirasse débordant le corps et formant une sorte de capuchon sur la tête; tentacules antérieurs comme bifurqués.

Les Onchidies, dont on ne compte encore que trois ou quatre espèces, habitent les régions chaudes des deux continents; on les rencontre dans les bois et dans les jardins, et souvent sous les troncs d'arbres renversés.

ORDRE DES CHISMOBRANCHES.

Respiration aquatique ; branchies pectinées, situées dans une cavité du dos ; bouche dépourvue de dents ; ruban lingual long. Coquille très-déprimée ou nulle.

CORIOCELLES. *Coriocella.* Coquille nulle. Animal elliptique, très-déprimé ; manteau à bords très-minces, échancré en avant, et débordant énormément le pied ; tête peu distincte ; tentacules gros, courts, cachés par le manteau et portant les yeux à leur base.

Ce genre, créé par de Blainville, ne contient qu'une seule espèce, la *Coriocelle noire*, qui provient de l'île de France.

SIGARETS. *Sigaretus.* Coquille interne, auriforme, incolore, très-déprimée ; spire latérale, aplatie ; animal à manteau éhancré en avant et débordant le corps.

Le peu de Sigarets que l'on connaît à l'état fossile appartiennent aux terrains tertiaires. On ne compte qu'un petit nombre d'espèces vivantes qui paraissent toutes habiter le fond de la mer où elles rampent sur les pierres à la manière des Patelles. C'est principalement dans celles de l'Inde et dans l'océan Atlantique qu'on les rencontre. Le *Sigaret déprimé*, qui se trouve dans nos mers, à l'état vivant, se découvre aussi fossilisé en France, près de Bordeaux et dans les faluns de la Touraine.

CRYPTOSTOMES. *Cryptostoma.* Coquille intérieure, semblable à celle des Sigarets. Animal glossoïde, formé principalement par un pied énorme, canaliculé latéralement ; deux tentacules comprimés, à base appendiculée ; bouche très-petite, cachée sous le rebord du pied.

Ces Chismobranches habitent les mers de l'Inde, et l'on n'en connaît encore que deux espèces.

OXYNOÈS. *Oxynoe.* Coquille bulliforme, extérieure, grande, et à spire simple. Animal gastéropode, à pied étroit ; manteau élargi en deux ailes latérales.

Ce genre encore peu connu a été rapproché des Sigarets par M. Rafinesque, qui prétend qu'il ne diffère de ceux-ci que parce que sa coquille est extérieure.

STOMATELLES. *Stomatella.* Coquille extérieure, auriforme, extrêmement déprimée, nacrée en dedans ; ouverture fort grande, plus longue que large ; bord droit évasé, le gauche plus épais. Animal inconnu.

Les Stomatelles proviennent toutes des mers de l'Inde, et il n'en existe qu'un fort petit nombre d'espèces.

VELUTINES. *Velutina*. Coquille extérieure, patelliforme, épidermée, à spire très-petite et latérale ; ouverture fort grande à bords tranchants, réunis par un dépôt calcaire lamelleux. Animal ovalaire, assez bombé et à peine spiral ; pied petit, ovale ; tête épaisse ; tentacules gros, portant les yeux à leur base ; bouche grande à l'extrémité d'un petit mufle.

Ces Mollusques se rencontrent sur les côtes de l'Angleterre et de la France. Les auteurs n'en mentionnent qu'une seule espèce, la *Velutine capuloïde*.

ORDRE DES MONOPLEUROBRANCHES.

Organes respiratoires branchiaux, situés au côté droit du corps et recouverts par le manteau ; souvent coquille plane.

FAMILLE DES SUBAPLYSIENS.

Coquille ou non. Animal offrant deux ou quatre appendices tentaculaires ; organes de la génération peu ou point distants et sans sillons intermédiaires.

BERTHELLES. *Berthella*. Animal ovalaire, assez bombé ; manteau débordant le pied et cachant la tête ; deux auricules tentaculiformes fendues et striées intérieurement ; yeux sessiles ; une seule branchie latérale, pectiniforme.

Ce genre a été établi par de Blainville pour la *Berthelle poreuse*, qui se trouve sur les côtes de l'Angleterre.

PLEUROBRANCHES *Pleurobranchus*. Coquille ovale, fort mince, concave et convexe en sens opposé, à bords tranchants, membraneux. Animal subcirculaire, très-mince, comme formé de deux disques superposés et dont l'inférieur ou pied est beaucoup plus large ; tête située entre les deux disques ; quatre tentacules, dont les postérieurs sont fendus ; yeux sessiles ; une seule branchie latérale.

Ces Mollusques, dont les mœurs sont encore peu connues, sont marins, et fréquentent les rivages de la France et de l'Angleterre.

PLEUROBRANCHIDIES. *Pleurobranchidium*. Coquille nulle. Animal épais, ovalaire, alongé ; manteau rudimentaire ; tête grosse ;

quatre tentacules auriformes ; bouche à l'extrémité d'une sorte de trompe ; une seule branchie latérale.

Ce groupe est fort voisin des Pleurobranches, dont il ne diffère que par l'absence de manteau et de coquille, ainsi que par la disposition des tentacules.

FAMILLE DES APLYSIENS.

Coquille interne, incomplète ou nulle. Animal indivis ; quatre tentacules auriformes ; bouche verticale, offrant deux plaques labiales subcornées ; orifices génitaux plus ou moins distants, réunis par un sillon.

APLYSIES. *Aplysia.* Coquille rudimentaire, très-mince ou nulle. Animal oblong, convexe en dessus et plat en dessous ; offrant deux expansions latérales du manteau renversées sur le dos et quelquefois très-amples ; tentacules antérieurs larges ; tentacules postérieurs fendus en long ; bouche armée de pièces cornées ; branchies presque toujours protégées par un opercule.

Les Aplysies portent un nom que certains auteurs ont mal écrit dans leurs œuvres et qui signifie *ce qu'on ne peut laver ou nettoyer.* Ces Mollusques se rencontrent dans tous les climats, et résident presque toujours sur les rivages et parmi les rochers et les végétaux marins ; ce sont des Céphalidiens rampants, et qui, pour la plupart, jouissent de la faculté de nager au moyen d'expansions plus ou moins larges de leur manteau.

Les plus anciens écrivains de la Grèce et de Rome font mention des Aplysies, et leur donnent le nom de *Lièvres marins*, à cause de la forme de leurs tentacules postérieurs qui ressemblent à des oreilles, et ont été comparés à celles des Lièvres. Dioscoride et Pline en parlent assez longuement ; mais Apulée entre dans de plus grands détails qu'eux au sujet de ces animaux, et paraît les avoir beaucoup mieux connus, car il avait déjà observé que l'on trouve un certain nombre de noyaux osseux dans leur canal digestif. Une circonstance assez singulière de la vie de ce dernier fut peut-être la cause de l'étude qu'il en fit. Ayant épousé une veuve nommée Pudentilla, qui était vieille et laide, mais extrêmement riche, les héritiers naturels de celle-ci, par dépit, accusèrent ce philosophe d'avoir employé la magie pour s'en faire aimer, sous prétexte qu'il avait engagé des pêcheurs, moyennant une forte somme, à lui rapporter des Lièvres de mer. Apulée fut obligé de se défendre lui-même devant Claudius Maximus, proconsul d'Afrique, et son éloquence triompha de cette accusation. Élien, à qui nous devons tant de notions sur les animaux, mentionne aussi les Aplysies ; mais il se contente de dire qu'elles ressemblent à un Limaçon dont on aurait enlevé la coquille.

A l'époque de la renaissance des lettres, l'histoire de ces Céphalidiens prit quelque extension par les travaux de Rondelet. Ce savant observateur reconnut le premier que les Aplysies étaient les animaux que les anciens désignaient sons le nom de Lièvres marins et qui passaient parmi eux pour être si redoutables. On avait longtemps cru que ceux-ci n'étaient que des Poissons, mais Rondelet trouva dans la configuration des tentacules, dans l'aspect hideux et la puanteur de ces Mollusques l'origine des étranges fables que l'antiquité débita sur leur compte. Ce naturaliste, ayant eu l'occasion d'observer des Aplysies vivantes, reconnut qu'en se contractant elles prennent le plus singulier aspect, et que de là provint l'idée qu'en conçut Pline qui les comparait à une masse informe. Gesner et Aldrovande n'avancèrent nullement nos connaissances à l'égard de ces êtres, et se contentèrent simplement de copier Rondelet; Linnée lui-même, qui n'avait point eu l'occasion de voir ces animaux, n'en parla que d'après les auteurs que nous venons de citer.

L'anatomie des Aplysies ne fut bien étudiée que dans ces temps derniers. Bohatsch fut le premier qui s'en occupa avec détail; mais ses écrits contribuèrent à entretenir les fables que l'on débitait autrefois sur ces animaux. Cuvier, ayant eu l'occasion de disséquer de ceux-ci durant un voyage à Marseille, en donna dans la suite une description détaillée, puis s'occupa de réfuter les contes absurdes inscrits dans les ouvrages de ses devanciers. Plus tard et successivement MM. Delle Chiaje, de Blainville et Rang publièrent des Monographies des Aplysies, dans lesquelles chacun d'eux ajouta quelques connaissances nouvelles relativement à celles-ci, et décrivit des espèces encore inédites.

Les Aplysies offrent des couleurs variées, et celles-ci adhèrent si peu à leur manteau, que le simple frottement les enlève. On trouve même des individus vivants qui sont décolorés entièrement, effet qui paraît cependant plutôt dû à leur âge ou à quelque maladie qu'aux frottements de la mer ou du sable. Les sens semblent être assez obtus chez ces Mollusques, à l'exception du toucher; pour celui-ci, il est réparti non-seulement aux tentacules, mais encore à toute la superficie du corps. On ne sait s'ils possèdent l'odorat et l'ouïe; leur vue est probablement fort bornée; car ils n'ont que des yeux extrêmement petits, et parfois même à peine visibles; ceux-ci sont sessiles, et formés par un point noir ou bleuâtre entouré d'un cercle blanc.

Les moyens locomoteurs de ces animaux sont variés et en rapport avec leur genre de vie; ceux qui se trouvent le plus favorisés à cet égard possèdent à la fois un pied pour ramper sur le sol, et des expansions du manteau ou lobes natatoires, qui servent à leur translation à travers les flots de la mer; parfois, cependant, ces derniers appendices manquent, et le premier organe subit même, d'après M. Rang, d'importantes modifications, selon l'habitat spécial des Aplysies. Les espèces qui résident parmi les endroits vaseux et unis, ont un pied très-large et propre à embrasser une vaste surface; celles qui vivent sur les rochers en possèdent un qui est également large, mais en outre il se fait remarquer par la facilité avec laquelle il change de forme pour s'accommoder à la surface irrégulière du sol ; enfin, les espèces qui se cantonnent parmi les plantes marines, offrent un pied extrêmement étroit, disposition qui rend cet organe plus apte à saisir les ramifications de ces végétaux. Contrairement à l'opinion de quelques naturalistes, M. Rang pense que ces Mollusques nagent dans la situation dans laquelle ils rampent, et non le ventre en haut, comme on l'a annoncé.

Ces animaux offrent un canal digestif fort remarquable ; il se compose d'un jabot énorme et membraneux, puis d'un gésier musculeux, qui est armé en dedans d'un certain nombre de noyaux osseux, d'une forme pyramidale. A la suite de cet organe on trouve un troisième estomac dont l'intérieur présente des crochets, et enfin une quatrième poche stomacale, qui a l'aspect d'un cœur et que suit un tube intestinal volumineux. Les Aplysies, selon Cuvier, se nourrissent de plantes marines. M. Rang dit qu'elles mangent aussi des Doris ainsi que des petits Crustacés, et qu'il a même trouvé dans leur estomac des fragments de coquilles.

Les Aplysies sécrètent trois liquides spéciaux qui, dans certaines circonstances, s'épanchent autour d'elles. L'un d'eux, qui fut d'abord observé par Bohatsch, est produit par les porosités du manteau, et sa nature est glaireuse ; il abonde surtout quand on irrite ces animaux. Un autre provient d'une glande réniforme, regardée par de Blainville comme un appareil de dépuration urinaire, et il est émis par un orifice qui avoisine la vulve ; celui-ci offre une couleur blanche, et est âcre et fétide ; il est principalement versé au dehors quand on excite ces Mollusques, et c'est surtout ce produit qui avait la réputation d'être vénéneux. Enfin, ceux-ci émettent encore une liqueur d'une belle couleur de laque, plus abondante que les autres, et qui est sécrétée par des glandes situées dans l'opercule, et simplement exsudée par des pores, selon Cuvier, car cet anatomiste n'a pu reconnaître de conduit particulier à ces organes.

Ces diverses liqueurs doivent être considérées comme des moyens de défense que la nature a accordés à ces animaux ; celle qui est âcre peut bien servir à éloigner leurs ennemis, en se dissolvant dans l'eau et en leur occasionnant une sensation pénible. Mais c'est surtout le fluide coloré qui semble être pour les Aplysies d'une plus grande importance ; lorsque celles-ci sont menacées, elles l'épanchent abondamment dans l'eau, et en se répandant autour d'elles, il les dérobe à la poursuite de leurs agresseurs, qui se trouvent effrayés par le nuage foncé qui les environne immédiatement.

Historique. Les anciens regardaient les Aplysies comme un terrible poison, et prétendaient qu'à l'intérieur, ou par le seul contact, elles produisaient la mort. Ils assuraient même que leur vue suffisait pour causer des vomissements et produire l'avortement chez les femmes enceintes. Cuvier rappelle que dans l'Italie, ce pays où l'art des empoisonnements s'exerçait autrefois avec tant de raffinement, on faisait entrer le Lièvre de mer dans quelques breuvages ; Locuste l'employa, dit-on , à l'instigation de Néron, et Domitien fut accusé d'en avoir donné à son frère.

L'art médical utilisait anciennement les Aplysies. Pline et Dioscoride ont énoncé les vertus qu'on leur prêtait, et le premier les conseillait pour le traitement des scrofules et des hernies intestinales ; ce naturaliste professait aussi que ces Mollusques pouvaient devenir l'antidote de leur propre maléfice, et que pour braver leur poison, il suffisait d'en porter à son bras un individu desséché du sexe mâle. Mais , malheureusement pour la véracité de l'auteur latin , les savants modernes ont anéanti le prestige de cette indication , en prouvant que tous ces animaux sont hermaphrodites.

Les Aplysies ont surtout été célèbres par la propriété qu'on leur prêtait de faire tomber les poils des régions qui se trouvaient en contact avec elles. Linnée lui-même croyait à cette vertu dépilatoire ; et, pour en constater l'existence , il imposa à une espèce la dénomination d'*Aplysia depilans*. Mais Cuvier et MM. Delle Chiaje et Rang réfutèrent avec raison cette opinion. Le dernier de ces savants assure même s'être frotté les mains et le menton avec les fluides qu'exhalent ces Mollusques, sans en avoir ressenti le moindre accident; expérience qui infirme tout à fait ce que rapporte Bohatsch, qui prétend que chaque fois qu'il maniait des Aplysies, ses mains et ses joues enflaient.

Cependant , M. Rang qui admet que le contact des Aplysies est sans danger, professe, d'après, dit-il, de nombreuses expériences, que l'*A. Depilans* et l'*A. Fasciata* produisent des émanations qui suffisent pour déterminer des nausées et même des vomissements sur quelques personnes. Ce naturaliste ajoute, mais sans aucune observation à l'appui de son assertion , qu'à l'intérieur ces animaux causeraient de graves accidents. Cuvier, au contraire , assure que ces Mollusques sont très-innocents, et il pense que leur fétidité a seule donné lieu aux fables que l'on a débitées sur eux dans les temps anciens. Cette opinion est corroborée par ce que rapporte M. Lesson à l'égard des habitants des îles de la Société ; il assure que ceux-ci mangent une espèce d'Aplysie , tout à fait crue et sans lui faire subir aucune préparation. Ce savant ajoute même que ce doit être le goût et non le besoin qui les y détermine , car ces îles sont fertiles ; mais il est vrai que l'on ne connaît pas d'autres nations parmi lesquelles cet usage soit répandu.

La liqueur pourpre qui transsude de ces Mollusques prend en se desséchant une teinte que l'on peut comparer à celle de la Scabieuse pourpre-noir, et Cuvier dit que l'acide nitrique la fait devenir violette. M. Fleuriau de Bellevue, qui a fait de nombreux essais sur cette liqueur, a reconnu que l'acide sulfurique la fixait, et quelques savants pensent que celle-ci pourra un jour être employée dans les arts ; telle est l'opinion de M. Rang.

Ce dernier naturaliste , dans sa monographie des Aplysies , divise ce groupe en deux sous-genres : les Aplysies proprement dites et les Notarches.

Les **APLYSIES PROPREMENT DITES** possèdent une coquille rudimentaire calcaire, sub-membraneuse et cachée dans l'épaisseur d'un opercule. Ces mollusques ont un pied large, et leurs branchies sont renfermées à l'intérieur de leur cavité. M. Rang admet trois subdivisions dans ce sous-genre, et il place dans l'une d'elles les Dolabelles de Lamarck.

L'*Aplysie dépilante*, que l'on trouve fréquemment dans la Méditerranée, appartient à cette section ; c'est elle que les anciens ont principalement observée et qu'ils nommaient Lièvre de mer. Cette espèce est noirâtre avec de grandes taches nuageuses grisâtres. On la rencontre aussi dans l'Océan, et les habitants de La Rochelle, qui la recueillent parfois sur leurs rivages, l'appellent Chat de mer.

Les **O TARCHES** n'offrent point de coquilles et leur opercule est rudimentaire ou nul. Le pied de ces Mollusques est assez étroit, et leurs branchies, souvent fort longues, peuvent se porter au dehors de leur cavité. Cuvier en faisait un genre spécial.

BURSATELLES. *Bursatella*. Coquille nulle. Animal subglobuleux, offrant une grande cavité dorsale qui contient une très-longue branchie libre ; quatre tentacules ramifiés.

M. Rang suppose que lorsque ces Mollusques seront mieux connus, ils pourront rentrer dans le genre Aplysie et en former une division. La *Bursatelle de Leach*, qui acquiert un assez fort volume et provient des mers de l'Inde, est l'unique espèce qui ait été observée.

ÉLYSIES. *Elysia*. Animal rhomboïdal, déprimé, offrant des lobes natatoires latéraux ; pied terminé par un tubercule creux où aboutit l'anus ; tentacules aüriformes, dont le droit est plus gros que le gauche.

L'*Élysie timide*, qui réside dans la Méditerranée, est l'unique espèce que l'on ait encore observée ; M. Risso l'a rapportée au genre précédent.

FAMILLE DES PATELLOÏDES.

Coquille patelloïde, non symétrique, extérieure, extrêmement déprimée ou tout à fait plate. Animal très-mince.

OMBRELLES. *Umbrella*. Coquille calcaire, épaisse, presque plane, à sommet à peine sensible. Animal à pied très-large, dont l'extrémité offre une espèce d'entonnoir contenant deux tentacules foliacés.

On ne connaît encore que deux espèces dans ce genre, l'une des mers de l'Inde et l'autre de la Méditerranée. Ces Mollusques rampent avec leur pied, et les bords de leur test sont extrêmement tranchants ; la forme de la coquille rend cette petite coupe très-remarquable.

SIPHONAIRES. *Siphonaria.* Coquille patelloïde, offrant à l'intérieur une sorte de gouttière sur le côté droit ; impression musculaire en fer à cheval. Animal à manteau crénelé ; tête bilobée, ni yeux, ni tentacules.

La coquille des Siphonaires a les plus grands rapports avec celle des Patelles ; mais les animaux de ces deux genres diffèrent essentiellement. Il paraît aussi que les mœurs des Mollusques qui nous occupent sont analogues à celles de ces dernières, et Adanson rapporte qu'on les observe abondamment sur les rochers. On en compte une douzaine d'espèces dont la patrie est inconnue. Peut-être faudrait-il aussi rapporter à ce groupe quelques-unes des Patelles fossiles.

TYLODINES. *Tylodina.* Coquille membraneuse, extérieure, patelliforme, sans spire, à sommet calleux. Animal offrant quatre tentacules ; branchie dorsale sous la coquille et à droite.

Ce genre, qui a été décrit brièvement par M. Rafinesque, appartient, selon de Blainville, à cette famille.

FAMILLE DES ACÈRES.

Coquille interne, externe ou nulle. Animal à corps globuleux, bi-parti ; tête peu distincte ; tentacules nuls ou rudimentaires.

BULLES. *Bulla.* Coquille globuleuse ou ovalaire, mince, interne ou externe, à sommet ombiliqué. Animal à pied élargi latéralement en appendices natatoires.

On observe des Bulles dans toutes les mers, et l'on en connaît quelques-unes de fossiles qui ont été rencontrées à Grignon. Ces Mollusques ont l'estomac armé de pièces calcaires d'un volume considérable, et qui sont employées à triturer leurs aliments. Dans les temps où la malacologie était peu avancée, ces singuliers organes furent décrits par un nommé Gioëni, comme une nouvelle coquille dont il faisait un genre à part. Ce descripteur, qui était d'origine italienne, ne se borna même pas là, et, avec une assurance extraordinaire, il fit l'histoire des mœurs et des habitudes de cet animal supposé.

Ces Céphalidiens, selon Olivi, ont la faculté de nager en pleine eau ; ils se tiennent ordinairement sur les fonds sableux et se nourrissent de testacés que leur estomac, garni d'osselets, digère en les triturant en partie. Quelques espèces rendent une couleur purpurine, analogue à celle des Aplysies. Les anciens auteurs désignaient ces coquilles sous le nom d'*œufs marins,* probablement à cause de leur forme et de leur fragilité.

La *Bulle ligneuse,* qui est connue des amateurs sous la dénomination d'*Oublie* ou de *Papier roulé*, provient de toutes les mers qui ceignent la France.

BULLÉES. *Bullea*. Coquille interne ou externe, ovale, involvée. Animal à pied épais, non dilaté, n'offrant point d'appendices latéraux natatoires.

De Blainville a caractérisé ce genre un peu différemment que ses prédécesseurs; il y comprend des espèces confondues précédemment avec les Bulles, mais qui se distinguent particulièrement de celles-ci par leur animal, dont le pied est plus épais et n'offre point d'appendices natatoires, ce qui doit leur imposer d'autres mœurs. Il n'en existe que peu d'espèces.

LOBAIRES. *Lobaria*. Coquille nulle. Animal ovoïde ou subglobuleux, déprimé, paraissant partagé en quatre lobes ; un céphalique, deux latéraux, et un postérieur ou viscéral.

La *Lobaire charnue* est encore la seule espèce qui ait été rencontrée; elle habite nos mers, et il paraît que les expansions latérales de son corps peuvent lui servir à la natation.

SORMETS. *Sormetus*. Coquille cornée? très-petite, ovalaire, déprimée, à bords repliés en dedans. Animal alongé, semicylindrique, plat en dessous; tentacules nulles.

Le *Sormet d'Adanson*, qui habite le Sénégal et se trouve près de l'embouchure de ce fleuve, où il vit enfoncé d'un à deux pouces dans le sable, est l'unique espèce de ce genre qui est assez incomplétement connu, et n'a été établi que sur une figure et une description du naturaliste dont ce Mollusque porte le nom.

GASTÉROPTÈRES. *Gasteroptera*. Coquille nulle. Animal divisé en deux parties ; l'antérieure élargie en vastes nageoires ; la postérieure globuleuse, bursiforme, pédonculée et contenant les viscères ; branchies nues.

Le *Gastéroptère de Meckel*, que l'on rencontre dans les mers de la Sicile, et dont l'organisation a été dévoilée par Delle Chiaje, a donné lieu à l'établissement de ce genre dont de Blainville a fait connaître la véritable place.

ATLAS. *Atlas*. Corps partagé en deux parties réunies par un pédoncule ; l'antérieure circulaire et ciliée sur son bord ; la postérieure ovoïde ; tentacules très-petits.

On doit la connaissance de ce genre à M. Lesueur. Celui-ci considère les cils qui bordent le disque, comme étant les organes respiratoires de ces Mollusques ; mais de Blainville croit qu'il doit exister des branchies sur le côté droit. L'*Atlas de Péron* est l'espèce qui a servi à établir ce groupe.

ORDRE DES APOROBRANCHES.

Animal offrant des appendices natatoires pairs et latéraux, et dépourvu de pied proprement dit. Organes respiratoires souvent peu évidents.

FAMILLE DES THÉCOSOMES.

Coquille mince, transparente, ou étui cartilagineux. Animal pourvu de deux ailes natatoires.

HYALES. *Hyalæa*. Coquille cornée, fendue latéralement, bombée en dessous, plane en dessus. Animal subglobuleux ; deux tentacules dans une gaîne cylindrique.

M. Rang a découvert plusieurs espèces fossiles de ce genre ; celles qui vivent actuellement dans nos mers sont essentiellement pélagiennes et se rencontrent dans toutes les régions chaudes ou tempérées du globe. On doit principalement à Cuvier et à de Blainville la connaissance de l'anatomie des Hyales, mais on n'a encore que fort peu de notions sur les mœurs de celles-ci ; on sait seulement qu'elles nagent avec beaucoup de vivacité, au moyen de nageoires qui passent par les fentes latérales de leur coquille, et auxquelles ces animaux impriment un mouvement semblable à celui que les papillons donnent à leurs ailes. Au moindre danger, ces Mollusques rentrent tous leurs organes mous dans leur test et s'enfoncent dans la mer. De Blainville suppose qu'ils peuvent se fixer aux corps sous-marins avec l'espèce de pied qu'ils possèdent et qui fait alors l'office d'une ventouse, et il ajoute même qu'il leur est peut-être possible de ramper, quoique difficilement, à l'aide de cet organe.

On doit à MM. Péron et Lesueur la connaissance de la plupart des espèces de ce genre ; et de Blainville en a publié une monographie. On en compte environ dix parmi lesquelles l'*Hyale tridentée* est une des plus communes (Pl. 34, fig. 4).

CLÉODORES. *Cleodora*. Coquille fragile, vitrée, en forme de cornet pointu. Mollusque conique, déprimé, partagé en deux parties : l'antérieure, représentant deux ailes natatoires ; la postérieure, contenue dans le test ; deux tentacules ; deux yeux.

Les Cléodores se rencontrent à l'état fossile et à l'état vivant ; quelques-unes sont communes au milieu de l'Océan. Ce genre, par l'organisation de son animal, a le plus grand rapport avec les Hyales.

CYMBULIES. *Cymbulia*. Coquille ou étui cartilagineux conique, transparent, et se prolongeant en dessus en un long demi-cylindre creux. Animal subcylindrique, pourvu de chaque côté d'une large expansion natatoire, et en arrière d'un filament d'attache.

Ce genre ne renferme qu'une seule espèce, la *Cymbulie de Péron*, qui a été rencontrée dans la Méditerranée.

FAMILLE DES GYMNOSOMES.

Animal alongé, subconique, à deux faisceaux de suçoirs tentaculaires à la bouche; point de dent buccale; langue hérissée. Coquille nulle.

CLIOS. *Clio.* Corps oblong, atténué en arrière; yeux sessiles; branchies en réseau vasculaire, tapissant les nageoires.

Ce genre ne contient que peu d'espèces, et celles-ci sont des Mollusques mous, subgélatineux et transparents, qui viennent fréquemment à la surface de la mer et se meuvent avec rapidité à l'aide de leurs nageoires.

Le *Clio boréal*, qui fourmille dans les parages polaires, est célèbre parce que, malgré son extrème petitesse, il constitue une des plus essentielles parties de l'alimentation du colosse des mers, de la Baleine.

PNEUMODERMES. *Pneumoderma.* Mollusque subcylindrique, divisé en deux parties : l'antérieure portant des appendices natatoires; la postérieure viscérale; trompe rétractile, ayant à sa base deux faisceaux de tentacules terminés par un petit disque; branchies postérieures et extérieures, en forme d'H.

Ces Mollusques habitent les mers qui bordent l'Australie; le *Pneumoderme de Péron*, qui est la seule espèce connue, porte le nom du naturaliste qui l'a découverte.

FAMILLE DES PSILOSOMES.

Coquille nulle. Animal à corps comprimé latéralement, plus haut que large, comme lamelleux, et terminé par une sorte de nageoire verticale. Trompe courte, à bouche en fer à cheval.

PHYLLIROÉS. *Phylliroe.* On ne connaît que ce genre dans cette famille, et il ne renferme qu'une espèce, le *Phylliroé bucéphale* qui n'a qu'un pouce ou deux de long et vient de la Méditerranée.

ORDRE DES POLYBRANCHES.

Animal dépourvu de coquille ; branchies multiples , disposées symétriquement à l'extérieur, et formées de ramifications arbusculaires ou de lanières.

FAMILLE DES TÉTRACÈRES.

Quatre tentacules ; yeux sessiles ; branchies en forme de lanières ou de cirrhes.

GLAUCUS. *Glaucus.* Animal lacertiforme, se prolongeant en queue ; appendices natatoires digités, disposés latéralement par paires ; tentacules très-courts.

Un seul petit Mollusque , élégamment décoré, compose ce genre ; sa queue est d'un bleu magnifique, avec une bordure argentée ; on ne connaît que très-imparfaitement ses mœurs : on sait seulement, d'après André Dupont et quelques autres observateurs, qu'il vit dans presque toutes les zones, et qu'on ne le trouve qu'à la haute mer, où il nage le dos renversé et avec une grande vélocité, quand le temps est beau. Le *Glaucus de Forster*, tel est son nom spécifique.

Quelques personnes semblent considérer ce genre comme renfermant plusieurs espèces, et adoptent pour leur caractère différentiel le nombre varié d'appendices ou de digitations qu'elles présentent. De Blainville pense que c'est à tort, puisque M. Lesueur rapporte que les digitations diffèrent essentiellement en nombre, et que, sous ce rapport, il est très-rare de rencontrer deux individus semblables.

LANIOGÈRES. *Laniogerus.* Mollusques alongés , gastéropodes, dont le corps est rétréci en arrière, et porte de chaque côté deux séries de lames molles pectinées.

On doit la création de ce genre à de Blainville , qui l'a formé sur un individu de la collection du muséum britannique.

ÉOLIDES. *Eolida.* Corps limaciforme, gélatineux ; pied occupant presque toute la longueur de l'animal ; organes respiratoires placés sur le dos et formés de cirrhes tentaculiformes, coniques ou claviformes.

Les Éolides sont des Mollusques pélagiens ou littoraux dont la taille est fort peu considérable ; on en rencontre toujours un grand nombre parmi les masses de *Fucus natans* qui flottent à la surface des mers tropicales. Étant dépourvus d'appendices natatoires, ils ne nagent point , mais ils viennent parfois se suspendre à la surface de l'eau en posant leur pied en haut, et là , ils se meuvent assez bien par le moyen d'ondulations précipitées. Les genres Tergipèdes et Cavolinies me semblent avoir la plus grande analogie avec les Éolides, aussi je ne les considère que comme des subdivisions de ce groupe que l'on peut partager en trois sections de la manière suivante :

Les **TERGIPÈDES**, qui sont caractérisés par un corps subclaviforme, portant des branchies tentaculaires peu nombreuses, en forme de petites massues placées sur deux rangs. Leurs tentacules sont courts.

Les **CAVOLINIES**, qni ont le corps limaciforme, offrent des tentacules extrêmement longs, et des branchies tentaculaires nombreuses, coniques, et disposées sur le dos, par bandes transversales.

Enfin les **ÉOLIDES PROPREMENT DITES**, qui présentent des branchies tentaculiformes très-nombreuses, disposées sur deux rangs, occupant les parties latérales du dos.

FAMILLE DES DICÈRES.

Deux tentacules rétractiles situés dans une sorte de gaîne ; bouche surmontée d'un voile membraneux ; branchies rameuses.

SCYLLÉES. *Scyllæa.* Corps alongé, très-comprimé ; pied extrêmement étroit, canaliculé ; tentacules grands, auriformes ; bouche armée de deux dents latérales, semilunaires.

La *Scyllée pélagienne*, qui est fort commune dans l'océan Atlantique est la seule qui ait été longuement décrite. Séba en parla le premier, mais il se trompa sur sa nature et la prit pour un poisson. En 1754, Linnée ayant rencontré un de ces Mollusques dans le cabinet du prince de Suède, l'indiqua sous le nom de *Lièvre de mer*, oscilla d'abord sur la place qu'il devait occuper dans le règne animal. Quelques années après, ce naturaliste rangea cette espèce parmi les Vers et lui imposa le nom de *Scyllæa* ; mais il confondit le ventre avec le dos, et crut que le pied était ce qui représente cette dernière région. Forskal et Pallas parurent mieux apprécier cet animal, puisqu'ils émirent que ses branchies étaient dorsales, contrairement à l'opinion de Linnée. Enfin Cuvier, dans ces temps récents, donna une anatomie détaillée de cette Scyllée. Ce Mollusque, qui vit parmi les fucus, rampe sur ceux-ci en embrassant leur tige à l'aide du canal étroit qu'offre son pied, et qui paraît très-bien disposé à cet effet. Il présente un gésier fort remarquable, qui a une forme cylindrique et possède dans son intérieur une douzaine de lames tranchantes comme celle d'un couteau.

TRITONIES. *Tritonia.* Animal limaciforme ; pied large ; tentacules rétractiles, situés dans une sorte de gaîne ; bouche armée de deux dents latérales, tranchantes, denticulées ; branchies arbusculaires, situées sur les côtés du corps.

Il existe quatre ou cinq espèces de Tritonies ; elles habitent nos mers, mais on les connaît peu ; il est probable, comme le fait supposer la structure de leur pied, qu'elles se contentent de ramper sur les plantes marines, et que jamais elles ne nagent.

THÉTHYS. *Thethys.* Animal à tête portant un grand voile demi-circulaire, frangé ; bouche édentée ; branchies alternativement inégales et sur une seule ligne de chaque côté du dos.

On n'a que très-peu observé ces animaux ; on pense qu'il n'en existe qu'une seule espèce, la *Théthys léporine*, qui a jusqu'à huit pouces de longueur, et se voit dans la Méditerranée.

ORDRE DES CYCLOBRANCHES.

Animal nu. Peau tuberculeuse ; anus médian et posté-rieur ; ordinairement branchies dorsales rameuses, arbus-culaires, disposées circulairement.

DORIS. *Doris.* Animal ovalaire ; bouche en trompe ; anus dorsal, entouré des branchies ; orifices des organes génitaux réunis.

Ces animaux sont répandus dans toutes les mers et vivent sur les localités rocailleuses et abondantes en fucus. La configuration des Doris, qui les rend essentiellement propres à ramper, les avait fait ranger précédemment à côté des Limaces, avec lesquelles elles ont bien certaines analogies de formes, mais dont on devait les distinguer par leur respiration, qui est tout à fait différente de celle de ces Mollusques terrestres, ainsi que par leurs mœurs. (Pl. 34, fig. 5.)

ONCHIDORES. *Onchidoris.* Animal ovalaire, bombé en dessus ; pied épais, débordé par le manteau ; branchies très-petites, arbuscu-laires, disposées circulairement dans une cavité du dos, médiane et postérieure. Anus médian.

De Blainville a établi ce genre pour une espèce qu'il a observée dans la collection britannique, et dont on ignorait la patrie.

PÉRONIES. *Peronia.* Animal elliptique ; pied épais, débordé par le manteau ; organe respiratoire presque rétiforme ou pulmonaire, situé dans une cavité dorsale et postérieure s'ouvrant par un orifice médian. Anus médian.

Les Péronies se rencontrent toutes dans la mer ; il n'en existe que quatre ou cinq espèces, qui ont été rapportées de l'hémisphère aus-tral.

ORDRE DES INFÉROBRANCHES.

Mollusques dépourvus de coquilles et plus ou moins tuberculeux ; branchies lamelleuses, situées sous les bords du manteau.

PHYLLIDIES. *Phyllidia*. Animal assez bombé ; tête cachée sous le manteau ; quatre tentacules, dont les supérieurs sont rétractiles dans une cavité située à leur base ; bouche sans dents ; lames branchiales occupant presque tout le tour du corps.

C'est de l'Inde que proviennent le petit nombre d'espèces de ce genre qui ont été décrites ; leurs mœurs ne sont qu'imparfaitement connues, et souvent ces animaux se font remarquer par la vivacité de leur coloration, ainsi qu'on peut le reconnaître sur la *Phyllidie à trois lignes* que nous avons fait figurer (Pl. 34, fig. 6).

LINGUELLES. *Linguella*. Animal ovale, très-déprimé ; manteau débordant le pied ; tête découverte ; lamelles branchiales n'occupant que les deux tiers postérieurs des bords du manteau.

Ce genre a été établi par de Blainville sur un Mollusque de la collection britannique, et dont on ignorait la patrie.

ORDRE DES NUCLÉOBRANCHES.

Coquille fort mince, ne contenant qu'une petite partie de l'animal, qui est alongé, à branchies en lanières, formant un nucléus sur le dos ; peau comme gélatineuse.

FAMILLE DES NECTOPODES.

Animal à pied transformé en nageoire abdominale.

FIROLES. *Firola*. Animal très-alongé, subfusiforme, hyalin ; trompe fort longue, bouche armée intérieurement de crochets cornés. Nucléus dépourvu de coquille.

Ces Mollusques sont extrêmement abondants parmi les mers des régions chaudes et tempérées. Ils sont carnassiers, et attirent l'attention des observateurs par leur extrême transparence fréquemment interrompue par des taches dorées. M. Lesueur, qui les a le mieux étudiés, et auquel on doit la connaissance de leur anatomie, en compte six espèces.

CARINAIRES. *Carinaria*. Coquille symétrique, extrêmement mince, hyaline, un peu comprimée, à sommet recourbé en arrière. Animal très-alongé, gélatineux, transparent, couvert d'aspérités; pied comprimé en nageoire; nucléus dorsal pédiculé; deux tentacules alongés; bouche triangulaire, offrant trois lames garnies de crochets.

Il n'existe encore que quatre espèces de Carinaires bien déterminées; elles proviennent des mers des contrées tropicales, et l'une d'elles se rencontre dans la Méditerranée; toutes sont pélagiennes et viennent nager à la surface des flots quand le temps est beau.

Les anciens n'ont point connu les Carinaires; mais il est curieux d'apprendre que, tandis que plusieurs modernes se disputaient l'honneur d'en avoir découvert l'animal, déjà celui-ci avait été décrit et figuré dès l'époque de la renaissance. En effet, Rondelet en donna alors l'histoire et en publia un dessin sous le nom de *Holoturium secunda species*. Sa figure se rapproche, il est vrai, de celle des Firoles; mais cela est dû à ce qu'elle a été faite d'après un individu mutilé et privé de sa coquille; on reconnaît facilement qu'elle représente une Carinaire aux aspérités qui se trouvent sur le corps, et que l'on ne rencontre pas à la surface des premières, puis à la situation du nucléus et aux vestiges de branchies que l'on aperçoit sur celui-ci.

Dans la suite, les naturalistes ne s'occupèrent plus que de la coquille des Carinaires, et Linnée, en ne consultant que ses formes, la plaça parmi les Patelles, tandis que Gmelin, d'Argenville et Favanne, en se fondant seulement sur sa fragilité, sa transparence et son peu d'épaisseur, ne virent en elle qu'une espèce d'Argonaute. Enfin, d'autres naturalistes, considérant que les Carinaires possédaient des caractères particuliers, en firent un genre à part, quoique leur animal leur fût inconnu; tels furent Lamarck, Schweigger et Oken.

Ce fut à M. Bory Saint-Vincent que l'on dut de faire sortir le monde savant de toutes ces incertitudes, et ce fut lui qui, dans son voyage aux quatre principales îles des mers d'Afrique, fit connaître avec détail l'animal d'une espèce de Carinaire, et, plus tard, Péron et M. Lesueur le décrivirent aussi avec soin. Ensuite l'anatomie des Mollusques de ce genre fut successivement étudiée par Cuvier, Poli, delle Chiaje, et MM. Quoy et Gaimard.

Les Carinaires sont transparentes comme du cristal, et presque toujours celles que l'on prend ont le corps plus ou moins mutilé, surtout dans la région de leur nucléus, ce qui fait que leurs coquilles sont encore si rares dans les collections.

Ces Mollusques habitant constamment la haute mer, et ne se trouvant jamais jetés sur les rivages que par les courants et les tempêtes, n'avaient guère besoin que d'organes de natation; aussi chez eux le pied, qui devenait inutile, s'est transformé en une nageoire puissante; mais cependant la sagesse providentielle, comme une ressource utile, a encore voulu qu'une portion de cet organe restât organisée pour permettre aux Carinaires de se fixer avec elle aux corps flottants. Il existe à cet effet une petite poche formée sur le bord supérieur et postérieur de la nageoire ventrale, par une sorte de dédoublement de la membrane qui la revêt. Cet organe, qui est le dernier vestige du pied des Gastéropodes, peut s'appliquer, à l'instar d'une ventouse, à la surface des plantes marines et y fixer les Carinaires. Celles-ci nagent toujours le ventre en haut et à la superficie de la mer, et ce n'est que lorsqu'elles sont captives et deviennent souffrantes qu'on les voit prendre une position différente. Leurs mouvements sont extrêmement rapides et se font avec une égale facilité en arrière comme en avant; leur vitesse surpasse celle de tous les autres Mollusques, et M. Rang dit même qu'elle est supérieure à celle que présentent les Sèches.

La *Carinaire vitrée*, dont on ne connaît pas l'animal, et qui a été découverte dans les mers de l'Inde, vers Amboine, est une belle coquille conique, pointue, portant une carène simple et dentée; elle est extrêmement mince et transparente; sa taille acquiert environ deux pouces en hauteur, et le diamètre de son ouverture offre en largeur à peu près la même dimension. Cette coquille est la plus précieuse qui existe, et son prix s'élève encore aujourd'hui à 5,000 francs. On n'en connaît seulement que trois ou quatre individus qui se trouvent dans les collections d'Europe. Le plus remarquable par sa conservation, par son poli et ses magnifiques reflets opalins, se voit dans celle du Muséum d'histoire naturelle de Paris.

La *Carinaire de la Méditerranée*, qui provient de la mer dont elle porte le nom, est une des mieux connues. Sa coquille ressemble beaucoup à un bonnet phrygien, et elle offre des dimensions moins considérables que celles de la précédente espèce. (Pl. 55, fig. 5.)

ARGONAUTES. *Argonauta.* Coquille naviculaire, symétrique, mince, transparente, à double carène; ouverture carrée en avant; bords minces. Animal inconnu.

Nous ne croyons pas qu'il existe d'Argonautes fossiles. Cependant Montfort en a décrit plusieurs espèces comme ayant été découvertes dans la côte Sainte-Catherine et les carrières de Caumont, qui sont près de Rouen; mais nos recherches n'ont jamais pu nous faire retrouver de ces coquilles, auxquelles ce savant imposait la dénomination d'*Argonautites*.

Les coquilles des Mollusques de ce genre, dont Lamarck ne compte que trois espèces, se rencontrent dans les mers de l'Inde et la Méditerranée. On ne connaît nullement l'animal qui les produit, et, comme nous l'avons dit précédemment, elles sont habitées par un Poulpe du sous-genre Ocythoé, qui en fait son domicile, ainsi que les *Pagures* ou *Bernards l'ermite* font le leur de quelques espèces de Buccins, de Turbos et d'autres univalves. Ce Poulpe s'empare probablement de ces coquilles après avoir dévoré le Céphalidien qui les construit. Pline semble avoir entrevu ce fait en rapportant que l'animal de l'Argonaute peut quitter sa demeure pour venir paître à terre. Si l'on ne peut admettre cette dernière assertion, au moins cela prouve que ce naturaliste savait que ce parasite n'adhère par aucun lien à cette habitation, et qu'il peut en sortir ou la changer à volonté.

Quoique l'on ne connaisse point les Mollusques qui construisent les coquilles des Argonautes, cependant la forme et la structure de celles-ci portent à penser que ces animaux doivent être très-voisins des Carinaires, comme le professent de Blainville, Gray et Sowerby. Aussi doit-on placer après celles-ci le genre que nous décrivons, lorsque l'on suit une distribution systématique basée sur l'ensemble de l'organisation. C'est cette raison qui nous a déterminé à l'intercaler dans la famille des Nectopodes.

L'*Argonaute papyracé*, qui se trouve dans la mer de l'Inde et dans la Méditerranée, est une grande et belle coquille extrêmement mince et fragile ; elle est blanche et translucide, sauf à sa région postérieure, qui est d'un roux brûlé. Cette magnifique espèce acquiert de six à huit pouces de diamètre, et est garnie de rides serrées ; elle est recherchée par les amateurs, qui la nomment *Nautile papyracé*.

FAMILLE DES PTÉROPODES.

Coquille symétrique, extrêmement mince, transparente. Animal offrant un appendice natatoire de chaque côté du corps.

ATLANTES. *Atlanta.* Coquille extrêmement mince, diaphane, enroulée, portant une quille. Animal enroulé en spirale, à moitié contenu dans son test ; deux appendices natatoires foliacés.

Ce groupe ne contient encore que deux espèces qui sont répandues parmi les mers équatoriales. C'étaient ces Mollusques que Lamanon nommait Cornes d'Ammon vivantes.

SPIRATELLES. *Spiratella.* Coquille papyracée, fragile, planorbique, enroulée un peu obliquement ; ouverture grande, entière. Animal conique et pourvu d'un appendice aliforme de chaque côté.

C'est à Sowerby que l'on doit la création de ce genre, qui ne renferme qu'un Mollusque presque microscopique, que l'on a rencontré dans les mers arctiques.

CÉPHALIDIENS MONOÏQUES.

Sexe femelle seulement ; individus se suffisant pour la reproduction. Coquille univalve, ordinairement non enroulée, inoperculée.

ORDRE DES CIRRHOBRANCHES.

Animal cylindriforme, à branchies filamenteuses, cervicales ; anus postérieur. Coquille symétrique, subtubuleuse, faiblement conique, légèrement courbée ; un orifice arrondi à chaque extrémité.

DENTALES. *Dentalium.* L'ordre des Cirrhobranches ne renferme que ce genre, et le nom de celui-ci provient de la forme de la coquille des Mollusques qu'il contient et qui, avec assez de raison, a été comparée à une défense d'Éléphant en miniature.

Il existe un nombre assez considérable de Dentales fossiles dans les terrains récents de la superficie du globe, et l'on en a principalement extrait de ceux de l'Italie, de l'Angleterre et de la France. Les espèces vivantes qui ont été signalées par les naturalistes provenaient surtout des mers de l'Inde et de la Méditerranée.

On n'a longtemps eu que des notions fort imparfaites sur l'animal des Dentales ; aussi les naturalistes furent souvent indécis sur la place que celles-ci devaient occuper dans la série zoologique. D'Angerville figura assez inexactement ces Mollusques dans sa Zoomorphose, et d'après Fleuriau de Bellevue, ceux-ci, par leurs formes, auraient eu les plus grands rapports avec les Amphitrites et les Sabelles. Comme les Dentales offrent un tube calcaire un peu analogue au fourreau de quelques Annélides, il n'en a pas fallu davantage pour qu'on les rangeât parmi ces animaux ; mais Savigny, dont l'autorité est d'un si grand poids relativement à ceux-ci, dit que le Mollusque de la Dentale lisse, qu'il a eu l'occasion d'observer, diffère essentiellement de tous les Annélidaires. Enfin on a dû récemment à M. Deshayes une anatomie détaillée des animaux qui nous occupent, et une monographie de leurs espèces.

Les Dentales sont encore peu connues sous le rapport de leurs habitudes et de leurs mœurs ; elles paraissent préférer les rivages sablonneux et vivre dans une situation verticale, et plus ou moins enfoncées dans la vase. Quelques naturalistes croient que leur animal peut même, à son gré, abandonner sa coquille et qu'il n'y adhère pas ; et d'autres prétendent que quand il vient à changer de place, il emporte avec lui son test calcaire ; mais ces deux suppositions doivent être également fausses, puisque d'une part le Mollusque adhère à sa coquille, et que, de l'autre, la pesanteur de celle-ci, comparée à la faiblesse de l'animal, doit s'opposer à cette translation.

M. Deshayes compte en tout quarante-deux espèces de Dentales. Parmi celles qui sont les plus intéressantes, on peut citer la *Dentale éléphantine*, qui vit dans les mers de l'Inde et de l'Europe, et dont l'analogue se rencontre à l'état fossile en Italie ; puis la *Dentale lisse*, qui se trouve absolument dans le même cas, mais gît parmi les fossiles de Grignon.

ORDRE DES CERVICOBRANCHES.

Appareil respiratoire dans une cavité située sur le cou et ouverte en avant ; tête à deux tentacules ; yeux sessiles.

FAMILLE DES RÉTIFÈRES.

Coquille conique, symétrique, à sommet imperforé ; ouverture à bords tranchants, entiers ; empreinte musculaire étroite, en fer à cheval. Animal conique à pied épais ; manteau à bords frangés ; bouche armée d'une dent cornée semi-lunaire, tranchante, non denticulée ; langue portant de longs denticules terminés en crochet ; organe respiratoire en réseau vasculaire, situé au plafond de la cavité cervicale.

PATELLES. *Patella.* Ces Mollusques, qui forment l'unique genre de cette famille, portent un nom que leur ont donné les Latins, qui les comparaient à de petits plats (*patella*) ; les naturalistes de la renaissance des lettres les désignèrent sous la même dénomination, qui fut ensuite adoptée dans la science. Les Patelles, quoique formant un genre très-nombreux, ne s'observent que rarement à l'état fossile ; mais sous cette condition, on les rencontre dans des terrains fort différents, car il en existe dans les couches antérieures à la craie, dans les terrains formés par celle-ci, ainsi que parmi ceux qui sont plus récents. M. de France en a décrit onze espèces, qui ont, pour la plupart, été recueillies dans notre pays. Les Patelles contemporaines vivent dans la mer, et se trouvent abondamment disséminées sur toutes les plages du globe ; on remarque cependant que c'est sur celles des régions australes qu'on les rencontre plus profusément, et qu'elles offrent une plus grande taille et de plus vives couleurs ; l'Afrique méridionale semble principalement être leur patrie de prédilection, et là elles pullulent d'une manière remarquable. Ces Mollusques affluent sur les rivages alternativement submergés et découverts par les flots ; c'est ordinairement sur les rochers où les vagues se brisent avec le plus de violence qu'on les découvre en plus grande quantité ; et si l'on considère leur forme en cône, l'adhérence qu'elles peuvent contracter avec les masses calcaires des plages, dans lesquelles elles se creusent des cavités, on verra qu'elles trouvent dans leur structure les moyens de résister à la violence des éléments. Peut-être aussi la disposition des organes respiratoires des Patelles, qui offrent l'avantage d'être à la fois aériens et aquatiques, comme l'a démontré de Blainville, est-elle en rapport avec leur genre d'existence.

Ces Mollusques restent presque continuellement appliqués aux rochers, et souvent ils vivent si longtemps attachés à la même place, qu'ils creusent à leur surface des excavations superficielles qui reçoivent leur coquille. Cependant ces animaux ne restent pas toujours sur le même lieu, comme quelques personnes le croient ; dans certaines circonstances ils se meuvent, ainsi que l'avait déjà reconnu Réaumur, et comme MM. de Blainville et Rang disent aussi l'avoir observé. Mais leurs déplacements, qui s'effectuent ordinairement durant la nuit, ne se produisent qu'avec beaucoup de lenteur, et ils ont lieu par le même procédé que la locomotion des Gastéropodes. Cependant l'on rencontre les espèces de nos côtes enfoncées dans des excavations de deux à trois lignes produites sur les roches crayeuses qu'elles envahissent. Cela est dû, ainsi que l'a remarqué M. d'Orbigny fils, à ce que chaque individu, après ses excursions, revient toujours dans son trou, qu'il creuse de plus en plus. Mais si les Patelles ne se déplacent qu'avec lenteur, par compensation, elles jouissent de la faculté d'adhérer au sol d'une manière extrêmement remarquable. En effet, si avant d'enlever un de ces Mollusques de la roche sur laquelle il adhère, on l'a touché préalablement, et en quelque sorte averti, il devient presque impossible de l'en détacher, et l'on briserait plutôt sa coquille. Cette faculté est due, dit de Blainville, à la grande quantité des fibres verticales du pied, qui, en soulevant sa partie médiane, forment un creux dans le milieu et une espèce de ventouse. On a fait l'expérience qu'une Patelle ainsi fixée supportait un poids de plusieurs livres avant de tomber.

La structure de l'appareil dentaire de ces Mollusques, et leur séjour constant, qui se trouve parmi les rochers abondamment garnis de fucus, font soupçonner qu'ils sont herbivores ; cependant on ne sait encore rien de positif à cet égard, et, d'un autre côté, il est bien avéré que l'on rencontre parfois de la matière crétacée dans leur tube digestif.

Les zoologistes qui se sont occupés de l'anatomie des Patelles disent que leurs œufs sont excessivement nombreux, ce qui explique l'abondance de ces Mollusques sur les rivages des mers ; puis qu'ils présentent une petitesse extrême qui ne permet pas de les comparer à ceux des autres Céphalidiens, et qui, au contraire, les rend tout à fait analogues à ceux des Acéphaliens. Du reste, les œuvres des naturalistes ne contiennent aucun détail sur le mode de génération de ces animaux ; et elles ne disent point s'ils sont ovipares ou ovovivipares. Nos observations tendraient à nous faire admettre la dernière de ces opinions, et nous serions porté à croire que la reproduction de ces Cervicobranches est beaucoup plus lente qu'on ne le pense généralement, et qu'ainsi qu'Adanson l'a observé pour les Volutes, les Patelles s'occupent de l'éducation de leurs petits, et ne les abandonnent que lorsqu'ils ont acquis assez de force pour se suffire et se protéger eux-mêmes. En effet, pendant nos excursions sur les bords de la mer, il nous est fréquemment arrivé de découvrir de jeunes petits sous les *Patelles vulgaires* que nous ramassions sur le rivage. Il ne s'en trouvait jamais qu'un sous chaque mère, et il occupait la partie centrale de son pied. Ces petites Patelles avaient d'une à trois lignes de diamètre ; leur coquille était dans la même situation que celle de l'individu qui l'embrassait, et par sa région supérieure, elle adhérait assez intimement à son pied ; en outre elle offrait une plus vive coloration que celle de la mère, quoique, par sa situation, elle se trouvât tout à fait dérobée à l'influence de la lumière.

Les Patelles sont de quelque utilité pour les populations pauvres qui habitent les bords de la mer ; souvent elles en font un de leurs aliments ; mais ces Mollusques coriaces, et dont la digestion est difficile, sont toujours éloignés des tables choisies. On compte dans ce genre une soixantaine d'espèces.

La *Patelle commune* est celle qui pullule le plus sur nos côtes maritimes ; elle est d'un brun verdâtre. La *Patelle cuiller*, qui habite l'Afrique méridionale, est connue de tous les amateurs ; elle est alongée et peu concave, et son nom provient de ce que les Hottentots et les soldats anglais s'en servent fréquemment pour manger la soupe.

FAMILLE DES BRANCHIFÈRES.

Coquille patelloïde ou extrêmement déprimée et alongée. Animal offrant deux branchies pectinées, égales.

FISSURELLES. *Fissurella.* Coquille conique, perforée au sommet ; empreinte musculaire en fer à cheval. Animal à manteau percé supérieurement d'un orifice ovale, communiquant dans la cavité branchiale.

Les animaux de cette coupe sont assez semblables aux Patelles, mais leurs branchies pectinées et leur coquille perforée les en différencient.

Il existe quatre Fissurelles fossiles ; elles ont été rencontrées dans les terrains plus récents que la craie, et particulièrement à Grignon et dans les falunières de la Touraine ainsi qu'en Italie. Les espèces vivantes sont au nombre d'une trentaine ; on les rencontre dans les mers qui baignent les climats chauds , et principalement dans celles de l'Amérique. On dit que leurs mœurs sont analogues à celles des Patelles ; cependant, si nous en jugeons par leurs organes respiratoires, nous sommes porté à croire qu'elles sont plus aquatiques et qu'elles vivent à une plus grande profondeur que celles-ci.

On mange, sur les rives de la Méditerranée, la *Fissurelle grecque*, que l'on nomme vulgairement *Oreille de saint Pierre*.

Tournefort, qui a eu occasion d'observer ce Mollusque, durant son voyage en Orient, dit que, lorsqu'il lui plaît, il expulse un jet d'eau par l'orifice de sa coquille.

ÉMARGINULES. *Emarginula.* Coquille à sommet entier ; bord antérieur fendu ou échancré ; empreinte musculaire en fer à cheval. Animal à manteau orné de tentacules très-fins et fendu en avant.

Le calcaire coquillier, analogue à celui de Grignon, est le seul terrain dans lequel on ait jusqu'à ce moment rencontré des Émarginules fossiles ; cinq de celles-ci, provenant particulièrement de la France, ont été décrites. Les espèces vivantes ne sont au nombre que de trois ou quatre, et résident spécialement dans les mers du Nord. Leurs mœurs doivent être analogues à celles des Patelles.

L'*Émarginule conique*, qui offre quatre ou cinq lignes de diamètre et est réticulée, vit sur les rochers et les madrépores des côtes de la Norwége, de l'Angleterre et des pays riverains de la Méditerranée.

PARMOPHORES. *Parmophorus.* Coquille extrêmement alongée, déprimée, à bords latéraux droits et parallèles ; empreinte musculaire ovalaire, longue. Animal à manteau débordant le corps ; tentacules épais et coniques ; yeux situés à leur base.

On rencontre des Parmophores dans les terrains postérieurs à la craie, et particulièrement dans ceux de Grignon. Les espèces vivantes, dont le nombre ne s'élève qu'à trois, proviennent principalement des mers de l'Australie et de la Chine. Parmi elles, le *Parmophore alongé* est le plus commun dans les collections. Il atteint trois pouces de longueur, est brunâtre en dessus et blanc en dedans.

ORDRE DES SCUTIBRANCHES.

Organes respiratoires essentiellement aquatiques ; coquille subspirée ou simplement recouvrante.

FAMILLE DES OTIDÉS.

Mollusques offrant des branchies situées sur le côté gauche.

HALIOTIDES. *Haliotis.* Coquille auriforme, déprimée, nacrée, recouvrante, perforée de trous parallèles au bord gauche. Animal très-déprimé, à peine spiré ; pied fort large, à circonférence doublement frangée. Tentacules subcylindriques ; yeux pédonculés.

On rencontre des Haliotides dans toutes les mers ; elles vivent sur les rochers, et on les découvre parfois en immense quantité à la surface de ceux-ci. Ces Mollusques rampent fort lentement, et ils s'attachent sur le sol, à l'instar des Patelles, au moyen de leur large pied ambulatoire. Leurs coquilles sont recherchées pour l'ornement des cabinets, à cause des beaux reflets irisés qui se manifestent sur leur surface nacrée interne, car l'extérieure est ordinairement fort vilaine et rongée par les Vers marins. On les nomme, dans certains pays, *Oreilles de mer*, à cause de la grossière ressemblance qu'on leur a trouvée avec la conque auditive de quelques animaux. Ces Mollusques offrant une masse charnue considérable, et étant fort abondants sur certaines plages, servent de nourriture aux pauvres habitants de quelques côtes maritimes ; les pêcheurs les emploient même parfois pour amorcer leurs lignes. Enfin, quelques espèces fournissent des perles qui sont estimées des amateurs, à cause du brillant éclat qui les revêt.

L'*Haliotide géante*, qui est fort commune sur les côtes de l'Australie, est l'espèce qui présente les dimensions les plus considérables. Péron en rencontra des amas extraordinaires sur les rivages de la Tasmanie, et M. d'Urville et d'autres voyageurs rapportent que les naturels de ce pays se nourrissent en grande partie avec ce Mollusque, après l'avoir fait cuire dans sa coquille. Ce sont les femmes qui sont chargées de le recueillir pour les besoins de toute la famille ; elles le pêchent en plongeant habilement sous l'eau au milieu des fucus, et en le détachant du fond à l'aide d'une sorte de spatule en bois, qui est pour les sauvages de cette contrée un meuble indispensable. L'*Haliotide commune*, qui est beaucoup plus petite, et dont la nacre est loin d'avoir des reflets aussi richement irisés, se rencontre sur nos côtes.

ANCYLES. *Ancylus.* Coquille conique, ovale, à sommet pointu, incliné en arrière et un peu à droite ; bord entier et évasé. Animal à tête grosse ; tentacules cylindriques , oculés à leur base ; branchies et anus situés à gauche.

Les coquilles des Ancyles sont analogues à celles des Patelles ; aussi la plupart des zoologistes allemands et anglais les rangent dans ce genre , mais leurs animaux en diffèrent beaucoup. Ces Mollusques ne se voient que dans l'eau douce , et quand la chaleur a desséché les marais qui les recèlent, ils restent, sans périr, sous la vase , en attendant le retour des pluies ; de manière que leur existence est presque amphibie. C'est sur les pierres, les roseaux ou les autres plantes aquatiques, qu'on les découvre communément. L'*Ancyle fluviatile* , comme toutes ses congénères, vient dans nos contrées.

FAMILLE DES CALYPTRACIENS.

Coquille conoïde, peu ou point spirée, à bords réunis. Branchies situées sur l'origine du dos.

CRÉPIDULES. *Crepidula*. Coquille irrégulière , déprimée ou comprimée, ovale ; cavité partagée par une lame horizontale. Animal à pied mince ; tête bordée d'une lèvre bifide ; tentacules subcylindriques, gros , obtus , portant les yeux vers leur tiers inférieur ; cavité respiratoire contenant une branchie et des filaments.

Ces Univalves ont été séparées des Patelles , avec lesquelles on les confondit primitivement. La cloison ou lame horizontale que l'on trouve dans leur coquille est placée entre les viscères et la partie postérieure du pied. Les Crépidules , auxquelles les collecteurs donnent le nom de *Sandales* , se trouvent sous les deux états ; on en rencontre dans les terrains plus récents que la craie, mais seulement en petite quantité , car les naturalistes n'en ont encore décrit que trois, dont une est regardée par M. de France, comme l'analogue d'une de nos espèces vivantes. Celles-ci , qui sont au nombre de vingt-cinq, habitent diverses mers , et principalement celles qui baignent l'Amérique ; on en observe aussi dans la Méditerranée. Ces Mollusques résident sur les rochers des rivages, comme les Patelles, auxquelles ils ressemblent par leurs mœurs , et quelques-uns se fixent sur les coquilles des autres Mollusques.

La *Crépidule épineuse* , nommée *Retorte épineuse* par les collecteurs , est la plus grande que l'on connaisse ; elle vient du Pérou.

CALYPTRÉES. *Calyptræa*. Coquille subrégulière , conoïde ; cavité présentant une languette verticale enroulée en cornet ou en fer à cheval. Animal non spiral ; pied mince ; tête bifurquée ; tentacules triangulaires , très-grands ; yeux situés sur un renflement de ceux-ci ; branchie formée de filaments roides.

Depuis longtemps les naturalistes avaient remarqué ces coquilles , et ils les désignaient sous les noms de *Lépas à appendices*, ou de *Bonnets chinois*. Cette coupe contient six ou huit espèces fossiles, qui, pour la plupart, ont été rencontrées en France, en Italie et en Angleterre. On en connaît trente-cinq à l'état vivant ; toutes habitent la mer, et la majeure partie d'entre elles ont été rapportées des parages de l'Amérique et de l'Inde ; la Méditerranée en produit aussi. La *Calyptrée équestre* est celle que les amateurs connaissent sous les noms de *Cloche* ou de *Sonnette*.

CABOCHONS. *Capulus.* Coquille épidermée, irrégulière, conique, à sommet incliné en arrière ; ouverture arrondie ; empreinte musculaire en fer à cheval ouvert en avant. Animal conique ou subspiral, analogue à celui des Crépidules.

Ce genre, qui était anciennement confondu avec les Patelles, renferme six espèces fossiles provenant des environs de Paris, et sept qui sont contemporaines, et principalement répandues dans les mers des régions chaudes de l'Amérique ; les rivages de la Méditerranée en nourrissent aussi une espèce.

HIPPONYCES. *Hipponyx.* Coquille irrégulière, conique ou déprimée ; bords irréguliers ; empreinte musculaire en fer à cheval ; un support lamelleux sécrété par le pied. Animal à pied mince ; muscle d'attache aussi marqué en dessus qu'en dessous.

Ce genre a été proposé par M. de France pour placer plusieurs espèces fossiles qui avaient été rencontrées principalement à Grignon et à Hauteville, et ce fut de Blainville qui le constitua solidement, en se basant sur la connaissance de l'animal, dont on dut la découverte à MM. Quoy et Gaimard. Les Hipponyces vivent attachés à la pierre sur laquelle leurs germes se sont développés, et semblent être les derniers Mollusques céphalidiens. Le support calcaire qu'ils présentent ne paraît se former que par l'effet de l'âge, et doit être considéré comme l'indice d'un degré plus avancé de fixation.

L'*Hipponyce corne d'abondance*, que l'on trouve à Grignon et à Hauteville, parvient jusqu'à la longueur de trois pouces, et est une des espèces les plus remarquables.

NOTRÈMES. *Notrema.* Coquille formée de trois valves inégales ; la première patelliforme, perforée au sommet ; la seconde latérale et inférieure, et servant de support, et la troisième operculiforme. Animal se fixant comme les Patelles.

Ce singulier genre a été établi par M. Rafinesque ; mais il s'éloigne tellement de tout ce qui est connu, qu'on ne l'admet qu'avec hésitation.

XIX. CLASSE DES ACÉPHALIENS.

Animaux pairs, sans traces d'articulations, recouverts par une peau molle et contractile. Tête non distincte. Appareils sensoriaux nuls. Corps ordinairement protégé par une coquille bivalve.

Géologie. — L'apparition des Acéphaliens à la surface du globe semble avoir précédé celle des Mollusques de la classe précédente, car déjà on en trouve plusieurs groupes dans les terrains de transition [1], tandis qu'il n'existe guère dans ceux-ci qu'un seul genre de Céphalidiens [2].

A mesure que l'on s'élève dans les formations géologiques, les restes des Malacozoaires de la classe que nous étudions deviennent de plus en plus abondants. Les terrains secondaires en sont déjà fort riches dans leurs couches supérieures; mais leurs plus anciennes assises n'en possèdent encore que fort peu. Le lias et les terrains jurassiques en contiennent chacun une vingtaine de genres, qui sont à peu près les mêmes pour tous les deux [3]; mais dans presque tous ceux qui se rencontrent dans les dernières formations, chacun des groupes renferme un bien plus grand nombre d'espèces. Parmi les dépôts secondaires, évidemment, ce sont les roches crétacées qui offrent une faune conchyliologique plus variée et plus abondante que les autres, et parmi elles on voit apparaître un nombre considérable de genres féconds en espèces diverses.

Les terrains tertiaires sont encore beaucoup plus riches en espèces que les précédents, et quelquefois ceux-ci, dans des espaces infiniment circonscrits, en offrent une quantité considérable et de la plus belle conservation.

Géographie. — Nos connaissances sur la distribution géographique de ces animaux sont encore peu avancées. On sait seulement que certains groupes sont répandus dans toutes les mers, et offrent aussi bien des représentants parmi celles de l'extrême nord que parmi celles des zones intertropicales [4]; mais, au contraire, quelques genres n'habitent que des espaces limités; parmi eux, les uns se complaisent dans les

---

[1] Térébratules, Productus, Spirifère, Strophonèmes.

[2] Evomphales.

[3] Térébratule, Spirifère, Huître, Gryphée, Plicatule, Lime, Peigne, Plagiostome, Avicule, Perne, Modiole, Jambonneau, Trigonie, Cucullée, Nucule, Mulette, Cardite, Lutraire, Astarté, Myc.

[4] Huîtres, Moules, Peignes,

mers boréales, et les autres n'existent que dans celles qui occupent l'espace intertropical. Les Myes sont dans le premier cas et paraissent spécialement appartenir aux parages du Nord, tandis que les Tridacnes et quelques autres genres ne nous parviennent que de l'archipel Indien. C'est aussi dans les régions méridionales que les Acéphaliens parviennent à une plus grande taille ou présentent une plus vive coloration ; ce sont elles qui nous fournissent ces espèces réellement gigantesques dont nous ferons bientôt mention [1].

C'est la mer qui est le séjour de la plupart des Acéphaliens ; quelques-uns aussi habitent les lacs et les fleuves [2], et d'autres viennent dans les moindres mares [3]. Aucun n'est réellement terrestre, mais on en rencontre beaucoup sur les rochers que la mer couvre et découvre alternativement pendant le mouvement des marées.

Ceux de ces Mollusques qui résident dans la mer ne sont pas distribués irrégulièrement parmi ses profondeurs ; ils se trouvent constamment répandus dans certaines limites où la lumière, la pression et la nature du fond leur offrent les conditions indispensables à leur nature. En général, le plus grand nombre de ces animaux sont disséminés depuis la surface de la mer jusqu'à vingt mètres de profondeur, et ceux qui vivent au delà ne s'enfoncent pas plus avant que cent soixante-cinq mètres, lieu qui s'approche de la limite des corps organisés, car on ne découvre plus de ceux-ci au delà de deux cents mètres, et là, à cause de la pression et du défaut de nourriture, les Acéphaliens ne pourraient pas exister. On a dressé en Angleterre plusieurs tableaux qui indiquent les stations de divers genres d'Acéphaliens ; nous allons en reproduire un qui est extrait du cours de M. Élie de Beaumont, et qui révèle l'habitat de quelques-uns des groupes qui s'enfoncent le plus profondément.

GENRES.	Profondeur.	Nature du fond.
Solens..............	de 0^m à 24^m	Sables.
Mactres...........	de 0 à 22	Vases sableuses, sables.
Crassatelles.......	de 15 à 22	*Id.*　　*Id.*
Corbules..........	de 0 à 24	Vases, sables.
Tellines...........	de 0 à 31	Sables.
Lucines...........	de 9 à 20	Vases, sables.
Vénus............	de 0 à 91	Sables.
Vénéricardes......	de 0 à 91	*Id.*
Bucardes..........	de 0 à 24	Vases, sables, graviers.
Byssomyes........	de 0 à 137	Coquilles, pierres.
Nucules..........	de 0 à 100	Vases sableuses, sables.
Trigonies.........	de 11 à 26	Vases sableuses.
Jambonneaux.....	de 0 à 31	Sables.
Peignes..........	de 0 à 37	Sables, vases.
Huîtres..........	de 0 à 31	Graviers, sables.
Térébratules......	de 18 à 165	Roches.

[1] Tridacnes.　　　[2] Mulettes, Anodontes.　　　[3] Cyclades.

Quoique ces Mollusques soient doués d'une locomotion fort imparfaite et souvent même totalement nulle, la résidence dans laquelle ils s'établissent, ou plutôt dans laquelle ils procréent et trouvent les conditions de leur existence, est toujours la même pour leurs différentes espèces. Les uns ne se rencontrent que parmi les rochers et les rivages rocailleux; d'autres ne se plaisent que sur les plages sablonneuses, et vivent à leur surface ou plus ou moins enfoncés dans leur intérieur; enfin, il en est qui résident spécialement parmi la vase.

Acéphaliens lithophages.—Par une étrange anomalie, quelques Acéphaliens vivent constamment à l'intérieur des pierres, s'y creusent des excavations qu'ils agrandissent à mesure que leur taille augmente, et on les trouve aussi bien dans les roches les plus dures et les plus compactes que dans celles qui sont molles et facilement attaquables [1]. Les Mollusques qui présentent cette particularité, relativement à leur habitat, sont souvent désignés sous le nom de *lithophages* par les naturalistes; et par cette dénomination, qui signifie *mange pierre*, on n'entend pas qu'ils se nourrissent de la substance des pierres ou des rochers, à l'intérieur desquels on les trouve, mais seulement qu'ils vivent dans ceux-ci.

Le séjour de ces Mollusques au milieu des masses calcaires baignées par la mer est encore presque une énigme pour les naturalistes, quoiqu'ils aient tenté de l'expliquer par plusieurs hypothèses plus ou moins ingénieuses. Celles-ci sont au nombre de trois; tantôt les savants ont cru que les coquilles lithophages rongeaient la pierre à l'aide de leurs frottements répétés; tantôt ils ont pensé que les animaux qui les habitent exsudaient un fluide acide qui la corrodait, et tantôt enfin ils ont émis que les excavations se produisaient peu à peu par les frottements du pied, dont le fluide muqueux opérait une espèce de macération de la pierre dans laquelle ces Mollusques vivent enfermés.

Dans la première hypothèse, qui est toute mécanique, on admet que ce sont les coquilles qui creusent les rochers à l'aide de mouvements divers et en les limant en quelque sorte peu à peu. Cette assertion ne résiste nullement à la critique. En effet, quoique certains Mollusques lithophages, et entre autres les Pholades, aient la superficie de leurs valves hérissée de dentelures qui semblent pouvoir les transformer en une espèce de râpe, celles-ci sont si délicates et si fines, qu'elles s'useraient fort rapidement si elles étaient employées à limer des corps durs, et parfois même cela leur deviendrait tout à fait impossible, parce que ces animaux habitent des roches d'une bien plus grande densité que leur test calcaire. Quand on considère celui-ci, on s'aperçoit même, par l'intégrité de ses fines lamelles, qu'elles n'ont jamais été employées à corroder la pierre; et bien mieux, sur les Pholades que nous avons observées sur les rivages de la Manche, la coquille se trouve presque partout séparée du roc par une sorte de couche formée de sable et de

---

[1] Pholades, Saxicaves, Vénérupes, Lithodomes.

vase agglutinés par du mucus. C'est à cette espèce de coussin que nous avons fait représenter (Pl. 40, fig. 4 b), et qui a environ deux lignes d'épaisseur, que semble due la conservation des moindres épines qui hérissent la surface de ces bivalves.

Les savants qui prétendaient que c'était par les frottements de la coquille que s'opérait l'excavation qu'habitent les lithophages supposaient aussi que ceux-ci exécutaient un mouvement de rotation, pendant lequel ils entamaient le roc ; mais cela est inadmissible pour les espèces dans lesquelles nous avons reconnu qu'il existait un coussin interposé entre les parois de la coquille et celles de son trou ; et d'un autre côté, cette action mécanique ne peut non plus avoir lieu chez les Saxicaves et les Rupellaires, qui remplissent presque totalement leur cavité sans avoir la possibilité de s'y mouvoir ; l'immobilité de certaines espèces est encore rendue plus ostensible par la saillie de la pierre qui s'interpose entre les crochets de leurs valves. Enfin, on peut encore ajouter à toutes ces raisons, qui nous semblent péremptoires pour repousser cette opinion, que les Lithodomes qui vivent dans les pierres et les Madrépores ont souvent leur surface couverte d'un épiderme fort intact, ce qui n'aurait nullement lieu si leur coquille était obligée de limer ceux-ci par ses frottements.

Dans la seconde hypothèse, qui est entièrement chimique, on admet que les Mollusques lithophages opèrent leurs travaux à l'aide d'une humeur acide, corrosive que sécrètent leurs organes, et qui, en dissolvant la pierre y creuse leur excavation. M. Fleuriau de Bellevue, qui est l'auteur de cette explication, pense que c'est le pied ou l'appendice abdominal qui fournit cette humeur ; puis que celle-ci est un acide assez fort pour dissoudre les roches calcaires et les corroder, et que même elle peut attaquer le test des coquilles, mais cependant sans nuire à la matière animale qui entre dans sa composition. M. Fleuriau de Bellevue, ayant observé que divers Mollusques lithophages [1] répandaient de la lumière pendant les ténèbres, en a inféré que probablement la liqueur corrosive qu'ils produisaient contenait une plus ou moins grande proportion d'acide phosphoreux. Ce savant, après avoir remarqué que les Pholades sont environnées dans leur gîte par un limon noir, qui imbibe la pierre plus ou moins profondément lorsqu'elle est poreuse, a émis l'opinion que cette matière n'était que le résultat de la combinaison de la substance de la roche et de l'humeur acide que produit l'animal.

Malgré toute la vénération que nous portons à M. Fleuriau de Bellevue, nous n'admettons nullement sa théorie. Les objections que nous lui opposons sont les suivantes. Si les lithophages entamaient les pierres à l'aide d'une véritable dissolution chimique, comme la composition du test de ces animaux se rapproche de celle des roches qu'ils perforent, la liqueur corrosive, en creusant leur demeure, dissoudrait en

[1] Medioles, Pholades.

même temps leur coquille. Cela aurait surtout lieu chez les Pholades, dont les valves ne sont pas protégées par un épiderme épais. Quant à la lumière que produisent ces Mollusques pendant la nuit, on n'a pas besoin d'admettre la présence de l'acide phosphoreux pour l'expliquer, et elle semble dépendre des mêmes causes que la phosphorescence de la mer. A l'égard du limon noirâtre dont parle ce respectable ami des sciences, nous ne l'avons jamais observé que dans les trous de Pholades à l'intérieur desquels l'animal n'existait plus, et il paraissait dû au dépôt d'une vase infecte qui avait pris la place de celui-ci et provenait peut-être en partie de sa décomposition. Les excavations de ceux de ces Mollusques qui sont vivants, ainsi que nous l'avons dit, se trouvent au contraire tapissées d'un coussin de couleur grise composé de sable et de vase, comme on peut le reconnaître par l'inspection microscopique; donc on ne peut admettre que cette couche soit le résultat de la combinaison de l'acide phosphoreux et du calcaire au milieu duquel se trouve creusé le domicile de ces animaux.

La troisième hypothèse diffère essentiellement des deux autres, quoiqu'on puisse la considérer à la fois comme mécanique et chimique. Dans celle-ci, que nous proposons d'admettre au moins à l'égard des Pholades, on suppose que les excavations seraient creusées, non pas par les frottements de la coquille à la surface des roches, mais par les frottements continuels du pied de ces Mollusques qui fait une saillie assez considérable, et forme une semelle bien disposée pour cette fonction; puis à cette action mécanique, qui est la principale, se joindrait l'influence chimique de la mucosité sécrétée par la surface de cet organe, action secondaire qui nous paraît avoir été fort bien entrevue par de Blainville qui dit textuellement : « Je ne serais pas éloigné de penser que les excavations plus ou moins profondes produites par les Mollusques dans les pierres, sont dues à une simple macération continuelle produite par le fluide muqueux qui sort de leur pied. »

A l'égard de plusieurs Pholades qui habitent les roches calcaires de la Manche, il est facile de voir que c'est le pied qui seul se trouve en contact avec la roche nue et qui agit sur elle, les autres parties du trou étant tapissées par un coussin; il faut donc considérer cet organe comme l'agent térébrant. D'un autre côté, j'ai fait souvent l'expérience qu'en frottant mon doigt pendant un certain temps sur le calcaire rempli de Pholades, lorsque celui-ci était mouillé, j'y déterminais une excavation profonde en délayant rapidement sa substance qui est en apparence fort dure. Si l'on se représente le pied de ces Mollusques ayant une action incessante au fond de leur trou, on aura bien vite la conviction que cet organe dur et épais n'est guère longtemps à agrandir la cavité qui recèle l'animal et que cette théorie explique facilement la térébration de certains lithophages.

Mais hâtons-nous de dire que si cette manière de voir nous semble sans contestation pour les Pholades qui résident à l'intérieur du calcaire crayeux de nos rivages, nous n'osons l'adapter à certains lithophages qui creusent des pierres extrêmement dures ; peut-être pour eux existe-t-il d'autres moyens. En effet nous ne pouvons pas nous expliquer comment les simples frottements du pied des Mollusques térébrants que nous avons recueillis dans les colonnes du temple de Jupiter Sérapis, auraient pu perforer le marbre cypolin très-dense qui forme celles-ci. Nous ne pouvons pas non plus par ce procédé nous rendre compte du travail des coquilles que l'on dit que Spallanzani trouva dans des laves volcaniques ; mais les théories précédentes l'expliquent-elles mieux ? Nous ne le croyons pas.

Coquille. — A très-peu d'exceptions près, tous ces Mollusques sont protégés par une coquille formée de deux battants, ordinairement égaux ou subégaux, à l'intérieur desquels ils peuvent se renfermer entièrement, et ce n'est que dans un petit nombre de genres que le test solide n'atteint pas assez de développement pour abriter la totalité des organes charnus[1].

Les deux battants calcaires qui protègent le corps des Acéphaliens sont nommés *valves*. De Blainville appelle *valve droite* celle qui occupe la droite de l'animal marchant devant l'observateur, et *valve gauche* celle qui se trouve du côté opposé. Le test est dit *équivalve* si les deux battants calcaires sont de même dimension et de même forme ; *inéquivalve* si une des valves est autrement faite que son opposée.

On nomme charnière l'endroit où les deux valves se réunissent ; celle-ci est appelée *similaire*, si, sur chaque valve, elle est pareille ; *dissimilaire*, si le contraire a lieu. Les éminences qui s'y trouvent prennent le nom de *dents* ; celles-ci sont nommées *cardinales* quand elles se découvrent sous le sommet de la coquille ; les *dents latérales* sont celles qui siégent en avant ou en arrière du sommet ; la *lunule* est une surface déprimée située en avant du sommet de la coquille, qui, en cet endroit, a quelquefois une structure particulière.

Les coquilles de ces Mollusques offrent sur chaque valve une [2] ou deux impressions musculaires profondes [3]. Lorsqu'il en existe deux, l'une est située vers la bouche et l'autre se trouve du côté opposé, aux environs de l'anus ; en outre, on distingue à l'intérieur du test des enfoncements étroits et plus ou moins sinueux qui indiquent le lieu où s'attachent les bords du manteau, et les tubes quand il en existe, c'est-là ce que l'on nomme *impression abdominale*.

Les valves des Coquilles sont réunies par des ligaments dont la fonction est non-seulement de retenir celles-ci dans leurs rapports, mais encore de les ouvrir en devenant les antagonistes passifs et continus des muscles adducteurs. Ces ligaments sont composés de substance cornée dont les fibres vont d'une valve à l'autre, et ils peuvent offrir trois dispositions, être épidermiques, externes, ou internes. Le ligament épidermique est celui qui se trouve formé par l'épiderme de la coquille,

---

[1] Glycimères, Panopées.   [2] Huitres.   [3] Unios.

qui passe d'une valve à l'autre [1]; le ligament externe occupe le dos des valves, et est placé en dehors de l'articulation ; il se distingue du précédent par sa plus grande épaisseur et en ce qu'il est plus bombé et plus élastique ; ses fibres, en se contractant, tendent sans cesse à ouvrir la coquille [2]; enfin , le ligament interne réside en dedans de la jonction, et dans quelques espèces ses fibres ouvrent les valves de l'animal non plus en les tirant par son élasticité comme le fait l'organe précédent, mais en les refoulant par son expansion [3].

Locomotion. — Les Acéphaliens ont une enveloppe musculaire générale qui prend le nom de *manteau*, et dans laquelle se trouvent entrelacées des fibres tendineuses; c'est sur ses bords que se produit la sécrétion calcaire de la coquille. On trouve ordinairement, en outre, une masse musculaire qui environne les viscères, et à laquelle on donne le nom de *pied ;* elle est formée de fibres entre-croisées mêlées à des fibres tendineuses, et elle se prolonge parfois considérablement, et fonctionne comme une espèce de membre [4]. Enfin, un troisième système musculaire, composé d'un ou de deux muscles très-forts, nommés adducteurs, est adapté au mouvement du squelette ; ces organes s'attachent aux deux valves de la coquille , et sont uniquement destinés à les fermer. Quand il y a deux muscles, Carus compare à un muscle scapulaire celui qui s'insère vers l'orifice oral; et à un muscle iliaque , l'autre qui est situé vers l'orifice anal.

Willis a émis l'opinion que chez les Huîtres une partie du muscle adducteur, qui est situé au centre de la coquille , était formée d'une substance élastique qui agissait comme antagoniste de l'autre portion de cet organe , et qui avait pour fonction d'écarter les valves. Dernièrement Leach a reproduit cette opinion , qui nous semble devoir être prise en considération, car il y a évidemment dans le muscle de ces Mollusques deux structures anatomiques fort distinctes , et la faiblesse du ligament articulaire pourrait bien être compensée par cette disposition.

Le *manteau* des Acéphaliens est toujours fort mince , si ce n'est vers ses bords, et il est divisé en deux grands lobes latéraux égaux ou presque égaux , et qui embrassent tout l'animal comme le vêtement de ce nom enveloppe notre corps lorsque nous l'avons endossé. Cet organe, dont les lobes sont toujours réunis sur une plus ou moins vaste étendue de la ligne dorsale , est plus ou moins ouvert inférieurement. Dans cette région, chez quelques Acéphaliens, les deux côtés du manteau sont totalement séparés [5]; chez d'autres, les lobes de celui-ci se trouvent adhérents dans la moitié de leur étendue [6] ; enfin , il en est où ils sont entièrement unis dans tout leur bord inférieur, de manière à ne représenter qu'une sorte de gaîne ouverte en avant et en arrière

[1] Solens.	[3] Peignes.	[5] Huîtres.
[2] Vénus.	[4] Bucardes.	[6] **Mulettes , Vénus.**

pour les besoins qui forcent l'animal à communiquer à l'extérieur [1].
Dans cette classe, souvent les bords du manteau offrent des cirrhes qui
sont remarquables par leur étendue, et celle-ci est parfois telle, qu'elle
leur donne l'aspect de petits tentacules cylindriques [2]. Cet organe,
par une disposition particulière, dans les Acéphaliens où ses lobes sont
réunis, forme en arrière un [3] ou deux [4] tubes musculaires contractiles
et plus ou moins prolongés ; ceux-ci sont distants ou soudés ensemble,
et leurs orifices se trouvent ordinairement garnis de cirrhes. Il entre
dans leur composition anatomique des fibres circulaires et des fibres
longitudinales ; les premières composent parfois des anneaux si
forts, que leur contraction détermine la séparation de quelques-uns
d'entre eux, et qu'ils s'isolent du reste de l'organe [5]. De ces deux
tubes, le ventral sert à l'introduction des substances qui doivent être
employées par l'animal, et le dorsal expulse les matières excrémen-
tielles.

Le pied de ces Mollusques est composé d'un grand nombre de fibres,
et il peut s'étendre ou se contracter d'une manière fort remarquable,
et parfois se replier dans la coquille lorsque, au lieu d'offrir une masse
raccourcie, il présente une grande longueur [6]. Cet organe n'offre
pas pour la locomotion la même disposition que l'on observe dans la
classe précédente, et n'est point une sorte de disque destiné à embrasser le sol, mais une masse musculaire, souvent fort épaisse, parfois très-alongée [7], et qui s'insère à la région abdominale et médiane de
l'animal. Il ressemble quelquefois à une espèce de ventouse [8], ou à une
petite langue [9], et chez certains genres, cet appendice se rapproche
de l'aspect d'une hache [10] ou d'un pied d'homme [11]. Les Mollusques de
cette classe, qui restent fixés au sol au moyen d'un byssus qui leur
permet encore quelques déplacements, présentent un pied qui est seulement rudimentaire [12] ; mais lorsque les coquilles sont solidement fixées
par leur test, et ne peuvent opérer aucun mouvement de translation,
cet appendice locomoteur disparaît totalement [13].

Chez les Acéphaliens, la locomotion est presque toujours extrêmement
imparfaite et même souvent tout à fait nulle. La plupart de ceux qui jouissent de quelques mouvements de translation, pour les opérer, sortent
leur pied de leur coquille, et l'appuient sur le sol qui les supporte ;
puis ils se poussent lentement ou brusquement avec cet organe vers
l'endroit qu'ils veulent atteindre. Quelquefois aussi, certaines espèces
chez lesquelles cet appendice est long et recourbé, le placent plié sur le
fond de la mer, et le distendent tout à coup comme un ressort [14]. Dans
ces divers cas, c'est constamment comme un levier que le pied fonc-

[1] Solens.	[6] Bucardes.	[11] Cames
[2] Limes.	[7] Bucardes.	[12] Moules.
[3] Myes.	[8] Nucules.	[13] Huîtres
[4] Tellines.	[9] Moules.	[14] Bucardes.
[5] Solen rose.	[10] Vénus.	

tionne, et il ne paraît pas servir à ramper comme celui des Mollusques de la classe précédente ; cependant on dit que cela a lieu chez quelques groupes de la division qui nous occupe, et qu'il en est qui glissent sur le sol à l'instar de certains Céphalidiens, et en relevant les deux valves de leur coquille sur leur dos [1].

Quelques Acéphaliens seulement, mais en petit nombre, peuvent, en faisant mouvoir leurs valves avec agilité, se transporter rapidement d'un lieu dans un autre, et en quelque sorte comme en voltigeant sous l'eau, ainsi que l'a vu M. Quoy [2]. Mais, au contraire, on en compte une grande quantité qui restent toute leur vie sur le lieu où ils naissent, et s'y trouvent fixés par un lien particulier, auquel on donne le nom de *byssus* [3], et d'autres se soudent même intimement sur les rochers ou entre eux par leurs coquilles calcaires, et bornent simplement leurs mouvements à l'ouverture et à l'occlusion de leurs valves [4].

Le *byssus* est un faisceau de fibres produit par le Mollusque et plus ou moins adhérent aux corps sous-marins. Cet organe, qui est parfois formé de beaux filaments soyeux [5], a été considéré par quelques auteurs comme une sécrétion muqueuse solidifiée, ayant sa source dans une glande située à la base du pied, et se trouvant filée par une rainure de celui-ci. Nos dissections ne nous ont point fait découvrir cette glande ; et ayant visiblement reconnu que le byssus se continue avec les fibres charnues, nous admettons avec de Blainville que celui-ci n'est qu'une transformation de ces fibres, qui se sont desséchées, et plus ou moins isolées dans une partie de leur étendue.

Système nerveux. — Les Mollusques de cette classe sont les moins bien partagés sous le rapport du système nerveux. « En effet, dit de Blainville, chez eux, il est si peu développé, que longtemps on n'en a pas aperçu l'existence. Le cerveau n'est plus qu'un double ganglion, ou mieux, qu'une sorte de cordon aplati situé au-dessus de l'œsophage. Il paraît qu'il n'y a pas de filets qui formeraient autour de celui-ci de véritable anneau comme dans les classes précédentes. De cette espèce de cerveau, il part bien deux longs cordons, mais ils se portent beaucoup plus en arrière, et vont établir la communication entre cet organe et le ganglion de la locomotion, qui se trouve au-dessous du muscle adducteur et postérieur, et qui, en effet, en reçoit des filets, de même que le manteau et les tubes, quand il y en a. »

Cependant Carus prétend que, dans les Mulettes et quelques autres Bivalves, il existe un anneau nerveux autour de l'œsophage, et offrant des deux côtés deux ganglions d'où partent des filets qui vont former un ganglion vers l'anus. On découvre en outre un quatrième ganglion dans la masse du pied, et celui-ci, qui a d'abord été décrit par Mangili, est situé au-dessous de l'ovaire.

---

[1] Psammobies.

[2] Limes.

[3] Moules.

[4] Ethéries, Huitres, Spondyles.

[5] Jambonneaux.

Les nerfs de ces Mollusques sont quelquefois entourés d'une enveloppe fibreuse, et cette structure remarquable qui, dit-on, permet de les injecter, les a parfois fait méconnaître même à des anatomistes fort cé- lèbres ; c'est ainsi que Poli a représenté ceux de quelques Arches sous le nom de système lymphatique.

Odorat. — Les Acéphaliens ne paraissent pas doués du sens de l'odorat. Mais tous les naturalistes ne partagent pas cette opinion, et Tréviranus considère comme des organes olfactifs les lamelles qui en- vironnent la bouche de la plupart de ces Mollusques.

Vision. — On ne rencontre point d'yeux dans ces Mollusques ; aussi doit-on considérer la vision comme étant nulle. La finalité organique semble motiver l'absence de ces organes ; car à quoi eussent-ils servi à l'immense majorité de ces animaux ? Eux qui vivent fixés à une place dont ils ne s'éloignent presque jamais, et qui trouvent leur nourriture moléculaire dans le fluide qui les baigne, et n'ont nul besoin d'aller à sa recherche.

Toucher. — La sensibilité générale, ou le tact, est fort développée sur presque tous les Mollusques de cette classe ; elle paraît principale- ment être exquise vers les bords du manteau, qui sont souvent garnis d'appendices tentaculaires très-irritables. Les impressions tactiles sont même si délicates sur quelques-uns de ces animaux, qu'il suffit d'une secousse imprimée à l'eau qui les recèle pour qu'ils ferment immédiate- ment les valves de leur coquille.

Digestion. — Le système digestif des Acéphaliens, comparé dans ses différentes régions avec celui des classes précédentes, décèle manifes- tement son infériorité. La bouche est ordinairement environnée de deux lèvres simples ou frangés, qui se prolongent en appendices ten- taculaires triangulaires, et l'on ne rencontre jamais de dents ni de saillie linguale à l'intérieur de la cavité buccale.

Le tube digestif ne possède que des parois très-minces, et même celles-ci deviennent si délicates au niveau de l'estomac, que l'on dirait que cette cavité en est totalement privée et qu'elle se trouve simplement creusée dans l'intérieur du foie qui l'enveloppe de toutes parts. Ce dernier organe verse la bile par de nombreux canaux qui s'ouvrent dans la cavité gastrique, et chez beaucoup de ces Mollusques, selon Poli, on remarque à l'intérieur de celle-ci des corps singuliers qui s'enfoncent dans le foie, et que l'on a nommés *stylets cristallins*, à cause de leur forme acérée et de leur transparence ; on en ignore l'u- sage[1]. Ordinairement, après avoir formé une anse dans le foie, l'intes- tin se porte vers le dos en se dirigeant en arrière, région où il se ter- mine, par un prolongement libre, dans la cavité du manteau.

Il est probable que la nourriture de ces animaux ne se compose que d'animalcules microscopiques répandus dans la mer ou dans les eaux douces qu'ils habitent ; mais on ne sait guère par quels procédés ils

---

[1] Bucardes, Tellines.

les attirent et les introduisent dans leur bouche ; peut-être les appendices buccaux sont-ils destinés à cet effet, peut-être aussi le mouvement respiratoire suffit-il pour les leur apporter.

Respiration. — L'appareil respiratoire des Acéphaliens est construit sur un type qui varie peu. Chez le plus grand nombre de ceux-ci, il se compose de deux paires de branchies représentant de grandes lames semi-lunaires, membraneuses, au nombre de deux de chaque côté, situées entre les lobes du manteau et appliquées les unes contre les autres. « Chacune de ces quatre branchies, dit de Blainville, est elle-même formée de deux lames qui laissent entre elles un espace libre, divisé en un grand nombre de loges verticales ouvertes au bord dorsal, par des cloisons triangulaires nombreuses. Ces lames sont constituées par deux couches de vaisseaux parallèles, verticaux, réunis par d'autres vaisseaux transverses ; l'une de ces couches est formée par les ramifications de l'artère branchiale, et l'autre par celles de la veine. Ces ramifications se réunissent dans deux gros troncs qui bordent le dos de la lame branchiale et qui sont en communication, l'un avec l'oreillette de son côté, et l'autre avec le système veineux du reste du corps. »

Quelques groupes de cette classe ont cependant des organes respiratoires qui s'éloignent de la forme que nous venons de décrire ; dans les uns les branchies sont pectinées et appliquées sur la région interne du manteau [1], et chez les autres elles offrent une structure tout à fait anomale et représentent un réseau à mailles quadrangulaires, qui tapisse l'intérieur de l'une des cavités dont se forme l'animal [2].

Carus considère aussi comme des organes respiratoires les petites lamelles qui environnent la bouche de beaucoup d'Acéphaliens [3]. En outre, cet anatomiste compare le manteau qui enveloppe tout leur appareil d'oxygénation, à la membrane branchiostége des poissons, et, selon lui, les valves des Mollusques qui nous occupent représentent les opercules de ces Vertébrés.

L'eau qui sert à la respiration pénètre par la fente du manteau, et elle ressort par le tube anal que présente fréquemment celui-ci, et par lequel sont expulsés aussi les excréments et les œufs. Carus, qui a fait quelques observations sur ce sujet, dit qu'il résulte de cette action un courant non interrompu, de sorte que, quand le Mollusque est placé dans un vase où il n'est recouvert que d'une couche fort mince de liquide, on remarque dans celui-ci un tourbillonnement continuel. Ce mouvement est dû évidemment aux oscillations que l'on découvre, à l'aide du microscope, dans les cils extrêmement déliés qui recouvrent les branchies de certains Acéphaliens [4]. Cette action commence de fort bonne heure, et déjà on s'aperçoit qu'elle a lieu dans l'œuf.

Plusieurs anatomistes, et entre autres Méry, Bojanus et Meckel,

[1] Lingules.　　　[3] Mulettes.　　　[4] Moules.
[2] Ascidies.

ont, relativement à la fonction qui fait l'objet de ce chapitre, une opinion qui s'éloigne de celle de tous les naturalistes. Selon eux, les lames branchiales ne représenteraient point l'appareil respiratoire de ces Mollusques, et celui-ci, d'après ces savants, serait deux organes celluleux, noirâtres, situés près du rectum et livrant passage à l'eau par deux fissures. L'analogie de ce qui s'observe dans les classes précédentes et les cils qui se rencontrent sur les lames branchiales empêchent d'adopter cette théorie.

Un anatomiste, Baer, a aussi démontré, sur quelques Acéphaliens [1], l'existence d'un système aquifère analogue à celui que nous avons décrit chez les Mollusques de la classe précédente.

Température. — La température des Acéphaliens est presque égale à celle du milieu dans lequel ils vivent ; J. Davy dit même n'avoir remarqué aucune différence entre des Huîtres et l'eau dans laquelle elles se trouvaient ; cependant Pfeiffer dit qu'il a reconnu que l'eau contenant des Bivalves était à 11,25 degrés, tandis que le thermomètre placé dans leurs branchies s'élevait à 11,56.

Circulation. — Cette fonction s'opère à l'aide d'un cœur et de vaisseaux. Le premier de ces organes est généralement situé dans la région dorsale des Mollusques de cette classe, qui possèdent deux muscles adducteurs [2]. Chez eux, il offre un ventricule charnu, ordinairement fusiforme, et que certains anatomistes ont considéré comme étant traversé par le rectum ; mais ce n'est qu'une fausse apparence qui est due à ce que cet organe se recourbe autour de l'intestin, en rapprochant ses deux extrémités de manière qu'elles semblent se toucher. On trouve en outre deux oreillettes qui reçoivent le sang provenant des branchies. Le système artériel se distribue ainsi qu'il suit. Il est formé à son origine par deux aortes qui naissent du ventricule. L'une d'elles, dont le volume est plus considérable, se dirige en avant vers le muscle adducteur qui s'y trouve, et donne des ramifications à l'estomac, au foie, au pied et aux organes qui les avoisinent, puis elle se recourbe en bas en suivant le bord du manteau ; l'autre branche se dirige en arrière, passe sous le rectum et donne des rameaux aux organes environnants, puis elle se termine en parcourant les bords du manteau et en s'anastomosant avec l'extrémité de la branche précédente.

Dans les Acéphaliens qui n'ont qu'un seul muscle adducteur, la situation du cœur n'est pas la même ; il est placé entre le foie et le muscle, et ne possède qu'une seule oreillette bilobée.

Sécrétion. — Tréviranus et d'autres anatomistes ont considéré comme des reins rudimentaires deux organes d'une couleur noirâtre ou verdâtre, plus ou moins cylindriformes, situés de chaque côté du rectum, et ayant une structure celluleuse et très-vasculaire. Selon Carus, ceux-ci s'ouvrent à l'extérieur par deux fissures. Ce sont ces organes, dont nous avons déjà parlé, que Méry, Bojanus et Meckel regardent

---

[1] **Mulettes, Anodontes.**   [2] **Mulettes, Vénus, Solens.**

comme destinés à la respiration, et Poli pensait qu'ils servaient à une sécrétion calcaire.

Phosphorescence. — Plusieurs de ces Mollusques sont lumineux pendant la nuit. Pline avait déjà signalé ce phénomène pour la Pholade dactyle, sur la phosphorescence de laquelle Réaumur et les académiciens firent ensuite de nombreuses expériences. Les Biphores et les Pyrosomes, d'après les observations de MM. Péron et Lesueur, jouissent de la même propriété.

Reproduction. — Ces Mollusques sont considérés comme possédant l'hermaphrodisme suffisant, car il est évident qu'ils se reproduisent sans s'accoupler, mais on ne connaît point positivement chez eux d'organes mâles, et relativement à ceux-ci on se borne à de simples conjectures.

La plupart des Acéphaliens offrent un ovaire volumineux, situé dans la masse du pied, autour des circonvolutions intestinales et au-dessous du foie.

Les organes respiratoires de ces animaux ont des connections avec l'appareil génital. Dans les Mulettes, dit Carus, les deux feuillets extérieurs des branchies méritent d'être décrits. « Au-dessus de chacun d'eux, règne un conduit allant de la partie postérieure du pied vers le tube anal, et que Oken a déjà décrit sous le nom d'Oviducte. Ce conduit offre à sa surface inférieure une longue série d'ouvertures transversales, qui sont les orifices des compartiments de la branchie elle-même. Ces compartiments sont tous perpendiculaires dans la branchie, et séparés les uns des autres par des cloisons. Ils doivent leur existence à la déduction ou à l'écartement de la membrane externe et de la membrane interne de la branchie, qui ne sont unies ensemble qu'au moyen de vaisseaux perpendiculaires dont la présence explique les cloisons. L'ovaire, situé à l'intérieur du pied, fait passer les œufs dans ces compartiments, où ils acquièrent un nouveau degré de développement, en quelque sorte comme dans un utérus. »

Cependant Baster a considéré les oviductes comme des organes mâles destinés à sécréter le fluide séminal, parce qu'il a remarqué qu'à certaine époque on y rencontrait un liquide lactescent, dont la présence concordait avec le temps où l'appareil génital est en activité. Cuvier dit lui-même que cette liqueur pourrait bien être le fluide fécondant.

La physiologie de l'appareil génital des Acéphaliens est encore enveloppée d'une grande obscurité; et comme elle mérite de fixer l'attention, soit à cause de la manière toute particulière dont elle s'accomplit, soit à cause des controverses auxquelles elle a donné lieu dans ces derniers temps, nous allons entrer dans quelques détails à son sujet, et exposer succinctement les diverses opinions qui ont été émises jusqu'à ce jour, à l'égard de cette importante fonction.

Les anciens n'eurent sur la génération des Bivalves que des idées fort erronées; ils supposaient que ces Mollusques naissaient spontanément du limon des eaux parmi lequel un grand nombre d'espèces semblent se complaire. Telle était en effet l'opinion d'Aristote, qui admettait que la nature de ces animaux variait suivant celle du sol, et que c'était le limon vaseux qui produisait les Huîtres, et l'arénacé qui enfantait les Conques. Oppien copia ce grand homme, et reproduisit les mêmes idées dans ses vers. Élien, presque seul, semble ne pas avoir hérité des idées de ses devanciers et de celles de son siècle, car il rapporte que dans la mer Rouge on observe des Conques qui s'accouplent d'une manière si intime, que pendant leurs embrassements, leurs dents s'engrènent parfaitement. Fulgence, dans sa Mythologie, adopte cette singulière opinion.

Les théories des anciens, relativement aux générations spontanées, succombèrent à l'époque de Rédi, qui les combattit par des arguments irrécusables. Cependant, ce savant ne s'étant pas occupé spécialement des Mollusques, ce fut d'abord l'analogie qui seule fit supposer que ces animaux, ainsi que les Insectes, se multipliaient par la même voie que les grandes espèces. Sténon fut, nous pensons, le premier qui établit ce principe relativement aux Bivalves, et dit positivement que les Huîtres et les autres Testacés naissaient d'œufs et non de la putréfaction.

Cette manière de voir, qui était rationnelle, ne fut cependant pas adoptée unanimement, et l'on vit Cassendi, dans sa Physique, et Bonanni, dans un ouvrage moins sérieux, en revenir aux opinions d'Aristote et de l'antiquité. Mais bientôt après ces savants, Leuwenhoeck, imbu de meilleurs principes, entreprit les premières recherches positives qui aient été faites sur ce sujet, afin de démontrer le véritable mode de génération de ces animaux, et de prouver la fausseté des assertions de ses devanciers. Ce célèbre micrographe étudia successivement la génération des Moules, des Huîtres et particulièrement celle des Anodontes. Relativement à ces dernières, il prétendit que certains individus sur lesquels il ne découvrait point d'œufs, contenaient un fluide rempli d'animalcules spermatiques dont il décrivit scrupuleusement les formes. Puis il reconnut qu'il existait d'autres individus qui possédaient des ovaires dans lesquels les œufs se développaient jusqu'à un certain degré, et que ceux-ci passaient ensuite dans les branchies. Il s'assura en outre que ces œufs s'accroissaient dans ce dernier endroit, et même à un tel point qu'on distinguait sur eux, au microscope, une coquille analogue à celle de leur mère.

Ainsi donc, Leuwenhoeck eut la gloire de démontrer positivement la génération des Acéphaliens.

Peu de temps après ce savant, soit qu'ils aient connu ses opinions, soit qu'ils fussent arrivés par l'observation à cette manière de voir, Lister et Poupart admirent l'existence des sexes dans les Acéphaliens. Le premier prétendit même que les Huîtres mâles se reconnaissaient à une matière noire qui, dans certaines circonstances, s'épanchait dans les branchies ; c'est là ce qui probablement donna lieu à l'opinion populaire que les mâles se distinguent à la bordure noire de leur manteau. Poupart, dans un mémoire publié parmi ceux de l'Académie des sciences, semble établir que les Anodontes sont androgynes.

Un laps de temps peu considérable s'était à peine écoulé depuis les travaux de cet anatomiste, lorsque Méry, en 1710, donna une description assez complète de l'Anodonte des Cygnes, et, dans son mémoire, proposa de regarder les lames branchiales comme représentant les organes sexuels de ce Mollusque; selon lui, la paire interne devait être considérée comme les vésicules séminales, et la paire externe comme les ovaires. Ce savant vit donc très-bien que ees Acéphaliens, et par suite les autres, étaient androgynes, et que c'était seulement dans les lames externes des branchies que se trouvait la progéniture de ces animaux.

Poli, dans son bel ouvrage sur l'anatomie des Mollusques, étaya, de son assentiment, les opinions de Méry, et, ainsi que lui, considéra tous les Acéphaliens comme étant hermaphrodites; puis il découvrit le premier les véritables ovaires, et en démontra la position et la structure dans un grand nombre d'espèces. En outre, il émit que le fluide séminal et les œufs étaient successivement produits par ces organes et au même endroit.

L'existence de l'ovaire et le rôle des branchies de ces Mollusques paraissaient avoir été suffisamment prouvés par les observations des savants, lorsque Bojanus essaya de saper leurs opinions et d'y substituer une autre théorie. Ce naturaliste s'efforça de faire revivre les idées de Méry, et de déposséder les branchies de la fonction qu'on leur accordait généralement. En effet, il prétendit que ces organes appartenaient essentiellement au système génital, et il attribua la respiration à un appareil dont nous avons déjà parlé, et auquel il imposa le nom de poumon. Mais les vues de ce savant n'ont guère trouvé d'écho, puisque les branchies, qu'il va jusqu'à assimiler à un utérus, dans un grand nombre d'espèces, ne reçoivent point les œufs, et que ce n'est jamais que la paire externe qui leur donne un asile.

Du reste, quoique les vues de Bojanus n'aient point reçu la sanction de la majorité des savants, les travaux de ce naturaliste ne furent pas sans utilité pour la science, et ils contribuèrent à éclaircir un point assez obscur de l'anatomie et de la physiologie des Mollusques, la disposition des conduits par lesquels sort le produit de la génération. En effet, Poli, puis Cuvier, professèrent que les petits s'échappaient en rompant le tissu des branchies, ce qui n'était guère admissible; Carus prétendait qu'ils sortaient par l'anus, et Tréviranus, que c'était la bouche qui leur donnait issue. Mais Oken ayant découvert les oviductes, Bojanus donna, relativement à ceux-ci, de grands détails, et confirma la nature de leur fonction.

Postérieurement à ces recherches, et il y a peu d'années, M. Prévost de Genève en revint à l'opinion de Leuwenhoeck et la renouvela presque dans les mêmes termes; il soutint que chez les Anodontes et les Unios, les sexes étaient séparés sur chaque individu, et en plus, il prétendit que dans ses expériences, en éloignant les mâles des femelles, la fécondation était devenue impossible, et qu'au contraire, en les rapprochant, il l'avait opérée pour ainsi dire à volonté.

Enfin, de Blainville, après une série de recherches sur ce sujet, admit que l'opinion de Poli était plus probable que la précédente, et que les deux organes sécréteurs sont à la suite l'un de l'autre, quoique plus ou moins distincts ; en sorte que les œufs produits par l'ovaire seraient imprégnés par l'organe testiculaire en le traversant.

D'après ce qui précède, on voit donc que les opinions relatives à la génération des Acéphaliens sont au nombre de trois :

1° Celle des anciens, qui supposaient qu'ils se reproduisaient par la génération spontanée, idée erronée qu'il est inutile de combattre ;

2° Celle de Leuwenhoeck et de M. Prévost, qui admettent que ces Mollusques sont unisexes.

3° Celle de Méry, de Poli, de Cuvier, de de Blainville, de Carus et d'autres, qui supposent tous les Acéphaliens hermaphrodites, quoiqu'ils ne soient pas toujours d'accord sur l'identité des organes génitaux, opinion qui est généralement admise.

Tout ce qui précède semblait une acquisition positive pour la science ; cependant une étrange opinion émise en 1797 par Rathke, et reproduite tout récemment par Jacobson, a pour but d'ébranler un peu la conviction des savants. Le premier dans un mémoire sur l'anatomie des Anodontes, a essayé de réfuter les opinions de ses devanciers, et de prouver que les petites coquilles qui se trouvent dans les branchies de ces Mollusques n'étaient point le produit de leur génération, mais des animaux parasites ; et ce naturaliste fit même de ceux-ci un genre spécial sous le nom de *Glochidium*.

Jacobson, qui s'est beaucoup occupé de cette question, prétend aussi que les coquilles contenues en quantités innombrables dans les branchies des Unios et des Anodontes, ne sont que des parasites de ces animaux et non leur progéniture ; il se fonde sur les raisons suivantes :

1° La forme et l'organisation des petites coquilles bivalves que l'on trouve dans les branchies des Unios et des Anodontes, sont tout à fait différentes de celles de ces animaux.

2° Elles sont absolument de la même grosseur et de la même forme dans ces deux genres.

3° Elles sont toujours de la même forme et de la même grandeur quand elles sont arrivées à leur développement complet.

4° Leurs valves sont d'une consistance et d'une dureté qui ne serait nullement en rapport avec leur grandeur si elles étaient des petits de l'Anodonte et de l'Unio.

5° Leur développement n'est en rapport ni avec une époque de l'année, ni avec un certain âge de l'animal sur lequel on les trouve.

6° L'énorme quantité qu'on en trouve à la fois sur les mêmes individus n'est nullement en proportion avec le nombre des animaux dont on croit qu'elles sont les petits.

7° On ne conçoit pas que des organes aussi délicats et aussi importants que des branchies puissent servir comme une espèce de matrice, et l'on ne trouve pas d'autre exemple dans la série des animaux, tandis que souvent ces organes sont le siége d'animaux parasites.

L'opinion de Rathke et de Jacobson n'est pas adoptée par la majorité des naturalistes, et de Blainville l'a combattue dans un savant rapport auquel nous avons emprunté ces citations, et dans lequel il dit que cette hypothèse semble avoir peu de probabilité en sa faveur. Des observations faites en 1827, en Angleterre, par E. Home et Bauer, paraissent confirmer cette manière de voir. En effet, ces savants ont suivi le développement des œufs des Mulettes, et ils ont vu ceux-ci passer des ovaires dans les oviductes, puis dans les branchies et enfin se développer à l'intérieur de ces dernières et s'y revêtir d'une coquille.

Chez quelques Acéphaliens, et telles sont les Cyclades cornées, les petits ne se développent point ainsi dans les compartiments des branchies, et ils parviennent seulement dans une cavité qui est située au-dessus de la branchie interne. Cette observation est due à Jacobson, et il est probable que quand l'attention s'arrêtera davantage sur ces animaux, on découvrira encore d'autres modes plus ou moins divers.

Quels que soient les doutes qui ont existé relativement à la génération des Acéphaliens, il est néanmoins démontré qu'ils émettent une progéniture prodigieusement nombreuse, et c'est à celle-ci que l'on doit de voir certaines espèces renaître et se multiplier sans cesse malgré l'immense destruction que l'on en fait par la consommation. Poli a trouvé un million d'œufs dans l'ovaire de l'Huître à crêtes et deux millions dans celui de l'Arche-de-Noé. Pfeiffer a vu une Mulette rendre dans l'espace de cinq heures cinquante masses dont chacune contenait mille à onze cents œufs, et il a trouvé quatre cent mille petits dans les branchies d'une Anodonte.

En observant le développement de l'enveloppe calcaire ou dermato-squelette, dont se trouvent pourvus la majorité des Acéphaliens on reconnaît, dit Carus, que l'extérieur du jaune de l'œuf, après avoir acquis une plus grande consistance, s'ouvre à la façon d'une gousse et forme de cette manière deux segments qui ne sont autre chose que les deux valves de la coquille, qui, selon cet auteur, peuvent être comparées aux côtes des animaux supérieurs, et que nous l'avons vu plus haut rapprocher aussi de l'opercule des Poissons.

Usages. — Les Mollusques de cette section sont généralement préférés par l'homme pour sa nourriture, et il leur trouve une saveur plus succulente que celle qu'offrent les espèces qui forment les groupes précédents. « Parmi les Acéphaliens, les plus recherchés, comme le dit de Blainville, sont ceux dont la masse abdominale est nulle ou peu considérable, comme les Huîtres, les Moules, les Lithodomes, les Pholades et surtout les Tarets, d'après l'observation de Rédi, qui les dit beaucoup plus délicats que les Huîtres. »

Ces Mollusques sont non-seulement utiles à l'homme par les aliments excellents qu'ils lui offrent, mais encore celui-ci les emploie à une foule d'usages. Beaucoup d'espèces lui servent pour la pêche, et il amorce ses lignes avec l'animal qu'elles contiennent [1] ; d'autres fois c'est de la coquille dont il tire parti ; quelques-unes sont assez transparentes pour pouvoir remplacer les carreaux de vitre [2] ; d'autres, dont le tissu est irisé et reflète les plus belles couleurs, sont employées à la confection de divers objets d'ornement [3] ; enfin la nacre de perle, qui est si précieuse et si communément utilisée dans les arts, provient fréquemment de coquilles de ce groupe [4].

Ce sont aussi les coquilles de cette classe qui nous fournissent les perles ; celles-ci, que l'on regarde comme le produit d'une maladie, se rencontrant particulièrement dans les Avicules, nous en avons fait l'histoire en traitant de ce genre.

Dégâts. — On ne peut terminer l'histoire des Acéphaliens sans parler aussi des dommages que nous occasionnent quelques-uns de ces animaux. Certaines espèces, qui vivent dans les pierres et qui les creusent et les perforent en tous sens [5], peuvent nuire aux digues et en hâter la destruction ; mais ce sont surtout celles qui attaquent le bois, qui sont funestes aux constructions navales ; elles anéantissent parfois les pilotis ou la carcasse des navires en un temps fort rapide, surtout dans les mers des contrées intertropicales [6].

Maladies. — Beaucoup de coquilles bivalves qui habitent les eaux douces [7], sont sujettes à une altération morbide dont la cause n'est pas connue ; celle-ci siége dans la région des crochets, et elle consiste dans la chute d'un certain nombre de lames calcaires, de manière que le sommet du test est plus ou moins excavé, et qu'il semble avoir été rongé par un agent quelconque. Plusieurs savants ont supposé que cette cavité, dont la profondeur augmente avec l'âge, était produite par un animal parasite, qui minait ces coquilles pour se nourrir de leur substance ; mais rien n'est prouvé à ce sujet.

Classification. — La classe des Acéphaliens renferme un grand nombre de Mollusques, mais elle est si naturelle que l'on ne la divise qu'en quatre ordres. Ceux-ci sont principalement caractérisés d'après la disposition des branchies, à l'exception d'un seul chez lequel ces organes n'ont pu être étudiés, parce qu'il n'est connu qu'à l'état fossile.

---

[1] Pholades, Myes.   [4] Avicules.   [7] Mulettes, Anodontes.
[2] Placunes.   [5] Pholades, Modioles.
[3] Haliotides.   [6] Tarets.

ACÉPHALIENS.   *Ordres.*

Branchies {
  adhérentes au manteau. . . . . PALLIOBRANCHES.
  P. . Coquille grossière, sans charnière. . RUDISTES.
  libres, lamelleuses . . . . LAMELLIBRANCHES.
  de forme variable. Coquille nulle. . . . . . HÉTÉROBRANCHES.

ORDRE DES PALLIOBRANCHES.

Animal à branchies situées sur la face interne du manteau ; bouche environnée de deux appendices ciliés, extensibles, simulant des espèces de bras. Coquille bivalve.

L'ordre des Palliobranches, de la méthode de de Blainville, répond aux Brachiopodes de Cuvier. Presque tous les Mollusques qu'il renferme sont fixés aux rochers soit par l'adhérence de l'une de leurs valves, soit par un appendice qui sort de la coquille.

LINGULES. *Lingula.* Coquille épidermée, subéquivalve, déprimée, alongée, tronquée en avant, portée sur un très-long pédoncule. Animal déprimé, ovale ; branchies pectinées, adhérentes au manteau ; deux appendices tentaculaires longs, ciliés au bord externe et se rétractant en spirale.

On a longtemps été embarrassé sur la nature des Lingules ; Linnée, qui n'en avait eu qu'une valve à sa disposition, en n'y voyant ni charnière, ni indice de ligaments, en fit une Patelle qu'il désigna sous le nom de *Patella unguis.* Cuvier rapporte que Rumph et Favanne émirent encore une opinion plus étrange, et considérèrent celle-ci comme le bouclier d'une espèce de Limace. Séba, qui figura complétement ce Mollusque, le plaça parmi les Anatifes ; et enfin, Chemnitz ne vit en lui qu'une espèce de Jambonneau qu'il intitula *Pinna unguis.* Ce fut Bruguières qui le premier proposa d'en faire un genre spécial, mais la mort l'ayant enlevé au milieu de ses travaux, Lamarck devint le créateur du groupe qui nous occupe.

La *Lingule anatine*, qui vient des Molluques, est la seule que l'on connaisse à l'état vivant ; elle est verte, et sa forme alongée l'a fait comparer au bec du Canard. Le pédoncule fibro-gélatineux qui supporte cette rare coquille et l'attache aux corps sous-marins, n'a pas moins de quatre ou cinq pouces de long.

M. Quenstedt a décrit dans un mémoire une espèce de Lingule encore inédite, qui se trouve dans le calcaire à Trilobites de l'Esthonie, près d'Orrenhosen, au sud de Revel. Cette Lingule, large d'un pouce et longue d'un pouce et demi, appartient réellement à un des genres, très-peu nombreux, qui ont vécu à la surface du globe depuis l'apparition des êtres vivants jusqu'à nos jours. Elle montre la même simplicité de structure que l'espèce actuellement vivante dont elle se rapproche beaucoup, ce qui certainement est un fait zoologique d'un haut intérêt.

TÉRÉBRATULES. *Terebratula.* Coquille inéquivalve ; une valve à sommet saillant, perforé ou échancré, l'autre munie intérieurement d'une petite charpente osseuse. Animal à manteau très-ouvert, et portant des branchies vésiculaires sur ses parois ; de chaque côté du corps un appendice cilié et contourné en spirale.

Les Térébratules doivent être rangées parmi les Mollusques qui ont le plus abondé à la surface du globe pendant les périodes antédiluviennes ; il en existe de fossiles dans une grande série de terrains, et elles sont parfois si multipliées dans ceux-ci que leur masse paraît en être totalement composée. On en découvre dans tous les terrains antérieurs à la craie et jusque dans les couches carbonifères ; il en existe aussi parmi la première, ainsi que dans quelques formations qui lui sont postérieures, et elles se rencontrent jusqu'à l'intérieur du calcaire grossier ; mais il paraît qu'il n'en existe point dans les dépôts postérieurs à celui-ci ; et l'on observe même que ces Acéphaliens sont d'autant plus nombreux que les terrains sont plus anciens.

Les Térébratules, qui sont si profusément abondantes à l'état fossile, n'offrent aujourd'hui qu'un fort petit nombre d'espèces à l'état vivant. Toutes habitent la mer et se tiennent fixées dans celle-ci à d'assez considérables profondeurs, ce qui contribue probablement à nous dérober une grande partie des espèces qui existent actuellement. Ce sont de tous les Mollusques ceux qui s'enfoncent le plus sous les eaux, et ils résident généralement de dix-huit mètres à cent soixante-cinq mètres au-dessous de la surface de celles-ci, de manière que les animaux de ce genre supportent parfois l'énorme pression de dix-sept atmosphères. On peut dire qu'il existe de ces Palliobranches sur tous les points du globe, car on en a pêché sous les latitudes les plus diverses, dans la Norwége et sur les côtes de l'Australie, ainsi que dans les mers tropicales.

Depuis longtemps les Térébratules avaient fixé l'attention des naturalistes, mais on ignorait la structure du Mollusque qui les habite. On dut à Pallas les premières observations qui furent faites sur lui, et dans la suite de Blainville contribua à étendre nos connaissances sur ce sujet. Puis dans ces dernières années, Owen a complété leurs travaux en donnant sur l'organisation des Térébratules de curieux et nouveaux détails.

La petite charpente osseuse qui est annexée à la valve supérieure des Térébratules, et que l'on nomme appareil apophysaire, varie considérablement relativement à sa disposition. Dans le plus grand nombre des espèces, cet appareil, qui est spécialement destiné à soutenir les bras et quelques autres organes, se compose d'une tige médiane adhérente à la coquille ; cette tige se bifurque immédiatement en formant deux branches grêles qui se dirigent en arrière en se terminant par une extrémité libre, ou bien qui se contournent l'une vers l'autre et se réunissent ensemble vers la charnière en formant une anse (Pl. 40, fig. 2).

Le Mollusque des Térébratules n'est point disposé dans sa coquille comme la majorité des autres êtres de sa classe ; son abdomen correspond à la petite valve, et sa région dorsale est contenue dans la grande. La principale masse qui le compose est formée par les singuliers organes auxquels on donnait le nom de bras, et qui, avant que les beaux travaux d'Owen eussent éclairé leur physiologie, étaient généralement considérés comme les branchies de ces Acéphaliens. Ces deux appendices remarquables sont chacun composés d'une ligule terminée en pointe et dont le bord externe est garni de courts filaments flexibles. Ces organes environnent la bouche ; leur base est soutenue sur l'appareil osseux de la valve supérieure, et dans l'état de repos leur extrémité libre est plus ou moins contournée en spirale.

L'appareil respiratoire des Térébratules présente surtout une structure curieuse. Selon Owen, à qui on en doit la connaissance détaillée, il est formé d'un réseau considérable de vaisseaux couvrant toutes les parois du manteau ; et cet appareil, quoique entièrement destiné à une respiration totalement aquatique, se rapproche cependant de celui auquel on donne le nom de poumon chez plusieurs Mollusques aériens de la classe précédente.

Ce genre, comprenant un nombre considérable d'espèces, a été subdivisé en plusieurs sections. Les principales sont les Térébratules proprement dites, les Spirifères et les Magas.

Les TÉRÉBRATULES PROPREMENT DITES offrent un talon percé à son extrémité d'un trou rond et bien circonscrit. A cette division appartiennent la *Térébratule digone* et la *Térébratule globuleuse*, qui sont excessivement communes.

Les SPIRIFÈRES possèdent au talon de leur grande valve une échancrure triangulaire plus large transversalement, et leur bâtisse interne est formée par un filament fin contourné en spirale, de manière à représenter deux masses creuses, digitiformes, remplissant presque toute la coquille ? La *Térébratule spirifère* peut être citée comme un des types de ce groupe que Sowerby considère comme un genre.

Cependant il ne doit former qu'un sous-genre, M. Deshayes ayant fort bien indiqué que la disposition que l'on remarque à l'intérieur de la coquille, et sur laquelle on a cru devoir caractériser les Spirifères, était due à la conservation fortuite des bras contournés en spirale. Owen semble confirmer ces idées par l'organisation qu'il a signalé exister dans l'arrangement des bras d'une Térébratule vivante qu'il a examinée.

Les **MAGAS** ont une valve supérieure operculiforme et très-plate , et le système de support tend chez eux à disparaître. La *Térébratule petite* peut être citée comme espèce fondamentale de ce sous-genre.

PRODUCTES. *Productus*. Coquille libre , à valve supérieure très-excavée en dessus ; sommet de l'inférieure non perforé ni fendu ; charnière simple, sans engrenage et composée de bords arrondis ; une bâtisse adhérente à la valve supérieure et analogue à celle des Térébratules.

Ce genre, qui a été créé par Sowerby , n'est qu'un démembrement des Térébratules ; il nous paraît être le seul, parmi tous ceux que l'on a essayé de former avec celles-ci, qui doive être conservé. En effet, les Productes n'ayant point leur valve inférieure perforée et offrant une charnière édentule , ce sont là des caractères trop fondamentaux pour n'en point faire un groupe spécial. Le premier de ces caractères décèle surtout des habitudes différentes de celles du groupe qui précède , puisque l'absence d'échancrure indique que les Productes n'avaient point d'attache pour s'ancrer en quelque sorte sur les rochers comme le font les Térébratules. Il est vrai que , comme celles-ci , les coquilles du genre que nous décrivons possédaient à l'intérieur un appareil apophysaire semblable au leur. Hœninghauss l'a démontré ; mais cet appareil ne peut pas être caractéristique du genre Térébratule , ou sans cela il faudrait ranger aussi dans celui-ci quelques autres Mollusques dont on a fait des divisions spéciales. Nous considérons comme le caractère différentiel de ce dernier genre la présence d'un trou ou d'une échancrure à la valve inférieure , caractère qui manque dans les groupes qui le suivent. La charnière des Productes était simple et rectiligne comme l'a vu Sowerby , ce qui les rend encore fort différents des Térébratules.

Ces Acéphaliens appartiennent aux plus anciens terrains qui offrent des corps organisés , et on les rencontre jusque dans les schistes ardoisés.

THÉCIDÉES. *Thecidea*. Coquille très-inéquivalve, équilatérale , térébratuliforme ; valve inférieure adhérente , à crochet recourbé , imperforé ; valve supérieure operculiforme ; appareil apophysaire considérable , composé de lames demi-circulaires. Animal inconnu.

Ce genre, qui a été créé par M. de France, ne contient que quatre espèces fossiles, qui résident parmi les formations crayeuses, et ont été rencontrées à Néhou et dans la montagne Saint-Pierre de Maëstricht ; on n'en connaît qu'une seule espèce contemporaine , la *Thécidée de la Méditerranée ;* cette dernière est une petite coquille jaunâtre qui se trouve assez communément dans les masses de coraux qui proviennent de la mer dont elle porte le nom.

STROPHOMÈNES. *Strophomena*. Coquille subéquivalve ; articulation rectiligne, offrant à droite et à gauche d'une subéchancrure médiane, un bourrelet peu considérable, crénelé ou denté transversalement; point de support. Animal inconnu.

Il n'existe de Strophomènes qu'à l'état fossile, et elles se rencontrent dans les terrains anciens; on n'a encore eu l'occasion d'en observer que trois espèces, qui ont été découvertes à Néhou et dans la montagne Saint-Pierre de Maëstricht; mais à l'embouchure de quelques rivières de l'Amérique septentrionale on trouve des moules qui ont beaucoup de rapport avec les coquilles de ce genre.

PLAGIOSTOMES. *Plagiostoma.* Coquille libre, subéquivalve, auriculée; charnière édentule, offrant deux condyles latéraux. Animal inconnu.

Ce groupe, qui est assez hétérogène, a été créé par Sowerby pour quelques coquilles fossiles; mais peut-être, comme le pensent plusieurs naturalistes, devra-t-il un jour être supprimé, les espèces qu'il renferme pouvant être rapportées aux Limes ou aux Podopsides.

DIANCHORES. *Dianchora.* Coquille adhérente, mince, inéquivalve; une valve bombée et l'autre plane; charnière édentule, offrant deux condyles distants. Animal inconnu.

C'est Sowerby qui a créé ce genre; il ne contient que deux espèces, qui ne se trouvent qu'à l'état fossile et ont été rencontrées en Angleterre.

PODOPSIDES. *Podopsis.* Coquille régulière, inéquivalve, adhérente par l'extrémité de sa valve la plus courte; l'autre à sommet pointu, un peu courbé; articulation très-angulaire, édentule, offrant deux condyles très-écartés. Animal inconnu.

Toutes les Podopsides connues sont fossiles et ont été rencontrées spécialement dans la craie chloritée et dans la craie tuffau de l'Angleterre, de l'Italie et de la France. Quatre ou cinq espèces seulement ont été décrites.

ORBICULES. *Orbicula.* Coquille orbiculaire, très-comprimée, inéquilatérale, inéquivalve; charnière édentule; quatre impressions musculaires; valve inférieure très-mince, plus ou moins perforée par une fissure. Animal à manteau très-ouvert; bouche avoisinée par deux appendices tentaculaires ciliés, se roulant en spirale.

Les Orbicules ne diffèrent guère des Cranies que parce que leur valve inférieure n'est réellement pas adhérente. On n'en a signalé qu'une ou deux espèces à l'état fossile, et deux à l'état vivant. Ces dernières proviennent principalement des mers qui baignent la Norwége et l'Écosse, et elles vivent dans les excavations des rochers, ce qui donne à leur forme un aspect irrégulier; elles adhèrent parfois à ceux-ci par quelques fibres de leurs muscles adducteurs qui traversent la fissure de la valve aplatie.

CRANIES. *Crania.* Coquille orbiculaire, subrégulière, inéquivalve, offrant quatre impressions musculaires; valve inférieure subplane, percée de trois trous inégaux; valve supérieure patelliforme. Animal offrant deux appendices ciliés.

Les Cranies ont un nom qui rappelle la ressemblance que leurs trois trous leur donnent avec une tête de mort; ce sont de petites coquilles d'un aspect fort peu séduisant, aussi n'en rencontre-t-on presque jamais dans les collections des amateurs. Hœninghauss, qui vient de publier une Monographie de ces Mollusques, en compte treize espèces; parmi celles-ci dix sont fossiles et se trouvent répandues dans les couches antérieures à la craie, ainsi que parmi ce terrain lui-même; et Lyell dit qu'on n'en rencontre jamais dans les formations tertiaires, et qu'elles ont évidemment cessé d'exister vers la fin de la période crétacée. Trois sont contemporaines et résident dans toutes les mers du globe; elles vivent fixées aux corps submergés, auxquels elles s'attachent fortement par leur valve inférieure. Selon quelques observateurs les trous que l'on remarque sur celle-ci ne seraient que de profondes impressions musculaires, et ne tiendraient qu'à l'imperfection avec laquelle on enlève ces coquilles. La *Cranie masquée*, qui réside dans la mer de l'Inde et, dit-on, dans la Méditerranée, est la plus anciennement connue; elle doit sa dénomination à sa valve inférieure, qui offre l'aspect d'un masque scénique.

ORDRE DES RUDISTES.

Coquille épaisse, grossière; valves irrégulières; charnière nulle. Impression musculaire nulle. Animal complétement inconnu.

Ce groupe, auquel Lamarck a donné le nom de Rudistes pour rappeler l'aspect âpre des individus qu'il renferme, a été proposé pour réunir les débris de quelques Mollusques fossiles à l'égard desquels il règne encore une certaine obscurité, quoique, dans ces derniers temps, les travaux de MM. Ch. Desmoulins et Deshayes aient jeté une vive lumière sur leur nature. Quoique les vestiges des animaux de cet ordre soient assez incomplets, cependant les auteurs systématiques les ont généralement rapprochés des Ostracés; tels sont Cuvier, qui les confond même dans leur famille, puis Lamarck et de Férussac qui les mettent tous auprès des Huîtres; de Blainville, entrevoyant les mêmes rapports, les plaça aussi près de celles-ci, et les éleva au rang d'ordre.

SPHÉRULITES. *Sphærulites.* Coquille offrant à l'extérieur des lames, des écailles ou des rides horizontales ; valve inférieure adhérente, soit par un de ses côtés, soit par son sommet ; valve supérieure conique ou aplatie. Birostre formé de deux cônes plus ou moins pointus et légèrement arqués. Appareil accessoire presque aussi grand que les cônes.

M. Ch. Desmoulins, après avoir consacré plusieurs années à réunir une nombreuse collection de Sphérulites, a publié un travail important sur ces Mollusques. Dans celui-ci il les envisagea sous un jour nouveau, et reconnut que ces animaux, que l'on ne rencontre qu'à l'état fossile, étaient toujours formés de deux parties distinctes, d'un test extérieur et d'un noyau interne qu'il nomme *birostre*, et qui est séparé du premier par un espace vide.

D'après l'opinion de ce savant, les Sphérulites contenaient un Mollusque dont le manteau était extrêmement épais et dur, et le birostre ne représenterait qu'un dépôt calcaire qui se serait formé à la place qu'occupaient les viscères ; puis le vide que l'on remarque entre celui-ci et les parois de ces fossiles proviendrait de la disparition tardive de ce manteau épais.

En étudiant les Sphérulites, M. Desmoulins crut entrevoir quelques rapports entre la structure qu'avait offerte leur manteau et celle que présente cet organe chez les Hétérobranches, et il compara la texture de ces fossiles à celle des Balanides ; aussi, comme il ne crut pouvoir les ranger ni avec les unes ni avec les autres, il proposa de faire pour ces animaux une classe intermédiaire aux deux groupes que nous venons de citer.

M. Deshayes nous semble avoir été plus heureux en considérant les Sphérulites comme des coquilles normales, qui se rapprocheraient des Lamellibranches. Ce savant ayant observé que certaines Cames offrent dans leur structure deux couches distinctes, l'une interne et l'autre externe, il professe que les Sphérulites étaient dans le même cas. Selon lui, le birostre représente le moule parfait de l'intérieur de la coquille dont les valves étaient réunies, et le vide qui entoure cet appendice a été produit par la dissolution de la couche interne des valves par l'action de la craie. Ce savant dit qu'en moulant l'intérieur des Sphérulites, on reconstitue une coquille qui offre deux impressions musculaires, puis une charnière à deux dents.

Cependant, tout en rendant hommage aux travaux de M. Ch. Desmoulins, auquel on doit la certitude que le birostre n'est que le moule interne d'un Mollusque, ou à ceux de M. Deshayes, qui a expliqué d'une manière satisfaisante comment s'est opéré le vide que l'on observe dans les Sphérulites, nous ne pouvons admettre leurs vues relativement à la situation que doivent occuper celles-ci. Elles ont trop de rapports avec les Ostracés pour être rapprochées des Hétérobranches, et comme on découvre dans leur intérieur une place qui a été occupée par un appareil accessoire, on ne peut les ranger près des Cames.

Selon M. Desmoulins, le genre Sphérulite doit comprendre, outre les Sphérulites de Lamarck, les Birostrites, qui ne sont que le moule intérieur de celles-ci, que nous avons désigné sous le nom de birostre, puis les Radiolites du même auteur, ainsi que les Jodamies de M. de France. Le premier de ces savants, auquel on doit une étude minutieuse d'un certain nombre des espèces de ce genre, a partagé celles-ci en plusieurs groupes qu'il nomme les Cratériformes, les Cylindroïdes, les Duploconoïdes, les Cunéiformes et les Calcéoliformes, et qui tous sont fondés sur l'aspect qu'offrent ces fossiles.

CALCÉOLES. *Calceola.* Coquille épaisse, très-inéquivalve, turbinée; valve inférieure beaucoup plus grande, aplatie d'un côté, analogue à une demi-sandale; valve supérieure operculiforme, semi-circulaire, aplatie; charnière bidentée. Animal inconnu.

Les Calcéoles sont des coquilles fossiles, dont on ne connaît encore que deux espèces; celles-ci proviennent des terrains de l'Allemagne; ce sont : la *Calcéole sandaline*, dont les bords sont droits, et la *Calcéole hétéroclite*, chez laquelle ils offrent des plis.

ORDRE DES LAMELLIBRANCHES.

Branchies formées de quatre larges lames demi-circulaires. Coquille bivalve, munie d'un ligament et de muscles.

FAMILLE DES OSTRACÉS.

Coquille irrégulière, lamelleuse, inéquivalve, inéquilatérale; articulation édentule; empreinte musculaire unique. Animal offrant un manteau dont les lobes sont entièrement séparés; pied nul ou rudimentaire.

ANOMIES. *Anomia.* Coquille adhérente, très-irrégulière; valve inférieure plus plate, divisée en deux branches formant un trou ovale. Animal très-comprimé; manteau bordé d'une rangée de filaments tentaculaires; muscle adducteur divisé en trois portions dont une traverse la valve inférieure; pied rudimentaire.

Il existe un certain nombre d'espèces d'Anomies fossiles; la plupart de celles-ci ont été rencontrées dans le Plaisantin et décrites par Brocchi; d'autres proviennent des terrains de notre patrie. Les Anomies vivantes habitent toutes la mer et se trouvent particulièrement dans la Méditerranée et la mer du Nord; c'est au moins de celles-ci que proviennent les dix ou douze espèces qui ont été décrites , mais il en existe peut-être davantage.

Ces Mollusques attachent leurs coquilles , extrêmement irrégulières , sur les Huîtres ou sur d'autres conchifères ; on en découvre aussi d'adhérentes aux Polypiers et même aux Crustacés ; elles y sont si fortement ancrées, qu'elles ne s'en détachent jamais, et meurent constamment à la place qui les vit naître. Cette adhérence se produit à l'aide du muscle adducteur, dont les fibres traversent l'échancrure de la valve inférieure et se fixent sur les corps, en même temps que souvent il se produit dans l'intérieur de cet organe un noyau calcaire ou cartilagineux, qui a été pris pour un opercule par quelques naturalistes. Toutes les Anomies ont un test mince, transparent et décoré de reflets fort vifs : telle est , entre autres, celle qui est nommée Pelure d'oignon , que l'on mange sur nos côtes océanes ou méditerranéennes, et qui est préférée aux Huîtres dans quelques pays.

PLACUNES. *Placuna.* Coquille fort mince, translucide , plate ; charnière interne , formée de deux crêtes en V, entrant dans une double fente. Animal inconnu.

On a constaté l'existence d'une Placune fossile ; trois espèces sont connues à l'état vivant et habitent les mers de l'Inde. Il est probable que ces Mollusques adhèrent aux corps sous-marins lorsqu'ils sont jeunes, ou parmi eux il existe des espèces qui sont naturellement fixées toute leur vie sur ceux-ci. M. de France a déjà signalé ce fait et relevé l'erreur de Lamarck, qui décrit ces Mollusques comme étant libres. Nous possédons au Muséum de Rouen une petite Placune d'environ six lignes de diamètre , et qui adhère totalement à une Bélemnite sur laquelle sa valve s'est contournée. Les coquilles de plusieurs Placunes étant excessivement minces, vitrées et presque planes, leur transparence les fait employer, par les Chinois et les habitants des Philippines , à la place de carreaux de vitre. Telle est en particulier la *Placune vitrée* , qui est toute blanche. D'autres cependant ne sont nullement transparentes et présentent une couleur foncée ; c'est ce que l'on remarque à l'égard de la *Placune selle ;* celle-ci, qui est quadrilatère, recourbée , et offre une couleur violette foncée , est appelée Selle polonaise , parce qu'elle ressemble à cet objet.

HUITRES. *Ostrea.* Coquille grossièrement feuilletée ; valve droite plus grande , se prolongeant en talon avec l'âge ; ligament inséré dans une petite fossette. Animal comprimé, orbiculaire , à manteau entièrement ouvert ; bords portant de courts tentacules ; pied nul.

Fort peu de Mollusques ont été aussi abondants que les Huîtres à la surface du globe ; leurs restes fossiles, auxquels on donne souvent le nom d'Ostracites, se rencontrent depuis les plus anciennes couches de la terre qui contiennent des corps organisés , jusque dans les terrains coquilliers les plus récents. Ces animaux pullulaient tellement aux époques primitives de notre planète que leurs coquilles forment parfois des bancs immenses dans le sol, et il est de ceux-ci qui en sont totalement composés dans une étendue de plusieurs milles, ainsi qu'on l'observe entre autres sur le mont Andona en Piémont.

L'immense quantité d'Huîtres que l'on rencontre à l'état fossile trouve son explication non-seulement dans l'abondance avec laquelle celles-ci pullulaient autrefois, mais encore dans la facilité qu'ont leurs débris de se conserver. En effet, le test de ces Mollusques paraît d'une composition chimique qui l'a rendu insoluble et qui l'a préservé de la destruction dans les différentes couches de la terre où ceux-ci se sont trouvés compris, car on observe souvent des Huîtres dans des roches où elles étaient accompagnées de coquilles de divers genres, que l'on n'y retrouve plus.

On compte environ quatre-vingts espèces d'Huîtres fossiles ; parmi elles, quelques-unes sont particulières à certaines formations. M. Deshayes dit que l'Huître attroupée, O. *gregarea,* caractérise les terrains supérieurs à l'oolithe, le calcaire à Polypiers et les Marnes argileuses du Hâvre et d'Oxford.

Les différentes espèces d'Huîtres vivent dans la mer, et on les découvre non loin des rivages et à une profondeur peu considérable. Elles se plaisent particulièrement dans les baies tranquilles ou vers l'embouchure des fleuves. Mais il ne paraît pas qu'il s'en trouve jamais dans les eaux douces, quoique Pline l'ait avancé. Seulement, il est vrai que certaines espèces, et telle est l'Huître des mangliers, stationnent ordinairement vers l'embouchure des rivières et dans des endroits où elles restent à sec pendant que la mer se retire ; mais on ne peut guère les considérer comme habituées à l'impression de l'eau douce, puisqu'elles ne sont soumises qu'au contact de celle de la mer. Cependant, M. Beudant a démontré en 1816 que, par gradation, on peut habituer les Huîtres à vivre dans l'eau des fleuves.

Ces Mollusques sont ordinairement attachés aux rochers par leur valve inférieure, et ils forment quelquefois sur ceux-ci des bancs d'une étendue considérable, et qui sont tellement féconds qu'ils ne semblent pas diminuer, quoiqu'on les exploite continuellement pour fournir à la consommation énorme que l'on en fait sur les tables depuis tant de siècles. Quelques espèces, au contraire, s'attachent sur les pieux ou aux racines de certains arbres qui se trouvent plongés dans la mer.

Les Huîtres, ainsi que les autres bivalves, se nourrissent d'animalcules microscopiques, ou des matières animales en dissolution qui se trouvent dans l'eau de la mer. On n'a pas de notions précises sur leur mode de procréation ni sur la durée de leur vie. Cependant Leuwenhoeck dit qu'à une certaine époque de l'année on découvre une multitude de petites Huîtres qui nagent dans le fluide contenu dans la coquille de la mère et qu'elles le font à l'aide d'organes qu'il appelle leurs barbes ; cet observateur rapporte en avoir compté environ quatre mille sur une seule. On assure que ces Mollusques se reproduisent à l'âge de quatre mois et qu'ils vivent environ une dizaine d'années. Quelques populations de pêcheurs disent aussi que trois jours après qu'ils sont émis par la mère, les petits ont déjà trois lignes de diamètre et qu'à trois mois ils offrent la taille d'une pièce de trente sous, à six celle d'un écu de trois livres et à un an celle d'une pièce de six francs.

Pêches. Parques. Dans quelques pays où les Huîtres sont assez profondément fixées dans la mer, les habitants les pêchent en plongeant sous l'eau, et en les détachant des rochers à l'aide d'un marteau, puis ensuite ils les rapportent promptement sur le rivage ; ce mode est suivi entre autres à Minorque. Mais par ce moyen, comme on le suppose bien, la récolte est toujours lente et difficile, et elle ne pourrait suffire à une ample consommation ; aussi dans les lieux où on mange beaucoup de ces Mollusques, emploie-t-on un mode plus expéditif. Sur les côtes de la France on pêche les Huîtres avec une drague pourvue d'un filet et que traînent à toutes voiles de petits bâtiments adaptés à cet effet. Après avoir labouré en divers sens le fond de la mer avec cet instrument, celui-ci se remplit d'un bon nombre de ces Mollusques, et quelquefois il en ramène jusqu'à dix ou douze mille. C'est ce procédé que l'on suit en particulier dans la baie de Cancale.

Pour rendre les Huîtres plus savoureuses on les place dans des endroits particuliers baignés par la mer et que l'on nomme parcs ; là elles engraissent et acquièrent une saveur qui les fait rechercher. L'art de parquer ces Mollusques est probablement fort ancien. Artémidore, en parlant des habitants des rivages du golfe Arabique, dit qu'ils entretenaient certains coquillages charnus dans des mares que venait inonder l'eau de la mer, et que ces animaux leur servaient de nourriture lorsque le Poisson était rare. Il est extrêmement probable que c'est des Huîtres qu'il est question dans ce chapitre.

Cependant, d'après Pline, on attribue généralement l'invention des parcs à Sergius Orata, qui vivait avant la guerre des Marses et que l'on sait avoir employé le lac Lucrin pour engraisser des Huîtres, dont il fit pendant un temps un commerce considérable, et qui avaient une grande réputation parmi les Romains. Athénée rapporte que chez ceux-ci on avait aussi trouvé l'art de conserver très-longtemps ces précieux Mollusques, et même qu'Apicius, auquel on en devait la découverte, en envoya un jour d'Italie à Trajan, qui faisait alors la guerre dans le pays des Parthes, et qu'elles lui arrivèrent dans un grand état de fraîcheur.

Les parcs aux Huîtres sont de grands réservoirs de quelques pieds de profondeur et dans lesquels la mer peut accéder. Leur fond est garni de galets ou de sable, et leurs bords sont disposés en talus ; dans les uns, et tels sont ceux de Marennes, Tréport, Dunkerque, Fécamp, Étrétat, etc., la mer pénètre à chaque marée et en renouvelle l'eau ; dans les autres, au contraire, celle-ci ne peut entrer qu'une ou deux fois par mois pour opérer cet effet, c'est ce qui a lieu dans ceux du Hâvre, de Dieppe, etc.

Par l'influence de leur séjour dans les parcs, les Huîtres deviennent plus grasses, plus tendres et plus succulentes. En laissant celles-ci durant un espace de temps qui varie de quelques jours à un mois, elles acquièrent dans certaines circonstances une couleur verdâtre et une saveur piquante, qui les font rechercher par les gourmets et qui ajoutent beaucoup à leur prix. D'après M. Gaillon, qui s'est principalement occupé de découvrir les causes de la coloration que prennent les Huîtres, celle-ci dépend d'une espèce d'animalcule microscopique, de couleur verte, auquel il donne le nom de *Vibrio ostrearius*. Mais un grand nombre de naturalistes considèrent actuellement cet être comme appartenant au genre Navicule. Cet animalcule se multiplie prodigieusement dans l'eau des parcs quand on est un certain temps sans la changer, et comme l'Huître en fait sa nourriture, il colore ses organes ainsi que le font certaines substances tinctoriales lorsqu'on les donne à manger aux animaux.

Historique et usages. Les Grecs faisaient déjà usage des Huîtres, et les écailles de celles-ci leur servirent pendant un temps pour les suffrages populaires : de là vient le nom d'*ostracisme*. Mais, à une époque plus reculée, les Romains en firent une consommation bien plus considérable, et pour faire contribuer ces Mollusques à l'ornement de leurs tables, ils en tiraient souvent de pays divers et fort éloignés, puis ils les servaient après les avoir environnés de glace. Les Huîtres du lac Lucrin, de Brindes, de Tarente et de Circéi furent d'abord célèbres à Rome parmi les amateurs de bonne chère ; mais plus tard ceux-ci leur préférèrent celles qui provenaient de localités encore plus distantes de la métropole ; celles de la Grande-Bretagne, de Bordeaux et de l'Hellespont eurent surtout, selon Pline, un grand renom parmi les gourmets de son temps, et on en tirait de ces divers pays à l'époque à laquelle les Romains faisaient concourir à la splendeur de leurs banquets les productions de toute la terre connue. De nos jours, les Huîtres de Cancale sont principalement estimées, mais on regarde encore comme leur étant supérieures celles que l'on pêche en Angleterre, surtout celles que produit la Hollande. Parmi ces dernières, les Huîtres d'Ostende, qui sont très-petites, sont même considérées comme bien plus exquises que les autres.

Les Huîtres forment un aliment sain et léger, qui est de facile digestion ; elles n'ont d'inconvénient que lorsqu'on en fait un usage excessif, et c'est à cet abus que l'Estoile attribua un flux de sang qu'éprouva Henri IV, en 1603, pendant son séjour à Rouen.

Depuis longtemps les hygiénistes ont porté leur attention sur l'emploi alimentaire des Huîtres, et les médecins ont préconisé celles-ci contre certaines maladies. Galien, Oribase et Aétius les regardaient comme laxatives, et la plupart de leurs successeurs leur ont attribué la même propriété. Etmuller leur prêtait une vertu spécifique contre la phthisie et les scrofules, et certains praticiens les ont administrées pour traiter une foule d'autres maladies, comme on peut le voir dans la *Faune des médecins* de H. Cloquet.

Le test calcaire des Huîtres n'est pas sans utilité pour l'homme. On l'employait dans l'ancienne médecine ; Paul d'Égine pensait que, trituré avec de l'eau, il était efficace pour la guérison des ulcères ; Amb. Paré conseillait de saupoudrer les bubons pestilentiels avec des Huîtres pilées, et Lémery les prescrivait dans des circonstances analogues. On les considère encore aujourd'hui comme jouissant de la propriété absorbante.

On lit dans l'*Histoire générale des voyages*, que les coquilles de ces Mollusques servent, en Chine, pour faire de la chaux qui est employée dans les constructions. Il paraît que celles-ci, réduites en poudre, sont aussi utilisées dans quelques pays pour amender les terres cultivées. Les Huîtres fossiles ne sont pas elles-mêmes sans rendre quelques services à notre espèce, et il paraît qu'au Sénégal, d'après M. Rang, on confectionne aussi de la chaux avec elles. En outre, Pallas rapporte que certaines coquilles pétrifiées de ce genre, qui se trouvent dans les monts Inderski, servent aux Cosaques pour purger leurs enfants. Pour cela, d'après ce naturaliste, ils versent de l'eau dans leur test, puis râclent celui-ci légèrement et leur en font avaler le résidu. Il ajoute que les Cosaques pensent que ces fossiles, qu'ils nomment coquilles du tonnerre, sont formés par la foudre lorsqu'elle tombe sur le sol, mais qu'ils ne se trouvent produits qu'après que son fluide igné a séjourné trois ans dans le sein de la terre.

Espèces. Quoique ce genre soit extrêmement nombreux, puisque on y compte une soixantaine d'espèces contemporaines, cependant il n'en est qu'un petit nombre d'employées comme alimentaires, ce sont l'Huître pied de cheval, l'Huître édule, l'Huître parasite, l'Huître de l'Adriatique, l'Huître de la Méditerranée et l'Huître d'Alger.

L'*Huître pied de cheval*, *O. hippopus*, qui est la plus grande des espèces que nous venons de citer, habite les côtes de presque toute la Manche ; les gens du peuple en font un fréquent usage en France, mais sur les tables on préfère beaucoup la suivante, dont la chair est infiniment plus savoureuse.

L'*Huître édule*, *O. edulis*, que l'on appelle aussi petite Huître, habite la même mer que la précédente, et s'en distingue par sa valve supérieure, qui est plane, et par ses lames d'accroissement, qui sont épaisses et imbriquées. C'est une variété de cette espèce qui constitue les Huîtres d'Ostende, que l'on ne doit pas considérer comme un type particulier.

L'*Huître parasite*, *O. parasitica*, qui est aussi appelée Huître des mangliers, est extrêmement commune sur les côtes du Brésil ; elle s'attache presque toujours aux racines des arbres dont elle porte le nom, ainsi que sur celles des autres végétaux qui bordent les rivages et dont le pied est baigné par la mer. Dans ce pays, elle est souvent une ressource utile pour les voyageurs affamés. Adanson dit que, dans certaines contrées , on se fait honneur de la servir sur les tables encore attachée aux ramifications qui la supportent. Mais les Huîtres parasites qui y sont souvent groupées en grand nombre, ne peuvent s'ouvrir qu'avec difficulté ; aussi ceux qui ont voyagé dans l'Amérique méridionale rapportent que les sauvages, afin d'en faire usage, les exposent quelques instants à une flamme vive. L'action de celle-ci leur fait immédiatement écarter leurs valves, mais ce procédé leur communique un goût désagréable qui vient s'ajouter à leur saveur qui est déjà peu délicate et comme saumâtre. Ces Mollusques offrent une coquille mince, irrégulière , dont la valve inférieure présente la configuration des racines sur lesquelles elle est attachée , et est recouverte par une valve supérieure d'un blanc violet.

L'*Huître de l'Adriatique*, *O. Adriatica*, qui se trouve dans le golfe de Venise et que l'on mange sur les tables de cette ville, est mince et denticulée d'un côté.

L'*Huître cuiller*, *O. cochlear*, que l'on nomme aussi Huître de la Méditerranée, habite cette mer ; elle est ovale, oblongue, épaisse, et sa valve supérieure est concave. M. Goldfuss dit qu'elle se trouve à l'état fossile dans les terrains de la Bavière.

L'*Huître d'Alger*, *O. ruscuriana*, que l'on pêche sur la côte d'Afrique et aux environs de cette ville, offre un test épais, et sa valve inférieure est souvent percée par les animaux marins.

Parmi les Huîtres fossiles, quelques-unes se font remarquer par leur taille , d'autres par la régularité et le nombre des dentelures qu'offrent leurs valves ; enfin il en est aussi qui présentent une structure très-serrée et qui , étant extrêmement denses, résonnent comme le métal lorsqu'on les choque ; telle est l'*Huître sonore*, nommée ainsi avec beaucoup de raison.

GRYPHÉES, *Gryphæa*. Coquille finement lamellée libre ou adhérente ? très-inéquivalve ; valve inférieure à sommet recourbé en crochet, la supérieure très-petite. Animal inconnu.

Toutes les Gryphées sont fossiles, à l'exception d'une seule espèce ; on ne les rencontre que dans les plus anciens terrains du globe ; elles semblent avoir été contemporaines des Ammonites et se trouvent souvent dans les mêmes formations que celles-ci. On en découvre en abondance dans certaines couches calcaires et schisteuses ; et surtout dans un calcaire qui recouvre quelquefois le terrain primordial ou les couches houillères. Ces coquilles forment quelquefois des bancs de trois à six pieds d'épaisseur. Quelques localités en renferment une telle quantité que leurs terrains semblent en être totalement pétris. Cela se voit entre autres dans ceux des environs de Châlons ; là il existe une telle abondance de Gryphées, que l'on extrait celles-ci afin de s'en servir pour ferrer les routes , en guise de caillou ; nous avons reconnu que cela existait dans un espace de plusieurs lieues, et tout le long de cette voie nous en rencontrions d'énormes tas ayant cette destination. Ces coquilles , si rares aujourd'hui à l'état vivant que l'on n'en connaît qu'un ou deux individus , semblent donc avoir vécu par bandes immenses dans l'Océan primitif, et avoir surtout abondé à l'époque où les houillères se sont formées.

Le nom de *terrain à Gryphées*, donné à certaines formations à cause de l'abondance de ces coquilles , est défectueux, car elles se trouvent fossiles dans un grand nombre de couches , et ce qui est remarquable, c'est que chaque terrain a pour ainsi dire son espèce caractéristique. La Gryphée colombe est particulière à la craie inférieure ; la Gryphée dilatée caractérise les argiles d'Oxford , et la Gryphée arquée est particulière aux lias et aux argiles qui l'accompagnent.

La *Gryphée arquée* est une des plus communes ; elle se rencontre dans presque toute l'Europe et parfois dans des terrains très-rapprochés du gneiss et du granite. C'est avec cette espèce que nous avons vu ferrer la grande route de Lyon.

La *Gryphée anguleuse* est l'espèce rarissime que l'on connaît à l'état vivant. Je ne sache pas qu'on l'ait encore ni figurée ni décrite avec détail. Bruguières la cite dans l'encyclopédie d'après le célèbre amateur de coquilles , Hwass, mais on ne sait aujourd'hui ce qu'elle est devenue et d'où elle provenait. J'ai vu une Gryphée contemporaine dans la collection du comte Gazola , à Vérone. Elle avait deux pouces et demi de longueur, ressemblait exactement par sa forme à la Gryphée arquée , et son crochet était bien formé , aigu et recourbé comme celui de cette espèce ; sa couleur était blanche avec des taches d'un roux violacé. Était-ce la Gryphée anguleuse des auteurs ?

M. Deshayes regarde comme nécessaire la suppression du genre Gryphée. Car selon lui il n'a nul caractère solide ; celui que l'on regardait comme important était la non adhérence du test, et il est détruit par l'observation. Sur les Gryphées arquée et colombelle , qui paraissent avoir vécu librement , avec de l'attention on trouve , comme sur toutes les autres , le point par lequel elles ont été adhérentes , au moins pendant leur jeune âge. Le point d'adhérence s'aperçoit à la moindre inspection sur les Gryphées gondole et dilatée. Quelques espèces sont même adhérentes par toute la valve inférieure.

FAMILLE DES SUBOSTRACÉS.

Coquille subsymétrique , plus ou moins auriculée , non feuilletée et d'une structure serrée ; impression musculaire , unique et subcentrale ; ligule nulle. Animal à manteau ouvert dans toute son étendue ; pied rudimentaire, souvent canaliculé.

SPONDYLES. *Spondylus.* Coquille inéquivalve , épaisse, adhérente, hérissée, subauriculée ; valve droite beaucoup plus excavée et ayant un talon triangulaire, aplati, divisé par un sillon ; charnière offrant deux longues dents sur chaque valve , et deux fossettes. Animal à manteau presque entièrement ouvert; pied extrêmement petit; appendices labiaux frangés.

Les amateurs donnent aux coquilles de ce genre la dénomination d'*Huîtres épineuses*, à cause des nombreuses pointes ou des lamelles qui hérissent leur surface. C'est un des groupes qui contribuent le plus à l'ornement des collections, par la vivacité du coloris de plusieurs des espèces qu'il renferme. On en trouve à l'état fossile dans les terrains tertiaires, et même il s'en rencontre parfois des vestiges parmi les couches de craie. Les Spondyles anciens, pour la plupart, ont été découverts en Italie ; cependant M. Basterot dit en avoir observé aux environs de Bordeaux, et il en existe dans le calcaire grossier de Grignon. On n'en a pas décrit en tout plus de neuf à dix. Les mers intertropicales sont essentiellement la patrie des Spondyles contemporains, et la plupart proviennent de celles des Antilles et de l'Inde ; cependant on en rencontre aussi sur les rivages de la Méditerranée, mais ils manquent entièrement dans l'Océan qui baigne les côtes de l'Europe ainsi que dans la Manche et la mer du Nord.

Ce genre a été créé par Linnée ; l'animal qui habite ses coquilles est assez semblable à celui des Peignes et comme lui les bords de son manteau portent de petits appendices tentaculaires œillés , aussi Poli a-t-il confondu ces Mollusques dans le même groupe. Les Spondyles se font remarquer par le talon qu'offre leur valve inférieure; celui-ci est subplan et comme coupé à vif ; il présente dans le sens de sa longueur un sillon médian qui a été successivement occupé par le ligament. L'articulation de la coquille est si bien engrenée , que sur quelques espèces , quoique le ligament ait été détruit, les valves se meuvent facilement l'une sur l'autre sans qu'on puisse les séparer à moins d'employer une certaine violence. La belle coloration qui s'observe sur le test calcaire des différentes espèces de ce genre ne règne jamais que sur la valve supérieure, l'autre est ordinairement blanche ou d'une teinte peu foncée.

Ces Mollusques possèdent les mêmes mœurs que les Huîtres ; on ne remarque chez eux aucune locomotion ; leurs mouvements se bornent à ouvrir ou à fermer leur coquille, et ils vivent constamment et solidement fixés par leur valve inférieure soit sur le rocher sur lequel ils naissent , soit sur le test des autres individus de leur espèce. On mange différents Mollusques de ce groupe, mais il paraît que leur chair est moins agréable que celle des Huîtres, aussi sont-ils moins recherchés.

Les coquilles de ce genre sont assez difficiles à différencier à cause des nombreuses variétés qu'elles présentent ; aussi Linnée n'en admettait-il qu'une ou deux espèces, et Gmelin et Dilwyn l'imitèrent en rapportant au *Spondylus gœderopus* toutes celles qu'ils connurent. Aujourd'hui on en compte une vingtaine.

Le *Spondyle pied d'âne*, qui est coloré en rouge violacé et armé d'épines ligulées, tronquées, habite la Méditerranée.

PLICATULES. *Plicatula*. Coquille adhérente, inéquilatérale, inauriculée, sans talon, anguleuse au sommet, arrondie et ondulée en bas; charnière offrant deux dents striées; ligament intérieur. Animal inconnu.

Les coquilles de ce genre se rencontrent à l'état fossile dans les couches antérieures à la craie, dans la craie chloritée et parmi quelques formations plus nouvelles; on en compte dix espèces qui ont particulièrement été découvertes en Angleterre, en Allemagne et en France. Les Plicatules contemporaines sont moins nombreuses, cinq seulement ont été décrites par les auteurs; toutes habitent la mer et proviennent des rivages de l'Amérique et de l'Australie; elles vivent probablement fixées à la manière des Spondyles.

HINNITES. *Hinnites*. Coquille épaisse, subrégulière, inéquivalve, auriculée; valve inférieure très-concave et munie d'un talon; valve supérieure aplatie; charnière édentule; ligament s'insérant dans une fossette. Animal inconnu.

Les Hinnites sont des Mollusques ossiles que l'on n'a encore rencontrés que dans le Plaisantin et la France. Elles adhéraient aux roches comme les Huîtres, dont elles offrent la contexture, et leur test calcaire s'est conservé dans des terrains où celui de beaucoup de coquilles solubles a disparu. Leur charnière porte un sillon pour le ligament, ainsi que cela s'observe sur les Spondyles, mais elle se distingue de la leur par l'absence de dents. Ce genre, créé par M. de France, ne contient que deux espèces.

PEIGNES. *Pecten*. Coquille équilatérale, inéquivalve, à charnière auriculée, édentule. Animal à manteau très-ouvert, dont les bords sont garnis de petits disques oculiformes, colorés, pédonculés; pied rudimentaire, canaliculé; un byssus ou non; bouche environnée d'appendices ramifiés.

On ne sait pourquoi les naturalistes grecs et latins avaient comparé les coquilles de ce genre à l'instrument qui sert à soigner la chevelure, et pour quelle raison leurs successeurs, à la rénovation des lettres, les décrivirent aussi sous le nom de Peignes, qui est celui par lequel on les désigne encore maintenant. On découvre de ces Mollusques à l'état fossile dans un assez grand nombre de terrains, et c'est principalement de l'Angleterre et de la France, ainsi que de l'Italie, que provient la série considérable des espèces qui ont été décrites. Actuellement il existe peu de genres qui soient plus féconds et plus universellement répandus que celui-ci. Ces Mollusques sont répartis dans toutes les mers et résident sur les bords de celles-ci, et surtout à la surface des sables; on dit que ceux qui ne sont point ancrés par un byssus se meuvent avec assez de vitesse en ouvrant et fermant alternativement leurs valves avec rapidité, et l'on rapporte même que, par cette espèce de vol, ils peuvent parvenir à la superficie de l'eau.

Les coquilles de ce genre sont un des plus riches ornements des collections d'histoire naturelle, soit à cause de l'élégance de leurs formes, soit à cause de la variété et de la richesse de leur coloris. Leurs valves, qui se trouvent presque toujours marquées de grosses côtes rayonnant du sommet vers les bords, sont d'un tissu fort dense et elles résistent au feu, aussi se sert-on de quelques grandes espèces dans les restaurants, pour apprêter certains mets et particulièrement des champignons ou du macaroni. La chair de ces Mollusques est agréable, aussi plusieurs d'entre eux se vendent-ils dans les marchés des villes maritimes.

Les mers qui nous environnent nourrissent une vingtaine d'espèces de ce genre; parmi elles, le *Peigne de Saint-Jacques* est fort commun sur presque toutes nos côtes; c'est un des plus grands, et c'est lui dont les valves étaient autrefois l'ornement indispensable des pèlerins qui se rendaient à Saint-Jacques de Compostelle. C'est aussi de son test dont on se sert le plus ordinairement pour cuire des aliments. Son muscle adducteur, qui est d'une grosseur considérable, compose un mets excellent lorsqu'il est apprêté avec art; souvent on le sert sur les tables dans les ports de la Normandie.

HOULETTES. *Pedum*. Coquille subtriangulaire, à sommets arrondis, inégaux; valve droite échancrée en avant; la gauche entière; charnière édentue; ligament inséré dans une fossette canaliforme. Animal inconnu portant un byssus.

Le nom générique de ce groupe provient de la ressemblance que les marchands ont voulu trouver entre les coquilles qu'il contient et le fer qui termine l'arme des bergers. La *Houlette spondyloïde*, que l'on n'a encore rencontrée que dans la mer Rouge et parmi les parages de l'Inde, est l'unique espèce que l'on connaisse; elle gît à d'assez grandes profondeurs et se trouve fixée aux rochers par son byssus, ce qui fait que les marins n'en rapportent que fort peu, et qu'elle est rare dans les collections et d'un prix élevé.

LIMES. *Lima*. Coquille ovale, subéquivalve, auriculée, bâillante; charnière édentule; ligament en partie extérieur; impression musculaire tripartite. Animal à pied vermiforme; manteau finement frangé et bordé de plusieurs rangées de filets tentaculaires, annelés; appendice labial fort épais, frangé.

Ces Mollusques doivent leur nom à l'état de la surface de leur coquille, qui est hérissée et rude comme une lime. On en rencontre de fossiles dans des terrains fort divers; il en existe parmi les plus anciennes formations du globe, et dans les couches les plus récentes du calcaire coquillier grossier; une vingtaine d'espèces provenant des terrains de l'Allemagne, de l'Angleterre et de la France, ont été décrites. Les Limes contemporaines habitent la mer et se trouvent dans tous les parages. Tantôt elles vivent à une certaine profondeur et tantôt on les rencontre sur le rivage. D'après M. Quoy, ces Mollusques peuvent se fixer aux rochers à l'aide de leur pied vermiforme, dont l'extrémité est un peu renflée et offre une espèce de dilatation qui agit comme une ventouse. Le muscle adducteur de leur coquille semble beaucoup plus extensible que celui des autres Acéphaliens; quand il est relâché les valves sont largement écartées, et en le contractant les Limes impriment à leurs battants solides des mouvements rapides à l'aide desquels, chose bien remarquable chez les bivalves, elles nagent facilement, et, comme le dit heureusement M. Quoy, voltigent dans l'eau avec une telle rapidité qu'il faut courir après elles pour les saisir parmi les coraux ou les roches submergées.

D'après ce genre de vie on suppose bien que ces Mollusques n'ont point de byssus; c'est ce qu'ont reconnu les auteurs modernes. Ainsi donc c'était à tort qu'on avait annoncé qu'ils en possédaient, et l'on doit douter de l'assertion de Draparnaud, qui prétend que les filets du byssus des Limes leur servent à réunir des grains de sable et de petits fragments de coquilles, pour en former une sorte de loge dans laquelle l'animal peut se mouvoir un peu.

On ne connaît que six espèces dans ce genre, qui sont toutes marines et offrent une couleur blanche; elles habitent principalement l'Amérique, l'île de France et la Méditerranée. La *Lime commune*, qui se trouve dans cette dernière mer, est employée sur ses rivages pour l'alimentation de l'homme.

FAMILLE DES MARGARITACÉS.

Coquille subéquivalve, inéquilatérale, ordinairement noire ou comme cornée; charnière subnulle ou sans dents. Impression musculaire unique. Animal à manteau ouvert dans toute sa circonférence; pied canaliculé; muscle adducteur unique et subcentral.

VULSELLES. *Vulsella.* Coquille très-alongée, étroite, aplatie, mince et subcornée, subéquivalve, inéquilatérale; charnière édentule; ligament placé dans une excavation arrondie. Animal à manteau bordé de cils papillaires; pied médiocre, proboscidiforme, canaliculé; byssus nul; branchies étroites réunies dans presque toute leur longueur.

Jusqu'à ce moment on n'a trouvé qu'une seule espèce de Vulselle fossile; elle a été découverte dans les couches du calcaire grossier, à Grignon. On compte six espèces à l'état vivant, elles proviennent presque toutes des mers de l'Inde. Ces Mollusques se rencontrent souvent dans les excavations qu'offrent les Polypiers et les Éponges.

MARTEAUX. *Malleus.* Coquille difforme, noire ou cornée, ordinairement en T ; charnière linéaire, échancrée pour le byssus. Animal à manteau frangé et bordé de petits appendices tentaculaires ; pied canaliculé ; branchies courtes, semi-circulaires.

Les coquilles de ces Mollusques se rapprochent souvent de la forme d'un marteau par l'énorme prolongement de leurs oreillettes, et les zoologistes ont eu en vue de rappeler ce rapport par le nom générique qu'ils leur ont imposé. On ne connaît de Marteaux qu'à l'état vivant, et les six espèces que les auteurs indiquent résident toutes dans les mers de l'Inde et de l'Australasie ; mais M. Rang en a découvert une dans les parages de la Guadeloupe et de la Martinique, à de grandes profondeurs. Tantôt les coquilles de ce groupe sont à peine auriculées, tantôt elles n'ont qu'une oreillette, et tantôt enfin elles en offrent deux bien prononcées, c'est ce qui a engagé de Blainville à partager ce genre en trois divisions. Le *Marteau vulgaire*, qui est noir et présente deux vastes oreillettes, appartient à la dernière section. C'est le plus répandu et celui qui acquiert la plus grand taille ; il provient de l'océan Indien.

PERNES. *Perna.* Coquille irrégulière, très-comprimée, subéquivalve, bâillante, noire ou cornée ; charnière offrant une série de petits sillons parallèles, transversaux ; ligament multiple. Animal à manteau prolongé en arrière, frangé ; pied très-petit ; un byssus.

Les Pernes se rencontrent à l'état fossile dans les couches antérieures à la craie, ainsi que parmi celles qui sont plus récentes que cette formation ; mais celle-ci n'en offre point, la nature soluble de leur test n'ayant peut-être pas permis qu'elles s'y soient conservées. Il en existe six qui ont été extraites des terrains de l'Amérique, de l'Angleterre, de l'Allemagne et de la France. Les espèces vivantes, qui ne sont qu'au nombre de dix, proviennent presque toutes de l'océan Indien et des mers de l'Australasie. Elles vivent à d'assez grandes profondeurs et se fixent aux rochers à l'aide de leur byssus.

CRÉNATULES. *Crenatula.* Coquille subrhomboïdale, comprimée, subéquivalve, inéquilatérale, bâillante en arrière ; charnière linéaire, marginale, formée de fossettes ou crénelures rapprochées ; ligament submultiple. Animal inconnu.

Ce petit genre ne contient que sept espèces ; celles-ci habitent la mer et proviennent des rivages de l'Inde, de l'Australasie et de la mer Rouge. Ces Mollusques sont libres, car leur coquille ne présente point d'ouverture qui puisse faire soupçonner l'existence d'un byssus, et souvent on les rencontre enfermées dans les éponges.

INOCÉRAMES. *Inoceramus.* Coquille triangulaire, épaisse, subéquivalve, subéquilatérale ; charnière latérale, formée d'une série de fossettes oblongues. Animal inconnu.

Ce groupe encore peu connu a été établi pour des coquilles que l'on ne rencontre qu'à l'état fossile. Deux espèces seulement ont été décrites; elles proviennent de l'Angleterre et de la France.

CATILLES. *Catillus.* Coquille arrondie, comprimée, fort mince, fibreuse, subéquivalve; charnière rectiligne, composée d'une série de petites fossettes obliques et parallèles. Animal inconnu.

Les Mollusques de ce genre, qui a été formé par M. Al. Brongniart, ne sont connus qu'à l'état fossile; il n'en existe que parmi les terrains anciens, et Lyell dit qu'on doit les considérer comme ayant cessé d'exister vers la fin de la période crétacée. On n'en a encore trouvé qu'en Angleterre et en France, et deux espèces seulement ont été décrites par les naturalistes. Le *Catille de Cuvier* parvient à de grandes dimensions et a été rencontré aux environs de Paris.

PULVINITES. *Pulvinites.* Coquille arrondie, mince, équivalve, subéquilatérale; charnière formée de huit ou dix dents divergentes, séparées par autant de fossettes pour les ligaments. Animal inconnu.

M. de France a établi cette coupe pour une seule espèce fossile, que l'on rencontre dans les couches crayeuses du département de la Manche, et dont on ne connaît encore que les empreintes.

GERVILLIES. *Gervillia.* Coquille solénoïde, alongée, étroite, très-inéquilatérale; charnière offrant plusieurs dents transverses et en arrière des dents longitudinales; ligament multiple, inséré dans deux ou trois fossettes coniques. Animal inconnu.

La *Gervillie solénoïde*, appelée ainsi à cause des rapports qu'offre sa forme avec celle de quelques Solens, est l'unique Mollusque de ce genre. On l'a découverte dans le département de la Manche parmi des terrains remplis d'Ammonites et de Baculites.

AVICULES. *Avicula.* Coquille subéquivalve, nacrée; charnière rectiligne, ordinairement auriculée, édentule ou à dents rudimentaires; une échancrure antérieure pour le byssus. Animal à manteau extrêmement fendu, et dont le bord est garni d'un double rang de cirrhes tentaculaires courts; pied petit, vermiforme, canaliculé.

La dénomination des Avicules provient de la ressemblance qu'offre souvent leur coquille, lorsque ses valves sont écartées, avec un Oiseau dont les ailes sont ouvertes; les amateurs, à cause de cela, les nomment fréquemment *Hirondelles.* Quelques espèces de ce genre ont été découvertes à l'état fossile dans le bassin de Paris ou parmi l'oolithe de l'Angleterre, mais seulement en fort petit nombre. Les espèces contemporaines, dont on compte environ une vingtaine, habitent les mers des climats chauds et particulièrement celles de l'Inde et de la Nouvelle-Hollande; on en a aussi rencontré en Amérique et dans la Méditerranée.

On peut diviser ce groupe en deux sous-genres : les Avicules proprement dites et les Pintadines. Lamarck fait un genre séparé pour
ces dernières, mais de Blainville les réunit dans la même division
générique que les autres, et se contente de les considérer comme une
section spéciale. M. Deshayes dit avec raison qu'il faut supprimer le
genre Pintadine, parce que l'on passe de celui-ci aux Avicules vraies
sans transition, et qu'il est des âges où les Coquilles qui appartiennent
à ce groupe ont ou n'ont point le prolongement que l'on a regardé
comme caractéristique des dernières.

Les **AVICULES PROPREMENT DITES** ont des coquilles à auricules
très-grandes, et leur charnière porte des dents rudimentaires, L'*Avicule macroptère* peut être citée comme le type de cette section.

Les **PINTADINES** possèdent une coquille subronde, épaisse, ayant
des auricules peu considérables, et n'offrant point de dents à sa charnière.

L'*Avicule mère-perle*, *A. margaritifera* est l'espèce la plus caractéristique de cette section ; elle doit son nom à ce que c'est elle qui
fournit presque toutes les perles qui sont employées pour les besoins
du luxe. Les anciens, qui la connaissaient, l'appelaient, pour la même
raison, *Concha indica margaritifera*, *Mater perlarum* et *Mater
unionum*. Ce Mollusque habiteles mers de l'Inde, le golfe Persique et
le golfe du Mexique ; sa coquille, qui est assez grande, est d'un brun
verdâtre et la surface est couverte de lamelles imbriquées. Elle acquiert
parfois un diamètre de 5 à 6 pouces et ses valves sont formées d'une
couche de nacre fort épaisse et douée de beaux reflets. Ce sont elles
qui fournissent la substance qui est appelée *nacre de perle*, dans le
commerce, et avec laquelle on confectionne une foule d'objets de luxe.

Perles. C'est en traitant de ce Mollusque que l'on doit faire l'histoire
des perles, puisque c'est lui seul qui fournit presque toutes celles qui se
trouvent employées depuis tant de siècles pour les besoins du luxe,
et dont la pêche est si importante. Pline connaissait déjà fort bien les
lieux qu'habite cette Avicule, car il dit que les Huîtres qui produisent
les plus belles perles se trouvent dans l'océan Indien. Le golfe d'Arabie
paraît aussi en nourrir beaucoup, et anciennement on en tirait une si
grande abondance de celui-ci qu'elles portaient le nom de *pierreries
de là mer Rouge*. D'autres lieux en fournissent encore. Améric Vespuce
dit qu'il existait une quantité remarquable de perles dans quelques-
uns des parages qu'il visita durant sa seconde navigation, et que les
sauvages les lui laissaient à vil prix pour quelques verroteries, des mi-
roirs ou des clochettes. On sait qu'en ce moment l'Avicule mère-perle
foisonne dans les environs de Ceylan et y forme des bancs de plusieurs
lieues de longueur ; cela s'observe aussi dans le golfe Persique.

Les perles doivent être rangées au nombre des plus riches produits
qui sont fournis par les Mollusques de cette classe. L'usage que l'on en
fit de tout temps pour l'ornement et leur prix élevé attirèrent sur elles
l'attention des écrivains de toutes les époques, aussi leur histoire re-

monte très-haut ; cependant ce n'est guère que depuis peu d'années qu'on les a envisagées d'une manière rationnelle. Pline et Dioscoride prétendaient que ces remarquables productions devaient leur origine à la rosée ; Valentyn avait, relativement à elles, une opinion non moins étrange et supposait que ces corps n'étaient que les œufs des femelles, tandis que Samuel Dale les assimilait aux calculs vésicaux. La physiologie est trop avancée de nos jours pour que ces assertions aient besoin d'être réfutées.

Les perles doivent évidemment leur naissance à un état morbide soit de la coquille, soit du Mollusque qui l'habite, et elles adhèrent toujours à la première, ou se trouvent à l'intérieur des organes du second. Celles-ci sont incontestablement un produit solide de nature animale et formé par un épanchement d'une certaine quantité de substance nacrée, analogue à celle qui compose en partie le test des Acéphaliens dans lesquels on les rencontre. Elles sont évidemment formées de couches superposées qui s'enveloppent les unes les autres, et les reflets irisés, qui jaillissent de leur surface sont dus, ainsi que l'a prouvé une belle expérience de Brewter, aux très-petits espaces que laissent entre elles leurs molécules solides et dans lesquels la lumière se décompose avant d'être réfléchie. L'analyse chimique démontre que les perles sont composées de carbonate calcaire et d'une substance animale ; elles sont solubles dans les acides, mais seulement dans ceux qui se trouvent assez concentrés et plus actifs que l'acide acétique, et encore ceux-ci ne les dissolvent-ils que lentement.

La cause déterminante de la formation des perles est souvent une blessure de la coquille ou l'introduction de quelques corps étrangers dans les organes du Mollusque ; aussi celles-ci présentent un aspect différent selon le lieu d'où elles sont provenues et la nature de leur origine, ce qui permet d'en distinguer de trois sortes. Les perles qui sont produites par une lésion du test résultent d'un épanchement de substance nacrée, qui se forme à quelque endroit de la région interne de la coquille et qui augmente avec le temps ; elles sont toujours adhérentes avec celle-ci par un pédicule plus ou moins gros et dont on peut retrouver les traces à leur surface. Les perles qui proviennent des parties charnues, au contraire, n'offrent point de pédicule et sont toujours plus régulières ; à l'intérieur de celles-ci, comme l'ont d'abord signalé Sténon et Rédi, puis MM. de Bournon et de Blainville, on trouve toujours un petit corps étranger et souvent un grain de sable. C'est à celui-ci qu'elles doivent probablement leur formation, et c'est lui qui, après s'être introduit accidentellement dans le manteau, y a déterminé une irritation ayant eu pour effet la production d'une exsudation de matière nacrée, qui l'a enveloppé de couches plus ou moins nombreuses. Enfin il résulte de quelques observations qu'il existe aussi une troisième espèce de perles qui ne paraissent point avoir eu de pédicule et dans lesquelles on ne trouve point de corps étranger ; celles-ci sont probablement dues à un simple épanchement de nacre dans quelque région du manteau sans cause externe.

Ce qui prouve bien manifestement que la production des perles est due à une maladie, c'est que l'on observe que plus les Mollusques en possèdent dans leur coquille plus ils sont maigres et décharnés. Les corps étrangers et les lésions ont même une telle influence sur ces animaux pour déterminer chez eux l'épanchement de la substance nacrée, que l'on peut, en quelque sorte, obtenir à volonté des Perles par des procédés artificiels. On dit que certains peuples de l'Asie, en introduisant de petites sculptures à l'intérieur de quelques coquilles perlières, au bout d'un certain temps, trouvent ces objets recouverts d'une couche de la substance nacrée qui forme les Perles. Il paraît évident que l'on peut facilement se procurer de ces dernières en lésant le test de plusieurs Mollusques. Ce moyen semble être en usage en Chine et dans l'Inde, car on rencontre dans les collections les valves de certaines espèces qui proviennent de ces pays et qui y ont été diversement percées dans l'espoir de déterminer la formation de Perles artificielles. On dit même que pendant un temps, en Suède, on essaya d'employer ce procédé sur quelques Mulettes, qui abondent dans les rivières. Linnée le pratiqua, et le gouvernement de son pays, à ce que l'on assure, établit même des perlières artificielles dans certains endroits; mais leur insuccès força bientôt d'abandonner cette singulière industrie, dont on avait d'abord espéré d'amples bénéfices et que l'on tenait secrète.

Pêche des Perles. Les Avicules mères-perles vivent attachées aux rochers, à peu près comme les Moules, et elles paraissent presque aussi fécondes qu'elles; car, malgré la pêche que l'on en fait depuis un temps immémorial, on ne voit pas que leur masse se tarisse. Il en existe des bancs à Ceylan, à la hauteur d'Arippo, de Pomparippo et de Condatchy, et dont l'étendue en longueur est de plus de dix lieues; on les exploite avec ordre, et des lois forcent à pêcher, chaque saison, ces Mollusques dans des parages différents, pour ne pas détruire leur race précieuse. Dans la baie de Condatchy, toutes les barques en font la pêche, mais seulement dans les premiers mois de l'année; elles partent en masse pour le banc à la même heure et à un signal donné, puis on les rappelle par un coup de canon. Chaque embarcation contient, outre le patron, dix rameurs et dix plongeurs; ces derniers, habitués dès l'enfance à ce métier, peuvent, selon quelques auteurs, rester sous l'eau jusqu'à cinq et même six minutes de temps; ils s'y enfoncent à l'aide d'une lourde pierre dont ils saisissent la corde avec les doigts du pied droit, en même temps qu'ils tiennent dans l'une de leurs mains un fil avec lequel ils doivent donner le signal de les remonter, quand ils ont rempli de coquilles perlières un sac suspendu à leur cou.

Au retour des embarcations dans le port, les propriétaires font placer, à l'intérieur de puits très-peu profonds, les coquilles que rapportent les pêcheurs, et c'est quand les Mollusques sont morts, ce que l'on reconnaît parce qu'alors leurs valves deviennent bâillantes, que les ouvriers les visitent pour en extraire les Perles. Après qu'ils en ont examiné l'intérieur et qu'ils se sont emparés des plus apparentes, ordinairement on abandonne les coquilles aux malheureux pour qu'ils glanent dans celles-ci quelques perles échappées aux ouvriers; et l'on voit les pauvres braver les exhalaisons pestilentielles qui s'élèvent de ces amas de Mollusques en putréfaction, pour se procurer un bien minime bénéfice.

Malgré les préparatifs qu'exige cette pêche, cependant les Avicules perlières ne sont pas d'un prix élevé dans les endroits où s'en fait le commerce; à Arippo, durant la saison, on a un boisseau de coquilles à Perles pour le même prix, à peu près, que l'on vend chez nous la même mesure d'Huîtres communes. Les Perles se trouvent le plus ordinairement dans la partie charnue de l'animal; on en a rencontré parfois jusqu'à soixante-dix-sept sur le même individu, mais en revanche beaucoup n'en possèdent point du tout.

Après que les perles ont été extraites, elles sont nettoyées et triées avec soin; puis on livre à des ouvriers spéciaux celles qui étaient adhérentes, et ceux-ci les arrondissent et les polissent à l'endroit par lequel elles tenaient à leur coquille, afin de leur donner plus de valeur. Celles qui ont une forme irrégulière portent dans le commerce le nom de *Perles baroques*, et l'on désigne sous la dénomination de *semence de Perles* toutes celles qui sont extrêmement petites.

M. Welsted, lieutenant de la marine royale anglaise, a publié récemment un récit de la pêche des perles dans le golfe Persique et en particulier sur la manière dont on la pratique à la côte des Pirates qu'il a explorée il y a peu d'années. Ce voyageur, donnant sur ce sujet quelques nouveaux détails, nous transcrivons textuellement ceux-ci pour compléter ce que nous venons de dire.

« Le banc s'étend depuis Sharja jusqu'au groupe des îles Bidulph; le fond est de sable, de coquilles, et de fragments de corail; la profondeur varie de 5 à 16 brasses. Le droit de pêcher sur le banc est commun; mais les altercations entre les tribus rivales sont assez fréquentes. Si la présence d'un bâtiment de guerre les empêche de vider la dispute sur le lieu même, elles la terminent dans les îles où elles débarquent pour ouvrir les Huîtres.

» Afin d'empêcher que ces querelles ne dégénèrent en une confusion générale, deux navires du gouvernement croisent ordinairement sur ce banc. Les bateaux sont de dimensions et de constructions diverses, portant, terme moyen, de 10 à 15 tonneaux. On calcule que, pendant une saison, la seule île de Barhein en envoie 3,500, la côte de Perse 100, et la côte depuis l'île de Barhein jusqu'à l'entrée du golfe 700. La valeur des perles recueillies par tous ces bâtiments ensemble monte à 400,000 pounds (dix millions de francs). Les équipages de ces bateaux varient de 10 à 40 hommes, et le nombre des marins en activité dans le fort de la saison s'élève à plus de 30 mille. Aucun ne reçoit de gages déterminés, mais ils ont un intérêt dans les profits de l'expédition. Une légère taxe est prélevée sur chaque bateau par le cheik du port auquel il appartient. Pendant la pêche, ils vivent de dattes et de poisson, qui est abondant et de bonne qualité.

» Dans les endroits du banc où les Polypiers abondent, les plongeurs s'enveloppent le corps d'une étoffe blanche; autrement, à l'exception d'une ceinture autour des reins, ils sont complétement nus. Quand le travail commence, ils font deux classes, dont une reste à bord pour hisser ceux qui vont plonger. Ceux-ci sont pourvus d'un petit panier, et se mettent à l'eau; ils placent les pieds sur une pierre attachée à une corde. Au signal qu'ils donnent, on file la corde, et ils descendent facilement à l'aide de la pierre. Quand les Huîtres sont en groupes serrés, on peut s'en procurer huit ou dix à chaque descente. Le plongeur donne alors une secousse à la ligne, et les gens du bateau enlèvent l'homme avec toute la rapidité possible. On a beaucoup exagéré le temps pendant lequel ces plongeurs pouvaient rester dans l'eau : une minute est le terme moyen; et, dans une seule occasion, M. Welsted en a vu un rester plus d'une minute et demie. Afin de retenir leur haleine, ceux-ci se mettent sur le nez un morceau de corne élastique qui presse les narines et les tient fermées.

» Les Requins ne causent pas beaucoup d'accidents, mais les plongeurs redoutent infiniment le poisson à scie; quelques-uns ont été coupés en deux par ces animaux qui, dans le golfe Persique, atteignent des dimensions plus grandes que dans aucune autre partie du monde. »

Historique. L'usage des perles remonte à la plus haute antiquité, et de temps immémorial celles-ci ont été recherchées avec passion, comme objet de parure, par tous les peuples orientaux; les souverains, les princes s'en ornaient principalement avec profusion, et cette coutume s'est perpétuée jusqu'à nos jours chez certaines nations de l'Asie. Selon Lami et quelques commentateurs de la *Bible*, il existait une riche tenture en perles dans la salle où Assuérus traitait ses sujets; et Athénée dit que les Persans mettaient un tel prix à ces bijoux qu'ils les payaient au poids de l'or. Il paraît que pendant un certain temps ceux-ci ne furent point recherchés avec moins d'empressement par les Romains. Pline rapporte que Pompée avait un cabinet entièrement tapissé avec des perles; et Sénèque, qui blâme ce luxe effréné, dit même que l'on y marchait sur ces objets précieux. Ceux-ci étaient aussi très-recherchés par les dames romaines pour leur parure; elles s'en ornaient parfois si profusément que Pline raconte avoir vu Lollia Paulina, qui devint l'épouse de Caligula, porter sur elle pour 4 millions de perles et d'émeraudes; elle en était presque entièrement couverte; sa tête, les boucles de ses cheveux, ses oreilles, son cou, ses bras et ses doigts s'en trouvaient surchargés.

Cléopâtre en portait probablement aussi d'un grand prix; l'on a répété de toutes parts qu'en voulant surpasser la magnificence d'Antoine, et dépenser dans un repas plus que celui-ci ne le faisait dans les siens, où il prodiguait toutes les richesses de l'Orient, cette souveraine avait dissout dans du vinaigre une perle d'une valeur immense, qui ornait ses oreilles, et qu'elle l'avait ensuite avalée. Mais, comme l'ont fait remarquer des savants judicieux, on peut révoquer en doute cette célèbre anecdote, puisque, pour que ce fait fût exécutable, il fallait nécessairement que le vinaigre se trouvât assez faible afin que Cléopâtre pût le boire, et, dans ce cas, il aurait fallu plusieurs semaines et peut-être plusieurs mois pour dissoudre ce bijou.

Autrefois on faisait même contribuer les perles au luxe des sépultures, car Rédi rapporte que l'on en découvrit à l'ouverture du tombeau des filles de Stilicon, qui avaient été inhumées avec tous leurs ornements ; mais ce savant dit que parmi ceux-ci, qui furent retrouvés en bon état plus de onze cents ans après la mort de ces femmes, les perles seules étaient altérées et s'écrasaient facilement sous les doigts, ce qui peut très-bien se concevoir par la disparition d'une partie de leurs principes constituants.

Les peuples anciens ne se contentaient pas d'employer les perles pour orner leurs vêtements, ou pour décorer leurs meubles et leurs habitations, ils en faisaient encore usage pour différentes choses. Pline rapporte que, par une bizarrerie inexplicable, un célèbre histrion, nommé Clodius, ayant par curiosité, goûté de ces bijoux, les trouva si agréables qu'il en fit servir dans la suite sur sa table, acte qui n'était réellement qu'une dépravation inouïe. La médecine elle-même attribua quelques vertus thérapeutiques à ces productions ; celles qui sont de petite taille et que l'on nomme *semence de perles*, étaient en faveur du temps des médecins de l'école arabe, et ceux-ci les faisaient entrer dans divers remèdes composés. Sérapion les préconisait dans différentes maladies.

Le goût que les nations ont eu de tout temps pour les parures en perles, s'est continué de nos jours, soit en Asie, soit parmi nous. Souvent les princes orientaux en ornent leurs plus riches vêtements, et les classes inférieures de la société les recherchent aussi pour enrichir leur toilette. Le seul désagrément que possèdent ces bijoux, c'est que lorsqu'on les porte sur la peau leur éclat se ternit. On a proposé pour leur rendre leur brillant de les faire avaler par des Pigeons ; mais Rédi, qui a reconnu l'efficacité de ce moyen, dit qu'il ne faudrait pas les laisser trop longtemps dans le canal digestif de ceux-ci, car, dans ses expériences sur ce sujet, il a vu que des perles qu'il avait introduites dans les voies digestives de l'un de ces oiseaux, avaient perdu un tiers de leur poids au bout de vingt-quatre heures. On lit dans l'Asiatic Journal qu'à Ceylan on rend encore l'éclat à ces bijoux, en les faisant avaler à des poulets qu'on tue au bout d'une minute. Tout cela s'explique fort bien soit par les frottements que les perles éprouvent dans l'estomac, soit par la nature des fluides qui se trouvent dans cette cavité, mais l'art des joailliers pourrait à volonté découvrir un moyen plus rationnel et moins barbare.

FAMILLE DES MYTILACÉS.

Coquille régulière, équivalve, inéquilatérale ; charnière édentule ou offrant quelques dents rudimentaires ; ligament dorsal linéaire. Animal offrant un manteau à bords en partie adhérents ; deux muscles adducteurs dont l'antérieur est fort petit ; pied linguiforme, avec un byssus en arrière.

MOULES *Mytilus.* Coquille ovalaire ou subtriangulaire, fermante, extrêmement inéquilatérale à sommet antérieur ; charnière offrant deux dents rudimentaires ; impression musculaire antérieure très-petite. Animal dont le manteau est frangé autour de l'ouverture anale ; appendices labiaux triangulaires.

On découvre des Moules fossiles dans des terrains assez anciens ; il en existe dans les formations antérieures à la craie ; cependant, selon M. de France, on n'en trouve point parmi les plus anciennes couches où résident les Trilobites. La craie elle-même en contient, ainsi que les dépôts plus récents. Les Moules contemporaines se trouvent répandues dans toutes les latitudes du globe ; elles vivent toutes dans la mer et souvent réunies en grand nombre sur les rochers peu profonds, et même à la surface de ceux que la mer couvre et découvre alternativement pendant les mouvements des marées. Quelques Moules, d'après les observations d'Adanson, se trouvent dans des lieux où elles sont pendant six mois de l'année dans l'eau de la mer, et durant les autres six mois dans l'eau douce. Enfin il existe une espèce de ce genre, que l'on rencontre indifféremment soit dans la mer, soit dans les fleuves.

Nous divisons ce groupe en trois sections qui correspondent à autant de genres de divers auteurs, ce sont les Modioles, les Dreissènes et les Moules proprement dites.

Les MODIOLES possèdent des coquilles dont le sommet est plus ou moins arrondi et non terminal, puis présentent un byssus fort développé. La *Moule des Papous* est un des types de ce groupe.

Les DREISSÈNES ont un test arqué et offrent une petite cloison en dedans de leur sommet. La *Moule polymorphe* est la seule espèce qui soit connue. Elle est extrêmement remarquable, soit par la grande variété de formes dont elle se revêt, soit par son habitat. Ce Mollusque réside à la fois dans la mer et dans les eaux douces ; cette particularité qu'il présente, peut-être seul, parut si extraordinaire à Lamarck, qu'il n'hésita pas à l'attribuer à une erreur. Cependant c'est un fait certain : cette Moule fut découverte par Pallas durant ses voyages ; il la trouva dans la mer Caspienne et dans le Volga ; et ce naturaliste, frappé de la grande variété qu'offrait sa configuration, lui imposa le nom sous lequel nous la désignons. On a aussi découvert cette espèce dans le Danube , dans la Tamise , et nous pensons être le premier qui l'ait trouvée dans la Seine , près de Rouen.

La Moule polymorphe a reçu beaucoup de noms de la part des naturalistes , et ceux-ci en ont formé divers genres. Dans ces derniers temps , Vanbeneden ayant eu l'occasion d'étudier l'animal qui habite cette espèce , et ayant reconnu qu'il différait un peu des Moules marines , parce que son ouverture postérieure était plus petite et se prolongeait en tube , a proposé d'en faire un genre spécial sous le nom de *Dreissena* , en l'honneur de M. Dreissens , pharmacien à Mazeyk , qui lui communiqua ce mollusque en 1822.

Les **MOULES PROPREMENT DITES** sont subtriangulaires et comprimées et le sommet de leur coquille est tout à fait terminal.

La *Moule édule*, qui abonde sur tous nos rochers et y forme des lits d'une étendue considérable, est une espèce fort importante à cause du grand emploi que les classes inférieures de la société en font pour leur alimentation.

On recueille les Moules édules d'une façon extrêmement simple ; ce sont ordinairement les femmes et les enfants qui se chargent de ce travail ; celui-ci s'exécute à l'aide d'un couteau et il consiste à les détacher des rochers auxquels elles adhèrent , en coupant leur byssus. Sur les côtes de la Manche on porte les Moules dans les marchés aussitôt qu'elles ont été recueillies et elles sont livrées à la consommation ; mais sur les côtes de l'Océan on est plus avancé sous ce rapport et l'on fait parquer ces Mollusques pendant un certain temps, à l'instar des Huîtres, pour les faire engraisser et rendre leur chair plus savoureuse.

Il paraît qu'aux environs de La Rochelle on multiplie les Moules en les rassemblant dans des espèces d'étangs ou de fossés, que l'on nomme *bouchots*, dans lesquels l'eau de la mer reste stagnante et où on peut introduire à volonté une certaine quantité d'eau douce. Ces Mollusques y déposent leur frai et y pullulent de telle manière qu'ils rendent dix pour un chaque année. Mais les avantages qu'offrent ces exploitations sont cependant peu considérables à cause des frais d'entretien qu'elles occasionnent, parce que les Tarets rongent activement les boiseries qui entrent dans leur construction.

On a de tout temps fait usage de la Moule édule, et selon tous les naturalistes celle-ci est le *Mus* d'Aristote. Mais ce Mollusque est généralement moins recherché que les Huîtres, parce que sa saveur n'est pas aussi agréable. Puis il possède un grave inconvénient, c'est que les personnes qui en mangent sont parfois prises d'une indisposition violente et subite, dont les symptômes ont une telle intensité, que celle-ci ressemble à un empoisonnement. Les personnes qui en sont affectées éprouvent des douleurs d'estomac, des vomissements, des suffocations, une éruption à la peau, puis parfois des convulsions. Burrows cite même deux cas dans lesquels la mort fut le résultat de l'injestion de cet aliment.

On a depuis longtemps recherché quelle pouvait être la cause de cette grave affection, qui naît après l'usage de ces Mollusques, et les savants l'ont regardée comme étant de nature fort diverse; quelques-uns ont pensé qu'elle était due à l'altération des Moules, telle était l'opinion de Burrows; d'autres à la crasse de la mer ou aux Pinnothères qui s'introduisent dans ces Bivalves. M. Beunie, dont l'opinion a eu un grand retentissement, attribuait l'empoisonnement causé par les Moules à l'usage qu'elles font du frai des Astéries; et ce savant dit que celui-ci est si vénéneux et si caustique qu'il produit immédiatement une inflammation considérable sur nos organes quand il est mis en contact avec eux. Il ajoute même que ces Zoophytes sont tellement vénéneux que lorsqu'on les donne à manger à des chiens ou à des chats, ceux-ci en meurent ou éprouvent de graves accidents. Malgré ces assertions on est cependant loin d'avoir adopté les vues de M. Beunie, et beaucoup de médecins croient que ces symptômes ne se développent pas sous l'influence d'un agent délétère spécial et qu'ils sont dus à une prédisposition individuelle. Telle est en particulier l'opinion de MM. Mérat et Delens.

Anciennement la thérapeutique faisait usage de la coquille des Moules. Pline la vantait comme lithontriptique, et l'on croyait que mêlée avec le vinaigre elle était fébrifuge; les médecins modernes ont abandonné avec raison son usage.

Quelques autres espèces sont aussi alimentaires, telle est en particulier la *Moule d'Afrique*, qui se trouve sur les rivages de cette partie du monde, offre une coquille marbrée de vert, et que l'on sert aux repas dans la Barbarie.

LITHODOMES. *Lithodomus*. Coquille subcylindrique, arrondie aux deux extrémités, close; charnière édentule; impression musculaire assez grande. Byssus temporaire. Animal à manteau prolongé et frangé en arrière; pied linguiforme, canaliculé, peu développé.

Les Lithodomes ont été séparés des Moules par Cuvier. La forme de leurs coquilles et leurs mœurs, qui diffèrent essentiellement de celles de ces Mollusques, nous semblent autoriser cette distinction, aussi nous l'adoptons. Un caractère fondamental s'observe aussi dans le byssus. Chez les Lithodomes cet organe ne se rencontre que dans la jeunesse et alors ils vivent à la surface des rochers et y adhèrent par son intermédiaire; mais quand ils sont devenus plus robustes ces Mollusques changent leur manière de vivre et perforent les rochers à l'instar des Pholades; alors les Lithodomes perdent leur byssus qui leur devient désormais inutile pour leur nouveau mode d'existence. Quelquefois aussi les animaux de ce groupe se rencontrent dans l'intérieur des polypiers calcaires et même on en a découvert dans l'épaisseur du test de quelques coquilles.

Le *Lithodome dactyle* qui habite la Méditerranée, l'océan Américain et les mers de l'Inde est vulgairement appelé Datte de mer;

il est d'un brun marron. MM. Mérat et Delens disent qu'il possède un
goût poivré, et forme une nourriture agréable, en usage sur les bords
de la Méditerranée.

JAMBONNEAUX. *Pinna*. Coquille cunéiforme, fibreuse, à sommet bâillant; une seule impression musculaire; crochets droits. Byssus considérable. Animal alongé, ayant son manteau ouvert en arrière; pied vermiforme, sillonné. Bouche à deux lèvres doubles, outre
deux paires d'appendices.

Selon Lamarck, la dénomination latine de ce groupe vient de la
comparaison que l'on a faite entre la forme de ses coquilles et l'aigrette
du casque des Romains, qui était appelée *Pinna*.

M. de France dit que l'on trouve des Jambonneaux fossiles dans les
couches antérieures à la craie et dans celles qui sont plus nouvelles que
celle-ci; on en a décrit sept ou huit. Les espèces contemporaines sont
plus nombreuses; il en existe environ vingt-quatre. Elles sont disséminées dans toutes les mers des contrées chaudes; la Méditerranée en
nourrit aussi, et l'on en connaît même une espèce qui réside dans
l'océan Britannique. Ces Mollusques se plaisent généralement dans les
endroits peu profonds et dont les eaux sont calmes.

Les Jambonneaux doivent être rangés parmi les Mollusques qui acquièrent une taille plus considérable; M. d'Angerville dit que l'une des
espèces, qui provient de la Chine, pèse jusqu'à quinze livres. Ces
Acéphaliens sont remarquables par la structure de leur coquille;
celle-ci se trouve formée de fibres très-courtes et serrées, perpendiculaires à sa surface, et elle est, à cause de cette disposition, extrêmement
sujette à se fendre; en outre, on observe que le byssus à l'aide duquel
ces coquilles s'ancrent au fond de la mer est très-considérable, et
celui-ci, qu'on ne rencontre aussi volumineux sur aucun Mollusque
connu, est formé de longs filaments d'une belle soie de couleur verdâtre. Ces filaments sont fixés aux corps environnants et même aux
grains de sable, de façon à permettre à ces animaux de résister aux
mouvements de la mer, dans laquelle ils sont situés de telle manière
qu'ils tournent en haut leur extrémité dilatée.

Les Jambonneaux, par leur volume considérable et par leur abondance sur les rivages de la Grèce et de l'Italie, ont naturellement attiré l'attention des premiers observateurs de l'antiquité, aussi ceux-ci
en parlent-ils très-longuement; mais leurs récits, qui ne sont guère
qu'une suite d'erreurs, ne peuvent être cités que pour l'historique de la
science. Ces Mollusques passaient parmi eux pour avoir un nombre
considérable d'ennemis, et ils croyaient que les Pinnothères, que l'on
découvre souvent dans leurs coquilles, avaient pour mission de les
avertir des dangers qui pouvaient les menacer; Aristote disait même
que lorsque ces Acéphaliens venaient à perdre ce petit Crustacé que
l'on nommait leur gardien, bientôt ils expiraient. Mais si ce grand
homme adopte ainsi les erreurs populaires de son temps, il faut s'em-

presser de dire que déjà il avait fait quelques observations exactes à l'égard des Acéphaliens qui nous occupent, en signalant qu'ils tenaient au fond de la mer au moyen d'un lien qu'il avait comparé aux racines des végétaux. Athénée et Pline parlent également de ces animaux, et le premier dit que, dans l'antiquité, on mangeait leur chair. Alors aussi les fils soyeux de leur byssus étaient employés pour confectionner des étoffes d'une couleur aussi brillante qu'inaltérable.

Les auteurs de la renaissance s'occupèrent avec discernement à réfuter les erreurs des anciens relativement aux Jambonneaux, et parmi eux Belon, qui avait voyagé dans les contrées qui en produisent, dit que là on se nourrit de ces Mollusques après les avoir fait griller ou bouillir; mais il fait remarquer que lorsqu'on en opère la cuisson il faut leur enlever l'estomac, parce que, sans cette précaution, on est désagréablement affecté, en les mangeant, par le sable que contient cet organe.

Aujourd'hui les pêcheurs de la Méditerranée se procurent des Jambonneaux en râclant le fond de la mer avec des râteaux en fer qui offrent des dents d'un pied de longueur, et dont le manche a d'autant plus d'étendue qu'il y a plus d'eau dans les endroits qu'ils explorent. Ainsi qu'autrefois, la chair de ces Mollusques leur paraît agréable; aussi, chaque jour, ils dépeuplent de plus en plus de ceux-ci les rivages. Actuellement, on fait encore des tissus avec le byssus soyeux de ces Mollusques, mais ils ne sont plus guère qu'un objet de curiosité. C'est surtout en Sicile, en Corse et en Calabre que cette industrie subsiste, et dans ces diverses contrées souvent on confectionne encore des bas ou des gants en employant la soie des Jambonneaux, et on les vend aux voyageurs.

Quelques personnes, en voyant les beaux et durables tissus que l'on obtient avec la soie de ces Acéphaliens, ont proposé d'arrêter la destruction de ceux-ci, en régularisant leur pêche ou en les parquant, comme on le fait pour les Huîtres. Pour prouver les ressources industrielles que pourraient offrir ces animaux, un manufacturier français a même exposé récemment une pièce d'étoffe qui était entièrement tissue avec leurs fils remarquables.

La *Pinne noble* ou *hérissée*, qui habite la Méditerranée et se reconnaît aux écailles roulées en tube qui l'ornent, est une des plus abondantes en matière soyeuse, et une des plus communes.

FAMILLE DES POLYODONTES.

Coquille équivalve ; charnière formée de dents nombreuses, similaires, sériales, souvent lamelleuses, s'engrenant réciproquement ; deux impressions musculaires très-distinctes et réunies par une ligule étroite. Animal à manteau largement fendu, sans traces d'ouvertures particulières ; pied toujours très-volumineux.

La famille des Polyodontes, qui est aussi nommée famille des Arcacées, parce que le genre Arche en est le type, ne contient que trois genres, et tous les Mollusques qui composent ceux-ci vivent dans la mer.

ARCHES. *Arca*. Coquille ordinairement naviculaire, inéquilatérale et à sommets ordinairement écartés ; charnière rectiligne, à dents transversales ou obliques. Animal à manteau bordé d'une rangée de filets tentaculaires ; pied pédonculé, fendu dans toute sa longueur ; tentacules buccaux grêles.

Les Arches doivent le nom qu'elles portent à leur forme qui, dans certaines espèces, imite à peu près la carène d'un vaisseau ; elles composent un de ces genres assez rares, qui ont peuplé les plus anciennes mers du globe, et qui se rencontrent encore dans celles de notre époque. On en découvre de fossiles parmi les terrains remplis d'Ammonites ; et il en existe aussi, en plus grand nombre, dans les formations tertiaires. Les naturalistes en connaissent une vingtaine qui ont été, presque toutes, recueillies dans ces dernières, et surtout en France et en Italie. Ce beau genre renferme un assez grand nombre d'espèces contemporaines, qui se trouvent disséminées presque dans toutes les mers du globe, mais qui sont rares dans celles de l'Europe ; elles se plaisent parmi les plages rocailleuses et se fixent à celles-ci soit par leur pied, soit à l'aide d'un byssus.

Les coquilles des Arches sont souvent recouvertes par un épiderme découpé en lanières fines, ce qui les fait paraître comme velues. L'espace qui se trouve ordinairement entre leurs crochets offre des lignes noires figurant des losanges emboîtés les uns dans les autres, et ceux-ci, qui sont très-serrés, et d'une régularité remarquable, représentent les traces du lieu qu'a occupé successivement le ligament.

Ce groupe contient des coquilles d'une forme très-variée, et la description qu'en donnent la majorité des naturalistes est défectueuse, aussi nous avons dû la modifier un peu pour y conserver les espèces qu'eux-mêmes y admettent ; c'est ainsi que presque tous les zoologistes disent que les Arches sont naviculaires et présentent des crochets écartés. Beaucoup d'entre elles n'offrent cependant point ces caractères ; les unes ont l'aspect des Bucardes et d'autres portent des crochets extrêmement rapprochés. Ce groupe, dont le caractère fondamental est de présenter une charnière rectiligne, peut se partager en plusieurs sections ou sous-genres, que quelques naturalistes ont parfois élevés à la dignité de genres. Les principaux qui ont été indiqués par de Blainville sont : les Navicules, les Bistournées, les Cucullées et les Rhomboïdes.

Les NAVICULES offrent une forme complétement naviculaire, et le mollusque qui les habite possède un pied tendineux et adhérent. *L'Arche de Noé* est le type de cette division ; elle réside dans les mers qui baignent les Antilles et dans la Méditerranée ; les Arabes qui peuplent les bords de la mer Rouge, où on la rencontre aussi, la mangent crue, et en Italie on en fait également usage sur les tables, mais après l'avoir fait cuire. On dit qu'en été, lorsqu'il est rempli d'œufs, ce Mollusque prend un goût âcre qui le rend insupportable.

Les BISTOURNÉES s'éloignent beaucoup des autres Arches ; elles semblent avoir été tordues sur elles-mêmes, et leurs sommets sont très-rapprochés. Oken en a fait un genre spécial sous le nom de Trisis. *L'Arche bistournée* présente ce caractère au plus haut degré.

Les CUCULLÉES, qui ont été considérées aussi comme un genre particulier par beaucoup d'auteurs, ne sont réellement que des Arches dont la forme est naviculaire, et dont la charnière offre des dents terminales plus longues que les autres et obliques. En outre, les coquilles de ces Mollusques se font aussi remarquer parce que, à un certain âge, il se produit à leur intérieur des saillies considérables, septiformes, situées près de leurs insertions musculaires. La *Cucullée auriculifère*, qui provient des mers de l'Inde, doit cette dénomination à la particularité que nous venons de mentionner. Une autre espèce mérite d'être citée à cause d'une anomalie remarquable ; c'est la *Cucullée crassatine*, qui est fossile et se trouve près de Beauvais ; sa coquille offre des stries transversales très-fortes sur l'une de ses valves, et sur l'autre elles sont longitudinales, ce qui ferait croire que l'on a affaire à deux espèces, si l'on ne connaissait cette particularité.

Les RHOMBOÏDES ont une forme pectinoïde et sont totalement closes. *L'Arche rhomboïde* est la plus caractéristique.

PÉTONCLES. *Pectunculus.* Coquille lenticulaire, subéquilatérale, close ; charnière courbe. Animal à manteau non bordé d'appendices ; pied grand, comprimé, fendu en long ; appendices labiaux linéaires.

On commence à rencontrer des Pétoncles fossiles dans les couches nférieures de la craie ; mais leurs coquilles se montrent surtout en grande abondance dans le calcaire coquillier grossier ; il en existe une vingtaine d'espèces qui proviennent de l'Italie et de la France, et plusieurs ont été rapportées de l'Amérique septentrionale par M. Michaux.

Les Pétoncles vivent dans la mer et sont disséminés sur presque toutes les plages du globe. On en connaît vingt espèces contemporaines, parmi lesquelles beaucoup sont décorées de vives couleurs. Ces Mollusques se trouvent à d'assez grandes profondeurs ; ils se plaisent surtout à la surface des fonds de sable, et se meuvent en se poussant avec leur pied. Le *Pétoncle flammulé*, qui est un des plus communs, est caractérisé par des taches fauves et angulaires sur un fond blanc ; il vient de la Méditerranée.

NUCULES. *Nucula.* Coquille subtriquètre, inéquilatérale, à sommets contigus ; charnière similaire, formant un angle ; dents aiguës, nombreuses, pectinées. Animal à manteau denticulé ; pied fort grand, mince à sa racine, puis élargi en disque ovalaire dont les bords représentent des digitations tentaculaires.

Les Nucules paraissent avoir peuplé le globe pendant presque toutes les périodes géologiques. Il en existe dans les couches antérieures à la craie ainsi que dans le calcaire grossier et le grès marin supérieur ; sept espèces sont déjà connues à l'état fossile, et se trouvent spécialement en France ; une seule provient de l'Italie. Les Nucules contemporaines habitent la plupart des mers ; toutes sont de petite dimension ; on en a décrit une dizaine. Les appendices buccaux de ces Mollusques se font remarquer par leur roideur, et les antérieurs, qui sont pointus, se trouvent appliqués l'un contre l'autre comme des espèces de mâchoires.

FAMILLE DES SUBMYTILACÉS.

Coquille libre, équivalve, inéquilatérale, souvent nacrée ; charnière variable ; deux impressions musculaires grandes ; impression abdominale non excavée en arrière. Byssus nul. Animal à manteau entièrement ouvert inférieurement et offrant ordinairement une ouverture anale très-grande, et une ouverture incomplète située au-dessous et garnie de cirrhes ; pied lamelliforme, grand.

IRIDINES. *Iridina.* Coquille équivalve, inéquilatérale ; charnière longue, linéaire, crénelée dans toute son étendue. Animal oblong, à manteau offrant en arrière deux tubes inégaux, très-courts ; pied comprimé, tranchant.

Ces Mollusques, qui habitent le Nil, étaient généralement considérés par les naturalistes comme devant être rangés parmi les Anodontes, parce que l'on supposait que leur animal devait ressembler à celui de ces Bivalves ; mais M. Caillaud, ayant recueilli des Iridines durant son voyage à Méroé, et à son retour en ayant fait hommage à M. Deshayes, ce naturaliste vit que leur animal, par la structure de ses tubes, différait des Acéphaliens avec lesquels on l'avait jusqu'alors confondu, et proposa de maintenir le genre Iridine déjà fondé précédemment. L'*Iridine exotique* est l'unique espèce qui ait encore été décrite.

ANODONTES. *Anodonta.* Coquille ovale ou arrondie, ordinairement mince, auriculée et fermante; charnière édentule, offrant une lame postapiciale. Animal à manteau ouvert dans toute son étendue, et offrant un grand trou en arrière et un autre trou incomplet qui sont des rudiments de tubes garnis de cirrhes. Pied très-grand, triangulaire, comprimé.

A notre connaissance, l'on n'a encore mentionné qu'une seule espèce d'Anodonte fossile, qui a été trouvée aux environs de Lausanne, dans des couches de lignite. Il en existe une quinzaine à l'état vivant, et qui, pour la plupart, habitent l'Amérique septentrionale et l'Europe. Ces Acéphaliens se trouvent exclusivement dans les eaux douces des mares, des lacs et des rivières où la vase abonde; puis ils s'enfoncent dans celle-ci pendant la saison froide, et même durant l'été, quand l'eau qui les recouvrait vient à se vaporiser. Ces animaux marchent à l'aide de leur pied musculeux, lamelliforme, avec lequel ils tracent sur la vase un sillon qui décèle leur route. Quelques espèces d'Anodontes produisent aussi des perles. Les Mollusques de ce groupe acquièrent un volume assez considérable, et on les mange dans certains pays, mais leur chair est fade. La coloration de leurs valves est ordinairement d'un vert brunâtre, et souvent celles-ci sont, comme celles des Mulettes, rongées au sommet, à ce que l'on suppose, par un animal parasite encore inconnu. Durant l'hiver, on trouve, dans les lames branchiales de ces Mollusques, des milliers de petits vivants, revêtus d'une mince coquille, qu'à l'aide d'une loupe on peut déjà voir s'ouvrir et se fermer.

L'*Anodonte des Cygnes* est une belle espèce de six pouces de long, qui se rencontre dans les étangs de notre pays, et dont les grandes valves, d'un beau vert, sont employées en Normandie pour écrémer le lait.

Les DIPSAS de Leach sont considérés par de Blainville comme une subdivision des Anodontes, qui a pour caractère une coquille très-auriculée, avec une lame alongée et saillante à la charnière.

MULETTES. *Unio.* Coquille ordinairement très-épaisse, à sommet rongé; charnière offrant une dent lamelleuse sous-ligamentaire, puis une dent double et dentelée irrégulièrement sur la valve gauche, et une simple sur la droite. Animal semblable à celui des Anodontes.

Les coquilles de ce genre offrent souvent une couche épaisse de nacre à leur partie interne, et le nom latin d'*Unio* qu'elles portent, et qui veut dire Perle, leur a sans doute été imposé parce que le Mollusque qu'elles contiennent produit parfois d'assez belles perles qu'on recueille pour les vendre.

On n'a guère trouvé jusqu'à ce moment que huit ou dix Mulettes fossiles, qui, pour la plupart, ont été découvertes en Angleterre, et figurées par Sowerby. On en connaît environ quatre-vingt-dix à cent espèces vivantes, qui se trouvent disséminées dans les quatre parties du globe ; elles en habitent toutes les latitudes, mais cependant on en rencontre considérablement plus dans l'hémisphère septentrional que dans l'autre ; ces Mollusques paraissent même affectionner les régions tempérées de celui-ci, et ils y vivent en beaucoup plus grand nombre que dans les lieux ou règne une température élevée ; l'Amérique du Nord et l'Europe sont principalement leur patrie, car l'Asie et l'Afrique n'en recèlent que fort peu d'espèces, proportionnellement à ce qui se trouve dans ces deux régions du globe. Les Mulettes vivent toutes dans les eaux douces, et se découvrent dans les lacs, les fleuves et parfois même parmi les étangs.

L'animal des Mulettes est tout à fait semblable à celui des Anodontes ; aussi Poli confondit-il ces deux genres sous la même dénomination, celle de *Lymnoderme*. La coquille de ces groupes ne diffère que parce que dans le premier elle est plus épaisse, et que sa charnière est mieux engrenée ; cependant, en étudiant une série d'espèces, on voit que pour les formes et la structure de cet organe on peut passer par degrés insensibles des Anodontes aux Mulettes.

Les naturalistes américains, et entre autres Lea et Say, ayant récemment fait connaître un grand nombre de Mulettes, et celles-ci offrant souvent un aspect extrêmement différent, on a senti l'utilité d'établir des sections parmi ces groupes. M. Rafinesque a proposé de les diviser en plusieurs genres, mais dans tous ceux qu'il a établis il n'en est peut-être pas un qui soit susceptible d'être conservé, parce qu'on passe par degrés insensibles de l'un à l'autre ; aussi doit-on, tout au plus, leur conserver le rang de sous-genre. Jusqu'à plus amples renseignements, nous admettons les sous-genres suivants : les Hyries, les Symphynotes, les Mulettes proprement dites et les Castalies.

Les HYRIES sont de forme trigone et auriculées ; leur charnière offre deux dents dont l'antérieure est fort longue et lamellaire. Ce groupe est le point de transition du sous-genre Dipsas aux Mulettes.

Les SYMPHYNOTES se font remarquer par leurs deux valves qui sont soudées entre elles par leurs bords supérieurs, au moyen d'appendices aliformes.

Les MULETTES PROPREMENT DITES sont ovalaires et peu ou point auriculées.

La *Mulette margaritifère* ou Moule perlière, qui doit ses noms à ce que l'on trouve parfois des perles dans son intérieur, est un des types de cette section. Cette espèce abonde dans presque tous les fleuves d'Europe, et principalement dans ceux du Nord ; les perles qu'on en obtient sont assez réputées, surtout celles des Mulettes du lac Tay, en Écosse. On peut même en déterminer la formation artificielle en perçant la coquille sur le Mollusque vivant, comme l'avait fait Linnée dans quelques rivières de la Suède, ainsi que nous l'avons dit précédemment ; mais les perles qui se produisent par ce moyen sont irrégulières ; aussi, le gouvernement de ce pays fut-il obligé d'abandonner des établissements nommés *perlières*, qu'il avait fait instituer et où l'on pratiquait ce procédé, pour forcer ces bivalves à donner plus de perles. La *Mulette des peintres*, qui est recouverte à l'intérieur d'une nacre argentée et brillante, et se trouve dans les rivières de notre patrie, ainsi que la *Mulette littorale* qui est commune dans la Seine, appartiennent aussi à cette section.

Les CASTALIES offrent une coquille trigone, dont la charnière est composée de dents lamelleuses striées. La *Mulette ambiguë* est le type de cette section, considérée comme un genre spécial par Lamarck, mais que Sowerby et de Blainville confondent avec le genre que nous décrivons.

CARDITES. *Cardita*. Coquille épaisse, équivalve, plus ou moins inéquilatérale, à sommets très recourbés en avant ; charnière bidentée, similaire ; dents très-inégales, l'une courte, cardinale ; l'autre longue, lamelleuse, arquée, postapiciale ; ligament alongé, subextérieur. Animal semblable à celui des Mulettes.

Ce genre contient un certain nombre d'espèces fossiles ou vivantes ; les premières ont principalement été extraites des terrains de la France et de l'Italie, et les autres sont disséminées dans les mers de l'Océanie, de l'Inde, de l'Amérique et de l'Europe ; on n'en connaît aucune d'eau douce. Jamais elles n'adhèrent aux rochers à l'aide de leurs valves, mais quelques espèces s'attachent à ceux-ci au moyen d'un byssus, à la manière des Pinnes et des Arches. C'est à Poli que l'on doit l'anatomie de ces Mollusques, et ce naturaliste voit dans celle-ci de tels rapports organiques avec la structure des Mulettes, qu'il n'en fait même qu'un seul et unique genre ; mais on se borne généralement en France à rapprocher ces deux groupes.

De Blainville et plusieurs autres savants réunissent aux Acéphaliens qui nous occupent quelques genres que Lamarck regarde comme devant en être isolés, et, selon le premier, on peut diviser les Cardites en quatre sections : les Mytilicardes, les Cardiocardites, les Vénéricardes et les Cypricardes.

Les MYTILICARDES sont alongées, et un peu échancrées ou bâillantes à leur bord inférieur ; ces caractères s'observent dans la *Cardite à grosses côtes*.

Les CARDIOCARDITES ont une figure ovalaire, et leur bord inférieur, qui est presque droit, est complétement fermé ; la *Cardite Ajar* peut être considérée comme le type de ce sous-genre.

Les VÉNÉRICARDES sont suborbiculaires ; leur bord inférieur est arrondi, denticulé, et leurs deux dents sont plus courtes et plus obliques. La *Cardite à côtes plates* est l'espèce que l'on peut citer comme une des plus caractéristiques.

Les CYPRICARDES présentent une forme alongée, très-inéquilatérale, deux dents cardinales courtes, divergentes, et un ligament fort long. La *Cardite de Guinée* est une de celles qui font partie de cette division.

FAMILLE DES CAMACÉS.

Coquille régulière ou irrégulière, libre ou adhérente, à sommets plus ou moins contournés en spirale; deux empreintes musculaires ordinairement réunies par une ligule. Animal à manteau peu ouvert, à bords frangés, et percé en arrière de deux ouvertures bordées de tentacules rayonnés; pied de forme variable.

CAMES. *Chama.* Coquille inéquivalve, inéquilatérale, adhérente, à sommets inégaux, contournés en spirale; charnière dissemblable, à une seule dent, grossière, arquée, subcrénelée, répondant à une fossette. Animal cordiforme, terminé supérieurement par une sorte de crochet; pied petit, coudé; branchies inégales.

Les conchyliologistes connaissent treize espèces de Cames fossiles qui, pour la plupart, proviennent de l'Italie et de la France. Actuellement ce genre prodigue ses espèces aux mers australes; mais on en rencontre aussi dans les autres mers, et celles qui baignent le nord du globe sont les seules qui en soient dépourvues. Dix-sept espèces ont été décrites. Les Cames se découvrent communément à une petite profondeur, adhérant aux rochers et aux polypiers, ou bien unies entre elles par leurs valves, et d'une manière si intime, qu'on les brise quelquefois plutôt que de les enlever; cette adhérence, en défigurant les espèces, les rend souvent très-difficiles à distinguer. Les naturalistes de l'antiquité avaient mentionné les Cames, mais on ne sait au juste ce qu'ils comprenaient sous ce nom, et c'est en vain que les régénérateurs des sciences ont voulu l'expliquer. Leur coquille, qui est ordinairement rugueuse, grossièrement feuilletée et lamelleuse, semble, au premier aspect, rapprocher ces Mollusques des Huîtres; mais leur étude fait découvrir dans leurs animaux et dans la structure de leur charnière les plus grandes différences entre ces deux genres. Ces coquilles offrent souvent une coloration vive sur leur valve supérieure, tandis que l'inférieure, au contraire, est pâle, ou même seulement blanche.

La *Came feuilletée*, dont la teinte varie du rouge pourpre au jaune, est commune dans les cabinets; c'est elle que les amateurs nomment *gâteau feuilleté;* elle vient à la fois dans la Méditerranée et dans les mers des deux Indes.

DICÉRATES. *Diceras.* Coquille inéquivalve, inéquilatérale, adhérente, à sommets coniques, énormes, contournés en spirale ; charnière dissemblable, offrant une grande dent sous la valve la plus considérable ; animal inconnu.

Les Dicérates ne se rencontrent qu'à l'état fossile, et on les trouve dans les terrains jurassiques mêlées à des Encrinites, à des Térébratules et à quelques polypiers. Les premières furent découvertes dans les Alpes à une assez grande élévation par de Saussure et Deluc ; deux espèces seulement sont connues. La *Dicérate ariétine*, qui est la plus répandue, provient du mont Salève, et se fait remarquer par ses crochets énormes, qui se contournent comme les cornes de certains Béliers.

ÉTHÉRIES. *Etheria.* Coquille adhérente, très-irrégulière, à sommet formant un talon qui se prolonge avec l'âge ; charnière édentule, irrégulière ; deux impressions musculaires. Animal à lobes du manteau désunis dans toute leur étendue ; branchies réunies ; pied grand et épais.

Les Éthéries ont un aspect qui parfois se rapproche de celui des Huîtres ; elles possèdent une nacre terne et verdâtre, et souvent présentent à leur intérieur des boursouflures remarquables et comme bulliformes, qui paraissent être accidentelles. Lamarck croyait à tort que ces Mollusques étaient marins ; il n'en est rien, ils sont essentiellement fluviatiles, et on les rencontre particulièrement dans les eaux des rivières de l'Afrique. Là ils vivent attachés sur les rochers qui en forment le fond, et indifféremment par l'une ou par l'autre de leurs valves, selon M. Deshayes, ce qui n'a pas lieu dans les Huîtres et dans les Cames. C'est à M. Caillaud que l'on doit la découverte de ce fait, et ce voyageur, en commun avec M. Rang, a publié un mémoire intéressant sur ces animaux. On n'en connaît que cinq espèces.

L'*Éthérie du Nil*, appelée aussi Éthérie tubifère, se fait remarquer par les tubes qui se trouvent à sa surface, ainsi que par le talon considérable qu'elle offre quand elle est âgée, et qui se compose d'une suite de chambres analogues à celles des coquilles polythalames.

TRIDACNES. *Tridacna.* Coquille triangulaire, équivalve, inéquilatérale, très-épaisse, placée sur les côtés de l'animal ; lunule bâillante ou close ; charnière dissemblable, offrant deux dents et une lame sur la valve gauche, et une dent et deux lames sur la droite. Animal à manteau dont les bords sont réunis dans presque toute leur étendue ; pied à byssus tendineux ; appendices labiaux filiformes.

De Blainville ayant observé que la lunule, qui se trouve sur les Tridacnes jeunes, pouvait se fermer complétement avec l'âge, et qu'alors leur coquille se présentait comme celle des Hippopes de Lamarck, il leur a réuni ces dernières et n'en a fait qu'un seul groupe sous le nom de *Tridacnes*. Dans ce genre, l'animal est placé dans son test d'une manière fort remarquable ; il y est retourné, et l'enveloppe calcaire paraît située sur ses côtés.

M. Risso dit que l'on découvre des Tridacnes fossiles dans les terrains tertiaires des environs de Nice. Les espèces vivantes habitent les mers des contrées les plus chaudes du monde, et se trouvent toutes dans l'océan Indien ; elles résident parmi les rochers qui bordent les rivages.

Ces Mollusques ont été le sujet des observations des anciens, et c'est probablement d'eux qu'il est question dans Pline lorsqu'il mentionne, d'après les historiographes d'Alexandre, qu'il existe dans l'Inde des Huîtres qui ont un pied de longueur. En effet, les soldats de ce conquérant, en parcourant les rivages de cette contrée, avaient pu être frappés des proportions gigantesques des coquilles de ce genre, qui les habitent.

Les Tridacnes sont aussi connues aujourd'hui sous le nom de *Bénitiers*, à cause de l'emploi auquel on les consacre dans quelques églises ; là elles servent à contenir l'eau sainte, comme on peut le voir dans la basilique de Saint-Sulpice de Paris, où il s'en trouve deux belles valves qui furent données à François Ier par la république de Venise. Quoique celles-ci soient d'une très-grande taille et fassent l'admiration de tous les voyageurs, cependant on en connaît encore de beaucoup plus volumineuses ; aussi l'on peut dire que les Mollusques de ce genre sont les géants de la conchyliologie. On en a découvert qui ont jusqu'à 5 pieds de longueur, et dont le poids du test s'élève à plus de cinq cent cinquante livres. Dans une collection, j'ai vu une de ces coquilles que quatre hommes avaient de la peine à soulever de terre. On dit que l'animal en est si volumineux, que cent personnes peuvent y trouver leur repas ; mais ce dernier fait est sans doute beaucoup exagéré, et l'on aura augmenté les dimensions du Mollusque, d'après celles que peut offrir son enveloppe calcaire. Ces grandes Tridacnes sont si peu rares que, dans certaines îles de l'archipel des Moluques, à ce que rapporte Péron, l'on se sert communément de leurs valves pour faire des auges dans lesquelles on donne à manger aux cochons ; et il paraît qu'on les emploie parfois à confectionner des baignoires pour les enfants.

Les **TRIDACNES** sont plus alongées que les Hippopes et plus inéquilatérales ; puis leur lunule est très-vaste, au moins dans le jeune âge. Lamarck en mentionne six espèces.

C'est la *Tridacne gigantesque*, nommée ainsi à juste titre, qui acquiert les proportions les plus prodigieuses ; elle se trouve dans les mers de l'Inde ; là ce Mollusque est suspendu aux rochers par un byssus tendineux, extrémement fort, et l'on emploie quelquefois la hache pour couper celui-ci dans les pays où cette espèce est recueillie pour l'alimentation, ainsi que cela a lieu aux Moluques. Forster dit aussi que dans ces îles, où l'on en fait une grande consommation, pour pêcher cet animal on enfonce un bâton dans sa coquille lorsqu'elle est entr'ouverte ; alors le Mollusque, irrité par le contact de ce-lui-ci, se contracte et le saisit fortement entre ses valves , ce qui permet de l'arracher du rocher auquel il adhère.

Les **HIPPOPES** sont subéquilatérales et leur lunule est pleine. On n'en connaît qu'une seule espèce qui provient des mers de l'Inde.

ISOCARDES. *Isocardium*. Coquille cordiforme , très-bombée , équivalve , très-inéquilatérale , à sommets divergents , recourbés en avant en spirale ; charnière similaire, offrant deux dents cardinales , aplaties , et une dent lamelliforme postérieure. Animal épais ; pied petit, comprimé, tranchant ; appendices buccaux ligulés.

On a récemment décrit cinq Isocardes anciennes qui ont été extraites des terrains de l'Italie , de l'Angleterre et de la France. Dans la couche remarquable de fossiles qui se trouve vers la limite du Plaisantin et du Parmesan , et dans laquelle on découvre le plus grand nombre de coquilles antédiluviennes que l'on puisse rapporter à des analogues vivant actuellement dans nos mers , on observe plusieurs espèces de ce genre , dont une paraît être tout à fait identique avec l'Isocarde globuleuse. Une particularité aussi remarquable , c'est que l'analogue de celle-ci se trouve aussi dans des terrains de l'Amérique.

Les collections ne renferment que trois espèces d'Isocardes vivantes ; deux, assez rares , proviennent des mers de l'Inde ; et l'autre , très-commune, se trouve dans la Méditerranée ; cette dernière est nommée , par les naturalistes, *Isocarde globuleuse*, et par les amateurs, *bonnet de fou*, ou *cœur de bœuf*, ou encore *cœur à volute*.

TRIGONIES. *Trigonia.* Coquille ordinairement trigone ; charnière à deux lames crénelées pénétrant entre quatre lames crénelées du côté opposé. Animal à manteau ouvert dans toute sa longueur ; pied fort et tranchant ; point de tubes postérieurs.

Les Trigonies fossiles sont fort abondantes parmi les terrains antérieurs à la craie ; il en existe plus d'une vingtaine d'espèces dans ceux de l'Europe. A l'état vivant au contraire elles sont fort rares , et jusqu'à ce moment on n'en a encore découvert qu'une seule espèce qui est rarissime ; c'est la *Trigonie pectinée*, qui habite la Nouvelle-Hollande. Ce Mollusque , qui a été rapporté pour la première fois par MM. Péron et Lesueur, offre une coquille qui se rapproche assez , par son aspect, de celle des Bucardes, et dont l'extérieur est d'un brun rougeâtre et l'intérieur d'une nacre légèrement teinte en orangé ; il paraît vivre à une grande profondeur. MM. Quoy et Gaimard en ont rapporté des individus qui avaient été péchés à la drague à quatorze brasses au-dessous de la surface de la mer.

FAMILLE DES CONCHACÉS.

Coquille ordinairement régulière et close, équivalve, à charnière engrenée; deux impressions musculaires réunies par une ligule ordinairement excavée. Animal à manteau fermé en avant et offrant deux tubes en arrière; pied variable.

BUCARDES. *Cardium*. Coquille cordiforme, bombée, portant presque constamment des côtes radiaires; bords dentés; charnière similaire à huit dents, les moyennes coniques, les latérales larges, écartées. Animal épais, à manteau bordé de cirrhes tentaculaires; tubes réunis, courts; pied extrêmement long, conique, comprimé, coudé.

Le vulgaire donne le nom de *cœur* aux coquilles de ce genre; désinence qui provient de leur forme que l'on a comparée à celle de cet organe; la dénomination scientifique de *Cardium* a la même origine. Les auteurs de la nouvelle édition de Lamarck mentionnent une trentaine de Bucardes fossiles, qui ont été extraites des terrains de l'Italie, de l'Angleterre et de la France; on compte environ cinquante espèces contemporaines, qui se trouvent disséminées dans presque toutes les mers, mais dont le plus grand nombre provient de celles qui baignent l'Inde et l'Amérique. La plupart de ces Mollusques fréquentent les rivages sablonneux et vivent enfoncés à quelques pouces sous le sable; lorsqu'ils le veulent ils se meuvent facilement à la surface de celui-ci en faisant des espèces de sauts à l'aide de leur énorme pied qui est recourbé sous leurs valves, et qu'ils projettent brusquement en dehors. Cet organe, en trouvant un point d'appui sur le sol, pousse l'animal vers un autre endroit. Dans plusieurs contrées de l'Europe, et principalement sur les rivages de l'Italie, de la Hollande, de l'Angleterre et de la France, les classes pauvres consomment pour leur nourriture une très-grande quantité de Mollusques de ce genre; leur chair fournit, il est vrai, un mets peu délicat, mais leur extrême abondance les rend précieux parce qu'on les vend à fort bon marché.

La *Bucarde comestible*, qui est vulgairement appelée *Coque* ou *Sourdon*, se trouve dans les mers d'Europe et se mange en beaucoup d'endroits de l'Italie, de l'Angleterre, de la Hollande et de la France. Les pauvres gens de La Rochelle en font un grand usage.

DONACES. *Donax*. Coquille subtrigone, comprimée, très-inéquilatérale, comme tronquée en arrière; charnière variable. Animal à manteau bordé de tentacules; pied très-large, comprimé, pointu; appendices buccaux presque aussi grands que les branchies; tubes longs.

Les formations récentes, d'origine marine, contiennent des Donaces fossiles; neuf espèces ont été rencontrées dans celles de la France et de l'Italie. Ces Mollusques sont aujourd'hui répandus parmi un grand nombre de mers et sous presque toutes les latitudes. Poli a reconnu que leur structure anatomique était absolument analogue à celle des Tellines; aussi il propose de les réunir à elles pour n'en former qu'un seul groupe; leurs mœurs sont les mêmes. Ces animaux vivent enfoncés dans le sable, environ à un demi-pied de profondeur; là ils sont situés verticalement et leurs tubes se trouvent dirigés en haut. Quand on vient à les découvrir, ils sautent à l'aide de leur pied et s'élancent à dix ou douze pouces de distance. Il est des localités où les Donaces sont tellement abondantes, que les couches les plus superficielles étouffent les vieilles qui sont au-dessous. Certaines espèces servent d'aliment aux peuples qui habitent les bords de la mer; telle est entre autres la *Donace alongée*, qui vit dans l'océan Atlantique et surtout au Sénégal, où Adanson en a découvert abondamment à un pied sous le sable.

La *Donace des Canards*, qui abonde dans toutes les mers d'Europe, est luisante, blanche ou de couleur de corne; on l'a ainsi appelée parce qu'elle sert de nourriture aux Macreuses et à quelques autres espèces de Canards. J'en ai rencontré parfois une quantité considérable dans l'estomac de quelques-uns de ces oiseaux tués à une grande distance de la mer.

TELLINES. *Tellina.* Coquille mince, ordinairement striée longitudinalement, très-comprimée, plus ou moins inéquilatérale, présentant un pli flexueux sur le côté postérieur; charnière à une ou deux dents cardinales; deux dents latérales écartées, offrant une fossette à leur base. Animal entièrement semblable à celui des Donaces.

On trouve passablement d'espèces de ce genre à l'état fossile, toutes résident parmi les terrains plus récents que la craie; on en a découvert en Angleterre, en Italie et en France. Les ouvrages de Sowerby, de Brocchi, de Basterot et de Deshayes en mentionnent une trentaine d'espèces. Les Tellines contemporaines vivent dans la mer et peuplent presque toutes les plages du globe; les nôtres en nourrissent un assez grand nombre, mais les plus volumineuses proviennent des contrées chaudes. C'est à peu de distance du rivage qu'elles se plaisent, et on les rencontre, comme les Donaces, enfoncées dans le sable. Ces Mollusques portent des coquilles ordinairement revêtues de brillantes et vives couleurs, surtout ceux qui habitent des contrées plus favorisées par la lumière, et généralement leur système de coloration offre la disposition rayonnée. Ces Acéphaliens peuvent changer de place au moyen de leur pied. Lamarck en cite plus de soixante espèces qui, pour la plupart, proviennent des mers de l'Europe et de l'Inde.

La *Telline soleil levant*, qui est une des plus remarquables, est connue de tous les amateurs; ses rayons rouges et jaunes sur un fond blanc, poli, l'ont fait nommer ainsi, parce qu'ils imitent les rayons divergents de cet astre, lorsqu'il dissipe les nuages du matin; ce sont les mers de l'Amérique qui la nourrissent.

La *Telline dentelée*, que l'on rencontre dans les mers du Sud et de l'Inde, et dont la surface est blanche et rugueuse, est l'espèce que les marchands appellent *langue de tigre*. Selon Duhamel, c'est cette coquille que les Taïtiens emploient pour râper l'écorce du mûrier à papier, *broussonetia papyrifera*, afin de la transformer en étoffes diverses.

LUCINES. *Lucina*. Coquille orbiculaire, comprimée, subéquilatérale; charnière similaire; dents cardinales ordinairement rudimentaires ou nulles; dents latérales distantes, ayant une fossette à leur base et quelquefois nulles. Animal peu connu.

On découvre un assez grand nombre de Lucines fossiles dans les terrains tertiaires; les espèces vivantes habitent presque toutes les mers; on les trouve sous le sable, où elles s'enfoncent ou s'élèvent à volonté pour faire sortir les tubes qui terminent leur manteau en arrière. De Blainville, qui comprend dans ce groupe plusieurs genres des zoologistes modernes, le divise en divers sous-genres qui sont les Phacoïdes, les Loripèdes, les Lucines proprement dites, les Amphidesmes et les Corbeilles.

Les **PHACOÏDES** ont des coquilles lenticulaires, striées concentriquement, et dont la lunule et le corselet offrent un certain relief; telle est la *Lucine de la Jamaïque*.

Les **LORIPÈDES** présentent la même forme, mais leur lunule et leur corselet ne sont point saillants. Cette division, qui est considérée comme un genre par Poli, a pour type la *Lucine lactée*.

Les **LUCINES PROPREMENT DITES** sont lenticulaires et rayonnées du sommet à la base, comme on l'observe dans la *Lucine rude*.

Les **AMPHIDESMES** présentent une forme lenticulaire ou ovalaire, et leur ligament oblique est entièrement caché; dans ce groupe, que Lamarck considère comme un genre, la lunule est nulle ou apparente. La *Lucine pellucide* peut être regardée comme un des types de cette section.

Enfin, les **CORBEILLES** possèdent des coquilles ovalaires, un peu alongées, dont la charnière offre des dents bien marquées. Cuvier, qui les élève à la dignité de genre, dit que leur surface extérieure est garnie de côtes transverses, croisées par des rayons avec une régularité comparable à celle des ouvrages de vannerie; c'est de là que provient leur nom. Tous ces caractères s'aperçoivent très-bien sur la *Lucine renflée*, et encore mieux sur quelques espèces fossiles.

CYCLADES. *Cyclas*. Coquille épidermée, ovale ou trigone, très-bombée; charnière similaire, complexe, à deux dents latérales; dents cardinales variables, écartées, offrant une fossette à leur base; ligament extérieur. Animal à manteau à bords simples; pied très-large, terminé par un appendice. Tubes courts, réunis.

On n'a encore découvert que fort peu de Cyclades fossiles. Les espèces contemporaines sont, au contraire, assez nombreuses et disséminées à la surface de tout le globe. Ces Mollusques vivent dans les eaux douces, et ils peuplent les rivières, les étangs et même parfois les moindres mares; presque tous ont l'habitude de s'enfoncer plus ou moins dans la vase. De Blainville partage ce genre en trois sections, qui correspondent à autant de genres de Lamarck; ce sont les Cyclades proprement dites, les Cyrènes et les Galathées.

Les CYCLADES PROPREMENT DITES offrent une coquille suborbiculaire, dont les sommets ne sont pas écorchés, et dont les dents cardinales sont toujours fort petites et quelquefois nulles. Les espèces de cette section sont répandues dans toutes les parties du monde, et l'Europe en possède plusieurs. La *Cyclade cornée*, qui a quatre à six lignes de longueur, est commune dans nos étangs et nos mares; elle est d'un vert terne et ses bords sont jaunâtres.

Les CYRÈNES sont subtrigones ou ovalaires; elles offrent des sommets écorchés et portent trois dents cardinales, dont les postérieures sont bifides. Les espèces de ce groupe sont toutes exotiques à l'Europe, et la plupart proviennent de l'Inde.

Les GALATHÉES ont une forme trigone et possèdent deux dents cardinales sillonnées sur une valve, et trois sur l'autre, dont celle du milieu est plus volumineuse et calleuse. La *Galathée à rayons*, qui vit, dit-on, dans les rivières de Ceylan, est une belle coquille couverte d'un épiderme lisse et d'un vert clair avec quelques rayons noirs. C'est la seule espèce qui soit connue dans cette division, qui correspond au genre *Potamophile* de Sowerby.

CYPRINES. *Cyprina.* Coquille épidermée, subcordiforme, légèrement striée longitudinalement, inéquilatérale, à sommets fortement recourbés et très-rapprochés; charnière formée de trois dents cardinales et d'une dent postérieure, écartée; ligament extérieur épais, bombé. Animal à manteau percé de deux ouvertures ovales à bords cirrheux; tubes nuls; pied falciforme, comprimé, géniculé, à coude tranchant et denticulé.

Ce genre, qui est intermédiaire aux Cyclades et aux Vénus, renferme huit espèces fossiles, provenant presque toutes de l'Italie, et dont quelques-unes ont été découvertes en France. La Cyprine d'Islande est la seule espèce vivante que l'on connaisse; elle habite l'embouchure des fleuves de l'océan Boréal, et Lamarck dit qu'on la trouve à l'état fossile aux environs de Bordeaux.

MACTRES. *Mactra.* Coquille subtrigone, inéquilatérale, parfois bâillante, épidermée; dents cardinales en V; dents latérales lamelleuses; ligament interne. Animal offrant un manteau à bords épaissis, nus; tubes peu alongés, réunis; pied très-long, en soc de charrue.

Il existe quelques Mactres fossiles, mais en fort petit nombre; on les a rencontrées en Amérique, en Angleterre et en France. Les espèces vivantes, dont la liste s'élève environ à trente-cinq, sont disséminées dans la plupart des mers, et surtout dans celles de l'Australasie, de l'Inde et de l'Europe. Ces Mollusques se plaisent principalement sur les plages peu distantes de l'embouchure des fleuves. Leurs coquilles n'offrent jamais de brillantes couleurs et elles sont ordinairement d'une teinte terne. Selon Poli, l'animal de quelques espèces ne diffère nullement de celui des Vénus; aussi cet auteur les a-t-il réunies à ce genre. La *Mactre géante*, qui provient des mers de l'Amérique méridionale et acquiert une taille considérable, est d'un blanc fauve et doit être citée comme une des espèces les plus remarquables.

ÉRYCINES. *Erycina*. Coquille subtrigone, inéquilatérale; sommets bien marqués et inclinés en avant; deux dents cardinales inégales, ayant une fossette entre elles; deux dents latérales peu écartées, lamelleuses. Animal inconnu.

Le calcaire grossier coquillier contient un assez grand nombre d'Érycines fossiles; mais on n'en a encore décrit qu'une seule à l'état vivant, qui a été rencontrée dans les mers qui baignent l'Australie.

CRASSATELLES. *Crassatella*. Coquille subtrigone, épaisse, striée longitudinalement, inéquilatérale; charnière extrêmement large, subsimilaire; deux dents cardinales divergentes, séparées par une fossette contenant le ligament. Animal inconnu.

Les Crassatelles fossiles abondent dans les terrains tertiaires, et depuis longtemps les naturalistes en avaient observé sous cette condition, mais sans connaître aucun individu de ce genre à l'état vivant. Ce furent MM. Péron et Lesueur qui découvrirent les premiers sur les rivages de la Nouvelle-Hollande. Depuis ces voyageurs célèbres, qui en rapportèrent seulement deux espèces, plusieurs autres ont enrichi les collections. Aujourd'hui on compte quatorze Crassatelles fossiles, qui, pour la plupart, ont été trouvées en France et surtout à Grignon; puis les ouvrages en mentionnent onze contemporaines, qui habitent l'océan Austral et principalement l'Australie; aucune ne se rencontre dans nos mers.

VÉNUS. *Venus*. Coquille équivalve, inéquilatérale; charnière offrant deux à quatre dents cardinales rapprochées; dents latérales écartées nulles; impressions musculaires arrondies; impression palléale très-excavée en arrière. Animal à manteau onduleux, muni d'une rangée de cirrhes; pied grand, comprimé, tranchant; tubes plus ou moins alongés et ordinairement réunis.

Les conchyliologistes ont décrit un assez grand nombre de Vénus fossiles, et celles-ci, pour la plupart, ont été extraites des terrains tertiaires. Les espèces vivantes sont extrêmement multipliées et se trouvent disséminées dans toutes les mers du globe; on les rencontre constamment sur leurs bords, et spécialement dans les lieux où il existe un fond de sable ; elles vivent enfoncées dans celui-ci à une profondeur peu considérable, de manière qu'elles peuvent en sortir facilement et ramper à sa surface à l'aide de leur pied. Quelques observateurs prétendent que ces Mollusques ont aussi la puissance de se mouvoir sous l'eau, en exerçant une espèce de natation, par le moyen de leurs valves, et qui consiste à ouvrir et à fermer celles-ci vivement. C'est cette faculté qui a porté Poli à nommer toute la classe des Bivalves *Subsilientia*. Cependant peu d'Acéphaliens la possèdent à un degré marqué. Du reste on ne connaît guère les mœurs des Vénus.

Les coquilles de ce genre sont un des plus beaux ornements des collections ; elles possèdent des valves qui closent totalement, et celles-ci, sur lesquelles on voit ordinairement des côtes longitudinales, sont presque toujours polies et ornées de couleurs douces et variées. Ces Mollusques concourent à satisfaire nos besoins, et, dans plusieurs ports de mer, on préfère quelques-unes de leurs espèces aux Huîtres ; on les mange crues ou après les avoir diversement apprêtées.

De Blainville partage ce groupe en deux grandes divisions qui correspondent aux genres Vénus et Cythérées de Lamarck, et, en outre il admet dans celles-ci plusieurs sections, dont quelques-unes ont été considérées comme des genres par Leach et d'autres auteurs.

Les CYTHÉRÉES offrent une charnière dont la dent médiane est profondément divisée en deux, et l'antérieure est plus avancée. A ce groupe appartient la *Vénus fauve*, qui provient des mers d'Europe et de l'océan Atlantique ; c'est une belle coquille cordiforme offrant des sillons longitudinaux.

Les VÉNUS PROPREMENT DITES ont leur dent médiane bifide ou trois dents cardinales seulement. La *Vénus croisée* qui provient de la Méditerranée, et est marquée de stries transversales et longitudinales, est un des types de cette section. On la mange crue et à l'instar des Huîtres dans les villes maritimes du midi de la France. La *Vénus verruqueuse*, que l'on trouve dans toutes les mers d'Europe, peut aussi être citée ; elle se fait remarquer par les grosses côtes dont elle est cerclée, et qui en arrière sont verruqueuses. Elle est aussi édule, et à Naples on fait avec elle une espèce de soupe que l'on sert aux repas.

ASTARTÉS. *Astarte*. Coquille épaisse, suborbiculaire ; charnière offrant sur une valve deux très-grosses dents divergentes, et sur l'autre deux dents très-inégales ; impression palléale non excavée en arrière. Animal inconnu.

M. de la Jonkaire, qui a fait une monographie de ce genre, en compte seize espèces fossiles ; on n'en connaît qu'une seule à l'état vivant, et elle habite les côtes de l'Angleterre. Quelques auteurs réunissent les Astartés aux Vénus, mais elles nous semblent devoir former un genre spécial, soit à cause de leur coquille, soit à cause de l'animal qui l'habitait et qui ne devait pas être le même que celui de ces derniers, puisque l'impression palléale n'est pas excavée.

VÉNÉRUPES. *Venerupis*. Coquille subtrigone, très-inéquilatérale, striée ou rayonnée, à côté antérieur court et arrondi, et le postérieur subtronqué ; dents cardinales grêles, en nombre variable ; impression palléale très-excavée en arrière. Animal semblable à celui des Vénus.

Le nom de ce genre rappelle heureusement l'affinité que les Mollusques qu'il contient ont avec les Vénus et la nature de leur habitat, car il indique très-bien que ce sont, en quelque sorte, des Vénus de rocher. On a trouvé quelques Vénérupes fossiles, mais seulement dans les terrains marins récents, et dans quelques couches calcaires plus anciennes ; c'est principalement en France et en Italie que l'on en a découvert. Les espèces contemporaines résident dans la mer ; elles sont lithophages, et se creusent dans les pierres ou à l'intérieur des polypiers calcaires, des cavités proportionnées à leur taille et dans lesquelles elles restent toute leur vie. La Coquille des Vénérupes est dépourvue d'épiderme, et sa couleur est constamment d'un blanc sale ; de Blainville dit que l'animal de ces Mollusques est tout à fait semblable à celui des Vénus, et que la seule différence capitale qui existe entre ces deux genres c'est que le test de celui que nous décrivons est toujours plus court et plus irrégulier que celui de ces dernières, et que les dents de la charnière sont plus petites et tendent à s'effacer. Le zoologiste qui vient d'être cité, réunit aux Vénérupes les Ruperelles de Fleuriau de Bellevue et les Pétricoles de Lamarck, et dit s'être convaincu qu'il n'y a aucune différence suffisante pour les isoler ; mais il les admet comme groupes subgénériques, en divisant les Mollusques qui nous occupent en trois sections, les Vénérupes proprement dites, les Ruperelles et les Pétricoles.

Les **VÉNÉRUPES PROPREMENT DITES** sont striées longitudinalement et offrent deux ou trois dents cardinales à droite, et trois à gauche. Telle est la *Vénérupe lamelleuse* qui vit dans toutes les mers qui ceignent l'Europe, et que l'on rencontre à l'intérieur des rochers et aussi, à ce qu'il paraît, adhérente aux Fucus, car M. Payraudeau affirme que sur les rivages de la Corse, elle ne se trouve jamais dans les pierres.

Les **RUPERELLES** possèdent des Coquilles rayonnées ou striées du sommet à la base et qui ont deux dents cardinales sur chaque valve.

Enfin, les **PÉTRICOLES** se distinguent des sous-genres précédents, en ce qu'elles offrent deux dents sur une valve et une sur l'autre.

CORALLIOPHAGES. *Coralliophaga*. Coquille ovale, alongée, cylindriforme, très-inéquilatérale, finement radiée, à sommets très-antérieurs ; deux dents cardinales petites et dont une est subbifide, au-devant d'une sorte de dent lamelleuse ; impression palléale assez excavée en arrière. Animal inconnu.

De Blainville a formé ce genre pour quelques Coquilles que Lamarck plaçait parmi les Cypricardes, mais qui se distinguent de celles-ci par l'excavation de leur impression palléale, ce qui annonce que les Coralliophages ont des tubes, et aussi par leurs mœurs, car ces Mollusques vivent à l'intérieur des madrépores, dans lesquels ils creusent des cavités.

CLOTHOS. *Clotho.* Coquille ovale, équivalve, striée longitudinalement; charnière formée d'une dent bifide, recourbée en crochet; ligament externe. Animal inconnu.

Ce genre a été établi par Faujas Saint-Fond pour une Coquille fossile trouvée à l'intérieur d'une Cypricarde.

CORBULES. *Corbula.* Coquille subtrigone, inéquivalve, inéquilatérale, arrondie et élargie en avant, amincie et prolongée en arrière; charnière formée d'une grosse dent conique recourbée, ayant une fossette à sa base pour la dent de la valve opposée; impression palléale faiblement excavée. Animal inconnu.

Ce genre qui n'offre qu'un fort petit nombre d'espèces vivantes, en présente une série plus considérable à l'état fossile. Celles-ci ne se trouvent point dans les terrains antérieurs à la craie, ni dans cette formation, mais seulement parmi les couches plus récentes; elles ont pour la plupart été rencontrées en France et surtout à Grignon; quelques-unes proviennent du Plaisantin, et Brander en a figuré parmi ses fossiles du Hampshire. Les Corbules contemporaines habitent principalement les mers australes et celles de l'Inde; il en existe une belle espèce dans l'Amérique septentrionale, et qui y vit dans les eaux saumâtres, où elle a été recueillie par M. d'Orbigny; on en trouve aussi un représentant sur les côtes de la Manche, et que M. Payraudeau a même rencontré en Corse. Peut-être pourrait-on rapporter à ce groupe le genre Sphène, créé en Angleterre par Turton.

ONGULINES. *Ungulina.* Coquille verticale, ou sublongitudinale, subéquilatérale, à sommets écorchés; charnière offrant une dent cardinale courte et subbifide, au-devant d'une fossette oblongue, divisée en deux par un étranglement. Animal inconnu.

Ce genre, qui a été créé par Daudin, dans l'Histoire naturelle des vers, de Bosc, est encore peu connu et ne renferme que deux espèces dont on ignore la patrie.

FAMILLE DES PYLORIDÉS.

Coquille ordinairement régulière et équivalve, bâillante aux deux bouts; charnière incomplète à dents s'effaçant insensiblement. Deux impressions musculaires; impression abdominale très-excavée. Animal à manteau prolongé en arrière en deux tubes longs; pied fort petit.

PANDORES. *Pandora*. Coquille alongée et fort mince, très-comprimée, inéquivalve, inéquilatérale ; valve droite tout à fait plane ; charnière anomale, composée d'une dent transversale sur la valve droite , et d'une fossette sur la gauche. Animal à tubes réunis à leur base et assez courts ; pied triangulaire , renflé à son extrémité.

On a découvert deux espèces fossiles de ce genre, l'une à Grignon et l'autre aux environs de Bordeaux. On en connaît seulement deux à l'état vivant ; elles habitent les mers d'Europe et restent constamment enfoncées dans le sable , à une assez grande profondeur.

ANATINES. *Anatina*. Coquille ovale , alongée , très-bâillante, fort inéquilatérale , très-mince et translucide ; charnière édentule ; chaque valve portant une petite lame saillante en dedans , soutenant le ligament. Animal offrant deux tubes alongés , séparés à leur extrémité ; pied linguiforme.

A l'exception d'une Anatine fossile que M. de France possède dans sa collection , on n'en connaît point sous cet état. Les naturalistes en décrivent une dizaine d'espèces contemporaines, qui résident dans des mers fort diverses , et principalement dans celles de l'Inde, de l'Australasie , du Nord et dans la Méditerranée. Plusieurs de ces Bivalves habitent nos côtes. L'*Anatine rupicole* se trouve parmi les brisants qui environnent La Rochelle , et l'*Anatine tronquée* dans la Manche.

THRACIES. *Thracia*. Coquille ovale , bombée , inéquivalve , inéquilatérale ; charnière dissemblable ; valve droite offrant une échancrure peu profonde et une callosité nymphale ; valve gauche portant un cuilleron et deux plis obliques. Animal à pied petit, à bords ondulés ; tubes longs, séparés, à ouverture ondulée.

Ce genre ne contient que quatre espèces vivantes , qui se trouvent sur les rivages de l'Angleterre et de la France.

MYES. *Mya*. Coquille ovale , à épiderme épais, se prolongeant sur le manteau et sur les tubes ; charnière dissemblable, offrant une grosse lame à la valve gauche , et une fossette à la droite. Animal subcylindrique, à manteau percé seulement d'un trou en avant ; pied petit, conique ; tubes énormes, complétement réunis.

On n'a point encore découvert de Myes anciennes dans les terrains fossilifères de la France ; mais il en existe en Angleterre , et Parkinson et Sowerby en ont décrit et figuré plusieurs qui proviennent de ce pays. Les espèces contemporaines vivent dans la mer et principalement dans les petites anses qu'offre celle-ci, ou vers l'embouchure des fleuves ; elles sont constamment enfoncées verticalement dans le sable ou dans la vase, et à une assez grande profondeur. On n'en connaît que quatre espèces, dont deux habitent les mers qui baignent l'Europe ; il en existe aussi sur les rivages de l'Amérique, et les peuples de cette partie du monde s'en servent pour la pêche de la Morue ; ces Acéphaliens passent même pour un appât si efficace, que nos bâtiments en achètent quelquefois aux navires américains.

La *Mye des sables*, qui est d'un blanc sale ou jaunâtre et abonde dans la Manche, est probablement celle dont on fait usage dans ce cas, car quelques capitaines de vaisseau attestent que le Mollusque employé dans le Nouveau-Monde est le même que celui qui vit dans nos mers; ce qui serait fort important à constater dans l'intérêt de notre commerce.

LUTRICOLES. *Lutricola*. Coquille ovale ou alongée, bâillante et à bords tranchants; charnière subsimilaire; deux très-petites dents cardinales divergentes, parfois effacées, au-devant d'une fosse triangulaire; ligament double. Animal à manteau à moitié fermé inférieurement; pied petit; tubes longs, distincts ou réunis.

On trouve, dans le Traité des pétrifications de Bourguet, diverses figures qui représentent des coquilles fossiles appartenant à l'une des divisions de ce genre, et Sowerby en a décrit quelques-unes, qui provenaient toutes de terrains antérieurs à la craie; mais il en existe aussi dans des formations beaucoup plus récentes, car de Blainville dit que l'on en rencontre une espèce dans les faluns de la Touraine. Les Lutricoles vivantes sont au nombre d'une douzaine, et presque toutes habitent les mers de l'océan Indien. Ces Mollusques se fixent ordinairement vers l'embouchure des fleuves et s'enfoncent plus ou moins dans la vase, la bouche tournée en bas, et les tubes dirigés en haut; ils changent de place quand il leur plaît. De Blainville divise ce genre en deux groupes, les Ligules et les Lutraires.

Les **LIGULES** offrent une coquille ovale ou orbiculaire, très-comprimée et peu bâillante. Leach les considère comme un genre spécial.

Les **LUTRAIRES** sont oblongues, subcylindriques et très-bâillantes. Lamarck en fait un genre sous cette dénomination.

PSAMMOCOLES. *Psammocola*. Coquille ovale, alongée, équivalve, subinéquilatérale, bâillante; charnière à engrenage assez incomplet; ordinairement une ou deux petites dents cardinales sur chaque valve; ligament extérieur très-bombé; impression abdominale étroite, profondément excavée en arrière. Animal inconnu.

De Blainville, dans son Manuel de malacologie, a proposé de réunir sous ce nom toutes les espèces que Lamarck a réparties dans les genres Psammobie et Psammotée, et cela comme il le dit lui-même textuellement, d'après le principe que le système d'engrenage tend à s'effacer dans toute la famille des Mollusques pyloridés, et, par conséquent, offrant une vacillation évidente, quelquefois même dans une seule espèce, est bien loin de suffire à lui seul pour caractériser les genres. Les Mollusques de ce groupe sont répandus dans toutes les mers, et le zoologiste que nous venons de citer les divise en trois sections, dont les deux dernières correspondent aux genres de Lamarck; ce sont les Psammocoles capsoïdes, les Psammobies et les Psammotées.

Les **PSAMMOCOLES CAPSOÏDES** ont une coquille à peine bâillante et qui est striée du sommet à la base ; puis leur charnière offre sur chaque valve deux dents divergentes : telle est la *Psammocole vespertinale.*

Les **PSAMMOBIES** offrent une coquille plus bâillante, portant des stries longitudinales, et leur charnière porte des dents beaucoup plus effacées : la *Psammocole vergetée* est le type de ce groupe.

Enfin, les **PSAMMOTÉES** présentent des formes analogues à celles des Mollusques du sous-genre précédent, et s'en distinguent en ce qu'elles n'ont qu'une seule dent cardinale sur chaque valve, ou même sur une seule valve : telle est la *Psammocole violette.*

SOLÉTELLINES. *Soletellina.* Coquille ovale, alongée, comprimée, équivalve, subéquilatérale, beaucoup plus large et arrondie en avant, atténuée et subcarénée en arrière ; charnière formée d'une ou deux petites dents cardinales. Animal inconnu.

Ce genre, qui diffère peu des Psammocoles, a été établi pour placer quatre ou cinq espèces que Lamarck confondait avec les Solens.

SANGUINOLAIRES. *Sanguinolaria.* Coquille ovale, très-comprimée, à peine bâillante, équivalve, subéquilatérale, arrondie aux deux extrémités ; charnière à une ou deux dents cardinales. Animal inconnu.

On n'a jusqu'à ce jour décrit qu'un fort petit nombre de Sanguinolaires fossiles, et celles-ci ont été découvertes en Angleterre et en France. Quatre espèces vivantes sont seulement connues dans cette coupe, dont le nom vient de la couleur rouge de la plus commune ; elles habitent l'Australasie, l'Amérique et l'Inde. La *Sanguinolaire soleil couchant* qui est une belle coquille d'environ quatre pouces de long, radiée de blanc et de rouge, mérite d'être citée.

SOLÉCURTES. *Solecurtus.* Coquille mince, demi-transparente, très-alongée, comprimée, équivalve et subéquilatérale, à bords presque droits et parallèles ; extrémités comme tronquées ; charnière offrant deux dents cardinales sur la valve droite et trois sur la gauche. Animal inconnu.

De Blainville a établi ce genre aux dépens des Solens ; il renferme quelques espèces fossiles et il en existe environ dix à l'état vivant, qui sont répandues dans différentes mers.

SOLENS. *Solen.* Coquille cylindroïde, à extrémités tronquées, extrêmement inéquilatérale, épidermée, à bords presque complétement droits et parallèles ; charnière à une ou deux dents. Animal très-alongé, plus ou moins cylindriforme ; manteau fermé dans toute sa longueur ; un seul tube bicanaliculé à l'intérieur ; pied alongé, gros.

Les Grecs désignaient déjà ces animaux sous le nom de *solen*, qui signifie dans leur langue canal ou tuyau. Parmi les modernes, le peuple les connaît sous la dénomination de *manches de couteaux*, qui tire son origine de la forme de leur coquille. Les zoologistes ont décrit un assez grand nombre de Solens fossiles, et ceux-ci ont tous été trouvés dans des couches plus récentes que la craie. Les espèces vivantes sont disséminées parmi les diverses mers du globe; ces Mollusques se rencontrent constamment à peu de distance des rivages sur les fonds de sable. Là, ils se creusent des trous qu'ils ne tapissent d'aucun fourreau calcaire; ces excavations ont un à deux pieds de profondeur, et l'animal qui s'y trouve a la tête tournée vers le fond et se borne à les parcourir de haut en bas ou dans le sens contraire. La forme de ces Pyloridés rend improbable qu'ils sortent jamais de leur demeure. Cependant, ils peuvent y rentrer quand on les en a expulsés, ainsi que l'ont prouvé les observations de Réaumur et d'Adanson. Le premier dit que cette opération se fait de la manière suivante; le Mollusque commence par enfoncer dans le sable l'extrémité de son pied disposé en coin; puis, en s'appuyant sur celui-ci, il soulève sa coquille de manière à lui faire faire un certain angle avec le sol. Après de nouveaux efforts, l'angle devient de plus en plus ouvert, puis enfin l'animal parvient à une situation perpendiculaire; c'est alors qu'il s'enfonce peu à peu en étendant son pied le plus qu'il lui est possible, et en lui donnant la forme d'un coin qui trace la voie que le test peut ensuite parcourir. L'ascension des Solens à l'intérieur de leur excavation s'opère par un procédé différent; pour exécuter celle-ci, le Mollusque retire son pied puis l'élargit beaucoup, de manière à le transformer en un point d'appui à l'aide duquel il se pousse en haut.

Aristote avance que les Solens entendent les sons que l'on produit près d'eux, et qu'alors ils se cachent totalement dans leur trou; mais il est probable qu'ils ne perçoivent que l'ébranlement transmis sur les cirrhes qui terminent leurs tubes, ce qui les engage à s'enfoncer dans leur demeure, et c'est plutôt le tact qui est impressionné dans ce cas, qu'une véritable audition, puisque ces Acéphaliens manquent d'organes pour cette sensation.

Les Solens sont employés par les pêcheurs pour amorcer leurs lignes; quelquefois les pauvres en mangent. On les capture, dit-on, en mettant du sel dans leurs trous découverts par la marée basse, d'autres fois en plongeant un instrument en fer dans ceux-ci.

Le *Solen sabre*, qui est un peu arqué, de couleur blanche, avec un épiderme brun, est commun dans toutes nos mers.

SOLÉMYES. *Solemya.* Coquille ovale, équivalve, très-inéquilatérale, à bords droits et parallèles, et à épiderme épais, luisant; charnière subsimilaire, offrant une dent cardinale dilatée, comprimée et un peu recourbée. Animal inconnu.

Deux espèces de Solémyes sont seulement connues, l'une a été rapportée des mers qui environnent la Nouvelle-Hollande, et l'autre vit dans la Méditerranée. Elles sont remarquables par l'épaisseur de l'épiderme qui les enveloppe de toutes parts. Il est probable qu'ainsi que les autres Mollusques de leur famille, ceux-ci vivent enfoncés dans le sable.

PANOPÉES. *Panopæa*. Coquille équivalve, transverse, bâillante aux deux extrémités; une dent cardinale unique et une fossette sur chaque valve; impression palléale excavée en arrière. Animal à manteau fermé au bas et ouvert seulement en avant pour le passage du pied; tubes entièrement réunis et extrêmement longs; pied petit, comprimé.

On connaît une dizaine de Panopées fossiles, et celles-ci ont été rencontrées en Angleterre, en Italie, en Suisse et en France. Le nombre des espèces vivantes est moins considérable et ne s'élève qu'à cinq; elles habitent les mers qui nous environnent et celles de l'Afrique, de l'Amérique et de la nouvelle Zélande.

Ces Mollusques vivent très-profondément enfoncés dans le sable, et ce n'est qu'avec beaucoup de peine qu'on peut les extraire de celui-ci; aussi on ne s'est encore procuré que fort peu de leurs animaux, et M. Valenciennes, qui le premier en a fait l'anatomie et a publié une monographie des Panopées, raconte ainsi la conquête de celui sur lequel ont été faites ses recherches : « Les officiers de la frégate française *l'Héroïne*, commandée par M. le capitaine Cécile, en croisière sur les mers de la pointe australe de l'Afrique, virent, en descendant au pied de hautes dunes qui bordent, sur la côte Natal, la baie des Tigres, par 16° 40′ de latitude sud, un Mollusque enfoncé dans le sable, dont le tube se montrait près de la surface. Ils eurent l'envie de faire tirer cet animal par le tube, mais le Mollusque, dès qu'on le touchait, cherchait à s'enfoncer sous le sable et s'y tenait avec tant de force que les matelots ne purent jamais tirer du trou un seul Mollusque, le siphon se déchirant toujours et revenant seul par les efforts de l'homme qui l'arrachait. Quand l'on ne saisissait pas promptement le tube, l'animal s'enfonçait si profondément qu'il échappait avec vitesse et qu'on ne pouvait plus l'atteindre. La curiosité des marins, excitée par ce fait, les fit se mettre à l'œuvre pour s'emparer de cet animal, et ils firent avec des bêches des trous autour du Mollusque, afin de le prendre. Ils réussirent à en saisir après beaucoup de peine, car on m'a rapporté qu'il avait fallu creuser à plusieurs pieds de profondeur autour de l'animal, qui s'enfonçait à mesure qu'il se sentait poursuivi. Les officiers de cette frégate parvinrent à s'en procurer plusieurs individus qu'ils ont conservés dans l'alcool, et ils les ont rapportés en Europe. Un de ces mollusques a été depuis acheté par l'administration du Muséum, pour le placer dans le cabinet du roi.

» Les faits que je viens de rapporter, dit M. Valenciennes, sont curieux à consigner, car ils prouvent que ce Mollusque vit en famille sur les côtes sablonneuses de cette plage, et que les trous dans lesquels il se tient, comme tous ceux des Mollusques psammocoles, sont creusés profondément et d'avance; mais ce qui est plus difficile à expliquer, c'est la force avec laquelle ce Mollusque peut se retenir dans le sable qui l'entoure et qui n'était pas tellement dur que l'on ne pût fouiller avec une bêche, et avec assez de promptitude pour suivre l'animal dans sa fuite souterraine. Il a fallu que l'adhérence fût grande, pour rompre un muscle aussi fort que celui du siphon. »

GLYCIMÈRES. *Glycimera*. Coquille très-épidermée, alongée, bâillante aux deux extrémités ; équivalve, très-inéquilatérale ; charnière édentule ; une callosité longitudinale. Animal subcylindrique, ne pouvant être totalement abrité par sa coquille, et terminé en arrière par un gros tube arrondi à son extrémité, recouvert d'épiderme et contenant deux canaux ; tentacules buccaux en lame de sabre.

Ces Mollusques habitent les mers qui bordent l'Amérique septentrionale. On n'en a encore décrit que deux espèces, dont une, la *Glycimère silique*, qui est fort commune sur le banc de Terre-Neuve, y devient souvent la pâture des Morues, de manière que les pêcheurs la rencontrent parfois dans le ventre de ces poissons. On n'a connu que récemment l'anatomie de ces Acéphaliens, et on la doit à M. Audouin, qui l'a publiée dans les Annales des sciences naturelles.

SAXICAVES. *Saxicava*. Coquille épidermée, épaisse, subrégulière, cylindroïde, à extrémités obtuses ; charnière édentule, ou à une dent rudimentaire. Animal subcylindrique ; manteau fermé, percé seulement d'un orifice pour le passage du pied, qui est très-petit, canaliculé ; tubes longs, épais, réunis presque entièrement.

Quelques Saxicaves sont connues à l'état fossile, et c'est particulièrement dans les formations récentes qu'on les a découvertes. Les espèces vivantes, qui ne sont qu'au nombre de quatre ou cinq, sont originaires des mers de l'Australie et de l'Europe. Les Mollusques de ce genre, ainsi que l'indique leur nom, perforent les rochers et vivent dans les pierres calcaires. De Blainville pense qu'ils les creusent par un léger mouvement de rotation, dont l'action est facilitée à l'aide du ramollissement préalable de la substance pierreuse, par le contact du mucus que transsude le pied de l'animal. Ces Mollusques sont de très-petite taille et leur test est blanc. La *Saxicave gallicane*, qui habite les côtes de la Manche, se trouve dans leurs rochers calcaires et parfois même à l'intérieur du test de quelques huîtres volumineuses.

BYSSOMYES. *Byssomya*. Coquille souvent irrégulière, fortement épidermée, oblongue, obtuse et plus large en avant, et comme rostrée en arrière, grossièrement striée longitudinalement ; charnière édentule ou offrant une dent rudimentaire. Animal subcylindrique ; manteau percé d'un trou pour le pied ; deux tubes séparés à l'extrémité ; pied petit, canaliculé conique ; un byssus.

L'animal des Byssomyes est fort distinct de celui des autres genres de cette famille, mais leur coquille se rapproche beaucoup de celle des Gastrochènes. Ces Mollusques vivent dans les fentes des rochers avec les Moules , et ils adhèrent à ceux - ci par leur byssus. Quelquefois aussi ils s'enfoncent dans le sable ou parmi les petites pierres et même dans les madrépores, mais alors, comme l'a observé O. Fabricius , leur byssus devient tout à fait nul.

RHOMBOÏDES. *Rhomboides*. Coquille rhomboïdale, équivalve , très-inéquilatérale , striée longitudinalement ; charnière formée par deux petites dents cardinales. Animal rhomboïdal , comprimé ; manteau assez largement fendu ; deux tubes distincts ; pied petit , conique ; un byssus.

De Blainville a créé ce genre pour quelques Mollusques de la Méditerranée qui vivent fixés aux rochers à l'aide de leur byssus, dont les filets sont élargis à l'extrémité ; mais ce groupe, selon ce naturaliste , serait peut-être mieux placé parmi les Vénus irrégulières.

GASTROCHÈNES. *Gastrochæna*. Coquille très-mince, cunéiforme , équivalve, très-inéquilatérale , fort bâillante en avant et en bas ; charnière édentule ; articulation droite , linéaire. Animal à manteau dont les bords sont réunis ; tubes alongés, réunis dans toute leur longueur.

Ce genre a été formé par Spengler pour quelques Pholades qui n'offrent point de dents à leur charnière. Il ne contient encore que fort peu d'espèces fossiles ou contemporaines ; les dernières, au nombre de trois , ont été rencontrées sur les côtes de l'île de France ainsi que sur celles de la Manche et de l'océan Atlantique. Elles vivent à l'intérieur des rochers et dans les polypiers. M. Charles Desmoulins a découvert que ces Bivalves étaient parfois entourées d'un tube calcaire , et il a même reconnu des traces de celui-ci sur des individus fossiles provenant de Mérignac. Cette structure a fait naturellement admettre deux divisions dans ce groupe : les Gastrochènes nus et les Gastrochènes tubifères.

Les GASTROCHÈNES NUS offrent une coquille lisse et sans rudiments de tubes autour d'elle ; tel est le *Gastrochène de Spengler*.

Les GASTROCHÈNES TUBIFÈRES possèdent une coquille rayonnée , striée et qui est entourée d'un tube extérieur fort long et distinct, ainsi qu'on le voit chez le *Gastrochène massue*, qui , par cette disposition organique, fait le passage au genre suivant.

CLAVAGELLES. *Clavagella*. Coquille ovalaire, fortement bâillante, contenue dans un fourreau calcaire auquel elle adhère par une valve. Fourreau tubuleux, claviforme, comprimé, hérissé en avant de tubes spiniformes, et terminé en arrière par une ouverture large, unique. Animal inconnu.

Les naturalistes , jusque dans ces derniers temps, n'avaient connu de Clavagelles qu'à l'état fossile, et celles-ci, qui provenaient de la France et du Plaisantin, n'étaient qu'au nombre de sept ; mais Sowerby,

dans son *Genera*, en a décrit une espèce vivante, extrêmement remarquable, et M. Rang en a indiqué une seconde. Celle qui a été découverte par ce dernier résidait dans la mer qui baigne l'île Bourbon ;
il l'a trouvée à l'intérieur d'un madrépore roulé, dans lequel elle
occupait une petite cavité dont l'ouverture, trop étroite, n'aurait
pas pu lui permettre de sortir. Ce naturaliste pense que les Clavagelles
ne s'entourent de leur tube qu'à un certain âge , et, selon lui, ce tube
en se prolongeant successivement au dehors des polypiers qu'elles habitent, conserve un orifice autour duquel ceux-ci peuvent s'étendre
sans que ces Mollusques courent le danger d'être emprisonnés par le
travail incessant des Zoophytes qui construisent leur support calcaire.

On ne connaît point encore l'animal des Clavagelles , mais M. Rang
pense que l'analogie qu'offre leur tube calcaire avec celui de quelques
autres Pyloridés , doit faire admettre qu'elles sont munies de deux
tubes réunis. Selon lui, les canaux tubuleux, spiniformes, que l'on
observe à l'extrémité de la massue, seraient destinés à donner passage
aux fils d'un byssus qui aurait pour fonction de fixer l'animal au fond
de sa demeure ; ce savant croit aussi pouvoir affirmer que c'est même
uniquement l'usage de ces petits tubes, parce qu'il a cru reconnaître
au fond des trous des Clavagelles quelques empreintes qui correspon-
daient à ces appendices.

La *Clavagelle couronnée*, qui a été bien figurée par M. Guérin ,
dans l'iconographie du règne animal, est une des mieux connues.

ARROSOIRS. *Aspergillum.* Coquille ovale, équivalve, extrêmement petite, énormément bâillante, dont les deux valves sont immobiles
et font partie d'un tube calcaire, claviforme, ouvert par sa petite extrémité , et terminé de l'autre par un disque convexe, percé de trous. Animal inconnu.

La forme singulière du test de ces Mollusques fut la cause des oscillations des zoologistes relativement à la place qu'ils doivent occuper dans
la série animale. Les premiers conchyliologistes , tels que Langius,
Gualtiéri, d'Argenville et Martini, les désignèrent sous le nom de
Tuyaux marins *Tubuli marini* ; Linnée, embarrassé sur leur classification, les plaça parmi les Serpules, et ce fut Bruguières qui eut le
premier l'idée de les intercaller dans la classe des Mollusques, puis en
fit un genre qu'il confondit parmi les Univalves, et auquel il imposa
le nom d'Arrosoir. Lamarck admit d'abord ses vues, mais ayant ensuite reconnu l'existence des deux valves que présentent ces Acéphaliens, il les classa parmi les Pholades.

Le genre qui nous occupe est tout à fait voisin des Clavagelles, et il
ne s'en distingue réellement qu'en ce que chez lui les deux valves sont
adhérentes au tube, tandis que dans ce dernier il n'y en a jamais
qu'une seule qui se trouve comprise dans les parois de celui-ci, et
l'autre est toujours libre.

Les Arrosoirs ont ainsi été nommés à cause de la ressemblance qu'ils

offrent avec l'instrument de jardinage qui porte ce nom. On n'en
a point encore trouvé de fossiles, et les espèces vivantes, qui sont
fort peu nombreuses, proviennent des mers de Java, de la Nouvelle-
Zélande et du golfe Arabique. On n'a pas encore pu découvrir le Mollusque qui construit ces fourreaux calcaires ; et, comme le dit textuellement de Blainville : « il est assez difficile de se faire une idée de
l'animal de l'Arrosoir, et surtout des organes qui sortent et forment
les épines tubuleuses du disque, à moins que de supposer que ce
seraient les filaments d'une espèce de byssus ou du pied lui-même,
qui serviraient à attacher le Mollusque aux corps sous-marins ; alors on
pourrait admettre qu'il se tient dans le sable, attaché à un grand nombre de ses grains, dans une situation plus ou moins verticale, la petite
extrémité de son tube en haut et la tête en bas. »

M. Rang, qui adopte l'opinion de ce savant professeur, dit à ce
sujet : « Nous pensons que l'animal de l'Arrosoir s'enfonce dans le
sable pendant qu'il est jeune ; qu'il s'y fixe, par le moyen de son byssus, aux corps qu'il rencontre, comme on le voit fréquemment dans
certaines Moules, et que ce n'est qu'ensuite qu'il forme son disque et
qu'il élève son tube vers la mer.

» Deux motifs se joignent pour appuyer cette idée ; d'abord cette
quantité de sable ou de débris de coquilles, quelquefois très-grande,
surtout dans une espèce, qui vient se fixer à la surface extérieure du
tube ; ensuite, la forme alongée et toujours assez droite de celui-ci,
qui indique que l'animal, en le formant et l'élevant à la surface du sol,
ne rencontrait aucun obstacle ; dans certaines Clavagelles, au contraire,
la flexuosité plus ou mois grande du tube annonce, comme dans ceux
des Tarets et des Cloisonnaires, que l'animal vivait dans des corps
durs. »

L'*Arrosoir de Java*, qui acquiert six à huit pouces de longueur, se
termine par un large disque hérissé de petits tubes déliés, est d'un
beau blanc, et est un des mieux connus ; c'est un Mollusque rare et fort
cher, surtout quand sa taille offre un grand développement.

FAMILLE DES ADESMACÉS.

Coquille ordinairement oblongue, blanche, bâillante aux
deux extrémités ; charnière sans engrenage ni ligament corné
et offrant ordinairement des pièces calcaires accessoires aux
valves. Animal n'étant pas tout à fait recouvert par le test, et
de forme variable.

PHOLADES. *Pholas.* Coquille ovale, mince, équivalve, très-
inéquilatérale ; contact incomplet des valves ; un appendice en forme
de cuilleron, recourbé en dedans de chaque valve ; pièces calcaires
accessoires ou nulles. Animal subcylindrique ou conique ; manteau

ouvert antérieurement ; pied court, épais et large à sa base ; tubes réunis et longs.

Les Pholades ont avec les Tarets de grands rapports ; ceux-ci ont été bien entrevus par de Blainville, qui groupa ces Mollusques dans la même famille, et ils furent, par la suite, démontrés plus évidemment par une découverte de M. Ch. Desmoulins. Ce naturaliste a observé que certaines Pholades fossiles, trouvées à Mérignac, présentaient, comme les derniers, un tube calcaire qui, ainsi que celui des Gastrochènes, tapissait la cavité occupée par la coquille.

On ne connaît que très-peu de Pholades fossiles, et quelques-unes de celles-ci, trouvées près de Paris, sont venues éclairer la géologie ; elles s'étaient creusé des loges dans des morceaux roulés de calcaire d'eau douce à Lymnées, ce qui donne une induction relativement au long séjour que l'eau marine a dû faire pour former les derniers dépôts du bassin de Paris.

Les Pholades paraissent avoir été connues des anciens, mais, parmi eux, Pline est le seul qui les mentionne ; il leur donnait la dénomination de *concha longa*. A l'époque de la renaissance, Rondelet traduisit littéralement ce nom, et l'appliqua à des coquilles de ce genre ; puis ensuite d'autres naturalistes l'imitèrent ; mais ce fut réellement Lister qui, plus tard, créa ce groupe en lui imposant l'épithète qui lui est restée, et dans la suite il fut caractérisé exactement par Klein et les auteurs qui le suivirent.

Ces Mollusques sont tous marins, et vivent sur les rivages, à peu de profondeur et même dans des endroits que la mer couvre et découvre à chaque marée. Cependant Adanson assure en avoir trouvé dans l'eau douce, et dit qu'il les observa sur les bords de certains fleuves dans des endroits où la mer ne montait que durant quelques mois de l'année. Toutes les espèces de ce genre vivent enfoncées à peu de profondeur dans divers corps solides, à l'intérieur desquels elles creusent des cavités dont l'ouverture est d'un moindre diamètre que le leur ; on les trouve principalement dans les pierres calcaires, dans les argiles et plus rarement dans les boiseries submergées ; elles sont toujours placées dans leur excavation de manière que leur pied et leur région antérieure en regardent le fond, tandis que leur tube est situé vers l'ouverture ; et c'est seulement à l'aide de celui-ci que ces Mollusques attirent l'eau nécessaire à leur respiration, et dans laquelle ils trouvent les animalcules qui probablement les nourrissent. (Pl. 40, fig. 4). Nous avons indiqué en traitant des généralités par quels procédés ces animaux creusaient des trous dans l'intérieur des pierres.

Les descripteurs n'ont guère indiqué plus de six à huit espèces de Pholades fossiles, et celles-ci ont été rencontrées en Italie, en Angleterre et en France. Les espèces vivantes ne sont pas non plus très-nombreuses. Lamarck n'en mentionne que dix qui, pour la plupart, habitent les mers qui baignent l'Europe ; quelques-unes seulement résident sur les rivages de l'Inde ou de l'Amérique.

Il existe sur les rivages du golfe de Baïes, un temple antique, autrefois consacré à Jupiter Sérapis ; ce monument en ruine, dont la mer baigne presque les parvis, présente encore quelques colonnes debout, mais le plus grand nombre en est abattu. A environ trois mètres au-dessus du sol, ces colonnes, qui sont en marbre cipolin, offrent une quantité considérable de trous qui ont été pratiqués par des Mollusques lithophages, et à l'intérieur desquels on découvre encore quelques débris des coquilles de ceux - ci. Ces perforations s'étendent sur l'espace d'un mètre.

Les géologues, pour expliquer comment il se pouvait faire qu'il ait existé des êtres marins à une telle hauteur, ont professé que dans des révolutions qu'avait éprouvées, à des époques peu reculées, le temple de Sérapis, il s'était abaissé de plusieurs mètres au-dessous du niveau de la mer, et que celle-ci en l'envahissant avait permis à ces Mollusques de se développer dans ses colonnes ; puis que, par un nouveau bouleversement, le monument fameux s'était replacé au-dessus de la mer.

Quand on a visité les localités avec soin, on s'aperçoit que cette hypothèse n'est point admissible, et qu'il faut réellement expliquer la présence des Mollusques lithophages d'une autre manière. Quelques savants ont supposé que les anciens mangeaient ces Mollusques et qu'ils les parquaient en quelque sorte dans ce monument « il paraît, dit M. Deshayes, qu'ils les estimaient assez pour en avoir fait un sujet de leur culte, s'il est vrai, comme l'a rapporté Desmarets père, que le temple de Jupiter Sérapis ait servi de réservoir pour les élever, ce qui expliquerait leur présence dans les colonnes de ce monument. »

L'inspection de ces ruines et l'examen des débris de coquilles existant encore dans l'intérieur de leur colonnade, ne nous permettent pas d'admettre l'hypothèse du changement de niveau du parvis du temple, hypothèse consacrée cependant par les géologues modernes. Nous n'admettons pas non plus les vues de MM. Deshayes et Desmarets.

Il faut d'abord dire que les Bivalves du temple de Sérapis ne sont point des Pholades, quoiqu'on l'ait répété des milliers de fois dans les ouvrages. Ce sont de petites coquilles à peine de la grosseur du doigt auriculaire, et offrant une longueur de dix à douze lignes sur quatre à cinq de diamètre ; autant que j'ai pu en juger par le fragment que j'ai extrait de ce temple, et qui est dépourvu de charnière, il est infiniment probable que ce Mollusque est une espèce du genre Coralliophage.

D'après cela on ne peut guère admettre que les anciens aient pu révérer d'aussi petites et sordides coquilles, et l'on ne peut croire qu'ils les mangeaient, ou qu'ils les parquaient dans ce temple ; leur exiguïté s'oppose à ce qu'elles aient jamais été servies sur les tables, d'ailleurs comme elles vivaient enfoncées dans les colonnes, il eût fallu briser celles-ci pour les en extraire. Nous croyons tout simplement que le temple de Jupiter Sérapis était en partie rempli d'eau, et formait sans doute quelque immense réservoir dont l'onde sacrée passait pour posséder des vertus extraordinaires, puis que les Coralliophages se sont développées vers la surface du liquide qu'il contenait. Cette hypothèse peut s'appuyer sur l'examen de divers monuments situés dans les environs, et destinés aussi à contenir de l'eau, mais pour d'autres usages.

Dans quelques contrées, les Pholades sont appelées *Dails*, et on mange les grosses espèces que la mer fournit; sur les côtes de la Méditerranée, elles sont particulièrement recherchées. La *Pholade datte*, qui est une des plus abondantes de nos rivages, acquiert jusqu'à quatre ou cinq pouces de longueur, et offre un test blanc, recouvert d'épines régulièrement disposées.

La *Pholade xylophage*, qui offre une forme globuleuse, et dont le test est d'un jaune verdâtre, est une des espèces les plus intéressantes; elle fait le passage des Pholades aux Tarets, et, comme ces derniers, on la rencontre à l'intérieur des morceaux de bois qui se trouvent plongés dans la mer, et qu'elle perfore diversement. M. Turton avait proposé de faire pour elle un genre spécial, sous le nom de *Xylophaga*.

TÉRÉDINES. *Teredina.* Coquille épaisse, ovale, courte, très-bâillante, équivalve, inéquilatérale, offrant un cuilleron épais sur chaque valve. Coquille se prolongeant en arrière en un tube complet, calcaire, très-épais, subcylindrique, sans cloison intérieure, et se terminant par un large orifice. Animal inconnu.

Ces Acéphaliens sont encore peu connus, et ils ne se rencontrent qu'à l'état fossile. On les trouve dans les terrains tertiaires, et tout semble indiquer que leurs mœurs étaient analogues à celles des Tarets, car il paraît qu'on les découvre constamment à l'intérieur de morceaux de bois pétrifiés; quelques-uns de ceux-ci en sont tellement remplis que les tubes de ces Mollusques ne laissent presque aucun intervalle entre eux, et que toutes leurs ouvertures sont placées du même côté et les unes auprès des autres.

On ne connaît encore dans ce groupe que deux espèces; ce sont la *Térédine masquée*, dont le tube offre parfois deux pouces de longueur, mais dont Sowerby a rencontré de bien plus petits individus, dans du bois fossile des environs de Londres; puis la *Térédine raton*, que l'on trouve à Grignon.

TARETS. *Teredo.* Coquille annulaire, valves anguleuses, tranchantes en avant; un cuilleron interne considérable. Un tube calcaire, cylindrique, droit ou flexueux, plus ou moins distinct. Animal vermiforme; manteau tubuleux, ouvert seulement en avant pour le pied qui est en forme de mamelon, et offrant en arrière deux tubes très-courts; branchies extrêmement longues et rubannées; deux palettes ou palmules à la base des tubes.

Dans beaucoup de bois fossiles on trouve des Tarets, mais la mauvaise conservation de ceux-ci ne permet pas d'en déterminer les espèces avec précision. On en rencontre en France, et Faujas en a représenté dans son ouvrage sur la montagne Saint-Pierre. Il en existe aussi dans les bois pétrifiés des environs de Londres, et Sowerby, malgré les difficultés d'investigation, prétend avoir rencontré dans ceux-ci le Taret commun. Risso assure également que cette espèce se trouve à l'état fossile aux environs de Nice, et Brocchi le soutient pareillement pour l'Italie.

Il existe environ huit espèces de Tarets à l'état vivant; on les rencontre dans les régions chaudes et tempérées du globe. Tous ces Mollusques vivent dans l'intérieur des morceaux de bois qui se trouvent plongés dans la mer, et les rongent sans cesse. Quelques-uns seulement semblent s'accommoder des eaux saumâtres, et Adanson assure qu'on en rencontre même dans l'eau totalement douce. Ces animaux ne se placent pas, comme certaines Pholades, dans des lieux que les marées couvrent et découvrent alternativement; il semble qu'ils aient besoin d'être constamment submergés, et ils ne commencent à perforer les pieux qui les recèlent que quelques pieds au-dessous des plus basses eaux.

Ce fut Adanson qui démontra le premier les rapports des Tarets avec les autres Acéphaliens bivalves. En effet ceux-ci, malgré leur aspect vermiforme, et quoique leurs valves soient extrêmement petites et ne recouvrent guère que la trentième partie du corps du Mollusque, ne doivent pas moins être regardés comme des Acéphaliens voisins des Pholades. Les animaux qui nous occupent se distinguent de tous ceux de leur classe par trois particularités : la structure de leurs valves, leurs palmules ou leurs palettes, et leur tube.

Les valves de ces Mollusques sont évidemment disposées en avant comme l'extrémité d'une tarière; leur bord est aminci et tranchant, et à leur surface se trouvent des stries qui, en se continuant jusque sur celui-ci, le rendent denticulé, de manière qu'en même temps que ce bord peut agir comme un instrument coupant, il agit également à l'instar d'une scie à dents fines. Ces deux valves sont mues par un muscle adducteur énergique.

Les Palettes sont de petites pièces calcaires situées à l'extrémité postérieure du corps et à la base des tubes ; elles sont symétriques et il en existe une de chaque côté ; dans le Taret commun ces deux pièces, qui représentent deux espèces de petites écailles solides, semblent destinées à fermer le boyau qu'habite le Mollusque, et après qu'il a contracté ses tubes à fonctionner comme une opercule protectrice. Les palmules occupent la même place que les Palettes, mais elles sont formées d'un certain nombre d'articles calcaires unis ensemble à l'instar des pièces qui composent les antennes de certains Insectes et ressemblant assez à celles-ci. Lamarck croyait que ces organes pouvaient être considérés comme des espèces de branchies, mais de Blainville, qui pense qu'ils n'existent jamais concurremment avec les Palettes, croit qu'ils ont les mêmes fonctions, et qu'on peut aussi les regarder comme des espèces d'opercules, puis qu'en outre leurs mouvements peuvent contribuer à faciliter le cours du fluide qui s'opère par les tubes du manteau.

Le tube calcaire qui protége ces Mollusques est fort mince et appliqué immédiatement sur le trou qu'ils forment dans le bois. A un certain âge, ils le ferment à son extrémité élargie, quand probablement étant parvenus à l'état adulte ces animaux ne doivent plus prendre d'accroissement. Ce tube n'est qu'une excrétion de la surface du Mollusque et il ne lui adhère nullement.

C'est à l'aide de l'un de leurs tubes courts que les Tarets pompent le fluide qui est nécessaire à leur respiration et à leur nutrition, et celui-ci parvient jusqu'à la bouche en suivant le long canal branchial; puis après que ce fluide a contribué à ces deux fonctions il est expulsé par l'autre tube, qui est en outre chargé de porter au dehors les excréments et le produit de la génération. On pense que ce double courant de l'extérieur à l'intérieur et de l'intérieur à l'extérieur est favorisé par l'action des palmules ou des palettes.

Les mœurs et les habitudes des Tarets ont fait le sujet d'intéressantes remarques; on a reconnu qu'ils formaient d'abord un trou horizontal à peine visible, puis qu'en grandissant, ils se dirigeaient ensuite à peu près verticalement en bas, toutefois en étant obligés de dévier plus ou moins de la ligne droite, car il paraît qu'ils cherchent à s'éviter, ce qui est tout le contraire des Pholades, qui transpercent parfois leurs semblables quand elles les rencontrent dans leur direction. Ces Mollusques sont toujours disposés dans leurs galeries d'une manière fixe; leur tête regarde en bas et leur extrémité postérieure est dirigée en haut.

Il est évident que c'est avec les valves térébrantes et limantes de leur coquille que les Tarets creusent leur demeure; cela devient sensible lorsqu'on observe la structure de ces organes, et ceux-ci ont d'autant plus de facilité à accomplir leur travail, que le bois qu'ils attaquent est ramolli par l'eau qui le baigne. Ces animaux ne mettent parfois qu'un temps fort court pour ronger d'énormes poutres et les transformer en une espèce d'éponge fragile.

Par la nature de leurs habitudes, les Tarets opèrent de prodigieux dégâts parmi toutes les constructions navales érigées par l'homme, et en un temps très-court ils les détruisent quelquefois totalement à une certaine profondeur. Dans certaines circonstances ils s'établissent dans la carcasse des navires, et on les a vus parfois faire sur ceux-ci de si rapides dégâts qu'en produisant des voies d'eau ils en ont occasionné le naufrage. En 1731, ces Mollusques détruisirent une grande portion des digues de la Zélande, dont la rupture complète aurait entraîné l'inondation d'une partie de la Hollande, située beaucoup au-dessous du niveau de la mer.

Séba prétend que les Tarets, quoique vivant fort bien abrités, n'en sont pas moins parfois attaqués par quelques ennemis; selon lui, ceux-ci sont des Néréides qui pénètrent dans leurs excavations et qui les dévorent. C'est même cette habitude qui a fait que Deslande a été induit en erreur ; car ayant trouvé de ces Annélides qui étaient encore environnées des valves des Tarets dont elles avaient fait leur pâture, il a décrit comme faisant partie de ces derniers de véritables Néréides qu'il a environnées de valves qui n'étaient que les débris de leurs victimes.

On a proposé divers moyens pour s'opposer aux ravages des Tarets. Il paraît que certains bois exotiques, probablement à cause de la nature de leurs principes résineux, ne sont pas attaqués par eux, mais aucun de ceux que fournit notre sol n'est dans ce cas. On dit qu'en ayant soin de brûler la surface des boiseries que l'on emploie dans les constructions navales cela empêche ces Mollusques de les attaquer ; j'ai lu quelque part qu'en Angleterre on a depuis peu l'habitude de faire tremper dans des bassins remplis de sublimé corrosif toutes les boiseries qui sont employées à construire les bâtiments, et que par ce moyen on les préserve des atteintes des Tarets. Pour les vaisseaux, on sait que le doublage en cuivre atteint le même but d'une manière efficace.

Par une bien faible compensation à leurs dégâts, il paraît que les Tarets sont d'un goût agréable et que dans quelques pays on les recherche et on les mange ; cela a lieu sur quelques uns de nos rivages.

Le *Taret commun*, que l'on trouve abondamment dans toutes les mers d'Europe, est celui dont les ravages sont le mieux connus ; c'est lui qui ronge continuellement les digues de la Hollande et les travaux que les habitants de La Rochelle élèvent pour parquer les Moules (Pl. 40, fig. 5).

FISTULANES. *Fistulana*. Coquille annulaire, non tranchante en avant, et pourvue d'un cuilleron considérable. Tube ordinairement court, épais, claviforme, contourné, entièrement clos antérieurement, et cachant tout à fait la coquille ; extrémité postérieure grêle, ouverte et partagée en deux par une cloison. Animal semblable à celui des Tarets, mais plus court, et claviforme.

M. Rang vient de trouver dans les terrains crayeux de Royan le moule d'un tube fossile qui appartient sans doute à ce genre. Les Fistulanes sont peu nombreuses ; on en compte quatre, et celles dont la patrie est connue ont été rapportées de l'Inde et du Sénégal. Elles vivent, dit-on, dans le sable, dans le bois, dans les pierres et même à l'intérieur du test de quelques Mollusques. On pense que parfois elles ne se forment pas de fourreau ou de tube calcaire ou que celui-ci est extrêmement mince. Dans l'intérieur de celui de quelques espèces on trouve quelquefois des cloisons voûtées.

La *Fistulane en paquet*, dont les individus sont agrégés plusieurs ensemble, est très-bien représentée dans l'Iconographie du règne animal de Cuvier.

CLOISONNAIRES. *Septaria*. Coquille inconnue. Tube calcaire, épais, en cône extrêmement alongé et un peu flexueux, muni intérieurement de petites cloisons incomplètes, et terminé en arrière par deux tubes grêles subcylindriques et articulés.

Les Cloisonnaires ont la plus grande analogie avec les deux genres précédents, puisque Rumphius dit que l'animal qui habite leur tube offre deux osselets qui se joignent en manière de mitre. Elles vivent dans les mers de l'Inde, et enfoncées dans le sable.

ORDRE DES HÉTÉROBRANCHES.

Animal de forme anomale et ordinairement cylindroïde, offrant un manteau fermé de toutes parts et percé de deux orifices ; branchies diversement configurées ; test calcaire nul.

FAMILLE DES ASCIDIENS.

Animaux diversiformes, adhérents par l'extrémité buccale, libres par l'autre et terminés par deux tubes peu distincts ; système cutané rugueux, épais ; branchies en réseau.

ASCIDIES. *Ascidia.* Corps ovale, conique, cylindroïde ou claviforme ; siphons postérieurs garnis intérieurement de tentacules.

Les Mollusques de ce genre sont nombreux et se trouvent répandus dans toutes les mers et surtout dans celles qui occupent les régions boréales ; ils vivent fixés sur les corps marins et souvent à une assez grande profondeur. Molina rapporte qu'une espèce d'Ascidie sert de nourriture dans quelques pays ; qu'on la fait sécher, et que, dans cet état, elle est expédiée et vendue dans les lieux lointains.

BOTRYLLES. *Botryllus.* Corps ovale, aplati, adhérent aux corps marins par sa face dorsale, et par ses côtés avec d'autres individus de la même espèce, de manière à simuler un animal complexe.

Les Botrylles ne sont qu'au nombre de cinq espèces et vivent dans les mers d'Europe ; ces animaux sont agglomérés en masse sur les Fucus ou sur certains Mollusques. Quelques espèces se groupent en affectant une forme circulaire ; tel est le *Botrylle de la Méditerranée.* Ces Acéphaliens semblent avoir une existence commune, analogue à celle des Zoophytes ; mais ce qui éloigne cette idée de rapprochement, c'est qu'à certaine époque de la vie les individus nagent et vivent isolés, comme l'ont observé MM. Audouin et Milne Edwards, et que, quand on irrite l'orifice externe de l'un de ces animaux, il se contracte seul.

FAMILLE DES SALPIENS.

Animaux libres, cylindroïdes, à enveloppe externe épaisse, subcartilagineuse, diaphane, percée de deux ouvertures distantes et presque terminales.

BIPHORES. *Salpa.* Corps cylindracé, tronqué aux extrémités; enveloppe cartilagineuse ouverte aux deux bouts.

Les espèces de Biphores sont fort nombreuses; elles habitent pour la plupart les mers des régions chaudes, et ne se rencontrent que fort loin des rivages; la Méditerranée en possède beaucoup.

Ce qu'il y a de remarquable chez ces Mollusques, c'est que, pendant longtemps, ils vivent et flottent réunis en longs rubans, en conservant la situation qu'ils offraient dans l'ovaire; pendant la nuit, comme l'ont signalé Bosc et d'autres observateurs, ces animaux sont phosphorescents et forment de longs chaînons de feu à la surface des flots, dont ils paraissent le jouet; car, quoiqu'ils puissent opérer une petite locomotion en chassant l'eau qu'ils ont introduite dans leur corps, ce moyen est bien peu efficace pour les soustraire aux ondulations de la mer. On ne sait pas bien s'il y a chez eux un accouplement réciproque. Cependant Burdach rapporte que pendant qu'ils sont réunis pour opérer cette fonction, ils forment quelquefois des chaînes qui sont longues d'une quarantaine de lieues.

PYROSOMES. *Pyrosoma.* Corps fusiforme, gélatineux, réuni par sa partie moyenne à d'autres individus, et formant avec eux un cylindre créux, hérissé extérieurement.

Les Pyrosomes que l'on connaît, ont particulièrement été rencontrés dans l'océan Atlantique et la Méditerranée; on les trouve flottants librement à la surface de ces mers.

La cavité cylindrique que forment leurs agrégations n'est ouverte que par une seule extrémité. Nul être marin ne jette, pendant la nuit, des reflets phosphorescents plus éclatants que ces Mollusques, desquels émanent des teintes enflammées, irisées, qui se colorent diversement en passant, d'une manière subite, du rouge au bleu d'azur, ou aux autres couleurs du spectre solaire. Les Pyrosomes nagent par les contractions ou les dilatations du cylindre creux que forme la réunion de leurs animaux.

ANIMAUX INTERMÉDIAIRES

OU

TRANSITIONNELS.

1° ARTICULÉS RAYONNÉS.

Animaux invertébrés, ordinairement manifestement articulés, dépourvus de membres et sub-rayonnés.

Cette division, à laquelle on peut aussi donner le nom de *Subannélidaires*, parce que les êtres qu'elle renferme ressemblent à des Annélides, est en grande partie composée par les Vers qui attaquent les animaux des différentes classes de la série zoologique.

Le corps des Subannélidaires peut présenter des articulations [1] ou en être tout à fait dépourvu [2]; leur peau est molle et muqueuse; chez ces animaux, on ne découvre plus d'appareils de sensations et aucune trace d'yeux, ni de langue. Le système digestif, qui est apparent chez quelques-uns, ne s'aperçoit nullement dans d'autres; la respiration s'opère par la peau.

Presque tous les individus de cette division vivant constamment à l'intérieur des différents animaux, c'est pourquoi on les nomme communément *Vers intestinaux* ou *Entozoaires*; on ne connnaît d'exception que pour un fort petit nombre. La plupart des animaux présentent de ces Vers; c'est en général dans les Mammifères et les Poissons qu'ils sont le plus communs; les invertébrés en offrent beaucoup plus rarement. Il n'est presque pas de tissu et de cavité où l'on n'en ait trouvé; l'on en voit jusque dans les muscles, et il en est même qui vivent sous la boîte osseuse du crâne, au milieu de la substance cérébrale.

Le séjour des Subannélidaires et la structure de leur bouche, privée de toute espèce de dents, font naturellement supposer que leur nourriture est fluide et de nature animale. Dans quelques Vers intestinaux, chez lesquels le canal digestif n'existe plus ou est réduit à l'état vasculaire, la nutrition paraît être due à une simple absorption par la peau.

L'appareil reproducteur des Subannélidaires est assez varié; ils ont

---

[1] Ténias. [2] Planaires.

ordinairement un très-grand nombre d'œufs, qui sont émis par un orifice disposé à cet effet, ou qui peuvent être expulsés par une simple rupture.

INTESTINAUX. *Génération.* Comme la plupart des Vers intestinaux appartiennent au groupe zoologique que nous décrivons, nous avons cru devoir traiter ici, avec quelques détails, l'histoire de la génération de ces animaux ; cette fonction mérite de fixer l'attention, soit à cause du voile mystérieux qui l'enveloppe encore, soit à cause des moyens divers par lesquels on a essayé de l'expliquer, et qui tour à tour ont été combattus par des hommes d'un rare talent. En effet, les Entozoaires se trouvant parfois dans des endroits du corps qui n'ont nulle communication avec le dehors, il devenait curieux de démontrer par quels moyens ils s'y introduisaient.

L'attrait qu'offrait un tel sujet de méditation, les difficultés mêmes qu'il présentait, attirèrent sur lui les regards des savants de presque toutes les époques ; cependant, malgré la diversité de leurs opinions, on peut ramener à quatre hypothèses fondamentales toutes celles qu'ils ont émises pour expliquer la génération mystérieuse des Helminthes au milieu des organes des autres animaux. Dans celles-ci on soutient les propositions suivantes relativement aux Entozoaires : 1° qu'ils proviennent de Vers extérieurs, qui se sont métamorphosés par leur séjour dans le corps des animaux ; 2° qu'ils naissent d'œufs d'êtres de leur espèce provenant du dehors ; 3° qu'ils sont transmis par la voie de la génération ; et enfin 4° qu'ils sont dus à une génération spontanée.

La première hypothèse, ou celle dans laquelle on admet que les Entozoaires sont des Vers qui proviennent du dehors, et qui se métamorphosent dans le corps des animaux à l'intérieur desquels on les trouve, a été adoptée par quelques naturalistes comme offrant l'explication facile d'un sujet extrêmement controversé. Ceux-ci supposaient que les divers Helminthes n'étaient que des Vers qui habitent les marais ou la terre, et qui se trouvaient introduits dans le corps des animaux avec leurs aliments ; puis, comme ils ont un aspect tout spécial et qui diffère essentiellement de celui des êtres que l'on découvre dans les eaux ou à la superficie du sol, les fauteurs de cette opinion supposaient que c'était le séjour de ceux-ci dans un milieu si différent de celui auquel ils étaient habitués, et le changement de nourriture, qui modifiaient profondément leur organisme, et qui y opéraient une métamorphose telle que celui-ci s'éloignait considérablement de son type primitif et presque jusqu'au point de devenir méconnaissable.

Les partisans de cette hypothèse s'appuyaient principalement sur ce que, selon eux, on trouve dans l'eau ou dans la terre les différents Vers intestinaux qui attaquent l'homme et les animaux. Mais il est facile de démontrer que leurs assertions reposent sur des observations incomplètes et inexactes.

Les principaux observateurs qui prétendent avoir découvert des Vers intestinaux hors du corps des animaux sont Linnée, Gmelin, Schæffer, Beireis et Hahn. Le premier croyait avoir trouvé des Ascarides, des Ténias et des Douves du foie dans les marais ou parmi les racines de quelques plantes en décomposition. Gmelin prétendit aussi avoir rencontré des Ténias, et Schæffer des Douves, dans des eaux stagnantes. Beireis raconte qu'il découvrit des Ascarides de l'homme dans plusieurs fontaines, et Hahn, dans sa correspondance avec Pallas, attribue une épizootie qui régna le long de la rivière Ob, en Russie, à une quantité considérable de Filaires qui se trouvaient dans celle-ci et que les bestiaux avalaient en buvant.

Une critique sévère empêche d'admettre ces différentes assertions. En effet, Otto F. Müller a prouvé par une logique serrée que Linnée avait confondu divers animaux avec ceux qu'il prétendait avoir observés ; et que cet immortel naturaliste ne pouvait guère faire autorité en semblable matière, parce qu'il avait peu appesanti son attention sur les Vers intestinaux : il les étudia même avec tant d'abandon qu'il nia l'existence de la tête dans les Ténias. Relativement à l'espèce de ce genre que Gmelin prétendit avoir observée dans des marais, et qu'il nomma dans le doute *Tænia dubia*, Pallas croit que ce n'était autre chose que du frai de Grenouille, et Bremser du frai de Crapaud. Les Douves du foie dont parle Schæffer n'étaient probablement que des Planaires ; et dans le cas où l'on aurait réellement découvert de ces Entozoaires dans l'eau, il resterait encore à prouver que ceux-ci n'y avaient pas été déposés par quelques troupeaux de moutons qui seraient venus s'y abreuver. La même objection s'offre pour le cas cité par Hahn ; d'après son récit on ne rencontra point de Vers dans l'estomac des chevaux qui périrent durant l'épizootie dont il raconte l'histoire, et les poumons seuls en étaient remplis. Aussi est-il beaucoup plus probable que ces Vers se sont engendrés dans ces derniers organes, et que ceux que l'on trouva dans les abreuvoirs y avaient été rejetés par l'expectoration des animaux malades.

Les arguments les plus plausibles se réunissent aussi pour renverser l'hypothèse dans laquelle on prétend que les Helminthes ne sont que des Vers terrestres ou aquatiques qui se sont diversement modifiés par leur séjour dans l'intérieur des animaux. En effet cela se dévoile d'une manière évidente lorsque l'on considère attentivement ces divers êtres ; on s'aperçoit alors que si, au premier abord, il a été possible de les confondre, il y a cependant d'immenses différences entre leur aspect extérieur et leur anatomie interne, de manière qu'il devient réellement impossible d'admettre que des modifications dans l'habitat puissent ainsi transformer de fond en comble leur économie. D'ailleurs il y a une si grande différence entre les circonstances environnantes dans lesquelles se trouvent les Vers ordinaires et les Entozoaires, qu'il n'est pas possible de croire que les premiers pourraient s'accommoder au genre de vie des autres. Avec les soins les plus assidus, quand nous changeons trop les conditions d'existence des grands animaux, nous les voyons expirer ; comment donc admettrait-on que des Vers, dont l'organisation est si frêle, pussent sans périr subir un changement total dans la nature du milieu qu'ils habitent, dans la température de celui-ci et dans leur alimentation ?

Si les Vers qui assiégent les organes des animaux n'étaient autres que ceux qui proviennent du sol ou de l'eau, on les verrait reprendre leur genre de vie normal lorsque les circonstances s'offriraient, cependant l'on sait positivement qu'un temps fort court après que les Entozoaires sont expulsés du corps des êtres qu'ils habitaient, ils meurent.

D'un autre côté si les Helminthes provenaient réellement du dehors, on les trouverait tous dans les voies digestives, et jamais on n'en rencontrerait dans les organes qui n'ont point de communication avec l'extérieur ; et nonobstant, cela a souvent lieu, car il en existe fréquemment dans le tissu cellulaire, dans les glandes et dans le cerveau, et Morgagni, Bremser et d'autres en ont rencontré jusque dans l'intérieur des yeux.

Enfin si la production des Vers intestinaux se faisait ainsi, les espèces ne seraient point localisées comme elles le sont généralement [1], et chaque animal n'aurait point ses Entozoaires spéciaux. Tant d'arguments s'opposent donc à ce que l'on adopte cette théorie.

Dans la seconde hypothèse, qui a principalement été soutenue par Pallas, on admet que les Vers intestinaux proviennent du dehors, et qu'ils sont introduits, à l'état d'œuf, dans les organes des animaux, soit avec les aliments ou les boissons, soit par la respiration, puis qu'ils se développent ensuite à l'intérieur du corps de ceux-ci.

Pallas donne les preuves suivantes en faveur de sa manière de voir. « La maladie vermineuse, dit-il, est très-répandue parmi les hommes et les animaux qui vivent dans les grandes villes ou dans des endroits très-populeux, surtout où les hommes se tiennent d'une manière malpropre, où l'humidité de l'air et de la contrée est propice à la conservation des œufs hors de leur séjour naturel, et où l'on se sert pour boisson ordinaire d'eau de réservoirs, de sources ou de rivières qui reçoivent toutes les immondices. On rencontre au contraire très-rarement des Vers intestinaux dans les contrées peu peuplées de la Russie et de la Sibérie. On en voit également peu souvent chez les peuplades errantes qui changent leur demeure très-fréquemment. A peine ai-je trouvé dans les animaux sauvages de ces pays la centième partie de ce que j'ai rencontré de Vers intestinaux dans les animaux d'Europe. »

« Il a été également pour moi très-remarquable et concluant, ajoute ce naturaliste, de voir que les animaux de proie, les oiseaux carnivores, surtout ceux qui vivent dans le voisinage des hommes, et les poissons voraces (voyageant en troupe et jouissant d'une vie plus longue que les autres poissons) sont ordinairement sujets aux Vers intestinaux. Le con-

---

[1] Cœnure cérébral, Douve du foie.

traire a lieu chez les animaux rongeurs qui se nourrissent avec beaucoup de précaution, et chez les animaux ruminants qui broient leur nourriture avec soin. »

Les savants qui pensent que les Vers intestinaux sont transmis du dehors aux animaux qu'ils attaquent, admettent que leurs œufs ont pour véhicule l'eau et l'air. Selon eux, c'est principalement avec les boissons qu'ils s'introduisent, après être tombés dans l'eau qui en fait la base, et y être restés plus ou moins longtemps en suspension sans s'altérer et sans se développer, parce qu'ils n'y rencontraient point les conditions nécessaires à leur évolution. Ils pensent aussi que l'air peut tenir en suspension les œufs des Helminthes, sans qu'ils perdent leur faculté vitale, et que ceux-ci se trouvent surtout introduits avec lui à l'intérieur du corps par la respiration.

Les antagonistes de cette hypothèse opposent les raisons suivantes à Pallas et à ses fauteurs. Ils prétendent que si les Vers intestinaux sont plus abondants parmi les habitants des grandes villes, cela est dû à l'influence des causes débilitantes qui agissent sur eux et rendent leur constitution moins robuste. Bremser pense, en outre, que le peu de maladies vermineuses que l'on observe parmi les paysans russes peut s'expliquer par leur constitution robuste et par le grand usage qu'ils font de l'eau-de-vie.

Quant à l'assertion dans laquelle on prétend que les Entozoaires sont plus communs chez les animaux carnassiers que chez les herbivores, ceux qui ouvrent habituellement des cadavres, savent qu'elle est tout à fait dénuée de fondement. En effet, sur vingt et une Loutres que Bremser disséqua, pas une n'avait de Vers intestinaux; et au contraire sur cinquante-quatre Lapins qu'il ouvrit, quarante-neuf en offraient. C'est là, il nous semble, une preuve évidente que les Helminthes ne s'introduisent point avec les aliments, car les Rongeurs et les Ruminants, qui en présentent si fréquemment, ne peuvent en trouver la source dans leur régime. Enfin, une expérience de Schreiber semble positivement démontrer ce fait. Ce savant ayant nourri pendant six mois un Putois avec des Vers intestinaux de toute espèce ainsi qu'avec leurs œufs, lorsqu'au bout de ce temps il l'ouvrit, son corps ne contenait aucun de ces animaux.

Les boissons ne paraissent guère plus aptes à transporter les œufs des Entozoaires dans l'intérieur des organes. En effet, il faudrait que ceux-ci fissent un chemin considérable avant d'y être introduits; et si l'on suppose qu'ils puissent l'être, il devient encore impossible d'expliquer comment ces œufs ont pu se placer dans certains endroits de l'économie qui ne communiquent point avec l'extérieur. La supposition que ce sont les vaisseaux qui les y transportent n'est nullement admissible, car ces œufs offrent souvent trop de volume pour pouvoir être absorbés par les orifices des lymphatiques et se trouver ensuite introduits dans le torrent de la circulation sanguine, que l'on croyait pouvoir les déposer dans tous les organes du corps.

L'air paraît encore bien moins pouvoir être le véhicule des œufs des Helminthes ; ceux-ci sont trop pesants pour rester flottants dans ce gaz, et son action doit bientôt en opérer la dessiccation et anéantir leur germe.

Enfin, comme certains Entozoaires sont vivipares, il devient impossible d'expliquer leur introduction par cette seconde hypothèse, et d'entrevoir par quel moyen ils passeraient de la mère qui les produit jusque sur le nouvel être qui est appelé à les receler. Si l'on entrevoyait même par quelle voie ils arrivent jusqu'à ce dernier, on s'étonnerait que chez certains animaux qui, tels que beaucoup d'herbivores, broient leurs aliments avec un grand soin, ils pussent franchir leur bouche sans être souvent dilacérés.

Dans la troisième hypothèse, qui a particulièrement été soutenue par Bréra, on admet que les Vers intestinaux sont transmis des parents à leurs descendants par la voie de la génération. Les fauteurs de cette explication sont forcés d'admettre que les premiers individus de la race humaine ou de celle de tous les autres animaux, ont porté en eux toutes les espèces de Vers qui les affectent et qu'ils transmettent d'âge en âge à leur progéniture. Trois moyens de transmission sont indiqués comme pouvant donner lieu à ce mode de propagation : le père, la mère, et l'allaitement.

Ceux qui pensaient que le père transmettait les Helminthes à ses descendants, par la voie de la génération, admettaient que ces animaux étaient introduits avec le fluide séminal, et que même ils pouvaient traverser plusieurs générations sans se développer. Le moindre raisonnement empêche d'adopter cette théorie. En effet il n'est pas possible de croire que la liqueur prolifique des animaux renferme constamment les œufs des diverses espèces de Vers que l'on voit se développer chez eux ; on les apercevrait au microscope, et d'ailleurs plusieurs de ces Entozoaires sont vivipares, et certes leurs petits ne se trouvent point dans ce liquide. En outre, il est évident, d'après les expériences de Spallanzani, qu'il ne faut qu'une quantité imperceptible de ce fluide pour opérer la fécondation, quantité qui ne pourrait assurément renfermer les germes de douze à quinze espèces de Vers que possèdent certains animaux.

D'ailleurs, comme les Vers intestinaux qui ont été observés chez certains hommes ne se montrent pas sur plusieurs générations, quoiqu'ils s'observent dans celles qui les suivent, on ne peut réellement admettre que leurs germes ont traversé successivement les premières pour se développer sur les autres, après être restés parfois plusieurs centaines d'années à l'état d'œuf. Bréra croit cependant ce fait possible ; mais quand on connaît la mobilité des éléments de l'organisme, on ne peut nullement adopter ses vues.

Enfin, comment les germes des Entozoaires, qui sont souvent assez gros et visibles avec une simple loupe, pourraient-ils s'introduire dans les œufs des Poissons et des Batraciens qui sont fécondés à l'extérieur des femelles ?

Les savants qui ont soutenu l'opinion que c'était la mère qui transmettait les Helminthes à sa progéniture, se sont particulièrement autorisés de divers cas qui ont été cités par les auteurs et dans lesquels on a découvert de ces animaux sur des fœtus. En effet, Hippocrate et d'autres médecins rapportent que l'on en a parfois trouvé sur ceux de notre espèce, ainsi que sur ceux de la Vache, du Mouton ou du Chien. Wan-der-Viel dit même que l'on a découvert des Ascarides dans le cordon ombilical et dans le placenta.

On ne peut nier ces faits, mais leur explication n'est nullement admissible. Les mêmes objections qui ont été faites à la supposition que ce sont les pères qui transmettent les Vers à leurs descendants sont également applicables ici. M. Mérat, qui s'est occupé de cette matière, admet sans hésitation que la mère peut transmettre les germes des Vers à sa progéniture, à cause, dit-il, des facilités de communication qui existent entre elle et le fœtus. Des objections insurmontables s'élèvent contre un semblable système ; certes, les communications ne sont pas aussi faciles qu'on le prétend, et les œufs des Vers intestinaux ne pourraient passer par les vaisseaux capillaires ; car, comme l'a avancé Rudolphi, d'après un calcul approximatif, et qui, selon Bremser, ne paraît pas être exagéré, ceux qui proviennent des plus petits Entozoaires sont dix mille fois plus gros que les globules du sang. Or, il est évident que les dernières ramifications des capillaires ne pourraient les laisser passer. Enfin, dans cette hypothèse, comment les animaux qui sont ovipares transmettraient-ils leurs Vers à leurs petits, puisqu'il n'y a aucune communication vasculaire entre la mère et le fœtus ?

La supposition dans laquelle on admet que les Helminthes se propagent par la voie de l'allaitement est encore bien moins soutenable que les précédentes, et une seule objection suffit pour la détruire de fond en comble. En effet, si les Vers se transmettaient par cette voie de la mère à sa progéniture, comme il n'y a point d'allaitement chez les animaux ovipares, tels que les Oiseaux, les Reptiles, les Poissons, etc., ceux-ci ne pourraient jamais présenter d'Entozoaires, et il est évident que le contraire existe.

Enfin, la quatrième hypothèse, ou celle dans laquelle on admet que les Vers intestinaux se produisent par une génération spontanée, a été soutenue avec talent par Bremser, et semble avoir le plus de probabilité. Car si, comme nous l'avons dit, on ne peut concevoir que ces animaux proviennent du dehors ou qu'ils soient transmis par les parents, il faut bien qu'ils s'engendrent, par une force spéciale, dans les organes qu'ils habitent.

Dans son Traité zoologique et physiologique sur les Vers intestinaux de l'homme, Bremser ayant émis des idées remarquables relativement à la génération de ceux-ci et en général à la production des êtres organisés, nous croyons devoir esquisser ici son système, en citant parfois textuellement quelques-uns de ses arguments.

Pour exposer ses idées, ce célèbre helminthologiste commence par donner quelques notions sur les diverses formations géologiques du globe. Il considère chacune de celles-ci comme le résultat d'une immense fermentation (c'est ainsi qu'il nomme cette action) de la matière morte ou minérale et de la substance organisée.

Aux diverses époques géologiques, selon Bremser, durant les grandes réactions qui se produisaient à la surface du globe, la matière et l'esprit se combinaient diversement, et de leur union il surgissait de nouveaux êtres dont l'organisation était en rapport avec la masse qui se trouvait en fermentation. D'après ce principe, la masse énorme de substance organique répandue à la surface de la terre a pu donner naissance aux plus grands animaux, tandis que le peu que nous soumettons parfois en réaction dans nos bocaux à expérience produit seulement sous nos yeux des êtres infiniment petits, des Infusoires.

Comme à chaque précipitation qui s'est opérée à la surface du globe, les êtres qui se trouvaient créés offraient un perfectionnement manifeste sous le rapport organique et intellectuel, relativement à ceux qui les avaient précédés, Bremser suppose qu'à mesure que les créations se sont succédé, l'esprit tendait de plus en plus à s'isoler de la matière et à la dominer.

Poursuivant audacieusement sa pensée, le célèbre naturaliste allemand s'efforce d'expliquer les causes des divers perfectionnements qui se sont manifestés durant chacune des phases du globe, et à ce sujet il s'exprime de la manière suivante :

« Les animaux de la première création, dit-il, ne pouvaient pas être si parfaits que ceux de la dernière. Dans la première, l'esprit était encore trop enchaîné à la matière, et ce n'est qu'après s'être débarrassé de cette dernière, non propice à l'animalisation, qu'il pouvait agir plus librement et parvenir enfin à gouverner l'existence corporelle de l'organisation à laquelle il est adhérent, car l'homme animé par l'esprit veut, et sa volonté est une loi pour la matière. Cette assertion souffre cependant quelquefois des exceptions dans certains cas ; mais alors l'esprit demande plus que la matière ne peut faire, et nous devons également considérer que l'homme n'est pas un pur esprit, mais seulement un esprit borné par la matière de différentes manières. En un mot, l'homme n'est pas un Dieu ; mais malgré la captivité de l'esprit dans sa corporéité, celui-ci est déjà devenu assez libre en lui pour qu'il s'aperçoive qu'il est gouverné par un esprit plus élevé que le sien, c'est-à-dire par un Dieu. Pouvoir ou plutôt devoir comprendre, cela est ce qui forme la différence entre l'homme et les animaux.... Il est encore à présumer, dit Bremser, dans la supposition qu'il y aurait une nouvelle précipitation, que des êtres beaucoup plus parfaits que ceux qui ont été le résultat des précédentes seraient créés. L'esprit dans l'homme est à la matière dans la proportion de 50 à 50, avec de légères différences en plus ou en moins, car c'est tantôt l'esprit et tantôt la matière qui domine. Dans une création subséquente, si celle qui a formé l'homme n'est pas la dernière, il y

aurait apparemment des organisations où l'esprit agirait plus librement et où il serait dans la proportion de 75 à 25. Il résulte de cette
considération que l'homme a été formé comme tel à l'époque la plus
passive de l'existence de notre terre. L'homme est un triste moyen
terme entre l'animal et l'ange ; il tend aux connaissances élevées et ne
peut pas y atteindre ; quoique nos philosophes modernes le croient
quelquefois, cela n'est réellement pas. »

Enfin, Bremser, poursuivant son système, après avoir admis qu'il
se forme spontanément des Animalcules infusoires dans les corps organisés privés de vie, prétend aussi que les Vers intestinaux s'engendrent
dans les animaux par une génération spontanée. Selon lui, l'organisation assez élevée des Entozoaires est due à la grande quantité de substance organique qui se trouve dans le lieu où ils se développent. « Il
nous est permis d'admettre, dit-il, que les organisations qui se développent dans le vivant, n'importe que ce soit dans un homme ou dans
un animal, doivent être beaucoup plus parfaites que celles d'un corps
privé de vie, par la raison que le principe de la vie se trouve monté
plus haut et agit d'une manière plus intense. »

Cette génération, Bremser ne l'admet pas seulement pour les Entozoaires dont les organes sexuels sont inapparents et dont le mode de
reproduction est obscur, mais il pense également qu'elle a lieu pour
ceux dont les sexes sont bien apparents. « Je sais très-bien, dit-il,
que ces animaux pondent des œufs et qu'il en est de même d'une
grande partie des Vers intestinaux, et que d'autres, parmi ceux-ci,
sont même vivipares ; cependant je prétends que les Vers intestinaux
qui se trouvent pour la première fois dans le corps animal sont le produit d'une formation spontanée. »

Telle est, en résumé, la brillante hypothèse de Bremser. Si dans un
ouvrage de cette nature nous ne sommes point appelés à la juger, au
moins nous devons dire qu'au fond la génération spontanée nous semble expliquer mieux qu'aucune autre théorie la présence des Vers
intestinaux : aussi nous l'admettons, au moins pour plusieurs de ceux-
ci. En effet, sans elle comment pourrait-on expliquer l'existence de
certains Vers enkystés que l'on trouve dans les organes les plus profonds de l'économie ? Sans elle comment expliquer la formation de
cette multitude d'Entozoaires enkystés microscopiques, qu'Owen
observa sur quatorze malades morts à l'hôpital Saint-Barthélemy ? Vers
appelés par ce savant *Trichina spiralis*, et qui avaient envahi tellement le système musculaire qu'un seul des muscles du tympan en
offrait vingt-cinq !

Enfin, sans le secours de la génération spontanée, comment expli-
querait-on la présence des Vers intestinaux soit dans des œufs, soit
dans d'autres Helminthes ? Eschscholtz en a découvert dans des œufs de
poule. « Bojanus, dit Burdach, a découvert dans le foie d'un Limaçon
des Vers jaunes [1] chez lesquels vivaient des Cercaires, et le fait a été

[1] Distomes ?

constaté par Baer. Carus a trouvé dans le même organe un Ver qui
était plein d'œufs de Distomes. Nordmann a observé assez fréquemment des Entozoaires microscopiques dans les Trématodes habitant
l'œil des Poissons. Enfin, Siebold a découvert qu'un Monostome qui vit
dans le corps des Échassiers et des Palmipèdes[1] contenait déjà à l'état
d'embryon et dans l'œuf un autre Entozoaire semblable en tout au
Ver jaune aperçu par Bojanus. L'Oiseau nourrit donc un Monostome
dans le corps duquel se trouve un œuf occupé par un jeune Monostome servant lui-même d'habitation à un Distome. Pourexpliquer l'origine de ces Entozoaires à l'aide de la propagation il faut recourir aux
suppositions les plus arbitraires et les plus invraisemblables. »

L'opinion que certains êtres peuvent s'engendrer, dans quelques
circonstances, par une génération spontanée, compte aujourd'hui
beaucoup d'antagonistes. Anciennement elle était vulgairement adoptée,
et Aristote, Anaxagore et Pythagore professaient qu'un grand nombre
d'animaux n'avaient pas d'autre origine. Mais Rédi, vers l'époque de la
renaissance, détruisit leur croyance en s'appuyant d'observations
positives. Cependant cette opinion, qui paraît avoir été destinée à subir
toutes les oscillations de l'esprit humain, fut reproduite de nos jours
par des naturalistes justement célèbres. En effet, Needham, Lamarck,
Tréviranus, Bremser, Burdach, M. Bory-Saint-Vincent et beaucoup
d'autres admettent tous que certains êtres placés aux échelons inférieurs
de la série zoologique peuvent être le résultat d'une génération spontanée. Quelques-uns de ces savants pensent même que celle-ci peut avoir
lieu dans diverses circonstances à l'égard d'animaux dont l'organisation
est extrêmement compliquée.

En général, les naturalistes français n'admettent ce mode de formation qu'avec une extrême réserve. Les savants allemands, au contraire,
tombent dans l'excès opposé et supposent que le phénomène de la
génération spontanée se produit communément à la surface du globe.

Bremser, par exemple, pense que les Poux lui doivent parfois naissance, quoiqu'ils aient des organes génitaux apparents. Burdach, qui,
comme cet auteur, croit que les Entozoaires doivent leur origine à la
génération spontanée, va même beaucoup plus loin, puisqu'il ne
craint pas d'admettre que quelques-uns des vertébrés puisent leur
existence à une semblable source. « Nous croyons possible, dit cet audacieux et célèbre physiologiste, que des Poissons se développent dans
l'eau sous l'influence de l'air, de la chaleur et de la lumière. » Il s'autorise des faits suivants : « Adanson, ajoute-t-il, a trouvé en Afrique des
mares d'eau pluviale qui étaient à sec pendant neuf mois de l'année et
qui à l'époque des pluies se repeuplaient de Poissons. Ces derniers
étaient de toute autre espèce que ceux de la rivière la plus prochaine,
distante de trois cents toises et qui n'avait d'ailleurs aucune communication avec les marais. Mais les œufs de Poissons, s'il en restait

---

[1] *Monostoma mutabile.*

quelques-uns, devaient se détruire pendant les neuf mois de sécheresse, puisque les expériences de Spallanzani ont appris qu'aucun œuf de Poisson n'est susceptible de se développer lorsqu'il a été au sec pendant trois mois. Bonnet, Rondelet, etc., ont également observé cette apparition de Poissons dans les étangs nouvellement établis. C'est une énigme aussi que la manière dont les lacs et ruisseaux produits dans les Alpes et les Pyrénées par la fonte des glaces et des neiges se peuplent de Truites et autres Poissons qu'on y rencontre. L'origine des Lottes, des Perches et des Brèmes que Macartney a trouvées dans une île éloignée de tout continent et qui semblait avoir été lancée du fond de l'Océan par une commotion volcanique, n'est pas moins obscure. Il se peut que les œufs de ces Poissons aient été transportés par des Oiseaux, mais ce n'en est pas moins une circonstance fort embarrassante que la promptitude avec laquelle tout amas d'eau quelconque se peuple de Poissons appropriés à sa nature. »

ORDRE DES APOROCÉPHALÉS.

Corps très-mou, inarticulé; tête peu ou point distincte, sans pores; canal intestinal complet ou non.

Ces invertébrés n'existent jamais à l'intérieur des autres animaux; presque tous sont aquatiques; leur corps est en général plat en dessous et convexe en dessus; on ne distingue point chez eux de ventouses locomotrices, et ils ne se transportent d'un lieu à un autre qu'en glissant à la surface des corps.

FAMILLE DES TÉRÉTULARIÉS.

Corps cylindriforme, assez alongé; canal digestif complet.

LOBILABRES. *Lobilabrum.* Corps élargi aux extrémités; bouche fort grande, à deux lèvres bilobées.

Cette petite division a été établie pour le *Lobilabre des Huîtres;* c'est un Ver de deux ou trois pouces de longueur, qui se forme un tube avec des grains de sable, qu'il applique sur la surface de la coquille du Mollusque comestible dont il porte le nom.

FAMILLE DES PLANARIÉS.

Corps très-déprimé; canal digestif incomplet, à un seul orifice.

PLANAIRES. *Planaria.* Corps ordinairement plus large en avant; bouche située sous l'abdomen; estomac ramifié.

Les eaux douces de nos contrées, et les mers qui bornent la France, offrent de ces animaux; quelques-uns sont terrestres et probablement forcés de rechercher les lieux humides et ombragés. Les mœurs des êtres qui composent cette division sont peu connues; ils rampent d'une manière analogue aux Limaçons, en laissant derrière eux une trace argentée.

ORDRE DES POROCÉPHALÉS.

Corps sans traces d'articulations. Extrémité antérieure pourvue d'un pore ou d'une ventouse; canal intestinal incomplet.

Les Porocéphalés ont assez l'aspect des Sangsues, à cause de leur ventouse antérieure; quelques-uns de ces animaux en présentent aussi une seconde en arrière, et alors le rapprochement devient encore plus frappant; mais celle-ci est située un peu plus en avant que celle des Apodes auxquels nous les comparons; comme eux, ils se transportent à l'aide de ces appendices aspirants. Les Porocéphalés habitent l'intérieur des animaux; on en trouve dans beaucoup de Mammifères, dans certains Oiseaux de proie, dans les Reptiles et les Poissons.

MONOSTOMES. *Monostoma.* Corps aplati ou cylindrique, offrant un pore antérieur solitaire.

Les Monostomes se trouvent dans les intestins et les cavités abdominale et thorachique des animaux vertébrés. Il n'en existe qu'un petit nombre d'espèces, et toutes sont de petite dimension.

DISTOMES. *Fasciola.* Corps à deux ventouses, une antérieure, l'autre inférieure.

Ce groupe contient un nombre considérable d'espèces, dont les plus grandes atteignent à peine un pouce. Ces animaux, qui ont été désignés, par quelques naturalistes, sous le nom de *Fascioles,* se meuvent comme les Sangsues, et le pore qu'on observe chez eux dans la région du ventre, leur sert à se fixer à la surface des organes qu'ils habitent.

Le *Distome hépatique,* nommé aussi *Douve du foie,* se découvre communément dans les conduits et la vésicule biliaire de beaucoup de Mammifères, surtout dans ceux des Bœufs, des Chèvres, des Chevaux, des Cochons, des Lièvres et des Moutons, et souvent il produit sur ceux-ci des hydropisies mortelles. On le rencontre aussi sur l'espèce humaine, mais il y est rare; Malpighi ne l'ignorait pas. C'est de ces Entozoaires qu'il est probablement question dans le cas cité par Wepfer, où il trouva dans le canal hépatique, des Vers qu'il appela Sangsues (*Hirudines*); enfin, il est certain que Pallas a trouvé des Douves dans le canal hépatique d'une femme qu'il disséquait dans l'amphithéâtre de Berlin ; Bréra en a vu aussi dans le foie d'un homme mort d'une hydropisie.

Les Douves qui séjournent dans les conduits biliaires les élargissent quelquefois d'une manière surprenante, et bientôt ceux-ci se trouvent revêtus d'une mucosité abondante, qui s'épaissit avec le temps, et se change en une substance osseuse, cassante, qui, quand on dissèque l'organe, forme autant de véritables tubes solides. Ces Helminthes sont de la longueur d'une à quatre lignes, et ont la configuration d'une lancette.

ORDRE DES BOTHROCÉPHALÉS.

Tête distincte, pourvue de fossettes ; corps composé d'articulations ; ni bouche, ni anus.

Le canal digestif des Bothrocéphalés est vasculaire et communique à l'extérieur par des pores ; chacune des articulations du corps de ces Vers est pourvue d'un appareil génital unisexuel ; ils vivent principalement dans l'intérieur des animaux vertébrés.

FAMILLE DES POLYRHYNQUES.

Extrémité antérieure portant deux ou quatre appendices tentaculiformes armés ou non.

FLORICEPS. *Floriceps.* Renflement antérieur garni de quatre longs tentacules armés de crochets.

Ces Vers se trouvent dans les Poissons ; on les découvre dans le péritoine ou dans l'épaisseur des divers organes abdominaux ; le Turbot et le Merlan en offrent assez souvent.

FAMILLE DES MONORHYNQUES.

Corps extrêmement alongé ou vésiculaire ; renflement céphalique à trompe unique, ordinairement armée de crochets.

TÉNIAS. *Tænia.* Corps extrêmement alongé et déprimé, à articles bien distincts ; renflement céphalique offrant quatre ventouses et un ou deux cercles de crochets ; des pores latéraux.

Les anciens désignaient ces Vers sous la dénomination de *Vitta*, pour indiquer leur forme aplatie, analogue à celle des bandelettes dont les sacrificateurs s'ornaient la tête ; le nom de *Tænia* leur fut imposé par les modernes dans le même but.

Les Ténias vivent à l'intérieur des animaux, et l'on en rencontre

sur ceux qui habitent les climats les plus divers, puisqu'on en a découvert sur des Lions, des Tigres et des Girafes, que l'on sait ne peupler
que les contrées les plus brûlantes de l'Afrique et de l'Asie, et sur des
Rennes et des Ours blancs, qui résident parmi les régions glacées du
pôle. Ces Vers ont presque constamment leur siége dans le canal digestif des grands animaux, et surtout dans l'intestin grêle ; ce n'est
que rarement que l'on en a rencontré à l'intérieur de la cavité du péritoine.

Les médecins anciens ont connu ces Entozoaires ; ils croyaient que
l'homme ne pouvait jamais être atteint que d'un seul à la fois, et c'est
ce qui a donné naissance aux évaluations erronées qui ont eu lieu à
l'égard de la longueur des Ténias, parce que, régis par cette idée, les
observateurs prêtaient à un seul individu tous les fragments qui étaient
évacués par un malade, et il arrivait ainsi que l'on croyait ces vers énormément plus longs qu'ils ne le sont réellement. Le nom de *Vers solitaires* qui leur est vulgairement imposé n'a pas peu contribué à propager
l'erreur. Il est prouvé actuellement que l'homme et les animaux peuvent en posséder plusieurs en même temps. De Haën en fit rendre dix-
huit, en peu de jours, à une femme, et Bremser en a parfois rencontré deux ou trois sur la même personne. Ces Entozoaires se multiplient
d'une manière beaucoup plus remarquable à l'intérieur de certains
animaux ; Bloch en a compté jusqu'à cent dans le tube digestif d'un
Brochet d'une livre et demie, et Bremser dit en avoir souvent observé
soixante à quatre-vingts dans celui de jeunes Chiens.

L'anatomie et la physiologie des Helminthes de ce groupe offrent des
particularités curieuses. La tête des Ténias présente, vers son sommet,
une couronne de petits crochets qui paraissent de nature cornée.
Ceux-ci, selon Bremser, tombent peut-être avec l'âge ; ce qui le lui
fait supposer, c'est qu'il n'aperçut point ces organes sur ceux de ces
animaux qu'il eut d'abord occasion d'observer, quoiqu'il se fût servi
d'un excellent microscope. Mais il en reconnut ensuite l'existence sur
des individus que lui envoya Rudolphi, auquel il avait transmis ses
doutes sur ce sujet. Au-dessous de la couronne de crochets et sur la
partie renflée de la tête, on aperçoit quatre pores ou oscules, qu'Andry
considérait, à tort, comme des yeux, et que Méry prenait pour autant
d'ouvertures nasales. De ces quatre pores naissent des canaux étroits
qui se dirigent en arrière et qui, presque immédiatement, se réunissent deux à deux de manière à ne former que deux tubes qui longent
l'animal d'une extrémité à l'autre. Chacun de ceux-ci est placé vers l'un
des bords de l'animal, et communique avec son opposé, au niveau de
chaque articulation, par un canal transversal, qui se trouve vers la
région postérieure de celle-ci.

On n'a que des données inexactes relativement à la longueur que
peuvent atteindre les Ténias, car selon quelques helminthologistes on
n'a peut-être pas encore eu l'occasion d'en observer d'entiers, et qui
fussent adultes et à la fois pourvus de leur tête et de leur queue.

Fréquemment il arrive que les dernières articulations se détachent successivement à mesure que les œufs s'accroissent dans leur intérieur,
et avant que les anneaux de la région antérieure soient encore développés. C'est aussi à cause de cela que les médecins ont parfois émis des
idées erronées à l'égard des dimensions de ces Entozoaires ; Reinlein
assure qu'ils parviennent souvent à une longueur de quarante à cinquante aunes. Rosenstein dit avoir vu évacuer un Ténia de plus de trois
cents pieds. Baldinger parle d'un de ces Vers qui avait plus de sept cents
pieds de longueur. Enfin, dans les dissertations de Copenhague, il est
question d'un Ténia qui offrait huit cents pieds de longueur. L'on s'est
trompé évidemment dans cette évaluation, car il eût fallu, pour qu'un
semblable Ver résidât dans le canal digestif d'un homme, qu'il s'y trouvât
au moins reployé vingt-six fois, et alors on conçoit qu'il en eût ob-
strué toute l'étendue et rendu les fonctions impossibles. Ces diverses
assertions sur les dimensions des Ténias sont certainement exagérées
et tiennent à un vice dans l'observation. Il est probable que ces Entozoaires n'offrent guère plus de vingt à trente pieds, et Bremser, qui est
d'une si grande autorité en semblable matière, dit que ceux de vingt-
quatre pieds ne sont pas rares et que sa collection en possède plusieurs
de cette longueur. Il est probable que ceux qui ont cru observer des
Ténias d'une plus grande taille auront considéré comme appartenant
à un seul de ces Vers, les bouts de plusieurs individus qui étaient évacués successivement par des malades, dans un espace de temps plus
ou moins long. Hufeland fait mention d'un enfant de six mois qui rendit peu à peu au moins trente aunes de Ténia, sans altération de la
santé. Si cet enfant en eût expulsé une semblable quantité tous les six
mois jusqu'à l'âge de la puberté, la longueur du Ver se fût alors élevée
à environ quinze cents aunes, et l'on aurait cependant tort de conclure
de là qu'il existe des Ténias aussi longs.

Les Ténias n'offrent point d'appareil spécial pour la respiration, et
il est probable que chez ces animaux cette fonction se produit à la
surface cutanée. On ne connaît pas non plus, d'une manière positive,
comment s'opère chez eux la circulation ; cependant de Blainville pense
que les deux vaisseaux latéraux sont en partie affectés à cet acte, et qu'ils
servent en même temps de canal intestinal et d'organe de circulation
oscillatoire.

Il existe sur l'un des bords des Ténias de petites saillies papilliformes
qui sont pourvues, dans leur milieu, d'une ouverture apparente ; on
en rencontre une sur chaque articulation. Plusieurs naturalistes pensent que ces ouvertures sont les orifices des oviductes, organes avec
lesquels ils croient que communiquent ces espèces de pores génitaux.
On remarque sur certains Ténias, et particulièrement sur ceux qui
proviennent des Oiseaux aquatiques, un filament extrêmement grêle
qui sort de chacun de ces orifices génitaux ; Rudolphi, qui nomme
cet organe Lemnisque, le considère comme un appareil excitateur
mâle, et Bremser lui donne la même signification. Une observation de

M. Eudes Deslonchamps semble confirmer cette idée; ce naturaliste a trouvé dans les intestins d'une Bécasse deux Ténias entortillés, *T. filum*, et qui avaient plusieurs points de leurs pores génitaux accolés et ayant contracté une assez forte adhérence.

Selon les naturalistes, l'émission du produit de la génération se fait de trois manières. Il en est qui pensent que les œufs sortent par les pores latéraux, et regardent comme un oviducte le canal aboutissant à chacun d'eux et qui, selon Rudolphi, commence à l'ovaire; cependant cet auteur dit n'avoir jamais rencontré d'œufs dans l'intérieur de ce tube. Il est vrai que d'autres observateurs prétendent avoir été plus heureux, car Goëze rapporte en avoir vu sortir du pore qui le termine, et Werner assure qu'en pressant les ovaires il en a même expulsé artificiellement par cet orifice marginal. Carlisle prétend, au contraire, que les orifices naturels des ovaires sont un grand nombre de pores que l'on aperçoit au bord postérieur de chaque articulation; mais de Blainville, dans des expériences faites avec soin et en produisant une pression réglée et forte, n'a jamais pu voir d'œufs s'échapper soit par l'orifice latéral des anneaux, soit par les ouvertures dont il vient d'être question; ceux-ci ne tombaient au dehors que lorsqu'on détachait une articulation. Il est certain que parfois le produit de la génération s'échappe en masse et que l'ovaire chargé d'œufs se détache en entier de l'animal en faisant dans chaque anneau un grand trou à la place qu'il occupait. L'observation semble le démontrer, car on trouve, sur quelques sujets, des Ténias qui ont leurs derniers anneaux perforés par cette perte de substance. Enfin le dernier mode de génération, celui qui est le plus certain, consiste dans la décolation successive des derniers anneaux; ceux-ci se détachent du corps et deviennent tour à tour libres, lorsqu'ils sont chargés d'œufs, et sans doute que leurs parties charnues, après avoir protégé ceux-ci pendant un certain temps se décomposent et les laissent libres.

L'accroissement de ces animaux présente un phénomène fort digne de fixer l'attention. Il s'opère particulièrement à leur région postérieure; à mesure que les articulations qui s'y trouvent se développent, elles se détachent du corps et tombent, puis après elles sont expulsées avec les excréments. Ce sont ces articulations séparées du tronc de l'Entozoaire qui les produit, que certains observateurs superficiels ont prises pour des Vers particuliers, et qu'ils ont nommées *Vers cucurbitains*. Ce singulier mode d'accroissement, qui a donné lieu à diverses théories, se fait, selon Bremser, de la manière suivante : « Le Ténia, d'après mon opinion, dit cet helminthologiste, est dès sa naissance entier n'importe qu'il doive son origine à une formation spontanée ou bien à un œuf. Cet animal commence alors à grandir; ses articulations deviennent de plus en plus marquées, surtout celles de la queue; ce sont aussi ces dernières qui se séparent d'elles-mêmes du tronc aussitôt qu'elles ont acquis leur développement et que les œufs dont elles sont chargées ont atteint leur maturité; ce dernier état de choses peut déjà avoir lieu avant que les articulations voisines de la tête soient encore visibles , et lorsqu'elles ne forment encore qu'une espèce de cône alongé. Mais par la suite les articulations antérieures et la tête elle-même se développent à leur tour et se détachent successivement comme celles qui l'ont été en premier lieu. Je ne puis pas cependant indiquer au juste combien de temps il faut pour que cela s'opère , mais je doute très-fort qu'il faille dix ans et plus, comme on se croyait en droit de l'admettre , parce qu'on voit des hommes qui rendent pendant ce temps, presque continuellement, des articulations dépourvues de tête. »

Les plus singulières opinions ont été émises relativement à la nature de ces Entozoaires. Linnée prétendait qu'ils étaient dépourvus de tête ; Blumenbach, dans les premières éditions de son Manuel d'histoire naturelle , émit que les articulations de ces Vers représentaient autant d'animaux distincts et ayant une vie séparée , mais qui étaient accolés les uns aux autres ; Burdach professe encore de nos jours une semblable opinion , et dit que l'on doit voir dans les Ténias une série ou une chaîne d'individus placés à la suite les uns des autres

Le *Ténia à longs anneaux*, *T. solium*, est , selon Bremser, le seul qui attaque notre espèce ; on le rencontre dans les intestins grêles des Européens qui ne sont point affectés par le Bothriocéphale , et principalement sur les Français, les Anglais et les Allemands. On le trouve souvent aussi chez les Égyptiens. D'après M. Mérat, ce Ver affecterait assez communément notre espèce , et une personne sur cent en serait attaquée. Nous pensons que ce chiffre est énormément exagéré ; car, dans peut-être mille cadavres que nous avons disséqués ou vu ouvrir dans les amphithéâtres de Paris ou de Rouen , jamais il ne s'est trouvé de ces Entozoaires.

Cet Entozoaire, selon Cuvier, offre ordinairement de quatre à dix pieds de longueur, mais, comme nous l'avons dit, il s'en trouve de bien plus grands ; on le reconnaît à ses articulations qui , à l'exception des antérieures , sont beaucoup plus longues que larges. (Pl. 31, fig. 1.)

Pendant longtemps le prétendu Ver solitaire de l'homme a été accusé de produire des accidents fort graves sur celui-ci , et de pouvoir même mettre sa vie en danger. Les helminthologistes n'admettent plus aujourd'hui cette idée ; ils regardent cet Entozoaire comme inoffensif, et pensent que les symptômes qu'éprouvent les personnes qui en sont affectées ne sont que le résultat de la peur que leur occasionne ce Ver qu'elles croient redoutable, ou du traitement barbare qu'on leur fait subir pour les en délivrer. Bremser partage cette opinion. Si ces Entozoaires devaient être rangés, comme le dit Cuvier , au nombre des plus cruels ennemis des animaux dans lesquels ils se développent, on n'en trouverait pas parfois une quantité considérable sur certains êtres qui n'en paraissent nullement affectés. Un monsieur qui vint un jour nous consulter en possédait assurément plusieurs à la fois, et sans en ressentir aucune gêne intérieure. Il était seulement désagréablement tourmenté par les nombreux fragments qu'il expulsait continuellement et qui souillaient son linge. Sans cela, il ne se fût nullement douté qu'il possédât de ces Vers dans le corps.

C'est avec les purgatifs violents que l'on expulse ordinairement les Ténias, et il n'est pas inutile de dire ici que c'est à tort que l'on se figure généralement que, pour être délivré efficacement de ces Helminthes, il faut que leur tête soit expulsée. Bremser, qui est l'helminthologiste praticien le plus en réputation en Allemagne, dit que parmi plusieurs centaines de malades traités par lui, il n'y en a pas un seul qui ait vu sortir la tête de son Ténia, et que cependant il peut assurer que quatre-vingt-dix-neuf sur cent se trouvent guéris.

CYSTICERQUES. *Cysticercus.* Corps vésiculaire ; tête à quatre suçoirs surmontés d'une trompe à deux couronnes de crochets.

Ces animaux se trouvent à l'intérieur des Mammifères et principalement sur ceux dont le régime est herbivore ; Les Porcs domestiques en sont souvent infestés, et l'Homme lui-même et les Singes en offrent parfois aussi, mais rarement.

Chacun de ces Entozoaires est enveloppé par un kyste, à l'intérieur duquel il vit solitairement et environné d'un fluide analogue à celui que renferme sa vessie caudale, mais dans lequel on trouve cependant parfois quelques grumeaux d'une substance jaunâtre, que Laennec considère comme une exsudation des parois de ce kyste. On rencontre particulièrement les Cysticerques dans le tissu cellulaire qui sépare les fibres musculaires ; mais ils peuvent aussi se développer au sein de presque tous les autres organes de l'économie animale, et Rudolphi en a découvert jusque dans le tissu du cœur.

Les Cysticerques se composent d'une vésicule sphéroïde ou ovoïde, plus ou moins volumineuse, dont les parois sont minces, et qui renferme un fluide analogue à de l'eau et contenant une certaine quantité d'albumine. Ces Entozoaires possèdent une petite trompe dont l'extrémité renflée porte quatre mamelons, qui offrent chacun un enfoncement que l'on appelle suçoir, mais que Laennec prétend être imperforé ; puis le sommet de cette petite trompe est surmonté de deux couronnes de petits crochets. (Pl. 31, fig. 9 et 9 a.)

La physiologie de ces animaux est peu avancée, à cause des difficultés que présente leur observation. On sait cependant qu'ils exécutent des mouvements d'ondulation et que sous l'influence de la volonté leur vessie se contracte ou se dilate ; ils peuvent aussi alonger plus ou moins leur cou ou le ramener à l'intérieur de leur corps par le même procédé que certains Mollusques font saillir ou rentrer leurs tentacules. La contraction du cou s'opère de la manière suivante ; on voit d'abord rentrer le point le plus saillant de cet organe et qui surmonte la couronne de crochets ; puis celle-ci le suit immédiatement et se plonge dans l'enfoncement qui se forme ; les suçoirs rentrent plus tard, et enfin la partie ridée du cou ; de manière que, quand celui-ci est tout à fait plongé dans la vessie caudale, c'est la tête qui se trouve le plus profondément enfoncée dans celle-ci. Lorsqu'un Cysticerque veut faire saillir sa tête, les parties se présentent dans l'ordre opposé à celui qu'elles ont suivi pour rentrer, et l'on voit successivement apparaître le cou, les suçoirs et la couronne.

Quelques naturalistes pensent que les crochets dont la trompe des Cysticerques est couronnée servent à les fixer aux parois des cavités qu'ils habitent. Fischer croit même qu'en outre, ces organes fonctionnent en irritant mécaniquement les tissus au milieu desquels vivent ces Vers intestinaux, et qu'ils y déterminent un plus grand afflux de la sérosité dans laquelle ils se trouvent plongés, et qui probablement les nourrit. En effet, la partie vésiculaire de ces animaux semble correspondre à leur estomac, et est remplie de sérosité ; mais on ne sait pas encore positivement comment se fait l'absorption de celle-ci, et l'on n'a point, jusqu'à ce moment, décrit de canal destiné à l'introduire dans cette cavité. Laennec pense que le liquide que contiennent les Cysticerques est pompé par toute la surface du corps.

Le *Cysticerque du tissu cellulaire* est le plus commun ; on l'observe souvent sur les Cochons, et c'est lui qui produit chez ces animaux la maladie que l'on nomme *ladrerie;* c'est cette espèce qui affecte l'homme, et Bremser l'a reconnue sur des Singes.

Les premiers Cysticerques que l'on observa chez l'homme, furent découverts par Werner, sur le cadavre d'un soldat âgé de quarante ans, et qui s'était noyé. Cet observateur rapporte que ces Entozoaires étaient tellement multipliés chez celui-ci que presque tous les muscles en contenaient. Quelque temps après, Fischer rencontra vingt-trois de ces animaux dans le plexus choroïde, puis Bréra et d'autres helminthologistes eurent l'occasion de faire de semblables observations. Rudolphi assure que chaque hiver il a l'occasion de trouver de ces Cysticerques sur les cadavres que l'on apporte à l'amphithéâtre de Berlin.

CŒNURES. *Cœnurus.* Corps vésiculaire, portant plusieurs têtes à quatre suçoirs et surmontées d'une couronne de crochets.

Ces animaux sont des Entozoaires que l'on rencontre assez fréquemment dans le cerveau des Ruminants; Le *Cœnure cérébral*, qui affecte différentes régions de celui des Moutons, détermine chez eux la maladie que l'on connaît sous le nom de *tournis* ou de *vertige,* et qui produit de grands dégâts parmi ces bestiaux. Il acquiert parfois la grosseur d'un œuf, et suscite des symptômes différents, selon le lieu qu'il occupe.

ÉCHINOCOQUES. *Echinococcus.* Vésicule simple ou double, renfermant dans son intérieur de très-petits animaux libres, diversiformes, et dont la tête est armée d'une couronne de crochets et munie de suçoirs ?

Les Entozoaires de ce genre étaient appelés *Acéphalocystes* par

Laennec, et souvent les médecins les ont désignés sous le nom d'*Hy-datides*, dans leurs traités. Nous emploierons particulièrement cette dernière dénomination en parlant des Échinocoques, non-seulement parce qu'elle est plus vulgaire, mais aussi parce que l'on a peut-être parfois désigné sous celle-ci d'autres Helminthes vésiculaires, qui appartenaient aux genres précédents, et cela à l'époque où nos devanciers, n'ayant point fixé d'une manière rigoureuse la caractéristique de ces animaux, les confondaient tous ensemble sous ce même nom. On est d'autant plus autorisé à se servir d'une dénomination vague pour indiquer ces animaux qu'ils sont imparfaitement connus, et que certains zoologistes conservent encore quelque incertitude sur leur essence. Cuvier disait qu'il n'avait point observé ce genre, et qu'il ne s'en faisait pas une idée assez claire pour le classer ; de Blainville croit que l'on doit confondre les Échinocoques et les Cœnures, et que ce ne sont peut-être que des Cysticerques soudés accidentellement ensemble.

Les Hydatides sont assez communes chez les Mammifères ; parmi ceux-ci l'Homme et les Ruminants sont ceux qui en offrent le plus souvent. Ces Entozoaires se développent dans tous les organes de leur économie, et, à l'exception de l'intérieur du canal digestif, il n'est point d'appareil, si profondément situé qu'il soit, qui n'en ait offert. Le foie est fort souvent attaqué par eux; F. Plater et de Haen en ont observé sur plusieurs de leurs malades, et Ruysch rapporte que, sur un cadavre qu'il disséquait, cet organe en offrait une telle quantité qu'il semblait totalement transformé en Hydatides. Monro vit des personnes dont les poumons contenaient de ces Vers, rejeter ceux-ci par l'expectoration ; d'autres médecins ont observé des cas semblables, et disent que certains malades ont parfois expulsé, en toussant, un grand nombre d'Hydatides, dont le volume variait de la grosseur d'un pois jusqu'à celle d'un œuf, mais que leurs vésicules étaient déchirées. Le cœur et le cerveau ne sont point hors des atteintes de ces Entozoaires ; Morgagni et d'autres praticiens en ont observé dans ces organes ; ce dernier en présente assez fréquemment dans les plexus choroïdes, et il nous est arrivé plusieurs fois d'en découvrir sur ceux-ci, sans qu'ils parussent avoir occasionné aucune perturbation dans les fonctions cérébrales.

On a aussi découvert des Hydatides à l'intérieur du corps thyroïde ainsi que dans la glande lacrymale. On en a même trouvé jusqu'à l'intérieur de la cavité médullaire des os ; Cullerier dit avoir rencontré celle du tibia occupée par un de ces Vers, qui offrait un pouce de longueur et contenait d'autres petits animaux de son espèce.

Ces Entozoaires varient considérablement sous le rapport de leur volume et de leur abondance. Lecat a publié une observation dans laquelle il dit que le ventre d'un malade en était presque totalement rempli, et Béclard nous a montré dans l'amphithéâtre de l'école de médecine, un cadavre qui était absolument dans le même cas, et dont l'abdomen contenait environ une vingtaine de pintes d'Hydatides de diverses grosseurs, soit entières, soit en lambeaux.

Les Entozoaires que nous décrivons se présentent sous l'apparence de vésicules globuleuses ou ovoïdes, dont le volume varie depuis celui d'un grain de millet jusqu'à celui d'un fœtus à terme. Les parois de ces vésicules sont excessivement minces et composées d'un tissu dépourvu de fibres, et souvent d'une teinte laiteuse ; leur intérieur est rempli par un fluide limpide, incolore, contenant une certaine quantité d'albumine et dans lequel, à l'aide du microscope, on voit nager une grande abondance de petits corps de différentes formes ; quelques-uns de ceux-ci sont ovalaires ou cylindriques, et d'autres sont cordiformes ou claviformes. On remarque sur ces petits corps quatre suçoirs et une couronne de crochets, et l'on trouve en outre, nageant épars dans le fluide de la vésicule, un nombre plus ou moins grand de crochets séparés, ce qui semble indiquer qu'à certaines époques de l'accroissement ces derniers se détachent du corps des jeunes Échinocoques. Selon Bremser, par l'effet du développement, les suçoirs disparaissent également, et ces petits animaux de tant de formes différentes prennent en grandissant celle de globules lisses.

Les Hydatides sont d'abord libres dans le sac qui les renferme, et en ouvrant celui-ci par une incision assez étendue on les voit en sortir immédiatement. Mais plus tard, quand les jeunes individus que contient la mère Hydatide ont acquis un certain volume, celle-ci devient adhérente au sac dans lequel elle est contenue et elle ne s'en laisse plus séparer. Si alors on ouvre un de ces Vers vésiculeux, on aperçoit dans son intérieur de petites Hydatides en nombre plus ou moins considérable, et on reconnaît en outre qu'au dedans de ces dernières il existe une quantité considérable de ces animalcules diversiformes dont nous avons parlé.

Le Kyste qui renferme les Hydatides se développe en même temps que ces animaux, et parfois il acquiert des dimensions considérables ; celles-ci sont même quelquefois telles, que H. Cloquet rapporte que l'on en a vu qui pouvaient contenir jusqu'à dix pintes de liquide.

Selon Laennec, les Hydatides se multiplient par deux modes, ou à l'intérieur, ou à l'extérieur. Lorsque l'on ouvre ces Entozoaires on aperçoit parfois à leur surface interne des granulations qui se développent peu à peu, deviennent vésiculaires, et bientôt constituent de jeunes Acéphalocystes qui se détachent, puis tombent dans la cavité de l'individu qui leur a donné naissance, et y prennent ensuite un nouvel accroissement. Plusieurs fois ce savant a rencontré des Hydatides qui en contenaient d'autres fort volumineuses, et celles-ci en renfermaient elles-mêmes d'une dimension remarquable. Cette observation fait présumer que, lorsque ces jeunes Entozoaires ont acquis une certaine taille, ils finissent par faire éclater leur mère en la distendant outre mesure. Telle est sans doute l'origine des débris que l'on rencontre presque toujours dans l'intérieur des grosses Hydatides. Quelques-uns de ces Helminthes, au lieu de se reproduire par ce mode, le feraient, selon Laennec, par des bourgeons ou nouvelles Hydatides qui se développeraient à l'extérieur de la mère et bientôt s'en sépareraient, et par leur volume en produiraient enfin l'écrasement.

Il arrive quelquefois que des femmes, qui éprouvent tous les phénomènes de la grossesse, rendent, à une certaine époque, une quantité considérable de vésicules minces et remplies d'un fluide aqueux, tout à fait analogues à des Cysticerques, et que l'on a jusqu'alors considérées comme des Hydatides. Celles-ci semblent avoir été adhérentes par un pédicule à l'organe qui les produit. Bremser regarde ces vésicules comme des Helminthes, et dit qu'elles sont réellement douées d'une vie individuelle, et qu'elles forment des animaux particuliers. Mais quelques médecins français ne partagent pas l'opinion du célèbre helminthologiste allemand, et pensent que ces prétendus Entozoaires ne sont ordinairement qu'une dégénérescence pathologique du produit de la conception. Telle est la manière de voir de MM. Desormeaux, Velpeau et Orfila ; tout porte à croire, dit ce dernier, que les Hydatides en grappes doivent être, sinon toujours, au moins le plus souvent, attribuées à une dégénérescence de l'œuf, et surtout du placenta.

L'*Échinocoque de l'homme* a été représenté dans notre atlas d'après les figures qu'en ont données les principaux helminthologistes, et qui sont peut-être un peu paradoxales (Pl. 31, fig. 8).

FAMILLE DES ANORHYNQUES.

Tête dépourvue de tentacules et de trompe, mais armée de crochets.

BOTHRIOCÉPHALES. *Bothriocephalus.* Corps déprimé, fort alongé, ténioïde ; tête à deux fossettes latérales ; articles du corps nombreux et courts.

Presque tous ces Vers intestinaux vivent dans les Poissons ; ils ont une si grande analogie avec les Ténias, que beaucoup d'auteurs les ont confondus ensemble. Leur anatomie et leur physiologie sont presque entièrement les mêmes.

Le *Bothriocéphale de l'Homme* ne s'observe que rarement chez les Français et les Anglais, mais on peut découvrir fréquemment ce parasite sur les habitants de la Suisse et de la Russie. Sa longueur ordinaire est de trois à sept mètres. Gœze assure cependant avoir reçu de Bloch un individu qui avait une étendue de soixante et une aunes ; Boërhaave rapporte même, mais cela doit être douteux, qu'il a fait rendre à un Russe, un Ver de cette espèce qui avait trois cents aunes de longueur.

LIGULES. *Ligula.* Corps rubané, inarticulé ; tête munie de deux fossettes latérales, simples.

Les Ligules habitent l'intérieur du corps des Poissons et des Oiseaux. Celles des premiers offrent une organisation excessivement simple. Lorsqu'on les examine, on n'y aperçoit point d'appareils intérieurs, et il semble que l'on ait sous les yeux une bandelette d'albumine coagulée, dont la surface est ridée. Mais chez celles que l'on rencontre sur les Oiseaux aquatiques, on observe parfois des ovaires. Cette différence a donné lieu à une singulière opinion qu'a émise Rudolphi. Ce célèbre helminthologiste pensait que ces Entozoaires naissaient dans le corps des Poissons, et qu'après s'être développés jusqu'à un certain degré, ils ne parvenaient ensuite à leur état adulte que lorsqu'ils s'étaient trouvés transportés dans le canal intestinal des Oiseaux qui les avalent en se nourrissant des premiers.

J'ai lu dans les œuvres de quelques helminthologistes modernes que les Italiens mangeaient parfois des Ligules.

2° MOLLUSQUES ARTICULÉS.

Animaux invertébrés, subarticulés, recouverts par une espèce de coquille formée de plusieurs valves situées longitudinalement.

OSCABRIONS. *Chiton.* Ces animaux sont les seuls que contienne cette division. On doit les considérer comme des êtres transitionnels dont l'organisation est tout à fait spéciale et qui semblent à la fois, par leur structure, tenir des Malacozoaires et des Entomozoaires.

Les Oscabrions sont répandus dans toutes les mers du globe, mais les plus fortes et les plus belles espèces proviennent des régions chaudes de celui-ci. Ces animaux se plaisent parmi les rochers et souvent on les découvre dans les lieux où les vagues déferlent avec le plus de violence. Ils adhèrent intimement aux endroits sur lesquels on les trouve, et s'y cramponnent si bien qu'on les déchire parfois plutôt que de les en arracher. On en compte une vingtaine d'espèces.

Ces êtres sont alongés et déprimés, et leur abdomen est pourvu d'un pied musculaire dont ils se servent pour ramper ou se fixer sur les roches. Leur dos est recouvert par des pièces calcaires ou valves, étendues transversalement, et imbriquées les unes avec les autres, ou écartées.

Les Oscabrions n'ont ni yeux, ni tentacules, ni mâchoires; ils respirent à l'aide de branchies situées sous le bord de leur manteau. Celui-ci présente des tubercules ou des faisceaux de soies. Le cœur est situé en arrière sur le rectum; l'estomac est membraneux, et les intestins, dont l'étendue est considérable, font de nombreuses circonvolutions, ce qui semble en rapport avec le régime de ces Invertébrés, que l'on pense être végétal. On ne connaît encore que le sexe femelle.

Les Oscabrions semblent avoir échappé à l'observation des anciens, car on ne les trouve nullement mentionnés dans leurs œuvres. Les mœurs de ces animaux n'ont été que peu étudiées; cependant on aurait pu les observer facilement puisque nos plages en nourrissent et que l'on en rencontre quelques petites espèces dans les excavations de leurs roches, que la mer découvre pendant les mouvements des marées. On sait seulement que plusieurs Oscabrions se roulent en boule comme les Cloportes, aussitôt qu'on les a arrachés à la surface à laquelle ils adhéraient.

3° MOLLUSQUES RAYONNÉS.

Les animaux de ce groupe avaient précédemment été placés parmi les Actinozoaires, mais de Blainville a reconnu qu'ils s'éloignaient assez de ceux-ci pour mériter de former un groupe spécial. Ils sont pairs, et leur organisation se rapproche à la fois de celle des Mollusques et de celle des êtres du type qui suit; aussi, selon ce naturaliste, on doit les considérer comme une sorte d'entre-type qui leur est intermédiaire et auquel on pourrait donner le nom de *Malactinozoaires*. Tous ces animaux sont bilatéraux, mais ils offrent des caractères si différents qu'on ne peut les généraliser. On les a divisés en trois familles.

FAMILLE DES PHYSOGRADES.

Animaux bilatéraux, très-diversiformes; canal digestif complet, offrant une dilatation aérienne considérable; bouche et anus terminaux; branchies cirrhiformes, entremêlées avec les ovaires.

PHYSALES. *Physalia*. Corps consistant en une grande vessie surmontée d'une crête ridée, et portant inférieurement un grand nombre de filaments, parsemés de grains colorés.

Ces animaux habitent les mers des contrées chaudes. Ils nagent à la surface des flots quand ils sont calmes, et Cuvier dit qu'ils emploient leur crête comme une voile, ce qui leur a fait donner par les navigateurs, le nom de *Petite galère*. On assure que leur contact produit sur nos organes des effets semblables à ceux qu'occasionne la piqûre des orties.

FAMILLE DES CILIOGRADES.

Animaux bilatéraux, gélatineux, transparents; ambulacres formés chacun par deux séries de cils vibratoires.

BÉROÉS. *Beroe*. Corps digitiforme, campanulé, offrant huit côtes saillantes, garnies de filaments.

Ces animaux abondent dans diverses mers. Ils nagent à l'aide du mouvement des cils vibratoires qui se trouvent sur leurs côtes saillantes, et c'est de cette particularité que provient le nom de leur famille. Le *Béroé globuleux*, qui est très-commun dans les mers du Nord et dans la Manche, est considéré comme l'un des aliments de la Baleine franche.

CESTES. *Cestum*. Corps ressemblant à un long ruban gélatineux, dont les bords sont garnis d'un double rang de cirrhes.

Le *Ceste de Vénus*, qui se rencontre dans la Méditerranée et offre parfois cinq pieds de longueur ou plutôt de largeur, est l'unique espèce qui soit encore connue dans ce genre dont l'aspect est si remarquable.

FAMILLE DES DIPHYES.

Animaux bilatéraux, gélatineux, transparents ; deux organes natateurs creux, placés comme deux cornets emboîtés.

DIPHYES. *Diphyes*. Corps offrant deux cornets natateurs pyramidaux, presque semblables, portant quelques pointes autour de leur ouverture.

Ces animaux, qui sont marins, nagent en contractant leurs cornets ; et en expulsant l'eau qui les remplit, ils trouvent sur elle un point d'appui qui leur permet de cheminer dans ce fluide.

RAYONNÉS ou ACTINOZOAIRES.

XX. CLASSE DES CIRRHODERMAIRES.

Animaux rayonnés, offrant une peau épaisse, coriace ou calcaire, toujours pourvue de suçoirs tentaculiformes.

Généralités. — La présence des éminences épineuses qui se voient sur la peau de beaucoup d'animaux de cette section lui avaient fait donner le nom de *classe des Échinodermaires ;* mais, comme cette particularité n'est pas générale, et que l'organe cutané est quelquefois lisse [1], il vaut mieux désigner cette classe par la dénomination que nous avons adoptée et qui retrace le caractère fondamental de tous les êtres qu'elle renferme, qui est d'offrir à leur superficie cutanée des suçoirs en forme de tentacules, et disposés irrégulièrement ou par séries longitudinales.

Tous les Cirrhodermaires vivent dans l'eau et sont fort abondants dans la nature ; on en observe parmi toutes les mers du globe. Leur peau est ordinairement solidifiée par des pièces calcaires et ils sont privés de membres ; leur canal digestif est parfois complet et offre une bouche et un anus [2], mais sur un grand nombre il ne présente qu'une seule ouverture [3]. La superficie de ces animaux étant coriace ou revêtue d'un test calcaire, il en résulte naturellement que les organes respiratoires se trouvent refoulés à l'intérieur du corps. C'est par un orifice unique ou multiple que les organes génitaux émettent au dehors le produit de la conception. Du reste, la structure des Cirrhodermaires présente un caractère si typique dans leurs différents ordres, que nous préférons la traiter plus en détail en parlant de chacun de ceux-ci.

Les Actinozoaires qui nous occupent sont généralement peu utiles à l'homme ; quelques-uns cependant, dans certaines contrées maritimes, alimentent la table des pauvres, et il en est même dont quelques parties sont recherchées par les personnes de la classe aisée [4].

Agassiz a dernièrement démontré que les êtres qui composent cette

[1] Holothuries.
[2] Oursins.
[3] Astéries.
[4] Oursins.

classe n'offrent pas tous le caractère qui a fait donner à leur type le nom de Rayonnés. Il pense que les fragments de quelques-uns ne sont pas toujours en relation avec un centre unique, et que, même parmi les Oursins et les Stellérides, il y a des espèces qui offrent une disposition symétrique *bilatérale*, analogue à celle des classes précédentes. Ce savant dit même qu'on peut reconnaître les deux extrémités dans les espèces les plus sphéroïdales des premiers, et prétend que chez elles les plaques postérieures offrent toujours de plus grandes dimensions.

Cette classe, quoique assez nombreuse, ne renferme cependant que trois genres linnéens, actuellement devenus les types d'autant d'ordres ; ce sont les Holothuries, les Oursins et les Astéries. L'ordre que suit de Blainville pour leur distribution est déterminé par leur forme et va en marchant vers les genres qui sont de plus en plus radiaires ; ainsi on observe que l'organisation devient en général d'un type de moins en moins élevé, à mesure que l'on s'avance vers les derniers groupes de la classe ; comme le dit ce savant, les Holothuries, dont le corps est vermiforme et qui ont un canal intestinal complet et un organe de la génération pair avec un seul orifice, doivent être à la tête ; et les Étoiles de mer, dont le corps est radié, dont le canal intestinal n'a qu'une seule ouverture et dont les organes de la génération sont pentamérés et offrent cinq orifices, doivent être à la fin.

<table>
<tr><td>CIRRHODERMAIRES.</td><td colspan="2"></td><td>*Ordres.*</td></tr>
<tr><td rowspan="3">Canal digestif</td><td rowspan="2">à deux orifices ; corps. . . .</td><td>alongé ; sans plaques calcaires. .</td><td>HOLOTHURIDES.</td></tr>
<tr><td>ovalaire ou circulaire ; revêtu de plaques calcaires. . . . .</td><td>ECHINIDES.</td></tr>
<tr><td colspan="2">à un seul orifice ; corps stelliforme. ., ...</td><td>STELLÉRIDES.</td></tr>
</table>

ORDRE DES HOLOTHURIDES.

Corps alongé, mou, inerme ; suçoirs tentaculiformes, très-extensibles, ordinairement nombreux ; canal digestif complet ; organe génital à un seul orifice.

HOLOTHURIES. *Holothuria.* Ces animaux, qui forment le genre unique contenu dans cet ordre, habitent presque toutes les mers ; ils en fréquentent les bords et les profondeurs, et quelquefois même s'approchent si près de la limite de l'eau, que les vagues les jettent sur les plages.

Les Holothuries offrent une organisation si particulière que leur place dans la série animale est difficile à déterminer ; cependant elles semblent devoir prendre rang à la tête des Cirrhodermaires. Bianchi paraît avoir entrevu le premier leurs véritables rapports, en les rapprochant des Oursins et en désignant une de leurs espèces sous le nom d'*Echinus coriaceus*. Son opinion fut adoptée par Blumenbach et la plupart des zoologistes modernes, tandis que d'autres, avec Pallas, les considèrent comme étant plus analogues aux Actinies.

Ces animaux ont été le sujet des observations des naturalistes depuis un temps assez reculé, car ils se trouvent figurés et assez bien décrits dans des ouvrages qui parurent peu de temps après la renaissance des lettres, et en particulier dans un de ceux de F. Columna; cependant ils sont encore assez imparfaitement connus sous le rapport de leur anatomie, de leur physiologie et de leurs mœurs.

Le corps des Holothuries se présente sous des formes assez variées ; toujours alongé, tantôt il est cylindroïde ou claviforme, tantôt il est fusiforme, subprismatique ou vermiforme. Ces animaux possèdent une peau molle ou coriace, n'offrant jamais d'épines, mais étant occupée, dans une région plus ou moins étendue, par un certain nombre de suçoirs tentaculiformes, rétractiles. Le canal digestif naît à une extrémité du corps et se termine à l'autre. Son orifice antérieur est couronné d'un certain nombre d'appendices ramifiés et arbusculaires, et il se trouve soutenu par un cercle de pièces solides. La bouche est placée au fond d'une sorte d'entonnoir, et n'offre pas d'armure proprement dite. Le canal digestif forme en se terminant une sorte de cloaque, dans lequel vient aboutir le système respiratoire, qui se compose de plusieurs canaux aquifères arborisés. Selon Delle Chiaje, qui a fait une étude spéciale des Holothuries, l'appareil du sexe mâle est formé probablement de cœcums qui aboutissent dans l'entonnoir buccal, et l'organe femelle se compose d'autres cœcums beaucoup plus nombreux, mais qui se réunissent en un tronc commun, et se terminent au même endroit.

Quoique ces Actinozoaires se trouvent en grande abondance dans la Méditerranée, on ne connaît encore que très-imparfaitement leurs mœurs. Ils peuvent s'attacher aux rochers à l'aide de leurs suçoirs, et se soustraire ainsi à la tourmente des vagues, ou s'enfoncer dans la vase. Quand ils sont irrités, on dit qu'ils se contractent si énergiquement, qu'ils se déchirent et vomissent leurs intestins. Mais je n'ai point observé ce phénomène ; seulement j'ai fréquemment vu de ces animaux, que je conservais dans des seaux, se gonfler prodigieusement en quelques heures et rejeter ces viscères hors de leur cavité. Était-ce dû au changement de pression qu'ils éprouvaient ? Je le suppose.

Ces animaux, que les anciens nommaient *Pudenda marina*, à cause de la ressemblance grossière que quelques-uns offrent avec l'organe sexuel de l'homme, présentent certaines ressources à notre espèce.

Depuis un temps fort reculé, dans plusieurs régions du globe, les Holothuries passent pour un mets exquis; comme elles sont communes dans les parages de la Nouvelle-Hollande, on dit que les Malais se rendaient anciennement vers ceux-ci pour en pêcher, et que leurs petites flottilles y abordaient même avant que les Européens en eussent fait la découverte ; aujourd'hui ces animaux forment encore une branche de commerce importante entre les Malais, les Carolins et les Chinois, car ceux-ci consomment une quantité considérable de ces animaux ; et depuis quelques années, des baleiniers américains trouvent de l'avantage à en pêcher pour les vendre dans les marchés des villes du céleste empire, où ils sont en honneur. Les habitants de Naples font aussi aujourd'hui fréquemment usage de cet aliment.

ORDRE DES ÉCHINIDES.

Corps ovale ou circulaire, revêtu de plaques calcaires polygonales, rayonnantes, portant des épines solides ; canal intestinal complet ; ovaires s'ouvrant au sommet.

Les Échinides fossiles abondent dans diverses couches de la terre, et comme leur présence parmi celles-ci semblait étrange, et que l'on méconnaissait ces animaux, on professa à leur égard de bien singulières opinions. Les Romains pensaient que les masses solides qu'ils forment tombaient du ciel avec les pluies, ou qu'elles étaient lancées par la foudre ; Pline dit qu'on les prit quelquefois pour des œufs de Crapaud transformés en substance pierreuse. Rumphius et Gesner croyaient encore que plusieurs Échinides fossilisés étaient le résultat des phénomènes météoriques, et ce fut Agricola qui fit entrevoir le premier leur véritable origine.

L'étude de ces Cirrhodermaires est de la plus haute importance pour la géologie, parce que souvent leur présence caractérise différentes formations. M. Grateloup, dans son mémoire sur les Oursins fossiles des environs de Dax, s'est appliqué à démontrer ce fait à l'égard de cette localité.

Les animaux de cet ordre ont traversé toutes les formations géologiques du globe, depuis les plus anciennes couches qui possèdent des êtres organisés jusqu'à celles de notre époque ; mais Buckland fait remarquer qu'ils sont extrêmement rares parmi les terrains de transition. On en rencontre seulement quelques-uns dans le calcaire conchylien et le lias, mais ils deviennent plus communs à mesure que l'on s'avance vers les couches plus récentes, et abondent surtout dans les formations oolithiques et crétacées.

On trouve actuellement des Échinides dans toutes les mers, mais c'est surtout parmi celles des pays chauds qu'ils abondent. Ils résident constamment sur les plages rocailleuses ou sablonneuses, et, à l'égard de ces dernières, on les rencontre soit à leur surface, soit plus ou moins enfoncés dans leur intérieur.

Les Échinides possèdent généralement une forme qui se rapproche d'un sphéroïde plus ou moins déprimé dans une de ses régions, qui est l'inférieure ou celle sur laquelle se trouve la bouche. Un certain nombre de ces animaux sont alongés, ovoïdes, et d'autres se trouvent extrêmement aplatis. Les groupes dans lesquels les espèces ont un diamètre antéro-postérieur plus étendu que le transversal doivent être placés à la tête de cet ordre, parce que ce sont elles qui ont le plus de rapport avec les animaux Binaires et qui s'éloignent le plus de la forme Radiaire, forme qui indique une dégradation organique; chez ces espèces, le canal intestinal lui-même se termine vers l'une des extrémités.

Le corps des Échinides est protégé par un test calcaire qui l'enveloppe complétement. Celui-ci est formé de pièces polygonales réunies par leurs bords et dont la surface extérieure est sculptée plus ou moins élégamment. Ces pièces présentent des tubercules et des trous; les premiers servent à soutenir l'extrémité des appendices solides et très-diversiformes qui hérissent ces animaux; ces organes sont tantôt fort gros, claviformes ou noueux (Pl. 41, fig. 3), et tantôt très-fins, acérés et presque semblables aux poils de certains mammifères; ils sont mobiles, et se meuvent à l'aide d'une membrane contractile qui est appliquée à la surface du test et qui embrasse leur base. Les trous qui traversent les pièces solides sont disposés par lignes qui rayonnent du sommet du corps vers sa base; ils donnent passage à des tentacules cirrhiformes, très-rétractiles. Les pièces polygonales dont nous venons de parler, qui forment le dermato-squelette de ces animaux, offrent cela de remarquable, selon Carus, qu'elles se trouvent toujours représenter un nombre multiple du chiffre cinq.

Les Échinides peuvent se transporter d'un lieu à un autre dans le fond de la mer, mais ce n'est qu'avec une extrême lenteur et une grande difficulté qu'ils se meuvent, et leur locomotion ne s'opère qu'à l'aide de leurs piquants et de leurs cirrhes tentaculiformes.

A l'orifice des organes digestifs de la plupart des Échinides, on trouve un appareil masticatoire fort remarquable, qui est composé de cinq pièces solides, mises chacune en mouvement par plusieurs muscles; celles-ci forment des espèces de dents complexes, au groupe desquelles on a donné le nom de *Lanterne d'Aristote*. L'intestin de ces animaux offre des parois minces; il décrit deux tours dans l'intérieur du test, où il est fixé à l'aide de replis membraneux, et il s'ouvre par un anus qui est pratiqué à l'opposé de la bouche ou à l'extrémité du corps.

Selon Carus, chez ceux des Échinides qui ont été le plus étudiés, les Oursins, la respiration a son siége dans l'espace qui sépare la masse intestinale du test; l'eau y est introduite et en est expulsée par des tubes aquifères qui entourent la bouche; chez ces animaux, cet anatomiste est tenté de considérer comme des branchies un tissu situé au niveau des ambulacres, qui est parcouru par de gros vaisseaux, et offre des oscillations analogues à celles que l'on voit dans les organes respiratoires des êtres inférieurs.

La nourriture des Échinides qui ont la bouche armée de dents, paraît se composer de fucus, au moins Cavolini le prétend pour les Oursins proprement dits ; mais les espèces édentées doivent faire usage d'aliments de nature animale et à l'état moléculaire.

Les Échinides sont probablement tous hermaphrodites, et leurs orifices génitaux, qui se trouvent au nombre de quatre ou de cinq, correspondent aux ovaires.

FAMILLE DES EXCENTROSTOMES.

Corps alongé. Bouche édentée, excentrique, située vers l'extrémité antérieure ; anus plus ou moins postérieur.

Les Échinides de cette famille, par leur forme alongée et par la situation des ouvertures de leur tube digestif, s'éloignent plus ou moins des animaux radiaires.

On ne connaît pas les mœurs des Excentrostomes ; beaucoup se rencontrent à l'état fossile ; ceux que l'on observe vivants sont constamment enfoncés dans le sable, et ils paraissent se nourrir des matières animales qui s'y trouvent mêlées, car leur canal intestinal est seulement rempli de ce même sable. Les piquants qui les entourent sont quelquefois aussi fins que les poils de certains Mammifères, et se trouvent couchés et dirigés d'un même côté.

SPATANGUES. *Spatangus.* Corps ovale, cordiforme, plus large et ayant un sillon en avant ; test mince ; anus terminal.

On compte un assez grand nombre de Spatangues fossiles ; ils appartiennent particulièrement aux étages inférieurs de la formation crayeuse. Actuellement on trouve de ces animaux dans les mers qui bornent notre patrie. Tout ce que nous venons de dire sur l'état vivant des Excentrostomes s'applique à ce genre, car le suivant ne se rencontre qu'à l'état fossile.

Le *Spatangue violet* est commun dans la Méditerranée.

ANANCHITES. *Ananchites.* Corps ovale ; bouche située inférieurement au bord.

On n'a encore rencontré ces Échinides qu'à l'état fossile. La craie des environs de Paris renferme une innombrable quantité de l'*Ananchite ovale* ; on la découvre surtout dans les terrains de Mantes et de Meudon.

FAMILLE DES PARACENTROSTOMES ÉDENTÉS.

Bouche sans dents, subcentrale, plus antérieure que médiane.

Presque tous les êtres contenus dans les différents genres de cette famille ne se trouvent qu'à l'état fossile et habitent principalement la craie ; cependant on en découvre aussi dans les couches antérieures et postérieures àcet te formation.

NUCLÉOLITES. *Nucleolites.* Corps ovale ou cordiforme , plus large et avec un large sillon en arrière ; ambulacres se continuant jusqu'à la bouche.

Les espèces de ce genre sont de petite taille et ne se rencontrent dans la nature qu'à l'état fossile.

FAMILLE DES PARACENTROSTOMES DENTÉS.

Bouche dentée, subcentrale , placée dans une échancrure régulière.

CLYPÉASTRES. *Clypeaster.* Corps irrégulier , très-déprimé , à bords épais ; épines très-petites.

Ce groupe contient un assez grand nombre d'espèces fossiles et plusieurs se rencontrent à l'état vivant. La bouche de ces animaux se trouve au fond d'une sorte d'entonnoir ; des piliers solides , dirigés de haut en bas , s'observent dans l'intérieur du test. Le *Clypéastre rosacé* nous est rapporté des mers de l'Inde , et est extrêmement commun dans les collections.

SCUTELLES. *Scutella.* Corps subcirculaire , excessivement déprimé , à bords presque tranchants.

Les mers des pays éloignés sont les seules qui paraissent posséder des Scutelles à l'état vivant, surtout celle de l'Inde ; on en trouve aussi de fossiles.

FAMILLE DES CENTROSTOMES.

Corps ovale ou circulaire ; bouche parfaitement centrale ; sommet médian.

OURSINS. *Echinus.* Corps circulaire ; bouche à cinq dents pointues , portées sur un appareil compliqué ; anus supérieur, central ; tubercules portant les épines non perforés.

Ces animaux sont vulgairement désignés sous les noms de *Châtaignes* ou de *Hérissons de mer* , à cause des épines qui les recouvrent. On en compte un nombre considérable à l'état vivant et qui se trouvent répandus dans toutes les mers du globe ; les terrains antérieurs et postérieurs à la craie nous en offrent de fossiles. On pêche des Oursins à d'assez grandes profondeurs dans la mer ; et l'on en voit aussi fréquenter les crevasses des rochers qui hérissent ses bords.

Tous ces Échinides sont voraces ; plusieurs espèces se découvrent dans nos parages , et la Méditerranée en contient d'assez belles.

L'*Oursin commun* ou *Édule* est du volume d'une grosse pomme ; il est tout couvert de piquants courts, rayés et violets. A l'époque où ses ovaires sont développés , ce qui a lieu vers le printemps , on le mange dans les pays où il est abondant, tels qu'aux environs de Brest. Dans les villes du midi de l'Europe , nous en avons souvent vu vendre dans les marchés ; là on débite les Oursins tout ouverts , et les amateurs en avalent les ovaires sans aucune préparation. L'usage de cet aliment remonte probablement à une haute antiquité ; il existait déjà à l'époque ou Pompeï florissait, car, à ce que rapporte Bonucci, on trouve encore des débris de ces animaux près des tombeaux qui avoisinent cette ville, et ils semblent être les restes des repas funéraires des familles.

ORDRE DES STELLÉRIDES.

Corps déprimé , flexible , à circonférence divisée en angles aigus prolongés en rayons ; canal digestif dépourvu d'anus ; ovaire s'ouvrant près de la bouche.

Le corps des Stellérides est tout à fait rayonné et il présente ordinairement un centre d'où s'irradient cinq branches plus ou moins longues. Il est soutenu par un dermato-squelette formé d'un nombre considérable de pièces mobiles , ce qui permet à ces animaux d'opérer quelques mouvements à l'aide de leurs appendices brachiformes. Chacune des branches de certaines Stellérides peut , selon Carus, présenter jusqu'à quatre-vingts anneaux osseux qu'il compare à des vertèbres ; et comme chacun de ces anneaux est essentiellement formé de dix arceaux, il en résulte , selon cet anatomiste , qu'il peut entrer jusqu'à 4,000 pièces osseuses dans leur squelette.

Sur quelques-uns de ces animaux et en particulier sur les Astéries , on a trouvé un système nerveux rudimentaire. Spix, qui en a donné la description , dit qu'il se compose de ganglions situés vers la base des rayons , et qui sont unis et forment un anneau autour de la cavité digestive , à l'aide de filets de communication , puis , que ces ganglions envoient de longs rameaux dans les divisions que présentent ces Cirrhodermaires. On s'accorde à professer que , à l'exception du toucher qui s'exerce par les tentacules , les Stellérides n'ont point d'organes spéciaux pour les sens ; mais Ehrenberg prétend que des points colorés qui se trouvent à l'extrémité des rayons des Astéries , doivent être considérés comme des yeux rudimentaires.

Les animaux de cet ordre possèdent un canal digestif incomplet, et qui n'offre qu'une seule ouverture qui est inférieure. Celle-ci est dépourvue d'armature et entourée de suçoirs tentaculiformes ; elle com-

munique avec un estomac formé d'une poche simple , à parois minces,
et qui peut se renverser en dehors pour expulser le résidu des aliments.
Il naît ordinairement de cette cavité digestive un canal pour chacun
des rayons ; celui-ci est chargé de répartir le fluide nourricier dans
le corps et porte un grand nombre de cœcums. Les Stellérides se
nourrissent d'animaux morts ou vivants qu'elles font pénétrer en
entier dans leur estomac.

Les ovaires des Stellérides sont rayonnés et s'ouvrent à la marge de
la bouche ; au printemps ces organes se gonflent , et c'est vers le commencement de l'été que ces animaux expulsent leur frai dans les lieux
convenables , et surtout sur les plages sablonneuses.

FAMILLE DES ASTÉRIDES.

Corps déprimé, polygonal , stelliforme ou multilobé ; rayons
à plusieurs rangées de suçoirs et offrant un sillon à la partie
inférieure ; un tubercule madréporiforme sur le dos.

ASTÉRIES. *Asterias.* Corps stelliforme , pentagonal, plus ou moins
profondément divisé à sa circonférence.

Ces Cirrhodermaires sont vulgairement nommés *Étoiles de mer* , à
cause de leur forme et du lieu qu'ils habitent. On en rencontre dans
presque toutes les mers ; mais il s'en trouve en plus grande abondance
et de plus forte taille parmi celles des régions chaudes. Ces animaux
résident toujours à peu de profondeur, et souvent on en découvre sur
le sable , à marée basse. Leur volume est assez varié, et l'on en connaît
qui sont presque microscopiques tandis que d'autres ont jusqu'à un
pied et demi de diamètre. Généralement ils se meuvent avec lenteur
et paraissent se cramponner aux corps solides à l'aide de leurs suçoirs
tentaculiformes ; on dit que certaines espèces nagent avec vitesse en
agitant leurs rayons à l'aide des contractions de quatre faisceaux musculaires qui se trouvent à leur base , et du tissu fibro-calcaire qui constitue l'organe cutané. Il leur arrive aussi parfois de gravir les rochers
ou de se suspendre aux voûtes des grottes que la mer inonde. J'en
ai vu qui, en une nuit , avaient grimpé à six pieds de hauteur sur un
grillage qui séparait du rivage une chambre que j'habitais au lazaret
de Naples.

Les Astéries sont extrêmement voraces, et les grandes espèces admettent parfois une quantité considérable d'aliments dans leur estomac.
Elles se nourrissent d'animaux qu'elles avalent tout entiers, et j'ai rencontré souvent des Mollusques dans leur cavité digestive. Un jour, à
mon grand étonnement, j'ai extrait dix-huit Vénus intactes, offrant
chacune six lignes de longueur, de l'intérieur d'une Astérie que je dis-
séquais sur les bords de la Méditerranée. Certains auteurs, comme nous
l'avons dit, ont attribué les qualités malfaisantes des Moules au frai des
Astéries que ces Mollusques mangent.

L'*Astérie rougeâtre* foisonne sur les rivages de la France, et elle est tellement commune sur quelques-uns d'entre eux, qu'on la ramasse pour la répandre sur les terres cultivées, en guise de fumier (Pl. 41, fig. 4).

FAMILLE DES ASTÉROPHIDES.

Corps discoïde, à circonférence pourvue d'appendices serpentiformes, squammeux, sans sillon inférieur.

OPHIURES. *Ophiura.* Corps à cinq rayons simples et très-grèles, portant des épines latérales.

Ces animaux se rencontrent dans des mers qui baignent des zones assez diverses, et celles de l'Europe en possèdent quelques-uns. Ils peuvent agiter leurs rayons avec vitesse, et l'on dit qu'ils marchent et qu'ils nagent avec facilité.

EURYALES. *Euryale.* Corps pentagonal, à cinq rayons se divisant en se dichotomisant, et finissant par des filaments cirrheux.

Ces Actinozoaires, que Leach a proposé de nommer *Gorgonocéphales*, sont répandus dans toutes les mers et même dans celles du Nord. On n'en connaît point positivement les mœurs ; les voyageurs rapportent seulement qu'ils se servent de leurs cirrhes pour saisir leur proie et la porter à leur bouche ; mais cela n'est guère probable.

FAMILLE DES ASTÉRENCRINIENS.

Corps régulier, cupuliforme, libre ou adhérent, offrant cinq rayons articulés, simples ou divisés ; cavité viscérale ayant un grand orifice béant à l'extrémité d'une espèce de tube.

COMATULES. *Comatula.* Corps libre, orbiculaire, déprimé, membraneux, protégé par un assemblage de pièces calcaires offrant cinq rayons bifides et pinnés.

Ces Stellérides, dont on ne connaît qu'un petit nombre d'espèces, habitent principalement les mers australes, et l'on en rencontre aussi dans celles qui baignent nos rivages. D'après les nouvelles observations de M. F. Thompson, ces animaux seraient adhérents dans leur jeune âge et placés comme une fleur sur une sorte de pédoncule ; puis ils s'en détacheraient à une époque plus reculée de leur existence, pour devenir tout à fait libres.

ENCRINES. *Encrinus.* Corps membraneux, fixé, bursiforme, porté sur une longue tige articulée, à articles pentagonaux, percés d'un trou.

On donne aussi le nom d'*Encrinites* aux animaux de ce genre, ainsi qu'à ceux de quelques groupes fort voisins de celui-ci et dont l'étude n'offre pas moins d'intérêt ; nous les confondrons sous la même dénomination.

Les Encrinites sont excessivement rares dans la création actuelle, car on n'en a encore observé qu'une espèce à l'état vivant ; mais elles pullulaient aux anciennes époques de la nature, et l'on en trouve d'abondants débris dans divers terrains. Ces animaux étaient alors si communs dans quelques localités, que l'on rencontre des pierres qui en sont pour ainsi dire totalement pétries ; cela se voit aux environs de Langres, où celles-ci servent même de pierres d'appareil. Buckland dit que l'on découvre parfois des couches de plusieurs milles d'étendue et de plusieurs pieds d'épaisseur, dans la composition desquelles les débris d'Encrinites entrent pour plus de moitié. « Le marbre à Entroques du comté de Derby, dit ce géologue, et la roche noire des buttes de calcaire carbonifère des environs de Bristol, sont des exemples bien connus de terrains stratifiés ainsi composés ; et ces exemples font voir quelle large part ont eue parfois les débris animaux dans l'accroissement de volume des matériaux qui composent l'enveloppe minérale du globe. »

Les Encrinites ont particulièrement été étudiées par Guettard, Hollmann et Heimeri, puis, plus récemment, par Parkinson et Miller. Ces derniers en ont surtout donné une description détaillée, et se sont efforcés de démontrer l'admirable harmonie qui régnait dans la disposition mécanique de ces animaux. Ceux-ci se composent d'une forte tige, qui se termine par une sorte de cupule formée d'un nombre plus ou moins considérable de branches solides et ramifiées, dont l'ensemble offre assez exactement l'aspect d'une large fleur ; de cette dernière particularité proviennent les noms de *pierres liliformes* ou de *lis pierreux*, sous lesquels les fossiles de ce genre sont parfois désignés dans les vieux ouvrages.

Les Encrinites possèdent une sorte de squelette qui est formé par une prodigieuse quantité de petites pièces solides, qui sont parfois stelliformes. Celles-ci composent une sorte de charpente osseuse, destinée à protéger les viscères et à fournir des points d'appui aux fibres contractiles qui traversent l'enveloppe gélatineuse dont toutes les régions du corps de ces Actinozoaires sont revêtues. Ces pièces sont empilées les unes au-dessus des autres, comme les pierres d'une svelte colonnette gothique, et elles sont taillées de manière à conserver une certaine flexibilité à la tige qu'elles composent ; ce sont elles que l'on désigne sous le nom d'*Entroques* ou de *pierres en roues ;* leurs vestiges fossiles étaient aussi appelés autrefois *pierres étoilées*, à cause de la forme qu'ils offrent, et quelques auteurs, pour se conformer aux idées superstitieuses de leur siècle, les désignèrent sous les noms de *larmes des géants* ou de *pierres des fées.* Ces petites pièces, qui présentent la configuration la plus variée et souvent la plus élégante, sont percées d'un trou qui permet de les réunir et d'en former des chapelets ; aussi, à une époque très-reculée, dans le nord de l'Angleterre, on s'en servait comme de rosaires ; et dans cet endroit, où le souvenir de cet usage s'est conservé, on les nomme même encore chapelets de Saint-Cuthbert.

Parkinson, qui a énuméré avec patience le nombre des fragments solides qui entrent dans la région supérieure ou corolliforme de l'Encrine lis, le porte à 26,000 ; et Miller fait observer que ce chiffre eût encore été beaucoup plus élevé, si l'observateur y avait fait entrer les petites lames calcaires qui recouvrent la cavité abdominale et la surface interne des tentacules (Pl. 41, fig. 5).

Miller a analysé en détail et d'une manière philosophique les fonctions qui étaient confiées aux organes de ces animaux remarquables, et Buckland les résume en ces termes : « A voir la construction admirable de chacune des petites pièces osseuses qui entrent dans la composition des Encrinites, on reconnaît qu'elles appartenaient à un instrument d'un fini merveilleux et renfermant de remarquables arrangements mécaniques. Chacune de ces pièces, dans son action, conservait une harmonie parfaite avec tout le reste ; et elles s'ajustaient entre elles de manière à ce que leur ensemble remplît de la manière la plus complète possible certaines fonctions spéciales dans l'économie de l'animal dont il faisait partie. »

L'*Encrine tête de Méduse*, que l'on a probablement rencontrée dans les mers de l'Inde, paraît être la seule espèce que l'on connaisse à l'état vivant.

XXI. CLASSE DES ARACHNODERMAIRES.

Animaux rayonnés, subgélatineux, libres et couverts d'une peau extrêmement fine.

Géographie. — La mer est le seul séjour des Arachnodermaires ; il s'en trouve à toutes les profondeurs et dans tous les climats ; mais ces animaux semblent préférer les contrées échauffées par un soleil ardent, et là ils se découvrent à la surface de l'eau, dans certaines circonstances, en amas si prodigieux, qu'ils en retardent la marche des vaisseaux. Cependant quelques petites espèces pullulent si extraordinairement dans les mers du nord, qu'elles en changent la coloration. Scoresby a reconnu que c'était à des Arachnodermaires d'un vingtième à un trentième de pouce de diamètre[1] qu'était due la teinte verte qui s'observe dans les eaux de certains parages où se plaisent les Baleines franches ; il en existe une telle quantité, qu'on en compte une soixantaine par pouce carré, et ce sont ces animaux qui semblent faire la principale nourriture des Cétacés qui viennent d'être nommés.

Anatomie et physiologie. — Les Arachnodermaires sont presque constamment de forme circulaire et hémisphérique, ce qui a valu à leur corps le nom d'*ombrelle*. La circonférence de celui-ci offre ordinairement des cirrhes tentaculiformes, de structure diverse, et sa face inférieure, entièrement nue dans quelques individus, est pourvue, dans d'autres, d'appendices ou de suçoirs d'une configuration extrêmement variée, et que les zoologistes ont décorés du nom de *bras*.

Ces animaux sont anatomiquement composés d'éléments fort simples ; Gæde et Carus, en disséquant de grandes espèces de Méduses, n'ont pu y découvrir de système nerveux ; le premier observateur dit même que des tranches minces d'une de celles-ci, examinées au microscope, ne laissaient apercevoir qu'une masse gélatineuse homogène. Malgré cela, les Arachnodermaires manifestent cependant de la sensibilité, ce qui semble une preuve en faveur de l'opinion d'Oken, qui considère l'organisme des Méduses comme formé d'une substance nerveuse, en quelque sorte épanchée dans les tissus élémentaires de l'animal. La peau de ces Zoophytes se fait remarquer par son extrême ténuité, et elle est même si fine chez quelques-uns, qu'on la distingue à peine des tissus qu'elle recouvre ; c'est de cette particularité que provient le nom de la classe.

Quoique ces animaux soient formés d'une substance gélatineuse et promptement réductibles en eau, cependant ils n'en exécutent pas

[1] Méduses.

moins des mouvements assez vifs. Tiedemann dit que ceux-ci peuvent se produire par trois modes : les uns[1] les opèrent en réagissant sur l'eau qui se trouve au-dessous d'eux, par le moyen des contractions de leur disque plus ou moins analogue à une cloche, contractions dues à la fibre cellulaire, car on ne peut admettre de muscles dans les Arachnodermaires, quoique certains auteurs aient prétendu en reconnaître ; d'autres[2] nagent au moyen des mouvements qu'ils impriment à de petits organes foliacés, situés en séries le long du corps, et qui agissent comme de petites rames ; enfin, quelques-uns se meuvent par un autre procédé, et avancent dans la mer en contractant les prolongements membraneux et creux dont leur corps est muni ; en expulsant l'eau qu'ils contiennent, ils se trouvent chassés en sens opposé par sa réaction sur le fluide qui les environne[3].

Les Arachnodermaires offrent deux principales modifications dans leur appareil digestif ; il en est qui, semblables aux plantes, pompent leur nourriture par plusieurs suçoirs communiquant tous dans une cavité particulière ou estomac[4] ; chez d'autres, on trouve dans le disque une vaste poche gastrique n'offrant qu'une ouverture unique, conformée comme un suçoir[5]. Dans ces animaux le résidu de la digestion est expulsé par les mêmes voies que celles par lesquelles a eu lieu l'introduction de la nourriture, et la substance nutritive est transportée dans tout le corps à l'aide de vaisseaux qui naissent des cavités stomacales, et qui se prolongent parfois jusque dans les appendices les plus déliés et les plus longs, comme l'a reconnu M. Milne Edwards, à l'aide d'injections[6].

Selon quelques physiologistes, l'appareil que nous venons de décrire servirait en même temps à l'absorption alimentaire et à la respiration ; mais d'autres admettent que cette dernière fonction siége dans les crêtes natatoires[1], analogues aux branchies, qui s'observent à la surface de quelques Arachnodermaires, et dans quatre cavités situées aux environs de l'estomac, ne communiquant point avec lui, mais s'ouvrant à l'extérieur, et qui ne peuvent être que des organes respiratoires ou génitaux[7]. Enfin, on a aussi considéré comme opérant la respiration les cellules ou vessies remplies d'un fluide aériforme que présentent quelques animaux de cette classe[8], fluide que, selon Eschscholtz, ils peuvent expulser à volonté par des ouvertures particulières. Mais l'existence d'une respiration aérienne ne peut guère s'admettre chez des invertébrés dont l'organisation est si inférieure, et il est probable que ces cavités servent plutôt à leur statique ou à leur dynamique aquatique.

Dans ces animaux, le fluide que l'on voit osciller dans les ramifica-

[1] Méduses.	[5] Vélelles, Porpites.
[2] Pandores.	[6] Méduse marsupiale.
[3] Eudoxies.	[7] Rhizostomes, Méduses.
[4] Rhizostomes.	[8] Vélelles.

tions vasculaires, part de l'estomac, de manière que l'on peut à la fois considérer cet organe comme un viscère digestif et comme une sorte de cœur, puisqu'il est le centre d'où partent les vaisseaux qui se distribuent aux divers appendices du corps.

Beaucoup de savants prétendent que le contact des Arachnodermaires produit sur notre peau une irritation extrêmement remarquable. Spallanzani semble confirmer ce fait par ses observations, et dit qu'il suinte du corps de ces animaux une liqueur visqueuse, d'une saveur brûlante, et qui excite une légère inflammation dans nos organes, quand elle en touche la surface. Weber paraît confirmer ce fait par une observation qu'il a eu lieu de faire récemment. Il rapporte que plusieurs personnes qui se baignaient auprès d'un bâtiment dans lequel il se trouvait, furent atteintes de douleurs très-vives causées par le contact d'une grande quantité de Méduses qui nageaient dans le lieu de la mer où elles se livraient à cet exercice ; une de ces personnes fut même obligée de sortir de l'eau et souffrit beaucoup. Suivant Weber, c'est plutôt par la sécrétion de liqueurs irritantes que par leur propriété électrique, que ces animaux sont à craindre, et il dit qu'il peut arriver, si l'on touche longtemps des Méduses, que les mains se couvrent de pustules.

Il paraît que la plupart des animaux de cette classe sont phosphorescents durant les ténèbres, et que ce sont surtout ceux qui habitent les régions équatoriales qui possèdent cette propriété à un degré remarquable. Ce fait résulte des observations de Forskal, de Banks et de Diquemare. De Humboldt a remarqué que ses doigts luisaient pendant quelque temps après qu'ils avaient été mis en contact avec certaines Méduses, et il observa que les étincelles lumineuses de celles-ci augmentaient d'intensité lorsqu'on les électrisait. Quelques observateurs ont même pensé que c'était à des Arachnodermaires de petite dimension qu'était due, dans certaines circonstances, la phosphorescence de la mer (Océanie de Blumenbach).

L'appareil génital des Arachnodermaires se compose simplement d'ovaires multiples et radiaires, qui s'ouvrent dans la cavité stomacale. Quelques-uns de ces animaux possèdent en outre des organes éducateurs sous la protection desquels se développent et s'accroissent les petits, après leur expulsion. C'est principalement à la région inférieure du disque ou sur les plis des appendices qu'on les observe [1].

L'époque de la reproduction de ces Actinozoaires est le printemps ; alors leurs ovaires se gonflent en se colorant d'une manière remarquable, et ils s'aperçoivent à travers la transparence de l'animal, puis les petits sont émis au dehors par la bouche. La durée de la vie de ces êtres est inconnue ; leurs dimensions sont variées ; il en est qui parviennent jusqu'à deux pieds de diamètre, mais il y a aussi parmi eux beaucoup d'espèces microscopiques.

---

[1] Arachnodermaires discophores.

La classification des Arachnodermaires est encore peu avancée; ce sont principalement MM. Péron et Lesueur qui s'en sont occupés, et peut-être ont-ils admis un trop grand nombre de divisions génériques. Quoi qu'il en soit, on doit diviser ces animaux en deux ordres seulement.

ARACHNODERMAIRES.	Ordres.
Corps { sans support cartilagineux.	PULMOGRADES.
offrant un support cartilagineux.	CIRRIIGRADES.

ORDRE DES PULMOGRADES OU MÉDUSAIRES.

Corps circulaire, gélatineux, privé de soutien solide à l'intérieur.

On suppose que c'est à ces animaux que les anciens donnaient le nom de *Poumons marins*, qui leur est encore accordé par quelques peuples des bords méditerranéens; des naturalistes modernes les ont quelquefois appelés *Cardiogrades*, à cause de leur mode de translation, qui parfois paraît tenir à des mouvements de dilatation et de contraction analogues à ceux du cœur des animaux des classes élevées.

EUDORES. *Eudora.* Corps discoïde, très-déprimé, simple, dépourvu de cirrhes tentaculaires et d'appendices.

On ne connaît les Eudores que d'après la description et la figure qu'en ont données MM. Péron et Lesueur. Ces auteurs pensent que ces Actinozoaires sont dépourvus de bouche, mais on doit douter de ce fait.

ÉQUORÉES. *Æquorea.* Corps diversiforme, garni à sa circonférence d'un cercle de cirrhes filamenteux souvent fort longs.

Les Arachnodermaires de ce genre sont nombreux; il en existe dans toutes les mers, et la Manche en présente même plusieurs espèces; cependant la plupart proviennent des régions australes.

AGLAURES. *Aglaura.* Corps sphéroïdal; cirrhes tentaculaires marginaux peu nombreux; masse proboscidiforme terminée par quatre appendices brachidés au centre desquels se trouve la bouche.

On n'a encore décrit que fort peu d'espèces qui puissent être rapportées à ce genre; parmi elles il en est une qui a été rencontrée dans la Méditerranée.

ORYTHIES. *Orythia.* Corps semi-sphéroïdal ou discoïde; circonférence dépourvue de cirrhes ; prolongement proboscidiforme sans appendices brachidés.

Quelques savants ont pensé que le prolongement proboscidiforme de ces Arachnodermaires était imperforé et que par conséquent il n'y avait point chez eux de cavité stomacale ; mais il est permis de douter de cette assertion. On ne connaît que fort peu d'espèces d'Orythies.

RHIZOSTOMES. *Rhizostoma.* Corps hémisphérique, lobé ou festonné à sa circonférence ; huit appendices brachidés inférieurs considérables.

Le professeur Cuvier pense que les Rhizostomes se nourrissent par la succion des ramifications de leur masse pédonculaire ou de leurs tentacules, opinion que n'ont point admise MM. Péron et Lesueur, auxquels on doit un grand travail sur les Arachnodermaires.

Le *Rhizostome bleu* est extrêmement commun dans la Manche, et sa taille est des plus considérables ; souvent la mer, en baissant, le laisse à découvert sur le sable ou dans les fentes des récifs.

ORDRE DES CIRRHIGRADES.

Corps ovale ou circulaire, gélatineux, soutenu par une charpente solide, et pourvu inférieurement de cirrhes tentaculiformes très-extensibles.

VÉLELLES. *Velella.* Corps membraneux, ovale, très-déprimé, soutenu par une pièce cartilagineuse surmontée d'une crête.

On a rencontré des Vélelles dans presque toutes les mers ; ces Cirrhigrades habitent loin des rivages, et souvent par leur réunion ils forment des masses considérables à la surface des flots.

PORPITES. *Porpita.* Corps membraneux, circulaire, contenant un disque cartilagineux, radié ; cirrhes tentaculaires extérieurs ciliés.

Les Porpites ne se rencontrent qu'en haute mer, à la surface des vagues ; une belle espèce, colorée en bleu, vient dans la Méditerranée.

XXII. CLASSE DES ZOANTHAIRES.

Animaux rayonnés, floriformes, libres ou fixés; canal intestinal offrant une seule ouverture entourée de tentacules creux. Ordinairement un polypier à cellules lamellifères intérieurement.

Généralités. — Tous les animaux rassemblés dans ce groupe ont une disposition qui rappelle la corolle des plantes; aussi les a-t-on souvent, en les comparant à celle-ci, nommés *fleurs animales.*

Ce sont spécialement les contrées les plus chaudes du globe qui nourrissent les Zoanthaires; on en trouve, il est vrai, dans toutes les zones, mais les plus magnifiques proviennent de l'Inde et de l'Amérique méridionale. Tous ces animaux sont marins et préfèrent généralement les eaux calmes et les baies peu profondes, où la lumière les anime de rayons plus abondants.

Les Zoanthaires se rapprochent ordinairement de la forme circulaire, et leur corps est régulier et toujours tronqué aux deux extrémités, qui ressemblent souvent à deux sortes de disques; l'une de ces extrémités, postérieure ou inférieure, sert à fixer l'animal, et même un peu à ramper, chez quelques individus libres; l'autre extrémité, ou la bouche, offre une vaste ouverture, environnée le plus ordinairement d'un grand nombre de cirrhes tentaculaires creux, simples dans la plupart, mais quelquefois ramifiés et disposés circulairement sur un ou plusieurs rangs. Les êtres de cette classe présentent presque tous une grande mollesse, et il en est beaucoup parmi eux chez lesquels les mailles du corps sont remplies par un dépôt considérable de substance calcaire qui, en s'accroissant, forme ces masses pierreuses, de volume et de configuration si variés, que l'on nomme *Polypiers.*

Beaucoup de Zoanthaires vivent libres et isolés, mais il en est aussi un fort grand nombre qui se font remarquer par les agglomérations qu'ils forment. Quelques-uns offrent à leur pied une sorte d'empâtement commun, sur lequel, de place en place et comme une cupule de Lichen, s'élève un animal [1]; mais, bien plus souvent, les Actinozoaires qui nous occupent se trouvent fixés en grand nombre, soit sur un axe pierreux ramifié [2], soit sur une masse calcaire plus ou moins informe [3].

La plupart des Zoanthaires restent constamment fixés au lieu où ils ont pris naissance : ils y naissent et ils y meurent. Cependant quelques-uns peuvent ramper sur le sol et se transporter plus ou moins loin, soit à l'aide de leurs supports, soit à l'aide de leurs tentacules [4]; il en

---

[1] Zoanthes.   [3] Astrées.   [4] Actinies.
[2] Madrépores.

existe même qui, parfois, nagent renversés à l'instar des Arachnodermaires. Les espèces qui ont un squelette calcaire sont presque toujours
agrégées et vivent fixées; cependant, il en est aussi parmi elles qui
paraissent pouvoir exécuter quelques déplacements[1].

Dans cette classe, l'appareil digestif offre une grande simplicité d'organisation; il consiste en une espèce de sac large et peu profond, formé
d'une membrane mince; son ouverture est entourée par les tentacules.
On a souvent eu l'occasion d'apprécier que certains Zoanthaires sont
éminemment carnassiers. Parmi eux, les Actinies se trouvent principalement dans ce cas; elles saisissent et attirent dans leur estomac, à
l'aide de leurs tentacules, divers animaux, tels que de petits Poissons,
des Crustacés, des Méduses ou des Mollusques, qui viennent à passer
près d'elles, et les engloutissent rapidement. De Blainville suppose qu'il
en est de même pour tous les autres Zoanthaires.

On professe généralement que dans cette classe la reproduction
s'opère à l'aide de gemmes globuleux, qui sont émis par la bouche
et vont ailleurs s'accroître; ce mode, que des naturalistes disent avoir
observé dans beaucoup de Zoanthaires dont la masse charnue est
considérable[2], a probablement lieu aussi pour ceux d'un volume
moins apparent, qui forment les Polypiers; mais il se pourrait que
plusieurs de ces êtres fussent aussi susceptibles de se reproduire par
une sorte d'extension de leur tissu qui donnerait naissance à un
animal nouveau semblable à la mère, et qui se détacherait d'elle aussitôt qu'il lui serait possible d'exister sans son secours.

POLYPIERS. Les productions calcaires, soit massives, soit diversement
rameuses ou arborisées, et auxquelles on donne le nom de *Madrépores* ou de *Polypiers pierreux*, sont presque toutes formées par
les animaux qui appartiennent à la dernière famille de cette classe, à
celle des Zoanthaires calcaires. Il est bien reconnu que, malgré cette
particularité, ceux-ci présentent cependant le même degré d'organisation que les autres Zoanthaires, et que les architectes des Madrépores sont des espèces d'Actinies; mais ces animaux offrent cela
de particulier que le tissu de la partie inférieure de leur corps reçoit
dans ses interstices une certaine quantité de carbonate calcaire qui s'y
accumule avec l'âge en composant un support commun à un nombre
considérable d'individus, et dont la configuration offre une immense
variété de formes.

Ce sont les mers les plus échauffées par le soleil qui produisent le
plus grand nombre de Polypiers. Dans celles-ci ils constituent parfois
d'immenses récifs qui entravent la navigation et sont avec raison redoutés par les marins les plus expérimentés. Ils abondent surtout dans
certains archipels de la mer du Sud et dans la mer Rouge; on sait qu'ils
forment des bancs puissants, qui ceignent les Antilles, ou s'étendent
comme autant de récifs dangereux le long des îles de Bahama. Aux

---

1 Turbinolies, Monticulaires.   ² Actinies.

abords des îles Maldives, les Polypiers offrent des masses encore plus extraordinaires, et les voyageurs rapportent que là leurs bancs ont plus d'étendue que les Alpes.

Il ne se forme point de Polypiers au delà de deux cents mètres de profondeur. On prétend cependant que sur les côtes du Groënland on en a ramené du fond de la mer à plus de quatre cents, mais cette assertion mérite confirmation. Tantôt ceux-ci habitent les parages où les eaux sont calmes et transparentes, et tantôt on les trouve parmi les brisants ; quelques-uns se plaisent même au milieu d'eux, parce que l'agitation que l'eau y éprouve empêche le sable de les envahir, et que celle-ci en se renouvelant, leur apporte plus abondamment les éléments nutritifs nécessaires à leur existence.

On doit à Ehrenberg de curieuses observations sur les bancs de Polypiers qui encombrent la mer Rouge. Il dit que ceux-ci commencent au port de Tor et se dirigent vers la côte de l'Arabie Heureuse, en s'alongeant en bandes qui sont parallèles aux rivages et forment parfois plusieurs ceintures autour de ceux-ci. Il n'en existe que fort peu sur les côtes de l'Égypte, parce que la mer y est profonde et qu'il s'y produit des dépôts sédimentaires. Ces bancs résident communément à deux ou trois mètres au-dessous du niveau de la mer, et ils offrent une surface très-unie. Les bancs madréporiques ont une épaisseur de deux à trois mètres au plus, et sur leurs bords souvent la mer est fort profonde et on trouve jusqu'à deux cents pieds d'eau.

Il existe deux opinions fort opposées relativement à l'accroissement des récifs madréporiques qui hérissent la surface des mers ; quelques savants pensent que ceux-ci s'accroissent avec une rapidité surprenante ; et d'autres croient au contraire qu'ils ne s'étendent que fort lentement.

La première opinion est celle de Forster et de Péron ; ceux-ci, et quelques autres naturalistes, admettent que les Polypiers se développent avec une prodigieuse rapidité, et qu'en un temps fort court ils modifient parfois la surface du globe en hérissant de rochers dangereux des parages de la mer, dans lesquels les vaisseaux naviguaient peu de temps avant en sécurité. Ces naturalistes prêtent même une telle activité à ces animaux, qu'ils les regardent comme la cause principale de l'accroissement et de la formation de certaines îles, et entre autres de quelques-unes de celles de la mer du Sud. Les auteurs de la fin du dernier siècle professèrent surtout cette opinion et envisagèrent les Polypiers comme formant une partie assez étendue des continents et des îles ; dans les ouvrages des géologues, on insiste encore d'une manière remarquable sur l'action puissante de ces animaux.

La seconde opinion est soutenue par MM. Quoy, Gaimard, Ehrenberg et Legell. Ceux-ci croient que tout ce que l'on a avancé jusqu'à ce jour relativement aux immenses travaux des Polypiers est extraordinairement exagéré et souvent erroné. Ces naturalistes ayant reconnu que les Polypiers qui forment les masses plus ou moins compactes qui encroûtent les rochers[1] ne vivent qu'à peu de profondeur, ils en ont conclu que les récifs et les îles madréporiques qui abondent dans les mers des Indes et du Sud ne pouvaient être considérés comme ayant été entièrement élevés par des Polypes, mais qu'on devait les regarder comme simplement formés par une couche peu épaisse de Polypiers pierreux qui se sont établis sur des exhaussements du sol de nature volcanique ou autre, qui se trouvent enfoncés dans la mer, mais à une petite profondeur.

Ehrenberg, en s'appuyant sur ses propres observations, a aussi embrassé cette manière de voir ; il s'autorise sur ce que les écueils madréporiques qu'il a étudiés dans la mer Rouge n'ont réellement que peu d'épaisseur et, comme nous l'avons dit, au plus trois mètres ; ce savant prétend aussi qu'il n'est pas probable que les ports se trouvent obstrués par ces récifs vivants, aussi rapidement qu'on l'a souvent répété, et il se fonde sur ce que le port de Tor, exécuté depuis 1300 ans, n'a nullement changé depuis son origine. M. Legell qui partage cette opinion et a même essayé de préciser l'accroissement de ces bancs de Polypiers, en porte le maximum à un millimètre et demi par an. Ehrenberg croit que le développement de ceux-ci est si lent, qu'il considère les masses madréporiques qu'il a observées dans la mer Rouge comme étant encore les mêmes qui s'y trouvaient du temps des anciens Pharaons.

Peut-être cependant les partisans de ces deux opinions opposées ont-ils exagéré les preuves qu'ils offraient en faveur de leur manière de voir. Comme les Polypiers rameux vivent à une bien plus grande profondeur que les madrépores encroûtants, ne pourrait-on pas admettre, comme le dit de Blainville, que « ces récifs et ces îles, qui doivent cependant toujours avoir eu pour base un mouvement, un mamelon ou quelque saillie du terrain primitif, secondaire, tertiaire ou volcanique, qui constitue le fond de la mer, comme ils le font justement observer, se soient d'abord accrus jusqu'à une certaine hauteur, à l'aide des ramifications nombreuses des Polypiers rameux, réunies, solidifiées par les coquilles qui recherchent ces anfractuosités, et qu'en suite le reste ait été fourni par les couches d'Astrées, de Méandrines et d'autres Polypiers encroûtants, dont l'action doit être d'autant plus vive et plus rapide, que les animaux arrivent à des circonstances plus favorables de chaleur et de lumière. »

Les îles formées par les Madrépores ont toujours un aspect particulier ; presque toutes sont à peu près circulaires et présentent à leur centre une dépression cratériforme, qui compose une sorte de lagune. Sur trente-deux îles de cette nature qui furent observées, vingt-neuf offraient cette structure. Cette disposition spéciale tient sans doute à ce que les Polypes se plaisent dans les courants, et que ceux qui se trouvent sur les bords des massifs étant plus exposés à l'action des

____

[1] Astrées, Méandrines, Caryophyllies.

lames et habitant une eau plus renouvelée, s'accroissent avec plus de rapidité.

Les Madrépores de la région centrale de ces îles, étant placés au contraire dans des circonstances opposées, languissent et parviennent à une moindre hauteur; et comme il en est de même de ceux qui résident dans le sens opposé à la direction du courant dominant, il en résulte que la masse calcaire formée par les animaux qui nous occupent, prend souvent la configuration d'un fer à cheval. Dans l'océan Pacifique, les Polypiers s'élèvent jusqu'au niveau que la mer atteint durant les basses marées ordinaires, et aux époques auxquelles elle baisse extraordinairement, ses vagues détachent des fragments de Madrépores de la ceinture que ceux-ci forment autour des îles, et les transportent vers leur centre où ils s'accumulent et rehaussent continuellement le sol, de manière que celui-ci parvient, à une certaine époque, au niveau des plus hautes marées. Ce dépôt s'étend peu à peu et atteint les bords de ces îles, et lorsqu'il est assez élevé, les courants et les oiseaux y apportent des graines, et bientôt la végétation apparaît sur la nouvelle terre:

On trouve dans certains terrains un nombre considérable de Polypiers fossiles. Durant une des époques qui ont précédé l'état actuel du globe, le fond de la mer qui baignait le pays que nous habitons était occupé par d'immenses bancs de ceux-ci; on en rencontre entre autres d'abondants vestiges dans le département du Calvados. Là il existe de puissantes formations, qui ne sont presque composées que de débris de Polypiers, et on en remarque de semblables dans des régions beaucoup plus septentrionales. Comme actuellement nos mers, et encore moins celles du Nord, ne nourrissent guère de ces animaux, qui semblent se complaire spécialement parmi les contrées intertropicales, la présence de ces fossiles sur notre sol offre un argument en faveur de l'opinion des géologues qui professent que la température du globe était plus élevée durant ses anciennes phases qu'elle ne l'est aujourd'hui; M. de France, entre autres, cite ce fait comme une preuve de ce changement qu'il admet.

Selon les géologues modernes, les Polypiers ont réagi d'une manière puissante sur la surperficie du globe, non-seulement en créant de nouvelles couches par leur développement incessant, mais encore en donnant lieu à d'immenses formations calcaires, par leur décomposition. En effet, selon Lyell et beaucoup d'autres savants, les terrains crétacés, que tout porte à croire d'origine animale, devraient être considérés comme le résultat de la décomposition des Polypiers et des coquilles qui pullulaient dans les mers des périodes précédentes. L'observation peut encore parfois en faire reconnaître les fragments.

Actuellement l'étude attentive de la nature démontre que le phénomène de la production de la substance crétacée a encore lieu par diverses voies. M. Nelson rapporte qu'aux Bermudes les lagunes de plusieurs îles madréporiques sont remplies d'un limon calcaire blanc, dû à la décomposition des Polypiers ; et ce dépôt, quand il est desséché, ressemble tellement à de la craie ancienne que l'on pourrait s'y méprendre. M. Darwin a prétendu que la nature employait aussi d'autres voies pour arriver aux mêmes fins, et il assure qu'une grande partie de la matière blanche et crayeuse que l'on rencontre dans le fond de la mer, aux abords des récifs madréporiques, est due, soit aux perforations que différents animaux lithophages opèrent dans ceux-ci, soit aux déjections de divers Poissons qui se nourrissent des sommités des Polypiers. Les Poissons du genre Spare sont dans ce cas, et ce voyageur rapporte que la transparence des eaux permet d'en apercevoir d'immenses troupes, sans cesse occupées à brouter les sommités des Madrépores, et paissant en quelque sorte parmi ceux-ci, comme le font nos troupeaux dans les prairies. En disséquant ces Poissons, M. Darwin trouva leurs instestins remplis de craie pure.

Quelle que soit l'idée que l'on puisse avoir relativement à l'accroissement des Polypiers, ce qu'il y a de certain c'est qu'ils forment actuellement de prodigieux amas au fond des mers. Ceux-ci sont tels, que dans certains pays privés de chaux on les emploie pour y suppléer, et même on en extrait des masses solides pour construire les maisons. Forskal dit que toutes celles des villes de Djidda et de Suez ont été élevées avec des blocs que les habitants vont tailler à même les agglomérations madréporiques des rivages de la mer Rouge, et ce naturaliste ajoute que l'on en retire des morceaux qui ont jusqu'à vingt-cinq pieds de longueur. Mon ami Paul-Émile Botta a observé que toutes les habitations d'une ville des îles Sandwich étaient entièrement construites avec la substance calcaire d'immenses bancs de Madrépores qui se trouvent dans ses environs.

Les Polypiers ont joué un rôle immense dans les phénomènes géologiques qui se sont succédé à la surface du globe, et aujourd'hui leurs prodigieuses masses n'opèrent pas des réactions moins extraordinaires au milieu du calme apparent de la création actuelle.

Tous les animaux qui construisent les Polypiers sont de petite taille et vivent rapprochés et en sociétés nombreuses sur les divisions du tronc ou de l'amas calcaire qui les supporte et dans les loges duquel leurs organes sont plus ou moins enfoncés. Ces divers êtres se nourrissent probablement de substances animales répandues dans les eaux de la mer. De La Bèche dit que les Polypes de certaines Caryophyllies [1] dévorent même des débris de Poisson et qu'il a nourri avec ceux-ci quelques-uns de ces Zoanthaires qu'il possédait à Torquay. Il rapporte que ces Polypes saisissaient cet aliment avec leurs tentacules.

D'après ces notions on voit que ces animaux ont une mission importante à remplir dans le sein des eaux qu'ils habitent, et c'est avec raison que Buckland s'exprime ainsi à l'égard de celle-ci et nous engage, comme en toutes choses, à nous incliner devant la sagesse providen-

[1] Caryophyllie de Smith.

tielle : « Si nous recherchons, dit-il, quelles sont dans l'économie actuelle de la nature les fonctions assignées aux Polypes, nous voyons bientôt que c'est à eux, la classe la plus inférieure du règne animal, qu'a été départi l'office de nettoyer les eaux de la mer et de les purger de toutes les impuretés les plus déliées qui auraient échappé même aux plus petits des Crustacés. C'est ainsi que certaines tribus d'Insectes, à leurs degrés divers d'accroissement, ont pour mission de trouver leur nourriture dans les impuretés qui résultent sur la surface terrestre de la décomposition des matières animales et végétales. Ce système paraît avoir été suivi sans interruption depuis que la vie a commencé dans les mers les plus anciennes et pendant toute cette longue série d'âges dont la durée nous est attestée par les successions diverses d'animaux et de végétaux dont les dépouilles sont ensevelies dans les couches de l'écorce du globe. Dans toutes ces couches en effet les habitations calcaires des Polypes, de ces créatures en apparence si petites et de si peu d'importance, se sont accumulées en de vastes et puissantes masses qui ont grossi l'ensemble des matériaux solides du globe et elles nous offrent un exemple frappant de l'influence qu'ont eue les animaux sur la condition minérale de notre planète. »

Imitant le géologue anglais, Ellis, après une attentive et laborieuse étude des Polypes, étonné de leur multitude et de leur variété infinie, dépose ainsi sa plume en adressant un hymne au créateur de tant de merveilles. « Et maintenant, dit-il, tout cela une fois posé comme vrai, à quelle conclusion tous ces travaux doivent-ils nous conduire ? Tout ce que je puis répondre, c'est que, dans ces recherches auxquelles je viens de me livrer, des scènes toutes nouvelles se sont déroulées sous mes yeux, qui ont ravi mon esprit d'admiration et d'étonnement à la contemplation de cette diversité, de cette étendue avec laquelle la vie est distribuée dans l'univers. Or, si tels ont été les sentiments qu'ont excités en moi les faits que je viens de rapporter, et ces merveilles de la nature animée sur des points dont on n'a pas jusqu'ici soupçonné l'existence, sans doute ils exciteront dans d'autres esprits que le mien des idées agréables ; sans doute des esprits plus savants et d'une pénétration plus irrésistible y trouveront plus tard encore de nouveaux faits à reconnaître et de nouvelles preuves à découvrir, s'il en était besoin, d'une volonté unique, infinie, d'une toute-puissance qui a créé et qui maintenant conserve le Grand tout dans sa beauté et dans sa perfection. De là nous concluerons que si des créatures d'un degré aussi inférieur dans la grande échelle de la nature ont été ainsi douées de facultés qui leur permettent de remplir leur sphère d'action d'une manière aussi complète, nous pareillement, qui avons été placés à tant de degrés plus haut, nous nous devons, et à *lui* qui nous a faits, nous et tout ce qui existe, de tendre sans cesse et de tous nos efforts vers ce degré de rectitude et de perfection auquel nos facultés nous donnent le pouvoir d'atteindre. »

FAMILLE DES ZOANTHAIRES MOUS OU ACTINIENS.

Corps mou et contractile, n'offrant nulle partie solide.

LUCERNAIRES. *Lucernaria.* Corps libre ou adhérent, transparent, infundibuliforme en avant, et divisé en lobes rayonnés dont l'extrémité porte des tubercules papilliformes.

On n'a encore décrit que deux espèces de Lucernaires ; elles habitent les mers du Nord et la Manche, et leurs mœurs semblent être les mêmes que celles des Actinies.

ACTINOCÈRES. *Actinocereus.* Corps fixe, subcylindrique, alongé, élargi aux deux extrémités, pourvu d'un seul rang de tentacules pétaliformes.

Ce genre, qui se fait remarquer par ses tentacules disposés sur un seul rang, ne renferme qu'un petit nombre d'espèces.

ACTINIES. *Actinia.* Corps cylindrique, quelquefois pédiculé, fixé par sa base ; tentacules buccaux simples, obtus, disposés sur plusieurs rangs.

Quand les Actinies sont ouvertes, elles ressemblent, sous l'eau, à des fleurs nuancées des plus vives couleurs ; c'est cet éclat qui les fait nommer, dans beaucoup d'endroits, *Anémones de mer ;* en effet, les plages, qui en offrent beaucoup et de diverses teintes, quand le soleil brille et qu'elles sont épanouies, paraissent comme jonchées de ces fleurs.

Toutes les mers nous offrent des Actinies ; on les rencontre souvent à sec pendant la basse marée ; nos côtes en présentent en abondance. Elles sont tellement fixées aux rochers, qu'on les rompt quelquefois plutôt que de les en détacher ; certains observateurs pensent que cette adhérence a lieu par une substance visqueuse qui émane de l'animal ; d'autres croient que c'est en faisant le vide que les Anémones marines se collent si intimement aux surfaces.

Beaucoup d'Actinies rampent sur les rochers à l'aide de leur pied, comme l'a observé Réaumur, ou en se servant de leurs tentacules ; il en est même qui peuvent nager au moyen de ces derniers organes. Elles ont une force de reproduction très-remarquable ; quand on leur enlève certaines parties, on en voit bientôt repousser de semblables, et l'on remarque même de ces Zoanthaires qui, après avoir été coupés longitudinalement, forment bientôt un animal complet de chacune de leurs moitiés.

Les tentacules creux qui s'observent chez ces animaux sont non-seulement destinés à saisir leur proie, mais aussi à introduire dans l'intérieur de leur corps une certaine quantité d'eau qui doit probablement servir à une espèce de respiration. C'est cette eau épanchée dans leurs cavités intérieures que les Actinies rejettent lorsqu'elles se contractent.

L'organe générateur de ces animaux est formé, suivant Spix, d'ovaires semblables à des grappes de raisin, entourant la cavité stomacale et se terminant par des tubes qui s'ouvrent dans celle-ci à l'aide de plusieurs orifices, de manière que le produit de la génération est expulsé par la bouche, avec les aliments qui n'ont pas été digérés. Rapp croit que ce ne sont point des œufs, mais des petits vivants, qu'ils rendent ainsi. Je me range de cette opinion, et j'ai la certitude que la grande cavité stomacale doit être considérée comme un organe d'incubation qui reçoit les œufs, où ils éclosent et dans lequel les jeunes Actinies se développent jusqu'à un certain point; car, en disséquant de ces Zoanthaires, j'ai plusieurs fois découvert, dans le mucus de l'estomac, de petites Actinies de la grosseur d'une tête d'épingle, et j'en ai vu rendre trois de la grosseur d'un pois à un de ces animaux, qui m'avait été apporté vivant de la mer, et celles-ci étaient conséquemment trop fortes pour qu'on pût admettre qu'elles provenaient immédiatement des conduits ovariens.

En Grèce et dans le midi de la France, on les emploie comme aliment. Diquemare avait proposé de se servir de ces animaux, en guise de baromètres, pour indiquer le beau et le mauvais temps, parce qu'ils ont l'habitude de s'ouvrir quand le jour doit être serein, et qu'ils sont fermés pendant les moments d'orage.

L'*Actinie rousse* est excessivement commune sur les rivages de la Manche; l'*Actinie élégante*, qui s'y voit également, se fait remarquer par sa belle coloration. (Pl. 42, fig. 1.)

ACTINODENDRES. *Actinodendron.* Corps cylindrique, fixé; disque buccal offrant un ou deux rangs de tentacules arborescents et garnis de tubercules granuleux, alternes.

On ne connaît dans ce groupe que deux espèces; elles proviennent des îles des Amis et de la Nouvelle-Guinée, et se font remarquer par leur taille considérable, qui atteint un pied de hauteur sur une base de la même dimension. On dit que leur contact produit sur la peau une irritation fort vive, et y cause une sorte d'urtication.

FAMILLE DES ZOANTHAIRES CORIACES.

Animaux rapprochés et quelquefois soudés, encroûtés ou solidifiés par des corps étrangers, et formant, par la dessiccation, une sorte de polypier coriace.

ZOANTHES. *Zoanthus.* Corps alongé, conique, plus large en haut; pédoncule naissant sur une sorte de racine commune.

Ces animaux offrent dans leur bouche une disposition à peu près semblable à celle que l'on remarque dans les Actinies; mais ils diffèrent d'elles par l'espèce de racine rampante ou de large plaqué sur laquelle ils sont implantés en société.

FAMILLE DES ZOANTHAIRES CALCAIRES.

Animaux simples ou agrégés, contenant dans leur tissu une grande quantité de matière calcaire disposée par cellules la-mellifères.

Cette division, à laquelle on peut aussi donner le nom de *famille des Madrépores*, parce qu'elle renferme les êtres désignés sous cette dénomination par les naturalistes, est formée d'animaux qui offrent, après leur dessiccation, une masse de nature calcaire à laquelle on donne le nom de *polypier*, et qui peuvent être considérés comme de véritables Actinies, dans le parenchyme desquelles il s'est déposé de la substance pierreuse.

FONGIES. *Fungia*. Polypier formé d'une grande quantité de lames rayonnées, partant d'un seul centre. Animal simple, déprimé, couvert d'un grand nombre de cirrhes tentaculiformes, très-gros.

Les individus vivants de ce genre viennent presque tous dans les mers de l'Inde ; d'après des observations récemment faites, on a vu que l'animal des Fongies enveloppe entièrement le Polypier calcaire, et qu'il adhère aux roches par sa partie inférieure. Ces Zoanthaires sont, par cette disposition, aux animaux de leur famille ce que sont les Mollusques à coquille interne aux Mollusques à test extérieur. (Pl. 42, fig. 3.)

La *Fongie Limace*, qui nous vient de l'océan des Indes orientales, est très-commune dans les collections, où on la nomme *Limace de mer*. Quelques espèces de ce genre sont aussi appelées vulgairement *Bonnet de Neptune* et *Champignon de mer pétrifié*. (Fig. 4.)

CARYOPHYLLIES. *Caryophyllia*. Polypier conique, simple ou à peine agrégé, offrant des loges cylindrico-coniques, garnies de lames rayonnantes, striées en dehors. Animaux actiniformes; tentacules courts, épais et perforés.

Les terrains de l'Europe offrent un certain nombre de Caryophyllies fossiles ; les espèces vivantes ont principalement été rencontrées dans l'océan Indien, et deux au moins habitent les mers d'Europe.

MÉANDRINES. *Meandrina*. Polypier subglobuleux, à loges formant des vallons sinueux, garnis de lames transverses subparallèles. Animaux disposés en longues séries tortueuses; tentacules très-courts, seulement dans le sens longitudinal.

La dénomination de ces animaux rappelle les circonvolutions ou méandres qu'offre la surface de leur Polypier. On en a signalé quelques espèces fossiles ; celles qui sont contemporaines habitent les mers des deux continents. Les Méandrines sont extrêmement communes dans toutes les collections.

MONTICULAIRES. *Monticularia.* Polypier encroûtant, polymorphe, offrant à sa surface des mamelons ou monticules formés de lamelles. Animaux inconnus.

On connaît des Monticulaires fossiles et vivantes ; ces dernières proviennent des mers de l'Inde. MM. Quoy et Gaimard ont assuré à de Blainville qu'ils ont rencontré des Monticulaires libres et flottant comme de larges plaques au milieu des eaux.

PAVONIES. *Pavonia.* Polypier formé de lames aplaties, à bords irréguliers et tranchants ; cellules petites, offrant des lamelles très-serrées. Animaux inconnus.

Il n'existe que deux ou trois Pavonies fossiles ; les espèces contemporaines sont peu nombreuses et disséminées dans les mers de l'Inde et de l'Amérique méridionale.

ASTRÉES. *Astræa.* Polypier plat, hémisphérique ou globuleux, à cellules offrant des lamelles radiaires, stelliformes. Polypes courts, plus ou moins cylindroïdes, à disque bordé de tentacules courts.

On rencontre communément des Polypiers de ce genre à l'état fossile, et on leur donne le nom d'*Astroïtes.* Ils résident dans des formations assez diverses, car on en découvre parmi les terrains antérieurs à la craie, dans celle-ci elle-même, et il en existe aussi à l'intérieur des couches qui ont été déposées après elle. Les naturalistes ont décrit un grand nombre d'Astrées vivantes ; celles-ci sont répandues dans les mers des régions chaudes et tempérées du globe. Lamouroux dit qu'il n'en connaît point au delà du 40ᵉ degré de latitude dans l'hémisphère boréal ; cependant Risso assure qu'il en existe une espèce sur les côtes de Nice, et il lui donne le nom d'*Astræa mediterranea.* Ce sont en partie les Polypiers de ce genre qui recouvrent les rochers de la mer Rouge, et forment ces amas considérables auxquels on donne le nom de bancs de corail ; et ce sont eux que l'on exploite sur les côtes de cette mer pour bâtir les villes, et qui ont servi à construire Suez et Djidda.

Les Astrées ne sont que fort rarement rameuses ou dendroïdes ; presque toujours leurs polypiers forment une masse incrustante plus ou moins épaisse sur les corps sous-marins. Leurs cellules se font remarquer par leurs lamelles radiaires qui, en partant d'un même centre pour chaque anfractuosité, donnent à celle-ci l'aspect stelliforme, c'est de là que provient le nom de ces Zoanthaires, qui rappelle les Astres. (Pl. 42, fig. 5.)

MADRÉPORES. *Madrepora*. Polypier arborescent ou flabelliforme à loges saillantes. Animal offrant douze tentacules simples.

Ces Zoanthaires habitent les mers des régions tropicales et principalement celles qui baignent l'Amérique et l'Inde ; ils résident ordinairement peu au-dessous de la surface de leurs eaux mais on en découvre parfois aussi à une assez grande profondeur. Ce sont des Madrépores qui constituent en partie ces nombreux récifs qui existent dans les mers du Sud et de l'Inde, ainsi que dans la mer Rouge ; quelques naturalistes pensent qu'ils s'accroissent assez promptement.

Le *Madrépore abrotanoïde*, qui est rameux et hérissé de saillies tubuleuses, est fort commun dans toutes les collections. C'est un des plus beaux qui soient connus ; il habite l'océan Indien et on le regarde spécialement comme un de ceux qui contribuent le plus à la formation des écueils qui se rencontrent dans celui-ci. (Pl. 42, fig. 6. 6 *a*.)

Le *Madrépore palmé*, qui est aussi une des plus belles espèces de ce genre, réside dans les mers de l'Amérique, et est appelé par les amateurs *Char de Neptune*; il est formé de grandes expansions flabelliformes et un peu enroulées, dont l'aspect a été comparé au char d'une divinité marine.

XXIII. CLASSE DES POLYPIAIRES.

Animaux rayonnés, simples ou agrégés, à tentacules filiformes, simples, peu nombreux et sur un seul rang. Polypier de nature variée ou nul, à cellules dont l'intérieur n'est jamais lamellifère.

Généralités. — Les Polypiaires offrent un aspect plus ou moins floriforme quand leurs tentacules sont épanouis. Ces animaux vivent tantôt libres et isolés, et tantôt groupés sur des polypiers de nature très-dissemblable, qui se composent soit de substance dure et calcaire [1], soit de substance molle et comme cornée [2]. La diversité que l'on observe dans la structure de la demeure des êtres de cette classe, fait supposer qu'il doit exister entre ceux-ci d'assez grandes différences d'organisation; et comme on ne connaît pas les animaux d'un certain nombre d'espèces, on ne peut assurer que plusieurs Polypiaires n'appartiennent point à la classe précédente.

De Blainville a admis quatre coupes dans les Polypiaires. Dans la première, qu'il nomme *Polypiaires pierreux*, on trouve ceux de ces animaux qui se forment une habitation solide ou calcaire, souvent arborescente, et qui sont contenus dans des cellules fort petites; dans la seconde, appelée *Polypiaires membraneux*, les animaux habitent des cellules membraneuses, rarement calcaires, appliquées et rangées dans un ordre déterminé; dans la troisième coupe, que de Blainville indique sous la dénomination de *Polypiaires douteux*, on trouve ceux de ces animaux dont la place n'est pas bien fixée et qui ont des tentacules longs et ciliés; enfin, la quatrième, qui porte le nom de *Polypiaires nus*, contient ceux de ces animaux qui sont libres, très-contractiles, creusés d'une cavité stomacale simple, et qui se reproduisent par gemmes extérieurs, poussant à la surface de leurs tissus, et constituant bientôt des êtres nouveaux.

Presque tous les individus qui nous occupent vivent dans la mer; quelques-uns seulement habitent les eaux douces.

---

[1] Milléporés.   [2] Flustres.

** Polypiaires pierreux.*

FAMILLE DES MILLÉPORÉS.

Polypier polymorphe, fixé, à cellules dépourvues de lamelles, de cannelures ou de stries intérieures ou extérieures. Animaux généralement polypiformes, à tentacules très-grêles.

ALVÉOLITES. *Alveolites.* Polypier calcaire, encroûtant ou ramifié, à cellules alvéoliformes, formées par des parois minces. Animal inconnu.

Presque toutes les espèces de ce genre sont fossiles, et pour la plupart elles ont été découvertes dans le calcaire ancien.

FAMILLE DES TUBULIPORÉS.

Polypier fixé, à cellules agrégées, tubuleuses, à ouverture arrondie, terminale ou oblique. Animaux généralement inconnus.

La réunion des cellules de ces polypiers est peu solide, et l'animal que chacune d'elles possède, y est contenu comme dans un petit fourreau; cette famille renferme beaucoup d'individus qui ne sont connus qu'à l'état fossile.

TUBULIPORES. *Tubulipora.* Polypier crétacéo-membraneux, encroûtant, à cellules profondes, plus ou moins tubuleuses, et dont l'ouverture est arrondie. Animaux grêles, à huit tentacules simples.

Les espèces de ce genre habitent la mer, et plusieurs d'entre elles résident parmi celles qui environnent notre patrie.

*** Polypiaires membraneux.*

FAMILLE DES OPERCULIFÈRES.

Polypier membraneux, rarement calcaire. Animal pourvu d'un opercule corné, destiné à fermer sa cellule.

MYRIAPORES. *Myriapora.* Polypier calcaire, fixé, à branches rondes, à cellules simples, ovales. Animal terminé par une trompe évasée.

Les animaux de ce genre offrent un grand nombre de tentacules simples, et ils se construisent des polypiers dont la substance calcaire n'offre que des pores très-fins. Le *Myriapore tronqué* est très-commun dans les cabinets des curieux ; c'est dans la Méditerranée qu'il vit.

Quand les pores de ces polypiers ne sont pas apparents, dit Cuvier, ils sont nommés *Nullipores*. De Blainville pense que ceux-ci ne sont que des concrétions et non des polypiers ; ce savant croit cependant aussi que l'on peut concevoir que les Nullipores ne sont que des polypiers morts et dont le temps a rempli les cellules.

RÉTÉPORES. *Retepora.* Polypier subcalcaire, membraniforme, perforé, formant une espèce de réseau. Animal à tentacules simples et filiformes.

Les cellules des Rétépores ne sont visibles qu'à l'intérieur seulement ; on n'est pas certain que les petits animaux qui les forment soient pourvus d'un opercule. Le *Rétépore dentelle marine*, que les amateurs nomment *Manchette de Neptune*, vient dans l'océan d'Europe.

FAMILLE DES CELLARIÉS.

Polypier crétacé ou membraneux, à cellules ovales, aplaties, offrant une ouverture bilatérale. Animal hydriforme, à opercule nul.

FLUSTRES. *Flustra.* Polypier foliacé, flexible, fixé, à cellules très-plates, disposées en quinconces.

Ce groupe se compose d'un assez grand nombre d'espèces soit fossiles, soit vivantes. Parmi ces dernières, la *Flustre foliacée*, qui vit sur les rivages de l'Europe, possède un aspect qui se rapproche un peu de celui de quelques Fucacées ; aussi souvent on l'a prise pour une plante marine.

FAMILLE DES SERTULARIÉS OU PHYTOÏDES.

Polypier corné, subarticulé, simple ou ramifié, à cellules tubuleuses ou urcéolées, se continuant en un tube commun, contenant une espèce de moelle. Animal hydriforme.

SERTULAIRES. *Sertularia.* Polypier fistuleux, à cellules urcéolées, et disposées obliquement par paires.

Les Sertulaires vivent dans les mers, et se fixent sur les corps qui sont submergés par celles-ci ; souvent on en rencontre à la surface des coquilles, et entre autres sur les Huîtres. La disposition rameuse de ces Polypiaires les a souvent fait prendre pour des végétaux par des observateurs inattentifs,

*** *Polypiaires douteux.*

CRISTATELLES. *Cristatella*. Animal court, pourvu de cirrhes tentaculaires ciliés, disposés en croissant ou en fer à cheval.

Selon M. Raspail, les Plumatelles, les Alcyonelles et les Difflugies, genres qui sont voisins de celui qui nous occupe, n'en seraient pas assez distincts pour devoir former des groupes spéciaux. Cependant M. Gervais, qui a récemment repris l'étude de ces animaux, a démontré qu'il y a entre plusieurs de ces Polypiaires d'assez importantes différences pour que l'on doive les isoler génériquement. Les Plumatelles et les Cristatelles sont particulièrement dans ce cas. Les premières produisent des œufs lisses, tandis que ceux des autres se font remarquer par leur surface hérissée de petites épines.

Les Cristatelles habitent les eaux douces, vivent parmi les Conferves, et sont assez communes en France; elles nagent à l'aide de leurs branches tentaculaires.

**** *Polypiaires nus.*

HYDRES. *Hydra*. Corps oblong; cirrhes tentaculaires fort longs.

Ces intéressants animaux, que l'on désigne communément sous le nom de *Polypes*, paraissent vivre uniquement dans les eaux douces, et surtout parmi les mares et les fossés; cependant Bosc en indique deux espèces comme étant marines.

La découverte des Hydres est due à Leuwenhoeck; quelque temps après qu'il les eut fait connaître, plusieurs savants s'efforcèrent de prouver que celles-ci n'étaient que des végétaux. Ce fut Trembley, qui s'est immortalisé en étudiant ces faibles créatures avec une patience admirable, qui fixa toutes les incertitudes à cet égard. Puis elles furent aussi étudiées par Réaumur, Rœsel, Bonnet, Spallanzani, et enfin dernièrement Ehrenberg en a donné une magnifique figure.

Les Hydres ressemblent exactement à un doigt de gant dont la base coupée serait surmontée d'appendices filiformes. Ces animaux se fixent aux corps submergés au moyen d'une espèce de disque situé à l'extrémité de leur individu et qui fait l'office d'une ventouse. D'après les observations de Trembley et de Rœsel, ils opèrent leurs mouvements en adhérant tour à tour aux corps avec leurs bras et avec cette sorte de suçoir. Quelquefois aussi on les rencontre libres dans l'eau.

Ces animaux sont très-voraces; ils saisissent et enchaînent, à l'aide de leurs tentacules, tous les petits êtres qui viennent à passer près d'eux, et les introduisent dans leur cavité digestive; bientôt après, ils en rejettent tout ce qui n'est pas susceptible de leur être assimilé. On voit quelquefois de ces Polypiaires avaler une proie plus grosse qu'eux et jusqu'à de très-petits Poissons; on remarque qu'alors ils se dilatent considérablement pour recevoir leur capture. La gloutonnerie des Hydres est telle, que quand deux de ces animaux ont saisi un Ver chacun par une extrémité, si l'un d'eux ne lâche pas prise, celui qui est le plus robuste avale l'autre avec le Ver qu'il tient. Il arrive souvent aux Hydres d'engloutir leur bras en même temps que la proie qu'ils ont saisie, mais ils sont bientôt rendus intacts. Ces Polypiaires se meuvent à l'aide de leurs tentacules auxquels ils font faire l'office de pieds.

Les Hydres se reproduisent par des espèces de bourgeons qui poussent à la surface de la mère et s'en détachent quand les petits qui naissent de ceux-ci ont acquis un assez grand accroissement pour vivre seuls et constituer des individus distincts. Pendant que le jeune Polype est encore implanté sur le corps de la mère, il pousse souvent à la surface de celui-ci un nouveau petit qui lui-même est couvert d'autres rejetons, de manière que la mère porte trois générations à la fois.

Comme en deux mois quelques espèces, et tel est le Polype à bras, produisent quarante-cinq petits, qui se propagent à dater du cinquième jour ; il peut provenir d'une seule mère, en cinq mois, trente générations ou 25,000 Polypes. Le développement marche encore avec plus de rapidité dans le Polype à bouquet, puisque Bonnet dit que plus de cent-vingt petits naissent d'un nœud dans le cours de vingt-quatre heures.

Les Polypes ont une force vitale extraordinaire ; quand on les a retournés, leur peau externe, devenue interne, remplit la fonction de la cavité digestive, et l'animal ne semble pas s'en apercevoir ; mais ce qui est beaucoup plus extraordinaire encore, c'est que, lorsque l'on coupe une Hydre en deux ou en un plus grand nombre de morceaux, chaque fragment ne tarde pas à se transformer en un Polype complet, analogue à celui dont il vient.

L'*Hydre verte* est commune dans nos ruisseaux ; elle a trois à quatre lignes de longueur.

XXIV. CLASSE DES ZOOPHYTAIRES.

Animaux rayonnés, pourvus d'une simple couronne de tentacules ordinairement pinnés. Presque toujours un polypier calcaire ou corné.

Généralités. — L'organisation des Zoophytaires paraît calquée sur celle des classes précédentes; il en est qui se rapprochent de l'aspect de certaines Actinies et d'autres ressemblent aux Madrépores. Quelques animaux de cette division sont simples, mais la plupart d'entre eux se trouvent réunis sur une souche vivante commune, et paraissent être à celle-ci ce que sont les bourgeons aux rameaux de l'arbre qui les produit; ils ont une existence qui semble indépendante, mais ils n'en restent pas moins, pour cela, en relation avec la tige. C'est cette analogie qui a engagé de Blainville à réserver à cette classe le nom de *Zoophytaires*, qui signifie animaux-plantes, et peut exprimer que ces etres, comme le dit ce professeur, jouissent de toutes les facultés de l'animalité, mais qu'ils sont liés entre eux par une partie commune vivante, et s'accroissant à peu près comme la tige des végétaux.

Les Zoophytaires n'ont qu'un nombre peu considérable de tentacules, et ceux-ci sont disposés sur un seul rang; on en rencontre ordinairement huit, et sur presque tous les animaux de cette classe, ils offrent des bords pinnés [1]; ce n'est que rarement que ces organes sont courts et simples [2]. Les Zoophytaires possèdent des ovaires, et ils ont des mœurs qui se rapprochent de celles des Zoanthaires.

Cette classe ne renferme qu'un petit nombre d'êtres, et ceux-ci ont été simplement groupés en deux familles, les Tubiporés et les Coraux, dont les caractères reposent sur la réunion ou la séparation des animaux qui les composent. Les mœurs et la structure de quelques-uns, principalement de ceux de la seconde famille, ont été étudiées dans ces temps derniers avec le plus grand soin.

FAMILLE DES TUBIPORÉS.

Polypier calcaire ou coriace, à cellules cylindriques, offrant une ouverture arrondie. Animal possédant huit tentacules pinnés.

CUSCUTAIRES. *Cuscutaria.* Polypier formant une tige fistuleuse,

---

[1] Corail.　　　　　[2] Alcyons.

rampante, simple et tortueuse ; cellules ovales situées vers l'extrémité des articulations. Animaux offrant huit tentacules ciliés.

Ces animaux, dont la disposition est assez remarquable, nesont guère connus des naturalistes que par les travaux de Flemming et d'Ellis. La *Cuscutaire cuscute*, qui est, je crois, l'unique espèce, habite les mers d'Europe.

TUBIPORES. *Tubipora*. Polypier à tubes calcaires, verticaux, parallèles, cylindriques, se réunissant en masse. Animaux cylindriques à huit tentacules pinnés.

Le *Tubipore pourpre* ou *musique*, qui vit sur les côtes de l'océan Indien, nous en est souvent rapporté par les marins, que sa belle couleur rouge séduit ; aussi orne-t-il les collections de tous les naturalistes. On a été assez longtemps dans l'ignorance relativement à la nature des animaux qui confectionnent ce Polypier ; Lamouroux avait émis qu'ils étaient analogues aux Sabelles ou à d'autres Annélides, mais MM. Quoy et Gaimard ayant rapporté des fragments de Tubipores avec leurs Zoophytes, conservés dans l'esprit-de-vin, M. Deslonchamps a pu faire connaître ceux-ci d'une manière satisfaisante (Pl. 43, fig. 1).

FAMILLE DES CORALLAIRES.

Polypier arborescent, à axe solide, calcaire ou corné, entouré d'une croûte gélatino-crétacée. Animaux offrant huit tentacules pinnés.

CORAUX. *Corallium*. Polypier dendroïde, inarticulé, dont l'axe est entièrement pierreux et plein, et la surface striée, recouverte par une écorce charnue. Animal polypiforme.

Le *Corail rouge* est l'unique espèce de ce genre. Ce Polypier remarquable habite la Méditerranée et la mer Rouge. Le merveilleux qui s'attachait anciennement à son histoire avait fait croire qu'il ne s'implantait jamais qu'aux voûtes des grottes sous-marines et que ses ramifications, qui faisaient l'ornement de celles-ci, se dirigeaient constamment vers le centre de la terre. Il est bien prouvé que cette assertion est une erreur et que les tiges du Corail se portent dans tous les sens ; mais celui-ci, il est vrai, choisit des expositions variées, et se fixe à des profondeurs diverses selon les régions où il vit. Mais sur ce sujet laissons parler Lamouroux, qui a fait une étude spéciale des Polypiers et qui décrit ainsi l'habitat de celui dont nous parlons. « Il se trouve, dit-il, à différentes profondeurs dans le sein des eaux, et malgré la densité du milieu dans lequel il existe, toutes les expositions ne lui conviennent pas. Sur les côtes de France il couvre les roches exposées au midi ; il est rare sur celles du levant ou de l'ouest ; celles qui sont inclinées vers le nord en sont toujours dépourvues. On ne le voit jamais au-dessus de trois mètres de profondeur, ni au-dessous de trois cents. Dans le détroit de Messine, c'est du côté de l'orient que se plaît le Corail; le midi en présente peu; les roches du nord et de l'ouest sont privées de ce beau Polypier. On le pêche à une profondeur qui varie de cent à deux cents mètres. Dans ce détroit, que les chants d'Homère et de Virgile ont immortalisé, les eaux étant frappées par des rayons solaires plus perpendiculaires que sur les côtes de France, sont pénétrées par la chaleur à une plus grande distance, et le Corail se trouve encore à plus de trois cents mètres; mais alors sa qualité ne compense pas la peine, les risques et les nombreuses difficultés que présente cette pêche. Sur les côtes de l'Afrique septentrionale, les corailleurs ne commencent à le chercher qu'à trente ou quarante mètres de profondeur, et à une distance de trois à quatre lieues de la terre; ils l'abandonnent lorsqu'ils arrivent à deux cent cinquante ou trois cents mètres. L'influence de la lumière paraît agir d'une manière fort énergique sur la croissance du Corail. Un pied de cette production animale, pour acquérir une grandeur déterminée, a besoin de huit ans dans une eau profonde de trois à dix brasses; de dix ans, si l'eau a dix à quinze brasses de profondeur; de vingt-cinq à trente ans à une distance de cent brasses de la surface, et de quarante ans au moins à celle de cent cinquante. »

Tavernier dit que ce Polypier s'implante parfois sur des corps tombés dans la mer, et qu'on en a vu sur une tête de mort, sur une lame d'épée. Il ajoute qu'il a eu entre les mains une grenade qui en était entrelacée.

On pêche principalement le Corail sur les rivages de la Sicile et le long des côtes de l'Afrique. Afin que ce Polypier précieux ne soit pas détruit par la rapacité de ceux qui le recherchent, le gouvernement napolitain prescrit chaque année les endroits dans lesquels on doit le recueillir parmi les parages qui se trouvent dans ses possessions, et on voit s'y rendre un grand nombre de barques qui n'ont pas d'autre destination. La pêche de ce Polypier consiste à l'arracher, à l'aide de divers instruments, des roches sur lesquelles il est fortement fixé. Deux sont surtout en usage; l'un est formé de deux morceaux de bois disposés en croix, et dont chaque extrémité porte une sorte de filet conique. Lorsque l'on connaît les parages où les Coraux abondent, on laisse plonger cet instrument, qui est tenu avec un lien, et bientôt, en le promenant, les ramifications de ces Actinozoaires s'enchevêtrent dans les rets de cet appareil, que l'on retire alors avec force et qui ramène un plus ou moins grand nombre de branches de Polypiers. Le second instrument, qui est beaucoup moins employé, consiste en une espèce de cuiller de fer, dont le fond et les côtés sont garnis de rets, pour recevoir les morceaux de Corail qui se trouvent brisés. On attache cet instrument à une poutre quelquefois plus longue que la barque des pêcheurs, puis on le descend dans les cavités où le précédent ne peut pénétrer, et, par ce moyen, on obtient quelques nouveaux fragments qui auraient échappé aux recherches.

Le Polypier du Corail ressemble exactement, par la disposition de ses divisions, à un arbuste en miniature et dépourvu de feuilles. Il se trouve fixé aux rochers par un assez large empâtement, situé à la base de la tige unique par laquelle commence le réceptacle commun, sur lequel s'implantent les animaux. Les ramifications du Corail se composent d'un axe d'un beau rouge et d'une grande dureté, qui sert à confectionner les bijoux ; celui-ci est formé de couches concentriques, que l'on distingue facilement par la calcination, et sa surface, qui est striée, se trouve recouverte d'une couche réticulaire immédiatement appliquée sur l'axe solide, et composée de vaisseaux remplis d'un suc blanc, qui se répand dans un certain nombre d'utricules que présente leur réseau. Il paraît, dit de Blainville, que l'on trouve dans celles-ci des corpuscules sphériques, rouges, qui doivent, par leur entassement, former la dernière couche de l'axe. En dehors de cette partie se trouve l'écorce ou la région essentiellement vitale du Corail ; celle-ci est molle et commune à tous les Polypes qui composent les ramifications de ce Zoophyte ; elle semble formée de fibres cellulaires entre lesquelles s'observent un grand nombre de corpuscules rouges ; puis cette enveloppe est traversée longitudinalement et de l'extrémité des rameaux jusqu'à la souche, par des canaux qui communiquent avec les utricules à l'aide de leurs ramifications, et que certains naturalistes considèrent comme la terminaison de chacun des petits animaux qui se trouvent répandus sur les branches du Polypier.

On découvre de place en place, sur les ramifications du Corail, de petits tubercules qui sont autant de loges destinées à chacun des animaux qui construisent son axe. Ceux-ci sont très-mous et blancs ; leur corps est entièrement caché dans la cellule, et il est terminé par huit appendices rayonnés disposés autour de la bouche et dont les bords sont ciliés.

Les observations de Spallanzani tendent à faire admettre qu'il faut dix ans à ce Polypier pour acquérir tout son développement. Il rapporte que le champ de Corail de Messine est partagé en dix parties, dont une seule est exploitée chaque année par les pêcheurs ; et il dit avoir observé que les arbrisseaux que forment les Zoophytes qui nous occupent, étaient aussi élevés dans les endroits où la pêche n'avait pas été pratiquée depuis dix ans, qu'ils l'étaient dans un gîte nouvellement découvert, et qui jusqu'alors n'avait point encore été exploré ; seulement ce savant rapporte que le Corail trouvé dans ce dernier était plus gros.

Historique. La nature du Corail a été longtemps inconnue, et les savants, indécis sur son essence, se sont souvent égarés relativement à la place qu'il devait occuper dans la classification des êtres qui animent la surface du globe ; aussi fut-il successivement transporté par eux d'un règne dans un autre. Quoique les plus anciens naturalistes aient parlé de cette production, cependant il appartenait seulement au siècle qui a précédé le nôtre d'avoir des vues rationnelles sur son organisation réelle.

Théophraste paraît ne pas s'être toujours formé la même idée du Corail, et semble l'avoir tour à tour considéré comme un minéral et comme une plante; en effet, dans un de ses chapitres il le compare à l'*Hématite*, et dans un autre il dit qu'il est semblable à une racine, et qu'il croît dans la mer.

Pline et Dioscoride émirent des idées plus fixes, mais non moins singulières, relativement à ce Zoophyte; tous les deux le regardèrent comme un arbrisseau marin qui se durcissait aussitôt qu'il était retiré de l'eau; et le premier ajoutait qu'alors il *rougissait et qu'il suffisait même de toucher le Corail encore vivant, pour le pétrifier.*

Ces opinions devinrent tellement populaires que plusieurs personnes se livrèrent à des expériences ou à des recherches approfondies pour les combattre et mettre hors de doute que le Corail offrait sous l'eau la même dureté qu'il présente lorsqu'il est exposé à l'air. M. B. Nicolaï, préposé à la pêche de ce Polypier, sur les côtes de Tunis, fit plonger de ses employés, afin de savoir quelle était, dans la mer, la consistance qu'il offrait. De retour au rivage, l'un de ses corailleurs, auquel il avait donné cette mission, lui assura que les branches de ce Zoophyte ne se trouvaient pas moins dures dans la mer qu'au dehors. Mais le préjugé était tellement enraciné, que M. Nicolaï ne s'en tint point à cette assertion, et qu'il voulut encore en vérifier l'exactitude. En effet, il plongea lui-même à une certaine profondeur, pour palper le Corail avant que les filets l'eussent sorti de l'eau, et il s'assura que là, ainsi que le lui avait rapporté son pêcheur, ce Polypier offrait toute sa consistance.

Ce doute éclairci, il restait encore à démontrer la véritable nature de ce Polypier. Celle-ci fut longtemps ignorée, car la disposition des ramifications du Corail lui donnant l'aspect d'un arbrisseau, on le classait généralement dans le règne végétal. Tournefort lui-même, qui, dans ses voyages en Orient, aurait pu étudier cette production, suivit les errements de la multitude; en effet, ce botaniste considéra aussi le Corail comme un végétal marin; il le plaça dans sa XVIIe classe, ainsi que divers Madrépores, et le mit parmi la section qui comprend les Fucus et les Corallines, et qu'il intitula : *De herbis marinis aut fluviatilibus quarum flores et fructus vulgò ignorantur.*

L'opinion de l'antiquité ayant été adoptée par Tournefort, parut acquérir une certitude positive au commencement du dix-huitième siècle, époque à laquelle le comte Marsigli annonça au monde savant qu'il avait découvert les *fleurs du Corail.* Voici dans quelle circonstance eut lieu cette observation. « Dans la pensée qu'il était important, dit-il, de conserver une branche de Corail dans une humidité suffisante pour pouvoir observer, dans le cabinet, tout ce qui appartenait à l'écorce, j'avais eu soin de porter avec moi des vaisseaux de verre, que je remplis de la même eau où l'on avait péché, et où je mis quelques-unes de ces branches. Le lendemain matin je trouvai mes branches de Corail toutes couvertes de fleurs blanches, de la longueur d'une ligne et demie, soutenues d'un calice blanc, d'où partaient huit rayons de même couleur, également longs et également distants les uns des autres, lesquels formaient une très-belle étoile semblable, à la couleur et à la grandeur près, au girofle. » Marsigli, en relatant sa découverte au président de l'académie française et en lui faisant passer des pièces de conviction, s'exprimait ainsi : « Je vous envoie l'histoire de quelques branches de Corail *couvertes de fleurs blanches*. Cette découverte m'a fait presque passer pour sorcier dans le pays, personne, même les pêcheurs, n'ayant rien vu de semblable. »

Les observations de Marsigli avaient paru concluantes à tous les savants, et selon eux, elles démontraient positivement que le Corail était une plante et qu'il devait rester dans le règne végétal. Mais les découvertes de Peyssonnel changèrent entièrement l'opinion. Ce médecin, qui avait d'abord adopté les vues du premier observateur, ayant étudié ce Polypier sur les côtes de Barbarie en 1725, reconnut, comme il le dit dans ses manuscrits, que « ce qu'on croyait être la fleur de cette prétendue plante n'était au vrai qu'un Insecte semblable à une petite Ortie [1]. Cet Insecte, continue-t-il, s'épanouit dans l'eau et se ferme à l'air lorsqu'on verse dans le vase où il est une liqueur acide, ou lorsqu'on le touche avec la main; ce qui est ordinaire à tous les Poissons ou Insectes testacés d'une nature baveuse et vermiculaire. J'avais, ajoute Peyssonnel, le plaisir de voir remuer les pieds de cette Ortie, et ayant mis le vase plein d'eau, où le Corail etait, auprès du feu, tous les Insectes s'épanouirent; je poussai le feu et fis bouillir l'eau, et je les conservai épanouis hors du Corail, ce qui arrive de la même façon que quand on fait cuire tous les Testacés et Coquillages tant terrestres que marins. »

Comme on le voit, malgré ces expressions confuses de Poisson, d'Ortie et d'Insecte, Peyssonnel n'en avait pas moins démontré le beau fait de l'animalité du Corail. A son retour des côtes de Barbarie, ce médecin s'empressa de transmettre à l'académie des sciences le résultat de ses observations, mais il ne trouva que des incrédules. Réaumur, chargé d'exposer le résultat de celles-ci à cette assemblée célèbre, crut, par *ménagement*, ne pas devoir nommer leur auteur, et lorsqu'il répondit à Peyssonnel pour lui accuser réception de son travail, il le fit avec un ton mêlé d'ironie et de compassion. Une lettre que cet observateur reçut de Bernard de Jussieu, quoique plus sérieuse, n'était guère plus encourageante.

Mais l'académie des sciences désirant mettre fin aux controverses qui existaient à l'égard du Corail, envoya deux de ses membres, Bernard de Jussieu et Guettard, sur les bords de la Méditerranée, pour qu'ils pussent étudier ce Polypier. Bientôt après, l'animalité de

---

[1] Actinie.

celui-ci fut prouvée, et les travaux de B. de Jussieu, de Donati, de Cavolini, de Spallanzani et d'Ellis, qui pour la plupart étaient italiens, éclairèrent l'histoire de cet être intéressant, et fixèrent au juste ses rapports zoologiques.

La masse arborescente du Corail avait, par sa beauté, attiré les regards de nos ancêtres. Celui-ci s'était déjà trouvé célébré dans les chants d'Orphée, et les Grecs lui avaient donné le nom de *Korallion*, qui signifie j'orne la mer, parce qu'ils considéraient cette production comme une des plus belles de celles qui décorent les flots. Ovide en parle aussi dans ses Métamorphoses, et imbu des idées de son temps, il compare ce Polypier aux corps qui durcissent par l'action de l'air. Pline lui prêtait quelques propriétés médicales ; on en plaçait, de son temps, dans le berceau des enfants, pour éloigner les maladies qui attaquent le jeune âge. Mais c'était surtout comme objet de luxe que le Corail était déjà précieux dans l'antiquité ; les devins, les aruspices en portaient des ornements, parce qu'ils croyaient qu'il était agréable aux dieux, et les Gaulois en décoraient leurs glaives et leurs casques. Alors aussi les Indiens, à ce que rapporte Pline, en faisaient usage pour se parer, avec la même passion qu'ils emploient aujourd'hui les Perles. Maintenant encore de superstitieuses idées se rattachent à cette substance, et les musulmans déposent des grains de Corail dans le cercueil de leurs parents, pour éloigner d'eux les génies infernaux. Les Orientaux considèrent aujourd'hui le Corail comme un bijou de luxe, et les Asiatiques se plaisent à en orner leurs armes ; par un contraste frappant, il est pareillement recherché pour la parure par les Éthiopiennes et par les Circassiennes, et il s'allie également bien avec le noir d'ébène de la peau des unes et la blancheur de celle des autres. Les bayadères de l'Inde en portent aussi des colliers qu'elles estiment autant que ceux de Perles.

Le Corail qui croît sur les côtes de France paraît avoir la plus belle couleur ; selon son degré de beauté, il est nommé *écume de sang*, *fleur de sang*, ou encore *premier, second* et *troisième sang*.

ISIS. *Isis*. Écorce molle, très-épaisse ; Polypier arborescent, fixé, à pièces calcaires séparées par des intervalles cartilagineux.

Les différentes mers du globe fournissent des Isis ; on en trouve jusque sur les rivages de l'Islande ; certains sauvages les regardent comme un remède universel et en font usage dans toutes leurs maladies.

GORGONES. *Gorgonia*. Polypier dont l'axe est solide, entièrement corné, dendroïde et largement fixé ; cellules mamelonnées ou non, éparses dans une écorce charnue ou crétacée.

Selon Goldfuss, il existe quelques Gorgones à l'état fossile, mais ce fait n'est peut-être pas établi d'une manière assez positive. Les espèces vivantes se trouvent disséminées dans toutes les mers.

Placés d'abord parmi les végétaux par les zoologistes anciens, ces Polypiers, par l'élégance de leur forme et l'éclat de leur coloris, attirèrent l'attention des restaurateurs des sciences, qui découvrirent les animaux qui en sont les architectes ; mais, faute d'observations rigou-reuses, ils prirent ceux-ci pour des fleurs, et ce ne fut que longtemps après que la véritable nature de ces êtres fut reconnue. On trouve des Gorgones dans tous les cabinets des curieux ; elles sont communément rapportées par les navigateurs, et certaines espèces forment de beaux et vastes éventails de couleur jaune ou pourpre. La surface de ces Polypiers est ordinairement lisse, mais parfois aussi elle présente un aspect verruqueux. (Pl. 43, fig. 4.)

La *Gorgone en éventail*, qui est réticulée et offre une belle couleur jaune, abonde dans beaucoup de mers et est la plus commune dans les collections.

FAMILLE DES PENNATULAIRES.

Axe central libre ou adhérent, solide, enveloppé par une peau charnue, ordinairement épaisse. Animaux polypiformes, à huit tentacules pinnés.

PENNATULES. *Pennatula.* Support terminé par un renflement alongé. Animaux supportés sur des ailerons latéraux.

Les animaux de ce genre ont quelque ressemblance par leur forme avec les plumes des Oiseaux, et c'est de là qu'est venu leur nom. On découvre des Pennatules dans la plupart des mers ; elles flottent libre-ment à la surface de celles-ci ou nagent sous leurs eaux, à l'aide de la contraction simultanée de leurs Polypes. Ces Zoophytaires répandent ordinairement une lumière phosphorescente pendant les ténèbres.

La *Pennatule grise*, qui se trouve dans la Méditerranée, a été fi-gurée avec une grande précision dans la Faune française, et nous en avons fait reproduire le dessin dans notre atlas. (Pl. 43, fig. 5.)

FAMILLE DES ALCYONAIRES.

Polypier composé d'une masse charnue, irrégulière, sans axe calcaire ou corné. Animaux polypiformes, à huit tenta-cules simples ou pinnés.

ALCYONS. *Alcyonium.* Polypier charnu, arborescent ou digité, fixé. Animal à tentacules simples.

Ces animaux, dont plusieurs font maintenant partie du genre *Lobu-laire*, affectent des formes très-variées ; ils abondent dans toutes les mers et préfèrent les endroits abrités des courants. L'*Alcyon main de mer* se découvre communément sur nos plages. On le trouve aussi sur le littoral de l'Angleterre et de la Hollande ; souvent il est implanté sur les Huîtres et les galets. L'*Alcyon orangé* est une fort belle espèce qui se fait remarquer par la vivacité de sa coloration. (Pl. 43, fig. 6.)

ANIMAUX IRRÉGULIERS

ou

HÉTÉROZOAIRES.

XXV. CLASSE DES AMORPHOZOAIRES.

Corps organisés amorphes, fibro-gélatineux, offrant des oscules, et présentant des animaux agrégés à peine distincts.

Généralités. — Toutes les mers nourrissent des Amorphozoaires, et l'on en trouve aussi quelques-uns dans les eaux douces. C'est généralement dans les pays les plus chauds que l'on en rencontre davantage ; la Méditerranée en fournit une immense quantité. On en connaît aussi un grand nombre à l'état fossile.

De graves dissidences se sont élevées relativement à la nature des êtres que renferme cette classe. Longtemps on les a placés parmi les végétaux, mais des observations précises, faites de nos jours, ont enfin décidé la question et démontré leur animalité ; au moins telle est l'opinion de la plupart des naturalistes. Cependant, comme nous le dirons plus loin, il existe encore quelques dissidences sur le compte de plusieurs Amorphozoaires.

Les Amorphozoaires se présentent sous la forme de masses animées, irrégulières et d'une configuration extrêmement variable ; leur surface extérieure est percée d'orifices ou *oscules* nombreux, inégaux, communiquant avec les anfractuosités qu'offre l'intérieur de ces espèces de Polypiers ; ceux-ci se composent ordinairement d'un tissu comme gélatineux, soutenu par de nombreux filaments cornés, diversement entremélés, et parfois aussi par des aiguilles calcaires et siliceuses, que l'on désigne sous le nom d'*Acicules* ou de *Spicules*.

Selon M. Dujardin, qui a récemment étudié quelques êtres de cette division, les Éponges marines ou fluviatiles sont constituées par des

¹ Spongilles.

groupes d'animaux analogues aux Infusoires que Müller appelait Protées. D'après ce naturaliste ce sont ces animalcules qui sécrètent dans leur tissu la charpente cornée, calcaire ou siliceuse du Polypier commun dont nous avons parlé, de même que les Rhizopodes construisent la leur par une simple excrétion de leur masse glutineuse.

M. Dujardin prétend qu'un petit fragment détaché d'une Spongille vivante et comprimé entre deux lames de verre, sous le microscope, laisse apercevoir la partie vivante de cet être singulier; celle-ci apparaît d'abord comme une masse immobile et irrégulièrement lobée; mais après un certain temps et en produisant des ombres sur les contours de cette masse, le jeu de la lumière décèle bientôt des expansions diaphanes, arrondies et changeant lentement de forme. D'après cet observateur, des parties isolées de Spongilles dévoilent encore mieux l'animalité de celles-ci, car on les voit distinctement ramper sur le verre, comme le feraient des Protées, en changeant incessamment de forme.

Cependant M. Gervais, qui a récemment étudié avec soin les Spongilles, ne partage nullement cette opinion, et selon lui, celles-ci ne sont que des végétaux et non des Éponges fluviales. Examinés au microscope, ces êtres lui ont paru uniquement formés de globules et de spicules; les premiers en constituent la partie vivante, et d'après lui celle-ci ne manifeste aucun signe de sensibilité.

M. Laurent, qui a fait aussi d'importantes observations sur les Spongilles, a reconnu, dans ses premiers travaux, que celles-ci, qui ne se contractent pas lorsqu'on les pique avec un instrument acéré, éprouvent au contraire une rétraction manifeste lorsqu'on les soumet à des frottements réitérés ou lorsqu'on les percute.

Cette classe d'animaux nous rend d'assez importants services. Quelques Spongiaires sont un meuble indispensable dans nos habitations pour y entretenir la propreté; Pallas dit que sur la frontière de la Chine on recueille une Éponge d'eau douce, qui est fort grosse, et dont les orfévres d'Irkoutsk se servent pour donner le poli à la vaisselle d'argent, et que l'on emploie aussi pour nettoyer les plats de cuivre. Quelques espèces, qui proviennent de la mer Rouge, sont assez colorées pour que les femmes du port de Suez s'en servent en guise de fard pour rehausser le coloris de leur visage; Pallas rapporte aussi qu'en Russie on recueille dans la Moskowa une Éponge fluviatile que les femmes font sécher et qu'elles consacrent au même usage.

ÉPONGES. *Spongia.* Corps mou, multiforme, irrégulier, privé de spicules et composé d'une sorte de squelette de filaments subcartilagineux anastomosés.

On a longtemps douté de la place que devaient occuper les Éponges dans la classification des êtres animés de la nature. Parmi les anciens, les uns les regardaient comme des animaux, d'autres, comme des êtres mixtes servant de domicile à de très-petits individus qui les habitaient ou s'en éloignaient à volonté. Enfin, il y avait des naturalistes qui les considéraient comme des plantes, et cette dernière opinion, adoptée par Tournefort et différents botanistes, compte encore quelques partisans.

Ces animaux sont très-diversiformes, et la configuration qu'ils affectent leur a fait donner une foule de noms, tels que ceux de *Gant de Neptune*, de *Trompette de mer*, de *Manchons* ou de *Cierges*; leur tissu est également très-varié; les uns sont durs et fragiles, les autres sont mous et élastiques.

Ce sont les mers des tropiques qui nourrissent une plus grande abondance de ces animaux; dans le Nord, on n'en rencontre aucun. C'est principalement dans les endroits où la mer est calme qu'ils s'établissent, et dans les lieux que la marée ne découvre jamais.

Les dimensions, la forme et la structure des Éponges offrent d'assez importantes différences. Il en est qui restent constamment fort petites, et d'autre part on en connaît qui parviennent jusqu'à cinq pieds de hauteur. Beaucoup d'Éponges sont globuleuses ou affectent une disposition infundibuliforme, et il en est aussi de diversement ramifiées ou arborisées. Le tissu de celles-ci se compose d'une réunion de fibrilles cornées, formant un réseau ou espèce de squelette qui supporte la substance animale. Celle-ci, qui est formée par une substance comme gélatineuse, contient une foule de petits granules analogues à ceux que l'on trouve dans les tissus des animaux dont l'organisation est la moins élevée.

Ce genre contient un grand nombre d'espèces; et comme plusieurs d'entre elles sont employées pour nos besoins, leur pêche forme une industrie assez productive dans certains pays. On recueille les Éponges en plongeant dans la mer et en les arrachant; comme elles se vendent un prix assez élevé dans les contrées où l'on en fait la pêche, les individus qui sont très-exercés à celle-ci, et qui plongent le plus avant, s'amassent ordinairement quelque fortune et peuvent se fiancer avantageusement. Dans différents pays, les femmes elles-mêmes sont employées à la recherche de ces Zoophytes, et il est plusieurs îles où les jeunes filles s'y livrent également et avec une grande activité, parce que leurs parents leur donnent en dot toutes les Éponges qu'elles ont recueillies.

L'*Éponge commune* se pêche dans la Méditerranée; elle sert à une foule d'usages économiques, et son emploi était fort ancien; déjà, à ce que rapporte Montfaucon, les gladiateurs en portaient avec eux dans les cirques, afin d'essuyer le sang qui s'écoulait de leurs blessures. On l'a préconisée pour la guérison des scrofules et du goître; elle a même été regardée comme un puissant remède contre cette dernière maladie. L'action médicatrice des Éponges dans ces affections doit être due à l'iode qu'elles contiennent et dont on a reconnu l'efficacité pour dissoudre différentes tumeurs.

CALCÉPONGES. *Calcispongia*. Corps de forme irrégulière, poreux, à substance cartilagineuse soutenue par des spicules calcaires.

Ce groupe contient un assez grand nombre d'espèces qui proviennent spécialement des mers du Nord.

HALÉPONGES. *Halispongia*. Corps rigide, friable, irrégulier, à substance cartilagineuse soutenue par des spicules de nature siliceuse.

Les Haléponges sont assez nombreuses, et celles qui sont connues proviennent principalement des mers de l'hémisphère boréal.

SPONGILLES. *Spongilla*. Corps plus ou moins rigide ou friable, percé de pores et d'oscules, et composé d'une matière globulineuse supportée par des spicules simples et siliceux.

Les Spongilles habitent les fleuves et les étangs; elles ont été étudiées par MM. Grant, Dutrochet, Raspail, Gervais, et tout dernièrement par M. Laurent; comme nous l'avons déjà dit, il existe quelques dissidences relativement à leur nature.

TÉTHIES. *Téthium*. Corps subglobuleux, charnu, subéreux, soutenu par un grand nombre d'acicules siliceux? divergents.

Des auteurs disent avoir observé des mouvements fort remarquables de dilatation et de contraction sur une espèce de la Méditerranée, la *Téthie orange;* et Donati parle aussi de mouvements de rotation opérés par l'animal entier, mais qui n'auraient pas lieu dans tous les âges.

APPENDIX.

—

MICROZOAIRES.

On appelle Microzoaires, ou Infusoires, des animaux infiniment petits et qui ne sont accessibles à notre vue qu'au moyen du microscope.

Ces animaux offrent une organisation extrêmement variée; plusieurs d'entre eux appartiennent à des groupes fort éloignés dans la série animale, et d'autres doivent peut-être donner lieu à des divisions nouvelles; mais comme on n'a pas jusqu'alors distribué les Microzoaires dans les classes respectives auxquelles un certain nombre d'entre eux semblent appartenir, nous en traiterons ici en général, ainsi que le font les auteurs en les considérant comme un groupe unique. Cependant nous ferons observer que s'il en est dont la structure offre la plus grande simplicité, et qui doivent réellement se trouver à l'échelon inférieur de la série animale, il en est aussi qui offrent une structure qui semble devoir les faire considérer comme très-rapprochés des Crustacés, des Mollusques, ou des Ascarides.

Les Microzoaires abondent dans tous les pays; ils habitent les eaux de la mer, les eaux douces et la terre; des recherches récentes en ont fait découvrir un grand nombre à l'état fossile; déjà soixante-seize espèces ont été décrites sous cet état. Il est bien prouvé actuellement que la phosphorescence de la mer est en partie due aux Infusoires qui se trouvent répandus parmi les flots.

Les Microzoaires ont le corps nu ou protégé par une enveloppe solide à laquelle on donne le nom de cuirasse, et qui est formée d'une ou de deux valves.

Ehrenberg a subdivisé ces animaux en deux grandes classes : les Polygastriques et les Rotatoires.

Les Polygastriques, qui offrent une organisation plus inférieure, ne parviennent jamais qu'à une fort petite taille. Il en existe à l'état fossile et ils vivent dans les eaux douces, dans la mer et parfois même parmi les terres humides. Les organes du mouvement de ces Microzoaires se composent de cils simples ou articulés, et parfois de muscles apparents[1]. Leur canal intestinal est surtout remarquable à cause de sa disposition; il offre toujours plusieurs estomacs ou appendices vésiculeux, que l'on peut reconnaître facilement en faisant avaler des

---

[1] Vorticelles.

substances colorées à ces animaux. Ces Microzoaires sont toujours hermaphrodites, et ils se propagent par scission spontanée, transversale ou longitudinale, ou bien au moyen de gemmes. Ceux-ci présentent ordinairement de 1/1,000 à 1/3,000 de ligne, et il en existe qui n'offrent que 1/12,000 de cette mesure. Les Monades, les Vibrions, les Bacillaires, les Vorticelles se trouvent dans cette classe.

La classe des Rotatoires se compose de Microzoaires en général plus grands que ceux qui constituent le groupe des Polygastriques, mais ils ne surpassent guère une ligne de longueur. On découvre chez eux des muscles distincts et parfois nombreux, puis des organes rotatoires formés de cils qui se meuvent à leur base. Ehrenberg a constaté la présence d'un système nerveux sur quelques-uns des Infusoires de cette section ; il a reconnu aussi sur eux des organes de sensation, consistant en un à quatre yeux, rarement plus. Les Rotatoires diffèrent du groupe précédent par leur canal digestif, qui est simple et offre seulement quelquefois un renflement stomacal. Le naturaliste que nous venons de citer dit qu'on reconnaît parfois un système vasculaire chez ces Microzoaires, et qu'il existe aussi sur quelques-uns une sorte d'appareil branchial. Ces animaux émettent des œufs ou des petits vivants, et les uns et les autres sont parfois très-volumineux, proportionnellement au volume des êtres qui les produisent. C'est à cette classe qu'appartiennent les Brachions, les Rotifères, etc.

La connaissance des Microzoaires ne remonte qu'à une époque fort peu reculée de celle à laquelle nous vivons ; quelques-uns de ces animaux furent d'abord signalés par les inventeurs du microscope, Hartzoeker et Leuwenhoeck, auxquels cet instrument les avait révélés pour la première fois ; mais l'étude des Infusoires fut longtemps vague et indécise, soit à cause de la difficulté qu'elle offrait, soit à cause de l'imperfection des moyens d'investigation. Linnée, qui n'avait pu se procurer un bon microscope, ne s'en occupa point ; Buffon considéra ces êtres comme une simple matière animée qui ne présentait nulle organisation intérieure, ce qui prouve qu'il ne les avait observés que fort superficiellement.

L'apparition de l'ouvrage de F. Müller fit faire un immense pas à l'histoire des Microzoaires, et pour la première fois leur organisation fut étudiée avec soin.

La plupart des naturalistes qui vinrent après celui-ci, profitèrent de ses travaux, sans presque rien y ajouter de nouveau ; tels furent Lamarck, Latreille et Cuvier ; les deux premiers se trouvèrent même assez mal inspirés en les divisant. En effet, Lamarck crut qu'un certain nombre de Microzoaires étaient privés d'organisation, et Latreille encore plus malheureux donna le nom d'*Agastriques*, et décrivit comme ne possédant point de canal digestif tout justement ceux des Infusoires dans lesquels Ehrenberg découvrit dans la suite de nombreux estomacs.

M. Bory Saint-Vincent, qui fut l'auteur de bonnes observations sur ces animaux qu'il nomma Microscopiques, étendit encore nos connaissances sur leur organisation.

Le baron de Gleichen avait fait quelques observations sur ces Animalcules, et, ayant mis du carmin dans de l'eau qui contenait de ceux-ci, il avait remarqué que certaines parties de leur corps se remplissaient de matière colorante, ce qui démontrait positivement chez ces êtres l'existence d'organes digestifs; mais de Gleichen ne profita pas de sa découverte intéressante et ne poursuivit nullement ses expériences.

Puis vint Ehrenberg, auquel on dut les plus magnifiques travaux qui aient été publiés sur cette matière. Ce savant, à l'aide d'infusions colorées, découvrit que beaucoup d'Infusoires que l'on regardait comme composés d'un tissu homogène, possédaient des estomacs multiples et parfois extrêmement nombreux. Ce savant jeta en outre une vive lumière sur diverses autres parties de l'anatomie de ces animaux.

Enfin, Pritchard, de Londres, contribua aussi à fixer nos connaissances sur ce sujet, en publiant de bonnes figures de beaucoup d'Infusoires.

FIN.

BIOGRAPHIE ET BIBLIOGRAPHIE

ABRÉGÉES,

OÙ SE TROUVENT CITÉS LES AUTEURS MENTIONNÉS DANS CE TRAITÉ ET CEUX DE LEURS
OUVRAGES AUXQUELS ON PEUT RECOURIR POUR DE PLUS AMPLES DÉTAILS.

Nota. Ne nous proposant seulement que de donner des notions extrêmement succinctes, nous n'avons indiqué que les siècles pendant lesquels les savants ont produit leurs travaux, et sur lesquels ils ont réellement réagi.

Les noms écrits en caractères italiques renvoient aux chapitres où les auteurs sont cités.

A

Acosta (Joseph d'). Jésuite espagnol, qui résida au Pérou, puis fut recteur de Salamanque. xvi⁰ siècle.
  Histoire naturelle et morale des Indes, en espagnol (*Atèle, Paradis*).
Acosta (Mendez d'). Naturaliste portugais, qui résida à Londres. xviii⁰ siècle.
  Historia naturalis Testaceorum Britanniæ. Londres, 1778 (*Buccin*).
Adanson. Naturaliste et voyageur français, membre de l'Académie des sciences; l'un des savants les plus laborieux qui soient connus. xviii⁰ siècle.
  Voyage au Sénégal. 1757 (*Guenon, Autruche*).
  Histoire naturelle des coquillages du Sénégal. 1775 (*Alène*, etc.).
Agassiz. Savant naturaliste allemand, actuellement professeur à Neufchâtel, en Suisse.
  Recherches sur les Poissons fossiles. 1833 à 1840 (*Requin*, etc.).
Agatharchides. Géographe et historien, né à Gnide, tuteur de Ptolémée Alexandre. 100 ans avant J.-C.
  De mari Rubro. Livre contenant la description et l'histoire naturelle des régions qui bordent le golfe Arabique (*Filaire*).
Agricola. Médecin allemand, célèbre métallurgiste. xvi⁰ siècle.
  De subterraneis animantibus. Bâle, 1548 (*Porc-Épic*).
  De naturâ Fossilium. Vittemberg, 1612 (*Échinides*).
Ainslie. Médecin anglais pratiquant dans l'Inde.
  Matière médicale indienne (*Gecko, Mylabre*).
Albers. Anatomiste et physiologiste allemand.
  Icones ad illustrandam anatomen comparatam. Leipzig, 1824 à 1834 (*Reptiles*).
Albert le Grand. Célèbre par son immense savoir; évêque de Ratisbonne. xiii⁰ siècle.

Opus de Animalibus. Rome , 1478 (*Ours, Baleine , Cachalot, Phoque*).

Albin-Gras. Docteur ès sciences de Paris.

Recherches sur l'Acarus ou Sarcopte de la gale de l'homme. 1834 (*Acarus*).

Aldini. Physicien italien. xviiie siècle.

Essai théorique et expérimental sur le galvanisme. Paris , 1804 (*Mammifères, Torpille*).

Aldrovande. Naturaliste extrêmement érudit ; professeur à l'université de Bologne xvie siècle.

Histoire naturelle. 1599-1640 (*Loutre, Faucon, Filaire*).

Alibert. Médecin français , professeur à l'École de médecine de Paris. xixe siècle.

Traité de matière médicale. Paris (*Cantharide*).

Alpin (Prosper). Médecin et botaniste , né dans les états de Venise ; il voyagea en Orient , et fut professeur à l'université de Padoue. xvie et xviie siècles.

Historiæ Ægypti naturalis pars prima. Leyde , 1735 (*Caméléon*).

Amatus Lusitanus. Médecin portugais , Juif d'origine. xvie siècle (*Pou*).

Amoreux. Médecin de Montpellier. xviiie siècle.

Notice des Insectes de la France réputés venimeux. Paris , 1786 (*Aranéides*).

Anderson. Jurisconsulte et bourgmestre de Hambourg. xviie et xviiie siècles.

Histoire naturelle de l'Islande , du Groënland , etc. Paris, 1750 (*Cachalot*, etc.).

Andry. Médecin français ; observateur peu consciencieux. xviie siècle.

De la génération des Vers dans le corps de l'homme. Paris, 1700.

Anning (Miss Mary). Demoiselle anglaise à laquelle la Géologie est redevable de plusieurs découvertes (*Poissons, Sèches*).

Apicius. Romain qui vivait sous Auguste et Tibère.

De re culinariâ (*Turbot*).

Appien. Historien grec qui vint de bonne heure à Rome , où il exerça la profession de jurisconsulte. iie siècle.

Histoire romaine (*Abeilles*).

Arago. Astronome français , membre de l'Institut (*Batraciens*).

Arétée. Célèbre médecin de Cappadoce, qui vivait sous Jules César (*Balanides*).

Argenville (Des Alliers d'). Maître des comptes à Paris. xviiie siècle.

L'histoire naturelle éclaircie sous deux de ses parties principales , la lithologie et la conchyliologie. Paris, 1742 (*Arrosoir*).

Aristophane. Célèbre poëte comique grec, contemporain d'Euripide.

Comédie des Nuées (*Calmar*).

Aristote. Célèbre philosophe grec, regardé à juste titre comme le fondateur de la Zoologie , naquit à Stagire 384 ans avant J.-C.

Histoire des Animaux. Traduction de Camus. Paris, 1783.

Artédi. Médecin et naturaliste suédois , ami intime de Linnée. xviiie siècle.

Ichtyologia , sive opera omnia de Piscibus ; publié par Linnée. Leyde, 1738 (*Épinoches*).

Artémidore. Philosophe natif d'Éphèse, qui vivait sous le règne d'Adrien et d'Antonin , et qui voyagea en Grèce et en Asie (*Sauterelles*).

Astruc. Célèbre médecin français ; médecin du roi et professeur au collége royal de Paris. xviie et xviiie siècles.

Mémoire pour servir à l'histoire naturelle du Languedoc. 1787 (*Cochenille*).

ATHÉNÉE. Célèbre grammairien de Naucratis en Égypte, vivant à Rome sous Antonin.

Le banquet des savants. Strasbourg, 1806 (*Éléphants*, etc.).

AUDEBERT. Peintre et naturaliste français. xviiie siècle.

Histoire naturelle des Singes et des Makis. Paris, 1800 (*Alouatte*).

Histoire des Oiseaux dorés ou à reflets métalliques. Paris, 1802 (*Oiseau-Mouche*).

AUDOUIN. Naturaliste français, professeur au Jardin du Roi.

Mémoire sur le nid de la Mygale pionnière. Ann. de la Société entomologique de France.

Mémoire sur les rapports des Trilobites avec les animaux articulés. Ann. générales des sciences physiques.

Mémoires sur plusieurs Mollusques, entre autres sur la Glycimère, sur une Clavagelle vivante, sur le genre Siliquaire et sur le genre Magile ; présentés à l'Institut en 1839, et insérés par extrait dans la Revue des Ann. des sciences naturelles.

AUDUBON. Naturaliste des États-Unis. xixe siècle.

Ornithologie américaine.

AVRIL (le père). Religieux français.

Voyage en divers états d'Europe et d'Asie, entrepris pour découvrir un nouveau chemin à la Chine (*Zibeline*).

AZZARA (don Félix d'). Officier et voyageur espagnol. xviiie siècle.

Essai sur l'histoire naturelle des Quadrupèdes du Paraguay. Paris, 1801 (*souv. cité*)..

Voyages dans l'Amérique méridionale de 1781 jusqu'en 1801.

B

BAKER (Henri). Naturaliste anglais auquel on doit plusieurs découvertes microscopiques. xviiie siècle.

Microscope mis à la portée de tout le monde. Londres (*Sarcoptes*).

BAKKER. Osteographia Piscium, gadi præsertim æglefini comparata cum lampride gustato. Groningue, 1822.

BAGLIVI. Célèbre médecin italien et professeur d'anatomie à Rome. xviie siècle.

Dissertatio de anatome morsu et affectibus Tarentulæ (*Tarentule*).

BAJON. Chirurgien français qui exerça la médecine dans la Guyane. xviiie siècle.

Mémoires pour servir à l'histoire de Cayenne et de la Guyane française. Paris, 1777 (*Gymnote*).

BALDINGER. Un des médecins les plus célèbres de l'Allemagne. xviiie siècle.

BANKS (Sir Joseph). Célèbre naturaliste et voyageur anglais, qui accompagna Cook dans son premier voyage autour du monde. xviiie et xixe siècles.

Mémoires publiés dans les Transactions philosophiques (*Crustacés, Puceron laniger*).

BARRÈRE. Naturaliste français, qui exerça la médecine à Cayenne, puis, à son retour en France, fut nommé professeur de botanique à Perpignan. xviiie siècle.

Essai sur l'histoire naturelle de la France équinoxiale. Paris, 1741.

BARROW. Célèbre voyageur anglais. xviiie et xixe siècles.

Voyage dans l'intérieur de l'Afrique en 1797 et 1798 (*Hyène*).

BARTON. Naturaliste américain ; professeur à Philadelphie. xviiie et xixe siècles.

A Memoir concerning the fascinating faculty which has been ascribed to the Ratlesnake and other american Serpents. Philadelphie, 1796, 1800.

Baster. Médecin et botaniste de Harlem. xviiie siècle.

    Opuscula subseciva. Harlem, 1764-1765 (*Acéphaliens*).

Basterot. Conchyliologiste et avocat français. xixe siècle.

    Description des fossiles des environs de Bordeaux (*Porcelaines, Olives, Troques, Tellines*).

Batsch. Naturaliste prussien, qui fonda à Iéna une société pour l'avancement des sciences naturelles. xviiie siècle.

    Six planches contenant les coquilles de sable de mer, découvertes et gravées par Batsch. Ouvrage allemand.

Bazin Médecin français (*Mammifères*).

Bechstein. Naturaliste saxon. xviiie et xixe siècles.

    Histoire naturelle usuelle de l'Allemagne. Leipz. 1801-1809. Ouvrage allemand (*Castor*).

Beireis. Médecin allemand, instruit, mais malheureusement enclin au charlatanisme, et qui prétendait avoir découvert la pierre philosophale. xviiie siècle (*Vers intestinaux*)

Bell (Charles). Célèbre chirurgien anglais. Contemporain (*Mammifères*).

Bellevue (Fleuriau de). Savant estimable de La Rochelle. Contemporain.

    Mémoire sur quelques nouveaux genres de Mollusques et de Vers lithophages. Journal de physique (*Acéphaliens*).

Belon. Médecin et naturaliste célèbre du Mans, professeur au collége de France, qui voyagea en Palestine, en Grèce, en Arabie et en Égypte. xvie siècle.

    Histoire naturelle des Oiseaux. 1551 (*Vautours*).

Bennett. Naturaliste anglais, secrétaire de la Société zoologique de Londres. xixe siècle.

    Mémoires dans le Journal zoologique (*Ornithorhinque*).

Bernier. Docteur français qui se livra de bonne heure à son penchant pour les voyages, et résida plusieurs années dans l'Inde en qualité de médecin d'Aureng-Zeb. xviie siècle.

    Voyages (*Guépard*).

BertoD. Pasteur et théologien suisse. xviiie siècle.

    Dictionnaire des fossiles (*Bélemnites*).

Berzélius. Célèbre chimiste suédois. Contemporain (*Loutres*).

Beudant. Naturaliste et physicien français, membre de l'Académie des sciences.

    Annales du Muséum d'histoire naturelle (*Bélemnites*).

Bianchini. Savant antiquaire italien. xviiie siècle (*Huppes*).

Bichat. Célèbre anatomiste français. xviiie et xixe siècles.

    Considérations sur la vie et la mort (*Mammifères*).

Bischoff. Savant allemand. Contemporain.

    Journal de Chimie et de Physique allemand (*Poissons*).

Bizio. Savant italien. Contemporain.

    Journal de Physique (*Castors*).

Blainville. (Ducrotay de) Membre de l'Académie des sciences et professeur au Jardin du Roi et à la Faculté des sciences. (Souvent cité.)

    Dissertations sur la place que la famille des Ornithorhinques et des Échidnés doit occuper dans les séries naturelles. Paris, 1812.

    De l'organisation des animaux, ou principes d'anatomie comparée Paris, 1822.

    Manuel de Malacologie et de conchyliologie. Paris, 1825.

    Mémoire sur les Bélemnites. Paris, 1827.

Essai d'une monographie de la famille des Hirudinées. Paris, 1827.
Cours de physiologie générale et comparée. Paris, 1833.
Manuel d'actinologie ou de zoophytologie. Paris, 1834.
Mémoire sur l'opercule des Poissons, sur son analogue dans les autres animaux vertébrés, et sur l'emploi qu'on peut en faire dans la classification des Poissons. 1814.
Mémoire sur les organes de la génération considérés dans la série des animaux. 1818.
Monographie des Hyales. Dans le Journal de Physique.
Rapport sur un mémoire de M. Jacobson, lu à l'Académie des sciences. 1828.

BLOCH. Célèbre ichthyologiste juif, qui exerça la médecine à Berlin. xviiie siècle.
Ichthyologie ou Histoire naturelle générale et particulière des Poissons. Berlin, 1785-1796 (*Cyclostomes, Épinoches*).
Traité sur la génération des Vers intestins. Berlin, 1782 (*Bothriocéphales*).

BLOT. Membre de la société d'agriculture de Caen. xixe siècle.
Mémoire sur le Puceron laniger.

BLUMENBACH. Savant professeur de médecine et d'histoire naturelle à Gottingue. xviiie et xixe siècles.
Manuel d'histoire naturelle. Metz, 1803 (*Ténia*, etc.).
Archæologia telluris. Gœttingue, 1816 (*Ptérodactyles*).
Collectio craniorum diversarum gentium. Gœttingue, 1828 (*Hommes*).

BOCHARD. Ministre protestant français, qui se fit une telle réputation par son immense érudition que Christine de Suède lui écrivit de sa propre main pour l'engager à la visiter. xviie siècle.
Hiérozoïcon 1663 (*Crocodiles, Fourmis, Hannetons*).

BOERHAAVE. L'un des plus grands médecins dont l'Europe s'honore, professeur de médecine, de botanique et de chimie à Leyde. xviie et xviiie siècles (*Bothriocéphales*).

BOHATSCH. Savant anatomiste, professeur à Prague. xviiie siècle.
De quibusdam animalibus marinis eorumque proprietatibus. Dresde, 1761 (*Calmars, Aplysies*).

BOIS-DUVAL. Médecin et entomologiste français contemporain.
Monographie des Zygènes. Paris.

BOJANUS. Naturaliste allemand, professeur à Wilna. xixe siècle. (Souv. cit.)
Introductio in anatomen comparatam. Wilna, 1815.
Anatome Testudinis europææ. Wilna, 1815-1821.
Mémoire sur les organes de la respiration et de la circulation dans les Bivalves. Isis, 1819.

BONAFOUS. Observateur italien contemporain, résidant à Turin.
De l'éducation des Vers à soie d'après la méthode du comte Dandolo. Lyon, 1821.

BONANNI. Savant jésuite, professeur au collége Romain. xviie et xviiie siècles.
Recreatio mentis et oculi in observatione animalium testaceorum. Rome, 1684 (*Acéphaliens*).

BONAPARTE (Charles). Prince de Musignano, résidant à Rome. xixe siècle.
Sulla seconda edizione del regno animale del barone Cuvier osservazioni. Bologna, 1830 (*Chouettes*).
Continuation de l'ornithologie américaine de Wilson.

BONELLI. Professeur de zoologie à Turin, et directeur du cabinet d'histoire naturelle de cette ville. xixe siècle.

Observations entomologiques ayant spécialement pour objet l'étude du genre Carabe.

Bonnaterre (l'abbé). Professeur d'histoire naturelle à Tulle. xviiie siècle.
Ophiologie de l'encyclopédie méthodique (*Python*, *Narval*).

Bonet (Théophile). Célèbre médecin de Genève, regardé comme le créateur de l'anatomie pathologique. xviie siècle.
Sepulchretum, sive anatomia practica ex cadaveribus, etc. Genève, 1779 (*Cantharides*).

Bonnet (Charles). Célèbre philosophe et naturaliste de Genève. xviiie siècle.
Œuvres d'histoire naturelle et de philosophie. Neufchâtel, 1783.
Sur la reproduction des membres de la Salamandre aquatique (*Amphibiens*).
Nouvelles recherches sur la structure du Tœnia.

Bontius. Médecin hollandais qui exerça la médecine à Batavia. xviie siècle.
Historiæ naturalis et medicæ Indiæ Orientalis (*Geckos*).

Bonucci. Antiquaire italien, directeur des fouilles d'Herculanum et de Pompéi, et membre de l'Académie des beaux-arts. xixe siècle.
Pompéi décrite. Naples, 1830 (*Hélices*).

Borelli. Célèbre professeur de médecine à Florence et à Pise. xviie siècle.
De motu animalium. Rome, 1681 (*Mammifères*, *Oiseaux*).

Born. Célèbre minéralogiste transylvain qui fut appelé à Vienne par l'impératrice Marie-Thérèse, pour ranger et décrire le cabinet d'histoire naturelle de cette ville. xviiie siècle.
Testacea musei Cesarei Vendobonensis (*Harpes*).

Bory Saint-Vincent (le colonel). Naturaliste et voyageur français. xixe siècle.
Voyage aux quatre principales îles des mers d'Afrique (*Carinaires*, *Anguilles*).
Résumé d'Erpétologie. Paris, 1830 (*Naïa*).

Bosc. Voyageur français, membre de l'Institut. xviiie et xixe siècles.
Cours d'agriculture (*Moineaux*).
Histoire naturelle des Crustacés (*Ocypodes*).
Histoire naturelle des coquilles faisant partie du Buffon de Déterville (*Poulpes*, *Scalaires*).

Bosman. Négociant et voyageur hollandais. xviie siècle.
Voyage en Guinée. Utrecht, 1705 (*Dindons*, *Filaires*).

Bougainville. Célèbre navigateur français, et membre de l'Institut. xviiie et xixe siècles.
Voyage autour du monde. Paris, 1772 (*Manchot*).

Bourgelat. Savant vétérinaire français, créateur de la médecine et des écoles vétérinaires. xviiie siècle.

Bourguet. Archéologue et philosophe français qui fut un des fondateurs de la géologie. xviie et xviiie siècles.
Traité des pétrifications. Paris 1742 (*Cellulacés*, *Lutricoles*).

Bourlet de la Vallée. Aide naturaliste au Muséum de Rouen.
Recherches sur l'Ibis et les Serpents ailés d'Hérodote, mémoire lu à la Société d'émulation de Rouen. 1840.

Boutron-Charlard. Pharmacien à Paris. xixe siècle (*Civettes*).

Boyle. Célèbre philosophe et physicien irlandais. xviie siècle (*Reptiles*).

Brander. Naturaliste anglais. xviiie siècle.
Ouvrage sur les fossiles du Hampshire (*Corbules*).

Dissertation on the Belemnites. Dans les Transactions philosophiques.

BRANDES Chimiste étranger. xixe siècle.
Archives des apothicaires (*Castors*).

BRANDT et RATZEBURG. Naturalistes contemporains, de l'école allemande.
Zoologie médicale. Berlin, 1833 (*Céphaliens*, *Musc*).

BREMSER. Médecin et helminthologiste allemand, directeur du cabinet
d'histoire naturelle de Vienne. xixe siècle.
Traité zoologique et physiologique sur les Vers intestinaux de l'homme
Paris, 1824. (Souvent cité).

BRÉRA. Médecin et helminthologiste italien. xviiie et xixe siècles.
Memorie fisico-mediche sopra i principali vermi del corpo umano
vivente, e le così dette mallatie verminose, per servire di supplemento
e di continuazione alle lezioni. Crema, 1811 (*Distomes*).

BREYN. Médecin et naturaliste hollandais. xviiie siècle.
Dissert. de Polythalamiis, nova Testaceorum classe. Dantzic, 1732
(*Bélemnites*).

BRISSON. Physicien français qui fut professeur de physique des enfants de
France. xviiie et xixe siècles.
Dictionnaire des Animaux (*Bélemnites*).
Le règne animal divisé en ix classes. Paris, 1756.
Ornithologie. Paris, 1770.

BROCCHI. Ingénieur des mines, mort au service du pacha d'Égypte. xviiie
et xixe siècles.
Conchyliologia fossile subapennina. Milan, 1814 (*Cassidaires*, *Tonnes*, *Troques*).

BRONGNIART (Alex.). Professeur de minéralogie au Jardin du Roi, mem-
bre de l'Institut.
Essai d'une classification naturelle des Reptiles. Paris, 1805.
Mémoire sur les terrains des environs de Paris (*Ammonites*, *Troques*,
Catille).
Histoire des Crustacés fossiles, sous les rapports zoologique et géo-
logique, publiée avec M. Desmarets. Paris, 1812.

BRONGNIART (Adolphe). Professeur de botanique au Jardin du Roi, membre
de l'Institut (*Crustacés*).

BROUSSONNET. Naturaliste et médecin français, membre de l'Institut.
xviiie et xixe siècles.
Ichthyologia sistens Piscium descriptiones et icones. Paris, 1782.

BROWN (Thomas). Naturaliste anglais.
The elements of Conchology.
Histoire naturelle de la Jamaïque.

BRUCE. Célèbre voyageur écossais. xviiie siècle.
Voyage en Abyssinie et aux sources du Nil. Paris, 1790 (*Hyènes*,
Ours, *Hippopotames*).

BRUGUIÈRES. Médecin, naturaliste et voyageur français. xviiie siècle. (Souv.
cité.)
Dictionnaire des Vers testacés, faisant partie de l'Encyclopédie, et
où la Conchyliologie est traitée avec beaucoup de soins. Paris, 1792.

BRUNNICH. Naturaliste danois, professeur à Copenhague. xviiie siècle.
Histoire naturelle de l'Eider. 1763.
Ichthyologia Massiliensis. Copenhague, 1768 (*Requins*).

BUCHANAN. Médecin écossais, qui exerça l'art médical au Bengale. xviiie
et xixe siècles.
Histoire naturelle des Poissons du Gange. Édimbourg, 1822.

Buckland. Géologue anglais , professeur de géologie à Oxford. xix⁰
siècle.
> Reliquiæ diluvianæ. Londres, 1825.
> Mémoire sur les cavernes osseuses (*Rongeurs*).
> La géologie et la minéralogie dans leurs rapports avec la théologie
naturelle. Paris, 1838 (*Limules, Ptérodactyles*).

Buffon (de). Célèbre naturaliste et écrivain français , intendant du
Jardin du Roi et membre de l'Académie des sciences. xviii⁰ siècle.
> Histoire naturelle. Paris, 1749.

Burdach. Physiologiste allemand d'une profonde érudition. xix⁰ siècle
> Traité de physiologie. Paris, 1837 (*Mammifères*).

C

Caillaud. Voyageur français , qui a parcouru l'Afrique centrale. xix⁰
siècle.
> Voyage à Méroé et au fleuve Blanc (*Ateuchus*).

Calmet. Lettres du père Calmet (*Ammonites*).

Camper. Célèbre médecin et naturaliste hollandais , disciple de Boerhaave.
xviii⁰ siècle.
> OEuvres qui ont pour objet l'Histoire naturelle , la Physiologie et
l'Anatomie comparée. Paris, 1803 (*Alouattes, Mammifères*).
> Observations anatomiques sur la structure intérieure et le squelette
de plusieurs espèces de cétacés. Paris, 1820.
> Traité sur le Rhinocéros bicorne.

Cardan. Médecin italien d'une grande érudition et professeur à Milan.
xvi⁰ siècle.
> De subtilitate (*Crapauds*).

Carradori. Savant résidant en Italie. xix⁰ siècle (*Carabe*).

Carus. Anatomiste allemand , conseiller et médecin du roi de Saxe.
xix⁰ siècle.
> Traité élémentaire d'anatomie comparée. Paris, 1835. (Souv. cit.)
> Recherches sur l'histoire du développement de nos Mulettes. 1833
(*Acéphaliens*).

Catesby. Naturaliste anglais qui visita avec détails l'Amérique septentrionale. xvii⁰ et xviii⁰ siècles.
> The natural history of Carolina , Florida and the Bahama islands.
London, 1741 (*Frégates*).

Cavendish. Célèbre chimiste , géomètre et physicien anglais. xviii⁰ et
xix⁰ siècles.
> Transactions philosophiques. 1766, 1776, 1792 (*Torpilles*).

Cavolini. Médecin et naturaliste italien. xviii⁰ siècle.
> Memorie per servire alla storia dei Polipi marini. Naples, 1785.

Cestoni (Connu sous le nom supposé de Bonomi). Naturaliste et pharmacien italien. xvii⁰ siècle.
> Osservazioni intorno alli pedicelli del corpo umano. 1687, publié par
Rédi (*Acarus*).

Chabrier. Officier supérieur de l'armée. xix⁰ siècle.
> Essai sur le vol des Insectes. Paris, 1822.

Champollion. Conservateur à la Bibliothèque royale de Paris. xix⁰ siècle.
> Égypte ancienne. Paris, 1839 (*Ateuchus*).

Chapotain. Médecin français, qui a résidé à l'île de France. xix⁰ siècle.
> Topographie médicale de l'île de France (*Journ. de méd.*) (*Filaire*).

Chaptal. Chimiste français. xix siècle.
> Chimie appliquée aux arts (*Kermès*).

Charas. Médecin et pharmacien de Paris. xviie siècle.
Nouvelles expériences sur les Vipères.

Chardin (le chevalier de). Commerçant et voyageur français. xviie siècle.
Voyage en Perse et autres lieux de l'Orient (*Guépard, Civettes*).

Chaussier. Médecin français, professeur de physiologie à l'École de médecine de Paris. xviiie et xixe siècles (*Mammifères*).

Chemnitz. Naturaliste Danois et pasteur de l'église des militaires à Copenhague. xviiie siècle.
Cabinet systématique de coquilles, commencé par Martini et terminé par Chemnitz. Nuremberg (*Lingules, Navicelles, Troques*).

Chifflet. Antiquaire et numismate français, aumônier de la reine Christine. xviie siècle.
De antiquo numismate (*Ateuchus*).

Choiseul-Gouffier. Pair de France, membre de l'Académie des sciences
et ambassadeur de France près la Porte ottomane. xviiie et xix^e
siècles.
Voyage en Grèce. Paris (*Lions, Paons*).

Clairville. Naturaliste anglais résidant en Suisse. xviiie et xixe siècles.
Entomologie helvétique. Zurich. 1798-1806 (*Dytisques*).

Clarck. Médecin vétérinaire anglais. xviiie siècle.
Monographie des OEstres. Transactions de la société linnéenne.

Cloquet (Hippolyte). Naturaliste et médecin français. xixe siècle.
Faune des médecins (*Castors, Carabes, Cantharides*).

Cloquet (Jules). Professeur à l'École de médecine de Paris. xixe siècle.
Anatomie des Vers intestinaux. Paris, 1824 (*Ascarides*).
Mémoire sur l'existence et la disposition des voies lacrymales dans les
Serpents. Paris, 1821.

Coelius Aurelianus. Médecin né en Afrique, et que l'on croit contemporain
de Galien. ve siècle (*Lézards*).

Collini. Savant italien, directeur du Cabinet d'histoire naturelle de
Manheim. xviiie et xixe siècles.
Mémoire inséré dans les travaux de l'Académie palatine (*Ptéro-
dactyles*).

Columna (Fabius). Médecin et botaniste italien. xvie et xviie siècles.
De purpura. Roma, 1616 (*Pourpres, Janthines*).
Aquatilia (*Holothuries*).

Commerson. Médecin, botaniste et voyageur français. xviiie siècle.
Manuscrits déposés au Muséum d'histoire naturelle (*Chélonées*).

Condamine (la). Savant astronome et voyageur français. xviiie siècle.
Relation abrégée d'un voyage dans l'intérieur de l'Amérique méridionale. Paris, 1745 (*Singes*).

Conybeare. Savant géologue anglais. xviiie et xixe siècles.
Mémoire sur le Plésiosaure, publié avec De la Bèche dans les Géol.
Trans. nouv. série.

Corse. Auteur de bonnes observations faites sur les Éléphants (*Éléphants*).

Coste. Médecin de Paris. xviiie siècle.
Embryogénie comparée, publiée par MM. Gerbe et Meunier. Paris,
1837.

Cramer. Marchand à Amsterdam. xviiie siècle.
Papillons exotiques de trois parties du monde, l'Asie, l'Afrique et
l'Amérique. Amsterdam, 1779-1782 (*Phalènes*).

Ctésias. Médecin et historien grec, de la famille des Asclépiades.
Description des Indes (*Termites*).

Cubières (le marquis). Naturaliste français, écuyer du roi. xviiie et xix^e
siècles.
Histoire des coquillages de mer (*Scalaires*).

Cuvier (le baron Georges). Naturaliste français, conseiller d'état, professeur d'anatomie au Jardin du Roi. xviiie et xixe siècles. (Souv. cité.)
Ménagerie du Muséum d'histoire naturelle. Paris 1804.
Leçons d'anatomie comparée. Paris, 1800-1805.
Recherches sur les ossements fossiles des Quadrupèdes. Paris, 1812.
Mémoires pour servir à l'histoire et à l'anatomie des Mollusques. Paris, 1816.
— et Valenciennes. Histoire naturelle des Poissons. Paris, 1828-1833.
Cuvier (Frédéric). Inspecteur général de l'Université, membre de l'Université. xviiie et xixe siècles.
Des dents des Mammifères, considérées comme caractères zoologiques. Paris, 1825 (*Tigres, Chiens*).
Histoire naturelle des Cétacés. Paris, 1836.

D

Daléchamps. Médecin, botaniste et philologue français. xvie siècle.
Histoire générale des plantes. Lyon, 1586 (*Lucane*).
Dalton. Artiste allemand. xixe siècle.
Notice sur le Mégathérium. Ouvrage allemand.
Dampier. Célèbre voyageur anglais. xviiie siècle.
Nouveau voyage autour du monde (*Atèles*).
Darcet. Chimiste français, membre de l'Institut.
Description d'une Magnanerie salubre. Paris, 1838 (*Vers à soie*).
Darwin. Naturaliste anglais. xviiie et xixe siècles.
Recherches sur l'origine de la matière crayeuse qu'on observe dans la mer Pacifique (*Poissons, Zoanthaires*).
Recherches sur la formation de la terre végétale (*Lombrics*).
Davy (H.) Célèbre chimiste anglais. xviiie et xixe siècles.
Transactions philosophiques. 1829 (*Torpilles*).
Daubenton. Naturaliste français, collaborateur de Buffon. xviiie siècle (*Mammifères*).
Daudin. Naturaliste français. xviiie et xixe siècles.
Histoire naturelle des Reptiles. Paris, 1802 (*Lézards*).
Histoire naturelle des Rainettes, des Grenouilles et des Crapauds. Paris, 1802.
Debuch. Géologue prussien. xixe siècle.
Mémoire sur les Ammonites et leur distribution en familles. Ann. sc. nat., année 1833.
Degéer. Entomologiste célèbre, maréchal de la cour de la reine de Suède. xviiie siècle.
Mémoires pour servir à l'histoire des Insectes. Stockholm, 1752-1778 (*Acarus, Dystiques*).
Degner (Hartmann). Docteur et bourgmestre à Nimègue. xviie et xviiie siècles.
Mémoires des curieux de la nature. 1742 (*Hannetons*).
Dehaan. Conservateur du Musée royal en Hollande. xixe siècle.
Monographie des Ammonites. Leyde, 1825.
Dehne. Médecin allemand. xviiie siècle.
Essai d'un Traité complet du Proscarabée, et de son emploi dans la rage. Leipzig, 1788 (*Méloés*).
Dejean (le comte). Entomologiste français et pair de France. xviiie et xixe siècles.
Catalogue des Coléoptères (*Cantharides, Carnassiers*).

De la Bèche. Géologue anglais. xviiie et xixe siècles.
  Geological researches (*Céphalidiens, Ammonites*).
  Mémoire sur le Plésiosaure, publié en commun avec Conybeare,
  dans les Transactions géologiques.
De la Faille. Auteur de bonnes observations sur les **Taupes**. xviiie siècle.
  Art du Taupier. 1757.
De la Fresnaye. Ornithologiste français, collaborateur du Dictionnaire
  d'histoire naturelle. xixe siècle.
  Mœurs du Canard eider. Écho du monde savant, 1836.
Delalande. Voyageur français, qui a parcouru l'Afrique méridionale.
  xviiie siècle (*Ours*).
Delle chiaje. Anatomiste et médecin napolitain. xixe siècle.
  Mémoires sur l'histoire des animaux sans vertèbres du royaume de
  Naples. Naples, 1823-1825.
  Monographie des Aplysies.
Deluc. Géologue français. xviiie siècle.
  Journal de physique (*Bélemnites, Dicérates*).
Derheims. Histoire naturelle des Sangsues. Paris, 1825.
De Saussure. Célèbre physicien et géologue de Genève. xviiie siècle.
  Voyage aux Alpes (*Chamois, Marmottes, Dicérates*).
Deshayes. Naturaliste français. xixe siècle.
  Anatomie et monographie du genre Dentale.
  Description des Coquilles fossiles des environs de Paris. Paris, 1824
  (*Tellines, Ammonites, Paludines*).
Deslandes. Observations sur les **Tarets**.
Desmarets. Professeur de zoologie à l'École vétérinaire d'Alfort. xixe siècle
  Traité de mammalogie. Paris, 1820 (*Couguards*).
  Histoire naturelle des Crustacés fossiles. Publié avec le concours de
  M. Al. Brongniart (*Limules*).
  Mémoire sur deux genres de coquilles fossiles (*Ammonites.*)
Desmoulins. Naturaliste de Rouen. xixe siècle.
  Mémoire sur la patrie du Chameau à une bosse. Paris, 1823.
— et Magendie. Anatomie des systèmes nerveux des animaux vertébrés.
  Paris, 1825.
Desmoulins (Charles). Naturaliste de Bordeaux. xixe siècle.
  Essai sur les Sphérulites. Bordeaux, 1826.
Desormeaux. Professeur d'accouchements à la Faculté de médecine de
  Paris.
  Dictionnaire de médecine, article Œuf (*Échinocoque*).
Diard et Duvaucel. Voyageurs attachés au Jardin du Roi (*Gibbon,
  Tapir*).
Diodore de Sicile. Célèbre historien grec qui vivait sous César et Au-
  guste.
  Histoire universelle (*Phoques, Crocodiles, Huppes, Cigales*).
Dion Cassius. Historien romain. iie siècle.
  Histoire romaine (*Éléphants*).
Diquemare (l'abbé). Naturaliste français doué d'une grande patience
  d'investigation. xviiie siècle.
  Mémoires et manuscrits déposés à la bibliothèque de Rouen (*Actinies*).
Dixon (le capitaine). Voyageur anglais.
  Voyage autour du monde (*Requin*).
Donati. Naturaliste et voyageur italien, professeur à Turin. xviiie siècle.
  Stagie della storia naturale dell' Adriatico, Venise, 1750 (*Corail,
  Téthie*).
D'Orbigny (Alcide). Voyageur français attaché au Jardin du Roi. xixe siècle.
  Voyage dans l'Amérique méridionale. Paris. (*Ampullaires*).

D'Orbigny (Dessalines). Naturaliste français. xixe siècle.

Tableau méthodique de la classe des Céphalopodes (*Cellulacés*).

Drake. Célèbre navigateur anglais. xvie siècle.

Draparnaud. Médecin et professeur d'histoire naturelle à l'École de médecine de Montpellier. xviiie et xixe siècles.

Tableau des Mollusques terrestres et fluviatiles de la France. Montpellier, 1801.

Histoire naturelle des Mollusques terrestres et fluviatiles de la France. Paris, 1805 (*Limacinés*, *Valvées*, *Hélices*, *Ambrettes*).

Dufour (Léon). Médecin français qui s'est beaucoup occupé de l'anatomie des Insectes. xixe siècle.

Observations sur quelques Arachnides quadripulmonaires. Ann. des sciences physiques.

Mémoires sur l'anatomie des Coléoptères (*Hannetons*).

Dugès. Professeur à Montpellier. xixe siècle.

Mémoire sur la structure de l'œil des Insectes. Ann. des sc. nat.

Duhamel. Naturaliste et physicien français, membre de l'Académie des sciences. xviiie siècle.

Traité général des pêches. Paris, 1769 (*Baleines*).

Traité des Arbres et des Arbustes (*Tellines*).

Dujardin. Naturaliste français. xixe siècle.

Mémoire sur les prétendus Céphalopodes microscopiques, lu à la Société des sc. nat. (*Cellulacés*).

Duméril. Professeur au Jardin du Roi et à l'École de médecine de Paris, membre de l'Institut. xixe siècle.

Zoologie analytique. Paris, 1806.

Traité élémentaire d'histoire naturelle. Paris, 1807 (*Décapodes*).

Dissertation sur les Poissons cyclostomes. Paris, 1812 (*Lamproies*).

— et Bibron. Erpétologie générale, ou Histoire naturelle complète des Reptiles. Paris, 1834 (*Batraciens*, etc.).

Dumont-d'Urville, contre-amiral français. xixe siècle.

Voyage de découvertes de l'*Astrolabe*, exécuté durant les années 1826 à 1829. Paris, 1832 (*Chéiroptères*, *Roussettes*).

Dumortier. Membre de la chambre des députés de la Belgique.

Mémoire sur le développement des Limnées (*Céphalidiens*).

Dupont de Nemours. Observateur français. xixe siècle.

Mémoires sur divers sujets (*Hirondelles*).

Dutertre. Religieux dominicain français. xviie siècle.

Histoire générale des Antilles habitées par les Français. Paris, 1666-1671 (*Colibris*).

Duvaucel. Voyageur français attaché au Jardin du Roi. xixe siècle. (*Siamangs*).

Duvernoy. Professeur d'histoire naturelle au collége de France. Paris. xixe siècle.

Description d'un Macrocélide (*Musaraignes*).

E

Edwards. Peintre anglais, bibliothécaire de la Société royale. xviiie siècle.

Histoire naturelle des Oiseaux rares, et Glanures d'histoire naturelle (*Pingouins*).

Edwards (Milne). Professeur de zoologie à la Faculté des sciences de Paris.

Histoire naturelle des Crustacés, comprenant l'anatomie, la physiologie et la classification de ces animaux. Paris, 1834 (*Cymothoés*),

EHRENBERG, Naturalise de Berlin, micrographe célèbre. xixe siècle.
Symbolæ physicæ (*Cônes, Porcelaines*).
Les animaux infusoires, considérés comme des êtres organiques par-
faits. Leipzick, 1838, en allemand (*Microzoaires*).
EHRHART. Médecin et botaniste allemand. xviiie siècle.
De Belemnitis suecicis. Leyde, 1724 (*Bélemnites*).
ELDEMIRI. Savant médecin arabe.
Histoire naturelle ? (*Autruches*).
ÉLIE DE BEAUMONT. Professeur de géologie au collége de France. xixe siècle.
Cours de géologie, publié par les journaux (*Acéphaliens*).
ÉLIEN. Auteur grec, né à Palestrine, sous Héliogabale.
De naturâ animalium (*Paons, Scorpions*).
ELLIS. Naturaliste anglais. xviiie siècle.
Essai sur l'histoire naturelle des Corallines et d'autres productions du
même genre. Londres, 1754 (*Polypiers*).
ÉRATHOSTÈNE. Célèbre savant grec qui fut bibliothécaire d'Alexandrie,
sous Ptolémée Evergète (*Ammonites*).
ERXLEBEN. Professeur d'histoire naturelle à Gottingen. xviiie siècle.
Systema regni animalis. Classis i animalia. Leipzig, 1777.
ESCHSCHOLTZ. Naturaliste prussien. xixe siècle.
Système des Acalèphes. Berlin, 1824 (*Arachnodermaires*).
ESPER. Naturaliste et astronome allemand. xviiie siècle.
Description des Zoolithes, nouvellement découverts, d'animaux
quadrupèdes inconnus, et des cavernes qui les renferment. Nurem-
berg 1774 (*Phoques*).
ETTMULLER. Célèbre médecin allemand, professeur de botanique. xviie siè-
cle (*Huîtres*).
EYDOUX et SOULAYET. Voyageurs français.
Voyage de *la Bonite* (*Céphalidiens*).
Zoologie du voyage autour du monde sur la corvette *la Favorite*, par
F. Eydoux.

F

FABRICIUS (Chrétien). Disciple de Linnée, professeur d'histoire naturelle à
Kiel. xviiie et xixe siècles.
Entomologia systematica emendata et aucta. Hafniæ, 1792-1794
(*Lucanes, Orthoptères, Acarus*).
FABRICIUS (Othon). Pasteur danois qui a résidé au Groënland. xviiie siècle.
Fauna groenlandica. Copenhague, 1790 (*Phoques, Saumons,
Byssomyes*).
FALLOPPE. Célèbre anatomiste et chirurgien italien. xvie siècle. (*Mammi-
fères*).
FARINES. Habitant du département des Pyrénées-Orientales. xixe siècle.
Journal de pharmacie (*Capricornes*).
FAUJAS-SAINT-FOND. Géologue français, professeur de géologie au Jardin
du Roi. xviiie et xixe siècles.
Histoire naturelle de la montagne de St-Pierre de Maestricht. Paris,
1799 (*Gavials, Tarets*).
FAUNE FRANÇAISE. Par MM. de Blainville, Desmarets, Walkenaer, etc.
(*Pennatules*).
FAVANNE. Auteur d'un dictionnaire de conchyliologie (*Carinaire*).
FÉBURIER. Agronome français. xixe siècle.
Histoire naturelle des Abeilles, suivie de la manipulation et de
l'emploi du miel et de la cire. Paris, 1828.
FÉE. Professeur d'histoire naturelle médicale à la Faculté de médecine
de Strasbourg. xixe siècle (*Cantharides, Cigales*).

FERREIN. Anatomiste et médecin français, membre de l'Académie des sciences. xviiie siècle.

Matière médicale, etc. Paris, 1769 (*Castors*).

FÉRUSSAC (d'Audebart de). Naturaliste français. xixe siècle.

Essai d'une méthode conchyliologique. Paris, 1807 (*Ammonites*).

Histoire naturelle générale et particulière des Mollusques terrestres et fluviatiles. Paris, 1817-1832 (*Limacinés*).

— ET D'ORBIGNY. Monographie des Céphalopodes acétabulifères. Paris, 1834-1837 (*Poulpe*).

FEUILLÉE (le père). Religieux minime, astronome, botaniste et voyageur français. xviie et xviiie siècles.

Journal d'observations faites sur les côtes orientales de l'Amérique. Paris, 1714 (*Ampullaires*).

FICHTEL et MOLL. Naturalistes allemands.

Testacea microscopica aliaque minuta ex generibus Argonauta et Nautilus. Vienne, 1803 (*Cellulacés*).

FISCHER. Docteur et aide-naturaliste à l'Université impériale de Vienne. xviiie siècle.

Tæniæ hydatigenæ in plexu choroideo inventæ historia (*Cysticerques*).

FISCHER (de Waldheim). Directeur du Muséum impérial de Moscou.

Anatomie des Makis. Ouvrage allemand. Francfort, 1804.

Entomographia imperii Russii. Moscou, 1820-1822.

Mémoires des naturalistes de Moscou (*Castors*).

FLOURENS. Professeur de physiologie au Jardin du Roi, membre de l'Institut. xixe siècle.

Recherches expérimentales sur les propriétés et les fonctions du système nerveux dans les animaux vertébrés. Paris, 1824 (*Taupes*).

Cours sur la génération, l'ovologie et l'embryologie. Paris, 1836.

FONTANA (l'abbé). Savant physicien et naturaliste italien. xviiie et xixe siècles.

Ricerche fisiche sopra il veleno della Vipera. Lucca, 1767.

FORSKAL. Naturaliste suédois, disciple de Linnée. xviiie siècle.

Icones rerum naturalium quas in itinere orientali depingi curavit. 1776 (*Zoanthaires*).

FORSTER. Naturaliste et voyageur anglais, professeur d'histoire naturelle à Halle. xviiie siècle.

Zoologiæ indicæ rarioris spicilegium. Londres, 1790 (*Coucou, Tridacnes, Polypiers*).

FOURCROY. Célèbre chimiste français, conseiller d'état. xviiie et xixe siècles.

Entomologia Parisiensis. Paris, 1785.

FRANK. Médecin allemand.

Collection d'opuscules de médecine pratique, avec un mémoire sur le commerce des Nègres au Caire. Paris, 1812 (*Castors, Filaires*).

FULGENCE (Placiades). Évêque de Carthage ? vie siècle.

Mythologiæ libri v. Amsterdam, 1681.

G

GÆDE. Traité de l'anatomie des Méduses, en allemand. Berlin, 1816.

GALÈS. Pharmacien à l'hôpital Saint-Louis, à Paris. xixe siècle.

Essai sur le diagnostique de la gale, sur ses causes, etc. Paris, 1812 (*Sarcoptes*).

GALIEN. Célèbre médecin de Pergame. iie siècle (*Mammifères, Huître*).

GALL. Médecin et phrénologiste allemand. xvɪɪɪᵉ et xɪxᵉ siècles.
Anatomie et physiologie du système nerveux en général et du cerveau en particulier, etc., etc. Paris, 1801 (*Mammifères*).

GALVANI. Célèbre physicien italien. xvɪɪɪᵉ siècle (*Torpilles*).

GEOFFROY. Docteur en médecine français. xvɪɪɪᵉ et xɪxᵉ siècles.
Histoire abrégée des Insectes. Paris, 1764 (*Ateuchus, Carabes*).
Traité sommaire des coquilles, tant fluviatiles que terrestres, qui se trouvent aux environs de Paris. Paris, 1767.

GEOFFROY-SAINT-HILAIRE. Professeur au Jardin du Roi, membre de l'Institut. xɪxᵉ siècle.
Description de deux Crocodiles qui existent dans le Nil. Ann. du Muséum d'hist. nat. Paris, 1807 (*OEstres*).
Mémoire sur les Chauves-Souris. Annales du Muséum d'histoire naturelle.
Philosophie anatomique (*Ornithorhinques, Poissons*).
Sur la structure et les usages des glandes mammaires des Cétacés. Paris, 1824.
Mémoire sur l'Anatomie comparée de la Raie torpille, du Gymnote engourdissant et du Silure trembleur.

GEOFFROY SAINT-HILAIRE (Isidore). Inspecteur général de l'Académie et membre de l'Institut.
Tératologie. Paris (*Poissons*).
— et MARTIN-SAINT-ANGE. Mémoire sur les canaux péritonéaux des Tortues et des Crocodiles. Ann. des sc. nat.

GERMAR. Naturaliste allemand, professeur de minéralogie à Halle. xɪxᵉ siècle.
Continuation du Magasin des Insectes, d'Iliger. Halle, 1812-1821 (*Rhynchophores*).

GESNER. Médecin de Zurich, naturaliste extrêmement érudit. xvɪᵉ siècle.
Histoire des Animaux (*Gloutons, Poulpes, Bélemnites*).

GMELIN (Georges). Célèbre naturaliste et voyageur allemand, qui fut employé par la Russie, et parcourut le nord de l'Asie xvɪɪɪᵉ siècle.
Voyage (ouvrage allemand). Pétersbourg, 1770-1784 (*Argalis Martin Pécheur*).

GMELIN (Frédéric). Naturaliste et professeur de chimie à Gottingen. xvɪɪɪᵉ et xɪxᵉ siècles.
13ᵐᵉ édition du Systema naturæ de Linnée (*Spondyles*).

GLEICHEN. Célèbre micrographe allemand. xvɪɪɪᵉ siècle.
Dissertation sur la génération des animalcules spermatiques et des Infusoires. Paris, an VII (*Microzaires*).

GODART. Proviseur au Lycée de Bonn sous l'empire. xvɪɪɪ et xɪxᵉ siècles.
Histoire naturelle des Lépidoptères ou Papillons de France. Paris, 1822 (*Phalènes, Satyres*).

GODMAN. Professeur d'histoire naturelle à Boston. xɪxᵉ siècle.
Histoire naturelle de l'Amérique (*Castors*).

GOËDART. Naturaliste et peintre hollandais. xvɪɪᵉ et xɪxᵉ siècles.
Metamorphosis et historia naturalis Insectorum. Middelbourg, 1668 (*Ichneumons, Courtillières*).

GOETHE. Poëte, philosophe et naturaliste allemand. xvɪɪɪᵉ et xɪxᵉ siècles.
OEuvres zoologiques (publiées en France par M. Martin) (*Mammifères*).

GOETZ, ou plutôt GOEZE. Pasteur à Quedlimbourg. xvɪɪɪᵉ siècle.
Histoire naturelle des Vers intestinaux. Blankenbourg, 1782.

GOLDFUSS. Professeur à Bonn, auteur d'un manuel de zoologie publié en allemand (*Ptérodactyles, Huître*).

Goury. Ingénieur en chef, directeur au corps royal des ponts et chaussées. xix_e siècle.

Recherches historico-monumentales concernant les sciences, les arts de l'antiquité, et leur émigration d'Orient en Occident. Paris, 1833 (*Ateuchus*).

Grant (le docteur). Professeur de zoologie à Londres.

Outlines of comparative anatomy. London, 1835 (*Spongilles*).

Gravenhorst. Naturaliste, membre de la société physique de Gottingue. xixe siècle.

Monographia Coleopterorum microptcrorum. Gottingæ, 1806 (*Staphylins*).

Monographia Ichneumonum pedemontanæ regionis, publiée dans des mémoires de l'académie de Turin (*Ichneumons*).

Graves. Savant ornithologiste anglais. xviiie siècle.

Ovarium britannicum (*Mésanges*).

Gualtieri. Médecin naturaliste italien, professeur à l'université de Pise. xviiie siècle.

Index testarum conchyliorum, etc. Florence, 1742 (*Arrosoir*).

Guérin. Membre de la société d'histoire naturelle de Paris. xixe siècle.

Iconographie du règne animal. Paris, 1829. (*Cadrans, OEstres*).

Guibourt. Professeur à l'école de pharmacie de Paris.

Histoire abrégée des drogues simples (*Cigales*).

Gumilla (le père). Religieux espagnol, qui voyagea en Amérique.

Histoire naturelle, civile et géographique de l'Orénoque (*Boas*).

Guy de Chauliac. Médecin français, regardé comme le restaurateur de la chirurgie en France. xive siècle (*Filaire*).

H

Halde ou Duhalde (le père). Jésuite français. xviie et xviiie siècles.

Description géographique et historique de l'empire de la Chine et de la Tartarie chinoise. Paris, 1781 (*Ammonites*).

Hall (Basil). Voyageur anglais très-renommé. xviiie siècle.

Voyage au Mexique (*Mélipones*).

Haller. Célèbre physiologiste, anatomiste et botaniste allemand. xviiie siècle.

Elementa physiologiæ corporis humani. Lausanne, 1757-1766.

Traité des géants (*Hommes, Mammifères*).

Hahn. Correspondant du célèbre Pallas. xviiie siècle.

Lettres sur une épizootie qui régna le long de la rivière Ob (*Vers intestinaux*).

Hannon. Navigateur carthaginois, qui vivait vers 400 avant Jésus-Christ.

Périple publié pour la première fois en grec, à Bâle, 1533 (*Lions*).

Harderus. Médecin, anatomiste et botaniste de Bâle. xviie et xviiie siècles. (*Chamois*).

Hartsœker. Astronome, géomètre et physicien hollandais. xviie et xviiie siècles.

Principes de physique. 1696 (*Microzoaires*).

Harwood. Médecin anglais, professeur d'anatomie à l'université de Cambridge. xviiie et xixe siècles.

System on comparative anatomy. 1786 (*Phoques*).

Hasselquist. Naturaliste et voyageur suédois, élève de Linnée. xviiie siècle.

Voyage en Palestine, 1769 (*Crocodiles, Ibis, Geckos*).

HEIMERI. Caput Medusæ utpote novum diluvii universalis monumentum.
Stuttgard, 1724 (*Encrines*).

HELWING. Savant né en Prusse. xviiᵉ siècle.
Traité des pierres et des fossiles. Kœnisberg, 1717 (*Bélemnites*).

HÉRISSANT (David). Médecin et anatomiste français, né à Rouen, xviiiᵉ
siècle (*Coucous*).

HERMANN. Naturaliste allemand, professeur à Strasbourg. xviiiᵉ siècle.
Tabula afinitatum animalium. Strasbourg, 1783. (*Ptérodactyles*).

HÉROLD. Naturaliste de l'école allemande, qui s'est beaucoup occupé de
l'anatomie des Insectes xixᵉ siècle (*Insectes*).

HÉRODOTE. Célèbre historien grec, né à Halicarnasse l'an 484 avant Jésus-Christ.
Histoire (*Chats, Loutres, Chéiroptères*).

HERSCHEL. Astronome hanovrien, fixé en Angleterre. xviiiᵉ et xixᵉ
siècles.
Discours sur la philosophie naturelle (*Diptères*).

HIPPOCRATE. Illustre médecin grec, né vers 460 avant Jésus-Christ.
(*Castor, etc*).

HISTOIRE GÉNÉRALE des voyages (*Macareux*).

HÆNINGHAUSS. Savant allemand, qui possède une belle collection
(*Cranies*).

HOLLARD. Médecin, anatomiste et naturaliste de Paris. xixᵉ siècle.
Précis d'anatomie comparée. Paris, 1835 (*Phoques*).
Nouveaux éléments de zoologie. Paris, 1838 (*Hamsters*).

HOLLMANN. Descriptio Pentacrinorum. Gœttingue, 1784.

HOME (sir Everard). Célèbre chirurgien et anatomiste anglais. xviiiᵉ et
xixᵉ siècles.
Lectures on comparative anatomy. London, 1814-1828 (*Requins,
Clyclostomes*).

HOOKER. Auteur anglais. xviiiᵉ siècle.
Tour in Scotland (*Macareux*).

HOPKINSON. Observateur américain. xixᵉ siècle.
Account of a Worm in a Horse's eye; publié dans les Transactions
philosophiques de la Société américaine de philosophie (*Filaires*).

HORAPOLLON. Grammairien grec. ivᵉ siècle.
Hieroglyphica. Traduit en français, en 1553 (*Ibis*).

HUBER (François). Correspondant de l'Institut, à Genève. xixᵉ siècle.
Nouvelles observations sur les Abeilles. Paris, 1814.

HUBER (Pierre). Fils du précédent; observateur genevois. xixᵉ siècle.
Recherches sur les mœurs des Fourmis indigènes. Genève, 1810.
Mémoire de la Société de physique et d'hist. nat. de Genève. 1838
(*Mélipones*).

HUBNER. Iconographe extrêmement distingué, habitant Augsbourg. xixᵉ
siècle.
Lépidoptères d'Europe. Ouvrage allemand (*Phalènes*).

HUMBOLDT. (Alexandre de). Célèbre voyageur et naturaliste prussien,
conseiller intime du roi de Prusse. xixᵉ siècle.
Observations de zoologie et d'anatomie comparée. Paris, 1811
(*Gymnotes*).
— et GAY-LUSSAC. Annales de chimie (*Torpilles*).

HUNTER (William). Célèbre chirurgien écossais, fondateur d'un superbe
muséum d'anatomie comparée. xviiiᵉ siècle.
Observations sur des os de Quadrupèdes trouvés près de l'Ohio, etc.
(*Mastodontes*).

Hunter (John). Frère du précédent ; placé au rang des premiers ana-
tomistes, à cause de ses importantes découvertes. xviiie siècle.
>Observations on certain parts of the animal economy. London, 1786.
>Mémoires publiés dans les Transactions philosophiques (*Gymnotes*,
Abeilles).
Hupsch (baron de). Nouvelles découvertes de quelques Testacés (*Bacu-
lites*).
Huzard fils et Pelletier. Observateurs français, contemporains.
>Recherches sur le genre Hirudo. Paris, 1825 (*Sangsues*).

I

Imperato. Apothicaire de Naples. xvie siècle.
>Storia naturale, nella quale si tratta della diversa condizione de
minere, con varie storie de piante e animali. Naples, 1599 (*Cellulacés*).
Ingenhousz. Médecin, naturaliste et chimiste hollandais, qui résida successivement à Londres et à Vienne. xviiie siècle. Transactions philosophiques. 1775 (*Torpilles*).

J

Jacobson. Naturaliste contemporain, de Copenhague.
>Journal de physique (*Céphalidiens*).
Jacquemin. Naturaliste contemporain, de Paris.
>Mémoire sur la pneumaticité du squelette des Oiseaux.
Jeaume Saint-Hilaire. Naturaliste français, membre de l'Institut (*Pyrales*).
Jefferson. Troisième président des États-Unis. xviiie et xixe siècles.
>Notes sur la Virginie (*Mastodontes*).
Jobson. Voyageur étranger, qui a parcouru l'Afrique.
>Gambia in Purchas's pilgrims (*Termites*).
Johnson. Naturaliste anglais, contemporain.
>Traité de la sangsue médicinale Londres, 1816 et 1825.
Jomard. Antiquaire français. xixe siècle.
>Description des hypogées de Thèbes (*Chéiroptères*).
Jonnès (Moreau de). Observateur français, qui a séjourné aux Antilles.
Contemporain.
>Monographie du Trigonocéphale des Antilles, ou grande Vipère fer
de lance de la Martinique. Journ. de méd. 1816.
Jonston ou Johnstone. Naturaliste polonais, d'origine écossaise. xvii[e]
siècle.
>Histoire naturelle des animaux. Francfort-sur-le-Mein, 1649-1653
(*Lions*, *Abeilles*, *Séches*).
Josselin. Raretés de la Nouvelle-Angleterre (*Dindons*).
Jurine. Professeur d'anatomie et de chirurgie à Genève. xixe siècle.
>Nouvelle méthode de classer les Hyménoptères et les Diptères. Ge-
nève, 1807.
>Observations sur les ailes des Hyménoptères, publiées dans les
Mémoires de l'Académie des sciences de Turin.
>Histoire des Monocles. Genève, 1820.
Juvénal. Poëte satirique, né vers l'an 42 (*Cynocéphales*).

K

Kæmpfer. Médecin allemand, qui voyagea en Perse, aux Indes et au
Japon. xviie et xviiie siècles.
>Amænitatum exoticarum. Lemgo, 1712 (*Torpilles*).
>Histoire naturelle, civile et ecclésiastique du Japon. La Haye, 1729.

KALM. Savant suédois, qui voyagea dans l'Amérique septentrionale. xviiie siècle.
>   Relation de son voyage. Stockholm, 1753-1761 (*Mouffettes, Écureuils*).
KAUP. Naturaliste allemand, professeur à Darmstadt, contemporain.
>   Description d'ossements fossiles (*Dinothéres*).
KEYSLER. Antiquaire allemand. xviiie siècle.
>   Antiquitates selectæ septentrionales et celticæ. Hanovre, 1720 (*Cheval*).
KIENER. Actuellement conservateur au Muséum d'histoire naturelle de Paris.
>   Species général et iconographie des Coquilles vivantes. Paris, 1834 (*Buccins*).
KIRBY. Entomologiste anglais, contemporain.
— et SPENSE. An introduction to entomology or Elements of the natural history of Insects. London, 1828.
KIRCHER. Savant allemand, extrêmement érudit, qui a écrit sur la physique, l'histoire naturelle et les antiquités. xviie siècle (*Martins-Pécheurs*).
KLEIN. Auteur laborieux, secrétaire du sénat de Dantzick. xviie et xviiie siècles.
>   Methodus ostracologica. 1753 (*Pholades*).
>   Descriptiones tubulorum marinorum. 1737 (*Échinodermes*).
>   De hibernaculis Hirundinum (*Hirondelles*).
>   Ouvrage sur les Oursins (*Bélemnites*).
KLOETZKE. Naturaliste de Berlin.
>   Dissertation sur le Crapaud cornu d'Amérique, soutenue à Berlin, sous la présidence de Rudolphi.
KNIGHT. Botaniste et physiologiste anglais, contemporain (*Crapauds*).
KNORR. Graveur célèbre de Nuremberg. xviiie siècle.
— et WALCH, professeur à Iéna.
>   Recueil des monuments des catastrophes que le globe terrestre a essuyées, contenant des pétrifications, etc. Nuremberg, 1775-1778.
>   Délices des yeux et de l'esprit, ou collection générale des différentes espèces de Coquilles que la mer renferme. Nuremberg, 1760-1773.
KNOX. Edinburgh Journal of Science. 1824 (*Gymnotes*).
KOENIG. Voyageur et naturaliste suédois? xviiie siècle.
>   Essai sur l'histoire des Termites.
KOLBE. Voyageur allemand. xviie et xviiie siècles.
>   Description du cap de Bonne-Espérance. Amsterdam, 1741 (*Oryctéropes, Autruches, Poux*).
KUHL. Jeune naturaliste de Hanau, qui voyagea dans l'intérêt du musée des Pays-Bas. xviiie siècle.
>   Conspectus psittacorum cum specierum definitionibus, etc. (*Perroquets*).

L

LABAT (le père). Dominicain et voyageur français. xviie et xviiie siècles.
>   Nouveau voyage aux îles de l'Amérique, contenant l'histoire naturelle de ces pays, etc. Paris, 1722.
LABILLARDIÈRE. Botaniste et voyageur français, membre de l'Institut. xviiie et xixe siècles (*Poux*).
LACÉPÈDE (comte de). Naturaliste, grand chancelier de la Légion d'honneur et pair de France. xviiie et xixe siècles.
>   Histoire naturelle des Quadrupèdes ovipares. Paris, 1788 (*Chélonées*).
>   Histoire naturelle des Reptiles. Paris, 1789 (*Geckos*).

Histoire naturelle des Poissons. Paris, 1798-1803. (Souvent cité.)
Histoire naturelle des Cétacés. Paris, 1804 (*Baleines*).

LACORDAIRE. Naturaliste et voyageur français, contemporain.
Introduction à l'entomologie. Paris, 1834.

LAENNEC. Médecin français. xixe siècle.
Mémoire sur les Vers vésiculaires et particulièrement sur ceux qui se trouvent dans le corps humain. Paris, 1804 (*Ascarides*, *Échinocoque*.)

LAMANON (le chevalier de). Correspondant de l'Académie des sciences, naturaliste qui accompagna La Peyrouse, et fut massacré, ainsi que plusieurs des marins de l'Astrolabe, dans l'île Maouna en 1787 (*Oiseaux fossiles*).

LAMI. Prêtre français de l'Oratoire. xviie siècle.
Introduction à l'histoire sainte (*Perles*).

LAMOUROUX. Naturaliste français, professeur à Caen. xixe siècle.
Exposition méthodique de l'ordre des Polypiers. Paris, 1821.
Dictionnaire des Zoophytes. Paris, 1824 (*Astrées*).

LAMPRIDIUS. Historien latin. viie siècle.
Vie de Suétone (*Éléphants*).

LANGIUS. Médecin allemand érudit. xvie siècle.
Historia lapidum Helvetiæ (*Ammonites*, *Bélemnites*, *Baculites*).

LARREY. Chirurgien des armées de l'empire français, contemporain.
Histoire de la campagne d'Italie (*Cheval*).

LATHAM. Célèbre ornithologiste anglais. xviiie siècle.

LATREILLE. Naturaliste français, professeur d'Entomologie au Jardin du Roi et membre de l'Institut. xviiie et xixe siècles (souv. cité).
Histoire naturelle des Crustacés et des Insectes. Paris, 1802-1805.
Histoire naturelle des Fourmis. Paris, 1802.
Familles naturelles du règne animal. Paris, 1825.
Mémoire sur les Insectes sacrés des Égyptiens (*Ateuchus*).
Mémoire sur la géographie des Insectes. Dans les mém. du Muséum d'hist. nat. (*Insectes, généralités*).

LAURENT. Naturaliste français, contemporain, professeur suppléant à la Faculté des sciences de Paris.
Recherches sur la Spongille fluviatile. Ann. fran. et étrang. d'anatomie. 1838 (*Amorphozoaires*).
Recherches sur la signification d'un organe nouvellement découvert dans plusieurs Mollusques (*Céphalidiens*).
Recherches anatomiques et physiologiques sur les Mammifères marsupiaux dans le voyage autour du monde de la Favorite. Paris, 1839.

LAURENTI. Médecin et Erpétologiste de Vienne. xviiie siècle.
Synopsis Reptilium cum experimentis circà venena et antidota Reptilium austriacorum. Viennæ, 1768 (*Crocodiles*, *Lézards*).

LEA. Conchyliologiste américain, contemporain.
Observations sur le genre Unio (*Mulettes*).

LEACH. Docteur et naturaliste anglais, actuellement conservateur du Muséum britannique.
A general arrangement of the classes Crustacea, Myriapoda and Arachnides. Dans les Transactions de la société linnéenne.
Zoological miscellany. London, 1817 (*Hippobosques*, *Sténeptéryx*, *Scalaires*).
Nouvelle distribution des Cirrhipèdes.

LEBLOND. Médecin et helminthologiste de Paris. xixe siècle.
Matériaux pour servir à l'histoire des Filaires et des Strongles, dans les Mémoires de l'Académie de Rouen. 1835 (*Filaires*).

Lee (mistress). Dame anglaise qui a longtemps séjourné en Afrique.
Stories of strange lands (*Chiens*, *Pélicans*, *Termites*).
Leechs. Histoire naturelle de la Limace grise.
Legallois. Médecin et physiologiste français. xviiie et xixe siècles
(*Cobaye*).
Leibnitz (le baron de). Philosophe et mathématicien allemand, dont
le vaste génie embrassa toutes les sciences. xviie et xviiie siècles.
Protogea ou théorie de la formation de la terre (*Ours*).
Lemarchand de la Faverie. Préfet du département du Jura.
Mémoire sur les Abeilles. 1830.
Lémery. Médecin et chimiste français. xviie et xviiie siècles.
Dictionnaire universel des drogues simples. Paris, 1698 (*Huître*).
Léon surnommé l'Africain. Géographe et voyageur arabe qui devint le
protégé du pape Léon X. xvie siècle.
Description de l'Afrique. 1550 (*Autruches*).
Leroux. Doyen de la Faculté de médecine de Paris, et Corvisart, méde-
cin de l'empereur. xviiie et xixe siècles.
Journal de Médecine (*Sangsues*).
Leschenault. Naturaliste du roi, voyageur français. xviiie et xixe siè-
cles (*Coq*).
Lesser. Savant théologien et naturaliste allemand. xviiie siècle.
Théologie des Insectes. Francfort, 1738 (*Hannetons*, *Cantharides*).
Lesson. Naturaliste français, qui accompagna le capitaine Duperrey dans
l'expédition de la Coquille (souv. cité).
Manuel de Mammalogie. Paris, 1827.
Manuel d'Ornithologie. Paris, 1828 (*Lyres*).
Manuel de l'histoire des Mollusques et de leurs coquilles. Paris, 1829.
Mémorial encyclopédique (*Concholépas*).
Histoire des Oiseaux-Mouches.
Lesueur. Naturaliste et voyageur français, contemporain.
Actes de la société de Philadelphie (*Calmars*).
Journal de Physique. Divers mémoires. (Souv. cité.)
Leuwenhoeck. Célèbre naturaliste et micrographe hollandais. xviie siècle.
Arcana naturæ detecta. Delft, 1695-1699 (*Échénéides*, *Scorpions*,
Poux).
Levaillant. Voyageur et naturaliste français. xviiie et xixe siècles.
Histoire naturelle des Oiseaux d'Afrique. 1797-1812 (*Secrétaires*,
Corbeaux).
Voyage dans l'intérieur de l'Afrique par le cap de Bonne-Espérance.
Paris, 1790 (*Oryctéropes*, *Autruches*).
Lewin. Naturaliste anglais. xviiie siècle.
Ornithologie anglaise (*Corneilles*, *Cygnes*, *Plongeons*).
Lind. Médecin anglais. xviiie siècle.
An essay on diseases incidental to Europeans in hot climates (*Fi-
laires*).
Linnée. Naturaliste suédois, un des plus vastes génies des temps modernes.
xviiie siècle.
Systema naturæ, etc. Leyde, 1735. (souv. cité.)
Fauna succica, 1746 (*Écureuils*).
Lister. Naturaliste anglais, médecin ordinaire de la reine Anne. xviie et
xviiie siècles.
Historia sive synopsis Conchyliorum. 1685-1693 (*Ammonites*, *Por-
celaines*).
Exercitatio anatomica tertia. 1695 (*Buccins*, *Paludines*).

Loiseleur Deslongchamps. Botaniste français. xixe siècle.

Article Mûrier du Dict. des sc. nat. (*Vers à soie*).

Loudon. Savant botaniste et agronome anglais, contemporain.

Encyclopedia of agriculture (*Pigeons*).

Lucain. Poëte latin. 1er siècle (*Cynocéphales*).

Ludolf. Savant orientaliste d'Erfurt, précepteur des enfants du duc de Saxe-Gotha. xviie siècle.

Histoire d'Abyssinie. Francfort, 1681 (*Hyènes*).

Lyell. Géologue contemporain, vice-président de la Société géologique de Londres.

Éléments de géologie, traduction française. Paris, 1829. (*Catilles, Cranies*).

Lyonnet. Avocat et naturaliste de Maestricht, savant plein de religion, qui exécuta lui-même les planches de son ouvrage, chef-d'œuvre d'anatomie et de gravure. xviiie siècle.

Traité anatomique de la Chenille du saule. La Haye, 1760 (*Insectes, généralités*).

M

Macleay. Membre de la Société linnéenne de Londres, contemporain.

Horæ entomologicæ. Londres, 1819 (*Lamellicornes*).

Macquart. Membre de la Société royale des sciences d'agriculture et des arts de Lille.

Insectes diptères du nord de la France. 1826-1829.

Macrobe, philosophe platonicien et grammairien latin. ve siècle (*Mulles*).

Magendie, Physiologiste français, membre de l'Institut, contemporain (*Mammifères, Hérissons, Rats*).

Malpighi. Un des médecins et des naturalistes les plus distingués de l'Italie moderne, professeur à Pise et ensuite à Messine, et mort à Rome avec le titre de premier médecin du pape Innocent XII. xviie siècle.

Mangili Auteur italien.

Sul veneno della Vipera. 1805.

Nuove ricerche zootomiche sopra alcune di conchiglie bivalvi. Milan, 1804. (*Acéphaliens*).

Mantell. Chirurgien et géologue de Londres, contemporain.

Illustrations de la géologie du comté de Sussex. Londres, 1822 (*Poissons*).

Marcel de Serres. Professeur de minéralogie à la Faculté des sciences de Montpellier.

Mémoire sur les yeux composés et les yeux lisses des Insectes. Montpellier, 1813 (*Insectes, généralités*).

Mémoire sur les organes de la mastication chez les Orthoptères.

Mémoire sur le canal digestif des Insectes. Ann. du Muséum d'histoire naturelle (souvent cité).

Marc-Paul. Voyageur vénitien, célèbre par ses singulières aventures. xiiie et xive siècles.

Relation de ses voyages. Venise, 1298 (*Tigre*).

Margraff. Médecin et voyageur allemand qui parcourut l'Amérique méridionale. xviie siècle.

Historiæ rerum naturalium Brasiliæ. Leyde, 1648 (*Alouattes*).

Marsden. Voyageur et observateur étranger.

Description de Sumatra (*Argus, Coq*).

Marsigli (le comte). Colonel italien qui se distingua par sa prédilection pour les sciences naturelles, et devint le fondateur de l'Institut des sciences et des arts de Bologne. xviie et xviiie siècles (*Corail*).

Martial. Poëte latin. 1er siècle de l'ère chrétienne (*Mammifères*).

Martin Saint-Ange. Aide naturaliste au Jardin du Roi.

Mémoire sur l'organisation des Cirrhipèdes et sur leurs rapports naturels avec les animaux articulés. Paris, 1825.

Martini. Médecin prussien. xviiie siècle.

Nouveau cabinet systématique de Coquilles. Nuremberg, 1769. Ouvrage terminé par Chemnitz.

Mathiole. Médecin et botaniste italien. xvie siècle.

Commentaires sur Dioscoride (souvent cité).

Maupertuis (Moreau de). Astronome et géomètre français. xviie siècle.

Expériences sur les Scorpions. Mémoires de l'Académie des sciences. Paris, 1731.

Meckel. Célèbre anatomiste de Halle. xviiie et xixe siècles.

Anatomie comparée. Paris, 1829 (souvent cité).

Ornithorhynchi paradoxi descriptio anatomica. Leipsick, 1826.

Mérat et Delens.

Mérat, médecin français, ancien chef de clinique interne à la Faculté de médecine de Paris. Delens, ancien inspecteur général des études. Contemporains.

Dictionnaire universel de matière médicale et de thérapeutique générale. Paris, 1833 (*Moules*).

Mercati. Médecin et naturaliste italien, intendant du Jardin des Plantes du Vatican. xvie siècle.

Metallotheca. Rome, 1717 (*Bélemnites*).

Mérian (Sibylle de). Dame allemande, miniaturiste distinguée. xviie et xviiie siècles.

Histoire des Insectes de l'Europe et de Surinam. Amsterdam, 1730 (*Calandres*, *Fulgores*).

Méry. Célèbre anatomiste et chirurgien français. xviie et xviiie siècles.

Remarques faites sur la Moule des étangs. Paris, 1701 (*Acéphaliens*).

Michaud. Conchyliologiste français. xixe siècle.

Complément à Draparnaud.

Miger. Naturaliste de Paris. xixe siècle.

Mémoire sur les métamorphoses des Hydrophiles. Ann. du Muséum d'hist. nat. Paris.

Miller. Naturaliste anglais.

Natural history of the Crinoidea or Lilyshaped animals.

Milne Edwards. Professeur à la Faculté des sciences de Paris.

Observations sur la Méduse marsupiale. Ann. sc. nat. 1833 (*Arachnodermaires*).

Histoire naturelle des Crustacés, comprenant l'anatomie, la physiologie et la classification de ces animaux. Paris, 1834 (*Cymothoés*).

Molina (l'abbé). Prêtre chilien résidant en Italie. xviiie siècle.

Essai sur l'histoire naturelle du Chili. Paris, 1789 (*Chinchillas*).

Mongin. Médecin du xixe siècle.

Observations sur un Ver trouvé sous la conjonctive, à l'île Saint-Domingue. Journal de médecine de Leroux (*Filaires*).

Monro. Célèbre médecin, professeur d'anatomie à l'Université d'Édimbourg. xviie et xviiie siècles.

Essay on comparative anatomy (*Poissons*, *généralités*).

Physiologie des Poissons (*Calmars*).

Montagu (le colonel). Naturaliste anglais.

Ornithological dictionary (*Coucous*).

Montbeillard (Gueneau de). Naturaliste français que Buffon associa à ses travaux. xviii° siècle (*Hirondelles*).

Montfaucon. Moine bénédictin, savant antiquaire français. xvii° et xviii° siècles.

L'Antiquité expliquée et représentée en figures. Paris, 1719-1724 (*Chiens*, *Civettes*, *etc.*).

Montfort (Denis de). Homme bizarre, qui se donnait le titre de naturaliste du roi de Hollande. xviii° et xix° siècles.

Histoire naturelle des Mollusques, faisant suite au Buffon de Sonnini. Paris, 1802 (*Poulpes*, *etc.*).

Mouffet. Médecin et naturaliste anglais. xvi° siècle.

Insectorum sive minimorum animalium Theatrum. Londres, 1634 (*Cantharides*).

Muller (Otton-Frédéric). Naturaliste danois, conseiller d'état. xiii° siècle

Zoologiæ danicæ prodromus. Havniæ, 1776 (*Requins*).
Entomostraca, seu Insecta testacea. Havniæ, 1785.
Animalcula infusoria, fluviatila et marina. Copenhague, 1787 (*Microzoaires*).

Muller jeune. Professeur à l'Université de Bonn, naturaliste contemporain.

Note extraite de l'Institut (*Amphibiens*).
Tableau des genres, espèces ou variétés nouvellement découverts de Mollusques testacés vivants. Berlin, 1834.

Munster. Savant allemand, géographe et mathématicien distingué. xv° et xvi° siècles.

Cosmographia universalis. Traduction française. Bâle, 1555 (*Oies*, *Bernaches*).

Murray. Médecin suédois, professeur d'anatomie à Upsal. xviii° siècle.

Commentatio de redintegratione partium nexu suo solutarum vel amissarum. Gottingue, 1787 (*Amphibiens*).

N

Nardo. Naturaliste italien exerçant la médecine à Venise.
Discorso sulla natura delle Cantaridi. Venise, 1838.

Needham. Physicien et micrographe anglais, membre de la Société royale de Londres. xviii° siècle.

Système physique et métaphysique de Needham sur la génération des corps organisés. Bruxelles, 1781 (*Céphaliens*).

Nelson. Lieutenant de la marine anglaise?

Observations relatives à la production d'une sorte particulière de craie due à la décomposition de certaines Corallines (*Polypiers*).

Niebuhr. Célèbre voyageur danois, membre correspondant de l'Institut. xviii° et xix° siècles.

Description de l'Arabie d'après les observations faites dans le pays même. Copenhague, 1772 (*Sauterelles*).

Nilson. Conservateur du Musée de Lund (*Phoques*).

Nitzsch. Savant anatomiste, professeur à Halle.

Mémoire sur l'ostéologie des Oiseaux.
Monographie des Insectes épizoïques (*Aptères*, *Poux*).

Noel de la Morinière. Voyageur, antiquaire et ichthyologiste érudit, français. xix° siècle.

Tableau historique de la pêche de la Baleine.

Histoire générale des pêches anciennes et modernes dans les mers et les fleuves des deux continents (*Harengs*, *Anguilles*)

Nordmann. Mémoire sur le son produit par le Sphinx Tête-de-Mort, lu à l'Académie de Saint-Pétersbourg. 1838.

Nutt. Agronome anglais (*Abeilles*).

Nysten. Savant médecin français. xixe siècle.

Article Castor du Dictionnaire des sciences médicales.

O

OExmelin. Voyageur et historien flamand. xvie et xviie siècles (*Singes*).

Ogilby. Naturaliste anglais, contemporain.

Distinction générique des Ruminants. Mémoire lu à la Société géologique de Londres (*Ruminants*).

Oken. Célèbre naturaliste allemand, contemporain, professeur à Zurich (souv. cité).

Philosophie de la nature. Iéna, 1809.

Traité d'histoire naturelle. Iéna, 1816.

Esquisse d'un système d'anatomie, de physiologie et d'histoire naturelle. Paris, 1821.

Olaus Magnus. Savant suédois, archevêque d'Upsal. xvie siècle.

Historia de gentibus septentrionalibus. Rome, 1555 (*Gloutons, Lemmings, Hirondelles*).

De Piscibus monstruosis (*Poulpes*).

Olivi. Naturaliste italien du siècle dernier.

Zoologia adriatica, ossia catalogo ragionato degli animali del golfo e delle lagune di Venezia. 1792 (*Cassidaires, Bulles*).

Olivier. Voyageur et entomologiste français, membre de l'Institut. xviiie et xixe siècles.

Histoire naturelle des Coléoptères. 1789-1808 (*Lucanes, Dermestes*).

Voyage dans l'Empire Ottoman, l'Égypte et la Perse. 1802-1807 (*Orthoptères*).

Onésicrite. Historien grec. ive siècle avant J.-C. (*Éléphants*).

Oppien. Poëte grec. iie siècle.

Poëme sur la pêche (*Acéphaliens*)

Poëme sur la chasse (*Autruches*).

Orfila. Professeur de chimie, doyen de la Faculté de médecine de Paris.

Leçons de médecine légale. Paris, 1823 (*Tarentules, Vipères, Echinocoques*).

Toxicologie. Paris (*Cantharides*).

Orose. Historien peu fidèle. ive siècle (*Sauterelles*).

Other. Voyageur norwégien qui explora le premier les mers du Nord. ixe siècle.

Périples (*Phoques*).

Otto. Professeur d'anatomie à Breslau (*Ascarides*).

Oviedo y Valdez. Voyageur et historien espagnol, qui séjourna pendant plusieurs années en Amérique. xve et xvie siècles.

La Historia general y natural de las Indias occidentales. Madrid, 1535 (*Poux*).

Owen. Célèbre naturaliste et anatomiste anglais, contemporain.

Memoir on the pearly Nautilus, with illustrations of its external and internal structure drawn up by R. Owen.

P

Palissot de Beauvois. Naturaliste et voyageur français, conseiller titulaire de l'Université. xviiie et xixe siècles (*Crotale*).

Palissy (Bernard). Célèbre potier de terre, qui mérita, par ses connaissances étendues, sa haute réputation. xvie siècle.
Traité des pierres. Paris, 1580 (*Grenouilles*).

Pallas. L'un des plus illustres naturalistes et des plus consciencieux observateurs de l'époque moderne. xviiie et xixe siècles (souv. cité).
Spicilegia zoologica. Berlin, 1767-1780.
De ossibus Siberiæ fossilibus.
Voyage dans plusieurs provinces de l'empire de Russie.

Pander. Anatomiste livonien. xixe siècle.
— et **Dalton.** Notice en allemand sur le Mégathérium.

Paré. Chirurgien de Henri II et des trois fils qui lui succédèrent, regardé comme le père de la chirurgie en France. xvie siècle.
Œuvres chirurgicales d'Ambroise Paré (*Cantharides, Filaires*).

Parent Duchatelet. Médecin et hygiéniste français. xixe siècle.
Recherches sur l'enlèvement et l'emploi des chevaux morts. Paris, 1827 (*Cheval, Rat*).

Parkinson. Naturaliste anglais. xixe siècle.
An examination of the mineralized remains of the vegetables and animals of the antediluvian world generally termed extraneous fossils. London, 1811-1820 (*Myes*).

Parmentier. Célèbre agronome et chimiste français, auquel on doit le bienfait de la culture de la pomme de terre en France. xviiie et xixe siècles.
Traité théorique et pratique sur la culture des grains (*Trogosites*).

Passalacqua. Savant antiquaire italien, contemporain.
Catalogue raisonné des antiquités égyptiennes (*Musaraignes*).

Passy. Géologue contemporain, préfet du département de l'Eure.
Description géologique de la Seine-Inférieure, Rouen, 1832 (*Turrilites*).

Paucton. Mathématicien français. xviiie siècle.
Métrologie ou traité des mesures, poids et monnaies des a nciens peuples et des modernes. Paris, 1780 (*Thous*).

Paul Jove. Historien et médecin de Cosme i^{er}. xvie siècle.
De romanis Piscibus libellus (*Lamproies*).

Pausanias. Historien et poëte grec, qui vivait à Rome au iie siècle.
Voyage historique de la Grèce (*Lions*).

Pauw. Savant historien hollandais, chanoine de Xanten. xviiie siècle.
Recherches sur les Égyptiens. Paris, an iii. (*Grues*).

Payen. Chimiste français, contemporain, membre de la Société d'agriculture de Paris.
Maison rustique du xixe siècle. Paris, 1837 (*Cheval*).

Paykull. Conseiller du roi de Suède, membre de l'Aca démie de Stockholm.
Monographia Histeroidum (*Escarbots*).

Pennant. Naturaliste et antiquaire anglais. xviiie siècle.
Zoologie britannique. 1768-1777.
Histoire des Quadrupèdes. 1784 (*Élans*).

Pébon. Voyageur français plein de zèle, qui a contribué puissamment à enrichir le cabinet du Roi. xviiie et xixe siècles
Voyage de découvertes aux terres australes. Paris, 1807 (*Spirules*).

Avec M. Lesueur, Histoire générale des Méduses. Ann. du Muséum (*Arachnodermaires*).

Ȑ Ɛʀʀᴀᴜʟᴛ. Médecin, naturaliste et architecte français, qui donna les plans du Louvre et de l'Observatoire. xvⁱⁱᵉ siècle.
Mémoires de l'Académie des sciences (*Rongeurs*).

Pᴇʏssᴏɴɴᴇʟ. Médecin de Marseille. xvⁱⁱⁱᵉ siècle.
Traité du Corail. Transactions philos. 1756.

Pғᴇɪғғᴇʀ. Mémoires du Muséum d'histoire naturelle, 1828 (*Acéphaliens*).

Pʜɪʟᴏsᴛʀᴀᴛᴇ. Philosophe et sophiste grec (*Éléphants*).

Pɪᴄᴛᴇᴛ. Naturaliste contemporain, de Genève.
Mémoires sur les métamorphoses des Perles. Ann. des sc. nat., 1833.

Pɪɢᴀғᴇᴛᴛᴀ (le chevalier). Voyageur italien, compagnon de Magellan. xvᵉ siècle.
Premier voyage autour du monde par le chevalier Pigafetta sur l'escadre de Magellan, etc. (*Paradis*).

Pɪɢɴᴏʀɪᴜs. Antiquaire italien, curé d'une église de Padoue. xvⁱᵉ et xvⁱⁱᵉ siècles.
Mensa isiaca, quâ sacrorum apud Ægyptios ratio et simulacra subjectis tabulis æneis simul exhibentur et explicantur. Amsterdam, 1669 (*Huppes*).

Pʟᴀɴᴄᴜs. (Janus) ou Jean Bianchi. Médecin de Rimini. xvⁱⁱᵉ et xvⁱⁱⁱᵉ siècles.
De Conchis minus notis. Venise, 1739 (*Cellulacés*).

Pʟᴀᴛᴇʀ (Félix). Célèbre médecin et professeur à Bâle, fondateur du Muséum d'histoire naturelle de cette ville. xvⁱᵉ et xvⁱⁱᵉ siècles (*Éléphants*).

Pʟᴀᴛᴇʀᴇᴛᴛɪ. Sulla reproduzione delle gambe e della coda delle Salamandre acquaiole (*Amphibiens*).

Pʟᴜᴍɪᴇʀ (le père). Religieux minime, que Louis XIV envoya en Amérique pour en rapporter les plantes les plus usitées en médecine. xvⁱⁱᵉ et xvⁱⁱⁱᵉ siècles.
Manuscrits sur l'anatomie du Crocodile, publiés par Schneider dans son histoire naturelle des Amphibies.

Pʟᴜᴛᴀʀᴏᴜᴇ. Philosophe et historien grec. ıᵉʳ siècle.
De Iside et Osiride (*Ibis*).

Pᴏɪʀᴇᴛ. Botaniste et voyageur français, qui a parcouru la Barbarie.
Histoire naturelle des coquilles terrestres et fluviatiles du département de l'Aisne.

Pᴏʟɪ. Naturaliste et médecin napolitain, qui s'est beaucoup occupé de l'anatomie des Mollusques. xvⁱⁱⁱᵉ siècle (souv. cité).
Testacea utriusque Siciliæ eorumque historia et anatome. Parme, 1791 (*Acéphaliens*).
Mémoire sur l'animal de l'Argonaute, lu à l'Académie royale des sciences de Naples.

Pᴏᴍᴘᴏɴɪᴜs Mᴇʟᴀ. Géographe romain, contemporain de Tibère.
Geographia vel descriptio sitûs orbis (*Ibis*).

Pᴏɴᴄᴇʟᴇᴛ (le père Polycarpe). Religieux récollet et savant agronome français. xvⁱⁱⁱᵉ siècle.
Histoire naturelle du froment. Paris. 1779 (*Moineaux*).

Pᴏɴᴄᴇᴛ. Médecin et voyageur français. xvⁱⁱⁱᵉ siècle.
Relation abrégée du voyage d'Éthiopie (*Civettes*).

Pᴏɴᴛᴏᴘᴘɪᴅᴀɴ. Évêque de Bergen en Norwége. xvⁱⁱⁱᵉ siècle.
Essai sur l'histoire naturelle de la Norwége. Copenhague, 1752 (*Scombres, Eiders*).

Pᴏᴜᴄʜᴇᴛ. Professeur de zoologie au Muséum d'histoire naturelle de Rouen.
Mémoires sur la structure du vitellus des Limnées; dans les Annales

françaises et étrangères d'anatomie et de physiologie, 1838 (*Cépha-lidiens*).

Mémoire sur la structure du vitellus des Oiseaux, présenté à l'Institut, 1839.

Poupart. Anatomiste et chirurgien français, qui s'occupa d'histoire naturelle. xviie siècle.

Remarques sur les coquillages à deux coquilles, et premièrement sur les Moules. Paris, 1706 (*Acéphaliens*).

Power. Ragguaglio delle osservazioni ed esperienze sullo Argonauto Argo, da madama Jannette Power, del professore Maravigna (*Poulpes*).

Prevost (Constant). Géologue contemporain, de Paris.

Article du Dictionnaire classique d'histoire naturelle (*Mammifères*).

Pringle. Médecin très-distingué, élevé à la dignité de baron et de premier médecin du roi d'Angleterre. xviiie siècle.

A discourse on the Torpedo. London, 1775 (*Torpille*).

Purkinge. Anatomiste de l'école allemande (*Mammifères*).

Q

Quenstedt. Naturaliste allemand ? (*Lingules*).

Quoy et Gaimard. Voyageurs et naturalistes français, qui firent partie de l'expédition du capitaine Freycinet.

Zoologie du voyage de *l'Uranie*. Paris, 1824 (souv. cité).

Mémoire sur l'accroissement des Polypiers lithophytes considérés géologiquement. Ann. sc. nat. 1825 (*Zoanthaires*).

R

Rafinesque. Naturaliste contemporain, qui, après avoir longtemps habité la Sicile, s'est fixé aux États-Unis.

Indice d'Ittiologia. Palermo, 1810 (*Poulpes*, *Pleurocères*).

Rai. Ecclésiastique et naturaliste anglais; le premier classificateur du règne animal. xviie et xviiie siècles.

Synopsis methodica animalium quadrupedum et Serpentum. Londres, 1683 (*Chélonées*).

Ramdohr. Naturaliste allemand, contemporain.

Traité sur les organes digestifs des Insectes. Ouvrage allemand. Halle, 1811.

Rang. Officier au corps royal de la marine française.

Histoire naturelle des Aplysies. Paris, 1828 (*Aplysies*).

Manuel de l'histoire naturelle des Mollusques et de leurs coquilles. Paris, 1829 (*Clavagelles*, etc.).

Mémoire sur l'origine de la coquille de l'Argonaute, présenté à l'Institut.

Ranzani (l'abbé). Professeur d'histoire naturelle à Bologne.

Considérations sur le Mollusque céphalopode qui se trouve dans la coquille appelée Argonaute. Bologne.

Raoul Rochette. Professeur d'Archéologie à la Bibliothèque royale de Paris.

Cours d'archéologie. Paris, 1828 (*Paons*).

Raspail. Chimiste français, contemporain.

Mémoire comparatif sur l'histoire naturelle de l'insecte de la gale. Paris (*Acarus*).

Histoire naturelle des Bélemnites. Ann. sc. d'obs. Paris, 1828.

Rathke. Professeur d'histoire naturelle à Christiania , en Norwége. xviiie siècle (*Acéphaliens*).

Ratzeburg. Professeur d'histoire naturelle à l'École forestière de Prusse.
Traité sur les Insectes nuisibles ou utiles aux forêts. Ouvrage allemand (*Bostriches, Carabes*).

Réaumur. Célèbre entomologiste et physicien français, membre de l'Académie française. xviie et xviiie siècles.
Mémoires pour servir à l'histoire des Insectes. Paris , 1734-1742 (*Abeilles*).
Mémoires de l'Académie des sciences. 1744 (*Torpilles*).

Rédi. Physiologiste et poëte italien , premier médecin du grand-duc de Toscane, Ferdinand II. xviie siècle.
Osservazioni intorno alle Vipere. Florence, 1664 (*Vipères*).
Esperienze intorno alla generazione degli insetti. Florence , 1668 (*Scorpions, Ricins*).

Regnard. Poëte français. xviie et xviiie siècles.
Voyage en Laponie. 1731 (*Écureuils*).

Renard. Éditeur d'un Recueil de figures de Poissons et de Mollusques. Amsterdam, 1854 (*Dugongs*).

Renieri. Naturaliste italien, professeur à Padoue.
Tavola alphabetica delle Conchiglie adriatiche (*Cônes*).

Reussi. Annales chimiques de Montpellier (*Hélices*).

Reynaud. Chirurgien-major de la corvette *la Chevrette.*
Mémoires de la Société d'histoire naturelle de Paris (*Harpes*).

Richard. Professeur d'histoire naturelle à la Faculté de médecine de Paris , membre de l'Institut.
Nouveau journal de médecine. 1820 (*Vipères*).

Richerand. Professeur de chirurgie à la Faculté de médecine de Paris (*Filaires*).

Riem. Agronome allemand, envoyé en Silésie en qualité d'inspecteur des ruches. xviiie et xixe siècles.
Dissertation sur l'éducation des Abeilles dans le Palatinat (*Abeilles*).

Rienzi. Voyageur , membre de plusieurs Académies de France et d'Italie.
Océanie. Paris, 1837 (*Tigres*).

Risso. Naturaliste de Nice , contemporain.
Histoire naturelle de l'Europe méridionale. Paris , 1826 (souvent cité).

Robineau Desvoidy. Médecin français établi à Saint-Sauveur, département de l'Yonne.
Recherches sur l'organisation vertébrale des Crustacés , des Arachnides et des Insectes. Paris , 1823 (*Diptères*).

Roesel. Peintre et naturaliste allemand établi à Nuremberg. xviiie siècle.
Historia naturalis Ranarum nostratium. Nuremberg , 1758 (*Crapaud*).
Amusements sur les Insectes. Ouvrage allemand. Nuremberg, 1746-1761 (*Dytisques*).

Roissy (de). Naturaliste français.
Collaborateur du Buffon de Sonnini (*Nummulites*).

Rondelet. Médecin et naturaliste français , professeur de médecine à l'Université de Montpellier. xvie siècle.
Libri de Piscibus. Lyon, 1554 (*Turbots, Requins, Sèches*).

Rosenthal (*Phoques, Insectes, Décapodes*).

Rosier (l'abbé). Agronome français. xviiie siècle.
Cours d'Agriculture (*Lapins, Hannetons*).

Ross. Navigateur anglais, contemporain.
Voyage of discovery to the arctic regions. London (*Bœuf musqué, Rennes*).

Rossi. Naturaliste italien, professeur à Pise. xviiie et xixe siècles.
Fauna etrusca. Liburni, 1790 (*Aranéides*).

Roulin. Naturaliste, voyageur contemporain.
Mémoire pour servir à l'histoire du Tapir, 1825. Dans le recueil des mémoires des savants étrangers de l'Académie des sciences.

Rudolphi. Helminthologiste allemand, contemporain, professeur à Berlin.
Entozoorum, sive Vermium intestinalium historia naturalis. Amsterdam, 1808-1810 (*Ascarides*).

Rumph. Savant marchand de Hanau, conseiller à Amboine, de la Compagnie hollandaise des Indes orientales. xviie et xviiie siècles.
Cabinet de curiosités d'Amboine. Ouvrage allemand. Amsterdam, 1705 (*Poulpes, Nautiles*).

Ruppell. Naturaliste de Francfort, qui a exploré l'Afrique.
Voyage en Nubie. Francfort-sur-le-Mein, 1824-1829 (*Hippopotames*).

Russel. Médecin et naturaliste anglais, qui a pratiqué la médecine au Bengale.
An account of Indian Serpents collected on the coast of Coromandel, together with experiments and remarks on their several poisons. London, 1796 (*Hydrophis*).

Ruysch (Henri). Célèbre anatomiste hollandais. xviie et xviiie siècles (*Échinocoques*).

S

Salerne. Médecin et naturaliste d'Orléans. xviiie siècle.
Histoire naturelle éclaircie dans une de ses principales parties, l'ornithologie. Traduction du Synopsis Avium de Rai. Paris, 1767.

Salt. Consul anglais en Égypte.
Voyage en Abyssinie (*Chélonées*).

Sarrazin. Médecin du roi de France, au Canada. xvie siècle.
Lettre à l'Académie des sciences (*Ondatras*).

Sauvages. Médecin et botaniste français, professeur à l'Université de Montpellier. xviiie siècle (*Ascarides*).

Savi. Naturaliste italien, professeur à Pise (*Taupes*).

Savigny. Naturaliste français, membre de l'Académie des sciences. xixe siècle.
Mémoires sur les Oiseaux de l'Égypte, dans le grand ouvrage sur l'Égypte (*Ibis*).
Mémoires sur les animaux sans vertèbres. Paris, 1816 (*Insectes*).
Système des Annélides, inséré dans le grand ouvrage sur l'Égypte (*Dentales*).

Say. Naturaliste français, fixé aux États-Unis. xixe siècle.
Histoire naturelle des Coquilles terrestres et fluviatiles de l'Amérique septentrionale (*Mulettes*).

Scaliger (Jules). Philosophe italien, célèbre par sa profonde érudition. xve et xvie siècles.
De subtilitate ad Cardanum. Paris, 1557 (*Acarus*).
Aristotelis historia de animalibus, Scaligero interprete, cum com-

mentariis. Toulouse, 1619 (*Chéiroptères, Loutres, Corbeaux, Batraciens*).

SCARPA. Célèbre chirurgien et anatomiste italien, professeur à l'Université de Pavie. xviiie et xixe siècles (*Insectes, nerfs des Céphaliens, Amphibiens*).

SCHEFFER. Histoire de la Laponie. 1558 (*Lemmings*).

SCHEUCHZER (Jean-Jacques). Célèbre médecin de Zurich que Pierre le Grand chercha, mais en vain, à attirer en Russie. xviie et xviiie siècles.
Physica sacra. Zurich, 1721 (*Tritons*).
Lexicon fossilium diluvianorum (*Ammonites cellulacés*).

SCHINTZ. Naturaliste à Zurich, contemporain (*Lynx*).

SCHIRACH. Pasteur à Klein-Bautzen, en Lusace. xviiie siècle.
Histoire naturelle de la Limace grise (*Limace*).

SCHNEIDER. Savant helléniste et naturaliste allemand, professeur à Breslau.
Historia Amphibiorum naturalis et litteraria. Iena, 1799-1801 (*Crocodiles*).

SCHOENHERR. Naturaliste suédois, contemporain.
Curculionidum dispositio methodica. 1826 (*Rhynchophores.*)

SCHWARTS. Médecin de l'école allemande.
De hydrophobia ejusque specifico Meloe maiali et Proscarabœo (*Méloés*).

SCHWENCKFELD. Médecin silésien. xviie et xviiie siècles.
Theriotropheion Silesiæ in quo animalium, h. e. Quadrupedum, Reptilium, Avium, Piscium et Insectorum natura, vis et usus sex libris perstringuntur. Liegnitz, 1603 (*Corbeaux*).

SCORESBY. Navigateur anglais, contemporain.
An account of the arctic regions. Edimbourg, 1820 (*Baleines*).

SEBA. Pharmacien et collecteur hollandais. xviie et xviiie siècles.
Locupletissimi rerum naturalium thesauri accurata descriptio. Amsterdam, 1734-1765 (*Galéopithèques, Séches, Lingules, Scyllées*).

SERAO. Secrétaire de l'Académie de Naples.
Della Tarantola ossia falangio di Puglia. 1742 (*Tarentule*).

SERRES. Anatomiste français, contemporain.
Recherches d'anatomie transcendante (*Marsupiaux*).

SEVERINUS. Médecin danois qui se livra d'abord à la littérature et obtint, à Copenhague, une chaire de poésie, puis reçut, après plusieurs voyages, le titre de médecin du roi. xviie siècle (*Limaces*).

SÉVILLE (Saint-Isidore DE). Évêque de Séville, qui ne se distingua pas moins par sa vaste érudition que par sa piété. vi^e et viie siècles.
De brutis animalibus.

SHAW. Médecin et naturaliste anglais. xviiie et xixe siècles.
The naturalist's miscellany. London, 1789 (*Ours, Ornithorhinques, Poulpes*).

SIBBALD. Médecin et naturaliste écossais, médecin et géographe du roi Charles II. xviie et xviiie siècles.
Scotia illustrata, seu prodromus hist. naturalis. Édimbourg, 1684 (*Chélonées*).

SLOANE. Célèbre médecin et botaniste anglais, nommé baronnet et médecin général des armées du roi Georges Ier. xviie et xviiie siècles.
Mémoires de l'Académie des sciences. 1732. (*Mammifères, Baleines*).

SMEATHMAN. Naturaliste anglais, secrétaire du collége de commerce de Londres, qui fit plusieurs voyages en Afrique. xviiie siècle.

Mémoire sur les Termites, inséré dans les Transactions philosophiques, 71e vol. (*Termites*).

Sмiтн. Officier et naturaliste anglais.
Medical repository, 1799 (*Ruminants*).

Sœммеring. Savant anatomiste allemand. xviiie et xixe siècles (*Ptérodactyles*).

Soldani (l'abbé). Général des Camaldules, professeur à Sienne. xviiie siècle.
Testaceographia et Zoophytographia parva et microscopica. Sienne, 1789-1798 (*Cellulacés*).

Solin. Compilateur latin, sans goût, qui a souvent copié Pline en défigurant ses phrases. iiie siècle.
Polyhistor. Venise, 1473 (*Ammonites*, *Bélemnites*).

Sonnerat. Naturaliste, voyageur et collecteur français. xviiie et xixe siècles.
Voyage aux Indes orientales et à la Chine. Paris, 1782 (*Myspithèque*, *Coqs*, *Mésanges*).

Sonnini. Ingénieur et naturaliste français. xviiie et xixe siècles.
Suites à Buffon. Paris, 1798 (*Vipères*).

Soulange-Baudin. Horticulteur français, de concert avec M. Jeaume Saint-Hilaire.
Expériences faites pour détruire le Puceron lanigère (*Pucerons*).

Sowerby (James) et Georges Sowerby. Naturalistes et marchands de coquilles anglais (souvent cités).
The genera of recent and fossil Shells (*Clavagelles*, etc.).
Mineral conchology (*Scaphites*, *Hamites*, etc.).
Conchological illustrations (*Éburnes*, etc.).
Mémoire sur les Chauves-souris, lu à l'assemblée philosophique.

Spallanzani (l'abbé). Célèbre expérimentateur italien, professeur à Pavie. xviiie siècle.
Prodromo sopra le reproduzioni animali. Modène, 1768 (*Amphibiens*).
Opuscoli di fisica animale e vegetabile. Modène, 1776 (*Torpilles*).

Sparmann. Naturaliste et voyageur suédois, élève de Linnée, qui accompagna le capitaine Cook dans un de ses voyages autour du monde. xviiie et xixe siècles.
Voyage au cap de Bonne-Espérance, traduit en français. Paris, 1787 (*Autruches*, *Termites*).

Spengler, Conservateur du Muséum d'histoire naturelle du roi de Danemark.
Inspectoris Musæi rerum naturæ et artis regis Dan. Havn. tres tabulæ æneæ cum iconibus Testaceorum partim rarissimorum. (*Gastrochènes*).

Spix. Naturaliste bavarois, membre de l'académie de Munich, contemporain
Histoire naturelle des espèces nouvelles de Singes et de Chauves-souris. Munich, 1823 (*Alouattes*).
Espèces et genres choisis de Poissons décrits par L. Agassiz. Munich, 1829.

Spon. Antiquaire et médecin français, voyageur infatigable. xviiie siècle
Relation de son voyage. Lyon, 1678 (*Chéiroptères*).

Sprengel (K.). Naturaliste contemporain, de l'école allemande.
Commentarius de partibus quibus Insectæ spiritus ducunt.

Stedmann. Voyageur écossais longtemps au service de la Hollande, et qui pénétra fort avant dans la Guyane. xviiie siècle.

Voyage à Surinam et dans l'intérieur de la Guyane. Paris, 1799
(*Boas*).

Steller. Médecin et voyageur, établi en Russie, et qui accompagna le
commandant Béring dans ses explorations au nord-ouest de l'Amérique.
xviiie siècle.

Description du Kamtchatka. Francfort, 1774 (*Isatis, Loutres*).

Stenon. Célèbre anatomiste danois, qui devint médecin du duc de Toscane,
puis ensuite embrassa la vie ecclésiastique et fut sacré évêque d'Hé-
liopolis. xviie siècle.

De solido intra solidum naturaliter contento dissertationis prodromus.
Florence, 1699 (*Acéphaliens*).

Sternberg (le comte). Savant étranger, contemporain.

Transactions du Musée de Bohême. 1835 (*Scorpions*).

Stiebel. Naturaliste étranger, contemporain.

Meckel, archives de physiologie. Ouv. allem. (*Céphalidiens*).

Stosch (le baron de). Archéologue prussien qui étendit ses connaissances
par de nombreux voyages et reçut du roi de Pologne le titre de conseiller. xviie et xviiie siècles.

Pierres antiques gravées, etc.

Strabon. Célèbre géographe de l'antiquité, né vers l'an 50 avant J.-C.

Géographie. Paris (*Furets, Ammonites*).

Straton. Philosophe grec, qui dirigea pendant 18 ans l'école de Théophraste dont il était le disciple et auquel il succéda, et mourut vers l'an
266 avant J.-C. (*Ammonites*).

Straus Durckheim. Naturaliste allemand, contemporain.

Considérations générales sur l'anatomie comparée des animaux articulés, auxquelles on a joint l'anatomie descriptive du Hanneton. Paris,
1828. (*Hannetons*).

Stroem. Pasteur norwégien. xviiie siècle (*Pourpres*).

Stutchburg. Savant allemand, contemporain.

Arcana of science. 1839 (*Casques*).

Surriray. Médecin du Havre. xixe siècle.

Observations sur le fœtus d'une espèce de Calige, insérées dans les
Annales générales des sciences physiques.

Swammerdam. Célèbre médecin et anatomiste hollandais, l'un des fondateurs de l'anatomie des Insectes. xviiie siècle.

Biblia naturæ, sive historia insectorum. Leyde, 1737-1738 (*Ichneumons, Céphalidiens, Calmars, Paludines*).

Swédiaur. Médecin autrichien, qui exerça successivement son art en An-
gleterre, en Écosse et enfin en France, où il mourut. xviiie et xixe siècles.

Transactions philosophiques (*Cachalots, Ambre*).

Pharmacologia, seu materia medica. Leipsick, 1803 (*Carabes*).

T

Tarenne. Médecin français, contemporain.

Traité de Cochliopérie. 1808 (*Céphalidiens, Hélices*).

Targioni Tozzetti. Médecin italien, contemporain, professeur de botanique et d'agriculture à Florence.

Viaggi in Toscana (*Phoques*).

Tavernier. Célèbre voyageur français qui visita les diverses régions de
l'Orient, où il se livra avec succès au commerce des pierreries. xviii^e
siècle.

Voyage en Turquie, en Perse et aux Indes. 1679 (*Guépards, Paons*).

Temmink. Naturaliste distingué, directeur du Musée royal d'histoire naturelle des Pays-Bas à Leyde.
Histoire naturelle générale des Pigeons et des Gallinacées. Paris,
1813-1815 (*Coqs*).
Manuel d'Ornithologie, ou tableau systématique des Oiseaux qui se
trouvent en Europe. Paris, 1815 (*Migrations*).
Monographie de Mammalogie. Paris, 1827 (*Léopards*).

Tenon. Célèbre anatomiste français, chirurgien principal de la Salpêtrière
et membre de l'Institut. xviiie et xixe siècles.
Mémoire sur les dents d'Éléphants. Paris, 1806 (*Éléphants*).

Théophraste. Célèbre philosophe grec qui remplaça Aristote dans la direction du Lycée d'Athènes et s'occupa avec distinction de l'étude de
l'histoire naturelle. Mort vers la 3e année de la 123e Olympiade
(*Tigres*).

Thévenot. Célèbre voyageur français. xviie siècle.
Voyages de M. Thévenot, tant en Europe qu'en Asie et en Afrique.
Paris, 1689 (*Autruche*).

Thibaut. Voyageur contemporain au compte de la Société zoologique de
Londres.
Lettre au secrétaire de la Société zoologique de Londres, publiée dans
l'Arcana of science. 1838 (*Girafes*).

Thierry de Menonville. Médecin français, qui, le premier, alla chercher
le nopal au Mexique pour le transporter à Saint-Domingue. xviiie et
xixe siècles.
Traité de la culture du nopal et de l'éducation de la Cochenille.
Paris, 1787.

Thompson. Célèbre chimiste anglais (*Cantharides*).

Thouvenel. Médecin français, xviiie et xixe siècles.
Mémoire sur les substances animales médicamenteuses, 1778 (*Castors*).

Thunberg. Naturaliste et voyageur, élève de Linnée, professeur à Upsal.
xviiie siècle (*Mylabres*).

Tiedemann. Anatomiste et naturaliste allemand, professeur à Heidelberg,
contemporain (souvent cité).
Traité complet de physiologie de l'Homme. Traduction française.
Paris, 1831.

Tilesius. Naturaliste et voyageur allemand, contemporain.
De respiratione Sepiæ officinalis (*Céphaliens*).

Todd. Physicien anglais.
Transactions philosophiques, 1816 (*Torpilles*).

Tournefort. Célèbre botaniste français, professeur au Jardin du Roi. xvii^e
et xviiie siècles.
Relation d'un voyage du Levant, etc. Paris, 1717 (*Fissurelles, Corail*).

Townson. Savant étranger. xviiie siècle.
Observationes physiologicæ de Amphibiis. Gœttingue, 1794 (*Amphibiens*).

Tréviranus. Médecin et anatomiste allemand, professeur à Brême,
contemporain.
Biologie. Gœttingue, 1802-1814.

Truter et Somerville. Voyageurs qui ont parcouru l'Afrique (*Scorpions*).

U

Ure (Andrew). Économiste anglais, contemporain.
Philosophie des manufactures (*Moutons*).

V

Valenciennes. Professeur au jardin du roi, contemporain.

Avec Cuvier, histoire naturelle des poissons. Paris, 1828.

Description de l'animal de la Panopée australe, et recherches sur les autres espèces vivantes et fossiles de ce genre. Paris, 1839.

Valentyn. Pasteur à Amboine. xviii* siècle.

Voyage aux Indes. Ouvrage hollandais (*Marsupiaux, Geckos*).

Histoire des coquilles et des productions de la mer dans les eaux d'Amboine et îles environnantes, servant de supplément à l'ouvrage de Rumphs. Ouvrage allemand.

Valère-Maxime. Historien latin, né sous le règne d'Auguste, et qui envisagea principalement l'histoire sous le rapport des mœurs (*Pythons*).

Vallery. Manufacturier français, contemporain.

Considérations sur la conservation des grains: mémoire contenant de bonnes notions sur le Charanson du blé. Rouen, 1836 (*Calandre*).

Vallisnéri. Célèbre médecin et naturaliste italien, professeur de médecine à Padoue. xvii* et xviii* siècles.

Opere fisico-mediche continenti un gran numero di trattati, osservazioni, ragionamenti, e dissertazioni sopra la fisica, la medicina e la storia naturale. Venise, 1733 (*Ichneumons, Autruches, OEstres*).

Vallot. Professeur à Dijon, auteur d'un mémoire érudit sur les OEstres (*OEstres*).

Valmont de Bomare. Démonstrateur d'histoire naturelle, censeur royal. xviii* siècle.

Dictionnaire raisonné universel d'histoire naturelle. Paris, 1768 (*Sauterelles, Céphalidiens*).

Van-Helmont (seigneur de Mérode). Né à Bruxelles, médecin spiritualiste, qui s'adonna à la chimie. xvi* et xvii* siècles (*Mammifères*).

Van Troïl. Écrivain étranger. Letters on Iceland (*Eiders*).

Varron. Savant auteur latin, qui, après s'être livré à la magistrature, embrassa la vie militaire, et fut chargé, par Pompée, du commandement d'une flotte grecque ; naquit vers l'an 116 avant Jésus-Christ.

De re rustica (*Loirs, Peintades, Agathines*).

Vicq-d'Azir. Anatomiste, naturaliste et médecin français. xviii* siècle

OEuvres de Vicq d'Azir. Paris, 1805 (*Mammifères, Alouattes*).

Viellot. Naturaliste de Paris. xviii* et xix* siècles.

Histoire naturelle des Oiseaux de l'Amérique septentrionale. Paris, 1807 (*Chouettes*).

Vimont. Médecin français, contemporain.

Traité de la phrénologie humaine et comparée. Paris, 1835 (*Mammifères*).

Vincent de Beauvais. Moine dominicain très-érudit, fort estimé de saint Louis, qui le choisit pour son lecteur. xiii* siècle (*Cachalots*).

Viray (le docteur). Membre de la Chambre des Députés, contemporain.

Maison rustique du xix* siècle. Paris, 1836 (*Sauterelles*).

Volta. Célèbre physicien italien. xviii* siècle (*Mammifères*).

Volta. Ichtyolithologia veronese (*Poissons*).

Voltaire. Célèbre philosophe et écrivain français. xviii* siècle.

Questions encyclopédiques, article Colin (*Céphalidiens*).

W

Wagler. Naturaliste allemand, mort récemment.

Icones et descriptiones amphibiorum. Munich, 1830 (*Crapauds*).

Wagner. Naturaliste contemporain.
    Notes sur les mœurs du Macrocélide. Institut, 1838 (*Musaraignes*).
Walch. Savant prussien, extrêmement érudit, professeur et directeur de
    la Société latine d'Iéna. xviiie siècle.
    Histoire naturelle des pétrifications, etc. Nuremberg , 1768-1773
    (*Ammonites*).
Walckenaer. Naturaliste contemporain, membre de l'Institut.
    Histoire naturelle des Aranéides et des Insectes aptères (*Argyronète*).
Walérius. Célèbre chimiste et minéralogiste suédois, qui s'est beaucoup
    occupé de questions géologiques. xviiie siècle.
    Dissertatio de lapide tonitruali. Upsal, 1760 (*Bélemnites*).
Walsh. Savant anglais, membre de la société royale de Londres. xviii^e
    siècle.
    Of the electric property of the Torpedo. 1774 (*Torpille*).
Watterton. Voyageur anglais, contemporain, qui a exploré l'Amérique
    méridionale.
    Excursions dans l'Amérique méridionale. Rouen (*Alouattes*).
Wepfer. Célèbre médecin suisse et naturaliste habile. xviie siècle.
    Mémoires insérés dans les Éphémérides des curieux de la nature
    (*Distomes*).
Willis. Célèbre médecin anglais. xviie siècle (*Mammifères, Insectes*).
Wilson. Naturaliste américain. xviiie et xixe siècles.
    Ornithologie américaine. Philadelphie, 1808-1814 (*Chouettes, Hé-
    rons, Canard huppé*).
Wilson (le capitaine). Navigateur anglais, qui a naufragé sur les côtes
    des îles Pelew. xviiie siècle.
    Relation des îles Pelew. Traduction française. Paris, 1793 (*Galéo-
    pithèques*).
Winckelmann. Célèbre antiquaire allemand. xviiie siècle.
    Lettres sur les antiquités d'Herculanum. Dresde, 1762 (*Huppe*).
Wolckmann. Savant étranger.
    Silesia subterranea. (*Bélemnites*).
Woodward. Médecin et naturaliste anglais. xviie et xviiie siècles.
    An essay towards a natural history of the earth. Londres, 1695.
    Fossils of all kinds , digested into a method suitable to their mutual
    relation and affinities. Londres, 1728 (*Mastodontes, Bélemnites*).
Wormius. Célèbre médecin et littérateur danois, médecin du roi Chré-
    tien IV. xvie et xviie siècles.
    Museum Wormianum. Leyde, 1650 (*Lemmings*).

FIN.

TABLE MÉTHODIQUE

ou

DISTRIBUTION SÉRIALE DU RÈGNE ANIMAL.

TYPE II.

ARTICULÉS ou ENTOMO-ZOAIRES.   1

8ᵉ *Classe.*

INSECTES ou HEXAPODES.   Id.

TABLE ALPHABÉTIQUE

DES NOMS

DE CLASSES, D'ORDRES, DE FAMILLES ET DE GENRES,

COMPRIS DANS LES TOMES I ET II.

A

D

E

F

G

	Tom.	Pag.		Tom.	Pag.
Gammariens.	2	256	Gondolières.	2	372
Gangas.	1	428	Goniostomes.	2	377
Garrots.	1	488	Gorfous.	1	500
Gastéroptères.	2	413	Gorgones.	2	582
Gastrobranches.	1	691	Goujons.	1	625
Gastrochènes.	2	505	Gracilicornes.	2	34
Gavials.	1	542	Grapses.	2	238
Gazelles.	1	203	Graves.	1	369
Geais.	1	374	Gravigrades.	1	136
Géocarcins.	2	237	Grèbes.	1	496
Geckos.	1	543	Grenouilles.	1	592
Genettes.	1	82	Gribouris.	2	96
Géobdelles.	2	284	Grimpereaux.	1	364
Géocorises.	2	112	Grimpeurs.	1	110-343
Géophiles.	2	264	Grisets.	1	689
Géotrupes.	2	62	Gros-becs.	1	403
Gerboises.	1	133	Grues.	1	443
Gervillies.	2	449	Gryllons.	2	106
Gibbons.	1	41	Gryphées.	2	462
Girafes.	1	183	Guacharos.	1	344
Glaucopes.	1	370	Guenons.	1	42
Glaucus.	2	416	Guêpes.	2	175
Globuleuses.	2	376	Guêpiers.	1	360
Globulicornes.	2	140	Guerlinguets.	1	112
Gloméris.	2	262	Guillemots.	1	497
Glossobdelles.	2	288	Gymnètres.	1	637
Gloutons.	1	75	Gymnolèpes.	2	252
Glycimères.	2	504	Gymnosomes.	2	415
Gobe-mouches.	1	383	Gymnotes.	1	660
Gobies.	1	652	Gypaëtes.	1	332
Gobioïdes.	1	650	Gyrins.	2	57

H

	Tom.	Pag.		Tom.	Pag.
Haléponges.	2	587	Hétérobranches.	2	514
Haliotides.	2	428	Hétérocères.	2	54-194
Haliples.	2	41	Hétérocriciens.	2	270
Halmatures.	1	274	Hétérodactyles.	1	343
Hamites.	2	315	Hétérogynes.	2	177
Hamsters.	1	122	Hétéropodes.	2	243
Hannetons.	2	63	Hétéroptères.	1	670
Harengs.	1	631	Hétérozoaires.	2	584
Harles.	1	495	Hexacotyles.	2	288
Harpales.	2	37	Hexapodes.	2	1
Harpes.	2	357	Hinnites.	2	465
Harpuloïdes.	2	372	Hippobosques.	2	202
Hélamys.	1	132	Hippocampes.	1	671
Hélices.	2	398	Hippocrènes.	2	366
Hélicines.	2	387	Hipponyces.	2	430
Hélicostègues.	2	323	Hippopes.	2	490
Helops.	2	73	Hippopotames.	1	171
Hémérobes.	2	149	Hirondelles.	1	376
Hémicyclostomes.	2	387	Hirondelles de mer.	1	470
Hémiptères.	2	111	Hispes.	2	95
Hépiales.	2	130	Hoccos.	1	418
Hérissons.	1	68	Hochequeues.	1	393
Hérons.	1	446	Holocauthes.	1	646
Hespéries.	2	140	Holothurides.	2	543

P

	Tom.	Pag.		Tom.	Pag.
Pyloridés.	2	498	Pyrosomes.	2	515
Pyrales.	2	126	Pyrules.	2	350
Pyramidelles.	2	395	Pyruloïdes.	2	372
Pyrènes.	2	355	Pythons.	1	561
Pyrochres.	2	74	Pyxides.	1	529

Q

	Tom.	Pag.		Tom.	Pag.
Quadrumanes.	1	35	Quart-geckos.	1	545

R

	Tom.	Pag.		Tom.	Pag.
Raies.	1	678	Rhinolophes.	1	62
Rainettes.	1	591	Rhipiptères.	2	192
Rôles.	1	466	Rhizostomes.	2	558
Rauatres.	2	114	Rhomboïdes.	2	505-582
Ranelles.	2	351	Rhynchænes.	2	83
Ranines.	2	239	Rhynchées.	1	465
Ratons.	1	74	Ricins.	2	205
Rats.	1	115	Rissoaires.	2	384
Rats-Taupes.	1	117	Rochers.	2	351
Ravisseurs.	1	318	Roitelets.	1	394
Rayonnés.	2	542	Rolliers.	1	374
Réduves.	2	113	Rongeurs.	1	106
Renards.	1	95	Rostellaires.	2	365
Rennes.	1	191	Rouleaux.	1	558
Reptiles.	1	507	Roulettes.	2	379
Requins.	1	686	Rousseltes.	1	60-688
Rétépores.	2	573	Rubiettes.	1	394
Rétifères.	2	424	Rudistes.	2	454
Rhinas.	1	684	Ruminants.	1	175
Rhinchophores.	2	79	Ruperelles.	2	497
Rhinobates.	1	684	Rupicoles.	1	362
Rhinocéros.	1	156			

S

	Tom.	Pag.		Tom.	Pag.
Sabulaires.	2	270	Savacous.	1	454
Sagres.	2	94	Saxicaves.	2	504
Saïmiris.	1	50	Scalaires.	2	381
Sakis.	1	51	Scaphidies.	2	53
Salamandres.	1	593	Scaphites.	2	316
Salmonoïdes.	1	626	Scarabées.	2	62
Salpiens.	2	515	Scares.	1	644
Sandres.	1	648	Scarites.	2	36
Sangliers.	1	168	Sciènes.	1	646
Sanguinolaires.	2	501	Sciènoïdes.	1	646
Sapajous.	1	49	Scies.	1	684
Saperdes.	2	94	Scinques.	1	553
Sarcelles.	1	495	Scolopendres.	2	264
Sarcoptes.	2	211	Scolopendroïdes.	2	263
Sargues.	1	643	Scolytes.	2	89
Sarigues.	1	265	Scombéroïdes.	1	637
Satyres.	2	142	Scombres.	1	637
Saumons.	1	626	Scorpènes.	1	648
Sauriens.	1	543	Scorpènoïdes.	1	648
Saurophiens.	1	543	Scorpiouides.	2	216
Sauterelles.	2	107	Scorpions.	2	216
Sauteurs.	1	132-271-362. 2 105	Scutellères.	2	112
			Scutelles.	2	548

T

U

V

FIN DE LA TABLE ALPHABÉTIQUE

ERRATA.

TOME 1.

Pag. lig.

6	1re.	Au lieu de Mekel, lisez Meckel.
21	13.	— privé, lisez privées.
44	32.	— rine, lisez narines.
79	34.	— Martes modifiées par un régime piscivore, lisez pour un régime.
92	20.	— Daubanton, lisez Daubenton.
104	23.	— Gaimar, lisez Gaimard.
360	8.	— Kirker, lisez Kircher.
560	20.	— Jumilla, lisez Gumilla.
681	43.	— Ingenhouss, lisez Ingenhousz.

TOME 2.

7	20.	— lisez 20 NYMPHES.
78	14.	— Bonnet, lisez Bonet.
210	40.	— PYGNOGONONS, lisez PICNOGONONS.
211	12.	— SARCORPTES, lisez SARCOPTES.
320	19.	— Calmette, lisez Calmet.
344	14.	— M. Mortier, lisez M. Du Mortier.
381	22.	— d'Angeville, lisez d'Argenville.
517	4.	— INTESTINAUX, lisez VERS INTESTINAUX.

Atlas, planch. 8. Au lieu de mamelles de Cyaopollin, lisez Cayopollin.